2017年是中国农业科学院建院60周年，习近平总书记发来贺信，李克强总理作出批示。这是中国农业科学院发展历史上里程碑式的大事，充分体现了中共中央、国务院对农业科技工作的高度重视和关心。院庆期间，中国农业科学院召开了“建院60周年成就展暨表彰大会”，播映了《大地丰碑》宣传片，举办了文艺演出等一系列庆祝活动，充分展现了几代农科院人为国家干事业，为农业谋发展，为农民谋福祉的非凡业绩

2017年6月12日，河南省省委副书记、省长陈润儿一行来中国农业科学院考察

2017年1月22日，农业部副部长余欣荣赴中国农业科学院国家种业科技成果产权交易中心和农业资源与农业区划研究所调研

2017年2月15日，农业部党组成员、中央纪委驻农业部纪检组组长宋建朝到中国农业科学院调研

2017年6月27日，时任农业部党组成员、办公厅主任叶贞琴到中国农业科学院麻类研究所调研

2017年 1月9日，中国农业科学院召开2017年工作会议

2017年，科技创新工程的引领作用进一步凸显，全院组织召开了科技创新工程全面推进期工作会议，启动了19个协同创新任务项目，初步建立了以创新工程为引领，以大项目、大成果为目标的资源配置机制

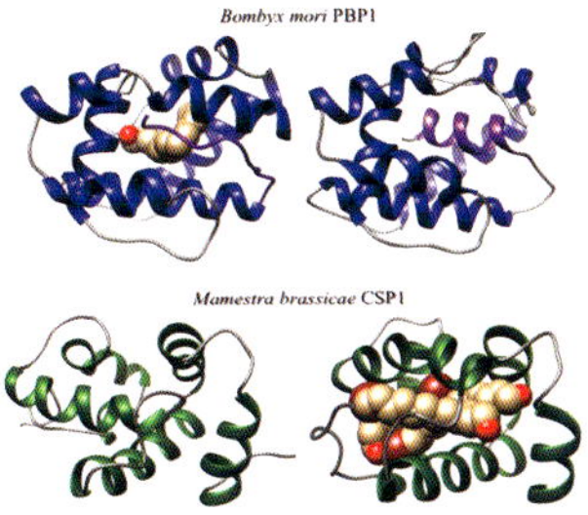

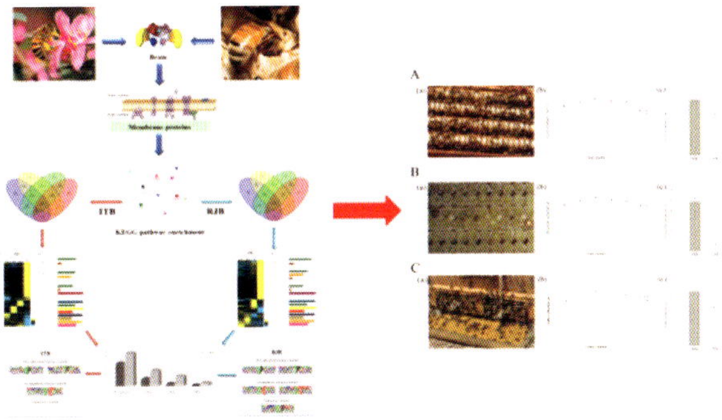

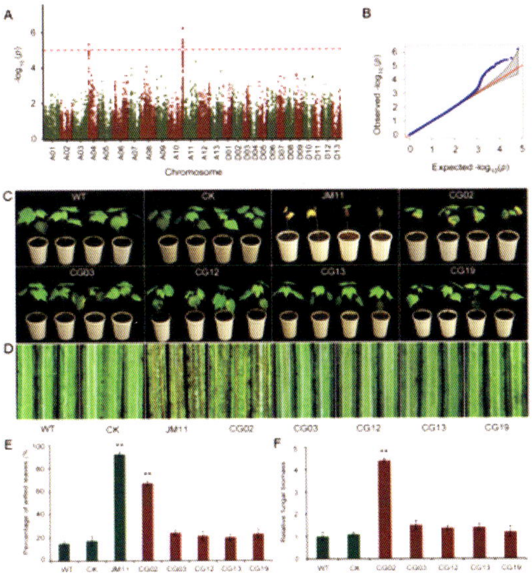

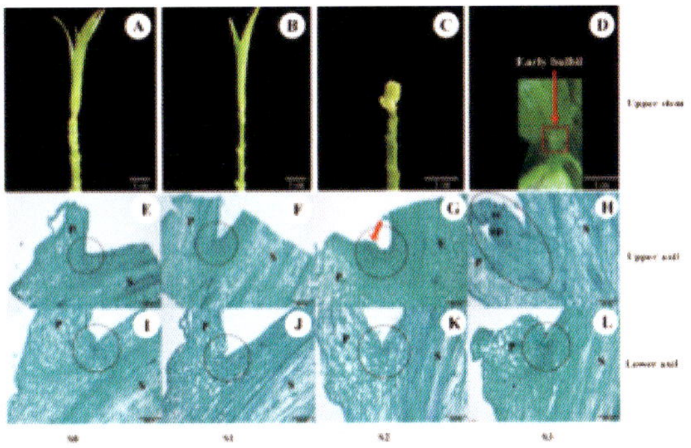

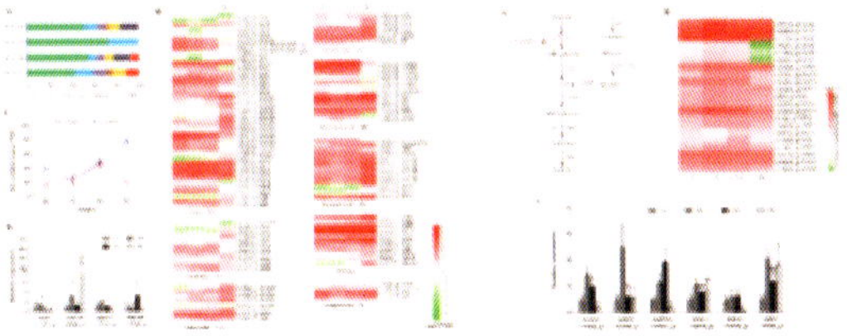

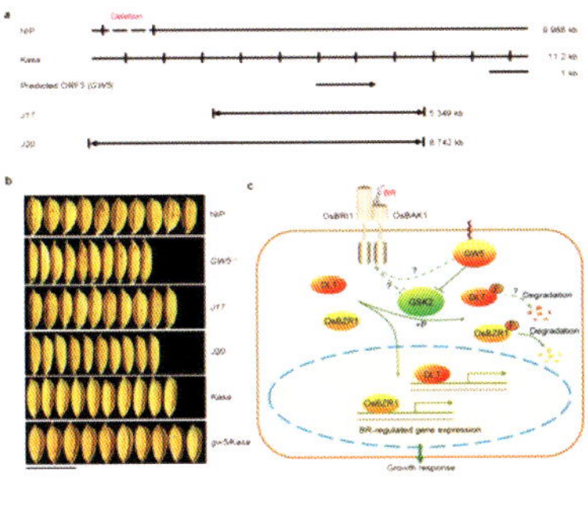

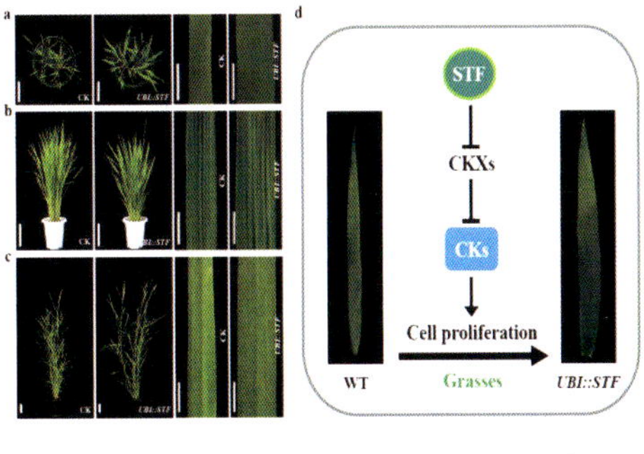

2017年，中国农业科学院共发表SCI/EI论文2 516篇，同比增长16.6%，出版著作321部。以第一署名单位在《科学》（*SCIENCE*）与《自然》（*NATURE*）等国际高水平期刊发表论文23篇

2017年，由中国农业科学院牵头的国家农业科技创新联盟重点建设了20个标杆联盟。通过建立全产业链一体化机制，创造了一条解决产业传统困境的新路径，为促进农产品产业供给侧结构性改革树立了典范

2017年，中国农业科学院继续强化农业宏观战略研究，积极参加农业绿色发展、“一带一路”农业合作、雄安新区建设等重大问题调研、规划编制和政策创设，多项政策建议得到党和国家领导人的批示，先后发布了《中国农业展望报告（2017—2026）》《全国农业现代化评估报告》等，为政府有关部门农业宏观决策提供了理论依据和科学支撑

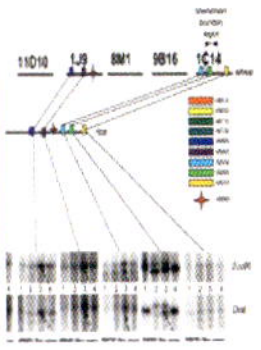

中国农业科学院作物科学研究所小麦种质资源与遗传改良创新团队荣获2016年度国家科技进步奖一等奖（创新团队）

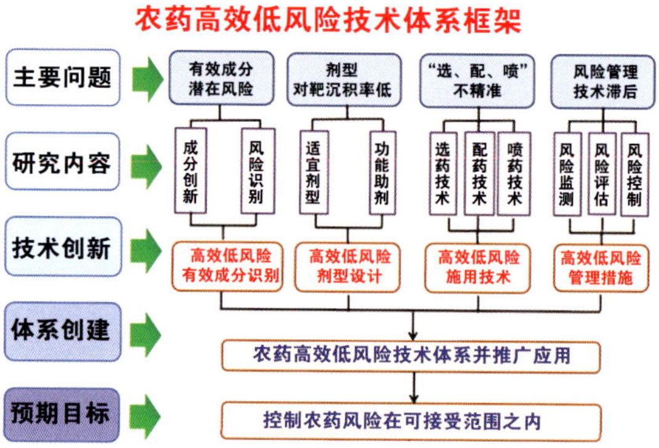

中国农业科学院植物保护研究所郑永权研究员主持完成的“农药高效低风险技术体系创建与应用”荣获2016年度国家技术发明奖二等奖

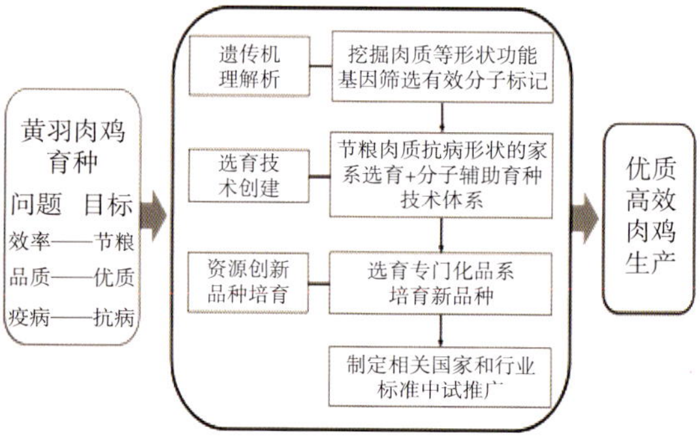

中国农业科学院北京畜牧兽医研究所文杰研究员主持完成的“节粮优质抗病黄羽肉鸡新品种培育与应用”荣获2016年度国家科技进步奖二等奖

中国农业科学院农业资源与农业区划研究所周卫研究员主持完成的“南方低产水稻土改良与地力提升关键技术”荣获2016年度国家科技进步奖二等奖

中国农业科学院棉花研究所严根土研究员主持完成的“多抗稳产棉花新品种中棉所49的选育技术及应用”荣获2016年度国家科技进步奖二等奖

中国农业科学院油料作物研究所黄凤洪研究员主持完成的“油料功能脂质高效制备关键技术与产品创制”荣获2016年度国家科技进步奖二等奖

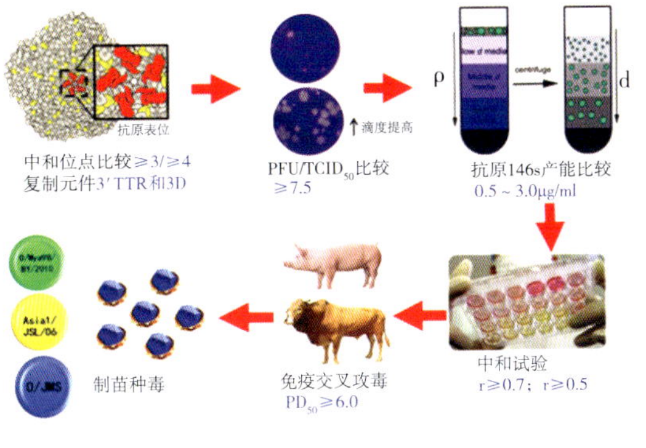

中国农业科学院兰州兽医研究所才学鹏研究员主持完成的“针对新传入我国口蹄疫流行毒株的高效疫苗的研制和应用”荣获2016年度国家科技进步奖二等奖

2017年，中国农业科学院干部队伍建设持续加强。全年完成2个单位的行政班子和7个研究所党委换届，任免部、院管理干部148人次。注重培养选拔年轻干部，2017年共提拔17名“70后”和1名“80后”进入所级班子

2017年，中国农业科学院系统谋划部署全院人才工作，人才强院战略加快实施。农业部部长韩长赋为中国农业科学院启动实施青年人才工程，召开了建院以来首次人才工作会议。出台促进人才发展的30条改革措施，大大激发了科技人员创新活力

2017年，中国农业科学院王汉中研究员（左）当选中国工程院院士、陈化兰研究员（右）当选中国科学院院士。全院新增国家杰青、千人计划、万人计划等国家级人才50余人次，新引进青年英才29人，择优支持青年英才34人。实施农科英才特殊支持办法，遴选农科英才259名

2017年，中国农业科学院研究生教育规模质量实现“双升”。招生规模再创新高，全年累计招生1 591人，同比增长10.5%，其中招收博士生335人，增长22%，为我国农业发展培养了大批高层次农业科技人才。在教育部学位与研究生教育发展中心全国第四轮学科评估中，作物学、植物保护、畜牧学、兽医学4个学科被评为A+，学科建设取得显著成效

2017年，中国农业科学院试验基地管理服务水平稳步提升。组织召开首次全院基地管理工作会议，出台了试验基地管理24条意见，加强基地考核评价，推进管运分离，院属综合基地机制改革基本到位

2017年，中国农业科学院重大战略性科研布局稳步推进。新疆昌吉西部农业研究中心正式挂牌开工。国家成都农业科技中心暨都市农业研究所共建协议正式签署

2017年，中国农业科学院多形式、多层次传达学习习近平新时代中国特色社会主义思想，切实把全院干部职工的思想和行动统一到党的十九大精神上来

2017年，中国农业科学院严格党内政治生活，扎实推进“两学一做”学习教育常态化制度化，各级党组织的政治核心作用、战斗堡垒作用和广大党员的先锋模范作用进一步凸显

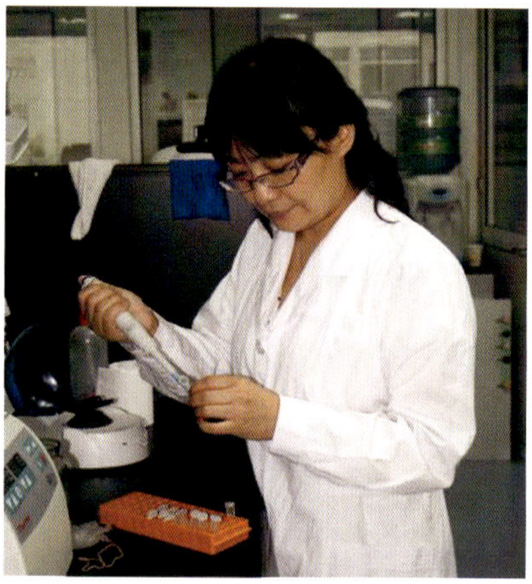

2017年，中国农业科学院大力营造良好的科研氛围，切实加强精神文明建设，继续抓好创新文化建设，相关单位（集体）和个人荣获了一系列表彰

2017年，中国农业科学院落实全面从严治党责任，持续推进中央巡视整改，举办34场宣讲活动，开展五个领域专项整治，坚持把纪律挺在前面，筑牢廉政风险防控“堤坝”

中国农业科学院年鉴

2017

中国农业科学院办公室　编

中国农业科学技术出版社

图书在版编目（CIP）数据

中国农业科学院年鉴 . 2017 / 中国农业科学院办公室编 . —北京：中国农业科学技术出版社，2018. 12

ISBN 978-7-5116-3581-5

Ⅰ. ①中…　Ⅱ. ①中…　Ⅲ. ①中国农业科学院-2017-年鉴　Ⅳ. ①S-242

中国版本图书馆 CIP 数据核字（2018）第 059929 号

责任编辑　史咏竹　李　雪
责任校对　贾海霞

出 版 者　中国农业科学技术出版社
北京市中关村南大街 12 号　邮编：100081
电　　话　(010)82105169(编辑室)
(010)82109702(发行部)
(010)82109709(读者服务部)
传　　真　(010)82109707
网　　址　http://www.castp.cn
经 销 者　各地新华书店
印 刷 者　北京地大天成印务有限公司
开　　本　787mm×1 092mm　1/16
印　　张　58. 5　　插页　20 面
字　　数　1 356 千字
版　　次　2018 年 12 月第 1 版　2018 年 12 月第 1 次印刷
定　　价　268. 00 元

《中国农业科学院年鉴 2017》

编辑委员会

目 录

一、总 类

二、科研创新与创新工程

三、科技兴农

四、国际合作与海峡两岸交流

五、人事管理与人才建设

六、计划财务管理与条件建设

七、研究生教育与管理

八、综合政务管理

九、党的建设、思想政治和党风廉政工作

十、人物介绍

十一、大事记

十二、附　　录

一、总　　类

中华人民共和国农业部部长韩长赋
在中国农业科学院建院60周年庆祝大会上的讲话

2017年5月26日

同志们：

在繁花似锦、万物葱茏的仲夏五月，我们欢聚一堂，隆重庆祝中国农业科学院建院60周年，表彰重大成就和先进模范人物，很有意义。在此，我代表中共农业部党组，向中国农业科学院60周年华诞表示热烈祝贺！向受表彰的科学家和同志们致以崇高的敬意！向全院干部职工致以诚挚的问候！并借此机会，向全国农业科技工作者以及长期以来支持中国农业科技事业发展的各界人士表示衷心的感谢！

中国农业科学院成立60周年，是我国农业科技界的喜事，习近平总书记发来贺信，李克强总理作出批示，汪洋副总理专程到院参观建院60周年成就展，并看望慰问农业科技工作者，这些都充分体现了中共中央、国务院对农业科技工作的高度重视、对中国农业科学院的亲切关怀。习近平总书记的贺信和李克强总理的批示，充分肯定了中国农业科学院60年来取得的重大成就，高度评价了中国农业科学院在推动农业科技进步中做出的重要贡献，为新时期“三农”事业发展和农业科技创新指明了方向。我们要认真贯彻落实习近平总书记重要指示、特别是“三个面向”的号召，和李克强总理重要批示精神，按照汪洋副总理提出的要求，进一步增强责任感、使命感和紧迫感，紧扣“三农”发展重大需求，“顶天立地”搞好科研、矢志不渝服务“三农”，努力开创农业科技工作新局面，为引领我国从农业大国向农业强国迈进做出新的更大的贡献。借此机会，我讲3点意见。

一、中国农业科学院在服务国家目标、引领农业科技进步中做出了历史性贡献，值得充分肯定

中华人民共和国从成立之初就高度重视农业科学技术发展，1957年中共中央正式批准组建中国农业科学院，这是中国农业科技发展史上的里程碑，标志着新中国从此有了一支农业科技“国家队”。建院60年来，中国农业科学院与全国农业科研单位一道，心系“三农”，矢志科研，创造了不平凡的业绩，在我国农业科技发展中的骨干引领作用不断增强，在国际农业科技舞台上的影响力不断提升。尤其是党的十八大以来，中国农业科学院全面实施农业科技创新工程，牵头组建国家农业科技创新联盟，不断深化体

制改革，调整优化学科布局，加强人才团队建设，拓展国际合作空间，全院科技创新能力和对现代农业发展的支撑引领能力明显增强。

一是取得了一大批重大科技成果，为巩固农业基础、推进农业现代化建设提供了有力支撑。60年来，中国农业科学院在国家农业科技布局中始终发挥着核心和“领头羊”作用，共获得各类成果奖励3 242项，其中国家奖占农业领域的1/3。取得了一批国际领先的原创性科技成果，在世界上首创矮败小麦及配套育种方法、水稻“三系”配套育种方法，发现并建立了蝗虫、黏虫、小麦条锈病等重大害虫流行规律和防治技术体系。育成了一系列粮棉油果蔬等农作物新品种，抗虫棉花新品种的培育打破了国外抗虫棉品种的垄断，创建了世界上单体最大、原生资源最多、总量世界第二的农作物种质资源保存体系。攻克了制约畜牧业发展的重大动物疫病，系统建立了动物疫病防控技术研发体系，为有效控制口蹄疫、禽流感等畜禽传染病，促进现代畜牧业发展做出了开拓性贡献。

二是开展了一系列“三农”重大问题研究，为中央决策发挥了重要智库作用。60年来，中国农业科学院充分发挥学科门类齐全、科技人才聚集的优势，组建了农业经济与政策顾问团等智库组织，围绕我国农业、农村经济和农业科技发展中的重大问题，加强宏观战略研究，为国家决策提供了科学依据。牵头谋划了全国农业科研力量和学科布局，为国家主要农作物优势区域布局奠定了基础。主持开展了粮食产销区域平衡研究和中国中长期食物发展战略研究，为中国食物结构和发展纲要的颁发提供了重要参考。组织开展了气候变化对农业发展影响及对策研究，为我国气候变化谈判和环境外交提供了技术支撑。

三是培养了一大批优秀农业科技人才，形成了严谨求实、勇攀科技高峰的创新文化。60年来，中国农业科学院认真贯彻落实中央决策部署和方针政策，大力营造良好的创新文化，培养造就了一大批科技精英，涌现出一大批两院院士、知名科学家、全国劳动模范和全国先进科技工作者。几代农科人胸怀报国富民之志，始终以推动农业科技进步为己任，薪火相传，以崇高的理想信念、甘于寂寞的奉献精神、攻坚克难的实际行动，向世界证明，中国人有信心、有能力攀登世界农业科技高峰。尤其党的十八大以来，中国农业科学院贯彻落实全面从严治党要求，把党的建设与农业科研及其他各项工作有机结合，尊重、激励全院科技人员和全体职工的首创精神，加强精神文明和创新文化建设，推进农业科技事业持续健康发展。

回望60年的发展历程，令人感慨，催人奋进。一代又一代的中国农业科学院科研人员、管理人员、后勤人员，牢记职责使命、奋力拼搏进取，付出了心血汗水，贡献了智慧力量，为推动农业科技进步、保障国家粮食安全、促进农业农村经济发展，以及中国农业科学院的发展壮大作出了卓越贡献。今天，中国农业科学院已经成为中国农业科技进步事业的火车头，已成为具有国际先进水平的农业科技创新中心，这将进一步激励中国农业科技事业更加自信有力地走向世界前列。

二、深入贯彻习近平总书记重要指示精神，推动我国农业科技整体提升

科技创新是经济发展、社会进步、国力增强的核心要素。在去年5月召开的全国科技创新大会、两院院士大会和中国科协第九次全国代表大会上，习近平总书记强调必须坚持走中国特色自主创新道路，加快各领域科技创新，掌握全球科技竞争先机。这为我们加快推进农业科技创新提供了根本遵循。

习近平总书记高度重视农业科技创新。党的十八大以来，总书记多次就农业科技创新发表重要讲话，提出了许多新理念、新思想、新战略。特别是2013年11月在山东省农业科学院考察时，全面系统对农业科技创新作出了重要指示。关于农业科技创新的意义，总书记强调，农业的出路在现代化，农业现代化关键在科技进步和创新；我们必须比以往任何时候都更加重视和依靠农业科技进步，走内涵式发展道路。关于农业科技创新的导向，总书记强调，矛盾和问题是科技创新导向，解决瓶颈制约始终是农业技术进步的主攻方向；要适应资源禀赋和发展阶段的变化适时调整农业技术进步路线。关于农业科技创新的路径方法，总书记强调，科技创新、制度创新要协同发挥作用，两个轮子一起转；我们最大的优势是我国社会主义制度能够集中力量办大事，过去我们取得重大科技突破依靠这一法宝，今天我们推进科技创新跨越也要依靠这一法宝。关于农业科技人才队伍建设，总书记强调，农业农村人才是强农兴农的根本，要加强农业科技人才队伍建设，重点是提升基层农技人员素质，加强新型职业农民培训。总书记的这些重要论述，体现了对中国特色农业现代化道路和农业科技创新规律的深刻把握，为加快农业科技创新指明了方向。我们农业科研部门要深入学习领会，全面贯彻落实。

当前，我国经济发展进入新常态，工业化、信息化、城镇化、市场化、国际化深入推进，农业发展的内外部环境发生深刻变化，资源约束趋紧、生态环境透支、生产成本提升，农业生产规模、经营组织方式、劳动力结构等都与以往明显不同，我国已进入传统农业向现代农业加快转变的关键阶段。在新的历史阶段，中国农业科学院要立足世界科技前沿、瞄准国家重大需求，紧跟形势变化，把握发展方向，围绕中心、服务大局，推动创新发展，加快建设世界一流学科和一流科研院所。一要服务于农业供给侧结构性改革这个主线。农业供给侧结构性改革是一场深刻变革，对科技创新要求迫切，中国农业科学院要主动入位，紧紧围绕提高农业质量效益和竞争力这个核心目标，合理调整科技研发的重点和主攻方向，在推动农业产业结构、产品结构、区域结构、技术结构、经营结构调整优化等方面发挥积极作用，推动农业发展从“量”的增长向“质”的提高转变。二要服务于农业现代化这个大目标。党的十八届五中全会和“十三五”规划纲要明确提出，农业现代化要取得明显进展；《全国农业现代化规划》明确了“十三五”的发展思路、战略重点、目标任务等。中国农业科学院要紧紧围绕保供给、保收入、保生态这三大重要任务，加大科技创新力度，为现代农业建设插上科技的翅膀。三要服务

于农业生产实践这个主战场。农业科技要姓农、为农、强农。当前，农业生产先进实用技术仍然欠缺，有的不好用，有的农民用不起。中国农业科学院要紧紧围绕解决农业生产实践中的技术瓶颈，面向普通农户和规模化经营主体，鼓励农业科研人员深入基层、深入一线，把广阔的农村作为农业科研最大的实验室，把论文写在大地上，把成果留在农民家。

为此，我们要把握以下几方面重点。

第一，要抢占世界农业科技革命制高点。当今世界新一轮农业科技革命蓄势待发，无论是在广度上还是在深度上都是前所未有的。中国农业科学院要有世界眼光、前沿意识，勇挑重担、勇攀高峰，在重大科学理论发现上抢占先机，在重大前沿技术突破上快人一步。要加强基础理论研究，在农业生物生长发育机理、重要性状和品质形成规律、资源高效利用机制、农业信息获取与分析、食物营养健康等方面突破一批重大基础理论和方法，不断夯实农业科技创新的理论基础。要加强重大前沿技术研究，在以基因组学等为核心的现代农业生物技术，以大数据、云计算等为代表的前沿农业智能技术，以新能源、新材料等为代表的低碳循环农业技术等方面，加快形成创新优势。要加强颠覆性技术研究，在合成生物技术、基因编辑技术、动植物天然免疫技术等方面，力争实现弯道超车，带动农业产业格局重大调整。

第二，要找准农业科技创新着力点。加快推动农业发展提质增效升级，关键要依靠科技创新实现动力换挡和动能转换。适应新形势新要求，中国农业科学院要加快调整创新方向和重点。一是优化技术结构，更加注重数量质量效益并重。要在研究高产技术的同时，完善技术路径，着力在推进绿色、优质、高效、安全生产上下功夫，大力提高我国农业综合效益和国际竞争力。二是树立“大农业”观，更加注重粮棉油、肉蛋奶、果菜茶等全品种生产。要在为“谷物基本自给、口粮绝对安全”提供技术支撑的同时，加快畜牧业科技创新，大力发展优势、特色农产品生产技术，满足多样化、个性化、功能化的农业消费需求。三是着眼全产业链，更加注重种养加、资源环境等全过程全要素。要在研究农业种养技术的同时，提高畜禽粪污、作物秸秆、农膜等资源化利用和农产品加工的技术水平，加快发展资源节约型、环境友好型、生态保育型的生态循环农业，促进农业可持续发展。

第三，要把握农业科技创新关键点。科技创新、制度创新要协同发挥作用，两个轮子一起转，才能更好地实现创新驱动农业发展。中国农业科学院要进一步深化科技体制机制改革，不断调动和激发创新活力。要强化需求导向。着眼解决科研与市场“两张皮”问题，立足产业需要和市场需求，优化研究任务设计、创新团队组织、创新平台布局，着力推动实现从科学研究、实验开发到推广应用的三级跳。要强化协同创新。着眼形成推进农业科技创新的强大合力，发挥国家农业科技创新联盟和现代农业产业技术体系的平台抓手作用，加快学科交叉融合和集成创新，改变单个学科、单项技术、单兵作战的格局。要强化政策激励。着眼调动科技人员积极性，积极实行以增加知识价值为导向的分配政策，提高科研人员成果转化收益分享比例，探索对创新人才实行股权、期权、分红等激励措施，落实绩效工资新政策，让优秀科技人才“名利双收”。

三、加强人才队伍和自身建设，打造世界一流学科和一流科研院所

成就代表过去，使命引领未来。当前，我国农业正处在深刻转型、加快现代化建设的关键阶段，迫切需要加快农业科技进步，迫切需要创新性农业科技成果，这是中国农业科技的使命和机遇。中国农业科学院作为“国家队”，一定要不辱使命，百尺竿头、更进一步，努力提升创新实力，多出成果多出人才。为此，一定要下大力气加强人才队伍和自身建设，早日打造成农业科研领域的世界一流学科和一流科研院所，带动我国农业科技整体实力率先进入世界先进行列。

一要坚持科研立院，弘扬潜心科研、献身“三农”的价值追求。作为农业科研工作者，要始终坚定攀登科学高峰、服务“三农”发展的理想信念，把推动农业科技创新发展作为毕生的事业追求；作为农业科研“国家队”，要坚守立院之本，弘扬科学精神。要树立不畏艰辛、追求卓越的思想境界。农业科研工作要能耐得住清贫，守得住寂寞，不忘初心，保持定力。历经57年风雨磨炼的“中棉所精神”就是对不畏艰辛、执着追求、大胆创新、勇攀高峰的最好诠释。要鼓励和引导广大科技人员不断提高思想精神境界，发扬优良传统，勇于拼搏、甘于奉献。要营造勇于创新、脚踏实地的学术氛围。农业科研具有周期长、风险大的特点，要在全院营造出鼓励探索、宽容失败的良好氛围；要继承和发扬“祁阳站精神”，鼓励农业科研人员扎根基层搞科研，身上沾满泥土，手上捧出硕果。要弘扬学术诚信、科学严谨的优良学风。科学是老老实实的学问，容不得半点虚假。要加强学风建设，健全学术道德监督问责机制，加强学术失范行为监督，树立科学道德典范。

二要坚持人才兴院，打造一支高素质的农业科技人才队伍。人才是农业科技创新的根本，要坚持推进人才兴院战略，加快科技人才队伍建设，引领农业科技进步。要坚持国家队定位，打造农业科技人才培养“新高地”。依托重大项目，积极争取万人计划、农业科研杰出人才计划等支持，重点培养一批适应国际科技竞争的高水平人才。实施好“青年人才工程”，选拔培养一批增强发展后劲的优秀青年人才。依托国家农业科技创新联盟和现代农业产业技术体系等平台，培养造就一批满足生产需求的实用科技人才。青年科技工作者是幸运的，遇上了国家富强、民族复兴、干事创业、报国有门的大好时代，应珍惜机遇、珍惜年华、砥砺奋斗、奉献才智，创造不负时代、不负青春的业绩。中国农业科学院应当成为我国农业科技人才，特别是青年人才成长的摇篮。要创新人才发展思路，打造全国农业系统人才建设“试验田”。抓住扩大科研院所自主权改革的宝贵机会，转变用人方式，赋予用人单位更多的自主权，支持在编制内、岗位内探索更加灵活的人才引进、管理和使用机制。探索建立分类别、分领域、分岗位评价制度，突出科研成果与产业需求的关联度、技术研发的创新度和对产业发展的贡献度。创新服务方

式，做好工作和生活保障，用事业吸引人、用感情留住人、用待遇稳住人。要关心职工，改善工作条件，提高职工获得感，激发每一个人的积极性。

三要坚持党建强院，提升党建工作水平。中国农业科学院党员数量近8 000名，党员干部知识层次高、分布广，要坚持业务与党建两手抓两手硬，全面加强党的建设，认真落实“两个责任”，持续提升全面从严治党水平，为推进农业科技创新提供坚强的思想组织保障。要牢固树立“四个意识”。坚持把学习习近平总书记系列重要讲话和治国理政新理念新思想新战略作为重要政治任务，通过学习不断增强“四个意识”，自觉维护以习近平同志为核心的党中央权威。这是政治上的要求，也是做好各项工作的保证。要扎实推进“两学一做”学习教育常态化制度化。坚持把党建工作摆在突出位置，组织广大党员认真学习党章党规、学习系列讲话、做合格党员，在“学”中筑牢思想根基，在“做”中彰显先锋本色，按照“四讲四有”标准，真正做到“四个合格”。无论是科研工作者，还是党务、行政管理者，都要做忠诚、干净、担当的合格党员。

同志们，中国农业科学院已经步入第二个甲子，踏上了续写华章的新征程。让我们更加紧密地团结在以习近平同志为核心的党中央周围，勇攀高峰、率先跨越，献身科技、服务“三农”，为实现“两个一百年”奋斗目标、实现中华民族伟大复兴中国梦做出新的更大贡献！

中国农业科学院院长唐华俊在中国农业科学院建院60周年表彰大会上的致辞

尊敬的韩部长、各位领导、各位来宾、女士们、先生们：

今天，我们怀着喜悦和激动的心情，举办中国农业科学院建院60周年表彰大会。在此，我谨代表中国农业科学院全体职工，向百忙中出席会议的各位领导、各位来宾表示热烈的欢迎！向长期以来关心、支持和帮助我院的各级政府部门、兄弟科研院所、高等院校及社会各界，表示诚挚的谢意！向60年来为我国农业科技事业辛勤工作，为我院改革发展做出贡献的全院干部职工和广大离退休老同志表示崇高的敬意！

中共中央、国务院始终高度重视农业科技和中国农业科学院的发展。邓小平、江泽民、胡锦涛等党和国家领导人都先后来我院视察指导。习近平总书记为建院60周年发来贺信，肯定了中国农业科学院对我国“三农”事业作出的贡献，并希望中国农业科学院在新的起点上，加快建设世界一流院所，引领农业科技创新，为国家现代化建设和中华民族伟大复兴作出新的更大贡献。李克强总理也作出了重要批示，要求中国农业科学院不断提升农业科技创新能力和国际竞争力，有力支撑驱动农业现代化、促进“四化同步”。昨天，汪洋副总理考察了建院60周年成就展，要求我们加快科技创新步伐，在现代农业发展和农业供给侧结构性改革进程中，发挥国家队的重要作用。党和国家领导人的亲切关怀和肯定，鼓舞着一代又一代农科院人为农业科技事业拼搏奋斗，是我们砥砺前行的宝贵财富和精神力量。

60年风雨兼程，60年初心不改。中国农业科学院自1957年建院以来，始终牢记发展我国农业科技事业的光荣使命，锐意进取、执着奋斗，逐步建设成为我国规模最大、学科最全、综合研究实力最强、在国际上有重要影响力的国家级农业科研机构，承担全国农业重大基础与应用基础、应用研究和高新技术研究任务，着力解决农业及农村经济发展中基础性、方向性、全局性、关键性重大科技问题，充分发挥了农业科研国家队的重要作用。

60年薪火相传，60年人才辈出。中国农业科学院始终保持着一支充满活力的高素质人才队伍，培养和造就了一批一流科学家。丁颖、金善宝、陈凤桐等创院先辈成为新中国农业科技的奠基人，30位两院院士先后在我院工作，涌现出一大批中青年杰出人才，形成了引领我国农业科技创新的战略力量。60年的农业科技事业传承，形成了具有鲜明特色的农科创新文化，广大科研人员严谨求实、追求真理，耐得住寂寞、守得住清贫，营造了崇尚科学、鼓励创新、宽容失败的文化氛围和价值理念，“执着奋斗、求实创新、情系三农、服务人民”的祁阳站精神，成为全国农业战线的一面旗帜。

60年执着奋斗，60年成绩斐然。中国农业科学院坚持面向国家重大需求和国际科技前沿，攻坚克难、开拓创新，取得了一系列举世瞩目的科研成果。60年来，共获得各类科技成果6 000多项，其中获奖成果2 400多项，国家科技奖励成果320余项。实现了杂交水稻、超级稻、杂交玉米、转基因抗虫棉、矮败小麦、杂交油菜等一系列重大核心技术的突破；取得了中低产田改造、重大病虫害综合防治等一大批科研成果；建立了瘦肉猪、蛋鸡、奶牛、肉羊等良种繁育体系，研究出优质高效配合饲料和集约化养殖技术，猪瘟、牛瘟、马传贫、口蹄疫、禽流感等重大疫病高效疫苗；创立了水稻、小麦品种光温反应特性理论，发现并建立了蝗虫、黏虫、小麦条锈病等重大病虫害流行规律和防治技术体系。这些具有国际先进水平的自主创新成果在生产上推广运用，为推动我国农业科技进步，保障国家粮食安全、促进农村社会经济全面发展做出了重要贡献。

60年来，中国农业科学院致力于打造国家农业科技创新平台。目前拥有34个专业研究所，以及研究生院和农业科技出版社，建成了6个国家重大实验室、20个部级重点实验室、29个国家及部委质量监督检测中心、13个国家农作物改良中心和分中心，建成了世界最大的畜禽品种动物体细胞库和世界第二大的农作物种质资源库、亚洲最大的国家农业图书馆及我国农业领域唯一的国家重大科学工程。牵头组建国家农业科技联盟，逐步形成了综合实力较强的国家农业科技创新中心。

党的十八大以来，中国农业科学院适应新形势新要求，贯彻落实创新驱动发展战略，大力实施科技创新工程，不断深化科技体制改革，积极探索具有中国特色的农业科技创新道路。一是坚持“顶天立地”创新方向，聚焦国际科学前沿和农业产业发展重大技术需求，加快创新步伐，发挥科技对农业的引领支撑作用。二是积极探索成果转化新机制，加快科技成果落地生根。牵头组建全国农业科技成果转移服务中心、国家种业科技成果产权交易中心等成果转化平台，率先在全国开展种业科研成果机构与科研人员权益比例试点。组织开展水稻、小麦、玉米、生猪、奶牛等九大农业产业绿色增产增效模式研究示范，把优质高产新品种与新技术进行集成配套，开展全产业链集成创新转化，解决农业科技成果落地难问题。三是加快推进国家农业科技创新联盟建设。打破部门、学科、区域界限，改变单兵作战和单项技术创新模式，统筹上中下游科技资源，开展联合攻关，探索建立了全国农业科研布局“一盘棋”、项目研发“一条龙”、技术方案“一体化”的协同创新格局。通过全面推进改革创新，有效激发创新活力，全院成果产出持续增加，产业支撑显著增强，创新能力和整体实力迈上了新台阶，充分发挥了改革排头兵、创新国家队、决策智囊团的作用。

在回望60年成就之际，我们要感谢党中央、国务院和国家有关部委各级领导给予的亲切关怀和指导，感谢各省市农业科研机构、高等院校和社会各界给予的鼎力支持和帮助。

我们要感谢老一辈农业科技事业的开拓者，是他们的艰辛创业，为中国农业科学院今天的辉煌成就奠定了坚实基础，为明天的快速发展创造了宝贵的物质和精神财富。

我们要感谢正在为中国农业科学院的发展而默默奋斗的每一位农科院人，他们辛勤耕耘、默默奉献，淡泊名利、追求卓越，取得了一批又一批重大科研成果，创造了一项又一项改革创新的优良业绩，为我国农业科技事业快速发展贡献了重要力量！

随着国家综合实力的全面提升，“一带一路”倡议的加快实施，我国农业科技发展也进入了一个全新的时代。习近平总书记在2016年全国科技创新大会上指出“要在我国发展新的历史起点上，把科技创新摆在更加重要位置，吹响建设世界科技强国的号角”，2013年在山东考察时指示“要给农业插上科技的翅膀”。中国农业科学院将深入贯彻落实党中央关于农业科技创新的精神和部署，以60年为新起点，牢记农业科研国家队使命，积极面向世界农业科技前沿、面向国家重大需求、面向现代农业建设主战场，着力突破产业发展的核心关键技术，集成建立区域现代农业技术系统，培育具有革命性影响的重大成果，强化农业科技成果转化与应用，加快全球农业科技战略布局，为推进农业供给侧结构性改革和现代农业发展做出新的更大贡献。

60年风华正茂，60年重装再发。我们坚信，在以习近平同志为核心的党中央英明领导下，在各部委领导的关怀支持下，在兄弟单位和社会各界的关心帮助下，在全院职工的共同努力下，中国农业科学院一定能够不断取得新的更大的成绩。让我们继往开来，同心协力，勇担重任，勇攀高峰，共同推动我国农业科技水平迈入国际先进行列，在中华民族伟大复兴的进程中昂首阔步，再创辉煌！

深入贯彻落实党的十九大精神
努力开创新时代中国农业科学院工作新局面

——中国农业科学院 2018 年工作会议报告

农业农村部党组成员、中国农业科学院院长　唐华俊

同志们：

今年的院工作会议，与往年相比，意义十分重大。2017 年正值我院建院 60 周年，习近平总书记专门发来贺信，对我院明确提出了“三个面向”“两个一流”和“整体跃升”的发展要求，指明了中国农业科学院未来的发展方向。举世瞩目的党的十九大胜利召开，中国特色社会主义进入了新时代，在习近平新时代中国特色社会主义思想的指导下，开启了建设社会主义现代化强国的新征程。站在中国特色社会主义新时代和中国农科院一个甲子年的新起点，我们必须牢记农业科研国家队的使命，振奋精神，锐意进取，绝不辜负习近平总书记对我院的殷切期望，绝不辜负新时代赋予我院的历史重任。

前不久刚刚结束的中央农村工作会议、全国农业工作会议，深刻阐述了实施乡村振兴战略的重大意义，对“三农”工作作出了重要部署。我们这次会议的主要任务是，认真学习贯彻习近平新时代中国特色社会主义思想和党的十九大精神，贯彻落实中央经济工作会议、中央农村工作会议以及全国农业工作会议精神，认真总结 2017 年中国农科院工作，全面分析面临的新形势新任务，研究部署 2018 年和今后一个时期的工作。

一、2017 年各项工作取得长足进步，发展基础进一步夯实

2017 年是中国农业科学院发展史上非常重要的一年，也是成果丰硕的一年。在总书记贺信精神指引激励下，全院上下团结一心、积极进取、扎实工作，促改革、求创新、谋发展，各项工作取得了显著成效。

（一）建院 60 周年系列活动圆满举办

建院 60 周年之际，习近平总书记专门发来贺信，李克强总理作出批示，汪洋副总理专程来农科院考察调研和看望广大干部职工，这是我院发展历史上里程碑式的大事，

充分体现了中共中央、国务院对农业科技工作的高度重视和关心。召开建院60周年成就展暨表彰大会，重温60年光辉历程，表彰30项重大科技成就，主办国际农业科技发展峰会，用《大地丰碑》宣传片和《中国农业科学院60年》成果集展现了几代农科院人为国家干事业，为农业谋发展，为农民谋福祉的非凡业绩。院党组及时召开专门会议，制订工作方案，对学习贯彻落实习近平总书记贺信精神进行全面部署，全院上下迅速开展了一系列学习贯彻活动，切实把思想和行动统一到贺信精神上来，切实用贺信要求统领各项工作，极大地激发了广大科技人员创新活力和创造激情。2017年年底，我们又将贯彻落实情况向习近平总书记进行了专门汇报。

（二）科研立项与重大成果产出再获丰收

创新工程的引领作用进一步凸显。组织召开了科技创新工程全面推进期工作会议，启动了19个协同创新任务项目，初步建立了以创新工程为引领，以大项目、大成果为目标的资源配置机制。国家科技计划立项再获丰收。新增主持各级各类课题2 222项，年合同经费达20.6亿元。国家重点研发计划获得32个项目，中央财政支持经费9.35亿元，立项数占农口的22.8%，经费占25.1%，继续保持显著占位优势。国家自然科学基金资助项目310项，获得资金支持1.54亿元。其中，重大研究计划项目1项、优青项目①2项、其他重大类项目6项，杰青项目②时隔5年再次取得突破，首次获得国家重大科研仪器研制项目。重大科技成果不断涌现。全院共取得获奖成果114项。以第一完成单位荣获国家科技奖7项，占农业领域授奖总数的23.3%，其中“蜂产品加工新技术及应用”获国家技术发明二等奖，“中国野生稻资源调查与利用”等6项成果获国家科技进步二等奖。“盲蝽类重要害虫绿色防控”等11项成果获2016—2017年度中华农业科技奖一等奖，占一等奖总数的27.5%，“旱作农业”等4个团队获中华农业科技优秀创新团队奖。“新型饲用抗生素替代品”等29项成果获省级一等奖。评选产生中国农科院杰出科技创新奖10项、青年科技创新奖5项。全院共发表SCI/EI论文2 516篇，同比增长16.6%，出版著作321部。以第一署名单位在*Science*、*Nature*、*PNAS*、*Cell Research*、*Global Change Biology*等国际高水平期刊发表论文23篇。这些重大成果彰显了国家队的实力和地位。强化农业宏观战略研究。积极参加农业绿色发展、“一带一路”农业合作等重大问题调研、规划编制和政策创设，多项政策建议得到党和国家领导人的批示，先后发布了《中国农业展望报告（2017—2026）》《全国农业现代化评估报告》等，为政府有关部门农业宏观决策提供了理论依据和科学支撑。

---

① 优秀青年科学基金项目，全书简称优青项目或优青。

② 国家杰出青年科学基金项目，全书简称杰青项目或杰青。

（三）创新联盟建设与院地合作开创新局面

国家农业科技创新联盟取得可喜进展。重点建设了 20 个标杆联盟。由牧医所牵头的奶业联盟，把全国 21 家大型乳制品企业牢牢吸引到联盟平台，加大品质优异、营养健康的奶制品开发力度，大幅度提升了企业应对进口冲击的能力。由棉花所牵头的棉花联盟，通过全产业链一体化机制创新，找出一条解决棉花产业传统困境的新路子，为促进我国棉花产业供给侧结构性改革树立了典范。由环发所牵头的农业废弃物联盟，开展京津冀养殖废弃物综合利用科技联合行动，为改善区域环境质量、促进农业绿色发展提供了科技支撑。绿色增产增效技术集成与示范成效显著。深入实施 12 个技术集成与示范项目，集成 180 多项技术，构建 38 套生产模式，建立试验示范基地 120 个，示范面积 15 万亩①，带动区域 100 多万亩，示范奶牛、肉羊、生猪 40 多万头，覆盖全国 18 个省份，大大促进了农业产业提质增效、绿色发展。全面推进科技精准扶贫。重点帮扶太行山区的阜平、秦巴山区的安康等贫困地区，制定了精准帮扶方案，派出干部挂职，实施科技项目，开展技术培训，有效促进了当地特色农业产业发展，加快了贫困地区脱贫致富的步伐。同时，加大援疆援藏工作力度，为新疆②西藏③选派 8 名干部挂职，深化与新疆生产建设兵团、西藏农牧科学院等科技战略合作。强化农业科技成果转化。全年获发明专利 673 件，实用新型专利 905 件，植物新品种权 79 件，有 8 项专利获得中国专利优秀奖。科技成果转化收入 5.36 亿元，同比增长 11.9%。

（四）科研基础设施建设取得新成绩

国家重点实验室评估取得佳绩。经过院所共同努力，中国农业科学院 6 个国家重点实验室顺利通过科技部④评估，其中，兽医生物技术、水稻生物学 2 个实验室被评为优秀。试验基地管理服务水平稳步提升。组织召开首次全院基地管理工作会议，出台了试验基地管理 24 条意见，进一步加强基地考核评价，推进管运分离，南口、廊坊、新乡 3 个院属综合基地机制改革基本到位。重大战略性科研布局稳步推进。新疆昌吉西部农业研究中心正式挂牌，完成了 205 亩建设用地、2 000亩试验用地划拨，基本建设顺利开工。国家成都农业科技中心暨都市农业研究所共建协议正式签署，争取地方 10 亿元基建投资、3 000亩试验用地和每年 3 000万元专项科研经费。积极参与雄安新区建设，拟定了“三农”发展规划、政策创设和重大科学平台共建等合作协议。基础条件建设成效明显。今年共完成投资 3.28 亿元，同比增长 42%，28 个项目通过竣工验收。国家作

---

① 1 亩≈667 平方米，全书同。

② 新疆维吾尔自治区，全书简称新疆。

③ 西藏自治区，全书简称西藏。

④ 中华人民共和国科学技术部，全书简称科技部。

物种质库建设取得积极进展，国家动物疫病防控高级别实验室通过项目初验，国家畜禽改良中心完成验收，科研条件、支撑能力进一步提升。

（五）农业科技国际合作成果丰硕

农业科技全球布局进一步完善。贯彻落实“一带一路”倡议和农业“走出去”方针，发布了海外中心发展规划，与相关国家新建农业联合实验室 23 个，巩固提升 16 个，打造农业科技国际合作新格局。近几年，我院与发达国家建立了联合实验室，既引进了我们想要的思想、技术、方法和材料，又输出了我院比较成熟的技术和产品，国际合作形式发生很大的变化。国际合作引领作用不断增强。牵头全国农业科研单位，与国际农业研究磋商组织（CG）、欧盟（EU）、金砖五国（BRICS）、东盟以及二十国集团（G20）开展了广泛的农业科技合作。全球农业科技协作进一步加强。组织召开“一带一路”、中非“10+10”、亚太经合组织农业工作组会议、中国—欧盟等大型农业科技研讨会 20 多次，积极推动了一批国际性重大科技项目、基金项目、大科学计划与我院优势学科对接，为我院发起国际性大科学计划储备经验。国际合作更加深入，成效初显，2017 年全院共获批国际合作项目 175 项，新增经费超过 1 亿元。

（六）科研放管服深入推进

贯彻落实中央 50 号文精神。认真贯彻落实中央《关于进一步完善中央财政科研项目资金管理等政策的若干意见》，以创新管理机制和完善制度体系为抓手，出台了差旅费、会议费、横向经费、科研财务助理等 19 项管理办法，进一步为科技创新工作松绑，大大激发科技人员创新积极性。部门预算总规模再创新高。2017 年全院部门预算批复资金规模达 75. 4 亿元。其中，财政拨款 33. 7 亿元，同比增长 5. 7%；科技创新工程经费 8 亿元，加上基本科研业务费 2. 28 亿元，两项合计自主安排经费超过 10 亿元，再创历史新高，极大增强了自主性、连续性、长期性的科研安排，为农业科技创新和院所改革发展提供了重要的财力保障。

（七）干部和人才队伍建设迈上新台阶

干部队伍建设持续加强。选拔对党绝对忠诚、有战略眼光和开拓创新精神的干部进入院属单位领导班子，优化所局级班子结构，增强班子整体功能。全年完成 2 个单位的行政班子和 7 个研究所党委换届，任免部、院管理干部 148 人次。注重培养选拔年轻干部，2017 年共提拔 17 名“70 后”和 1 名“80 后”进入所级班子。人才强院战略加快实施。系统谋划部署全院人才工作，在建院 60 周年之际韩长赋部长亲自为我院启动实施青年人才工程，在深圳召开了建院以来首次人才工作会议。出台促进人才发展的 30

条改革措施；人才跨所流动、人才专项资金、人才住房租售等配套政策相继实施；强化用人主体责任，引入竞争淘汰机制。比如，作科所推出人才强所工作举措，信息所出台人才引进培养“双百”计划，水稻所制定“中稻英才计划”，这些政策措施大大激发了科技人员创新活力。2017 年，在高层次人才培养方面，王汉中研究员、陈化兰研究员分别当选中国工程院院士和中国科学院院士，新增国家杰青、千人计划、万人计划等国家级人才 50 余人次，新引进青年英才 29 人，择优支持青年英才 34 人。实施农科英才特殊支持办法，遴选农科英才 259 名。研究生教育规模质量实现“双升”。招生规模再创新高，全年累计招生 1 591人，同比增长 10. 5%。其中招收博士生 335 人，增长 22%，为我国农业发展培养了大批高层次农业科技人才。学科建设取得显著成效，在全国第四轮学科评估中，作物学、植物保护、畜牧学、兽医学 4 个学科被评为 A+，生物学、农业资源与环境 2 个学科被评为 A-，A 类学科数占参评学科数的 42. 9%。

（八）新时代党的建设取得新进展

切实加强政治思想建设。把加强党的建设作为重大政治任务摆在首要位置。多形式、多层次传达学习习近平新时代中国特色社会主义思想，切实把全院干部职工的思想和行动统一到党的十九大精神上来。夯实基层党组织基础，实现党务工作机构全覆盖。严格党内政治生活，扎实推进“两学一做”学习教育常态化制度化，规范研究所党委参与“三重一大”决策，开展“院地共建支部，服务农村基层”主题党日活动，各级党组织的政治核心作用、战斗堡垒作用和广大党员的先锋模范作用进一步凸显。继续抓好文明单位创建，4 个单位（集体）和个人分别荣获“全国文明单位”“全国巾帼文明岗”和“全国三八红旗手”称号。落实全面从严治党责任。出台贯彻落实《中国共产党问责条例》实施细则和贯彻中央八项规定实施办法。持续推进中央巡视整改，对 6 个所分别开展专项巡视和“回头看”。举办 34 场“全面从严治党主体责任和科研放管服”宣讲活动，做到党员干部、科研人员全覆盖，既激发创新活力，又强化底线意识、红线意识。拉长监督探头，开展院所办企业、试验基地、学会协会、期刊杂志、质检中心五个领域专项整治，筑牢廉政风险防控“堤坝”。坚持把纪律挺在前面，充分运用“四种形态”，抓早抓小，对违纪违规行为敢于动真碰硬，问责一个，警醒一片，形成不敢腐的震慑。

（九）院区服务和保障水平持续提升

院区环境更加优美。推进院区供热降氮改造，全面实现院区清洁供热，得到地方政府高度肯定和广大居民欢迎。职工生活更加便利。进一步提高职工就餐就医服务水平，改善就餐环境，在小医院加装电梯。幼儿园获评“一级一类示范园”称号。增设新能源汽车充电桩，不断改善服务设施。离退休服务工作继续加强。认真为离退休职工办好事办实事，组织了理论学习、文体健身、建言献策等系列活动，受到了上级有关部门表彰。平安院区建设成效显著。经过全院上下的共同努力，保密工作、维稳工作和安全生产管理更加深入细致，被农业部①授予“平安建设先进单位”称号。

2017年我院取得的各项成就，归功于中共中央、国务院的高度重视，归功于农业部党组的正确领导，归功于中组部②、科技部、财政部③、国家自然科学基金委员会等部门的大力支持，归功于全院广大干部职工的共同努力。在此，我代表中国农业科学院领导班子，向长期关心支持我院发展的各级领导、各界朋友以及付出辛勤汗水的全院广大干部职工，表示衷心的感谢和崇高的敬意！

二、以十九大精神为统领，加快“两个一流”建设步伐

当前我国已经进入全面建设社会主义现代化强国的新时代。农业科技发展面临前所未有的机遇和挑战，中国农业科学院作为农业科研国家队，必须以习近平新时代中国特色社会主义思想为指导，深入贯彻党的十九大精神和习近平总书记贺信精神，全面落实中央农村工作会议、全国农业工作会议的决策部署，加快“两个一流”建设步伐。

（一）深刻认识新时代对农业科技发展的新要求

深刻认识习近平总书记贺信对农业科技发展提出的新要求。习近平总书记的贺信把握世情、国情、农情，提出了“农业现代化关键在科技进步和创新”的科学论断，要求农业科技“努力抢占世界农业科技竞争制高点，牢牢掌握我国农业科技发展主动权”，对全国农业科技发展具有划时代的指导意义。贺信站在党和国家事业发展全局的战略高度，给我们提出了“三个面向”“两个一流”和“推动我国农业科技整体跃升”的要求，是我院今后建设发展的总遵循。我们要认真学习、深刻领会、系统把握、坚决贯彻，自觉用习近平总书记贺信指导新时代农业科技和中国农业科学院工作。

深刻认识加快建设创新型国家对农业科技发展提出的新要求。党的十九大提出，创新是引领发展的第一动力，是建设现代化经济体系的战略支撑，进一步强化了科技在建设现代化经济体系中的战略地位，为新时代科技发展指明了方向。在科技创新方面，强调实现前瞻性基础研究、引领性原创成果重大突破，突出关键共性技术、前沿引领技术、现代工程技术、颠覆性技术创新，对科技成果的产出质量提出了更高要求。在体制机制方面，提出深化科技体制改革，建立产学研深度融合的技术创新体系，促进科技成果转化，加强科技人才队伍建设，明确了科技体制机制改革的总体导向和政策取向。我

① 中华人民共和国农业部，全书简称农业部。2018年3月，国务院机构改革将农业部责职整合，组建中华人民共和国农业农村部。

② 中国共产党中央委员会组织部，全书简称中组部。

③ 中华人民共和国财政部，全书简称财政部。

们要明确目标、把握关键、强力攻关、重点突破，加快产出一批前沿性、战略性、革命性、颠覆性成果，为加快建设创新型国家作出应有贡献。

深刻认识实施乡村振兴战略对农业科技发展提出的新要求。党的十九大提出实施乡村振兴战略，作为新时代党和国家事业发展的七大战略之一。中央农村工作会议又专门作出了全面部署，为新时代农业农村改革发展描绘了蓝图，指明了方向。从乡村振兴的总要求来看，实现产业兴旺、做大做强，保障产出高效、产品安全，走质量兴农之路，迫切需要科技支撑；实现生态宜居、清新清净，加强环境治理和资源保护，走乡村绿色发展之路，迫切需要科技支撑；实现乡风文明、治理有效、生活富裕，同样需要加强农村政策、管理体制机制等方面研究，为政府决策提供理论依据。我们要深入研究乡村振兴科技需求，强化技术集成、成果转化和示范应用，为乡村振兴提供强力的科技支撑。

（二）准确把握我院农业科技面临的新挑战

党的十八大以来，我国农业科技有了长足发展，科技进步贡献率超过 56%。但与农业发达国家相比，我国农业科技仍然存在着一些问题，创新体系不完善，学科发展不平衡，重大标志性成果不多。据科技部咨询报告，我国农业科技仅 19%处于国际领先，17%处于并行，64%处于跟跑，加快农业科技创新体系建设，大幅度提升创新能力和水平任重道远。

就我院农业科技发展来看，还面临以下几方面的挑战和问题。

一是体制机制还不适应创新型国家建设目标的要求。中共中央、国务院在科技体制改革、科研“放管服”方面出台了一系列政策，我们有些研究所、有些同志还没有充分认识到改革的紧迫性，一些政策还没有完全吃透、还未能深入贯彻执行；科研机构分类改革与拟转企研究所的问题还没有落地，有些研究所未能抓住实施科技创新工程的历史机遇，主动改革创新，采取应对措施；院所两级科技评价体系尚不健全，分类评价、学科评价还未完全建立；创新工程增量撬动存量的激励机制尚未很好发挥作用，部分研究所依然存在小富即安的思想，担当意识、危机意识、创新意识、开放意识不足。各单位要认真思考，利用好国家改革的大好时机，利用好实施创新工程的大好机会，把研究所发展得更好。

二是科研布局和重点研究方向还不适应农业供给侧结构性改革的要求。近二三十年来，我国农作物品种和区域布局发生了重大变化，“三农”发展进入新阶段，而我们的研究方向、学科布局等还没有全面跟上和快速适应，优势学科大多集中在生产环节和传统农畜产品的技术创新上，质量兴农、绿色发展等方面研究力量相对较弱，缺少重大标志性成果支撑。在宏观战略研究方面，农科院的声音、影响还比较小，与农业科研国家队的地位还不相称。

三是人才团队和人才结构与“两个一流”建设目标还有差距。当前，科研院校的人才竞争进入白热化状态。我院科技人才的实际情况是，青年领军人才和后备人才不足，科研人员年龄总体偏大，挑大梁的主要还是“60后”，“70后”和“80后”人才断档。科研人员中研究员平均年龄51岁，团队首席平均年龄52岁。管理队伍也面临老化，院级、正所局级、副所局级领导干部平均年龄都在50岁以上，而且年龄差距不大。人才的学科分布、区域分布也很不平衡，新兴学科和交叉学科人才短缺，京外研究所引进人才困难。有些单位对引进人才的配套措施落实落地还不够有力，促进人才优先发展的良好氛围尚未形成，人才管理体制机制还不够灵活，人才创新创造活力还未充分迸发，反映出这些单位主要领导对人才“第一资源”和优先发展的重要性、紧迫性认识还不够深刻，贯彻人才工作会议的决策部署还不够积极主动。对这些问题，我们必须高度重视，采取切实有效措施加以解决。

（三）新时代中国农科院发展思路

面对新形势、新要求和新挑战，我们要从优势、特色和新兴前沿等多角度，再思考、再认识中国农业科学院的战略目标，紧跟党中央步伐，主动融入加快建设创新型国家和实施乡村振兴战略的总体部署和工作大局，坚持用习近平“三农”思想、科技创新思想指导新时代农业科技创新工作。

1. 战略定位

一是面向世界农业科技前沿，打造全球农业科学珠峰。把握科学前沿，引领创新方向，超前部署、自主创新，勇于挑战最前沿的科学问题，提出原创性思想、作出原创性发现、产生原创性力量，在战略必争的农业基础科学和前沿技术领域要实现率先跨越，打造全球农业科学珠峰。

二是面向国家重大需求，建设国家战略性技术创新高地。紧紧围绕粮食安全、绿色发展、食品安全、农民增收、美丽乡村建设等重大农业科技需求，加大核心关键技术、共性技术和战略性技术创新，催生引领性、革命性、颠覆性重大成果，建设战略性技术创新高地。

三是面向现代农业建设主战场，成为引领全国农业产业转型升级的科技硅谷。更加注重农业应用技术创新、成果转让、示范转化、推广培训，更加注重科技与农业产业整体联动、融合发展的模式与方式，更加注重创新链、产业链、金融链的融合，促进农业产业跨越发展，建成引领农业产业转型升级的科技硅谷。

2. 发展目标

按照十九大绘制的宏伟蓝图和实施乡村振兴战略要求，为实现习近平总书记提出的“两个一流”目标，综合分析国际、国内形势和中国农业科学院的发展条件和基础，自2018年起，分三个阶段推进“两个一流”建设。

第一阶段，到2020年要初步建成一批世界一流的学科和一流的研究所，全院自主创新能力、创新效率和创新活力明显提升，科技竞争力和国际影响力显著增强，引领和支撑现代农业发展的能力持续提高，符合农业科技发展规律的体制机制创新取得新突破。培育国内外拥有重要影响力、充满活力的创新团队，使 1/5 左右的学科成为引领世界农业科技前沿的世界一流学科；1/5 左右的研究所建成定位准确、布局合理、运行高效的世界一流科研院所，引领全国农业科技整体跃升。

第二阶段是在此基础上，再奋斗 15 年，到 2035 年，全院 2/3 以上学科领域达到世界一流学科水平，2/3 研究所建成世界一流科研院所，带动全国农业科技进入世界前列。

第三阶段是到 2050 年，全面建成世界一流学科和世界一流院所，科学研究综合实力和国际影响力在全球居于领先水平，推动全国农业科技跃居世界前列。

3. 发展思路

总体思路是：深入学习贯彻习近平新时代中国特色社会主义思想和党的十九大精神，全面落实“三个面向”“两个一流”和“整体跃升”的要求，以乡村振兴科技支撑行动为总抓手，以科技创新工程为引领、以国家农业科技创新联盟为载体、以体制机制创新为动力，科技创新和转化并重，加快建设世界一流学科和一流科研院所，推动我国农业科技创新能力整体跃升，为实施乡村振兴战略、促进农业农村现代化提供强有力的科技支撑。

4. 主要任务

一是创新一批农业基础理论方法。要进一步强化农业科技基础性长期性工作，加强基础理论和应用基础研究，在农业基因调控及分子育种、农作物抗逆机理、生物固氮机制、植物纤维裂解机理、作物高光效机理、资源高效利用等方面有所突破。

二是突破一批重大关键技术。扎实推进实施“藏粮于地、藏粮于技”战略，紧紧围绕粮食等重要农产品有效供给、耕地质量提升、农产品质量安全、农业智能装备、农产品加工、农业资源环境保护、种养循环、清洁能源、物联网、空间信息、智能制造、一二三产融合等领域突破一批关键共性技术和颠覆性前沿技术，引领农业农村现代化。

三是转化一批助推农业转型升级技术。以调结构、创品牌、增效益为主攻方向，围绕节本增效、质量安全、生态安全等技术需求，重点在优质高产品种、轻简机械化、节水节肥节药、绿色生态环保、高附加值加工利用等领域开展集成创新、技术示范和推广应用，集成组装一批增产增效、符合绿色发展和企业竞争力提升的技术模式，拓展农业功能，打造绿色高产高效模式，加快转变生产方式，着力推动传统产业转型升级。

四是建设一批重大科研设施平台。围绕加快建设创新型国家、支撑乡村振兴战略实施和建设“两个一流”对科研基础设施和创新条件的需要，谋划和建设一批重点实验室、基础研究设施、科技成果孵化转化平台和综合科研试验基地，打造一批农业科学研究的“国之重器”，为我院开展基础研究、应用技术研究、成果转化推广，提供重大科技平台支撑。

五是培育一批高端创新人才。要始终坚持人才强院战略，构建全方位人才建设体系，从人才引进、培养、评价、激励、保障等方面落实措施，营造尊重知识、尊重人才、激发活力的良好创新氛围，建成整体规模适度、结构功能明晰、学科布局合理、年龄梯次配备、以服务“三农”为己任的创新、转化、管理和支撑人才队伍。

六是实施一批国际合作项目。服务国家整体外交战略，深化与“一带一路”沿线及周边国家的农业科技合作，推动建立广泛的农业科技创新共同体，提升农业科技话语权，成为国际重要科技领域的引领者和重要规划的贡献者。建设一批海外研发基地和“走出去”技术转移平台，建立健全开放创新的体制机制和农业科技“走出去”“请进来”的激励政策，营造有利于国际科技创新合作的良好氛围。

七是创设一批现代科研院所管理制度。加强院所治理体系和治理能力建设，建立健全符合农业科技创新要求、责权利明确、层次分明、协作高效的现代院所管理制度。遵循农业科技创新规律，改进评价方法，注重评价实效，全面推进绩效管理改革，完善科技创新激励机制，鼓励科研人员潜心研究、勇于创新、献身“三农”。

三、狠抓重点工作落实，开创中国农业科学院工作新局面

2018年是贯彻落实党的十九大精神、实施乡村振兴战略的开局之年，是决胜全面建成小康社会、实施“十三五”规划的关键一年，做好各项工作意义重大。重点抓好以下10个方面的工作。

（一）实施乡村振兴科技支撑行动

实施乡村振兴战略是国家关于“三农”工作的重大部署，我院将以实施乡村振兴科技支撑行动作为科技工作的总抓手。科技支撑行动总体思路是，按照“产业兴旺、生态宜居、乡风文明、治理有效、生活富裕”总要求，以创新工程为引领，采取“整合资源、强化协同、示范引导、绩效评价”的工作机制，加快构建政产学研用一体化和农业产业上中下游一条龙的科研创新体系，重点突破一批基础前沿技术、攻克一批核心关键技术、集成一批农业绿色发展模式、转化一批科技创新成果、打造一批乡村振兴科技示范样板，为乡村振兴战略实施提供前沿引领、技术支撑、政策供给和典型示范。2018年，要按照国家乡村振兴战略规划进一步完善科技支撑行动的工作方案，重点编好我院乡村振兴科技支撑行动的发展规划和实施方案，在典型区域建立乡村振兴战略实施的新样板。

（二）推进科技创新工程向纵深发展

要进一步调整优化全院学科体系。进一步优化全院学科体系设置，突出乡村振兴和农业供给侧结构性改革的重大科技需求，强化优势和特色学科建设，拓展新兴学科领域及方向，重点研究方向要再聚焦、再强化、再突出，用新的学科体系引领支撑创新工程实施。深入开展研究所监测与创新团队的诊断评估。落实全面加强创新工程管理的要

求，对研究所的发展定位、重点方向、管理机制、发展态势进行全面评估，进一步校正发展方向，激发创新活力。对创新工程团队任务与协同创新任务执行情况进行重点评估，根据评估结果及时调整科研团队与协同创新任务。加强共享平台建设。紧密围绕国家粮食安全、生态安全等重大战略需求，深入开展农业领域国家实验室建设的系统调研和项目谋划，瞄准国际科技前沿，体现国家目标导向，积极谋划国家实验室建设。集中力量谋划大项目、培育大成果。紧紧跟踪国家科技计划管理要求的改革和形势变化，着力提高国家重点研发计划、国家自然科学基金项目申报的质量和竞争力。紧扣农业农村现代化建设的关键科技问题，凝练重大产出科研选题，重点支持一批前沿理论创新类选题、一批产业应用类选题、一批支撑服务类选题，推动重大标志性成果产出。

（三）深入推进创新联盟建设

发挥联盟在推进乡村振兴战略实施中的重要作用，探索农业科技协同攻关和转化应用的重大机制创新，建立全国农业科技协同攻关新模式。以保障绿色农产品有效供给和推进产业结构调整为主攻方向，围绕节本增效、质量安全、绿色环保、区域发展等重大问题，凝聚全国优势农业科技力量，实施一批重大协同创新任务。加大协同创新与技术集成转化应用力度，强化科技支撑与示范带动，形成一批可复制可推广的综合技术解决方案和模式。继续完善政府支持、任务牵引、资源共享和评价激励的联盟运行机制，更好的发挥联盟引导性、系统性、整体性的综合创新优势和解决“三农”重大问题的独特作用。

（四）加强农业宏观战略研究

加快建设中国农业科学院农业政策与科技发展战略研究中心和中国农业发展战略研究院的工作。强化农业宏观战略研究，重点围绕“两个一流”、新时代中国农业科技及农科院发展战略、“卓越2050”、乡村振兴战略、农业绿色发展、农业农村现代化、城乡融合发展等领域开展宏观战略研究，为农业农村经济发展提供政策建议和解决方案。开展改革开放40周年系列调研活动。进一步强化海外农业研究，提供海外农业情报系列研究产品，为政府利用两种资源、两种市场，制定海外农业发展政策提供决策参考，为涉农企业“走出去”提供咨询服务。

（五）进一步加强人才队伍建设

2018年人才工作的重点是要在抓推进、抓落实、抓成效上下功夫。2018年将适时召开全院第二次人才工作会议，进一步挖掘先进典型，宣传成功经验，推动人才工作整体提升。进一步深入实施“青年英才计划”，落实竞争淘汰机制，提高青年英才的质量；实行更加开放的引才政策，围绕院所中心工作编制引才目录，实现按需精准引才，推行柔性引才。进一步提高人才服务的水平，探索实施人才分类评价，出台深化职称制度改革的实施意见。加强研究生教育工作，进一步提升教育规模和教育质量，积极跟进新增学科申报及学科评估建设工作。进一步推进干部人事制度体系改革，按照中央要求，出台培养选拔优秀年轻干部的一揽子政策，选优配强领导队伍，加强干部教育培训和挂职锻炼。积极稳妥推进绩效工资制度改革，增强管理干部队伍的获得感，进一步落实以增加知识价值为导向的分配政策，让做出贡献的人才“名利双收”。进一步做好离退休职工和老干部工作，真正做到老有所依、老有所助、老有所为。

（六）加快成果转化与技术推广集成服务

继续推进绿色增产增效模式研究与示范。切实发挥“双首席”的机制作用，强化绩效考核，发挥好辐射带动作用，促进区域农业绿色高效发展。拓宽绿色增产增效模式示范范围，增加相关产品比如苹果、茶叶等项目。切实发挥成果转化平台作用。筹备首届全国农业科技成果转化大会，完善线上线下联动交易平台，加强知识产权价值评估、分级分类管理和运用，提升成果转化效率。进一步加强院国有资产经营公司管理。进一步完善资产管理的架构，控制经营风险，提升经营效益。推动院所办企业发展壮大，今年要重点推进有关研究所的所办企业改制，加快推进有条件的院所企业上市。进一步加强试验基地标准化管理。制定现代化试验基地建设和管理标准，打造样板基地，强化基地考评工作，提升试验基地支撑科技创新和成果转化的能力。

（七）加大科技平台与基础设施建设力度

按照“立足现状，深挖潜力”的原则，主动适应京津冀协同发展要求和北京市“瘦身健体”的政策导向，以京区土地利用总规划为基础，统筹考虑京区土地利用方案和项目建设，为中国农业科学院跨越式发展拓展空间、提供保障。进一步推进成都科技中心（都市农业研究所）、新疆西部农业研究中心、深圳农业基因组所、北方水稻中心等重大科研布局和建设取得突破性进展。进一步加强典型生态区、主要农产品优势区的综合性试验基地建设，作为全院实施乡村振兴科技支撑行动的载体和抓手。推动国家作物种质库项目如期开工，西部中心综合服务楼年底基本建成，哈尔滨兽医所、兰州兽医所两个高等级生物安全实验室争取通过国家验收，加速形成全院重大建设项目梯次推进的格局。

（八）强化农业科技国际合作

进一步加强我院创新工程与国际大科学计划的有效对接，积极推进发起以我为主的大科学计划，形成国内外资源的优势互补，使我院成为国际农业科技领域的引领者、规则的制定者；加强不同区域、不同类型、不同需求的海外联合实验室平台建设，构建面向全球的科技创新体系；切实做好科技创新工程国际合作专项的相关任务，推进海外农业研究中心建设，集成科技成果，服务国家农业“走出去”；高标准建设国际教育学院，做好留学生的培养、优秀人才的引进、海外技术经纪人的培育等工作。

（九）全面加强党的建设

以习近平新时代中国特色社会主义思想为指导，深入学习贯彻党的十九大精神，全面推进我院党的建设各项工作。坚持党的全面领导，把政治建设摆在首位，开展“不忘初心、牢记使命”主题教育，持续推进“两学一做”学习教育常态化制度化，牢固树立“四个意识”。全面加强组织建设，实施“红旗党支部创建行动”，切实提升基层党组织的凝聚力和战斗力。深入推进创新文化建设，培育和践行社会主义核心价值观，进一步提升“农科讲坛”影响力，传承和弘扬农科精神，推动精神文明创建活动再上新台阶。认真贯彻落实新时代全面从严治党新要求，加强纪律教育，覆盖每一个基层党组织、每一个团队、每一名党员，引导党员干部严守政治纪律和政治规矩，知敬畏、存戒惧、守底线。紧盯“四风”新动向，锲而不舍落实中央八项规定精神，营造风清气正的创新氛围。充分发挥“两个平台”对科研经费使用管理的监督作用，加强工程建设领域廉政风险防范。坚持无禁区、全覆盖、零容忍，持续开展重点领域专项整治，巩固深化五个领域专项整治成果。充分运用“四种形态”，强化谈话函询、廉政约谈、提醒谈话、诫勉谈话运用，建立领导干部廉政档案，对顶风违纪问题依纪依规严肃处理、严厉问责，重遏制、强高压、长震慑。

（十）开展管理效益年活动

“两个一流”建设，关键靠人，靠高效管理。因此，我们将2018年作为中国农业科学院管理效益活动年，通过提升管理的科学化水平，引领一流学科和一流院所建设，促进院所治理体系和治理能力现代化。要切实提高管理意识。充分认识加强科研院所管理的作用和意义，准确把握其内涵与实质，按照新时代农业科技管理要求、科技创新规律和现代农业发展特点，转变思维方式，突破体制机制束缚，不断完善制度体系，合理配置资源，提高整体运行效率。要全面增强工作能力。加强政策理论和业务知识学习，提升适应新形势、分析新问题的能力，让中央的好政策在各个研究所真正接得住、抓得好、管得住。特别是对一些老大难的研究所，要进一步加强院级指导，激发研究所内在动力，增强创新活力。要明确重点管理任务。全面加强决策管理、科研管理、资金管理、人事人才管理、党务政务管理、安全生产管理、信息保密管理，推进院所管理科学化、规范化、精细化。制定管理效益年活动方案，强化管理工作考核。要抓好重点工作落实。尽快制定实施方案，将全年重点工作细化到研究所、到创新团队、到具体人员。加快研究制定一流学科和一流院所的标准，编制院所两级“两个一流”建设发展规划，明确目标任务，强化学科、团队和研究所的监测、评估和评价。要持续改进工作作风。切实改进调查研究，改进文风会风，提高工作质量效率。要积极作为、主动担当、不等不靠，将中央政策措施尽快细化落地，让科研人员享受到改革红利。要加强院务所务公开，为职工办实事、办好事、解难事。要营造良好的发展环境。积极推进马连洼院区学生公寓、西部中心综合服务楼和薯类中心综合改造项目建设。进一步加强改善餐饮、门诊、幼儿教育、物业、房屋出租等综合服务管理，加大廊坊、南口、马连洼等院区管理力度，不断提升服务质量。

同志们，站在新的历史起点上，我们要牢记党中央的嘱托，以习近平新时代中国特色社会主义思想为指引，深入贯彻落实党的十九大精神，把握“三个面向”，瞄准“两个一流”，不忘初心、牢记使命、积极进取、勇于创新，努力开创新时代中国农业科学院工作的新局面，为推动我国农业科技整体跃升、加快农业农村现代化、实现“两个一百年”的奋斗目标和中华民族伟大复兴的中国梦作出新的更大的贡献。

中国农业科学院党组书记陈萌山在 2018 年院工作会议上的总结讲话

2018 年 1 月 24 日

同志们：

这次院工作会议，在大家共同努力下，完成了全部的会议日程。大家普遍反映，这次会议内容丰富、安排紧凑，开得很成功，为做好全院今年工作，加快“两个一流”建设进一步凝聚了共识、明确了方向、增添了信心。大家一致认为，唐院长的工作报告是一个理论性、实践性很强的报告，是一个政治性、总揽性很强的报告，是一个操作性、针对性很强的报告，是指导我院今后建设发展十分重要的报告。

刚才，旭荣同志向大家报告了乡村振兴战略科技支撑行动，这是在唐院长报告的基础上进一步强调这项工作，这项工作是引领 2018 年和今后一段时期我院工作的总抓手。刚才 4 个单位的典型发言，干货很多、亮点纷呈，听了以后很受感动。这 4 个单位的发言，我看了一下也是 4 个方面的样板，也是贯彻这次会议要求需要强化的 4 个重点领域工作。昨天下午的分组讨论发言踊跃、情绪高涨，刚才 4 个组的交流发言，质量也很高。在统一思想认识上达到了一定的高度，围绕交流讨论的主题提出了很有见地、很有价值的意见，也交流了各个所很好的做法。可以说，这次会议达到了预期的目标。这里需要肯定和表扬的是，院办公室牵头的会务组励精图治、全心全意做好筹备组织工作，有效保证了会议高质量圆满完成。

下面，我就贯彻这次会议精神，主要是贯彻落实唐院长工作报告，提两点要求。

一、切实加强管理

加强院所管理是推进中国农业科学院全面深化改革的必然要求，是不断推进中国农业科学院治理体系和治理能力现代化的战略举措，更是建设世界一流学科、一流科研院所最重要的保障。

近年来，院党组高度重视院所管理工作，以“定位明确、法人治理、管理高效、开放包容、评价科学”为原则，在推动科技创新、促进跨越式发展中，推进现代科研院所建设，有效促进了全院各项事业的快速发展。但是，与建设“两个一流”的目标要求相比，与建设现代院所管理制度的要求相比，我们在管理上还存在不小的差距。从

2016年的中央专项巡视、我院这几年开展的巡视，还有每年研究所的评价、部门的绩效评估来看，院所两级都还存在管理薄弱、管理意识不强、管理水平不高的问题。有的单位，我们花了大量的时间查，最后是管理毛糙造成的，严重损害了公信力，影响单位科学发展；有的研究所一到职称申请、成果申报、干部选用时就会出问题，说明程序不够规范、民意沟通不够及时通畅；有的研究所在创新工程等重大机遇面前，没有很好的因势利导、主动作为，还是按照一般的项目管理，没有充分发挥创新工程的撬动效应、研究所的主体作用，管理职能的丧失耽误了院所的发展，特别是通过服务来加强管理的意识差距比较大。为此，我们要高度重视加强管理问题。这个问题我们过去强调得不够，现在到了不强化不行的时候了，我们要努力通过提升管理的科学化和现代化水平，来引领一流学科和一流院所建设。

科研单位怎样加强管理，我认为要重点把握好以下4点。

（一）准确把握科研院所管理的内涵和实质

科研管理是一门学问，我们很多所长是自然科学家，管理是社会科学，我们要系统了解一下管理对我们有什么要求。一个组织机构有效、有序的运行，要有科学的手段和方法，手段和方法作用的过程就是管理。正如“科学管理之父”弗雷德里克·泰罗所说的，“管理就是确切地知道你要别人干什么，并使他用最好的方法去完成”。管理的目的，就是促使我们研究所的全体成员能够主动地、自觉地执行计划、落实指令。刚才曹永生介绍的经验，三有作风，凡事有交代，件件有着落，事事有回应，四敢四先，敢于跟强的比，敢于跟高的攀，敢于跟大的争，敢于跟快的赛，说尽千言万语，走遍千山万水，想尽千方百计，历经千辛万苦，这就是管理理念在行动当中的体现，这就是管理科学。管理的本质就是协调，包括协调内部资源组成一个有强大竞争能力的有机整体，协调组织与外部环境之间的关系，使大家能够支持你。协调的过程就是决策、计划、组织、指导、实施和控制的过程。现代科研院所的管理，就是要按照科技创新规律和现代农业发展特点，不断改革完善现代科研院所管理制度和评价体系，对各种资源进行合理配置，优化组织，协调控制，努力营造奋发向上的科研环境，提高整体运行效率，从而达到科研产出和成果转化的效率最大化。怎么把研究所的资源要素整合好、调控好、协调好，使内部系统是合理的、协调的、顺畅的，外部的联系是畅通的、有利的，这就是管理。

（二）充分认识加强科研院所管理的作用和意义

管理的意义在于更有效地改善作为，在什么样的环境下，我们每个人都有作为，有效的管理就有有效的作为，无效的管理就可能是乱作为。要通过有效的管理改善提高效率、效果和效益。随着我国经济社会发展进入新时代，社会主要矛盾转化为人民日益增长的美好生活需要和不平衡不充分的发展之间的矛盾，农业工作导向也随之发生重大转变，由增产导向转向提质导向，农业生产将更加注重农业科技创新、注重提高竞争力、注重可持续的绿色发展，这对农业科技和科技管理提出了新要求。近几年，国家对科研机构下放了自主调剂项目预算、自主确定劳务费比例、自主安排人员绩效奖励、自主决定差旅会议标准、自主支配项目结余资金、自主使用横向经费、自主转化科研项目成果 7 项自主权。在座的各位所长书记，这 7 大自主权我们运用的怎么样，是不是还有习惯的思维，惯性的运作？从全院来看，我们思想观念仍然转变不够到位，“等、靠、要”的习惯思维依然存在，管理体制机制不适应这 7 个方面的自主发挥，开放协作机制还不完善，评价体系还不够科学，国家政策红利还未能充分体现、充分释放。因此，我们必须迅速调整思维，按照国家科技计划管理改革出台的政策要求，切实加强管理，突破传统农业科研院所体制机制弊端，实现院所决策机制、组织机制、管理机制、评价机制的创新，解放我们的生产力，真正实现政策给研究所松绑，放给研究所的能接得住、抓得好、管得住。

（三）明确加强科研院所管理的重点任务

做好科研院所管理，科学决策是前提和基础，科技资源配置、人才团队建设、科研经费管理是核心，管党治党是政治保证。

一要强化决策管理。大力提升科学办院办所、依法办院办所水平。要严格落实中央决策部署，认真贯彻落实中央关于加强“三农”和科技创新工作的一系列部署要求，牢记中国农科院“科技兴农、服务三农”的神圣使命和重大责任，把落实党的方针政策与推进落实改革发展紧密结合起来，把住科研服务“三农”的正确方向。要严格执行民主集中制，坚持以群众利益、集体利益为取向，重大事项集体研究决策。要进一步完善决策制度，规范决策程序，推动重大事项决策科学化、民主化和制度化。这是我们的决策管理，要有程序、有规范。现在出现的很多问题，就是有了制度，但是制度执行不严格，程序不完善，过程不完整，这就是管理不到位，管理打了折扣。

二要强化科研管理。按照“三个面向”“两个一流”的要求，充分体现需求导向和问题导向，需求导向就是目标导向，问题导向就是要解决具体的障碍。我们发展的具体问题，各个单位既有共性问题，也有个性问题，需求导向、目标导向是解决共性问题，问题导向是解决个性问题。各研究所之间需求导向、目标导向是一致的，问题导向是不同的。要加强科技发展战略研究，准确把握科技创新前沿，准确把握科技发展规律和特点，准确把握经济社会发展对科技创新的重大需求，优化学科布局，凝练重大命题，培育重大成果。

三要强化人事管理。管理的核心是人，科研院所管理的核心任务是加强人才队伍建设。要高度重视科研、管理、转化和支撑 4 支队伍的建设，为人才发挥作用提供施展平台，创造发展空间，营造和谐氛围，做好服务保障。院里明确把今年定为人才工作深化落实年，要切实采取有效措施，推进实施青年人才工程，落实促进人才发展的30项改革意见。要深化人才工作会议精神的贯彻落实，强化督导落实，这是严肃的，既是发展任务，也是政治任务。

四要强化资金管理。转变科研经费管理理念，改革创新科研经费管理方式，革新配套管理制度，更好地释放科研人员活力，为科研活动松绑，为科技人员放权，激发科技创新的积极性。要吃透中央文件精神，细化政策规定，打通政策“堵点”，让7个自主能够落实落地。要确保科研经费监管不放松，放下的权我们要管好，营造良好的科研氛围和环境。“放管服”要全面落实，确保接得住、用得好、管得牢。

五要从严管党治党。在加快建设世界一流学科和世界一流科研院所的征程中，党的工作要统揽全院工作。需要强调的是，要通过深化全面从严治党，为科研把好方向、创造条件、优化环境、营造氛围。要通过加强党的建设，构造一流的科研环境。这个环境要有创造力，能够释放创新要素，促进科研人员积极进取、奋发向上，追求卓越、勇攀高峰。这个环境要有凝聚力，能够一呼百应，振奋精神，促使科研人员相互团结、密切合作，主动对接中央要求和国家需求，在服务“三农”发展中创造优秀的科研成果。这个环境要有安全感，能够容错纠错、守住底线，促使科研人员专注创新、心无旁骛，诚信务实、不畏失败。

（四）强化对院所管理工作的考核评估

唐院长工作报告提出今年要开展管理效益年活动，院办要制订活动方案，明确目标要求，细化内容任务，加强组织领导，强化监督考核。院机关各部门要率先行动，发挥表率作用。要建立管理台账，及时跟踪重大任务的执行，年底要进行验收。

二、全力抓好落实

习近平总书记在2018年新年致辞中强调，“要把蓝图变为现实，必须不驰于空想、不骛于虚声，一步一个脚印，踏踏实实干好工作。”中共中央以及部党组的重大决策部署能否落地，我院2018年的重点任务能否完成、工作目标能否实现，关键在于落实。抓落实，是我们治理能力的重要体现，也是对各级领导干部工作能力的重要检验。

第一，要围绕重点任务抓落实。要抓住“牛鼻子”，从牵一发而动全身的关键问题抓起，创新工程、创新联盟、乡村振兴科技支撑行动，是我院牵一发动全身的重中之重；要从制约院所发展的短板抓起，各个研究所、院机关各部门，要找准自己的短板是什么；要从增强科技人员积极性创造性的重点领域抓起。这3点是从方法论来讲的重点，从具体工作来讲，唐院长强调今年要抓好10项重点工作，我们要围绕这10项工作统一思想，凝聚共识，心往一处想、劲往一处使，各单位各部门紧盯“施工图”、对照“任务清单”，毫不犹豫引领推动重点工作落实，时不我待抓紧干。院办公室要对任务进行分解，明确牵头院领导、主办部门和责任人，形成文件下发。

第二，要加强学习调研抓落实。科研单位管理是一门学问，是有规律可循的。在实践当中，我们往往存在不懂规律、不懂门道，但是缺乏学习、缺乏知识、缺乏本领，面对新情况容易按照老套路做、按照旧习惯办的问题，其结果不是不对路，就是事与愿违。即使我们是学管理的，也要清醒地认识到，我们学的那些东西只是一点点，如果不继续学习，今天用一些，明天用一些，渐渐就告罄了。我在农业部也学了一些东西，但是到农业科学院来，深深地感到自己的本领不够，能力不够，知识不够。“器虚则受，实则不受”，要感到不足，才会去学，才会有收获，如果感觉自己什么都懂，是学不进去的。面对当前全新的形势、严峻的挑战、繁重的任务，我们要有强烈的危机意识，切实增强学习的主动性，克服能力恐慌、知识恐慌，提升驾驭错综复杂局面的能力。这要求我们必须把加强学习放在首位，认真研究新情况、探索新方法、解决新问题。要不断学习新知识新思想，深入学习习近平新时代中国特色社会主义思想，特别是经济思想和“三农”思想，以及关于科技创新工作的重要论述，掌握新时代推动农业科技创新工作的新本领，善用战略思维、创新思维、辩证思维，想办法、求突破、见成效。学习是永恒的课题，是终生的任务。一个人的能力高低、学问多寡，跟学历有一定的关系，但不是画等号的。我们还要在学习的基础上，下大力气开展调查研究，深入一线，深入实际，从职工群众中汲取破解难题的智慧，不断克服不合时宜的思想观念，不断破除各种阻碍发展的束缚，推动问题得到有效解决，推动部署得到有效落实。

第三，要转变工作作风抓落实。“空谈误国、实干兴邦”，要发扬求真务实、真抓实干的优良作风，坚决杜绝形式主义，把精力投到狠抓落实中。开会是为了了解情况、倾听意见、集思广益，发现矛盾、分析矛盾、解决矛盾；制定文件，是为开展和落实各项工作提供遵循和依据。开会和发文件是必要的，但是会议精神和文件再好，如果不落实，仍会劳而无功。抓落实的重心要放在一线、放在实践，解决落实不到位问题的思路和办法也要到一线中去寻找。要坚持眼睛向下看、身子往下沉，切实解决“最后一公里”的问题。要抓具体抓细致，天下大事必作于细，要坚持从基础做起，一环扣一环地去抓，一锤接着一锤敲，一步一个脚印走，积小胜为大胜，积小功以成大业。要强化对标意识，消除自满思想。始终保持昂扬向上、奋发有为的精神状态，始终保持脚踏实地、埋头苦干的工作作风，始终保持夙夜在公、念兹在兹的专注精神，撸起袖子加油干，扑下身子抓落实，毫不松懈地加快“两个一流”建设。

第四，要主动担当作为抓落实。研究所的所长书记对研究所的发展非常重要，我在院里工作这几年有很深的体会。所长书记是研究所的灵魂人物，特别是所长，是一个研究所流动的符号。所长的性格修养直接影响到研究所的风格，所长的管理理念直接影响到研究所的文化建设，所长的管理水平直接影响到研究所的发展速度，甚至所长的情绪也直接影响到研究所的状态。我们一定要有大局观大胸怀，舍小我全力为研究所这个“大我”做好服务。所以，今天我特别强调所长书记要有责任意识和机遇意识，要充分认识到在你的任期内，错失了机遇就错失了研究所大好的发展时光，这个错失是别人难以弥补的，以后再努力也是难以挽回的。所长书记肩负着党组的重托，肩负着全体职工的期待，要有强烈的责任意识和使命意识，更加凝神静气，全神贯注，投入到谋划研究所的发展和日常管理中。我再次提醒大家，一般性活动要严格控制、主动控制。我到一个研究所去调研，有同志跟我讲，有时候很长时间看不到所长，我们的时间精力要更加集中一些，所长的主要精力和时间都要投入到研究所管理中。我们要跟这个要求比一比、查一查，看看是否还有差距。要及时发现并尽早解决矛盾和问题，努力使简单矛盾不演化成复杂矛盾，小问题不延误成大问题。要在矛盾突出的地方消除隐患，到困难集中的地方解决问题。要紧盯重大问题，千方百计谋划新举措，经常抓、反复抓、持久抓，咬定青山不放松，不达目的不罢休，再困难的所，也能够重现光辉，再好的所，如果不励精图治也管不好。

第五，我强调一下安全生产和保密工作。对安全生产必须警钟长鸣、常抓不懈，丝毫放松不得。2017 年，在全院的共同努力下，安全生产没有出现大的问题，保证了平安和谐。农业部授予我院“平安建设优秀单位”称号，是对我们的认可、鼓励和鞭策，我们要继续坚定不移地贯彻安全发展理念，牢固树立发展决不能以牺牲安全为代价的红线意识；要严格落实安全生产责任制，强化主体责任落实，完善安全监管制度，深化安全生产检查，做到安全投入到位、管理到位、救援到位，创造良好的安全生产环境。

再强调一下保密工作。保密工作事关国家安全利益，保密责任重于泰山。各单位各部门要把保密工作摆在重要位置，充分认识保密工作的重要性。2017 年，我们开展了涉密人员培训，加大保密宣传教育力度，印发了保密工作要点。2018 年，我们要继续保持良好势头，抓好定密规范管理、涉密人员管理、网络保密管理，加强保密队伍思想建设、能力建设和作风建设，增强责任意识，筑牢保密防线，确保党和国家的秘密安全，维护国家安全和利益。

同志们，我们规划用 30 年时间建成世界一流农科院，这是一个需要永不停歇的攀登过程。创造一个重大农业科技成果至少需要 10 年以上的时间，需要凝聚一代人甚至两代人的全部心血。农业科技事业是一项需要耐得住寂寞的匠人事业，国际一流科研院所的建设，是一个没有图纸的、恢宏的巨型工程，需要我们日复一日、竭心尽力。全院上下要坚持以习近平新时代中国特色社会主义思想为指导，按照中央部署以及农业部安排，按照唐院长工作报告的布局和要求，瞄准目标任务，出实招、求实效，一步一步往前走。让我们紧密团结在以习近平同志为核心的党中央周围，不忘初心，牢记使命，锐意进取，大力实施乡村振兴科技支撑行动，加快建设世界一流学科和世界一流科研院所，为推动农业农村现代化、决胜全面建成小康社会作出新的更大的贡献！

中国农业科学院 2017 年研究所评价结果通报

2017 年中国农业科学院研究所评价结果经 2018 年第一次院常务会议审议通过。2017 年全院发展实力总分同比增长 9.74%。现将发展实力、发展速度和人均实力排在前五名的研究所通报如下。

一、发展实力排名前五名的研究所为作物科学研究所、植物保护研究所、农业资源与农业区划研究所、哈尔滨兽医研究所、北京畜牧兽医研究所。

二、发展速度（与前三年发展实力平均值相比）排名前五名的研究所依次为：食物与营养发展研究所、沼气科学研究所、麻类研究所、郑州果树研究所、南京农业机械化研究所。

三、人均实力排名前五名的研究所为植物保护研究所、作物科学研究所、农业资源与农业区划研究所、北京畜牧兽医研究所、农业环境与可持续发展研究所。

二、科研创新与创新工程

中国农业科学院
2017 年科研计划执行情况

2017 年是中国农科院贯彻落实习近平总书记提出的“三个面向”“两个一流”和“一个整体跃升”建院 60 周年贺信精神非常重要一年。在财政部、科技部、农业部等上级部门的支持下，在院党组的统一领导下，全院广大科技人员狠抓落实、扎实工作，全面完成了承担的各级各类科技计划项目任务，科研立项与重大成果产出再获丰收，科技创新工作取得新成效，自主创新与产业支撑能力进一步提升。

全院共主持各级各类科技计划项目（课题）4 207项，年度合同经费 76.5 亿元，其中新增主持项目（课题）2 222项，合同经费 20.6 亿元。全年以中国农业科学院及所属研究所科研人员为第一作者或通讯作者共发表论文 5 207篇，其中 SCI/EI 等收录 2 516 篇，作为第一完成单位或通讯单位在 *Science*、*Nature*、*Cell* 等影响因子大于 20 的顶尖 SCI 期刊发表论文 4 篇。全年审定（认定、登记）农作物新品种 127 个，其中国家审定 34 个；获家畜新品种（系）或遗传资源鉴定 3 个；获新兽药、农药、肥料、饲料添加剂新产品证书 34 项；获农机新产品 49 个；获新品种保护权 90 项；制定国家/行业/地方标准 219 项，其中国家标准 95 项；获中国专利优秀奖专利 9 项；获软件著作权 644 项；出版科技著作 321 部。共获得各类科技成果 143 项，其中获国家科技进步二等奖 6 项，技术发明二等奖 1 项；获省部级奖励 70 项；获院奖 15 项；获社会力量等其他奖励 29 项。

一、国家重点研发计划重点专项

共牵头承担项目 64 项，主持课题 267 个。围绕“七大农作物育种”“粮食丰产增效科技创新”“化学肥料和农药减施增效综合技术研发”“畜禽重大疫病防控与高效安全养殖综合技术研发”“农业面源和重金属污染农田综合防治与修复技术研发”“智能农机装备”等 10 个重点专项项目任务，在相关领域取得系列重要进展。

（一）“七大农作物育种”专项

主要农作物优异种质资源形成与演化规律研究：克隆了我国特有小麦基因资源——太谷核不育基因并对其功能进行解析；发现小麦籽粒淀粉合成关键酶基因 *TaAGP-L* 和 *TaAGP-S1* 经历了人工选择；审定小麦新品种中麦 66。

主要粮食作物种质资源精准鉴定与创新利用：制定了水稻、小麦、玉米种质资源精准鉴定技术规范，对8 000份种质资源进行了多生态点的表型鉴定，对3 000份种质资源进行了重测序、SNP 芯片等全基因组水平的基因型鉴定，创制远缘杂交中间材料 215 份，创制地方品种导入系 389 份。

主要经济作物种质资源精准鉴定与创新利用：完成 1 650份油菜种质资源苗期表型性状鉴定，筛选得到遗传背景清楚的优异种质 23 份，获得 33 份优异远缘育种杂交中间材料和 21 份有育种利用价值的地方品种纯系和导入系。

主要农作物诱变育种：升级改造串列加速器辐射诱变终端平台 1 个，诱变处理能力提升 5%以上；综合采用诱发突变技术育成并审定小麦、水稻、玉米、大豆作物新品种 13 个，推广示范面积达 232 万亩；创制小麦大容量呈梯度诱发突变体库 1 个、玉米突变体库 1 个、优异新材料 30 份。

作物杂种优势利用技术与强优势杂交种创制：对 2 000多份菜、甘蓝、番茄、辣椒、黄瓜等核心资源进行了优势群划分，定位或精细定位了辣椒抗青枯病、黄瓜雄性不育等位点，构建了辣椒、黄瓜高密度图谱及生物信息学数据库，选育出白菜、甘蓝、番茄、辣椒、黄瓜强优势新组合 71 个。

棉花杂种优势利用技术与强优势杂交种创制：筛选出 3 份强恢复系材料，转育成功胞质不育系材料和相应的保持系材料各 4 份，中棉所 59 通过吉尔吉斯斯坦国家审定，5 个强优势新杂交组合参加各级区域试验。

黄淮海耐密抗逆适宜机械化夏玉米新品种培育：创制出适宜黄淮不同生态区的种质资源 36 份，研发品种规模化测试、不育化制种等新技术 4 项，选育出一批高配合力自交系。

黄淮海大豆优质高产广适新品种培育：构建覆盖大豆育种全过程的表型、基因型鉴定平台和多点鉴定体系，对 196 份育种材料进行了 10 个重要性状鉴定，培育新品种 4 个。

黄淮冬麦区北片高产优质节水小麦新品种培育：将长江中下游麦区品种携带的 *Fhb*1 抗赤霉病基因转移到黄淮麦区小麦背景，对赤霉病的抗性明显改善；3 个品种进入河北省区域试验。

长江中游油菜高产优质适宜机械化新品种培育：获得各类性状新材料 69 个、优良亲本 10 个，44 个组合参加秋播鉴定，5 个杂交种完成登记；建立了一批制测试网点与全程机械化示范点。

长江中下游籼稻优质高产高效新品种培育：创制抗病、抗虫、抗稻瘟病、优质材料 300 余份，育成抗病、优质等亲本 20 余份，审定品种 11 个，获植物新品种权保护 5 项。

西北内陆优质机采棉花新品种培育：获得了适宜机采的优异资源 49 份荐 28 份参加各级区试，审定品种 7 个，新品种示范推广 110 多万亩，形成机采棉配套关键技术 2 个。

十字花科蔬菜优质多抗适应性强新品种培育：开发了一批重要农艺性状的分子标记，精细定位了甘蓝杂交致死基因、无蜡粉亮绿基因等；引进早熟抗病资源等 1 000余份，鉴定自交系 10 000多份，鉴定杂交组合 16 000多个。

茄科蔬菜优质多抗适应性强新品种培育：筛选已有材料 10 000多份，试配新组合 4 000多个，构建了生物学性状、品质、抗病性和抗逆性等 20 个遗传研究群体。

（二）“化学肥料和农药减施增效综合技术研发”专项

肥料养分推荐与限量标准：确定了三大粮食作物县域尺度的钾肥推荐量，初步揭示了有机肥料养分的释放规律和土壤微生物种群的演替特征，初步建立了以推荐施肥、有机替代、秸秆还田和机械深施为核心的化肥减施增效技术体系。

化学农药在我国不同种植体系的归趋特征与限量标准：初步明确不同施药方式和环境因子对手性农药高效减施应用的影响机制，测定了大宗药剂在蔬菜、粮食等作物上的最低有效控害剂量。

化肥农药减施增效技术集成研究与示范：获得主要设施蔬菜化肥农药减施增效及高产栽培新技术、新工艺、新方法 3 项，集成减施增效技术模式 10 项并示范应用 50 万亩，初步建立了设施蔬菜化肥农药减施增效综合信息共享平台。

茶园化肥农药减施增效技术集成研究与示范：提出了 14 项茶园化肥与农药减施增效技术，在全国四大生态区域 13 个省建立了 18 个综合试验示范区、33 个试验示范区、27 个核心示范区共 6 万余亩。

化学农药协同增效关键技术及产品研发：研制重大病虫化学防治选药试剂盒 5 个，建立不同载体材料对靶精准缓释农药同性技术体系 13 个，筛选出敏感药剂 26 种、协同增效组合 43 个、协同增效助剂与剂型 4 个。

新型复混肥料及水溶肥料研制：研制高效肥料新产品 20 个，开发新技术、新工艺 8 项，建立肥料新产品生产线 12 条、中试线 7 条，新产品推广应用 300 万亩。

化肥农药减施增效的环境效应评价：分析了典型作物不同化肥使用基线及替代模式对作物产量及不同环境介质的影响，初步开展了水稻、苹果基于环境友好的化肥农药减施增效技术模式筛选研究。

（三）“粮食丰产增效科技创新”专项

粮食作物产量与效率层次差异及其丰产增效机理：初步明确了我国三大区域主要作物光温产量潜力分布规律，明确了产量差异的主要限制因子，初步确定了栽培措施对产量和效率提升的贡献。

小麦生产系统对气候变化的响应机制及其适应性栽培途径研究：初步收集并分析了黄淮海、江淮小麦种植区的温度、光照、降水、二氧化碳等气候因子不同时空变化特征。

稻作区土壤培肥与丰产增效耕作技术研究：提出相对产量概念，探索了适宜于不同稻作区的耕作、复种轮作和栽培优化模式，研制了多种秸秆腐解菌剂和培肥产品，构建示范基地 13 个，技术集成与示范面积 140 余万亩。

（四）“农业面源和重金属污染农田综合防治与修复技术研发”专项

农田系统重金属迁移转化和安全阈值研究：完成了有效态重金属与土壤理化性质的相关性分析，完成了锑对陆生植物、无脊椎动物和微生物的生态毒理效应和毒性阈值研究，建立了土壤主控因子和毒性阈值之间的量化表征关系，构建了锑的生物毒害预测模型。

农田和农产品重金属源解析与污染特征研究：建立了稻米中 Cd 同位素的测定方法，阐述了重金属在土壤微界面上的吸附以及土壤胶体对重金属迁移的促进机理，分析了根际土壤重金属的含量、赋存形态和作物重金属吸收的关联。

水稻主产区氮磷流失综合防控技术与产品研发：明确了田—沟—塘水量水质响应特征，基本明确了菌—藻—草共生系统低污染水高效净化和生物量调控的有效途径。

（五）“畜禽重大疫病防控与高效安全养殖综合技术研发”专项

养殖环境对畜禽健康的影响机制研究：筛选出蛋鸡和水牛温热环境评价指标各 1 个、奶牛热应激评定指标 2 个，提出奶牛饲养密度和牛舍有害气体评价指标 2 个，获取蛋鸡综合评价指标 1 个和蛋鸡适宜饲养密度 1 套。

动物流感病毒遗传变异与致病机理研究：揭示了 H9N2 亚型病毒 M 基因的重排机制，阐明了病毒抑制 IFN-β 表达的机制，发现组蛋白 H1C 参与调控病毒宿主适应性机制，揭示了不同来源病毒 NP 蛋白对致病力和宿主适应性的影响。

猪重要疫病免疫防控新技术研究：获得了仔猪大肠杆菌病新兽药证书、产气荚膜梭菌病二联灭活疫苗，完成了高致病性猪蓝耳病/伪狂犬病二联疫苗和猪流行性腹泻/猪传染性胃肠炎二联活疫苗临床试验，猪瘟基因工程活疫苗和高效猪圆环病毒 2 型 Cap 亚单位疫苗获得了临床试验批件。

家禽重要疫病诊断与检测新技术研究：发掘和筛选了禽流感、新城疫等病原的诊断标识 15 个，研制了诊断技术和方法 30 余项，鸡传染性法氏囊病病毒 ELISA 抗体检测试剂盒获得新兽药证书。

烈性外来动物疫病防控技术研发：构建并鉴定了 3 株家猪天然免疫受体报告基因细胞系，建立了山羊痘病毒外源基因表达技术平台，构建表达非洲猪瘟病毒多表位融合蛋白。

畜禽疫病防控专用实验动物开发：组建了大白猪、长白猪、比格犬基础群；建立了

SPF 猪遗传学检测技术，配制了 SPF 猪和犬饲料配方，研制了 SPF 仔猪和犬运输、饲养隔离器一代样机，建立了生物学特性描述规范。

畜禽废弃物无害化处理与资源化利用新技术及新产品研发：研发了固体废弃物自动好氧发酵设备、水热液化制备生物原油技术、垫料强化热水解预处理技术，获得高效菌株 60 余株。

（六）“智能农机装备”专项

信息感知与动物精细养殖管控机理研究：设计自动获取鸡体温与生理信息的传感系统，开发了奶牛饲喂自动机电控制系统、母猪智能化精准饲喂技术装备。

智能化油料作物收获技术与装备研发：实现了履带式收获机故障诊断系统集成，研制完成花生收获机智能控制系统系统，实现了多参数自动控制。

农用航空作业关键技术研究与装备研发：完成中央控制器的硬件选型与软件开发，完成旋翼无人机作业区域地形与对象空间分布三维高效重建技术，初步设计了基于大载荷油动单旋翼无人机平台的变量施药系统。

（七）“生物安全关键技术研发”等其他专项

主要入侵生物的动态分布与资源库建设：采集入侵生物本地数据 712 种，绘制电子图集 0.1 万张，采集各类标本 0.83 万件，开发了智能化野外调查应用软件 1 套。

主要入侵生物防制技术与产品：构建了入侵植物图像识别 App 平台系统；优化建立了 12 种天敌规模化繁育技术/产品；建立了 5 种入侵生物的监测阻截和应急防控技术、7 种入侵生物的生物防治和生态修复持续治理技术体系。

食品加工过程中组分结构变化及品质调控机制研究：收集了粮油等 96 个原料品种，构建了特征组分组成与含量检测方法，系统探究了不同物理、化学、生物、耦合条件下特征组分互作规律，明确了压榨、蒸煮、糖渍等典型加工过程中 5 类食品特征组分与品质功能变化规律。

国产化高等级病原微生物模式实验室：实验室风险评估与控制系统完成了病原微生物动物实验、产品中试、实际操作的初步实验，完成实验室网络协同系统的总体架构和部分模块功能开发。

北方草甸退化草地治理技术与示范：集成了牧场废弃物的资源化利用、草产品加工利用和智慧牧场管理 3 项区域生态产业技术，进行了技术示范。

新型农业投入品与优势特色农产品质量评价标准与标准样品实物研究：完成肥料中“赤霉酸”“植物生长调节剂”及饲用“葡萄糖氧化酶”等新型投入品的检测方法标准及饲料添加剂等产品标准。

二、“转基因生物新品种培育”国家科技重大专项

共主持承担转基因生物新品种培育重大专项课题 23 项，持续开展转基因作物新品种培育、基因克隆新技术和新方法、转基因生物安全评价技术等研究，获得了一批目标性状优异的转基因新材料和新品系，形成了安全评价的技术体系。

抗病转基因水稻新品种培育：创制了 120 余份抗病转基因水稻新材料，其中 18 份已获批进入中间试验，4 份申报进入环境释放阶段；制定了 1 项抗病转基因水稻生产应用技术规程；克隆新的抗病基因 6 个。

抗逆、抗除草转基因水稻新品种培育：获得抗逆性显著提高的转基因材料 200 份以上，培育出抗除草剂高产杂交组合 10 个以上，抗除草剂杂交早稻“香 125s/Bar68-1”完成生产性试验。

抗旱转基因小麦新品种培育：完成 4 个新品系的环境释放试验，转 *GmDREB*3 基因新品系“联鉴 6”连续两年抗旱节水效果显著；完成食品安全性评价实验，结果证明转基因小麦与受体差异不显著；完成环境安全性评价试验。

抗逆转基因玉米新品种培育：进行大区产量评比试验，筛选出增产 10%以上的杂交组合 12 个；对 150 份新种质进行抗旱、耐盐碱鉴定，筛选出抗逆性显著提高的新种质 20 份。

优质功能型转基因玉米新品种培育：选育了 4 个植酸酶玉米新品种，实现多性状聚合；植酸酶与木聚糖酶、α-半乳糖酶、葡萄糖氧化酶均已经获得了转化事件。

抗除草剂转基因大豆新品种培育：培育出 32 个抗草甘膦大豆新种质，新品系 ZH10-6 申请进入生产性试验阶段，显示出良好的产业化前景。

养分高效转基因大豆新品种培育：筛选出高结瘤大豆品种天隆一号及与其匹配性好的根瘤菌 113-2，筛选出了与根瘤发育及固氮功能相关的 C2H2 蛋白。

转耐旱耐盐碱基因棉花新品种培育：获得了一批具有自主知识产权的耐旱、耐盐碱、抗虫、抗病、抗除草剂新材料，形成了抗虫、抗除草剂、耐旱耐盐碱多基因聚合棉花新种质。

高产高效转基因棉花新品种培育：创制新型抗虫、高产、抗除草剂、株型塑造等转基因新材料 147 份，筛选转基因高产高效棉花新品系 22 个，培育新品种 3 个。

抗逆和抗除草剂关键基因克隆及功能验证：完成 GR79/GAT 蛋白经口急性毒性试验、模拟胃肠道消化稳定试验、蛋白热稳定试验以及过敏源生物信息学分析等。

基因克隆新技术和新方法研究：建立了基于病毒介导的植物开花技术体系，明确了基于病毒介导的植物基因编辑技术体系的可行性。

规模化转基因技术体系构建：建立了高效生产转基因牛体系，具备年生产 200 头转基因克隆牛的能力；建立了以慢病毒载体和核移植为核心的绵羊高效转基因技术平台，平均转化效率达 48. 5%。

转基因玉米小麦大豆环境安全评价技术研究：建立了较为完善的抗虫玉米、抗除草剂玉米、抗除草剂大豆、抗旱小麦环境安全评价技术体系，并应用于重要转基因材料的评价。

转基因水稻环境安全评价技术研究：提出了用于评价抗虫水稻非靶标效应的节肢动物指示种，优化了抗虫植物对非靶标节肢动物意大利蜜蜂、白符跳和大型蚤安全性评价技术，评价了抗虫水稻和抗虫玉米对 3 种指示生物的安全性。

农业生态风险监测与控制技术研究：开展 *Bt* 棉花与玉米靶标害虫抗性监测与治理、非靶标生物种群监测与害虫控制技术研究，红铃虫对 *Bt* 作物抗性治理新策略取得重要进展。

三、国家自然科学基金

2017 年共获批国家自然科学基金各类项目 308 项，直接经费超过 1.54 亿元。其中，青年自然科学基金 159 项，面上项目 136 项，杰青项目 1 项，优青项目 2 项，国际合作重点项目 1 项，国际（地区）合作交流项目 3 项，组织间国际合作项目 5 项，国家重大科研仪器研制项目 1 项。2017 年度主要围绕水稻、棉花、大豆等主要农作物的重要性状功能基因挖掘与分子解析、作物病虫害分子机制及抗性解析、动物重大病害抗性机理等开展研究，揭示相关规律，为农业重大关键技术创新和产品创制提供理论基础。

大豆隐花色素功能研究：通过 CRISPR 技术获得了大豆 *GmCRY*1a，b，c，d 基因的单突变体及多突变体，研究了表型改变；*GmCRY*1a，b，c，d 基因的过表达材料均表现矮壮耐阴表型及叶片延迟衰老表型，并在遮阴条件下显著提高单株产量，对培育适合密植或间套作的大豆新品种具有重要价值。

大豆抗衰老新基因 *GmSG* 的分子机理解析：对材料进行初步模拟衰老研究，表达 *GmSG* 可以延长生育期，在荚成熟之后叶片和茎还表现出持绿的表型，初步验证了基因功能。

大豆种质资源与遗传育种：对大豆抗性种质资源中的抗性基因 *GmAAT* 功能进行了分析，对 23 份早熟抗性种质资源进行了抗性位点的鉴定。

杂粮作物种质资源研究与利用：完成了对谷子矮秆基因的精细定位及遗传效应分析，发现其矮化效应不依赖于纬度环境的变化；利用 tGBS 简化基因组测序技术完成了对一个谷子重组自交系群体的测序，构建了高密度遗传连锁图谱。

油菜素内酯调控水稻重要农艺性状的分子机制：收集了多个籽粒大小和茎节差异伸长的突变体材料，对油菜素内酯特异控制的茎节伸长模式调控基因进行了遗传分析，初步鉴定出新的籽粒大小调控途径。

粒宽新基因克隆及遗传网络分析：验证了水稻粒型新的候选基因 *GW5/qSW5*，对基因的调控模式、遗传互作网络和功能模型进行了深入阐述与剖析。

超级稻种质创新和分子设计育种：通过揭示 OsCUL3a-OsNPR1 蛋白调控水稻程序性

细胞死亡和免疫的分子机制，丰富了影响水稻类病斑突变的分子理论体系；揭示了稻田稗草基因组及水稻—草竞争分子机制。

半野生棉对新疆次生盐碱的应答机制及应用：鉴定了 265 个 ROS 产生与清除相关基因，鉴定获得复合盐碱胁迫后棉花幼苗差异表达基因 3 个。

棉花纤维发育机制在育种中的应用基础研究：对棉花品种徐州 142 及突变体开展了纤维细胞起始期蛋白质组、磷酸化蛋白质组和转录组进行分析，构建了高密度遗传图谱，标记数量为 8 295个；完成了陆地棉 25 染色体优异等位变异的分析。

棉花种质创新和高产分子育种：发现过氧化物酶和玉米素在纤维伸长期和次生壁加厚期起到重要作用；发现 *GhChlI* 是控制棉花叶色的关键基因；转录组分析了不育系 CMS-D2 与其保持性和恢复系的基因表达变化，初步解析了不育机制。

花生荚壳抗黄曲霉侵染种质发掘及抗性 QTL 分析：完成了 700 对多态性 SSR 引物对中国花生微核心种质的多态性检测，构建了包含 1 443个 SSR 标记位点的高密度遗传连锁图。

黄瓜果实形态建成的遗传机制：初步构建了黄瓜果实发育过程中重要基因的表达网络，研究了 *SIN3-HDAC* 基因通过调控茉莉酸甲酯和乙烯信号通路控制果实早期细胞快速分裂的功能，证明了乙烯精细剂量调节在果长控制中的作用。

MAPK 信号途径调控小菜蛾对 Bt 杀虫蛋白抗性的遗传网络解析：研究揭示了小菜蛾 MAP4K4 基因 5′-侧翼序列的遗传多样性，确定了该基因的启动子核心调控区。

白菜叶球形成的遗传解析与亚种间杂种优势应用：开展了大白菜叶球形成细胞的单细胞转录组分析，构建了白菜类蔬菜高质量变异组数据库，鉴定了约 320 万个 SNP 多态位点。初步分析了大白菜亚群体基因组之间的分化情况。

马铃薯重要农艺性状遗传区段解析与优异种质发掘：完成了 140 份四倍体马铃薯品种（系）的基因组重测序，并对 16 个基本表型性状和品质性状进行了评价；精细定位了马铃薯早熟性 QTL 位点，初步构建了控制圆薯形的主效基因位点区域的物理图谱。

杀虫剂驱动 Q 烟粉虱替代 B 烟粉虱的分子机理：完成了烟粉虱基因组序列图谱和重要基因家族的注释分析，通过转录组测序和 RNAi 分析，发现烟粉虱成虫羟基酮酸转氢酶基因过量表达参与了对噻虫嗪抗药性形成过程。

苏云金芽孢杆菌母细胞裂解和晶体细胞分化机理：发现肽聚糖水解酶 CwlC 的转录受 sigma K 的控制及 GerE 的正调控，研究了 CwlC 蛋白的关键催化位点。

植物挥发物对棉铃虫嗅觉行为调控的神经和分子机理：揭示了性信息素拮抗剂参与调控棉铃虫最优交配时间，阐明了其作用的分子机制；鉴定了蚜虫感受报警信息素的嗅觉受体及神经，揭示了蚜虫识别报警信息素的新机制。

作物双生病毒致病的分子机理：发现云南番茄曲叶病毒致病因子 C4 可与烟草中的蛋白激酶 NbSKη 互作，揭示了互作对病毒复制影响的分子机制。

红铃虫对 Bt 棉花的抗性等位基因鉴定及演化动态分析：检测了红铃虫 Cry1Ac 抗性品系 4 种抗性等位基因及基因型，结果显示红铃虫对 Cry1Ac 的敏感性 4 年间没有显著差异。

小麦品种对条锈菌持久抗病性遗传组分及机制：选用 CYR17、CYR32、CYR33 和 V26 混合小种对供试材料进行苗期、成株期联合抗性鉴定，采用 SSR 技术检测重要抗条锈病基因，发现丰富的隐性抗条锈病基因。

棉花—害虫—天敌的互作机制：揭示了利马豆中合成 DMNT 和 TMTT 途径上关键的萜烯类合成酶基因，陆地棉参与间接防御的萜烯同系物合成代谢通路研究取得新进展。

奶牛瘤胃尿素分解优势菌群及其代谢尿素的分子机理：发现瘤胃上皮尿素分解菌脲酶基因数要低于瘤胃内容物，揭示了尿素分解菌及其脲酶基因的瘤胃生态位分布。

肉鸡骨骼磷代谢利用规律及分子机制：发现血清磷含量与血清碱性磷酸酶活性呈显著正相关，胫骨抗压强度与胫骨密度、胫骨矿物元素含量呈显著正相关。

PI3K/Akt 通路调控猪肌肉发育及产肉量的整合表观遗传学机制：鉴定了 1 405个在骨骼肌中发育过程中差异表达的 lncRNA。

瘤胃中秸秆代谢相关微生物的生态结构和功能：研究了蒸汽爆破预处理玉米秸秆饲料的最优反应条件，分析了蒸汽压强、维压时间和预浸水分含量对玉米秸秆还原糖得率的影响，并建立了数学模型。

传染性法氏囊病强、弱毒侵染宿主细胞的分子机制：IBDV 超强毒粒子结构重构达到原子水平；揭示了 VDAC1 通过增强 RNPs 复合体的稳定性从而促进聚合酶活性进而增强 IBDV 复制；揭示了宿主酪蛋白激酶介导的抗 IBDV 效应和机制；初步揭示了 IBDV 诱导炎症的分子机制。

猪瘟病毒新型细胞受体的鉴定及其介导病毒入侵的分子机制：发现宿主分子 MerTK 正调控 CSFV 的复制并且与 E2 蛋白存在相互作用，证实 CSFV 经由网格蛋白介导的内吞方式进入宿主细胞。

巨噬细胞 HIV 病毒储库的清除策略：发现病毒蛋白 Vpr 是 HIV-1 在 NKR 和树突状细胞中复制是必需的，通过免疫荧光技术检测到 Vpr 在线粒体上的定位。

动物流感毒株变异规律与致病机制：研究发现 2017 年年初分离的一些 H7N9 变异株在雪貂体内复制一代后即可获得适应哺乳动物关键突变；揭示病毒血凝素蛋白 G225E 突变可以提高病毒的包装和出芽效率，促进病毒复制；发现 H5N1 血凝素蛋白发生 G158N 突变后获得了新的糖基化位点，可以提高病毒感染细胞后的复制能力和炎症反应。

弓形虫与宿主互作的转录组及蛋白组：发现宿主蛋白质量控制通路与弓形虫含量有显著、直接的联系，发现了 310 个与弓形虫含量存在显著相关的基因。

新城疫病毒劫持宿主细胞蛋白翻译系统的机制：证实病毒蛋白翻译依赖于宿主的真核翻译系统，发现病毒在感染细胞后能够通过引起 eIF4E 及 eIF4G 磷酸化、促进 eIF4F 复合体形成等方式激活宿主的蛋白翻译系统。

基于定量遥感和数据同化的区域作物监测与评价：初步建立了利用 GLASS 数据的降尺度方法，建立了多源遥感数据融合的作物空间分布、地膜覆盖农田遥感监测技术路径，开展了基于定量遥感的作物生长健康监测评估及产量模拟预测研究，分析了华北地区气候变化与农业生产方式间的关系。

联合固氮施氏假单胞菌碳氮代谢基因网络调控的分子机制：新鉴定了一个特异响应固氮胁迫信号的非编码调控 RNA NfiR，证实了该 ncRNA 的表达规律及转录调节机制，揭示了该模式中 RNA 结合蛋白 Crc 与非编码 RNA CrcZ 和 CrcY 间分子互作及动态平衡的核心作用。

四、国家重点基础研究发展计划（"973"计划）

共主持课题 29 项，参加课题 46 项，重点开展了主要粮食作物分子育种与改良、油料作物重要性状调控途径、畜禽发育与产品品质、牧草品质与草原生态、重要畜禽寄生虫病致病机制与免疫逃逸、主要粮油产品真菌毒素防控、固氮机制与肥料养分持续高效利用机理等方面的基础研究。

油菜高产油量形成的分子生物学机制：获得两个可影响油菜含油量性状的基因，鉴定出 251 个胚乳印迹基因并对进行了验证及甲基化分析，克隆获得了一批与油菜光合作用和株型相关的候选基因。

牛羊重要寄生虫致病机制的分子基础：确定了 TGFβ 样生长因子信号传导通路重要基因在重要发育阶段的空间表达谱，建立了 RNAi 干扰方法；解析了片形吸虫不同发育阶段的 miRNA 的特征，挖掘了细粒棘球绦虫感染后应对宿主免疫反应相关的重要功能基因。

猪繁殖与呼吸综合征病毒的免疫抑制与免疫逃逸机制：阐明了 PRRSV 通过诱导感染的 PAM 细胞分泌 TNF-α，进而诱导未感染细胞发生凋亡的机制；解析了 PRRSV 感染早期 TNF-α 不能诱导感染 PAM 细胞发生凋亡的机制。

乙脑病毒优势型别变化的生态流行病学及风险：发现日本乙型脑炎病毒（JEV）在我国猪群中全年平均阳性率为 39.9%，JEV 基因 I 型为优势血清型；发现基因 I 型和基因 III 型分布差异与气候类型、维度没有相关性。

肥料养分持续高效利用机理与途径：探明了土壤—作物体系无机肥料氮磷养分无效化阻控与增效机理，揭示了有机肥氮磷生物转化与碳氮互作提高利用率的机制，阐明了农田养分协同优化原理和方法，建立了典型区域典型种植体系肥料养分持续高效利用模式。

微生物群体感应通讯系统与病害防控基础：获得了新的 AHL 淬灭酶 1 种、淬灭 DSF 受体及抑制剂 5 个、T3SS 抑制剂 6 种，形成了从调控机理到筛选评价、再到应用的重要革兰氏阴性病原微生物群体淬灭酶（剂）挖掘研发体系。

主要粮油产品储藏过程中真菌毒素形成机理及防控基础：揭示了粮油产品储藏过程中真菌菌群发生、毒素形成、积累、为害和解毒的生理生化与分子机理，揭示了光、温、湿等环境因子对菌群发生、毒素形成、真菌及毒素为害储粮的影响机理，构建了针对我国储粮特点的真菌及其毒素早期预警、阻断、抑制和去除技术体系。

食用菌产量和品质形成的分子机理及调控：阐明了热胁迫下 ROS 是调控海藻糖代谢和过氧化氢酶表达的主要信号途径，明确了高温胁迫下木霉侵染性和烧菌性机制，揭示了柳生金针菇多糖和金顶侧耳多糖抗氧化与免疫调节作用机制。

生物固氮及相关抗逆模块的人工设计与系统优化：获得一系列参与最佳固氮调节的新基因，非编码 RNA 研究取得重要突破；获得一系列响应环境营养信号或环境胁迫信号的固氮调节元件、抗逆和内生元件以及固氮泌铵功能模块；建立了高通量玉米根际微生物群落及固氮能力评价技术平台。

天然草原生产力调控机制与途径：发现养分策略的表现显著依赖于放牧环境，退化草原恢复措施短期效应明显，长期效应取决于当年的降水盈亏情况。

五、国家高技术研究发展计划（“863”计划）

共主持课题 13 项，参加 22 项，重点开展了主要农作物基因组学研究与关键功能基因挖掘、种质资源创制、育种新技术新方法研究与品种改良、作物生产数字化管理平台研发、饲料酶表达系统改良与产品研制、智能化植物工厂关键技术与装备、作物生产环境调控等方面的高技术研究。

棉花功能基因组学研究与应用：分析了 *GhNAC63* 基因的组织表达特性及在植物衰老和胁迫条件下的表达模式；发现 *GhWRKY27* 基因在植物衰老过程中发挥着重要的作用；对隐性芽黄基因 *v1* 进行了精细定位。

大豆、油菜、花生功能基因组学研究与应用：完成了半冬季型油菜中双 11 号的全基因组测序，发现油菜内部同源基因组交叉互换在不同生态型油菜中存在不同的保留；筛选出一批与株高和分枝数性状相关的候选基因。

特色果树功能基因组学研究与应用：对 313 份核心种质进行重测序，鉴定出 50 个与糖酸组分的关联位点；进行了桃果实红肉性状的代谢网络分析，共筛选出 183 个候选基因。

基于模型的果园与油菜作物生产数字化管理平台：构建了果园数字化管理平台，提出了环境数据表示标准，提出了一种基于 WSN 的苹果园环境及果树生长信息监测系统，建立了苹果树生长模拟和管理模型，构建了苹果树形态结构模型。

作物虚拟设计与可视化技术：构建出具有较高平滑度和真实感的小麦形态结构模型，开发了小麦生长过程三维可视化平台，模拟了不同品种小麦在不同施氮水平下的生长过程，实现了小麦生长的数字化管理和三维可视化表达。

作物生长水分与营养土壤生境调控技术：进一步改善了负压渗水材料 PVFM 的力学性能、液体负压阀的压力控制精度，以及水分平稳供应器的整体稳定性。

饲料酶的分子改良与产品创制：创新酶制剂的干燥、成形、保存技术，开发了高效稳定的产品加工体系，提高了饲用酶制剂的稳定性、实用性和应用的高效性，建立了规模化生产的共性技术平台。

植物工厂 LED 节能光源及光环境智能控制技术：研究明确了 LED 红蓝光连续光照对生菜的光合、生长和品质的影响机制，将 LED 面板灯和补光灯进行产品定型，大规模生产并推广应用。

六、国家科技支撑计划

共承担在研项目课题 27 项，参加课题 85 项。重点围绕粮食、经济和园艺等作物种质资源收集、发掘与创新利用、重要农林入侵物种扩散监测与防控、旱地固碳减排、粮食作物水肥精控、棉花商业化育种、主要果树新品种选育、畜禽疾病防控及药物创制、园艺作物机械化高效栽培等开展研究，在行业关键技术研究和集成示范方面取得了较大进展，解决了一批综合性、区域性关键技术问题，取得了一批支撑产业发展的新产品、新品种、新理论。

作物种质资源收集、编目、入库与安全保存：新收集编目入长期库作物种质资源 2 476份，完成种子活力、马铃薯种质存活率和病毒病试纸条等检测技术的研发，制定了马铃薯种质资源活力评价技术标准，获得一批与种子活力密切相关的标志物，构建了库存种质活力动态监测数据库。

粮食作物种质资源发掘与创新利用：从国内外收集粮食作物种质资源 562 份，经农艺性状和抗病、抗逆性鉴定筛选获得 164 份优异种质资源；完成了 149 份优异种质资源目标性状基因型分析，挖掘目标性状新基因 8 个；创制高产、优质、多抗、高效粮食作物种质资源 79 份。

经济作物种质资源发掘与创新利用：收集野生与栽培棉花种质资源 36 份，鉴定和筛选了优异新材料 54 份；全基因组结合转录组分析获得了野生棉抗盐的关键基因表达网络。

园艺作物种质资源发掘与创新利用：进行了桃候选基因在抗感材料不同诱导期的表达分析，显示果实早期表达的关键基因存在 4 个与单果重表型显著关联的 SNPs；构建了葡萄的分子遗传图谱，获得了与炭疽病抗性相关的 QTL 位点。

棉花商业化育种技术研究与示范：育成新品种 4 个，培育参加区试新品系 8 个；创制早熟、优质、抗逆性强的适于机采新材料 50 份，建立新品种测试评价网点 37 个，测试棉花新品种系（组合）136 个，新品种（系）示范推广 50 万亩。

主要果树新品种选育：设置杂交组合 239 个，初选优系 166 个，复选优系 38 个，决选优系 6 个，审定（备案、鉴定）新品种 15 个；建立了主要果树优质壮苗和果树圃内整形大苗标准化繁育技术。

园艺作物机械化高效栽培关键技术研究与示范：制定了蔬菜穴盘育苗技术规范 5 种、机械化作业技术规程 6 种，形成了生产机械化方案 7 种并推广应用。

重要农林入侵物种扩散监测与防控：探明了广聚萤叶甲择偶策略的母代效应、莲草直胸跳甲两地理种群的热适应性差异及响应高温的调节机制；明确了姜瘟病病原菌流行学规律、苹果蠹蛾和马铃薯甲虫成虫的繁殖特性、瓜实蝇对温度和寄主等因子的适应性等，建立了氯化苦熏蒸土壤消毒技术。

鸡种质资源培育与创新利用：通过对中外鸡种基因组重测序和位点筛选，设计定制出国内首款鸡55K基因芯片，已建立不同品种的参考群体，对饲料利用效率、抗病性、适应性、产肉率等性状进行育种值估计。

口蹄疫等家畜疫病防控净化技术集成研究与示范：完成标记疫苗的猪群免疫评价，形成鉴别免疫技术；实施猪场净化，建立免疫无疫，形成猪场净化模式。

新型动物专用化学药物的创制及产业化关键技术：完善了五氯柳胺混悬液的实验室制备及中试生产工艺，完成了靶动物安全性、三期临床试验和亚慢性毒性试验；开展了硝唑沙奈肠溶缓释颗粒体外分析、质量评价、含量测定等方法研究；研究了维他昔布咀嚼片在靶动物猫体内的药代动力学，建立了口服片剂生产线，取得新兽药注册证书。

猪繁殖与呼吸综合征病毒免疫抑制及新型控制技术：筛选出了6个对PRRSV复制有影响的膜蛋白，对膜蛋白PCSK9深入研究表明能够抑制PRRSV进入细胞后的生物合成过程。

旱地生态系统固碳减排技术集成与示范：研发出适应不同地区的固碳减排技术模式11套，初步评估了不同地区未来固碳减排技术的固碳潜力，探索了固碳减排技术机理，筛选出了减排20%的系列技术。

粮食作物水肥一体化精准控制关键技术：研究发现5种保水剂处理可使冬小麦产量增加1.3%~7.9%，水分利用效率提高到18.0~20.7千克/(公顷·毫米)。

水分农艺调控、集成和示范：全面开展冬小麦—夏玉米高产田土壤扩蓄增容、水肥高效耦合、秸秆全量还田以及连作水分高效利用技术研究，形成了冬小麦—夏玉米水分高效利用农艺调控技术模式并示范应用。

重金属超标农田原位钝化/固定与农艺调控技术：研究了北方设施蔬菜生产系统中重金属累积特性，揭示了土壤和蔬菜中重金属同步累积趋势，建立了蔬菜吸收重金属的模型；开发了一种高效修复砷污染土壤的新型复合淋洗剂。

七、公益性行业科研专项

共主持承担在研项目48项，参加项目110项，重点在主要农作物及果树种质资源、农作物各类病害防控、田间水肥高效利用、动物饲养与饲料资源、动物疫病诊断与防控、新型动物用药开发、农畜产品质量控制与加工、农村节能环保等方面，围绕产业升级发展的关键技术瓶颈，开展应急性、培育性、基础性科研工作，研制一批主导产品、形成一批主推技术、制定一批规程规范等实用技术成果，建立了一批核心示范基地并加大集成推广力度，有力支撑乡村振兴，推动农业农村现代化发展。

第三次全国农作种质资源普查与收集行动：启动浙江、福建、江西、海南4省的普查与收集工作，完成 4 省 248 县的普查以及 6 省（区、市）25 县（市）的系统调查，收集资源 8 973份。对收集的作物种质资源进行了连续两年的田间表型鉴定评价，陆续编目入库。

我国重要野生果树资源的收集、评价与优异种质创新利用技术研究与示范：开展了苹果种质资源同名异物和同物异名检测，构建了 988 份苹果资源指纹图谱，继续开展苹果种质资源挥发性物质的测定和评价。

我国桃野生资源的收集、评价与优异种质创新利用技术研究与示范：补充调查了新疆地区 8 月下旬成熟的桃种质资源，收集特色桃及其近缘种质 16 份，获得了 22 份耐涝材料和 4 份抗粉蚜种质。

中国超级稻重点区域目标产量高效育种技术集成与示范：7 个新品种通过农业部超级稻认定，创制了一批优质超级稻亲本材料；协同构建了表型—基因型数据库、高通量大规模分子筛选平台，建立和拓展了“粳不籼恢”超级籼粳杂交稻育种理论和技术体系。

华北平原中南部两熟区耕地培肥与合理农作制技术集成与示范：继续开展麦棉模式生产力比较、麦棉轻简化关键栽培技术、简化模式下地力培肥等试验，发现大豆和棉花茬对冬小麦产出有利，具有明显的养地功能和稳产作用。

主要农作物抗御季节性干旱技术研究与示范：建立季节性干旱的评价、预警指标体系与方法、农业干旱与粮食产量损失之间的关系模型、预测土壤水分的新方法，研发了“农业干旱预警系统”和系列抗旱制剂。

苜蓿高效种植技术研究与示范：在苜蓿重要产区开展了高效根瘤菌菌株筛选、测土配方施肥、植株密度调控、刈割调控等试验，筛选出与根瘤菌菌株 3 份，形成调控技术 2 项。

南方经济作物副产物饲料化利用技术研究与示范：完成了肉羊对苎麻叶、甘蔗梢等经济作物副产物的采食、消化特性研究，建立了饲用技术。

马铃薯主粮化关键技术研究与示范：完成了老年人马铃薯主食产品健康功效评估、三大区域种植效益评价分析、马铃薯主食产品与三类主粮主食产品的营养价值比较分析，提出推动马铃薯主食产业发展的政策建议部分纳入《国民营养计划（2017—2030年）》。

活性复合稻米杂粮营养食品关键生产技术应用示范：开展稻米和燕麦优质原料品质特性稳定性研究，筛选出高营养价值糙米品种，开展活性复合稻米杂粮营养功能活性评价，完成糙米营养米露生产工艺、配方并得到技术转化。

作物孢囊线虫综合治理技术方案：对 442 份供试大豆品种进行了抗大豆孢囊线虫抗性测定；从 224 份小麦根际土壤样品分离获得菌株 1 364株，筛选出对禾谷镰刀菌具有明显拮抗作用的菌株 43 株。

黏虫综合防治研究与示范：明确了寄主植物、幼虫密度、生长温度对黏虫亲代与子代的生长发育、飞行与生殖等的亲本影响效应；优化了黏虫性诱剂配方并在田间应用，明确了雄蛾性外激素的生理与行为功能；揭示了黏虫迁飞定向、迁飞与免疫关系和迁飞促进生殖的分子机制。

粮食作物重要病毒病防控技术研究与示范：采集 10 省小麦标样 194 份，鉴定出 BYDV-GAV 侵染标样 47 个、PAV 侵染 44 个、GPV 侵染 3 个，WDV 侵染标样 47 个；调查发现大麦黄条点花叶病毒是近年来我国新发现的一种细胞质弹状病毒，发现小麦黄条纹病毒是一种侵染小麦的新病毒。

农田杂草防控技术研究与示范：揭示了农田恶性杂草牛筋草等对除草剂草甘膦的抗性机理，发现抗性种群中的 PFK 基因拷贝数与表达量、解毒酶 GST 活性均显著高于敏感种群。

二点委夜蛾、玉米螟等玉米重大害虫监测防控技术研究与示范：发现新疆地区与黄淮海地区 C3 寄主来源比例相对于东北地区比较高，研究了亚洲玉米螟取食诱导不同时间对玉米基因表达、叶片苯并噁嗪酮类物质含量等的影响。

杂粮初加工技术装备及综合利用研究与示范：定型杂粮脱壳脱皮及分级筛选设备，完成超高温水热处理技术装备的集成，完成杂粮面粉洁净化生产灭菌、灭酶示范生产线示范工作，建立杂粮麸皮油小型生产示范线。

油料产地加工技术装备的研究与示范：建立了压榨菜籽油一步法低温物理脱胶脱酸与提质留香技术，开发了配套装备；开发了高品质菜籽油产地绿色低耗精炼组合装置、高品质菜籽油产品及物理吸附剂，建立了低温物理脱胶脱酸工艺。

生鲜乳质量安全评价技术及生产规程研究与示范：构建生鲜乳中黄曲霉毒素 M1 便携式传感器，建立生鲜乳中 15 种磺胺类兽药残留高通量检测方法，对霉菌毒素及重金属开展评估，初步构建时空分布图谱。

南方地区幼龄草食畜禽饲养技术：提出了羔羊开食料适宜 NDF 推荐水平，建立了羔羊代乳粉氨基酸平衡模式，补充完善了羔羊早期断奶快速育肥技术体系；完成了棕榈仁粕、油茶籽粕、甘蔗渣作为后备牛新饲料资源研究。

放牧牛羊营养平衡技术研究与应用：形成了羔羊早期断奶理论和关键技术，创制了羔羊代品产品并实现了产业化，早期断奶技术在内蒙古①、青海和西藏推广羔羊 473 万只，犊牛 1.3 万头。

畜禽宰后减损、分级技术装备研究与示范：通过技术集成，形成生猪、肉牛、肉羊、肉鸡、肉鸭宰后减损技术和分级技术各 5 套，试制便携式肉品质近红外分析装置 1 套。

放牧动物蠕虫病防控技术研究与示范：制定了适合甘肃地区放牧动物牛羊的寄生虫防控模式 2 套，建立了捻转血矛线虫聚合酶重组酶扩增与侧流层析试纸条方法。

中兽药生产关键技术研究与应用：研究了多种中兽药免疫增强剂及生产关键技术，研发新产品 24 个，建立生产关键技术 14 项，获得国家新兽药证书 9 项。

---

① 内蒙古自治区，全书简称内蒙古。

表达 GM-CSF 的重组 PRRSV 弱毒疫苗株对异源毒株的保护效力研究：在高致病性 PRRSV 弱毒疫苗株 HuN4-F112 基础上，利用反向遗传技术引入猪源 GM-CSF 基因，成功获得表达 GM-CSF 的重组病毒，证实该病毒免疫后能够诱导更高水平的机体免疫应答，提高针对同源强毒株的免疫保护效力。

新型动物专用药物的研制与应用：完成了一类新兽药沙咪珠利的安全药理学、大鼠两代繁殖实验、药代动力学、残留消除及检测方法等研究，建立了鸡血浆中沙咪珠利的测定方法，研究了沙咪珠利溶液在鸡体内的药代动力学特征。

有机化学品污染农田和农产品质量安全综合防治技术：对乙虫腈在水体、沉积物和斑马鱼体系间的迁移转化进行了动态模拟；研制了防治水稻稻瘟病的植物源化合物增效组合物，初步研发了桃蚜对新烟碱杀虫剂敏感度快速检测试剂盒，筛选了监测甲氧基丙烯酸酯类杀菌剂生态毒性的标志物。

典型流域主要农业源污染物入湖负荷及防控技术研究与示范：进行 3 个典型小流域的流域断面流量监测、水质样品采集与分析工作，解析不同来源的农业源污染物；研究了洱海、太湖、三峡流域的氮磷输入和输出量。

基于农产品禁止生产区划分的环境质量多源评估与自动识别技术研究与推广：改进 DGT 外套和膜性能并应用于大田评估；优化完善全国农产品产地安全信息管理系统功能模块，开发数据分析与应用模块；开发禁产区自动识别技术和模型，完善农产品禁产区边界划分软件；开展农产品产地安全数据管理设备与系统的示范应用。

北方旱地合理耕层构建技术及配套耕作机具研究与示范：在三大生态类型区开展旱地耕层结构及功能现状大面积调查，明确了限制旱地土壤合理耕层建设的关键因素和障碍因子，总结出 3 套旱地合理耕层的技术参数与指标体系。

坡耕地合理耕层构建指标研究：初步完善了 9 套耕地保土机具及配套技术方案，完善坡地增厚保水技术规程 1 套，完善深松起垄作业技术规程及质量标准各 1 套。

田间水肥变量喷洒控制装置和轻小型移动式应急抗旱装置研制：进行了轻小型移动式应急抗旱装置的田间试验，研制了一种智能施肥器，开发了 2 种轻小型应急抗旱机组和 1 种智能灌溉施肥装置。

灌溉试验标准化设计及河南地区应用研究：确定了冬小麦、玉米典型灌溉方式下灌溉小区的适宜面积，确定了微型蒸发皿的适宜材质、口径和埋深，提出了土壤蒸发采集规程。

新疆绿洲灌区水浇地合理耕层构建技术指标研究：对比研究不同深松深度、深松周期、灌溉方式等条件对水浇地主要土壤耕层理化性状、水肥利用效率和作物生长发育进程以及产量的影响，开发了新式灌水模式并试验示范。

农村沼气集中供气技术集成及配套设备研究与示范：开展了除砂技术、多元物料预处理设备、强化搅拌技术研究，形成了稳定供气安全保障系统 1 套，优化出适用于不同地区的沼气集中供气模式 1 套。

八、科技基础性工作专项重点项目

共主持承担在研项目11项，重点开展了农作物种质资源观测、农作物生物资源调查、农作物有害生物及其天敌资源、畜禽饲料资源及其矿物元素含量与分布调查、农产品中高风险农药助剂残留调查、危害分析及助剂分类、大宗农产品加工原料重金属污染调查等基础性调查工作，从农业生产一线收集、整理、鉴定、评价、保存一批重要种质资源，收集掌握了一批土壤、水资源、气候资源、农业障碍因子等的基础调查数据与农业科技资料，为相关学科发展提供了基础数据和材料支撑。

贵州农业生物资源调查：对贵州省42个县（市、区）的农业生物资源利用情况进行普查，对其中21个县（市、区）开展系统调查和资源采集，建立了主要农业生物资源的生物学、民族生物学及其分布的基础数据库；查清了贵州省农业生物资源演变趋势；收集并编目粮食作物、蔬菜、果树、药用植物等3 582份资源，鉴定获得具有重要利用价值的优异种质资源150份。

水稻种质资源收集与挖掘：收集国内外新资源317份，完成2 800份资源的鉴定评价，田间自然病圃稻瘟病鉴定2 000份，并对其中600份田间抗性较好的资源进行6个稻瘟病菌株的苗期抗性鉴定；利用5 291个SNP标记开展432份籼稻资源的耐淹发芽特性的全基因组关联分析。

我国优势产区落叶果树农家品种资源调查与收集：完成了21个省市、210多个县果树优势分布区调查工作，共调查收集农家品种资源1 400份；建设了落叶果树农家品种资源图文数据库、GIS信息管理系统，制备农家品种资源标本844份，编写出版了《中国果树志·石榴卷》等大型著作。

主要农作物有害生物及其天敌资源调查：以小麦、玉米、水稻、棉花和茶树主产省区河南、吉林、江苏、新疆和浙江为重点调查区域，共完成150多个县市3 600多个样点的调查，采集杂草植株或种子样本3 200多份，新发现银毛龙葵、圆柱山羊草和少花蒺藜草等多种检疫性杂草的分布地点，并对其发生与危害程度进行了调查。

我国主要畜禽饲料资源及其矿物元素含量与分布调查：按照饲料资源样品采集、描述与保存技术规范，采集和制备了我国不同地域约3 700份饲料样品，开展常规概略养分及主要常量元素和微量元素含量分析。

传统中兽医药资源抢救与整理：开展了我国8个省区中兽医药资源的调查和搜集整理，完善了中兽医药陈列馆和中兽医药资源数字化共享数据库，共制作中兽医药标本327种，整理中兽医古籍33册，搜集中兽药资源信息2 116条，整理中兽医经方及验方1 806个。

全国农产品加工原料真菌毒素及产毒菌污染调查：在全国22个省（市、区）开展了谷物、油料、水果、坚果、香辛料、饲料原料中真菌毒素及产毒菌的污染调查，获得数据9 103条。分离、鉴定并保存典型产毒菌1 524株，初步建立了我国首个农产品产毒真菌菌种资源库、全国农产品真菌毒素及产毒菌污染数据库。

我国大宗农产品加工原料重金属污染调查：完成全国和重点区域大宗农产品加工原料的样品布点采集工作，对样品收集及重金属检测分析进行过程质控，共收集稻谷、小麦、玉米、大豆等样品 5 000余份，获得重金属检测数据 2 万余条。

农产品中高风险农药助剂残留调查、危害分析及助剂分类：建立了 8 类 10 种蔬菜、4 种粮食、水、土壤和农药制剂中高风险有机溶剂检测方法 11 套，采集各类样品 10 000个，获得了 30 000余个农药助剂残留数据；开展了美国、加拿大、欧盟等农药助剂分类标准研究及我国农药助剂使用情况调查，完成了 900 余种我国农药助剂按毒性分类目录，制定了《禁限用农药助剂名单》。

中国农业科学院 2017 年科技成果统计表

总计	以第一完成单位获奖												以参加单位获奖								
	合计	国家奖			省部级奖				院级奖			合计	国家奖			省部级奖				
		小计	一等	二等	小计	一等	二等	三等	小计	杰出奖	青年奖		小计	一等	二等	小计	特等	一等	二等	三等
178	73	7	0	7	56	22	19	15	10	5	5	105	4	1	3	101	1	25	39	36

注：同一成果获不同级别奖励，只统计高级别奖。

中国农业科学院 2017 年获奖成果

一、获国家奖成果

序号	项目名称	第一完成人	第一完成单位	奖励类别	奖励等级
1	蜂产品优质安全生产全程控制与增值加工新技术及其应用	吴黎明	蜜蜂所	技术发明	二等奖
2	中国野生稻种质资源调查、原生境保护与创新利用	杨庆文	作科所	科技进步	二等奖
3	早熟优质多抗马铃薯新品种选育与应用	金黎平	蔬菜所	科技进步	二等奖
4	全国农田面源污染监测技术体系的创建与应用	任天志	资划所	科技进步	二等奖
5	食用菌种质资源鉴定评价技术与广适性品种选育	张金霞	资划所	科技进步	二等奖
6	智能 LED 植物工厂关键技术及其系统集成应用	杨其长	环发所	科技进步	二等奖
7	花生抗黄曲霉优质高产品种的培育与应用	廖伯寿	油料所	科技进步	二等奖

二、获省部级奖成果

序号	项目名称	第一完成人	第一完成单位	奖励类别	奖励等级
1	小麦与冰草属间远缘杂交技术及其新种质创制	李立会	作科所	神农中华农业科技奖	一等奖

（续表）

序号	项目名称	第一完成人	第一完成单位	奖励类别	奖励等级
2	高产节水多抗广适冬小麦新品种中麦175的选育与应用	何中虎	作科所	神农中华农业科技奖	一等奖
3	耐密高产广适玉米品种中单909的选育与应用	黄长玲	作科所	神农中华农业科技奖	一等奖
4	《小麦高产创建》及系列模式图	赵广才	作科所	神农中华农业科技奖	科普成果奖
5	盲蝽类重要害虫灾变规律与绿色防控技术	吴孔明	植保所	神农中华农业科技奖	一等奖
6	旱作农业创新团队	梅旭荣	环发所	神农中华农业科技奖	创新团队奖
7	畜禽粪便环境污染核算方法和处理利用关键技术研发与应用	董红敏	环发所	神农中华农业科技奖	一等奖
8	家畜营养与调控优秀创新团队	张宏福	牧医所	神农中华农业科技奖	创新团队奖
9	肉牛全基因组选择分子育种技术体系的建立与应用	李俊雅	牧医所	神农中华农业科技奖	一等奖
10	马铃薯主食加工关键技术研发与应用	戴小枫	加工所	神农中华农业科技奖	一等奖
11	牧场监测管理数字技术研究与应用	辛晓平	资划所	神农中华农业科技奖	一等奖
12	我国典型区域农田酸化特征及其防治技术与应用	徐明岗	资划所	神农中华农业科技奖	一等奖
13	农业信息监测预警创新团队	许世卫	信息所	神农中华农业科技奖	创新团队奖
14	转基因棉花研究与应用创新团队	李付广	棉花所	神农中华农业科技奖	创新团队奖
15	牦牛良种繁育及高效生产关键技术集成与应用	阎　萍	兰州牧药所	神农中华农业科技奖	一等奖

（续表）

序号	项目名称	第一完成人	第一完成单位	奖励类别	奖励等级
16	旱田全量秸秆覆盖地免耕洁区播种关键技术与装备	胡志超	农机化所	神农中华农业科技奖	一等奖
17	新型饲用抗生素替代品创制与应用	王建华	饲料所	北京市科学技术奖	一等奖
18	晚粳稻优异种质春江 12 的创制与利用	吴明国	水稻所	浙江省科技进步奖	一等奖
19	油菜耐渍性遗传机理与新品种选育应用	张学昆	油料所	湖北省科技进步奖	一等奖
20	北方半干旱区优质饲草关键技术研究与应用	侯向阳	草原所	内蒙古自治区科技进步奖	一等奖
21	鹿茸再生干细胞的发现与哺乳动物断肢再生模型的建立	李春义	特产所	吉林省自然科学奖	一等奖
22	国家特种动物基因库建设与高效利用	杨福合	特产所	吉林省科技进步奖	一等奖
23	蛋白质植物免疫诱导剂的创制与应用	邱德文	植保所	神农中华农业科技奖	二等奖
24	畜禽骨全组分高值化加工关键技术与装备	张春晖	加工所	神农中华农业科技奖	二等奖
25	西北黄灌区盐碱地高效改良利用关键技术	逄焕成	资划所	神农中华农业科技奖	二等奖
26	饲料及饲养过程风险因子速测、确证和筛查技术与应用	苏晓鸥	质标所	神农中华农业科技奖	二等奖
27	北方井渠结合灌区农业高效用水调控技术模式	齐学斌	灌溉所	神农中华农业科技奖	二等奖
28	水稻钵形毯状秧苗机插技术及其应用	朱德峰	水稻所	神农中华农业科技奖	二等奖
29	前期功能型超级专用早稻中嘉早 17 的选育与应用	胡培松	水稻所	神农中华农业科技奖	二等奖

（续表）

序号	项目名称	第一完成人	第一完成单位	奖励类别	奖励等级
30	中棉所 63 等强优势杂交棉新品种选育及应用	杨代刚	棉花所	神农中华农业科技奖	二等奖
31	丘陵坡地喷灌系统关键产品创制与示范	李金山	灌溉所	河南省科技进步奖	二等奖
32	油菜可持续绿色高产高效生产技术创新与应用	张春雷	油料所	湖北省科技进步奖	二等奖
33	葡萄等都市特色水果生产关键技术研究与应用	陈锦永	郑果所	河南省科技进步奖	二等奖
34	重大草地害虫生物防治新技术研发与应用	刘爱萍	草原所	内蒙古自治区科技进步奖	二等奖
35	浑善达克沙地公路沙害生态防治技术研究	秦　艳	草原所	内蒙古自治区科技进步奖	二等奖
36	口蹄疫灭活疫苗大规模生产关键技术与配套装备研发及产业化应用	殷　宏	兰州兽医所	甘肃省科技进步奖	二等奖
37	牦牛藏羊良种繁育及健康养殖关键技术集成与应用	阎　萍	兰州牧药所	甘肃省科技进步奖	二等奖
38	人参适宜连作新品种选育及其白浆土栽培技术推广示范	许世泉	特产所	吉林省科技进步奖	二等奖
39	西南地区农村生物燃气产供关键技术及保障体系	梅自力	沼科所	四川省科技进步奖	二等奖
40	广适低损油菜机械化收获技术与装备	吴崇友	农机化所	江苏省科技进步奖	二等奖
41	宁蒙灌区农田退水污染全过程控制技术及应用	杨正礼	环发所	环境保护科学技术奖	二等奖
42	粮食作物孢囊线虫病发生规律及综合治理技术	彭德良	植保所	神农中华农业科技奖	三等奖

（续表）

序号	项目名称	第一完成人	第一完成单位	奖励类别	奖励等级
43	新发重大入侵病害番茄黄化曲叶病毒病绿色防控技术研发及推广应用	谢丙炎	蔬菜所	神农中华农业科技奖	三等奖
44	麻纤维膜产品及其应用技术	王朝云	麻类所	神农中华农业科技奖	三等奖
45	猪传染性胃肠炎、猪流行性腹泻、猪轮状病毒（G5型）三联活疫苗创制与应用	冯　力	哈尔滨兽医所	神农中华农业科技奖	三等奖
46	茶园全程机械化作业关键技术装备创制与应用	肖宏儒	农机化所	神农中华农业科技奖	三等奖
47	施肥制度与土壤可持续利用	赵秉强	资划所	北京市科技进步奖	三等奖
48	茶园中水溶性农药安全替代技术的研发及应用	陈宗懋	茶叶所	浙江省科学技术奖	三等奖
49	炒青绿茶（香茶）加工工艺创新与标准化应用	林　智	茶叶所	浙江省科学技术奖	三等奖
50	猪传染性胸膜肺炎菌影疫苗的研制及其应用	王春来	哈尔滨兽医所	黑龙江省科技进步奖	三等奖
51	东北酿酒山葡萄系列新品种选育及大面积示范推广	路文鹏	特产所	吉林省科技进步奖	三等奖
52	五味子护肤功能因子研究及系列化妆品开发	张　瑞	特产所	吉林省科技进步奖	三等奖
53	水貂新型饲料添加剂开发与高效养殖技术应用	王凯英	特产所	吉林省科技进步奖	三等奖
54	吉林白貉品种选育、良繁体系建立及推广应用	赵家平	特产所	吉林省科技进步奖	三等奖
55	污灌菜地重金属镉污染钝化与农艺调控修复技术	徐应明	环保所	天津市科技进步奖	三等奖

（续表）

序号	项目名称	第一完成人	第一完成单位	奖励类别	奖励等级
56	华北平原集约化种植区氮素面源污染防控关键技术研究与应用	张克强	环保所	天津市科技进步奖	三等奖

三、获中国农业科学院科学技术成果奖成果

序号	成果名称	主要完成单位	主要完成人员
杰出科技创新奖（10项）			
1	粮食作物孢囊线虫病综合防控技术体系构建及应用	中国农业科学院植物保护研究所、河北省农林科学院植物保护研究所、全国农业技术推广服务中心、安徽省农业科学院植物保护与农产品质量安全研究所、浙江大学、甘肃农业大学、湖南农业大学、华中农业大学、西北农林科技大学、青海省农林科学院	彭德良 黄文坤 彭 焕 李秀花 赵中华 戚仁德 郑经武 李惠霞 丁 中 肖炎农 赵 杰 侯生英 孔令安 贺文婷 龙海波
2	大白菜育种技术研究及中白系列新品种选育与应用	中国农业科学院蔬菜花卉研究所	孙日飞 张淑江 武 剑 李 菲 章时蕃 张 慧 王晓武 钱 伟
3	月季种质资源评价及新品种选育与应用	中国农业科学院蔬菜花卉研究所、南阳月季基地、云南鑫海汇花业有限公司、北京市大兴区园林绿化局	葛 红 杨树华 黄善武 赵 磊 贾瑞冬 朱应雄 赵世伟 李振茹 赵 鑫 单宏臣 王 波 王立革 李秋香
4	奶牛重要细菌病防治药物创制与应用	中国农业科学院饲料研究所、北京市畜牧总站、中牧实业股份有限公司、华秦源（北京）动物药业有限公司	李秀波 路永强 刘义明 徐 飞 陈孝杰 石 波 赵炳超 马书宇 郭江鹏 任 康 杨宇泽 张正海 李 萌 王 峥 梁景乐

（续表）

序号	成果名称	主要完成单位	主要完成人员
5	马铃薯中式主食加工关键技术与产业化	中国农业科学院农产品加工研究所、广州市健力食品机械有限公司、南京市扬子粮油食品机械有限公司、北大荒马铃薯集团有限公司、内蒙古凌志马铃薯科技股份有限公司、北京市海乐达食品有限公司、陕西金中昌信农业科技有限公司、甘肃巨鹏清真食品股份有限公司、秦皇岛原滋味食品有限公司、武汉市江声科技有限公司	戴小枫　胡宏海　木泰华　张　泓　孙红男　张春江　陈井旺　张　雪　张　苗　刘倩楠　刘兴丽　黄　峰　徐　芬　张　良　岑军健
6	我国典型区域农田酸化特征及其防治技术与应用	中国农业科学院农业资源与农业区划研究所、全国农业技术推广服务中心、湖南省土壤肥料研究所、江西省农业科学院土壤肥料与资源环境研究所、成都新朝阳作物科学有限公司	徐明岗　周世伟　崔　勇　文石林　张会民　任　意　聂　军　彭春瑞　杨锡良　周海燕　蔡泽江　孙　楠　王伯仁　段英华　申华平
7	“互联网+农技推广”云平台创建与应用	中国农业科学院农业信息研究所、清华大学、中国科学院计算技术研究所、中央农业广播电视学校、中国电信集团公司、同方知网（北京）技术有限公司、中天恒安（北京）科技有限公司、西部电子商务股份有限公司、中国农业科学院新乡试验基地管理委员会	王文生　杨　勇　孙志国　李秀峰　郭雷风　任天令　曹存根　王伯文　邵　辉　杨永前　王红艳　梁宏志　严云萍　顾　君　张怡春
8	作物需水信息采集与智能控制灌溉技术	中国农业科学院农田灌溉研究所、北京农业智能装备技术研究中心、西安交通大学、西北农林科技大学、国家节水灌溉杨凌工程技术研究中心、中国农业科学院农业资源与农业区划研究所	孟兆江　段爱旺　郑文刚　魏正英　王利民　田宏武　范兴科　甘学涛　李文龙　杜　军　张寄阳　王晓森　刘战东　高　阳　刘　浩
9	晚粳稻优异种质春江 12 的创制与利用	中国水稻研究所、浙江省农业科学院	吴明国　张小明　林建荣　叶胜海　宋昕蔚　朱国富　倪建平　陆艳婷　曹栋栋

（续表）

序号	成果名称	主要完成单位	主要完成人员
10	旱田全量秸秆覆盖地免耕洁区播种关键技术与装备	农业部南京农业机械化研究所	胡志超 吴 峰 顾峰玮 陈有庆 谢焕雄 吴惠昌 彭宝良 曹明珠 张延化 刘敏基 吕小莲 王伯凯 王公仆 王 冰 徐弘博
青年科技创新奖（5 项）			
11	猪禽饲料养分效价仿生消化评定技术的创建与应用	中国农业科学院北京畜牧兽医研究所、湖南中本智能科技发展有限公司、广东温氏食品集团股份有限公司	赵 峰 张宏福 张子仪 邓耀辉 谭会泽
12	农业遥感关键气象参数反演算法研究	中国农业科学院农业资源与农业区划研究所	毛克彪 李召良 覃志豪
13	基于纳米材料的饲料及畜产品中重点污染物分析新技术	中国农业科学院农业质量标准与检测技术研究所	王培龙 程 劼 王瑞国 李晓敏 张 维 李 阳 王 石
14	基于 WebGIS 的区域作物灌溉预报技术及应用	中国农业科学院农田灌溉研究所	陈智芳 宋 妮 刘 浩 高 阳 王 峰 强小嫚 宁慧峰 米兆荣 王广帅 王景雷 孙景生 唐晓培 王鹏翔 龚学文 张 昊
15	貉品种选育及良繁配套关键技术研究应用	中国农业科学院特产研究所	徐 超 赵家平 吴 琼 宋兴超 华树芳 曹新艳 苏伟林 王凯英 肖永军 荣 敏 杨 颖 涂剑锋 夏述忠 王夕国 孙 见

中国农业科学院 2017 年获奖科技成果简介

一、国家级奖

1. 优质蜂产品安全生产加工与质量控制技术

主要完成单位 中国农业科学院蜜蜂研究所，浙江大学，河南科技学院

主要完成人员 吴黎明，彭文君，胡福良，薛晓锋，田文礼，张中印

起止时间 2003 年 1 月—2013 年 12 月

获奖情况 2017 年国家技术发明奖二等奖

内容提要

我国蜂产品生产与出口量均居世界首位，但长期存在生产效率低、传统加工技术落后、质量检测技术缺乏等科技问题，严重制约了我国蜂产业的健康发展和产品提档升级。针对上述问题，经系统研究，取得以下重大发明。

（1）发明了蜜蜂多王群组建技术，创建了低温炼蜂和定量繁蜂新技术，实现了高效生产蜂群饲养技术的革新。发明了以“蜂王双侧去颚、生物法诱导”为核心的蜜蜂多王群稳定建群技术，攻克了长期以来困扰养蜂业的单王群产卵力弱、生产能力低的技术难题。创建了早春控制蜂团表面温度的低温炼蜂技术和以哺育比为指标控制蜂王产卵量的定量繁蜂技术，早春蜂群发病率下降 71.7%、蜂蜜生产能力提高 31.0%。

（2）创建了蜂胶低温湿法超微粉碎技术、物理法抗结晶蜂蜜生产技术，实现了蜂产品高值化利用。发明了蜂胶低温湿法超微粉碎技术，实现了低温冲击剪切超微粉；建立了蜂胶胶囊加工新工艺，攻克了传统蜂胶粉碎方式粒度大、易分层的难题。设计低温高速气切装置，集多种换热方式于一体，创制了气体射流冲击蜂蜜解晶装备，率先实现了蜂蜜解晶自动化和标准化，与传统解晶方式相比，时间缩短 60%以上，能耗降低 50%以上；创建了去 300 目以下晶核抗结晶蜂蜜生产技术，实现了蜂蜜货架期内不结晶。研制蜂胶蜜膏、蜂胶大蜜丸等功能性蜂制品。

（3）构建了主要蜂蜜化学指纹图谱，发明了 10 种蜂产品品质识别技术，为生产、加工、流通和监管提供了技术支撑。通过研究真假蜂胶特征物的组成与结构，明确了水杨苷和邻苯二酚为假蜂胶的特征标识物，建立了蜂胶真伪识别技术；构建主要蜂蜜和掺假糖浆的指纹图谱库，筛选出蜂蜜特征标识物，建立蜂蜜品种与真伪识别技术，解决了蜂产品品种和真伪识别技术难题。建立新鲜度 F 值定量评判方法，开发一种速测试剂并实现快速检测，解决了蜂王浆新鲜度评价技术难题。

成果在优质蜂产品安全生产加工与质量控制技术领域取得了重大突破和显著成效，

为推动蜂产业健康发展，促进蜂产品安全高效生产、增值加工，保障蜂产品质量安全，提高人民健康水平提供了科技支撑。

2. 中国野生稻种质资源保护与创新利用

主要完成单位 中国农业科学院作物科学研究所，广西壮族自治区农业科学院水稻研究所，江西省农业科学院水稻研究所，广东省农业科学院水稻研究所，云南省农业科学院生物技术与种质资源研究所，海南省农业科学院粮食作物研究所，湖南省水稻研究所，福建省农业科学院水稻研究所

主要完成人员 杨庆文，陈大洲，陈成斌，潘大建，戴陆园，王效宁，李小湘，王金英，梁世春，余丽琴，范芝兰，乔卫华，汤翠凤，云　勇，段永红

起止时间 1996 年 1 月—2013 年 12 月

获奖情况 2017 年国家科技进步奖二等奖

内容提要

野生稻是水稻品种改良重要的基因资源。本项目历时 18 年，创建了地理环境信息与社会人文相结合的野生稻调查技术体系，系统查清了全国 3 种野生稻居群的精准信息，阐明了 3 种野生稻的分布与濒危状况，为我国野生稻长久保护与深入研究提供了第一手核心数据。采集保存野生稻种质资源 19 153份，新发现 58 个居群，为野生稻优异基因发掘、种质创新储备了丰富的基础材料。研发野生稻原生境保护技术，保护了包括极度濒危居群在内的大量野生稻居群。全国 100 多家单位利用本项目鉴定的野生稻优异资源和创新的种质，育成水稻新品种 114 个，近 3 年推广面积 5 282. 16万亩，新增产值 44. 14 亿元。社会经济效益显著。项目研制的技术、标准和产品已在野生稻保护和水稻育种中发挥重要作用，其广泛应用必将为野生稻长久保护和水稻产业发展产生深远影响。

3. 早熟优质多抗马铃薯新品种选育与应用

主要完成单位 中国农业科学院蔬菜花卉研究所

主要完成人员 金黎平，庞万福，卞春松，徐建飞，李广存，段绍光，金石桥，李　飞，邰　刚，谢开云

起止时间 1991 年 1 月—2013 年 12 月

获奖情况 2017 年国家科技进步奖二等奖

内容提要

马铃薯是我国重要的粮菜兼用作物。本成果针对生产上早熟马铃薯发展空间大，但适种品种少、主栽品种退化快、病虫害自然灾害多、产量低品质差等问题，以选育早熟优质多抗的育种目标，收集种质资源，创新育种技术，筛选和创制优异种质，聚合育成

新品种，集成脱毒种薯繁育及新品种配套栽培技术，并大面积推广应用。经过 23 年的努力，收集、保存并系统评价了 2 228份种质资源，建立了低温保存库，筛选出 62 份早熟、优质、多抗的突破性种质材料；首创了茎枝菌液法青枯病抗性和电解质渗漏法耐寒性鉴定技术，开发了早熟、薯形和抗病等 6 个实用分子标记，结合标记辅助选择和常规鉴定技术，建立了高效早熟育种技术体系，创制了 19 份早熟优质多抗育种材料，育成了以中薯 3 号和中薯 5 号为代表的 7 个具有自主知识产权的国审早熟优质多抗新品种，其中中薯 3 号突破了早熟品种不抗旱和广适性差的局限，中薯 5 号突破了早熟品种不抗晚疫病的瓶颈，其他 5 个早熟新品种各具特色，满足市场和种植区域的多样性需求，扩大了早熟马铃薯种植区域，实现了早熟品种更新换代；建立了优良品种脱毒种薯快繁技术体系，在各区域集成了高产高效配套栽培技术。本成果还获得了 1 件植物新品种权、2 件国家发明专利，制定 7 项国家和行业标准，发表 60 篇论文。育成新品种在全国累计推广了 7 868万亩，仅中薯 3 号和中薯 5 号就推广了 7 498. 9万亩，其中 2014—2016 年推广 4 024. 9万亩，新增产值 155. 95 亿元。中薯 3 号和中薯 5 号已经成为国内适应性最广、种植面积最大的 2 个自主培育早熟品种，也是近 10 个省份的主栽品种，在精准扶贫、种植业结构调整中发挥了重要作用。本成果极大地丰富了我国马铃薯种质资源，创新了育种技术，改变了我国马铃薯早熟品种少、种植面积小的局面，促进了马铃薯行业科技和产业发展，产生了巨大的经济效益。

4. 全国农田氮磷面源污染监测技术体系创建与应用

主要完成单位　中国农业科学院农业资源与农业区划研究所，湖北省农业科学院植保土肥研究所，北京市农林科学院，云南省农业科学院农业环境资源研究所，农业部环境保护科研监测所，宁夏农林科学院农业资源与环境研究所，浙江省农业科学院

主要完成人员　任天志，刘宏斌，范先鹏，邹国元，翟丽梅，胡万里，张富林，杜连凤，王洪媛，郑向群

起 止 时 间　1996 年 1 月—2013 年 12 月

获 奖 情 况　2017 年国家科学技术进步奖二等奖

内 容 提 要

治理面源污染是践行绿色发展理念、改善水环境的重大举措。长期以来，由于缺乏规范可行的监测技术与核算方法，一直难以把握我国农田面源污染底数和排放规律，制约了减排策略的制定、减排技术的遴选和应用。在国家和省部级重大项目支持下，项目取得如下创新。

（1）突破了定量难、变异大等农田面源污染监测技术瓶颈，首创了全国农田面源污染监测平台。自主研发了以“单体式渗滤池”为核心的农田地下淋溶面源污染监测技术，破解了池壁优先流效应难题；创新了以“串联式径流池”为核心的地表径流面源污染监测技术，解决了变异大、适应性窄等难题；制定了 6 项监测技术规范。首创了

基于全国六大分区、54类种植模式的全国农田面源污染监测平台，建成了首个国家农田面源污染大数据。

（2）首次揭示了农田氮磷面源污染的激发效应和本底效应，水、肥是面源污染发生的驱动力和物质基础，施肥后7~10天是“危险期”，该期与暴雨（或超量灌水）耦合形成的“激发效应”是面源污染发生的主要成因；露地蔬菜、保护地蔬菜氮磷排放是粮食作物的2~10倍。创建了以分区分类为基础、以实地监测与典型调查相结合的全国农田面源污染核算方法，并在全国得到应用。

（3）首次摸清了全国农田氮磷面源污染的底数和重点区域，明确了主要农艺措施的减排效果，集成了农田面源污染减排技术模式并得到大面积应用，社会、经济和生态效益显著。黄淮海平原区、南方平原区是我国农田氮磷排放的重点区域。优化施肥、节水灌溉、横坡垄作、秸秆还田等单项措施的减排效果明显。基于农田氮磷面源污染排放规律和单项农艺措施的减排效果，集成了坡耕地截流减排、保护地碳氮水协同减排等六类技术模式并在全国得到应用。

该成果被全国各级农业环保机构应用，为全国《农业环境突出问题治理总体规划（2014—2018年）》《农业资源与生态环境保护工程规划（2016—2020年）》及《农业部关于打好农业面源污染防治攻坚战的实施意见》等国家规划提供了科学依据和技术支撑。第三方评价表明，成果整体处于国际领先水平。

5. 食用菌种质资源鉴定评价技术与广适性品种选育

主要完成单位 中国农业科学院农业资源与农业区划研究所，四川省农业科学院土壤肥料研究所，福建农林大学，云南省农业科学院生物技术与种质资源研究所

主要完成人员 张金霞，黄晨阳，陈　强，高　巍，王　波，谢宝贵，赵永昌，赵梦然，张瑞颖，黄忠乾

起止时间 1991年1月—2013年12月

获奖情况 2017年国家科技进步奖二等奖

内容提要

食用菌高效转化农林废弃物为优质健康食品，已成为我国粮菜果油之后第五大种植业，产量占全球75%，在促进农民增收中发挥着重要作用。但是，库藏种质资源缺乏，育种处于“无米之炊”；缺少鉴定评价利用技术，种质资源难以有效利用，育种效率低下。这导致优良品种及其配套技术严重缺乏，栽培效益不稳，大面积污染、减产、畸形等重大生产问题常发。我国现有食用菌栽培菌种的同物异名、同名异物严重，是导致退化老化菌种流入生产的顽症，是良种化的最大障碍，亟须清理。生产用菌种的清理和新育成品种测试及其种权保护都亟须技术支持。菌种问题成为制约我国食用菌产业发展的首要技术瓶颈。该项目针对制约产业发展的首要技术瓶颈——菌种问题，开展“食用菌种质资源鉴定评价技术与广适性品种选育”研究，紧紧抓住“资源搜集—鉴定评

价—高效育种—广适性品种—示范推广”这一主线，研发 23 年，重点突破食用菌种质资源精准鉴定评价和高效育种两大技术瓶颈，创建菌种与信息同步的种质资源库，创新种质资源鉴定评价和高效育种技术体系，选育广适性新品种，在全国示范推广。

该项目创建了世界最大的菌种实物和可利用信息同步的国家食用菌标准菌株库，解决了我国食用菌育种长期种质资源匮乏问题；建立了物种、菌株、经济性、菌种质量等多层级精准鉴定评价技术体系，突破了种质资源属性特性不清制约高效利用的技术瓶颈，解决了菌种管理中品种鉴定和菌种质量判别的技术难题；首创结实性、丰产性、广适性“三性”为核心“五步筛选”高效育种技术，突破性状预测难、田间筛选量大导致效率低的技术瓶颈，促进了食用菌育种技术的发展；育成适合我国园艺设施条件生产的平菇、金针菇、毛木耳等广适性新品种，促进了我国食用菌品种的更新换代。

获发明专利 9 项，出版专著 5 部，发表学术论文 52 篇，对食用菌行业的科技进步发挥了重要作用。制定国（行）标 15 项，全面支撑了农业部《食用菌菌种管理办法》的制定和实施，为国家主管部门的食用菌菌种管理提供了科学依据，指导农民科学繁种用种，促进了全国菌种质量的提高；选育的广适性系列品种 31 个，在 19 省（市、区）推广应用。取得巨大社会经济效益，近三年累计新增利润 129. 45 亿元。

6. 高光效低能耗 LED 智能植物工厂关键技术及系统集成

主要完成单位　中国农业科学院农业环境与可持续发展研究所，中国农业大学，北京大学东莞光电研究院，北京农业智能装备技术研究中心，北京中环易达设施园艺科技有限公司，北京京鹏环球科技股份有限公司，四川新力光源股份有限公司

主要完成人员　杨其长，魏灵玲，宋卫堂，周增产，刘文科，郭文忠，张国义，程瑞锋，李　琨，李成宇

起 止 时 间　2002 年 1 月—2013 年 11 月

获 奖 情 况　2017 年国家科学技术进步奖二等奖

内 容 提 要

率先提出植物光配方概念并阐明其理论依据，创制出基于光配方的 LED 节能光源及其控制技术装备，显著提高光效。探明了 PAR 单色光、UV 和 FR 对植物产量与品质形成的机制，提出并构建 20 余种植物光配方；创制出基于 GaN 的高光效 660 纳米、450 纳米 LED 芯片，以及红蓝芯片组合与荧光粉激发两大类 LED 光源；研发出移动与聚焦 LED 光源及其调控技术装备，实现节能 50. 9%。

首次提出了植物工厂光—温耦合节能调温方法，研发出室外冷源与空调协同降温控制技术装备，大幅降低系统能耗。阐明了植物工厂光期热负荷与室外冷源之间的匹配关系及调控机制，首次提出将光期置于夜晚并利用室外冷源调温的光—温耦合技术方法，并研制出协同调温策略及其节能控制技术装备。与传统降温相比，节能 24. 6%~63. 0%。

率先提出光与营养协同调控蔬菜品质方法，研发出采前短期连续光照与营养液耦合调控技术，有效提升蔬菜品质。阐明了水培叶菜光、暗期硝酸盐—碳水化合物代谢机理，提出了采收前短期连续光照提升蔬菜品质方法；研发出光—营养液协同调控蔬菜品质的技术装备。降低叶菜硝酸盐30%以上，提升维生素 C 和可溶性糖38%和46%。研发出光效、能效与营养品质提升的多因子协同调控技术，集成创制出3个系列智能LED植物工厂成套产品，实现规模化应用。

构建了基于光配方、光—温耦合与营养品质提升等多因子协同调控的控制逻辑策略，研发出基于植物生长特征识别与决策模型的智能控制系统，实现对植物工厂多因子协同智能管控；集成创制出规模量产型、可移动型、家庭微型3个系列植物工厂成套技术产品。

成果已实现在北京、广东、浙江等 22 个省区，以及南海岛礁部队、航天系统应用，产品远销美国、英国、新加坡等国，推广面积 1 200多万平方米，占国内应用面积的 85%以上；移动型及微型植物工厂推广 30 000套以上。近 3 年直接效益亿元，间接效益 35. 8 亿元，社会、经济与生态效益显著，应用前景广阔。

7. 花生抗黄曲霉优质高产品种的培育与应用

主要完成单位 中国农业科学院油料作物研究所，南充市农业科学院

主要完成人员 廖伯寿，雷　永，姜慧芳，夏友霖，王圣玉，李　栋，任小平，漆　燕，晏立英，王　峰

起止时间 1993 年 1 月—2013 年 12 月

获奖情况 2017 年国家科技进步奖二等奖

内容提要

花生及其产品易受黄曲霉毒素（Aflatoxin）的污染，黄曲霉毒素具有剧毒性和强致癌性。种植抗黄曲霉的花生品种是防控毒素污染最为经济有效的措施。然而，国内外缺乏抗黄曲霉产毒种质和抗性鉴定技术，生产上缺乏抗产毒的花生品种。针对这些问题，本项目利用发明的黄曲霉产毒抗性鉴定方法，对国内外 3 500份代表性种质鉴定，发掘和创制出台山珍珠、TR594 等 18 份优良抗产毒种质，根据黄曲霉抗性遗传理论，选择以鄂花 3 号、92 系-66 为母本，台山珍珠、TR594 为父本分别配制杂交组合，通过产毒抗性的表型鉴定和标记辅助选择，选育出抗黄曲霉产毒的优质高产花生新品种中花 6 号和天府 18 号。

（1）发明了花生黄曲霉产毒抗性高通量（简便、快速、低成本）鉴定方法，解决了品种资源评价和育种中规模化鉴定的技术难题。利用该方法对中国、美国、国际半干旱研究所花生核心种质、代表性改良品种及骨干亲本共 3 500份材料进行重复鉴定，发掘出 8 份抗性水平和稳定性均优于国际报道的优异种质，其中抗黄曲霉产毒兼抗青枯病的台山珍珠等 3 份种质为国际首次报道。

（2）首次研究明确了花生黄曲霉产毒抗性受 2 对主效基因控制的数量性状遗传特

性；率先开展了产毒抗性的分子标记研究，并获得3个贡献率超过15%、具有辅助选择作用的主效QTL；揭示了白藜芦醇对黄曲霉菌产毒的抑制作用，建立了以白藜芦醇为生化标记的抗性辅助选择技术；通过聚合杂交和标记辅助选择创制抗产毒新种质10份，其中TR594是含有野生花生亲缘的抗产毒高油酸材料，为优质抗性育种提供了理论、技术和材料基础。

（3）中花6号是迄今国际上唯一集高抗黄曲霉产毒、高抗青枯病、高白藜芦醇、高蛋白、高产于一体的花生新品种。天府18号是我国审定的唯一抗黄曲霉产毒兼高油酸的高产品种。

中花6号连续10年被遴选为湖北省主导品种，被指定为国家、湖北省花生区试对照品种，天府18号连续6年被遴选为四川省主推品种。两个品种在黄曲霉毒素污染较重的长江流域累计推广4 218.7万亩，覆盖了适宜产区的30%以上，种植业和加工业增收71.57亿元。获国家授权发明专利2件，品种权3项，发表论著73篇（部），其中SCI论文29篇，组织召开国际会议3次，建立了花生黄曲霉防控国际联合实验室。本成果获2015年湖北省科技进步奖一等奖。

二、省部级奖

1. 小麦与冰草属间远缘杂交技术及其新种质创制

主要完成单位　中国农业科学院作物科学研究所

主要完成人员　李立会，董玉琛，杨欣明，刘伟华，张锦鹏，李秀全，鲁玉清，张正茂，吉万全，安调过，张明义，李　培，周荣华

起止时间　1988年1月—2014年11月

获奖情况　2016—2017年度神农中华农业科技奖科研成果一等奖

内容提要

创制优异小麦种质资源是培育新品种、保证国家粮食安全的根本。冰草属仅含P基因组物种，具有多粒等众多可用于小麦改良的优异基因。自20世纪30年代以来，许多科学家尝试了其间的远缘杂交，但均未成功，因而被认为“通过小麦与冰草属间的杂交向小麦转移优异基因是不可能的”。该项目针对小麦育种遗传基础狭窄与提高穗粒数等关键育种性状基因贫乏的问题，以国家支撑、“973”“863”等计划为依托，历经28年潜心研究，实现了小麦与冰草属间远缘杂交、异源易位系和渐渗系创制、外源遗传物质分子追踪等技术上的突破，首次获得普通小麦与冰草属3个物种间的自交可育杂种；揭示了小麦背景下冰草属P基因组的遗传基础与育种效应，创制新种质550份，转移优异基因2 494个，开创了规模化转移外源优异基因的先河；开辟了“在种质创新过程中利用、在利用过程中再创新”的新途径，并首次利用小麦—冰草渐渗系育成新品种7个，有效解决了育种遗传基础狭窄与关键育种性状基因贫乏的难题。获得国家发明专利4件、受理专利4件；受理新品种保护权1件；发表

论文 72 篇，其中在 *Theor. Appl. Genet.* 、*Planta* 等刊物上发表 SCI 论文 38 篇；培养博士后和研究生 36 名；《利用生物技术向小麦导入冰草优异基因的研究》获首届全国百篇优秀博士学位论文。

2. 高产节水多抗广适冬小麦新品种中 175 选育与应用

主要完成单位 中国农业科学院作物科学研究所

主要完成人员 何中虎，陈新民，王德森，刘彦民，孙 勇，刘新江，张国庆，李思敏，肖永贵，张 艳，夏先春，庄巧生，张运洪，崔淑兰，赵广才，张 勇，阎 俊，郝元峰，曹双河，金宝燕

起止时间 1995 年 1 月—2014 年 11 月

获奖情况 2016—2017 年度神农中华农业科技奖科研成果一等奖

内容提要

针对北部冬麦区小麦品种产量偏低、需水量大、抗性差、适应区域窄等突出问题，中国农业科学院作物科学研究所历时 20 年，以增加穗数和提高综合抗性为核心，综合应用生理性状选择等新技术，建立了株型紧凑、小叶、多穗型高产广适育种技术体系。选用矮秆抗倒、株型紧凑、小叶、抗热和兼抗 3 种病害的 BPM27 与多穗、广适品种京 411 杂交，采用系谱法连续选择，育成的中麦 175 实现了高产抗倒早熟与节水、抗病抗逆、广适性的同步改良。中麦 175 是我国第一个同时通过国家水地（2008）和旱肥地（2011）两个区域审定的水旱兼用型品种，还通过北京（2007）、山西（2007）、河北（2009）、青海（2011）和甘肃省（2012）的审定，实现了我国冬小麦育种的新突破。

中麦 175 具有 4 大突出优点。①高产矮秆抗倒伏，株高约 79 厘米，较对照降低 17 厘米，熟期较对照提早 2 天；在国家北部冬麦区水地组和黄淮旱肥地生产试验中均名列第一，平均较对照增产 7.6%。②节水性能居近 10 年国家审定的 100 个冬麦品种首位，氮磷吸收和利用效率高，2012 年和 2014 年创造陕西省和甘肃省旱地高产纪录。③兼抗条锈病、叶锈病，抗寒性与耐高温性均居现有品种前列；审定和推广区域首次从北部冬麦区扩展到黄淮旱肥地及甘肃与青海冬春麦交错区，跨 10 省市 3 个麦区，适应性特别广。④面条和馒头品质评分（85 分和 92 分）皆达到国家优质标准，籽粒锌含量 45.8 毫克/千克，比普通品种高 30%左右。

系统阐明中麦 175 高产、节水、综合抗性与广适、优质的遗传与生理基础，制定并大面积推广“播量适中、春季一水、减少施肥”等高效简易栽培技术规程。连续 7 年为北部冬麦区水地第一大品种，约占适宜地区面积 40%；还首次扩展到黄淮旱肥地，约占适宜地区面积 23%；带动北部冬麦区和黄淮旱肥地实现品种更新换代。被农业部推荐为全国主导品种，被选为国家北部冬麦区与河北、山西、北京三省市区域试验对照品种。据河北等 10 省市种子管理站统计，2009—2017 年累计推广 3 412.8万亩，新增社会经济效益 30 亿元。获植物新品种权 1 项、授权发明专利 3 项，制定地方标准 1 项，在 SCI 期刊、中国农业科学等发表论文 23 篇。

3. 耐密高产广适玉米品种中单 909 的选育与应用

主要完成单位　中国农业科学院作物科学研究所

主要完成人员　黄长玲，刘志芳，吴宇锦，王红武，田志国，马兴林，王克如，宋振伟，董志强，李维涛，李树强，李从锋，王振乾，余道庆，郭长书，马杭江，于晓芳，李杰文，胡小娇，李　坤

起 止 时 间　2002 年 10 月—2014 年 11 月

获 奖 情 况　2016—2017 年度神农中华农业科技奖科研成果一等奖

内 容 提 要

选育出耐密性突出、抗倒伏能力强、结实性好等综合性状优良的自交系 HD568。2002 年冬将国外耐密抗倒种质的优良特性导入昌 7-2，采用低世代高密度选系技术，经过回交、自交，南繁北育 8 代，选育出耐密性突出、抗倒伏能力强、结实性好等综合性状优良的自交系 HD568，于 2014 年获得国家植物新品种权。以中单 909 的两个亲本构建的重组自交系进行的不同密度下玉米穗部性状的 QTL 分析研究中，其中 4 个 QTL 的优良等位基因来自父本（HD568）。

育成了耐密高产广适的玉米杂交种中单 909。以 HD568 为父本，育成了中单 909。该品种：①耐密抗倒伏能力强。在 2010 年国家生产试验中，倒伏倒折率之和为 1.5%，小于郑单 958（3.9%）；2012 年在河南省多点密度梯度试验中，5 750株/亩和 6 250株/亩密度下，倒伏倒折率分别为 0.42%和 1.55%，均低于郑单 958、郑单 528、伟科 702；②丰产稳产性好、产量潜力高、收获指数高。比其他主栽品种群体生产力高、干物质积累多、平均生长速率快、收获指数高（0.51～0.58）；2009—2010 年黄淮海夏玉米品种区试，两年平均亩产 630.5 千克，比对照郑单 958 增产 5.1%；在 2014 年高产潜力研究中，最高单产达到 1 376千克/亩；③生态适应性广。适宜在黄淮海夏播区、东北春播区和西北部分地区种植，综合抗性好。④籽粒品质好、容重高。籽粒容重 794 克/升，超过国家一级标准；粗蛋白含量 10.32%，粗脂肪含量 3.46%，粗淀粉含量 74.02%，赖氨酸含量 0.29%。

创新集成了中单 909 区域配套高产高效生产技术和模式，实现了小面积高产突破与大面积丰产增效。研究中单 909 高产潜力，研发合理增密、深松改土、化控防衰等关键技术，创新不同区域良种良法配套技术，集成了适用于不同区域的配套高产高效生产模式 3 套。2010—2015 年有 38 个点次单产超过 1 000千克/亩；应用黄淮海区域直播密植高产高效生产技术模式后，亩产提高 5%～13%，实现了大面积高产高效，平均每亩增产粮食 66 千克，增加收入 146 元。集成控水控肥、分期揭膜、断根处理等技术方法，制定了《中单 909 杂交种制种技术规程》和《中单 909 玉米亲本自交系繁育技术规程》，制种产量亩增加 32.5 千克，质量达到国家标准。

建立科企合作新机制，完善合作推广模式，加速了中单 909 的品种转化。品种权人协同 5 家公司成立“品种生产经营管理办公室”，以契约形式制定奖惩分明的管理办法，协调监督维护生产及市场秩序，在品种审定当年示范点已达 3 000个，召开品种现

场会1 000多场，现场观摩超过5万人次，加快了成果的转化。该成果获植物新品种权2项，发表论文22篇，中单909获2013年国际农产品交易会金奖和中国技术市场协会金桥奖；2012—2016年中单909连续5年被农业部推荐为国家农作物主导品种，累计应用面积达到2 957.6万亩（2016年推广1 026万亩），累计增产粮食8.61亿千克，5年内新增社会效益12.0亿元，预计2017年可产生新的效益为4.2亿元，合计6年为16.2亿元。

4.《小麦高产创建》及系列模式图

主要完成单位 中国农业科学院作物科学研究所

主要完成人员 赵广才，常旭虹，吕修涛，王德梅，杨玉双，陶志强，马少康，杨天桥，张　凯，杨万深，陈兴武，叶彩华，李辉利，冯　斌，柴守玺，高春保，李雁鸣，魏亦勤，何庆才，刘富启

起止时间 2008年1月—2014年3月

获奖情况 2016—2017年度神农中华农业科技奖科普成果奖

内容提要

《小麦高产创建》内容丰富翔实，包括5个方面。①中国小麦种植生态区划：介绍了中国小麦种植区域的划分、气候特征、土壤特点、种植制度、品种类型。②小麦高产创建技术：按照生态区分别从生态特点、限制因素、预期产量、不同生育期主攻目标、关键技术、操作规程等方面诠释了小麦高产创建技术。③高产优质小麦新品种及栽培技术要点：重点介绍近几年通过审定的、在生产中大面积应用的小麦新品种特性及其栽培技术要点。④麦田常见病虫草害防治技术：介绍了小麦主要病虫草害的识别、发生规律、防治措施和注意事项。⑤田间调查取样和测定方法：介绍了小麦生长中苗情分类标准、田间调查取样、室内考种和田间测产的方法。根据基层技术人员和农民亟须解决的问题，按照其科技文化水平和阅读习惯，围绕核心技术，《小麦高产创建》采取“一文一图”对照的方式相互描述小麦高产创建技术规范，并针对主要制约因素，提出适宜该区域小麦生产的发展建议。

系列《小麦绿色高产高效技术模式图》则将小麦高产创建技术与我国的农耕文化相互融合，以月、旬、节气为时间横坐标，以生育期、生育特点、主攻目标、关键技术、田间长势、操作规程、穗分化进程及区域特点等为纵坐标内容，辅以相应的彩色图片，简洁明了地介绍了小麦绿色高产高效技术。表现形式直观简洁，通俗易懂，符合农民阅读和学习的思维习惯，农民一看就懂，一学就会。

成果利用新型媒体与传统渠道相结合，采用图、文、影、音、网等多重形式相结合的现代化传播途径，全方位、立体化、多渠道进行普及宣传。主持人及其团队充分利用中央人民广播电台、中央电视台、省市电视台、互联网、全国各级培训班和讲座、田间宣传栏、笔形便携式模式图等多种渠道及载体广泛宣传小麦高产创建技术，应用于新型职业农民培训、科技三下乡活动，促进技术普及，尤其是模式图，直观明了，深受农民

欢迎。本套科普作品累计出版发行691 940册（份），对指导推广应用小麦绿色增产技术，促进小麦生产持续健康发展，保障国家口粮安全具有指导意义。

5. 盲蝽类重要害虫灾变规律与绿色防控技术

主要完成单位 中国农业科学院植物保护研究所，全国农业技术推广服务中心，山东省农业科学院植物保护研究所，河南省农业科学院植物保护研究所，河北省农林科学院植物保护研究所，中国农业大学，江苏省农业科学院，中国农业科学院棉花研究所

主要完成人员 吴孔明，陆宴辉，姜玉英，门兴元，封洪强，李耀发，高希武，柏立新，崔金杰，宁　君，张永军，曾　娟，彩万志，李　萍，梁革梅

起止时间 1998年1月—2014年11月

获奖情况 2016—2017年度神农中华农业科技奖科研成果一等奖

内容提要

20世纪末期以来，我国盲蝽发生呈明显加重趋势，上升成为棉花、枣、葡萄、桃、梨、樱桃、茶、苜蓿等多种作物的主要害虫，在黄河流域和长江流域等地区连年成灾，严重影响作物产量和果茶品质，经济损失巨大。自1998年起，中国农业科学院植物保护研究所等8家单位系统研究了我国盲蝽的种类组成、为害习性、灾变规律、种群监测与绿色防控技术，取得了盲蝽防治的多项理论与技术创新。①阐明了盲蝽种群发生的关键生物习性与季节性寄主转移规律。②揭示了近20年来我国盲蝽种群区域性灾变的生态学机制。③构建了全国性盲蝽种群监测与预警技术体系和测报网络。④研创了盲蝽防治核心产品和多种作物绿色防控技术模式。先后出版著作2部、在*Science*等国内外学术期刊发表论文191篇（SCI收录68篇），获国家发明专利授权29项、实用专利5项，制定盲蝽测报与防治技术标准15项。2016年，获中国植物保护学会科学技术奖一等奖。自2011年以来，该成果在全国范围内推广应用，取得了巨大的经济、生态和社会效益，为实现我国2020年农药使用量零增长的目标提供了成功经验和参考案例。

6. 旱作农业创新团队

主要完成单位 中国农业科学院农业环境与可持续发展研究所

主要完成人员 梅旭荣，郝卫平，刘恩科，景蕊莲，严昌荣，李玉中，张燕卿，王庆锁，龚道枝，何文清，刘　勤，钟秀丽，毛新国，顾峰雪，孙东宝，毛丽丽，郭　瑞，李昊儒，刘　琪，王耀生

起止时间 1986年至今

获奖情况 2016—2017年度神农中华农业科技奖优秀创新团队

内容提要

旱作农业创新团队围绕旱作农业发展国家重大科技需求，牵头组织旱作农业科研大

协作，连续主持了“七五”至“十二五”期间的国家科技攻关/支撑、“863”、自然科学基金等国家主体计划项目（课题）。30 年来，两代科技人员发扬“求是、创新、专注、合作”的精神，立足田间地头，解决了一系列旱作农业重大科学问题和技术难点，在“降水转化规律与高效利用机理”研究方面，探明了旱作区农田降水转化定量关系和农田水分平衡规律，揭示了土壤储水供水特性、作物水分适应性、水碳氮关系等对提高降水利用的作用机理，发掘和克隆了作物抗旱节水的优异基因，揭示了作物抗旱节水的遗传和生理调控机制，完善了稳定性同位素蒸发蒸腾区分方法，创立了小麦抗旱节水鉴定评价技术体系，丰富了生物性节水理论和方法，为关键技术突破、技术体系与模式创建提供了科学依据。在“旱作农业关键技术与产品”研发方面，突破了旱作农业“集、蓄、保、提”关键技术，创造性地研制出春玉米秋覆盖和秸秆还田秋施肥、春玉米机械化集雨保墒、适雨型立体栽培等核心技术，创制了绿色环保抗旱种衣剂、配方施肥机、可降解地膜等产品。在“旱作农业区域综合发展模式”研究方面，系统集成了与降水特点相吻合“稳粮—增效—循环”的农林牧综合发展模式和技术体系，并进行了规模化应用，平均降水利用率由 57%提高到 68%，作物水分利用效率由 0.67 千克/(毫米·亩) 提高到 1.35 千克/(毫米·亩)，使我国旱作农业技术整体达到国际先进水平，为旱作农业可持续发展奠定了坚实的技术基础。

7. 畜禽粪便环境污染核算方法和处理利用关键技术研发与应用

主要完成单位 中国农业科学院农业环境与可持续发展研究所，江苏省农业科学院，华南农业大学，中国科学院生态环境研究中心，广东温氏食品集团股份有限公司，全国畜牧总站，农业部农业生态与资源保护总站，河北裕丰京安养殖有限公司

主要完成人员 董红敏，廖新俤，常志州，陈 峰，陶秀萍，黄宏坤，杨军香，魏源送，黄红英，王 燕，张祥斌，朱志平，吴银宝，靳红梅，尚 斌，陈永杏，董保成，刘瑞强，魏 永

起止时间 2001 年 1 月—2013 年 12 月

获奖情况 2016—2017 年度神农中华农业科技奖科研成果一等奖

内容提要

建立了我国第一套畜禽养殖业源产排污系数核算方法，解决了畜禽养殖污染减排无法定量评价的难题，成为国务院组织的第一次全国污染源普查、环保及农业部门主要污染物减排核算通用方法；创建了畜禽养殖场“三改两分”污水源头减量工艺，突破了粪水圈舍内自动分离、沼液和污水浓缩、粪便发酵氨气回收等关键技术瓶颈，实现了污水源头减量及粪便处理利用关键技术的新突破；集成创建了以粪便综合养分管理计划为基础的种养结合模式、以三改两分工艺为核心的清洁回用模式、以收贮运装备和合作机制为关键的集中处理模式，提出了适用于 3 种模式的可行性指标、技术规程，建立了不同模式的示范工程，为模式的应用提供了样板。

8. 家畜营养与调控创新团队

主要完成单位　中国农业科学院北京畜牧兽医研究所

主要完成人员　张宏福，顾宪红，卜登攀，赵　峰，唐湘方，卢庆萍，萨仁娜，孙　鹏，郝　月，解竞静，南雪梅，孟庆石，杜　洪，刘　蕾，赵连生

起 止 时 间　1996—2016 年

获 奖 情 况　2016—2017 年度神农中华农业科技奖优秀创新团队

内 容 提 要

1996 年，以主持“九五”国家科技攻关计划项目专题为契机，标志着张宏福博士为首席的“家畜营养与调控创新团队”成立。20 年来，张宏福研究员带领团队继承和发扬了老一辈专家张子仪院士的学术思想和“苟日新，又日新，日日新”的创新思维，科研工作不断进取，科研成果、平台建设、人才培养、学术思想都取得了突出成绩。团队成员从当初的 2 人发展到 16 人，其中正高级职称 3 人、副高级职称 6 人，13 人具有博士学位。4 人分别获国家百千万计划人才、万人计划领军人才、万人计划青年拔尖人才、北京市科技新星等称号，层次高，年龄、专业结构合理，创新能力强，发展潜力大，入选 2013 年中国农业科学院创新工程首批创新团队，2015 年获农业科研杰出人才及其创新团队。

团队首席张宏福研究员在建设动物营养学国家重点实验室和农业部动物营养与饲料学科群重点实验室过程中做出了重要贡献。协助张子仪院士，联合中国农业大学，经过 12 年努力于 2005 年建立了畜牧学科领域唯一一个国家重点实验室（院校类）——动物营养学国家重点实验室；2010 年作为综合性重点实验室主要负责人组织建设了“农业部动物营养与饲料学科群重点实验室”。搭建了全国性协同创新平台，对引领我国动物营养与饲料学科发展发挥了重要作用。甘为人梯，分别担任两个重点实验室的常务副主任。张宏福研究员现任中国农业科学院北京畜牧兽医研究所动物营养与饲料学科主任，兼任中国农业科学院畜牧学战略专家组组长、中国畜牧兽医学会动物营养学分会副理事长等。

9. 肉牛全基因组选择分子育种技术体系的建立与应用

主要完成单位　中国农业科学院北京畜牧兽医研究所

主要完成人员　李俊雅，高会江，高　雪，张路培，倪和民，刘海良，郭　勇，陈　燕，徐凌洋，朱　波，刘剑锋，金生云，宝金山，仁钦尼玛，郭　鹏，杨艳明，苏雅拉图，马海滨，孙飞舟，王相国

起 止 时 间　2008 年 1 月—2015 年 12 月

获 奖 情 况　2016—2017 年度神农中华农业科技奖科研成果一等奖

内 容 提 要

该成果针对我国肉牛群体生产性能与发达国家有较大差距、育种技术体系不完善以

及我国肉牛业亟待提升生产效率、种业国际竞争力、完善育种体系等技术需求，历时10年，构建了我国第一个肉牛基因组选择参考群，并创建了肉牛全基因组选择技术平台，提出了预测基因组育种值以及全基因组关联分析新方法，发掘了大批与肉牛主要经济性状相关联的基因和标记，制定了肉牛全基因组选择指数GCBI；研制并开发了一款10K低密度生物芯片可有效替代770K高密度芯片对重要经济性状进行遗传评估，降低了肉牛全基因组选择成本。总体处于国际先进水平，其中优化的Bayes参数模型和自适应多链并行全基因组估计技术，使Bayes方法的运算速度提高了10倍以上，达到国际领先水平。该成果可用于后备种牛早期选择以及后备种公牛的育种值估计，应用前景十分广阔。目前已在内蒙古、吉林、新疆、河南、山东等省区11个种公牛站及西门塔尔牛核心育种场推广，新增经济效益11.48亿元。

10. 马铃薯中式主食加工关键技术与产业化

主要完成单位 中国农业科学院农产品加工研究所

主要完成人员 戴小枫，胡宏海，木泰华，张　泓，孙红男，张春江，陈井旺，张　雪，张　苗，刘倩楠，刘兴丽，黄　峰，徐　芬，张　良，等

起止时间 2011年7月—2015年12月

获奖情况 2016—2017年度神农中华农业科技奖科研成果一等奖

内容提要

马铃薯适应性强、耐瘠薄干旱、产量高、营养丰富，一直是欧美国家的主食之一。我国马铃薯种植面积、总产量均居世界第一，但因马铃薯不含面筋蛋白，成型性、延展性、成膜性、持气性差，手工难以制作成适合我国居民饮食习惯和口味偏好的主导产品，一直未成为我国居民主食。为推动农业供给侧改革和健康中国建设，本项目在马铃薯中式主食加工专用原料评价、关键技术与核心装备、生产线集成与重大产品创制等方面开展系统研究并取得突破，示范应用成效显著，引领了我国马铃薯中式主食产业发展。

研究成果创建了马铃薯中式主食原料的评价方法，提出了马铃薯中式主食加工品种“三高一低一白”的筛选指标，为马铃薯中式主食生产和专用品种选育提供参考依据；阐明了马铃薯主要成分与小麦蛋白互作机制，揭示了马铃薯蛋白与小麦面筋蛋白在热处理下形成“类面筋”网络结构；发现马铃薯淀粉使马铃薯淀粉—小麦蛋白复合物黏度增加，糊化温度降低，为克服马铃薯中式主食加工黏度大、发酵难、成型难等技术瓶颈奠定了理论基础。

在突破理论研究的基础上，阐明了不同配方植物源蛋白、马铃薯添加量等对马铃薯面条、馒头等马铃薯主食品质的影响规律，确定了产品最优配方；创建了马铃薯面带强筋、高温调质/梯度变温变湿联用干燥、精准温湿度调控面团发酵、挤压一步成型、双螺杆多阶段变温挤压等马铃薯主食加工关键技术，生产成本降低30%以上，产品品质显著提升；发明了一体化仿生自动擀面机、恒温恒湿面带熟化核心装备、连续高温高湿

调质装备、连续精准定量挤丝装备、智能仿生连续化松丝机等马铃薯主食产品加工核心装备，提高生产效率50%以上，成品率提高30%以上。

该成果创建了马铃薯主食产品营养当量评价方法，阐明了营养当量/成本/加工技术工艺关系，确定了马铃薯全粉最优占比阈限为20%～50%；创制了六大类300余种产品，创建了马铃薯主食加工系列专用生产线22条，单线年加工能力2 000～10 000吨，实现了规模化、自动化、工业化生产；发明了马铃薯特异性基因对比定性与近红外光谱定量耦合的马铃薯主食鉴伪方法，偏差小于1%，为产品真伪鉴别提供技术支撑。

11. 牧场监测管理数字技术研究与应用

主要完成单位 中国农业科学院农业资源与农业区划研究所

主要完成人员 辛晓平，闫瑞瑞，刘爱军，陈　晋，王　旭，阿斯娅·曼里克，徐丽君，高新华，毛克彪，曹　鑫，陈宝瑞，宋　萍，闫玉春，王道龙，高　娃，唐华俊，杨桂霞，郑逢令，沈妙根，王东亮

起止时间 2002年1月1日—2014年11月30日

获奖情况 2016—2017年度神农中华农业科技奖科研成果一等奖

内容提要

草地作为我国重要的战略资源，不仅为广大边疆牧区提供了最主要的农业生产资料，而且构成了东部经济发达地区不可或缺的绿色生态屏障。但近年来，牧区草地面临生态、生产双重危机，国务院通过了一系列重大工程和政策促进草地生态恢复、畜牧业发展方式转变。牧场生产和环境信息的准确及时获取、牧场生产过程的精准高效管理，是切实落实国家牧区草地政策的科学基础，对于促进现代草地畜牧业跨越式发展、保障牧区生产和社会稳定至关重要。

本项目从2002年开始，紧扣“精准监测—定量管理—应用服务”的主线，创新了牧场监测管理数字化理论，重点突破了牧场生产监测管理中“监测精度低、管理效果差、应用产品缺乏”三大技术难题，创建了多尺度、高精度、定量化的牧场监测管理数字技术系统，在同类研究中达到国际先进、国内领先水平，对于促进现代草地畜牧业跨越式发展、提升国际竞争力具有重要意义。

（1）创新了以草地关键参数反演算法为核心的牧场高精度监测理论，研发了牧场信息快速获取、草畜生产精准监测及灾害评估等关键技术，突破了当前我国牧场监测精度低、时效差的技术难题。建立了“天—空—地”一体化的牧场信息快速获取技术，较传统人工采集方式节约成本90%以上，解决了牧场监测管理实时数据获取保证率低、时空不连续的技术难题；揭示了中国北方温带草原的冠层传输特征和物理反演机制，LAI/FPAR平均反演精度从不足80%提高到90%以上；开发了自适应的局域迭代逻辑斯蒂拟合方法，有效地解决了植被指数曲线整体不服从S形曲线的问题，建立了稳健的物候提取模型；构建了一套遥感反演与实时验证相结合的草地生产立体监测技术体系，有效提高了草地生产监测的精度与时效，家庭牧场尺度草地

生产力/产草量/覆盖度监测精度达到 92%，草地冠层高度监测精度达到 88%以上；针对影响草地生物量的草地火灾与旱灾，发展了火旱灾害关键参数的反演模型及提取算法，创建了灾害实时监测与影响评估系统，为牧场生产管理调控提供高精度、高效率的决策支持信息。

（2）建立了基于系统动态模型与多源数据同化的草畜生产过程解析机制，研制了牧场草地资源时空配置、草畜生产定量调控等核心技术，实现了草地放牧系统的定量化管理，促进了我国草地优化管理技术快速发展。以 GrazPlan、Century、DNDC 等国际主流模型为基础，创新了中国北方天然草地/栽培草地/草畜系统的动态模拟方法及优化管理理论；研制了牧草适宜性评价 GIS 模型、草地生态系统功能评价模型，解析了牧场草地资源高效配置理论模式及其作用机理；基于草地定位观测、多平台遥感反演、多源数据与生态模型同化，构建了多尺度、高精度的草畜生产过程定量决策技术，促进了牧场经营管理从状态到过程、从定性到定量的跨越，为精准生产及智慧管理提供了技术基础。

（3）构建了一套适宜于中国国情的牧场监测管理数字技术平台，开发了面向政府管理部门、科研机构、生产者等不同用户的草畜监测管理应用系统，填补了我国同领域的软硬件产品空白，缩小了我国草地管理与国际同行业的差距。研制了牧场监测管理数字化技术标准规范体系，颁布了我国第一个草业信息化行业标准，构建了国内草业行业最完善的科学数据系统和共享中心，为草原高精度监测、定量化管理奠定了数据基础；开发了国内第一批高精度牧场监测管理软硬件技术产品与集成系统，突破了我国同领域的软硬件产品空白，缩小了我国草地管理与国际同行业的差距。2002 年开始，技术成果逐步应用于广大北方牧区，在新疆、甘肃、内蒙古、宁夏①等 11 省区 90 多个县（市）进行技术示范，辐射推广 服务覆盖北方牧区 90%以上的区域，显著提高草地畜牧业生产效率，示范基地通过增收节支可提高经济效益 10%~15%，并产生了重大的社会和生态效益。

12. 我国典型区域农田酸化特征及其防治技术与应用

主要完成单位 中国农业科学院农业资源与农业区划研究所，全国农业技术推广服务中心，湖南省土壤肥料研究所，江西省农业科学院土壤肥料与资源环境研究所，成都新朝阳作物科学有限公司

主要完成人员 徐明岗，周世伟，崔　勇，文石林，邵　华，任　意，聂　军，彭春瑞，李志明，刘延生，陀少芳，孟远夺，杨锡良，周海燕，薛彦东，蔡泽江，孙　楠，王伯仁，廖育林，杨　琳

起止时间 1991 年 1 月—2013 年 12 月

获奖情况 2016—2017 年度神农中华农业科技奖科研成果一等奖

① 宁夏回族自治区，全书简称宁夏。

内 容 提 要

该成果系统阐明了我国典型农田土壤酸化的时空演变规律，发现农田土壤酸化具有阶段性、普遍性和局部严重性特征，自 20 世纪 90 年代以来，土壤 pH 值年平均降低 0.06 个单位，pH 值<5.5 的强酸性土壤面积达到 2.26 亿亩。创建了土壤酸化速率估算与预测预警方法，证实剖面底层和邻近荒地 pH 值可以作为起始 pH 值来计算酸化速率。证实了氮肥施用是农田土壤酸化的主要驱动力，平均 7 千克 N/亩每 10 年使 pH 值降低 0.27 个单位，用量增加，酸化加剧。探明了有机肥能有效阻控土壤酸化的机制，主要通过碱基（58~206 厘摩/千克）直接中和土壤酸度、络合降低土壤活性铝 98%以上、降低肥料氮硝化 67%，实现了酸度改良和肥力提升的双赢，提供了改变施肥模式防治土壤酸化的新思路。获得了主要作物的酸害阈值（pH 值）为：水稻 4.8、玉米 5.8、小麦 5.3，明确了酸性土壤改良的目标值。确定了石灰需要量及施用间隔年限，集成创新了“防（有机肥为核心）”“治（石灰类物质为核心）”结合的技术和产品，包括增施有机肥、秸秆还田、施碱性肥料、石灰、白云石粉、酸性土壤调理剂等酸化土壤改良技术和产品，实现了酸性土壤的分类管控、防治结合。多年多点位大田示范结果表明，土壤 pH 值平均提高 0.2~0.5 个单位，农作物平均增产 11%~27%，为全国酸性农田土壤防治提供了技术样板。

成果共取得 14 项知识产权，其中国家发明专利 11 项，发表论文 98 篇（其中 SCI 25 篇）、专著 6 部，在国内外的学术界影响大、认可度高，实际应用也取得了良好的效果，社会经济和生态环境效益显著。为《耕地质量保护与提升技术模式》等国家级规划编制和实施提供了科学依据和技术支撑，提升了酸化土壤改良的政府行动和公众关注度，为推动农业行业科技进步和相关产业发展做出了贡献。

该成果时空跨度和难度大，系统性强，解决了红壤酸化特征不清晰、酸化驱动因素作用大小不明确以及酸化防治技术针对性差三大难题，院士等评价专家组认为，成果总体达到同类研究的国际先进水平，在基于红壤长期定位监测和点面结合研究土壤酸化特征及酸化驱动机制方面达到国际领先水平，技术可在我国红壤地区广泛应用，具有广阔的推广应用前景。

13. 农业信息监测预警创新团队

主要完成单位　中国农业科学院农业信息研究所

主要完成人员　许世卫，李哲敏，袁宏永，李干琼，张永恩，张　峭，李志强，王　川，陈　涛，赵俊晔，董晓霞，喻　闻，陈　威，王东杰，张　超，庄家煜，王盛威，于海鹏，李灯华，刘佳佳

起 止 时 间　2016 年 10 月—2017 年 10 月

获 奖 情 况　2016—2017 年度神农中华农业科技奖优秀创新团队

内 容 提 要

农业信息监测预警创新团队，是以农业信息监测、分析、预测、预警的理论方

法创新、关键技术突破、先进系统研发为主要任务的科研群体。团队自2002年正式成立以来，继承了20世纪80年代以中国农业科学院食物结构研究课题组卢良恕院士为代表的食物结构研究学术思想体系，针对新世纪国家农业信息监测预警重大需求，瞄准世界技术前沿，加强团队建设，在国家主体科研计划的持续资助下，取得了一批具有重要影响力的理论与技术成果，引领了农产品市场信息分析与预警研究方向，推动了农业部农产品全产业链分析队伍建设。团队承担多项国家主体科研任务，突破了农业信息获取与智能分析关键技术；建立科学的团队协作机制，发挥了团队领头羊作用；推动科技成果深入应用，有力支撑了国家农业决策咨询服务；加强科技合作交流，提升了我国农业信息监测预警国际影响力。团队现有科技人员50人，其中高级研究人员26人，博士学位35人，35岁以下科技人员25人，是一支充满科研活力并在国内外有较大影响的创新团队。团队有国家“863计划”主题专家1人，长江学者1人，全国农业科研杰出人才2人，享受国务院特殊津贴专家1人，团队先后被评为中国农业科学院科技创新工程创新团队、全国农业杰出人才与优秀创新团队。

14. 转基因棉花研究与应用创新团队

主要完成单位 中国农业科学院棉花研究所

主要完成人员 李付广，张朝军，张雪妍，杨作仁，葛晓阳，王 晔，杨召恩，秦文强，鲁丽丽，王 鹏

起止时间 1999年团队成立至今

获奖情况 2016—2017年度神农中华农业科技奖优秀创新队

内容提要

该团队建立的“棉花组织培养性状纯化及外源基因验证技术平台构建”于2010年获国家发明二等奖，创造了一批转基因棉花种质新材料，所创造的转基因材料经中国农科院棉花所7个育种组研究应用，育成中棉所41、中棉45、中棉47、中棉50、中棉52等24个新品种。其中，育种家培育的高效广适双价转基因抗虫棉品种中棉所41和中棉所45推广面积较大，经济效益较显著，且中棉所41于2009年获国家科技进步二等奖。此外，sGK9708、sGK221等转基因材料，经湖南棉花所、江西棉花所、河南农科院经作所、浙江大学、河北农大、山东农大等多家单位进一步引用，又衍生出湘杂棉6号、赣棉杂11、豫杂37、浙杂14、山农圣杂3号、农大KZ06等20多个新品种（系），社会经济效益显著。

15. 牦牛良种繁育及高效生产关键技术集成与应用

主要完成单位 中国农业科学院兰州畜牧与兽药研究所，青海省大通种牛场，海北藏族自治州畜牧兽医科学研究所，甘南藏族自治州畜牧工作站

主要完成人员 阎 萍，郭 宪，梁春年，丁学智，褚 敏，裴 杰，拉 环，

吴晓云，王宏博，冯宇诚，包鹏甲，赵索南，石红梅，孔祥颖，骆正杰，毛红霞，武甫德，吉汉忠，丁考仁青，李吉叶

起止时间 2007 年 1 月—2014 年 11 月

获奖情况 2016—2017 年度神农中华农业科技奖科研成果一等奖

内容提要

该成果创建了牦牛分级繁育技术体系，包括大通牦牛四级繁育技术体系和甘南牦牛三级繁育技术体系。优化了牦牛高效繁殖技术体系，建立和完善了牦牛胚胎体外生产和精子体外处理技术体系；基于 2-DE 和 iTRAQ 技术揭示了牦牛季节性繁殖规律，优化了牦牛高效繁殖技术体系，实现了牦牛一年一产。构建的牦牛分子育种技术体系，完成了大通牦牛、甘南牦牛、无角牦牛、青海高原牦牛线粒体基因组测序工作，成功研发 ACTB、GAPDH 基因检测试剂盒，制定了牦牛繁育方案。实现了牦牛高效生产关键技术综合配套，集成了牦牛适时出栏、放牧补饲、暖棚养殖等高效牧养技术。

该成果科技含量和技术成熟度相对较高，在同类研究中达到了国际先进水平。成果在甘肃省、青海省青藏高原高寒牧区广泛推广应用，年改良牦牛 50 万头以上。大通牦牛、甘南牦牛制种供种能力显著提升，改良牦牛生产性能明显提高，2014—2015 年取得经济效益 3.17 亿元，对牧民增收、牧业增产、高寒牧区可持续发展具有重要的现实意义，其经济、社会、生态效益显著。

16. 旱田全量秸秆覆盖地免耕洁区播种关键技术与装备

主要完成单位 农业部南京农业机械化研究所

主要完成人员 胡志超，吴　峰，顾峰玮，陈有庆，谢焕雄，吴惠昌，彭宝良，曹明珠，张延化，刘敏基，高荣成，吕小莲，王伯凯，王公仆，王　冰，王建楠，张会娟，高学梅，邵园园，徐弘博

起止时间 2009 年 1 月 1 日—2014 年 10 月 26 日

获奖情况 2016—2017 年度神农中华农业科技奖科研成果一等奖

内容提要

成果针对传统免耕播种装备在“全量秸秆覆盖地”作业时挂草壅堵、架种和晾种三大技术难题，在国家科技支撑等项目支持下，取得了免耕洁区播种一体化耕作技术重大突破；发明了全量秸秆覆盖地机械化免耕“洁区播种”耕作技术，彻底破解了“入土部件挂草壅堵、架种和晾种”三大技术难题；发明了碎秸均匀覆盖与分流调控技术，破解了因过量秸秆不均匀覆盖造成的缺苗弱苗问题，确保作物苗齐苗壮；发明了秸秆清输过载自动监控和压滑组配防堵滞技术，解决了输秸卡滞与碎秸组件侧边挂秸阻滞难题；创制出一次下田完成“碎秸清秸、苗床整理、洁区播种、均匀覆秸”作业的旱田全量秸秆覆盖地免耕洁区播种多功能一体化作业装备，彻底破解了上述三大难题，为秸秆还田肥料化利用、实现禁烧提供了有力支撑。成果获授权发明专利 7 件，发表论文 26 篇；制订标准与技术规范 7 项；成果核心技术连续 3 年被农业部列为主推技术，在

多家企业获得有效转化，相关技术产品已在冀、鲁、豫、苏、皖、鄂、津、辽、黑等地推广应用，获得了经济、社会与生态效益显著。包括5名院士在内的专家组对项目成果的科学评价结论认为："成果整体技术处于国际领先水平"。

17. 新型饲用抗生素替代品创制与应用

主要完成单位 中国农业科学院饲料研究所，北京大北农科技集团股份有限公司，山东宝来利来生物工程股份有限公司，沈阳科丰牧业科技有限公司

主要完成人员 王建华，王安如，滕　达，高　林，王秀敏，单宝龙，毛若雨，郝　娅，白子金，闫轶洁，杨雅麟，管庆丰，张　勇，张　军，汪　攀

起 止 时 间 2001年1月—2016年12月

获 奖 情 况 2017年度北京市科学技术奖一等奖

内 容 提 要

基于饲用抗生素替代国家需求，创制抗菌肽、活菌、通用疫苗、寡糖、益生原料等25种新型饲用抗生素替代品并应用，产品21.17万吨，产值13.18亿元，直接增效1.37亿元，间接增效3百亿元，累计替抗2.8万吨，比例达50%。获省部奖7项，国家及省部重点新产品10项，授权专利41项，行标3项，论文220篇（SCI 71篇），共被引2 164次（SCI引828），被IF10以上引3次，4~10因子引103次：JAFC等一区引35次，国外专著21次，评论类期刊15次，欧盟法规、AOAC、美国农业部和孟山都文件共引5次。

（1）抗菌肽设计、机理、表达方法与技术平台建立。①创制抗仔猪腹泻LfcinB系列、β-防御素rpBD2、Arenicin系列抗菌肽，杂合抗菌肽LH28、CL23、LHP7。rpBD2显著降低仔猪腹泻50%。创制抗奶牛乳腺炎和鸡坏死性肠炎抗菌肽MP1102、MP1106和靶向抗菌肽AgPlectasin，抗MRSA活性增强15倍；抗产气荚膜梭菌活性优于杆菌肽锌等抗生素。②创建抗菌肽高产表达体系，NZ2114表达量达2.3克/升；高基因剂量与共表达技术提高抗菌肽产量3倍，减少非特异产物75%；抗菌肽纯度>93%。③首次发现抗菌肽MP1102、N2、N6破坏膜结构和与结合DNA双效杀菌机制；组学研究首次发现抗菌肽N4启动类细胞凋亡程序，导致代谢紊乱。

（2）通用型亚单位疫苗创制。创制基于肠杆菌科外膜蛋白（OmpA、BamA、TolC）的亚单位疫苗，促进机体细胞的吞噬作用，降低病原菌黏附力3倍。对大肠杆菌、志贺氏菌、沙门氏菌感染具交叉保护作用（保护率50%~80%）。

（3）新型寡糖产品创制。首次建立蔗果及菊粉寡糖纯化新工艺，纯度分别达到84.45%和83.6%；发现菊粉及衍生物促嗜酸乳杆菌生长；率先建立菊糖快速检测鉴定法；创制系列新型改性菊粉，揭示新产品构效关系。

（4）新型微生态制剂创制与应用。创制动物用防腹泻、益生双效布拉酵母制剂；创制耐氧约氏乳杆菌制剂。创制含虾壳—植物—担子菌三效寡糖特用培养基及复合益生

菌制剂，提高肉鸡成活率 1.5%，降低料肉比 6.2%，消减鸡舍臭气。创制基于枯草芽孢杆菌—地衣芽孢杆菌—乳酸菌—酵母菌—丁酸梭菌五效复合微生态制剂，肠道存活率>70%，定植率>85%，提高饲料转化率 5%。突破氨基酸不平衡和蛋白变性等瓶颈，建立丰产多肽的花生粕固态发酵技术体系。

18. 晚粳稻优异种质春江 12 的创制与利用

主要完成单位　中国水稻研究所，浙江省农业科学研究院

主要完成人员　吴明国，张小明，林建荣，叶胜海，宋昕蔚，朱国富，倪建平，陆艳婷，曹栋栋

起 止 时 间　1997 年 1 月—2016 年 12 月

获 奖 情 况　2017 年浙江省科技成果奖一等奖

内 容 提 要

针对浙江省晚粳稻育种优异种质缺乏、杂交粳稻产量优势不明显、制种产量不高、产量与品质难协调以及常规粳稻产量难上新台阶等问题，开展晚粳稻优异种质创制、早花时高柱头外露率粳稻不育系转育、强优势籼粳亚种间杂交稻与高产优质多抗广适晚粳稻新品种选育等基础理论及育种应用研究，解决了杂交粳稻杂种优势、制种产量、稻米品质以及常规粳稻产量突破等方面的技术难题。

（1）主要技术内容。①开展相应基础理论研究，提出晚粳稻优异种质的选育目标，研制高异交率晚粳稻不育系和籼粳亚种间杂交稻的选育方法。②利用不同生态类型的中晚粳品种配组，定向创制符合育种目标的晚粳稻优异种质。③利用晚粳稻优异种质，转育高异交率粳型不育系，选育强优势籼粳亚种间杂交稻、杂交粳稻以及高产优质多抗广适晚粳稻新品种，克服杂交粳稻制种产量低、杂种优势不明显等技术障碍，解决常规粳稻产量难上新台阶等难题。④针对新品种的特征特性，开展配套高产高效栽培技术研究及大面积示范推广应用。

（2）授权知识产权情况。①发明专利 1 项：一种花时早且柱头外露率高晚粳稻不育系的选育和繁殖方法，ZL201310583567.1。②植物新品种权 5 个：春江 12A，CNA20040597.7；春优 58，CNA20070129.0；春优 172，CNA20070699.3；春江 47A，CNA20080700.5；浙粳 88，CNA20110596.3。③计算机软件著作权 1 项：水稻种子千粒重计算软件，软著登字第 1000274 号。

（3）技术指标。①提出了利用不同生态类型中晚粳品种杂交，通过定向选择育种技术创制晚粳稻优异种质的新思路，创制出聚合抗病、丰产、优质、早花、大穗、矮秆、配合力好等有利性状于一体的晚粳稻优异种质春江 12，是国内育成品种类型最丰富的晚粳稻种质，保存于国家作物种质资源库（CN37906）。②发明了早花时、高柱头外露率晚粳稻不育系和迟花时籼粳中间型广亲和恢复系的选育方法，选育出春江 12A 等早花时、高异交率粳型不育系以及 CH58 等迟花时籼粳中间型广亲和恢复系，通过缩小父母本花时差，解决籼粳亚种间杂交稻制种产量不高的技术难题，高产制种田经组织

专家验收制种产量达 208.5 千克/亩。③研发了利用粳型不育系与籼粳中间型广亲和恢复系进行远缘配组选育籼粳亚种间杂交稻的方法，选育出春优 58 等强优势杂交稻组合，春优 58 在国家和浙江省区试、生产试验中增产幅度均超 20%，显著增强了杂种优势，米质达国标 2 级。④育成了浙粳 88 等常规晚粳稻新品种，创浙江省常规晚粳稻百亩示范方高产纪录，中抗稻瘟病，中抗白叶枯病，食味好。⑤春江 12A 等 3 个高异交率粳稻不育系通过鉴定，春优 58 等 3 个强优势籼粳亚种间杂交稻和杂交粳稻通过国家和浙江省审定，浙粳 88 等 4 个常规晚粳稻品种通过浙江省审定，在 *The Plant Journal* 等刊物上发表论文 19 篇，他引 340 次。

（4）应用推广及取得的经济社会效益。①高产示范：春优 58 百亩示范方验收亩产 730.8 千克，比生产上主栽品种增 15%~20%；浙粳 88 百亩示范方验收产量高达 798.1 千克，创浙江省常规粳稻高产纪录。②推广应用：浙粳 88 和春优 58 被列为浙江省主导品种，累计推广 459.87 万亩，新增社会经济效益 6.15 亿元。

19. 油菜耐渍性遗传机理与新品种选育应用

主要完成单位 中国农业科学院油料作物研究所，江苏省农业科学院，西南大学，湖北省油菜办，四川省农业科学院，长江大学

主要完成人员 张学昆，程　勇，付三雄，邹锡玲，张　芳，鲁明星，梁　颖，李浩杰，卢碧林，陆光远，汤　松，徐劲松，龙卫华，付桂萍，许本波

起 止 时 间 2006 年 1 月—2016 年 12 月

获 奖 情 况 2017 年度湖北省科技进步奖一等奖

内 容 提 要

油菜是我国最重要的油料作物，常年种植面积 1.1 亿亩，产油量占全国油料作物 51%。油菜是湖北省的标志性农作物，连续 21 年总产居全国第一。为振兴油菜产业，2016 年湖北省政府提出全力建设双低油菜保护区，2017 年湖北省被纳入国家重要农产品保护区。油菜在长江流域 80% 的面积与水稻轮作，水稻秋收后稻田地下水位较高，油菜生育期降水偏多，渍害发生严重，严重影响直播油菜产量（减产 30%~80%），已经成为当前我国油菜机械化生产发展和冬闲田潜力挖掘利用最关键的制约瓶颈。提高油菜品种耐渍性是防治渍害最重要的措施，项目组针对油菜耐渍性改良中机理不清、方法缺失等空白，形成了如下创新成果。

（1）首次探明了油菜耐渍形成机理，获得油菜强耐渍资源 5 份，揭示耐渍性与缺氧响应、乙醇代谢相关。

（2）建立了高效的耐渍性改良育种技术体系。阐明了耐渍性受 2 对完全显性主基因+加性-显性多基因控制、配合力较强的遗传规律，建立了高效分子育种技术体系。

（3）育成了 3 个突破性耐渍国审高产油菜新品种——阳光 2009、宁杂 1818、渝油 28，品种耐渍性达到全国领先水平，增产 7.2% ~ 8.5%，渍害胁迫下增产最高

达 106.8%。

相关成果发表论文 28 篇（其中 SCI 7 篇），获得植物新品种保护权 1 项，授权发明专利 3 项和农业行业标准 1 项，其中油菜耐渍分子标记专利及渍害鉴定行业标准均为首创，培养博士后 3 人、研究生 12 人。本项目在湖北、湖南等主产省累计推广应用 3 200 万亩。其中阳光 2009 在湖北推广超过 1 800万亩，是近 5 年全国新审定品种中推广面积第一名的新品种。根据中国农科院农经所提供的效益计算方法，通过种植耐渍高产新品种每亩可增收 133.4 元，近 5 年共计新增效益 42.8 亿元，其中近 3 年效益为 32.4 亿元。受到汪洋副总理、余欣荣副部长等领导高度重视，得到社会媒体广泛关注。本成果及时满足了当前国家和我省油菜保护区对稻田油菜机械化生产发展升级转型的迫切需要，对推动了我国油菜机械化生产发展、支撑国家油菜保护区建设将具有广阔的发展前景。

20. 北方半干旱区优质饲草关键技术研究与应用

主要完成单位　中国农业科学院草原研究所，内蒙古农业大学，甘肃农业大学，中国农业大学

主要完成人员　侯向阳，米富贵，曹致中，布　库，毛培胜，时建忠，孙启忠，王照兰，于林清

起 止 时 间　2002 年 6 月 1 日—2013 年 12 月 24 日

获 奖 情 况　2017 年获内蒙古自治区科技进步奖一等奖

内 容 提 要

北方半干旱区是我国重要的生态安全屏障带和绿色农畜产品生产基地，面临生态环境持续恶化、生态和生产及农牧民生计难以兼顾的困境，该区是国际上扶贫和发关注的热点地区之一。发展草牧业是实现该区绿色协调可持续发展的突破口。针对北方半干旱寒冷、干旱、贫瘠的环境，迫切需要解决制约草牧业发展的突出问题：一是仍缺乏适合该区种植高产、优质、抗旱抗寒性强的当家品种，特别是富含优质蛋白的豆科牧草品种；二是缺乏适应区条件的旱作饲草栽培管理、收获和加工关键技术；三是缺乏优质饲草高效生产集成技术体系。项目组经过 10 多年的科技攻关，取得了重要创新与突破。

（1）选育适合北方半干旱区的饲草新品种（系）。自主育成抗旱耐寒耐贫瘠豆科饲草新品种 10 个，高产专用青贮玉米新品种 3 个，平均增产 15%以上，种植成本平均降低 30%~40%。构建饲草种质资源库和中国苜蓿核心种质库。

（2）创建北方半干旱区优质饲草高效栽培技术体系。系统开展优质饲草旱作栽培技术研究，研制出“干埋集雨”播种、“一炮轰”施肥、苜蓿冻害防御系列关键管理技术、不饱和灌溉水肥耦合术等。苜蓿出苗率平均提高 36.23%，存活株数提高 42%~60%，干草增产 37%。

（3）研制适合半干旱区中小规模饲草生产的高效低损经济型系列收获机械，研发玉米青贮专用生物接种剂及优质草产品加工调制技术。研制出中小型饲草收获系列机械

10 套，价格仅为同类进产品的 1/5~1/3，田间损失减少 10%~15%，技术工艺和产品性能达到国际先进水平。研发出 2 种玉米贮专用微生物接种剂，集成青贮接种剂制备及优质草产品加工技术，有效解决青贮玉米二次发酵问题。建立苜蓿半干青贮技术体系，青贮合格率达 95%，粗蛋白含量较受雨淋干草提高 19%，有效解决了雨季苜蓿干草发霉的问题。

（4）集成示范和应用优质饲草生产关键技术，区域草牧业经济效益大幅度提高。针对半干旱区同区域特点，组装集成形成不同类型区的旱作饲草生产技术体系，平均产草量提高 32.4%，草产品蛋白质提高 1.5%，总计推广面积达 80.7 万公顷，有效缓解了该地优质蛋白饲草短缺的问题。

该项目育成饲草新品种 13 个，获得专利 21 项，制定标准 5 项，出版著作 17 部，发表论文 554 篇，累引用频次 5 816次。2008—2015 年累计示范推广饲草新品种和生产收获加工技术 164.93 万公顷，制作青饲料 1 036.4万吨，获得经济效益 115.66 亿元。培养研究生 158 名，举办培训班 213 次，培训地方技术员和农民 15 635人次。培养一批从事饲草育种、栽培和加工的高层次人才。该成果对推动我国北方干旱区农业结构转型升级、草牧业快速发展、区域可持续发展发挥重要作用，取得了巨大的经济、社会及生态效益，总体达到国际先进水平。

21. 鹿茸再生干细胞的发现与哺乳动物断肢再生模型的建立

主要完成单位 中国农业科学院特产研究所，北华大学

主要完成人员 李春义，孙红梅，褚文辉，赵海平，王大涛，王文英，郭倩倩，刘 振，高志光，魏海军

起 止 时 间 2006 年 1 月—2016 年 12 月

获 奖 情 况 2017 年吉林省自然科学奖一等奖

内 容 提 要

该成果在国家自然科学基金、“973” 重大基础研究前期专项和吉林省自然科学基金等项目支持下，经过 10 年系统、深入的研究，完成了哺乳动物器官——鹿茸再生机理的揭示，为再生医学领域提供了优秀的研究模型。

鹿茸是唯一在失去后还能完全再生的哺乳动物器官，为我们提供了了解自然界如何解决哺乳动物器官完全再生的机会。该研究围绕“阐明鹿茸再生的机制，建立哺乳动物断肢再生模型”的研究目标。发现并精确定位了鹿茸再生的功能细胞团，即角柄（鹿头部的骨桩，鹿茸再生的组织基础）骨膜细胞团。对角柄骨膜细胞定性研究发现，它们是介于成体干细胞和胚胎干细胞之间的一种特殊干细胞类型，并将其定义为鹿茸再生干细胞；同时发现并定位了鹿茸再生干细胞的微环境，即角柄皮肤的内皮层。确定了构成鹿茸干细胞微环境的关键细胞类型—真皮毛乳头细胞和表皮细胞。进而建立了鹿茸再生干细胞与其微环境细胞的离体共培养体系，为分离和鉴别刺激鹿茸再生的相关分子奠定了基础；首次提出了不同于现行的低等动物肢体再生“胚芽依赖性”的“干细胞

依赖性”哺乳动物断肢再生假说。“干细胞依赖性”假说将整个再生过程定位到一种细胞，即断端的骨膜细胞（干细胞）。从而，解释了小鼠断肢只能完成伤口愈合，不能实现再生的主要原因是其长骨骨膜细胞不具有强大的增殖、分化能力。据此提出如果能够利用现代技术赋予长骨骨膜细胞巨大的分裂潜力，很有可能会实现哺乳动物（包括人）断肢的再生；并利用鹿茸干细胞治疗了大鼠及宠物狗的皮肤损伤，获得了预期的治疗效果。

本研究揭示了复杂哺乳动物器官鹿茸的再生机制，并由此提出了新的哺乳动物断肢再生假说。为诱导哺乳动物（包括人）断肢再生提出了新的思路，对最终实现哺乳动物乃至人类器官再生具有重要的借鉴意义。研究成果达到国际先进水平。该研究成果发表于 *Int. J. Biochem Cell Biol.* 等国际知名刊物。

22. 国家特种动物基因库建设与高效利用

主要完成单位 中国农业科学院特产研究所，中国农业科学院饲料研究所，大连名威貂业有限公司，四平市种鹿场有限公司

主要完成人员 杨福合，邢秀梅，高秀华，吴 琼，张志明，杨 颖，李一清，巴恒星，宋兴超，涂剑锋，刘汇涛，李 洋，刘宗岳，王 雷，杨童奥

起 止 时 间 1990—2016 年

获 奖 情 况 2017 年吉林省科技进步奖一等奖

内 容 提 要

本项目针对我国特种动物种质资源家底不清、保存和评价不规范，许多珍稀动物资源由于栖息地受到破坏及滥捕滥猎而处于濒危状态，种质资源共享和原始创新利用率低等问题，系统开展了特种动物种质资源挖掘、保护及高效利用研究。揭示了我国特种动物种质资源的分布规律，建立了特种动物种质资源的安全保存、系统评价、有效利用等综合技术体系，为特种动物遗传资源保存、新品种培育，特养业可持续发展提供理论创新与技术支撑。

创建了世界上最大的特种动物基因库，首次对我国特种动物遗传资源进行系统的整理，整合了我国农业、林业、教学科研三大领域特种动物种质资源，涵盖鹿类动物、毛皮动物、特禽及其他类动物共 509 个品种（类型），抢救性保护与安全保存 22 种野生资源，保存量占国内同类资源的 75%。首次开发出一套特种动物种质资源网络数据库及信息检索系统，实现了全方位信息数据与活体资源的共享。

首次制定了特种动物遗传资源整理整合、鉴定评价、安全保存、共享服务等技术规程（规范）66 个，包括 1 个共性描述规范、29 个个性描述规范，29 种特种动物种质资源的描述标准、2 项鹿类动物种质资源活体异地保存技术规范、5 项特种动物资源收集技术规程等。对初步筛选的 48 个特种动物品种（类型）优异基因进行评价和主要经济性状相关候选基因挖掘研究，突破了资源利用率低的技术瓶颈。

采用二代和三代测序结合策略，完成了中国梅花鹿全基因组测序和组装，共测序244.6G数据，得到clean数据242.9G，覆盖基因组93X。通过kem r分析，估计梅花鹿基因组大小2.6G，对梅花鹿基因组雄鹿进行二代测序，共测序149.9G数据，得到clean数据142.0G，覆盖基因组55X，筛选得到梅花鹿Y染色体的序列信息。基因组共注释21 079个基因，完整度94%，使我国梅花鹿成为世界上第一个全基因组测序的鹿种。

创建了茸鹿、毛皮动物多基因聚合育种技术体系，培育出四平梅花鹿、清原马鹿、明华黑色水貂、名威银蓝水貂等性能突出的新品种4个，利用保存的遗传资源培育特种动物新品种（配套系）12个。新品种市场占有量约占国内养殖总量的50%~80%，改变了我国特种动物“无良种”局面，推动特种动物饲养业健康发展。

23. 蛋白质植物免疫诱导剂的创制与应用

主要完成单位 中国农业科学院植物保护研究所，北京中保绿农科技集团有限公司，北京绿色农华作物科技有限公司，全国农业技术推广服务中心，普绿通（北京）生物科技有限公司，北京市密云区植保植检站，河北省农林科学院粮油作物研究所，武城县农业局

主要完成人员 邱德文，郭立华，张刚应，林梅根，曾洪梅，李永平，李　梅，徐　军，袁京京，张　宁，毛建军，程光明，彭智超，贾秀领，赵宜君，王建华，王艳华，符江华

起 止 时 间 2003年9月1日—2014年5月16日

获 奖 情 况 2016—2017年度神农中华农业科技奖科研成果二等奖

内 容 提 要

以提高植物抗性、保障植物健康生长的免疫蛋白为研究对象，以高效低成本的免疫蛋白创制技术为突破，中国农业科学院植物保护研究所在国家项目资助下，组织科研、管理和推广单位，历经13年协同攻关，建立了免疫蛋白发掘和产品研发的新技术体系；突破了蛋白质制剂性能不稳定、产品成本偏高的产业化技术瓶颈；创制了全球首个蛋白质植物免疫诱导剂，实现了大面推广应用，取得了多项技术创新与突破，使我国免疫诱抗蛋白生物农药研究及应用水平跻身于世界领先水平。

（1）提出了植物免疫诱导剂控制农作物病害的全新绿色植保理念，开拓以激活植物免疫系统，增强植物抗性为目标的生物农药筛选模式。

（2）创建了直接从微生物中定向纯化免疫蛋白的技术体系，从多种微生物中分离纯化了10个具有诱导植物免疫和增强植物抗性的新型蛋白质。

（3）实现了蛋白产品规模化生产工艺技术的新突破，登记了全球第一个抗病毒病的6%寡糖·链蛋白可湿性粉剂（商品名“阿泰灵”）并获得农药；2016年3月与国际第六大农化公司爱利思达签署了阿泰灵的海外独家代理合作协议，这是我国第一个推向全球市场、自主研制的蛋白质生物农药。

（4）建立了蛋白质植物免疫诱导剂的应用技术规程，实现了大规模推广应用。对多种作物病毒病等病害的综合防控效果达 65%以上，提高产量 10%以上，减少化学农药使用量 30%。

2014—2015 年累计为社会新增经济效益 14.08 亿元，2015 年被评为中国植保市场生物农药畅销产品第一名和中国植保市场最具市场爆发力品牌产品第二名，取得了良好的生态效益和社会效益。相关研究获得中国发明授权专利 7 例，出版专著 2 部，发表研究论文 88 篇。2016 年获得中国植物保护学会科学技术一等奖和中国农业科学院杰出科技创新奖；2015 年获得中国产学研合作创新成果一等奖，2012 年获得北京市科技二等奖，2013 年获得第八届大北农科技奖二等奖。

24. 畜禽骨全组分高值化加工关键技术与装备

主要完成单位　中国农业科学院农产品加工研究所

主要完成人员　张春晖，张德权，贾　伟，李　侠，刘丽莉，吴志华，胡金保，王金枝，杜桂红，董宪兵，许　雄，王　航

起 止 时 间　2008 年 10 月—2014 年 7 月

获 奖 情 况　2016—2017 年度神农中华农业科技奖科研成果二等奖

内 容 提 要

我国畜禽骨产量世界第一，2016 年高达 1 700万吨，约占世界的 29%。《中国居民膳食指南（2016）》《中国居民营养与慢性病状况报告（2015 年）》指出，我国居民膳食中优质动物蛋白摄入量不足，钙、铁等营养素缺乏，而畜禽骨中富含蛋白、脂肪、多糖与矿物质等营养与生物活性成分，是多种营养素的重要来源，开发利用价值巨大。但长期以来，骨加工产业面临着全组分加工技术匮乏资源利用率低，专用加工装备落后适用性差，产品创制滞后高值化产品少三大关键技术瓶颈，导致资源浪费与环境污染。

2008 年以来，在农业部等科研专项资助下，经多年研究，先后阐明了畜禽原料骨品质特性与加工适宜性，研制了原料骨前处理技术设备，突破了专用设备缺失、适用性差的技术瓶颈；发明了畜禽骨营养组分“水—热”选择性同步提取—高效分离—节能浓缩技术与装备，实现多营养组分联产加工；发明了骨素调味料风味增益、高溶解性肽—钙螯合物与超微骨粉制备技术，解决了调味料风味不足、肽钙溶解性差、骨粉吸收率低的技术难题。

该成果获国家发明专利 16 件，实用新型专利 7 件，软件著作权 6 件，制定行业标准 3 项，发表论文 48 篇，研发核心装备 5 台（套），创制了骨源食品成套生产线，开发出骨素、骨肽、硫酸软骨素、骨油、骨粉五大类 20 余种新产品，实现了“技术—装备—产品—标准”一体化突破，整体技术处于国际领先水平。技术输出到阿根廷、越南等国，产品出口到日本、韩国、欧美等 20 余个国家和地区；10 家应用企业近两年新增销售额 32.95 亿元，新增利润 8.03 亿元。该成果获 2015 年度中国农业科学院杰出科技创新奖、2016 年中国食品科学技术学会科技进步一等奖、2015 年被评为农业部农产品加工业十大

科技创新推广成果，为促进产业升级与提质增效、提高资源综合利用水平做出突出贡献。

25. 西北黄灌区盐碱地高效改良利用关键技术

主要完成单位 中国农业科学院农业资源与农业区划研究所，中国农业大学，北京理工大学，北京丹路实业公司，中国科学院武汉植物园，甘肃省农业科学院土壤肥料与节水农业研究所，宁夏农林科学院，内蒙古农业大学，五原县农牧业技术推广中心

主要完成人员 逄焕成，李玉义，任天志，陈 阜，王 婧，张建丽，林淑华，杨思存，付金民，张永宏，赵永敢，刘景辉，靳存旺，严慧峻，魏由庆

起止时间 2003年1月—2013年12月

获奖情况 2016—2017年度神农中华农业科技奖科研成果二等奖

内容提要

该成果针对西北沿黄灌区盐碱地长期存在土壤盐分“表聚化”严重、作物产量低下甚至绝产等突出问题，以创建盐碱地“淡化肥沃”根系分布层为目标，通过10余年系统研究，全面构建了适用于西北沿黄灌区盐碱地高效改良利用的技术体系，大幅度提升了盐碱地地力水平、产量和综合效益。主要创新如下。

（1）揭示了利用秸秆隔层改变毛管水盐上行下移运动的规律，创建了采用在35~40厘米处埋设秸秆隔层结合地表覆盖地膜将“隔盐”和“抑盐”技术有效融合的盐碱地“上膜下秸”控抑盐关键技术，突破了长期以来盐碱地改良“躲、抑、压”的传统思路，发展和完善了盐碱地改良的理论和技术。解决了长期制约西北沿黄灌区盐碱地盐分易“表聚”影响作物出苗的难题，被农业部确定为全国主推技术。

（2）针对枸杞这一特色作物，创建了适合不同盐碱程度的盐碱地“垄膜沟灌”节水控抑盐技术，获得国家发明专利，应用该技术盐碱地0~40厘米土壤盐分平均下降11.6%，水分利用率提高1.5倍；研发出利用高矿化度微咸水配以滴灌调控水盐时空分布的盐碱地枸杞微咸水滴灌技术，实现了微咸水资源化安全利用与区域特色优势产业有效结合。

（3）研制出实施盐碱地“上膜下秸”控抑盐技术的专用机具，突破“上膜下秸”关键技术实施推广的技术瓶颈；首次发现并命名了9个能耐10% NaCl胁迫的微生物新种，在此基础上建立了培养发酵生产工艺，研发出具有改良盐碱土壤功效的4个微生物肥料登记产品，实现了产品产业化生产；研制出适于新垦盐荒地快速改良的营养型盐碱地改良剂。

（4）建立了向日葵、小麦、玉米、牧草等作物耐盐性评价方法。针对不同盐碱地类型特点，以创建的单项关键调控技术为主要内容，配套改良产品及其他共性改良技术，建立了可适用于盐碱地快速改良利用的技术体系，制订了地方标准11项，开发出盐碱地高效改良利用管理系统3个，为西北沿黄灌区盐碱地改良利用提供了技术支撑。

2014—2015 年该成果累计推广面积 951 万亩，增产 31.46 万吨，新增经济效益 23.25 亿元。

26. 饲料及饲养过程风险因子速测、确证和筛查技术与应用

主要完成单位 中国农业科学院农业质量标准与检测技术研究所

主要完成人员 苏晓鸥，王培龙，黄士新，王瑞国，程　劼，吴小平，索德成，张　维，赵根龙，李　兰，李　阳，温　凯

起 止 时 间 2006 年 1 月—2015 年 12 月

获 奖 情 况 2016—2017 年度神农中华农业科技奖科研成果二等奖

内 容 提 要

饲料是动物源性食品生产的重要投入品，"饲料安全=食品安全"已成为国际共识。饲料及饲养过程风险因子的速测、确证和筛查是从源头保障动物源性食品质量安全的重要手段之一。我国饲料及饲养过程存在风险因子来源不明，规律不清，分析检测基础研究薄弱等科学问题；同时，存在的技术问题包括：现有的速测技术主要以 ELISA 和胶体金为主，存在分析通量低，难以定量检测，稳定性有待提升；确证分析方法和标准的系统性不足，可操作性较差，对痕量风险因子的确证存在困难；传统的安全监测通常为事后监测，风险排查和未知物鉴定技术研究较少，事前预警基础十分薄弱。自 2006 年以来，项目单位历经 10 年的联合攻关，通过基础研究，技术创新和方法集成，开发出快速检测产品及装备、进一步完善了确证技术标准体系、创新性建立了筛查鉴定技术体系，为保障我国饲料质量安全提供了有力的技术支撑，产生了巨大的社会和经济效益。①开展了标记、增强和识别机理等饲料中风险因子分析基础研究；②创制了系列速测新技术与检测试剂及配套装备；③研制了系列高精度确证检测技术体系，进一步完善了饲料安全标准体系；④创建了饲料中高风险危害物筛查鉴定和预警技术体系，实现了饲料质量安全从"事后监管"到"事前预警"的重大转变。制定国家或行业标准 20 项；授权国家发明专利 11 项；发表论文 80 余篇，其中 SCI 收录 60 篇（SCI I 区论文 18 篇）；成果鉴定 1 项（鉴定意见：成果总体达到国际先进水平）。直接经济效益 3.0 亿元。研制的 β-受体激动剂等 7 项确证标准列入历年饲料安全监管计划，并在国事安保、重大饲料质量安全事件发挥了强有力的技术支撑作用。本项目成果促进了我国在饲料质量控制、技术标准制定、政府科学监管等方面的进步，并在饲料企业、养殖企业、检测机构等广泛应用，促进饲料行业产值增加和节支 12.4 亿元，取得十分显著的社会和经济效益。

27. 北方井渠结合灌区农业高效用水调控技术模式

主要完成单位 中国农业科学院农田灌溉研究所，华北水利水电大学，晋中市潇河流域管理局，河北省灌排供水技术服务总站，威海市环翠区水利局

主要完成人员 齐学斌，樊向阳，高胜国，李　平，黄仲冬，郎旭东，吕谋超，

穆聚彦，张　亮，于思亭，赵　辉，何晓科，巩文军，连少伟，庞鸿宾

起止时间　1999 年 3 月—2010 年 12 月

获奖情况　2016—2017 年度神农中华农业科技奖科研成果二等奖

内容提要

本成果针对我国北方井渠结合灌区存在的水资源开发利用效率不高、农业节水技术集成度低、灌溉输配水工程与田间工程不配套、生态环境恶化及管理手段落后等突出问题，以解决困扰灌区农业高效用水与可持续发展的关键技术“瓶颈”为切入点，以水资源优化配置和高效可持续利用为目标，历经 10 多年研究，率先在国内攻克了该技术难题，并在灌区水资源优化配置与高效节水灌溉集成技术体系研究上取得重大突破。创建了井渠结合灌溉类型区农业高效用水技术集成模式、渠井结合灌溉类型区农业高效用水技术集成模式、多水源灌溉类型区农业高效用水技术集成模式；研发出地下水限量开采自动控制系统、灌排自动控制系统、灌区地表水地下水联合调度管理系统软件，并实现了硬件与软件的无缝对接。

项目实施以来，获国家授权专利 10 件，其中发明专利 6 件，实用新型专利 4 件；发表论文 60 余篇（其中 SCI/EI 10 篇）；主（参）编著作 7 部。

主要技术与经济指标：①地下水限量开采自动控制系统，采取无线数据传输、控制半径达 8 千米以上，硬件具有 256 个可切换频点，软件系统界面友好，系统性能可靠、运行稳定，方便二次开发；②储水灌溉与灌溉调度集成系统，储水灌溉定额阈值范围 120~180 毫米，既能满足作物生长后期需水，减少深层渗漏和棵间蒸发，又能减少轮灌次数 1~2 次；③多灌溉水源联网调度及灌溉自动控制系统，灌溉保证率提高 30%~45%，水分生产率提高 0.3~0.8 千克/立方米；④地表水与地下水联合调度灌溉软件，以中文 Windows 为开发平台，采用 Borland Delphi 进行编制，数据库采用 Paradox 数据库格式，以 Matlab 为后台计算程序，面向用户，界面友好，实现了水资源优化调度与灌溉管理的智能决策和可视化；⑤春玉米垄膜沟种集雨节灌模式，采取平地起垄，垄、沟相间，垄宽 30 厘米，沟宽 20 厘米，沟深 5~6 厘米，垄上覆膜，垄沟种植，田间采取滴灌灌水，可实现次降水量≤10 毫米的微降雨高效利用和节水增产，籽粒产量增幅达 17.4%；⑥地下水限量开采系统、农田自动灌排系统、恒压灌溉系统及高效施肥系统，突破了制约我国灌区水肥一体化发展的技术瓶颈，与国外技术相比，集成度更高、技术特点更突出、适应性更强、价格更具优势，更易于在我国灌区推广应用。

该成果自 2001 年以来，分别在河南商丘、山西晋中、河北石家庄和山东威海等地累计推广 80 余万亩，提高水资源利用率及利用效率的同时，实现农业增收直接经济效益达 5 亿元，累计节约地下水开采 4.9 亿立方米，节省开采费用及节约灌区管理成本 1 100万余元，且大大提高了农民的节水意识，生态效益和社会效益显著。

28. 水稻钵形毯状秧苗机插技术及其应用

主要完成单位　中国水稻研究所，浙江理工大学

主要完成人员　朱德峰，陈惠哲，徐一成，李　革，张玉屏，霍立君，岳玉兰，殷延勃，万克江，怀　燕，向　镜，张义凯

起 止 时 间　2006 年 1 月—2014 年 12 月

获 奖 情 况　2016—2017 年度神农中华农业科技奖科研成果二等奖

内 容 提 要

成果围绕我国稻作技术转型及传统毯苗机插技术存在问题，根据我国水稻生产特点，发明了水稻钵形毯状秧苗机插新方法，通过培育上毯下钵机插秧苗，利用普通插秧机实现钵苗机插，解决了传统毯苗机插存在的问题，结合毯苗机插和钵苗摆栽优势，实现水稻机插高产高效。研发钵形毯状系列秧盘、配套播种和机插机械装备及育秧基质，实现了机插秧配套装备创新，促进了机插技术升级。钵形毯状秧盘底部由一组纵横排列的钵碗组成，利于根系盘结，培育的秧苗上层连成毯状，下层分隔成钵形，机插时按钵取秧准确，插苗均匀。制订了钵形毯状秧苗机插秧盘行业标准。研发机插育秧基质系列产品，实现产业化生产应用。研发定量定位机插方法，实现精量按钵取秧，提高机插效果，秧苗断根率由传统毯苗机插的 36.6%下降到 20.1%，漏秧率降低 2.1%~4.8%，且插苗均匀，伤秧少，插后秧苗提早返青 3~7 天。集成创建了“稀播壮秧、合理密度、精确施肥、节水灌溉、定量控苗、病虫草综合防治”为核心的水稻钵形毯状秧苗机插高产栽培技术体系，据全国不同稻区、季节和品种 72 个试验示范点测产结果，应用该技术比传统机插平均增产 10.12%。

成果获发明专利 19 项，软件著作权 2 项；主编著作 5 部，发表论文 90 余篇，拍摄科教专题片 1 部。成果解决了传统机插存在问题，是水稻机械化种植的一项重大创新和技术突破，属国内外首创，达国际领先水平，推动了机插秧技术进步，促进我国稻作技术转型升级。国内相关农机企业研发与该成果配套的机械装备，带动相关产业发展，秧盘生产销售产值达 2.19 亿元，促进企业增效。技术连续 6 年（2011—2016 年）列为我国水稻主推技术，在我国 20 多省市示范推广，目前年推广面积占全国水稻机插秧面积 20%左右，在黑龙江农垦 2 300万亩水稻中占 90%左右，代替原来子盘育秧毯苗机插技术。据不完全统计，2010—2015 年成果在黑龙江、吉林、浙江等地推广 8 642.2万亩，增产稻谷 311.7 万吨，节本累计增效 87.04 亿元，取得了巨大经济、社会和生态效益。

29. 前期功能型超级专用早稻中嘉早 17 的选育与应用

主要完成单位　中国水稻研究所，浙江省嘉兴市农业科学研究院（所），浙江国稻高科技种业有限公司

主要完成人员　胡培松，唐绍清，杨尧城，罗　炬，李建红，焦桂爱，蔡金洋，谢黎虹，邵高能，杨青如，魏祥进，圣忠华，徐伟东，张小惠

起 止 时 间　2001 年 1 月 1 日—2013 年 12 月 31 日

获 奖 情 况 2016—2017年度神农中华农业科技奖科研成果二等奖

内 容 提 要

针对早稻生长前期易受低温危害，后期高温逼熟严重品质差，生长周期短难创高产等技术难关，提出前期功能型超级米粉专用早稻选育方法，并在分离世代密植条件下进行选择，低世代高肥和低肥条件下进行双重选择，以提高育成品种的适应性。实现扬早籼稻高产之长，避食用品质差之短之目标。选育出的中嘉早17具有苗期快长、耐寒性较强，为高产潜力打下基础，中嘉早17具有优质（专用）、高产、抗逆、环境友好等显著特点。中嘉早17于2010—2016年连续7年被农业部推荐为主导品种，已成为南方稻区年推广面积最大的水稻品种，据农业部农业技术推广中心统计，中嘉早17已累计推广3 628.6万亩，增产稻谷8.47亿千克，实现农民增收21.70亿元。

30. 中棉所63等强优势杂交棉新品种选育及应用

主要完成单位 中国农业科学院棉花研究所，中棉种业科技股份有限公司，安徽中棉种业长江有限责任公司

主要完成人员 杨代刚，马雄风，周关印，周晓箭，李 威，张朝军，刘金海，周 红，裴小雨，唐淑荣，付小琼，李亚兵，李根源，黄殿成，刘建功，郑曙峰，刘艳改，周克海，贺昆仑，张 飞

起 止 时 间 2003年6月—2014年4月

获 奖 情 况 2016—2017年度神农中华农业科技奖科研成果二等奖

内 容 提 要

该成果通过鉴定棉花优良种质资源，创新杂交种亲本培育方法，构建了长江流域棉区母本类群和黄河流域棉区父本类群，进一步利用双列杂交选择与分子标记评价相结合的杂交种选育技术，选育出中棉所63等7个具有共同核心亲本种质来源的强优势杂交棉新品种，有效解决了棉花产量与主要经济性状的协调性难题；研发了杂交种亲本优势部位自交保纯和限代繁殖、杂交种种子质量全程分子检测、种子加工、高产高效栽培等配套关键技术，保障了杂交棉品种在生产上的大面积应用。该成果转化程度高，2006—2016年累计推广面积4 523万亩，新增经济效益113.31亿元，其中2014—2016年累计推广面积1 139万亩，产生经济效益34.41亿元。获得植物新品种权4个，授权专利6项，发表学术论文13篇，起草3项地方标准和2项企业标准，核心亲本及创制方法和杂交种选育技术已经被多家单位应用，有力地推动了我国棉花科技和产业的发展。

31. 丘陵坡地喷灌系统关键产品创制与示范

主要完成单位 中国农业科学院农田灌溉研究所

主要完成人员 李金山，郭志新，范永申，段福义，韩启彪，贾艳辉，刘 杨，孙 浩，李 浩，陈 震

起 止 时 间 2004年4月—2014年12月

获 奖 情 况　2017年河南省科技进步奖二等奖

内 容 提 要

我国北方地区是小麦、玉米等作物的优势产区，粮食产量占全国粮食总产的比重为46.0%，而水资源量仅占全国水资源总量的18%，缺水是该区粮食生产的主要制约因素，因此发展高效节水灌溉技术势在必行。但是对于占比面积较大的丘陵坡地地形来说，发展节水灌溉技术还存在以下诸多技术难点：①丘陵坡地存在地形落差大而引起灌溉系统压力不稳、喷洒不匀现象，设备适用性差；②农田条块化，存在地下水集中开采、水量计量不准、易产生漏喷等问题；③产品创新性不强、品种单一及产品系统性、标准化程度低，质量和性能不稳定。本成果以解决上述突出问题为目标，通过产、学、研相结合，开展自主创新和技术集成，创制了仰角连续可调式喷头、移动式喷灌施肥装置、旋杯式农用水表和灌溉过量示警装置4种新产品；并在已有成果的基础上对PKX铸铝球形接头、喷灌控制阀、CYH系列喷头3项技术和产品进行了技术改进。同时，深入研究了丘陵坡地恒压喷灌系统调压特性，提出了调压罐容积和设计参数的设计方法及计算公式；另外，提出了丘陵坡地喷灌节水灌溉技术集成应用模式，从根本上解决了丘陵坡地发展高效节水灌溉存在的技术短板，明显提升了上述地区的节水技术创新与设备研发水平，为全面普及节水灌溉这一革命性措施提供了技术支撑。

该成果已在河南、山西、甘肃、新疆、内蒙古等省区示范应用面积超过10万亩，辐射面积超30万亩，节水15.2%~30.7%，增产15.5%~25.6%，价格降低10.5%~15.1%。近3年累计实现节水0.9亿立方米，增产1.22亿千克，增收1.18亿元。部分技术成果被国家相关规划及标准采纳，已产生了显著的社会、经济和环境效益。

32. 油菜可持续绿色高产高效生产技术创新与应用

主要完成单位　中国农业科学院油料作物研究所

主要完成人员　张春雷，马　霓，李　俊，李光明，陈　畅，张利艳，刘丽欣，杨良金，汤天泽，程雨贵，周　薇，刘清云，王良军，刘继民

起 止 时 间　2001年8月—2017年8月

获 奖 情 况　2017年湖北省科技进步奖二等奖

内 容 提 要

制约长江流域油菜生产的重点难点问题是机械化水平低，劳动力成本高，经济效益差，油菜主产区种植模式单一、茬口衔接不甚合理、土壤肥力下降等问题。历经16年研究，取得如下主要突破。

（1）创新根—冠协同理论，提出油菜“理想株型”指标，发展了可持续生产理论。探明密植高产群体根系形态和功能，证实角果皮类C_4途径或C_3-C_4中间型代谢途径，提出油菜亩产300千克以上群体株型指标；阐明外源植物生长调节剂调控逆境下油菜生长的根系与冠层互作机理，开辟了抗逆新途径；发展了利用油菜青鲜组织和根茬还田，通过生物熏蒸抑制土传病害，促使土壤肥力提升的生理生态理论。

（2）创新优化油菜全程机械化生产技术及绿色高产高效生产技术，为粮油持久安全供给提供重要技术支撑。优选出适合机械化生产的油菜品种，构建油菜机械播种密度和施氮量优化数学模型、株型和冠层高光效调控技术、机械化收获等高产高效新技术；创新长江流域油稻、油玉、葡萄圃套种绿肥油菜等可持续绿色化生产技术，实现“粮油兼丰，绿色发展”。

（3）开展技术集成组装优化和规模化示范推广，创新技术推广模式，获得显著经济效益、社会效益与生态效益。利用适合机械化生产的高含油量油菜品种，开展全程机械化生产技术和绿色化技术示范推广，实现高产高效和优质同步提升，促进农业可持续发展。

本成果紧密跟踪国际前沿，创新高产高效理论与技术，具有科学性、先进性、前瞻性、实用性；在研究过程中，植物生理生态、作物栽培学与耕作学、分子生物学等多学科交叉融合，系统创新性强。发表研究论文 64 篇。专家鉴定“成果整体居于国际领先水平”。在鄂、川、皖、赣等地试验示范油菜全程机械化生产技术和绿色高产高效生产技术，实施 5 项发明专利技术及 2 项国家农业行业标准，累计推广应用面积 1 328. 10万亩，新增利润 26. 62 亿元，其中近 3 年增加利润 17. 62 亿元。社会效益显著，应用前景广阔。

33. 葡萄等都市特色水果生产关键技术研究与应用

主要完成单位 中国农业科学院郑州果树研究所

主要完成人员 陈锦永，周厚成，李 明，顾 红，司 鹏，王 丽，郭西智，刘聪利，李 刚，程大伟

起止时间 2011 年 1 月—2017 年 3 月

获奖情况 2017 年度河南省科技进步奖二等奖

内容提要

（1）率先开展适合都市水果生产的特色品种引进、筛选、培育工作，选育出系列特色品种，优化了品种结构。引进都市水果产业需要的葡萄、草莓、樱桃等品种 36 个，筛选适应都市特色水果种植、周年供应市场的系列品种 24 个，其中极早熟宁玉草莓品种已成为河南省主栽品种；自主培育出葡萄、草莓、樱桃新品种 5 个，其中樱桃品种春艳是国内自主培育的暖温带地区首个黄色品种。

（2）首次系统开展都市特色水果生产关键技术研究，研制出优质、绿色、安全生产技术规程，为产业可持续发展提供了科技支撑。

（3）国内首次系统研发了都市葡萄主栽品种花序整形、保花保果等品质提升管理技术；建立了草莓脱毒种苗繁育、土壤消毒等绿色生产技术体系；首创甜樱桃“直立中央领导干树形”整形模式，实现了暖温带地区甜樱桃早果优质；颠覆了传统的“开挖、施肥、混匀、回填、整平”整地建园观念，提出了果树标准化、机械化高效整地建园新模式；研究集成了简约高效施肥和主要病虫害综合防控技术体系，为都市特色水

果生产提供了技术支撑。

（4）实施都市水果生产“金管家”服务工程，在河南及周边省市广泛推广，产生了显著的经济、生态和社会效益。

（5）启动实施了“金管家”服务工程，通过“标准化生产技术规程制定+全程技术培训服务+自媒体平台+核心示范基地展示”服务体系，辐射带动河南、山东、陕西、山西、江苏、浙江部分城市都市水果生产发展。本项目制定河南省地方标准 2 项，申请专利 5 项，授权 2 项，发表论文 24 篇，编著出版科技书籍 4 本，培训 50 余次，培训果农 1 万余人次，创建微信公众服务平台和网站各 2 个，建立核心示范基地 30 多个。2014—2016 年，推广应用面积 34. 1 万亩，其中葡萄 18. 1 万亩，草莓 9. 15 万亩，樱桃 6. 85 万亩，累计新增销售额 55 559万元，新增利润 46 896万元，取得了显著的经济效益和社会效益。

34. 重大草地害虫生物防治新技术研发与应用

主要完成单位 中国农业科学院草原研究所，中国农业科学院植物保护研究所

主要完成人员 刘爱萍，徐林波，张礼生，高书晶，任卫波，韩海斌，陈 利

起 止 时 间 2006 年 1 月 1 日—2014 年 12 月 30 日

获 奖 情 况 2017 年度内蒙古自治区科技进步奖二等奖

内 容 提 要

针对 20 世纪末内蒙古草地害虫猖獗为害、农药过度使用和生物防治技术匮乏的严峻形势，以内蒙古草原重大害虫为治理对象，经过持续 8 年的联合攻关，查清了草地重大害虫及其天敌生物类群，探明了害虫成灾与天敌利用的生态学机理，研发了具有自主知识产权的害虫生物防治产品及技术，创建了草地害虫生物防控技术体系，大面积推广应用科技成果，保护了北方边疆生态脆弱农牧区和草地生态系统的安全。

在理论上解决了 3 个重大科学问题：①针对草地重大害虫及天敌资源类群不清的问题，调查明确了内蒙古草地重大害虫及其主要天敌生物的类群，共发现草地螟、苜蓿蚜虫天敌 41 种，新种 1 个（大青沟驼舞虻 *Hybosdaqinggouensis* sp. nov.），新纪录种 4 个（黑条帕寄蝇 *Palesisanudioculla*、粗腿驼舞虻 *Hybosgrossipes* Linnaeus、湖北驼舞虻 *Hyboshubeiensis* Yang & Yang、*Hyboswudanganus* Yang & Yang）。②针对草地重大害虫灾变机理不明的问题，系统探明了草地螟、蝗虫、苜蓿蚜虫等草地重大害虫的为害规律及灾变机理。③针对草地重大害虫与天敌互作机制不清的问题，深入阐明了 4 种重要优势天敌昆虫资源的基础生物学特征及其对重大害虫的防控机理。

在单项技术上突破了 5 项关键技术瓶颈：①发明了 4 种优势天敌的大规模扩繁技术，优化了用黏虫替代草地螟的替代寄主技术，天敌昆虫扩繁效率提高 3 倍，实现了伞裙追寄蝇、草地螟阿格姬蜂、蚜茧蜂的周年扩繁和产品供给，解决了重要天敌资源繁殖率低、全年供给困难的技术难题。②发明了 2 项天敌昆虫滞育贮存技术，通过滞育调控将伞裙追寄蝇、阿格姬蜂的产品货架期延长了 4~8 倍，解决了天敌产品货架期短、防

控时间有限的技术难题。③研发了2种草地螟人工饲料配方，实现了其基于人工饲料的全世代扩繁和周年供给，降低昆虫扩繁成本85%以上，解决了寄主高效、经济的繁殖技术难题。④发明了2种具自主产权的草地螟性诱剂新产品，诱捕率达90%以上，测报准确率98%以上，解决了草地害虫诱捕困难、测报偏差大的技术难题。⑤创制了4种生防产品和1种生防微生物制剂，田间防效高达75%以上，解决了草地重大害虫田间生物防治产品少、防治手段单一的技术难题。

在技术体系上丰富了害虫生物防治新手段。①组装形成了轻简实用的生物防治技术体系7套，包括“性诱剂防控草地螟”“天敌防控草地螟”“白僵菌防控草地螟”“新型牧鸡治蝗”“虫生真菌灭蝗”“生态治蝗”和“寄生蜂防治苜蓿蚜虫”等。②创制了草地害虫生物防治配套技术体系4套，包括“虫菌互补防控草地螟技术”“白僵菌+性诱剂防控草地螟技术”“虫生真菌+生态治理+牧鸡治蝗技术”“虫生真菌+天敌保育+紧急化防控制蚜虫技术”。③创建了“虫菌互补，分区治理”的草地重大害虫生物防治策略，建立了适合不同草原类型区的综合防控技术模式，解决了内蒙古草地重大虫害防治中生物防治手段单一、技术缺乏的重大问题。

研究成果于2010—2014年在内蒙古地区大面积推广应用，累计推广面积560万公顷，实现综合效益10 618. 97万元。害虫可治理水平显著提高，减少化学农药20%~30%、草原天敌昆虫及生物多样性显著提升，获国家专利22项，其中发明专利12项；出版专著7部；发表学术论文70篇，其中SCI 11篇，培训技术人员30人次，取得了显著的经济、社会和生态效益。

35. 浑善达克沙地公路沙害生态防治技术研究

主要完成单位 中国农业科学院草原研究所

主要完成人员 秦 艳，惠彦军，吴新宏，赵山志，徐建波

起 止 时 间 2000年1月1日—2014年12月30日

获 奖 情 况 2017年度内蒙古自治区科技进步奖二等奖

内 容 提 要

针对草原区公路风沙危害，本项目对穿越浑善达克省际通道的公路沙害生态防治技术进行了系统研究，提出快速阻风固沙技术体系、防护设计标准、路堑边坡生态防护、持久防护等技术，用于指导荒漠化公路生态防护设计和工程治沙，以提高干旱风沙区公路防护质量和水平，降低建设成本。可广泛用于类似地区荒漠化防治，以及公路、路和油田、矿山的防风固沙项目。共出版著作2部，发表论文24篇，授权国家专利4个，鉴定成果1个，机械鉴定1个。

主要研究成果及创新如下。

（1）公路沙害治理的关键是控制风沙流动，培植固沙植物，降地表风速降至5. 3米/秒起沙风速以下。设置沙障是降低地表风速，提高粗糙度的有效措施，通过对该地风沙运动规律实地测定，探明单道高立式沙障近地表防风效能为15. 8%~37. 3%，多道

高立式沙障防风效能达50%~85%，组合沙障可8级大风（20米/秒）时的地表风速降至起沙风速以下。

（2）沙障密度是沙障防风阻沙有效性重要的指标，本着经济、节约、高效和就地取材的原则，进行阻聚风沙实地效果测定研究，确定了沙障设置的基本参数。当地小红柳高立式沙障有效置密度21~25根/米。提出高立式阻沙带和低方格沙障固沙带的组合防风固沙基本模式，高立式沙障固沙网结合的固沙、阻风、保苗防护方式，总结出流动沙地风口处、沙丘边坡等典型路段沙害防治模式。

（3）创新了沙地公路边坡防护生态模式，节约了防护成本。首次大规模使用专利产品固沙播种，集成固沙播种网、尼龙防护网、铺卵石、椰壳生态垫等固沙护坡技术，优化了防护模式，在1~3年内，形成可以抵御风沙的植被。采用沙障结合固沙植物代替整体石砌护墙面，防护成本每平方米降了80元。

（4）研制用于沙地生态防治的生态设备和机械，为沙地整治和治理奠定了机械化的基础。课题研制了开沟覆膜灌木植物播种机，沙地穴播灌木、撒播牧草播种机，2zb-1.45型沙障建植播种机、沙播种网等设备和机械，为沙化的快速治理奠定了基础。

（5）提出培植耐风沙植被是公路沙害持久防护的关键，筛选出公路沙害生态防护的主要植物，对栽植的7种耐风沙植物进行了抗逆性、持续性、稳定性的综合评价，筛选出臭柏、柠条、黄柳、沙蒿为公路沙害治理的首选耐风沙植物。

（6）建立了沙障固沙技术、固沙网保苗技术、植被封育技术、机液气补技术等一系列技术体系，固沙植物成活率提高50%。

（7）提出了公路沿线生态防护带内发展沙产业，以当地乡土植物百里香、二色补血草、黄芩、防风、荨麻等野生花卉及药用植物为重点，开发特色经济植物产业。

本项目成果广泛用于浑善达克沙地省际通道沿线的沙害治理，推广应用公路沙害生态防治技术共801万平方米，有效避免了风沙季节公路沙埋、沙阻造成的经济损失。2013—2015年每年减少增加产值4 326万元。该技术对加快荒漠化地区公路建设的步伐、推动荒漠化治理和经济发展将起积极的推动作用。

36. 口蹄疫灭活疫苗大规模生产关键技术与配套装备研发及产业化应用

主要完成单位 中国农业科学院兰州兽医研究所，中农威特生物科技股份有限公司，上海高机生物工程有限公司，成都英德生物医药设备有限公司

主要完成人员 殷　宏，刘学荣，安芳兰，顾警钟，隋　勇，张云德，郑海学，杨进才，武发菊，董文教

起止时间 2009年1月—2016年12月

获奖情况 2017年甘肃省科技进步奖二等奖

内容提要

我国动物疫苗规模化生产装备制造和核心技术研发起步较晚，加上国外技术垄断，难以突破“技术壁垒”，动物疫苗快速发展与装备技术落后的矛盾凸显。针对上述技术

难题，项目组联合开展了抗原规模化生产核心装备和生产工艺的研发，成果如下。

（1）设计制造了适应于动物细胞规模化培养的全自控搅拌式生物反应器装备，组建成我国第一条符合 GMP 标准的具有自主知识产权的大规模病毒抗原生产线，填补了这一领域的空白。

（2）创建了病毒规模化全悬浮培养和抗原浓缩纯化生产工艺，建立了一整套疫苗抗原规模化生产的工艺流程、过程控制标准和质量管理体系，打破了国外技术壁垒和垄断，实现了口蹄疫疫苗产业技术升级。

（3）应用上述设备和生产工艺，催生了 3 种高效口蹄疫疫苗的成熟和转化，并提升变更注册 1 种，使我国疫苗质量达国际领先水平，推广应用于全国并出口，是我国口蹄疫防控的主导产品，产生了巨大经济社会效益。该成果获专利 11 项、兽药生产文号 3 个、变更注册 1 个、兽药 GMP 证书 1 个，形成 GMP 文件 460 余份。生产高效疫苗 6.47 亿毫升，在全国 32 个省市及周边国家推广应用，免疫猪、牛、羊共 20 多亿头，累计销售额 5.77 亿元。实施阶段已为社会创造经济效益 89.61 亿元，在计算年限内可为社会创造经济效益 272.12 亿元。

本项目开发具有自主知识产权的抗原规模化全悬浮培养核心装备及抗原生产、纯化技术体系，实现了兽用疫苗产业的“中国智造”，推动生物医药装备制造业的跨越式发展，提升我国兽医疫苗的国际竞争力。

37. 牦牛藏羊良种繁育及健康养殖关键技术集成与应用

主要完成单位 中国农业科学院兰州畜牧与兽药研究所，甘南藏族自治州畜牧科学研究所，玛曲县草原工作站，碌曲县李恰如种畜场，玛曲县阿孜畜牧科技示范园区

主要完成人员 阎 萍，郭 宪，石红梅，丁学智，杨 勤，包鹏甲，梁春年，丁考仁青，吴晓云，裴 杰

起止时间 2011 年 1 月—2016 年 12 月

获奖情况 2017 年度甘肃省科技进步奖二等奖

内容提要

成果创建了甘南牦牛藏羊分级繁育技术体系，建立了开放式核心群、联合选育及分级繁育推广为一体的甘南牦牛、藏羊繁育技术体系。建立甘南牦牛良种繁育基地 2 个、改良示范基地 1 个。组建基础母牛选育核心群 5 群 1 075头，基础群 18 群 4 300头，年供种能力 600 头以上。建立欧拉羊良种繁育基地 3 个、改良示范基地 3 个，组建核心群 7 群 5 500只、基础群 6 200只，年选育良种欧拉羊 2 500只以上。创建了牦牛藏羊高效繁殖技术体系通过控制配种、产犊（羔）和断奶 3 个生产关键环节，并实施营养调控与补饲措施，建立了牦牛一年一产和藏羊两年三产技术。牦牛一年一产比两年一产或三年两产体系生产效率增加 30%～40%，藏羊两年三产比一年一产体系生产效率增加 35%～40%。

利用基因组学及分子标记辅助选择技术，成功筛选出牦牛卵泡发育标志性蛋白质 2 个，完成了甘南牦牛（KJ704989）、欧拉羊（KU575248）和盘羊（KX609626）的线粒体全基因组测序，同时对牦牛繁殖性状、肉质性状和低氧适应性等相关的 16 个候选基因进行克隆与鉴定，成功开发 ACTB、GAPDH 基因表达量检测试剂盒。制定农业行业标准 1 项；制（修）定甘肃省地方标准 2 项；授权发明专利 6 项、实用新型专利 46 项；主编著作 1 部；发表论文 43 篇，其中 SCI 收录 8 篇。

牦牛藏羊健康养殖关键技术集成与应用调整畜群结构、改革放牧制度，实施营养平衡调控和供给技术，组装集成了牦牛藏羊适时出栏、有效补饲、暖棚培育、错峰出栏等健康养殖关键技术，综合提高牦牛藏羊健康养殖水平，增加养殖效能。技术在甘肃高寒牧区广泛推广应用，不仅提高了牦牛、藏羊生产性能，而且提升了试验示范区及辐射区草原生态、草牧业生产及牧民生活水平。3 年累计推广种牦牛 2 410头、等级种羊 3 047 只，改良牦牛 87 万头、藏羊 73 万只，单位规模新增纯收益分别为 27. 17 万元/头和 4. 42 万元/只，获经济效益 8 亿元。成果对高寒牧区牧业增效、牧民增收和畜牧业可持续发展具有重要的现实意义。

38. 人参适宜连作新品种选育及其白浆土栽培技术推广示范

主要完成单位　中国农业科学院特产研究所，抚松县参王植保有限责任公司，长白山皇封参业股份有限公司，北京理工大学，吉林农业大学

主要完成人员　许世泉，刘振蛟，张　浩，纪骁菲，姜晓莉，肖盛元，侯玉兵，马有德，佟　心，雷秀娟，宋明海，杨艳文，张秀莲

起 止 时 间　2005 年 1 月—2015 年 1 月

获 奖 情 况　2017 年吉林省科技进步奖二等奖

内 容 提 要

针对国务院全面禁止天然林砍伐禁令的实施，人参栽培面临无地可用的尴尬境地，在十一五与十二五期间围绕平地栽参及人参规范化种植提升等关键技术，承担国家科技攻关和科技支撑项目 2 项，省计划项目 1 项。开展以下研究：①人参种质资源收集及保存；从国内和韩国、俄罗斯等多个国家和地区收集到人参种质资源 5 000余份，建立了专业的人参种质资源圃（库）。对收集到的人参种质资源从抗性、丰产稳产性、有效成分稳定性等方面进行整理和评价：开发与人参性状相关的分子标记，并应用于人参育种，缩短了育种周期。②选育出“中农皇封参”新品种，品种来源清楚，遗传稳定，性状一致性好，产量高达 2. 75 千克/平方米，比对照增产 23. 08%，对锈腐病、抗性强，适合非林地连作栽培，填补了国内非林地连作人参品种的空白。③系统比较了腐殖土与白浆土的各项理化性状指标，研制出白浆土农田栽参新技术体系。④白浆土与腐殖质土栽培人参量评价，二者人参质量几乎没有差异。

我国一直采用毁林栽参，韩国、日本都是采用农田栽培人参，技术领先于我国，国家实施天然林全面禁发令后，如何提升我国人参种植水平，特别是充分利用长白山区丰

富白浆土资源种植人参，使我国人参种植技术再次处于国际领先水平。本项目培育出适合非林地连作的人参新品种“中农皇封参”抗性强、稳产性好、商品性好、填补了国内非林地人参适宜连作品种选育的空白；同时对白浆土与腐殖土进行系统对比研究，形成全新的白浆土人参栽培技术体系。该技术体系完全符合国家天然林保护政策，对于提升我国非林地人参种植技术，完成产业结构技术升级具有重大意义；也使非林地栽参成为人参产业发展必然趋势。

39. 西南地区农村生物燃气产供关键技术及保障体系

主要完成单位 农业部沼气科学研究所，四川农业大学，四川大学，德阳好韵复合材料有限公司

主要完成人员 梅自力，龙恩深，伍 钧，沈 飞，罗 涛，孔垂雪，黄如一，杨 刚，郭堂平

起止时间 2007 年 1 月—2015 年 12 月

获奖情况 2017 年四川省科技进步奖二等奖

内容提要

近几十年来，以农业废弃物为原料，生产生物燃气，实现资源的永续利用和农业、农村的绿色发展，已逐渐成为我国农村能源建设的重中之重。但随着新农村建设的推进和农村产业结构的进一步优化，目前农村生物燃气的发展受到一定的制约，主要表现在：①散户畜禽养殖逐渐减少，民居分布呈现小型聚集化的趋势，使得传统户用沼气的发展严重受限；②生物燃气的生产原料供应的限制因素较多，“收—储—运”问题突出；③农民生活水平和农村社会文明程度不断提升，对高品质能源和人居环境改善的要求激增；④西南地区养殖规模和农业生产结构都相对较小，适于种养结合、农牧循环发展的“纽带”模式成熟度不高。

自 2007 年以来，项目组结合西南地区复杂多样的地理气候特征、小型规模化的畜禽养殖规模和农业生产结构、小聚集型的民居分布，以促进农业废弃物能源化利用、种养高效结合和人居环境改善为目的，开展了适于西南地区农村生物燃气产供产业发展的小型规模化发展模式和技术保障体系研究。主要就产业链条中的原料供给体系技术开发、高效反应器设计、厌氧消化内外环境调控与强化、沼渣（液）安全还田、集中供气保障体系等关键技术，以及可行的运营保障模式展开了重点研究。其主要的研究成果包括：①设计和优化了适宜西南地区生物燃气集中供给厌氧消化反应器体系；②开发了基于多能互补的低成本、高效伴热的增保温技术；③研发了小型规模化沼气工程系列产品的撬装化生产技术；④协同原料供给、燃气输配、沼液农用、人居改善的配套技术；⑤耦合了生物燃气集中供给工艺与模式；⑥建设了以畜禽养殖相对集中地区、种养发展水平相对平衡的地区和种植业相对集中的地区为代表的核心示范区；⑦提出了业主自主管理/市场委托管理/政府引导—村民自主管理的生物燃气集中供给长效运行模式。

通过技术集成先后在西南各省市进行应用示范推广，项目点几乎覆盖了具有西南地

域特点的所有地区，为广大农村提供了长期、高效、稳定的生物燃气供给。此外，通过技术辐射和国际交流，在朝鲜、坦桑尼亚等国适宜地区也建立了示范点，为东南亚和非洲等地区的生物燃气发展提供了坚实的技术支撑。

40. 广适低损油菜机械化收获技术与装备

主要完成单位　农业部南京农业机械化研究所、星光农机股份有限公司

主要完成人员　吴崇友，钱菊平，金诚谦，石　磊，梁苏宁，沐森林，张　敏，关卓怀，张奋飞，王　刚，金　梅

起 止 时 间　2007 年 10 月—2014 年 12 月

获 奖 情 况　2017 年江苏省科学技术奖二等奖

内 容 摘 要

我国油菜种植面积和产量均居世界前列，常年种植面积约 1 亿亩，由于各地自然条件差别大，种植制度多样，特别是冬油菜区多种作物轮作，收获期高温、高湿等特殊条件给油菜机收带来复杂性和艰巨性。针对我国油菜特别是长江流域冬油菜机械收获装备适应性差、收获损失率高的问题，以农机农艺融合、分段与联合收获并举、一机多用为总体研发思路，突破了收获的广适、低损关键技术，创制了共用履带底盘的油菜割晒机、捡拾脱粒机、联合收割机，形成了稻麦油兼用的“1+4”机型，达到油菜广适低损的收获效果。主要创新成果如下。

（1）“1+4”通用机型模块化组配技术：发明了模块化功能部件组配技术，创新设计共用底盘与割晒台、捡拾台和联合收割台等工作部件的统一标准模块化接口，创制模块化快速驳接安全锁紧机构和机电液快速连通装置，构建了共用履带底盘的油菜割晒机、捡拾脱粒机、联合收割机，形成稻麦油兼用的“1+4”机型，实现分段收获与联合收获互换，满足不同区域、不同类型油菜收获的需要；依据发明的适收期判断方法，适时收获，获得最佳的收获效果。

（2）侧边铺放高效割晒技术：发明了增幅开道、强制输送、强制拨禾装置，解决了高产、高大油菜高效割晒难题。

（3）低损失捡拾收获技术：创制了地面仿形、整带输送、组合弹齿捡拾台，提升了拾起、输送能力，降低了捡拾损失；优化了脱粒清选机构的工作参数，降低了脱粒清选损失。

（4）低损联合收获技术：创制了防缠绕拨禾轮、外倾式分行割刀、变径脱粒装置及振动导料清选装置，降低了割台损失和脱粒清选损失，增强了脱粒清选处理能力，提高了作业效率。

本项目成果在星光农机股份有限公司中试熟化，转化为现实生产力。2014—2016 年度，星光农机股份有限公司销售油菜割晒机、油菜捡拾脱粒机及油菜联合收割机等油菜收获机具共计 2 396台，累计新增产值 19 475. 0万元，累计新增利税 2 921. 24万元。在江苏、浙江、安徽、湖南、湖北、青海等地建立油菜机械化收获生产试验示范区 30

个，累计示范面积 126.51 万亩，累计节本增效 24 230.04万元。

41. 宁蒙灌区农田退水污染全过程控制技术及应用

主要完成单位 中国农业科学院农业环境与可持续发展研究所，宁夏农林科学研究院，内蒙古巴彦淖尔水务集团公司，宁夏回族自治区环境保护监测中心站，中国农业科学院农田灌溉研究所

主要完成人员 杨正礼，杨世琦，赵 忠，李友宏，张炳宏，吴海卿，张志山，张晴雯，张学军

起止时间 2009 年 1 月—2012 年 12 月

获奖情况 2017 年环境保护部科技进步奖二等奖

内容提要

针对当前我国农业面源污染防治技术零散、管理薄弱及流域防控模式缺乏等问题，在剖析宁蒙灌区退水污染全过程特征与关键节点基础上，首次在宁蒙灌区构建起源头减量、过程阻断和末端生态修复及循环利用相结合的全过程防控思路与技术体系，针对水肥大户稻田生产和规模养殖等突出污染问题，集成典型技术模式与总量控制方案，并在政策机制和管理模式的配套下，形成了流域防控模式，实现了农田退水污染的全过程控制和区域水质改善。

该成果充实和发展了我国特别是大型灌区农业面源污染防治的理论与方法，在防控思路与流域防控模式探索方面具有突破与创新；稻田水肥机秧一体化技术首次在北方稻区实现了一次性施肥，整体解决了我国北方稻田多次施肥、肥效低和流失风险高的问题，是我国北方稻田生产的一次农艺与环保技术飞跃；节水控盐一体化技术较好地解决了缺水盐渍化灌区排水控盐需求与氮磷养分流失控制之间的矛盾；畜禽粪污沼气连续发酵技术根本性突破了低温冷凉地区沼气低温季发酵与周年生产的难题；集成创新的稻田减氮控磷与清洁生产一体化、冷凉地区养殖废弃物沼气持续处理与农田循环利用、灌区退水污染湿地生态修复与农田回灌利用三大技术模式，解决了稻田退水和规模养殖业的突出污染问题，具有很好的区域适宜性、有效性和可推广性。

42. 粮食作物孢囊线虫病发生规律及综合治理技术

主要完成单位 中国农业科学院植物保护研究所，河北省农林科学院植物保护研究所，安徽省农业科学院植物保护与农产品质量安全研究所，全国农业技术推广服务中心，浙江大学，甘肃农业大学，湖南农业大学，华中农业大学，西北农林科技大学，青海省农林科学院

主要完成人员 彭德良，黄文坤，彭 焕，李秀花，赵中华，戚仁德，郑经武，李惠霞，丁 中，肖炎农，赵 杰，侯生英，孔令安，贺文婷，龙海波

起止时间 1996 年 1 月—2013 年 12 月

获 奖 情 况　2016—2017 年度神农中华农业科技奖科研成果三等奖

内 容 提 要

（1）本项成果首次明确小麦孢囊线虫病在全国 16 个省区 510 个县市发生和为害，发生面积达 6 000多万亩，平均产量损失达 15%~40%，发现了菲利普孢囊线虫和旱稻孢囊线虫 2 个新纪录种及小麦孢囊线虫病的 7 个新分布区，制定发布了《小麦孢囊线虫测报调查技术规范》地方标准。

（2）首次揭示跨区联合收割是我国小麦孢囊线虫快速扩散的关键因素，田间收割机传带孢囊线虫百分率高达 43.0%。对影响孢囊线虫发生的环境因子进行系统而深入的研究，阐明了土壤温度、质地、秸秆还田与土壤疏松是发病的关键因素。

（3）揭示了小麦和水稻孢囊线虫的孵化机制及种群动态规律。明确了 4~6 周 5~15℃的环境温度是小麦孢囊线虫解除滞育的必备条件。我国大部分冬麦区孢囊线虫均存在冬前侵染现象，其中禾谷孢囊主要以冬后侵染为主，而菲利普孢囊线虫主要以冬前侵染为主，最佳防治时期为其孵化高峰期。

（4）构建了基于 SCAR 与 LAMP 的孢囊线虫快速分子检测技术 6 项，大大提高了孢囊线虫检测的灵敏度和准确率，为生产一线提供了经济实用的检测技术，解析了小麦孢囊线虫的致病分子机制，国际上率先鉴定出 20 个与致病相关的效应蛋白基因，建立了孢囊线虫种群多样性、致病分子机理研究技术平台。

（5）建立了适用我国的小麦孢囊线虫致病型鉴别技术，发现了 Ha91 新致病型。鉴定了 1 113份小麦品种和资源对孢囊线虫抗性，筛选出抗性品种 40 个。明确了不同轮作、连作与休闲模式对小麦孢囊线虫种群动态的影响；建立了中国小麦孢囊线虫病危害损失的经济阈值 7~9 个卵/克土；开发出淡紫拟青霉颗粒剂和甘农系列新型种衣剂等高效绿色防控药剂，研发出播后土壤镇压、非寄主作物轮作等多项轻简化实用防控技术。

（6）构建了以“农业防治为基础，抗病品种为核心，生物与化学防治相结合”粮食作物孢囊线虫分区治理综合控制技术体系，并在黄淮冬麦区、华北冬麦、西北春麦等不同生态区进行了大面积的推广应用。2014—2016 年，累计推广应用面积 1 897万亩，示范区增产 10%~20%，社会、经济和生态效益显著。

43. 新发重大入侵病害番茄黄化曲叶病毒病绿色防控技术研发及推广应用

主要完成单位　中国农业科学院蔬菜花卉研究所

主要完成人员　谢丙炎，赵统敏，谢　艳，何自福，曹永松，竺晓平，柴　敏，胡琼波，刘树生，茆振川

起 止 时 间　2014 年 1 月—2016 年 12 月

获 奖 情 况　2016—2017 年度神农中华农业科技奖科研成果三等奖

内 容 提 要

针对番茄黄化曲叶病毒病在全国范围内正呈现由“点到片”发生向“面”式暴发的突发疫情，其难以防控的严峻形势，项目组整合国内从事番茄黄化曲叶病毒和蔬菜抗

病毒育种的优势研究力量，系统研究了番茄黄化曲叶病毒（TYLCV）的致害变异规律、烟粉虱传毒特性、快速检测与预警、抗 TYLCV 优异基因资源发掘、抗病毒品种选育、利用高效生物防控与化学药物缓释调控技术等新型实用技术，并对综合防控技术体系与技术解决方案进行攻关研究，成功解决了我国番茄黄化曲叶病毒病突发致灾难题。项目研究提升了我国全面、高效防控番茄重大生物灾害的技术能力，实现我国蔬菜产业可持续高效发展。

44. 麻纤维膜产品及其应用技术

主要完成单位 中国农业科学院麻类研究所

主要完成人员 王朝云，易永健，吕江南，周晚来，彭铁玖，董国忠，汪红武，赵　锋，汪洪鹰，李　懋，金关荣，谭志坚，杨媛茹

起 止 时 间 2013 年 1 月—2016 年 12 月

获 奖 情 况 2016—2017 年度神农中华农业科技奖科研成果三等奖

内 容 提 要

地膜覆盖栽培是一项重要的农业增产措施，2014 年，我国的地膜覆盖面积达到了 1 814万公顷，地膜年使用量 144. 1 万吨，大量残留于田间的地膜造成了严重的“白色污染”，制约了我国农业的可持续发展。开发环境友好的可降解地膜是解决这一问题的根本途径。另外，水稻是我国最重要的粮食作物之一，常年种植面积在 4. 5 亿亩以上，水稻机械插秧是发展方向，育秧是其中的关键。现阶段我国的机插育秧实践中存在诸多问题：根系盘结差、难起秧、易散秧、秧苗损耗多、漏插率高。改进水稻机插育秧技术，培育根系盘结好的高素质秧苗，是推广机械插秧的关键。

2001 年以来，在国家科技攻关计划、成果转化等项目的支持下，中国农业科学院麻类研究所开展了环保型麻地膜研制和配套应用技术研究，期间发表相关研究论文 30 余篇。2004 年，农业部组织相关专家对“环保型麻地膜的研制”项目进行了成果鉴定，专家组一致认为该产品填补了国内空白，居国内外同类研究领先水平；2005 年科技部将“环保型麻地膜的生产示范”列入国家科技成果重点推广计划；麻地膜及其制备装置获得 2 项发明专利和 1 项实用新型专利授权，其中“一种麻地膜的制造工艺及其制备的麻地膜”2010 年获中国专利优秀奖；“环保型麻地膜”获第十四届中国国际高新技术成果交易会优秀产品奖；“环保型麻地膜及其制造技术”获 2010 年湖南省技术发明三等奖；“环保型麻地膜的研究与应用”2011 年获中国农业科学院科学技术成果二等奖。

2007 年起，在国际科技合作项目、农业部行业专项等项目支持下，结合国家麻类产业技术体系和中国农业科学院科技创新工程任务，在麻地膜基础上，针对水稻机插育秧中存在的问题，通过产品配方和制造工艺改进，研制出麻育秧膜，探索出麻育秧膜水稻机插育秧技术，并获得 2 项发明专利和 2 项实用新型专利授权。其中，“育苗基布及其制造方法”2015 年获中国专利优秀奖，“麻育秧膜”获第十五届中国国际高新技术成果交易会优秀产品奖。麻育秧膜水稻机插育秧技术在湖南、黑龙江、湖北、浙江等省大

面积示范和推广，效益显著。2014 年农业部科技发展中心组织专家对“麻育秧膜研制及其在水稻机插育秧中的应用”进行了科技成果评价，以刘旭院士、罗锡文院士领衔的专家组一致认为：该成果为国内外本领域独创，整体技术达到国际先进水平，对促进水稻生产全程机械化和提高水稻产量具有重大作用，同时将有效带动麻类产业的发展。2015 年该成果获中国农业科学院杰出科技创新奖。

本成果的主要技术创新在于：①利用麻等植物纤维，研制出了可完全生物降解的麻纤维膜产品，包括环保型麻地膜和麻育秧膜。其中，麻地膜用于作物覆盖栽培，可完全生物降解，对环境友好，具有保温保墒、改良土壤和提高产量的功效；麻育秧膜用于水稻机插育秧具有促进盘根、均匀传导水肥、透气增氧等作用，提高机插效率和产量，节本增收显著。②研究出了不同麻纤维膜产品的配方和生产工艺。研究出麻纤维膜环保粘合固结技术和生产工艺等，实现了稳定高效的麻地膜和麻育秧膜规模化生产。③探索出了麻地膜覆盖栽培技术和麻育秧膜水稻机插育秧技术。该技术在国内多省推广应用，产生了巨大的经济、社会和生态效益。

2005 年以来，麻地膜覆盖栽培技术在全国多地进行示范应用和推广。2009 年在国家发改委[①]产业项目支持下，建成了国内首条年产万吨环保型麻地膜生产线。2007—2015 年，全国累计推广 30 万亩，农民增产收益达 11 275万元。

2011 年起，麻育秧膜产品在多地开展水稻机插育秧试验示范，2014 年，麻育秧膜技术以专利实施许可费 1 400万元转让给企业大规模产业化生产和销售，近两年新增销售额 26 200万元，新增利润 4 670万元。据在全国多地调查，实施麻育秧膜水稻机插育秧增加投入成本 10 元/亩左右，但带来了 25～50 千克/亩的稻谷增产量，加上省工、节约秧盘、减少漏插以及提高机插效率等综合效益，纯收益达到了 100～160 元/亩，经济效益显著。2013—2016 年，全国累计应用面积 3 494. 6万亩，农民累计增收 37. 1 亿元。

自麻纤维膜产品及其配套应用技术推广应用以来，农民、生产厂家以及完成单位获得的累计经济效益达到了 38. 8 亿元。

45. 猪传染性胃肠炎、猪流行性腹泻、猪轮状病毒（G5 型）三联活疫苗

主要完成单位　中国农业科学院哈尔滨兽医研究所

主要完成人员　冯　力，时洪艳，陈建飞，佟有恩，张　鑫，王牟平，王洪峰，孙东波，石　达

起 止 时 间　2006 年 12 月—2013 年 12 月

获 奖 情 况　2016—2017 年度神农中华农业科技奖科研成果三等奖

内 容 提 要

猪传染性胃肠炎、猪流行性腹泻、猪轮状病毒（G5 型）三联活疫苗（以下简称猪病毒性腹泻三联活疫苗）是在明确猪传染性胃肠炎病毒、猪流行性腹泻病毒、猪轮状

① 中华人民共和国国家发展和改革委员会，全书简称国家发改委。

病毒是我国猪只腹泻的重要病原且 3 种病原混合感染普遍（混合感染率为 26.19%～51.79%）、猪轮状病毒现地流行毒株优势基因型为 G5 型的基础上，突破病毒适应细胞难题、弱毒培育及生产工艺等技术难题，培育了猪传染性胃肠炎病毒、猪流行性腹泻病毒、猪轮状病毒（G5 型）弱毒疫苗株，创制了安全高效可用于主动免疫与被动免疫的猪病毒性腹泻三联活疫苗。猪病毒性腹泻三联活疫苗对仔猪、母猪均安全，其主动免疫保护率为 96.15%、被动免疫保护率为 88.67%；与同类灭活疫苗比，其免疫保护率提高了 10%～15%；与二联活疫苗相比，解决了我国猪轮状病毒没有疫苗的现状。该疫苗是国内首个针对猪轮状病毒感染的疫苗，也是首个猪病毒性腹泻三联活疫苗，用于预防和控制猪传染性胃肠炎、猪流行性腹泻和猪轮状病毒感染引起的猪只腹泻。由于技术的先进性，疫苗转让 7 个生物制品企业，合同金额 1.1 亿元。疫苗于 2014 年 12 月获得国家二类新兽药注册证书，于 2015 年 3 月上市销售。疫苗受到养殖行业的信赖，市场反馈良好，其中黑龙江、北京、湖南、江西等 8 家养殖公司于 2015—2016 年使用猪病毒性腹泻三联活疫苗后仔猪腹泻发病率由原来的 20.5%降至 1.6%，经济效益提高近 953 万元，节支总额为 90 万元。疫苗在哈尔滨维科生物技术开发公司、吉林正业生物制品股份有限公司和上海海利生物技术开发公司转化生产销售后，2015 年 3 月—2017 年 6 月在全国 29 个省累计推广应用 2 249万头份（母猪），被动免疫保护仔猪 4.498 亿头；其中 2015—2016 年实现销售产值 1.252 亿元，新增利润 2 739.27万元，产生了巨大的经济、社会与生态效益。猪病毒性腹泻三联活疫苗被南方报业传媒集团评选为“2016 中国生猪产业榜年度最受关注新产品”。

46. 茶园全程机械化作业关键技术装备创制与应用

主要完成单位 农业部南京农业机械化研究所，盐城市盐海拖拉机制造有限公司，江苏云马农机制造有限公司，无锡华源凯马发动机有限公司，中国农业科学院茶叶研究所，中国农业大学，南京林业大学

主要完成人员 肖宏儒，夏建林，季顺中，张士兴，宋志禹，丁文芹，韩　余，陈巧敏，阮建云，薛艳凤

起止时间 2008 年 1 月—2014 年 12 月

获奖情况 2016—2017 年度神农中华农业科技奖科研成果二等奖

内容提要

茶乃国饮，更是中华文化之载体。目前，我国茶叶种植面积 4 200多万亩，年总产值超过 1 500亿元，是 22 个主产省支柱产业和茶农主要经济来源。我国茶园地域地形复杂（多分布于丘陵山区），机械化难度大，综合机械化作业水平不足 10%，茶园管理与茶叶采摘劳动力成本超过 60%，比较效益低。茶产业综合竞争力和可持续发展受到严重制约，实现茶园生产全程机械化迫在眉睫。

本成果以茶园生产全程机械化为目标，坚持模式引导、分类施策、农机农艺融合，以动力平台通用化及作业部件模块化为核心，以板结土壤耕作、绿色植保和名优茶采摘

等关键技术为重点，通过理论技术创新、装备创制和应用推广，着力提升我国茶园生产机械化技术水平。主要创新成果如下。

（1）根据我国平地型、缓坡型、陡坡型茶园的基本特征，创新提出了茶园机械作业技术模式及与之相适应的“动力平台+”机具配置模式。即提出平地跨行乘用式高效机械作业技术模式、缓坡行间行走超低地隙作业技术模式和陡坡轻简机械化作业技术模式，研发跨行高地隙（地隙轨距可调）、行间窄幅超低地隙和手扶式3类动力平台及配套作业部件，形成了3类典型的茶园全程机械化生产技术模式与装备体系。

（2）针对茶园板结土壤耕作阻力大、缺乏适用机具、肥料深施难等问题，创建“针式”仿生耕作理论，创新耕作机构，创制了仿生耕作机具。模拟人力挖掘原理，优化挖掘轨迹、入土角度，合理利用挖掘反作用力，易破土；创新设计曲柄连杆仿生耕作机构和微弧形变曲率半径“针式”耕齿，挖掘阻力小，易碎土；集成创制了仿生耕作机具，耕作深度由人工作业的5~8厘米提高到23.3厘米，无重耕、漏耕。本成果填补了我国茶园板结土壤深耕施肥技术装备空白。

（3）针对茶叶生产绿色防控的重大需求，创新虫害负压绿色防治技术，创制了负压捕虫装备。研究小绿叶蝉等茶树多发害虫的空气动力学特性，确定了最佳捕获风速与风压值；优化离心式风机叶片角度与尺寸，作业效率与平稳性明显提升；创新设计的“扁形”“弧形”捕虫口捕获风压大、分布均匀；创制了负压捕虫装备，首次捕虫率达到70%。本成果为发展绿色茶产业提供了新型技术装备支撑。

（4）针对传统机采茶完整率低的问题，创新仿生采茶技术，创制了跨行自走式采茶机和智能化采茶部件。创建了“有限选择性”最优采摘理论，建立茶树新梢统计模型，确定了新梢最佳采摘面位置；创新设计调控新梢受剪姿态的仿生扶叶机构和采筛一体复式作业机构，集成创制了跨行自走式采茶机。与传统采茶机相比，其采茶完整率由60.4%增至77%，使夏秋茶资源获得充分利用，茶园综合效益提高40%左右。创新嫩梢高效精确识别、精准定位技术和机械手蓬面轨迹仿形控制技术，创制了智能采茶部件，芽头识别率达到90%，采摘速度超过2 400个/小时，为高效智能化采茶提供关键技术支撑。

本成果创新提出机械化模式先导以及仿生耕作、负压绿色防控、仿生与智能化采茶等理论与技术，形成了适应我国茶园条件的机械化作业技术装备体系，获得授权专利48项（其中发明专利8项）、软件著作权4项，发表学术论文44篇，出版学术专著2部，制订企业标准3项。

与代表国际先进水平的日本茶园机械相比，本成果技术先进适用，技术经济优势明显，符合我国茶产业发展方向。①“针式”仿生耕作、负压物理捕虫和仿生采茶技术为具有自主知识产权的原创性技术。②日本耕作机械不适用于板结土壤，耕深小于8厘米；本耕作机械茶园板结土壤最大耕深23.3厘米，完全满足农艺耕作深度要求。③日本采茶完整率低；本成果仿生采茶完整率77%，符合名优茶采摘标准要求。④成果装备价格为日本同类产品的1/3，可替代进口。⑤日本茶园机械功能单一，仅适宜于标准化茶园；本成果多功能复式作业，适宜于非标准茶园和标准茶园。

通过产学研合作，三类茶园作业动力平台及作业部件已经形成批量生产，2014—2015年累计销售额达1.022 4亿元，在云、贵、皖、苏、浙等全国22个茶叶主产省推广应用，累计为茶场、茶农节本增效8.97亿元，经济、社会和生态效益显著，为我国茶园生产全程机械化提供了重要的技术支撑。

47. 施肥制度与土壤可持续利用

主要完成单位 中国农业科学院农业资源与农业区划研究所，中国农业科学院农业环境与可持续发展研究所，山东农业大学，西南大学，河南省农业科学院植物营养与资源环境研究所，新疆农业科学院土壤肥料与农业节水研究所，西北农林科技大学，吉林省农业科学院，浙江省农业科学院

主要完成人员 赵秉强，李　娟，温延臣，刘恩科，林治安，刘　鹏，石孝均，黄绍敏，刘　骅，杨学云，朱　平，陈　义，王伯仁

起 止 时 间 1986年9月—2015年11月

获 奖 情 况 2017年北京市科技进步奖三等奖

内 容 提 要

项目以施肥制度长期监测试验为平台，在“973”前期重大专项、国家自然科学基金、欧盟国际合作等项目资助下，针对我国主要类型土壤、气候和种植制度，历时30年，系统、完整地从作物产量品质、肥力、肥料利用、养分循环与环境、土壤功能衰退修复等领域，深入探究了施肥制度与土壤可持续利用的关系，出版和发表了以《施肥制度与土壤可持续利用》专著为代表的论文和著作157篇部，产生了44篇研究生学位论文，回答了一系列有关施肥制度土壤可持续利用的重大科学问题，取得了以下主要理论成果。

(1) 明确了我国主要类型土壤、气候和种植制度下，土壤氮、磷、钾化肥的显效时效，为平衡施肥提供理论依据。长期N、NK、NP、PK、NPK不同施肥作物产量监测研究表明，我国大部分类型土壤氮肥1~2年显效，磷肥3~5年显效。钾肥显效时间变异大，南方土壤（重庆紫色土、湖南红壤旱地）3~5年显效，北京褐潮土、河南潮土8~10年，吉林黑土14~15年，富钾的新疆灰漠土和陕西黄土，连续15年以上不施钾肥，作物产量不减，钾肥显效时间最迟。

(2) 摸清了我国主要类型土壤、气候和种植制度下不同施肥制度土壤质量演变规律，丰富和发展了施肥制度土壤可持续利用的理论体系。长期N、NK、NP、PK、NPK不同施肥土壤质量监测研究，系统揭示了我国主要类型土壤、气候和种植制度下土壤有机质、全氮、速效养分、容重、pH值及微生物多样性等长期演变规律，不同施肥制度养分吸收、利用及其环境效应，提出了我国主要类型土壤维持磷、钾平衡的肥料养分投入量化指标，找出了不同施肥制度影响土壤可持续利用的养分限制因子，建立了施肥制

度土壤功能退化修复技术。

（3）系统揭示了潮土不同肥料类型和施肥制度作物产量与品质演变规律、土壤培肥特征及其环境效应，初步建立了有机无机配合施肥实现高产、培肥和环境保护协调发展的高效施肥理论体系。高产施肥环境矛盾一直是困扰我国农业高产与环境保护协调发展的重大课题。持续 30 年黄淮海潮土化肥、有机肥、有机/无机配施三大施肥制度试验群定位监测研究表明，化肥速效优质高产，但培肥能力弱，高产氮肥的环境风险大；有机肥培肥能力强而供氮能力弱，高产施肥的氮素环境风险小但磷素风险大，有机肥与化肥科学配施是破解高产施肥环境矛盾的有效途径。长期有机无机配合施肥（化肥被有机肥替代 50%），实现了作物高产优质、培肥和环境保护（NH_3 挥发和 N_2O 排放是化肥的 10%，土体硝态氮是化肥的 57%，耕层速效磷是有机肥的 50%）协调发展。

48. 茶园中水溶性农药安全替代技术的研发及应用

主要完成单位　中国农业科学院茶叶研究所

主要完成人员　陈宗懋，边　磊，罗宗秀，蔡晓明，李兆群，辛肇军，罗逢健

起 止 时 间　2009 年 1 月—2016 年 12 月

获 奖 情 况　2017 年浙江省科技进步奖三等奖

内 容 提 要

针对茶园中水溶性农药大量使用带来的茶叶质量和茶园生态安全风险，本项目采用脂溶性农药、数字化色板和天敌友好型杀虫灯等防治措施替代茶园中常用的高风险水溶性农药，筛选出唑虫酰胺、茚虫威、虫螨腈和噻虫嗪·高效氯氟氰菊酯 4 种农药在茶汤中浸出率低、对目标害虫防效高的脂溶性农药，替代茶园中常见的高风险水溶性农药；针对茶小绿叶蝉、蓟马等茶树主要害虫，筛选出最佳诱捕颜色，研制茶小绿叶蝉数字化色板、茶黄蓟马数字化色板、茶棍蓟马数字化色板，与市场商品化产品相比，诱杀效果分别提高了 30%~50%、279. 55%、85. 01%，并实现了茶园黏虫色板产品的参数化、规范化和高效化；利用茶园常见害虫对特定范围光谱的趋性和 LED 灯发射光谱宽窄的特点，研发出天敌友好型 LED 杀虫灯，相较于频振式杀虫灯，天敌友好型 LED 杀虫灯对叶蝉诱杀量提高 265. 9%，对主要害虫诱杀量提高 127. 03%，对茶园天敌的诱杀量降低 40. 15%。实现了对茶园害虫诱杀的精准、高效化，同时最大限度降低了对天敌昆虫的误杀。项目获得授权发明专利 3 项，发表 SCI 论文 2 篇、中文核心期刊论文 3 篇，出版专著 1 本。

项目技术在全国推广面积达到 55 万亩，间接济效益达 3. 22 亿元，提高了茶叶的质量安全水平，改善了茶园生态环境，经济、社会效益显著。

49. 炒青绿茶（香茶）加工工艺创新与标准化应用

主要完成单位　中国农业科学院研究所，浙江省农业技术推广中心，长沙湘丰茶叶机械制造有限公司，湖南农业科学院茶叶研究所，浙江省丽水市农

业科学研究院

主要完成人员 林　智，俞燎远，谭俊峰，汤　哲，周建勇，郑红发，叶火香，彭群华，彭浩明，吕海鹏，郭　丽，包小村，何为中

起止时间 2009年1月—2014年12月

获奖情况 2017年浙江省科技进步奖三等奖

内容提要

针对大宗炒青绿茶普遍存在的“香气不高、色泽不绿、质量不稳定”等问题，研发循环滚炒和控温揉捻2项新技术，集成创新提出1套循环滚炒型绿茶（香茶）的标准化加工工艺；研制成功国内首条香茶全自动生产线，提出配套标准加工工艺参数，实现了香茶加工的全程自动控制；制定浙江省地方标准《香茶加工技术规程》；获授权国家发明专利1项，软件著作权4项，发表论文7篇，编写培训教材2本。本项目技术在浙江省多个产茶县进行了应用推广，实现了香茶的标准化规模化生产。近3年累计推广应用面积197.8万亩，加工香茶10.2万吨，销售收入64.0亿元，新增纯收益17.9亿元，总经济效益16.1亿元，经济、社会效益显著。对加快浙江省大宗绿茶加工技术升级，帮助山区农民脱贫致富做出了重要的贡献。

50. 猪传染性胸膜肺炎菌影疫苗的研制及其应用

主要完成单位 中国农业科学院哈尔滨兽医研究所

主要完成人员 王春来，李　刚，谢　芳，张艳禾，李艳玲，周　泷

起止时间 2006年9月—2014年12月

获奖情况 2017年度黑龙江省科技进步奖三等奖

内容提要

猪传染性胸膜肺炎是由胸膜肺炎放线杆菌（APP）引起的猪的高度接触性呼吸道传染病。该病被认为是危害最严重、波及范围最广的细菌性传染病。因此，研制新型、高效的疫苗成为亟须解决的重要课题。本项目经过多年的科技攻关，成功创制了猪传染性胸膜肺炎新一代基因工程疫苗——菌影疫苗。细菌的菌影是一种没有细胞浆和核酸的空细菌体。它是利用噬菌体ΦX174裂解基因E在细菌中表达后，该基因编码的蛋白在细菌细胞膜和胞壁上形成穿膜孔道，在渗透压的作用下使菌体破裂，细菌内细胞浆和核酸等成分通过此孔道被排出，形成的一种空的细菌外壳，即为“菌影”，也称“菌蜕”。与传统的灭活疫苗相比，菌影疫苗具有以下优点：①菌影是一种基因工程死苗，不含任何核酸成分，安全；②由于菌影疫苗利用的是基因工程方法使菌体裂解灭活，没有经过物理或化学的变性过程，所以菌体表面构象与活菌相似，提呈的是天然抗原决定簇，免疫原性好；③可以激发特异的体液免疫和细胞免疫应答，交叉保护能力优于灭活苗；④优良的佐剂效应，菌影细胞表面含有脂多糖和肽聚糖，具有佐剂作用，诱导的免疫反应水平达到或超过福氏完全佐剂。

51. 东北酿酒山葡萄系列新品种选育及大面积示范推广

主要完成单位 中国农业科学院特产研究所

主要完成人员 路文鹏，张庆田，李昌禹，范书田，肖家美，曲炳章，刘 涛，康玉荣

起 止 时 间 2005 年 1 月—2016 年 12 月

获 奖 情 况 2017 年吉林省科技进步奖三等奖

内 容 提 要

（1）制汁、酿造葡萄酒品种“哈桑”选育。1992 年 10 月从俄罗斯引入，抗病、早熟。2004 年通过吉林省农作物品种审定委员会审定，审定编号为吉登果 2004002。是我国寒带地区第一个制汁与酿酒兼用型品种，果汁桃红色，草莓香味浓郁，糖酸比例协调。

（2）酿造干红葡萄“北国红”品种选育。原品系代号 88-1-7，是纯种山葡萄中第一个单品种酿造干红葡萄酒的品种。2016 年通过吉林省农作物品种审定委员会审定，审定编号为吉登果 2016007。原酒具有宝石红色、色泽艳、有光泽、具典型品种香气。

（3）酿造甜红葡萄酒“北国蓝”品种选育。山葡萄品系代号“88100”。2015 年 2 月通过吉林省农作物品种审定委员会审定并命名。可酿造半干、半甜、甜红葡萄酒或调酸调色之用。

（4）酿造干红葡萄酒品种“雪兰红”选育。2013 年通过吉林省农作物品种审定委员会审定，审定编号为吉登果 2012005。陈酿 3 年的雪兰红干红原酒，酒度 12. 2°，总酸 113. 0 克/升，残糖 4. 56 克/升。酒质宝石红色、果香浓郁、具北方浆果蜜香和山野花香气、平衡醇和、具山葡萄酒典型风格。

配套栽培关键技术：适宜砧木为“贝达”，适宜生根剂为萘乙酸或吲哚丁酸。适宜架势及株行距为 0. 75 米×3. 0 米的小棚架和 1. 0 米×2. 5 米的篱架，这 2 种栽培方式的丰产稳产性较好，果实品质优良，且感染霜霉病较轻。花前 7~10 天在结果枝最前端花序留 4~5 片叶摘心，利于坐果率和增糖。萌芽期亩施尿素 15. 0 千克+过磷酸钙 7. 5 千克+硫酸钾 15 千克，花前 7~10 天亩施尿素 20 千克+过磷酸钙 10 千克+硫酸钾 20 千克，果实着色期施二铵 7. 5 千克和硫酸钾 15 千克，果实成熟后及时进行秋施有机肥。单株保留 50~70 个果穗，果穗紧凑“小青粒”少，果实含糖高、含酸低。

对新品种及配套技术进行应用与推广，截至 2016 年 12 月，在我国东北三省和内蒙古 32 个市县的 103 个乡镇大面积推广哈桑、雪兰红、北国蓝和北国红 2. 25 万亩，近 3 年累计获得产值 1. 62 亿元、净利润 0. 97 亿元。

获省级新品种合格证书 4 个，国家发明专利 1 项，省级鉴定成果 1 项，省自然学术成果三等奖 1 项，市科技进步二等奖 1 项，市自然学术成果一奖 1 项，著作 1 部，论文 20 篇。

52. 五味子护肤功能因子研究及系列化妆品开发

主要完成单位 中国农业科学院特产研究所

主要完成人员 张　瑞，侯　微，金银萍，闫梅霞，孟露露，王　红，曲正义，郑斯文

起 止 时 间 2010 年 7 月—2015 年 8 月

获 奖 情 况 2017 年吉林省科技进步奖三等奖

内 容 提 要

对五味子果实、藤茎和叶进行系统化学成分研究，优化了五味子脱色和活性组分精制工艺，建立了藤茎、叶等非药用部位开发利用新途径。建立了 UVB 辐射和 H_2O_2 诱导的 HaCat 细胞损伤模型，利用建立的模型对五味子各组分进行筛选，结果表明五味子甲素、乙素、丙素以及 SC-50（50%乙醇洗脱组分，150 微克/毫升）对 UVB 辐射和 H_2O_2 造成的细胞损伤具有保护作用。利用 DPPH、ABTS 等抗氧化模型对五味子提取物各组分进行抗氧化活性研究，结果表明 SC-50 的抗氧化能力显著优于其他组分和阳性对照维生素 C。采用"压榨+短程分子蒸馏"技术制备五味子精油，经 GC-MS 分析，得到的精油中 α-依兰烯含量高达 72. 3%。采用噻唑蓝（MTT）法测定了五味子精油对黑色素细胞 B16 增殖抑制作用，结果表明五味子精油在 10~4 克/毫升浓度下具有显著地黑色素细胞 B16 增殖抑制作用。根据护肤活性研究结果，开发了五味子美白洁面乳、美白滋养霜、紧肤抗皱霜、美白淡斑精油、增效美白精华乳、臻白美颜面膜 6 个化妆品；对部分产品开展人体试用实验，效果显著。制定了 6 个产品的生产规程和质量标准。

通过阐述五味子护肤活性的科学内涵，明确护肤活性的物质基础，为进一步产品开发提供理论依据，增加开发产品的科技含量。开发五味子活性中间体、系列化妆品等产品并建立相应的生产规程，延长产业链条，初步实现五味子综合高值加工的目标，同时解决原料出口狭窄、深加工产品种类少等产业瓶颈问题，对于提升五味子产业科技水平、实现资源优势向经济优势转变具有促进作用。

开发的五味子活性组分（提取物中间体）、系列化妆品等产品及其生产规程、质量标准等成果主要在集安五味堂生物科技有限公司和吉林省北佳中药材科技开发有限公司、延边长白山药业有限公司推广应用。集安五味堂生物科技有限公司 2014 年开始生产五味子系列化妆品，至 2016 年累计增加产值 3 108万元。吉林省北佳中药材科技开发有限公司、延边长白山药业有限公司应用优化的五味子活性组分生产工艺自 2013 年开始生产五味子活性组分，至 2016 年累计增加产值 3 365万元，产品实现出口日本，2016 年出口额达到 364 万元。

53. 水貂新型饲料添加剂开发与高效养殖技术应用

主要完成单位 中国农业科学院特产研究所

主要完成人员 王凯英，张铁涛，张海华，李光玉，鲍　坤，常忠娟，杨雅涵，孙伟丽

起 止 时 间 2011 年 9 月—2013 年 12 月

获 奖 情 况 2017 年吉林省科技进步奖三等奖

内 容 提 要

针对我国水貂养殖业存在的幼貂断奶腹泻严重、营养消化率低、粪尿污染严重、阿留申等疾病高发、生长缓慢，养殖福利水平低等影响我国水貂健康、高效发展的问题，项目组开展了酸化剂对水貂营养物质消化利用、生长发育、环境氮、磷排放量影响及酸化剂与植酸酶协同作用研究，研制成功促生长、低污染水貂饲料添加剂；完成了铜、锌等微量元素对水貂皮张质量影响研究，研制出促进水貂生长发育的专用预混合饲料；初步建立了水貂常用饲料原料关键营养要素数据库，并对以黄粉虫为代表的昆虫类新饲料资源进行了评估，促进了饲料的合理利用；建立了便于基层养殖场应用的水貂阿留申病毒快速、准确检测方法，显著提高了检测效率和准确性；开展了养殖设备和装置研究，显著提高了水貂养殖福利及工作效率。

研究成果形成了多种具有自主知识产权的主导技术，共发表研究论文 11 篇，SCI 收录 3 篇，专利 7 项（4 项获授权），资助出版水貂等毛皮动物养殖专业技术书籍 2 部，培养硕士研究生 2 名。经技术对比和专家评审，一致认为成果在水貂饲料酸化剂研究、铜、锌互作对水貂的生理作用及 SYBR Green 荧光定量 PCR 检测 AMDV 方法创新明显，达到同类研究国际先进水平。经在吉林、黑龙江、辽宁、内蒙古、山东等省区 16 个示范场、240 个养殖户示范推广，应用本成果技术可降低幼貂断奶腹泻率约 25%，提高水貂营养平均吸收率 14%，磷等养殖污染物环境排放降低 25%，优质皮率综合提高 15%。累计推广规模达 260 余万只，累计新增效益 0.8 亿元，取得了显著的经济效益和社会效益。此项成果对我省及全国水貂养殖业健康发展，对农业产业结构调整，满足市场需求，发展区域经济，增加农民收入产生了重要作用。

54. 吉林白貉品种培育、良繁体系建立及推广应用

主要完成单位　中国农业科学院特产研究所，吉林农业科技学院，吉林农业大学，辽宁出入境检验检疫局检验检疫技术中心，吉林省野生动物救护繁育中心

主要完成人员　赵家平，徐　超，曹新燕，苏伟林，肖永军，华树芳，吴艳玲，张林波，贾　赟，许保增，赵伟刚，王海军，张秀丽

起 止 时 间　1990 年 1 月—2016 年 12 月

获 奖 情 况　2017 年吉林省科技进步奖三等奖

内 容 提 要

本项目针对我国养貉业存在新品种选育滞后、遗传资源保护和利用能力不强方面存在的问题，系统开展了貉白色突变性状收集、遗传方式确定及吉林白貉新品种培育、吉林白貉进一步选育提高和种源基地建设、白色性状形成机制、吉林白貉高效繁殖体系等方面的研究工作，为我国貉品种培育和行业发展提供支撑。

明确了貉白色突变性状的遗传方式相对于野生型色型为显性，受一对等位基因控制，突变基因位于常染色体上，且纯合致死。总结出了繁殖白貉的最佳选配方式，为中

国养貉业培育了一个新的色型也是到目前为止唯一一个彩貉品种——吉林白貉。

针对培育初期吉林白貉视力较差、应激反应敏感等缺点，开展品种进一步选育，选择黑眼白貉遗传资源在吉林市左家镇和河北昌黎建立种源基地 2 个，组建育种核心群 1 个，群体规模 2 000只，在左家镇建设人工授精示范站。

根据貉子精子特性和生物学特点，以保存的精子活率、生存指数、顶体完整率、畸形率等重要客观指标为依据，研制了一种貉专用精液稀释液，50%存活时间 58. 72 小时，总存活时间 110 小时。

针对貉单纯按摩法采精成功率低的问题研究了一种貉采精架，通过模拟自然交配时母貉形态、气味，使公貉在爬跨后在充分放松、舒适的正常交配姿势下进行人工采精，种公貉采精成功率 81%，并获得质量优良的精液，同时拆下模拟台架后可用作貉人工授精输精保定架。

总结完善吉林白貉人工授精全套方案，定义了常用概念，具体规定了采精输精室建设、人工授精设备、采精前准备、采精方法、精液品质检查、精液处理、母貉发情鉴定、输精等各个环节的具体方法，制订了吉林省地方标准——《貉人工授精技术操作规程》，已达到国内领先水平。

白貉白色性状形成机制研究实验发现白貉皮肤基底无黑色素，白貉的毛囊几乎不含有黑色素，白貉毛干存在少量黑色素，阐明吉林白貉白色性状形成是由于 MC1R 和 TYR 的表达减少导致黑色素的合成受到严重抑制导致的。

为行业提供了第二个品种和唯一的彩貉品种，目前已在吉林、河北、山东等毛皮动物主产区全面推广应用，约占貉养殖量的 1/4，不完全统计，推广以来全国取皮 1 087 万张以上，推广应用创造直接经济价值达 8. 89 亿元以上。该成果在貉品种培育、白化性状形成机理和良繁体系建设方面填补了相关领域空白，促进了养貉业的健康可持续发展。

55. 污灌菜地重金属镉污染钝化与农艺调控修复技术

主要完成单位 农业部环境保护科研监测所

主要完成人员 徐应明，王　林，孙约兵，梁学峰，秦　旭，赵立杰，黄青青，孙国红，林大松，谭适娟，徐　震，金聪颖

起 止 时 间 2011 年 1 月—2017 年 3 月

获 奖 情 况 2017 年天津市科技进步奖三等奖

内 容 提 要

本项目主要研究内容包括：①污灌菜地重金属镉污染钝化修复及其对土壤环境质量影响；②轻度重金属镉污染菜地农艺调控技术研究；③中度重金属镉污染菜地钝化阻控与农艺调控联合技术研究；④开展污灌菜地镉污染钝化修复与农艺调控技术示范与推广应用。本项目主要特点：与国内外同类技术相比，本项目将长期定位试验和土壤微生物学研究引入到化学钝化的田间试验研究中，实现了环境科学、土壤学、微生物学、分子

生物学等多学科的交叉融合研究，全面阐明了农田土壤重金属镉长期钝化稳定性特征及对土壤环境质量的影响机制；同时根据菜地土壤重金属污染特点，结合农艺调控措施，研发出可满足中度重金属镉污染菜地高效钝化阻控—农艺调控联合修复技术体系。本项目开发的针对菜地土壤重金属镉污染的高效钝化及农艺调控技术，可有效降低土壤重金属镉有效性，降低率不低于 60%，修复后生产的蔬菜镉含量都低于国家食品安全标准限量值。通过大量盆栽实验和大田试验证明了本项目开发的修复技术对土壤环境质量不存在负面影响，可以有效改善土壤养分和生物功能，有利于农作物健康生长。本项目申请国家发明专利 5 项，授权 4 项；发表论文 41 篇，其中，SCI 论文 21 篇，EI 论文 4 篇，核心期刊论文 16 篇。本项目开发的菜地土壤重金属镉污染修复技术在天津、湖南、江西等地开展了大面积的田间示范与推广应用，累计示范面积达到 5 000亩以上，推广应用面积达 21 500亩以上，推广应用范围较广，获得经济效益 2 410万元。该项技术在天津、湖南以及江西等地菜田土壤重金属污染修复治理中的应用，有力地促进了当地农产品的安全生产，保障了消费者的身体健康，对促进社会和谐与稳定，提高人民生活质量起到了重要的推动作用，其社会效益、环境效益和经济效益巨大。

56. 华北平原集约化种植区氮素面源污染防控关键技术研究与应用

主要完成单位　农业部环境保护科研监测所

主要完成人员　张克强，王　风，李　彦，张国印，肖　强，李博文，杜会英，刘文菊，沈仕洲，张英鹏，李　鹏，茹淑华，杨志新，刘建斌，赵同科等

起止时间　2006 年 1 月—2016 年 12 月

获奖情况　2017 年天津市科技进步奖三等奖

内容提要

农业面源污染已经成为制约我国农业可持续发展的重要问题之一，甚至已经超过工业成为我国最为重要的污染来源。农业面源污染发生途径和防治技术具有典型的地域性特征，受到气候水文、地貌土壤、耕作栽培等影响，决定了不能够照搬国外或其他区域已有的经验。本项目针对华北农田面源污染发生途径不清与预测评估手段缺乏、环境安全的施氮量阈值空白与技术物化程度不够、养殖肥水农用关键参数和技术规程缺失等亟待解决的技术问题，获得以下主要成果：①系统地阐明华北平原小麦—玉米和设施蔬菜施氮量与土壤氮素残留、土壤氮素淋失之间的关系，提出适宜施氮量。建立了华北平原集约化种植区冬小麦—夏玉米、设施蔬菜面源污染发生量与土壤指标之间的关系。提出了一条简单直接、快速准确的农田面源污染预测评估方法。②优化了华北平原冬小麦夏玉米施氮量，建立基于作物高产和环境安全的合理施肥和分区限量阈值。基于自主研制的新型专用肥料，系统集成了华北平原集约化设施蔬菜安全高效施肥和面源污染防控技术模式。③建立了华北平原规模化养殖肥水冬小麦—夏玉米轮作农田和设施菜地安全利用技术，形成了保证作物产量品质的养殖肥水农田环境安全利用关键技术。

研发设施和露地蔬菜氮素面源污染防控、冬小麦—夏玉米氮素面源污染防控，养殖肥水蔬菜和大田安全利用等三大技术体系，研制新型肥料产品4个，创新氮素面源污染预测评估方法2套，制定并实施面源污染防控技术规程5项，发表学术论文45篇，申请专利13项，其中授权9项，获得软件著作权4项。整体水平达国际先进。累计在华北平原冬小麦—夏玉米集约化种植区推广274万亩，设施蔬菜和露地蔬菜累计推广4.3万亩，在20个规模化养殖场集成示范肥水农田安全利用技术，累计节支增收约24 400万元。项目成果为我国华北平原农业面源污染防治提供技术支撑，也为全国打赢农业面源污染防治攻坚战提供经验和技术积累。

三、中国农业科学院科学技术成果奖

1. 大白菜育种技术研究及中白系列新品种选育与应用

主要完成单位 中国农业科学院蔬菜花卉研究所

主要完成人员 孙日飞，张淑江，武　剑，李　菲，章时蕃，张　慧，王晓武，钱　伟

起 止 时 间 1999年1月1日—2016年12月31日

获 奖 情 况 2017年度中国农业科学院杰出科技创新奖

内 容 提 要

大白菜是我国蔬菜最重要的种类之一，在日常消费中占首要地位。本成果针对大白菜品种病毒病危害严重、育种效率低、一代杂种杂交率不稳、品种多样性缺乏等问题，研究建立了高通量多基因高效聚合育种技术、高效规模化白菜小孢子DH株系技术和芸薹属蔬菜细胞质雄性不育快速转育技术，创制了一批优异的育种材料，培育出了抗病、优质、特色的系列大白菜新品种。近5年累计推广上述中白系列秋大白菜新品种20.0万亩，直接经济效益8.0亿元，经济效益和社会效益显著。成果主要内容如下。

（1）建立了高通量多基因高效聚合育种技术。① 建立了大白菜抗病毒病、紫色、橘红心前景选择技术。开发抗病毒病基因（retro02）功能KASP标记，用于白菜抗TuMV分子标记辅助育种（MAS）。确定了1个编码R2R3-MYB类转录因子的大白菜紫色候选基因（*BjPAP1*），并验证了该基因的功能。筛选出1个编码类胡萝卜素异构酶CRTISO的橘红心基因*Bra*031539，设计获得与橘红心性状共分离的标记。对橘红心大白菜内叶类胡萝卜素组分进行鉴定，明确了大白菜橘红色主要是由于积累前番茄红素造成的。② 建立了大白菜基因型鉴定和背景选择技术。开发了基于二代测序的InDel标记开发流程，并开发了一大批白菜全基因组分布的InDel标记。开发了一套SNPs高效鉴定流程（Pooled Mapping），利用这一流程对281份白菜骨干亲本进行了低乘数（1～2倍基因组覆盖度）重测序数据进行分析，获得了1.03M的SNP位点。根据SNP、InDel等位点信息进行了进化分析和基因型鉴定，确定基因型的遗传距离，为亲本选配提供依据。

（2）建立了高效规模化白菜小孢子 DH 株系技术体系。研究了大白菜游离小孢子培养胚胎发生中的加倍机制，明确了大白菜大白菜游离小孢子发育途径为 B 途径。通过确定小孢子提取过程中培养基中的蔗糖和甘露醇的浓度提高了小孢子出胚量。研究了细胞破碎仪快速提取小孢子方法，确定了花蕾数量、转速、时间、培养基量等多种参数，建立了快速、高效的小孢子提取技术。

（3）建立了芸薹属蔬菜快速转育细胞质雄性不育系技术。本成果通过种间远缘杂交，建立了芸薹属蔬菜快速转育细胞质雄性不育系的方法，将 ogura 萝卜细胞质雄性不育转育到大白菜。转育的雄性不育植株不育性稳定、叶片不黄化、蜜腺和柱头正常，配合力好。

（4）育成绿健 85 等 9 个早、中、晚熟，不同球心叶色的突破性配套新品种，其品质、产量和抗病性等方面优于国内外同类品种。近五年累计推广上述中白系列大白菜新品种 121 万亩，直接经济效益 8.2 亿元。

已发表第一作者或通讯作者研究论文 29 篇，其中 SCI 论文 14 篇。获得发明专利 2 项，获得植物新品种权 3 项，通过审定新品种 9 个。本成果建立的细胞工程、分子育种和细胞质雄性不育育种等新方法和新技术，创制的优良种质资源和育种材料，将促进我国大白菜育种技术进步，为蔬菜产业发展提供有力科技支撑。

2. 月季种质资源评价及新品种选育与应用

主要完成单位　中国农业科学院蔬菜花卉研究所

主要完成人员　葛　红，杨树华，黄善武，赵　磊，贾瑞冬，朱应雄，赵世伟，李振茹，赵　鑫，单宏臣，王　波，王立革，李秋香

起 止 时 间　1987 年 1 月—2016 年 12 月

获 奖 情 况　2017 年度中国农业科学院杰出科技创新奖

内 容 提 要

月季是世界上最重要的花卉种类之一，观赏和经济价值极高。但我国主栽月季品种多为国外进口，符合我国土壤气候环境特点的自主知识产权品种匮乏，已经成为限制我国月季产业发展的瓶颈。本项目历时近 30 年，开创性地评价了我国新疆野生蔷薇资源，阐明了新疆野生蔷薇遗传多样性特点及其生理适应机制，建立了以适应北方环境气候特点为主的月季核心种质资源圃，挖掘和创造了一大批优良抗寒种质，建立了基于远缘杂交、抗性改良为主体的育种技术体系，开辟了月季品种选育的新途径，培育了一批自主知识产权的优质高抗月季新品种。该项目获省级品种审定 12 个，制定国家行业标准 1 项，发表论文 18 篇。经农业部组织第三方评价，整体达到国内领先水平。成果已在 30 个省区市推广应用，累计生产种苗或盆花约 7 500万株，切花 1 700余万枝，累计销售额达到 3.5 亿元，实现利润约 1.2 亿元，产生了可观的经济效益、社会效益和生态效益。

3. 奶牛重要细菌病防治药物创制与应用

主要完成单位 中国农业科学院饲料研究所，北京市畜牧总站，中牧实业股份有限公司，华秦源（北京）动物药业有限公司

主要完成人员 李秀波，路永强，刘义明，徐 飞，陈孝杰，石 波，赵炳超，马书宇，郭江鹏，任 康，杨宇泽，张正海，李 萌，王 峥，梁景乐

起止时间 1997 年 1 月 1 日—2016 年 12 月 31 日

获奖情况 2017 年度中国农业科学院杰出科技创新奖

内容提要

针对我国奶牛细菌性疾病防控中存在临床药物滥用、防控技术不健全及兽药产品缺乏等重大科技问题，开展奶牛乳房炎、子宫内膜炎、呼吸道疾病的新药创制等防控技术攻关，全面构建了奶牛重要细菌性疾病综合防控技术体系，为我国奶牛安全生产与奶业可持续发展提供了强有力的技术保障。历经 19 年联合攻关，取得如下创新性成果。

（1）阐明了我国奶牛乳房炎等主要致病菌及其流行趋势。首次建立了我国奶牛重要细菌性病原库及病原信息数据库，涉及 35 种重要细菌性病原，库容量已达到 7 万余株；揭示了引起奶牛乳房炎、子宫内膜炎、呼吸系统疾病的主要致病菌种类为金黄色葡萄球菌、大肠杆菌、巴氏杆菌及支原体等，探索了疾病防治机制，为奶牛细菌性疾病防治和药物创制提供了研究基础和理论依据。

（2）创新了奶牛用原料药及制剂的生产关键技术。筛选出硫酸头孢喹肟、盐酸头孢噻呋、盐酸沃尼妙林及氟苯尼考等 10 种高活性抗菌原料药，建立了 9 个具有自主知识产权的原料及制剂新工艺，创新了 2 种局部给药新剂型并开发了 2 种配套给药装置，为兽药剂型创新和产品成本降低提供了技术基础。

（3）研创了 9 种高效、安全、低残留、低成本的新兽药。研创了用于奶牛乳房炎、子宫内膜炎、呼吸道疾病等 9 种新兽药产品，系统开展了药物毒理学、药物代谢动力学、靶动物安全性、残留消除试验、临床药效试验研究，阐明了药物在体内代谢动力学参数，明确了药物在牛奶中残留消除规律，制定弃奶期，为我国奶牛细菌性疾病防治提供了有效途径。

（4）建立了奶牛重要细菌性疾病防治技术体系。形成了 9 个兽药国家标准，制定了合理用药规程，起草了疾病防治技术规范，建立了病原学与流行病学、疾病诊断、新型药物研发、技术服务为一体的集成创新和综合防治技术体系，并已在全国大范围推广。

该成果已在北京、黑龙江、内蒙古、宁夏等 22 个省市进行了推广应用，近 3 年累计覆盖牛群达 1 050万头次，为本行业培训相关技术人员 45 万人次，新增经济效益 25.7 亿元。研究成果为促进我国奶牛业健康发展，保障食品安全和人类健康做出了重大贡献，经济效益和社会效益十分显著。

4. “互联网+农技推广”云平台创建与应用

主要完成单位 中国农业科学院农业信息研究所

主要完成人员 王文生，杨　勇，孙志国，李秀峰，郭雷风，任天令，曹存根，王伯文，邵　辉，杨永前，王红艳，梁宏志，严云萍，顾　君，张怡春

起 止 时 间 2005 年 1 月—2015 年 12 月

获 奖 情 况 2017 年度中国农业科学院杰出科技创新奖

内 容 提 要

自 2005 年起，项目通过 6 个国家级课题资助，集成移动互联、云计算、大数据及传感器等现代信息技术，创新性提出“互联网+农技推广”。通过 10 多年的研究，突破基层农技推广大田环境下的移动多媒体信息的窄带传输，多对象的农技知识语义融合与智能匹配服务，农技推广管理的时空数字化与可视化，动态、定向、便携式和小型化的农情快速采集智能终端研制以及面向农村的大规模个性化农业科技服务和大数据技术系统框架等 5 个方面的关键技术，创建了基于分布式云架构、支持 1 000万级用户和大数据处理的首个“互联网+农技推广”云平台，服务于基层农技推广管理与服务以及新型农民培训。云平台建立了基于移动互联的基层农技推广管理和服务信息技术应用方法各 1 套，研制了 5 套动态、定向、便携式和小型化的农情快速采集智能终端，开发了针对不同用户群体的具备 40 余项功能的 3 大类移动客户端，使用用户超过 950 多万，首创了覆盖全国37 个省级单位、2 600多个农业县的“互联网+农技推广”信息化服务体系。

云平台门户服务全国 50 多万基层农技人员、300 多万科技示范户、3 000多万辐射农户，以及其他生产、科研、教育、经营等涉农群体；云平台的农技服务 App 应用已覆盖到全国 29 省、1 918个区县、32 万户农技推广人员与 880 万农户，线上农民与农技员、农技员与专家互动达 2. 4 亿多次，在全国范围内开展农民手机应用培训，活动累计参与人数 139. 7 万人，视频学习 19. 1 万人次；云平台的知识服务系统应用覆盖到全国 31 个省的 59. 5 万个用户，使用次数达到 2. 1 亿多次，开展面对面培训 650 余场，直接受训人员 6 万余人。

平台成果获得发明专利授权 2 项、实用新型专利授权 12 项、软件著作权 68 项，发表相关学术论文近百篇，培养博士 18 名，硕士 30 名。平台在全国各地的示范应用取得了显著的效果，入选国家“十一五”重大科技成果和农业部十年科技成果展，受到了党和国家领导人、相关中央级媒体等的高度关注和肯定，以及农业部科教司、种植业司等的高度认可，经济与社会效益显著。

5. 作物需水信息采集与智能控制灌溉技术

主要完成单位 中国农业科学院农田灌溉研究所，北京农业智能装备技术研究中心，西安交通大学，西北农林科技大学，国家节水灌溉杨凌工程技术研究中心，中国农业科学院农业资源与农业区划研究所

主要完成人员 孟兆江，段爱旺，郑文刚，魏正英，王利民，田宏武，范兴科，甘学涛，李文龙，杜　军，张寄阳，王晓森，刘战东，高　阳，刘　浩

起止时间 2006年1月—2015年12月

获奖情况 2017年度中国农业科学院杰出科技创新奖

内容提要

（1）作物需水信息采集技术。①通过信号源频率提升、采用网络化电路等关键技术，研制出基于驻波率（SWR）原理的土壤水分传感器，包括适用于监测土壤剖面水分分布的管式传感器和适用于连续自动监测固定点土壤水分状况变化的可埋式传感器两种类型和配套的测定仪，显著提升了测量的稳定性、准确性和通用性；②研发了基于热脉冲原理的植株蒸腾速率测定仪，包括适用于木本植物和适用于草本植物的两种类型；仪器具有很好的自适应能力，稳定性强，灵敏度高，并实现数据的自动采集、移动存储、无线传输，以及低能耗低成本；③研制了基于水面蒸发的“傻瓜式”灌溉预警装置，耗水量监测误差小于5%，预警灌溉时间误差小于2天；④开发了区域土壤水分遥感监测系统，具有物理机理明确、对地面校正依赖性小、时间频次高、区域适用性强等优点，监测精度达95%。

（2）智能灌溉控制技术。①融合灰色预测理论、模糊数学和PID控制技术，研制出灰色预测模糊PID控制器，并与水肥精量灌溉智能控制机相结合，同步实现水肥精量控制；②研发了基于KBE的灌溉智能决策支持系统，并构建了配套的大田作物、土壤、水肥和气象环境信息数据库；③开发了基于物联网的智能灌溉远程控制系统，可通过Internet浏览器、手机短信、手机Android平台和Zigbee无线网络等多种途径实现远程灌溉计划的实时查看、编辑与运行，以及对水肥精量控制机和温室环境的远程实时监测与控制。

（3）智能灌溉控制设备。①集成灌溉网络首部智能控制系统、用水计量调度系统、灌溉智能控制系统和灌溉决策关键因子监测系统，构建了系列化、标准化、组态化的灌溉智能决策与控制平台；②研制了自动反冲洗过滤器控制器、精准灌溉施肥机、IC卡水电双重计量设备、无线自组网灌溉调度预付费水表、无线自组网控制器、无线电磁阀控制器和可编程灌溉控制开发平台7种设备，已经实现批量生产。

（4）成果示范应用情况。研究成果分别在北京、新疆、陕西、河南等地得到规模化应用，其中应用于冬小麦/夏玉米28.07万亩，棉花5 000亩。年均增产粮食120千克/亩，节水100~150立方米/亩，节本增效280元/亩；累计增产粮食3 370.80万千克，节水5 614万~8 421万立方米，节本增效7 884.65万元；增产皮棉14.00万千克；节水60万立方米，节电1.00万千瓦时，节本增效60万元。

6. 猪禽饲料养分效价仿生消化评定技术的创建与应用

主要完成单位 中国农业科学院北京畜牧兽医研究所，湖南中本智能科技发展有限

公司，广东温氏食品集团股份有限公司

主要完成人员 赵峰，张宏福，张子仪，邓耀辉，谭会泽

起 止 时 间 2004 年 1 月—2015 年 12 月

获 奖 情 况 2017 年度中国农业科学院青年科技创新奖

内 容 提 要

本项目在猪禽饲料养分效价快速评定技术的创新上，围绕着发明全自动模拟猪禽饲料养分消化的技术方法、创建并批量生产全自动单胃动物仿生消化系统（仪器）、发明基于单胃动物仿生消化系统测定猪禽饲料养分效价的技术体系并在大型饲料企业中应用方面取得了重要进展。

（1）建立了家禽肠道食糜的连续采集方法，并开发了基于医用硅橡胶材料的禽用套管。开发了基于食品级聚丙烯材料的高强度猪用肠道套管组件。在解决了可大量获取肠道食糜样品的套管技术的基础上，探明了猪、鸡、鸭肠道食糜的组成变异规律及日粮营养水平对肠液组成成分的影响，获得了生长猪体内小肠液、盲肠液组成参数各 1 套，黄羽肉鸡、成年蛋鸡、北京鸭体内小肠液的组成参数 3 套，建立了猪禽消化液仿生的基础参数。

（2）根据食糜的组成特性，设计出了可模拟猪、鸡、鸭消化吸收功能、以生物膜分离水解产物与非水解物的仿生消化器及具有消化液分泌、水解产物清洗、恒温控制、消化过程控制的电脑程控仿生消化系统。通过跨学科协作，开发了第一至第三代全自动单胃动物仿生消化系统这一大型仪器。通过发明专利的独占性许可实现了仿生消化系统的批量生产。

（3）建立了从猪、鸡、鸭肠液中纯化主要消化酶的方法。根据动物体内消化液的组成参数，创建了基于提纯的消化酶粉剂添加少量试剂酶制备模拟肠液的方法，开发的仿生消化液试剂盒产品达到了体内消化液活力的 98.5%，并研究了仿生消化液试剂盒的保质条件与保质期技术规范。

（4）建立了基于单胃动物仿生消化系统及仿生消化液试剂盒评定猪、鸡、鸭饲料养分消化率的技术规程。至 2016 年已在中国饲料数据库发布了 24 类 514 个常用饲料原料样品的仿生消化法有效能值数据供行业使用。

目前，该成果已获得发明专利 3 项，实用新型专利 9 项，软件著作权 11 项，发表论文 48 篇。本成果的发明专利于 2014 年独占许可实施，生产的单胃动物仿生消化系统（仪器）已在国内 24 家大型农牧企业（其中上市企业 8 家）、10 家科研单位应用，在我国饲料行业的应用覆盖面达到了 1/3，每年为我国饲料生产企业节约的生产成本在 10 亿元以上。

7. 农业遥感关键气象参数反演算法研究

主要完成单位 中国农业科学院农业资源与农业区划研究所

主要完成人员 毛克彪，李召良，覃志豪

起 止 时 间 2000 年 1 月—2016 年 1 月

获 奖 情 况 2017年中国农业科学院青年科技创新奖

内 容 提 要

面向国家对农业气象灾害和农情监测信息高效获取的迫切需求，创建了基于高—中—低分辨率遥感数据的地表温度、近地表空气温度、土壤水分、大气水汽含量和地表发射率等关键气象参数的反演技术，每个参数反演算法都具有原创性，均发表在国内外本领域最权威的刊物上，具有全球遥感监测业务应用能力。

通过利用同极化不同频率微波指数克服粗糙度的影响，建立了标准极化微波指数模型，提高了土壤水分反演精度。该方法通过比值法克服了以往需要同步获得大尺度地表温度的困难，且分析表明通过标准化发射率指数和标准化微波指数建立土壤水分反演方法精度较高，反演误差降低了10%。发明了一套利用GPS地面反射信号反演土壤水分的装置和方法，该装置和方法通过在地面一定高度架设信号接收器接受GPS地面反射信号，通过建立模型获得土壤水分与反射信号的关系全天候获得土壤水分参数，填补了国内在地面一定高度获得大面积土壤水分参数仪器的空白，解决了星上土壤水分验证时地面点观测难以匹配且缺乏代表性的难题。

首次提出利用地表温度和发射率作为先验知识，建立迭代优化的人工智能方法，从而使得直接从遥感数据大面积反演近地表空气温度的反演方法变得通用，误差大约1K。在此基础上，进一步利用大气水汽含量作为先验知识提高近地表空气温度反演精度。首次明确提出了地球温度变化是由地球在太阳系和银河系中的轨道位置决定的，二氧化碳在温度变化中不起决定作用，大气水汽和云以及植被的变化部分调节了二氧化碳的影响。提出利用卡曼滤波迭代优化方法估算窄波段、宽波段发射率及大气水汽含量，提高了反演精度。通过利用近红外波段克服以往算法需要从气象站点获得水汽的困难，提出了地表温度和发射率分步反演的新劈窗算法，简化了反演过程，提高了反演精度。针对多热红外波段数据，通过建立邻近波段发射率之间的关系，克服方程不足的困难，提出了同时反演地表温度和发射率的多波段反演算法，并利用神经网络进行优化计算，大大提高了反演精度和算法适用性。提出了全天候的被动微波数据的地表温度反演方法，解决了有云情况下热红外无法准确反演地表温度的难题。从而克服了以往需要同步测量地面温度数据的困难，并为不同传感器之间的参数反演的相互校正和综合利用多传感器的数据提供实际应用和理论依据，解决了有云情况下热红外无法准确反演地表温度的难题。

8. 基于纳米材料的饲料及畜产品中重点污染物分析新技术

主要完成单位 中国农业科学院农业质量标准与检测技术研究所

主要完成人员 王培龙，程 劼，王瑞国，李晓敏，张 维，李 阳，王 石

起 止 时 间 2011年1月—2015年12月

获 奖 情 况 2017年度中国农业科学院青年科技创新奖

内 容 提 要

近年来，“瘦肉精”、三聚氰胺等饲料及畜产品质量安全事件，给我国相关产业带

来巨大冲击。目前，针对饲料及畜产品中“瘦肉精”等重点污染物的速测技术存在灵敏度不高，稳定性不足，难以准确定量等问题；确证分析的样品前处理存在选择性不足等问题。本成果围绕上述关键技术难题，以纳米材料为核心，发明了系列速测新技术和分子识别新材料，创制了速测新产品，提升了饲料及畜产品中重点污染物的速测灵敏度和确证分析准确度，为饲料及畜产品安全监测提供了新思路和新技术。主要技术发明如下：①研制了上转换发光（UCP）等系列新型纳米材料，探明了标记/增强纳米材料与目标物之间“信号放大—量值分析”关系，揭示了类特异性分子识别机理机制，为破解饲料及畜产品质量安全速测技术中信号放大和确证技术中样品基质干扰等瓶颈难题奠定了基础。②创制了基于纳米材料的速测新技术，开发了速测新产品 8 种，攻克了饲料及畜产品现场检测灵敏度不足，假阳性率高的瓶颈难题，达到了“快检、易检、多靶标检测”的目的，为基层技术人员监测饲料及畜产品中重点污染物提供了新技术和新产品。③发明了系列分子印迹新材料，解决了确证分析受样品基质干扰，准确度低的关键技术问题。创制了微球、膜和磁性微球等系列分子印迹样品前处理材料 4 种，解决了类特性识别、模板渗漏和传质速率等技术难题，有效的消除样品基质干扰。基于多重机制杂质吸附原理，开发了新型高效复合净化材料，建立了饲料中 26 种霉菌毒素同步确证检测技术，满足了省部级饲料质检机构对饲料及畜产品中风险物质高精度确证的需求。获得授权国家发明专利 10 项，在 *Nano Today* 等国际权威期刊上发表研究论文 20 篇（影响因子大于 5 的 8 篇，单篇最高影响因子 19.098），累计他引次数为 209 次，单篇最高他引为 23 次；转让技术 3 项，转让经费 120 万元，产生直接经济效益 3 100余万元，且产品在市场上年增长率达到 10%；在辽宁省、山东省和河南省等饲料检测机构进行示范应用取得良好结果。

9. 基于 WebGIS 的区域作物灌溉预报技术及应用

主要完成单位 中国农业科学院农田灌溉研究所

主要完成人员 陈智芳，宋 妮，刘 浩，高 阳，王 峰，强小嫚，宁慧峰，米兆荣，王广帅，王景雷，孙景生，唐晓培，王鹏翔，龚学文，张 昊

起止时间 2011 年 1 月—2015 年 12 月

获奖情况 2017 年度中国农业科学院青年科技创新奖

内容提要

我国水资源严重短缺，降雨时空分布不均，大江南北干旱频发。干旱由于其出现次数多、持续时间长、影响范围大，已经成为制约我国农业可持续发展的主要瓶颈。而灌溉是缓解干旱和保障农业高产、稳产的重要措施，现阶段一些基层用水管理单位和上级决策部门，由于缺少精准的灌溉预报信息，来指导抗旱工作的提前决策与水量调配，造成了调水、配水不及时，从而贻误了最佳的灌溉时机，造成了较大的损失。因此，为了减少目前抗旱工作的盲目性，做到“未旱绸缪，遇旱不慌”，少一些“应急”性，我们

开展了灌溉预报研究。该研究对于指导灌区提前进行水资源调配，便于政府决策部门及时了解土壤墒情和旱情的动态变化，以及指导用户进行适时、科学灌溉，具有重要意义。

（1）建立了适用于黄淮海地区的参考作物需水量模型，提出了基于常规天气预报信息的作物需水量估算模式，提高了未来一段时期区域尺度作物需水量的估算精度，为区域农业水资源的科学调配提供了理论和技术支撑。

（2）提出了天气预报定性信息定量化的解析及表达方法，解决了中长期灌溉预报所需数据难以获取和表达的难题；并首次将模糊粗糙集和 D-S 证据理论应用于灌溉领域，提高了灌溉决策的可靠性。

（3）构建了基于 WebGIS 的区域作物灌溉预报系统平台，实现了天气预报信息的快速抓取和区域灌溉预报信息的网络化展示，为黄淮海地区不同层次用户的灌溉管理通过互联网提供在线服务和技术支撑。

依托该项成果，获得发明专利和计算机软件著作权各 3 项，发表论文 23 篇（其中 SCI 4 篇、EI 6 篇）。成果于 2013 年 10 月—2016 年 6 月，分别在河南和河北两省 4 个典型灌区进行了推广应用，取得了显著的节水增产效果，提高了灌区水资源调配的科学性和计划性，增强了农业生产的用水保障能力。

10. 貉品种选育及良繁配套关键技术研究应用

主要完成单位 中国农业科学院特产研究所

主要完成人员 徐　超，赵家平，吴　琼，宋兴超，华树芳，曹新艳，苏伟林，王凯英，肖永军，荣　敏，杨　颖，涂剑锋，夏述忠，王夕国，孙　见

起止时间 1990 年 1 月—2016 年 12 月

获奖情况 2017 年度中国农业科学院青年科技创新奖

内容提要

貉皮是世界裘皮业中的重要的大毛细皮毛皮原料，具有“实用、时尚、古典、高雅”的美誉。我国已成为世界最大的貉饲养国、貉皮加工国、貉皮制品消费国和出口国，围绕貉皮产业，已达近百亿元的规模。但我国新的貉资源利用率不足 10%；貉品种选育远远不能满足产业发展需要，生产性能低、量大质差；种貉利用程度较低，良种繁殖技术不成熟。本成果针对上述问题开展了貉资源收集保存、貉品种培育、提纯复壮、良种繁育关键技术，为我国毛皮动物产业发展提供科技支撑。

系统调查我国貉养殖情况，发现 4 个种类 15 个类型的遗传突变，收集经济价值的素材进行收集、整理突变资源 200 余只。历时 10 年培育出我国唯一彩貉品种——吉林白貉，围绕吉林白貉劣势开展了本品种的提纯复壮，建立黑眼白貉、黑貉种源基地 5 个，现存种源 4 000只。

明确了貉白色突变和黑色突变均为常染色体显性遗传。白色性状形成是由于黑色素

皮质激素受体（MC1R）和酪氨酸（TYR）的表达减少导致黑色素的合成受到抑制。

研制出貉专用采、输精架和采精方法，种公貉采精成功率达到 80%以上。研制出 1 种常温保存稀释液，保存貉精子存活时间达 58.72 小时。

制定了《乌苏里貉种貉》《貉生产性能测定技术规范》《貉人工授精技术操作规程》3 个地方标准，规范了良种繁育关键技术，为良繁体系建设提供了支撑。

本项目授权发明专利 1 项，实用新型专利 1 项；颁布地方标准 3 项，发表论文 17 篇（SCI 收录 1 篇），培养研究生 3 名。

项目成果已在河北、山东、吉林、辽宁、黑龙江等主产区进行了示范推广，据不完全统计，累计取皮 650 万张以上，推广应用创造直接经济价值达 1.3 亿元以上。在貉品种培育和良繁体系建设方面填补了相关领域空白，促进了养貉业的健康可持续发展。

中国农业科学院2017年获得其他形式成果统计表

单位名称	国家审定（认定、登记）农作物新品种	省级审定（认定、登记）农作物新品种	家畜新品种（系）	家畜遗传资源定	家禽新品种（系）	家禽遗传资源鉴定	新农药	新肥料	饲料添加剂新产品证书	一类新兽药	二类新兽药	三类新兽药	农机新产品	国家保健食品批号	食品许可证	食品设备许可证	国家标准	行业标准/地方标准	发明专利	其他专利	国外专利	获中国专利金奖专利	获中国专利优秀奖专利	软件著作权	植物新品种权	转基因动物安全证书	转基因植物安全证书	转基因微生物安全证书
作科所	2	19	0	0	0	0	0	0	0	0	0	0	0	0	0	0	0	19	66	5	0	0	0	3	32	0	0	0
植保所	0	0	0	0	0	0	9	5	0	0	0	0	0	0	0	0	27	3	46	14	0	0	1	10	0	0	2	0
蔬菜所	4	4	0	0	0	0	0	0	0	0	0	0	0	0	0	0	0	0	24	0	0	0	0	1	9	0	0	0
环发所	0	0	0	0	0	0	0	0	0	0	0	0	0	0	0	0	1	3	21	9	0	0	0	27	0	0	0	0
牧医所	1	0	0	0	0	0	0	0	0	0	0	0	0	0	0	0	6	5	32	57	1	0	0	29	1	0	0	0
蜜蜂所	0	0	0	1	0	0	0	0	0	0	0	0	0	0	0	0	2	3	5	39	0	0	0	33	0	0	0	0
饲料所	0	0	1	0	0	0	0	0	0	0	0	0	0	0	0	0	2	4	23	26	1	0	2	10	0	0	0	1
加工所	0	0	0	0	0	0	0	0	0	0	0	0	0	0	0	0	0	4	42	14	0	0	2	4	0	0	0	0
生物所	0	0	0	0	0	0	0	0	0	0	0	0	0	0	0	0	3	2	27	0	0	0	0	1	2	0	4	0
农经所	0	0	0	0	0	0	0	0	0	0	0	0	0	0	0	0	0	0	0	3	0	0	0	5	0	0	0	0

（续表）

单位名称	国家审定（认定、登记）农作物新品种	省级审定（认定、登记）农作物新品种	家畜新品种（系）	家畜遗传资源定	家禽新品种（系）	家禽遗传资源鉴定	新农药	新肥料	饲料添加剂新产品证书	一类新兽药	二类新兽药	三类新兽药	农机新产品	国家保健食品批号	食品许可证	食品设备许可证	国家标准	行业标准/地方标准	发明专利	其他专利	国外专利	获中国专利金奖专利	获中国专利优秀奖专利	软件著作权	植物新品种权	转基因动物安全证书	转基因植物安全证书	转基因微生物安全证书
资划所	0	1	0	0	0	0	0	0	0	0	0	0	0	0	0	0	2	8	36	30	0	0	1	109	0	0	0	0
信息所	0	0	0	0	0	0	0	0	0	0	0	0	0	0	0	0	0	0	29	29	0	0	0	43	0	0	0	0
质标所	0	0	0	0	0	0	0	0	0	0	0	0	0	0	0	0	24	1	11	3	0	0	0	17	0	0	0	0
食物营养所	0	0	0	0	0	0	0	0	0	0	0	0	0	0	0	0	0	2	0	4	0	0	0	10	0	0	0	0
灌溉所	0	0	0	0	0	0	0	0	0	0	0	0	0	0	0	0	0	0	5	19	1	0	0	19	0	0	0	0
水稻所	9	22	0	0	0	0	0	0	0	0	0	0	0	0	0	0	1	4	28	57	2	0	0	3	7	0	5	0
棉花所	2	11	0	0	0	0	0	0	0	0	0	0	0	0	0	0	0	16	19	24	0	0	0	38	6	0	48	0
油料所	9	2	0	0	0	0	0	2	0	0	0	0	0	0	1	0	5	17	19	2	6	0	0	9	6	0	0	0
麻类所	0	16	0	0	0	0	0	0	0	0	0	0	1	0	0	0	0	0	13	50	0	0	0	19	0	0	0	0
果树所	0	0	0	0	0	0	0	0	0	0	0	0	0	0	0	0	0	6	1	14	0	0	0	1	1	0	0	0
郑果所	5	15	0	0	0	0	0	0	0	0	0	0	0	0	0	0	0	4	6	11	0	0	0	39	14	0	0	0
茶叶所	0	1	0	0	0	0	0	0	0	0	0	0	0	0	0	0	6	1	18	16	0	0	1	1	9	0	0	0
哈尔滨兽医所	0	0	0	0	0	0	0	0	0	0	1	11	0	0	0	0	0	2	17	1	0	0	1	0	0	0	0	3
兰州兽医所	0	0	0	0	0	0	0	0	0	2	0	1	0	0	0	0	2	1	21	8	0	0	1	19	0	0	0	0

（续表）

单位名称	国家审定（认定、登记）农作物新品种	省级审定（认定、登记）农作物新品种	家畜新品种（系）	家畜遗传资源定	家禽新品种（系）	家禽遗传资源鉴定	新农药	新肥料	饲料添加剂新产品证书	一类新兽药	二类新兽药	三类新兽药	农机新产品	国家保健食品批号
兰州牧药所	1	0	0	0	0	0	0	0	0	0	0	2	0	0
上海兽医所	0	0	0	0	0	0	0	0	0	0	0	0	0	0
草原所	0	2	0	0	0	0	0	0	0	0	0	0	0	0
特产所	0	0	1	0	0	0	0	0	0	0	0	0	0	0
环保所	0	0	0	0	0	0	0	1	0	0	0	0	0	0
沼科所	0	0	0	0	0	0	0	0	0	0	0	0	0	0
农机化所	0	0	0	0	0	0	0	0	0	0	0	0	48	0
烟草所	1	0	0	0	0	0	0	0	0	0	0	0	0	0
基因所	0	0	0	0	0	0	0	0	0	0	0	0	0	0
合计	34	93	2	1	0	0	9	8	0	2	1	14	49	0

单位名称	食品许可证	食品设备许可证	国家标准	行业标准/地方标准	发明专利	其他专利	国外专利	获中国专利金奖专利	获中国专利优秀奖专利	软件著作权	植物新品种权	转基因动物安全证书	转基因植物安全证书	转基因微生物安全证书
兰州牧药所	0	0	0	2	33	166	0	0	0	2	0	0	0	0
上海兽医所	0	0	1	0	11	0	1	0	0	3	0	0	0	2
草原所	0	0	0	1	4	58	0	0	0	24	0	0	0	0
特产所	0	0	1	9	15	27	0	0	0	5	3	0	0	0
环保所	0	0	0	1	7	24	0	0	0	59	0	0	0	0
沼科所	0	0	0	0	16	87	0	0	0	1	0	0	0	0
农机化所	0	0	2	6	90	119	0	0	0	79	0	0	0	0
烟草所	0	0	10	0	12	7	0	0	0	9	0	0	0	0
基因所	0	0	0	0	3	0	0	0	0	12	0	0	0	0
合计	1	0	95	124	700	923	12	0	9	644	90	0	59	6

中国农业科学院2017年科技论文及著作统计表

单位名称	科技论文（篇）														科技著作（部）			
	总计	*SCIENCE*、*NATURE*、*CELL* 3个期刊论文数	其他顶尖SCI期刊论文（影响因子>20）论文数	JCR学科排名第一，或影响因子高于8的期刊论文数	JCR学科排名前5%期刊论文数	JCR学科排名前5%~25%期刊论文数	其他SCI、SSCI、EI期刊论文数	其他SCI、SSCI、EI期刊（中国农业科学院主办）论文数	中文核心期刊要目总览（北大版）学科排名前5%期刊论文总数	中文核心期刊要目总览（北大版）学科排名前5%期刊（中国农业科学院主办）论文数	中文核心期刊要目总览（北大版）学科排名前5%~25%期刊论文总数	中文核心期刊要目总览（北大版）学科排名前5%~25%期刊（中国农业科学院主办）论文数	其他英文期刊、其他中文核心期刊论文总数	其他英文期刊、其他中文核心期刊（中国农业科学院主办）论文数	总计	专著	编著	译著
作科所	394	0	0	13	28	139	50	34	1	45	13	1	20	50	14	5	7	2
植保所	373	1	0	7	12	140	64	9	15	7	15	31	42	30	16	12	4	0
蔬菜所	142	0	0	3	4	37	18	2	3	25	2	0	17	31	5	0	5	0
环发所	181	0	0	8	4	46	45	3	9	1	13	3	23	26	8	8	0	0
牧医所	292	0	0	1	13	69	54	13	23	4	50	6	34	25	17	1	15	1
蜜蜂所	61	0	0	2	6	19	22	0	0	3	4	0	2	3	24	5	18	1

（续表）

单位名称	科技论文（篇）													科技著作（部）			
	总计	*SCIENCE*、*NATURE*、*CELL* 3个期刊论文数	其他顶尖SCI期刊论文（影响因子>20）论文数	JCR学科排名第一，或影响因子高于8的期刊论文数	JCR学科排名前5%期刊论文数	JCR学科排名前5%~25%期刊论文数	其他SCI、SSCI、EI期刊论文数	其他SCI、SSCI、EI期刊（中国农业科学院主办）论文数	中文核心期刊要目总览（北大版）学科排名前5%期刊论文总数	中文核心期刊要目总览（北大版）学科排名前5%期刊（中国农业科学院主办）论文数	中文核心期刊要目总览（北大版）学科排名前5%~25%期刊论文总数	中文核心期刊要目总览（北大版）学科排名前5%~25%期刊（中国农业科学院主办）论文数	其他英文期刊、其他中文核心期刊论文总数	其他英文期刊、其他中文核心期刊（中国农业科学院主办）论文数	总计	专著	编著	译著
饲料所	194	0	0	0	9	40	32	1	10	0	51	0	48	3	6	0	6	0
加工所	190	0	0	1	29	35	117	5	0	1	1	0	1	0	15	8	6	1
生物所	71	0	0	5	4	26	12	1	0	2	2	0	5	14	4	1	2	1
农经所	162	0	0	0	1	3	6	1	4	1	19	0	88	39	18	16	1	1
资划所	361	0	0	14	10	75	75	17	14	11	10	31	57	47	38	30	7	1
信息所	124	0	0	0	0	1	21	2	1	2	3	1	50	43	19	9	8	2
质标所	111	0	0	2	6	28	32	1	0	1	3	0	17	21	3	1	2	0
食物营养所	50	0	1	0	0	4	4	0	1	0	3	0	13	24	2	1	1	0
灌溉所	59	0	0	0	0	7	15	1	0	3	5	0	8	20	0	0	0	0
水稻所	175	0	0	7	5	64	32	6	0	5	9	20	9	18	4	0	4	0

（续表）

单位名称	科技论文（篇）														科技著作（部）			
	总计	*SCIENCE*、*NATURE*、*CELL* 3个期刊论文数	其他顶尖SCI期刊论文（影响因子>20）论文数	JCR学科排名第一，或影响因子高于8的期刊论文数	JCR学科排名前5%期刊论文数	JCR学科排名前5%~25%期刊论文数	其他SCI、SSCI、EI期刊论文数	其他SCI、SSCI、EI期刊（中国农业科学院主办）论文数	中文核心期刊要目总览（北大版）学科排名前5%期刊论文论文总数	中文核心期刊要目总览（北大版）学科排名前5%期刊（中国农业科学院主办）论文数	中文核心期刊要目总览（北大版）学科排名前5%~25%期刊论文总数	中文核心期刊要目总览（北大版）学科排名前5%~25%期刊（中国农业科学院主办）论文数	其他英文期刊、其他中文核心期刊论文总数	其他英文期刊、其他中文核心期刊（中国农业科学院主办）论文数	总计	专著	编著	译著
棉花所	199	0	1	1	3	54	21	2	2	9	5	3	22	76	6	6	0	0
油料所	162	0	0	2	14	42	21	2	1	5	1	25	21	28	6	2	4	0
麻类所	85	0	0	1	1	12	16	0	2	0	5	0	25	23	2	0	2	0
果树所	102	0	0	0	0	8	9	0	2	13	5	6	22	37	6	0	6	0
郑果所	122	0	0	0	3	13	9	1	0	19	2	24	27	24	20	0	20	0
茶叶所	126	0	0	2	5	40	29	0	1	5	4	1	17	22	6	0	6	0
哈尔滨兽医所	172	0	0	1	11	42	51	4	1	0	2	33	22	5	0	0	0	0
兰州兽医所	139	0	0	2	1	39	59	0	4	0	3	11	20	0	5	0	1	4
兰州牧药所	89	0	0	0	3	12	18	1	1	0	8	1	42	3	15	2	13	0
上海兽医所	127	0	0	0	8	24	35	0	0	0	2	7	13	38	1	1	0	0

（续表）

单位名称	科技论文（篇）														科技著作（部）			
	总计	*SCIENCE*、*NATURE*、*CELL* 3个期刊论文数	其他顶尖SCI期刊论文（影响因子>20）论文数	JCR学科排名第一，或影响因子高于8的期刊论文数	JCR学科排名前5%期刊论文数	JCR学科排名前5%~25%期刊论文数	其他SCI、SSCI、EI期刊论文数	其他SCI、SSCI、EI期刊（中国农业科学院主办）论文数	中文核心期刊要目总览（北大版）学科排名前5%期刊论文总数	中文核心期刊要目总览（北大版）学科排名前5%期刊（中国农业科学院主办）论文数	中文核心期刊要目总览（北大版）学科排名前5%~25%期刊论文总数	中文核心期刊要目总览（北大版）学科排名前5%~25%期刊（中国农业科学院主办）论文数	其他英文期刊、其他中文核心期刊论文总数	其他英文期刊、其他中文核心期刊（中国农业科学院主办）论文数	总计	专著	编著	译著
草原所	64	0	0	0	1	6	11	0	14	1	2	0	20	9	18	13	5	0
特产所	149	0	0	2	0	11	23	0	9	1	28	5	43	27	12	1	11	0
环保所	142	0	0	4	5	17	30	0	5	0	24	23	23	11	10	7	3	0
沼科所	62	0	0	6	1	8	21	0	0	0	2	1	7	16	2	1	1	0
农机化所	134	0	0	0	2	3	47	0	0	0	3	0	63	16	12	3	8	1
烟草所	118	0	0	0	5	18	18	0	5	0	1	5	31	35	6	4	2	0
基因所	36	1	0	7	2	15	5	0	0	2	0	0	4	0	1	0	1	0
合　计	4 968	2	2	91	196	1 097	1 022	106	128	166	300	238	856	764	321	137	169	15

中国农业科学院 2017 年科技平台目录

一、科学研究平台

国家重大科技基础设施

序号	名称	依托单位
1	农作物基因资源与基因改良国家重大科学工程	作科所、生物所
2	国家农业生物安全科学中心	植保所
3	国家动物疫病防控高级别生物安全实验室	哈尔滨兽医所

国家重点实验室

序号	实验室名称	依托单位
1	植物病虫害生物学国家重点实验室	植保所
2	动物营养学国家重点实验室	牧医所、中国农业大学
3	水稻生物学国家重点实验室	水稻所、浙江大学
4	兽医生物技术国家重点实验室	哈尔滨兽医所
5	家畜疫病病原生物学国家重点实验室	兰州兽医所
6	棉花生物学国家重点实验室	棉花所、河南大学

省部共建国家重点实验室

序号	实验室名称	依托单位
1	特种经济动物分子生物学省部共建国家重点实验室	特产所

农业部综合性重点实验室

序号	实验室名称	依托单位
1	农业部作物基因资源与种质创制重点实验室	作科所
2	农业部麦类生物学与遗传育种重点实验室	作科所
3	农业部作物有害生物综合治理重点实验室	植保所

（续表）

序号	实验室名称	依托单位
4	农业部园艺作物生物学与种质创制（蔬菜）重点实验室	蔬菜所
5	农业部薯类作物生物学与遗传育种重点实验室	蔬菜所
6	农业部农业环境重点实验室	环发所
7	农业部动物营养与饲料学重点实验室	牧医所
8	农业部农产品加工重点实验室	加工所
9	农业部农业基因组学重点实验室（北京）	生物所
10	农业部植物营养与肥料重点实验室	资划所
11	农业部农产品质量安全重点实验室	质标所
12	农业部水稻生物学与遗传育种重点实验室	水稻所
13	农业部棉花生物学与遗传育种重点实验室	棉花所
14	农业部油料作物生物学与遗传育种重点实验室	油料所
15	农业部兽用药物与诊断技术重点实验室	哈尔滨兽医所
16	农业部动物病原生物学重点实验室	兰州兽医所
17	农业部农村可再生能源开发利用重点实验室	沼科所
18	农业部现代农业装备重点实验室	农机化所
19	农业部动物遗传育种与繁殖（家禽）重点实验室	牧医所
20	农业部特种经济动植物生物学与遗传育种重点实验室	茶叶所
21	农业部产地环境污染防控重点实验室	环保所
22	农业部农业遥感重点实验室	资划所

农业部专业性（区域性）重点实验室

序号	实验室名称	依托单位
1	农业部作物生理生态重点实验室	作科所
2	农业部北京大豆生物学重点实验室	作科所
3	农业部旱作节水农业重点实验室	环发所

（续表）

序号	实验室名称	依托单位
4	农业部设施农业节能与废弃物处理重点实验室	环发所
5	农业部授粉昆虫生物学重点实验室	蜜蜂所
6	农业部饲料生物技术重点实验室	饲料所
7	农业部农业微生物资源收集与保藏重点实验室	资划所
8	农业部面源污染控制重点实验室	资划所
9	农业部农业信息服务技术重点实验室	信息所
10	农业部作物需水与调控重点实验室	灌溉所
11	农业部生物毒素检测重点实验室	油料所
12	农业部麻类生物学与加工重点实验室	麻类所
13	农业部园艺作物种质资源利用重点实验室	果树所
14	农业部果树育种技术重点实验室	郑果所
15	农业部兽用药物创制重点实验室	兰州牧药所
16	农业部动物寄生虫学重点实验室	上海兽医所
17	农业部牧草资源与利用重点实验室	草原所
18	农业部特种经济动物遗传育种与繁殖重点实验室	特产所
19	农业部烟草生物学与加工重点实验室	烟草所
20	农业部蚕桑遗传改良重点实验室	蚕业所
21	农业部农产品质量安全生物性危害因子（植物源）控制重点实验室	植保所
22	农业部蔬菜质量安全控制重点实验室	蔬菜所
23	农业部农膜污染防控重点实验室	环发所
24	农业部休闲农业重点实验室	环发所
25	农业部牧草种质资源与育种重点实验室	牧医所
26	农业部奶及奶制品质量安全控制重点实验室	牧医所
27	农业部蜂产品质量安全控制重点实验室	蜜蜂所
28	农业部农产品质量安全收贮运管控重点实验室	加工所

（续表）

序号	实验室名称	依托单位
29	农业部农业转基因生物安全评价（分子）重点实验室	生物所
30	农业部草地资源监测评价与创新利用重点实验室	资划所
31	农业部农业大数据重点实验室	信息所
32	农业部节水灌溉工程重点实验室	灌溉所
33	农业部油料加工重点实验室	油料所
34	农业部茶叶质量安全控制重点实验室	茶叶所
35	农业部兽用化学药物及制剂学重点实验室	上海兽医所
36	农业部草地与农业生态遥感重点实验室	草原所
37	农业部草地生态与修复治理重点实验室	草原所
38	农业部经济动物疫病重点实验室	特产所
39	农业部农产品质量安全环境因子控制重点实验室	环保所
40	农业部农业基因数据分析重点实验室	深圳基因组所

农业部科学观测实验站

序号	实验站名称	依托单位
1	农业部新乡小麦高效育种技术科学观测实验站	作科所
2	农业部核辐射农业生物科学观测实验站	作科所
3	农业部锡林郭勒草原有害生物科学观测实验站	植保所
4	农业部桂林有害生物科学观测实验站	植保所
5	农业部廊坊农作物有害生物科学观测实验站	廊坊基地
6	农业部蔬菜作物基因资源与种质创制北京科学观测实验站	蔬菜所
7	农业部寿阳农业环境与作物高效用水科学观测实验站	环发所
8	农业部兽用药物与兽医生物技术北京科学观测实验站	牧医所
9	农业部华北动物遗传资源与营养科学观测实验站	牧医所

（续表）

序号	实验站名称	依托单位
10	农业部祁阳农业环境科学观测实验站	资划所
11	农业部呼伦贝尔农业环境科学观测实验站	资划所
12	农业部华北设施栽培与施肥科学观测实验站	德州实验站
13	农业部商丘农业环境科学观测实验站	灌溉所
14	农业部作物基因资源与种质创制浙江科学观测实验站	水稻所
15	农业部作物基因资源与种质创制辽宁科学观测实验站	果树所
16	农业部作物基因资源与种质创制河南科学观测实验站	郑果所
17	农业部草原畜牧业装备科学观测实验站	草原所
18	农业部大理农业环境科学观测实验站	环保所
19	农业部西南地区果树科学观测实验站	柑桔所

中国农业科学院重点开放实验室

序号	实验室名称	依托单位
1	中国农业科学院作物种质资源与生物技术重点开放实验室	作科所
2	中国农业科学院作物遗传改良与生物技术重点开放实验室	作科所
3	中国农业科学院粮棉油料作物生理与栽培重点开放实验室	作科所
4	中国农业科学院植物病虫害生物学重点开放实验室	植保所
5	中国农业科学院农药化学与应用技术重点开放实验室	植保所
6	中国农业科学院生物入侵与生物防治重点开放实验室	植保所
7	中国农业科学院杂草鼠害生物学与治理重点开放实验室	植保所
8	中国农业科学院园艺作物遗传与生理重点开放实验室	蔬菜所
9	中国农业科学院农业环境与气候变化重点开放实验室	环发所
10	中国农业科学院旱作节水农业重点开放实验室	环发所

（续表）

序号	实验室名称	依托单位
11	中国农业科学院动物营养学重点开放实验室	牧医所
12	中国农业科学院家养动物遗传资源与种质创新重点开放实验室	牧医所
13	中国农业科学院牧草遗传改良与利用重点开放实验室	牧医所
14	中国农业科学院授粉昆虫生物学重点开放实验室	蜜蜂所
15	中国农业科学院饲料生物技术重点开放实验室	饲料所
16	中国农业科学院农产品加工与质量控制重点开放实验室	加工所
17	中国农业科学院农作物分子生物学与生物技术重点开放实验室	生物所
18	中国农业科学院国家农业政策分析与决策支持系统重点开放实验室	农经所
19	中国农业科学院植物营养与养分循环重点开放实验室	资划所
20	中国农业科学院资源遥感与数字农业重点开放实验室	资划所
21	中国农业科学院土壤质量重点开放实验室	资划所
22	中国农业科学院智能化农业预警技术与系统重点开放实验室	信息所
23	中国农业科学院农产品质量与食物安全重点开放实验室	质标所
24	中国农业科学院农业水资源高效安全利用重点开放实验室	灌溉所
25	中国农业科学院水稻生物学重点开放实验室	水稻所
26	中国农业科学院棉花遗传改良重点开放实验室	棉花所
27	中国农业科学院油料作物生物学重点开放实验室	油料所
28	中国农业科学院茎纤维生物质与工程微生物重点开放实验室	麻类所
29	中国农业科学院麻类遗传育种与生物加工重点开放实验室	麻类所
30	中国农业科学院果树种质资源与育种技术重点开放实验室	果树所

（续表）

序号	实验室名称	依托单位
31	中国农业科学院果树生长发育与品质控制重点开放实验室	郑果所
32	中国农业科学院茶及饮料植物产品加工与质量控制重点开放实验室	茶叶所
33	中国农业科学院兽医生物技术重点开放实验室	哈尔滨兽医所
34	中国农业科学院动物流感重点开放实验室	哈尔滨兽医所
35	中国农业科学院人兽共患病重点开放实验室	哈尔滨兽医所、兰州兽医所
36	中国农业科学院家畜疫病病原生物学重点开放实验室	兰州兽医所
37	中国农业科学院草食动物疫病重点开放实验室	兰州兽医所
38	中国农业科学院新兽药工程重点开放实验室	兰州牧药所
39	中国农业科学院动物寄生虫学重点开放实验室	上海兽医所
40	中国农业科学院兽药安全评价与兽药残留研究重点开放实验室	上海兽医所
41	中国农业科学院草地资源生态重点开放实验室	草原所
42	中国农业科学院特种经济动物种质资源遗传改良重点开放实验室	特产所
43	中国农业科学院农业环境与农产品安全重点开放实验室	环保所
44	中国农业科学院能源微生物重点开放实验室	沼科所
45	中国农业科学院农业机械重点开放实验室	农机化所
46	中国农业科学院烟草遗传改良与生物技术重点开放实验室	烟草所
47	中国农业科学院柑桔学重点开放实验室	柑桔所
48	中国农业科学院北方糖料作物资源与利用重点开放实验室	甜菜所
49	中国农业科学院蚕桑遗传改良与生物技术重点开放实验室	蚕业所
50	中国农业科学院草地农业系统学重点开放实验室	草原生态所

（续表）

序号	实验室名称	依托单位
51	中国农业科学院家禽遗传资源评价与繁育重点开放实验室	家禽所
52	中国农业科学院甘薯遗传改良重点开放实验室	甘薯所

农业部农产品质量安全风险评估实验室

序号	实验室名称	依托单位
1	农业部稻米产品质量安全风险评估实验室（杭州）	水稻所
2	农业部谷物产品质量安全风险评估实验室（北京）	作科所
3	农业部油料产品质量安全风险评估实验室（武汉）	油料所
4	农业部奶产品质量安全风险评估实验室（北京）	牧医所
5	农业部蔬菜产品质量安全风险评估实验室（北京）	蔬菜所
6	农业部果品质量安全风险评估实验室（郑州）	郑果所
7	农业部果品质量安全风险评估实验室（兴城）	果树所
8	农业部柑桔产品质量安全风险评估实验室（重庆）	柑桔所
9	农业部茶叶产品质量安全风险评估实验室（杭州）	茶叶所
10	农业部蜂产品质量安全风险评估实验室（北京）	蜜蜂所
11	农业部农产品质量安全生物性危害因子风险评估实验室（北京）	植保所
12	农业部农产品质量安全环境因子风险评估实验室（天津）	环保所
13	农业部农产品加工质量安全风险评估实验室（北京）	加工所
14	农业部棉花产品质量安全风险评估实验室（安阳）	棉花所
15	农业部烟草质量安全风险评估实验室（青岛）	烟草所
16	农业部畜产品质量安全风险评估实验室（兰州）	兰州牧药所
17	农业部微生物产品质量安全风险评估实验室（北京）	资划所
18	农业部蚕桑产品及食用昆虫质量安全风险评估实验室（镇江）	蚕业所
19	农业部糖料产品质量安全风险评估实验室（哈尔滨）	甜菜所
20	农业部禽类产品质量安全风险评估实验室（扬州）	家禽所

（续表）

序号	实验室名称	依托单位
21	农业部动物产品质量安全生物性危害因子风险评估实验室（上海）	上海兽医所
22	农业部动物产品质量安全环境因子风险评估实验室（北京）	环发所
23	农业部植物纤维产品质量安全风险评估实验室（长沙）	麻类所
24	农业部特种动植物产品质量风险评估实验室（长春）	特产所
25	农业部农产品质量与营养功能风险评估实验室（北京）	食物营养所
26	农业部农产品质量安全肥料源性因子风险评估实验室（北京）	资划所
27	农业部动物产品质量安全饲料源性因子风险评估实验室（北京）	饲料所
28	农业部农产品质量安全水环境因子风险评估实验室（新乡）	灌溉所
29	农业部草产品质量安全风险评估实验室（呼和浩特）	草原所
30	农业部生物质发酵产品质量安全风险评估实验室	沼科所

中国农业科学院农产品质量安全风险评估研究中心

序号	中心名称	依托单位
1	中国农业科学院谷物产品质量安全风险评估研究中心	作科所
2	中国农业科学院农产品农药残留与生物危害风险评估研究中心	植保所
3	中国农业科学院蔬菜产品质量安全风险评估研究中心	蔬菜所
4	中国农业科学院奶产品质量安全风险评估研究中心	牧医所
5	中国农业科学院蜂产品质量安全风险评估研究中心	蜜蜂所
6	中国农业科学院农产品加工质量安全风险评估研究中心	加工所

（续表）

序号	中心名称	依托单位
7	中国农业科学院食用菌质量安全风险评估研究中心	资划所
8	中国农业科学院稻米产品质量安全风险评估研究中心	水稻所
9	中国农业科学院棉花质量安全风险评估研究中心	棉花所
10	中国农业科学院油料产品质量安全风险评估研究中心	油料所
11	中国农业科学院麻类产品质量安全风险评估研究中心	麻类所
12	中国农业科学院兴城果品质量安全风险评估研究中心	果树所
13	中国农业科学院郑州果品质量安全风险评估研究中心	郑果所
14	中国农业科学院茶叶质量安全风险评估研究中心	茶叶所
15	中国农业科学院兰州畜产品质量安全风险评估研究中心	兰州牧药所
16	中国农业科学院特种经济动植物产品质量安全风险评估研究中心	特产所
17	中国农业科学院农产品产地环境风险评估研究中心	环保所
18	中国农业科学院烟草产品质量安全风险评估研究中心	烟草所
19	中国农业科学院柑桔质量安全风险评估研究中心	柑桔所
20	中国农业科学院蚕业产品质量安全风险评估研究中心	蚕业所
21	中国农业科学院农用水质量安全风险评估研究中心	灌溉所
22	中国农业科学院沼气及发酵产品质量安全风险评估研究中心	沼科所
23	中国农业科学院动物产品质量安全饲料源性因子风险评估研究中心	饲料所
24	中国农业科学院农产品质量安全肥料源性因子风险评估研究中心	资划所
25	中国农业科学院草业产品质量安全风险评估研究中心	草原所

二、技术创新平台

国家工程实验室

序号	实验室名称	依托单位
1	作物分子育种国家工程实验室	作科所
2	作物细胞育种国家工程实验室	蔬菜所
3	棉花转基因育种国家工程实验室	棉花所
4	耕地培育技术国家工程实验室	资划所
5	作物高效用水与抗灾减损国家工程实验室	环发所

国家工程技术研究中心

序号	工程中心名称	依托单位
1	国家昌平综合农业工程技术研究中心	中国农业科学院
2	国家饲料工程技术研究中心	中国农业大学、饲料所
3	国家油菜工程技术研究中心	华中农业大学、油料所
4	国家茶产业工程技术研究中心	茶叶所
5	国家柑桔工程技术研究中心	柑桔所

国家工程研究中心

序号	研究中心名称	依托单位
1	动物用生物制品国家工程研究中心	哈尔滨兽医所
2	生物饲料开发国家工程研究中心	饲料所

中国农业科学院工程技术研究中心

序号	研究中心名称	依托单位
1	中国农业科学院粮食作物育种工程技术研究中心	作科所
2	中国农业科学院生物防治工程技术研究中心	植保所
3	中国农业科学院花卉工程技术研究中心	蔬菜所
4	中国农业科学院农业环境工程技术研究中心	环发所
5	中国农业科学院家畜品种改良与繁育工程技术研究中心	牧医所

（续表）

序号	研究中心名称	依托单位
6	中国农业科学院蜂产品工程技术研究中心	蜜蜂所
7	中国农业科学院饲料安全工程技术研究中心	饲料所
8	中国农业科学院农产品加工工程技术研究中心	加工所
9	中国农业科学院作物生物技术工程技术研究中心	生物所
10	中国农业科学院新型肥料工程技术研究中心	资划所
11	中国农业科学院农业监测预警与大数据工程技术研究中心	信息所
12	中国农业科学院农产品质量安全工程技术研究中心	质标所
13	中国农业科学院双蛋白工程技术研究中心	食物营养所
14	中国农业科学院节水灌溉工程技术研究中心	灌溉所
15	中国农业科学院超级稻工程技术研究中心	水稻所
16	中国农业科学院棉花工程技术研究中心	棉花所
17	中国农业科学院油料作物分子育种工程技术研究中心	油料所
18	中国农业科学院麻类工程技术研究中心	麻类所
19	中国农业科学院落叶果树工程技术研究中心	果树所
20	中国农业科学院果树瓜类种苗工程技术研究中心	郑果所
21	中国农业科学院茶叶加工工程技术研究中心	茶叶所
22	中国农业科学院动物疫病诊断技术工程技术研究中心	哈尔滨兽医所
23	中国农业科学院草食动物疫病防控工程技术研究中心	兰州兽医所
24	中国农业科学院羊育种工程技术研究中心	兰州牧药所
25	中国农业科学院动物热带疫病防控技术研究中心	上海兽医所
26	中国农业科学院草原生产力保育工程技术研究中心	草原所
27	中国农业科学院特种动物饲养与饲料工程技术研究中心	特产所
28	中国农业科学院农产品产地环境保护与修复工程技术研究中心	环保所

（续表）

序号	研究中心名称	依托单位
29	中国农业科学院沼气工程技术研究中心	沼科所
30	中国农业科学院农作物收获装备工程技术研究中心	农机化所
31	中国农业科学院烟草工程技术研究中心	烟草所
32	中国农业科学院全基因组育种设计工程技术研究中心	深圳基因组所

国家农作物、畜禽改良中心（分中心）

序号	改良中心（分中心）名称	依托单位
1	国家小麦改良中心	作科所
2	国家大豆改良北京分中心	作科所
3	国家蔬菜改良中心	蔬菜所
4	国家花卉改良中心	蔬菜所
5	国家马铃薯改良中心华北分中心	蔬菜所
6	国家畜禽分子育种中心	牧医所
7	国家牛奶质量改良中心	牧医所
8	国家水稻改良中心	水稻所
9	国家棉花改良中心	棉花所
10	国家油料作物改良中心	油料所
11	国家麻类作物育种中心	麻类所
12	国家苹果育种中心	果树所
13	国家桃、葡萄改良中心	郑果所
14	国家茶树改良中心	茶叶所
15	国家烟草改良中心	烟草所
16	国家柑桔品种改良中心	柑桔所
17	国家糖料改良中心	甜菜所
18	国家蚕桑育种中心	蚕业所
19	国家禽类实验动物种子中心	哈尔滨兽医所
20	国家牧草改良中心	草原所
21	国家食用菌改良中心	区划所
22	国家瓜果改良中心	郑果所

现代农业产业技术体系技术研发中心

序号	产业	研发中心名称	依托单位
1	水稻	国家水稻产业技术研发中心	水稻所
2	玉米	国家玉米产业技术研发中心	作科所
3	小麦	国家小麦产业技术研发中心	作科所
4	大豆	国家大豆产业技术研发中心	作科所
5	大麦青稞	国家大麦青稞产业技术研发中心	作科所
6	谷子糜子	国家谷子糜子产业技术研发中心	作科所
7	食用豆	国家食用豆产业技术研发中心	作科所
8	马铃薯	国家马铃薯产业技术研发中心	蔬菜所
9	油菜	国家油菜产业技术研发中心	油料所
10	棉花	国际棉花产业技术研发中心	棉花所
11	麻类	国家麻类产业技术研发中心	麻类所
12	茶叶	国家茶叶产业技术研发中心	茶叶所
13	食用菌	国家食用菌产业技术研发中心	资划所
14	大宗蔬菜	国家大宗蔬菜产业技术研发中心	蔬菜所
15	肉鸡	国家肉鸡产业技术研发中心	牧医所
16	水禽	国家水禽产业技术研发中心	牧医所
17	蜂	国家蜂产品技术研发中心	蜜蜂所
18	绿肥	国家绿肥技术研发中心	资化所

现代农业产业技术体系功能研究室

序号	产业	研究室名称	依托单位
1	水稻	育种与繁育研究室	水稻所
2	水稻	栽培与土肥研究室	水稻所
3	小麦	病虫害防控研究室	植保所
4	玉米	病虫草害防控研究室	植保所
5	大豆	遗传改良研究室	油料所
6	大麦青稞	机械化研究室	农机化所
7	大麦青稞	加工研究室	质标所
8	大麦青稞	产业经济研究室	农经所
9	食用豆	病虫草害防控研究室	作科所

（续表）

序号	产业	研究室名称	依托单位
10	食用豆	机械化研究室	农机化所
11	食用豆	加工研究室	加工所
12	食用豆	产业经济研究室	信息所
13	马铃薯	栽培与土肥研究室	蔬菜所
14	马铃薯	产业经济研究室	资化所
15	甘薯	机械化研究室	农机化所
16	油菜	病虫草害防控研究室	油料所
17	油菜	机械化研究室	农机化所
18	油菜	加工研究室	油料所
19	花生	病虫草害防控研究室	油料所
20	花生	机械化研究室	农机化所
21	花生	加工研究室	加工所
22	特色油料	加工研究室	油料所
23	棉花	栽培与土肥研究室	棉花所
24	棉花	病虫草害防控研究室	植保所
25	麻类	遗传改良研究室	麻类所
26	麻类	机械化研究室	农机化所
27	麻类	加工研究室	麻类所
28	蚕桑	家蚕遗传改良与饲养研究室	蚕业所
29	蚕桑	病虫害防控研究室	蚕业所
30	茶叶	病虫草害防控研究室	茶叶所
31	茶叶	机械化研究室	农机化所
32	茶叶	产业经济研究室	茶叶所
33	食用菌	遗传改良研究室	资化所
34	食用菌	机械化研究室	农机化所
35	绿肥	病虫草害防控研究室	植保所
36	绿肥	机械化研究室	农机化所
37	绿肥	产业经济研究室	资化所
38	大宗蔬菜	遗传改良研究室	蔬菜所

（续表）

序号	产业	研究室名称	依托单位
39	大宗蔬菜	病虫害防控研究室	蔬菜所
40	特色蔬菜	病虫害防控研究室	蔬菜所
41	特色蔬菜	加工研究室	质标所
42	西甜瓜	栽培与土肥研究室	郑果所
43	西甜瓜	病虫草害防控研究室	植保所
44	西甜瓜	机械化研究室	农机化所
45	西甜瓜	产业经济研究室	农经所
46	苹果	遗传改良研究室	果树所
47	梨	加工研究室	果树所
48	葡萄	遗传改良研究室	郑果所
49	葡萄	栽培与土肥研究室	果树所
50	葡萄	病虫草害防控研究室	植保所
51	桃	栽培与土肥研究室	郑果所
52	牧草	遗传改良研究室	牧医所
53	牧草	产业经济研究室	农经所
54	奶牛	疾病防控研究室	兰州牧药所
55	奶牛	生产与环境控制研究室	牧医所
56	肉牛牦牛	遗传改良研究室	牧医所
57	肉羊	营养与饲料研究室	饲料所
58	肉羊	疾病防控研究室	兰州兽医所
59	肉羊	加工研究室	加工所
60	绒毛用羊	疾病防控研究室	兰州兽医所
61	蛋鸡	营养与饲料研究室	牧医所
62	蛋鸡	产业经济研究室	农经所
63	肉鸡	疾病防控研究室	哈尔滨兽医所
64	肉鸡	生产与环境控制研究室	牧医所
65	肉鸡	产业经济研究室	农经所
66	蜂	遗传改良研究室	蜜蜂所
67	蜂	产业经济研究室	农经所

现代农业产业技术体系综合试验站

序号	产业	试验站名称	依托单位
1	水稻	祁阳综合试验站	资划所
2	小麦	德州综合试验站	资划所
3	麻类	沅江苎麻试验站	麻类所
4	苹果	葫芦岛综合试验站	果树所
5	葡萄	左家综合试验站	特产所
6	葡萄	豫西与黄土高原综合试验站	郑果所
7	桃	郑州综合试验站	郑果所
8	牧草	鄂尔多斯综合试验站	草原所

国家农产品加工技术研发中心、分中心

序号	中心名称	依托单位
1	国家农产品加工技术研发中心	加工所
2	国家油菜籽加工技术研发专业分中心	油料所
3	国家杂粮加工技术研发专业分中心	作科所
4	国家饲料加工技术研发专业分中心	饲料所
5	国家柑桔加工技术研发专业分中心	柑桔所
6	国家茶叶加工技术研发专业分中心	茶叶所
7	国家蜂产品加工技术研发专业分中心	蜜蜂所
8	国家人参鹿茸加工技术研发专业分中心	特产所

三、基础支撑平台

国家科技基础条件平台

序号	平台名称	依托单位
1	国家农作物种质资源平台	作科所
2	国家微生物资源平台	资划所
3	家养动物种质资源平台	牧医所
4	农业科学数据共享中心	信息所

国家级野外台站

序号	野外台站名称	依托单位
1	国家农作物种质资源野外观测研究圃网	作科所
2	国家土壤肥力与肥料效益监测站网	资划所
3	南方红黄壤地区农业生态环境监测试验站	资划所
4	内蒙古呼伦贝尔草原生态系统国家野外科学观测研究站	资划所
5	河南商丘农田生态系统国家野外科学观测研究站	灌溉所

农业部野外科学观测试验站

序号	野外台站名称	依托单位
1	农业部迁西燕山生态环境重点野外科学观测试验站	资划所
2	农业部洛阳旱地农业重点野外科学观测试验站	资划所
3	农业部呼伦贝尔草甸草原生态环境重点野外科学观测试验站	资划所
4	农业部祁阳红壤生态环境重点野外科学观测试验站	资划所
5	农业部昌平潮褐土生态环境重点野外科学观测试验站	资划所
6	农业部德州农业资源与生态环境重点野外科学观测试验站	资划所
7	农业部长白山野生生物资源重点野外科学观测试验站	特产所
8	农业部杭州茶树资源重点野外科学观测试验站	茶叶所
9	农业部寿阳旱地农业重点野外科学观测试验站	环发所
10	农业部鄂尔多斯沙地草原生态环境重点野外科学观测试验站	草原所
11	农业部沙尔沁牧草资源重点野外科学观测试验站	草原所
12	农业部玉树高寒草原资源与生态环境重点野外科学观测试验站	草原所
13	农业部沅江麻类资源重点野外科学观测试验站	麻类所
14	农业部廊坊有害生物防治重点野外科学观测试验站	植保所
15	农业部锡林浩特草原有害生物防治重点野外科学观测试验站	植保所

（续表）

序号	野外台站名称	依托单位
16	农业部兴城北方落叶果树资源重点野外科学观测试验站	果树所
17	农业部武昌花生资源重点野外科学观测试验站	油料所
18	农业部商丘农业资源与生态环境重点野外科学观测试验站	灌溉所
19	农业部兰州黄土高原生态环境重点野外科学观测试验站	兰州牧药所
20	农业部昌平畜禽资源重点野外科学观测试验站	牧医所
21	农业部新乡矮败小麦重点野外科学观测试验站	作科所
22	农业部大理农业生态环境重点野外科学观测试验站	环保所
23	农业部镇江桑树资源重点野外科学观测试验站	蚕业所
24	农业部徐州甘薯资源重点野外科学观测试验站	甘薯所

中国农业科学院野外科学观测试验站

序号	野外台站名称	依托单位
1	中国农业科学院祁阳红壤生态环境野外科学观测试验站	资划所
2	中国农业科学院呼伦贝尔草甸草原生态环境野外科学观测试验站	资划所
3	中国农业科学院洛阳旱地农业野外科学观测试验站	资划所
4	中国农业科学院迁西燕山生态环境野外科学观测试验站	资划所
5	中国农业科学院昌平潮褐土生态环境野外科学观测试验站	资划所
6	中国农业科学院德州农业资源与生态环境野外科学观测试验站	资划所
7	中国农业科学院长白山野生生物资源野外科学观测试验站	特产所
8	中国农业科学院杭州茶树资源野外科学观测试验站	茶叶所

（续表）

序号	野外台站名称	依托单位
9	中国农业科学院寿阳旱地农业野外科学观测试验站	环发所
10	中国农业科学院鄂尔多斯沙地草原生态环境野外科学观测试验站	草原所
11	中国农业科学院沙尔沁牧草资源野外科学观测试验站	草原所
12	中国农业科学院玉树高寒草原资源与生态环境野外科学观测试验站	草原所
13	中国农业科学院沅江麻类资源野外科学观测试验站	麻类所
14	中国农业科学院廊坊有害生物防治野外科学观测试验站	植保所
15	中国农业科学院锡林浩特草原有害生物防治野外科学观测试验站	植保所
16	中国农业科学院兴城北方落叶果树资源野外科学观测试验站	果树所
17	中国农业科学院武昌花生资源野外科学观测试验站	油料所
18	中国农业科学院商丘农业资源与生态环境野外科学观测试验站	灌溉所
19	中国农业科学院兰州黄土高原生态环境野外科学观测试验站	兰州牧药所
20	中国农业科学院昌平畜禽资源野外科学观测试验站	牧医所
21	中国农业科学院新乡矮败小麦野外科学观测试验站	作科所
22	中国农业科学院大理农业生态环境野外科学观测试验站	环保所
23	中国农业科学院镇江桑树资源野外科学观测试验站	蚕业所
24	中国农业科学院徐州甘薯资源野外科学观测试验站	甘薯所
25	中国农业科学院新乡有害生物防治野外科学观测试验站	植保所
26	中国农业科学院天水有害生物防治野外科学观测试验站	植保所
27	中国农业科学院桂林有害生物防治野外科学观测试验站	植保所

（续表）

序号	野外台站名称	依托单位
28	中国农业科学院廊坊数字水肥野外科学观测试验站	资划所
29	中国农业科学院密云生态农业野外科学观测试验站	资划所
30	中国农业科学院鄂托克旗牧草资源与育种野外科学观测试验站	牧医所
31	中国农业科学院杭州水稻种质资源野外科学观测试验站	水稻所
32	中国农业科学院长江中下游棉花野外科学观测试验站	棉花所
33	中国农业科学院平安油菜育种野外科学观测试验站	油料所
34	中国农业科学院进贤红壤地区油料作物野外科学观测试验站	油料所
35	中国农业科学院汉川转基因油料作物环境安全野外科学观测试验站	油料所
36	中国农业科学院武清转基因生物农田生态系统影响野外科学观测试验站	环保所
37	中国农业科学院藁城农业生态环境野外科学观测试验站	环保所
38	中国农业科学院彭州农产品产地环境野外科学观测试验站	环保所
39	中国农业科学院南京农业机械野外科学观测试验站	农机化所
40	中国农业科学院郑州果树瓜类野外科学观测试验站	郑果所
41	中国农业科学院阿克苏果树瓜类野外科学观测试验站	郑果所
42	中国农业科学院青岛烟草资源与环境野外科学观测试验站	烟草所
43	中国农业科学院张掖牧草及生态农业野外科学观测试验站	兰州牧药所
44	中国农业科学院苏尼特温带荒漠草原资源与生态环境野外科学观测试验站	草原所
45	中国农业科学院太仆寺旗草地资源生态监测与评价野外科学观测试验站	草原所
46	中国农业科学院葫芦岛落叶果树生理生态及有害生物野外科学观测试验站	果树所

（续表）

序号	野外台站名称	依托单位
47	中国农业科学院新乡农业水土环境野外科学观测试验站	灌溉所
48	中国农业科学院廊坊蔬菜资源野外科学观测试验站	蔬菜所
49	中国农业科学院信息农业野外科学观测试验站	信息所
50	中国农业科学院数字化文献信息服务系统野外科学观测试验站	信息所
51	中国农业科学院岳阳农业环境野外科学观测试验站	环发所
52	中国农业科学院那曲高寒草原生态与气候变化野外科学观测试验站	环发所
53	中国农业科学院密云农业环境野外科学观测试验站	环发所
54	中国农业科学院共和农业环境野外科学观测试验站	环发所
55	中国农业科学院兰州农业环境野外科学观测试验站	环发所、兰州牧药所
56	中国农业科学院永宁农业环境野外科学观测试验站	环发所
57	中国农业科学院大荔农业环境野外科学观测试验站	环发所
58	中国农业科学院崇明农业环境野外科学观测试验站	环发所
59	中国农业科学院东营农业环境野外科学观测试验站	环发所
60	中国农业科学院西昌烟草资源与环境野外科学观测试验站	烟草所

国家农业科学观测实验站

序号	实验站名称	依托单位
1	国家农业科学土壤质量德州观测实验站	资划所
2	国家农业科学土壤质量祁阳观测实验站	资划所
3	国家农业科学土壤质量昌平观测实验站	资划所
4	国家农业科学土壤质量洛龙观测实验站	资划所
5	国家农业科学植物保护甘谷观测实验站	植保所

（续表）

序号	实验站名称	依托单位
6	国家农业科学种质资源管城观测实验站	郑果所
7	国家农业科学农业环境寿阳观测实验站	环发所
8	国家农业科学土壤质量西湖观测实验站	茶叶所

国家农作物种质库

序号	种质库名称	依托单位
1	国家作物种质长期库	作科所
2	国家农作物种质保存中心	作科所
3	农业部植物新品种保护办公室植物新品种保藏中心	作科所
4	国家蔬菜中期库	蔬菜所
5	国家水稻中期库	水稻所
6	国家棉花中期库	棉花所
7	国家油料作物中期库	油料所
8	国家麻类作物中期库	麻类所
9	国家西甜瓜中期库	郑果所
10	国家牧草中期库	草原所
11	国家烟草中期库	烟草所
12	国家甜菜中期库	甜菜所

国家农作物种质圃

序号	种质圃名称	依托单位
1	国家种质北京多年生小麦野生近缘植物圃	作科所
2	国家无性繁殖多年生蔬菜种质圃（北京）	蔬菜所
3	国家种质海南野生棉圃	棉花所
4	国家种质武昌野生花生圃	油料所
5	国家种质沅江苎麻圃	麻类所
6	国家果树种质兴城梨、苹果圃	果树所
7	国家果树种质郑州桃、葡萄圃	郑果所
8	国家种质杭州茶树圃	茶叶所

（续表）

序号	种质圃名称	依托单位
9	国家种质多年生牧草圃	草原所
10	国家种质左家山葡萄圃	特产所
11	国家果树种质重庆柑桔圃	柑桔所
12	国家种质镇江桑树圃	蚕业所
13	国家种质徐州甘薯试管苗库	甘薯所

国家农业检测基准实验室

序号	质检中心名称	依托单位
1	国家农业检测基准实验室（农药残留）	环保所
2	国家农业检测基准实验室（生物毒素）	油料所
3	国家农业检测基准实验室（饲料非法添加物）	质标所
4	国家农业检测基准实验室（奶及奶制品污染物）	牧医所
5	国家农业检测基准实验室（重金属）	水稻所

国家质量监督检验中心

序号	质检中心名称	依托单位
1	国家饲料质量监督检验中心（北京）	质标所
2	国家化肥质量监督检验中心（北京）	资划所
3	国家植保机械质量监督检验中心	农机化所

部级产品质量监督检验测试中心

序号	质检中心名称	依托单位
1	农业部谷物品质监督检验测试中心	作科所
2	农业部农药应用评价监督检验测试中心（北京）	植保所
3	农业部植物生态环境安全监督检验测试中心（北京）	植保所
4	农业部蔬菜品质监督检验测试中心（北京）	蔬菜所
5	农业部畜牧环境设施设备质量监督检验测试中心（北京）	环发所
6	农业部奶及奶制品质量监督检验测试中心（北京）	牧医所

（续表）

序号	质检中心名称	依托单位
7	农业部蜂产品质量监督检验测试中心（北京）	蜜蜂所
8	农业部农产加工品质量监督检验测试中心	加工所
9	农业部微生物肥料和食用菌菌种质量监督检验测试中心	资划所
10	农业部农产品质量安全监督检验测试中心	质标所
11	水利部节水灌溉设备质量检测中心	灌溉所
12	农业部稻米及制品质量监督检验测试中心	水稻所
13	农业部转基因植物环境安全监督检验测试中心（杭州）	水稻所
14	农业部棉花品质监督检验测试中心	棉花所
15	农业部转基因植物环境安全监督检验测试中心（安阳）	棉花所
16	农业部油料及制品质量监督检验测试中心	油料所
17	农业部转基因植物环境安全监督检验测试中心（武汉）	油料所
18	农业部麻类产品质量监督检验测试中心	麻类所
19	农业部果品及苗木质量监督检验测试中心（兴城）	果树所
20	农业部果品及苗木质量监督检验测试中心（郑州）	郑果所
21	农业部茶叶质量监督检验测试中心	茶叶所
22	农业部实验动物质量监督检验测试中心（哈尔滨）	哈尔滨兽医所
23	农业部动物毛皮及制品质量监督检验测试中心（兰州）	兰州牧药所
24	农业部特种经济动植物及产品质量监督检验测试中心	特产所
25	农业部环境质量监督检验测试中心	环保所
26	农业部植物生态环境监督检验测试中心（天津）	环保所
27	农业部沼气产品及设备质量监督检验测试中心	沼科所
28	农业部烟草产业产品质量监督检验测试中心	烟草所

（续表）

序号	质检中心名称	依托单位
29	农业部植物及植物用微生物生态环境安全监督检验测试中心（北京）	生物所
30	农业部柑桔及苗木质量监督检验测试中心	柑桔所
31	农业部甜菜品质监督检验测试中心	甜菜所
32	农业部蚕桑产业产品质量监督检验测试中心（镇江）	蚕业所

国家参考实验室

序号	实验室名称	依托单位
1	国家牛传染性胸膜肺炎参考实验室	哈尔滨兽医所
2	国家禽流感参考实验室	哈尔滨兽医所
3	国家口蹄疫参考实验室	兰州兽医所
4	国家动物血吸虫病参考实验室	上海兽医所
5	国家马鼻疽参考实验室	哈尔滨兽医所
6	国家马传染性贫血参考实验室	哈尔滨兽医所
7	国家动物包虫病专业实验室	兰州兽医所

获 OIE、FAO 认可的参考实验室、中心

序号	实验室名称	依托单位
1	OIE 禽流感参考实验室	哈尔滨兽医所
2	OIE 马传染性贫血参考实验室	哈尔滨兽医所
3	OIE 马流感 twinning 实验室	哈尔滨兽医所
4	OIE 口蹄疫参考实验室	兰州兽医所
5	OIE 禽传染性法氏囊病 twinning 实验室	哈尔滨兽医所
6	OIE 人兽共患病亚太区协作中心	哈尔滨兽医所
7	OIE 羊泰勒虫病参考实验室	兰州兽医所
8	FAO 动物流感参考中心	哈尔滨兽医所
9	FAO 沼气技术研究培训参考中心	沼科所

国家农业科技创新联盟 2017 年工作报告

国家农业科技创新联盟理事长　唐华俊

尊敬的张部长、杜部长，各位代表，同志们：

大家好！按照会议安排，我代表国家农业科技创新联盟理事会作 2017 年工作报告。

一、开展的主要工作

一年来，国家农业科技创新联盟认真贯彻落实习近平总书记关于科技创新的一系列新思想、新论断、新要求，按照农业部党组中心工作部署和韩长赋部长在 2016 年联盟工作会上的讲话精神，围绕农业供给侧结构性改革、农业绿色发展和创新驱动发展等重大需求，以推动重大任务落实为抓手，以 20 个标杆联盟建设为重点，强化机制创新和督导检查，推进联盟各项工作顺利实施。

一是明确年度工作重点。联盟工作是农业部确定的年度重点工作任务之一。为推进联盟工作开展，围绕今年农业重大科技需求，我们组织开展了重点任务调研，经联盟领导小组会议研究，确定了 20 项重点任务，以此推进 20 个标杆联盟建设。按照有任务、有目标、有团队、有经费、有考核的“五有”要求，细化制订了实施方案，有效推进联盟重点任务的实施。

二是整合资源推进落实。一年来，61 个专业、产业和区域联盟共组织 300 多家单位的近千个团队，整合各类资金近 18 亿元，开展了技术集成、落地示范、推广应用、技术服务咨询等协同创新任务近 400 项，推动联盟各项工作落到实处。其中，20 项标杆联盟组织 135 个团队 1 743人，整合各类科技资金 6.5 亿元，创新集成和示范了 76 套技术模式，组织召开 58 场现场会，发挥了很好的引领示范作用。

三是创新运行机制。在农业部的指导下，各联盟大胆实践，探索形成了符合联盟自身特点的运行机制。水稻分子育种、农业废弃物循环利用和渔业装备等联盟，建立了企业化运行的研究院和社会化服务平台，形成了“实体化”运行机制；棉花、奶业等专业联盟，将产业上中下游创新力量聚合到一起，形成了科研与生产“一体化”运行机制；农业大数据、农作物种质资源和农业基因组等专业联盟，加强科技资源共建共享，提高各类科技资源的配置效率和整体效益，形成了“共建共享”机制。

二、取得的成效

一年来，联盟以机制创新促进科技创新，在重大技术攻关、支撑产业转型升级和区域农业发展等方面，取得一系列新进展、新成效。

一是攻克了一批质量兴农关键技术，创制了一批技术产品。联盟以农业供给侧结构性改革为主线，以质量兴农为重点，探索科企深度合作机制，加强全产业链关键技术协同创新，引领支撑了农业提质增效和转型发展。棉花产业联盟示范和推广多套植棉新技术，实现优质棉订单面积40余万亩，订单产量5万多吨，商品棉品质提高1~2级，订单棉花加价1 500元/吨，单位面积增收100元/亩。奶业联盟按照“技术先行、标准引领、企业跟进”的技术路线，研发了生乳用途分级技术，制定了优质乳生产加工标准，并在23家乳品企业中示范应用，使优质生鲜奶收购价每千克上涨0.15元，加工能耗降低15%以上，生产的巴氏奶乳铁蛋白平均含量是进口奶的12倍。深蓝渔业联盟设计并改装的3 000吨级冷水团养殖工船下水启航；研究设计出10万吨级、20万吨级和30万吨级系列养殖平台；研发的大型围栏式养殖设备正式投入生产，养殖的大黄鱼比近海养殖的市场价格提高了3~5倍。智慧农业联盟突破了天空地一体化农业生产过程智能感知技术和智能分析决策技术，示范区农田信息获取人工成本降低20%，农情信息分析与决策的精度提高10%，智能决策支撑下的精量播种效率提高10%，智能灌溉节水10%。水稻商业化分子育种联盟探索出适宜企业发展的“6+1”精准育种新模式，育成了中禾优1号等一批高产优质多抗水稻新品种，初步形成了产学研合作商业化育种创新体系。肉制品加工联盟围绕工业化生产关键技术集成与示范，开发新产品3种，开展技术对接257次，实现经济效益约120亿元。谷物收获机械联盟突破了一批行业关键核心技术，研制出10千克级谷物联合收割机，产品达到国家工信部发布的《首台（套）重大技术装备推广应用指导目录》技术指标要求，主持制定了9项收获机械行业技术标准，带动1 000余家供应商制造能力提升。

二是突破了一批农业绿色发展关键技术，集成示范了一批技术模式。联盟围绕农业突出环境问题，组织全国优势单位和团队开展联合攻关，形成了一批关键技术和技术模式，有效支撑了农业绿色发展。水稻绿色增产增效联盟突破了水稻机械化种植、肥料施用、病虫草害综合防控等7套核心技术，水稻钵毯苗机插技术的推广使3 000万亩东北稻区增产5%~10%，化肥农药减施各10%。农业废弃物循环利用联盟制订了畜禽粪污土地承载力测算方法，集成了不同养殖规模下的7种畜禽废弃物利用技术模式，实施了京津冀“1+3+9”联合行动，开展“整县推进”示范，“京安模式”已成为全国主推模式。柑橘黄龙病综合防控联盟在黄龙病快速诊断、切断病害传播上取得技术突破，集成综合防控技术模式3套，在福建永春等地应用，实现柑橘黄龙病零发病。小麦赤霉病综合防控联盟选育出抗赤新品种3个，研发出高效新药剂及新复配组合，集成的赤霉病防控技术体系在江苏淮南麦区应用，覆盖面积达80%以上。天敌昆虫联盟研发天敌高效繁育技术 15 项，创制产品 23 种，组建了 7 种天敌昆虫的虫害防治应用技术，示范推广 2 100多万亩，平均减少化学农药使用量 50%以上，其中杀虫剂减少 80%以上。

三是聚焦区域重大问题，集成了一批技术解决方案。联盟针对秸秆焚烧、地下水超采、重金属污染等区域重大问题，组织中央和地方科技力量协同创新，形成了一批综合技术解决方案，支撑了区域农业可持续发展。东北玉米秸秆联盟研究集成了秸秆四化关键技术 10 套，推广面积超过 270 万亩，年饲料用秸秆 900 万吨，秸秆打捆直接供暖走进 2 000多家农户。华北农业节水增效联盟研究提出二年三熟适雨种植制度，制定了每亩减少地下水灌溉 100 立方米和 50 立方米的高效用水技术模式，提出了地下水压采 50 亿立方米和 60 亿立方米的农业整体解决方案，并在 5 个基地进行示范推广。农产品产地重金属污染治理联盟建立了以“净源、失活、减量、低吸”为重点的稻田镉污染阻控技术体系，使稻米镉含量在中轻度污染农田达到食用安全标准。热区石漠化联盟筛选出作物新品种 20 多个，研发出综合技术 10 种，构建起“林—草—畜—肥”等一体化模式，亩增产值 3 700~12 000元，为热区山地精准扶贫提供了技术模式。

四是强化科技资源共建共享，提高了创新效率。联盟以提高科技资源利用率和创新效率为目标，着力构建基础性公共服务平台，促进各类科技资源共建共享。农业大数据与信息服务联盟整合各类文献资源 2 000余万条、农业科学数据集 600 多个，构建了“资源全、多终端、一站式、1 小时”信息服务新模式，实现了联盟成员单位内农业科技文献信息资源 99. 9%的保障水平。农作物种质资源联盟整合全国 70 多家单位的各类农作物种质资源 90 多万份，年分发利用达 8 万余份次，开展了各类种质资源相关技术服务 1 100多次，服务用户达 1 万余次。农产品质量安全联盟研制出 204 种国家有证标准物质和近 100 种基体质控品；构建了 200 余种污染物抗体库及系列快速检测试剂盒，灵敏度提高了 5~50 倍；开发了覆盖近 1 000种污染物的快速筛查方法，为农产品质量安全风险监测和应急事件处置提供了技术支撑。2017 年部署的农业基础性长期性科技工作，以农业部重点实验室学科群体系为核心，建立了“中央—省—地”三级联动的工作体系，形成了以 1 个数据总中心为核心、10 个数据中心为支撑、456 个观测实验站为基点的全国农业科学观测网络。

经过几年的探索，特别是 2017 年的实践，我们已经建立起了按照“三个一”目标谋划联盟、按照“四个一”标准建设联盟、按照“五个有”要求管理联盟的一整套工作机制，联盟建设和管理运行日趋规范，在推动农业科技创新、支撑现代农业发展中的作用日益显现。这些成绩，得益于部党组的高度重视和正确领导，得益于各级行政部门的大力支持，也是联盟各成员单位共同努力的结果。在此，我代表联盟理事会，向大家表示衷心的感谢和崇高的敬意！

三、2018 年工作重点

2018 年，联盟要深入贯彻落实党的十九大精神，以习近平新时代中国特色社会主义思想为指导，按照中央农村工作会议和全国农业工作会议工作部署，聚焦重点任务，加强技术创新、模式创新和政策创设，引领支撑农业供给侧结构性改革和乡村振兴战略的实施。

一是积极投身乡村振兴科技支撑行动。实施乡村振兴战略，是党的十九大作出的战略部署，也是明年农业农村工作的重点，农业部将组织实施乡村振兴科技支撑行动。联盟要增强使命感和责任意识，中国农业科学院将依托科技创新工程主动作为，联盟成员单位要主动入位，在技术集成、模式创新、成果转化、整县推进等方面形成协同创新的合力，充分发挥联盟三级联动和科企合作的优势，为乡村振兴战略实施提供前沿引领、技术支撑、政策供给和典型示范。

二是持续推进重点任务落实。以增加优质安全农产品有效供给为目标，加强奶业、棉花、蔬菜、畜禽养殖、智慧农业等产业技术协同创新，支撑农业高质量发展。以解决农业突出环境问题为目标，持续推进畜禽粪污、秸秆等资源化利用、重金属污染治理、柑橘黄龙病、小麦赤霉病防控等技术和模式的协同创新，支撑农业绿色发展。以解决区域发展难题为目标，加强东北黑土地保护、华北节水保粮、西南地区石漠化综合治理和西北旱区农牧业可持续发展等的区域协同创新。同时强化企业在商业化育种、绿色投入品等技术创新领域的主体作用，创新农业发展新业态，培育农业发展新动能，引领支撑农业创新发展。

三是继续深化机制创新。以激发联盟的创新活力和内生动力为核心，进一步加强体制机制创新，特别要推进联盟实体化运行机制建设，积极吸引市场资本的注入，鼓励企业联合科研院所成立企业实体，发挥企业在技术创新中的主体作用。积极争取国家稳定性财政支持，并撬动地方政府财政投入，为公益性、基础性联盟提供稳定经费来源。

四是发挥好牵头单位的组织服务作用。中国农业科学院将继续发挥好国家农业科技创新联盟牵头单位的作用，整合各类资源，加大协同创新力度，支持联盟各项任务的落实，做好联盟组织、管理和服务工作。其他各牵头单位要充分发挥各自优势，在组织协调、运行监管、共建共享和条件保障等方面狠抓落实，做出表率；要积极组织开展联盟发展战略研究，要多维度、多方位加强对牵头重点任务的实质性支持，充分调动各参与主体的积极性，强化任务管理的科学性和严格性，推进联盟工作在生产中取得实效。

同志们，加强国家农业科技创新联盟建设，是实施创新驱动发展战略、提升农业科技创新效率的重要举措，是推动农业供给侧结构性改革、支撑乡村振兴的重要抓手，让我们认真贯彻落实党的十九大精神，以建设农业科技强国为己任，凝心聚力，协同创新，务求实效，为新时代农业农村现代化插上科技的翅膀。

谢谢大家！

中国农业科学院第八届学术委员会第二次全体会议工作报告

中国农业科学院第八届学术委员会主任委员　唐华俊

2017 年 5 月 10 日

尊敬的各位委员、同志们：

大家早上好！

首先，我代表中国农业科学院对各位委员在百忙之中前来参加八届二次学术委员会表示感谢！现在正是忙碌的时候，大家能抽出时间来参加今天的会议，我感到非常感动、也非常高兴。这次会议议程比较多，主要还是想回顾一下去年八届学术委员会组建一年来所做的主要工作，与大家一起研究分析当前国际科技发展态势特别是农业供给侧结构性改革对农业科技提出的要求，还有几件具体事项。比如，中国农业科学院的学科体系，经过这几年的发展，怎么进一步优化。同时，我们准备在“十三五”遴选一批卓越团队和技术中心，有什么样的遴选方案。还有，这几年在国家农业科技创新工程支持下，我们做了大量的科技工作，但是，对于当前农业供给侧结构性改革提出的重大科技需求，我们还存在很大的距离，农业部党组也对我院提出要求，能不能在现有基础上，梳理一批重大选题，加强联合攻关，以突破性的成果解决当前农业面临的重大科技问题。另外，中国农业科学院科技成果奖一年一度的评审也很重要。所以，本次会议时间安排两天时间，事也不少，特别感谢各位委员百忙之中要花两天时间参会。

借此机会，有几点想法，向各位委员作一个简单的汇报。

一、中国农科院的学术委员会地位重要、作用特殊、成效突出

2017 年是中国农业科学院建院 60 周年。60 年来，农科院广大科技人员坚持理论联系实际，根据国家在不同历史时期的重大需求，潜心研究，勇攀高峰，取得了 6 131项科技成果，其中国家科技奖励成果 310 项，在探索科技前沿、突破核心技术、支撑粮食安全、引领绿色发展、守护产业安全、服务农民增收、保障“舌尖”安全、助力产业升级、推动区域发展等方面做出了突出成绩和贡献，大幅度提高了我国农业科技水平，引领了全国农业科技的持续发展，在一些优势领域保持了我国的领先地位。前两年，我到美国费城 SCI 的总部访问，他们专门把中国农业科学院建院以来发表的文章及专利等做了一个梳理分析。我们在全球具有重要影响地位的有两个学科，一个是作物学科，另

一个是动物疫病防控，在座的很多是专家。资环等其他领域也还不错，但与世界相比还有很大的差距。

1957年3月1日，中国农业科学院成立伊始就组建了学术委员会，按照《1956—1967年全国农业发展纲要》和《1956—1967年全国科学技术远景发展规划》，提出和开展了一批重点研究项目。60年来，中国农业科学院学术委员会作为我院最高学术咨询机构，从讨论确立全院重点研究任务、开展重大问题调研，到审议全院发展规划、谋划学科平台布局、加强学术交流，再到超前部署重大科研选题、组织全国科研协作等方面，都发挥了指导、建议、评议和咨询作用。

60年来，我院学术委员会制度不断完善，逐渐形成了5年按期换届、年度工作会议、专题学术会议、重大事项研讨、院所两级联动的工作机制，并探索实行了学部制，将相对靠近的学科、学科集群放在一起，更便于学科的交叉与融合，更有利于跨学科研究的开展。院外委员比例不断提高，逐步形成了学科覆盖广、专业门类全、交叉融合强、专家水平高的委员队伍。

2016年，我们成立了第八届学术委员会，在委员组成和结构上做了较大调整，院外委员首次突破1/3，占总人数的44%。新一届学术委员会凝聚了我国农业科技界的精英，是我国农业科技事业发展的智囊和高参，各位不仅学术水平、科研能力一流，而且治学严谨、为人师表，具有很强的战略思维能力和长远眼光。在中国农业科学院的发展道路上，有各位委员的关心关注，倾注了大量心血，我们深感荣幸。

一年来，新一届学术委员会积极组织各位委员参与我院重大项目和规划论证、人才引进和专技岗位评审、重点实验室和学科群建设评估、重大问题调研等活动，通过咨询评议、战略研讨、学术交流等多种形式，为中国农业科学院科技创新和学科发展把脉问诊，发挥了重要作用。

在发展规划审议方面，为更好实施《"十三五"科技发展规划》，紧密对接国家部门科技规划，中国农业科学院组织编制了《"十三五"科技发展规划实施方案》，在2016年院第八届学术委员会会议上进行了充分讨论，充分吸收了各位委员的意见建议。明确提出建设一批世界一流现代农业科研院所和农业科学（技术）中心、培育一大批卓越团队，并配套实施相关的政策措施。2017年年初中国农业科学院发布了《跨越2030农业科技发展战略》，这些都凝聚了各位委员的心血。

在重大问题调研方面，去年我们组织有关委员，经过调研、讨论和论证，从基础研究、前沿高新技术、产业发展核心技术、区域综合解决方案、基础性长期性科技工作等方面储备选题224项，为凝练"十三五"重大项目奠定了非常好的基础。向农业部推荐颠覆性和重大前沿技术15项，写入"十三五"农业科技发展规划。向科技部推荐"农业防火墙"等国际大科学计划3项，相关内容列入国家重点研发计划战略性国际科技创新合作重点专项指南。针对东北粮仓、华北黄淮麦区、西北农牧区、西南山区和长江流域稻区等主要区域农业重大问题进行梳理与科技任务凝练，并形成《区域农业绿色增效技术系统协同创新》专项，建议书和实施方案已通过农业部报科技部，争取尽快立项，加强区域重大问题的研究。

在推进创新工程实施方面，我院的创新工程从咨询论证到试点实施、再到试点期评估，现在已进入全面推进期。每一个环节、每一项改革都凝聚了各位委员的辛勤汗水和聪明才智。各位委员积极参与创新工程实施方案论证、学科体系评估、协同创新任务凝练等，贡献了许多真知灼见，推动了创新工程的平稳实施和做大做强。在试点期，我们建立了竞争流动的用人机制，创造了稳定支持科研团队的研究组织模式，聚焦国家需求和国际前沿，凝练提出一批重大命题，组织全院乃至国内相关科研力量开展协同攻关，进一步强化了农业科研国家队的引领作用，推动了重点领域的协同与联合。

在推动国家创新联盟建设方面，根据“三个一”目标定位，我们充分依托各位委员的独特优势，广泛调研、深入论证，充分听取大家的意见建议，加强任务引领，创新支持方式，强化资源共享，推动联盟工作走上正轨，现已形成以国家农业科技创新联盟为核心，专业性、区域性、产业性联盟为支撑的联盟体系。2016 年，我们推动建立了 3 个专业联盟、5 个产业联盟，协助科教司完成 37 个科企联盟布局。先后指导成立了京津冀、西北五省、东北四省区、湘鄂赣等区域联盟，以及江苏、湖北、江西、山东等省级联盟，组织联盟实施国家、区域性和省级各类协同创新项目近 200 项，探索形成了各具特色的协同创新模式。农业科技创新联盟作为机制创新的一个成功探索，已在全国上下形成广泛共识，在推动农业科技创新、支撑现代农业发展中的重大作用日益显现。

当然，很多委员专家也有建议，现在联盟遍地开花、太多，怎么能够规范，更好发挥作用，我们还要进一步研究。联盟是一个新生事物，从无到有，然后再进一步规范，有一个过程。从中央领导到农业部领导都认为，我国农业科技无论力量、资源都还比较分散，没有真正地形成合力，希望在不动体制的情况下，通过机制创新，通过联盟方式，来推动全国农业科技资源的共享，形成“一盘棋”的格局。在农业部的推动下，我们连续几年在中央农村工作会议和全国农业工作会议期间，召开国家农业科技创新联盟工作会议，韩部长出席推动这项工作。目前，这项工作取得了一定成效，但也存在很多问题。希望各位委员提出意见建议，我们进一步加强和规范联盟工作。

在各位委员的大力支持和努力下，中国农业科学院 2016 年各项工作取得了很好的进展和发展。

一是科研立项开局良好。去年全院共新增主持各级各类科技计划项目 1 868项，合同总经费 34. 7 亿元。主持“化肥农药减施”等国家重点研发计划 10 个专项 32 个项目，总经费 17 亿元，在涉农院所中处于较高水平。在中央财政科技计划改革中，重点研发计划是一个大的专项，去年启动的项目比较多，农科院在整个改革中的形势不错。2017 年又申报了 42 项，目前有 26 个接到通知编制项目预算，还有 2～3 个也有希望，2017 年在重点研发计划立项上不会比去年差。在基金方面，2016 年获国家自然科学基金资助项目 321 项、经费 1. 6 亿元。2017 年申报了 1 200多项，希望在个人兴趣探索方面也有一些布局和突破。另外，棉花种质创新和高产分子育种团队获得国家自然科学基金创新研究群体资助。2016 年基本科研业务费总经费 2. 28 亿元，相对可以由院所自主支配，对研究布局起到很好的作用。新增多双边国际合作项目 66 项，项目经费 6 000多万元。

二是科技创新能力不断提升。全年共发表科技论文 4 722篇，其中 SCI/EI 收录 2 158篇，收录比例提高 5%，在《自然·遗传》等顶尖学术期刊上发表论文 13 篇。授权专利 1 408项，审定新品种 130 个，获得新兽药、农药、肥料登记证 11 项。基础研究方面，在芥菜基因组结构和起源解析，白菜、甘蓝和油菜的重要性状调控基因挖掘，水稻—稻瘟菌互作过程新机制研究等方面取得重要进展。重大成果方面，全院 7 项成果获得国家科学技术奖励，其中作科所“小麦种质资源与遗传改良创新团队”获得农业领域第一个国家创新团队奖。14 项成果获农牧渔业丰收奖，8 项专利获得中国专利优秀奖，43 项成果获省级科技奖励。宏观战略研究方面，提交的多篇战略研究报告得到党和国家领导人重要批示，对扩大农科院的影响、发挥国立科研机构的作用方面发挥了积极作用。

三是科技推广工作取得新成效。组织 9 个产业的绿色增产增效技术集成模式研究与示范工作，围绕水稻、玉米和奶牛等主要农产品进行全产业链的技术集成，在一些地方集中进行推广应用，效果很好。已集成 140 项先进适用技术，构建 29 套综合技术生产模式，取得良好的增产增效和绿色生态效果，种植业 7 种作物平均增产 29.6%、节水 30%、节肥 26%、节省农药 23%，平均每亩增效 538 元，养殖业每头奶牛增效 1 100元。

四是平台建设运行有序推进。积极响应“一带一路”倡议，成立中国农业科学院海外农业研究中心，搭建海外农业研究、信息服务、政策咨询、人才培养“四位一体”的集成服务平台。建立重大设施和大型仪器开放共享网络服务平台，面向国内外 500 余家科研院所、大专院校、企业等开展共享服务。完成 6 个国家重点实验室、5 个国家工程技术研究中心和 47 个农业部重点实验室（站）建设运行评估。完成“十三五”新增农业部重点实验室申报工作，不断增强科技平台与学科发展的系统性、配套性、协同性。承担建设全国农业科技成果转移服务中心和国家种业科技成果产权交易中心，促进农业科技成果的快速转化应用。

中国农业科学院取得的每一点进步，离不开各位委员的无私付出和大力帮助，在此，我再次代表中国农业科学院，向各位委员表示衷心的感谢和崇高的敬意！

二、全面把握农业科技发展新形势新任务

我国农业发展进入了一个前所未有的崭新的局面，过去吃不饱、穿不暖，我们小时候光着脚板、饿着肚子，年轻同志没有这个感觉。经过几十年发展，农产品都很丰富，由吃不饱到结构性过剩、区域性过剩，矛盾比较突出，带来的资源环境压力也很大。面对新的形势，传统的农业科研尤其是中国农业科学院传统的学科布局可能要做大的调整。大家比较熟悉，我院在粮棉油糖、大宗作物方面，国家投入经费很多，过去攻产量，解决吃饭问题。我们在产前、产后的布局方面很弱，作为科学研究，要调整学科、

调整布局，也很难。难在过去我们已经形成的模式、体制机制，要调整很难。

中国农业科学院从建院的 10 多个研究所发展到现在 34 个研究所，编制 1 万多人。但是，研究所之间发展还不平衡，要适应新的形势，实践中面临很多困难。如麻类研究所，麻过去是国家的战略物资，现在面积很小，但是要调整这个研究所就很困难，无论从法人、机构、编制限制很多；再如，我们适应新的形势，在深圳建了一个基因组所，新建一个都市农业研究所，同时在新疆进行布局，还有的研究所想增加一些编制，重点强化某些方面的研究，这些工作经多方推动，取得一些进展，但是建机构、动编制非常困难。20 世纪 80 年代初以来，国家进行了多次科技体制改革，现在还在进行。2002 年科技体制改革中，中国农业科学院所属单位分成非营利研究所、拟转企所、农业事业单位和下放地方单位四类，原有相对完整的学科体系被打破了，但新的分类改革措施还没有落地。目前 12 个拟转企所发展面临困难，10 多年来不敢进人，人才断层明显。70 年代出生的科学家各所都很少，结构性问题突出。现在不能进人的研究所，再过几年又会形成新的人才断层。

面对国内外新的形势，我们要调整学科、科研布局，但真正做起来，挑战是非常巨大的。产前、产后学科，应对供给侧结构性改革的重大产业领域，正在进行调整，但需要一个过程。这几年，我们一直努力在不动体制的情况下，通过联盟等方式，推动农业科技资源共享，形成全国农业科研一盘棋的局面，取得了不少成效。但长远来看，机制是一个方面，体制还是根本。只有适应新的变化，加快体制改革和相应调整，才能不断激发科技创新活力，发挥科技对国民经济的支撑作用。

三、切实发挥好学术委员会的“参谋部”作用

中国农业科学院成立以来，历届学术委员会发挥了非常重要的作用。我们希望进一步发挥好学术委员会的咨询、评审、建议作用。这次会议，有几个具体事情，希望各位委员帮助我们把脉。

（一）做好重大事项的咨询

一是学科体系调整。现行的“8 大学科集群—134 个学科领域—309 个研究方向”三级学科体系是 2012 年形成的，不同于大学的学科体系。在谋划中国农业科学院农业科技创新工程时，我们对建院以来形成的优势、特色、新兴和交叉学科，面向国际前沿和产业需求，进行了全面梳理，形成了八大学科集群，130 多个领域、300 多个方向，每个方向组建一个团队，将原来 1 000多个课题组优化整合为 332 个团队，这是第一步。从 2013 年启动以来，差不多 4 年时间，现在看来这个学科体系需要做大的调整。一是形势在不断变化，二是经过几年的实践，发现交叉重复、小而全并没有很好的解决，该突出的地方没有突出，交叉重复的仍然存在。这次初步提出 9 大学科群、58 个领域、

193个方向，供大家讨论，希望各位委员帮助把关。

二是审议科学中心、卓越团队遴选方案。我们在中国农业科学院《"十三五"科技发展规划》布置了一批重点任务，启动了农业科学（技术）中心、卓越团队遴选评价工作，提了一个遴选方案，这个方案是不是合适，指标、标准是否合适，请各位委员帮助把关。

三是2016年农科院新班子组建以后，提出了"五个坚持、四个推进、两个突破"的工作思路。"五个坚持"就是：坚持世界一流的目标，这是一个高标准，作为努力方向，在今后若干年持续努力；坚持"顶天立地"的发展战略，我们和中国科学院、大学还有差距，在原始创新方面基础研究方面，应该有所作为，同时作为产业部门的大的科研院所，一定要注重解决农业农村经济发展和农业生产中的重大关键科学问题；坚持创新工程的引领，2013年国家批准设立中国农业科学院科技创新工程，这是继中科院知识创新工程、社科院哲学社会科学创新工程之后第3个国家级工程，我们要以创新工程为抓手，来推动中国农业科学院的全面发展和改革；第四个坚持，就是协同创新的方向，在当今的科学研究尤其是重大科学和技术问题的解决，没有联合、没有协同是解决不成的，我们在实践中、在科研任务中、在全院的工作谋划中，都要坚持协同创新的方向；第五个坚持，就是坚持攻坚克难的精神，这是我们农科院人多年来形成的精神。"四个推进"就是推进创新联盟、人才团队、科技创新、智库建设。"力争两个突破"就是，在原始创新和成果集成转化上争取有大的突破。同时，2017年我们部署了12项重点工作。希望各位委员帮我们把脉，这个思路是不是可行，还有什么好的建议，希望各位委员畅所欲言提出来，我们虚心听取，认真研究采纳各学部的意见和建议。请工作人员认真做好记录。会后，院常务会专门研究各位委员的意见。

（二）加强重大项目咨询和谋划

主要涉及谋划以突破性成果为导向的科研选题。这不是重新布置一批项目，现有的国家重点研发计划、科技创新工程、产业技术体系等，已经有非常好的研究基础。这次，我们围绕产业上的重大需求，比如南方重金属地区镉大米的问题、东北的黑土地问题、华北平原水的高效利用问题。就产业重大需求，能不能够在已有的基础上，加强集成联合攻关，尽快提出一个综合性的系统解决方案。就是在看到有苗头、基础的领域，集中联合攻关，短期内取得很好的成果，解决产业的问题。目前，这个方案还不成熟，请各位委员帮助把关，哪些产业重大需求，我们还没有考虑，还有那些重大需求，希望大家提出来。

另外一个任务就是严格评审院科学技术成果奖，为国家奖做准备，做前瞻性的凝练、组织，评出的奖项通过一段时间的培育，进一步申报国家奖励。另外，过去评出的项目比较多，去年改革后，现在评审的项目数量有限，奖励力度增加了，一个项目是10万元的奖金，各所还有配套，希望通过一定的引导，培育更多的国家奖励。

（三）进一步完善学术委员会工作机制

这是向管理部门提的，希望加强与各位委员的联络、服务。学术委员会秘书处设在科技局综合处，希望进一步发挥好作用。要强化院所两级学术委员会各自的主体功能，院级学术委员会要侧重于强化宏观咨询作用，重点对国家层面的农业科技发展规划制定、农业科技计划设计及其组织实施、农业产业发展与结构调整等提出意见和建议；所级学术委员会要侧重于强化专业领域咨询作用，重点对研究所以及相关学科领域发展等方面提出意见和建议。

要组织开展高水平学术交流，紧紧围绕现代农业发展重大问题，加强学术研讨，办好年度工作会议、学术交流、专题研讨、专家讲坛等学术活动，积极打造学术交流高端平台与阵地，引领学科发展。

要完善服务与沟通制度，与各位委员保持经常性的联系。加大对学部委员的推介工作，以提高委员在国内外学术界的知名度和社会影响。进一步完善学术委员会章程，明确委员职责，对未能履职的学术委员会委员实行规范管理和退出机制。

另外一个大的方面，关于科学道德和学风建设。希望各位委员在研究工作或学生管理等方面，如果发现苗头性的情况，及时提出来。同时，提出好的建议，进一步规范加强科学道德和学风建设。这个问题越来越突出，前一段时间斯普林格等出版集团集中撤稿了中国 100 多篇论文，说明了这里面问题的严峻性。这和现在的体制机制也有一定关系，给年轻人的压力很大，有的实验科学，要求博士生、硕士生发表 SCI 文章，尤其是农业科学，在大田进行，把两年的试验整理出来发表高水平文章很难的，有个别的学生就想走捷径。正确的渠道就是，在老师几十年试验的基础上，在老师的指导下，有些工作还是可以有所作为的。所以，评价机制上也不能急功近利，要让大家有一个宽松的环境，但不是放羊，还要有一个合理的标准和产出。尤其对中国农业科学院的评价机制来说，有的是偏基础的，有的是偏应用的，有的是做支撑工作的，怎么建立一个比较好的反映本人工作业绩的评价机制，这与我们的科学道德和学风建设是直接相连的。因此，从正反两方面，一方面规范管理，另一方面要疏导，不能对学生们要求的就急功近利。在座很多是大学老师和专家，希望给我们提出一些你们单位好的做法，我们把这项工作做得更好。

各位委员，今年是实施“十三五”规划的重要一年，也是农业供给侧结构性改革的深化之年，科研任务和供给侧改革科技支撑任务很重。学术委员会是我院实施现代化管理的重要学术机构，各位委员是我院发展可以依靠的宝贵财富。希望在各位委员的支持帮助下，让我们农科院发展得更快、更好。再次感谢各位委员的关心支持。谢谢大家！

唐华俊院长在中国农业科学院西部农业研究中心成立大会上的讲话

2017年9月25日

各位领导，同志们，朋友们：大家上午好！

今天我们齐聚美丽的昌吉[①]，共同见证中国农科院与新疆维吾尔自治区共建“中国农业科学院西部农业研究中心”成立大会。在此，我谨代表中国农业科学院，向一直以来关心支持中国农科院发展和西部农业研究中心建设的中央有关部委、新疆维吾尔自治区各位领导和同志们，以及出席今天成立大会的各位领导、嘉宾、朋友们表示衷心的感谢！

西部农业中心的启动建设是全面贯彻落实习近平总书记在我院60周年贺信中提出的围绕“三个面向”，建设世界一流学科和一流科研院所，推动我国农业科技整体跃升的一项重要举措；是加快完善我院在全国农业科研整体布局，推动西部地区现代农业发展，促进我国与中亚地区农业科技合作，实现“服务产业重大科技需求、跃居世界农业科技高端”战略目标的重大部署；也是进一步贯彻落实我院与新疆维吾尔自治区签署的农业科技合作协议的一项重大安排，更是贯彻国家“一带一路”倡议，执行中央有关部委及新疆维吾尔自治区人民政府“丝绸之路经济带”相关计划，整合资源和力量配置、促进协同创新，实现创新驱动发展的一项战略行动。

中国农业科学院成立于1957年，全院现拥有35个直属研究所、300多个科研团队、1万余名科研人员。研究领域覆盖作物、园艺、畜牧、兽医、资源环境、质量安全与加工、工程与机械、信息经济8大学科集群。拥有国家重大科学工程、国家重点实验室等一大批先进的科研平台。经过60年的发展，中国农科院已经成为学科专业齐全、专家团队雄厚、设施条件先进、体系优势明显、综合实力最强的国家级农业科研机构。为解决国家粮食安全（吃饱吃好）发挥了重要作用。今年正值中国农业科学院建院60周年，习近平总书记在建院60周年贺信中指出，农业现代化关键在科技进步和创新。面对新的形势，要求中国农科院作为农业科研国家队，要面向世界农业科技前沿、面向国家重大需求、面向现代农业建设主战场，加快建设世界一流学科和一流科研院所，勇攀高峰，率先跨越，推动我国农业科技整体跃升，为实现“两个一百年”奋斗目标、

① 昌吉回族自治州，全书简称昌吉。

实现中华民族伟大复兴的中国梦作出新的更大的贡献。

新疆位居我国西北边陲，拥有占全国1/6的国土面积，是我国农业、畜牧业发展大省。新疆绿洲农业区是我国未来粮食和肉乳品增长潜力最大的地区，作为我国面向中亚的桥头堡，新疆是丝绸之路经济带建设的核心区，具备对外开放的地缘、口岸、交通、政策等优势。特别是新疆与中亚地区同属干旱半干旱绿洲农业生态区，新疆农业的技术和成果可以直接推广应用到中亚各国。西部农业中心的建立必将进一步推动我院与新疆维吾尔自治区的全面深入合作，助力西部尤其是新疆农牧业现代化进程，在农业科技创新驱动引领“一带一路”建设和农业“走出去”战略实施过程中写下浓墨重彩的一笔，成为服务和支撑西部农牧业转型升级与可持续发展，辐射和提升中亚地区农业科技创新水平的新引擎。

2014年，我院与新疆维吾尔自治区签署战略合作协议后，双方紧密对接，制定完善工作举措，加快落实协议内容，不断推进科技创新合作走向深入。3年来，西部农业中心的筹建得到了自治区政府、自治区科技厅、昌吉回族自治州、昌吉园区的高度重视和大力支持。在各方的全力配合下，中心建设步伐进入快车道，基础设施建设、学科布局、团队组建等各项工作稳步推进、有序开展，筹建工作与创新研究成效逐步显现：一是建立了组织管理机构，创新了运行管理机制；二是明确中心发展定位，科研创新成效初步显现；三是营造创新条件，科研平台与基础设施建设顺利推进。

目前，西部农业研究中心的建设、科技创新、组织管理等工作还刚刚起步，希望抓住机遇，重点做好以下几方面工作。

一是推动西部农业协同创新。重点推动中国农科院与自治区协同创新，围绕地方重大需求与重大科技问题，发挥国家农业科技创新联盟机制作用，调动新疆地区农业科研机构、高校等科研力量，组织开展跨单位、多学科融合的协同创新，有重点地谋划和部署协同创新重大任务，促进西部农业基础研究、应用研究和技术创新高度融合。

二是提速基础设施建设。我院已利用自筹资金3 700万，启动了“综合服务楼”建设项目，计划一年内建设完工。在争取国家基建项目的同时，推动实施多种融资模式，推进科技产业孵化中心和国际交流中心建设项目落地。

三是加快创新团队组建。按照我院学科优势和西部绿洲农业产业的实际需求，推进西部农业研究中心“一个核心、四大平台、八项工程”的建设，重点开展粮棉新品种培育、设施园艺等学科领域的创新研究，组建一批在西部农业研究中心落地生根的创新团队，利用我院创新工程、基本科研业务费等专项，为西部农业研究中心建设提供支撑。

各位领导、同志们，让我们更加紧密地团结在以习近平同志为核心的党中央周围，认真贯彻落实党中央、国务院关于科技创新和“三农”工作的决策部署，在中央有关部门的指导支持下，与新疆相关单位加强合作、协同作战，努力开创西部农业现代化发展的新篇章、新局面，以更加优异的成绩迎接党的十九大胜利召开！

谢谢大家！

唐华俊院长在中国农业科学院科技创新工程全面推进期工作会议上的讲话

2017 年 4 月 10 日

各位代表、同志们，大家上午好：

今天，我们在这里召开科技创新工程全面推进期工作会议，主要任务是贯彻落实全国科技创新大会、中央农村工作会议、全国农业工作会议精神和农业部党组的决策部署，总结科技创新工程试点期工作，部署全面推进期工作，深入推进科技创新工程实施，进一步提升我院科技创新能力。

刚才，孔明同志代表院党组作了科技创新工程全面推进期工作报告，全面总结了科技创新工程启动实施以来取得的成效，分析了农业科技当前面临的新形势和新任务，提出了全面推进期的发展思路和工作重点。报告内容院里进行了认真研究，我完全同意。2017 年是“十三五”规划实施非常重要的一年，也是科技创新工程从试点期到全面推进期的一个重要转折点。我们召开这个会议，就是要进一步统一思想、提高认识、明确任务、落实责任，全面深入推进科技创新工程实施。下面，我提三点希望。

一、再认识，增强推进科技创新工程实施的使命感责任感

科技创新工程获得国家支持是几代农科院人努力争取的结果，得来十分不易。3 年试点证明，科技创新工程对我院稳定科研队伍、优化培育学科方向、引进高水平科技人员、深层次开展国际交流、加强条件平台建设等方面发挥了重要作用。特别是一些发展相对困难的研究所依靠科技创新工程的支持，赢得了调整优化和跨越发展的宝贵时间和机遇。通过这几年的实践看，有的所确实真正把创新工程当一回事，采取了有力措施推动工作；但有的所在思想上，在认识上，还是有很大的差距。这次试点期部对院的考评明确提出了我院存在的问题：学科体系需要进一步完善，人才团队建设需要进一步加强，协同创新国家队引领作用需要进一步强化，绩效激励作用需要进一步发挥。这些问题点得都很准，是我们下一步必须重点研究解决的地方。

科技创新工程是继中科院知识创新工程、社科院哲学和社会科学创新工程之后启动的第三个国家创新工程，是国家根据我院职能定位和发展基础，推动科技体制改革、加强农业科技创新、探索国家创新体系建设的一项重大举措，对我院实现跨越发展、建成

世界一流农业科研院所、发挥农业科研国家队的作用，具有重要战略意义。我们要充分认识到创新工程不是一个简单的项目，而是中国农业科学院推进全面改革、创新发展的一个国家工程，是今后我院推动各项工作的总抓手，我们要借势创新工程，来谋划全院和各个研究所的发展。

（一）实施科技创新工程是引领全国农业科技率先进入世界前列的重要手段

我国确立了到2020年全面建成小康社会、进入创新型国家行列的奋斗目标，要求农业科技率先进入世界先进行列。当今世界，新一轮科技革命蓄势待发，现代生物、信息、新材料、新能源、先进制造等技术日新月异，并加快向农业领域渗透，不断催生出新的农业产业，孕育出颠覆性的农业科学技术，一些重要的科学问题和核心关键技术已呈现出革命性突破的先兆。动植物新品种定向培育、药物分子设计和蛋白质修饰等技术不断创新；泛在网、大数据、人工智能等信息技术广泛应用到农业科技各个领域；纳米农药、生物肥料和智能农机装备等环境友好型农业投入品和装备不断创新；农产品精深加工、生物质材料和生物能源等一批新兴产业快速发展。世界各国抢占农业科技发展制高点的竞争加剧，我院作为农业科研的国家队，代表国家参与农业科技国际竞争、率先进入世界先进行列是我们义不容辞的职责所在和光荣使命。科技创新工程的实施，为解决上述重大科学问题和参与世界农业高技术竞争奠定了坚实基础。我们必须抢抓先机，依靠科技创新工程的稳定支持，坚定创新自信，坚定敢为天下先的志向，紧扣发展需求，把握科学前沿，引领创新方向，超前部署、自主创新，勇于挑战最前沿的科学问题，提出更多原创理论，作出更多原创发现，力争在重要科技领域实现跨越发展，跟上甚至引领世界科技发展新方向，掌握新一轮全球科技竞争的战略主动，使我国农业科技率先跃居世界前列，成为国家倚重的战略科技力量。

（二）实施科技创新工程是支撑农业供给侧改革的迫切需要

当前，农业发展面临人口增加、经济增长的新需求、新挑战，农业国际化进程加快，世界农业发展呈现新格局。从国内情况看，我国农业农村经济发展取得了显著成效，但农产品供求结构失衡、要素配置不合理、资源环境压力大、农民收入持续增长乏力等问题仍很突出，低成本资源和要素投入形成的驱动力明显减弱，更加需要依靠科技创新为农业农村发展注入新动能。中央经济工作会议、中央农村工作会议和2017年中央一号文件对“三农”工作作出了系统部署，明确要求农业工作要在确保国家粮食安全的基础上，紧紧围绕市场需求变化，加大农业供给侧结构性改革力度，不断优化农业产业体系、生产体系、经营体系，提高土地产出率、资源利用率、劳动生产率，促进农业农村发展由过度依赖资源消耗、主要满足量的需求，向追求绿色生态可持续、更加注重满足质的需求转变。作为农业科研的国家队，我们必须依靠科技创新工程，以农业供给侧改革为目标，遵循新发展理念，优化调整科研方向和创新路径，加快资源节约型、环境友好型、生态保育型等农业模式创新，在农业用水节约、耕地地力提升、化肥农药减施、农业废弃物资源化利用、农田环境治理、草原生态保护、应对气候变化等方面，集成综合解决方案并加快生产应用，引领绿色农业、低碳农业、循环农业、智慧农业等新业态，为农业可持续发展注入新活力。同时，要加强协同创新，积极推进农业科技创新联盟建设，探索创新区域农业可持续发展、农业生态保护、美丽乡村建设等的综合解决方案与集成技术，强化模式创新与政策创设，成为现代农业和社会主义新农村建设的核心支撑。

（三）实施科技创新工程是建设世界一流农业科研院所的客观要求

通过创新工程4年多的实践，我们初步探索形成了一套发展模式，如以团队为基础长期稳定支持的科研组织方式，这一经验和做法符合农业生产长周期性、长产业链模式，符合农业科技创新规律，也恰恰符合现在科技体制改革的方向。最近一段时间，中共中央、国务院连续出台了《关于深化科技体制改革加快国家创新体系建设的意见》等一系列全面推进科技体制改革的政策措施，强化公益类科研机构的社会公益服务职能，推动建立更加高效的国家科技创新体系，深化中央财政科技计划管理改革，优化科技计划项目布局，强化人才机制创新，建立健全科技成果转移转化收入分配激励制度。这些政策措施针对性很强，含金量很高。我们必须认真贯彻中央关于实施创新驱动发展战略的部署要求，充分利用科技创新工程的优势，进一步调整优化发展模式，发挥改革排头兵的作用，先试先行，破解发展中的体制机制难题，切实改变研究所职责定位不清、力量分散、创新能力不强的局面，构建符合创新活动规律、职能定位清晰的院所治理结构，加快建立符合农业科研规律和我院发展定位的“定位明确、法人治理、管理高效、开放包容、评价科学”的现代农业科研院所制度。通过体制机制创新，极大调动和充分尊重广大科技人员的创造精神，激励他们争当创新的推动者和实践者，使谋划创新、推动创新、落实创新成为自觉行动。建设一批世界级农业科技创新中心和科研团队，使我院成为国家农业基础前沿和关键技术研发的骨干力量。

二、再调整，力争科技创新工程取得突破性进展

中央经济工作会议、中央农村工作会议、全国农业工作会议，就如何加快农业农村发展，包括农业科技创新作出了重要部署。2016年，中央巡视组明确要求我院要不折不扣地落实中央的决策部署。我们要自觉从党和国家工作大局出发来谋划科技创新工程，坚持用创新、协调、绿色、开放、共享的新发展理念来引领发展方向，用“主动适应把握引领经济新常态”的大逻辑来深化思想认识，用推进供给侧结构性改革的工

作主线来明确重点任务。科技创新工程在全面推进期的工作任务，刚才孔明同志已经做了全面安排部署。这里，我再强调几个方面，希望着力做好，力争取得突破性进展。

（一）着力调整学科布局，把研究方向瞄准国际科学前沿和农业供给侧结构性改革的重大需求

农业供给侧结构性改革要求用改革创新的办法，调整优化农业的要素、产品、技术、产业、区域、主体等方面结构，从整体上提高农业供给体系的质量和效率。科技创新工程要按照农业供给侧结构性改革的要求，调整学科体系，优化区域布局，把资源向优势学科和区域聚集，把财政资金用在刀刃上，绝不能把落后的研究所和学科方向通过稳定支持的方式保护起来。目前我院学科体系方面存在的问题，归纳起来主要有 4 个方面：一是“事业淘汰了”，一些研究所支撑的产业原来是国家重大需求，现在被别的产业替代了，这些产业没落了，萎缩了。比如麻类所的麻，目前麻种植面积全国不到 100 万亩，国家在麻产业方面投入很少，很难支撑一个研究所存在。二是“大事变小事了”，一些学科原先是国家重大需求，现在形势发生变化了。比如烟草原来是国家利税大户，但现在受到方方面面的限制，学科和产业发展很难有新的突破。三是“事业换地方了”，一些学科产业因为结构调整，以前是主要产区，现在不是了。比如棉花产业向新疆转移，果树产业向西部特别是陕西转移，灌溉所原来主要围绕黄河灌溉区开展工作，现在的国家重大需求是发展喷灌、滴灌和节水技术，守在新乡是没有发展前途的。四是“需要培育新的事业”，通过发展新兴交叉学科，围绕涉及国家粮食安全和农业可持续发展的“卡脖子”问题，加强基础研究前瞻性布局，加大基础研究和战略高技术攻关力度，加快重点突破，为农业产业技术进步积累原创资源、开发颠覆性技术。

习近平总书记指出，科研院所要根据世界科技发展态势，优化自身科技布局，厚实学科基础，培育新兴交叉学科生长点，重点加强共性、公益、可持续发展相关研究，增加公共科技供给。我们刚开始做创新工程时提的很清楚，每个研究所要有一个定位、一到两个领域、三到五个重点方向。一个研究所所精力有限，一个大所三五百号人，小所几十号人，如果什么都想做，你就做不成很大的事情，形不成突破性成果。所以在全面推进期，研究所的定位和研究方向问题大家还得重新认识，进一步明确。各所要主动入位、深入研究、积极探索，根据学科发展和国家产业需求，明确研究所定位和调整完善学科体系。对于跟产业发展脱节、发展空间和潜力不大的学科方向，要坚决予以撤并；对产业布局转移的学科方向，要深入到主产区建立基地、开展工作，引导研究所学科与国家产业布局调整相适应；对有良好发展势头和前景的新兴学科方向，要加大培育扶持力度，使其发展壮大，成为新的增长点和核心竞争力。院相关部门要从宏观全局出发，做好顶层设计和总体规划，帮助研究所找准定位，为研究所划出研究范围，凝练优势特色学科，使农科院整体的学科布局和区域布局更加科学合理。

（二）着力推进协同创新，集全院优势力量开展协同攻关，力争在重点领域取得重大突破

协同创新是科技创新工程的重要内容之一，也是科研模式创新的一个重大举措。我们遵循农业科技发展规律，在现有体制下通过机制创新，调动各方资源，突破多元创新主体原有的孤立体系，强化各主体之间的协同互动，促进人才、技术、信息等要素相互流通，构建整体性强、流动性强的全新科技创新组织模式。我院通过科技创新工程，旨在构建由国家创新联盟、院内协同、所内协同和科研团队任务4个层次组成的农业科技协同创新体系。今天，我们启动了19项院级协同创新任务，农业部在创新联盟的层面也启动了12项协同创新任务。为了确保协同创新任务的顺利实施，实行行政总指挥和技术总师双重领导管理制度，由院领导担任行政总指挥，负责项目实施的行政资源调配工作，解决跨所管理问题，技术总师具体负责科学和技术问题的联合攻关，充分发挥行政纽带、技术纽带和经济纽带的协同调控作用，大力推动研究所之间的协同创新。全面推进期，我们要花大力气做好这项工作，促进农业科研大联合、大协作，争取通过联合攻关解决一些影响我国农业农村经济长远发展的前瞻性、基础性、关键性科学和技术问题，培育一批重大学术型和实用型成果，引领和支撑现代农业健康快速发展，更加凸显中国农业科学院改革排头兵、创新国家队、决策智囊团的地位与作用。

做好协同创新，要注意几个问题。第一，院内协同创新任务的规模要适度控制，不要快速地全部铺开。会后各任务要召开启动论证会，进一步凝练聚焦科学问题，明确创新目标，优化技术路径，完善实施方案，确保各项任务取得突破性进展。第二，建立高效的协同创新管理机制，特别是行政总指挥与技术总师、牵头研究所与参与研究所之间要建立沟通交流机制，确保信息能够及时地送达与反馈。任务分工要明确，责任落实要到位。第三，建立跟踪管理制度，加强对协同创新任务的监管。院机关和牵头研究所都要加强对已启动协同创新任务的督促检查，发现问题及时改进。要组织好绩效考评，建立退出机制，考评不合格的任务和团队要坚决调整和退出。

（三）着力加强团队建设，打造一流科研团队

科研团队是在科技创新工程支持下，我院根据农业科研规律构建的一种新型科研组织模式，是科技创新工程体制机制创新的一个重要成果。目前，全院有332个科研团队，这个数量比我们当初设计的300个左右团队已经有了很大的突破，各所要求增加团队数量的呼声还很高，我们一定要严格控制团队数量，绝不能回到课题组的老路上去。全面推进期，各研究所科研团队数量原则上不再增加，重点是调整优化现有团队。根据学科发展和团队建设的需要，进一步明确科研团队的研究方向，落实稳定支持措施，制定实施人才引进与培养计划。统筹推进“青年英才计划”中引进工程和培育工程，有

重点地引育一批有较大发展潜力的青年科研英才、支撑英才、转化英才和管理英才，使京内外科技人才布局更加合理，京外研究所优秀科技人才总量大幅增加。全院要大兴识才爱才敬才用才之风，为科技人才发展提供良好环境，在创新实践中发现人才、在创新活动中培育人才、在创新事业中凝聚人才，聚天下英才而用之，让更多千里马竞相奔腾。努力造就数十位能够把握世界科技大势、研判科研发展方向的战略科学家，培养数百位善于凝聚力量、统筹协调的领军人才，培养数千位勇于创新、善于创新的科研骨干。对重点引进和培育的优秀人才，院所两级要加大投入和支持政策力度，确保引育人才岗位补助、科研启动费、周转住房等配套政策落实到位。要为各类人才拓宽职业晋升通道，创造学习培训机会，提供学术展示的舞台；建立高层次人才薪酬激励机制，多措并举切实提高各类人才福利待遇，为优秀人才成长创造良好的条件与环境，以“一流人才”促进“世界一流科研院所”建设。

（四）着力改进评价制度，激发和调动全院科技人员创新活力

十八届三中全会对推进国家治理体系和治理能力现代化作出了全面部署，明确提出创新行政管理方式，“严格绩效管理，突出责任落实，确保权责一致”。当前，绩效管理已经广泛应用于政府部门和事业单位。科技创新工程采用绩效管理的理念和方法进行组织管理，是贯彻落实中央关于全面深化改革的决策部署和农业部、财政部工作要求的重要举措，是规范资金使用管理、提高财政资金使用效益、促进农业科技创新的有效手段。我们要用好用活这个管理工具，建立以科技创新质量、贡献、绩效为导向的分类评价体系，正确评价科技创新成果的科学价值、技术价值、经济价值、社会价值。通过科学合理的评价，推动管理创新、制度创新和技术创新。实行以增加知识价值为导向的分配政策，提高科研人员成果转化收益分享比例，探索对创新人才实行股权、期权、分红等激励措施。一是要进一步完善研究所评价制度。在全面推进期，要兼顾不同类别研究所和学科的特点，建立绩效指标侧重点不同、定量定性相结合的更加科学合理的指标体系。要改进绩效考评方式方法，不仅要在全面推进期期末对绩效指标完成情况进行考核评价，更要加强过程监管和中期评估，充分发挥同行专家的分析诊断作用。从 2017 年开始，院里将邀请各领域高层次专家对研究所逐个进行深入分析研究，对研究所的发展态势、重大成果或重大突破的水平与学术影响力、学科领域的引领地位、对产业的贡献与支撑效果、杰出人才培养效果和引育需求、持续创新能力和创新效率等进行全面评价，有针对性地为研究所下一步发展方向开出方子，对症下药。二是要加大考评结果的应用，全面提升创新能力。在全面推进期，科技创新工程绩效评价结果要更好地发挥对我院资源配置的指导作用，对考核优秀的研究所，在预算安排、任务分配等方面给予更大支持。引导研究所和科研团队围绕农业主导产业发展，在农业领域共性关键技术与装备研究取得新突破，新兴交叉与前沿领域研究取得重大进展，解决一批制约农业农村经济可持续发展的技术瓶颈问题，产出一批具有重大应用价值和自主知识产权的科研成

果，转化应用一大批新品种、新技术、新产品，为政府宏观决策提供咨询建议，发挥决策支撑作用。

（五）着力统筹经费使用，集中力量办大事

目前，院里掌握的自主安排经费有：创新工程有8亿元，基本科研业务费有2亿多元，修购专项3亿元左右。试点期经费使用比较分散，主要“按人头分钱”，形成合力不够。全面推进期要进一步发挥创新工程增量撬动存量作用，将创新工程专项经费与现有科技资源衔接整合、统筹使用。创新工程专项经费主要用于支持科研团队长期稳定开展科研活动和协同创新重大任务，保障我院人才工程入选者的事业发展需要；基本科研业务费主要用于基础性、支撑性、应急性科研工作，以及院、所决定的重大事项；修缮购置专项要围绕创新工程目标以及人才引进和培养任务，进行设计和实施。

院里要进一步优化资源配置机制，改变简单“按人头分钱”方式。创新工程经费主要按4个板块进行分配，一是保障院协同创新任务实施，承担多少任务就安排多少资金，具体由创新办根据协同创新任务预算提出方案；二是满足人才引育政策落实措施，主要用于引育人才的科研启动费，各所引育多少人才就给多少经费，由人事局根据各所实际人才引育情况提出方案；三是与绩效考评奖励结果挂钩，评优的奖励，评差的调减，具体由创新办提出奖惩方案；四是团队基本任务经费，具体由财务局按团队人员并结合预算执行情况来进行分配。基本科研业务费院里统筹部分重点支持基础性工作、成果培育、试验基地等平台建设，以及国际合作、智库建设等部院党组决定的基础性、支撑性、应急性科研工作，由科技局牵头商相关业务部门提出预算安排方案。修购专项由基建局根据院基本建设规划与基本建设计划统筹安排，加强全院基本建设项目和仪器购置的顶层设计和统筹谋划，集中财力办大事。

院机关各部门在理顺事权与财权、合理划分事权的基础上，进一步完善相关经费管理制度，实现事权与财权的匹配，形成职责清晰、分工协作、依法规范、运转高效的经费管理机制。研究所是专项经费的执行主体，要强化支出责任，积极筹措经费，保障人才引进、人员绩效等支出。

三、再努力，共同推进科技创新工程全面实施

科技创新工程是我院的1号工程，这个定位在未来10年都不会改变。试点期我们取得了不少成效，但距离预设目标还有很大差距，很多制度和创新举措还没有真正到位，科研产出还没有充分体现。全面推进期是决定科技创新工程能否长期获得支持的关键时期。国家财政资金能不能长久地支持创新工程，能不能长久地为农业科研提供稳定支持，关键要看全面推进期的工作成效。全院各级领导干部务必提高认识，锲而不舍地抓牢这个抓手，增强大局意识、创新意识、责任意识，确保科技创新工程各项任务的顺

利实施。院所要共同谋划，精心组织，齐心协力，相互配合，推动科技创新工程更上一个台阶。

一是要更加注重学习，把握中央大政方针。要认真学习习近平总书记系列重要讲话精神，认真学习研究中央出台的有关农业和科技方面的政策文件。牢牢掌握农业科技创新方面的最新政策法规，关注中央领导重点关心的内容。要根据中央文件精神，研究制定符合农业科技特点和中国农业科学院院情的政策措施和管理办法。要进一步强化宏观战略研究，组建精干队伍，围绕事关农业科技创新和“三农”发展的全局问题和长远问题，把握世界科技发展大势、研判世界科技革命新方向，为国家科技决策提供准确、前瞻、及时的建议，重点是加强生产技术指导、重大问题对策和政策创设等研究，进一步提高我院对外影响力。

二是要更加解放思想，探索创新。科技创新工程有一项重要任务就是体制机制创新，充分体现国家队先行先试的职责使命。最近国家出台了以 50 号文件为代表的一系列为科研“松绑”、激发创新活力的利好政策。院机关相关部门和各研究所要认真研究我们的落地措施。国家规定的红线不能踩，与国家规定不冲突的要大胆尝试，营造一种敢于解放思想、善于解放思想的科研管理环境和氛围，充分调动广大科技人员的积极性，让科技人员和干部职工分享院所发展带来的获得感。

三是要更加用心工作，突出重点。科技创新工程“十三五”规划确定了 6 项创新能力提升任务和 19 项重点科技任务，明确了任务分工和保障措施。创新能力提升的责任主体在院机关各部门，科研任务的责任主体是各研究所。各部门各单位要主动入位、对号入座，各部门各单位一把手是任务主持人，是第一责任人。院所要坚持问题导向抓重点、关键突破带全局、结果导向求实效，把顶层设计和服务“三农”更好结合起来，最大限度调动各单位积极性、主动性和创造性，加快农业科技创新取得新成效。

四是更加创新工作方式方法。管理方式创新也是科技创新工程实施的目标之一，创新工程的管理工作要不同于其他管理工作。要特别注重运用信息化手段推动工作，要利用好信息系统，抓好创新工程的日常管理和绩效考评，通过信息化手段实现数据收集、存储和实时分析评价。要注重运用典型模式推动工作，在人才培养、团队建设以及协同创新任务实施、成果转化等方面，大力挖掘典型、树立典范，总结培育可观可学、可复制可推广的典型模式，进而上升成制度，以点带面指导推动工作。

五是要更加敢于担当，负起责任。院所各级领导干部和管理人员要坚持为广大科技人员服务、为科技创新和成果转化服务、为提高全院创新能力服务、为党和政府科学决策服务的职责定位，团结引领广大科技工作者向国际科学前沿进军，促进农业科技创新快速发展，使我院真正成为改革排头兵、创新国家队、决策智囊团，成为国家可靠的科技创新的重要力量。所长和党委书记要负起领导和组织创新发展的责任，善于调动各方面创新要素，善于发挥各类人才积极性，共同为建设一流院所凝心聚力；要坚持原则、认真负责，做到守土有责、守土尽责，遇到事情就要担责、负责，出了问题还要追责、问责。各级领导干部要怀着负责务实的精神，用心去解决科研中的难题和管理中的困难，更要树立全局观念，保证我院每一件事都能落地有人负责，力求每项工作都做得很到位。

同志们，今年党的十九大将胜利召开，我院也迎来了建院60周年，我们要紧密团结在以习近平同志为核心的党中央周围，继承和发扬老一辈农科院人勇攀高峰、爱岗敬业、无私奉献的优良传统，以科技创新工程为抓手，砥砺前行，扎实工作，为推进农业供给侧结构性改革，建设国际一流农业科研院所作出新的贡献。

陈萌山同志在中国农业科学院科技创新工程全面推进期工作会议上的讲话

2017 年 4 月 10 日

同志们：

这次会议是我院创新工程试点期的总结大会，更是创新工程全面推进期的动员誓师大会，会议准备充分，与会代表精神振奋、精力集中，一致认为这次会议开得及时，十分有效，十分重要。

会议主要有 3 点收获。

第一，对创新工程的认识进一步深化，进一步提升。大家对创新工程是国家工程的认识更加一致，创新工程再出发有了坚实的思想认识基础。华俊院长强调创新工程是国家工程，实施创新工程以后，我们必须回应国家产业的重大需求，必须有力地占领农业科技前沿阵地。如果几年以后我们仍然没有一项国家级的重大科技成果，没有回答解决所在产业、产品中的重大问题，产生一两项革命性颠覆性成果，我们就难以向国家交代，就难以证明你是一个称职的所长，难以证明我们是合格的国家队。大家对创新工程不是一个科研项目，而是一个改革体制、创新机制的工程的认识更加深刻。实施创新工程的目的就是推动加快现代院所建设，就是通过创新工程的实施让国家创新驱动发展战略的一系列政策能够更好地落地生根。如果我们面临的问题和矛盾不能在创新工程实施中得到有效解决，把研究所存在的问题变成历史遗留问题，那么我们就错过了机遇，就无法让研究所在建设现代院所和世界一流院所的进程中得到进一步发展。大家对创新工程是推进农科院各项事业发展总抓手的认识更加深刻。我们不能把创新工程当作一个孤立的工作、一项独立的任务，要通过创新工程带动全面工作的开展，撬动我们的存量资源进一步优化组合，要通过创新工程实施，更好地发挥在行业、产业中的引领作用。

第二，对创新工程全面推进期的要求更明确、更清晰。这次会议是我们院创新工程再出发的会议，我们在一个新的起点上，华俊院长提出了总要求，孔明副院长作了具体论述。全面推进期的任务讲得很明确，要求也很具体。能否做到有所作为、大有作为，关键是能不能下决心调整学科定位，关键是能不能下决心推进协同创新，关键是能不能下决心突破人才的瓶颈，关键是能不能下决心推进管理创新，这 4 个方面我觉得是重中之重。

第三，对创新工程实施更加有紧迫感、责任感。创新工程是中国农业科学院院所两级共同的责任，是我们科研单位机构的责任，这与竞争性项目不同，竞争性项目的主管部门负有管理责任，课题组负有主体责任，但是创新工程的全部责任在院所两级。大家在讨论当中讲得最多的是增加了压力，危机感更强了。有的研究所讲，从大会发言交流当中、从所与所之间的比较当中看到了差距。人才引进培养所与所之间的差距有地域上的限制，也有学科上的局限性，但更有思想认识上的差距，工作力度上的差距。很多所长讲，听到华俊院长的讲话、孔明同志的报告以后，感到我们必须要解放思想，勇于担当，还加上一句，必须撸起袖子抓落实。否则的话，我们就丧失了这个好的机遇。我感觉紧迫感、责任感还要来自防止在创新工程大树下乘凉。上午典型交流的 3 个研究所体量大，在全院发展中一直走在前面，但是我们还有些研究所如果不奋起直追，不下定决心，很可能就永远落在后面，全院平均以后，很可能每次也能过得去，但是最后关键要验收，有可能就要被淘汰掉。还要防止经费稳定了，失去危机感，失去竞争的斗志，特别是困难的研究所，现在不着急找饭吃，没有危机意识，没有斗志，这些都是我们需要防止的。所以大家都感觉要更加注重学习研究，更加解放思想，更加把握全局，更加创新方法，更加敢于担当，把华俊院长这几个“更加”要落到实处。

这次会议明确了全面推进期的要求，我们必须以更大的力度、更大的作为才能更好地落实。这是这次会议的收获，是讲的第一点。下面就贯彻落实华俊院长的讲话，落实好这次会议的精神，再提 3 点要求。

第一，要迅速行动，及时传达学习。院里为召开这次会议筹备了半年时间，可以说是精心谋划，十分重要。华俊院长的讲话和孔明副院长的报告，都是经过反复斟酌修改，会后要形成文件正式印发。各单位，特别是研究所要把传达学习本次会议精神，作为当前统领我们工作的重要任务，要召开相当规模的会议，以什么样的形式大家可以掌握，组织认真学习会议主要文件，把握具体要求，迅速把思想、行动统一到会议具体部署上来，迅速地凝聚共识，做到重新出发，再创佳绩。我们不能停留在试点期的状态、试点期的要求，我们要迅速进入全面推进期这样一个新的阶段。

第二，要强化措施，确保各项目标任务落地。创新工程全面推进期的思路、目标、重点任务都体现在签订的任务书里，上午华俊院长跟各个单位和各协同创新任务都签订了任务书，回去以后我们要对照任务书的要求，进一步细化分解，确保能够落实落细。任务书就是军令状，签订是个形式，落实是关键。最近习近平总书记在深化改革领导小组第 33 次会议上提出了 32 字改革方法论：实事求是、求真务实，善始善终、善作善成，把准方向、敢于担当，亲力亲为、抓实工作。这也是我们推进实施创新工程的方法论，大家要认真学习领会，准确把握运用。要做到把准方向、敢于担当，不能让创新工程全面推进期的规划、任务书流于形式，要亲力亲为、抓实工作。各单位不能简单地以会议落实会议，以文件落实文件，在进一步细化落实任务书的时候，一定要根据各自的实际，要有特点，要有进一步的工作力度。签字是一言九鼎的事，责任十分重大，必须要见到实效。

第三，要狠抓落实，突破重点难点。创新工程全面推进期能否达到预期目标、取得显著成效，关键看我们的工作态度、我们的工作力度、我们的落实成效。面对全面推进期的各项任务，我们各个研究所都要找准自己的重点、难点和薄弱点，就是作大会交流发言的 4 个单位同样也面临着自己的问题。我们在调整学科布局、推动协同创新、突破人才团队建设等方面都面临着挑战，在产生重大影响、颠覆性、革命性成果方面，还有很多工作要做，所以各单位党政主要负责同志要切实担负起主体责任，把创新工程摆在更加突出的位置来抓，特别强调勇于担当，善于啃硬骨头，关键环节要亲自协调，亲自督导，亲自推动。院机关也要进一步转变思想，转变作风，围绕创新工程抓好创新，抓好服务，特别是要抓好创新工程全面推进期的绩效管理，扎实推进各项工作顺利开展。

同志们，距离我院提出到 2020 年初步建成世界一流农业科研院所的目标只剩下 3 年，时间十分紧迫，任务十分艰巨。创新工程是我们的历史性机遇，能把创新工程做到多大，关键取决于我们的实际成效、我们的实际成果。当前中共中央、国务院陆续出台了一系列鼓励科技创新的政策和规定，发展环境十分有利于科技创新，十分有利于我们事业的发展，让我们紧密地团结在以习近平同志为核心的党中央周围，抓住历史机遇，深入学习把握政策要求，用好用足用活各项制度规定，着力解决农业发展面临的重大问题，努力抢占世界农业科技的制高点，以优异的成绩迎接党的十九大召开，迎接我院今年建院 60 周年！

中国农业科学院科技创新工程全面推进期工作报告

中国农业科学院副院长　吴孔明

2017 年 4 月 10 日

科技创新工程是国家支持中国农业科学院长期稳定开展农业科技创新的重大举措，体现了国家对农业科技创新的高度重视，以及对中国农业科学院改革发展的殷切期望。2013 年启动实施以来，我院紧紧抓住这一战略机遇，将创新工程列为全院“一号”工程，全力推进实施，取得了突出成绩，圆满完成了试点期工作任务，现已顺利进入全面推进期。下面，我向会议作全面推进期工作报告。

一、圆满完成试点期任务，各项工作成效显著

自 2013 年启动实施科技创新工程以来，全院上下同心协力，坚持“服务产业重大科技需求、跃居世界农业科技高端”，以学科体系建设为主线，以突破重大科技命题为导向，突出体制机制创新，调整优化人才团队，着力提升基地平台能力，巩固拓展国际合作空间，各项工作取得显著成效，全院整体实力和科技创新能力显著提升。

（一）着力推进体制机制创新，有效激发创新活力

体制机制创新是试点期的主要任务，院所两级牢牢抓住这个切入点，以机制创新增强发展动能，在科研组织模式、考核评价方式、用人机制、协同创新机制等方面，进行了有益探索，有效调动了科研人员积极性，形成了改革创新的良好局面。

创新科研运行管理模式。顶层设计三级学科体系，构建了以“学科集群—学科领域—研究方向”为基本构架的学科布局，统筹考虑产业需求、国际前沿和研究基础，梳理形成了 8 大学科集群、134 个学科领域、315 个研究方向。指导研究所围绕学科组建科研团队，加强科研平台建设，推动任务、经费、团队、平台、机制等向学科集聚，培强优势学科，培优重点学科，培植新兴学科。通过对 3 批试点研究所的评审遴选，完成了学科布局的调整优化，32 个研究所原有的 1 026个课题组，整合为现在的 332 个科研团队，较好地解决了研究方向交叉、重复、小而散等问题，定位更加准确，发展重点和方向更加突出。对科研团队的稳定经费支持，使科研人员不再跟着项目跑，能够围绕

科学前沿和产业需求搞科研，更加符合农业科研规律和要求，广大科研人员的创新活力得到激发，精神面貌发生了明显变化。

改革科研评价激励方式。根据中央财政支出“改革先行、突出特色、绩效导向”的要求，制定了《中国农业科学院科技创新工程绩效管理办法（试行）》及其实施细则。院与 32 个试点研究所签订了绩效任务书，建立了绩效考核指标体系，明确了目标任务，为绩效考核提供了依据。初步建立了以提升科技创新能力和提高财政资金使用绩效为目标、以促进科研产出和科技贡献为导向的绩效管理机制，考评结果与绩效奖励、薪酬挂钩，发挥了很好的导向作用，极大地调动了研究所和科研人员的积极性。

创新用人机制。按照“按需设岗、按岗聘人、岗位固定、人员流动”原则，出台《中国农业科学院科技创新工程岗位管理办法（试行）》，建立以优化人才队伍结构、凝聚优秀人才为目标的岗位总量控制、聘用管理和动态调整机制。试点研究所按在编在岗人数 60%的比例设置创新岗位，形成了流动竞争机制。启动实施“青年英才计划”，重点引进了一批具有国际视野的青年学科带头人和创新人才。实施 3 年来，共引进海内外各类人才 172 人，其中，海外回国人员 100 名，国家杰青、国家优青、青年千人、百千万人才工程等 20 余人次，到岗人才现已全部进入科技创新工程科研团队，23 人被聘为团队首席。为加强自有人才培养，在“青年英才计划”内增设了“科研英才培育工程”，遴选产生了 24 名院级入选者和 60 余名所级入选者。探索建立自主培养与人才引进相结合，前沿探索、海外访学、青年首席、导师引航、成长互助等多种方式并举的人才培养开发机制。

构建协同创新机制。通过创新工程实施，构建了 4 个层次的农业科技协同创新体系：一是由团队首席科学家主导的科研团队内科学家之间的协同创新；二是由研究所组织的所内科研团队之间的协同创新；三是由院组织实施的研究所之间的协同创新；四是在农业部、科技部等指导下，由国家农业科技创新联盟组织的我院与中国科学院、农业大学以及省市农业科研机构的协同创新。在试点期，论证并启动实施了东北黑土地保护、华北集约化农业高效用水与地下水保护技术、南方地区稻米重金属污染综合防控和绿色增产增效技术集成创新等 8 项协同创新任务。2016 年又论证通过了农作物基因大数据的分析与利用、主要畜禽国产良种培育及产业化、粮食作物高效智能装备与技术集成研究等 11 项协同创新任务。在院级协同创新任务的实施过程中，探索建立任务总指挥和技术总师共同负责的“双总制”管理模式，充分发挥行政纽带、技术纽带和经济纽带的协同调控作用，大力推动研究所之间的协同创新工作。在国家农业科技创新联盟框架下，我院搭建了包括农作物种质资源共享、文献信息共享和农产品质量安全一致行动等分工协作的“一盘棋”农业科技工作的新格局，创建了覆盖上中下游产业和企业的“一条龙”农业科研组织模式，构建了多学科集成的区域性农业“一体化”科技综合解决方案。力争通过建设全国性的农业科研协作平台和农业科技创新骨干网络，引领现代农业产业发展，为推进农业供给侧结构性改革提供科技支撑。

（二）全面提升科技创新能力，成果产出持续增加

创新工程试点以来，全院共获得国家奖 19 项，其中自然科学二等奖 1 项，技术发明二等奖 5 项，科技进步二等奖 13 项。共发表科技论文 14 000余篇，在 SCI、EI 收录期刊上发表论文 5 463篇，其中在 *Nature*、*Science* 系列刊物上发表论文 21 篇，对学科发展产生了重大影响。

审定品种 294 个，获得植物新品种权 78 项，新农药、兽药证书 45 个。中嘉早 17 等新品种，推广面积多年稳居全国前 5 位，油菜含油量创造 64.8%的世界纪录。培育出高山美利奴细毛羊等畜禽新品种，打破国外畜禽品种垄断格局。创建了多源多尺度农作物遥感监测技术体系等关键技术，为相关产业提供了有力支撑。

参与中央一号文件、农业可持续发展规划等重要文件起草，紧紧围绕党中央、国务院关心的农业重大问题开展调研，研究提出 30 多项重大政策建议，多次得到国家领导人重要批示，为国家宏观决策提供了有效支撑。启动农业智库建设计划，提出了许多带有前瞻性、创新性、实践性的意见和建议，供中央和有关部委领导决策参考。

（三）聚焦现代农业技术瓶颈，产业支撑显著增强

依托创新工程，开展绿色增产增效技术集成模式研究与示范，有力促进了产业发展。2013 年起组织开展水稻、玉米、小麦、大豆、油菜、棉花、马铃薯等 7 种作物，奶牛、羊等 2 种动物的绿色增产增效技术集成模式研究与示范。集成先进适用生产技术 136 项，构建适合不同区域的可复制可推广的综合生产模式 25 套，形成“增产增效并重、良种良法配套、农机农艺融合、生产生态协调”的新型农业生产技术体系。建立了由国家、省、市三级创新主体联合形成的全国协同攻关的技术集成创新研究与示范网络，全院 17 个所、42 个团队、254 名科技人员参加攻关，地方政府及 208 个有关单位、1 700多名技术人员加盟协作。经过 3 年协作攻关，几种作物增产均超过 10%，最高达 44.7%，每亩最高增效 500 元；平均减施农药和化肥 10%以上，有效保护了当地生态环境。推动了油菜、棉花等作物生产全程机械化，在增产的同时降低成本、提高生产效率。该项工作得到了国家和相关部委领导的高度重视和大力支持，“粮食绿色高产高效创建”被纳入 2016 年李克强总理的政府工作报告。

通过加强管理和引导，知识产权数量大幅增加，成果转化收入持续增长。2013 年以来，全院发明专利授权 1 626件，植物新品种权为 105 件；有 20 项发明专利获奖，占全院历年来全部获奖专利的 65%。全院科技转化收入 2013—2015 年分别是 3.0 亿元、3.6 亿元、4.7 亿元，年增幅分别是 10%、15%和 29%。

（四）加快科技条件建设共享，保障水平大幅提升

以保障科技创新工程顺利实施为主线，全力推进重大科研平台、重点实验室和科学试验基地三大条件支撑体系建设，努力打造与“世界一流农业科研院所”相匹配的布局合理、技术先进、协作紧密、运行高效、支撑有力的科技创新能力条件体系。

国家畜禽改良研究中心、国家农业生物安全科学中心和国家农业图书馆等 3 个重大科研与服务平台相继建成并投入使用，为支撑我院科技创新、提升行业地位与增强国际影响力作出了重要贡献。

加强重点实验室建设，增强科技平台建设与学科发展的系统性、配套性、协同性。通过争取中央财政专项资金 3. 4 亿元，加强 6 个国家重点实验室和 1 个省部共建培育基地建设；推进 19 个农业部重点实验室学科群建设，为稳固我院相关学科在国内的领先地位提供了条件支撑。

国家农作物种质资源、微生物资源、家养动物种质资源和农业科学数据等设施平台，建立了开放共享服务考核评价机制，实现了全天候对外服务，年均共享水稻、玉米、小麦等作物种质资源 10 万份次，精液、胚胎、基因等家养动物资源 17 万份次。围绕科研基础设施和大型仪器开放共享，全院初步构建了一体化的科研设施与仪器在线服务平台网络，开放共享程度逐年提高。

（五）拓展深化国际合作交流，战略布局初见成效

科技创新工程实施以来，积极利用创新资源，不断创新国际合作机制，服务国家总体外交战略，推动粮农等领域的国际合作，稳定和拓展发展双边、多边关系，使我院农业科技国际合作真正成为国家农业外交的有力抓手，为促进我国农业发展统筹利用国际国内两个市场、两种资源，推动农业转型升级提供了科技和智力支撑。

大力拓展战略伙伴关系，搭建实质性国际合作网。试点期共与国际合作伙伴新签备忘录和协议 74 个，新建或筹建国际联合实验室 19 个，新增国际合作基地、引智基地 5 个，有力促进了我院国际合作网络体系的发展与完善。

构建海外农业研究中心，服务“一带一路”倡议。依托我院相关研究所和优势科研团队，构建以信息、技术、人才为核心，国家、地方、企业共同参与，科学研究与企业发展密切联系的集成服务平台“海外农业研究中心”，在农业“走出去”发展战略研究、走出去公共信息平台与服务、技术集成创新和人才培养等方面取得了丰硕成果。

强化技术和产品“走出去”，海外市场不断拓展。禽流感疫苗等在亚洲和非洲市场稳步拓展，绿色超级稻在亚非 15 个目标国家进行了 70 个品种的示范和推广工作，抗旱高产双低杂交甘蓝型油菜在巴基斯坦实现产业化，植保所和美国爱利思达生命科学公司签署了“阿泰灵”海外代理战略合作协议。棉花、生物防治技术、畜牧、沼气等方面

的一批先进适用技术也在非洲、亚洲等国家和地区得以广泛推广。

国外优异种质资源引进也取得很好进展，有针对性地引进了水稻、小麦、玉米以及动物等各类遗传资源共计24 251份，为我国科技创新提供了坚实的物质基础。

（六）严格规范经费使用管理，集聚效应初步显现

制定出台《中国农业科学院科技创新工程经费管理办法（试行）》及实施细则，健全和完善了专项管理制度，为经费规范使用提供了制度保障，并在全院开展宣讲、督导，确保制度落实到位，资金使用安全、规范。

创新工程实施以来，按照增量撬动存量的原则，探索将创新工程专项经费与现有科技资源衔接整合。一是创新工程专项经费与现有的中央级公益性科研院所基本科研业务费、非营利性科研机构改革专项启动费、中央级科学事业单位修缮购置专项等中央财政科技经费统筹联动使用。二是创新工程经费与竞争性财政科技经费的统筹使用。在创新工程经费的稳定支持基础上，研究所立足国家重大需求，围绕农业科技创新发展战略，统筹国家科技计划（专项、基金）等科技经费资源，根据学科布局和各种经费的既定任务和目标，将创新工程经费用于支持基础性、前沿性和创新性研究任务，各种科技经费融合互补，充分发挥增量带动存量的“撬动作用”，经费集聚效应开始显现。

回顾创新工程启动实施以来的工作，对照《中国农业科学院科技创新工程实施方案》的任务安排，可以说我们较好地完成了试点期各项任务，在农业部对我院进行的试点期部级绩效考评中也得到了肯定，取得了综合评分97分的优异成绩。通过实施创新工程，全院创新活力得到激发，创新能力加快提升，现代院所制度逐步完善，发展速度大幅加快，发展水平跃上了新台阶。这些振奋人心的变化，来源于全院职工的辛勤工作，来源于院所两级领导班子锐意进取的自我革新。在此，我代表院党组向全院各级领导干部和广大科技人员表示衷心的感谢和崇高的敬意！

二、全面推进期面临的形势和发展思路

当前，我国农业农村发展进入了新的历史阶段，加快推进农业现代化建设对农业科技需求日益加大，同时国家对科技体制的改革不断深化，新一轮科技革命正在推动农业科技加速发展。这些新形势新要求，是创新工程全面推进期面临的新机遇也是新挑战。我们必须积极适应发展变化，找准定位，明确思路，努力实现2020年基本建成“世界一流农业科研院所”的阶段目标。

（一）全面推进期面临的新形势和新要求

创新工程进入全面推进期以来，面临农业供给侧结构性改革、深化科技体制改革、

科技革命孕育发展等新形势、新要求，必须认真分析，准确把握，以创新工程为统领，加快推进现代院所建设。

一是农业供给侧结构性改革要求强化科技创新驱动。2017 年中央一号文件指出，我国农业的主要矛盾已由总量不足转变为结构性矛盾，突出表现为阶段性供过于求和供给不足并存，矛盾的主要方面在供给侧。推进农业供给侧结构性改革，意味着全面调整农业供给方式，包括结构、布局和生产方式，创新体制机制，加强科技创新引领，破解农产品供需结构性矛盾，缓解资源环境压力，提升国际竞争力。这就要求我们在创新工程全面推进期，必须围绕农业供给侧结构性改革这一主线，主动适应农业由量到质转变的大趋势，优化学科布局，调整创新方向和重点，加快推进重大科研攻关和技术模式创新，提升农业科技供给质量，培育具有全国性、区域性和革命性的科技成果，支撑引领农业现代化发展。

二是国家科技体制改革不断深化要求持续推进机制创新。国家科技计划大幅度整合优化，科研项目的组织模式也随之变化，创新工程的稳定经费支持要与之衔接，相辅相成。50 号文等文件陆续出台，财政科研经费管理改革加快，实施创新工程就是抓住改革机遇，认真研究如何贯彻落实中央精神，制定适合院所实际的制度办法，在机制创新上取得新突破，建立适合农业科研规律的制度体系，发挥改革排头兵作用。创新驱动发展战略要求加快国家创新体系建设，创新工程实施要加强协同创新，积极推动国家农业科技创新联盟建设。

三是新一轮科技革命要求农业科技加速发展。新一轮科技革命和产业变革正在孕育兴起，信息、生物、材料等领域不断取得革命性突破，与传统农业领域交叉融合，使农业科技发展不断加快，从基础研究到应用技术研究的链条越来越短、越来越灵活，进而改变农业生产方式，催生新的农业产业。实施创新工程必须紧紧抓住农业科技发展新趋势，加强前瞻性、战略性学科布局，着重培养新兴、交叉学科，强化传统优势学科对新技术的应用、融合，抢占未来农业科技制高点，支撑并引领现代农业发展。

四是“世界一流农业科研院所”建设要求不断提高农业科技核心竞争力。农业和农业科技发展日新月异，使世界一流院所的标准不断提高，要有深厚的传统科研优势，要有优秀的人才队伍，尤其是国际知名的领军人才，要有前瞻性的战略布局，引领农业科技创新，要有高效灵活的制度体系，以适应加速变化的科技和产业发展趋势。这些都要求我院通过深入实施创新工程，全面提升科技创新能力和管理创新能力，逐步由跟跑到并跑、领跑，大幅度提升我院农业科技核心竞争力，尽快建成世界一流农业科研院所。

面对新形势新要求，我们清醒地认识到，在创新工程全面推进期，还面临不少困难和问题。一是部分研究所主要负责同志对创新工程重要性认识还不到位，简单按一般项目对待，推动力度不够，体制机制创新不够深化，没有充分利用国家科技体制改革红利和院里各项优惠政策，缺乏主动性和创造性，存在等、靠、要的思想。二是学科体系和区域布局仍然落后于产业需求和科技发展趋势，部分研究所对学科调整、战略转型的紧迫性认识不足。对于产业弱化、非国家需求的学科，用创新工程的稳定支持经费养了起来；一些产业布局已经转移的学科，研究所还仍然固守在老地方，迟迟不将主战场转移到主产区；对于新兴交叉学科，仍然等待观望，不能准确把握，加快培育。三是“青年英才计划”执行不平衡，仍有12个研究所没有引进1个青年英才；人才引育手段和扶持措施力度不强，领军人才流失压力不断增大；领军人才总量偏少、年龄偏大，新兴学科和交叉学科人才匮乏；管理、支撑、转化队伍建设相对滞后。四是协同创新机制亟待完善，顶层设计不够，跨学科、跨研究所协同创新机制不健全，一定程度上还存在科技资源分散、封闭、重复现象，联合协作效率需要进一步提高。五是评价激励机制需要继续完善，以绩效管理为核心的考核、评价、激励制度体系尚未形成，考评结果作用没有得到有效发挥。六是资金统筹配置机制需进一步完善，科技资源使用效率有待提高。这些问题都需要我们在创新工程全面推进期逐步加以解决。

（二）全面推进期的发展思路和目标

创新工程全面推进期的发展思路是：按照“顶天立地”的发展战略，坚持以“服务产业重大科技需求、跃居世界农业科技高端”为使命，以创新工程为统领，统筹推进人才团队和条件平台建设，强化国际合作交流，凝聚优势力量，整合资源配置，推进全面发展。按照产业链布置创新链，以科研团队为主体，形成纵向产业链条与横向共性技术相互衔接、相互支撑的农业科技创新网络体系。根据农业产业发展需求和国际科学前沿，立足发展定位和使命，加强顶层设计，突出特色和优势，调整优化学科体系，从找准问题入手，聚焦重点任务，采取稳定支持与竞争性经费相结合的方式，持续开展科技攻关，力争在重大基础科学前沿和共性关键技术方面取得突破。构建上下联动、相互协调、分工负责、责任明确的管理机制，强化绩效管理，发挥好绩效管理的引导、激励作用。

创新工程全面推进期的总体目标是：基本建成“世界一流农业科研院所”，具体包括以下几个方面。

完善现代院所制度。形成符合农业科技发展趋势和产业发展需求的学科体系，完善稳定支持为特征的科研组织方式，建成高效开放的现代化科研条件平台体系，建立以绩效管理为核心的考评、激励机制，创新引人用人机制，建立资源统筹配置机制。

建设农业科技人才高地。拥有一批战略科学家、领军人才和科研骨干，人才团队年龄结构、学科构成合理，转化、支撑、管理队伍素质大幅度提高。

引领全国农业科技创新。实施创新工程协同创新任务，推动建设国家农业科技创新联盟，组织中央、省和地市三级优势科研力量，开展协同创新，强化联合攻关。

突破核心关键科技问题。农业领域共性关键技术与装备研究取得新突破，新兴交叉与前沿领域研究取得重大进展，占领国际农业科技制高点，解决制约农业农村经济可持续发展的技术瓶颈问题，产出一批具有重大应用价值和自主知识产权的科研成果。

支撑现代农业发展。围绕主导产业发展，转化应用一大批新品种、新技术、新产品，构建农业绿色增产增效技术模式，建设新型农业智库，把农业科技转化为现实生产力。

深入拓展国际合作交流。围绕“走出去”和“一带一路”倡议的实施，准确研判世界农业发展形势，强化农业领域科技创新合作，为统筹利用国际国内两个市场、两种资源提供技术支撑，增强我国全球农业资源配置能力，服务国家整体外交大局。

三、全面推进期的重点任务

为完成创新工程全面推进期的实施目标，我们要坚持问题导向，理清思路、明确重点，强化责任感和紧迫感，全面推进体制机制创新、科技创新、国际合作、人才团队、平台建设等各项工作，力争取得突破，使创新工程实施真正出成果、见成效。

（一）推动突破性机制创新，深耕改革创新的“试验田”

当前国家正在深化科技体制改革，完善科研经费管理，出台了 50 号文等重要文件，我们要认真贯彻落实，进一步创新科研体制机制，建立完善以科研团队为基础的科研组织方式，健全绩效管理机制，创新人才流动机制、完善协同创新机制，构建更加符合农业科研规律、更加高效配置资源的体制机制。

理顺院所机关管理职能。完善院财政经费资源配置方式，改变简单按人头和“基数”分钱做法，建立根据所办事项实际需要和绩效管理决定经费支持额度的调控机制。强化财务部门在科研经费内部控制与监管方面的职能，牵头负责科研经费监管和政府采购试剂平台管理；将财务局现有事务性、服务性的院机关会计核算职能调至后勤服务中心；成立院资产管理公司，将财务局负责的院属房地产开发以及泛太公司、科技培训楼（艺海）、天作国际大厦（出租）的经营管理职能调至院资产管理公司；将成果转化局承担的昌平、廊坊等综合性试验基地管理职能化转到院后勤服务中心。各研究所也要根据实际情况推动职能部门管理模式改革。

完善科研组织方式。完善以持续稳定支持为特征的科研组织方式，创设符合农业科研创新要求、责权利明确、层次分明、协作高效的科研团队运行管理模式。以问题为导向、以任务为统领，按照学科发展方向和科技创新需求，进一步优化现有的 332 个科研团队，除新建研究所和发展新兴交叉学科外，原则上不再新增科研团队，保持团队相对稳定，紧扣研究方向开展长期科研攻关。

健全绩效管理机制。遵循农业科技创新规律，体现研究所和学科的特点与差异，优化评价程序，改进评价方法，注重评价实效，建立年度监测、中期诊断和期末评估的综合考评体系，完善研究所评价与绩效考评协调统一的评价考核机制。年度监测以客观数据定量分析为主；中期诊断评估将邀请知名专家组成评估组，对研究所的定位、学科设置、研究方向等进行深入分析诊断，帮助研究所明确优势和短板，校准发展方向；综合评估结合年度监测、中期诊断情况，以定量和定性相结合的办法进行。2017 年开始分批进行中期诊断，今年完成 10 个左右研究所的中期诊断评估工作。

完善协同创新机制。依托国家农业科技创新联盟和院所协同创新任务，打破学科界限，整合院内外创新力量，加强协作与交流，优化资源配置，积极推进跨区域、跨部门、跨学科、跨所的协同创新行动，形成“上下贯通、左右联合、前后衔接”的协同创新机制，改“单兵作战”为“协同攻关”。在创新工程协同创新任务中，落实任务总指挥和技术总师“双总制”，加强行政协调和资源整合，完善牵头研究所和参与研究所的协同机制，提高协作效率。

创新人才流动机制。完善开放、竞争、流动的用人机制，按照岗位固定、人员流动、能上能下、能进能出的原则，依据绩效考评结果进行动态调整。落实科研团队流动岗位不少于 20%的要求，流动人员可实行年薪制、协议工资、项目工资，根据中央 50 号文件精神，流动人员工资可从项目经费中列支。通过提高岗位补贴和绩效奖励，吸引和留住高水平领军人才。

强化资源共享机制。重点抓好农业生物资源、图书信息资源、科技平台资源和试验基地资源等科技资源的共建共享，建立科技资源共享运行管理办法，构建共享信息系统，创新利益分配和激励相容等共享机制和服务模式，促进科技资源共享共用，提高资源利用效率。

院里将以基因组所为体制机制创新试点单位，围绕贯彻落实 50 号文等文件精神，积极利用国家、地方、院里相关资源，探索扩大法人自主权和创新领军人才学术自主权，构建全新的现代院所制度，包括灵活高效的用人机制、绩效导向的激励机制、联合协作的科研机制等，打造现代农业科研院所样板，以点带面，带动全院进一步深化体制机制创新。

（二）调整优化学科体系，形成适应需求的学科、区域布局

适应现代农业科技发展新形势、新特点和新需求，立足我院三级学科体系，优化学科和区域布局，进一步强化、拓展、培育、调整学科方向，完善区域布局，整合科研力量，构建更加符合农业科研发展规律和农业产业需求、服务保障创新工程实施的学科布局体系。

强化优势学科建设。以支撑和服务农业产业发展为导向，推动各类资源向优势学科领域和重点研究方向聚集。重点在作物种质资源与基因改良、作物生物学与遗传育种、农业生物安全、预防兽医学、动物营养、农业基因大数据等领域，努力建设 10 个世界级农业科学中心；在农作物分子育种、动物资源与育种、动物疫病诊断、植物营养与肥料、农业气象与气候变化、农业环境控制与修复、农业遥感、农业大数据与云平台、农产品质量安全与加工、现代农业装备等领域，建设 24 个国家级农业科学技术中心。通

过整合科技资源，完善创新机制，提升优势学科核心竞争力和影响力，成为服务产业重大需求的核心力量。

围绕农业供给侧结构性改革，调整优化学科区域布局。优化调整园艺、经济作物、畜牧、兽医、资源环境等存在重复交叉的学科力量布局，明确相关研究所及团队的重点研发方向。根据产业发展需求和态势，调整麻类、烟草等与发展需求脱节、发展空间和潜力不大的学科方向。加快基因组研究所、都市农业研究所、西部农业研究中心、黄河三角洲工程技术研究院、海外农业研究中心建设，推动相关研究所学科方向和研究力量向长江上游、黄土高原、西部地区和华南地区等农业主产区和典型生态区转移。

加强新兴交叉学科培育。瞄准具有良好发展势头和前景的新兴交叉学科方向，拓展培育一批学科团队，加强合成生物学、生物信息学、病原生态学等新兴交叉学科的探索和培育，给予重点支持，促进发展壮大。开辟重大技术创新和新产品创制研发方向，培育新的学科增长点，加强全基因组选择育种、植物病虫害遥感监测预警、都市农业、海外农业、智慧农业等技术创新，扶持生物传感器、农用纳米材料等新产品创制，为未来一流学科的建设建立充分储备和坚实基础。

（三）加大科技创新力度，培育革命性重大成果

“十三五”期间，紧紧围绕国际科学前沿和产业发展需求，稳定支持科研团队开展持续深入研究，以梳理凝练出的协同创新重点科技任务为核心，加大联合攻关力度，培育一批包括原始理论创新、关键技术突破和重大产品研制等全链条创新的革命性重大成果，有力引领和支撑现代农业发展。

加强原始创新。针对全球农业科技竞争加剧和产业转型升级加快的机遇和挑战，超前部署一批基础和前沿技术领域的原始创新，加强农业生物基因组、变异组与表型组学，农业合成生物学与分子设计育种，农业生物与环境互作，农业大数据与云计算等创新研究，努力取得理论、方法和技术的重大突破，推动我院自主创新水平再上一个新台阶。

攻克绿色生产关键技术。针对生产成本和资源环境压力持续增加的突出问题，进一步加强绿色化、低碳化、生态化技术的研发和集成应用，突破一批耕地有机质提升、新型智能肥料、废弃物循环利用、节水控污、纳米农药、生态养殖等技术和产品，降低资源利用强度，提高循环利用效率，促进农业的绿色化和效益化转型。

培育重大品种。瞄准保障国家农产品有效供给和推进农业供给侧结构性改革的战略需求，加强优质、绿色、广适、抗逆的农作物与畜禽新品种培育，力争打破大动物品种和高端设施园艺作物品种长期被国外垄断的局面，并在主产区加大推广应用力度，有力支撑我国种业转型升级。

提升农业机械化信息化装备技术水平。针对组织化、规模化、信息化的现代农业发展趋势，重点攻克智能化农机装备技术瓶颈，研发关键部件及多功能作业关键装备，促

进农机农艺融合，突破资源管理数字化、生产过程管理精准化、农产品市场分析智能化、信息服务网络化等农业信息化关键技术装备，为转变农业发展方式和提高农业生产效率提供科技支撑。

提升农产品加工和质量监控技术水平。针对农产品需求“量质双升”和延伸产业链的战略目标，进一步加强农产品质量安全绿色高效精准检测、质量安全污染关键因子控制、质量安全风险控制和产地溯源技术研发，创新粮油、肉品、果品、乳品、茶叶等营养保全、品质提升与危害因子抑制的加工技术，确保农产品优质化和百姓“舌尖上的安全”。

加强宏观战略研究。积极发挥国家农业智库作用，重点在农业产业结构优化调整、国家农业科技创新体系建设、农业新业态发展、农业科技发展等方面，开展战略与政策研究，不断出创新思想，形成一批重大战略咨询报告，提出一批重大政策建议，对国家“三农”决策发挥更加积极有效的权威性影响。

（四）推动成果转化，强力支撑现代农业发展

根据我院科技成果转化的特点，重点完善成果转化平台、强化科技集成转化、支撑主导产业发展、做大做强科技产业，提高科技服务“三农”发展、支撑现代农业发展的能力和水平。

完善成果转化平台。建好管好用好全国农业科技成果转移服务中心和国家种业科技成果产权交易中心，打造国内农业科技成果转化的主流渠道和专业平台。继续面向全国征集可转化的农业科技成果和知识产权，丰富两个中心资源。利用好专利价值分析试点单位和“国家技术转移示范机构”两块牌子，全面开展专利价值分析和技术经纪服务，直接服务科研一线，促进科技成果产权交易。

强化科技集成转化。针对我国区域和产业发展重大关键问题和技术瓶颈，整合全院和全国有关兄弟单位的成果、人才、平台等资源条件，继续开展水稻、玉米、小麦等主要粮棉油作物和奶牛、羊等主要畜禽12个产业的绿色增产增效技术集成模式研究与示范工作，集成先进适用技术，构建可复制可推广的综合技术模式或综合解决技术方案，支撑引领我国农业绿色增产增效和可持续发展。

支撑主导产业发展。围绕粮食主产区、典型生态区、特殊功能区、老少边穷地区的主导产业发展需求，开展科技精准扶贫、技术服务和成果转化工作。重点帮扶河北阜平林果业、陕西安康富硒产业、甘肃定西马铃薯产业等贫困地区特色农业升级转型和提质增效，为2020年国家如期打赢脱贫攻坚战提供强有力的科技支撑与服务。

做大做强科技产业。以科技企业为主体，加快建立现代企业制度，完善法人治理结构，推进科技成果中试孵化和自主转化。加强科技产业重组与整合，重点培育兽用生物制品及兽药、农化服务、特色农产品等支柱产业，形成竞争优势明显的产业集团。加强与大企业等社会优势资源合作，着力构建我院科技产业发展新体系。

探索区域发展模式。针对国家粮棉油作物生产主体功能区定位并结合我院与地方合作的现有工作基础，在东北地区的黑龙江、黄淮海地区的山东德州、长江中游的湖北荆门、长江下游的合肥巢湖、南方地区的湖南永州、西南地区的云南大理、西北地区的新疆进行布局和长期定点攻关，探索不同区域粮棉作物与固氮肥田作物的不同轮作模式和周年绿色、高产、高效模式，为确保我国谷物基本自给、口粮绝对安全和实现藏粮于地、藏粮于技的战略目标提供技术支撑。

（五）拓展国际合作，推进全球农业科技布局

把握世界农业科技发展趋势，围绕学科建设，加强智力、技术的引进，推动农业科技走出去，强化科技资源战略储备。

加快海外中心建设，推动农业“走出去”。以“海外中心”为抓手，启动海外农业实地调查试点，加强全球农业数据调查分析系统建设；加强与国家发改委、商务部①、质检总局②等部际联席成员单位沟通，共同推动并支持各部门涉农大数据的治理、挖掘及应用，推广完善走出去公共信息服务平台；加强农业走出去政策创设，组织针对种子（苗）、疫苗、畜禽、经费等走出去问题的专题研究，进一步为部际联席成员单位提供决策支持；持续推动农业科技走出去，不断扩展绿色超级稻、抗虫棉、植物保护与有害生物防控、动物疫苗、饲用植酸酶与生物农药、农机与农产品加工技术等在海外的规模和影响。

发起“以我为主”的国际农业科学研究计划。以创新工程为主导，结合利用各类国家国际合作科技项目等，针对我国农业发展影响大的国际热点科技问题，在重大基础科学问题和前瞻技术、产业核心技术、区域发展瓶颈问题关键技术等方面，凝练提出重大科研任务，主动牵头发起 1~2 项具有高层次、高水平、高影响力的国际科学计划行动，打造国际学术新高地，为未来农业发展提供保障，服务于国家重大战略决策。

充分利用国际人力资源，加强我院人才交流培养。充分利用国内国际渠道，选派青年英才计划入选者到国外一流农业科研机构（大学）培训学习，有重点地开展国际合作急需人才的培养，提升关键领域的科研水平；进一步加强海外智力引进与交流，柔性引进海外高层次人才，有重点地吸引和资助优秀海外学者和外国科学家来我院开展合作交流。大力支持院属各单位（研究所）利用自筹资金等渠道培养国际化人才。在研究生院成立“国际教育学院”，与比利时列日大学、荷兰瓦赫宁根大学、澳大利亚悉尼大学、美国北卡罗州立大学等知名国际院校建立长期合作联络机制，将中外合作博士教育项目从欧洲拓展到美洲和澳洲，为我国培养更多高端人才。在“一带一路”倡议框架下，根据农业走出去的重点目标国和重点产业的需求，有计划、有针对性地扩大留学生

---

① 中华人民共和国商务部，全书简称商务部。

② 国家质量监督检验检疫总局，全书简称质检总局。

招生规模，为我所用。

（六）加大人才工作力度，激发创新创造活力

院里计划院庆期间启动“青年人才发展工程”，并结合中央关于深化人才发展体制机制改革的意见精神，出台我院促进人才发展若干措施，大力推进各类人才的引育工作，促进人才持续健康发展，为创新工程的全面顺利实施、农业供给侧结构性改革提供强有力的人才支撑。

实行高端引领、重点支持、协同推进的人才培养政策。建立由顶端人才、领军人才、拔尖人才和储备人才 4 个层次构成的全方位人才培育体系，实行合同管理，强化聘期考核，建立退出机制；深化和拓展“青年英才计划—培育工程”，建立包括科研英才、转化英才和支撑英才在内的优秀青年人才培育工程，拓宽职业发展通道，加大支持力度，完善考核评价机制，促进各类人才队伍协调发展；围绕培养造就好班子、好班长、好梯队的总体目标，按照提拔使用一批、分类储备一批、交流任职一批、实践锻炼一批、重点培训一批“五个一批”的总体思路，有针对性地抓好优秀年轻管理干部培养选拔。

实行更积极、更开放、更有效的人才引进政策。面向海内外重点引进高层次领军人才和急需紧缺人才，对于引进的人才在科研保障、团队组建、经费支持方面采取“一人一策”并给予优先支持；改进和完善“青年英才计划—引进工程”，积极实施精准引进和柔性引进，组织对研究所创新团队和学科发展情况进行诊断性分析，按照需求制订中长期人才引进计划，增强引进人才工作的针对性和实效性；鼓励研究所设立流动岗位，面向海内外柔性引进人才，通过签订任务合同，执行协议工资，因人据时开展学科凝练、项目合作、团队建设、人才培养等工作。

进一步深化人才管理体制机制改革。改革职称评审制度，充分发挥用人单位的主体作用，积极稳妥地下放院属单位正高级职称评审权，制定符合院所实际的评审标准，对外语条件不做统一要求。进一步加强指导，积极推动院属各单位结合自身特点，根据科研、管理、转化、支撑等人才类型差异，以及基础研究、应用研究、技术开发和人文社科等学科差异，分类制定人才评价标准。实行高层次人才机动编制管理，通过在京内研究所设置特殊人才岗位，重点支持西部和欠发达地区研究所高层次人才引进。健全高层次人才住房保障体系，通过优先保障、租售相辅、实物配置与货币补贴相结合的原则，充分发掘现有资源、利用好社会资源，有步骤、分层次、多渠道、多形式解决高层次人才住房问题。近期，院里将启动针对千人计划、青年千人、杰青、优青等 4 类高层次人才住房配售工作。

（七）推进平台建设共享，提高科技资源使用效率

全面建成与“世界一流农业科研院所”相匹配的布局合理、技术先进、协作紧密、开放共享、运行高效、支撑有力的科技创新能力条件体系。

加强战略规划。加快生物育种、生物安全和农业资源环境国家实验室，作物基因资源与分子育种、蔬菜生物学、油料作物生物学、植物营养与肥料学国家重点实验室等国家级重大科技平台谋划。进一步优化试验基地区域布局，提高综合性试验基地建设水平。推进新建农用水、沼气及发酵产品质量安全风险评估实验室等部级科研平台，为创新工程实施夯实科技平台基础。

提升运行管理水平。实施重大平台推进计划等项目，加快推进农业遥感、产地环境污染防控、农业基因数据分析等新一批农业部重点实验室的建设运行，整体提升现有重点实验室等平台运行管理水平，为创新工程实施提供平台基础支撑。

构建平台共享机制。整合科技平台资源，完善院科研设施与仪器在线服务平台，组织共享辅导培训和服务，加快国家作物种质库、国家农业生物安全科学中心等大科学工程和 847 台套 50 万元以上的大型科学仪器设备向科研团队开放共享，研究出台院科研设施与仪器开放评价体系和后补助奖励机制，整体促进科研设施、仪器设备、生物资源、科技数据信息等向全院科研团队开放共享。

推进重大建设任务。着力开展农业重大科学工程、重点实验室、农业试验基地（站）、综合性基础保障、业务用房与设施和市政基础设施等建设任务。重点加强国家农作物基因资源与基因改良重大科学工程、国家农业生物安全科学中心、国家畜禽改良中心、中国农业科学院质量标准与检测中心 4 个重大科研平台的条件建设，全力推进作物、资源环境、畜牧兽医、农业工程等领域重大科学工程立项与建设。

（八）统筹资源配置，实现事权财权有机统一

有效整合财力资源。发挥创新工程增量撬动存量作用，衔接整合现有科技资源，提高资源利用效率和投入产出效率。创新工程经费主要用于支持科研团队长期稳定开展科研活动，保障中国农业科学院人才工程入选者的事业发展需要，以及实施协同创新任务等重大技术创新；基本科研业务费主要用于基础性、支撑性、应急性科研工作，以及院、所决定的重大事项；修缮购置专项应围绕创新工程目标以及人才引进和培养任务进行设计和实施；其他经费也要主要用于保障创新工程所需条件平台的运转和维护。

理顺经费管理体制。创新工程经费按照院协同创新任务、引进人才的科研工作、绩效考评奖励和科研团队基本科研任务 4 个板块进行资源配置，总的经费安排方案由财务局商创新办、人事局提出，其中，院协同创新任务经费由创新办根据任务书进行测算；人才经费由人事局按照人才数量进行测算；绩效考评奖励由创新办根据相关管理办法进

行测算；科研团队基本任务经费由财务局根据各单位科研团队人员情况并结合预算执行情况进行测算。基本科研业务费由科技局牵头商有关业务部门研究提出经费安排方案。修缮购置专项由基建局牵头根据院基本建设规划统筹提出项目安排建议。通过明确各部门职责和分工，加强规划统筹，实现事权和财权的有机统一，提高管理能力和资源配置效率。

严格经费监督管理。财务局要加强科研经费监管。研究所要切实履行法人管理职责，强化创新工程经费风险防控，确保资金安全。从事前、事中、事后等各个环节强化监督管理，确保创新工程顺利实施。扎实开展“防火墙工程”和“阳光工程”，加大对科研经费管理使用违纪违法行为的监督惩处力度，大力开展违纪违法案例警示教育，筑牢思想防线，做到防微杜渐。

（九）营建创新文化，打造农科精神

利用建院60周年这一重要历史节点，大力弘扬我院老一辈科学家报效祖国、服务国家的献身精神，教育和引导广大科研人员以服务国家需求为使命，矢志报国、一心为民，坚定做好科研、造福人民的理想信念。倡导严谨求实、追求真理的科学精神，激励广大科研人员扎根“三农”，耐得住寂寞、守得住清贫，坚守科研道德“底线”。继承农科文化，发扬“执着奋斗、求实创新、情系三农、服务人民”祁阳站精神，形成有利于培育创新思维、造就创新人才、取得创新突破的科研环境，营造崇尚科学、鼓励创新、宽容失败的文化氛围和价值理念，打造新时期农科精神。

同志们，全面推进期是科技创新工程实施的关键阶段，承上启下，至关重要，到2025年创新工程能否取得预期成绩、能否继续获得长期稳定支持，关键看这5年如何谋划实施，是不是能够健全完善稳定支持与竞争项目相结合的科研组织模式，是不是能够通过“集团军作战”实现农业科技问题的重大突破，是不是能够对农业现代化建设发挥支撑驱动作用。因此，我们必须以高度的紧迫感和责任感，紧紧抓住这一难得的发展机遇，真抓实干，相关任务逐层落实到位，通过大家共同努力，促进全院创新能力整体提升，实现2020初步建成世界一流农业科研院所的发展目标！

中国农业科学院副院长万建民院士在中国农业科学院科研管理工作会议上的讲话提纲

2017 年 11 月 22 日

同志们：

今天我们在青岛召开 2017 年全院科研管理工作会议，主要任务是学习贯彻党的十九大精神和建院 60 周年习近平总书记“三个面向、两个一流、一个整体跃升”的重要指示精神，围绕“十三五”科技发展规划任务落实，总结进展和成绩，同时找差距找问题，部署下一阶段重点工作，推动我院科技发展实现率先跨越，引领中国农业科学院整体跃升。根据会议安排，我讲四个方面的内容。

一、清醒认识我院科技创新面临的新形势新任务

（一）充分认识党的十九大提出的新时代新任务

党的十九大是在全面建成小康社会决胜阶段、中国特色社会主义进入新时代的关键时期召开的一次十分重要的大会。十九大报告提出了许多新理念、新论断，确定了许多新任务、新举措，是中国共产党在新时代开启新征程、续写新篇章的政治宣言和行动纲领。习近平总书记在十九大报告中明确提出，农业农村农民问题是关系国计民生的根本性问题，必须始终把解决好“三农”问题作为工作重中之重；强调要坚持农业农村优先发展，实施乡村振兴战略，对农业农村改革发展作出了系统部署；强调创新是引领发展的第一动力，是建设现代化经济体系的战略支撑，加快建设创新型国家；强调实施食品安全战略，让人民吃得放心；强调坚决打赢脱贫攻坚战，让贫困人口和贫困地区同全国一道进入全面小康；强调推进绿色发展，强化土壤污染管控和修复，加强农业面源污染防治，等等。这些重要判断和论述，为我们指明了科研方向，提出了科学问题，是当前和今后我院科技创新工作的重要指引。

党的十九大报告提出我国社会主要矛盾已经转化为人民日益增长的美好生活需要和不平衡不充分的发展之间的矛盾。表现在农业方面，主要是满足我国人民日益增长的高层次、高质量、差异化的农产品需求和土地产出率、资源利用率、劳动生产率不高的农业生产方式之间的矛盾。矛盾的发展变化对农业科技提出了新的要求。

作为农业科研国家队，我们要认真学习深刻领会党的十九大提出的一系列新判断、新概念、新要求和新部署，不忘科技报国和科技为民的初心，切实担负起新时代赋予我院的历史使命，围绕创新型国家建设和乡村振兴战略、可持续发展战略实施，根据食品安全、绿色生态、供应健康、农民增收等国家重大需求、社会需求和市场需求，不断凝练创新方向，谋划重大科技任务，强化重大科技成果和先进适用技术供给，为建设农业现代化强国提供强有力的科技支撑。

（二）充分认识习近平总书记贺信提出的新目标新要求

今年是我院建院 60 周年。院庆之际，习近平总书记发来贺信，李克强总理作出批示，汪洋副总理专程前来调研指导。中央领导充分肯定了我院取得的重大成就，对中国农业科学院乃至全国农业科技界提出了新的更高要求。经过 60 年的发展，我院站到了一个新的高度。我院科研经费总量前所未有，科研基地平台前所未有，科研声誉和影响力也上升到了一个新高度。

落实“三个面向”要求上，我院提出了“顶天立地”的发展战略，创新工程提出“服务产业重大科技需求、跃居世界农业科技高端”两大使命。但在具体科研工作中，尤其在研究所层面，喊得不够响，落实的不到位。我们的科研方向还是传统学科多、新兴学科少，学科调整步伐缓慢、动力不足，我们的科研任务还是不够聚焦，难以产出重大科技成果。实现“两个一流”目标上，我院作物学科、兽医学科总体具有一定优势，农业基因组学研究、杂交水稻、矮败小麦、禽流感疫苗、病虫害生态防控等部分领域达到国际先进水平，但我们在大动物育种、高端园艺品种、大型农机装备、农业绿色投入品等领域还存在比较明显的差距。

在新起点上完成总书记交给我们的任务，科研工作是最重要的一个方面，这就要求我们必须坚持“三个面向”要求，加快调整优化学科方向，谋划重大科研选题，坚定“两个一流”奋斗目标，加快推进“十三五”科技发展规划任务落实，加强原始创新、前沿技术突破和技术集成应用，力争在重要科技领域实现跨越发展，力争一批研究所、学科领域和科研团队达到世界一流水平，推动我院率先跨越，推动我国农业科技整体跃升。

（三）充分认识新科技革命和产业革命带来的深刻变革

当前，新一轮世界科技革命和产业变革孕育兴起，它具有极大的冲击力，正在对人类社会带来难以估量的作用和影响。基础科学、人工智能、量子科学、基因编辑、新材料、新能源等领域的重大突破加速向农业领域渗透，正在催生颠覆性的技术，对农业产生革命性的影响。这其中既蕴含着重大机遇，也存在巨大的挑战。这就要求我们必须正确面对新一轮科技革命的机遇和挑战，要瞄准国家重大需求，切实增强抢抓科技创新制高点的历史担当，坚定创新自信，勇于挑战最前沿的科学问题，提出原创理论，作出原创发现，力争在重要科技领域实现跨越发展，使我国农业科技跃居世界前列。

（四）充分认识国家科技计划改革带来的深刻影响

新一轮国家科技计划改革不断推进，总的思路是精简整合各类项目，形成 5 大类科技计划体系，新的 5 大科技计划实施以来，对中央科研机构是一次大的改变，总的来看是竞争越来越激烈，对我院的组织能力，对我院科学家的影响力和牵头能力提出了新的挑战，如果在这个研究领域不充分准备是要出问题的。除了 5 大科技计划以外，2017 年全院共取得财政部探索稳定支持与内部改革为主的农业科技创新工程经费 8 亿元，无论是扩大科技项目经费来源渠道，还是做大做强稳定支持项目，都和我们的创新绩效密切相关。

党的十九大报告提出“全面实施绩效管理”的要求，科技部财政部人社部刚刚印发《中央级科研事业单位绩效评价暂行办法》。中央财政来源渠道的科技经费，都将突出绩效考核，特别是以稳定支持为主的创新工程经费和基本科研业务费。因此，如何用好财政经费，创造更多的科研产出，关系到单位的绩效，关系到今后科研项目的争取和科技经费的规模，各研究所必须高度重视。

二、我院科研管理重点工作进展与问题

党的十八大以来，我院深入贯彻创新驱动发展战略和习近平总书记“三农”思想、科技思想，围绕国家重大需求和世界科技前沿，加快农业科技原始创新、技术攻关、集成转化，取得了一大批事关国计民生和现代农业发展的重大科技成果。5 年来，全院新增主持项目 8 832项，合同经费 95.3 亿元，同比分别增长 47%和 117%。以第一完成单位共获得国家奖 34 项，同比增长 48%，占农业领域授奖总数的 30%左右。获省部级奖 215 项，审定品种 520 个，获植物新品种权 115 项，授权发明专利 2 554项，发表 SCI 论文 9 127篇，但科研人员的年人均发表 SCI 数与发达国家差距还是太大。

科研立项方面，“七大作物育种”“化肥农药减施增效”等 8 个重点研发计划专项的 30 个项目获得立项，中央财政经费 8.89 亿元，立项数占农口 22.1%，经费占农口 24.4%，重大项目立项继续保持显著占位优势。获自然基金 300 多项，其中，“杰青”项目取得突破，优青项目 2 项，重大类项目 6 项。科研产出方面，7 项成果通过国家奖评审，其中发明奖 1 项、进步奖 6 项。8 项成果通过中华农业科技奖一等奖评审，4 项创新团队奖通过评审。截至 10 月底，全院共在《科学》《自然植物学》等国际顶尖学术期刊发表论文 13 篇。平台建设方面，2017 年年初评估 6 个国家重点实验室顺利通过评估，其中，兽医生物技术、水稻生物学 2 个实验室被评为优秀，其他 4 个良好，院党组研究给予每个实验室奖励，文件已经签发出去，近期奖励经费应该到账了，希望每个

实验室进行配套。获准挂牌农业部农业检测基准实验室6个。构建起以国家农业科学观测实验站和国家农业科学数据中心为实施主体的工作网络，明确了农业基础性长期性科技工作观测监测重点任务和数据标准规范，加快推进农业基础性长期性科技工作。

在推进创新联盟建设方面，韩部长在2014年提出的农业科技创新联盟是给中国农科院牵头组织的全国农业科技创新、给中国农业科学院提高科学地位提供了一个新的机遇。部分研究所不够重视这项工作非常吃亏，因为以研究所的能力来组织推进一个行业创新联盟的建设是提升研究所地位的大好机会，如果不能牵头成立农业科技创新联盟就要反思一下，是不是研究的领域已经不能称为一个行业或者是不是研究所的能力无法组织起一个联盟。现在很多的省级农科院对成立的创新联盟积极性很高，西北农林科技大学提出要“一带一路”丝绸之路农业科技创新联盟，我们是和农业部科技司联合起来对农业科技联盟进行管理，希望大家一定要重视起来积极推进和规范农业科技创新联盟工作。

这几年来，20个标杆联盟重点任务落实成效显著，棉花联盟攻克了“双33”优质棉整套技术；奶业联盟建立了原料奶分级用途标准、加工工艺优化技术和奶产品品质评价技术等技术体系，认定了8家国内优质乳企业，提高了国产生鲜乳质量，降低了企业成本；东北秸秆联盟集成了秸秆“四化”利用模式并开展一体化应用；农业废弃物循环利用联盟集成源头节水、一体化发酵、生物除臭、沼液膜浓缩处理、土地承载力测算方法等关键核心技术，西班牙农科院也提出了农业废弃物与农业区域这方面与环发所的董红敏教授合作的希望，作为中国农业科学院团队的科研人员还是感到很荣幸的。同时农业大数据和信息服务联盟研建农业科技信息资源共建共享平台，提供了6.19万次“一小时文献传递服务”。在联盟框架下，推动我院创新工程与山东省农科院农业科技创新工程全面对接，服务区域现代农业发展。

我们大力推进学科高地建设和卓越团队培育，确定了卓越团队遴选评价的目标、范围和坐标，提出了评价指标体系和评价办法，选取了12个团队开展试点评价；根据新时代新要求，对院学科体系进行优化完善和前瞻布局；开展资环、园艺学科发展状态和竞争力分析研究；在西北、西南、华东等地区，积极谋划区域性综合研究机构建设，在新疆成立西部研究中心、在成都成立西南研究中心、在深圳成立深圳基因组研究所等；建立常态化战略研究机制，超前谋划我国农业科技发展重大问题，为我院长远发展规划路径，为主管部门政策制定提供支撑。

在看到成绩的同时，我们也清醒认识到，我院科技管理还存在不少问题。我主要谈3个方面：一是主动谋划的能力有待加强。作为农业科学国家队，一定要做农业农村农民的科技战略研究和长远的谋划工作，我们现在是有项目就申请，缺少整体的谋划性和顶层设计，要多谋划类似转基因重大专项、农业科技创新联盟等农业领域的重大项目。二是突破性科技成果不多。这一届党组成员领导班子提出了好几个重大的成果，比如矮败小麦等。上一届班子提出了“顶天立地”，“顶天”是要发表很多SCI文章，“立地”是要产出很多成果，但是我们在解决产业重大需求、引领产业技术升级的科技成果仍然不够多，需要进一步谋划。三是管理机制不够完善，如何调动好、发挥好院所两级科研管理队伍的积极性、增强为科技人员服务的意识需要研究和创新管理机制，尤其是在面临没有房产、收入不高、小孩上学、老人住院这种人生最艰难的时候，怎么调动和提高年轻的科研管理工作者的工作积极性和热情，是一个非常需要研究和解决的问题。

三、全面改进和加强科技管理工作，提升科技创新能力

（一）提升创新工程管理水平和实效

农业科技创新工程是国家有关部门为我院量身打造的一项改革工程。试点期间，我院顶层设计三级学科体系，调整优化学科布局，将原有的 1 000多个课题组整合为 300多个科研团队，较好地解决了研究方向交叉、重复、小而散等问题。建立了竞争流动的用人机制、稳定持续的经费支持机制、产出与贡献导向的绩效管理机制、问题与前沿导向的任务确立机制，构建起一整套新型的科研组织管理体系，撬动了全院资源要素，激发了科研人员的创新活力，科研方向和目标更加聚焦，科研产出呈现稳定增加趋势。在农业部、财政部联合组织的试点期绩效考评中，获得综合评分 97 分的好成绩。

农业科技创新工程任务完成的好坏是关系到中国农科院发展能力的重大问题，经过 4 年调整，为推进全院科研“一盘棋”，院党组决定将创新工程管理转到科技局，并明确由我分管，我感到责任重大、压力很大。为了做好这项工作，我们先后组织召开了 2 次会议，一次是香山的务虚会，那次不讲任何氛围，不讲任何目标，就请大家一起找问题找思路；后来经过一段时间的思考和准备，上个月我们召开了院长办公会，在这个会议上明确一系列重大事项，科技管理局已经把院长办公会的精神转化为具体的实施方案。总的来说，虽然开展农业科技创新工程以来取得了不错的成绩，但也要清醒认识创新工程存在的问题，一是科研团队整合不到位，很多团队只是年初分钱和年底交账的时候按照一个团队来管理，平时还是各干各的；第一批团队建设要求比较严格，第三批就有一些宽松，部分团队存在人员配备不齐、设置不合理和团队人员交叉等问题。二是创新工程的引领作用发挥不足，不少研究所将创新工程当成一般科研项目，成了分钱的项目，创新工程沦为从属地位。三是一些研究所疏于管理，创新工程各项管理制度落实不到位，创新工程和研究所内部管理“两张皮”，新的运行机制没有真正建立起来。四是科研任务聚焦国家重大需求不够，研究方向调整优化进展缓慢。五是科研产出不明确，目标定得太轻松，创新工程经费成了变相福利，有的专家反映创新工程钱好花、活儿好交。所以我们要把创新工程认真地进行梳理，希望各研究所高度重视这些问题，并认真加以解决。

科技创新能力建设是科研院所治理体系和治理能力建设的根本途径。早日建成“两个一流”，实现率先跨越，离不开科技创新能力的提升。科技创新能力最核心的是项目谋划能力、成果产出能力和平台支撑能力，这是研究所领导和科研管理部门负责人

必须时刻放在心上、抓在手上的第一要务。科研管理工作者也要主动谋划一些重大的科研项目、重大的科学任务、重大的科研平台，来推动中国农业科学院的科技发展，进一步改进工作作风，希望科技局能够进一步调研，增加科研一线的经验，增强科研管理工作者对科学研究的感性认识，真正的帮助科研人员把握重大需求，把中国农业科学院的科技管理队伍壮大起来。

下一步，要按照党的十九大精神和习近平总书记等中央领导重要指示要求，围绕“三个面向”“两个一流”目标，再认识创新工程的定位，再思考创新工程的任务，强化创新工程绩效管理，完善创新工程绩效分类考评，真正把创新工程作为新时期推进我院改革发展的最高目标落实做细。要进一步强化创新工程的引领地位，建立以创新工程为牵引的资源配置机制。要全面评估创新工程团队任务与协同任务执行情况，对进展不大的科研团队与协同任务及时进行调整。要加强重大标志性成果培育，遴选一批有潜力的重大科技成果进行重点培育，力争到2020年前后取得一批重大理论发现、重大科技成果和重大应用产品。这是我院科技创新工程管理的新思路新要求，我们必须不折不扣贯彻执行。

（二）强化重大项目谋划

大项目是大成果的孵化器。天宫、蛟龙、天眼、悟空、墨子、大飞机等大成果写入十九大报，在国内外大放异彩。这些大成果都有大项目的支撑，都是自主研制、系统集成、大团队作战。这些大成果凸显了中国科学院作为科技国家队的战略作用，体现了我国集中力量办大事的制度优势。我院一直以来高度重视重大项目谋划，但和中国科学院相比还有很大差距，科技项目还是比较分散，单打独斗的问题没有具体解决。这几年院里推动的19项协同创新任务，有相当一部分进展不大，有可能是机制不完善。

下一步，我院要继续保持好国家科技计划改革重大项目和重点研发计划的优势，要强化科技战略需求和动态研究，坚持国家需求和产业发展导向，瞄准基金重点重大项目、重点研发计划“十四五”项目，充分发挥院学术委员会或专家组作用，抓好重大项目选题凝练与建议。要加强前瞻性、全局性和关键性科技发展战略研究，扣住未来农业科技问题的关键，通过院所联动、联盟协同等，积极向国家部委提交高质量的、与国家重大需求吻合、与国际科技前沿同步、与创新国家队地位相称的战略研究报告或重大项目建议。科技局要把强化重大项目谋划当成最重要的任务，积极邀请农业部科教司、计划司、农村司、基础司农业科技发展中心等部门参与部署，努力争取发改委、科技部、财政部的重大项目和规划，把我院的科学家融入这些项目中去。

（三）完善重大平台建设

经过不懈努力，2017年国家重点实验室全部通过国家评估，但评估中也发现了不少问题，给我们敲响了警钟。一是对重大科学问题凝练不足；二是对原创性、前瞻性的基础研究缺乏明确的规划与路径；三是引进培养顶尖人才、培育新的学科增长点、推进学科交叉融合不力等，制约了实验室的进一步发展，一定要把评估的前期的工作做好。

下一步，要围绕新时代国家农业科技重大需求和我院学科发展优势，按照院“十三五”科技发展规划部署，以支撑一流学科和一流院所为目标，加强重大平台建设与管理。要加快国家重大科技基础设施、国家技术创新中心等重大科技平台预研谋划，密切跟踪国家科技平台建设计划，积极争取国家重点实验室、国家农业科学实验站等重大平台立项建设，确保我院顶尖科技平台再上新台阶。要凝练科学命题，明确研究方向，培养引进高水平研究人才与支撑人才，提高国家重点实验室建设水平。我们平台对实验室的评估工作和对单位的整体评估都非常重要，要强化国家级、部级质检中心等平台运行管理，整体提升科技平台规范运行效率。要加快推进院重大科研基础设施和大型科研仪器开放共享，切实提升科技平台资源效能，充分发挥平台支撑科技创新的基础性作用。

（四）强化重大成果培育

我院九成国家奖集中在作物遗传育种、畜牧兽医、资源环境 3 个学科领域，学科分布不平衡。特别是缺乏突破性、标志性科技成果。下一步，院里将根据未来 5~10 年科技发展趋势和国家战略需求，立足自身基础和优势，聚焦拟解决的核心科学问题、拟突破的关键技术和重大产品，遴选确定一批有望取得突破性成果的重大科研选题，整合全院优势科技资源，进行全方位、持续性倾斜支持，推动取得更多高水平科技成果。

同志们，科研工作最重要最根本的基础是什么，是科研人员和科研团队，希望在新时代我院的科研工作者可以解决几个突出问题：一是研究别人课题多，研究自己课题少；二是进别人的实验室指导多，进自己的实验室研究少；三是下别人的地多，下自己的地少；中国农业科学院都是专家，经常四处进行指点，没有保证充足的时间进行自己的研究，是非常不健康的，要控制和减少去指导别人的时间，尽可能地保证自己科学研究的质量。

各研究所也要充分发挥机构的主导作用，以创新工程协同创新任务、国家重点研发计划牵头项目等为依托，进一步梳理遴选优秀阶段性成果，在拟解决的核心科学问题、拟突破的关键技术和重大产品上高度聚焦，以成果产出为导向进行提炼和集成，冲击高级别国家科学技术奖励，抢占世界农业科技制高点，通过解决核心科技问题引领学科跨越发展、驱动产业变革，集中体现我院创新国家队的实力与贡献。

党的十九大描绘了宏伟蓝图，指明了“三农”工作和科技工作的前进方向。让我们更加紧密地团结在以习近平同志为核心的党中央周围，把智慧和力量凝聚到落实党的十九大提出的各项任务上来，切实肩负起新时代赋予我院的使命和责任，按照“创新

2020”“跨越2030”“卓越2050”三步走发展战略安排，潜心钻研，攻坚克难，院所协同，砥砺前行，努力推动我院科技创新能力再上新台阶，推动革命性科技成果产出，用实际行动和优异成绩向党和人民交出一份满意的答卷。

我的汇报到这里，谢谢大家！

中国农业科学院重大科研基础设施和大型科研仪器开放共享管理办法（试行）

第一条　为推动我院重大科研基础设施和大型科研仪器的开放共享，充分释放服务潜能，提高国有资产使用效率，根据《国务院关于国家重大科研基础设施和大型科研仪器向社会开放的意见》（国发〔2014〕70 号）、《国家重大科研基础设施和大型科研仪器开放共享管理办法》（国科发基〔2017〕289 号）等，制定本办法。

第二条　本办法所指国家重大科研基础设施和大型科研仪器（以下简称科研设施与仪器）主要包括通过各种资金渠道投入或购置的各类重大科研基础设施以及单台套价值在 50 万元及以上的科学仪器设备。对于单台套价值在 50 万元以下的科学仪器设备，由研究所自愿申报，科技管理局择优纳入共享管理。

第三条　本办法所称的开放共享，是指研究所专业服务机构将科研设施与仪器向本单位其他机构以及其他高校、科研机构、企业等社会用户开放，由本单位其他机构、其他单位、个人用于科学研究和技术开发的行为。

第四条　除保密要求和特殊规定外，科研设施与仪器必须对本单位以及其他科研机构、高校、企业等社会用户共用共享。享受科教用品和科技开发用品免税进口政策的科研设施和仪器，在符合监管条件的前提下，向社会共用共享。认证认可实验室的仪器设备在质量控制要求范围内实现共享公用，专人管理、专人操作的仪器设备，应在共享方式上遵守认证认可的相关要求。

第五条　科技管理局是科研设施与仪器开放共享的牵头部门，主要负责统筹协调和推动全院科研设施与仪器开放共享工作；研究制定科研设施与仪器开放共享的政策和规章制度；建设和管理“中国农业科学院科研设施与仪器在线服务平台网络”，实现与国家网络管理平台的对接，建立全院科研设施与仪器开放共享评价考核制度并组织开展评价考核工作。

第六条　财务局协同推动科研设施与仪器开放共享工作；会同科技管理局申报中央财政开放共享后补助经费预算；会同有关部门，根据科研设施与仪器开放共享评价考核结果推动科研仪器优化配置，探索仪器设备所有权和经营权分离机制。机关其他部门按照职责分工，分别负责相关工作。

第七条　研究所是科研设施与仪器开放共享的责任主体，主要职责是贯彻落实开放共享政策，建立健全本单位开放共享的激励和约束机制；负责本单位科研设施与仪器的管理、维护和开放共享；负责向“中国农业科学院科研设施与仪器在线服务平台网络”报送开放共享信息；负责本单位实验技术人才队伍建设；自觉接受相关部门的考核评价和社会监督等。

第八条 研究所应依托"中国农业科学院科研设施与仪器在线服务平台网络"，把所有符合开放条件的科研设施与仪器全部纳入院在线服务网络平台进行管理，公布科研设施与仪器目录、管理制度、服务方式、服务内容、服务流程、收费标准等信息，实时提供在线服务。新购科研设施与仪器完成验收之日起30个工作日内纳入院在线网络平台管理。科研设施与仪器不纳入"中国农业科学院科研设施与仪器在线服务平台网络"应有正当理由，由研究所提出申请，经科技管理局审核，农业部科技教育司同意后，报科技部备案。

第九条 研究所提供开放共享服务，应当与用户订立合同或协议，约定服务内容、收费标准、知识产权归属、保密要求、损害赔偿、违约责任、争议处理等事项；建立完善的科研设施与仪器运行和开放情况记录，每季度向"中国农业科学院科研设施与仪器在线服务平台网络"报送一次，报送采取网络上传方式。

第十条 研究所探索设立公共实验室等专业服务机构，专职负责科研设施与仪器开放共享工作，实施内部独立核算。

第十一条 研究所按照成本补偿、非营利性的原则，可收取材料消耗、水电等运行费和人力成本等服务费，体现院内优惠，建立公开透明的收费标准，明确收费流程，经所长办公会、所务会等讨论通过后，在一定范围内予以公示。国家和研究所所在地区有关部门制定有收费标准的，参照执行或不超过其标准。

第十二条 研究所内独立经济核算的公共实验室等专业服务机构对本单位内部其他机构开展科研设施与仪器开放共享产生的合理支出，可以在单位内部划转，涉及国库资金的，可根据《财政部关于中央预算单位2017年预算执行管理有关问题的通知》（财库〔2016〕207号）的有关规定，从本单位零余额账户向本单位实有资金账户划转资金。

第十三条 服务收入全部纳入研究所预算，由研究所统一管理，主要用于提供服务的相关仪器设备维修维护、材料消耗和房屋水电、人员劳务与绩效等运行服务成本。

第十四条 研究所应加强对本单位内部共享服务的管理。按照内部控制的要求，强化科研等职能部门对内部共享业务的真实性、相关性审核；定期公开内部共享服务开展情况；加大对利用虚假业务划转资金等违规行为的处罚力度。

第十五条 科技管理局结合研究所评价，依据研究所共享服务部门设置与制度建设情况、支撑服务情况、仪器利用共享率等，进行科研设施和仪器开放共享考核评价。

第十六条 院依托基本科研业务费等资金渠道，对考核评价领先、用户认可度高的研究所，以后补助的形式进行奖励，并在申请中央财政开放共享后补助经费、修缮购置专项资金、科研设施与仪器运行维护经费、科研项目仪器设备购置等给予优先支持。新建设施与购置仪器，需结合资产存量情况，开展查重评议工作，避免资源重复建设。

第十七条 对于未按规定如实上报科研设施和仪器数据、未按规定公开开放与利用信息、开放共享效果差、使用效率低的研究所，责令限期整改，并可视情节采取核减下一年度修缮购置资金、暂停新购仪器设备、科研设施与仪器运行维护经费申报资格等方式予以约束。

第十八条 对于纳入“中国农业科学院科研设施与仪器在线服务平台网络”、公开信息、进行开放与利用的科研设施与仪器，可以申请中央财政开放共享后补助经费、科研设施与仪器运行维护经费等专项支持。除保密等特殊原因外，未纳入“中国农业科学院科研设施与仪器在线服务平台网络”的科研设施与仪器，取消申请中央财政开放共享后补助经费、科研设施与仪器运行维护经费等专项支持的资格。

第十九条 科研设施与仪器用户独立开展科学实验形成的知识产权由用户自主拥有，所完成的著作、论文等发表时，应明确标注利用科研设施与仪器情况。用户与共享服务机构共同协商开展科学实验形成的知识产权，由双方事先约定权利归属。

第二十条 研究所应根据开放共享工作的需要，建立和稳定高水平专业化的实验技术服务队伍，在岗位设置、业务培训、薪酬待遇、职称晋升和评价考核等方面给予激励性的政策措施。

第二十一条 研究所可按照本办法结合实际制定或修订相关管理规定和实施细则，报科技管理局备案。

第二十二条 本管理办法由科技管理局、财务局负责解释和修订。

第二十三条 本办法自公布之日起执行。

中国农业科学院“十三五”科技发展规划实施方案（平台专项）

为统筹中国农业科学院“十三五”科技平台总体发展布局，推进重大科研设施和学科平台建设，完善学科平台体系，提高平台运行管理能力和服务水平，推进科技资源开放共享，发挥平台在学科发展、自主创新和人才培养等方面的支撑作用，保障世界一流现代农业科研院所建设，根据《国家中长期科学和技术发展规划纲要（2006—2020年）》《国家创新驱动发展战略纲要》《国家科技创新基地优化整合方案》《农业科技发展规划（2006—2020年）》《全国农业科技创新能力条件建设规划（2016—2020年）》《中国农业科学院“十三五”科学技术发展规划》和《中国农业科学院“十三五”科学技术发展规划实施方案》，制定本方案。

一、形势与需求

（一）形势与需求分析

当前，新一轮世界科技革命正在孕育兴起，我国农业发展方式加速转型，科技体制改革深入推进，我国确立了到2020年全面建成小康社会、进入创新型国家行列的奋斗目标。面对新形势、新机遇、新挑战和新使命，中国农业科学院作为农业科技创新的国家队和主力军，“十三五”将全面推进实施中国农业科学院科技创新工程，努力建成世界一流现代农业科研院所，引领农业科技创新方向，推动农业科技率先进入世界前列，围绕国家战略需求，推动我国农业转型升级。作为农业科技创新的物质基础和条件保障，科技平台发展与布局面临着新的形势与需求。

1. 跟踪科学前沿，引领创新方向，科技平台建设必须主动迎接科技变革新挑战

21世纪以来，世界科技发展步伐持续加快，科学和技术高度融合，新兴产业不断涌现。农业科技正孕育新的革命性突破，生物组学、干细胞等生命科学重大原始创新推动农业基础科学快速发展，大数据、3D打印等信息技术广泛应用于农业生产，催生了生物育种、生物制品、农产品精深加工、生物质材料等一批战略性新兴产业。面对新一轮科技革命和产业变革，我院必须抢抓先机，把握科学前沿，引领创新方向，在基础、前沿领域和新兴技术领域率先取得突破和跨越，牢牢掌握农业科技竞争主动权。与此同时，基础前沿的革命性突破越来越依赖于大科学装置、重大工程设施等科技基础平台支撑，依赖于先进的实验手段和科技基础数据信息观测、计算等综合分析处理能力。立足

农业科技基础前沿，中国农业科学院迫切需要通过打造一批起点高、装备强，具有战略性和标志性的重大科技平台，开展农业生物技术、物联网、大数据、智能装备等农业基础性、前沿性、交叉性科学研究，缩短与世界先进农业科技水平的差距，支撑未来我国农业战略性新兴产业的发展。

2. 围绕国家战略需求，推动农业转型升级，科技平台建设必须全力满足国家农业科技创新新要求

党的十八大提出了“工业化、信息化、城镇化、农业现代化同步发展”的战略任务，倡导创新、协调、绿色、开放、共享的发展理念。中央农村工作会议强调着力加强农业供给侧结构性改革，提高农业供给体系质量和效率。当前农业仍是“四化”同步短板，正处于传统农业向现代农业转型的关键时期，面临资源约束不断趋紧、气候变化影响不断加深、城乡要素流动加速、继续增产难度加大等诸多挑战。在农业发展的新常态下，必须加快实施创新驱动发展战略，更多依靠科技创新引领，加强农业关键技术创新与应用，加快资源节约型、环境友好型和生态保育型等农业模式创新，打造绿色、低碳、循环和智慧农业，为农业可持续发展注入新活力。目前，中国农业科学院在物种资源保护与利用、品种遗传与改良、农业资源高效利用、农业生态环境保护、农产品质量标准检测、农产品加工等方面具有较好的平台基础和创新优势，但与农业发展新需求相比，我院平台布局仍显分散，支撑共性关键技术创新能力仍显不足，难支撑农业生产全链条一体化综合技术的高效集成，迫切需要优化产地环境安全、资源高效利用等重点科技平台建设，提升农业科技综合能力，满足现代农业转型升级需要。

3. 顺应改革要求，提升管理效能，科技平台建设必须加快构建管理新机制和新模式

2013 年以来，新一轮科技体制改革不断深入，中央财政科技计划（专项、基金等）和项目资金管理改革迈出重大步伐，设立了基地和人才专项，旨在支持科技创新基地建设和能力提升，促进科技资源开放共享，支持创新人才和优秀团队的科研工作，提高我国科技创新的条件保障能力。同时，提出要合理优化国家层面平台布局，实现分类整合，完善评价机制，加强相互衔接，鼓励国家科技基础条件平台对外开放共享服务，促进国家重大科研基础设施和大型科研仪器向社会开放，实现跨机构、跨地区的开放运行和共享。为适应国家科技管理制度变革，保障中国农业科学院科技创新和发展能力的提升，必须深入分析中国农业科学院各类平台的功能定位，准确把握未来的发展方向，切实明确支撑重点和服务对象，加快构建一体化平台管理，注重平台间的相互衔接。

4. 打造一流学科与创新团队，建设世界一流农业科研院所，科技平台建设必须努力支撑跨越发展新目标

“十三五”是我院科技创新工程的调整推进期，也是建设世界一流农业科研院所，实现各项事业跨越式发展的攻坚期。中国农业科学院“十三五”科学技术发展规划明确提出，要围绕完善学科布局，打造卓越团队，构建重大平台，推进协同创新，深化机制创新，这些都为中国农业科学院新时期科技平台建设工作提出了新的需求。“十三

五”期间，既要面向学科基础前沿，在学科集群方面，设计创建若干能够支撑共性学科领域发展，具有国际影响力的重大科技平台；又要围绕共性关键技术，在学科领域层面，夯实一批符合学科领域发展特点的重点科技平台；还要针对我院优势、新兴、特色学科的发展，在学科方向层面，通过整合优化，推动新建一批培养新兴学科的科技平台，整体提升平台与学科建设的系统性、配套性。

（二）发展基础与存在问题

“十二五”以来，中国农业科学院着眼国家战略和产业需求，结合院所发展优势和特色，围绕重点学科领域，积极推进科技平台建设工作，科技平台建设水平和运行效率得到进一步提升，为中国农业科学院科技事业的健康发展提供了强有力支撑。

1. 发展基础

平台体系进一步完善，有效支撑了全院学科体系快速发展。“十二五”，在农业部、科技部等国家有关部委大力支持和指导下，中国农业科学院围绕8大学科群、130个左右学科领域、300个左右研究方向，不断加强科技平台建设工作，构建了较为完善的国家级、省部级和院级，创新、支撑和服务三级三类科技平台体系，各类科技平台总数达488个，比“十一五”增加142个。其中，国家重大科学工程、国家重点实验室、国家工程实验室、国家工程技术研究中心等国家级科技平台41个；农业部重点实验室、农业部农产品质量安全风险评估实验室等部级科技平台283个；院重点开放实验室、工程技术研究中心、野外科学观测试验站等院级科技平台164个。

重大平台建设取得新突破，夯实了中国农业科学院科技创新基础。“十二五”中国农业科学院重大平台数量、质量同步增长，始终保持农业领域全国优势主导地位。围绕提升中国农业科学院基础研究水平和科技前沿探索能力，重点强化了2个国家重大科技基础设施建设与运行；新立项建设了1个棉花生物学国家重点实验室和1个特种经济动物分子生物学省部共建国家重点实验室培育基地，全院国家重点实验室总数达到6个，占整个农口的30%；新增建设作物高效用水与抗灾减损、耕地培育技术2个国家工程实验室，全院国家工程技术研究中心总数达到5个。新增建设农业部重点实验室41个、科学观测实验站19个，其中，牵头负责了19个学科群的建设和运行管理工作，占农业部重点实验室学科群的63%；新增建设农业部农产品质量安全风险评估实验室25个，占农业部农产品风险评估实验室的近26%。

平台运行管理水平稳步提升，有效提高了全院科技创新能力。“十二五”，围绕学科建设与发展，编制完成《中国农业科学院学科平台建设方案》，科学指导各级平台建设和运行管理。围绕平台运行机制建设，注重发挥平台学术委员会指导作用，共同凝练重大科学问题，推进实验室学科群人才团队建设，引导合作研究与学术交流。围绕中国农业科学院对基础性长期性科研数据的迫切需求，组织完成了农业科技基础性长期性数据监测任务的顶层设计和系统布局。围绕考核评估，完成院级实验室和试验站建设命名以来的首次评估工作，有效促进了院级科研平台的建设与运行。围绕科技资源开放共享，摸清了各级平台大型科学仪器设备、试验基地等基本情况，有效整合资源、提升共享服务能力，推进各级平台高效运行。

平台条件保障能力大幅增强，有效支撑了全院科研事业发展。各平台积极争取国家重大科技计划、中央单位修缮购置专项、全国农业科技创新条件能力建设项目等支持，平台条件保障能力大幅增强。“十二五”，6个国家重点实验室获得中央财政资金支持近3.4亿元；农业部重点实验室体系获得创新条件能力建设资金近2.3亿元；风险评估实验室、质检中心年均获得农业部财政预算资金稳定支持6 000万元左右；4个国家科技基础条件平台每年获得运行服务奖励补助5 900万元左右；现代农业产业技术体系岗位经费1.36亿元；各类平台年均争取科研项目（课题）2 000余项，合同经费近40亿元，占全院年度科研经费总额的70%左右，各级各类平台已经成为全院科技创新核心力量。

2. 存在问题

尽管中国农业科学院科技平台建设和运行取得了明显成效，但与支撑学科发展和世界一流现代农业科研院所建设的要求相比，还存在许多不足。一是平台与学科发展系统性、配套性不强。重大科技平台多集中在作物、兽医、畜牧等学科，工程机械、信息经济等学科和智能装备、农业大数据、农业物联网等新兴、交叉学科布局几乎空白。二是抢占农业科技制高点，顶级创新平台数量不足。目前，虽然中国农业科学院科技平台数量较大，但比肩世界水平的顶级平台数量明显不足，国家研究中心方面尚未突破，国家重大科技基础设施和国家重点实验室数量有限，推进世界级农业科学中心建设的基础实力还不强。三是加快农业科技创新，引领全国科技发展的平台有待加强。“十二五”，中国农业科学院19个农业部综合性重点实验室统筹全国相关科技平台的能力偏弱，17个现代农业产业技术体系首席科学家统筹本体系整体工作能力不平衡，组织经验不足，与引领全国农业科技平台发展，推动国家级农业科学技术中心建设的要求还有较大距离。四是平台资源共享共用不足，运行管理能力有待提高。各研究所重视程度不够，各类平台资源分散、标准不一致，缺乏有效共享调配途径和手段。平台运行管理机制、考核评价机制、资源共享共用机制仍不完善，管、用、购还不能有效衔接，科技平台资源效能尚未得到充分发挥。五是条件保障能力不强，运转经费支持仍显不足。平台建设存在只管建不管维护的问题，在科研设施方面如高级别生物安全实验室、农业部重点实验室等虽然建设得很好，但是都缺乏维持正常运转的经费。在仪器设备方面，仪器设备老化、更新慢、维修维护难等问题依然突出，绝大多数平台主要依靠科技项目维护，日常运转难以保障，急需长期稳定的运转经费支持。

二、发展思路和目标

（一）发展思路

按照中国农业科学院“十三五”科技发展规划的总体部署，跟踪世界农业科技前沿，满足国家农业重大需求，以服务学科发展和创新团队建设为主线，以支撑学科高地、服务卓越团队和激发创新活力为出发点和落脚点，系统谋划、统筹布局科技平台建设，努力构建装备先进、功能完善、运转高效、开放共享、支撑有力的科技平台体系，为实现到2020年基本建成世界一流现代农业科研院所发展目标，提供强大的物质基础和条件保障。

需求导向、突出重点——面向世界科技前沿、面向国家重大需求、面向“三农”建设主战场，面向“两个一流”建设，围绕“优势学科—卓越团队—重点任务—核心平台”的一体化布局，强化学科引领作用，系统梳理学科集群平台建设需求，加强资源整合和顶层设计，明确各学科平台建设的主攻方向和重点任务，力争在关键领域尽快实现突破，形成更多竞争优势。

优化布局、完善体系——围绕“十三五”科技发展规划确立的发展目标，优化整体布局，完善支撑体系，重点为“打造学科高地、培育卓越团队、提升产出效率、解决重大需求”提供条件保障。根据打造优势学科高地、培养学科新增长点、优化学科力量布局和统筹学科发展重点的要求，统筹协调，有序推进，注重新兴交叉学科、弱势学科平台建设，提升平台与学科体系的系统性和配套性。

建管并重、分类评价——变“重建轻管”为“建管并重”，注重平台运行能力和管理水平的提升，坚持分级、分类管理，加大对平台管理、技术及辅助人员业务技能和管理能力培训，注重与国际、国内一流科技平台的比对和交流学习，积极探索院所两级共建共管机制和分类评价，全面提升平台运行管理水平和创新支撑能力，促进各级平台高效运转。

创新机制、开放共享——强化重大基础设施、大型仪器设备、野外试验基地、试验材料以及科技信息等平台资源的开放共享，完善开放共享、知识产权等管理办法，探索有偿服务、激励评价、用采联动等运行机制，打通内部经费拨付渠道，调动院所各级平台和相关人员积极性，注重运用互联网等现代信息技术手段，提高共享平台专业化服务水平，充分发挥平台最大潜能。

（二）发展目标

1. 总体目标

到2020年，科技平台体系布局进一步完善，基本实现重点研究方向和研究所全覆盖，学科体系与平台建设的系统性和配套性进一步增强，平台对学科建设的支撑作用显著提升，形成基础与应用基础研究、高技术发展、共性与关键技术创新相衔接，科学技术研究与农业产业发展相结合，装备先进、功能完善、运转高效、支撑有力、体系健全、开放共享程度高的现代科技平台体系。

2. 具体目标

支撑世界级农业科学中心建设。在作物、兽医、生物技术等优势学科领域，全面提升 2 个重大科技基础设施、6 个国家重点实验室建设水平；谋划推动 4 个左右国家重大科技基础设施或重大农业科学工程、2 个左右国家研究中心、3 个左右国家重点实验室建设，支撑 10 个世界级农业科学中心建设，推进优势学科率先跨入世界先进行列。

支撑国家级农业科学技术中心建设。在作物基因资源、资源环境、农产品加工、农产品质量安全等重点学科领域，对 5 个国家工程技术研究中心、5 个国家工程实验室进行调整批转和提升 94 个部（院）重点实验室（站）建设水平；争取新建 2 个左右国家技术创新中心、3 个左右农业部综合性重点实验室、15 个左右农业部专业性重点实验室，整合平台资源，支撑 24 个国家级农业科学技术中心建设，夯实重点学科在全国的领军地位。

支撑优势特色学科发展。在果树学、茶学、特种经济作物学、农业机械装备等特色学科领域，全面提升 4 个国家科技基础条件共享服务平台、23 个农作物种质库圃、34 个质检中心和 20 个风险评估研究中心等平台建设水平，新建 1 个国家农业科学数据总中心、9 个数据中心和 30 个左右国家农业科学实验站，10 个左右现代农业产业技术体系研发中心、功能研究室，系统支撑 50 个左右特色优势学科快速发展。

支撑卓越团队建设。围绕培育 30 个左右国际知名创新团队，100 个左右国内领先创新团队，30 个左右行业特色创新团队，强化科技平台支撑作用，为卓越团队建设夯实平台基础。

三、世界级农业科学中心平台建设

（一）重大科研基础设施

1. 目标定位

围绕支撑世界级农业科学中心建设和服务国际知名、国内领先和行业特色卓越团队，在作物种质资源与基因改良、农业生物安全、水稻生物学与遗传育种、预防兽医学、动物营养、棉花生物学与遗传育种、油料生物学与遗传育种、蔬菜生物技术与遗传育种、农业资源高效利用等学科领域，提质现有重大科研基础设施的支撑能力，谋划建设 3~5 个多学科支撑、众多高新技术集成的重大科学基础设施或重大科学工程，为我国农业优势学科领域率先进入世界前列夯实基础。

2. 建设基础

已建成农作物基因资源与基因改良国家重大科学工程、国家农业生物安全科学中心、农产品质量标准与检测中心、国家畜禽改良研究中心和国家农业图书馆等重大科技设施与工程，国家作物种质库已成功立项，全院重大平台梯次推进模式初步形成，为支撑我院科技创新、提升行业地位与增强国际影响力奠定良好基础。同时，在作物种质资源与基因改良、农业生物安全、预防兽医学、农业资源高效利用等学科领域已建设多个部级重大平台。

3. 建设重点

进一步强化农作物基因资源与基因改良重大科学工程、农业生物安全科学中心的管理与运行，加快推进国家作物种质新库的建设，重点推动农作物种质表型和基因型重大科技基础设施、国家重大动物疫病防控科学中心、国家作物种质新库、农业生物技术研究中心、农业遥感应用中心、耕地质量与土壤改良中心、农业重大气象灾害模拟舱等重大科技基础设施的立项建设。

（1）农作物种质表型和基因型重大科技基础设施。以推动我国农作物育种基础理论研究与重大品种培育，保障国家粮食安全和种业安全为目标，通过大型设施建设，促进基因组学、蛋白组学、植物活体、显微和超微结构观察、植物代谢产物鉴定等专用仪器设备配置和研发，打造作物学科快速发展的重大科技公共平台，为提升我国农业高效育种和种业持续发展提供材料、基因、技术、信息和理论基础。

（2）国家重大动物疫病防控科学中心。以推动我国重大动物疫病防控基础理论研究与重大疫苗产品创制，保障国家生物安全和畜禽安全生产为目标，通过大型基础设施建设，配置和研发病原鉴定、药物分子检测、代谢检测评价等专用仪器设备，打造动物疫病防控学科快速发展的重大科技公共平台，为提升我国重大动物疫情防控能力和关键疫苗创制提供技术、信息和理论基础。

（3）国家农业生物技术研究中心。以推动我国农业生物技术基础理论研究与生物产品创制跨越式发展，抢占农业生物科技前沿制高点为目标，通过特殊生境模拟表型组学实验室、基因安全操作实验室、特殊微生物基因资源库等大型设施建设和高通量基因筛选、功能鉴定与智能模块设计等专用仪器设备配置，打造农业生物技术学科快速发展的重大科技公共平台，为提升我国农业生物技术及其产业的原始创新能力与核心竞争力，加快推进我国农业生物产品产业化进程提供技术、信息和理论基础。

（4）国家作物种质新库。以推动我国农作物种质资源战略保存和共享利用，保障国家粮食安全和种业安全为目标，通过建设集低温种质库、试管苗库、超低温库和DNA库为一体的大容量现代化种质库，打造我国农作物种质资源战略保存、技术研发和共享服务的重大科技公共平台，满足今后50年全国作物育种、基础研究、产业化发展与种业国际竞争力提升等重大需求。

（5）国家农业重大气象灾害模拟舱。以推动我国农业应对气候变化基础理论研究与防灾减灾技术突破和创新发展，保障未来气候变化背景下国家粮食安全和农业可持续发展为目标，通过设计创建模拟高频、可控、动态、多情景等灾害发生条件的重大农业气象灾害模拟舱平台，开展重大农业气象灾害的系统研究，在科学与技术两个层面取得前沿性突破，促进我国防灾抗灾技术的研发，为国家农业防灾减灾、气候变化应对策略制定和农业可持续发展提供科学依据，保障我国未来长期粮食生产的安全。

（二）国家研究中心

1. 目标定位

围绕国际科学前沿、国家农业科技重大需求和我院基础学科发展优势，着眼未来国家农业科技竞争力，抢占科学制高点，以破解战略性瓶颈为导向，打通农业科技创新链，强化国家农业基础性研究基地的建设，推动农业学科体系完善和整体科研水平提升。在现代农业、高级别生物安全等具备优势和特色的学科领域，战略性部署国家研究中心的建设工作，发展优势突出、研究队伍雄厚、科研水平高超的国家研究中心，大幅度提升我院优势特色学科的核心竞争力和原始创新能力，引领国际农业科技创新的发展方向。

2. 建设基础

已建成植物病虫害生物学、水稻生物学、兽医生物技术、家畜疫病病原生物学、动物营养学和棉花生物学等 6 个国家重点实验室，5 个国家工程实验室、5 个国家工程技术研究中心、2 个国家工程研究中心、42 个部级重点实验室和 52 个院级重点开放实验室，初步建成支撑全院快速发展的国家级、部级和院级三级重点实验室平台体系，基本实现学科方向上基础研究平台的全覆盖，为建设队伍强、水平高、学科综合交叉的国家研究中心提供了丰富的人才资源、齐全的学科门类和坚实的平台基础。

3. 建设重点

（1）生物育种国家研究中心。围绕国家重大战略需求，突破生物育种领域的基础性、前沿性重大科学问题，大幅提升我国生物种业的自主创新能力，重点突破种质资源深度发掘与规模化鉴定、种质资源形成与演化规律、重要新基因高通量挖掘、主要经济性状形成的遗传网络解析、农业生物品种分子设计等重大育种科学问题和技术难题，从根本上驱动生物种业的变革发展，形成国际一流的生物育种国家创新基地、人才培养基地和国际合作中心，引领我国生物种业发展，有效保障国家的粮食安全、生态安全和可持续发展。

（2）生物安全国家研究中心。围绕国家生物安全重点任务清单，选择防控重大新发突发传染病、防范和处置生物恐怖袭击、应对生物战威胁、研发生物安全相关技术、建立生物安全制度保障体系等方向开展创新研究，加强与卫生等相关领域优势科研单位的联合，积极探索兽医与人医学科的深度融合，提升我国对高度传染性、致病性动物疫病和外来病的防控能力，有效保障国家生物疆域的安全。

（3）农业资源环境国家研究中心。围绕国家粮食安全、生态安全等重大战略需求，开辟资源环境领域的新兴交叉学科，突破一批农业资源高效利用和环境保护治理的基础性、前沿性重大科学问题，重点突破一批制约资源高效利用和环境治理的核心关键技术，建设世界一流的科技创新平台，培育一支多学科交叉的农业前沿科技创新研究队伍，大幅提升我国农业资源与环境的自主创新能力，大幅度降低农业资源环境科学技术对外依存度，促进我国资源高效利用与环境友好型可持续农业的发展，改善食品安全与生态环境。

（三）国家重点实验室

1. 目标定位

围绕国家农业科技重大需求和我院基础学科发展优势，重点开展农业科技基础性工作、基础研究、应用基础研究、前沿高技术发展、关键共性技术研究，为农业发展提供新理论、新技术和新方法，培育和发展重点学科、新兴学科及交叉学科，聚集和培养优秀农业科学家和高级农业科研人才，开展国际农业科技交流与合作，大幅度提升中国农业科学院优势学科领域基础研究水平，引领国际农业科技创新的发展方向。

2. 建设基础

已建成植物病虫害生物学、水稻生物学、兽医生物技术、家畜疫病病原生物学、动物营养学和棉花生物学等6个国家重点实验室，初步打造了一批重点突出、布局合理、功能完备的国家级重点实验室，在承担国家重大科技任务、培养优秀人才队伍、培育重大研究成果和开展国际合作交流等方面，取得显著成效，大幅提高了农业科技原始自主创新能力，充分发挥了引领农业科技创新的作用。

3. 建设重点

进一步提升6个现有国家重点实验室的基础设施条件，优化实验室管理与运行机制，重点推动作物基因资源与分子育种、蔬菜生物学、油料作物生物学、作物营养与肥料学等国家重点实验室的建设立项。

（1）作物基因资源与分子育种国家重点实验室。加速我国作物基因资源的深层次开发利用，引领我国作物育种进入分子育种新阶段，增强我国作物育种的自主创新能力和国际竞争力，为保障粮食安全提供理论和技术支撑。主要研究作物基因资源和新基因发掘的理论基础与技术创新，作物重要性状形成的分子基础及功能途径，作物分子育种的理论基础与技术体系。

（2）蔬菜生物学国家重点实验室。瞄准世界蔬菜科学发展前沿，以应用基础研究为主，向基础研究和应用研究延伸，在蔬菜种质资源、遗传育种、栽培生理、安全生产技术等领域开展应用基础研究，主要研究方向包括蔬菜遗传资源研究、蔬菜遗传育种研究、蔬菜基因组学研究、主要蔬菜作物栽培生理研究、蔬菜作物病虫害与植物互作机理及抗性调控研究等。

（3）油料作物生物学国家重点实验室。针对国家油料发展重大需求，主要开展油菜、花生、大豆、芝麻等油料作物的生物学基础及应用基础研究，研究高油高蛋白作物的油脂与蛋白质形成机理，作物高产、抗逆、高效等重大科学问题，为提高植物油脂与蛋白质含量、产量和抗性提供先进的理论、方法和技术指导。主要研究方向包括油料作物种质挖掘与创新、油脂与蛋白质形成的生物学基础、功能基因组学、现代育种理论与技术、环境生物学、油料质量安全基础。

（4）作物营养与肥料学国家重点实验室。以解决农业生产可持续发展所面临的肥料及土壤资源短缺与利用率低下、粮食安全与农产品安全、环境与生态安全三大难题为主攻目标，主要在植物营养生物学基础、养分转化与循环过程及调控原理、养分资源高效利用机制、施肥与环境质量控制原理等方面开展基础与应用基础研究。

四、国家级农业科学技术中心平台建设

（一）国家工程研究中心、国家技术创新中心

1. 目标定位

旨在强化农业科技成果向生产力转化的中间环节，促进科技产业化；面向产业规模生产的需要，推动集成、配套的工程化成果向相关行业辐射、转移与扩散，促进新兴产业的崛起和传统产业的升级改造；促进科技体制改革，培养一流的工程技术人才，建设一流的工程化实验条件，形成我国农业科研开发、技术创新基地。

2. 建设基础

已建成昌平综合农业、饲料、油菜、茶产业、柑桔5个国家工程技术研究中心，作物分子育种、作物细胞育种、棉花转基因育种、耕地培育技术、作物高效用水与抗灾减损5个国家工程实验室，动物用生物制品、生物饲料开发2个国家工程研究中心。在中兽药、农村沼气、收获机械、农产品加工、超级稻等领域建成院级、省级工程技术研究中心。

3. 建设重点

围绕我国农业产业共性关键技术的发展需求和中国农业科学院中下游学科领域特色，按照主管部门部署推进现有的5个国家工程技术研究中心批转为国家技术创新中心、5个国家工程实验室批转为国家工程研究中心，重点推动农村沼气、中兽药、收获机械、农产品加工、超级稻等国家级技术创新中心立项建设，提升技术创新、集成和熟化能力，加速农业科技创新成果的转化应用。

（1）中兽药国家技术创新中心。针对国家食品安全与畜牧养殖业可持续发展的重大需求，以动物疾病防治高效安全药物研发和安全评价为目标，通过传统中兽医基础理论、中兽医资源与利用、中兽医分子生物、药物代谢组学和疾病蛋白质组学等研究，开展新型高效兽用原料药创制、兽用药物新制剂研制、兽用药物筛选与制备技术研发。

（2）农村沼气国家技术创新中心。针对我国沼气建设中的关键共性问题，重点加

强沼气发酵微生物研究，解决沼气发酵基本科学问题；加强沼气工程技术集成研究和示范，引领沼气工程科技发展方向；加强农村沼气技术体系研究，加快科技成果转化，突破沼气发展技术瓶颈，不断将新技术、新成果集成应用到户用沼气和大中型沼气工程建设中，提升我国沼气建设水平。

（3）收获机械国家技术创新中心。针对我国主要农作物收获存在的关键共性问题，重点开展穗粒类、块根类、茎秆类、果蔬类等主要农作物的机械化收获技术与装备研究，突破农作物收获装备研发瓶颈，建立农作物收获机械重大共性关键技术创新平台，提升我国农作物收获技术和装备的自主创新能力。

（4）农产品加工国家技术创新中心。围绕国家和农产品加工产业发展需求，整合国家农产品加工技术研发中心技术力量，通过建设农产品加工品质控制、传统食品工程化加工、营养食品工程化生产、加工副产物高值化利用等重大共性关键技术创新平台，突破我国农产品加工产业重大技术难题，提升技术创新水平。

（5）超级稻国家技术创新中心。针对建立超级稻新型高效育种技术体系的核心问题，重点开展具有重大应用价值的水稻新种质、新品种创造，研发超级稻分子设计育种技术、高效节本栽培技术和种子商品化技术，大幅度提高超级稻育种技术水平，为我国粮食安全和农业可持续发展提供技术支撑。

（二）部级（院级）重点实验室

1. 目标定位

组织农业科技基础性工作、基础研究、应用基础研究、前沿高技术发展、关键共性技术研究，为农业发展提供新理论、新技术和新方法；培育和发展重点学科、新兴学科及交叉学科；聚集和培养优秀农业科学家和高级农业科研人才；开展国际农业科技交流与合作；为保障国家粮食安全、生物安全、环境安全、农产品质量安全提供技术储备。

2. 建设基础

建成作物基因资源、园艺作物生物学、油料作物生物学、农业环境、农业信息技术等19个综合性农业部重点实验室和畜禽遗传资源、农业微生物、果树育种技术、兽用药物创制等23个专业性农业部重点实验室，以及19个科学观测实验站。基本建成1个国家级农产品质量安全风险评估机构、25个部级风险评估实验室和20个院级风险评估研究中心组成的装备先进、分工明确、运转高效的农产品质量安全学科平台体系。在院级重点实验室方面，建成了52个院级重点开放实验室。

3. 建设重点

（1）农业部重点实验室。充分发挥农业部重点实验室学科群的作用，利用19个农业部综合性实验室行业领域内的牵头作用，引领全国农业学科发展，推进协同创新。在动物遗传育种与繁殖（家禽）、特种经济动植物生物学与遗传育种、产地环境污染防控和农业遥感等领域，谋划新建农业部综合性重点实验室，在农业基因数据分析、农业大数据、节水灌溉工程、油料加工、草地生态与修复治理、牧草种质资源与育种、草地资源监测评价与创新利用、草地与农业生态遥感、兽用化学药物及制剂学、经济动物疫病、农膜污染防控、休闲农业、农业转基因生物安全评价（分子）、农产品质量安全收贮运管控、农产品质量安全环境因子控制、农产品质量安全生物性危害因子（植物源）控制以及蔬菜、茶叶、奶及奶制品、蜂产品质量安全控制等领域谋划新建农业部专业性实验室。

（2）农业部风险评估实验室。加强风险评估实验室、研究中心的能力建设和队伍建设，完善中国农业科学院农产品质量安全风险评估三级体系。在农用水质量安全、沼气及发酵产品质量安全等领域，谋划新建院级风险评估中心和部级风险评估实验室，建立健全风险评估实验室、研究中心的运行机制，形成农产品质量安全学科领域全覆盖，科学技术研究与质量安全监管工作相结合，装备先进、功能完善、运转高效、支撑有力的农产品质量安全风险评估研究体系。

（3）院级重点实验室。在农业基因组学、动物细菌病预防与控制、有害生物防控、生物多样性与生态农业、农业废弃物资源化利用、动物营养与饲料、食物营养组学、农业信息技术等现代农业技术主导领域，统筹建设一批院级重点实验室。

五、优势特色学科平台建设

（一）国家科技基础条件共享服务平台

1. 目标定位

围绕中国农业科学院相关学科发展对基础性科研大数据的迫切需求，整合农业生物种质资源、科学数据、大型科学仪器、实验基地等科技基础条件资源，通过共建、共享、共用大数据公共平台的建设，解决资源收集、整理、保存和利用过程中的关键技术问题、按照“统一标准、统一编目、联合上网、资源共享”的原则，实现资源和信息的全社会开放共享，为科技创新、政府决策、人才培养和农业生产发展提供服务。

2. 建设基础

建设了国家农作物种质资源平台、国家微生物资源平台、国家家养动物种质资源平台和国家农业科学数据中心。

3. 建设重点

继续推进国家农作物种质资源平台、国家微生物资源平台、国家家养动物种质资源平台和国家农业科学数据中心等 4 个国家科技基础条件平台建设，推进资源开放共享；深化资源整合，强化资源质量，提高资源的利用效率和效益，提升服务能力；规范和深化平台服务模式，继续创新资源服务模式，强化共享服务；完善平台组织管理体系，加强运行服务的绩效考核。

（二）野外科学观测站

1. 目标定位

开展科学观测，长期、定点、系统地观测全国主要类型农区的农业土壤、自然资源、生态环境、作物种质资源等演变、变化状况，获取农业科学原始资料和基础数据，为实验室的研究活动提供服务；长期、系统地监测农业灾害的发生与演变情况，开展农业灾害预报与损失评价，为农作物产量预报与管理决策；根据区域农业和农村经济发展需要，应用、示范和推广中国农业科学院最新的农业科技成果，促进现代农业的发展。

2. 建设基础

建成农作物种质资源、土壤肥力与肥料效益、南方红黄壤生态环境、呼伦贝尔草原生态系统、商丘农田生态系统等 5 个国家级野外试验站。建成农业生物资源、生态环境、有害生物防治等领域 24 个农业科学观测试验站。在土壤肥料、农业水资源、农业气象、农业生物资源、草地资源生态、农业环境等领域建成了 60 个院级野外科学观测试验站。

3. 建设重点

（1）国家级野外试验网络。积极推动建立国家农业领域重点野外台站体系建设。在三江平原农业区、黄土高原旱作区、河西走廊农业区、江汉平原农业区、高原农业区、琼雷农业区、内蒙古苏尼特等区域，谋划新建国家级野外科学观测研究站。

（2）国家农业科学实验站。围绕国家农业科技基础性长期性工作，推进建设 1 个国家农业科学数据总中心、国家作物种质资源、土壤质量、农业环境、植保科学、畜禽养殖、动物病害、农用微生物、天敌及资源昆虫、农产品质量与安全 9 个数据中心，以及 30 个左右国家农业科学实验站，为全国农业科技创新提供基础数据、资源支撑。

（3）野外科学观测站。整合我院迁西燕山生态环境、大理农业生态环境、新乡矮败小麦、锡林浩特有害生物防治等 24 个部级野外科学观测实验站和蔬菜作物基因资源与种质创制、草原畜牧业装备、核辐射农业生物等 60 个院级野外科学观测实验站力量和资源，加快推进作物种质资源、农业生产要素、农业灾害和农业资源环境 4 类农业科学观测研究网络建设，为中国农业科学院农业科技创新提供基础支撑。

（三）农作物种质库（圃）

1. 目标定位

开展全国作物种质资源的长期保存，以及粮食作物种质资源的中期保存与分发。研究种质资源的低温保存理论与技术以及特殊种质的中长期离体保存理论和技术，发展确保种质资源低温安全保存的预警、监测及更新等技术。发展和制定种质资源中长期安全保存的种质库管理标准和技术规范，促进全国作物种质资源保存研究水平的提高和发展。

2. 建设基础

围绕作物种质、蔬菜、水稻、棉花、油料、麻类、西甜瓜、牧草、烟草、甜菜等领域已建成了 11 个国家农作物种质库。围绕多年生小麦野生近缘植物、海南野生棉、武昌野花生、沅江苎麻、徐州甘薯试管苗等领域已建成了 12 个国家农作物种质圃。围绕小麦、水稻、棉花、大豆、蔬菜、油料作物、麻类作物、苹果、畜禽分子育种、牛奶质量等领域已建成了 22 个国家农作物、畜禽改良中心（分中心）。

3. 建设重点

加强能力建设，继续完善国家农作物种质资源长期库、中期库、种质圃基本保障条件，加快种质资源的整理和挖掘，引导种质资源开放共享。

（四）国家、部门质检中心

1. 目标定位

承担农产品质量监督检验工作；承担国家各级部门下达的农产品质量安全例行监测、监督抽查、质量普查、风险监测及产品质量认证和市场准入等检验工作；承担农产品质量安全重大事故、纠纷的调查、鉴定和评价及委托、仲裁等检验工作；开展检测新技术、质量安全及风险评估等研究；承担国家、行业和地方标准研究与制定、修订及验证；开展国内外农产品质量安全技术交流、培训、服务及咨询等。

2. 建设基础

围绕饲料、化肥、植保机械等领域已建成 3 个国家级质检中心。围绕谷物、蔬菜、稻米等领域已建成 22 个部级农产品质量监督检验测试中心；围绕转基因动植物及环境安全已建成 8 个农业部转基因生物安全监督检验测试中心。

3. 建设重点

加强能力建设，重点引进高、精、尖仪器设备，改善实验环境与设施，不断提升质检中心专业检测能力、突发事件应急处理能力，把我院质检中心建设成为专业领域内仪器设备全、技术水平强、人员素质高的权威专业质检中心。

（五）参考实验室

1. 目标定位

进行国家动物疫病防治基础研究与应用研究，解决动物疫病防治工作中的重大和关键性技术难题，为国家制定重大动物疫病防治策略与决策提供科学依据，为重大动物疫病诊断、预防、控制和扑灭提供技术、产品支撑。

2. 建设基础

国家参考实验室：围绕牛传染性胸膜炎、禽流感、口蹄疫已建成了 3 个国家参考实验室；获 OIE、FAO 认可的参考实验室、中心：围绕马传染性贫血、动物流感、人兽共患病等已建成 8 个获 OIE、FAO 认可的参考实验室、中心。

3. 建设重点

加强与国际一流参考实验室的交流合作，组织试验比对，加快提升牛传染性胸膜炎、禽流感、口蹄疫等参考实验室疫病监测检测能力。

六、平台开放共享

以国家重大科研基础设施和大型科研仪器向社会开放为契机，结合我院科技平台资源，按照“整合、共享、完善、提高”的要求，搭建农业科技共享服务平台，打破资源壁垒，优化资源布局，促进科研设施、仪器设备、生物资源、科研成果等平台资源加快开放共享。

（一）搭建在线服务平台

强化学科资源整合，实现区域、院所设备共享。以各级科技平台为基础，做好仪器设备、基础设施、科研材料等的共享平台建设，按照科研设施与仪器功能实行分类开放共享，促进仪器设备的集中集约管理、开放共享和高效利用。建立联网管理的大型仪器设备和试验基地科研设施设备共享，通过农业科技创新能力条件网络管理平台，将所有符合条件的农业科研设施和仪器设备纳入平台，并与国家网络管理平台实现对接。同时，将科研设施与仪器开放制度、运行和开放记录等信息上报国家网络管理平台向社会公布，实现实时开展在线服务。

（二）推动开放共享服务

组织科技平台与其所在区域的国家自主创新示范区、国家高新区和农业园区、生物与药物等相关公共平台开展科研设施与仪器设备开放共享服务，做好科研设施与仪器运行和服务情况记录、“需”方单位预约服务完成情况和服务质量统计分析等工作，探索对接方式、服务模式和服务内容。组织开展“需”方对科研设施与仪器服务平台的服务需求、服务模式和服务水平调查，丰富各级各类科研设施与仪器共享服务平台内容，提高服务质量。

（三）创新开放运行机制

根据科研设施与仪器开放共享的实际情况，制定开放评价标准和办法，建立符合中国农业科学院实际的、可操作的评价制度，定期对共享平台科研设施与仪器的运行情况、平台开放制度的合理性、开放程度、服务质量、服务收费和开放效果进行评价考核。建立投诉渠道和意见反馈机制。对于投诉率高、开放服务效果差的共享平台，予以通报批评，限期整改，并限制新购仪器设备或无偿划拨仪器给开放服务效果好的共享平台；多方争取资金投入，筹划建立院重大科研基础设施和大型科研仪器开放共享专项调控经费，与平台运转费相结合，实行开放共享后补助机制；与院农业科技创新工程相结合，采取相应奖惩措施。

（四）规范知识产权保护

重视科学道德和学风建设，营造宽松民主、潜心研究的科研环境；加强知识产权保护，在科技共享平台完成的专著、论文、软件、数据库等研究成果标注平台名称，扩大科技共享平台的国际影响。同时，推动科学仪器管理单位保护用户在实验过程中形成的知识产权、科学数据和技术秘密等。

（五）加强技术人才队伍建设

根据国家出台的落实实验技术人才相关的政策措施，研究制定共享平台实验技术人才队伍发展的重要举措，把国家关于实验技术人员岗位、培训、薪酬、评价等政策措施落实到位。通过引进与培养相结合，加快造就一批平台共享管理和技术服务骨干队伍；对重大科研基础设施和大型科研仪器的专业技术人员和管理人员开展定期培训，努力掌握先进试验技术，提高业务服务水平和平台开放水平。

七、管理保障措施

（一）加强组织领导

充分调动和发挥各研究所的主导性和积极性，建立院所两级科技平台建设工作的互动协调机制，强化协作分工，形成工作合力，共同推进我院科技平台“十三五”专项方案的组织和实施。院级负责发展规划制定、组织协调和建设等工作；研究所负责制订本单位建设计划，明确重点任务、发展目标和推进措施，调动各级平台管理和支撑人员的积极性与主动性。

（二）加大建设投入

积极争取全国农业科技创新条件能力建设、中央公益性科学事业单位修缮购置和基本建设专项等资金支持，加强改善科技平台的基础设施，加快仪器设备购置和更新，完善科技平台的硬件条件。依托科技平台，积极争取国家科技计划项目特别是基地和人才专项支持，充实平台科研任务。统筹、协调重大专用设施运行费专项、科技创新工程、基本科研业务费增量项目对科技平台的稳定支持力度，充分保障各级平台顺畅运转。

（三）加快人才培养

鼓励各级平台加强对优秀科研人才、专业技术人才以及管理人才的引进与培养，组织和引导各级平台开展专业技能、业务知识、管理能力等形式多样的培训和学习交流活动，整体提升平台建设和服务水平，将支撑创新团队建设作为科技平台建设工作的重要任务和考核指标，强化平台对农业科技领军人才与创新团队的支持作用，形成平台支撑科研、科研促进平台建设的良性发展。

（四）营造良好氛围

加强创新文化建设，注重科学道德和学风建设，营造宽松民主、潜心研究的科研环境；弘扬甘于寂寞、勇攀高峰的科学精神和艰苦奋斗、献身农业的奉献精神。鼓励平台采取有效措施，组织、引导平台人员积极参与国际国内交流活动，制定各种优惠条件，吸引国内外优秀科研人才到平台开展多种方式的合作研究，不断提高开放水平。加大科技平台建设成效宣传，扩大我院科技平台的社会影响力，营造支持科技平台健康发展的良好氛围和外部环境。

中国农业科学院乡村振兴科技支撑行动计划（2018—2035 年）

实施乡村振兴战略，走中国特色社会主义乡村振兴道路，是“三农”发展观的一次飞跃，是统领新时代“三农”工作的重大部署。为贯彻党的十九大精神和习近平新时代中国特色社会主义思想，全面落实习近平总书记致中国农业科学院建院 60 周年贺信的指示精神，强化农业科研国家队的使命担当，优化科技创新布局和科技供给，推动农业农村经济的质量变革、效率变革和动力变革，组织实施好乡村振兴科技支撑行动，特制定本行动计划。

一、行动背景

创新是引领发展的第一动力，是建设现代化经济体系的战略支撑。实施乡村振兴战略，按照“产业兴旺、生态宜居、乡风文明、治理有效、生活富裕”的总要求，坚持农业农村优先发展，促进城乡融合发展，加快推进农业农村现代化，关键在科技进步和创新，必须依靠科技创新引领。中国农业科学院组织实施乡村振兴科技支撑行动，既是新时代农业科技的新要求，也是近几年创新探索基础上的新实践。

（一）乡村振兴亟须农业科技创新引领和驱动

创新引领驱动乡村振兴，必须准确把握新时代社会主要矛盾转化的客观要求和中国基本国情农情，依靠科技进步破解乡村振兴一系列突出问题，不断强化城乡融合发展和农业农村质量发展、绿色发展、创新发展等领域的科技创新和成果供给。

（1）乡村振兴亟须加强质量兴农科技创新，打造“三农”新引擎。我国农业质量发展的基础还很薄弱，标准化生产体系初步形成，质量安全关键技术创新和标准建立滞后，小农生产与现代化规模生产并存，传统粗放生产模式仍占大多数。迫切需要科技创新引领驱动农业供给侧结构性改革，以实现农产品“量质双升”为核心，大力创新数字农业、安全高效标准化、劳动替代型与自动化、智慧制造与现代食品等领域的基础前沿和核心关键技术，大力发展质量检测监测与溯源技术，建立健全质量安全技术标准体系，支撑粮食、食物及其他农产品的优质高产高效生产，增加绿色优质农产品供给，切实提高农业质量效益和竞争力。

（2）乡村振兴亟须加强绿色发展科技创新，重构“三农”聚宝盆。近年来，资源环境两道“紧箍咒”越绷越紧，耕地数量减少、质量下降、农业农村环境污染加重等问题凸显，农业生态环境成为突出短板。迫切需要强化“绿水青山就是金山银山”的发展理念，构建绿色技术创新体系，突破智慧乡村、新型能源、绿色优质品种培育、农业绿色投入品、节水控水、耕地质量提升、化肥农药减施增效、污染治理、农业废弃物循环利用、生态修复与保护等领域的基础前沿和核心关键技术，大力推广绿色生产与加工技术，转变农业生产方式和资源利用方式，加快农业环境突出问题治理，修复生态、改善环境、补齐短板，实现绿色发展。

（3）乡村振兴亟须加强融合发展科技创新和政策创设，构建“三农”共同体。我国的城乡二元结构是当前经济社会发展的一个障碍，城乡之间不仅在经济发展上存在较大的差距，也导致经济社会发展的不协调、城乡居民收入和国民待遇不平等。迫切需要针对产城融合、产村融合、产业融合的制约瓶颈，通过科技创新引领支撑传统农业产业转型升级，创新种养加观一体化、一二三产融合、农产品加工、生态服务拓展、农耕文明传承、田园综合体等新产业新业态，建立城乡融合的产业体系、生产体系和经营体系。加强政策创设，建立健全人才、资金、科技、市场等现代生产要素上山下乡的引导与保障机制，促使城乡生产要素由乡村向城市、农业向非农产业的单向流动转向城乡双向流动。加强乡村文化复兴，充分挖掘和拓展农业的多维功能，促进农业产业链条延伸和农业与文化旅游产业的深度融合，促进城乡融合发展。

（4）乡村振兴亟须加强科技扶贫精准脱贫，激活“三农”内生力。农业科技经济“两张皮”问题始终没有得到有效破解，面向产业需求导向的技术研发严重不足，科技第一生产力的作用远没有发挥，农业科技成果转化“最后一公里”没有很好解决。迫切需要加快科技成果转移转化，增强产业支撑保障能力，充分发挥科技创新在驱动产业发展和精准扶贫精准脱贫实践中的支撑引领作用。加大科技下乡、增派科技干部的力度，打造人才培训、成果转化和产业化平台，以增加农民收入为导向，大力集成推广节本降耗、提质增效的农业生产技术，实现农业节本增效、节约增收。以精准脱贫为导向，积极发展特色产品加工业、名特优新产业和农业农村新兴服务业，拓宽农民就业创业和增收渠道。

（二）实施乡村振兴科技支撑行动是国家队的崇高使命和责任担当

习近平总书记致中国农业科学院60周年贺信中明确要求，中国农科院要面向世界农业科技前沿、面向国家重大需求、面向现代农业建设主战场。谋划实施乡村振兴科技支撑行动正是我院作为农业科研国家队的使命担当，是创新驱动发展战略与乡村振兴战略融合发展的具体实现，是我院加快建设世界一流学科和一流科研院所、推动我国农业科技整体跃升的重大举措。以乡村振兴科技支撑行动统领科技创新，以科技创新支撑乡村振兴，实现“顶天立地、跨越发展”和“两个一流”目标与乡村振兴目标的有机结合，加快构建以满足终端消费需求和市场导向为主的新型现代农业科技创新体系，实现从“科研有选择性地满足技术需求”到“基于技术需求方向的科研”的重大转变，为重大基础前沿技术创新创造条件，为科学技术转化为生产力创造条件，有效解决科技与经济“两张皮”问题，成为乡村振兴科技创新的主力军和创新型国家建设的战略力量，正是农业科研国家队应有的担当和责任。

（三）实施乡村振兴科技支撑行动是已有探索基础上的新实践

党的十八大以来，中国农业科学院立足职能定位和发展基础，在农业部、财政部的大力支持下，举全院之力精心谋划和组织实施了科技创新工程。通过实施科技创新工程，创新科研组织方式，全院创新活力得到激发，创新能力加快提升，现代院所制度逐步完善，发展速度大幅加快，发展水平跃上了新台阶。2013 年起，依托科技创新工程，开展绿色增产增效技术集成模式研究与示范，以“增产增效并重、良种良法配套、农机农艺融合、生产生态协调”为基本原则，拉长产业链，提升价值链，促进一二三产融合，加速农业转型升级，支撑引领现代农业发展，在技术集成、示范转化方面进行了大量有益的探索，取得了显著成效，这些实践和乡村振兴战略的指导思想高度契合。2014 年起，中国农科院通过推进国家农业科技创新联盟建设，搭建了分工协作“一盘棋”，创建了覆盖上中下游“一条龙”，构建了多学科集成“一体化”的农业科研新模式，实施了一批农业发展急需的重大科技任务，初步形成了行政主管部门、科研院所、高等院校和涉农企业齐抓共建的新格局，在推动农业科技创新、支撑现代农业发展中的重大作用日益显现。这些实践和探索，对加快提升中国农业科学院乃至全国农业科技创新能力，探索农业科技体制机制改革，具有深远影响。实施乡村振兴科技支撑行动，就是在已有探索和实践基础上，立足我国国情，遵循农业科技规律，促进科技创新工程、农业科技创新联盟以及绿色增产增效技术模式集成示范与实施乡村振兴战略融合发展，实现“三个面向”的有机统一，进一步为我国由农业大国走向农业强国提供坚实科技支撑。

二、总体思路和目标任务

（一）总体思路

全面贯彻习近平新时代中国特色社会主义思想和党的十九大精神，按照“产业兴旺、生态宜居、乡风文明、治理有效、生活富裕”总要求，深化农业科技体制改革和机制创新，以农业供给侧结构性改革为主线，以乡村振兴统领农业科技创新，以科技创新引领支撑农业农村质量发展、绿色发展和融合发展，依托科技创新工程和国家农业科技创新联盟，采取“整合资源、强化协同、示范引导、跟进考核”的工作机制，加强科技创新、成果转化、典型示范和能力建设，加快形成一批引领和支撑乡村振兴的宏观战略、关键技术和典型模式，促进一流院所、一流学科建设，促进科技创新能力整体跃升，为实现农业农村现代化和乡村振兴提供理论指导、前沿引领、技术支撑、政策供给和典型样板。

（二）基本原则

（1）坚持需求导向，优化创新布局。遵照乡村振兴的目标要求，推进传统的科技创新范式变革，建立符合新时代农业农村现代化要求的学科体系，优化完善创新力量区域布局，强化科技成果的精准和有效供给，全面提高乡村振兴科技引领支撑能力。

（2）坚持问题导向，聚焦重点任务。围绕乡村振兴的瓶颈制约，突出质量安全、环境友好、产业融合等核心关键技术创新和政策制度供给，构建市场导向的绿色技术创新体系，破解农业质量发展、乡村绿色发展、城乡融合发展的重大科学问题和技术瓶颈，系统提升创新驱动发展和精准脱贫支撑能力。

（3）坚持统筹推进，强化示范引领。针对制约乡村振兴的突出问题、关键环节和重点区域，探索整建制推进模式，加快科技成果转化，加强单项产品、技术、设施装备等集成示范，因地制宜构建质量兴农、绿色兴农、效益优先的技术集成模式和系统解决方案，打造乡村振兴科技引领示范典型。

（4）坚持双轮驱动，促进整体跃升。以乡村振兴科技支撑行动为统领，坚持体制改革和创新驱动融合发展，构建新型现代农业科技创新体系，完善科技评价机制，推进科技成果权益改革，激活创新主体，放活科技成果，梯次推进世界一流学科和一流院所建设，带动全国农业科技整体跃升。

（三）行动目标

按照“产业兴旺、生态宜居、乡风文明、治理有效、生活富裕”的乡村振兴总要求，落实“三个面向”“两个一流”和“整体跃升”的指示精神，加快科技创新步伐，加快科技成果转化，加快创新能力建设，加快体制机制创新，构建符合新时代要求和适合院情的农业科技创新体系，形成支撑乡村振兴战略实施的科技供给体系。

到2020年，围绕“乡村振兴取得重要进展，制度框架和政策体系基本形成”的阶段目标，质量兴农、绿色发展等领域的基础研究和核心关键技术研究取得阶段性重要进展，形成农业农村现代化、城乡融合发展、生态与乡村治理、乡村文化复兴等战略研究成果，完成一批支撑乡村振兴政策和制度的行业基准和技术标准，构建一批因地制宜的综合技术模式，实施若干整县推进试点。通过实施乡村振兴科技支撑行动，构建完善中国农科院“优势学科—卓越团队—重点任务—重大平台”一体化的新时代科技创新体系，培育国内外拥有重要影响力、充满活力的创新团队，使1/5左右的学科领域和研究所达到世界一流，引领全国农业科技整体跃升。

到 2035 年，围绕“乡村振兴取得决定性进展，农业农村现代化基本实现”的阶段目标，培育一支“懂农业、爱农民、爱农村”的农业科技队伍，重点突破一批基础前沿技术，攻克一批核心关键技术，转化一批科技创新成果，集成一批农业绿色发展模式，打造一批乡村振兴科技示范县（乡），加强科学普及、技能培训和技术推广，全面支撑产业兴旺、生态宜居、生活富裕和农业农村现代化。通过实施乡村振兴科技支撑行动，全院农业科技创新动力、创新活力和创新实力大幅跃升，形成若干科学高地和卓越团队，2/3 以上学科领域和研究所达到世界一流，带动全国农业科技进入世界前列。

展望 2050 年，乡村全面振兴，农业强、农村美、农民富全面实现，中国农业科学院世界一流院所和一流学科全面建成，科研综合实力和国际影响力在全球居于引领地位，带动全国农业科技进入世界科技强国。

（四）主要任务

围绕支撑引领乡村振兴实现质量发展、绿色发展、融合发展和创新发展，重点加强农业科技创新引领、农业科技成果转化、农业科技引领示范、科技创新能力建设四项主要任务，整体提升农业科技创新活力效率和乡村振兴科技支撑能力。

（1）加强乡村振兴的科技创新引领。充分发挥农业智库的决策咨询作用，加强乡村振兴重大战略问题和政策制度、国际经验研究。强化农业科技基础性长期性工作，加强基础理论和应用基础研究，突出关键共性技术、前沿引领技术、现代工程技术、颠覆性技术创新，引领传统农业向现代农业转型发展，强有力支撑农业农村现代化和乡村振兴。

（2）加强乡村振兴的科技成果转化。坚持市场需求和产业问题导向，持续开展农业科技成果权益改革，着力加强重大科技成果的集成熟化和示范推广，重点转化一批绿色优质的重大新品种、科技含量高的新产品新装备、绿色提质增效与环境友好的新技术，构建一批可落地、可复制的绿色发展综合技术模式，提高科技成果对精准扶贫精准脱贫和农业农村现代化发展的综合支撑引领能力。

（3）加强乡村振兴的科技引领示范。坚持生产、生活和生态“三生共赢”的根本导向，坚持因地制宜的基本原则，突出乡村特色和农耕文明传承，重点强化以农业产业振兴引领、农民稳定增收保障、资源环境修复保育、农村社会可持续为核心内容，整合各项碎片化的单项措施，着力优化产业发展环境，突出示范区的科技引领示范作用，促进农业产业化发展和产业集群的形成，实现示范区“四化”同步和城乡一体化发展。

（4）加强乡村振兴的创新能力建设。大力实施“人才强院”发展战略，坚持引育并举、以用为本，不断破除体制机制障碍，促进人才优先发展和流动共享，建设一支“一懂两爱”支撑服务乡村振兴的农业科技队伍，加强高端科技人才培养和新型经营主体培训。围绕“两个一流”建设目标，谋划推动农业国家实验室、重大科学工程、重大成果孵化转化平台等基础设施建设，保障设施装备水平达到国际一流，着力强化运管机制创新和共享共用，推动形成布局合理、技术先进、运行高效、支撑有力的农业科技创新能力条件保障体系。

三、实施重点

（一）突破重大前沿颠覆性技术

立足长远发展和绿色可持续发展，深刻把握信息技术、生物技术、新型材料、清洁能源、物联网、智能制造等加速向农业农村领域渗透的态势，突破一批具有重大产业变革前景的重大前沿和颠覆性技术，培育乡村产业振兴新动能。

（二）攻克核心关键技术

针对质量兴农、绿色兴农、融合发展、创新发展的瓶颈制约，重点在绿色优质品种培育、安全高效标准化、劳动替代型与自动化、农产品加工、现代食品制造、农业绿色投入品、节水控水、耕地质量提升、化肥农药减施增效、污染治理、农业废弃物循环利用、生态修复与保护、智慧乡村、农耕文明等领域突破一批核心关键技术和技术集成模式，为农业农村现代化和乡村全面振兴提供核心科技支撑。

（三）转化农业科技创新成果

围绕有效解决产业兴旺、生态宜居和共同富裕的重大需求和瓶颈制约，重点转化一批经济性状突出、发展潜力大的粮、棉、油等关系到国家粮食安全和农业增产增效的新品种，在适宜地区推广一批优质高端的蔬菜、果树、烟草、茶叶以及畜禽新品种；转化一批技术含量高、市场前景好的新肥料、新兽药、新疫苗、新农药以及农业机械等新产品，推广一批绿色高产高效、重大病虫害绿色防控、畜禽重大疫病防治、农机农艺结合等关键技术，强有力支撑农业产业增效、农民持续增收和乡村生态复兴。

（四）集成农业绿色发展模式

遵照乡村全面振兴的目标要求，以调结构、创品牌、增效益为根本导向，针对质量安全、节本增效、生态安全等技术需求，综合考虑粮食生产功能区、重要农产品保护区、特色农产品优势区和典型生态区，集成组装一批符合高质量发展、绿色发展、融合发展、创新发展的综合技术模式，打造绿色增产增效创建升级版。针对农村特有的自然生态景观、民俗文化、传统特色产业等资源，挖掘农业在休闲观光、农耕文明传承、生态服务等方面的潜力，培育一批新产业新业态新主体。

（五）打造乡村振兴科技示范县（乡）

强化科技对区域经济尤其是县（乡）域经济社会发展的支撑引领作用，探索整建制推进模式，在已创建的“五区三园”、农业竞争力提升科技行动示范县和已认定的美丽休闲乡村基础上，遴选一批作为先行试点，通过实施科技引领工程促进乡村振兴，促进县乡经济和社会全面、协调、可持续发展，为全国推进实施乡村振兴战略提供有益经验和模式借鉴。

（六）创设政策制度和质量标准、行业基准

重点加强农业农村优先发展、质量兴农、城乡融合、绿色发展、科技与人才支撑保障等方面的战略研究、政策研究和制度创设。注重强化产地环境、农业投入品质量安全、农业绿色生产、农产品质量安全评价与监测检测、农业资源核算与生态功能评估等技术标准研制和建立，形成一批支撑乡村振兴的政策制度、技术标准和行业基准。

（七）培育“一懂两爱”农业科技队伍

贯彻人才强农、科技兴农战略，深化农业人才发展体制机制改革，持续推进“青年人才工程”“农科英才特殊支持政策”“青年英才计划”等重大举措，创新引才聚才、评估评价机制，完善考核激励机制，健全服务保障机制，建设创新、转化、支撑和管理四支人才队伍，加强高端科技人才和国际合作人才培养，加大科技下乡和新型经营主体等“三农”工作人员的培训力度，为乡村振兴战略实施提供强有力的人才保障。

（八）强化农业科技创新能力条件建设

按照“定位清晰、布局合理、多元投入、科学运行”原则，加快构建完善以国家实验室、国家研究中心和国家重点实验室为主干，重大科学基础设施为支撑，野外科学台站为网络的创新平台。结合乡村振兴科技示范县建设，在主产区和典型农业生态区建设一批综合科研试验基地。推进全国农业科技成果转移服务中心、国家种业成果产权交易中心、院技术转移中心等专业化、市场化运行，谋划一批区域科技成果孵化转化平台，组建全国农业科技成果转化联盟，提升成果转化效率。

四、推进机制

（一）优化创新资源配置

依托中国农业科学院科技创新工程专项资金，盘活存量、撬动增量，统筹相关资金资源，围绕农业农村质量发展、绿色发展、融合发展和创新发展的重大科技需求，调整学科和创新力量布局、加强卓越团队建设，强化基础设施建设，加快建成一批世界一流的学科创新中心和技术创新中心。积极参与国家重大农技推广等项目，聚焦“三个面向”和乡村振兴的瓶颈制约，加快科技成果集成转化，按照产业链配置创新链、资金链，整体提升科技创新能力，加快支撑乡村振兴的科技创新步伐。

（二）强化协同机制创新

着力强化国家农业科技创新联盟建设，积极争取各级政府和地方农业科研机构共同投入，围绕农业产业重大问题和区域农业发展的重大命题，谋划设计重大协同创新专项，探索建立国家需求导向、任务目标带动、平台资源共享、激励相容约束的长效协同创新机制，巩固分工协作“一盘棋”、上中下游“一条龙”、多学科集成“一体化”的联合协作新格局，促进突破性大成果的产生和创新效率的提高。探索面向全球，统筹国内国外两个市场两种资源的新型国际合作协作网，有效对接国际一流机构和大科学计划，形成国内外优势互补的农业科技全球布局，提高资源掌握能力、产能合作能力、规则制定能力和服务外交能力。筛选3~5个乡村振兴示范县（乡）作为国际农业机构南南合作的基地，推动一带一路农业合作，扩大中国影响力。

（三）加强成果示范引导

推动全国农业科技成果转移中心专业化、市场化运行，探索建立政府推动、市场引导、企业化运作的农业科技成果转移新模式、新机制。充分利用“五园三区”平台功能，积极创新农业科研成果转化和技术转移机制，积极探索“项目+基地+企业”“科研院所+高校+生产单位+龙头企业”等现代农业技术集成与示范转化模式。积极探索整县制推进工作试点，研究不同区域现代农业产业周年绿色、高产、高效综合技术模式和运营管理机制，促进创新成果与农业产业有序对接，创造可落地可复制可推广的模式，为全国推进乡村振兴提供典型样板。

（四）注重绩效跟进考核

根据不同创新活动的规律和特点，建立和完善科技成果第三方独立评估制度。建立分类评价制度，基础研究成果以同行认可和学术影响为依据，应用性研究成果的评价阶段后移，以技术转移、生产和市场应用实际效果为主。建立健全绩效考核奖励制度，根据各参加单位或团队的职责定位和责任分工，制定考核评价办法，强化目标管理、量化考核、绩效奖罚。探索第三方评价机制，建立政府、社会组织、公众等多方参与的评价方式，拓展社会化、专业化、国际化评价渠道，优化管理结构，强化工作督办问责，确保重点工作落地。

五、保障措施

（一）加强组织领导

加强对乡村振兴科技支撑行动的统筹规划和组织领导，制订落实乡村振兴科技支撑行动的实施方案和阶段计划，研究解决和协调处理重大体制机制问题，督促检查乡村振兴科技支撑行动的贯彻实施情况和目标产出情况。建立机关各局（办）参与乡村振兴科技支撑行动的组织协调机制，明确工作职责和任务分工，形成推进合力。在继续做好援疆援藏干部人才输送的基础上，把乡村振兴科技引领示范县作为干部实践锻炼的基地。各研究所、相关创新团队要按照乡村振兴科技支撑行动的部署和要求，把行动目标纳入本研究所、本团队的阶段规划和年度计划，加强绩效管理和激励政策引导，制定细化方案，明确目标责任，认真组织实施，切实提高乡村振兴科技支撑行动的组织保障水平。

（二）加强分类指导

着力强化我院的公益性职能和基础前沿、重大共性技术创新的核心地位，强化联盟在协同创新、技术集成、模式创新和整建制推进示范中的独特作用，发挥企业在技术转移和产业化应用等方面的主体作用。根据我国各地农村地区资源禀赋、生态功能、生产规模、产业基础、经营主体等差异，因地制宜、分类施策，提供适用于不同区域的技术解决方案，推动形成各具特色、平衡协调、良性循环的乡村振兴发展新模式。

（三）加大投入保障

强化乡村振兴科技创新经费保障，在统筹优化科技创新工程、基本科研业务费和修购专项等资源配置，使财政科技投入效益最大化的基础上，争取国家进一步扩大科技创新工程的实施规模，加大经费支持力度，适当扩大实施范围，设立一定比例的间接费；推动国家重点研发计划、重大基础设施专项、基地人才专项等重大项目立项。强化乡村振兴科技成果转化资金保障，积极争取加大对科研院所成果孵化转化、技术模式集成与示范推广的财政专项经费支持，不断提升科技创新支撑服务产业能力。拓宽资金来源渠道，积极引导社会资本投入农业科技创新，充分调动和发挥企业、社会团体等技术创新投资的主体作用。

（四）加大宣传力度

把乡村振兴科技支撑行动作为重点，充分利用电视、广播、报刊、网站、微信等公众媒体，宣传行动实施成效，普及农业科技、乡村政策、治理法规等知识，推介典型案例和成功范式。实行乡村振兴科技成果定期发布制度，对具有重大应用前景的科技成果，采取媒体宣传、现场观摩、集中展示等方式发布和推介，促进技术转移转化，强有力支撑乡村振兴目标实现。利用国际媒体和国际组织渠道，讲好乡村振兴科技支撑行动和乡村振兴模式道路的中国故事。

内蒙古自治区人民政府　中国农业科学院科技人才合作协议书

甲方：内蒙古自治区人民政府
乙方：中国农业科学院

2005 年 4 月，内蒙古自治区人民政府和中国农业科学院签署科技合作协议，充分发挥双方科技资源和自然资源等优势，加快推进院区科技合作，强力支撑内蒙古自治区现代农牧业、优势主导产业发展。为进一步落实科技合作协议内容，强化人才队伍建设，创新合作机制，加速协同创新，着力提升内蒙古自治区农牧业自主创新能力，经协商一致，甲乙双方就深化多层次、全方位的科技人才达成以下协议。

一、合作宗旨

甲乙双方以强化实施创新驱动发展战略、深入推进农牧业供给侧结构性改革为目标，充分发挥甲方政策、环境、资源优势与乙方科技、人才、平台优势，实现优势互补、共同发展，增强农牧业科技创新能力；创新区院合作模式，建立资源共享机制，努力在人才培养、科技协作攻关等机制创新等方面取得新的突破。通过双方合作，引领和支撑内蒙古农牧业向提质增效、绿色安全、可持续发展转变，促进内蒙古农牧业由资源大区向产品、品牌和产业强区转变。

二、合作内容

（一）加强科技人才合作培养与交流

重点加强高学历人才培养、专业技术人才和管理人才培养、高端人才引进和交流等方面的合作。

（1）加强高学历人才联合培养。针对内蒙古农牧业科技发展需求，乙方推荐和鼓励其培养的优秀研究生毕业后到甲方从事科技工作，并依托乙方 2012 年在内蒙古自治区农牧业科学院设立的“中国农业科学院研究生院内蒙古培养基地”，通过博硕导师互聘、青年人才培养“双导师计划”、定向招收博士后等方式，建立长期稳定的联合定向培养硕士和博士研究生计划，为甲方培养适用的科学研究高层次人才，提升甲方农牧业科技本土人才的科研水平和创新能力。

(2) 加强专业技术和管理人才培养。甲方充分利用乙方丰富的教育资源和科研平台，定期选派农牧业科技人员、推广人员和新入职人员到乙方相关实验室进修培训、做访问学者，并参加项目研究；定期选派行政管理人员到乙方机关局、处、室挂职。乙方根据甲方需求和自身需要，选派人员到甲方的相关部门、单位挂职锻炼。

(3) 加强高端人才引进和交流。甲方遵循“刚柔并重”原则，支持引进乙方高端人才在甲方开展科技合作。乙方在甲方设立院士工作站，定期组织院士团队，围绕甲方发展急需解决的重大关键技术难题开展咨询活动或联合攻关。根据甲方创新任务需求，乙方定期选派相关专家，利用已有的重点实验室和科研基地等，为甲方下属科研院所、高等院校承担的研发项目进行技术指导和成果对接。通过高端人才引进和交流合作，提升甲方科技人员的创新能力。

(二) 推进农牧业重点科技领域协同创新

以农牧业科技人才培养与交流合作为基础，重点推进科技创新、成果转化和科技基础性工作等领域的合作和协同创新。

(1) 开展区域重大科技协同攻关。针对甲方农牧业发展、农畜产品质量安全、农业资源环境、草原生态环境及农牧民增收等需求，双方联合开展跨地区、跨学科的协同攻关，重点在动植物新品种培育、农牧业绿色发展、农产品质量安全、草原生态保护、智慧农业等领域加强协同创新，联合向国家申请项目支持，力争取得重大科技突破。

(2) 促进科技成果转化和创新创业合作。围绕内蒙古自治区主导和特色优势产业发展需求，双方联合开展冷凉蔬菜、特色杂粮、肉牛肉羊等科技成果的综合集成与示范推广工作。乙方为甲方的科技成果在全国范围内的转化应用提供展示交易、价值评估和信息发布等服务和支持。甲方为双方的合作开发提供优惠的创新创业政策支持，鼓励乙方科技成果优先到甲方孵化，通过创办或领办农牧业新技术企业等方式转化运营。

(3) 加强农牧业科技基础性长期性工作协作。以内蒙古农牧业科学院为主要载体，共同推进农牧业科学观测试验站建设，围绕农牧业基础性长期科技工作需要，组织开展专业、综合实验站监测工作，建立全区农牧业科学数据中心，支撑主导产业、特色优势产业的发展。

(三) 加快建设农牧业科技创新联盟

乙方指导并支持甲方建立农牧业科技创新联盟，以加强区内科研院所、大专院校及企业科技资源的统筹协调和有效整合，按照“一盘棋、一体化、一条龙”的联盟发展模式，优化科技项目、资金及人员配置，围绕内蒙古农牧业现代化建设，开展上中下游网格化的协同创新和成果应用。

（四）加强国际农牧业科技信息服务与交流

双方积极推动甲方国家合作交流与技术转移平台的建设，乙方协助甲方与国际高水平的研究中心、实验室以及研发基地建立联系，帮助引进顶尖的海内外专家和优秀团队到甲方创业。充分利用乙方农业科技国际合作的信息服务条件与优势，双方联合申报和实施国际农业科技合作项目，开展农牧业经济信息交流，推动农牧业科技合作向纵深发展。

三、合作机制

（一）组织管理机制

（1）成立协调领导小组。为务实做好农牧业科技人才和项目合作，成立由双方领导和有关方面负责人组成的区院农牧业科技人才合作协调领导小组，负责制定有关配套政策以及合作中重大事项的决策工作。领导小组每年召开一次工作会议，听取合作情况汇报，研究部署新的合作内容。

（2）设立工作办公室。科技人才合作协调领导小组下设区院合作工作办公室，办公室设在自治区农牧业科学院，负责落实区院科技人才合作领导小组的有关决定和决议，处理日常组织协调工作。办公室每年组织召开两次工作会议，对人才培养、引进和交流的执行情况和配套的区院科技合作项目进行跟踪检查、协调服务，对合作形成成果及其社会经济效益进行总结并向领导小组汇报。

（二）合作支持机制

（1）设立科技人才合作专项。甲方设立专项资金用于双方科技人才合作，主要支持研究生联合培养、访问学者计划和人员挂职锻炼，为引进的高端人才提供年薪、绩效津贴和住房补贴等，对人才和项目合作作出突出贡献的专家进行奖励等。乙方整合已有资金渠道，对研究生联合培养、挂职锻炼、客座研究和人才交流等进行倾斜支持。

（2）强化政策支持和条件配套。甲方对引进的乙方高端人才给予政策倾斜，搭建“绿色通道”，在实验室建设、科研立项等方面给予经费支持。甲方有关单位为双方共同确定的人才引进交流、合作研究与产业化项目提供配套的试验示范、推广开发的支持政策，并协调提供场所、物资等条件，保证人才合作和项目合作顺利实施。乙方为人才合作和项目实施提供重点实验室、科技文献检索体系、国际联机检索终端等优惠服务。

（三）工作推进机制

（1）定期会商。甲乙双方定期组织生产技术需求调研，聘请有关领域专家开展科技发展会商，确保人才培养交流和项目合作更有针对性。双方根据甲方在优势特色产业领域的技术需求，组织乙方筛选先进适用的科技成果推荐给甲方，并组织优势科技力量与甲方协同攻关，提高技术成果转化的经济与社会效益。

（2）项目推进。双方积极探索联合申报国家重大科技项目的可行性和操作办法。乙方适时启动在甲方的科技创新工作，积极支持下属单位的科技项目在甲方落地转化。甲方将双方确定的重大科技项目优先列入甲方科技发展规划。

（3）互动交流。定期组织双方专家到对方进行考察调研，组织有关技术人员和负责人到对方单位学习、培训和进修。加强科技发展规划、一流院所制度建设、区域农牧业发展战略等方面的观点交换，互通有无，促进双方融合发展。

四、附　则

（1）本协议自签字之日起生效，有效期至 2022 年 12 月，期满后经双方同意可续签合作协议。

（2）本协议未尽事宜由双方协调解决。具体合作项目另行签订合作协议，并由双方组织相关部门实施。

（3）本协议一式 6 份，双方各执 3 份。

甲方：内蒙古自治区人民政府（盖章）

代表人（签字）

2017 年 9 月 21 日

乙方：中国农业科学院（盖章）

代表人（签字）

2017 年 9 月 21 日

中国农业科学院　深圳大学
战略合作框架协议

一、合作背景

为全面贯彻落实党的十九大精神，深入领会习近平总书记在中国农业科学院建院60周年贺信中提出的“三个面向”“两个一流”指示要求、推进实施粤港澳大湾区建设战略部署，实施科教兴国和创新驱动发展战略，努力实现我国农业科技率先进入世界先进行列的目标，充分发挥农业科研机构和高等院校的学科、人才和技术优势，推动农科教、产学研紧密结合，按照“优势互补、强强联合、协同创新、互利共赢、共同发展”的原则，经友好协商，中国农业科学院与深圳大学决定建立全面长期战略合作关系，达成本战略合作框架协议。

二、合作基础

中国农业科学院成立于1957年，是国家综合性农业科研机构，担负着全国农业重大基础与应用基础研究、应用研究和高新技术研究的任务，致力于解决我国农业及农村经济发展中基础性、方向性、全局性、关键性的重大科技问题，在推动农业科技创新、服务地方经济、培养高层次科研人才、促进国际科技交流合作等方面发挥重要作用。中国农业科学院大力开展关键技术攻关、高技术研究及产业化、基础与应用基础研究、宏观战略研究，取得了一大批具有国际先进水平的重大科技成果，为保障国家粮食安全、促进农业农村经济发展作出了重要贡献。

深圳大学是1983年经中华人民共和国教育部批准设立，已经成为一所学科齐全、设施完善、师资优良、管理规范的综合性大学。目前，深圳大学已拥有从学士、硕士、博士到博士后完整的人才培养体系以及多层次、多学科的科学研究和社会服务体系。经过34年的发展，深圳大学形成了“特区大学、窗口大学、实验大学”的办学特色。深圳大学立足深圳，以培养高素质创新创业人才，引领社会的进步和发展为目标，着力推进高水平、有特色、现代化的一流大学建设，一些科研指标已步入全省乃至全国高校前列。

三、合作宗旨

围绕国家现代农业发展和深圳创新型城市战略实施的重大需求，以全面促进国家和深圳“三农”发展为目标，以提高农业科技创新与人才培养能力为中心，重点在平台建设、科技创新、人才培养、成果转化等方面开展全面合作，建立农业科技协同创新机制，为加快国家和深圳农业现代化建设，推动农业产业升级，提升农业科技水平，增强农业国际竞争力，促进农业和农村经济可持续发展提供强有力的科技和人才支撑。

四、合作内容

（一）共建农业科技创新平台

双方依托国家重点实验室、国家工程技术中心、国家农业科技创新联盟、农业部产业技术体系、农业部学科群、深圳市孔雀计划等，联合两院院士、国家千人计划等高端顶尖人才，共建农业科技创新研究院或华南区域分中心，打造新的农业科技创新基地，推动平台资源共建共享，为双方可持续发展和核心竞争力提升提供支撑。

（二）推动重点学科协同创新

围绕国家、区域重大需求和农业产业发展重大瓶颈问题，共同研究并提出重大科技项目选题建议，开展协同攻关；联合申报国家重点研发计划和深圳市科技计划专项，重点在农业信息技术、农业组学技术、农业生物种质创新、农业生物技术、农业资源环境和城市生物多样性等领域开展协同创新，推动华南现代农业科技创新发展和农业产业升级，辐射带动周边地区乃至全国农业综合生产能力和国际竞争力的提升。

（三）深化新型人才培养合作

建立学术交流与合作机制，定期组织学术交流活动，互派青年学者进行合作研究，促进双方学术交流与人才培养合作。利用双方的教育资源和优势，大力推进青年博士后人才培养；积极开展联合培养博士生，加强推荐接收推免生合作；通过研究生导师互聘、研究生之间学术交流、联合培养研究生，开展全方位、深层次、可持续的研究生培养合作，不断拓展合作领域和创新合作形式，逐步建立研究生合作培养的长效机制。

（四）促进科技成果集成转化

围绕国际现代农业科技前沿、聚焦国家粮食安全、食品安全、农业生态、农业信息化和深圳现代都市农业发展的重大需求，探索建立科技成果转化与科技推广合作机制。共建农业科技成果推广与转化基地，联合开展农业遥感、智慧农业、组学技术、生物技术等领域科技成果综合集成与示范推广工作，推动核心装备研发、技术产品组装、集成和测试、重大产品中试和生产等，加快农业科研成果的转化和孵化，推动国家和区域农业产业转型升级。

五、合作组织

（一）成立战略合作领导小组

领导小组组长由双方主要领导担任。领导小组下设办公室，负责双方合作的组织协调及日常管理工作。中国农业科学院指定院科技管理局为对口接洽职能部门，深圳大学指定校科学技术部为对口接洽职能部门。

（二）建立明确的合作协商机制

在双方所属单位或部门分别建立相应专业领域的合作关系与机制，具体合作内容及方案由合作单位协商制定与实施。

六、保密条款

双方约定，不论是在本合作框架协议有效期还是合作框架协议终止以后，任何一方对在合作过程中了解到的有关另一方的保密信息，均应承担保密义务。除非另一方书面同意，任何一方不得在任何时间向任何人透露任何保密信息。

未经对方书面同意，任何一方不得将本合作框架协议内容，以任何方式透露给第三方。未经对方同意，任何一方不得将拟合作内容在拟合作区域单独实施，亦不得与第三方联合实施。

七、知识产权条款

合作过程中，任何一方（提供方）向另一方（接受方）提供或披露的所有文件（包括但不限于技术资料、软件、网络解决方案、设计方案、商业信息及其他相关文件)，无论以何种方式提供，只要标有限定使用或传播的说明，或者以任何其他方式表明该文件属于专有文件，其知识产权皆归提供方所有。

提供方应对其提供的文件及成果承担权利担保责任，如该文件及成果存在权利纠纷，使用后引起第三方追索，由提供方承担全部法律责任。

对于合作以前双方原有的文件、成果的权利归属不变，仍归各自所有。对于合作开发的新成果遵循以下的原则，由双方确定知识产权归属：双方协商意见统一原则；依据贡献及投入原则；相互许可使用原则。

对于具体的合作开发项目，双方将另行签署书面合作协议，明确具体项目成果的知识产权归属。

八、附　则

（一）本协议有效期 5 年，自签字之日起生效，期满后双方可视情况协商续约，。

（二）本协议为战略框架协议，所有合作事项按照法律法规进行，双方具体的合作内容及形式由双方另行签订专项协议或合同，明确双方的责任、权利和义务，确保各项合作项目顺利开展。

（三）本协议一式 4 份，双方各执 2 份。

（四）本协议自签字之日起生效，未尽事宜由双方协商解决。

中国农业科学院（盖章）：　　　　深圳大学（盖章）：

代表（签字）：　　　　代表（签字）：

中国农业科学院　江苏省农业科学院 科技合作框架协议

甲方：中国农业科学院
乙方：江苏省农业科学院

为了充分发挥中国农业科学院（以下简称甲方）科技力量与资源综合优势，和江苏省农业科学院（以下简称乙方）在区域农业科技创新和基地资源等方面的特色和优势，强化科技创新对农业现代化发展的引领和支撑，甲乙双方秉承“优势互补、资源共享、合作共赢、共谋发展”的原则，经友好协商，达成科技合作协议如下。

一、合作背景

甲方作为国家级农业科研机构，承担着国家农业基础研究和应用基础研究的重大任务，在农业高科技人才、重大成果和重大科技平台等方面具有雄厚的储备和坚实的基础。在农业部领导下，由甲方发起成立的国家农业科技创新联盟主导全国农业科技力量建立各类各级地方联盟、专业联盟等 40 余个，为推动全国农业科技资源的优化配置、推进全国农业科技力量的协同创新发挥了巨大作用。

乙方作为省府直属的综合性农业科研机构，经过多年的发展建成了 5 000亩国内一流的藻水植物科学基地、六合动物科学基地等现代化科研基地，形成了专业所、农区所各有特色、各有侧重、互为补充的农业科技创新体系。江苏农科院瞄准培养打造强竞争优势的学科团队，启动实施了“五大科技创新人才计划”；通过积极与美国、法国、德国等国家的大学或科研机构合作，有效拓展和提升了国际合作空间和影响力；江苏农科院在水稻、小麦新品种选育，禽流感疫苗、兔出血症疫苗和猪瘟疫苗等领域获得重大突破，科技成果转化取得了可观的经济效益。

甲乙双方合作历史悠久，在 20 世纪 60 年代，乙方曾经历中国农科院江苏分院的历史时期，与甲方作为同一单位共同建设和发展。近年来，双方进一步加强交流与对接，研究所和科研人员之间通过项目研究、人才培养和平台共享在多个方面建立了广泛的合作关系，为双方开展进一步的科技合作、人才培养和协同创新奠定了坚实基础。

二、合作内容

（1）开展农业重大科技问题联合攻关。乙方作为江苏省农业科技创新联盟理事长单位，按照国家农业科技创新联盟要求，积极对接甲方及其相关创新团队，围绕区域重大农业科技问题，联合开展科技攻关。对符合国家发展战略导向以及江苏省重大农业科技需求的，由甲乙双方组织力量联合申报国家重点研发计划、江苏省农业科技自主创新资金等重点项目。

（2）加强创新人才的培养与交流。甲乙双方同意发挥各自优势互为人才的培养和交流创造条件。甲方支持乙方双向博士后培养计划，甲方在博士后管理方面制定优惠政策，招收乙方在职青年博士到甲方做博士后。建立“双导师”的研究生联合培养机制，乙方作为“第二导师”单位接受甲方研究生到乙方交流和培养，并积极探索在乙方设立甲方研究生培养基地的可能性。

（3）加大优秀科技人才培养和引进力度。甲乙双方围绕区域农业发展，重点加强种源农业、循环农业、生物农业、信息农业、休闲农业等领域的人才培养和引进力度，甲方推荐和鼓励其培养的研究生毕业后到地方从事科技工作，乙方制定相应的政策和条件，吸引优秀毕业生就业。

（4）加强科研基地与科技平台资源的共享共建。甲方利用国家重大科学工程、国家重点实验室等平台，为乙方提供开放课题和客座研究条件。甲方为乙方创建国家级平台提供政策、资源和技术支持，乙方为甲方新品种、新技术、新产品在地方的示范应用提供基地等支持。

三、合作机制

（1）甲乙双方共同成立农业科技合作协调领导小组，负责科技合作事宜的决策和磋商。领导小组由甲乙双方有关领导担任组长，甲乙双方有关部门为领导小组成员。

（2）甲方科技管理局和乙方院办公室具体负责双方合作中的联络和协调工作。

（3）具体合作项目根据实施主体，按照院院、院所、研究所之间等多种方式，由甲乙双方相关单位另行签订合作协议，并由双方组织相关部门实施。

四、其　他

（1）本协议未尽事宜由双方协商解决。

（2）本协议一式 4 份，双方各执 2 份。本协议自签字之日起生效，有效期为 5 年。

甲方（盖章）：　　　　　　　　乙方（盖章）：

负责人（签字）：　　　　　　　负责人（签字）：

三、科技兴农

中国农业科学院2017年科技兴农工作总结

2017年，在农业部的直接领导下，中国农业科学院以党的十九大精神为指导，按照习近平总书记在给我院建院60周年贺信中提出的“三个面向”“两个一流”和“整体跨越”的要求，以加快农业科技成果转化和服务“三农”为目标，组织开展了绿色提质增效技术集成研究与示范，为乡村振兴战略提供了技术储备；不断加强与地方政府的务实合作，推动区域现代农业的发展；组织开展了一系列技术培训等科技服务活动，有效提高了基层农业生产技术水平；不断加大科技扶贫和援疆援藏工作力度，促进提高贫困地区和边疆地区的自我发展能力；通过形式多样的科技兴农活动，推广应用了一批新品种、新技术、新产品等科技成果，有效提高了服务“三农”和成果转化能力，为保障国家粮食安全和产业结构转型升级提供了强有力的科技支撑。

2017年全院共组织科技下乡8万人次，举办现场展示观摩会、技术培训咨询等科技服务活动1.4万次，培训各类基层技术人员和农牧民115万人次，发放技术资料330万份，推广应用新品种190个、新产品650个、新技术230项，推广科技成果总面积4.1亿亩，推广畜禽3.2亿头（羽），有27项技术入选2017年农业部主推技术。

一、绿色提质增效技术集成研究与示范为乡村振兴战略提供了技术储备

针对我国区域农业发展重大技术需求和关键技术瓶颈，围绕“一控二减三基本”发展战略和农业供给侧结构性改革的基本要求，持续推进水稻、玉米、小麦、大豆、油菜、马铃薯、棉花、奶牛、羊9个产业绿色提质增效技术集成模式研究与示范工作，启动实施了蔬菜、生猪、肉鸭3个产业的项目。12个项目共集成180多项先进适用技术，构建了38套可复制可推广的综合技术生产模式；建立试验示范基地120多个，示范面积43万亩，示范奶牛、羊、生猪45万头，覆盖各类主产区和典型生态区18个省（区）；院内有19个研究所、48个团队、225名科技人员参加，院外有240个单位、2 600多人加盟攻关。研究取得了良好的增产增效和绿色生态效果，为乡村振兴战略提供了技术储备。

水稻：在长江中下游、西南、东北、西北等主要产区建立试验示范基地13个，面积2.4万亩。集成了早稻低镉积累、双季稻全程机械化等7项技术。在浙江诸暨示范区，平均亩产925.3千克，增产40.8千克；化肥和农药分别减施10%和30%，每亩增效168.1元。

小麦：在黄淮海北部和南部麦区建立示范基地6个，核心区1.3万亩，集成了新品种、水肥一体化灌溉等7项技术。在河北藁城示范区，平均每亩节水40立方米、节肥9千克，增效15%。

玉米：在山东、安徽、辽宁、新疆等地建立核心示范区3个，百亩示范方7个，千亩示范片5个，总面积6 300亩，辐射带动600万亩。集成了减肥增效轮作、机械深松免耕等16项技术，平均增产10%，减施化肥和农药15%，每亩节省成本120元。秸秆综合利用技术大幅度减少了因焚烧造成的环境污染，提高了土壤肥力。

大豆：在东北和黄淮海主产区共建立示范基地14个，面积10万亩。集成了大豆玉米倒茬轮作、减量增效施肥等9项技术，平均亩产167.6千克，增产24.9%，节约成本36.8元，节本增效167元。

油菜：在湖南、湖北建立示范基地3 000多亩，集成了“一菜两用”、全营养缓释专用肥等11项先进技术。在湖南沅江示范区，中油杂19平均亩产187.0千克，增产63.6%，菌核病发病率降低51.3%，出油率提高22.6%。核心示范区每亩增产63.6%，节本20.0%，增收478.8元。

棉花：在新疆、山东等主产区建立示范基地7个，面积46.1万亩，核心区19.5万亩。集成规范化机采宽膜种植模式、高标准水肥一体化滴灌等16项技术。在新疆巴州示范区，节肥15%，节水30%，省工10%，增产23%，品质大幅度提高。

马铃薯：在河北、甘肃、贵州、湖北等主产区建立示范基地6个，面积7 800亩，集成了水分高效利用、水肥药一体化等7项技术。在内蒙古核心示范区，每亩增产238千克，带动周边生产田增产143.5千克，降低成本153元；在北方一季作区，节水30.0%，节肥42.8%，节药27.6%；在西南混作区，提高水分利用率35%。

蔬菜：在湖北、贵州和内蒙古建立示范基地3个，面积4 000亩，集成高效肥水利用、病虫害绿色防控等8项先进技术。在内蒙古核心示范区，设施蔬菜增产5%，节肥20%，减少农药20%，降低成本10%。在山东寿光，黄瓜增产9.5%，增收14.4%，节肥30%，减少农药23%，每亩增效480元。

奶牛：在黑龙江、山东、宁夏建立核心示范基地3个，带动基地9个，共示范奶牛5万头。集成了优质粗饲料高效生产利用、粪污循环利用与种养一体化等主要技术5项。奶牛日产奶量35.6千克，乳脂率3.9%，乳蛋白3.3%，体细胞数11.1万/毫升，生鲜乳品质全国领先。在宁夏示范点，平均单产提高了2 000千克，实现了粪肥还田综合利用。

肉羊：在甘肃、内蒙古、江苏建立示范点12个，示范肉羊40万只，集成了母羊发情调控和超数排卵等8项技术。通过实施直线肥育和营养配方调控技术，90日龄羔羊每日增重240克，以后每日增重260克，快速育肥期每日增重300克，屠宰率达到50%，饲料转化率提高10%。

生猪：在河南、山西建立核心示范基地3个，集成精准配方饲喂、智能化饲养管理等8项主要技术。在河南驻马店示范点，饲料产肉报酬提高了10.1%，育肥转化率达到

2.8，减少抗生素20.2%，兽药费用减少15.5%，每头生猪增效20元，健康水平显著提升。

肉鸭：在内蒙古和山东建立了示范基地，集成了饲料高效利用、主要疫病防控等5项技术，年出栏瘦肉型北京代肉鸭7 000万只，带动周边700多养殖户。示范的瘦肉型北京鸭新品系“草原鸭”，35日龄体重3.2千克，瘦肉率35%，达到甚至超过“樱桃谷”等国外品种。

二、粮棉油绿色高产创建等活动有力推动了科技兴农工作

围绕农业部重点工作，我院组织开展了粮棉油绿色高产创建、园艺作物标准园创建、水稻“双增一百”和玉米“双增二百”、测土配方施肥、农业科技信息进农家等一系列科技兴农活动，取得了显著的社会经济效益。

（一）粮棉油绿色高产创建攻关创造一批新纪录

水稻：在浙江江山，超级稻百亩方平均亩产1 011.0千克，高产攻关田1 071.5千克，刷新了浙江省高产纪录。在浙江长台镇，连作晚稻百亩示范方平均亩产793.5千克，最高818.8千克。在浙江建德，超级稻配套高产栽培百亩示范片亩产992.4千克，高产攻关田突破1 000千克。

小麦：中麦175连续8年作为第一大品种在甘肃、陕西等北部麦区推广，2017年在甘肃平均亩产400千克，增产80千克。在河北赵县，应用小麦立体匀播绿色增产技术创造了亩产644.1千克纪录，增产6.1%。

玉米：在新疆奇台总场创造了亩产1 517.1千克小面积高产新纪录；在71团创造了千亩单产1 229.8千克的大面积高产纪录。

大豆：中黄301在河南新乡亩产达到311.5千克，再创高产典型。

（二）园艺作物标准园创建取得新进展

在河南新郑、陕西宝鸡、湖南益阳、江苏盐城等地建成一批标准化桃园，示范推广“3S”整形新技术3 500多亩。在河南许昌、陕西铜川、河南浚县、江苏宜兴等地建立梨绿色高产高效关键技术集成示范园2 000亩，每亩节省成本2 000元。与河南南阳共建中农红和突尼斯软籽石榴标准园9 000亩，按照水肥一体化管理，成为软籽石榴绿色产品示范基地，有效促进了当地果农增收致富。

（三）水稻“双增一百”和玉米“双增二百”活动取得新成效

水稻：在浙江、江西、湖南、安徽、湖北、新疆、黑龙江、广西[①]等地建立 13 个示范区，面积 22 000亩，示范中嘉早 17、中早 39、株两优 39 等新品种、轻型无土基质育秧、精确定量机械直播配套等先进适用技术，结合实施“南方低产水稻土壤改良技术研究与示范”项目，构建了低产土壤改良与地力提升技术模式，大幅度提高了土壤肥力，近 3 年累计示范推广 1 060万亩，增收 23.5 亿元。

玉米：在新疆、甘肃、河北、河南、安徽、湖北、江苏、山东、辽宁等地的 68 个县市设置了 75 个籽粒收获技术和全程机械化绿色生产试验示范点，推动了现代玉米生产技术的普及，引导全国玉米生产方式转型。在各主产区建立了 51 个生态联合试验点，开展资源高效利用和免耕技术研究与示范，促进玉米产业可持续发展。

（四）指导测土配方施肥技术成效显著

组织专家到吉林、辽宁、四川、贵州、湖北、湖南、安徽、江苏、河北、河南、山东、山西、北京、上海、天津、内蒙古、新疆、西藏等省（市、区）的县乡村和大型农场开展测土配方施肥技术指导，培训技术骨干和生产一线人员 3.5 万人。在山东、河北、新疆等地示范棉田化学肥料减施增效 11 万亩，平均减施化肥 20%，利用率提高 10%，棉花增产 2%，每亩节本增效 80 元，合计增效 880 万元。在山东德州开展了化肥减施增效长期试验与新型肥料示范活动，揭示了不同肥料和施肥制度作物产量与品质演变规律、土壤培肥特征及其环境效应，建立了有机无机配合施肥实现高产、培肥和环境保护协调发展的高效施肥理论。研发出的增值尿素、增值磷铵、增值复合肥等系列新产品，已在 30 多家大型企业产业化生产，年产量 500 多万吨。

（五）科技信息进农家为科学决策提供支撑

在天津、河北、湖南、广东、福建、海南、黑龙江等地开展“农信采”试点示范，全年采集数据 88 万条，撰写 CAMES 监测日报 205 篇，报送农业部有关部门，在农业监测预警公众号同步发布，服务科研、生产和科学决策。在京津冀开展了“互联网+农技精准服务”云平台应用与示范，通过全程服务，对接销售与供应链，实现了安全质量与信任追溯。研发的“车载天空地一体化农情监测与分析平台”，在我院建院 60 年成果展示中，汪洋副总理给予了高度评价。在甘肃肃南应用以家庭放牧为主的“e 牧场”和以合作社舍饲为主的“天之山牧场”等信息系统，消费者可通过互联网平台认购活

① 广西壮族自治区，全书简称广西。

羊和特色羊产品。在新疆等地利用农业物联网信息采集技术对棉田信息实时、动态收集，实现多节点智能灌溉、智能施肥喷药和全国不同区域网络化信息收集。不断加强灾情预测预判研究，为防灾减灾决策提供支撑，印发农业防灾减灾信息简报 50 期，月报 10 期，评估农业灾害影响，提出风险防范重点及措施建议，指导防灾减灾。

三、科技成果示范推广有力支撑了农业转型升级和结构调整

积极推广转化新品种、新技术、新产品等农业科技成果，为农业“转方式调结构”和农业供给侧结构性改革提供了有力的科技支撑。

（一）新品种推广促进了产业结构调整

粮食作物：推广中早、中浙优等系列水稻优良品种 40 个，面积 1.1 亿亩。推广中麦、中育等系列小麦新品种 1 660万亩。中麦 175 成为黄淮海主推品种，并推广应用了与之配套的高产高效栽培技术规程，2017 年夏收面积 597 万亩，创造经济效益 2.86 亿元；推广中麦 895 604 万亩，效益 3.98 亿元。推广玉米中单 808、中单 909 等品种 1 050万亩，成为我国玉米主栽品种。

油料作物：推广大豆中黄 13 累计 1 亿亩，推广中黄 30、中黄 37、中黄 39 累计 151 万亩。中黄 30 成为西北地区主栽品种。示范推广油菜中双 11、中油杂 19、阳光 2009、大地 199 等系列新品种 22 个，面积 830 万亩，创造经济社会效益 4.1 亿元。推广中花系列花生品种 6 个，面积 520 万亩，其中中花 16、中花 21 成为长江流域主推品种。推广中芝系列芝麻品种 11 个，面积 180 万亩，创造经济效益 5 500万元。

蔬菜：推广中薯系列马铃薯品种 1 000万亩，其中中薯 5 号、中薯 3 号等早熟品种在福建、黑龙江、贵州等 20 余省区大面积应用。在新疆、内蒙古、甘肃等地推广加工番茄“IVF1301”等新品种 15.3 万亩，生产番茄酱 15.3 万吨，经济效益 4.4 亿元。示范推广中椒、白蜜等 12 个蔬菜新品种，面积 4 670亩。

瓜果：在山东、辽宁、江苏、安徽、河南、山西和陕西等地示范推广中蟠、中桃等桃新品种 11 个；推广华硕、华瑞、华丹和锦绣红”等苹果新品种 15 个，面积 10 万亩；推广中梨、红酥脆和早酥蜜等梨品种 5 万亩；推广红艳无核、水晶红等早中熟葡萄新品种 3 万亩；推广无籽西瓜长江 1 号等新品种 6 万亩，平均每亩收益达 1.5 万元。

棉花：在黄河流域、长江流域和西北 3 大棉区示范推广中棉所系列新品种 30 多个以及配套栽培技术，仅在新疆推广中棉所 49、中棉所 92 达 150 万亩，直接经济效益 1.5 亿元。

其他：在山东、安徽、四川等地示范推广“中烟”系列烟草新品种 60 万亩，创经济效益 5 000万元。在浙江、四川等地示范推广“中茶”等茶叶系列新品种 6 万亩。在河北、四川、贵州、北京、天津、内蒙古和新疆等地示范推广 40 万只“栗园油鸡”，

获利润1 245万元。在甘肃、青海等地推广高山美利奴种公羊1 400只，推广大通牦牛770头。

（二）新技术示范提高了产量和质量

粮棉油：在黑龙江、浙江、江西等20多个省示范推广超级稻高产栽培、稻鸭共育生态种养等20项新技术9 200万亩。在河北、辽宁、甘肃、新疆等地示范应用“玉米机收粒”“小麦立体匀播”“麦茬夏大豆免耕覆秸精量播种”等栽培技术2 000万亩。在湖南、湖北、安徽、新疆等地示范推广棉花早衰综合防控、轻简化育苗移栽、无人机飞防与病虫害综合防治、轻型机采棉等20多项先进适用技术100万亩，创经济效益1.5亿元。

蔬菜瓜果：在河北、内蒙古等地示范推广设施蔬菜肥水气一体化、粉尘法施药、冬作马铃薯高产高效栽培等新技术15项，新增经济效益6 200万元。在辽宁、河南、山东、新疆等地示范推广果树水肥一体化、富硒果品生产、果园机械化生产、化学疏花疏果等技术30项，面积38万亩，增收节支2.5亿元。推广简易大棚无籽西瓜高效栽培、甜瓜花果管理等技术8万亩，新增效益9千万元。在浙江、广东、山东等推广应用智能LED植物工厂技术12座，在山东、北京、甘肃等地示范应用日光温室主动蓄放热技术50栋。

畜牧生态：在甘肃、内蒙古等20多个省（市区）示范推广羔羊早期断奶、羊标准化舍饲养殖、奶牛乳房炎防治等16项新技术，示范奶牛和羊8.5万头。推广应用鸡“IASCHICK”55K基因芯片技术6 000张，有效加快了肉鸡品质选育进程。在山东、河北等10余省（市）示范推广环保型土传病害综合防治技术，经济、社会与生态效益超过30亿元。在四川示范推广烟草品质精准调控技术50万亩，在山东示范应用农药减施绿色增产增效综合技术10万亩，效果显著。

农机灌溉：在江苏、浙江、安徽、湖南、湖北、青海等地示范推广油菜机械化收获技术2万亩。示范推广茶园生产机械化作业技术16万亩，每亩增收880元。在河北、河南等地示范推广井渠结合灌区水资源优化调配及作物高效用水技术模式、测墒补灌和水氮耦合等7项技术，总面积110万亩，直接经济效益1.13亿元。

（三）新产品的推广增加了农民的收入

推广各类科技新产品650个。在山东、河南等20多个省示范推广新型农药15个，新型肥料13个，面积1.6亿亩。应用推广植物免疫蛋白质生物农药“阿泰灵”1 000万亩，收入1亿元。在花生、玉米、小麦等作物上应用微囊缓释种衣剂1 000多万亩。在江苏等地示范推广节水灌溉、无人驾驶低空施药等农机装备6万多套，应用面积20万亩，经济效益5 000万元。在山东、四川等地推广烟青虫诱捕器8万亩，推广“中烟”

有机肥、枯草芽孢杆菌等1.2万吨，应用205万亩，减少化肥施用量3 000多吨，烟农增收8 000万元。推广“红提大宝”“赤霉酸”等多种果树生长调节剂7万亩，直接效益6 800万元。推广口蹄疫阻断ELISA抗体检测等系列诊断试剂盒2.7万盒，经济效益4 300万元。推广禽流感疫苗140亿羽份，推广牛羊微量元素舔砖80吨。

四、“为农民办实事”培养一批新型职业农民

按照农业部“为农民办实事”工作部署，组织专家开展了一系列新型职业农民科技培训活动，培训各类基层技术人员和农牧民53万人次，发放技术资料130万份。专家深入田间地头，走村进户，重点培训了大宗粮食作物、果蔬、茶叶、烟草等方面的实用生产技术。针对生产中存在的问题，开展了专家与农民面对面的技术指导与咨询，解决农业生产技术难题。通过技术培训，有效提高了基层农技人员的专业素质和生产技能，培养了一批适应现代农业生产发展的技术骨干和新型农民。

粮食作物：依托水稻、小麦、玉米、大豆等产业技术体系及有关科技项目，从高效栽培、土壤肥料、病虫害防治、产品加工与营销等全产业链，开展了系统的技术培训，培训各类技术骨干和农技人员7 800人次，现场指导农民15万余人。在湖南、湖北、安徽、江西、江苏、河南、山东和河北等地，培训棉花轻简育苗技术60场次8 000多人，发放技术资料2万多份。举办作物主要病虫害防治技术讲座800多次，培训34 000多人。

果蔬：依托蔬菜、苹果、梨等产业技术体系以及有关成果转化项目，在北京、辽宁、河北、山东、山西、陕西、河南、黑龙江、吉林、新疆等地组织举办各种形式的技术培训活动760次，直接培训基层技术人员与农民3.8万人次，发放技术资料6万份。

茶叶：在四川、陕西、浙江等地举办茶叶生产技术培训班80多期，培训9 500人次。专家就建园、品种选择、田间管理、病虫害绿色防控、茶叶加工与生产装备等技术问题进行了授课，发放了《种茶技术100问》《茶叶标准园生产技术》《名优绿茶加工技术手册》等技术资料。

烟草：在四川、云南等地举办烟草主要病虫害识别、预测预报与综合防治技术等培训500次，直接培训烟农、技术员8.5万人次，发放技术资料3万份，为产区带去了先进技术和理念，创造了良好的经济效益。

其他研究所也结合自身的专业学科优势，开展了农产品加工、农业机械、节水灌溉、生态环保、畜禽疫病防治等技术培训工作，取得了良好的效果。

五、院地务实合作促进了区域现代农业的发展

积极落实习近平总书记在给中国农业科学院建院60周年贺信中提出的“三个面向”“两个一流”和“整体跃升”发展要求，面向现代农业主战场，围绕区域发展重大

需求，组建攻关团队，与地方政府开展了一系列务实合作，重点扶持农业主产区、典型生态区、特殊功能区、老少边穷地区农业产业的发展。通过合作实施科技项目，共建科技平台，联合培养人才等，为“三农”发展服务，促进区域现代农业的发展。

重点开展了与陕西安康、河南新乡、湖南永州等地的务实合作，组织茶叶、加工等14个团队的首席专家到安康调研考察，推进富硒产业研究院共建和合作研发项目，开展富硒茶、猪肉、魔芋、食用菌等产业重大技术研发与示范应用，可持续地支撑安康富硒产业快速高效发展，为当地绿色GDP的增长贡献了最大份额，探索了院地合作的“安康模式”。在紫阳县开展了红茶、绿茶、白茶、黄茶等不同加工方法对茶叶总硒含量影响的研究，示范推广穴盘育苗技术2 000余亩。在岚皋、紫阳开展了魔芋软腐病综合防治技术研究与示范，示范推广新技术5 000余亩。示范推广葛根渣栽培富硒猴头菇关键技术，建立了2个生产基地和1个加工厂。在新乡开展了小麦玉米连作系统、玉米种植数字化管理系统、基于物联网的田间环境生态数据采集应用等示范工作，接待全国各地的党政领导、专家学者、企业和新型经营主体及农民1万多人次，举办了百项成果推介现场观摩会，集中展示了梨、桃、猕猴桃、苹果、葡萄、西甜瓜等良种良法配套高效栽培模式等科研成果，带动了新乡产业转型升级。

六、科技精准扶贫促进了贫困地区脱贫致富

按照农业部工作部署，组织专家在太行山区的阜平，武陵山区的湘西与恩施，以及大兴安岭南麓片区等贫困地区开展了对口和定点扶贫行动。组织专家赴贫困地区调研考察150人次，开展科技服务120次，举办培训班140期，培训技术人员和农民3.5万人次，有效提升了贫困地区的自我发展能力。油料作物研究所派驻恩施市屯堡乡田凤坪村的精准扶贫工作队，因工作突出受到湖北省委省政府的表彰，被授予工作突出驻村工作队，李俊博士获工作突出支部书记。

组织院属10个单位15个科研团队对太行山区深度贫困县阜平开展了“集团军”式的对口帮扶工作，成立了以院长、党组书记任组长的对口帮扶工作领导小组，多次召开专题工作会议，研究部署帮扶工作。陈萌山等院领导多次带队到阜平考察指导，推进帮扶工作。先后组织50多名专家深入企业乡村开展调研，摸清阜平特色产业发展需求，找准重点帮扶方向，制定对口帮扶工作方案，明确了在林果业、设施蔬菜、食用菌、畜牧业和蜜蜂养殖、农产品加工、农业休闲观光、技术培训与实用人才培养等领域开展重点帮扶，每个领域由一个研究所牵头，落实责任分工，细化帮扶任务。派驻挂职干部，建立了帮扶工作纽带。筹措专项经费380万元，为帮扶工作提供保障。把帮扶工作纳入了研究所年度绩效考核，调动科技人员的积极性。加强了技术培训，在“扶智”上下功夫，蔬菜花卉所等单位先后组织举办了27场专项技术培训，培训农技人员、种养大户等2 800多人次，发放资料8 600多份，有效提高了阜平的“造血功能”和自我发展能力。

专家为阜平县制定了林果业中长期发展规划，解决了大枣裂果问题，引进了晚熟桃品种，指导建设现代果园示范基地，推动现代果业发展。葡萄示范园生产的优质果实售价是周围县市的10倍。指导建立了第一个礼品西瓜示范园，每亩收益达到4万元。帮助鑫牧肉猪养殖基地建设1 200头新型智能工厂化猪场，在台峪乡开展了养殖零排放示范，推动养殖技术升级。为300多养蜂户建档，向40户贫困养蜂户赠送蜂箱400套，种蜂王30多只，改善蜜蜂种群结构和饲养条件。

七、援疆援藏工作提高了边疆自我发展能力

按照中共中央、国务院的工作部署，在农业部的统一领导下，中国农业科学院在科研项目合作、科技服务与咨询、科技人才培训培养等方面开展了一系列援疆援藏工作，取得了新的成效。组织培训农技人员和农牧民5万多人次，推广新品种38个，新技术40项，有效提升了边疆农业生产技术水平。派出了第九批4名援疆干部，开展为期3年的对口支援工作；第八批援藏的4名干部继续在西藏挂职，为西藏发展奉献智慧和力量，得到当地政府和农牧民的一致好评。

重点推进与新疆生产建设兵团、西藏农牧科学院等单位的科技合作，开展了棉花、玉米、蔬菜、果树、农业信息等科技创新和成果转化工作。唐华俊院长考察了新疆生产建设兵团、塔里木大学等地，提出了中国农业科学院的科研力量逐步向新疆战略转移的工作意见。陈萌山书记带队考察了新疆，与新疆生产建设兵团签署了战略合作协议，通过共建成果示范转化基地、合作实施科技项目、联合培养人才等方式，加快兵团现代农业发展。在新疆昌吉国家农业科技园区揭牌成立了中国农业科学院西部农业研究中心，标志着我院又一个服务新疆现代农业的创新平台开始运行。棉花所在库尔勒和昌吉开展了棉花绿色提质增效技术集成与示范，举办了现场观摩会。蔬菜花卉所在和田地区实施的“沙漠温室改土培肥技术”，通过有机质复配有效改良了土壤理化性状，提高了土壤活性和保水保肥能力，取得了节水70%、节肥50%，番茄亩产15吨的良好效果。植保所与西藏农牧科学院联合开展的植物免疫诱抗剂“阿泰灵”对青稞牧草示范与应用研究，显著提高了青稞和燕麦草的出苗率，促进了根系发育，增加有效分蘖及成穗数，提高了对黑穗病和白粉病的抗性，青稞每亩增产63千克，增幅15%；燕麦每亩增产202千克，增幅20%。农产品加工研究所专家与西藏科研人员共同实施的“西藏高原特色农产品加工关键技术研究与示范”项目，以发芽的青稞为原料，开展标准化制粉、膨化等加工关键技术研究，开发出3个新型营养健康食品并申报了专利。在西藏举办了为期3天的高中级农牧科技人才培训班，来自西藏大学、西藏农牧科学院等单位和部门的185名科技人员接受了培训，明显提升了学员的科技水平和战略谋划能力。

中国农业科学院 2017 年产业发展工作总结

2017 年，中国农业科学院深入学习党的十九大精神和新时代中国特色社会主义思想，认真贯彻落实习近平总书记贺信“三个面向”“两个一流”和“一个跃升”的指示，围绕院所产业发展和企业经营，规范国有资产对外投资，有效防范投资风险；推进院所办企业清理，建立现代企业制度；做好企业会计决算和月报，加强所办企业监管；扩大种业改革，提升种业科技创新能力，激发科研人员科技创新和成果转化的积极性。

一、规范管理所办企业，促进产业发展

（一）组建院资产经营公司，搭建专业管理平台

根据院常务会精神，完成院国有资产经营公司组建工作。制定了公司注册运营方案，历经企业名称变更预核准、制定改制方案和相关材料准备、年度财务审计、资产评估备案、公司高管人选确认、工商变更审批等多步程序，完成了中固公司全部改制工作。经营公司董事长和财务总监已由人事局宣布任命，组织编制完成了公司发展规划。

（二）加快院所办企业改制，严格对外投资审核审批

按照院常务会精神，印发《中国农业科学院办公室关于进一步推进所办企业清理整顿工作的通知》，进一步推进所办企业清理整顿工作。北京中农世纪虫草科技发展中心改制为一人有限责任公司，正式更名为全农科创技术服务（北京）有限责任公司。完成北京中农福得绿色科技有限公司法定代表人、董事、监事人员变更工作，推进二级企业清理。2017 年共有 5 家所办企业完成非公司制企业改制工作。

按照财政部、农业部的有关规定，严格审核审批国有资产对外投资、股权变化、企业改制，加强投资企业监管，有效防范投资风险。截至 2017 年 12 月，共办理对外投资审核审批 26 项，涉及 10 个院属研究所和院办企业。其中，企业改制 7 项、对外投资 2 项、产权登记 1 项、股权转让 3 项、企业注销 2 项、资产评估备案 13 项。

（三）做好企业会计决算和月报工作，加强企业监管

按照《农业部办公厅关于编报 2016 年度企业财务会计决算报表的通知》要求，

2017年中国农业科学院共有75家国有全资或控股企业编制上报2016年企业财务决算报表和固定资产投资决算报表，其中一级企业50家，二级企业21家，三级企业4家。中国农业科学院共有52家所办企业参加2017年企业财务月度快报工作。

二、扩大种业改革，提升种业科技创新能力

按照农业部、科技部、财政部确定中国农业科学院作科所、蔬菜所、水稻所3家单位作为首批试点单位，进一步开展种业科研成果权益试点改革工作，组织试点单位制定了《科技成果报告登记确权管理办法（暂行）》《投资管理办法》《科技成果奖励办法》等制度，规范科研人员兼职取酬、科研成果作价持股等事项。通过产权转让、许可使用、作价入股、自行开发等多种方式转化科技成果，积极落实科技成果收益分配政策，及时兑现成果转化收益。拓宽科研成果示范与展示渠道，组织了水稻、果树等新品种观摩会。作科所、蔬菜所、水稻所3个首批试点研究所技术转让收入共计9 309.7万元，同比增长32%。另外13个试点研究所技术转让收入共计9 294.5万元，同比增长93%。

三、加速成果转化，激励科技创新

据统计，中国农业科学院2017年技术转让收入43 550.98万元，其他技术收入41 348.73万元。

油料作物研究所武汉中油种业科技有限公司以油菜种业为主营业务，集科研、繁育、生产、销售于一体，在全国建立了独立的推广销售网络，主推经营油料作物研究所选育的油菜品种中双9号、中双11号、中油112、中油115、中油116等，目前已建立了中双9号、中双11号种子生产基地和推广销售网络，中双9号多年成为全国推广前5位的油菜品种，为所创造直接经济效益5 000万元以上，创社会经济效益30亿元，为我国油菜产业的发展和农民增收作出了重要贡献。

水稻研究所浙江国稻高科技种业有限公司在商业化育种和精致稻米产品创新等方面取得了较大突破。公司紧紧围绕种业市场需求，加大研发力度，自主选育出优质高产两系杂交水稻组合“泰两优华占”，2017年4月通过了浙江省品种审定委员会审定，是公司成立以来第一个拥有自主知识产权的科技成果。现已和湖南兆丰种业签订联合开发协议，协议总价达400万元以上。公司加大重点产品的开发和品牌的建设，持续推进“雪芝花米”“梦芝花米”“廊桥香米”和“麦和米”等产品深度开发工作，并逐步构建精致稻米产业“五化”标准体系，即品种优质化、基地生态化、加工精细化、安全数据化、储藏低温化，打造“安全米、放心米”的概念，夯实了品牌的附加值。2017年，公司稻米收入超350万元，相比2016年度增长20%以上。公司米品荣获广东罗定稻米节十大好口味米金奖称号。

中国农业科学院 2017 年知识产权工作总结

2017 年，全院各所发明专利公布 1 807件，发明专利授权为 673 件，实用新型专利为 905 件。与 2016 年同期相比（分别为 1 532件，669 件和 864 件），发明专利申请公布、发明专利授权和实用新型专利呈现增长趋势，增长幅度分别为 17.59%、0.60%和 4.75%。植物新品种授权量为 78 件，比 2016 年同比增长 11.43%。全院 2017 年转化科技成果共计 247 项，共有 25 家单位进行了成果转化，转化经费共计 53 975.71万元，比上年增加 17%。

知识产权工作从战略规划、指导协调、教育培训、宣传推广、转化运用 5 个方面入手。

一是战略规划。起草了《中国农业科学院关于促进知识产权创造、保护和运用的若干意见》《中国农业科学院关于单位名称及标示使用管理办法》。

二是指导协调。聘请专家指导研究所提高专利信息分析能力，12 个研究所提交了 31 篇作业，评出 10 篇优秀作业。精心组织、筛选申报中国专利奖，全院获得优秀奖 8 项。调整院所考核评价指标，扭转“重数量、不重质量”的局面。资助并指导研究所等提高知识产权管理水平，协助举办所级培训并支持购买 ARP 知识产权管理系统。

三是培训教育。2017 年院级共举办三期培训班，包括“专利检索分析实务”，与美国加州大学戴维斯分校 PIPRA 联合举办的“知识产权管理与成果转化高级国际培训班”，与孟山都公司合办“知识产权护航农业创新培训班”，针对我院存在的问题，进行四项调整，即调整培训内容，抓住专利信息分析关键节点；调整培训方式，从被动听讲到动手操作及练习；调整培训对象，从科研管理人员到以科研人员为主；调整师资结构，从国内到国际国内兼顾。来自中国农业科学院 25 个研究所及 10 个院外科研机构的 180 余名学员参加了培训。在研究所层面，如农产品加工研究所等也举办了多期所级培训班。

四是宣传推广。结合 4 月 26 日世界知识产权日举办“专利检索分析实务培训班”并编写系列报道宣传获奖专利，与《科学时报》记者共同策划农业知识产权系列文章并接受采访等。

五是转化运用。通过全国农业科技成果转移服务中心共组织、参加省市级展会 28 次，技术推介会 10 次，向参会地区及会议周边省区行业内人员万余人次推介技术和成果。通过线上网站推介、线下展览展会、各种专业供需对接会和点对点洽谈等多种形式，推动中国农业科学院及全国多家农业科研机构的科技成果转移转化，促成签约交易和意向转让技术成果 300 余项，成交额约 2 亿多元。

中国农业科学院2017年科研试验基地工作总结

2017年，全院试验基地建设管理工作认真贯彻落实习近平总书记“三个面向”“两个一流”和“一个整体跃升”的贺信指示要求，坚持发展新理念，坚持服务“三农”方向，坚持服务乡村振兴战略，以服务科学研究、服务成果转化和服务院地合作为主线，改革创新，强化全院试验基地建设管理，充分发挥了支撑保障作用，为加快形成健全完善、开放共享的全院科研试验基地体系奠定了良好基础。

一、积极推动建设管理，试验基地体系不断完善

中国农业科学院科研试验基地网络由试验示范、观测监测、中试转化3大基地体系组成，共计110个基地，分布在除重庆、贵州、陕西、宁夏等以外的27个省区市，土地总面积10.11万亩，其中拥有产权的土地面积4.35万亩，建设用地面积6 295亩。北京南口中试基地、河北廊坊园区、河南新乡基地和海南南繁综合试验基地由院统筹管理，其余99个基地由29个研究所直接管理。全院基地专兼职管理人员1 250名，其中在职人员620人，长期合同聘用人员470人。

各研究所积极推动建设发展，完善试验基地体系和服务功能。作物科学研究所根据区域特点实行差异化管理，共承担玉米、豆类、麦类和稻类等试验种植面积3 582亩，比2016年增加452亩，服务148个课题组，比2016年增加6个。植物保护研究所根据学科特点、病虫害分布及发生规律等因素，系统布局了8个科研试验基地，形成了综合基地与专业基地配套的体系，分布于东北（1个）、华北（3个）、西北（3个）、华南（1个），总面积3 237亩，其中产权面积1 643亩。农业资源与农业区划研究所科研试验基地数量多、分布广、布局较为合理，共有科研试验基地12个，其中国家级试验基地3个，占农业系统国家级试验基地总数的60%，省部级试验基地5个，院所级试验基地4个。草原研究所按照资源利用类型，设立6个基地，主要分布于内蒙古、河北和青海，占地总面积为3.16万亩，其中产权土地面积5 610亩。

二、立足持续发展，推动设施条件不断提升

2017年，科研试验基地网络设施条件持续改良，实施基本建设、修缮购置等条件建设项目67个，经费2.20亿元。全院基地新增建筑面积2.17万平方米，改造试验田1 694亩，购置农机具77台件，仪器设备370台（套）。

植物保护研究所 8 个科研试验基地拥有齐备的科研用房、温室、网室、大棚、专家公寓、学生宿舍、食堂、餐厅等后勤保障设施，仪器设备价值 2 500余万元，形成了完善的服务体系，满足了科研需求。南京农业机械化研究所白马基地布展规范、条件完善，2017 年完成了小型无人植保机测试系统、多点监控物联网系统和田间气象等平台建设，获得了“江苏省农村科技服务超市总店白马农机基地”和“江苏农业科技成果展示与转化中心白马农机基地”等称号。蔬菜花卉研究所在廊坊基地实施了农业部植物新品种测试北京分中心建设项目，总投资 555 万元，基地平台建设取得新进展。环境保护科研监测所大理试验基地获条件设施建设项目资金 1 076万元，挂牌了“产业技术体系试验站”“国家农业实验站”。哈尔滨兽医研究所在基地实施修购项目 7 项，合计投资金额为 846. 51 万元，修缮和改造了道路、污水处理、供排水设施和供电线路等，提高了基地开展农业科学试验的保障能力。

三、加速提升支撑能力，科技成果不断涌现

2017 年，依托全院科研试验基地网络，实施了国家自然科学基金、“973”计划、支撑计划、公益性行业科研专项、创新工程、基本科研业务费等科研项目 1 439项，总经费 5. 66 亿。平均每个基地承担科研项目 14 项，经费 550 万元。以试验基地数据为支撑，全院共获得省部级以上科技奖励成果 49 项，发表高水平论文 2 253篇，审定新品种 153 个，获得授权专利 567 项。

油料作物研究所 13 个创新团队中的 12 个、国家农业产业技术体系 14 位岗位科学家中的 12 位在研究所试验基地进行科研活动，实施 82 个项目，为研究所 2017 年获国家技术进步二等奖 1 项、湖北省科技进步一等奖 1 项、湖北省科技进步二等奖 1 项提供了有效支撑。农田灌溉研究所新乡综合基地实施科研项目 33 项，项目经费 2 072万元，促进研究所获得省部级奖励 3 项和 1 项院杰出科技创新奖，发表论文 42 篇。北京畜牧兽医研究所依托昌平马池口基地实施科研项目 28 项，涉及经费近 1 000万元，累计发表论文 81 篇，取得授权专利 36 项，著作 13 部。南京农业机械化研究所以白马基地为依托获得专利 6 项，在基地合作研究的科技成果获江苏省科技进步二等奖 1 项。哈尔滨兽医研究所通过实施国家重点研发计划“畜禽疫病防控专用实验动物开发”，实验猪群净化了猪瘟、蓝耳病、口蹄疫、伪狂犬、猪流感、猪流行性腹泻、猪传染性胃肠炎等 13 种主要疫病，填补了国内空白，在国际同行业中处于前列水平。环境保护科研监测所大理试验基地协助大理市申报获得全国重点流域面源污染防治试点项目“洱海海西农业面源污染综合治理试点项目”“海西北入湖口农业面源污染综合治理试点项目”两项，中央资金支持 7 000余万元。

四、示范推广作用凸显，服务“三农”和地方发展取得新成效

全院试验基地结合中心工作和自身特点，围绕新品种、新产品、新技术的示范推广，通过组织举办现场展示观摩会、技术培训咨询、建设示范和科普基地等多种形式，服务地方“三农”工作，培训基层技术人员和新型农民，推广先进实用技术，增加农民收入。

2017 年，科研试验基地网络科技示范推广和服务“三农”工作取得新成效，在试验基地举办现场会、观摩会 274 次，参加人员 2.1 万人次；举办技术培训班 189 次，培训农民和技术人员 2.2 万人次；推广新品种 279 个，推广面积 5 760万亩；新技术 96 个，推广面积 5 790万亩，畜禽 104 万头；推广新产品 36 个，推广面积 4 600万亩。

一是开展实用技术培训。充分发挥基地贴近生产、靠近农民的优势，开展实用技术培训，直接提升种植大户、农业合作社科技水平。蔬菜花卉研究所在试验基地组织了甘蓝、白菜、黄瓜、番茄、甜（辣）椒等新品种、新技术示范展示等 70 多次，覆盖科技人员、企业员工、合作社成员等 2 000余人，发放技术资料 1 000余份，加速了试验基地周边地区科技水平的提升。植物保护研究所新乡基地举办技术培训 80 多次，培训人员 5 000人次，印发资料 6 万份，促进新品种、新技术的迅速转化。果树研究所结合研究所科技推广工作，采用在试验基地开展集中培训、组织科技下乡等形式，培训果农与技术人员 1.3 万人次，推广苹果和梨大苗促分枝、设施果树现代生产、富硒果品生产等技术 37.5 万亩。

二是组织技术推广。以农业供给侧结构性改革为主线，面向生产，面向市场，各基地加速集成新品种新技术，强化示范推广与转化应用。郑州果树研究所不断扩展基地的展示示范功能，在郑州、新乡、新疆基地展示示范 100 余个新品种、新技术，年栽培面积超过 800 万亩，其中，桃品种占我国桃栽培面积的 20%，梨品种占 15%。农业资源与农业区划研究所祁阳试验站在湖南、广西、江西、福建等省 30 年如一日，推广“红壤酸化改良与综合防治”技术，年均推广面积 100 万亩。北京畜牧兽医研究所基地依托昌平马池口基地常年开展瘦肉型北京鸭和肉脂型北京鸭两个北京鸭配套系的推广工作，年推广新品种 10 万只。植物保护研究所锡林郭勒基地在内蒙古、新疆、甘肃、青海 4 省区开展草原蝗虫防治试验和示范，总面积 20 万亩，平均防效达 70%以上。草原研究所依托基地在锡林郭勒盟苏尼特左旗推广示范畜产品溯源技术 180 万亩，完成 20 万只羊的耳标佩戴，其中 13 万只羊被屠宰企业收购，为合作牧民增收 350 万元。农田灌溉研究所商丘基地开展了“农田水分农艺技术集成和示范模式”推广工作，辐射面积 1 万余亩，新增社会经济效益 780 万元。

三是加强展示示范工作。各基地加强与地方合作，共同搭建展示示范平台，加速科学技术推广应用。茶叶研究所嵊州试验基地建成 235 亩试验茶园，种植茶树品种 20 余个、育种新材料 5 000余份，保存茶树种质资源近 300 份；基地已成为研究所重要的科

技展示窗口和示范推广平台。水稻研究所在海南试验中心和富阳试验区建设了“新品种新技术示范展示区”，集中展示了甬两优 358、春优 312 等 20 多个表现优异的超级稻组合以及高产高效集成技术，接待了专家、农技人员和种粮大户等 400 多人次参观考察。麻类研究所沅江基地建成麻类作物良种繁育和展示区 80 亩；南方经济作物品种比较和展示区 70 亩；与中国农业科学院植物保护研究所合作建成葡萄脱毒苗原种基地和高产高效种植示范基地 35 亩，先后接待全国各地专业人员和种养专业户等观摩 20 批次，现场培训人员近 500 人次。

四是推动建立科普中试等基地。有关基地立足长远，加强与地方合作，共同搭建科普与示范平台，加速科学技术普及应用。烟草研究所西昌试验基地是我院研究生院、青岛农业大学、四川农业大学、西昌学院烟草等相关专业的教学实践基地，50 多名博士硕士和 110 多名学生来到基地开展科研和生产实习活动。蜜蜂研究所在南口中试基地建立了蜂蜜、花粉、王浆、胶囊等多条生产线，实现年产值 5 000万元，在推广新产品的同时，良好的支撑了蜜蜂研究所产业发展。农业资源与农业区划研究所祁阳站建立了“中国农业科学院研究生培养实践基地”，在为研究生提供了教学实习场所的同时，吸引了来自衡阳师范学院、南京农业大学、河南农业大学等高校的学生来站开展实践活动。

五、加强开放共享，促进资源充分利用

植物保护研究所、棉花研究所、麻类研究所、茶叶研究所、哈尔滨兽医研究所、兰州畜牧与兽药研究所和草原研究所等 10 个研究所的 14 个基地以“开放研究、数据共享、科技创新”为目标，采用“开放、流动、联合、竞争”的运行管理机制，与 60 余家单位开展了试验场所、仪器设备等的共享工作，提供共享试验用地 3 716亩，促进了资源合理充分利用，提高了协同攻关与创新能力。

兰州畜牧与兽药研究所试验基地所有试验设备实行开放共享，已与国内外 24 家科研单位鉴定共享合作协议，逐步实现所内、院内、区域和国内共享。环境保护科研监测所大理试验基地共引进云南省水科院、武汉大学、北京市农林科学院和地方农业技术服务推广中心等 10 余家单位开展品种、肥料、面源污染防控等试验示范工作。油料作物研究所基地加强共享，每年为作物科学研究所、河南省农业科学院、湖北省农业科学院、湖北大学等多家单位展示粮、棉、油最新科研成果。

六、积极探索基地管理新机制，强化制度建设

全院试验基地管理工作通过加强顶层设计、统筹规划、制度建设、综合协调、汇聚资源和有效管理，开展绩效考核，创新基地管理新机制、新模式，加速提升了试验基地支撑全院农业科技创新和服务地方发展的能力和水平。

一是召开了全院首次试验基地管理工作会议。总结了中国农业科学院试验基地在推动农业科技创新、培养科研人才、助推科技成果转化、服务地方农业发展等方面取得的新成绩，梳理了存在的主要问题和短板，贯彻落实了试验基地相关文件制度，谋划了未来更大发展。

二是出台了24条意见和全院基地规划等重要文件。《中国农业科学院关于加强科研试验基地管理的若干意见》（简称24条意见）分为优化基地布局、提高使用效率、创新管理方式、强化队伍建设、加大经费力度、建立考评机制等8部分，共24条意见，为全院试验基地加速发展指明了方向，做出了制度性保障。24条意见出台后，全院试验基地管理工作多措并举，在建立管运分离机制、鼓励建立基地总农艺师制度、设立基地开放日、促进资源共享方面取得了明显进展，取得了新成效。《中国农业科学院试验基地"十三五"发展规划》明确了"十三五"基地发展指导思想、发展目标、区域布局和建设重点，确定了13个综合基地和重点建设的30个专业基地。

三是制订了试验基地考核评价指标体系。坚持以考核促进发展思路，经过全面调研，在11个研究所试运行的基础上，编制了试验基地考核评价指标体系。将基地考核结果（优、良、一般）纳入研究所评价体系，从管理机制、支撑条件和管理水平3个方面评价研究所试验基地管理工作，引导试验基地管理水平加速提升。

四是深化院属综合基地管运分离改革。北京南口、河北廊坊、河南新乡3个院属综合基地运行机制改革全面铺开，院后勤服务中心全面承接南口基地和廊坊园区运行服务，农田灌溉研究所承接新乡基地运行服务，"统一协调、管运分离、权责一致"格局基本形成。中国农业科学院与廊坊市广阳区政府签署了廊坊园区共建框架协议，增加了专项发展经费，足额支付租地费用，减少了不稳定因素，确保廊坊园区平稳发展。争取了廊坊园区"十二五"以来第一个修购项目，经费预算580万元。组团参加了中国(廊坊)农产品交易会，新乡基地开放日活动取得新进展。在廊坊、新乡基地开展了小麦、蔬菜新品种、玉米青贮技术等展示示范活动，推广了50余项重点成果。召开了新乡综合试验基地2017年工作会议，强化了院地共建基地工作，有效提升了基地服务科技创新、地方"三农"工作和自身管理等方面的水平。

五是研究所在实践中产生了一批行之有效的管理新模式。棉花研究所建立了"区域研究中心"模式，分别设立了海南、新疆、郑州、长江4个科研中心，每个中心通过成立课题组强化试验基地管理，形成了科研面向生产主战场、基地服务科研的良好局面。油料作物研究所建立了基地独立法人运行机制，较好地解决了运行经费和自身发展问题。植物保护研究所以库尔勒基地为核心，探索了与地方政府合作共建基地模式，促进科技与地方产业紧密结合，强化科技服务、科技咨询及科技成果转移转化，使基地从被动输血变为主动造血，实现良性循环和持续发展。作物科学研究所加强制度建设，制定了《试验基地管理办法》和《2018年度试验基地收费标准》；补充完善了岗位考核、试验田管理、档案管理、安全生产等7项制度，建立了一套规范化的试验基地管理制度保障体系，促进了基地规范管理、平衡发展。

新疆生产建设兵团与中国农业科学院全面合作框架协议

为深入贯彻习近平总书记在中国农业科学院建院60周年贺信中提出的“三个面向”的要求，深化兵团改革总体部署和第六次全国对口支援新疆工作会议精神，全面落实国家“一带一路”倡议和创新驱动发展战略，进一步加强新疆生产建设兵团（以下简称兵团）与中国农业科学院（以下简称中国农科院）的全面合作，经兵团和中国农科院（以下简称双方）友好协商，在长期合作基础上，继续深化合作内涵，拓展合作领域，达成如下协议。

一、合作背景

兵团以建设全国节水灌溉示范基地、农业机械化推广基地和现代农业示范基地为目标，精准农业、特色农业发展稳步推进，已建成全国最大的节水灌溉基地和重要的商品棉基地，农业综合机械化水平达到85%，畜牧业和果蔬园艺业产值占农业总产值比重超过50%，建成了全国最大的节水农业灌溉区，棉花总产、单产、品质、商品量、调出量、人均占有量和机械化率均为全国首位。

中国农科院是国家级综合性农业科研机构，具有强大的科研创新能力和杰出的人才队伍，在解决我国农业科研的基础性、方向性、关键性重大科技问题以及引领我国农业科学技术和农村经济发展方面发挥着重要作用。

双方一致认为，新形势下深化兵团与中国农科院的全面合作，是深入贯彻习近平总书记在中国农科院建院60周年贺信中提出的“三个面向”的批示要求和第二次中央新疆工作座谈会与第六次全国对口支援新疆工作会议精神的重大举措，是落实“一带一路”倡议和创新驱动发展战略的切实行动。

二、合作宗旨

双方本着“优势互补、资源共享、集成创新、绿色高效、产业联动、共促发展”的原则，以兵团现代农业发展需求为导向，以全面提升农业科技创新能力为主线，以促进科技与经济社会发展深度融合为目标，拓展和深化多形式、多层次的科技合作与交流，建立兵团与中国农科院全面合作的长效机制；紧紧围绕新疆工作总目标，聚焦兵团现代农业“三大基地”建设、向南发展、农业“走出去”等重大战略任务，着力解决经济社会发展中具有战略性、关键性、前瞻性的重大科技问题。为兵团实现全面建设小康社会目标、更好地发挥“三大功能”“四大作用”提供强有力的科技支撑。

三、合作内容

（一）强化重大战略研究，服务农业创新发展

双方共同组织专家开展战略研究，为兵团现代农业发展决策提供咨询服务。组织开展兵团农业区划研究，为农业结构调整提供科学依据；组织开展“一带一路”沿线国家，特别是中亚国家的优势资源和区域发展战略研究，联合开展重点国家、重点品种、重点环节的海外农业数据调查，协同开展基于海外农业大数据信息的海外农业监测研究，为农业“走出去”提供关键信息支撑；组织开展基础性、前瞻性、战略性农业技术预测研究，提升科技对兵团农业发展的示范引领作用；参与兵团农业发展规划、科技发展规划编制研究和咨询。

（二）强化技术集成创新与示范应用，支撑农业供给侧结构性改革

以棉花、粮食、油料、特色蔬果、设施农业、畜禽养殖等产业绿色增产增效为目标，强化农业生产各环节关键技术的集成创新与示范应用，延长产业链，拉长价值链，形成系统化的解决方案，打造一批可观摩、可复制、可落地、可推广的模式与样板；以突破性新品种、高效节水灌溉、新型农机装备、农产品精深加工、耕地质量提升、智能（智慧）农业技术等领域为重点，加强联合攻关，促进转化推广，加快推进兵团农业现代化进程。

（三）强化国际科技合作交流，加快农业“走出去”步伐

重点面向中亚及新疆周边国家，积极争取国家有关部门支持，双方共建境外农业科技园区、联合实验室、国际科技合作基地等科技创新平台（基地），增强农业“走出去”可持续发展能力；以市场需求为导向，联合申报和实施重大国际合作项目，加快节水灌溉、农机装备、高效种养、优质高产新品种等科技成果转化和产业化，为境外农业开发提供科技支撑；共同支持农业企业开展跨国经营，建立境外生产基地和生产设施，培育具有国际竞争力的大企业大集团。

（四）强化人才培养引进，建设高水平人才队伍

发挥中国农科院人才和智力优势，加强兵团农业科技创新人才队伍建设。加强实施

接收西部学者计划，为兵团农业发展培养高层次技术人才；以中国农科院西部农业中心为平台，通过开放平台、合作研究、学术交流、联合办学等形式，加快兵团农业技术人才培养；加强援外技术人才和涉外人才培训，造就一批国际化科技人才、职业化人才和团队，建立全方位、职业化涉外人才服务体系；强化中国农科院选派援疆干部、博士团人才到兵团挂职；兵团选派科技人员、管理干部到中国农科院挂职等。

四、合作模式

（一）共建创新平台，提升农业科技创新能力

兵团积极参与中国农科院西部农业研究中心建设，共同打造集科研、示范、推广、生产于一体的西部农业科技协同创新平台；中国农科院在新疆建设的各类野外试验台站对兵团开放，实现共建共享；双方相关重点实验室建立结对帮扶关系，帮助兵团重点实验室提升管理水平和创新能力；中国农科院加强对兵团农业高新技术产业开发区、农业科技园区建设的指导和支持。

（二）共设创新专项，提高农业科技协同攻关能力

结合中国农科院科技创新工程和兵团“十三五”发展规划，坚持基础和应用基础研究、关键技术攻关与集成示范一体化原则，共同出资开展协同创新，共同争取国家科技计划项目支持，针对兵团现代农业产业发展瓶颈问题和技术需求联合攻关，提高兵团农业综合生产科技水平和可持续发展能力。

（三）共建利益联合体，提高农业科技“走出去”能力

充分发挥中国农科院科技创新优势和兵团地缘优势，创新以企业为主体的农业“走出去”商业模式，探索中国农科院以技术入股、股权投资、技术服务等多种形式，强化技术引领与输出，强化成果集成与全产业链开发，推进境外农业开发，拓宽我国农业和农村经济发展的国际空间。

五、保障机制

（一）成立领导小组

兵团与中国农科院联合成立由双方领导、有关部门负责人组成的“全面合作领导小组”。领导小组下设办公室，分别设在兵团科技局和中国农科院成果转化局，负责兵

团与中国农科院全面合作的日常工作，负责推动、落实双方合作的具体事宜。

（二）建立会商机制

双方建立定期会商协调机制，每年举行一次工作会议，总结交流合作进展情况与成效，研究部署重大科技合作事宜。

六、附　则

（1）协议中未尽事宜，由双方全面合作领导小组协商确定。

（2）本协议有效期自签署之日起至2020年12月31日止。期满后，双方可协商续签。

（3）本协议一式4份，双方各持2份。

新疆生产建设兵团（公章）

法定代表人或授权代表

签字：

2017年10月11日

中国农业科学院（公章）

法定代表人或授权代表

签字：

2017年10月12日

中国农业科学院　衡水市人民政府
战略合作协议书

甲方：中国农业科学院
乙方：衡水市人民政府

为贯彻落实党的十九大关于实施乡村振兴战略的决策部署，增强科技对现代农业发展的支撑作用，提升衡水农业科技创新能力和产业发展水平，加快推进衡水农业农村现代化，中国农业科学院与衡水市人民政府决定建立战略合作关系，经协商达成如下协议。

一、合作背景

中国农业科学院是国家综合性农业科研机构，具有人才、科技、成果优势，在解决我国农业农村经济发展中基础性、方向性、全局性、关键性重大科技问题和推动农业科技创新、服务地方经济、培养高层次科研人才等方面发挥着重要作用。衡水市土地资源丰富，气候条件适宜，是重要的国家商品粮基地、京津绿色农产品供应基地，具有稳定的农业农村的资源基础和产业发展特色。双方开展合作具有很强的互补性和广阔的前景，对推动中国农业科学院的成果转化，加快衡水现代农业发展，促进农业增效农民增收具有重要意义。

二、合作宗旨

贯彻创新、协调、绿色、开放、共享发展理念，按照优势互补、互利共赢、共建共享、持续发展的原则，充分发挥双方优势，积极采取有效措施，携手推动产学研用合作和科技成果产业化，并不断拓展合作领域，提高合作水平，实现科技创新、成果孵化、人才培养、资源聚集的多重效果，将中国农业科学院的科技优势转化为衡水农业发展优势，为衡水市现代农业发展提供强有力的科技支撑。

三、合作内容

（一）战略咨询

衡水市人民政府聘请中国农业科学院相关专家组成衡水市现代农业高级专家顾问团

开展战略咨询，为衡水市现代农业发展提供科学依据，重点在衡水市建设京津绿色农产品供应基地，打造首都及雄安新区中央厨房，建设现代农业产业园等方面提供支持指导，帮助饶阳县国家农业公园完善规划并指导创建。

（二）科技创新

中国农业科学院有关研究所与衡水市相关单位合作实施有关科技项目。重点在畜禽养殖废弃资源化利用、节水农业（结合季节性休耕）、白山药生产、奶业振兴示范市建设、番茄等重点蔬菜品种绿色生产、麻山药（白山药）收获机械研发、农产品精深加工等领域开展协同创新与技术研发，提升衡水农业产业的科技水平。

（三）成果转化

中国农业科学院的科技成果优先在衡水市示范转化。联合开展小麦、蔬菜、生猪等特色提质增效技术集成与示范，衡水市人民政府提供土地、人力等相关资源条件，并协助组织实施，重点在衡水现代农业产业园共同实施区域农业可持续发展技术集成创新与示范计划。

（四）人才培养

中国农业科学院对衡水市发展现代农业和特色产业进行技术指导，帮助定向培养人才。通过开放科研平台、学术交流、合作研究、技术培训、挂职锻炼等形式，为衡水市培养一批科技带头人和实用技术人才。

四、合作机制

（一）工作机构

（1）甲乙双方成立中国农业科学院——衡水市人民政府合作领导小组，双方主要负责同志任组长。领导小组办公室分别设在中国农业科学院成果转化局和衡水市农牧局，负责合作的日常事务管理与工作协调。

（2）双方合作领导小组下设若干项目工作组，由双方主管领导、相关部门负责人组成。

（二）工作机制

（1）双方领导小组以不定期联席会议和高层会晤机制形式，对双方战略合作中的重大事项进行协调和推进。具体负责研究确定重要的合作项目，协调解决合作中遇到的主要问题，研究议定进一步加强合作的意见。

（2）双方工作小组在领导小组的领导下开展工作。具体负责及时沟通业务工作进展情况，研究合作中遇到的具体问题，提出解决的意见和建议。

（3）双方将通过相互沟通、考察、会谈等多种形式协调有关合作项目的确立与推进，并友好协商确定其他未尽事宜。

五、保密事项

（1）双方及各自的联络部门（人员）对此次合作框架协议书的内容负有保密责任，不得向双方以外的任何第三方泄露，否则，应承担因此而给对方造成损失的赔偿责任。

（2）本协议效力终止，不影响双方关于保密约定的效力。

六、其他事项

（1）在本协议项下所有具体事项的办理，均需符合有关法律、法规、规章和政策规定，并应签订具体的合同或协议。双方具体法律责任及权利、义务由具体合同或协议约定。

（2）本协议为双方就相关合作所达成的意向性文件，双方积极推进合作相关事宜，互不依据本协议追究对方的法律责任，但第五条约定保密条款不受此款约束。

（3）本协议未尽事宜，甲乙双方友好协商解决。

（4）本协议有效期 5 年，自生效之日起计算。

（5）本协议自甲乙双方代表签字并加盖公章之日起生效。

（6）本协议一式 4 份，具有同等效力，甲乙双方各持 2 份。

甲　　方：中国农业科学院　　　　乙　　方：衡水市人民政府

授权代表：　　　　　　　　　　　授权代表：

签署地点：北京　　　　　　　　　签署日期：2017 年 12 月 18 日

中国农业科学院　永州市人民政府
农业科技战略合作协议

为贯彻落实“创新、协调、绿色、开放、共享”发展新理念，提高科技对现代农业发展的支撑作用，提升永州科技创新能力和现代农业产业化水平，中国农业科学院与永州市人民政府决定建立全面、长期、稳定的战略合作关系，经协商达成如下协议。

一、合作背景

中国农业科学院是国家级综合性农业科研机构，具有人才、技术和成果等优势，在我国农业科技创新以及科技兴农等方面发挥着引领和支撑作用。永州是湖南乃至全国重要的粮食生产基地、优质烤烟基地、水果基地和油茶基地，产业优势明显。中国农业科学院与永州市人民政府开展全面合作，对推动中国农业科学院的成果转化，加快永州现代农业发展，促进农业增产增效具有重要意义。

二、合作宗旨

本着“优势互补、互利共赢、共建共享、持续发展”的原则，充分发挥中国农业科学院科技、人才、成果以及永州市区域、资源、政策等优势，通过合作推进农业科技创新和成果转化，将中国农业科学院的科技优势转化为永州农业发展优势，为永州市现代农业和农村经济发展提供强有力的科技支撑。

三、合作内容

（一）战略咨询

永州市人民政府聘请中国农业科学院相关专家组成永州市现代农业高级专家顾问团开展战略咨询，重点帮助永州市制定和完善现代农业产业园区发展规划、特色产业发展规划、城乡统筹发展规划等，为永州市现代农业和农村经济发展提供科学依据。

（二）科技创新

中国农业科学院有关研究所与永州市相关单位合作实施有关科技项目。重点在柑橘黄龙病防控、食用菌繁育与工厂化栽培、油料作物全程机械化生产、黑茶产业化、江永香柚、香米和永州 30 万亩有机（富硒）茶等领域开展协同创新与技术研发，提升永州农业产业的科技水平。中国农科院为永州有关工程实验室和技术中心等平台建设提供技术支撑；永州市政府支持中国农科院祁阳红壤试验站建设与发展。

（三）学科共建

中国农业科学院有关研究所与永州市农业科学研究所合作，开展油菜、马铃薯、烟草、甘薯等相关学科的共建工作；与永州市柑橘科学研究所合作，推动柑橘、西瓜等学科的共建与发展。

（四）成果转化

中国农业科学院的科技成果优先在永州市示范转化。永州市人民政府提供土地、人力等相关资源条件，并协助组织实施。重点在永州国家农业科技园区共同实施区域农业可持续发展技术集成创新与示范计划。

（五）人才培养

中国农业科学院对永州市发展现代农业和特色产业进行技术指导，帮助定向培养人才。通过开放科研平台、学术交流、合作研究、技术培训、挂职锻炼等形式，为永州市培养一批科技带头人和实用技术人才。

四、合作机制

（一）成立合作工作领导小组

领导小组组长由中国农业科学院和永州市人民政府主管领导担任。领导小组办公室分别设在中国农业科学院成果转化局和永州市农业委员会，负责合作的日常事务管理与工作协调。

（二）建立高效运行机制

（1）会议机制。每年召开一次领导小组工作会议，总结当年的工作，研究部署下一年工作。

（2）交流机制。中国农业科学院不定期组织专家到永州考察调研，指导农业科技创新和产业发展工作；永州组织有关技术人员和企业负责人到中国农业科学院学习进修。

（3）激励机制。永州市人民政府设立专项奖励基金和合作项目配套资金，奖励在院市合作中有突出贡献的专家，支持合作项目的实施。

五、附　则

（1）本协议未尽事宜由双方另行协商决定。

（2）本协议有效期3年，自签字之日起生效，期满后双方可协商续签。

（3）本协议一式4份，双方各执2份。

中国农业科学院	永州市人民政府
代表（签字）	代表（签字）
2017年3月11日	2017年3月11日

中国农业科学院　阜平县人民政府 对口帮扶框架协议

为支持阜平县扶贫攻坚工作，加快转变农业经济发展方式和当地群众脱贫致富步伐，根据农业部《环京津贫困地区发展特色农业扶贫共同行动》有关对口帮扶的具体要求，中国农业科学院与阜平县经友好协商，达成如下对口帮扶框架协议。

一、帮扶合作内容

（1）组织专家帮助阜平县设计完善现代农业科技示范园，进一步帮助完善阜平县特色农业发展规划。

（2）做大做强食用菌产业，共建太行山区食用菌研究院，组织专家为阜平县食用菌产业发展提供技术指导与服务。

（3）共建果树试验站，为品种更新换代和产业升级提供技术支持，指导阜平县万亩大枣高产优质示范基地建设，促进大枣产业规模化发展。

（4）与阜平县农业、畜牧等部门合作共同推进种养循环示范项目，探索种养结合型的生态农业循环发展模式，提供长期技术支持和服务。

（5）共建农产品加工研究示范基地，开发新产品，拉长产业链，增加附加值。

（6）选派扶贫干部担任挂职副县长，作为桥梁和纽带，加大统筹力度，促进各项帮扶工作落到实处。

（7）开展技术培训与咨询服务，组织果树、食用菌、畜牧等方面的专家开展技术培训和现场咨询活动，提升技术人员与种养殖大户的科技水平。

（8）共同打造生态农业体验休闲旅游培训综合体，促进阜平现代农业提质增效。

二、双方职责

（一）阜平县职责

（1）积极配合落实本协议确定的各项农业帮扶和合作措施，严格按照相关规定组织实施。

（2）加强与中国农科院的联系与沟通，为落实协议提供必要的政策便利，及时协调解决帮扶合作措施执行中的相关问题。

（二）中国农科院职责

（1）认真落实协议确定的各项帮扶合作内容。

（2）指导和帮助阜平县人民政府完善相关制度，健全机制，不断提高自我发展能力与管理水平。

三、其他事项

（1）双方在协议履行过程中，对对方的战略、规划、重大产业布局、商业和技术秘密及其他涉密事项负有保密义务。

（2）双方根据合作需要，就本协议所涉及的具体合作项目和业务可另行签订有法律约束力的文件；具体合作项目与本协议内容不一致的，以双方签订的具体合作项目和业务文件为准。

（3）本协议一式5份，双方各持2份，同时报农业部扶贫办1份。

（4）本协议未尽事宜，由双方协商确定。

甲　　方（章）：　　　　乙　　方（章）：

负责人（签字）：　　　　负责人（签字）：

2017年3月22日　　　　2017年3月22日

环京津产业扶贫帮扶合作协议书

甲方：阜平县人民政府　　丙方：嘉鑫种植有限公司
乙方：中国农业科学院　　丁方：北京新发地农产品批发市场

为贯彻落实习近平总书记等中央领导同志关于环京津扶贫的重要批示精神，加快推进环京津贫困地区特色农业发展，助推脱贫攻坚，围绕当地特色产业发展和脱贫攻坚目标任务，利用对口指导单位、帮扶企业和批发市场在科技、人才、营销及资金等方面优势，经甲乙丙丁四方友好协商，达成以下帮扶合作协议。

一、帮扶合作内容

（一）乙方在 2017—2020 年指导和帮助甲方做好以下工作

（1）组织专家帮助阜平县设计完善现代农业科技示范园，进一步帮助完善阜平县特色农业发展规划。

（2）做大做强食用菌产业，共建太行山区食用菌研究院，组织专家为阜平县食用菌产业发展提供技术指导与服务。

（3）共建果树试验站，为品种更新换代和产业升级提供技术支持，指导阜平县万亩大枣高产优质示范基地建设，促进大枣产业规模化发展。

（4）与阜平县农业、畜牧等部门合作共同推进种养循环示范项目，探索种养结合型的生态农业循环发展模式，提供长期技术支持和服务。

（5）共建农产品加工研究示范基地，开发新产品，拉长产业链，增加附加值。

（6）选派扶贫干部挂职副县长，作为桥梁和纽带，充分发挥专业特长和人脉优势，促进各项帮扶工作落到实处。

（7）加强技术培训与咨询服务，组织果树、食用菌、畜牧等方面的专家开展技术培训和现场咨询活动，提升技术人员与种养殖大户的科技水平。

（8）共同打造生态农业体验休闲旅游培训综合体，促进阜平现代农业提质增效。

（二）丙方在 2017—2020 年在阜平县重点开展以下工作

（1）开展新品种研发、引进、示范、推广食用菌品种。

（2）计划投资 1.8 亿人民币建成菌棒生产、菌种培养、商品生产，带动 5 个乡镇 1 500个贫困户。

（3）计划建成全国一流食用菌菌种示范基地，到2020年总投资规模3.6亿人民币。

（三）丁方在2017—2020年为甲方特色农产品销售提供以下帮扶措施

（1）与甲方建立长期稳定的农产品购销合作关系，会同甲方建立供需和价格信息联系制度，及时沟通信息。

（2）按照国家质价政策，优先采购甲方提供的农产品。

（3）对甲方特色农产品进入批发市场相关费用给予优惠政策。

二、甲乙丙丁四方职责

（一）甲方职责

（1）积极配合落实本协议确定的各项农业帮扶和合作措施，严格按照相关规定组织实施。

（2）加强与乙方、丙方、丁方的联系与沟通，为落实协议提供必要的金融等政策便利，及时协调解决帮扶合作措施执行中的相关问题。

（3）保证外销特色农产品符合国家质量安全标准。

（二）乙丙丁方职责

（1）认真落实协议确定的各项帮扶合作内容。

（2）指导和帮助甲方完善相关制度，健全机制，不断提高贫困县自我发展能力与管理水平。

经四方同意，执行协议过程中的其他相关事项，通过平等协商解决。本协议一式5份，甲乙丙丁四方签字后生效，四方各持1份，同时报农业部扶贫办1份。

甲　　方（章）：　　　　负责人（签字）：

乙　　方（章）：　　　　负责人（签字）：

丙　　方（章）：　　　　负责人（签字）：

丁　　方（章）：　　　　负责人（签字）：

2017年3月23日

中国农业科学院　新乡市人民政府战略合作协议

为贯彻落实“创新、协调、绿色、开放、共享”新发展理念，提高科技对现代农业发展的支撑和引领作用，提升河南新乡农业科技创新能力和现代农业产业发展水平，中国农业科学院与新乡市人民政府决定建立全面、长期、稳定的战略合作关系，经平等协商达成如下协议。

一、合作背景

中国农业科学院是国家级综合性农业科研机构，具有人才、技术和成果等优势，在我国农业科技创新以及科技兴农等方面发挥着引领和支撑作用。河南省新乡市是郑洛新国家自主创新示范区和国家农村改革试验区，是全国重要的商品粮基地和优质小麦生产基地，农业科研基础积淀深厚，区位优势得天独厚，产业优势日益凸显。

中国农业科学院与新乡市辖新乡县科技合作历史悠久，共建的中国农业科学院新乡综合试验基地在支撑农业科技创新和服务地方发展方面发挥了重要作用。

中国农业科学院与新乡市人民政府开展全面合作，对推动中国农业科学院成果转化、加快新乡现代农业发展、促进农业增产增效、建立黄淮海区域农业可持续发展模式以及进一步优化中国农业科学院新乡综合试验基地外部环境具有重要意义。

二、合作宗旨

本着“优势互补、互利共赢、共建共享、持续发展”的原则，充分发挥中国农业科学院科技、人才、成果以及新乡市区域、资源、政策等优势，通过合作推进农业科技创新和成果转化，将中国农业科学院的科技优势转化为新乡的农业发展优势，为新乡市现代农业和农村经济发展提供强有力的科技支撑。

三、合作内容

（一）战略咨询

新乡市人民政府聘请中国农业科学院有关专家组成新乡市现代农业高级专家顾问团

开展战略咨询，重点帮助新乡市制定和完善农业科技园区、农业产业示范区、特色农业发展、城乡统筹等方面的发展规划等，为新乡市农业和农村经济发展提供科学依据。

（二）科技创新

中国农业科学院有关研究所与新乡市相关单位合作实施有关科技项目，共同开展目标明确、问题导向的定制研究，在联合建设农业特色小镇、推动小麦全产业链绿色生产等领域开展协同创新与科技研发。新乡市人民政府支持中国农业科学院新乡综合试验基地建设，指导、督促新乡县人民政府为入驻单位开展科研工作创造优越外部环境。

（三）学科共建

中国农业科学院有关研究所与新乡市农业科学院合作，开展小麦、玉米、水稻、大豆、花生、蔬菜、食用菊等相关学科的共建工作。中国农业科学院为新乡有关工程实验室和技术中心等平台建设提供技术支撑。

（四）成果转化

中国农业科学院科技成果优先在新乡市示范展示和推广转化。中国农业科学院组织有关科技力量围绕农业重大问题开展科技集成创新与示范研究，提出综合解决技术方案；支持国家农业高新技术产业示范区创建工作；重点在新乡市国家农业科技园区、新乡县国家现代农业示范区共同实施区域农业可持续发展技术集成创新与示范计划。

（五）人才培养

中国农业科学院对新乡市发展现代农业和农业特色产业进行技术指导，帮助定向培养人才。通过开放科研平台、学术交流、合作研究、技术培训、挂职锻炼等形式，为新乡市培养一批科技带头人和实用技术人才。

（六）产业培育

新乡市人民政府加强政策引导，根据产业方向大力培育新型经营主体，统筹使用地方有关力量和资源，提供土地、人力、参与企业或承接基地等资源条件，协助有关项目的组织和实施，做好成果示范展示与推广应用，加快科研创新—成果转化—产业示范的农业科技创新体系建设，提升新乡市农业科技和现代农业产业化水平。

四、合作机制

（一）成立合作工作领导小组

领导小组组长由中国农业科学院主要领导担任，常务副组长由新乡市人民政府主要领导担任，副组长由中国农业科学院和新乡市人民政府主管领导担任，成员由新乡市各县（市、区）人民政府、各有关政府部门、各有关单位和中国农业科学院有关研究所、各有关局（办）组成。领导小组办公室设在中国农业科学院成果转化局和中国农业科学院新乡试验基地领导小组（管理委员会），分别负责中国农业科学院和河南新乡合作双方的日常事务管理与工作协调。

（二）建立高效运行机制

（1）会议机制。每年召开一次领导小组工作会议，总结当年的工作，研究部署下一年工作。

（2）交流机制。中国农业科学院不定期组织专家到新乡考察调研，指导农业科技创新和产业发展工作；新乡组织有关技术人员和企事业单位负责人到中国农业科学院学习进修。

（3）激励机制。新乡市人民政府设立院地合作专项奖励基金和合作项目配套资金，用于奖励在院地合作中做出突出贡献的专家及有关组织协调人员，支持合作项目的实施。

五、附　则

（1）本协议未尽事宜由双方另行协商决定。

（2）本协议有效期 3 年，自签字之日起生效，期满后双方可协商续签。

（3）本协议一式 4 份，双方各执 2 份。

中国农业科学院　　　　新乡市人民政府

代表（签字）　　　　代表（签字）

2017 年 4 月 6 日　　　　2017 年 4 月 6 日

中国农业科学院试验基地“十三五”发展规划

试验基地（包括科研试验基地和集成展示基地）是具有生产“实景”的科研场所、开展农业科研的第二实验室、培育农业科技成果的重要摇篮，是集成展示科技成果的重要场所，是涉农科教推单位和国家农业科技创新体系的重要组成部分，在策源科技创新、培养锻炼人才、助推成果转化、服务地方发展等方面具有重要的不可替代作用。

为贯彻落实“创新、协调、绿色、开放、共享”的新发展理念和“重视认识好、规划建设好、统筹使用好、运行管理好、运转保障好”全院试验基地的总体要求，加快形成综合与专业并举、科研与集成互补、健全完善、开放共享的全院试验基地体系，促进科技平台与试验基地衔接配套，共同支撑科技创新工程和国家农业科技创新联盟全面实施，共同支撑全院科技事业发展和世界一流农业科研院所建设，根据《国家中长期科学和技术发展规划纲要（2006—2020 年）》《国家重大科技基础设施建设中长期规划（2012—2030 年）》《科技创新能力条件建设规划（2016—2020 年）》以及《中国农业科学院“十三五”科学技术发展规划》，编制本规划。

一、形势与需求

（一）建设成效明显

经过“十二五”期间统筹谋划、规划建设、汇聚资源、创新机制、强化管理，在全院基本建设投资、修缮购置专项资金、科技创新工程经费、基本科研业务费专项、各类科研项目经费等资金的大力支持下，在地方政府及有关单位的通力合作下，全院试验基地工作取得明显成效。

（1）数量规模快速增长。截至 2015 年年底，全院科研试验基地总数达到 106 个[①]，比 2010 年 70 个增长 51.4%；基地面积 9.8 万亩，比 2010 年 6.7 万亩增长 46.3%，其中有产权面积 4.5 万亩，比 2010 年 3.4 万亩增长 32.4%（图 1）。经过多年项目实施和

① 科研试验基地指中国农业科学院投资建设、院所拥有土地产权或长期租赁，主要用于院所科学试验、科学观测、中间试验等科研工作的试验基地，统计范围为院直属的 34 个研究所；在同一试验基地建有台站或资源圃的，统计时只计 1 个；各研究所建在院直属综合基地（北京南口、河北廊坊、河南新乡）内的各种专业基地，按 1 个综合基地进行统计。

院地科技合作，建成相对固定的集成展示基地 59 个[①]，面积 15 万亩。

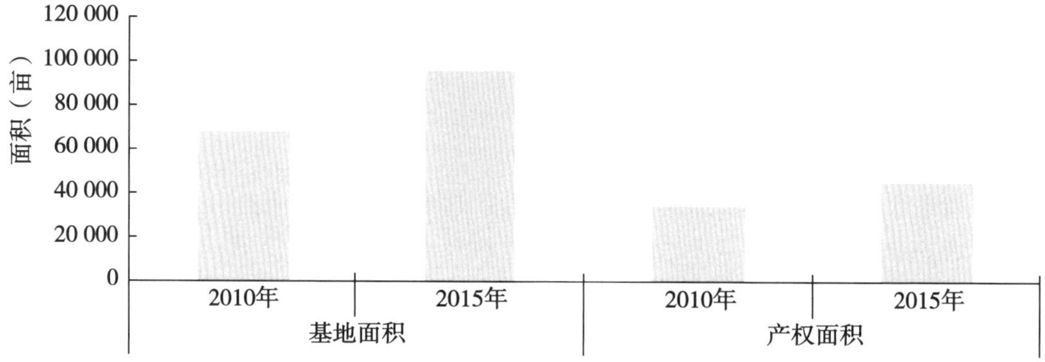

图 1 "十二五"期间中国农业科学院科研试验基地增长情况

（2）区域学科覆盖面显著扩大。截至 2015 年年底，全院科研试验基地已覆盖 27 个省区市，比 2010 年增加 6 个。30 个院属研究所建有科研试验基地，比 2010 年增加 4 个。基因组学等新型学科建立了科研试验基地。建成的集成展示基地覆盖 17 个省区市、50 多个地区。

（3）结构功能不断优化。在科研试验基地中，建成综合试验基地（简称综合基地，下同）3 个[②]，即北京南口中试基地、河北廊坊园区和河南新乡综合试验基地；多个研究所专业试验基地（简称专业基地，下同）具备建设综合基地基础。6 个研究所基地纳入全国重点建设的 100 个国家农业科技创新与集成示范基地序列。在集成展示基地中，大力推动服务单一产业单一产品单一生产周期的基地发展。同时，正筹划启动服务全产业链周年生产乃至区域农业可持续发展的基地建设工作。

（4）基地条件设施明显改善。围绕精准科学试验、长期定位观测等工作，一批科研试验基地基础设施、实验室仪器设备性能不断提高，部分基地科研设施、分析仪器设备达到了国内同类机构先进水平，实现了精准化、规模化、机械化和信息化。在地方政府及院外合作单位的重视和支持下，集成展示基地基础设施不断完善，工作条件明显改善。

（5）基地体系逐步完善。初步形成了科研与集成互补、功能突出、各具特色的试验基地体系。在科研试验基地中，初步形成了试验示范、观测监测、中试转化三大基地体系，服务科研创新的试验示范基地体系和观测监测基地体系居主体地位，服务科研中试的中试转化基地体系也取得较好发展（表 1）。得益于扎实的科技兴农工作，集成展示基地也由零星分散、到处"打游击"逐步发展到相对固定并初成体系。

---

① 集成展示基地指地方投资建设为主、合作单位拥有土地产权或长期租赁、主要用于院所技术示范等科技工作的试验基地，统计范围为院所牵头或为主提供技术指导或服务的相对固定的试验基地。

② 指院或院授权某研究所牵头组织规划设计、统筹建设和管理、3 家及以上研究所分工建设和使用的科研试验基地。

表 1　2015 年底中国农业科学院三大科研试验基地体系情况

体系类别	个数		总面积		产权面积	
	数量（个）	占比（%）	数量（亩）	占比（%）	数量（亩）	占比（%）
综合基地	3	2.8	7 017	7.2	1 212	2.7
专业基地	103	97.2	90 887	92.8	44 058	97.3
试验示范	64	60.4	50 177	51.3	36 999	81.7
观测监测	35	33.0	40 087	40.9	6 706	14.8
中试转化	4	3.8	623	0.6	353	0.8
合计	106	100	97 904	100	45 270	100

注：试验示范、观测监测、中试转化三大基地体系既包括共有的综合基地，又包括相应横栏内的专业基地。相应体系名称横栏内的数字仅为本体系专业基地情况。

（6）运行管理持续提高。建有科研试验基地的 30 个院属研究所中，6 个所设立了专职管理部门，17 个基地实现了独立核算或设置了管理实体，5 个基地取得了运行费项目支持。集成展示基地运管水平不断提升，不少基地设立了地方政府和中国农业科学院共同领导的工作机构，配备了人员和经费。

（7）支撑保障作用更为有力。2013—2015 年全院在科研试验基地年均实施科研项目 1 215项；以基地获取的数据为重要支撑，全院年均共获得省部级以上科技奖励成果 58 项、发表高水平论文 2 126篇、审定新品种 104 个、取得授权专利 274 项（表 2）。以集成展示基地为依托，近年实施 9 个产业绿色增产增效技术集成生产模式研究与示范项目，实现了产业从粮油向粮棉油畜、周期从单季到全年、目标从增产增效到绿色可持续发展的转变，集成全产业链技术 136 项、构建模式 25 套。

表 2　2013—2015 年中国农业科学院科研试验基地科研产出情况

年份	科研项目（项）	省部级以上奖励成果（项）	论文（篇）	审定新品种（个）	取得授权专利（项）
2013	1 289	63	1 842	90	179
2014	1 240	45	2 500	89	302
2015	1 115	67	2 037	132	341
年均	1 215	58	2 126	104	274

（二）挑战依然严峻

“十三五”时期，全球新一轮科技革命和产业变革蓄势待发，新技术、新产品、新业态不断涌现。全球科技创新进入集聚爆发期，国内经济社会发展进入新常态，迫切需要依靠科技创新突破资源环境瓶颈制约，迫切需要依靠科技创新推动农业供给侧结构性改革。当前，大力加强科技创新，深入实施创新驱动发展战略蔚然成风。所有这些，不仅为试验基地建设带来了广阔空间和强劲动力，也对基地发展提出了更新、更高、更紧迫的要求。

1. 科技创新驱动农业发展进入关键期，对基地建设提出迫切要求

党的十八大明确提出，实施创新驱动发展战略，切实把科技创新摆在国家发展全局的核心位置，充分发挥科技创新在全面创新中的引领作用。2015 年，中共中央、国务院印发了《关于深化体制机制改革加快实施创新驱动发展战略的若干意见》。“十三五”时期是我国深入实施创新驱动发展战略的关键时期，十八届五中全会、《国民经济和社会发展第十三个五年规划纲要》和《“十三五”国家科技创新规划》均提出了创新驱动发展成效显著的明确目标。《“十三五”国家科技创新规划》更是明确要求，要“把握世界科技革命和产业变革新趋势，围绕我国产业国际竞争力提升的紧迫需求，强化重点领域关键环节的重大技术开发，突破产业转型升级和新兴产业培育的技术瓶颈，构建结构合理、先进管用、开放兼容、自主可控的技术体系，为我国产业迈向全球价值链中高端提供有力支撑”。

农业是全面建成小康社会和实现现代化的基础。经过“十二五”特别是党的十八大以来的大力发展，我国农业进入了从传统农业向现代农业迈进的新阶段，农业现代化进入了全面推进、重点突破、梯次实现的新时期。一是主要农产品产区发生了明显变动。《全国种植业结构调整规划（2016—2020 年）》指出，我国已初步形成了小麦以黄淮海为重点、水稻以东北和长江流域为重点、玉米以东北和黄淮海为重点、大豆以东北北部和黄淮海南部为重点、棉花以新疆为重点、油菜以长江流域为重点的一批特色鲜明、布局集中的主要农产品优势产业带。《全国农业现代化规划（2016—2020 年）》提出了到 2020 年，基本建立以高标准农田为基础、以粮食生产功能区和重要农产品生产保护区为支撑的产能保障格局，基本构建粮经饲统筹、农林牧渔结合、种养加一体、一二三产业融合的现代农业产业体系的发展目标。《全国草食畜牧业“十三五”发展规划（2016—2020 年）》提出了“优先发展传统农区和农牧交错区，适度发展北方牧区，保护发展青藏高原牧区，积极发展南方草山草坡地区”的总体布局思路。《全国农业可持续发展规划（2015—2030 年）》提出了四大优先发展区（东北区、黄淮海区、长江中下游区和华南区）、两大适度发展区（西北及长城沿线区、西南区）和两大保护发展区（青藏区、海洋渔业区）的区域布局。二是农业发展环境发生了深刻变化，老问题不断积累、新矛盾不断涌现。资源环境约束的压力越来越大，拼资源消耗、拼物质要素投入的粗放发展方式难以为继；生产主导型农业向消费主导型农业转型，供给侧结构性改革迫在眉睫；产业融合的程度越来越深，农业产业链条不断延伸，农牧结合、种养加一体、一二三产融合的趋势越趋明朗；智慧农业、生态农业、都市农业、“互联网+”现代农业等新业态不断涌现。此外，受全球气候变暖影响，高温、干旱、洪涝等极端天气频发重发，病虫害发生呈加重趋势，对农业生产安全带来威胁。

十八届五中全会、《国民经济和社会发展第十三个五年规划纲要》和《全国农业现代化规划（2016—2020年）》均提出了今后5年农业现代化进展明显的目标，要求实施藏粮于地、藏粮于技战略，走产出高效、产品安全、资源节约、环境友好的农业现代化道路。当前，全球新一轮科技革命步伐正在加快，科技创新呈现出综合性、整体性特征，科研设施设备与科学技术处于交替创新状态；现代生物、信息、新材料、新能源、先进制造等技术日新月异，并加快向农业领域渗透，不断催生新的农业产业。农业生产的复杂多变性、时空变异性特点决定了支撑和引领其发展的农业科技创新具有鲜明的综合性、区域性、长期性特征。试验基地是农业科技创新的基本物质技术基础，其布局、规划和建设需要及时跟上产业变化和产区变动的步伐，甚至超前部署建设，方能支撑农业科技创新不断向纵深推进，支撑科技成果高效快速转化，从而加快农业发展方式转变和农业供给侧结构性改革步伐，加速实现农业现代化。

2. 基地历史性战略地位凸显，为全院基地发展提供了重要契机

《国家中长期科学和技术发展规划纲要（2006—2020年）》提出，要主要依托国家科研院所和研究型大学，建设若干队伍强、水平高、学科交叉的国家实验室和其他科学研究试验基地。《国家重大科技基础设施建设中长期规划（2012—2030年）》也指出，到2030年基本建成布局完整、技术先进、运行高效、支撑有力的重大科技基础设施体系，增强我国原始创新能力。2014年以来，中央出台的《关于深化中央财政科技计划（专项、基金等）管理改革的方案》《关于国家重大科研基础设施和大型科研仪器向社会开放的意见》等文件明确提出，要设立“基地和人才”专项，积极推进基地科技资源开放共享，着力提高我国科技创新的条件保障能力，充分发挥基地在国家创新驱动发展中的引擎作用。《全国农业现代化规划（2016—2020年）》明确提出，要改善科学实验站（场）研究条件，提升200个国家农业科学观测站基础设施水平，建设200个现代化科学实验基地。

为深入实施创新驱动发展战略，探索建立科技与生产紧密结合的长效机制，农业部2014年启动建设了全国100个国家农业科技创新与集成示范基地，在项目支持、政策保障和资金安排等方面予以倾斜。《“十三五”国家科技创新规划》提出了“国家科技实力和创新能力大幅跃升，创新驱动发展成效显著，国家综合创新能力世界排名进入前15位，迈进创新型国家行列，有力支撑全面建成小康社会目标实现”的总目标。中央《关于落实发展新理念加快农业现代化实现全面小康目标的若干意见》也提出了2020年农业科技创新能力总体上达到发展中国家领先水平的目标要求。为此，近期，国家发改委、财政部、科技部、农业部等有关部门均在编制未来5~10年相关规划中，对农业、农业科技和农业科研条件建设给予重点支持，为中国农业科学院试验基地发展提供了重要契机，也提出了更高要求。

3. 中国农业科学院世界一流农业科研院所建设和科技创新工程实施，对试验基地发展提出了紧迫要求

尽管“十二五”试验基地取得快速发展，有力支撑和保障了全院科研试验、集成

展示等工作，为科技创新和成果转化做出了重要贡献，但由于投入、政策、机制等因素制约，全院科研试验基地还存在一些问题和不足，例如：一是布局过于分散，缺位重复并存。基地选址缺乏统筹布局和统一规划，同区域重复布局问题突出，综合基地及部分学科专业基地的区域布局还不能较好覆盖全国重要农业产区和典型农业生态生产区；基地结构不合理，综合基地少，综合基地与专业基地并举的发展格局远没形成；农产品加工、农业装备等中试转化类基地还不多，试验示范、观测监测、中试转化等基地体系发展还不均衡。二是建设标准不高，硬件条件较差。试验基地规模普遍较小，基地建设标准和水平还处于较低阶段。科研试验基地条件较差，田间试验条件、温室网室等科研设施、智能化精准化科研数据获取设备、基地机械化信息化水平和安全保障能力亟待提高。集成展示基地田间基础设施较差，科普设施、科普装备普遍缺乏。三是运行管理水平不高，开放共享不够。科研试验基地普遍缺乏稳定的运行经费支持，管理和试验队伍数量不够、素质不高，支撑科研效率较低。集成展示基地长期稳定的工作机制和支持体系还没建立。基地开放共享的体制机制亟须进一步创新，统一、规范、有效的基地管理制度、考评制度还比较缺乏。

“十三五”是中国农业科学院建成世界一流农业科研院所的关键时期，中国农业科学院提出了以全面推进科技创新工程为抓手，到 2020 年初步建成世界一流农业科研院所的发展目标，一批传统重点学科、优势特色学科将继续得到巩固，一批新兴交叉学科将得到重点扶持，多学科综合优势、宏观决策咨询能力将得到着重强化。包括试验基地在内的一流科研条件是建成一流农业科研院所的重要标志，是支撑现代院所建设和科技创新工程实施的基本物质条件。为有效提升基地条件支撑能力和综合服务水平、对全院乃至全国农业科技创新和“三农”发展做出应有贡献，亟须精心组织、科学编制全院试验基地“十三五”发展规划，并积极创新机制，多方汇聚资源，加大投入，加强建设，加强管理，加快形成布局合理、装备先进、开放共享、体系完善、长期稳定的全院试验基地网络，更好支撑和服务全院履行改革排头兵、创新国家队和决策智囊团的职责与使命，更好支撑和服务全国农业科技创新和“三农”健康持续发展。

二、指导思想、基本原则与发展目标

（一）指导思想

面向国家重大产业需求，面向“三农”主战场，把握科技创新、产业变化、产区变动的现实需求和长远趋势，围绕初步建成世界一流农业科研院所的总目标，以“创新、协调、绿色、开放、共享”的新发展理念为统领，以支撑服务科技创新工程和国家农业科技创新联盟为主线，按照全院一盘棋“重视认识好、规划建设好、统筹使用好、运行管理好、运转保障好”试验基地的思路和要求，坚持目标导向与问题导向相结合、科技平台与试验基地相支撑、基地布局规划与项目建设相衔接，做好布局设计、资源统筹，进一步突出发展重点，进一步加快试验示范、观测监测、中试转化、集成展示四大基地体系建设步伐，大幅增强试验基地支撑和服务全院乃至全国农业科技创新和“三农”发展的能力和水平。

（二）基本原则

（1）整合资源、统一规划。紧扣科研发展和产业需求，立足现有基地资源深度挖潜，新旧结合、综专并举、填平补齐，做好顶层设计、统筹谋划，做好布局规划、明确功能定位和主要服务产业产区。主要通过挖掘研究所现有基地潜力，按照每个大区布局1~2个，在农业主产区和典型农业生态生产区布局选址、规划建设一批综合基地。同时，鼓励和支持有需求的研究所在重要农产品生产保护区、特殊功能区和老少边穷地区，重点扩建一批、超前选址新建一批专业基地。通过基地统一规划，适应农业科研的综合性、区域性、长期性规律，提升基地支撑、服务科技创新和产业发展能力。

（2）着眼长远、突出重点。科研试验基地统筹采用提质、扩建、改建、新建等多种方式①，重点突破、整体推进布局规划内的基地建设。以区域代表性强、拥有土地产权、规模大、交通便利、建设基础好的现有基地特别是位于主产区的综合基地为重点，加大建设，加强管理。同时，充分考虑中国农业科学院科技及区域产业的中长期需求和基地建设的长期性，超前谋划新建一批综合基地和专业基地。集成展示基地统筹采用院地、院校、院企等多主体多形式的合作共建方式，统一布局、重点突破，统筹推进布局规划内的基地建设，并以区域代表性强、辐射带动效果好、地方支持力度大的基地为重点，加强协调，加强使用。

（3）强化统筹、注重实效。科研试验基地特别是重点建设的基地要紧扣其功能定位，高起点规划设计、高标准建设、高水平运行、高效率使用。调配整合好基本建设投资、修缮购置专项资金、自筹资金等建设经费，做好基地建设项目与基地规划设计衔接，着重强化现代化的设施设备配置，让建设步伐跟上科技创新和运行管理工作的实际需求。集成展示基地要注重发挥合作单位的资源统筹能力，中国农业科学院积极配合做好技术支持和协同组织等工作。

（4）落实责任、加强管理。试验基地实行分类建设、分级管理。科研试验基地落实院所的建设和管理主体责任。综合基地由院统筹并落实基地所依托单位的牵头责任，院、所按照分工负责具体建设和管理；专业基地由所依托单位负责建设和管理。集成展示基地落实合作单位的建设和管理主体责任，合作单位负责牵头组织和组织实施，我院牵头研究所负有技术支撑牵头和协同组织责任。院有关部门做好各类基地的综合管理、

① 提质指不改变基地类型（专业基地还是专业基地）和现有规模，对基地基础设施、科研建筑房屋、科辅设施等的维修改造以及基地管理水平等的提升。扩建指不改变基地类型（专业基地还是专业基地），以现有基地为基础进行规模扩大和功能提升。改建指将现有专业基地逐步建成综合基地，由一所建设改为多所依据统一的基地规划设计分工建设，由一所独自使用改为多所共同使用。新建指是另行选址建设。

协调服务和资源统筹等工作。

（5）创新机制、提升效能。采取加强论证、搭建平台、创设制度等方式，鼓励院所、所所、院地之间共建共享，促进农科教、产学研融合，提升试验基地满足科研需求、推动成果转化、服务地方发展的水平和能力，加快形成特色鲜明、功能完备、健全开放的全院基地网络，提升基地整体效能。

（三）发展目标

1. 总体目标

根据国内外农业科技和国内农业产业的发展现状与趋势，结合我院事业发展需要，“十三五”期间全院试验基地发展的总体目标是：到 2020 年，试验基地条件显著改善，管理水平明显提高，开放共享程度和资源使用效率大幅提升；通过提质一批、改建一批、扩建一批、新建一批，科研试验基地总数发展到 130 个左右、规模达到 12 万亩，通过合作共建一批，集成展示基地数量大幅增加、规模明显扩大，基本形成两类、三型、四体系的“234”试验基地发展格局①，基本建成结构合理、功能明确、条件先进、运转高效、开放共享的全院试验基地网络，为显著增强全院科技创新能力、持续提高引领支撑现代农业发展能力提供坚实的野外条件支撑，为实现初步建成世界一流农业科研院所、全国农业现代化取得明显进展的奋斗目标提供坚实的物质技术基础。

2. 具体目标

（1）综合试验基地：达到 10 个左右，基本覆盖全国主要农业产区和典型农业生态生产区，科学观测、中间试验、技术示范等功能明显增强，对试验示范、观测监测、中试转化、集成展示四大基地体系中的龙头牵引和骨干支撑作用明显提升。

（2）专业试验基地：通过以科学试验、科学观测、中间试验为主体功能的专业基地分类建设和管理，对相应基地体系的主体作用明显提升。其中，以科学试验为主体功能的专业基地总数达到 70 个左右，布局更科学（覆盖更多优势产区、重要生态区及学科领域）、结构更合理；基地田间试验条件、机械化作业水平、智能化精准化数据采集能力和安全保障水平显著提升，对全院协同创新、集成创新的支撑能力和水平大幅提升，为农业基础与前沿技术探索、核心关键技术研发、区域共性技术突破以及智慧农业、生态农业等的农业现代化建设提供坚实的科研条件保障。

以科学观测为主体功能的专业基地总数达到 40 个左右，初步覆盖重要主产区、典型农业生态生产区和特殊功能区，大幅提升定位研究条件、提升观测装备的标准化、自动化水平以及观测数据的标准化程度，初步形成与试验示范基地体系互补发展的格局，

---

① 两类：按照投资主体等，分为科研试验基地、集成展示基地两大类；三型：科研试验基地按入驻单位等分为综合基地、专业基地两种类型，集成展示基地自成一种类型；四体系：按照主体功能等，科研试验基地分为试验示范基地、观测监测基地、中试转化基地三大体系，集成展示基地自成一大体系，每大体系均有科研试验基地类的综合基地型共同支撑。

共同满足农业科研和农业决策对环境、生态、资源、生产、消费等的监测观测需要，为学科和产业发展等的创新研究和决策咨询提供基础支撑。

以中间试验为主体功能的专业基地总数达到10个左右，大幅提升中试车间、中试装备、工程设施及配套条件的建设水平，满足肥料农药饲料等农业投入品创制、农业设施研发、农业机械/灌溉排水及装备样机中试、农产品加工等领域的科技创新需要，为提升现代农业装备水平、拉伸农业产业链条、增加农业产值提供坚实的科研条件支撑。

（3）集成展示基地：总数量大幅增加，基本满足水稻、小麦、玉米、大豆、油菜、马铃薯、蔬菜、棉花、奶牛、羊等主要产品先进适用技术的集成、示范和推广需要，为攻克制约区域农业发展的技术瓶颈问题、支撑区域农业发展方式转变和供给侧结构性改革提供坚实的科技条件保障（表3）。

表3 “十三五”全院科研试验基地发展目标情况

项目	基地数量（个）			基地面积（万亩）		
	2015年	2020年	新增	2015年	2020年	新增
综合基地	3	13	10	0.71	3.50	2.79
专业基地	103	117	14	9.09	8.50	-0.59
试验示范	64	73	9	5.02	4.60	-0.42
观测监测	35	35	0	4.01	3.37	-0.64
中试转化	4	9	5	0.06	0.53	0.47
合计	106	130	24	9.80	12.00	2.20

注：①试验示范、观测监测、中试转化三大基地体系既包括共有的综合基地，又包括相应横栏内的专业基地。②综合基地现有北京南口中试基地、河北廊坊园区2个综合基地在本规划中与北京通州综合试验基地一起规划整合为1个综合基地，即北京综合试验基地（通州、南口、廊坊）。③专业基地相应体系名称横栏内的数字仅为本体系专业基地情况。试验示范、观测监测基地体系因多个规模较大、条件较好的专业基地改建为综合基地，虽又新建多个专业基地，专业基地总数增加或持平但总面积减少。

三、重点任务

“十三五”期间，以重点建设综合基地5个左右、专业基地30个左右为突破口，引领和带动试验示范、观测监测、中试转化、集成展示四大基地体系发展，加快形成布局更合理、结构更优化、条件更先进、体系更完善、运行更开放的全院试验基地网络，为更好地满足未来5~10年全院乃至全国农业科技创新和成果转化工作需求提供全面支持（表4）。

表 4 “十三五”全院科研试验基地建设重点情况 （单位：个）

	扩建	新建	改建	小计
综合基地	1	1	4	6
专业基地	22	6	0	28
试验示范	12	4		16
观测监测	7	1		8
中试转化	3	1		4
合计	23	7	4	34

注：试验示范、观测监测、中试转化三大基地体系既包括共有的综合基地，又包括相应横栏内的专业基地。相应体系名称横栏内的数字仅为本体系专业基地情况。

（一）综合试验基地

该类基地的主体功能是同时具备科学试验、科学观测、中间试验、技术示范等两个或以上功能，综合支撑作物、园艺、畜牧、兽医、资源环境、工程与机械、加工与质量安全等多个学科集群的科技创新。其主要任务是根据产业和学科发展需求，统筹农业主产区和典型农业生态生产区的区域布局，为重大科研任务提供高质量、布局科学的田间试验场所，以及高水平、长期固定的观测监测装置和中试装备，为科技成果集成展示提供显示度高、支撑条件好的实施场所和设施条件，为开展多单位多学科多领域的科技创新、科技与产业深度融合提供支撑与保障，进而为保障国家粮食安全和推动现代农业发展提供支撑与保障。

现有基础：现有基地 3 个，基地面积 7 017亩，其中产权面积 1 212万亩，分别占全院基地的 2.8%、7.2%和 2.7%。该类基地数量严重不足，不能满足支撑和保障大型综合性复杂科研任务实施的需要，不能满足支撑全国主产区和典型生态生产区农业发展的需要；设施条件不健全，长期定位观测监测、科研中试、示范推广培训等设施条件普遍缺乏，科学观测、中间试验和技术示范等功能十分薄弱，不利于发挥综合基地的应有作用。

发展任务：通过扩建、改建、新建等方式，加快完成基本覆盖全国主要农产区和典型生态生产区的综合基地布局；进一步汇聚资源、加大投入，加强运行管理和统筹使用，提升基地整体功效。一是全面提质现有基地，重点完善长期定位观测监测、大型集成中试设施、技术示范条件手段，提高基地安全保障水平。二是大力将具备条件的专业基地改建为综合基地，重点加强水电路等公共基础设施、温室网室实验室等科研设施以及相应设备装备等条件建设。三是根据科技创新和产业发展的现实需求和长远需要，加强论证，选址新建一批综合基地。

区域布局：以《全国农业综合区划》中的10个一级农业区为基础，根据产区产业发展和农业科技创新需要，在东北、黄淮海、长江中游、长江下游等农业主产区，在黄土高原、西南、华南、甘新、青藏等典型农业生态生产区共布局、建设、形成13个综合基地，基本满足面向农业一线开展重大原始创新、集成创新、协同创新的需要（表5）。

表5 “十三五”全院综合试验基地布局情况

农业区域	基地名称	功能定位	依托单位	参加单位
东北区	吉林左家综合试验基地（GJ）	水稻等粮经饲作物和特种经济动植物试验为主，大动物饲养、转基因动植物释放为辅，服务东北现代农业发展	特产所	蜜蜂所等
	内蒙古呼伦贝尔综合试验基地（GJ）	草原生态观测、草地生产技术研究为主，超早熟大豆等作物育种为辅，服务北方草原畜牧业以及集约农业发展	资划所	作科所等
京津都市区	北京综合试验基地（通州、南口、廊坊）（KJ）	通州：作物、资环试验为主； 南口：农产品加工（含饲料、蜂产品）、质量安全、设施农业等试验、中试为主； 廊坊：作物、资环、特产试验为主，服务京区及京津走廊农业发展	院本级	通州：生物所、食物营养所、蔬菜所、资划所4所； 南口：蜜蜂所、加工所、饲料所、质标所、环发所、蔬菜所、作科所、牧医所8所； 廊坊：作科所、蔬菜所、生物所、资划所、草原所、饲料所、牧医所、特产所、食物营养所9所
黄淮海区（京津都市区除外）	河南新乡综合试验基地（KJ）	粮食果树瓜类等植物品种选育、种植技术研发、农业资源利用与灾害防控研发，服务黄淮海区农业发展	院本级	作科所、植保所、环发所、灌溉所、郑果所、加工所
黄土高原区	黄土高原综合试验基地（选址待定）（XJ）	苹果等经济林果以及旱作农业等的品种选育和技术研发，服务黄土高原特色业发展	待定	待定
长江中游区	湖北阳逻综合试验基地（GJ）	油料以及华中区主要作物种质利用、品种选育为主，种植技术等研发为辅，服务长江中游农业发展	油料所	蜜蜂所等

（续表）

农业区域	基地名称	功能定位	依托单位	参加单位
长江下游区	浙江富阳综合试验基地（GJ）	水稻等作物种质创新、育种和功能基因组研究、病虫草害防控、高效技术研发，服务水稻等全产业链发展以及长江下游农业发展	水稻所	其他所（待定）
西南区	四川成都或绵阳综合试验基地（XJ）	长江上游水稻、玉米、小麦、油料、蔬菜田间试验，新品种选育与展示，生产技术试验示范，服务长江上游农业发展	沼科所或油料所	其他所（待定）
华南区	广东深圳综合试验基地（GJ）	基因组学为核心的新型生物育种研发为主，水稻、蔬菜、海洋生物研发为辅，服务华南亚热带农业发展	深圳基因组所	加工所等
	海南南繁综合试验基地（GJ）	玉米、水稻、大豆、谷子、花生、芝麻、番茄、黄瓜、西瓜、甜瓜、棉花、麻类、烟草等作物南繁加代为主，开展种质鉴定、品种培育、热区成果转化等工作，服务全国种业科技创新和海南热带农业发展	院本级	作科所、棉花所、水稻所、生物所、郑果所、烟草所、油料所、蔬菜所、麻类所、加工所
甘新区	新疆昌吉综合试验基地（XJ）	面向西部开展农业研究的公共平台、“丝路经济带”集成展示转化成果的集散地、与中亚开展国际合作的桥头堡，服务北疆、南疆绿洲农业发展	院本级	棉花所、灌溉所、环保所、蔬菜所、沼科所、作科所、加工所
	甘肃张掖综合试验基地（GJ）	旱生牧草品种选育、草食动物饲养为主，玉米、大豆、蔬菜、花卉品种选育、灌溉为辅，服务河西走廊以及内蒙古西部灌溉农业和草食畜牧业发展	兰州牧药所	蔬菜所、作科所、环保所
青藏区	青海平安综合试验基地（GJ）	油菜以及十字花科蔬菜等作物新材料的异地加代、品种生态适应性鉴定，以及高寒作物新品种研发等，服务青藏区特色农业发展	油料所	其他所（待定）

注：农业区域参考《全国农业综合区划》的10个一级农业区，并稍做调整。XJ为新建，GJ为改建；KJ为扩建。

其中，东北区布局综合基地2个，即吉林左家综合试验基地，主要服务东北区种植业、畜牧业等现代农业发展；内蒙古呼伦贝尔综合试验基地，主要服务北方草原畜牧业及集约农业发展。京津都市区布局综合基地1个，即北京综合试验基地，分通州、南口、廊坊3个片区。黄土高原区布局综合基地1个，选址及依托单位待定，主要服务黄土高原苹果优势产区及特色农业发展。华南区布局综合基地2个，即广东深圳综合试验基地，主要服务华南亚热带农业发展；海南南繁综合试验基地，以棉花所荔枝沟基地为主要公共平台，分为多个片区规划建设，主要服务种业加代繁育和热带农业发展。甘新区布局综合基地2个，即新疆昌吉综合试验基地，主要服务西部农业研究与新疆绿洲农业发展；甘肃张掖综合试验基地，主要服务河西走廊及内蒙古西部灌溉农业及草食畜牧业发展。

建设重点：在全面提质现有综合基地的基础上，统筹考虑基地现有建设基础、入驻现状与需求、服务产业产区的代表性与重要性以及交通便利性等因素，按照区分轻重缓急、量力而行、循序渐进、培育一批、建设一批、使用一批的思路和原则，确定"十三五"期间重点建设6个综合基地。其中：扩建现有综合基地1个，即北京综合试验基地（重点建设南口片区、通州片区，院本级牵头，有关研究所参加）；由研究所基地逐步改建为综合基地4个，即甘肃张掖综合试验基地（兰州牧药所所牵头，蔬菜所、作科所、环保所参加）、吉林左家综合试验基地（特产所牵头，蜜蜂所等参加）、海南南繁综合试验基地（院本级、作科所、棉花所、水稻所、生物所、郑果所、烟草所、油料所、蔬菜所、麻类所、加工所）、内蒙古呼伦贝尔综合试验基地（资划所牵头，作科所等参加）；新建综合基地1个，即新疆昌吉综合试验基地（院本级、棉花所、蔬菜所、灌溉所、环保所、沼科所）。

（二）专业试验基地

该类基地主体功能明显，可按照科学试验、科学观测、中间试验三大功能分类布局建设和使用管理。在综合基地的龙头牵引和骨干作用支撑下，发挥专业基地的主体功能，加快形成更加完善的试验示范基地体系、与之互补的观测监测基地体系、与之配套的中试转化基地体系，推动形成布局科学、结构合理、健全完善、开放共享的全院科研试验基地网络，整体提升科研试验基地支撑和保障全院基础与应用基础研究、核心关键技术与区域共性技术研发、农业装备与工程研发、决策咨询智库建设的能力和水平，显著提升科技支撑和引领农业现代化发展的能力与水平，确保到2020年全国农业科技创新能力总体上达到发展中国家领先水平、农业现代化取得明显进展。

1. 以科学试验为主体功能的专业基地

重点支撑作物、园艺、畜牧、兽医等学科集群的科技创新工作。主要任务是根据产业和学科发展的需要，加强粮食生产功能区、重要农产品生产保护区和特色农产品优势区以及重要农业生态生产区的区域布局，加强优势学科、新兴学科的学科布局，为科研任务实施提供田间试验场所，同时着力加强长期性基础性科技工作、完善观测功能，以及开展必要的成果展示和示范推广工作，为推动基础与前沿科学理论探索、核心与共性关键技术研发、进而为保障区域农业发展提供支撑与保障。

现有基础：现有基地64个，基地面积5.02万亩，其中产权面积3.70万亩，分别占全院基地的60.4%、51.3%和81.7%。该类基地数量多、分布广，发展较为完善，但也存在布局不适应产业变化、产区变动和学科发展需要、田间试验条件特别是土质不能满足科研需求、基地机械化水平不高、安全保障水平不强等问题。

发展任务：通过提质、扩建、新建等方式，加快专业基地的布局和建设；通过加强运行管理和统筹使用，提升基地功效。一是全面提质现有基地，重点改善田间试验条件，提高基地安全保障水平，同时着重加强管理和协调服务，更好满足科研试验需求。二是着力扩建重要专业基地，提高田间数据自动化获取能力，扩大规模，完善基地功能。三是根据科技创新和产业发展的现实需求和长远需要，加强论证，选址新建一批试验基地。

区域布局：在东北平原区、黄淮海平原区、长江流域等粮油优势产区，新疆内陆棉等主产区，河套灌区、汾渭平原等粮食生产功能区，北方农牧交错区、南方多熟地区等耕地轮作休耕制度试点区等重要农产品生产保护区、特色农产品优势区和典型农业生态生产区，结合学科发展需要，在全国形成73个专业基地。

建设重点：在全面提质现有基地的基础上，统筹考虑基地现有建设基础、入驻现状与需求、服务产业产区的代表性与重要性，以及交通便利性等因素，按照区分轻重缓急、量力而行、循序渐进、培育一批、建设一批、使用一批的思路和原则，确定重点建设16个专业基地。其中，扩建现有基地12个，即黑龙江哈尔滨南山动物试验场（哈尔滨兽医所）、内蒙古呼和浩特农牧交错区试验基地（草原所）、湖南沅江麻类作物试验基地（麻类所）、辽宁砬山北方落叶果树试验基地（果树所）、四川西昌烟草基地（烟草所）、河南安阳棉花试验基地（棉花所）、浙江嵊州茶叶基地（茶叶所）、上海松江动物试验基地（上海兽医所）、河南荥阳果树瓜类试验基地（郑果所）、河北廊坊农业有害生物监测与防治试验基地（植保所）、北京昌平马池口作物试验基地（作科所）、北京昌平马池口畜牧试验基地（牧医所）；新建基地4个，即山东庆云生态农业试验基地（环保所）、山东兰陵蔬菜花卉试验基地（蔬菜所）、西藏林芝高原瓜果试验基地（郑果所）、湖南长沙南方经济作物试验基地（麻类所）。

2. 以科学观测为主体功能的专业基地

重点支撑资源、环境以及作物等学科集群的科技创新。主要任务是根据产业和学科发展的需要，加强重要产品主要产区、典型农业生态生产区和特殊功能区的区域布局，开展天然条件下的农业自然资源环境和农业生产农村生活方面的长期定位观测，开展人工条件下的长期定位试验研究，与试验示范基地体系逐步开展起来的长期性基础性科技工作一起，共同长期系统地积累农业生物资源、生态环境、农业灾害、生产要素、食物消费等方面的科研数据和科研样品，同时开展必要的科技服务，为农业资源、环境、生态方面的重大原创性科技创新提供支撑与保障，为农业持续发展、农产品质量安全、居民膳食营养健康等方面的宏观决策咨询提供支撑与保障。

现有基础：现有基地35个，基地面积4.01万亩，其中产权面积6 706亩，分别占全院基地的33.0%、40.9%和14.8%。该类基地建设起步早、发展快，但也存在观测监测设施规模小、条件简陋、自动化监测设备不足、高效数据处理和共享能力不强等问题。

发展任务：通过提质、扩建、新建等方式，加快基地布局和建设。一是全面提质现有基地。重点改造长期定位试验条件、完善长期定位观测装备、提升基地自动化信息化和安全保障水平。同时加强管理服务和统筹使用，更好满足科学观测需求。二是着力扩建重要专业基地。扩大规模、完善功能，增强基地功效。三是根据学科及产业需要，加强论证，选址新建一批试验基地。

区域布局：在黄土高原、青藏高原、云贵高原等典型生态区，典型草原、草甸草原、荒漠草原、沙地草原等北方草原牧区，东北、黄淮海、长江流域、华南等传统农区，结合学科发展需要，在全国形成35个专业基地。

建设重点：在全面提质现有基地的基础上，统筹考虑基地现有建设基础、入驻现状与需求、服务产业产区的重要性与代表性等，按照区分轻重缓急、量力而行、循序渐进、培育一批、建设一批、使用一批的思路和原则，确定重点建设8个专业基地。其中，扩建现有基地7个，即湖南祁阳红壤农业生态试验基地（资划所）、广西桂林农业有害生物监测与防治试验基地（植保所）、河南商丘农业资源与生态环境试验基地（灌溉所）、甘肃兰州大洼山畜牧试验基地（兰牧药所）、山西寿阳旱地农业试验基地（环发所）、青海玉树青藏高寒草原资源与生态环境试验基地（草原所）、西藏那曲高寒草地生态与气候变化试验基地（环发所）；新建基地1个，即湖南湘潭产地环境试验基地（环保所）。

3. 以中间试验为主体功能的专业基地

重点支撑工程与机械、加工与质量安全等学科集群的科技创新。主要任务是根据主要产业和学科发展的需要，加强中试设施、设备及配套条件的布局和建设，为农产品加工、农业机械/农业设施等物质装备研发、肥料/农药/饲料等农业投入品创制、灌溉排水/沼气/食用菌等领域的技术系统及配套工程研发、工艺技术成果熟化提供科研场所，同时开展必要的成果转化和推广应用，为农业工程领域产业发展、农业装备水平提升、全产业链条农业增效提供支撑与保障，进而为加速农业现代化提供支撑与保障。

现有基础：现有基地4个，基地面积623亩，其中产权土地353亩，分别占全院基地的3.8%、0.6%和0.8%。该类基地建设相对滞后，普遍存在科研中试条件不足、相关装备设施缺乏等问题。

发展任务：通过提质、扩建、新建等方式，加快形成重点突出、结构合理的基地发展格局。一是全面提质现有基地。重点改造中试车间、中试装备、工程设施及其配套的中试条件，完善相关装备，提升基地机械化自动化和安全保障水平；加强管理，满足中试研发需求。二是着力扩建重要专业基地。扩大规模，完善基地功能。三是根据科技创新及产业发展需要。加强论证，选址新建一批试验基地。

区域布局：根据主要产业和学科特点，建设一批专业基地，形成9个专业基地。

建设重点：在全面提质现有基地的基础上，根据基地现有建设基础、服务产业产区的重要性与代表性等，重点建设专业基地 4 个。其中：扩建现有基地 3 个，即江苏南京溧水农业机械化创新试验基地（南农机所）、四川成都双流沼气发酵研发试验基地（沼气所）、河北平泉国家食用菌改良中心试验基地（资划所）；新建基地 1 个，即黑龙江木兰主食加工技术研究院（加工所）。

（三）集成展示基地

该类基地重点支撑全国主要农业产区农业绿色可持续发展、主要农产品全产业链绿色增产增效等方面的技术集成与示范工作。

主要任务：针对区域和产业发展的重大科技需求，加强农业主产区、粮食生产功能区、重要农产品生产保护区、特色农产品优势区等的区域布局，加强粮、棉、油、畜等主要农业产业产品的品种布局，为开展重点区域主要技术集成创新与示范、主要品种全产业链先进技术集成研究与示范提供田间场所和工作平台，研究并推广不同区域主要品种可复制可推广的绿色增产增效技术集成模式和区域农业可持续发展技术解决方案，与科研试验基地的成果展示、示范推广等工作一起，共同支撑和引领农业供给侧结构性改革和传统农业的现代化转型发展。

现有基础：现有集成展示基地 59 个，面积 15 万亩，覆盖 17 个省（直辖市、自治区）、50 多个地区。该类基地起步较晚，存在支撑条件不完善、推广应用效果不明显等问题。

发展任务：通过以地方投资建设为主、院所提供技术支撑等多方合作共建的方式，加快集成展示基地发展。一是统筹资源，加快集成展示基地布局建设。借助农业部、科技部等上级部门力量，发挥国家农业科技创新联盟的平台和纽带作用，整合院内科技创新工程、基本科研业务费专项等资源，结合院地科技合作、科技精准扶贫、科技援疆援藏、深入实施绿色增产增效技术集成生产模式研究与示范、区域农业可持续发展技术集成创新与示范等工作，通过与地方政府及兄弟单位合作，建立和完善一批相对固定的集成展示基地，夯实全院科技兴农的物质技术基础。二是创新方式方法，发挥基地展示作用。积极拓展合作主体，突出工作重点，注重工作实效，形成院地共建、互利双赢的集成展示基地建设和发展长效机制，将示范条件好、地方积极性高、便于学习观摩的重要集成展示基地长期固定下来，做大做好，更好发挥应有作用。三是发挥好广泛分布于全国各地的科研试验基地的成果展示和示范推广作用，丰富和完善集成展示基地体系。

区域布局与建设重点：在现有工作的基础上，根据全院科技推广、院地科技合作、服务上级部门要求和服务重点地区农业发展的需要，结合科技成果转化的重点任务部署，有计划有步骤地在全国农业主产区、粮食生产功能区、重要农产品生产保护区、特色农产品优势区，以及典型农业生态生产区、特殊功能区、老少边穷地区布局建设一批显示度高、集成效果好、特色明显、支撑有力的集成展示基地，解决大区域农业可持续发展的综合科技支撑问题，解决典型农业生态生产区、特殊功能区的环境生态保护、特殊功能固持与典型产业发展的科技支撑问题，解决老少边穷地区主导产业精准甄选与扶持发展的科技支撑问题。

四、保障措施

（一）加强统筹管理，提升组织保障水平

设立中国农业科学院试验基地领导小组，负责全院试验基地发展规划、新建科研试验基地论证等重要建设和管理事项的决策研究和组织协调。领导小组下设办公室，办公室设在成果转化局，负责日常工作。院重点抓好本规划13个综合基地的统筹协调、加大投入、重点建设、加强考核和促进共享，所依托单位负责牵头管理，其他入驻单位按照分工履行建设、使用和协助管理职能。研究所重点抓好本规划确定的重点基地建设和管理。院有关部门给予优先支持和重点指导。

（二）稳定土地资源，保障基地持续发展

新建科研试验基地要抓住地方国有农用地转让、农村土地“三权分置”及集体经营性建设用地入市等改革契机，取得土地使用权证，确保各类建设项目和资金的稳定投入。发展前景看好的重要科研试验基地，要通过扩大规模、延长租期等多种方式，千方百计稳定基地的土地资源，使基地使用合法化、规范化、长期化，实现基地的长期可持续发展。

（三）加大资金投入，提高基地建设水平

按照一盘棋的思路和要求，加强院所层面的系统设计和规划衔接。一要做好科研试验基地布局规划与建设计划的有效衔接，确保规划重点得到优先投资建设。二要做好基本建设投资、修购专项资金等建设经费的优化整合、统筹调配和衔接配套，避免建设内容重复、实施安排冲突。三要多方筹措建设经费，适当提高科研试验基地建设标准，激励和引导地方加强集成展示基地条件建设，力争建成一批标志性试验基地。

（四）多方筹措资金，保障基地正常运行

遵循集约化、公益性、公平性原则，依据全成本核算办法测算经费需求，建立财政支持和收取费用相结合的筹措方式，确保科研试验基地正常运行。一是积极申请农业部重大专用设施运行费等财政项目，争取财政经费支持并实现稳定增长。二是按照“谁使用、谁出钱”原则，收取综合服务费并实现动态调整，建立健全收费标准的听证制度、经费使用的审查制度。三是适当开展有偿技术咨询、科技服务等工作，拓宽经费渠道，多途径多手段保障基地正常运行。

（五）建立健全机制，促进基地开放共享

纳入本规划的综合基地可以“中国农业科学院+地名+综合试验基地”名义对外争取项目、开展合作，率先向全院开放共享。建立基地开放共享机制，促进试验用地、科研设施、仪器设备、科研数据、科技成果等基地资源向所内、院内、院外有序开放使用，鼓励建立产学研紧密结合的科研共同体和面向国内同类学科的学术共生体，探索开放共享的长效机制。实行新建科研试验基地的全院统一论证机制，未纳入本规划或未经院统一论证的新建基地，院有关部门不予立项支持。建立以开放共享和服务地方为导向的基地考评制度，考评结果纳入研究所现代院所评价指标体系，建立考评结果与单位资源配置、有关人员评优评先和晋级晋职挂钩机制。

（六）创新管理方式，激发基地发展活力

建立全院统一的基地管理系统及院所基地三级平台，实现各基地全程信息化管理。建立基地开放日制度，增强窗口展示作用，服务地方发展，优化其发展环境。积极推进综合基地的宏观管理与具体运营分离，鼓励设立独立运营实体，选派本单位职工担任负责人，形成一支结构合理、精干高效、充满活力、相对稳定的专业专门管理服务队伍，开展科研试验、技术推广、后勤保障等工作。鼓励研究所对拥有土地产权、建成规模大的专业基地参照综合基地进行管理。鼓励各类基地管理主体在服务好科研的前提下，创（领）办科技型经济实体，实现基地效益最大化，激发其发展后劲和活力。

附表 1　中国农业科学院综合试验基地建设一览

序号	基地名称	承建单位	建设方式
1	吉林左家综合试验基地	特产所（蜜蜂所等）	改建
2	内蒙古呼伦贝尔综合试验基地	资划所（作科所等）	改建
3	北京综合试验基地（通州、南口、廊坊）	院（通州：生物所、蔬菜所、食物营养所、资划所 4 所；南口：作科所、蔬菜所、环发所、饲料所、加工所、蜜蜂所、牧医所、质标所 8 所；廊坊：作科所、蔬菜所、生物所、资划所、饲料所、牧医所、食物营养所、特产所、草原所 9 所）	扩建
4	河南新乡综合试验基地	院（作科所、植保所、环发所、灌溉所、郑果所、加工所 6 所）	扩建
5	黄土高原综合试验基地（选址待定）	待定	新建
6	湖北阳逻综合试验基地	油料所（蜜蜂所等）	改建
7	浙江富阳综合试验基地	水稻所（其他所待定）	改建
8	四川成都或绵阳综合试验基地	沼科所或油料所（其他所待定）	新建
9	广东深圳综合试验基地	深圳基因组所（加工所等）	改建

（续表）

序号	基地名称	承建单位	建设方式
10	海南南繁综合试验基地	院（作科所、棉花所、水稻所、生物所4所，郑果所、烟草所、麻类所、油料所、蔬菜所、加工所6所）	改建
11	新疆昌吉综合试验基地	院（棉花所、环保所、蔬菜所、灌溉所、沼科所、作科所、加工所7所）	新建
12	甘肃张掖综合试验基地	兰州牧药所（蔬菜所、作科所、环保所3所）	改建
13	青海平安北繁综合试验基地	油料所（其他所待定）	改建

注：综合试验基地为试验示范、观测监测、中试转化、集成展示四大基地体系共有。

附表2　中国农业科学院专业试验基地建设一览

序号	基地名称	承建单位	隶属体系	建设方式
1	黑龙江宝清北方粳稻试验基地	水稻所	试验示范	新建
2	黑龙江哈尔滨南山动物试验场	哈尔滨兽医所	试验示范	扩建
3	黑龙江木兰主食加工技术研究院	加工所	中试转化	新建
4	吉林抚松长白山人参研发试验基地	特产所	试验示范	新建
5	吉林公主岭农业有害生物监测与防治试验基地	植保所	监测观测	提质
6	吉林公主岭作物试验基地	作科所	试验示范	提质
7	辽宁大连都市农业创新试验基地	都市农业所	试验示范	新建
8	辽宁绥中果树栽培试验基地	果树所	试验示范	提质
9	辽宁兴城砬山北方落叶果树试验基地	果树所	试验示范	扩建
10	辽宁兴城温泉果树试验基地	果树所	试验示范	提质
11	辽宁营口耐盐碱基因改良试验基地	生物所	试验示范	提质
12	内蒙古阿拉善抗旱棉花试验基地	棉花所	试验示范	新建
13	内蒙古鄂尔多斯达拉特沙地草场改良试验基地	草原所	观测监测	扩建
14	内蒙古鄂尔多斯十二连城沙地草原试验基地	草原所	观测监测	提质
15	内蒙古鄂托克牧草资源与育种试验基地	牧医所	试验示范	提质
16	内蒙古呼和浩特农牧交错区试验基地	草原所	试验示范	扩建
17	内蒙古锡林浩特草原生态保护与可持续利用试验基地	草原所	试验示范	扩建
18	内蒙古锡林浩特草原有害生物监测与防治试验基地	植保所	观测监测	扩建

（续表）

序号	基地名称	承建单位	隶属体系	建设方式
19	内蒙古锡林郭勒盟苏尼特荒漠草原试验基地	草原所	观测监测	提质
20	内蒙古锡林郭勒盟太仆寺旗典型草原试验基地	草原所	观测监测	提质
21	北京昌平潮褐土生态环境试验基地	资划所	监测观测	提质
22	北京昌平马池口畜牧试验基地	牧医所	试验示范	扩建
23	北京昌平马池口作物试验基地	作科所	试验示范	提质
24	北京海淀国家土壤肥力与肥料效益监测站网	资划所	监测观测	提质
25	北京海淀蔬菜花卉试验基地	蔬菜所	试验示范	提质
26	北京海淀作物试验基地	作科所	试验示范	提质
27	北京密云生态环境试验基地	资划所	监测观测	提质
28	北京平谷棉花生物育种试验基地	生物所	试验示范	提质
29	北京顺义农业环境试验基地	环发所	试验示范	扩建
30	北京顺义蔬菜花卉试验基地	蔬菜所	试验示范	提质
31	北京顺义作物试验基地	作科所	试验示范	扩建
32	天津武清农业生态环境试验基地	环保所	观测监测	提质
33	天津武清转基因动物试验基地	牧医所	试验示范	扩建
34	河北沽源小麦夏繁试验基地	作科所	试验示范	扩建
35	河北廊坊农业有害生物监测与防治试验基地	植保所	试验示范	扩建
36	河北平泉国家食用菌改良中心试验基地	资划所	中试转化	扩建
37	河北迁西燕山生态环境试验基地	资划所	监测观测	提质
38	河北唐海作物耐盐碱试验基地	作科所	试验示范	提质
39	河北张家口张北高原寒地蔬菜花卉试验基地	蔬菜所	试验示范	扩建
40	山东长岛农业有害生物监测与防治试验基地	植保所	监测观测	提质
41	山东德州农产品加工试验基地	加工所	中试转化	新建
42	山东德州盐碱土壤改良试验基地	资划所	观测监测	提质
43	山东东营农业环境试验基地	环发所	试验示范	提质
44	山东东营滩涂农业试验基地	烟草所	试验示范	新建
45	山东海阳果树瓜类试验基地	郑果所	试验示范	新建
46	山东即墨烟草试验基地	烟草所	试验示范	提质
47	山东兰陵蔬菜花卉试验基地	蔬菜所	试验示范	新建

（续表）

序号	基地名称	承建单位	隶属体系	建设方式
48	山东青州烟草试验基地	烟草所	试验示范	提质
49	山东庆云生态农业试验基地	环保所	试验示范	新建
50	山东泰安麻类创新试验基地	麻类所	试验示范	提质
51	山西寿阳旱地农业试验基地	环发所	监测观测	扩建
52	河南安阳棉花试验基地	棉花所	试验示范	扩建
53	河南洛阳旱地农业试验基地	资划所	监测观测	提质
54	河南商丘农业资源与生态环境试验基地	灌溉所	监测观测	扩建
55	河南新乡洪门水资源利用试验基地	灌溉所	观测监测	扩建
56	河南新乡小麦育种试验基地	作科所	试验示范	提质
57	河南郑州果树瓜类试验基地	郑果所	试验示范	提质
58	河南郑州棉花试验基地	棉花所	试验示范	提质
59	河南郑州荥阳果树瓜类试验基地	郑果所	试验示范	扩建
60	湖北丹江库区生态环境试验基地	环保所	监测观测	新建
61	湖北恩施利川特色蔬菜种与功能食品加工试验基地	麻类所	试验示范	新建
62	湖北汉川转基因油料作物试验基地	油料所	试验示范	提质
63	湖北麻城棉花生物育种试验基地	生物所	试验示范	提质
64	湖北十堰秦巴山片区生态农业试验基地	麻类所	试验示范	新建
65	湖北武昌油料作物试验基地	油料所	试验示范	扩建
66	湖北咸宁农村生态环境试验基地	环保所	监测观测	新建
67	湖南长沙南方经济作物试验基地	麻类所	试验示范	新建
68	湖南长沙望城麻类创新试验基地	麻类所	试验示范	提质
69	湖南长沙望城苎麻与野生纤维植物保护圃	麻类所	观测监测	提质
70	湖南常德南方饲料作物种质与利用试验基地	麻类所	试验示范	提质
71	湖南祁阳红壤农业生态试验基地	资划所	监测观测	扩建
72	湖南湘潭产地环境试验基地	环保所	监测观测	新建
73	湖南湘阴农业生态环境试验基地	环保所	监测观测	提质
74	湖南沅江麻类作物试验基地	麻类所	试验示范	扩建
75	湖南岳阳农业环境试验基地	环发所	监测观测	提质
76	安徽合肥长江中下游杂交棉观测试验基地	棉花所	试验示范	扩建

（续表）

序号	基地名称	承建单位	隶属体系	建设方式
77	安徽合肥农产品加工试验基地	加工所	中试转化	新建
78	安徽灵璧棉花生物育种试验基地	生物所	试验示范	提质
79	安徽望江长江生态区三熟棉试验基地	棉花所	试验示范	扩建
80	江苏南京溧水农业机械化创新试验基地	农机化所	中试转化	扩建
81	上海松江动物动物试验基地	上海兽医所	试验示范	扩建
82	浙江淳安茶叶加工试验基地	茶叶所	中试转化	提质
83	浙江杭州茶叶试验基地	茶叶所	试验示范	提质
84	浙江临安水稻试验基地	水稻所	试验示范	新建
85	浙江嵊州茶叶试验基地	茶叶所	试验示范	扩建
86	江西赣州柑橘黄龙病监测与防治试验基地	植保所	观测监测	新建
87	江西高安作物试验基地	作科所	试验示范	新建
88	江西进贤土壤肥料试验基地	资划所	观测监测	体质
89	江西进贤油料作物试验基地	油料所	试验示范	扩建
90	江西九江棉花试验基地	棉花所	试验示范	提质
91	福建安溪或武夷山茶叶试验基地	茶叶所	试验示范	新建
92	福建海西农业环境试验基地	环发所	监测观测	提质
93	广东江门农业资源利用试验基地	资划所	监测观测	提质
94	广西桂林农业有害生物监测与防治试验基地	植保所	监测观测	扩建
95	四川成都双流沼气发酵研发试验基地	沼科所	中试转化	扩建
96	四川成都天府新区循环农业试验基地	沼科所	中试转化	新建
97	四川西昌烟草试验基地	烟草所	试验示范	扩建
98	云南大理农业生态环境试验基地	环保所	监测观测	扩建
99	云南普洱茶叶试验基地	茶叶所	试验示范	提质
100	云南永胜水稻试验基地	水稻所	试验示范	提质
101	重庆涪陵水稻制种试验基地	水稻所	试验示范	新建
102	甘肃兰州大洼山畜牧试验基地	兰州牧药所	观测监测	扩建
103	甘肃天水农业有害生物监测与防治试验基地	植保所	监测观测	提质
104	新疆阿克苏阿瓦提棉花生物育种试验基地	生物所	试验示范	新建

（续表）

序号	基地名称	承建单位	隶属体系	建设方式
105	新疆阿克苏果树试验基地	郑果所	试验示范	提质
106	新疆阿克苏中早熟棉试验基地	棉花所	试验示范	提质
107	新疆阿拉尔棉花试验基地	棉花所	试验示范	新建
108	新疆哈密果树瓜类试验基地	郑果所	试验示范	提质
109	新疆胡杨河棉花试验基地	棉花所	试验示范	新建
110	新疆喀什中亚早熟棉育种试验基地	棉花所	试验示范	提质
111	新疆库尔勒棉花试验基地	棉花所	试验示范	提质
112	新疆库尔勒农业有害生物监测与防治试验基地	植保所	观测监测	扩建
113	新疆石河子北疆早熟棉育种试验基地	棉花所	试验示范	提质
114	新疆石河子农产品加工试验基地	加工所	中试转化	新建
115	青海玉树青藏高寒草原资源与生态环境试验基地	草原所	观测监测	扩建
116	西藏林芝高原瓜果试验基地	郑果所	试验示范	新建
117	西藏那曲高寒草地生态与气候变化试验基地	环发所	观测监测	扩建

注：专业试验基地仅为试验示范、观测监测、中试转化三大相应体系内的专业试验基地。

中国农业科学院
关于加强科研试验基地管理的若干意见

科研试验基地是原始创新和重大成果培育的公共支撑平台，是国家农业科技创新体系的重要组成部分。中国农业科学院（以下简称中国农科院）科研试验基地在推动农业科技创新、培养农业科研人才、助推科技成果转化、服务地方农业发展等方面做出了重大贡献。但同时也要看到，当前科研试验基地发展还存在布局不够合理、条件不够完善、运行管理水平不高、支撑不够有力等问题。为进一步加强中国农科院科研试验基地的建设和管理，结合院、所实际，提出以下意见。

一、总体要求

（一）充分认识科研试验基地的重要性

农业生产的长期性、复杂性、区域性，决定了农业科技创新离不开科研试验基地的支撑和保障。农业科研试验基地依托科研单位、面向生产第一线，是重大品种培育、颠覆性技术研发、人才培养和科技成果展示的重要场所，在农业科技创新链条中上接原始创新、下连成果转化，是加快农业科技创新、保障国家粮食安全、推进现代农业发展的策源地。

（二）进一步明确科研试验基地的职能定位

科研试验基地是指中国农科院及其所属单位投资建设、对土地拥有使用权证或租期20年及以上、主要用于科研用途的试验基地。定位于农业科技原始创新的第二实验室和农业科技成果转化的重要工作阵地，具有鲜明的公益性特征。其主要职能是：承接各类农业科学试验，开展长期定位观测监测研究；承接农业科技成果及集成技术的展示示范，以及科技培训、技术咨询、科普宣传、农耕文化展示等工作。

（三）总体目标要求

通过系统优化和整体强化科研试验基地的建设规划和运行管理，进一步加强院级综合试验基地的统筹力度，进一步强化研究所对本单位科研试验基地建设与管理的主体责任，加快形成布局科学、结构合理、条件先进、功能完备、管理高效的全院试验基地网络，提升其支撑和保障全院科技创新和成果转化的能力水平，为中国农科院推进“顶天立地”战略、实施科技创新工程、实现世界一流学科和一流科研院所建设目标、推动我国农业科技整体跃升提供坚实的条件保障。

二、优化科研试验基地规划布局

（一）做好科研试验基地发展规划编制工作

坚持全院一盘棋思路，以5年为一周期，基于强化统筹、整合资源、区域兼顾、突出重点、创新机制、注重实效的原则，编制好院、所两级科研试验基地发展规划。院级科研试验基地发展规划由院成果转化局牵头编制，重点明确院级综合试验基地的发展布局、建设重点、保障措施等，经院常务会审议后印发。研究所依据院级科研试验基地发展规划，编制本所试验基地规划。

（二）高标准建设科研试验基地

研究制定科研试验基地建设标准。对综合性科研试验基地，应坚持整体推进、重点突破，院基本建设局会同成果转化局在规划设计和建设管理等方面做好指导服务。按照发展目标明确、功能分区清晰、使用计划周密、管理措施具体等原则，高标准分级分类地推进科研试验基地建设。

（三）建立新建科研试验基地统一论证机制

研究所原则上应按院级科研试验基地发展规划建设本所科研试验基地。确因科研需要另行新建基地的，初步选址确定后，应提交申请报告，由院成果转化局牵头组织统一论证，院科技管理局、财务局、基本建设局等部门参加。未经论证的科研试验基地，院基本建设局、财务局等部门不予立项支持。

三、提高科研试验基地使用效率

（一）做好科研试验基地资源统筹使用

以提高科研试验基地使用效率为原则，研究所应集中更多科研资源、研发任务、成果转化、展示示范等在科研试验基地实施。鼓励在科研试验基地划定专区，安排部署一批体现学科需求、代表区域特点的长期定位试验、定点观测监测研究等基础性工作任务。某些创新团队需要长期稳定、固定使用田块的，允许将土地使用权和养地责任落实到该创新团队，但应经常排查梳理科研试验基地用地状况，长期使用不充分或未用于科研用途的试验地要及时退还。

（二）推进科研试验基地对外开放共享

各研究所承担的重大研发任务需多个试验基地支撑的，应优先安排在全院位于不同生态区的科研试验基地进行。发挥综合试验基地的表率作用，制定共享各方责权对等、互利共赢的管理制度，建立科研试验基地之间的协作机制，推动试验用地、科研样品、科研设施、仪器设备、科研数据、科技成果等基地资源对外开放共享和有效利用。

（三）发挥科研试验基地窗口展示作用

鼓励有条件的试验基地建立开放日制度，邀请当地政府及有关部门和社会各界参观科研设施、科研活动，增强其对科研试验基地的认知、了解和支持。发挥入驻单位（创新团队）的能动性，开展科技咨询、产品检测等公益服务，加强与地方沟通联系，探索农科教融合、产学研衔接的有效机制和方式，做好科技服务地方发展工作。

四、创新科研试验基地管理方式

（一）推进科研试验基地管运分离

实行科研试验基地与野外台站（含作物种质资源圃）一体化管理。院成果转化局归口负责全院科研试验基地的发展规划编制、政策制定、统筹协调、绩效考评等宏观管理工作。院后勤服务中心、院属有关单位承担院级综合试验基地的安全生产、设施维护等运行服务任务。研究所应明确科研试验基地主管部门或设立相应机构，加强管理协调，避免创新团队、研究室（中心）无序建设科研试验基地；强化运行服务，提高基地支撑保障水平。

（二）实行科研试验基地工作报告制度

科研试验基地归口负责部门、运行服务单位（部门）要定期或不定期向本单位主要领导或领导班子汇报基地运行状况及工作进展。研究所要向院报送年度科研试验基地工作总结和下年度工作计划。在科研试验基地开展的重要活动、取得的重大成果应实时向院有关部门报告。

（三）加强科研试验基地资产管理

各研究所要调动地方政府积极性，争取科研试验基地土地资源取得土地使用权证并做好及时入账管理。要按有关规定，加强中央财政资金、单位自有资金投入建设形成的设施设备等资产，以及基地管理使用中形成或涉及的知识产权等无形资产管理。

（四）提高科研试验基地运行服务水平

加强科研试验基地田间试验质量、物资采购使用、科研副产品处置、安全生产、设备仪器维护、人员档案管理等制度建设。按照标准化、规范化、专业化要求，明确科研试验基地运行服务各岗位职责和目标任务，将有关责任落实到人。有条件的研究所可设立法人实体，承担具体科研试验基地的运行服务工作。涉及多个研究所的科研试验基地，可根据运行服务工作需要设立理事会或管委会，负责建章立制、组织协调等工作。

五、强化科研试验基地人才队伍建设

（一）配强科研试验基地主要负责人

建设规模大、入驻单位或创新团队多的综合试验基地，要选派年富力强、懂业务、会管理、负责任的本单位在职在岗中层干部牵头负责管理。建设规模小、入驻单位或创新团队少的科研试验基地，可由入驻时间长、使用资源多的创新团队首席科学家或研究室（中心）主任牵头负责管理。鼓励各试验基地设立总农艺师（首席兽医师）岗位，切实提高科研试验水平和质量。

（二）加强科研试验基地管理人才队伍建设

打造一支规模适度、精干高效的科研试验基地管理队伍，确保其工资待遇不低于本单位行政或后勤管理岗位同级同类人员水平。试验基地管理人员、试验观测专业技术人员、工勤技能人员，应根据具体岗位的性质，适用院科研、管理、支撑、转化四支队伍相应序列政策，并在职称评审、职务晋升、基层补贴等方面给予适度倾斜。

（三）壮大科研试验基地科技人员队伍

充分发挥科研试验基地在人才培养方面的作用，要求研究所安排新入职人员、年轻科研骨干等到科研试验基地开展为期 3 个月左右的实践锻炼。支持研究生院在试验基地设立培训基地。支持研究所在试验基地设立博士后创新实践基地。科研人员到异地科研试验基地开展科研活动，应根据有关规定发放驻点补助。

六、加大科研试验基地经费保障力度

（一）加大科研试验基地建设经费投入

统筹配置基本建设投资、修缮购置专项资金、自筹资金等建设经费，确保院级科研试验基地发展规划确定的建设重点，按时间节点系统推进。注重公共条件和专用条件建设的协调性、科研设施建设和仪器设备装备的同步性，保证科研试验基地建设符合科技创新和运行管理工作的实际需要。

（二）多渠道筹措科研试验基地运转经费

明确院、所财务主管部门经费筹措的主体责任，建立财政支持与有偿服务相结合的经费筹措渠道，并将相关经费纳入单位预算管理。科研试验基地日常运行和公共设施维护经费应争取财政支持并实现稳定增长。积极申请农业部重大专用设施运行费等财政项目，院、所应设立科研试验基地专项经费，补齐财政项目经费缺口。科研活动按照“谁使用、谁出钱”的原则，收取相关费用并实行动态调整。建立健全收费标准的听证制度和经费使用的公开、审查制度。科研试验基地可适度开展技术咨询、科技服务、成果转化等工作，获得的收益主要用于弥补运转经费的不足。

七、建立科研试验基地绩效考评与奖补机制

（一）建立科研试验基地绩效考评制度

按照全面发展、开放共享、服务地方以及科技人员“满意不满意”的原则，开展科研试验基地诊断、监测和考核工作。诊断不定期开展，重点是查找阶段性问题、提出整改建议，由院、所分工负责；监测每年开展一次，建立以条件建设与维护、科研活动与产出、成果转化与服务地方、运行管理与开放共享等为主要内容的监测指标体系，由基地牵头管理人负责；考核每 3 年开展一次，主要考核科研试验基地发展规划完成情况以及重点基地的建设、使用、管理、开放共享和服务地方发展等情况，由院组织实施。监测和考核结果均分为优秀、良好、一般 3 个等级。

（二）建立综合试验基地认定与动态调整机制

主要依据院级科研试验基地发展规划，择优认定一批院级综合试验基地，准予其以“中国农业科学院+地名+综合试验基地”名义对外争取项目、开展合作。经研究所申报，院备案一批所级综合试验基地，准予其使用“中国农业科学院××研究所+地名+综合试验基地”铭牌。考核结果为“一般”的科研试验基地，不得认定为院、所综合试验基地。

（三）建立科研试验基地奖励制度

设立科研试验基地管理先进集体奖、先进个人奖，用于奖励科研试验基地考评优秀的单位和个人。对长期从事科研试验基地工作、科研人员认可度高、工作成效显著的个人，给予科研试验基地管理特殊贡献奖。对管理工作落后、问题整改不力的单位，以适当方式在一定范围内给予通报。

（四）建立基地绩效考评结果与单位资源配置挂钩机制

科研试验基地考评结果为“优秀”的，在修缮购置专项项目、基本科研业务费项目预算安排、规划调整、项目建议时给予倾斜。将科研试验基地考评作为研究所发展实力的重要指标，纳入现代院所评价指标体系，并依据监测或考核结果等级给予有关研究所一定分值。

八、强化科研试验基地组织领导与宣传

（一）成立中国农业科学院科研试验基地领导小组

领导小组由分管院领导担任组长，院成果转化局局长担任常务副组长，院有关部门负责人担任成员，负责召集院级科研试验基地联席会议、研究决策并组织协调基地规划编制、新建科研试验基地论证等重要事项。领导小组下设办公室，办公室设在院成果转化局，负责领导小组日常工作。

研究所应成立本单位科研试验基地领导小组，定期或不定期召开包括科技人员代表参加的工作会议，重点研究解决本单位科研试验基地规划编制、建设管理、运行服务、经费保障等重大问题。

（二）加强科研试验基地宣传交流

根据工作需要，不定期举办全院科研试验基地管理工作会议，解读政策制度，开展经验交流，总结工作成效，部署下一阶段工作。建设全院科研试验基地信息管理系统。利用网站、院报、工作简报、微信等媒介，宣传报道典型基地和先进个人，营造全院重视和支持科研试验基地发展的良好氛围。

四、国际合作与海峡两岸交流

中国农业科学院 2017 年合作谅解备忘录/协议签署清单

序号	研究所名称	外方签署单位名称（中英文）	合作谅解备忘录/协议名称（中英文）	协议类型	签署时间
1	作科所	乌拉圭国家农牧研究院（Uruguay National Academy of Agriculture and Animal Husbandry）	中国农业科学院作物科学研究所与乌拉圭国家农牧研究院科技合作协议（Collaborative Research Agreement）	一般性合作协议	2017.5
2		法国农科院（INRA）	加入国际小麦协调委员会协议（Accession of a New Member to the Wheat Initiative）	加入国际小麦协调委员会协议	2017.11
3		巴基斯坦农业和生物核技术研究所［Nuclear Institute for Agriculture and Biology（NIAB），Faisalabad，Pakistan］	Memorandum of Unstanding Between Nuclear Institute for Agriculture and Biology（NIAB），Faisalabad，Pakistan AND Institute of Crop Science，Chinese Academy of Agricultural Sciences（CAAS），Beijing，China	种质资源交换	2017.3

（续表）

序号	研究所名称	外方签署单位名称（中英文）	合作谅解备忘录/协议名称（中英文）	协议类型	签署时间
4	作科所	匈牙利科学院农业研究中心（Center for Agricultural Research, Hungarian Academy of Sciences）	中国农业科学院作物科学研究所与与匈牙利科学院农业研究中心谅解备忘录（Memorandum of Understanding Between Center for Agricultural Research, Hungarian Academy of Sciences and Institute of Crop Science, Chinese Academy of Agricultural Sciences）	一般性合作协议	2017.9
5	植保所	新西兰 AgResearch 皇家研究院	植保所与新西兰 AgResearch 皇家研究院的合作备忘录（Memorandum of Understanding between the Institute of Plant Protection of Chinese Academy of Agricultural Sciences and AgResearch Limited）	一般性合作协议	2017
6	植保所	缅甸科技大学皎施分校（Kyaukse, Myanmar）	植保所与缅甸科技大学皎施分校有关农业研究及一带一路发展的合作备忘录（Memorandum of Understanding on Cooperation in Agricultural Research and Development for the Belt and Road between IPP-CAAS and Kyaukse, Myanmar）	一般性合作协议	2017

（续表）

序号	研究所名称	外方签署单位名称（中英文）	合作谅解备忘录/协议名称（中英文）	协议类型	签署时间
7	植保所	孟加拉农业大学（SAU，Bangladesh）	植保所与孟加拉农业大学有关农业研究及一带一路发展的合作备忘录（Memorandum of Understanding on Cooperation in Agricultural Research and Development for the Belt and Road between IPP-CAAS and SAU，Bangladesh）	一般性合作协议	2017
8		挪威生物经济研究院生物技术与植物健康研究所（Norwegian BPHD-NIBIO）	植保所与挪威生物经济研究院生物技术与植物健康研究所的合作备忘录（Memorandum of Understanding between IPP-CAAS and BPHD-NIBIO）	一般性合作协议	2017
9		CABI-肯尼亚农业与畜牧业研究院—肯尼亚植物健康检验局—埃格顿大学（CABI，KALRO，KEPHIS，EGU）	植保所与CABI-肯尼亚农业与畜牧业研究院—肯尼亚植物健康检验局—埃格顿大学签署合作备忘录（Memorandum of Understanding between IPP-CAAS，CABI，KALRO，KEPHIS，EGU）	一般性合作协议	2017
10		与越南、缅甸、孟加拉等13个国家和CIMMYT、国际生物多样性中心等4个组织	南亚、东南亚农业科技创新联盟（Innovation Alliance for Agricultural Science and Technology in South and Southeast Asia）	一般性合作协议	2017

（续表）

序号	研究所名称	外方签署单位名称（中英文）	合作谅解备忘录/协议名称（中英文）	协议类型	签署时间
11	植保所	默多克大学（Murdoch University，Australia）	默多克大学 Giles Hardy 受聘客座教授协议（Prof. Giles Hardy from Murdoch University，Australia was Awarded as Visiting Professor in IPP-CAAS）	一般性合作协议	2017
12		默多克大学（Murdoch University，Australia）	默多克大学 Simon Mckirdy 受聘客座教授协议（Prof. Simon Mckirdy from Murdoch University，Australia was Awarded as Visiting Professor in IPP-CAAS）	一般性合作协议	2017
13		默多克大学（Murdoch University，Australia）	默多克大学 Ren Yonglin 受聘客座教授（Prof. Ren Yonglin from Murdoch University，Australia was Awarded as Visiting Professor in IPP-CAAS）	一般性合作协议	2017
14		美国杜邦公司（DuPont Pioneer）	亚洲玉米螟的研究协议（The Agreement of Research of Asain Corn Borer between IPP/CAAS-DuPont Pioneer）	一般性合作协议	2017
15		先正达公司北京公司（Syngenta Pioneer）	植保所/先正达公司“转基因抗虫玉米的评价与研发”（The Agreement of Assessment and Development of Transgenic Corn Events for Insect Control in China between IPP and Syngenta）	一般性合作协议	2017

（续表）

序号	研究所名称	外方签署单位名称（中英文）	合作谅解备忘录/协议名称（中英文）	协议类型	签署时间
16	植保所	先正达公司北京公司（Syngenta Pioneer）	植保所/先正达公司“转基因玉米在内蒙的环境安全评价试验”（The Agreement Between IPP and Syngenta Assessment Envirmental Safety of Transgenic Corn in Inn Mongolia）	一般性合作协议	2017
17	环发所	日本农业环境变动研究所（National Institute for Agro-Environmental Sciences）	环发所与日本农业环境变动研究所学术交流协议书	一般性合作协议	2017.11.10
18		巴基斯坦白沙瓦农业大学（University of Agriculture, Peshawar-Pakistan）	环发所与巴基斯坦白沙瓦农业大学合作谅解备忘录（Memorandum of Understanding between the Institute of Environment and Sustainable Development in Agriculture, CAAS and the University of Agriculture, Peshawar-Pakistan）	一般性合作协议	2017.9.11
19	蔬菜所	埃及农业研究中心园艺研究所（The Horticultural Research Institute, Agriculture Research Centre of Egypt）	中国农业科学院蔬菜花卉研究所—埃及农业研究中心园艺研究所农业科技合作备忘录（Memorandum of Understanding between Institute of Vegetables and Flowers, CAAS and the Horticultural Research Institute, Agriculture Research Centre of Egypt in the Field of Agricultural Research）	一般性合作协议	2017.4

（续表）

序号	研究所名称	外方签署单位名称（中英文）	合作谅解备忘录/协议名称（中英文）	协议类型	签署时间
20	蔬菜所	埃及农业研究中心有机农业中心实验室（The Central Lab of Organic Agriculture, Agriculture Research Centre of Egypt）	中国农业科学院蔬菜花卉研究所—埃及农业研究中心有机农业中心实验室农业科技合作备忘录（Memorandum of Understanding between Institute of Vegetables and Flowers, CAAS and The Central Lab of Organic Agriculture, Agriculture Research Centre of Egypt in the Field of Agricultual Research）	一般性合作协议	2017.7
21		埃及好种子科技有限公司（Fine Seeds Co. of Egypt）	中国农业科学院蔬菜花卉研究所—埃及好种子科技有限公司农业科技与贸易合作备忘录（Memorandum of Understanding between Institute of Vegetables and Flowers, CAAS and Fine Seeds Co. of Egypt in the Field of Agricultual Research and Trade）	一般性合作协议	2017.4
22		美国威斯康星大学园艺系（College of Agricultural & Life Sciences, Wisconsin-Madison）	中国农业科学院蔬菜花卉研究所—美国威斯康星大学园艺系蔬菜分子育种科技合作备忘录（Memorandum of Understanding between Institute of Vegetables and Flowers, CAAS and College of Agricultural & Life Sciences, Wisconsin-Madison in the Field of Molecular Breeding in Vegetables）	一般性合作协议	2017.11

（续表）

序号	研究所名称	外方签署单位名称（中英文）	合作谅解备忘录/协议名称（中英文）	协议类型	签署时间
23	蔬菜所	俄罗斯国家农科院全俄马铃薯研究所（All Russia Potato Research Institute）	中国农业科学院蔬菜花卉研究所—俄罗斯国家农科院全俄马铃薯研究所科技合作备忘录（Memorandum of Understanding between Institute of Vegetables and Flowers，CAAS and All Russia Potato Research Institutein the Field of Potato Breeding and Cultivation）	一般性合作协议	2017. 8
24	蔬菜所	俄罗斯国家农科院全俄马铃薯研究所（All Russia Potato Research Institute）	中国农业科学院蔬菜花卉研究所—俄罗斯国家农科院全俄马铃薯研究所“中俄马铃薯遗传育种联合实验室”科技合作协议（Agreement on Joint Lab of Potato Genetic Breeding between Institute of Vegetables and Flowers，CAAS and All Russia Potato Research Institute）	联合实验室	2017. 10
25	蔬菜所	意大利国家花卉栽培研究所［Institute of Floriculture（IRF）of Sanremo，Italy］	中国农业科学院蔬菜花卉研究所—意大利国家花卉栽培研究所牡丹育种与采后技术科技合作备忘录（Memorandum of Understanding between Institute of Vegetables and Flowers Chinese Academy of Agricultural Sciences，and Regional Institute of Floriculture（IRF）of Sanremo，Italy in the Field of Peony Breeding and Postharvest Technology）	一般性合作协议	2017. 7

（续表）

序号	研究所名称	外方签署单位名称（中英文）	合作谅解备忘录/协议名称（中英文）	协议类型	签署时间
26	蜜蜂所	埃塞俄比亚默克莱大学（Mekelle University and Tigray Agricultural Research Institute）	中国农业科学院蜜蜂研究所与埃塞俄比亚默克莱大学签署合作备忘录［Memorandum of Understanding between the Institute of Apicultural（IAR），Chinese Academy of Agricultural Sciences And Mekelle University and Tigray Agricultural Research Institute（TARI）］	一般性合作协议	2017.6
27		美国密歇根州立大学蜜蜂生物学试验室（Honey Bee Biology Lab，Michigan State University）	中国农业科学院蜜蜂研究所和美国密歇根州立大学蜜蜂生物学试验室合作协议（Memoranum of Understanding Between Chinese Academy of Agricultural Sciences Institute of Apicultural Research and Honey Bee Biology Lab，Michigan State University）	联合实验室	2017.6
28		美国中央州立大学农业研究与发展学院（Agricultural Reserch and Development，Central State University）	中国农业科学院蜜蜂研究所和美国中央州立大学农业研究与发展学院合作协议（Memoranum of Understanding Between Chinese Academy of Agricultural Sciences Institute of Apicultural Research and Agricultural Research and Development，Central State University	一般性合作协议	2017.12.19

（续表）

序号	研究所名称	外方签署单位名称（中英文）	合作谅解备忘录/协议名称（中英文）	协议类型	签署时间
29	蜜蜂所	美国加州大学—欧文分校[Department of Anatomy and Neurobiolgy University of California（Irvine，United States）]	中国农业科学院蜜蜂研究所与美国加州大学—欧文分校签署合作备忘录[Memorandum of Understanding between the Department of Anatomy and Neurobiolgy University of California（Irvine，United States）and Chinese Academy of Agricultural Sciences Institute of Apicultural Research]	一般性合作协议	2017. 7. 10
30		法国图尔大学昆虫生物研究所（Institut de Recherche sur la Biologie de l′Insecte），UMR 7261 CNRS-University François Rabelais of Tours，France）	中国农业科学院蜜蜂研究所与法国图尔大学昆虫生物研究所签署合作备忘录[Memorandum of Understanding between Institute of Apicultural Research，Chinese Academy of Agricultural Sciences，China and IRBI（Institut de Recherche sur la Biologie de l′Insecte），UMR 7261 CNRS-University François Rabelais of Tours，France]	一般性合作协议	2017. 6. 18
31		泰国清迈大学数字创新国际学院（International College of Digital Innovation，Chiang Mai University）	中国农业科学院蜜蜂研究所与泰国清迈大学数字创新国际学院签署合作备忘录（Memorandum of Understanding between International College of Digital Innovation，Chiang Mai University and Institute of Apicultural Research，Chinese Academy of Agricultural Sciences）	一般性合作协议	2017. 6. 20

（续表）

序号	研究所名称	外方签署单位名称（中英文）	合作谅解备忘录/协议名称（中英文）	协议类型	签署时间
32	蜜蜂所	美国佛罗里达大学昆虫与线虫系蜜蜂研究室［University of Florida Board of Trustees on Behalf of Its the Honeybee Research and Extension Laboratory Department of Entomology and Nematology（Gainesville，Florida，USA）］	中国农业科学院蜜蜂研究所和美国佛罗里达大学（昆虫与线虫系蜜蜂研究室）合作备忘录［Memorandum of Understanding between University of Florida Board of Trustees on Behalf of Its the Honeybee Research and Extension Laboratory Department of Entomology and Nematology（Gainesville，Florida，USA）and Institute of Apicultural Research，Chinese Academy of Agricultural Sciences（Beijing，China）］	一般性合作协议	2017. 12. 22
33	蜜蜂所	德国黑森州蜜蜂研究所（LLH Bee Institute，Kirchhain，Germany）	中国农业科学院蜜蜂研究所和德国黑森州蜜蜂研究所签署合作研究协议（Agreement on the Cooperative Research Between Institute of Apicultural Research，Chinese Academy of Agricultural Sciences Beijing，People's Republic of China and LLH Bee Institute，Kirchhain，Germany）	一般性合作协议	2017. 12
34	中国养蜂学会	国际植保学会	CropLife Asia to Collaborate on Comparative Study	一般性合作协议	2017. 8

（续表）

序号	研究所名称	外方签署单位名称（中英文）	合作谅解备忘录/协议名称（中英文）	协议类型	签署时间
35	饲料所	古巴共和国农业部草料和饲料研究所（Pasture and Forage Institute of Republic of Cuba）	中国农业科学院饲料研究所与古巴共和国农业部草料和饲料研究所关于2017—2019年合作提案（Proposal for Cooperation on Moringa During 2017—2019）	一般性合作协议	2017. 3
36	饲料所	美国密西西比州立大学家禽科学系	中国农业科学院饲料研究所与美国密西西比州立大学家禽科学系合作框架协议（Framework Agreement on Research Cooperation and Personnel Exchange）	一般性合作协议	2017. 5
37	饲料所	德国库兹研究所（Institute Kurz GmbH）	Sciences德国库兹研究所与中国农业科学院饲料研究所合作研究战略协议（Strategy Agreement of Coorperation Between Institute Kurz GmbH and Feed Research Institute，Chinese Academy of Agricultural）	一般性合作协议	2017. 3
38	加工所	岛津制作所（SHIMADZU Corporation）	食品营养品质评价联合实验室（IFST-Shimadzu Joint Research Center for Agro-product Nutrition Quality Science and Technology）	联合实验室	2017. 2

（续表）

序号	研究所名称	外方签署单位名称（中英文）	合作谅解备忘录/协议名称（中英文）	协议类型	签署时间
39	加工所	爱沙尼亚塔林理工大学［Tallinn University of Technology（Estonia）］	科技合作备忘录［Memorandum of Unerstanding between Tallinn University of Technology（Estonia）and Institute of Food Science and Technology，Chinese Academy of Agricultural Sciences，P. R. China］	一般性合作协议	2017. 4
40	加工所	西班牙国家研究委员会食品科学研究所（Institute of Food Science Research，Spanish National Research Council）	中—西绿色食品组学联合研究中心（IFST-CIAL Joint Research Center for Green Foodomics Research）	联合实验室	2017. 6
41	加工所	帕金埃尔默仪器有限公司（PerkinElmer Co.，Ltd. U. S.）	单细胞检测与评价技术联合实验室（IFST-PE Joint Research Center for Single-cell Detection Analysis and Toxicology/Nutriology Evaluation）	联合实验室	2017. 6
42	加工所	美国德雷塞尔大学工学院（College of Enginering，Drexel University，USA）	中国农业科学院农产品加工研究所/美国德雷塞尔大学工学院合作协议（Strategic Cooperation Agreenment of Food Science& Technology Between Institute of Food Science and Technology，Chinese Academy of Agricultural Science and College of Enginering，Drexel University，USA）	科技合作备忘录	2017. 7

（续表）

序号	研究所名称	外方签署单位名称（中英文）	合作谅解备忘录/协议名称（中英文）	协议类型	签署时间
43	加工所	诺丁汉大学马来西亚分校（University of Nottingham, Malaysia Campus）	中国农业科学院农产品加工研究所与诺丁汉大学马来西亚分校工程学院食品与生物制品实验室科技合作框架协议	一般性合作协议	2017.12
44		澳大利亚昆士兰大学（University of Queensland）	真菌毒素防控合作协议（Collaboration in the Area of Mycotoxin Control & Prevention）	一般性合作协议	2017.1
45		加拿大农业和农业食品部（Agriculture and Agri-Food Canada）	真菌毒素防控合作协议（Collaboration in the Area of Mycotoxin Control & Prevention）	一般性合作协议	2017.1
46		印度尼西亚卡查玛达大学（Universitas Gadjah Mada）	真菌毒素防控合作协议（Collaboration in the Area of Mycotoxin Control & Prevention）	一般性合作协议	2017.1
47		日本卫生研究所（National Institute of Health Sciences）	真菌毒素防控合作协议（Collaboration in the Area of Mycotoxin Control & Prevention）	一般性合作协议	2017.1

（续表）

序号	研究所名称	外方签署单位名称（中英文）	合作谅解备忘录/协议名称（中英文）	协议类型	签署时间
48	加工所	马来西亚布特拉大学（Universiti Putra Malaysia）	真菌毒素防控合作协议（Collaboration in the Area of Mycotoxin Control & Prevention）	一般性合作协议	2017. 1
49		美国加利福尼亚大学戴维斯分校（UC Davis）	合作研究协议（Cooperative Research Service）	一般性合作协议	2017. 11
50		美国农业部农业研究中心（Agricultural Research Service，USDA）	合作研究协议（Cooperative Research Service）	一般性合作协议	2017. 11
51		哈佛大学医学院贝斯以色列女执事医疗中心（Beth Israel Deaconess Medical Center，HMS）	中国农业科学院农产品加工研究所与哈佛大学医学院贝斯以色列女执事医疗中心Zhou Jinrong团队合作协议（Collaboration Agreement between IFST-CAAS and BIDMC-HMS）	一般性合作协议	2017. 12

（续表）

序号	研究所名称	外方签署单位名称（中英文）	合作谅解备忘录/协议名称（中英文）	协议类型	签署时间
52	加工所	新西兰梅西大学 Riddet 研究所（Riddet Institute，Massey University，New Zealand）	新西兰梅西大学 Riddet 研究所食品结构与技术实验室—中国农业科学院农产品加工研究所食品化学与营养实验室学术与研究合作备忘录（Memorandum of Understanding on Academic and Research Cooperation between Laboratory of Food Chemistruy and Nutrition，Institute of Food Science & Technology，Chinese Academy of Agricultural Sciences and Laboratory of Food Structure and Technology，Riddet Institute，Massey Universtity，New Zealand）	联合实验室	2017. 12
53	加工所	新西兰梅西大学 Riddet 研究所（Riddet Institute，Massey University，New Zealand）	新西兰梅西大学 Riddet 研究所食品结构与技术实验室—中国农业科学院农产品加工研究所食品化学与营养实验室合作研发平台（Cooperative Research and Development Platform between Laboratory of Food Chemistry and Nurtrition，Institute of Food Science & Technology Chinese Academy of Agricutltural Sciences and Laboratory of Food Structure and Technology，Riddet Institute，Massey Universtity，New Zealand）	一般性合作协议	2017. 12

（续表）

序号	研究所名称	外方签署单位名称（中英文）	合作谅解备忘录/协议名称（中英文）	协议类型	签署时间
54	加工所	昆士兰大学食品科学与农业学院（School of Agriculture and Food Sciences, The University of Queensland）	中国农业科学院农产品加工研究所与昆士兰大学食品科学与农业学院科技合作协议（Non Funded Cooperative Agreement on Scientific & Technological Cooperation between Institute of Food Science and Technology, Chinese Academy of Agricultural Sciences and School of Agriculture and Food Sciences, The University of Queensland）	一般性合作协议	2017. 12
55	加工所	利兹大学化工学院（School of Chemical and Process Engineering, University of Leeds）	中国农业科学院农产品加工研究所与利兹大学化工学院科技合作协议（Non Funded Cooperative Agreement on Scientific & Technological Cooperation between Institute of Food Science and Technology, Chinese Academy of Agricultural Sciences and School of Chemical and Process Engineering, University of Leeds）	一般性合作协议	2017. 12
56	加工所	美国哈佛大学（Harvard University）	中国农业科学院农产品加工研究所与美国哈佛大学合作协议（Non Funded Cooperative Agreement on Scientific & Technological Cooperation between Institute of Food Science and Technology, Chinese Academy of Agricultural Sciences and School of Agriculture and Harvard University）	一般性合作协议	2017. 12

（续表）

序号	研究所名称	外方签署单位名称（中英文）	合作谅解备忘录/协议名称（中英文）	协议类型	签署时间
57	农经所	美国艾奥瓦州立大学农业与生命科学学院下属的农业与农村发展中心（Center for Agricultural and Rural Development in the College of Agriculture and Life Sciences, Iowa State University of Science and Technology）	中国农业科学院和艾奥瓦州立大学合作谅解备忘录的附录（An Addendum to the Memorandum of Understanding Between Chinese Academy of Agricultural Sciences and Iowa State Univertiy of Science and Technology）	一般性合作协议	2017.6
58	资化所	美国新罕布什尔大学	中美区域农业发展合作研究中心协议（Agreement of Joint Research Center for Sino-US Regional Agricultural Development）	联合实验室	2017（第二期合同续签）
59	信息所	国际应用生物科学中心（CABI）	中国农业科学院农业信息研究所与国际应用生物科学中心文摘合作协议（AII/CABI Abstracting Agreement）	一般性合作协议	2017.2

（续表）

序号	研究所名称	外方签署单位名称（中英文）	合作谅解备忘录/协议名称（中英文）	协议类型	签署时间
60	信息所	全球农业发展青年论坛（Young Professionals for Agricultural Development）	中国农业科学院与全球农业发展青年论坛合作备忘录（MOU Between AII/CAAS and Young Professionals for Agricultural Development）	一般性合作协议	2017. 11
61		联合国粮农组织（FAO）	中国农业科学院农业信息研究所与联合国粮农组织合作出版计划	一般性合作协议	2017. 12
62		经济合作与发展组织（OECD）	OECD-FAO 农业展望合作研究（Cooperation on OECD-FAO Agricultural Outlook between China and OECD）	一般性合作协议	2017. 1
63		希腊 Agroknow 公司	希腊 Agroknow 公司与 CAAS-AII 研究团队互访与交换协议（Agreement between Agroknow & CAAS for Requesting Research team Visits & Exchange in 2017）	一般性合作协议	2017. 2
64		eROSE 项目组	欧盟 2020 项目 eROSE 国际咨询委员会专家（Members of the eROSA International Advisory Board）	一般性合作协议	2017. 3

（续表）

序号	研究所名称	外方签署单位名称（中英文）	合作谅解备忘录/协议名称（中英文）	协议类型	签署时间
65	信息所	科睿唯安（Clarivate Analytics）	《中国农业科学》期刊与 Clarivate Analytics 作者连接服务协议（Author Connect Services）	一般性合作协议	2017. 1
66		联合国粮农组织（FAO）	《中国农业科学》期刊与联合国粮农组织特刊协议［Agreement（FAO Special Issue）］	一般性合作协议	2017. 5
67		Murray Davis	《中国农业科学》期刊与 Murray Davis 工作协议（Working Agreement）	一般性合作协议	2017. 7
68		爱思唯尔（Elsevier B. V. ）	中国农业科学院农业信息研究所与 Elsevier B. V 合作协议附录二（Second Addendum to Agreement between CAAS and Elsevier B. V. , OA Publication）	一般性合作协议	2017. 8
69		TrendMD	《中国农业科学》期刊与 TrendMD 服务协议（TrendMD Services Agreement）	一般性合作协议	2017. 9
70	质标所	荷兰瓦赫宁根大学及研究中心食品安全研究所（RIKILT，Wagengingen UR）	中国农业科学院农业质量标准与检测技术研究所与荷兰瓦赫宁根大学食品安全研究的共建 POPs 联合研究中心的协议（Agreement of Foundation of Joint Research Center of POPs Between the Institute of Quality Standards and Testing Technology for Agro-products，Chinese Academy of Agricultural Sciences and RIKILT Wageningen University & Research）	联合实验室	2017. 9

（续表）

序号	研究所名称	外方签署单位名称（中英文）	合作谅解备忘录/协议名称（中英文）	协议类型	签署时间
71	质标所	意大利意中基金会（Italy-China Foundation）	中国农业科学院农业质量标准与检测技术研究所与意大利意中基金会关于意中食品安全对话 EAT SAFE 项目合作协议（Eat' Safe Project Italy China Dialogue in Food Safety）	其他	2017.3
72	质标所	希腊雅典农业大学营养生理与饲料系（Department of Nutrition Physiology and Feeding，Agricultural University of Athens）	中国农业科学院农业质量标准与检测技术研究所与希腊雅典农业大学营养生理与饲料系关于牛奶产品真实鉴别技术的合作备忘录（Memorandum of Understanding for the Collaboration in Authentication Technologies of Milk Products between Institute of Quality Standard ad Testing Technology for Agro-products，Chinese Academy of Agricultural Science and Department of Nutrition Physiology and Feeding，Agricultural University of Athens）	一般性合作协议	2017.3

（续表）

序号	研究所名称	外方签署单位名称（中英文）	合作谅解备忘录/协议名称（中英文）	协议类型	签署时间
73	质标所	安捷伦科技有限公司（Agilent Technologies，Inc.）	中国农业科学院农业质量标准与检测技术研究所与安捷伦科技有限公司关于全面提升农产品质量安全检测技术标准、研发风险监测与评估创新解决方案的未来蓝图与协作共进战略合作备忘录（Memorandum of Strategic Collaboration of Institute of Quality Standard and Testing Technology for Agro-Products，CAAS and Agilent Technologies Inc. Agreement on Future Blueprint and Collaborationsto Advance the Testing Standards and Techniques of Agro-products Safety Quality，Innovative Solutions on Agro-products Risk Assessment and Monitor）	联合实验室	2017. 1
74	研究生院	澳大利亚默多克大学（Murdoch University）	中国农业科学院研究生院与澳大利亚默多克大学关于合作举办农业与生命科学博士学位教育项目的协议［Agreement on Collaborative PHD Program in Agriculture and Life Sciences between Graduate School of Chinese Academy of Agricultural Sciences and Murdoch University（Australia）Griculture and Life Sciences］	中外合作办学	2017. 11. 7

（续表）

序号	研究所名称	外方签署单位名称（中英文）	合作谅解备忘录/协议名称（中英文）	协议类型	签署时间
75	研究生院	比利时列日大学（University of Liege）	中国农业科学院研究生院与比利时列日大学合作协议［Agreement of Cooperation Between The Graduate School of Chinese Academy of Agricultural Sciences（GSCAAS）and the University of Liege，Belgium（ULiège）］	中外合作办学	2017. 7. 24
76	水稻所	意大利瓦拉格罗（上海）贸易有限公司	农药药效评估试验协议书	一般性合作协议	2017. 3
77		澳大利亚西悉尼大学（Western Sydney University，Australia）	加强水稻科技合作备忘录（Memorandum of Agreement between China National Rice Research Institute and Western Sydney University）	一般性合作协议	2017. 4
78		澳大利亚联邦科学与工业研究组织农业与食品研究所（The Commonwealth Scientific and Industrial Research Organization，Australia）	加强水稻科技合作意向书（Letter of Intent between China National Rice Research Institute and the Commonwealth Scientific and Industrial Research Organization for Furthering Scientific Cooperation）	一般性合作协议	2017. 4

（续表）

序号	研究所名称	外方签署单位名称（中英文）	合作谅解备忘录/协议名称（中英文）	协议类型	签署时间
79	水稻所	陶氏益农农业科技（中国）有限公司	农药试验协议书	一般性合作协议	2017.5
80		广西福沃得农业技术国际合作公司（柬埔寨）	中柬水稻科技合作协议	联合研究中心	2017.7
81		国际水稻研究所（International Rice Research Institute）	材料测试与评估协议（Incoming Material Testing and Evaluation Agreement for Multi-location Hybrid Rice Yield Trial of the HRDC）	一般性合作协议	2017.7
82		乌兹别克斯坦农科院水稻研究所（Rice Research Institute of Uzbek Scientific-Production Center of Agriculture）	加强水稻科技合作备忘录（Memorandum of Understanding on Science Research Cooperation in the Field of Agriculture between China National Rice Research Institute of the Chinese Academy of Agricultural Sciences and Rice Research Institute of Uzbek Scientific-Production Center of Agriculture）	一般性合作协议	2017.9
83		巴斯夫（中国）有限公司	农药药效评估试验协议书	一般性合作协议	2017.9
84		柬埔寨中柬农业促进中心	柬埔寨种子基因库项目合作框架协议	一般性合作协议	2017.9

（续表）

序号	研究所名称	外方签署单位名称（中英文）	合作谅解备忘录/协议名称（中英文）	协议类型	签署时间
85	水稻所	全俄水稻研究所（All-Russian Rice Research Institute）	加强水稻科技合作备忘录（Agreement on Scientific and Technological Cooperation in the Sphere of Rice Growing between Government Scientific Agency All-Russian Rice Research Institute and China National Rice Research Institute）	一般性合作协议	2017. 10
86	棉花所	乌兹别克斯坦农业与水利部（Ministry of Agriculture and Water Resources of Uzbekistan）	中乌合作意向协议	一般性合作协议	2017. 9. 13
87	棉花所	塔吉克斯坦科教部（Ministry of Science and Technology and Education of Tajikistan）	国家重点研发计划战略性国际科技创新合作重点专项联合申报协议	一般性合作协议	2017. 8. 31

（续表）

序号	研究所名称	外方签署单位名称（中英文）	合作谅解备忘录/协议名称（中英文）	协议类型	签署时间
88	麻类所	波兰弗罗茨瓦夫大学	Agreement between University of Wrocław and IBFC about the Cooperation in 2017—2018	一般性合作协议	2017. 5. 26
89	麻类所	意大利农业研究理事会经济作物研究中心	Cooperative Agreement between China and Italy	一般性合作协议	2017. 8. 28
90	麻类所	美国普渡大学	三方纤用作物科研合作备忘录	一般性合作协议	2017. 7. 1
91	麻类所	新加坡南洋理工大学	双方纤用作物科研合作备忘录	一般性合作协议	2017. 1. 1
92	麻类所	美国佛罗里达中部研究与教育中心	中美特色园艺作物联合实验室	联合实验室	2017. 12
93	郑果所	保加利亚普罗夫迪夫农业大学（Agricultural University-Plovdiv）	中—保果树生物学联合实验室合作备忘录（Memorandum of Understanding for the Establishment of the "China-Bulgaria Joint Laboratory on Fruit Biological Science"）	联合实验室	2017. 11
94	郑果所	保加利亚农科院普罗夫迪夫果树研究所（Fruit Growing Institute-Plovdiv）	中国农业科学院郑州果树研究所与保加利亚农科院普罗夫迪夫果树研究所合作研究协议［Collaborative Research Agreement Between Zhengzhou Fruit Research Institute，Chinese Academy of Agricultural Sciences（China）and Fruit Growing Institute-Plovdiv Agricultural Academy，Sofia，Bulgaria］	一般性合作协议	2017. 1

（续表）

序号	研究所名称	外方签署单位名称（中英文）	合作谅解备忘录/协议名称（中英文）	协议类型	签署时间
95	茶叶所	拉筹伯大学（La Trobe University）	拉筹伯大学与中国农业科学院茶叶研究所的谅解备忘录（MoU between La Trobe University and Tea Research Institute of Chinese Academy of Agricultural Sciences）	一般性合作协议	2017. 8
96	哈尔滨兽医所	埃及开罗大学兽医学院（Faculty of Veterinary Medicine，Cairo University，Egypt）	Memorandum of Understanding Between Harbin Veterinary Research Institute of the Chinese Academy of Agricultural Sciences，China，And Faculty of Veterinary Medicine，Cairo University，Egypt	联合实验室	2017. 1
97	哈尔滨兽医所	美国美国德克萨斯大学加尔维斯顿医学分部（The University of Texas Medical Branch at Galveston）	Memorandum of Understanding of Cooperation between Harbin Veterinary Research Institute，Chinese Academy of Agricultural Sciences and the University of Texas Medical Branch At Galveston	一般性合作协议	2017. 1
98	兰州兽医所	韩国核能研究院高新放射线研究所（Advanced Research Technology Institute Korea Atomic Research Institute）	Memorandum of Agreement for Technical Cooperation	合作备忘录	2017. 12

（续表）

序号	研究所名称	外方签署单位名称（中英文）	合作谅解备忘录/协议名称（中英文）	协议类型	签署时间
99	兰州牧药所	墨西拿大学（The University of Messina）	中意传统兽医学学术研究合作协议（China-Italy Framework Cooperation Agreement of Traditional Veterinary）	一般性合作协议	2017. 7
100		圣伊斯特万大学（University of Veterinary Medicine Budapest, Hungary）	人才引进合作备忘录（Agreement Between Professor OTTO SZENCI and Lanzhou Institute of Husbandry and Pharmaceutical Sciences of CAAS）	一般性合作协议	2017. 9
101	特产所	新西兰高山鹿业（Alpine Deer New Zealand）	中国新西兰鹿茸质量鉴定及研究合作协议（Chinese New Zealand Deer Velvet Antler Quality Appraisal and Research Cooperation Agreement）	一般性合作协议	2017. 11
102		全俄波塔平克葡萄栽培与酿酒研究所（All-Russian Research Institute of viticulture and Wine）	与全俄波塔平克葡萄栽培与酿酒研究所签订合作协议（Make an Agreement with All-Russian Research Institute of Viticulture and Wine）	联合实验室	2017. 11

（续表）

序号	研究所名称	外方签署单位名称（中英文）	合作谅解备忘录/协议名称（中英文）	协议类型	签署时间
103	特产所	全俄瓦维洛夫植物栽培研究所（N. I. Vavilov All-Russian Institute of Plant Genetic Resources）	与全俄瓦维洛夫植物栽培研究所签订科技合作协议（Make an Agreement with N. I. Vavilov All-Russian Institute of Plant Genetic Resources）	一般性合作协议	2017.1
104		韩国忠南大学（Chungnam National University）	国际科技合作协议（International Agreement of Scientific and Technological Cooperation）	一般性合作协议	2017.7
105		韩国忠南大学（Chungnam National University）	国际科技合作协议（International Agreement of Scientific and Technological Cooperation）	一般性合作协议	2017.8
106		韩国生物科学与生物技术研究所（KRIBB）	国际科技合作协议（International Agreement of Scientific and Technological Cooperation）	一般性合作协议	2017.6
107		加拿大麦吉尔大学（McGill University）	中国农业科学院特产研究所特种动物繁殖团队与加拿大麦吉尔大学 TERUKO TAKETO 教授实验室合作谅解备忘录（International Agreement of Scientific and Technological Co-operation between ISAPS and McGill University）	一般性合作协议	2017.6

（续表）

序号	研究所名称	外方签署单位名称（中英文）	合作谅解备忘录/协议名称（中英文）	协议类型	签署时间
108	特产所	俄罗斯科学院远东分院联邦东亚陆地生物多样性科学中心	俄罗斯科学院远东分院联邦东亚陆地生物多样性科学中心 Sheremetev Ilia 研究员来中国农业科学院特产研究所进行合作研究会谈纪要（Minutes of Technical Cooperation Talks between ISAPS and The Federal East Asian Land Biodiversity Science Center, The Russian Academy of Sciences）	一般性合作协议	2017. 11
109	特产所	日本山形大学（Yamagata University）	日本山形大学理学部长玉手英利教授来中国农业科学院特产研究所进行合作研究会谈纪要（Minutes of Technical Cooperation Talks between ISAPS and Yamagata University）	会议纪要	2017. 1
110	环保所	德国亚琛工业大学水与废物管理研究所、鲁尔大学、SEBA、拉尔 LAR 等	Memorandum of Understanding between Agro-Environmental Protection Institute, Ministry of Agriculture And for Schungsinstitut für Wasser- und Abfallwirtschaft an der RWTH Aachen e. V.（Research Center for Water and Waste Management at RWTH Aachen University）	一般性合作协议	2017

（续表）

序号	研究所名称	外方签署单位名称（中英文）	合作谅解备忘录/协议名称（中英文）	协议类型	签署时间
111	沼科所	泰国国王科技大学（King Mongkut's University of Technology）	中国农业部沼气科学研究所与泰国国王科技大学生物质能源技术合作研究协议（Sino-Thai Scientific and Technological Cooperation Project Agreement about Biomass Conversion）	一般性合作协议	2017. 9
112		美国密歇根州立大学（Michigan State University）	中国农业部沼气科学研究所与美国密歇根州立大学生物质能源技术合作研究协议（Sino-US Scientific and Technological Cooperation Project Agreement about Bioenergy and Biofuel）	一般性合作协议	2017. 11
113		埃塞俄比亚环境与气候变化局（Bureau of Environment and Climate Change）	农业部沼气科学研究所与埃塞俄比亚水利、灌溉、电力部环境与气候变化局合作谅解备忘录	一般性合作协议	2017. 6
114		古巴农业工程研究所（Agricultural Engineering institute of Cuba）	农业部沼气科学研究所与古巴农业工程研究所合作谅解备忘录	一般性合作协议	2017. 8
115		古巴猪业研究所（Swine Research Institute of Cuba）	农业部沼气科学研究所与古巴猪业研究所合作谅解备忘录	一般性合作协议	2017. 8

（续表）

序号	研究所名称	外方签署单位名称（中英文）	合作谅解备忘录/协议名称（中英文）	协议类型	签署时间
116	沼科所	柬埔寨金边皇家农业大学（Royal University of Agriculture，Cambodia）	农业部沼气科学研究所与柬埔寨金边皇家农业大学合作谅解备忘录	一般性合作协议	2017.12
117		墨西哥东南州	农业部沼气科学研究所与墨西哥东南州城市间废弃物管理体系合作谅解备忘录	一般性合作协议	2017.7
118		乌兹别克斯坦油气公司（Oil and Gas Company of Uzbekistan）	农业部沼气科学研究所与乌兹别克斯坦油气公司合作谅解备忘录	一般性合作协议	2017.7
119		加勒比海事大学（Caribean Maritime University）	农业部沼气科学研究所与牙买加交通与矿产部加勒比海事大学合作谅解备忘录	一般性合作协议	2017.9
120	农机化所	美国奥本大学农学院（Auburn University，The College of Agriculture）	中美花生生产工程技术联合实验室合作协议（International Memorandum of Understanding between Auburn University，The College of Agriculture and Nanjing Research Institute for Agricultural Mechanization，Ministry of Agriculture）	联合实验室	2017.11.3

（续表）

序号	研究所名称	外方签署单位名称（中英文）	合作谅解备忘录/协议名称（中英文）	协议类型	签署时间
121	烟草所	美国肯塔基大学	中国农业科学院烟草研究所美国肯塔基大学烟草研发中心合作备忘录（Memorandum of Understanding between Tobacco Research Institute, Chinese Academy of Agricultural Sciences and Kentucky Tobacco Research and Development Center）	一般性合作协议	2017.5
122		英国约克大学	英国约克大学绿色化学卓越中心中国农业科学院烟草研究所合作备忘录（Memorandum of Understanding between the Green Chemistry Centre of Excellence, Department of Chemistry, University of York Heslington, York, Yo105DD, United Kingdom and Tobacco Research Institute, Chinese Academy of Agricultural Sciences, China）	一般性合作协议	2017.1
123	国合局	国际林业研究中心（The Center for International Forestry Research）	中国农业科学院—国际林业研究中心科技合作协议［Agreenment for Collaboration between the Chinese Academy of Agricultural Science（CAAS）and the Center for International Forestry Research］	一般性合作协议	2017.11

（续表）

序号	研究所名称	外方签署单位名称（中英文）	合作谅解备忘录/协议名称（中英文）	协议类型	签署时间
124	国合局	美国肯塔基大学	中国农业科学院与美国肯塔基大学签署合作谅解备忘录	一般性合作协议	2017. 2
125		加拿大农业及农业食品部	中国农业科学院与加拿大农业及农业食品部关于农业技术及人才交流合作的备忘录	农业技术及人才交流	2017. 9
126		智利农科院	中国农业科学院与智利农科院关于智利—中国农业科技合作中心建设计划书	联合中心	2017. 9
127		德国图能研究所	中国农业科学院与德国图能研究所合作谅解备忘录	一般性合作协议	2017. 4
128		保加利亚普罗夫迪夫农业大学	中国农业科学院与保加利亚普罗夫迪夫农业大学合作谅解备忘录	一般性合作协议	2017. 7
129		挪威生物经济研究所	中国农业科学院与挪威生物经济研究所关于共建北极联合研究中心的合作备忘录	联合中心	2017. 8
130		格鲁吉亚农业科学院	中国农业科学院与格鲁吉亚农业科学院合作谅解备忘录	一般性合作协议	2017. 9
131		哥伦比亚农业科学院	中国农业科学院与哥伦比亚农业科学院合作谅解备忘录	一般性合作协议	2017. 9
132		捷克作物科学研究所	中国农业科学院与捷克作物科学研究所关于建立农业研发联合实验室的合作备忘录	联合实验室	2017. 7

（续表）

序号	研究所名称	外方签署单位名称（中英文）	合作谅解备忘录/协议名称（中英文）	协议类型	签署时间
133	国合局	塔吉克斯坦农业大学	中国农业科学院与塔吉克斯坦农业大学谅解备忘录	一般性合作协议	2017
134		新西兰梅西大学	中国农业科学院与新西兰梅西大学合作备忘录	一般性合作协议	2017.11
135		新西兰农科院	中国农业科学院与新西兰农科院合作备忘录	一般性合作协议	2017.11
136		澳大利亚自然资源管理协会南方分会	中国农业科学院与澳大利亚自然资源管理协会南方分会合作备忘录	一般性合作协议	2017.11
137		澳大利亚塔斯马尼亚大学	中国农业科学院与澳大利亚塔斯马尼亚大学合作备忘录	一般性合作协议	2017.11
138		印度尼西亚农业研究发展署	中国农业科学院与印度尼西亚农业研究发展署合作备忘录	一般性合作协议	2017.11
139		芬兰自然资源研究所	中国农业科学院与芬兰自然资源研究所合作备忘录续签	一般性合作协议	2017.4
140		德国哥廷根大学	中国农业科学院与德国哥廷根大学合作备忘录续签	一般性合作协议	2017.7

中国农业科学院 2017 年新建国际合作平台清单

序号	研究所名称	外方合作单位名称（中英文）	国际合作平台名称（中英文）	建立时间	备注
1	植保所	挪威生物经济研究院生物技术与植物健康研究所（Norwegian BPHD-NIBIO）	中挪作物保护与农业生物安全联合实验室（Joint Laboratory for Crop Protection and Agricultural Bio-securitybetween IPP-CAAS and Norwegian BPHD-NIBIO）	2017	
2	植保所	国际应用生物科学中心（CABI）	农业部与国际应用生物科学中心生物安全联合实验室欧洲实验室（European Lab of MOA-CABI Joint Laboratory of Bio-safety）	2017	
3	牧医所	国际家畜研究所（International Livestock Research Institute）	中国农业科学院—国际家畜研究所 畜禽牧草遗传资源联合实验室（The Chinese Academy of Agricultural Sciences and The International Livestock Research Institute on Extended Operation of CAAS-ILRI Joint Laboratory on Livestock and Forage Genetic Resources）	2017	续签
4	牧医所	俄罗斯全俄瓦维洛夫植物研究所（Federal Research Center of Russian Vavilov Institute of Plant Genetic Resources，VIR）	中俄牧草遗传资源联合实验室（Agreement on Scientific-Technical Cooperation Between Institute of Animal Science and Federal Research Center of Russian Vavilov Institute of Plant Genetic Resources）	2017	续签

（续表）

序号	研究所名称	外方合作单位名称（中英文）	国际合作平台名称（中英文）	建立时间	备注
5	饲料所	挪威科技大学（Norwegian University of Science and Technology）、挪威北极大学（The Arctic University of Norway）	国际水产动物消化道微生物研究联盟（International Research Consortium of Aquatic Animal Gut Microbiota）	2017. 6	
6		挪威生命科学大学（Norwegian University of Life Sciences）	中国挪威饲料加工技术联合实验室（Sino-Norwegian Co-Laboratory of Animal Feed Processing Technology）	2017. 11	
7	加工所	岛津制作所（SHIMADZU Corporation）	中—日食品营养品质评价联合实验室（IFST-Shimadzu Joint Research Center for Agro-product Nutrition Quality Science and Technology）	2017. 2	
8		西班牙国家研究委员会食品科学研究所（Institute of Food Science Research, Spanish National Research Council）	中—西绿色食品组学联合研究中心（IFST-CIAL Joint Research Center for Green Foodomics Research）	2017. 6	
9		帕金埃尔默仪器有限公司（PerkinElmer Co., Ltd. U.S.）	单细胞检测与评价技术联合实验室（IFST-PE Joint Research Center for Single-cell Detection Analysis and Toxicology/Nutriology Evaluation）	2017. 6	

（续表）

序号	研究所名称	外方合作单位名称（中英文）	国际合作平台名称（中英文）	建立时间	备注
10	加工所	新西兰梅西大学 Riddet 研究所	新西兰梅西大学 Riddet 研究所食品结构与技术实验室—中国农业科学院农产品加工研究所食品化学与营养实验室合作研发平台（Cooperative Research and Development Platform between Laboratory of Food Chemistry and Nutrition，Institute of Food Science & Tethnology Chinese Academy of Agricultural Sciences and Laboratory of Food Structure and Technology，Riddet Institute，Massey University，New Zealand）	2017. 12	
11	信息所		农业对外合作科技支撑与人才培训基地（海外中心）［Scientific Support and Training Base for International Agricultural Cooperation（CIAR）］	2017	
12	质标所	荷兰瓦赫宁根大学及研究中心食品安全研究所（RIKILT，Wagenigngen UR）	中国农业科学院农业质量标准与检测技术研究所与荷兰瓦赫宁根大学食品安全研究所 POPs 联合研究中心（Joint Research Center of POPs between IQSTAP-CAAS and WUR-RIKILT）	2017. 7	
13		安捷伦科技有限公司（Agilent Technologies，Inc.）	中国农业科学院农业质量标准与检测技术研究所与安捷伦科技有限公司农产品质量安全新技术研发联合实验室（Joint Research Labs of Innovation Techniques on Agro-products Quality and Safety）	2017. 7	

（续表）

序号	研究所名称	外方合作单位名称（中英文）	国际合作平台名称（中英文）	建立时间	备注
14	水稻所	巴基斯坦卡拉奇大学化学和生物科学国际中心［The International Center for Chemical and Biological Sciences（ICCBS），University of Karachi，Pakistan］	中巴杂交水稻研究中心（Sino-Pakistan Hybrid Rice Research Center）	2017	2016 年签署协议，2017 年挂牌成立
15	郑果所	保加利亚普罗夫迪夫农业大学（Agricultural University-Plovdiv）	中—保果树生物学联合实验室（China-Bulgaria Joint Laboratory on Fruit Biological Science）	2017. 11	
16	郑果所		桃砧木无性繁殖技术与工厂化育苗	2017	国家引进国外智力成果示范推广基地，2016 年签署协议，2017 年挂牌成立
17	茶叶所	布伦瑞克工业大学	中德茶叶加工化学联合实验室	2017. 7. 18	

（续表）

序号	研究所名称	外方合作单位名称（中英文）	国际合作平台名称（中英文）	建立时间	备注
18	兰州牧药所	“一带一路”国家	中国科协“海智计划”甘肃基地中国农业科学院兰州畜牧与兽药研究所工作站（HAIZHI Project for Gansu base of LZIHPS Workstation，China Association for Science and Technology）	2017. 8. 4	
19	兰州牧药所	“一带一路”国家	兽医诊疗技术甘肃省国际科技合作基地（Gansu International Scientific and Technological Cooperation Base of Veterinary Diagnosis and Treatment Technology）	2017. 12. 28	
20	兰州牧药所	泰国清迈大学（The University of Chiang Mai）	中泰联合共建实验室（Chinese-Thai Traditional Chinese Veterinary Medicine and Techniques Cooperation Laboratory）	2017. 12. 25	
21	特产所	韩国农村振兴厅国立园艺特作科学院（Rural Development Administration）	中韩药用植物联合实验室（Sino-Korea Joint Lab for Medicinal Plants）	2017	
22	特产所	全俄波塔平科葡萄栽培酿酒研究所（All-Russian Research Institute of viticulture and Wine）	中俄抗寒葡萄与葡萄酒联合实验室（Sino-Russia Joint Lab for Cold-resistant Grape and Wine）	2017	
23	农机化所	美国奥本大学农学院（Auburn University，The College of Agriculture）	中美花生生产工程技术联合实验室（Joint Laboratory between Auburn University，The College of Agriculture and Nanjing Research Institute for Agricultural Mechanization，Ministry of Agriculture）	2017. 11. 3	

中国农业科学院2017年国际合作项目清单

序号	研究所名称	项目名称	项目来源	承担单位	外方合作单位（中英文）	执行年限	经费总额（万元）	当年经费额度（万元）	备注
1	作科所	亚非国家青年科学家来华工作计划项目	科技部杰出青年科学家来访计划	作科所	大田作物研究院（Field Crops Research Institute）	2017.5—2018.4	15	15	
2		提升小麦光利用效率和产量潜力的生理遗传基础与理想株型设计研究	国家自然科学基金委国际合作项目	作科所	国际玉米小麦改良中心（CIMMYT）	2018.1—2022.12	80	0	
3		小麦矮腥黑粉病抗性遗传与病原菌侵染机制研究	国家自然科学基金委国际合作项目	作科所	国际玉米小麦改良中心（CIMMYT）	2018.1—2022.12	0	0	
4		Improvement of Sorghum Restore Line for Drought Tolerance through Mutation Breeding	国外直接资助的项目（企业国际组织等）	作科所	粮农组织/国际原子能机构联合司（FAO/IAEA）	2017.7—2021.12	32	7	

（续表）

序号	研究所名称	项目名称	项目来源	承担单位	外方合作单位（中英文）	执行年限	经费总额（万元）	当年经费额度（万元）	备注
5	作科所	提升诱变及相关生物技术在作物绿色性状开发中的应用	其他国际合作项目	作科所	国际原子能机构（IAEA）	2017.1—2020.12	285	71	
6		作物突变种质快速利用及新品种高效培育	其他国际合作项目	作科所	国际原子能机构（IAEA）	2018.1—2019.12	255	0	
7		中国和保加利亚国家种质库小麦等作物种质资源保存和利用	其他部委资助的国际合作项目（援助、培训等）、其他国际合作项目	作科所	保加利亚植物遗传资源研究所（Konstantin Malkov-Sadovo）	2017.1—2018.12			
8		中拉青年科学家交流计划	科技部杰出青年科学家来访计划	作科所	玻璃维亚圣西蒙市立大学（Universidad Mayor de San Simon）	2017.5—2017.10	7.5	7.5	
9		亚非国家杰出青年科学家来华工作计划	科技部杰出青年科学家来访计划	作科所	印度 SOA 大学（Siksha 'O' Anusandhan University）	2017.7—2018.6	15	15	
10		豆类等杂粮作物国外种质资源的引进和利用	国家外专局[①]项目	作科所		2017.1—2017.12	20	20	
11		小麦抗逆基因发掘	科技部杰出青年科学家来访计划	作科所	埃及开罗大学（Cario University）	2017.6—2018.4	15	15	

① 中华人民共和国国家外国专家局，全书简称国家外专局。

（续表）

序号	研究所名称	项目名称	项目来源	承担单位	外方合作单位（中英文）	执行年限	经费总额（万元）	当年经费额度（万元）	备注
12	作科所	小麦根系结构与水分利用效率间的关系	政府间科技合作项目	作科所	匈牙利科学院农业研究中心（Center for Agricultural Research, Hungarian Academy of Sciences）	2017.1—2018.12			
13	植保所	蛋白质翻译后修饰在双生病毒与植物互作中的作用机制	国家自然科学基金委国际合作项目	植保所	俄亥俄州立大学（The Ohio State University）、德克萨斯大学（University of Texas）	2018—2022	248	128	
14		小麦矮腥黑粉病抗性遗传与病原菌侵染机制研究	国家自然科学基金委国际合作项目	植保所	国际玉米小麦改良中心（CIMMYT）	2018—2022	200	100	
15		MOA-CABI 生物安全联合实验室科技合作项目	农业国际科技合作项目	植保所	CABI 瑞士中心	2017	36.6	20	
16		微生物农药防治果蔬病害的技术集成及示范推广	国家外专局引智成果示范推广配套项目	植保所	韩京大学（Hankyong National University）	2017	26	26	

（续表）

序号	研究所名称	项目名称	项目来源	承担单位	外方合作单位（中英文）	执行年限	经费总额（万元）	当年经费额度（万元）	备注
17	植保所	农作物重大迁飞性害虫和流行性病害关键预测和防治技术研究	国家外专局引智重点项目	植保所	美国农业部农业研究局（United States Department of Agriculture-Agricultural Research Service）、新西兰林肯研究中心（New Zealand Lincoln Research Center）、杜克大学（Duke University）、美国密歇根州立大学（Michigan State University）、俄罗斯全俄植物保护研究所（All-Russian Institute for Plant Protection）、加拿大农业及农业食品部（Agriculture and Agri-Food Canada）	2017	20	20	

（续表）

序号	研究所名称	项目名称	项目来源	承担单位	外方合作单位（中英文）	执行年限	经费总额（万元）	当年经费额度（万元）	备注
18	植保所	澜湄合作基金	农业国际科技合作项目	植保所	柬埔寨农林渔业部农业产业司（Department of Agro-Industry, Ministry of Agriculture, Forestry and Fisheries of Cambodia）、柬埔寨皇家农业大学（Royal University of Agriculture, Cambodia）、老挝植物保护中心（Plant Protection Center, Lao）、泰国亚洲医学和农业实验研究中心（Asia Medical and Agricultural Laboratory and Research Center, Thailand）、泰国TAB创新有限公司（Thailand TAB Innovation Co., Ltd）、泰国湄州大学国家生物防治研究中心（National Biological Control Research Center, Thailand）、泰国农业与合作社部农业司（Department of Agriculture, Ministry of Agriculture and Cooperatives of Thailand）、越南农业科学院植物保护研究所（Plant Protection Research Institute, Vietnam）、越南国立农业大学（Vietnam National University of Agriculture）	2017	350	350	

（续表）

序号	研究所名称	项目名称	项目来源	承担单位	外方合作单位（中英文）	执行年限	经费总额（万元）	当年经费额度（万元）	备注
19	植保所	科技引领农业现代化海外赤子行动计划	人社部[1]赤子计划	植保所	英国洛桑研究所（British Rothamsted Research）	2017	10	10	
20		微生物农药防治果蔬病害的技术集成及示范推广	国家外专局引智成果示范推广	植保所	韩国农村振兴厅（RDA）	2017	30	30	
21		链霉菌代谢产物分离与鉴定	科技部亚非国家杰出青年科学家来华工作	植保所	巴基斯坦	2017	15	15	
22		链霉菌资源的挖掘与利用	科技部亚非国家杰出青年科学家来华工作	植保所	缅甸	2017	15	15	
23		链霉菌基因工程育种	科技部亚非国家杰出青年科学家来华工作	植保所	缅甸	2017	15	15	
24		2017年国家公派高级研究生、访问学者（含博士后研究）项目	国家留学基金委资助项目	植保所	英国（John Innes Centre）	2017	12	12	
25		2017年国家公派高级研究生、访问学者（含博士后研究）项目	国家留学基金委资助项目	植保所	荷兰瓦赫宁根大学（Wageningen University）	2017	9	9	

① 中华人民共和国人力资源和社会保障部，全书简称人社部。

（续表）

序号	研究所名称	项目名称	项目来源	承担单位	外方合作单位（中英文）	执行年限	经费总额（万元）	当年经费额度（万元）	备注
26	植保所	2017年国家公派高级研究生、访问学者（含博士后研究）项目	国家留学基金委资助项目	植保所	美国华盛顿州立大学（Washington State University）	2017	14	14	
27		2017年国家公派高级研究生、访问学者（含博士后研究）项目	国家留学基金委资助项目	植保所	美国圣华金何谷农业科学中心（San Joaquin Valley Agricultural Sciences Center；Parlier，CA）	2017	14	14	
28		2017年国家公派高级研究生、访问学者（含博士后研究）项目	国家留学基金委资助项目	植保所	美国河边大学（Riverside Unversity）	2017	8	8	
29		2017年国家公派高级研究生、访问学者（含博士后研究）项目	国家留学基金委资助项目	植保所	美国（Virginia University）	2017	14	14	
30		2017年国家公派高级研究生、访问学者（含博士后研究）项目	国家留学基金委资助项目	植保所	美国威斯康星大学（University of Wisconsin）	2017	14	14	
31		2017年国家公派高级研究生、访问学者（含博士后研究）项目	国家留学基金委资助项目	植保所	美国康奈尔大学（Cornell University）	2017	14	14	

（续表）

序号	研究所名称	项目名称	项目来源	承担单位	外方合作单位（中英文）	执行年限	经费总额（万元）	当年经费额度（万元）	备注
32	植保所	赴 CGIAR 出国培训项目	中国农业科学院—CGIAR	植保所	意大利国际生物多样性中心（Bioversity International）	2017	3.4	3.4	
33		2016 年国家公派高级研究生、访问学者（含博士后研究）项目	国家留学基金委资助项目	植保所	美国宾夕法尼亚州立大学（Pennsylvania State University）	2016	0	0	延期
34		2016 年国家公派高级研究生、访问学者（含博士后研究）项目	国家留学基金委资助项目	植保所	美国华盛顿大学（University of Washington）	2016	0	0	延期
35	环发所	Supplemental Irrigation Research in Dryland Areas of China	国际旱地农业研究中心	环发所	国际旱地农业研究中心（International Centre for Agricultural Research in Dry Areas）	2017—2020	61	15	
36		气候风险分析报告	国际农发基金	环发所	国际农发基金（The International Fund for Agricultural Development）	2017—2018	10	3	
37		APEC 地区可持续农业需求评估和粮食安全—气候—资源研讨会	财政部	环发所	亚洲太平洋经济合作组织（Asia-Pacific Economic Cooperation）	2017—2018	50	50	

（续表）

序号	研究所名称	项目名称	项目来源	承担单位	外方合作单位（中英文）	执行年限	经费总额（万元）	当年经费额度（万元）	备注
38	环发所	中日中国可持续农业技术研究发展计划二期项目成果示范推广	农业部专项	环发所	日本国际协力机构（JICA）	2017	25.6	25.6	
39	环发所	气候变化与粮食安全APEC区域合作	农业部专项	环发所	亚洲太平洋经济合作组织（Asia-Pacific Economic Cooperation）	2017	20	20	
40	牧医所	可持续粮食生产与环境影响减轻的科技创新项目验收评估项目	挪威王国驻华大使馆	牧医所	挪威王国驻华大使馆（Royal Norwegian Embassy）	2017	5.2	5.2	
41	牧医所	国家自然科学基金委组织间合作项目	国家自然科学基金委	牧医所	国家家畜研究所（The International Livestock Research Institute）	2017—2022	200	100	
42	蜜蜂所	先正达绿色增长计划	先正达公司	蜜蜂所	先正达公司	2017	23.6		
43	蜜蜂所	中国—CropLife 蜜蜂授粉项目	国际植保学会	蜜蜂所	CorpLife	2017—2018	19.8		
44	饲料所	饲料常规项目检测	横向	饲料所	美国大豆出口协会有限公司上海办事处（U.S. Soybean Export Council）	2017	13.6	13.6	

（续表）

序号	研究所名称	项目名称	项目来源	承担单位	外方合作单位（中英文）	执行年限	经费总额（万元）	当年经费额度（万元）	备注
45	饲料所	牛和羊可食用组织（肝、肾和脂肪）中溴氰菊酯残留检测方法的试验方案	横向	饲料所	默沙东动物保健品（上海）有限公司［MSD Animal Health（Shanghai）Trading Co.，Ltd.］	2017	30	30	
46		Effect of Cytozyme Products on Reproductive Performance of Sows	横向	饲料所	美国赛多美科技有限公司（Cytozyme Laboratories，Inc.）	2017—2018	10	2.5	
47		Effect of Replacing In-feed Antibiotics with Feed Additives Selko pH and Presan FX on Growth Performance and Health Sttus of Weaned Piglets	横向	饲料所	荷兰泰高集团（Nutreco Nederland B. V）	2017	24.7	0	
48		不同非淀粉多糖酶对猪生长性能的影响研究	横向	饲料所	AB Vista Asia Pte Ltd.	2017—2018	18.2	12.7	
49		淀粉酶产品对肉鸡的安全评价（中间试验）及其生长性能的影响	横向	饲料所	杜邦中国集团有限公司（Dupont China Holding Co.，LTd.）	2017	25	25	

（续表）

序号	研究所名称	项目名称	项目来源	承担单位	外方合作单位（中英文）	执行年限	经费总额（万元）	当年经费额度（万元）	备注
50	饲料所	低蛋白日粮添加缬氨酸对 AA 肉鸡生产性能和血清生化指标的影响	横向	饲料所	CJ 第一制糖（CJ Cheiljedang）	2017	20.9	12.6	
51	饲料所	冬小麦、棉粕、菜粕和花生饼粕的 SID AA 含量测定（肉仔鸡）	横向	饲料所	赢创营养及消费化学品有限责任公司（Evonik Industries AG）	2017—2018	61.6	30.7	
52	饲料所	酶制剂对肉仔鸡生产性能和营养物质代谢率的影响	横向	饲料所	建明工业（珠海）有限公司（Kemin Industries，Inc.）	2017—2018	12.8	6.4	
53	加工所	国家重点研发计划项目—政府间国际科技创新合作重点专项：薯类淀粉加工副产物的综合利用	科技部国际科技合作计划	加工所	法国农业科学研究院［French National Institute for Agricultural Research（INRA）］	2017—2021	420	105	
54	加工所	发展中国家杰出青年科学家来华工作计划项目	科技部国际科技合作计划	加工所	阿根廷拉普拉塔大学（La Plata National University）	2018—2019	2.3	2.3	

（续表）

序号	研究所名称	项目名称	项目来源	承担单位	外方合作单位（中英文）	执行年限	经费总额（万元）	当年经费额度（万元）	备注
55	生物所	中巴棉花生物技术联合实验室	国家重点研发计划项目	生物所	巴基斯坦分子生物学卓越中心（Centre of Excellence in Molecular Biology）	2017—2021	580	464	
56	农经所	中非农业技术转移机制及效果评估研究	国家自然科学基金委员会	农经所	国际食物政策研究所（IFPRI）	2018. 1—2022. 12	197	98. 5	
57		重大冲击和变化对中国—全球农业影响模拟模型的研究和开发	国家自然科学基金委员会	农经所	国际食物政策研究所（IFPRI）	2018. 1—2022. 12	199	99. 5	
58		亚太地区小农与扶贫研讨会	财政部中国亚太经合组织合作基金	农经所		2017. 9—2018. 9	60	60	
59	资划所	优化利用生物多样性保障生态安全	国际植物遗传资源研究所	资划所	国际植物遗传资源研究所（International Institute of Plant Genetic Resources）	2017—2018	3. 2	0	
60		马铃薯高效施肥	欧洲农业化学集团	资划所	欧洲农业化学集团（European Agrochemical Group）	2017—2018	14	14	
61		互动施肥技术	联合国开发计划署	资划所	联合国开发计划署（The United Nations Development Programme）	2017—2018	5	2. 5	

（续表）

序号	研究所名称	项目名称	项目来源	承担单位	外方合作单位（中英文）	执行年限	经费总额（万元）	当年经费额度（万元）	备注
62	信息所	“一带一路”沿线及拉美、非洲、中东欧等发展中国家农业政策研究人员培训研修	农业部	信息所		2017.1—2017.12	27.3	27.3	
63		农业对外合作产业与科技信息采集和分析研究	农业部	信息所		2017.1—2017.12	120	120	
64		中日韩与东盟粮食安全与信息应用交流研究	农业部	信息所		2017.1—2017.12	18	18	
65		大数据技术推动农垦走出去	农业部	信息所		2017.1—2017.12	10	10	
66		金砖国家农业信息分析及系统研发	农业部	信息所		2017.1—2017.12	30	30	
67		APEC 和 G20 研究	农业部	信息所		2017.1—2017.12	21.6	21.6	
68		中国参与 G20 农业市场信息系统支撑能力建设及 FAO 农业信息问卷调研	农业部	信息所		2017.1—2017.12	20	20	

（续表）

序号	研究所名称	项目名称	项目来源	承担单位	外方合作单位（中英文）	执行年限	经费总额（万元）	当年经费额度（万元）	备注
69	信息所	FAO 中文出版物计划	联合国粮食与农业组织	信息所	联合国粮食与农业组织（FAO）	2017.1—2017.12	57.5	29.9	
70		中国食物机构采购（IFS）的发展及其对小农户的影响	联合国粮食与农业组织	信息所	联合国粮食与农业组织（FAO）	2016.12—2017.12	26.2	7.9	
71		青年基于 ICT 创新性参与价值链发展研究	联合国粮食与农业组织	信息所	联合国粮食与农业组织（FAO）	2017.1—2018.12	11.5	3.4	
72		OECD-FAO 展望报告翻译	经济合作与发展组织	信息所	经济合作与发展组织（OECD）	2016.6—2017.12	4.5	4.5	
73		中国减贫研究与调查	日本国际协力机构	信息所	日本国际协力机构（Japan International Cooperation Agency）（JICA）	2017.9—2018.12	80.9	32.4	
74		南南合作中非农业可持续发展模式研究	联合国粮食与农业组织	信息所	联合国粮食与农业组织（FAO）	2016.5—2018.9	60.8	19.8	
75	质标所	牛奶真实性和安全性现场分析技术研究	IAEA	质标所	IAEA	2017—2021	22.4	4.5	
76		鸡蛋中混合污染物和残留的稳定同位素和互补分析技术	IAEA	质标所	IAEA	2017—2020	18.7	3.7	

（续表）

序号	研究所名称	项目名称	项目来源	承担单位	外方合作单位（中英文）	执行年限	经费总额（万元）	当年经费额度（万元）	备注
77	质标所	中国食品欺诈及经济利益驱动型掺假问题综述及分析	FAO	质标所	FAO	2017—2018	11.6	3.3	
78	研究生院	中国农业科学院研究生院与比利时列日大学合作举办博士学位教育项目		研究生院	比利时列日大学（University of Liege，Belgium）	2017—2022			
79	研究生院	中国农业科学院研究生院与荷兰瓦赫宁根大学合作举办博士学位教育项目		研究生院	荷兰瓦赫宁根大学（Wageningen University）	2017—2021			
80	灌溉所	Selecting Soybean Genotypes with N-efficient Rhizospheres for Novel Cropping Systems in the North China Plain	所创新工程	灌溉所	英国詹姆斯·赫顿研究所（JHI）	2017—2019	30	10	
81	灌溉所	Assessment of the Long Term Impacts of Organic Waste（Solid and Liquid）Applications as Fertilisers to Agricultural Soils	所创新工程	灌溉所	英国詹姆斯·赫顿研究所（JHI）	2017—2019	30	10	

（续表）

序号	研究所名称	项目名称	项目来源	承担单位	外方合作单位（中英文）	执行年限	经费总额（万元）	当年经费额度（万元）	备注
82	灌溉所	Effects of Different Irrigating, Cultivating and Fertilizing Methods on GHG Emissions and C, N Cycling in North China Plain	所创新工程	灌溉所	英国詹姆斯·赫顿研究所（JHI）	2017—2019	30	10	
83	灌溉所	An Integrative Study of Water Flow, Hormone Transport and the Associated Microbial Activities and Nutrient Cycling in Soil-root-shoot System under Different Soil Water Conditions	CSIA Seed-Funding	灌溉所	英国洛桑试验站	2017—2018	0	0	
84	水稻所	水稻高光效特性的遗传调控网络及育种利用	国家自然基金委员会	水稻所	国际水稻研究所	2017—2021	200	50	
85	水稻所	水稻机械化直播技术创新与示范	国家外国专家局	水稻所	日本佐竹株式会社、韩国农村振兴厅作物科学研究所	2017	20	20	

（续表）

序号	研究所名称	项目名称	项目来源	承担单位	外方合作单位（中英文）	执行年限	经费总额（万元）	当年经费额度（万元）	备注
86	水稻所	稗草抗二氯喹啉酸分子机理研究	浙江省外国专家局	水稻所	澳大利亚新南威尔士州基础产业部（NSW Department of Primary Industries）	2017	3.8	3.8	
87	水稻所	农药药效评估试验	巴斯夫（中国）有限公司	水稻所	巴斯夫（中国）有限公司	2017	8.9	8.9	
88	水稻所	和美加富对水稻生产发育及产量的影响	意大利瓦拉格罗（上海）贸易有限公司	水稻所	意大利瓦拉格罗（上海）贸易有限公司	2017	3	3	
89	水稻所	灵斯科—不同稗草及变种/型敏感性测定、交互抗性测定和示范试验	陶氏益农农业科技（中国）有限公司	水稻所	陶氏益农农业科技（中国）有限公司	2017	14.5	14.5	
90	棉花所	棉花抗逆分子育种材料及相关技术的引进	科技部	棉花所		1	80	80	
91	棉花所	棉花育种及增产增效技术研究	河南省	棉花所		1	35	35	
92	油料所	农产品污染残留快速免疫检测新技术研究	国家重点研发计划“政府间国际科技创新合作”重点专项	油料所	德国联邦油脂研究所（German Federal Oil Research Institute）	2017—2019	241.2	241.2	

（续表）

序号	研究所名称	项目名称	项目来源	承担单位	外方合作单位（中英文）	执行年限	经费总额（万元）	当年经费额度（万元）	备注
93	油料所	花生抗青枯病特异种质发掘及抗性分子标记研究	国家自然科学基金国际（地区）合作与交流	油料所	国际半干旱地区热带作物研究所（ICRISAT）	2018—2022	190	95	
94	麻研所	抗体的文库构建和筛选技术	外专局	麻类所	加拿大多伦多大学	2017	2.2	2.2	
95	郑果所	果树瓜类育种关键技术引进	国家外专局	郑果所	新西兰皇家植物与食品研究院（The New Zealand Institute for Plant and Food Research Limited）等	2017	37	37	
96		基因编辑创制西瓜新种质技术的引进	郑州市外专局	郑果所	以色列农业研究组织（Agriculture Research Organization）	2017	2	2	
97		石榴分子辅助育种技术与利用	郑州市外专局	郑果所	以色列农业研究组织（Agriculture Research Organization）	2017	2	2	
98		甜瓜病虫害绿色防控技术示范推广	郑州市外专局	郑果所		2017	3	3	示范推广项目
99		中保苹果园主要害虫生态控制方法合作研究	科技部	郑果所	保加利亚农科院普罗夫迪夫果树研究所（Fruit Growing Institute-Plovdiv）	2017—2018	核销制	核销制	

（续表）

序号	研究所名称	项目名称	项目来源	承担单位	外方合作单位（中英文）	执行年限	经费总额（万元）	当年经费额度（万元）	备注
100	茶叶所	Investigation of Effects of EuroChem Inhibited Urea Fertilizers on Tea Yield and Yield Quality and Ammonia Emissions, N_2O Emissions and Nitrogen Leaching	国外企业	茶叶所	德国欧化公司（EuroChem Agro GmbH）	2017—2018	96.5	48.3	
101		Investigation of Effects of Different Biostimulants of Tea Quality Properties and Tea Planted Soil Characteristics	国外企业	茶叶所	德国欧化公司（EuroChem Agro GmbH）	2017—2018	37.0	18.5	
102		Carbon-neutral Tea Production in China: Developing Technology System	联合国粮农组织	茶叶所	联合国粮农组织（Food and Agriculture Organisation）	2018—2019	44.1	13.2	
103		中美政府间合作项目——气候变化对茶园生态系统的影响及应对关键技术研究	科技部	茶叶所	美国塔夫茨大学（Tufts University）、佛罗里达大学（University of Florida）、蒙大拿州立大学（Montana State University）	2018—2020	319	0	

（续表）

序号	研究所名称	项目名称	项目来源	承担单位	外方合作单位（中英文）	执行年限	经费总额（万元）	当年经费额度（万元）	备注
104	哈尔滨兽医所	家禽主要传染病综合防控研究及国际科技合作平台建设	国家重点研发计划	哈尔滨兽医所	印度尼西亚乌达亚纳大学（Udayana University，Indonesia）、巴基斯坦拉合尔兽医及动物科学大学（University of Veterinary and Animal Sciences，Lahore）	2017.8—2020.7	839	587	
105	兰州兽医所	周边国家流行口蹄疫抗原变异毒株及相关材料的引进与应用	农业部“948”项目	兰州兽医所	英国 Pirbright 研究所	2017.1—2018.12	220	220	
106		口蹄疫疫苗纳米佐剂的研发	国家外国专家局	兰州兽医所	韩国原子能研究所（Korea Atomic Energy Research Institute）	2017.1—2017.12	21.6	21.6	
107		重大跨境动物疫病防控新产品的合作创制与应用研究	国家重点研发计划	兰州兽医所	哈萨克斯坦国立农业大学	2017.9—2020.8	403	403	
108		一种鸭、鹅致病性支原体快速诊断试剂盒的研制	政府间科技合作项目	兰州兽医所	匈牙利的欧洲三角研究中心	2017.1—2018.12	0	0	
109		禽滑液囊支原体新疫苗合作研究	甘肃省国际科技合作专项	兰州兽医所	匈牙利 RT-Europe Center（生物防护和传染病防控欧洲三角研究中心）	2017.1—2019.8	25	25	
110		2017 重大跨境动物疫病监测技术	科技部发展中国家培训班	兰州兽医所	发展中国家	2017.1—2017.12	25	25	

（续表）

序号	研究所名称	项目名称	项目来源	承担单位	外方合作单位（中英文）	执行年限	经费总额（万元）	当年经费额度（万元）	备注
111	兰州牧药所	“一带一路”中兽医药学技术推广与应用	甘肃省科技厅	兰州牧药所	“一带一路”国家（Belt and Road Protal）	2017—2018	24	24	
112		治疗奶牛乳房炎天然药物的研制	甘肃省科技厅	兰州牧药所	圣伊斯特万大学（University of Veterinary Medicine Budapest, Hungary）	2017—2019	20	20	
113	上海兽医所	原虫经蜱传播的分子机制研究	国家自然科学基金	上海兽医所	日本带广畜产大学（Obihiro University of Agriculture and Veterinary Medicine）	2017.4—2019.12	20	10	
114		畜产品中食源性病原体的监测和安全评估技术体系	科技部重点研发计划国际合作项目	上海兽医所	蒙古国生命科学大学（Mongolian University of Life Sciences）	2018.1—2020.12	176	58.7	
115	草原所	澳大利亚苜蓿资源抗旱耐寒性评价及其利用	澳大利亚	草原所	澳大利亚南澳农业研究所（South Agriculture Research institute，Australia）	2017—2020	30	10	

（续表）

序号	研究所名称	项目名称	项目来源	承担单位	外方合作单位（中英文）	执行年限	经费总额（万元）	当年经费额度（万元）	备注
116	特产所	寒地浆果种质资源及高效利用关键技术	国家外专局	特产所	俄罗斯科学院瓦维洛夫作物遗传资源所远东实验站、全俄波塔平科葡萄栽培酿酒研究所、俄罗斯科研机构东北区域农业科研所、全俄瓦维洛夫作物遗传资源研究所、全俄马卡拉奇葡萄种植业与葡萄酒酿造业科研所、俄罗斯科学院远东分院联邦东亚陆地生物多样性科学中心	2017.1—12	35	35	
117	食物营养所	中国居民大米消费需求与消费选择行为研究（2016—2020）	日本国际农林水产业研究中心	食物营养所	日本国际农林水产业研究中心（Japan International Research Center for Agricultural Sciences, JIRCAS）	2016—2020	10	10	
118	食物营养所	澳洲小麦在中国面食产业发展中的应用与前景评估	澳大利亚农业部	食物营养所	澳大利亚农业部（The Australian Government Department of Agriculture and Water Resources）	2017—2018	63.2	63.2	
119	国合局	国家公派高级研究学者、访问学者、博士后项目	国家留学基金委项目	国合局					高级研究学者2人，访问学者42人、博士后3人

（续表）

序号	研究所名称	项目名称	项目来源	承担单位	外方合作单位（中英文）	执行年限	经费总额（万元）	当年经费额度（万元）	备注
120	国合局	国家建设高水平大学公派研究生项目	国家留学基金委项目	国合局					博士研究生 14 人，联合培养博士生 12 人
121		2017 年度日本政府（文部科学省）博士生奖学金项目	国家留学基金委项目	国合局					博士研究生 4 人
122		2017 年国外合作项目——国际玉米小麦改良中心奖学金项目	国家留学基金委项目	国合局					博士后 1 人，联合培养博士生 2 人
123		2017 年联合国粮农组织准专业官员和访问专家项目	国家留学基金委项目	国合局					访问学者 3 人
124		2017—2018 年度加拿大魁北克省政府奖学金项目	国家留学基金委项目	国合局					博士研究生 1 人

中国农业科学院2017年种质资源引进情况汇总表

序号	研究所名称	种质资源名称	类别	数量	引进国别/机构	备注
1	作科所	大麦、燕麦、谷子高粱及其野生近缘种	农作物	683份	德国/德国莱布尼茨植物遗传与作物学研究所	
2		大麦	农作物	35份	匈牙利/匈牙利科学院农业研究所农业研究中心	
3		水稻	农作物	20份	韩国	
4		小麦	农作物	1 252份	墨西哥	
5		DTMA项目群体	农作物	300份	国际玉米小麦改良中心	
6		水稻耐热种质资源	农作物	10份	巴基斯坦农业和生物核技术研究所	
7		343个品种的小麦种子	农作物	0.686千克	墨西哥/CIMMIT	
8		大豆	农作物	6份	日本	
9		苏丹热带大豆种质资源	农作物	31份	Soybean Research Program，Agricultural Research Corporation（ARC），Wad Medani，Sudan	
10		羽扇豆	农作物	403份	美国/USDA	

（续表）

序号	研究所名称	种质资源名称	类别	数量（份）	引进国别/机构	备注
11	作科所	vigna 野生近缘种	农作物	50	泰国	
12		普通菜豆	农作物	200	美国	
13		小麦	农作物	613	欧盟	
14		小麦	农作物	82	俄罗斯	
15		小麦	农作物	530	美国	
16		小麦	农作物	699	墨西哥	
17		小麦	农作物	256	澳大利亚	
18	牧医所	牧草资源	农作物	1 209	俄罗斯	
19	蔬菜所	Falo	农作物	1	俄罗斯	
20		Local（sarson）	农作物	1	俄罗斯	
21		BL-802-2	农作物	1	俄罗斯	
22		Hidrogenadora	农作物	1	俄罗斯	
23		Pekinensis	农作物	1	俄罗斯	
24		Katmandu CL-9	农作物	1	俄罗斯	
25		Krutoyarskaya	农作物	1	俄罗斯	
26		Local	农作物	1	俄罗斯	

（续表）

序号	研究所名称	种质资源名称	类别	数量（份）	引进国别/机构	备注
27	蔬菜所	Tyko	农作物	1	俄罗斯	
28		Rex	农作物	1	俄罗斯	
29		Pluto	农作物	1	俄罗斯	
30		Perko	农作物	1	俄罗斯	
31		Latvijskaia 6	农作物	1	俄罗斯	
32		Leski	农作物	1	俄罗斯	
33		Brachina	农作物	1	俄罗斯	
34		Izumrudnaya	农作物	1	俄罗斯	
35		Ivano-Frankovskaja	农作物	1	俄罗斯	
36		Huskatan Kartano	农作物	1	俄罗斯	
37		Banatska	农作物	1	俄罗斯	
38		Salut	农作物	1	俄罗斯	
39		Ostersundom	农作物	1	俄罗斯	
40		Остерзундомский	农作物	1	俄罗斯	
41		Purple Top White Globe	农作物	1	俄罗斯	

（续表）

序号	研究所名称	种质资源名称	类别	数量（份）	引进国别/机构	备注
42	蔬菜所	—	农作物	1	俄罗斯	
43		Бортфельский	农作物	1	俄罗斯	
44		Уральская	农作物	1	俄罗斯	
45		Соловецкая	农作物	1	俄罗斯	
46		Гробовская	农作物	1	俄罗斯	
47		Purple Top	农作物	1	俄罗斯	
48		Early White Flat	农作物	1	俄罗斯	
49		Длинный белый	农作物	1	俄罗斯	
50		Местная сахалинская	农作物	1	俄罗斯	
51		Tancard Purple Top	农作物	1	俄罗斯	
52		Herbetruber	农作物	1	俄罗斯	
53		Weibulls Original Fellus	农作物	1	俄罗斯	
54		Weibulls Original Ostersundom	农作物	1	俄罗斯	
55		Weibulls Original Pedigree	农作物	1	俄罗斯	

（续表）

序号	研究所名称	种质资源名称	类别	数量（份）	引进国别/机构	备注
56	蔬菜所	Sutton's Purple Top Mommoth	农作物	1	俄罗斯	
57		Местная	农作物	1	俄罗斯	
58		Норфольский длинный	农作物	1	俄罗斯	
59		Con Horn	农作物	1	俄罗斯	
60		Ronde Weitte Roodrof	农作物	1	俄罗斯	
61		Felhossgu Feher	农作物	1	俄罗斯	
62		Kerek Feher husu Vorosteju	农作物	1	俄罗斯	
63		Kereskedelmi Vegyes	农作物	1	俄罗斯	
64		Ostersundom	农作物	1	俄罗斯	
65		—	农作物	1	俄罗斯	
66		Rong de Groissy	农作物	1	俄罗斯	
67		D'Hiveri Montesson	农作物	1	俄罗斯	
68		Blanc der d'Hiver	农作物	1	俄罗斯	
69		Blanc Rond de Jersey	农作物	1	俄罗斯	
70		Du Palatinat	农作物	1	俄罗斯	

（续表）

序号	研究所名称	种质资源名称	类别	数量（份）	引进国别/机构	备注
71	蔬菜所	樱桃萝卜	农作物	1	捷克	
72		番茄	农作物	1	西班牙	
73		辣椒	农作物	1	缅甸	
74		黄荚菜豆	农作物	1	捷克	
75		长荚蚕豆	农作物	1	捷克	
76		葱	农作物	1	捷克	
77		生菜	农作物	1	捷克	
78		香芹 1	农作物	1	捷克	
79		香芹 2	农作物	1	捷克	
80		番茄 1	农作物	1	俄罗斯	
81		番茄 2	农作物	1	俄罗斯	
82		番茄 3	农作物	1	俄罗斯	
83		番茄 4	农作物	1	俄罗斯	
84		番茄 5	农作物	1	俄罗斯	
85		番茄 6	农作物	1	俄罗斯	
86		番茄 7	农作物	1	俄罗斯	

（续表）

序号	研究所名称	种质资源名称	类别	数量（份）	引进国别/机构	备注
87	蔬菜所	番茄 8	农作物	1	俄罗斯	
88		番茄 9	农作物	1	俄罗斯	
89		番茄 10	农作物	1	俄罗斯	
90		番茄 11	农作物	1	俄罗斯	
91		番茄 12	农作物	1	俄罗斯	
92		番茄 13	农作物	1	俄罗斯	
93		番茄 14	农作物	1	俄罗斯	
94		番茄 15	农作物	1	俄罗斯	
95		番茄 16	农作物	1	俄罗斯	
96		番茄 17	农作物	1	俄罗斯	
97		番茄 18	农作物	1	俄罗斯	
98		番茄 19	农作物	1	俄罗斯	
99		番茄 20	农作物	1	俄罗斯	
100		番茄 21	农作物	1	俄罗斯	
101		番茄 22	农作物	1	俄罗斯	
102		番茄 23	农作物	1	俄罗斯	

（续表）

序号	研究所名称	种质资源名称	类别	数量（份）	引进国别/机构	备注
103	蔬菜所	番茄 24	农作物	1	俄罗斯	
104		番茄 25	农作物	1	俄罗斯	
105		番茄 26	农作物	1	俄罗斯	
106		番茄 27	农作物	1	俄罗斯	
107		番茄 28	农作物	1	俄罗斯	
108		番茄 29	农作物	1	俄罗斯	
109		番茄 30	农作物	1	俄罗斯	
110		番茄 31	农作物	1	俄罗斯	
111		番茄 32	农作物	1	俄罗斯	
112		番茄 33	农作物	1	俄罗斯	
113		番茄 34	农作物	1	俄罗斯	
114		番茄 35	农作物	1	俄罗斯	
115		番茄 36	农作物	1	俄罗斯	
116		番茄 37	农作物	1	俄罗斯	
117		番茄 38	农作物	1	俄罗斯	
118		番茄 39	农作物	1	俄罗斯	

（续表）

序号	研究所名称	种质资源名称	类别	数量（份）	引进国别/机构	备注
119	蔬菜所	番茄 40	农作物	1	俄罗斯	
120		番茄 41	农作物	1	俄罗斯	
121		番茄 42	农作物	1	俄罗斯	
122		番茄 43	农作物	1	俄罗斯	
123		番茄 44	农作物	1	俄罗斯	
124		番茄 45	农作物	1	俄罗斯	
125		番茄 46	农作物	1	俄罗斯	
126		番茄 47	农作物	1	俄罗斯	
127		番茄 48	农作物	1	俄罗斯	
128		番茄 49	农作物	1	俄罗斯	
129		番茄 50	农作物	1	俄罗斯	
130		番茄 51	农作物	1	俄罗斯	
131		番茄 52	农作物	1	俄罗斯	
132		番茄 53	农作物	1	俄罗斯	
133		番茄 54	农作物	1	俄罗斯	
134		番茄 55	农作物	1	俄罗斯	

（续表）

序号	研究所名称	种质资源名称	类别	数量（份）	引进国别/机构	备注
135	蔬菜所	番茄 56	农作物	1	俄罗斯	
136		番茄 57	农作物	1	俄罗斯	
137		番茄 58	农作物	1	俄罗斯	
138		番茄 59	农作物	1	俄罗斯	
139		番茄 60	农作物	1	俄罗斯	
140		番茄 61	农作物	1	俄罗斯	
141		番茄 62	农作物	1	俄罗斯	
142		番茄 63	农作物	1	俄罗斯	
143		番茄 64	农作物	1	俄罗斯	
144		番茄 65	农作物	1	俄罗斯	
145		番茄 66	农作物	1	俄罗斯	
146		番茄 67	农作物	1	俄罗斯	
147		番茄 68	农作物	1	俄罗斯	
148		番茄 69	农作物	1	俄罗斯	
149		番茄 70	农作物	1	俄罗斯	
150		番茄 71	农作物	1	俄罗斯	

（续表）

序号	研究所名称	种质资源名称	类别	数量（份）	引进国别/机构	备注
151	蔬菜所	番茄 72	农作物	1	俄罗斯	
152		番茄 73	农作物	1	俄罗斯	
153		番茄 74	农作物	1	俄罗斯	
154		番茄 75	农作物	1	俄罗斯	
155		番茄 76	农作物	1	俄罗斯	
156		白蒜	农作物	1	缅甸	
157		白蒜	农作物	1	缅甸	
158		暹利蒜	农作物	1	柬埔寨	
159		巴西红皮蒜	农作物	1	巴西	
160		巴西紫皮蒜	农作物	1	巴西	
161		巴西蒜	农作物	1	巴西	
162		越南蒜	农作物	1	越南	
163		越南蒜 2	农作物	1	越南	
164	水稻所	水稻	农作物	50	国际水稻研究所	
165	麻类所	苎麻	农作物	2	意大利	
166		红麻	农作物	8	马来西亚	

（续表）

序号	研究所名称	种质资源名称	类别	数量（份）	引进国别/机构	备注
167	麻类所	红麻	农作物	3	贝宁	
168		红麻	农作物	4	俄罗斯	
169		黄秋葵	农作物	2	马来西亚	
170		黄秋葵	农作物	1	赞比亚	
171		剑麻	农作物	1	加拿大	
172		红豆杉	农作物	1	加拿大	
173		大麻	农作物	6	意大利	
174		大麻	农作物	14	德国	
175		亚麻	农作物	2	希腊	
176		亚麻	农作物	5	波兰	
177		马铃薯	农作物	2	希腊	
178		麻疯树	农作物	1	希腊	
179		Cremini 蘑菇	农作物	1	加拿大	
180	果树所	梨花粉	农作物	3	埃及	
181	郑果所	梨	农作物	4	美国/国际苗木协会	
182		苹果	农作物	3	美国/国际苗木协会	

（续表）

序号	研究所名称	种质资源名称	类别	数量（份）	引进国别/机构	备注
183	草原所	羊草	牧草	172	俄罗斯/俄罗斯科学院西伯利亚分院与实验生物研究所	
184		黄花苜蓿	牧草	106	蒙古/蒙古国科学院植物所	
185	特产所	抗寒葡萄种质资源	野生果树	28	俄罗斯	
186		蓝靛果种质资源	野生果树	5	俄罗斯	
187		黑穗醋栗种质资源	野生果树	4	俄罗斯	
188		狗枣猕猴桃种质资源	野生果树	2	俄罗斯	

中国农业科学院 2017 年组织召开重大国际会议（外宾 30 人以上）清单

序号	主办单位	承办单位	国际会议名称	参会人数（人）	外宾人数（人）	会议时间
1	植保所	植保所	第四届北京国际分子植物病理学术研讨会	230	214	2017. 8. 14—16
2			国家重点研发计划政府间国际科技创新合作重点专项“食品和饲料产业链中真菌毒素控制关键技术的集成与创新”启动会	42	35	2017. 6. 6—7
3			第二十六届国际玉米螟及其它玉米害虫研究协作组（IWGO）会议	200	140	2017. 4. 10—12
4			昆虫生态与害虫生物防治研究技术培训班	50	30	2017. 9. 2—9
5			农药风险评估模型构建国际学术研讨会暨农药残留与环境安全专业委员会成立大会	215	203	2017. 10. 16—18
6			第三届国际入侵生物学大会	300	220	2017. 11. 19—23
7	环发所	环发所	国际设施园艺大会	300	190	2017. 8. 21—23
8			国际农业生态系统与环境研讨会	90	46	2017. 6. 1—2

（续表）

序号	主办单位	承办单位	国际会议名称	参会人数（人）	外宾人数（人）	会议时间
9	牧医所	动物营养学国家重点实验室、奶牛营养学北京市重点实验室、北京市自然科学基金	第五届“奶牛营养与牛奶质量”国际研讨会	500	30	2017. 5. 5—7
10	中国农业科学院	国际合作局	国际农业科技发展峰会（Summit on Agricultural Science and Technology Development）	180	30	2017. 5. 26—27

中国农业科学院 2017 年国际合作与交流工作概况

2017 年，中国农业科学院国际合作局以党的十九大精神为指导，在院党组的正确领导下，积极落实习近平总书记贺信要求，紧密围绕创新工程中心任务和“世界一流农业科研院所”建设目标，全面落实院工作会议精神，大力推进农业科技多双边国际合作工作，深化合作层次，拓展发展空间，进一步提升了中国农业科学院国际合作工作的能力和水平，为建设世界一流学科，建设世界一流科研院所，为我国农业科技整体跃升提供了有力支撑。

一、组织建院 60 周年系列重大国际活动，推进世界一流农业科学中心建设

围绕中国农业科学院建院 60 周年学术交流活动和习近平总书记给中国农业科学院贺信提出的“三个面向、两个一流、一个整体跃升”的要求，认真组织国际农业科技发展峰会、中欧农业技术合作工作组会议、APEC 农业技术工作组系列会议、中德、中保农业科技合作会议、中加农业创新圆桌会议、中非农业科研机构 10+10 合作机制建设等农业科技合作会议等一系列会议，以及国际设施园艺大会、第三届国际入侵生物学大会、中日农业科技合作 20 周年学术研讨会、第二届国际脂质科学与健康研讨会等国际学术会议，针对前沿科学学科发展动态、国际农业重大项目组织管理模式和机制、农业“走出去”目标国的科技需求、国际组织在我国农业科研迈向世界一流和提升我国的影响力等方面组织座谈和研讨。特别是国际农业科技发展峰会，组织了 18 个“一带一路”沿线和其他区域国家的农业部和农业科研机构高级官员、7 个国际组织高级代表、以及国内 30 多家省级农科院、农业大学的 30 余名外宾、180 余名科研教学单位负责人、专家和学者参加会议。这些会议拓宽了与“一带一路”沿线国家开展农业科技合作的渠道，为组织大科学国际合作计划对接奠定了基础，推进了中国农业科学院世界一流农业科学中心的建设工作。

二、抓好海外中心的建设和国际合作发展规划的顶层设计、引领全国农业科技“走出去”

成功组织海外中心召开了海外农产品市场研究发布会，支持海外农业研究中心联合行业协会在内的国内科技合作和优势涉农企业的力量，积极推进与国家和院有关规划部

署衔接，建设海外农业高端智库、搭建海外农业合作平台和培养海外农业人才，承办了农业部首期“扬帆出海工程人才培训”项目活动。开展了植物品种（水稻、棉花）、动物品种（蚕桑）、疫苗、植保产品、科研设备、走出去科研经费管理等技术、产品走出去及经费管理政策方面的调研工作；牵头规划实施了一批海外农业科技重点项目包括疫苗、沼气、生物农药、种子、小型农机以及桑蚕技术等，加强技术熟化配套和系统集成，形成海外农业优势力量和核心突破。

先后两次组织召开邀请外交部、商务部、农业部、教育部①、国家外专局、国家自然基金委员会、中国科学院、中国工程院国际合作部门领导参加的中国农业科学院海外中心建设发展、及其国际合作发展规划论证会，协调组织制定了《中国农业科学院海外农业中心发展规划》并颁布实施。支持海外中心完成并发布了 15 种农产品的需求报告，完成了 65 个“一带一路”沿线国家的国别报告，为 32 家走出去企业提供了技术支撑。

三、优化农业科技合作全球布局、推进合作平台与联合实验室建设及发起国际合作大科学计划

中国农业科学院 2017 年在全球 11 个区域，38 个重点国家和 25 个涉农国际组织分步推进国际合作布局工作，积极打造不同区域、不同类型、不同需求的海外农业科技联合实验室。2017 年中国农业科学院推进新建国际联合实验室（平台）25 个，巩固提升 16 个。

开拓了与乌兹别克斯坦、哥伦比亚、智利、加拿大、挪威、捷克、保加利亚、印尼、澳大利亚、新西兰、CABI、FAO、CGIAR 中心、IAEA 等平台建设的新型合作机制，逐步形成对发达国家和国际组织开展合作研究、人才培养；对发展中大国开展项目对接；对发展中国家开展技术输出示范和成果转让的新格局。

四、牵头全国农业科技国际合作工作和国际合作大科学计划（工程）

一是牵头与 CGIAR、CABI、EU、G20、APEC 农业技术工作组、IAEA 等国际组织合作成果显著，先后在国内外召开 13 次工作协调会和学术会议；二是牵头“中非农业科研机构‘10+10’合作机制”，组织开展了 15 个国别方案的编制与评估，引领中非农业科技合作，在海南首次组织召开对接会，签署了相关协议 8 份；三是搭建中国农业科学院系统外事协作网，召开了第二十二届协作网系统会议，积极推进全国农业科技走出联盟建设，取得了一系列显著的成果，包括 14 份重要报告和 4 个重点专项任务重大

① 中华人民共和国教育部，全书简称教育部。

项目。

为进一步参与国际治理，推荐成功 1 名 D1 和 1 名 P4 国际职员；向农业部提交了《关于提高我国对国际农业研究磋商体系组织（CGIAR）捐款额度的建议》；为更好地与国际马铃薯中心亚太中心（CCCAP）开展合作，组织筹划并提出组建“国家薯类作物研究中心”的建设方案。

积极与科技部、农业部科技司沟通推进发起以我为主的大科学计划，拟优先启动动植物疫病防控重大项目和农牧系统智慧农业项目；积极推动 CGIAR 重大项目、欧盟农业与食品专项、法国农科院大科学计划、澳大利亚联邦科工组织旗舰项目、中英牛顿基金项目与中国农业科学院提出的大科学计划的对接。

五、讲好中国农业科技故事，增强软实力和影响力

为庆祝中国农业科学院建院 60 周年，与《中国日报》合作，国际合作局编辑并出版了中国农业科学院 60 周年庆典专版（2017 年 5 月 26 日），以“农业科技走出去”“农业科研成果”“成果转化”“人才培养”等为主题，将 60 年以来中国农业领域的发展变迁、重大科研进展、中国农业科学院大事件、院庆报道进行宣传。

高质量完成了中国农业科学院 60 周年宣传片《大地丰碑》的英文版、《中国农业科学院 2016 年年报》（Annual Report-2016）（中文版、英文版）的编辑制作工作并上网发布；利用院英文网站发布重要信息，宣传了中国农业科学院重大活动和科研动态。

六、狠抓国际合作日常工作，助推中国农业科学院科技创新能力的提升

（一）强化与国外农业科研机构的战略合作伙伴关系

通过组织高级出访团组，积极推进国际农业科技合作。2017 年完成中国农业科学院院领导出访团组 13 个，其中出席李克强总理外事活动 1 次，出席科技部、农业部部领导外事活动 4 次，出访国家 26 个。全院签署协议和备忘录 140 份，对强化落实中国农业科学院国际合作发展规划、提升影响力起到了重要作用。

（二）推进多双边合作平台建设工作

2017 年，中国农业科学院在国内外新建平台 23 个，强化中国农业科学院的全球区域布局；其中 7 月，韩长赋部长率团访问乌兹别克斯坦，进一步推进中乌农业合作，期间中国农业科学院与乌方签订了建设棉花联合实验室合作意向书；推动签署了中国农业科学院与捷克作物科学研究所关于建立农业研发联合中心建设协议。

中—保果树生物学联合实验室达成共识，并写入双方签署的《中国农业科学院与普罗夫迪夫农业大学谅解备忘录》；推进“农业部—CABI 生物安全联合实验室”在瑞士建立“欧洲联合实验室”建设和向国家原子能机构和国际原子能机构提出建立“中国—国际原子能机构核农学联合研究中心”的申请，目前正着手准备相关评估材料等一系列工作。

（三）狠抓项目建设、认真组织人才培养和技术引进

与科技部国际合作司、科技部交流中心沟通了中国农业科学院“一带一路”国际合作战略专项的遴选情况，开展引智项目等项目申报工作，人才培养国际项目的申报成功率大幅提升。2017 年中国农业科学院共组织申报各类国际合作项目 438 项，获得批准 124 项，项目经费 1.04 亿元人民币。

全院共举办援外国际培训班 20 个（其中包括在越南和老挝举办的 2 个境外国外培训班），对 28 个国家的 629 名学员进行了专项技术培训。

认真做好出国（境）审核、审批、外国人来华邀请和护照、签证等工作。全年派出因公出国（境）团组 829 个，1 604人次，总量比 2016 年增长 50%。外事管理规范、有序、高效，保证了中国农业科学院国际交流活动的有效开展。

七、推进“两学一做”学习教育常态化制度化工作，进一步增强工作的历史责任感、使命感和紧迫感

高度重视“两学一做”学习教育常态化制度化工作，建立了层层抓落实的长效机制，支部活动体现自身特色，学习内容丰富，推动学习教育切实融入日常、抓在经常，领导干部坚持以上率下，充分发挥“关键少数”作用，带头讲党课，教育引导党员按照“四讲四有”标准，做到政治合格、执行纪律合格、品德合格、发挥作用合格。先后 3 次组织全体职工对习近平总书记的贺信进行了认真学习，结合国际合作发展规划和院庆国际学术会议，以及中国农业科学院“十三五”建设七大世界级农业科学技术中心的目标，深入理解“贺信”的精神实质，大家深受鞭策和鼓舞，进一步增强了大家作为身处国际农业科技合作前沿工作的历史责任感、使命感和紧迫感。大家认为，总书记贺信给予了中国农业科学院高度的肯定，也为中国农业科学院进一步发展指明了方向，提出了明确要求。现在是中国农业科学院加快发展的最好时机，每一位农科人都一定要甩开膀子加油干，继续发挥老一辈农科院人艰苦奋斗，努力拼搏和追求卓越的精神，牢记使命，不忘初心，为中国农业科学院早日迈入“世界一流科研院所”贡献自己的力量。

通过学习十九大精神、习近平总书记的贺信，以及院庆宣传工作所展现的甘于奉献、勇于创新的农科精神，国际合作局全体职工深受感染和鼓舞，大家增强了团结协

作、协调有序、甘于奉献的意识，并深刻认识到，各项国际农业科技合作工作在“十三五”期间，在院党组的带领下，既要服务世界一流院所建设，又要服务国家外交大局，发挥农业优势外交资源的作用，以培训交流培植挖掘人脉、以政策对接促成通力合作，以共同研发实现互利共赢，不断提高中国农业科学院的国际影响力，为保障国内农业绿色生产与可持续发展、推进农业现代化做出积极贡献。

中国农业科学院副院长李金祥在海峡两岸学农青年农业科研研习营开营仪式上的讲话

各位老师、各位同学，女士们、先生们：

大家上午好!

我很高兴参加此次活动。中国农业科学院向来高度重视对台交流工作，由中国农业科学院研究生院、台湾大学生物资源暨农学院和中兴大学农业暨自然资源学院三方联合主办的“海峡两岸农业科研与教育研讨会”，目前已举办了六届，有 66 人次的我国台湾专家来交流访问，有 50 人次的中国农业科学院专家到台湾省两所大学去交流，为两岸专家搭建起了项目合作和学术交流的桥梁。2015 年，我有幸参加了“第五届海峡两岸农业科研与教育研讨会”，与台湾大学和中兴大学的专家们进行了深入的交流。这次海峡两岸学农青年农业科研研习营活动是中国农科院第一次承办，在农业部系统也是首次举办，可以说是一个开创性的工作，对于加强海峡两岸农业科研教育合作，加深海峡两岸青年学生相互了解具有重大的意义。在此，我谨代表中国农业科学院党组对本次活动顺利召开表示祝贺，对各位老师和同学的到来表示热烈的欢迎。

会前，我认真听取了会议筹备情况的汇报。本次活动由中国农业科学院和中国农业大学具体承办，国台办交流局和农业部台办作为指导单位，工作人员为办好此次活动做了大量细致周密的准备工作。我认为，此次活动有以下几个特点：一是在两岸青年之间进行交流，都是在校大学生或研究生，有利于两岸青年学子相互交流、相互学习、取长补短，增进交往和融合。二是内容丰富，既有科研讲座、交流座谈等授课式活动，又有科研实验操作、参观实验室和试验基地等体验式学习活动，能够进一步激发青年学农兴趣和从事农业科研工作的热情。三是两岸之间农业科研教育同行坐在一起商量共同关心的问题，很容易深入，具有很强的专业性，能够促进海峡两岸农业科研和创新人才培训领域的交流与合作。我想，我们已经在两岸农业科技教育合作的道路上迈出了坚实一步，有了良好的开端，相信两岸的同学们在进一步的交流交往中，会继续加深了解、增进友谊、携手发展。

借此机会，给在座的老师和同学简单说一下中国农业科学院的情况，接下来，院办公室的文学副主任会做详细介绍。中国农业科学院成立于 1957 年，是国务院批准成立的新中国三大科学院之一，至今已走过 60 年的光辉历程。60 年来，中国农业科学院已发展成为我国规模最大、学科最全、综合研究实力最强、在国际上有重要影响力的国家农业科研机构。特别是，在我院庆祝建院 60 周年之际，习近平总书记发来贺信，李克强总理作出批示，汪洋副总理专程来院考察指导工作，为新时期农业科技事业发展和我院科技创新指明了方向。我院把习近平总书记提出的“三个面向”“两个一流”“整体跃升”作为建设发展的总目标，融入未来 30 年的发展规划，为实现这个目标，正在重点推进以下 5 项重点工作。

一是研究制定 2049 科技发展战略规划。开展农业科技发展战略研究，深入分析、系统谋划世界农业和新一轮科技革命的发展态势，科学预判颠覆性技术和革命性成果的农业应用，厘清现代农业发展的重大科技需求，提出若干核心科学问题与关键技术问题，编制“面向 2049”农业科技愿景展望。结合专业特点积极开展农业智库研究，充分发挥理论创新、政策支持、舆论引导及社会服务的作用，推出中国农业科学院的战略研究品牌产品。

二是全力实施青年人才工程。切实增强人才意识，加快推进实施青年人才工程，以建设世界级农业科学中心、国家级农业技术中心和卓越创新团队为依托，着力打造一支规模适中、结构合理、素质优良的创新人才队伍。进一步探索建立人才在国内外、院内外和所内外流动机制，建立开放、竞争、流动的用人制度。完善落实科技成果转化收益、科技人员兼职取酬等制度规定，探索建立利益分配新机制，激发农业科技人员研发推广活力。健全绩效管理机制，优化评价程序，改进评价方法，建立年度监测、中期诊断和期末评估的综合考评体系。后天，我院将组织召开首次全院人才工作会议，以推动各项人才工作目标和举措落地生根。

三是优化调整学科布局和研究方向。进一步发挥国家科技创新工程的引领作用，推进体制机制改革和学科转型升级。着力加强体制机制创新，完善科研组织模式，创设符合农业科研创新要求、责权利明确、层次分明、协作高效的科研团队运行管理模式。强化、拓展、培育、调整学科方向，完善区域布局，构建更加符合农业科研发展规律和农业产业需求的学科布局体系；进一步梳理凝练跨学科、跨领域的重大问题，抓实抓牢，抓出成效。在面向世界农业科技前沿方面，启动实施“农作物基因大数据的分析与利用”等 4 个协同创新任务，力争在农业生物组学、农业大数据挖掘应用等方面实现跨越发展，掌握新一轮全球科技竞争的战略主动权。在面向国家重大需求方面，启动实施“主要畜禽国产良种培育及产业化”等 10 个协同创新任务，加大核心关键技术和颠覆性技术方面的创新力度，力争实现弯道超车，带动农业产业格局重大调整和革命性突破。在面向现代农业建设主战场方面，启动实施“农业绿色增产增效技术集成创新”等 5 个协同创新任务，遴选推介一批作物高效栽培、农机农艺融合、畜禽水产健康养殖、病虫害统防统治等成熟适用技术，破解农业发展面临的诸多瓶颈制约，促进农业节本增效。

四是着力加强农业科技与产业融合发展。以全面提升成果转化能力为着力点，以绿色增产增效研究与示范为抓手，创建农业技术推广、示范转化以及农业产业整体联动、融合发展的模式，促进科学研究交叉融合和成果转化集成创新，解决科技创新与农业发展“两张皮”和成果转化“最后一公里”的问题。进一步发挥我院的整体科技优势，统筹科技成果示范基地建设，发挥展示示范和辐射带动作用。深入开展种业改革，在成果产权制度改革、构建种业创新链等方面开展试点，建立制度体系，为种业改革做好示范。

五是持续推进创新联盟建设。作为牵头单位，我院将充分发挥农业科技创新联盟的重要作用，加快农业科技协同攻关和转化应用的重大机制创新，建立全国农业科技协同攻关新模式。制定联盟可持续运行和优化任务分工的具体办法，进一步凝聚全国优势农业科技力量。加强对区域和专业联盟的服务和指导，推动重大任务的凝练、组织和实施，以提升农产品质量安全有效供给和产业结构调整为主攻方向，围绕制约节本增效、质量安全、绿色环保、区域发展等重大问题，强化科技支撑与示范带动，形成一批可复制、可推广的一体化综合技术解决方案和模式。按照“技术攻关、试验示范、转化推广”的思路，着力推进联盟重点任务、科研团队、科研平台与“五区一园”的对接。围绕重大任务实施，创新政府支持机制、任务牵引机制、资源共享机制和评价激励机制。建立联盟任务台账式管理、列表式推进机制，把握联盟重点任务的组织、研发、转化应用情况，建立报告、考核和动态调整机制。

借此机会，我对加强两岸学农青年交流与融合，提 3 点意见和建议。

一是进一步扩大交流专业领域。由于 2017 年是首次举办海峡两岸学农青年农业科研研习营活动，在前期沟通和组织上未免有些仓促，这次来参加研习营活动的台湾学生主要来自台湾大学生物资源暨农学院，农业产业传播与发展学系。希望未来有更多涉农专业领域的台湾学子来进行两岸交流，推动交流往来向深度广度发展。

二是进一步搭建更多交流平台。两岸青年交流的真正目的在于彼此的深层认识，积极推动打造两岸青年交流平台及渠道，激发学生创新创业热情是关键。我院将为学生提供高水平的科研平台和充足的经费支持，希望两地青年加强相互交流与协作，充分发挥各自优势，用青春打拼农业科技事业，共圆中国梦。

三是进一步促进两岸教育合作。台湾省有很多知名大学，我们的研究生院在农业教育领域名列前茅，加强两岸学生的交流，是实现强强联合、互利共赢的有效手段。可以通过“联合培养”的渠道来实现教育的合作，选派优秀学生在课程学习或科研工作期间交流 1 年，这样既能实现体制允许范围内的合作，还能够拓宽学生的视野，提升学生的综合素质。

以上 3 点建议，如果我们能够逐步落实的话，相信会对两岸学生交流发挥更加积极的作用。总的来讲，中国农业科学院将与国台办、农业部台办积极配合，不断完善合作交流平台，共同探讨促进两岸学农青年沟通交流的新思路、新方法，寻求和创造更多符合青年特点、兴趣的交流内容和形式，为深化两岸经济融合发展、文教合作和青年共同成长做出新的更大的贡献。

最后，衷心祝愿本次研习营活动取得圆满成功，特别是祝老师和同学们活动期间生活、学习愉快！

谢谢大家！

五、人事管理与人才建设

中国农业科学院 2017 年人事人才工作综述

一、2017 年工作总结

2017 年，在院党组的坚强领导下，人事局全面落实党的十八大和十八届历次全会、党的十九大精神，深入贯彻习近平新时代中国特色社会主义思想，坚持以“三个面向”“两个一流”“一个整体跃升”定位和目标为指导，围绕创新工程实施和现代院所建设，将深化改革和制度创新作为推进人事人才工作的总抓手，坚持一张蓝图画到底，各项工作取得了新进展。

（一）实施人才强院战略，推进人才工作再上新台阶

1. 深化人才体制机制改革

一是启动青年人才工程。会同科技局起草《青年人才工程规划（2017—2030）》并由韩长赋部长宣布启动实施，这是我院在新的历史阶段提出的一项面向未来、实现跨越、增强核心竞争力的重大工程。二是成功召开建院以来首次人才工作会议。系统谋划了人才队伍建设思路，确立了实施人才强院和人才优先发展战略，部署了今后人才工作重点任务。三是强化制度体系建设。出台《关于深化体制机制改革促进人才发展的若干措施》，在人才引进、培养、评价、激励、保障等 12 个方面提出 30 项具体举措。制定农科英才特殊支持政策，激发科研人员创新创造活力。修订《“青年英才计划”管理办法》，进一步明确主体责任、优化人才分类、完善考核方式，强化支持经费和有关待遇的衔接。会同有关部门出台人才跨所流动、人才专项资金管理、住房租售等一系列配套政策。四是稳步推进各项重点任务落实到位。制订重点任务的落实方案，明确落实时间，责任到岗到人。通过专项督导、制作展板等方式，督促院属单位及时落实人才工作会议精神和院党组人才工作部署。围绕柔性引才、精准引才、博士后、继续教育、支撑转化人才引育等改革任务，组织开展调查研究，为深化改革提供依据参考。五是积极营造识才重才育才良好氛围。在中组部、科技部、人社部、农业部组织的经验交流、工作汇报等重要会议上宣传我院人才工作。借助《人民日报》、新华网、《科技日报》《农民日报》等权威媒体广泛宣传我院人才工作成效、优秀人物先进事迹、院属单位在深化人才体制机制改革方面的新思路新举措，努力营造良好舆论氛围。

2. 科研人才引育工作取得新成效

一是高层次人才队伍建设成绩显著。积极配合做好院士增选，15 名专家成为两院

院士有效候选人，王汉中当选中国工程院院士，陈化兰当选中国科学院院士，院士总数达到 13 名，平均年龄从 73 岁降低到 69 岁。全年向中组部等部门推荐专家评选 100 余人次，1 人入选千人计划青年项目，4 人当选万人计划青年拔尖人才，1 人获评国家杰青，2 人获评国家优青，6 人入选百千万人才工程，10 人当选创新人才推进计划领军人才，入选数量居全国第二；4 人获首届全国创新争先奖，获奖牌数量并列全国第二。二是持续推进青年英才计划实施。组织发布 27 个研究所青年英才计划招聘公告。改进备案评审方式，实行以通讯评审为主的"一人一评"，提高评审效率。组织第五批择优支持评审，新增 12 名院级入选者，审核备案候选人 29 名。组织第二批科研英才培育工程评审，择优遴选产生 22 名院级入选者；指导研究所开展所级培育人选评审，备案 60 余名所级入选者。三是组织遴选首批农科英才。遴选出 259 名农科英才（顶端人才 12 人，领军人才 154 人，青年英才 93 人），落实农科英才特殊支持政策。四是完成 2016 年度职称评审工作。全院晋升正高级 101 人、副高级 206 人、中级 245 人，9 人取得高级会计师任职资格。五是强化人才服务保障。组织院属单位报送高层次人才年薪（岗位）补助、安家费补助院级经费申请，下拨农科英才等高层次人才岗位（年薪）补助 2 200 余万元；会同基建局、后勤中心落实 5 名青年英才安家费补助审批，为 15 名引进人才拨付安家费补助共 1 474万元。开展高层次人才住房配售，解决 8 名高层次人才住房，协调安排 6 名引进人才周转住房。

3. 积极推进继续教育基地建设

一是举办创新工程团队首席专家轮训班。院属 31 个研究所的 263 位创新团队首席专家参加了轮训，参训率达到 98%。二是选派高层次专家参加研修。选派千人计划等 17 名高级专家参加中组部、人社部、农业部举办的高层次专家研修班。三是做好访问学者培养工作。召开"西部之光"访问学者和少数民族特培学员欢迎座谈会、专题研修班、管理人员能力提升班及中期评估会、总结座谈会，接收新一期"西部之光"访问学者和特培学员 33 人。《农民日报》专题报道中国农业科学院"西部之光"访问学者培养的先进典型。四是支持地方人才队伍建设。承办人社部 2 个继续教育基地高研班，来自全国 150 余名高级专业技术人员接受培训；贯彻落实全国科技援藏工作会议精神，连续第三年举办西藏农牧科技创新方法培训班，当地 51 名科教人员参加培训。

4. 博士后规模和质量持续提升

一是拓宽招收规模和渠道。与清华大学、中国科学院大学等高校洽谈，积极招收优秀博士生入站；与四川省农业科学院、江西省红壤研究所等 6 家单位联合招收博士后。全年博士后进站 130 人，在站 470 人，实现在站规模"六连增"。二是提高博士后招收质量。建立申报审核机制，严控特殊情况博士后招收比例，较上一年度下降了 18 个百分点。组织 2 次基金申请讲座，提高申报成功率，1 人入选博士后创新人才支持计划，47 人获得博士后基金面上资助，4 人获得特别资助；42 人获中国农业科学院优秀博士后荣誉。三是进一步扩大影响力。积极推进学术交流平台建设，指导支持 5 个研究所举办 6 期博士后论坛，指导植保所承办全国博士后论坛。组织参加北京博士后趣味运动会，以历史最好成绩获团体总冠军，实现“四连冠”。关心博士后健康，丰富业余生活，开展京区博士后体检、趣味运动会等活动。

（二）坚持正确选人用人导向，建设高素质专业化干部队伍

1. 大力推进干部人事制度改革

一是深化干部选拔任用制度改革。着眼全院事业发展，围绕培养造就好班子、好梯队目标，按照提拔使用一批、交流任职一批、实践锻炼一批、重点培训一批、分类储备一批总体思路，有针对性地提出优秀年轻干部培养选拔具体措施。二是稳妥推进事业单位分类改革。按照中编办[①]和农业部最新要求，组织院属单位再次梳理职责任务、服务对象、资源配置和发展定位，重新明确上报分类改革意向。积极推进拟转企所分类改革，参加科技部、财政部、中编办组织的分类改革座谈，掌握最新政策要求；召开拟转企所党政一把手座谈会，逐所研究改革中涉及的重大疑难问题，提出分类意见及问题解决建议。三是创新科研事业单位领导人员选拔任用制度。根据科研单位开放度高、探索性强、创新活跃等特点，创新中国农业科学院领导人员选拔任用程序。民主推荐环节进一步改进参考人员范围；正确分析运用推荐结果，既体现民主意愿，又不简单以票取人；创新推荐方式，提出“正高级专业技术职务人员可直接推荐所级领导”，拓宽科研人员晋升通道；改进机关干部聘用工作机制，七级以下职员晋级常态化实时聘用，进一步激发机关干部工作积极性。

2. 持续加强领导班子和干部队伍建设

一是着力配备结构优功能强的领导班子。完成 2 个研究所班子换届，任免部、院管理干部 148 人次，其中，任职 96 人次、免职 52 人次，提拔班子正职 11 人、副职 27 人。注重培养选拔年轻干部进入领导班子，17 名“70”后和 1 名“80”后进入所班子，“70”后干部提拔数量占全年提拔所级干部的 48%，领导班子结构得到进一步优化。二是坚决防止干部选任“带病提拔”。落实“凡提四必”要求，23 名所局级干部出生日期提交党组会研究认定，4 名拟提拔人选给予诫勉处理，向院纪检组、监察局征求廉政意见 65 人次，调查核实 6 名拟提拔所级干部信访举报。三是指导院属单位党委纪委换届。坚持有关情况及时向部人事司报告，新一届党委、纪委候选人预备人选提交院党组会研究审定，对 7 个院属单位党委、纪委换届以及 2 个研究所增补党委委员进行指导。四是指导院属单位中层干部竞聘上岗。对 8 个院属单位中层干部竞聘上岗进行了方案审定和程序指导，一批德才兼备的“80”后干部走上中层干部领导岗位，进一步提升了全院干部队伍质量。

3. 认真开展干部教育培训

一是做好干部调训。组织 10 名司局级干部参加十九大精神专题学习，全体司局级

① 中央机构编制委员会办公室，全书简称中编办。

干部参加学习贯彻十八届六中全会精神轮训，9 名司局级干部参加中央国家机关专题研修班，4 名所级干部参加处级干部任职培训班，8 名处级干部参加农业部组织人事干部能力建设培训班。二是进一步拓展境外培训。第三期“现代农业科研院所建设与发展培训”境外培训项目获农业部审批。三是多渠道推动干部实践锻炼。选派 5 名同志执行中组部第九批援疆任务，选派 5 名年轻干部赴河北阜平、北京大兴、山东德州等地挂职锻炼，选派 4 名同志执行中组部第十八批博士服务团任务，完成 7 名博士服务团人员期满考核，选派 4 名机关干部参加第六批年轻干部实践锻炼。

4. 切实加强干部监督管理

一是开展选人用人专项检查。在 2016 年基础上，完成剩余 27 个研究所检查工作，实现选人用人检查“全覆盖”。通过检查，进一步指导和规范院属单位干部选拔任用程序。二是组织领导干部报告个人有关事项。参加中组部培训班学习新政策要求；举办全院领导干部报告个人事项两项法规培训班。指导 35 个院属单位 627 名副处级以上干部完成填报，对 241 名干部进行重点或随机抽查。强化查核结果运用，全年 1 人被调离岗位，3 人被取消考察对象资格，17 人被诫勉处理，领导干部如实报告的主动意识不断增强。三是规范领导人员企业和社团兼职。清理排查全院 1 009名在职副处级以上领导人员企业兼职情况，进一步完善审批流程，审批备案 6 名副所级干部、3 名处级干部。印发《中国农业科学院领导人员社会团体兼职管理暂行办法》，审批备案 38 名所级领导的社团兼职，全院领导干部企业和社团兼职管理制度化规范化水平显著提升。四是开展干部档案专项审核。集中梳理全院正研、正处以上干部档案中出生日期记载不一致的情况，并按照干部管理权限进行组织认定。全年认定了各级干部 102 人，做到全院所级和正处级干部出生日期认定全覆盖。五是加强出国（境）审查及因私证件管理。加强因私出国（境）证件管理，指导院属单位按照权限集中管理，进一步完善借用手续，做到有据可查，我局集中管理因私证件 212 本，全年审批因私出国（境）70 人次，完成所局级领导干部因公出国（境）备案 34 人次。

5. 认真抓好日常管理工作

一是做好 2016 年度考核工作。协助中组部、农业部完成院领导班子和院领导年度考评，协助开展干部选拔任用“一报告两评议”。完成研究所评价、机关工作考评、所（局）级领导干部年度考核结果评定。二是加强机构编制管理。完成院属单位 2016 年度事业单位法人报告公示，变更调整院本级和 5 个院属单位法定代表人，调整 14 个院属单位内设机构，其中 6 个研究所分设党办，为落实全面从严治党提供组织保障；重新核定 9 个单位处级领导职数；协助科技局完成西部农业研究中心地方法人注册登记，积极推进都市农业研究所登记法人注册。三是做好中层干部任免备案。完成 11 个研究所 25 名中层干部任免备案。加强机关干部队伍建设，任免处级干部 25 人次，完成 32 名中层干部试用期满考察及任职批复。

（三）做好劳资调配管理，保障职工切身利益

1. 稳步推进养老保险改革落地

一是完成京区单位首次参保登记。指导京区单位准确界定参保范围，明确审核把关程序，确保信息真实准确，审核京区 16 家单位近 5 000名职工参保登记材料，指导督促按时完成参保登记，院机关参保登记一并完成。二是做好数据补采和信息确认。组织京区单位养老保险数据补采，有序开展缴费工资申报、人员转移接续、养老信息确认、首次征缴确认、退休人员养老金核定等经办工作。研究退休人员补贴标准、缴费工资以及特殊人员信息处理等问题并明确相关政策，实现政策间合理衔接和平稳过渡，协助开展全院养老保险改革经费测算。三是研究解决疑难共性问题。研究参保登记、数据补采、信息确认等工作中的共性问题，积极向农业部、中央养老管理中心、地方人社部门等沟通，争取政策支持，协助京外单位开展参保登记工作。加强宣传引导，指导院属单位就群众关心的问题解疑释惑，正确引导舆论，营造良好氛围。

2. 积极推进绩效工资改革

一是积极争取绩效工资总量。开展全院绩效工资总量调查摸底，积极向人社部、农业部争取政策支持，力争实现与养老保险制度改革、农科英才特殊支持政策等平稳衔接，妥善处理改革中的各种问题。二是及时落实收入调整和职工福利。完成全院基本养老金调整和京区单位离退休人员补贴调整。组织做好职工优抚、防暑降温费、自雇费、抚恤金、护理费等的核定发放，调整京区单位所（局）级领导物业补贴和采暖补贴标准，并及时兑现到位。三是进一步规范收入分配秩序。完成 2 次防治“吃空饷”自查，建立防治长效机制。加强工资审批管理监督，规范管理三四级岗位工资审批管理，批复 29 名所（局）级干部执行管理三四级岗位工资。做好部、院管理干部工资核定、异动审批备案，审批备案 500 余人次，审批提高退休费比例 60 余人次，完成 2017 年度增加薪级工资。及时落实机关职工待遇，完成工资、绩效、农科英才岗位补助发放，审批工资异动 100 余人次，办理社保变动 50 余人次。四是创新机制加强劳资管理队伍建设。建立学习交流长效机制，制定《劳资工作人员能力培养工作方案》，划分片区成立劳资协作组，组织学习交流、专题研究等活动。加强劳资队伍教育培训，多次组织参加人社部、农业部培训，举办全院劳资业务培训班，劳资干部业务素质进一步提高。围绕绩效工资实施中的具体问题，组织 4 个协作组到 6 家单位开展调研，为科学制定绩效工资政策、妥善解决有关问题奠定基础。

3. 做好公开招聘和调配工作

一是顺利完成公开招聘工作。在进京指标控制趋紧的形势下，积极向农业部争取补充人员指标，累计追加指标 10 个。组织京区单位公开招聘，共有 974 人参加笔试，较去年增长 36%；指导研究所面试考核，组织机关招聘，全院招聘各类人员 279 人（京区招聘 137 人，京外招聘 142 人）。举办新入职人员岗前培训班，共有 210 余人参加培

训。二是做好高层次引进人才调配服务。为牧医所争取 4 个京外调干进京指标，指导并办理 4 家院属单位人才引进手续 11 人。积极解决夫妻两地分居事宜，24 人通过院里审核，2 人上报农业部，3 人获人社部批复办理进京落户。按照农业部要求，开展 2010—2016 年京外调配人员情况全面自查。三是编制全院 2018 年人员补充计划。按照优先保证创新工程、科研团队及重点岗位需求的原则，统筹做好人员调配计划编制。2018 年，全院计划补充人员 562 人（计划招聘应届高校毕业生 331 人，面向社会公开招聘 226 人，京外调干 3 人，接收军转干部 2 人）。

（四）强化服务，离退休管理服务水平不断提升

1. 持续加强离退休党组织建设

一是认真学习贯彻中央精神。扎实抓好十九大精神学习宣传贯彻工作，组织形式多样的传达学习活动，举办专题辅导报告集中学，发放资料自主学。贯彻中办关于进一步做好离退休工作精神，研究制定我院落实意见，经院党组会审定后印发，成立督查组对院属单位落实情况进行督查，推动离退休工作再上新台阶。二是开展学习培训提高能力素质。面向院属单位离退休工作部门负责人和工作人员、离退休党支部书记、支部委员专门组织培训班，累计培训 200 余人次，进一步提升离退休工作人员和党务干部工作素质能力。

2. 组织主题活动为院所发展增添正能量

一是组织参加建院 60 周年庆祝活动。根据院党组部署，牵头组织主题摄影书画活动，积极动员和广泛征集书画作品 500 余幅，165 幅精选作品在国家农业图书馆专题展览。组织院老年艺术团编排节目参加院庆会演，获得一致好评，激发了广大离退休职工的爱院热情。二是开展“畅谈建言”主题活动。根据中组部、农业部部署，组织离退休职工开展“畅谈建言”主题活动，召开各类座谈会 108 个，宣讲会 26 个，创作编排文艺节目 56 个，为十九大建言 22 条，整理上报征文 110 篇，摄影书画作品 45 幅，中国农业科学院获农业部优秀组织奖，4 名同志获先进个人奖。

3. 落实党组部署为老同志办实事好事

一是落实离退休老同志政治生活待遇。及时足额发放养老金增资和物业费、采暖费、护理费、抚恤金等补贴，组织医药报销、体检、医院变更 3 200余人次，走访慰问患病、生活困难等老同志 500 余人次。二是强化日常管理规范有序。坚持为新退休职工安装“999”急救电话，到社会养老机构调研，为孤寡、独居、失能老人入住养老机构提供咨询服务。为老同志举办老年病防治讲座，制作发行 4 期院报离退休专刊，指导协助院老科协完成了理事会换届。加强活动站管理，为老同志组织各类活动提供周到的场地服务。三是组织丰富文娱活动。参与北京市、农业部等文艺演出 50 余次，获奖近 20 次。参加农业部离退休职工运动会，获集体第一名。通过组织丰富多彩的文体活动，引导精神文化养老新风尚。

（五）加强基层党组织建设，切实发挥战斗堡垒作用

1. 强化学习引领，牢固树立“四个意识”

一是学习宣传贯彻党的十九大精神。按照院党组要求，结合人事局实际，制订学习宣传贯彻工作方案。组织人事局党员干部观看大会直播和韩长赋部长宣讲党的十九大精神报告会实录，第一时间传达学习党的十九大精神及韩长赋部长在农业部党员干部大会和部党组学习会上的重要讲话精神。召开支部党员大会，传达学习党的宣讲提纲，开展学习测验，人事局平均得分99分。支部书记带头讲“十九大精神学习贯彻”主题党课，开展“与十九代党代表面对面”主题党日活动，组织参加喜迎十九大先进事迹报告会，参观“砥砺奋进的五年”大型成就展，参加“十九大最走我心一句话”征文活动，撰写报送征文3篇。通过系列学习宣传，全局干部职工思想迅速统一到党的十九大精神上来，为做好中国农业科学院人事人才工作凝聚共识、积蓄力量。二是扎实推进“两学一做”常态化制度化。围绕推进“两学一做”常态化制度化制订支部学习计划，做到年度有安排、月月有计划。落实中心组学习制度，召开中心组学习会8次，深入学习习近平总书记建院60周年贺信、李克强总理重要批示、汪洋副总理到院指导等指示精神，学习韩长赋部长在建院60周年大会讲话精神，唐华俊院长、陈萌山书记在理论中心组学习会上讲话精神，以及院人才工作会的有关精神。学习先进典型事迹，组织全体党员观看黄大年同志先进事迹纪录片。购买党建学习资料，充分发挥“两微一端”作用，督促党员干部常态化学习，营造良好学习氛围。

2. 加强党支部建设，创新党内教育形式

一是完成党支部换届调整。经院直属机关党委批准，选举产生新一届支部委员会，局支部建设得到进一步加强，为提高党支部战斗力凝聚力提供了坚实的组织保障。二是坚决执行党内制度。严格执行“三会一课”制度，召开党员大会11次，局领导讲党课7次。严格执行民主集中制，强化党内监督，凡重大事项（机构调整、干部任免、人员调动、经费使用等）坚持召开局务会、局长办公会集体研究，全年召开局务会19次，局长办公会3次。坚持开好民主生活会，务求开出质量、开出成效，会前认真准备，面向全院广泛征求意见，将其作为对班子成员党性、作风、实绩的集中检验，达到统一思想、解决问题、增进团结的目的。三是着力打造特色党建品牌。牵头构建人事局与机关其他部门、院属研究所“互联共建”党建机制，与院办公室、院直属机关党委、环发所党支部一道，深入科研生产一线开展主题党日活动3次，专题报告2次，专题党课2次。搭建局内业务学习交流平台，精心组织“组工讲堂”，累计开讲5次，将党建学习与业务工作紧密结合，有效促进了全局干部职工业务水平提高。

3. 持之以恒抓作风建设，营造和谐工作氛围

开展党员组织关系排查，调查了解干部职工思想状况，规范党费收缴，严格按照中组部文件要求，重新核算党费标准，累计收缴党费25 607元。落实院党组建设服务型机

关要求，抓好抓实组工干部作风建设，赴院属单位服务指导工作实现全覆盖，帮助解决干部选任、人才队伍建设、劳资调配、离退休等工作中存在的问题；注重发挥调查研究在管理决策中的基础性作用，先后到系统外院所高校、部系统单位、省农科院、院属单位等 40 余家单位开展调研，撰写调研报告 12 份。看望慰问怀孕、生病或困难职工，开展多种形式的精神文化创建活动，加强交流，增进友谊，队伍活力明显增强，凝聚力和向心力明显提高。

（六）加强组织协调，不断提高综合政务保障能力

1. 做好综合政务协调保障

坚持月工作计划和大事记制度，统筹做好局领导每周工作安排，做好差旅服务保障。规范执行财务制度，紧密结合中心工作编制预算，根据工作需要追加经费 200 余万元；统筹经费支出确保执行进度，全年预算执行 400 余万元，执行进度位列机关前茅。做好审核把关确保经费报销安全，按需及时采购办公用品，保障全局办公运转顺畅。顺利完成十九大代表选举工作，及时办理院党组会常务会督办事项，各事项均已办结。人才工作和干部监督获得院主要领导同志肯定批复。

2. 进一步规范文书管理工作

规范执行公文办理程序，做好文稿审核保证公文质量，做好局工作计划、总结、报告等综合文稿的组织起草。全年累计运转公文等文件材料 641 件，其中发文 210 件。协调全局文书整档归档共计 203 件，规范使用登记局章、局领导名章，全年累计用章 548 次。

3. 扎实做好安全生产等基础工作

高度重视安全生产，不折不扣贯彻落实国务院和农业部、农科院安全生产部署，召开专题动员部署会 5 次，落实主体责任，签订安全生产责任书；切实抓好十九大期间安全维稳工作，开展消防安全“大排查大清理大整治”专项行动，制订工作方案，多次开展专项检查排查安全隐患，统一购置并及时更换符合安全生产要求的电器设备，对干部档案室进行安全生产改造，维修老干部活动中心电梯，修复监控系统，定期清理检查配电箱等电力设备。组织保密警示教育，切实提高人事局职工保密安全意识。及时主动宣传报道局内工作，院网、局网报道各类活动 140 余条。

中国农业科学院组织机构图

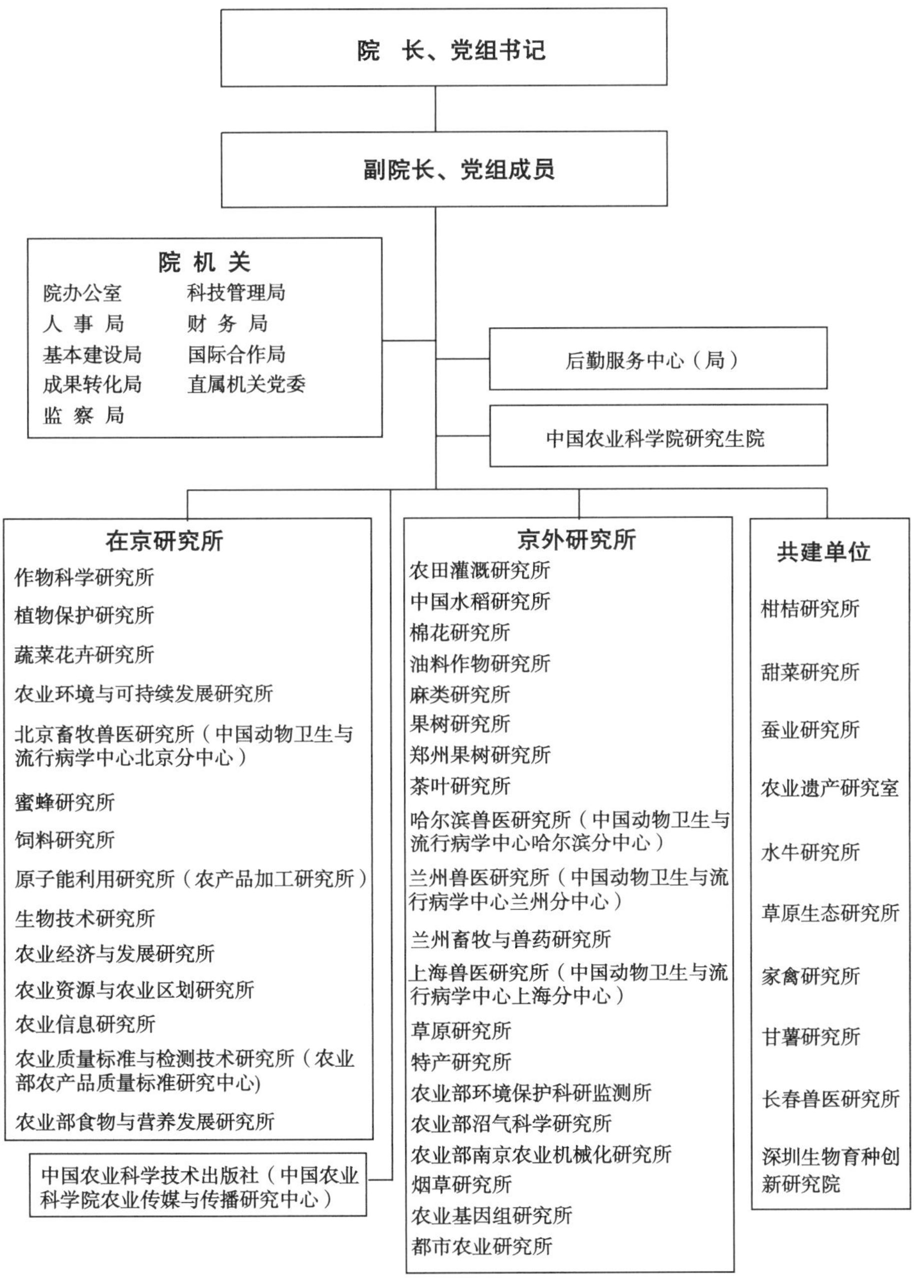

中国农业科学院及院直属单位（部门）领导人员名单

（截至 2017 年 12 月底）

院长、党组副书记：唐华俊
党组书记：陈萌山
副院长：李金祥　吴孔明　王汉中　万建民　梅旭荣
党组纪律检查组组长：李杰人
党组成员：陈萌山　唐华俊　李金祥　李杰人　吴孔明　王汉中　梅旭荣　刘大群　贾广东

农业部（中国农业科学院）巡视组

组　长：张逐陈（正局级）
副组长：王志东（副局级）

院办公室

主　任：高士军
副主任：王济民　姜梅林（女）

科技管理局

局　长：任天志
副局长：文　学　熊明民

人事局

局　长：贾广东（兼）
副局长：李红康（女）　吴京凯　李巨光

财务局

局　长：陈金强
副局长：韩小玲（女）　张士安

基本建设局

局　长：刘现武
副局长：陈　璐　夏耀西

国际合作局

局　长：贡锡锋
副局长：张蕙杰（女）　郝卫平

成果转化局

局　长：王述民
副局长：潘燕荣　冯艳秋（女）

直属机关党委

书　记：唐华俊（兼）
常务副书记：王晓举（正所级）
副书记：赵红梅（女）
副书记、纪委书记：马秀勇

监察局

局　长：舒文华
副局长：李延青　吴限忠

后勤服务中心（局）

主任、党委副书记：卢玉明

党委书记：吴胜军
副主任：郭同军　王　勇
党委副书记、纪委书记：王　欣

研究生院

党委书记、院长：刘大群（兼）
常务副院长、党委副书记：刘瀛弢
副院长、纪委书记：罗长富
副院长：王春霞　李哲敏

作物科学研究所

所长、党委副书记：刘春明
党委书记、副所长：孙好勤
副所长、党委副书记：范　静（女）
副所长、纪委书记：李新海
副所长：刘录祥

植物保护研究所

所长、党委副书记：周雪平
副所长：邱德文　张　杰　沈银书
副所长、纪委书记：郑永权

蔬菜花卉研究所

所长、党委副书记：孙日飞
党委书记、副所长：周　霞（女）
副所长：胡　鸿（女）
副所长、纪委书记：张友军

农业环境与可持续发展研究所

所长、党委副书记：张燕卿
党委书记、副所长：郝志强

副所长：董红敏（女）　朱昌雄
党委副书记、纪委书记：郝先荣

北京畜牧兽医研究所（中国动物卫生与流行病学中心北京分中心）

所长（主任）、党委副书记：秦玉昌
副所长（副主任）、党委副书记、纪委书记：文　杰
副所长（副主任）：韩雪松（援疆）　张军民　张之宣

蜜蜂研究所

所长、党委副书记：王加启
党委书记：谢双红（女）
副所长、纪委书记：彭文君
副所长：李锁平　杨永坤

饲料研究所

所长、党委副书记：齐广海
党委书记、副所长：康　威（援疆）
党委副书记、纪委书记：项伯纯
副所长：姚　斌　吴子林

原子能利用研究所（农产品加工研究所）

所长、党委副书记：戴小枫
党委书记、副所长：王长江
副所长：王　强　王凤忠（援藏）　张德权　王宇鸿
党委副书记、纪委书记：赵俊辉

生物技术研究所

所　长：林　敏
副所长、党委副书记、纪委书记：路铁刚
副所长：张洪岭　张春义

农业经济与发展研究所

所长、党委副书记：袁龙江
党委书记、副所长：李思经（女）
副所长、纪委书记：孙东升
副所长：毛世平

农业资源与农业区划研究所

所长、党委副书记：周清波
副所长：王秀芳（女）　杨　鹏
副所长、纪委书记：金　轲

农业信息研究所

所长、党委副书记：孙　坦
党委书记、副所长：刘继芳
副所长：王文生　聂凤英
副所长、纪委书记：周国民

农业质量标准与检测技术研究所（农业部农产品质量标准研究中心）

所长（主任）、党委副书记：钱永忠
党委书记、副所长（副主任）：汪飞杰
副所长（副主任）：苏晓鸥
党委副书记、纪委书记：赖燕萍（女）

农业部食物与营养发展研究所

所　长：王小虎
副所长：王东阳　孙君茂　王晓红

中国农业科学技术出版社

社长、总编辑：张应禄（副所级）
党支部书记：李志平（副所级）

农田灌溉研究所

所长、党委副书记：黄修桥
党委书记、副所长：陆建中
副所长：齐学斌
党委副书记、纪委书记：邓　祥

中国水稻研究所

所长、党委副书记：程式华
党委书记：方　军（女）
党委副书记、纪委书记：方　向
副所长：胡培松　钱　前

棉花研究所

所长、党委副书记：李付广
党委书记、副所长：吕春生
党委副书记、副所长：侯志勇
党委副书记、纪委书记：宋国立
副所长：张西岭

油料作物研究所

所　长：廖伯寿
党委书记、副所长：赵长军
副所长、党委副书记、纪委书记：廖　星
副所长：黄凤洪　张学昆

麻类研究所

所长、党委副书记：陈万权
党委书记、副所长：邱化蛟
党委副书记、副所长、纪委书记：王朝云
副所长：李德芳　吕江南

果树研究所

所　长：刘凤之
党委书记、副所长：丛佩华
副所长：陆致成　程存刚
党委副书记、纪委书记：李建才

郑州果树研究所

所长、党委副书记：曹永生
党委书记、副所长：赵玉林
副所长、纪委书记：方金豹
副所长：王力荣（女）　刘崇怀

茶叶研究所

所长、党委副书记：杨亚军
党委书记、副所长：姜仁华
副所长、纪委书记：江用文
副所长：鲁成银　阮建云

哈尔滨兽医研究所
（中国动物卫生与流行病学中心哈尔滨分中心）

所长（主任）、党委副书记：步志高
党委书记、副所长（副主任）：王笑梅（女）
副所长（副主任）：赵国辉　刘胜旺　冯　力
党委副书记、纪委书记：夏长友

兰州兽医研究所
（中国动物卫生与流行病学中心兰州分中心）

所长（主任）、党委副书记：殷　宏
党委书记、副所长（副主任）：张永光
副所长（副主任）：罗建勋　刘湘涛
党委副书记、纪委书记：赵海燕（女）

兰州畜牧与兽药研究所

所长、党委副书记：杨志强
党委书记、副所长：孙　研
副所长、纪委书记：张继瑜
副所长：阎　萍（女）　李建喜
党委副书记：杨振刚

上海兽医研究所
（中国动物卫生与流行病学中心上海分中心）

所长（主任）：童光志
党委书记、副所长（副主任）：马志永
副所长（副主任）：丁　铲
党委副书记、纪委书记：王香平

草原研究所

所长、党委副书记：侯向阳
党委书记、副所长：王育青
副所长、纪委书记：李志勇
副所长：秦　艳

特产研究所

所长、党委副书记：李光玉
党委书记、副所长：梁　波

副所长：王英平　李滋睿

党委副书记、纪委书记：田　欣

农业部环境保护科研监测所

所　长：刘荣乐

党委书记、副所长：张国良

副所长：李玉浸（正所级）　周其文　张克强

党委副书记：胡　梅（女）

农业部沼气科学研究所

所长、党委副书记：王登山

党委书记、副所长：蔡　萍（女）

副所长：胡国全　邓　宇

农业部南京农业机械化研究所

所长、党委副书记：陈巧敏

党委书记、副所长：胡志超

副所长：曹光乔

党委副书记、纪委书记：肖体琼（女）

烟草研究所

所长、党委副书记：王元英

党委书记、副所长：许发辉

副所长、党委副书记：王树声

副所长、纪委书记：张忠锋

副所长：梁富昌

深圳农业基因组研究所

所长、党委副书记：黄三文

副所长、党委副书记：骆建忠

副所长：饶敏杰

都市农业研究所

所　长：李金祥（兼）
副所长：杨其长　孙长伟

院资产经营公司

董事长：陈　昶（副所级）

中国农业科学院2017年院属各单位人员情况统计表

（单位：人）

序号	单位	职工总数	专业技术人员					管理人员							工勤技能人员				
			小计	正高级	副高级	中级	初级及以下	小计	相当副部级	正司局级	副司局级	正处级	副处级	科级及以下	小计	技工一级	技工二级	技工三级	技工四级及以下
	全院合计	7 026	5 348	1 107	1 700	2 064	477	696	4	29	27	150	144	342	982	14	196	671	101
	京内合计	2 897	2 309	625	794	762	128	399	4	15	15	90	87	188	189	12	78	83	16
	京外合计	4 129	3 039	482	906	1 302	349	297		14	12	60	57	154	793	2	118	588	85
1	院机关	193	41	25	16			152	4	8	5	39	29	67					
2	后勤中心	156	29		3	20	6	59		1	3	11	7	37	68	1	25	36	6
3	研究生院	77	40	17	17	6		27			1	3	7	16	10		4	6	
4	作科所	355	308	97	117	81	13	26				3	10	13	21	2	8	11	
5	植保所	231	209	69	82	52	6	13		1		3	3	6	9	1	5	3	
6	蔬菜所	198	170	44	70	45	11	11				3	3	5	17	3	6	6	2
7	环发所	165	146	47	45	49	5	15		1		7	5	2	4		2		2
8	牧医所	193	171	43	62	59	7	10			1	1	3	5	12		7	5	
9	蜜蜂所	116	101	21	25	49	6	7			1	2	2	2	8	1	5	1	1

（续表）

序号	单位	职工总数	专业技术人员					管理人员							工勤技能人员				
			小计	正高级	副高级	中级	初级及以下	小计	相当副部级	正司局级	副司局级	正处级	副处级	科级及以下	小计	技工一级	技工二级	技工三级	技工四级及以下
10	饲料所	116	105	27	41	35	2	8		1	1	1	3	2	3			2	1
11	加工所	166	145	19	35	68	23	14				5	3	6	7		2	4	1
12	生物所	141	125	43	44	35	3	14		1	1	2	5	5	2	1		1	
13	农经所	110	103	33	34	31	5	7		1				6					
14	资划所	253	229	74	87	60	8	20			1	6	2	11	4	1	1	1	1
15	信息所	293	260	39	71	124	26	12		1		3	4	4	21	1	11	7	2
16	质标所	78	73	15	29	28	1	2				1	1		3	1	2		
17	食物营养所	35	34	8	10	15	1	1			1								
18	出版社	21	20	4	6	5	5	1						1					
19	灌溉所	156	124	17	31	56	20	17				4	1	12	15		2	12	1
20	水稻所	386	223	45	77	75	26	26		2		4	6	14	137		11	125	1
21	棉花所	440	277	39	63	110	65	20			2	7	3	8	143		10	132	1
22	油料所	265	196	28	59	101	8	23		1		4	7	11	46	1	3	34	8
23	麻类所	170	106	21	33	39	13	12		1		1	4	6	52		2	48	2
24	果树所	204	109	17	28	47	17	25			1	1	8	15	70		4	63	3
25	郑果所	191	159	20	50	75	14	15		2		4	2	7	17		6	10	1
26	茶叶所	168	142	25	45	68	4	7		1		2	1	3	19		5	8	6
27	哈尔滨兽医所	400	310	46	93	158	13	20			2	7	5	6	70			68	2

（续表）

序号	单位	职工总数	专业技术人员					管理人员							工勤技能人员				
			小计	正高级	副高级	中级	初级及以下	小计	相当副部级	正司局级	副司局级	正处级	副处级	科级及以下	小计	技工一级	技工二级	技工三级	技工四级及以下
28	兰州兽医所	204	166	44	66	54	2	11				3		8	27		18	3	6
29	兰州牧药所	183	145	21	50	67	7	10			1	3	1	5	28		26		2
30	上海兽医所	98	88	30	33	24	1	7			1	1	4	1	3				3
31	草原所	148	108	19	36	47	6	7		1	2	2	2		33	1	21	5	6
32	特产所	380	271	15	53	142	61	29		3	2	8	1	15	80		2	42	36
33	环保所	126	120	20	46	49	5	5		1			1	3	1			1	
34	沼科所	111	90	9	25	37	19	14		1		3	3	7	7		1	5	1
35	农机化所	263	233	23	57	91	62	10				1	5	4	20		6	12	2
36	烟草所	184	139	28	55	54	2	23		1	1	2	3	16	22			19	3
37	深圳基因组所	25	15	12	1		2	10				2		8					
38	祁阳站	13	11	2	3	5	1	2						2					
39	德州站	10	7	1	2	3	1	1						1	2			1	1
40	廊坊基地	4						3				1		2	1		1		

注：本表数据以工资统计口径为准，即以本人实际执行的岗位工资类别进行分类统计。

中国农业科学院2017年院属各单位专业技术人员情况统计表

（单位：人）

序号	单位	科技人员总数	职称情况				学历情况			学位情况		年龄情况						专家情况				
			正高级	副高级	中级	初级及以下	研究生	大学	大专及以下	博士	硕士	35岁及以下	36~40岁	41~45岁	46~50岁	51~54岁	55岁及以上	两院院士	国家级专家	部级专家	政府特贴	百千万人才
	全院总计	5 908	1 142	1 811	2 394	561	4 103	1 412	393	2 735	1 734	2 022	1 147	764	688	777	510	13	26	71	119	66
	机关小计	184	37	52	82	13	121	60	3	48	81	56	36	15	24	21	32	6			8	4
	京内合计	2 444	602	814	867	161	1 887	448	109	1 460	552	755	452	338	313	364	222	4	16	31	72	40
	京外合计	3 280	503	945	1 445	387	2 095	904	281	1 227	1 101	1 211	659	411	351	392	256	3	10	40	39	22
1	院办公室	28	14	2	11	1	24	4		11	13	10	2		2	6	8	6			8	4
2	科技局	25	3	8	13	1	21	3	1	15	6	7	9	4	1	1	3					
3	人事局	20	3	6	11		10	10		3	9	7	4		5	1	3					
4	财务局	26	2	10	10	4	13	13		4	11	12	2	2	2	5	3					
5	基建局	15	2	4	8	1	6	9		3	8	4	3	3	2	1	2					
6	国合局	23	4	4	13	2	17	6		6	11	3	9	2	5	1	3					
7	转化局	18	5	6	7		10	7	1	5	4	4	1	3	3	2	5					

（续表）

序号	单位	科技人员总数	职称情况				学历情况			学位情况		年龄情况						专家情况				
			正高级	副高级	中级	初级及以下	研究生	大学	大专及以下	博士	硕士	35岁及以下	36~40岁	41~45岁	46~50岁	51~54岁	55岁及以上	两院院士	国家级专家	部级专家	政府特贴	百千万人才
8	机关党委	13	1	5	4	3	12		1	1	11	3	4	1	1	2	2					
9	监察局	14	1	7	5	1	8	6			8	6	2		3	2	1					
10	院巡视组	2	2					2									2					
11	后勤中心	59	1	10	35	13	6	33	20	3	7	7	3	6	23	12	8					
12	研究生院	63	18	17	24	4	39	22	2	19	33	12	14	6	9	10	12				2	1
13	作科所	330	96	120	91	23	248	62	20	217	54	80	56	41	42	72	39	1	2	7	17	8
14	植保所	217	69	85	56	7	186	24	7	172	23	53	51	37	22	37	17		4	4	9	5
15	蔬菜所	178	44	71	50	13	118	53	7	89	39	46	33	30	28	18	23	1	2	2	11	3
16	环发所	161	48	49	59	5	140	17	4	105	32	49	35	20	19	17	21		2		5	3
17	牧医所	180	44	63	65	8	146	30	4	130	28	55	40	26	16	34	9	1	2	7	8	7
18	蜜蜂所	108	21	28	53	6	73	34	1	53	30	43	25	10	9	13	8			1	2	1
19	饲料所	110	27	44	37	2	95	10	5	69	26	18	20	26	25	13	8			4	5	2
20	加工所	159	19	37	78	25	132	24	3	87	45	97	22	10	9	11	10		1	1	3	1
21	生物所	135	43	45	41	6	110	18	7	96	20	31	29	22	21	21	11	1	1	2	5	5
22	农经所	108	34	34	34	6	93	14	1	79	18	41	16	13	12	16	10					
23	资划所	241	72	90	68	11	200	32	9	165	41	31	53	47	42	47	21		2	2	2	4

（续表）

序号	单位	科技人员总数	职称情况				学历情况			学位情况		年龄情况						专家情况				
			正高级	副高级	中级	初级及以下	研究生	大学	大专及以下	博士	硕士	35岁及以下	36~40岁	41~45岁	46~50岁	51~54岁	55岁及以上	两院院士	国家级专家	部级专家	政府特贴	百千万人才
24	信息所	268	39	76	127	26	203	51	14	113	115	139	35	24	26	27	17			1	3	
25	质标所	75	15	29	30	1	52	21	2	33	25	27	14	14	5	12	3					
26	食物营养所	34	8	10	15	1	32	2		23	9	19	5	3	2	4	1					
27	出版社	18	4	6	4	4	14	1	3	7	7	7	1	3	3		4					
28	灌溉所	134	18	33	61	22	85	35	14	40	58	54	23	13	10	19	15			1		
29	水稻所	240	46	79	83	32	154	61	25	113	54	72	40	36	21	39	32		2	3	4	4
30	棉花所	297	41	68	121	67	158	107	32	75	106	142	36	17	38	45	19	1	3	2	5	5
31	油料所	219	27	61	119	12	173	31	15	113	60	89	45	22	15	39	9			5	2	2
32	麻类所	110	22	33	42	13	71	31	8	45	33	41	28	10	6	17	8			3	1	
33	果树所	125	18	30	60	17	87	26	12	34	66	53	29	14	10	7	12					
34	郑果所	176	24	52	81	19	98	60	18	34	77	58	39	23	14	25	17		1	3	2	1
35	茶叶所	146	26	46	70	4	79	57	10	55	46	54	24	21	22	14	11	1		1	1	
36	哈尔滨兽医所	330	49	100	173	8	221	92	17	187	64	93	91	63	47	19	17	1	1		5	3
37	兰州兽医所	175	44	65	63	3	122	44	9	110	30	29	30	43	29	30	14			5	4	2
38	牧药所	154	22	52	70	10	100	36	18	43	57	37	33	23	15	23	23		2	1	4	2
39	上海兽医所	94	30	34	28	2	63	25	6	54	16	19	28	13	21	7	6			3	2	2

（续表）

序号	单位	科技人员总数	职称情况				学历情况			学位情况		年龄情况						专家情况				
			正高级	副高级	中级	初级及以下	研究生	大学	大专及以下	博士	硕士	35岁及以下	36~40岁	41~45岁	46~50岁	51~54岁	55岁及以上	两院院士	国家级专家	部级专家	政府特贴	百千万人才
40	草原所	116	22	39	49	6	80	33	3	57	31	40	33	2	6	16	19			1		
41	特产所	301	19	58	149	75	184	80	37	85	122	130	60	25	46	23	17			7	2	
42	环保所	122	19	46	52	5	92	26	4	62	30	45	38	17	9	8	5			2	2	
43	沼科所	98	10	26	43	19	62	30	6	18	42	50	16	11	7	8	6			2		
44	农机化所	242	23	58	99	62	135	78	29	20	135	133	27	26	16	26	14				2	
45	烟草所	162	28	57	70	7	102	43	17	61	64	57	28	30	16	22	9			1	2	
46	深圳基因组所	20	12	3	3	2	18	2		17	3	5	9	2	3	1			1		1	1
47	祁阳站	11	2	3	5	1	7	3	1	2	5	6	1			3	1					
48	德州站	7	1	2	3	1	3	4		2	1	3	1			1	2					
49	廊坊站	1			1		1				1	1										

注：本表数据以人员统计口径为准，即具有专业技术职务的全部人员。

中国农业科学院 2001—2017 年全院离退休人员变化情况统计表

（单位：人）

类别/年份	离退休人员情况							中共党员	高级专业技术职务	
	小计	离休干部	退休干部	工人	退养	退职	街道代管		正高级	副高级
2001	5 576	436	3 062	1 878	84	53	63			
2002	5 653	416	3 123	1 907	85	62	60	2 021	823	1 230
2003	5 728	400	3 201	1 933	73	61	60	2 080	871	1 276
2004	5 866	389	3 299	1 980	72	73	53	2 079	873	1 285
2005	5 901	375	3 314	2 034	73	64	41	2 228	870	1 279
2006	5 363	331	3 054	1 810	71	56	41	2 028	771	1 164
2007	5 453	318	3 104	1 872	66	55	38	1 937	770	1 169
2008	5 486	300	3 141	1 879	65	64	37	1 875	821	1 221
2009	5 563	282	3 209	1 915	66	57	34	1 919	830	1 200
2010	5 647	268	3 281	1 955	56	56	31	2 084	829	1 225
2011	5 729	250	3 359	1 969	54	62	35	2 121	839	1 249
2012	5 813	232	3 437	1 989	60	61	34	2 159	834	1 263
2013	5 970	222	3 532	2 067	53	61	35	2 183	839	1 281
2014	6 036	198	3 608	2 080	51	58	41	2 242	830	1 296
2015	6 131	177	3 690	2 117	48	55	44	2 274	859	1 306
2016	6 189	162	3 723	2 186	42	35	41	2 202	882	1 336
2017	6 298	143	3 816	2 230	37	36	36	2 235	886	1 318

中国农业科学院2017年院属各单位离退休人员情况统计表

（单位：人）

序号	单位	离退休人员情况							中共党员	高级专业技术职务	
		小计	离休干部	退休干部	工人	退养	退职	街道代管		正高级	副高级
	全院总计	6 298	143	3 816	2 230	37	36	36	2 235	886	1 318
	京内小计	2 294	76	1 773	395	33	4	13	1 065	503	659
	京外小计	4 004	67	2 043	1 835	4	32	23	1 170	383	659
1	院机关	443	24	281	113	17	2	6	265	52	82
2	研究生院	47	4	35	6	1	1	—	26	13	9
3	作科所	371	13	285	68	3	—	2	158	92	119
4	植保所	165	4	132	24	2	—	3	59	35	47
5	蔬菜所	178	9	127	41	—	—	1	79	41	47
6	环发所	87	1	84	2	—	—	—	37	22	33
7	牧医所	170	4	129	31	5	—	1	68	35	52
8	蜜蜂所	97	1	76	20	—	—	—	44	21	27
9	饲料所	22	—	22	—	—	—	—	10	8	2

（续表）

序号	单位	离退休人员情况							中共党员	高级专业技术职务	
		小计	离休干部	退休干部	工人	退养	退职	街道代管		正高级	副高级
10	加工所	138	2	107	28	—	1	—	67	26	47
11	生物所	29	—	23	6	—	—	—	11	8	2
12	农经所	67	1	63	3	—	—	—	36	26	24
13	资划所	211	8	187	12	4	—	—	81	51	87
14	信息所	222	5	176	40	1	—	—	98	51	71
15	质标所	27	—	27	—	—	—	—	16	11	8
16	食物营养所	—	—	—	—	—	—	—	—	—	—
17	出版社	20	—	19	1	—	—	—	10	11	2
18	灌溉所	125	6	80	39	—	—	—	45	18	38
19	水稻所	715	2	154	541	—	18	—	135	32	35
20	棉花所	379	5	136	237	—	1	—	87	25	24
21	油料所	214	4	115	95	—	—	—	75	25	45
22	麻类所	130	1	55	74	—	—	—	44	12	15
23	果树所	213	4	111	98	—	—	—	61	11	27
24	郑果所	163	8	93	61	—	1	—	52	15	34
25	茶叶所	117	2	72	35	—	8	—	45	22	23
26	哈尔滨兽医所	339	7	178	154	—	—	—	96	29	47

（续表）

序号	单位	离退休人员情况							中共党员	高级专业技术职务	
		小计	离休干部	退休干部	工人	退养	退职	街道代管		正高级	副高级
27	兰州兽医所	163	1	115	46	—	1	—	46	34	38
28	兰州牧药所	177	6	140	29	—	2	—	62	28	55
29	上海兽医所	75	2	53	20	—	—	—	29	16	18
30	草原所	142	—	107	35	—	—	—	62	24	39
31	特产所	388	7	182	176	—	—	23	31	18	41
32	环保所	96	2	75	18	—	1	—	45	14	31
33	沼科所	110	1	99	10	—	—	—	58	12	40
34	农机化所	262	8	185	65	4	—	—	110	29	82
35	烟草所	152	1	71	80	—	—	—	73	17	22
36	祁阳站 德州站 廊坊基地	44	0	22	22	0	0	0	14	2	5

中国农业科学院专家2017年获得各类奖项、荣誉称号（省部级以上）

两院院士获得者（2人）

院机关：王汉中
哈尔滨兽医所：陈化兰

“青年千人计划”入选者（1人）

深圳基因组所：张玉波

国家自然科学基金委杰出青年科学基金获得者（1人）

植保所：王桂荣

国家自然科学基金委优秀青年科学基金获得者（2人）

作科所：童红宁
蔬菜所：程　锋

国家级有突出贡献的中青年专家（6人）

作科所：李新海
植保所：王桂荣
牧医所：赵桂苹
生物所：张春义
资划所：曹卫东
棉花所：严根土

全国创新争先奖（4 人）

作科所：何中虎
作科所：李少昆
牧医所：侯水生
棉花所：严根土

何梁何利基金获得者（1 人）

植保所：周雪平

全国农业先进集体（2 个）

作科所：作物种植资源中心
植保所：农业昆虫研究室

全国农业先进个人（10 人）

作科所：何中虎
植保所：万方浩
牧医所：侯水生
饲料所：刁其玉
加工所：张　泓
油料所：李培武
郑果所：王力荣
兰州兽医所：朱兴全
兰州牧药所：杨博辉
都市农业所：杨其长

人社部“百千万人才工程”国家级人选（6 人）

作科所：李新海
植保所：王桂荣
牧医所：赵桂苹
生物所：张春义

资划所：曹卫东
棉花所：严根土

科技部“创新人才推进计划”：重点领域创新团队（1个）

饲料所：健康养殖新型酶制剂创新与应用创新团队

科技部“创新人才推进计划”：中青年科技创新领军人才（10人）

作科所：李文学
植保所：高　利
蜜蜂所：吴黎明
饲料所：罗会颖
加工所：张春晖
资划所：张瑞福
哈尔滨兽医所：李呈军
兰州兽医所：郭慧琛
上海兽医所：程国锋
深圳基因组所：李盛本

“农科英才”入选者（259人）

院机关

顶 端 人 才：唐华俊　吴孔明　万建民　王汉中
领军人才B类：梅旭荣

作物科学研究所

顶 端 人 才：庄巧生　刘　旭
领军人才A类：何中虎　李少昆　徐云碧　吴传银　刘春明
领军人才B类：景蕊莲　李立会　李新海　刘　斌　贾冠清　童红宁
领军人才C类：王天宇　孔秀英　王国英　毛　龙　王建康　李文学　张学勇
马有志　韩天富　邱丽娟　夏先春　傅彬英　黎　裕　刘录祥
李英慧

青 年 英 才：孙加强 刘 君 周文彬 付俊杰

植物保护研究所

领军人才 A 类：周雪平 王国梁 李显春 向文胜 杨 青 王桂荣
领军人才 B 类：万方浩 郑永权 陆宴辉 刘文德 周忠实
领军人才 C 类：何晨阳 宋福平 高 利 张 杰
青 年 英 才：宋 英 刘世名 周焕斌 宁约瑟

蔬菜花卉研究所

顶 端 人 才：方智远
领军人才 A 类：张友军
领军人才 B 类：张宝玺 张忠华 程 锋
领军人才 C 类：李宝聚 金黎平 顾兴芳 王晓武 尚庆茂
青 年 英 才：黄泽军 崔 霞 李广存 张扬勇

农业环境与可持续发展研究所

领军人才 B 类：林而达 杨其长 董红敏 朱昌雄 曾希柏 曾章华
领军人才 C 类：严昌荣
青 年 英 才：刘恩科 贺 勇 杨建军 王耀生 王 琰

北京畜牧兽医研究所

顶 端 人 才：张子仪
领军人才 A 类：文 杰 罗绪刚 李 奎
领军人才 B 类：张宏福 侯水生 卜登攀 储明星 孙 鹏
领军人才 C 类：马月辉 杨青川 高会江 赵桂苹
青 年 英 才：王彦芳 蒋 琳 赵学明 赵 峰

蜜蜂研究所

领军人才 A 类：王加启
领军人才 C 类：吴黎明
青 年 英 才：郝 悦 孙 成 李继莲 薛晓峰

饲料研究所

领军人才 A 类：姚　斌
领军人才 C 类：王建华　罗会颖
青　年　英　才：苏小运　黄火清

农产品加工研究所

领军人才 B 类：王　强
领军人才 C 类：戴小枫　张德权　张春晖
青　年　英　才：郑金铠　郭　维　刘兴训　辛凤姣　陈卫华　刘红芝　邢福国

生物技术研究所

顶　端　人　才：范云六
领军人才 A 类：林　敏　黄荣峰
领军人才 B 类：谷晓峰
领军人才 C 类：路铁刚　张志芳　张春义　王海洋
青　年　英　才：徐玉泉　林　浩　牛丽芳　韩　霄　普　莉　李玉斌　张芃芃
陈　涛　燕永亮　张治国

农业经济与发展研究所

青　年　英　才：陈秧分　钟　钰

农业资源与农业区划研究所

领军人才 A 类：李召良　王　红　周　卫
领军人才 B 类：易可可　何　萍
领军人才 C 类：张瑞福　辛晓平　曹卫东　刘宏斌　陈仲新　周清波　赵秉强
青　年　英　才：史　云　李建伟　吴文斌　艾　超

农业信息研究所

领军人才 C 类：许世卫

青 年 英 才：孙　坦　徐　磊

农业质量标准与检测技术研究所

领军人才 C 类：钱永忠　杨曙明
青 年 英 才：邱　静　金　芬

研究生院

领军人才 C 类：刘大群　李哲敏

农田灌溉研究所

青 年 英 才：李中阳

水稻研究所

领军人才 A 类：程式华　钱　前
领军人才 B 类：胡培松
领军人才 C 类：魏兴华　唐绍清
青 年 英 才：张　健　王克剑　冯国忠　王跃星　吴玮勋

棉花研究所

顶 端 人 才：喻树迅
领军人才 A 类：李付广
领军人才 B 类：宋国立　王坤波　范术丽　邢朝柱　严根土　庞朝友
青 年 英 才：商海红　杨作仁

油料作物研究所

领军人才 A 类：李培武　黄凤洪
领军人才 B 类：张兆威　矫永庆
领军人才 C 类：华　玮　王林海

麻类研究所

领军人才 A 类：陈万权
领军人才 C 类：彭源德　梅时勇
青 年 英 才：严　准　刘头明

郑州果树研究所

领军人才 B 类：王力荣
青 年 英 才：曹　珂

茶叶研究所

顶 端 人 才：陈宗懋
领军人才 C 类：阮建云
青 年 英 才：吕海鹏　徐勇泉

哈尔滨兽医研究所

顶 端 人 才：陈化兰
领军人才 B 类：蔡雪辉　王晓钧　李呈军　安同庆
领军人才 C 类：王笑梅　冯　力　王云峰
青 年 英 才：刘平黄　李　海　祁小乐

兰州兽医研究所

领军人才 A 类：张志东　朱兴全
领军人才 C 类：郑海学　郭慧琛　张永光
青 年 英 才：刘光亮　朱启运

兰州畜牧与兽药研究所

领军人才 C 类：李剑勇　张继瑜
青 年 英 才：丁学智

上海兽医研究所

领军人才 B 类：童光志
领军人才 C 类：薛飞群　李泽君　程国锋
青　年　英　才：邱亚峰　廖　瑛　刘芹防

草原研究所

青　年　英　才：任卫波　秦　艳

特产研究所

领军人才 C 类：李光玉　闫喜军
青　年　英　才：彭英华　许保增

农业部环境保护科研监测所

领军人才 C 类：徐应明　张克强
青　年　英　才：漆新华　孙约兵

沼气科学研究所

领军人才 C 类：邓　宇　邓良伟
青　年　英　才：何明雄　承　磊

农业部南京农业机械化研究所

领军人才 B 类：胡志超

烟草研究所

青　年　英　才：孔英珍　张洪博

深圳农业基因组研究所

领军人才 A 类：黄三文
领军人才 B 类：唐中林　张玉波
领军人才 C 类：李盛本
青　年　英　才：阮　珏　樊　伟　熊国胜　汪　泉　高　飞　常玉晓

中国农业科学院 2016 年度 晋升专业技术职务任职资格人员名单

院机关

研　究　员：李巨光　王宇鸿　姜梅林
副 研 究 员：于　辉　段成立　钟　娟
高级会计师：寇丽梅　杨　茜
助理研究员：郑钊光　赵春雷　张辰路　漆谦益

作物科学研究所

研　究　员：王克如　高爱农　郑　军　闫长生　周文彬　刘　君　贾冠清
副 研 究 员：张金梅　李　斌　侯　鹏　李　甜　谢永盾　秦培友　雍洪军
姜奇彦　张立超　张丽娜
高级实验师：武小菲　王素华
高级农艺师：白建军
助理研究员：孟　哲　武婷婷　陈彦清　陈　隽　李春辉　孙现军
编　　　辑：杨光明

植物保护研究所

研　　究　　员：徐　军　王秋霞　郭立华
农业技术推广研究员：张刚应
副　研　究　员：张　昊　康厚祥　彭　焕　张文蔚　杨凤环　葛蓓孛
彭　琦　张志想　朱　勋
助　理　研　究　员：曹　冲　关　巍　毛连纲

蔬菜花卉研究所

研　　究　　员：张秀新　王怀松　徐　力
农业技术推广研究员：高富欣

副　研　究　员：陈国华　王顺利　梁建丽　张　慧　钱　伟　李海芬
高 级 实 验 师：吕　军
助 理 研 究 员：李　强　曹亚从　王　燕
农　　艺　　师：高　巍

农业环境与可持续发展研究所

研　　究　　员：郝卫平　龚道枝　李莲芳　贺　勇
农业技术推广研究员：邓春生
副　研　究　员：杨晓娟　仝宇欣　崔　博　韩　雪　刘　勤　刘雨坤
高 级 实 验 师：陈永杏
高 级 农 艺 师：肖　平
助 理 研 究 员：李　涛　胡国铮　李　真　赵　翔　苗　倩

北京畜牧兽医研究所

研 究 员：张　莉　牟玉莲　赵学明
副研究员：郝　月　张养东　解竞静　王立刚　文　芳　李庆贺　庞云渭
赵圣国　姜秋玲
高级工程师：杨　亮
高级会计师：王爱辰
助理研究员：陈　榕　苗丽宏　姜一曈　王皓宇　梁　琳　廖秀冬　陶　聪
张松山　王冰源　冯潇慧

蜜蜂研究所

研 究 员：王　强　陈兰珍　孙　成　李继莲　李桂芬
副研究员：侯春生　刘之光　吴艳艳
助理研究员：赵柳微　王慧华　王　妙　武江利
实 验 师：赵　文

饲料研究所

研 究 员：张乃锋　黄火清
副研究员：刘义明　王　苑　蒋显仁
助理研究员：卢建军　牛力斌　闻治国

农产品加工研究所

研　究　员：邢福国　刘红芝
副研究员：辛凤姣　芦　晶　周林燕　赵月菊
助理研究员：吴昕烨　周闲容　李敏敏　贺　妍　田　帅　徐尧舜　周　沫
林　琼　刘佳萌　幸岑璨　刘　伟　张　良　侯成立　李　明
杨　颖　卢　嘉

生物技术研究所

研　究　员：刘昱辉　张执金　燕永亮
副研究员：周美亮　邹俊杰　战嵛华　周正富
副　编　审：温小杰
助理研究员：王宝宝　朱　涛　康宇立
工　程　师：马效飞

农业经济与发展研究所

研　究　员：孙炜琳　钟　钰　郭静利　曹新明　陈秧分
副研究员：刘文勇　钱静斐　陈学渊　高　芸　王海东
助理研究员：麻吉亮　曲　颂　黄圣男

农业资源与农业区划研究所

研　究　员：李春花　尤　飞　张晓霞　张云贵　李燕婷　李建伟
农业技术推广研究员：杨桂霞
副　研　究　员：岳现录　杨相东　张桂山　姜慧敏　王秀芬　阮志勇
李　影
副　编　审：徐晓芹
高级实验师：申华平
高级会计师：张帼俊
助理研究员：李　伟　滕　飞

农业信息研究所

研　究　员：孔繁涛　崔运鹏　张　莉　徐　磊
研究馆员：吴雨华
副研究员：李　娴　庄家煜　孙　伟　赵　亮　张学彪
副　编　审：刘　斌
副研究馆员：郭溪川
助理研究员：刘艳超　丁　倩　祝文琪　许怡然　杜欣蔚
馆　　　员：苗　琦
会　计　师：李艳丽

农业质量标准与检测技术研究所

研　究　员：陈爱亮
副研究员：毛雪飞　郭林宇　赵　燕　周　剑　夏伊宁　李　颖
助理研究员：杨梦瑞　王彤彤　翁　瑞　董姝君

农业部食物与营养研究所

研　究　员：郭燕枝
副研究员：仇　菊　周　琳
助理研究员：徐东霞

研究生院

副研究员：王恩涛
高级会计师：果文帅
助理研究员：高弘毅

中国农业科学技术出版社

编　　　审：李海燕
助理研究员：岳慧丽

农田灌溉研究所

研　究　员：樊向阳　周子奎
副 研 究 员：杨慎骄　陈智芳　韩启彪　黄仲冬
助理研究员：米兆荣　刘　源　陈　震　张莹莹　梁志杰　甄　博　张文正
实　验　师：姜　新

水稻研究所

研　　究　　员：王丹英　罗　炬　李国荣
农业技术推广研究员：禹盛苗
副　研　究　员：万品俊　任德勇　胡贤巧　侯雨萱　曹小闯　冯金飞
　　　　　　　　王跃星　王　春　陈文伟
副 研 究 馆 员：万明明
高 级 农 艺 师：徐春春
高 级 会 计 师：张　岚　潘秀荣
助 理 研 究 员：张振华　王以锋　奉保华　陈　光　杨窑龙　吕仕琼
　　　　　　　　黄奇娜　钟铮铮

棉花研究所

研　　究　　员：孙君灵　王延琴　张　帅　潘登明　商海红
农业技术推广研究员：周关印
副　研　究　员：杨作仁　龚文芳　李鹏程　吴　嫚　王　宁　冯　璐
　　　　　　　　王彩香
助 理 研 究 员：刘纪生　师勇强　赵丽红　张　磊　霍飞超　韩慧敏
　　　　　　　　李　威　徐开杰　刘　记　赵　佩　王寒涛　张利娟
　　　　　　　　胡红岩　李　健　李海晶　李　燕　杨　杰　杨北方
　　　　　　　　杨召恩　郑苍松　陈　静　裴文峰　孙　淼
农　　艺　　师：唐会妮　桑晓慧
会　　计　　师：王京京

油料作物研究所

研　　究　　员：梅德圣　单志慧　王新发

农业技术推广研究员：张　文
副　研　究　员：赵永国　郭萍梅　周小静　刘　佳　李　俊　闫晓红
赵长军　向　霞
助　理　研　究　员：成洪涛　李　慧　淮东欣　郑　明　陈　旺　刘立江
周　婷　孙凤明
工　程　师：汪伟兮
实　验　师：詹杰鹏　李晓飞　乔　醒　张利艳

麻类研究所

研　究　员：朱四元　孙进昌　刘头明
副研究员：曾粮斌　谢纯良　吴端钦　谭志坚
助理研究员：杨泽茂　刘亮亮　龚文兵　张冀芳　陈坤梅　高　钢

果树研究所

研　究　员：张彩霞
副研究员：孙丽娜　徐成楠　贾晓辉
副　编　审：胡成志
助理研究员：杨晓竹　冀晓昊　李正男　孙平平　程　杨　齐　丹　张　莹
王志强　匡立学　张建臻　段文昌

郑州果树研究所

研　究　员：阎振立　赵玉林　曹　珂
农业技术推广研究员：陈玉玲
副　研　究　员：鲁振华　薛华柏　王新卫　高登涛　侯　珲
助　理　研　究　员：张留燕　王晓培　钟云鹏　李好先　张　杰　乔成奎
李　娜

茶叶研究所

研　究　员：石元值　吕海鹏
农业技术推广研究员：唐美君
副　研　究　员：金基强　蔡晓明　王　璐　章剑扬　马建强
高　级　农　艺　师：章志芳

助 理 研 究 员：郝心愿 张群峰 张 瑾 郝万军 徐艳霞 薛 晨
阮 丽 颜 鹏 李 佳 孙荷芝 李兆群
会 计 师：钱 璐
实 验 师：洪子华

哈尔滨兽医研究所

研 究 员：柳金雄 何希君 安同庆 夏长友 李 海
副 研 究 员：王雪峰 时洪艳 李江南 陈 艳 包红梅 张艳萍 王喜军
黄 丽 黄立平 王 刚 田 进 李永锋 郭龙军 张晓鹏
高级会计师：陈义全

兰州兽医研究所

研 究 员：储岳峰 郭爱疆 郭建宏 孙跃峰 李彦敏
副 研 究 员：李宝玉 王光祥 刘军龙 牛庆丽 邵军军 白兴文 李 丹
朱紫祥
高级兽医师：马米玲
助理研究员：郭小腊 韩政岚 张 婧 陈佳宁 徐 帅 王 帅 郝华芳
马雪青 郜 原

兰州畜牧与兽药研究所

研 究 员：周绪正
编 审：魏云霞
副 研 究 员：王胜义 辛蕊华 李 冰 岳耀敬
副 编 审：王华东
高级农艺师：王 瑜
助理研究员：吴晓云 孔晓军 贺洞杰 杨晓玲

上海兽医研究所

研 究 员：于 海 韩红玉 董 辉 刘芹防
副 研 究 员：孙英杰 李传峰 姜一峰 魏建超 孟春春 谭 磊
高级实验师：赵枝新

草原研究所

研　究　员：布　库　任卫波
副研究员：张福顺　王　珍　刘　磊　陶　雅
助理研究员：王云锋　王　凯

特产研究所

研　究　员：李昌禹　田　欣
农业技术推广研究员：齐俊生
副　研　究　员：王秋霞　白　雪　孙红梅　张淑琴　李亚丽　张铁涛
助　理　研　究　员：王改丽　邓效禹　华　梅　佟盼盼　张　磊　陈　曦
齐晓妍　杨雅涵　鞠　妍　刘华淼　刘　振　郑军军
邵　帅
审　计　师：隋德才

农业部环境保护科研监测所

研　究　员：丁永祯　孙约兵
副研究员：王　伟　李　刚　穆　莉　赵长海
高级工程师：刘红梅　张铁亮
高级会计师：杨秀文
助理研究员：张　阳　黄青青　王培培　李晓晶　谭炳昌　申　锋　张春雪
杨　波
工　程　师：丁　健
统　计　师：曾　薇

沼气科学研究所

副研究员：吴　波
高级工程师：潘　科
助理研究员：王梓璇　黄　艳　段奇武　魏珞宇

农业部南京农业机械化研究所

研　究　员：平英华　丁素明

副研究员：祁　兵　王建楠

高级工程师：金　梅

助理研究员：孙　竹　蔡　晨　沈　孚　郑砚砚　谢　虎　吴　俊　王鹏军　颜建春　王公仆　于昭洋　顾　伟　张进龙　乔　璐　梅　松　吴今姬　金　月　田昆鹏　张　晓　王　果　陆　江

工　程　师：侯建宏

烟草研究所

研　究　员：杨爱国

农业技术推广研究员：窦玉青

副　研　究　员：刘海伟　曹建敏　陈　丹　尤祥伟　闫　宁

助　理　研　究　员：赵　涛　张　鹏　邹　平　刘国祥　庞雪莉　王大彬　谭家能　孟　霖　孙延国

中共中国农业科学院党组关于印发《中国农业科学院青年人才工程规划（2017—2030）》的通知

农科院党组发〔2017〕36号

院属各单位、院机关各部门：

《中国农业科学院青年人才工程规划（2017—2030）》已经中共中国农业科学院党组2017年第十二次会议审议通过，现印发给你们，请结合实际认真贯彻执行。

中共中国农业科学院党组

2017年7月12日

中国农业科学院青年人才工程规划（2017—2030）

习近平总书记指出“青年是祖国的未来、民族的希望，也是我们党的未来和希望”。青年人才作为创新创业中最活跃的力量，是推动我国农业科技创新、支撑农业现代化发展的强劲动力和重要生力军。为贯彻落实中共中央《关于深化人才发展体制机制改革的意见》，进一步加强我院青年人才发展工作，建设一支符合农业科技创新发展要求、服务我院“十三五”科技发展规划及跨越“2030”农业科技战略需求的青年人才队伍，助推世界一流现代农业科研院所建设，制定《中国农业科学院青年人才工程规划（2017—2030）》。

一、形势与需求

（一）形势与要求

1. 新一轮世界科技革命步伐加快，要求青年人才抢抓先机，努力成为若干重要领域和重点方向的“开拓者”和“领跑者”

经济全球化加剧了农业国际竞争，其本质是农业科技自主创新能力的较量。从当前世界农业科技发展趋势来看，突破性的农业科技革命正在孕育，以生物技术和信息技术为代表的高新技术迅猛发展，农业科技发展步入创新集聚爆发时期。世界农业科技创新进程加快，各国抢占未来农业科技创新制高点的竞争更加激烈，大力培养和吸引科技人才已成为世界各国赢得国际竞争优势的战略性选择。青年人才作为科技自主创新的生力军，正成为各国重点挖掘和抢夺的战略资源。面对新一轮科技革命和产业变革，要求青年人才必须迎接挑战，抢抓先机，紧扣发展需求，把握科学前沿，引领创新方向，在战略必争的基础、前沿领域和新兴技术领域抢占农业科技制高点，成为若干重要领域和重点方向的“开拓者”和“领跑者”，牢牢掌握农业科技竞争主动权，提升我国农业科技国际竞争力。

2. 实施创新驱动发展战略，要求青年人才快速成长，成为建设创新型国家的核心力量

中共中央、国务院做出了实施创新驱动发展战略和建设创新型国家的重大决策部署，把增强自主创新能力作为提升综合国力和核心竞争力的国家战略。同时，国家全面推进科技体制改革，强化公益类科研机构的社会公益服务职能，推动建立更加高效的国家协同创新体系。面对创新型国家建设的重大机遇，为了进一步释放农业科研院所的科技创新活力和创新潜能，要求青年人才必须把创新驱动作为推动现代农业发展的核心动力，以机制创新推动体制变革，大力推动科技创新，在科技产出水平加快提升、农业科

技进步贡献率持续增长、农业对外技术依存度有效降低、科技成果转化水平不断提高等方面做出应有的贡献，努力成为推动我国进入创新型国家的核心力量。

3. 推进农业供给侧结构性改革，要求青年人才积极适应新业态发展，努力肩负起加快我国农业发展方式转变的重担

推进农业供给侧结构性改革，加快转变农业发展方式，要求科技走在改革队伍的前列，走适应中国国情、中国制度和发展阶段的技术变革道路，加快资源节约型、环境友好型和生态保育型等农业模式创新，在农业用水节约、耕地地力提升、化学肥料农药减施、农业废弃物资源化利用、农田生态保育与环境治理、气候变化等方面，集成综合解决方案并加快生产应用，为农业可持续发展注入新活力。面向农业供给侧改革、农业可持续发展的重大需求，要求青年人才必须积极适应绿色农业、低碳农业、循环农业、智慧农业等新业态的发展，不断提高自身能力和业务水平，努力成为靠得住、顶得上的骨干力量，肩负起支撑农业发展方式转变的重任，助力农业供给侧结构性改革落地。

4. 实现 2030 年农业科技发展目标，要求青年人才不断提高创新效率和活力，在引领我国农业科技跻身创新型国家前列中发挥关键作用

2030 年，我国农业科技事业将全面发展，创新文化氛围逐渐浓厚，农业科技创新体系进一步完善，拥有一批世界一流的现代科研院所、学科与创新团队，主要领域拥有可持续的科技突破能力、全球创新引领能力和明显竞争优势。面向 2030 年农业科技发展的重大需求，为了抢占对产业发展具有重要影响的关键领域和方向的制高点，要求青年人才必须不断提升创新能力、活力和效率，有效突破并广泛应用关键核心技术及集成优化技术，在保障我国食物安全、生态安全、资源安全和新型城镇化方面发挥科技引领作用，转变农业发展驱动力，用科技创新引领产业结构升级，提升质量效益竞争力，肩负起使我国农业科技率先跃居世界前列的重任，努力成为我国跻身创新型国家前列的重要支撑，扭转我国科技创新以跟踪为主的局面。

（二）现状与问题

1. 取得的成绩

青年人才队伍规模不断壮大。截至 2016 年年底，我院专业技术人员 5 820人中，45 岁及以下人员 3 823人，占 65. 7%，40 岁以下人员中具有硕博士学位人数占 91. 0%，青年科技人员已成为我院科技创新的主力军。“十二五” 期间，全院通过各渠道引进或培育了一批“青年千人计划”“百千万人才工程”“国家优秀青年基金获得者” 等国家级人才计划（工程）人才，“青年英才计划” A、B、C 类人才入选者、“青年英才计划” 培育工程入选者院级人才，有效充实了我院各学科青年人才的数量。

青年人才工作机制日益完善。近几年，我院把深化改革作为推动人才发展的根本动力，积极探索人才队伍发展新机制。启动实施“青年英才计划” 科研英才引进工程和培育工程，建立专业技术职务任职资格晋升“绿色通道”，下放副高级专业技术职务任

职资格评审权限，开展不同系列专业技术职务任职资格分类评价。各研究所从科研经费、试验条件、教育培训、津贴补助、绩效考核等方面出台具体措施。通过一系列机制创新，最大限度地激发了青年人才创新活力。

青年人才创新能力持续提升。国家科技体制改革以来，政府财政稳定支持力度显著加大，以院科技创新工程为引擎，以基本科研业务费“五大计划”为支撑，我院青年人才原始创新能力持续提升，国家自然科学基金“青年基金”等项目数量逐年递增，国际科技论文发表量、发明专利申请量和授权量等科技成果产出不断提高，青年人才逐渐活跃于国际学术舞台。

2. 存在的问题

我院青年科技人才队伍建设工作虽然取得了一定的成绩，但还存在一些亟待解决的问题，突出表现在：一是青年领军人才匮乏。国家自然科学基金杰出青年和优秀青年人才明显偏少，创新工程团队中 45 岁以下团队首席数量少，40 岁以下的首席仅占 7%，部分重点学科领域和方向存在人才青黄不接的隐患。二是青年人才队伍结构不合理。青年创新、转化和支撑队伍发展不平衡，转化和支撑队伍建设滞后。青年人才队伍年龄偏大，35 岁以下青年人才占全院人才队伍的 35%，比中国科学院少 14 个百分点，青年后备力量不足。三是青年人才成长机制不健全。优秀青年人才举荐和选拔培养举措不够系统，人才分类评价机制不够健全，青年人才技术职务晋升、薪酬待遇和住房保障等方面的自主性不够、竞争力不强，已有“青年英才计划”尚需改进和完善。四是对青年人才建设的紧迫性认识不到位。一流的创新需要一流的人才，建设世界一流现代农业科研院所，需要有一支高水平的人才队伍，也必须有一支规模和质量相匹配的青年人才队伍。目前，我院青年人才队伍状况与我院未来的发展需求仍有较大的差距，院属各单位对青年人才队伍建设紧迫性的认识仍不够到位，优秀青年人才流失隐患的警觉性不够高，推进高水平青年人才队伍建设的措施不够得力。

（三）战略与需求

1. 面向我院跨越“2030”农业科技发展战略，打造“学科高地”和“卓越创新团队”，亟须建设一支青年创新人才队伍

面向“2030”农业科技发展战略，为了进一步提升优势学科，打造引领全院跨越发展、支撑世界一流院所建设的“学科高地”，亟须在重点领域引进和培养一批能够攻克重大基础与前沿技术、解决农业产业核心关键技术、集成农业区域发展综合解决方案的“领衔式科学家”型优秀科技创新人才；一批具有开阔的战略思维、国际视野、前瞻能力的“战略科学家”型优秀科技创新人才。为了应对国际农业科技竞争，服务农业现代化发展，加大我院重点学科团队首席科学家后备人选及核心成员后备力量的储备力度，打造支撑“学科高地”发展的“卓越创新团队”，亟须培养一批具备学科带头人潜力的团队首席“接班人”型优秀科技创新人才，一批具有杰出国际运作能力和较强

科研创新能力的“外交家”型优秀科技创新人才。通过引进和培养一批优秀科技创新人才，引领和推动建设一支青年创新人才队伍。

2. 引领和支撑现代农业发展，推动我院科技成果转化应用，亟须建设一支青年转化人才队伍

为加速我院科技成果转化和应用，引领和支撑现代农业发展，增加农业科研院所的发展活力，亟须培养一批具备一定学科专业背景、熟悉市场需求、具备商业谈判和产业运行能力的青年转化人才；一批熟知科研发展规律、能为我院科技成果转化工作提供政策建议的青年转化人才；一批具有法律和农业双重背景、能开展成果价值评估、合同审议、法律咨询等产权保障工作的青年转化人才；一批具备科技创新能力、敢于创业、能够让科研真正为产业服务的青年创业人才。通过引进和培养一批优秀转化人才，引领和推动建设一支青年转化人才队伍。

3. 统筹我院科技创新体系建设，提升技术支持对科学研究的保障作用，亟须培养一支青年支撑人才队伍

为满足我院改革创新、跨越发展的需要，统筹兼顾科技创新体系建设，大力提升技术支持对科学研究的保障作用，亟须培养一批在科研特殊需求领域内拥有特殊技术专长，具有对科研仪器设备集成创新、改造、功能开发的高水平专业技术能力的青年技术支撑人才；一批从事出版编辑、科学普及、知识传播、保密体系建设以及质量监督检测等公共服务工作的青年支撑人才。通过引进和培养一批优秀支撑人才，引领和推动建设一支青年支撑人才队伍。

二、思路与目标

（一）总体思路

科技竞争的本质是人才竞争，科技进步的轨迹就是科技人才成长的轨迹。面向世界农业科技前沿，面向国家农业重大需求，面向“三农”主战场，围绕我院“顶天立地、跨越发展”的总体部署和建成“世界一流现代农业科研院所”的发展目标，遵循青年人才成长规律，针对青年人才队伍存在的突出问题，按照“优化结构、高端引领、完善机制、强化支持、营造环境”的思路，立足重点领域，服务“学科高地”和“卓越创新团队”，加快选拔优秀青年人才，引领创新、转化、支撑三支队伍建设，为稳步实施科技创新工程、推进落实我院“十三五”科技发展规划及跨越“2030”农业科技发展战略，奠定坚实的人才基础。

（二）基本原则

需求导向。面向国家创新驱动发展战略要求和跨越“2030”农业科技发展需求，

在基础前沿、核心技术、区域发展等重点农业科技领域选拔和培养青年人才，建设创新、转化和支撑三支青年人才队伍。

高端引领。选拔和培养优秀科技创新人才、优秀转化人才、优秀支撑人才等优秀青年人才，引领科学（技术）中心和卓越创新团队建设。

引育并举。坚持培养自有人才与引进急需人才并重，不拘一格，广纳贤士，系统培养，多元评价，形成多层次、多渠道的人才引进培育新格局。

统筹资源。创新青年人才发展资源配置方式，统筹和优化配置院创新工程、基本科研业务费、国家主体科技计划等各类项目资源，突出重点、分类支持。

院所协同。坚持院为统筹、所为主体，院所共同组织实施。研究所作为科技创新、科研管理和引人育人的主体，对各类人才予以经费及其他科研条件支持，院里统筹青年人才发展的总体布局和政策环境，择优配套支持。

（三）实施目标

1. 总体目标

通过实施青年人才工程，建成整体规模适度、结构功能明晰、学科布局合理、年龄梯次配备、以服务“三农”为己任的创新、转化和支撑青年人才队伍。到 2030 年，45 岁以下的青年人才总规模力争达到 4 750人左右，持续稳定在科技人才总量的 2/3，其中优秀青年人才总量达到 570 人左右，使我院青年人才成为与农业科研国家队地位相匹配、能担负起我院“顶天立地、跨越发展”重任、在科研服务“三农”中发挥领头羊作用的青年主力军，成为推动我院科学（技术）中心和卓越创新团队建设的核心支撑力量，成为进入创新型国家前列的农业科研生力军。

2. 具体目标

依据我院科学技术发展“十三五”规划和跨越“2030”农业科技发展战略，到 2030 年实现以下具体目标。

建设一支 3 450人左右规模的青年创新人才队伍。其中，围绕我院九大学科群、规划建设的 10 个世界级科学中心和 24 个国家级科学技术中心、拟重点培育的创新工程团队（包括 173 个卓越创新团队），重点选拔和培养 400 名左右具有成长为领衔式科学家和战略科学家潜力、或具有团队首席潜质、或具有国际合作突出能力的优秀科技创新人才。

建设一支 340 人左右规模的青年转化人才队伍。其中，选拔和培养 70 名左右推动重大科技成果转化应用的优秀转化人才。

建设一支 960 人左右规模的青年支撑人才队伍。其中，选拔和培养 100 名左右掌握重大关键技术和技能，能够解决关键技术、核心部件难题的优秀支撑人才。

3. 阶段目标

按 3 个阶段部署。

到2020年，我院青年人才总规模达到3 900人左右，其中创新人才队伍规模达到2 830人左右，转化人才队伍规模达到280人左右，支撑人才队伍规模达到790人左右。选拔和支持优秀青年人才160人左右，其中优秀科技创新人才115人左右，优秀转化人才20人左右，优秀支撑人才25人左右。

到2025年，我院青年人才总规模达到4 300人左右，其中创新人才队伍规模达到3 125人左右，转化人才队伍规模达到305人左右，支撑人才队伍规模达到870人左右。选拔和支持优秀青年人才365人左右，其中优秀科技创新人才260人左右，优秀转化人才45人左右，优秀支撑人才60人左右。

到2030年，我院青年人才总规模达到4 750人左右，其中创新人才队伍规模达到3 450人左右，转化人才队伍规模达到340人左右，支撑人才队伍规模达到960人左右。选拔和支持优秀青年人才570人左右，其中优秀科技创新人才400人左右，优秀转化人才70人左右，优秀支撑人才100人左右。

三、主要任务

（一）优化青年人才队伍结构

围绕世界一流现代农业科研院所的发展目标，重点在我院建设创新、转化、支撑三支青年人才队伍，通过优化青年人才队伍结构，建立完整的创新链，全面提升我院科技创新、转化和服务能力。

1. 建设一支青年创新人才队伍

青年创新人才是我院科技创新队伍中最为活跃、最为积极的因素。在我院建设一支年龄、专业、学科结构合理、动态优化，创新力可持续，积极面向国内外开放交流的青年创新人才队伍，是进一步加强我院青年人才队伍建设的重中之重。通过以岗位管理、分类评价和绩效激励为抓手，不断创新人才队伍管理机制，激发青年创新人才的创新创造活力，营造青年人才脱颖而出的良好氛围和环境，持续提升青年人才科技创新能力，使青年创新人才队伍的规模到2030年达到3 450人左右。

2. 建设一支青年转化人才队伍

青年转化人才是将科技创新能力转化为国家发展驱动力的关键所在。在我院建设一支拥有核心技术和自主知识产权、富有市场经营经验的青年成果转化人才队伍，对加速科技成果转化，增加农业科研院所的发展活力具有十分重要的意义。通过打造适合转化人才特点的职业发展通道，为创新创业创造良好环境，鼓励拥有核心技术和自主知识产权的优秀人才创办科技型企业，通过商品化、产业化的手段将农业创新成果转化为现实生产力，强化激励措施，持续提升青年人才的转化能力和活力，使青年转化人才队伍的规模到2030年达到340人左右。

3. 建设一支青年支撑人才队伍

科研支撑人才是科技创新活动和创新体系建设的重要保障。在我院建设一支技艺精湛的从事实验技术、农业技术、工程技术、图书出版的青年支撑人才队伍，为保障科研活动正常进行、提高科研效率发挥重要的支撑、服务、保障作用。通过结合院支撑体系建设，培养稳定的关键支撑人才，在职业发展上与科研人才一视同仁，同时发挥支撑人才协同配合的作用，围绕科研目标和方向，统筹兼顾技术支撑和公共支撑，持续提升青年人才为科研活动提供技术和智力支持的能力，使青年支撑人才队伍的规模到 2030 年达到 960 人左右。

（二）加强优秀青年人才选拔培养

突出“高精尖”的导向；在三支队伍中选拔和培养优秀科技创新人才、优秀转化人才和优秀支撑人才等优秀青年人才 570 名左右，统筹优秀人才协调发展，引领科学（技术）中心、卓越创新团队建设，促进三支队伍建设，形成各类人才梯次配备、合理分布的格局。

1. 选拔一批优秀科技创新人才

以提高我院核心竞争力和国际影响力为目标，选拔和培养 400 名左右的优秀科技创新人才，为我院两类“学科高地”建设提供核心支撑，为三类“卓越创新团队”建设储备后备力量。

以我院学科集群以及规划建设的作物种质资源与基因改良、农业生物安全、水稻生物学与遗传育种、预防兽医、动物营养与饲料、棉花生物学与遗传育种等 10 个“世界级农业科学中心”和 24 个“国家级农业科学技术中心”为重点，在 45 岁以下的青年科技创新人才队伍中，按照“研究方向处于世界科技前沿领域，在本研究领域做出过具有突出贡献的科研成就和重大标志性成果，具有重要国际学术影响力，具有前瞻性和国际眼光，具备成长为领衔式科学家和战略科学家的潜力”的参照坐标，选拔和培养 40 名左右的青年领衔式科学家和青年战略科学家。

以我院作物种质资源创新与利用、超级稻育种、作物虫害监测与控制、动物流感基础和防控、家畜营养与调控、棉花抗逆遗传改良等“国际知名创新团队”“国内领先创新团队”和“行业特色创新团队”为重点，在 40 岁以下的青年科技人员群体中，按照“符合院‘十三五’科技发展规划、跨越‘2030’农业科技发展战略中确立的重点方向，具有主持重大科研任务和引领重点学科建设的学术潜力，具备领衔创新团队发展的领导能力；或者具备较强的科研创新能力，与国外科研机构或组织保持良好合作关系，熟悉国际惯例，通晓国际规则，具有较强的跨文化沟通能力及杰出的国际运作能力”的参照坐标，选拔和培养 360 名左右的具有学术带头人潜质或国际合作突出能力的团队首席“接班人”和国际合作人才。

2. 选拔一批优秀转化人才

以推进我院重大科技成果转化和应用，引领和支撑现代农业发展为重点，在 40 岁以下的青年转化人员群体中，按照“具备技术转移和服务推广的专业素养，能够运用自主知识产权进行转化或者进行创业的科技人才，具备卓越经营管理才能，创业项目符合我国战略性新兴产业发展方向”的参照坐标，选拔和培养 70 名左右的优秀转化人才。

3. 选拔一批优秀支撑人才

以提高科研活动效率、推动技术创新为重点，在 40 岁以下的青年支撑人员群体中，按照“掌握重大关键技术和高水平专业技能，能够解决关键技术、核心部件难题，或者从事学科评价、网络信息、出版编辑、质量体系建设等公共支撑工作，能够带领技术团队为科研创新提供良好技术支撑”的参照坐标，选拔和培养 100 名左右的优秀支撑人才。

（三）创新青年人才选拔培养机制

1. 创新青年人才引进和培养机制

创新人才引荐“输入”渠道，建立健全精准引进与柔性引进相结合的人才管理机制，拓宽青年人才引进来源。一方面完善人才精准引进机制，围绕学科和产业发展需要，面向急需人才的缺口，持续引进一批“高精尖缺”人才；另一方面实施人才柔性引进，按照“不求所有，但求所用”的原则，吸引海内外青年人才以灵活多样方式提供智力支持服务。完善青年人才培养机制，尊重人才成长规律，准确把握不同类型人才特点和需求差异，进行分段培育。一方面通过各种方式积极做好人才推介“输出”工作，大力举荐青年人才承担国家重大科研项目、参与国家重大决策咨询、到重要岗位任职，鼓励支持青年人才更广泛地参加国际学术交流与合作；另一方面，针对三支青年人才队伍建立相应的培训体系，搭建青年人才交流、合作平台，强化青年人才凝聚力。

2. 完善青年人才选拔机制

制定人才选拔标准。根据我院对青年人才需求，科学制定各类人才的入选条件，在基本条件的基础上，细化每一种类型人才的具体选拔标准，以创新能力、业务水平、工作潜力为主要测评内容，注意人才测评体系与培养目标的有效对接。拓宽人才选拔的渠道。重视专家举荐制、群众推荐制等方式，根据人才需求主动征求有关专家的意见，邀请其推荐出需要的人选，对多数群众认可的人才要优先任用，加强锻炼、促其成才。拟定人才选拔程序。组织开展人才选拔通告发布、报名材料接收、报名材料初审、专业评审和评价结果的审定，严格规范每一个步骤。

3. 推进青年人才分类评价

实施人才分类评价，针对不同类型的人才，制定不同的评价指标体系，采取定量评价与定性评价相结合的方法，建立指标全面、结果可靠的考核机制。对科研人才目标导向科技创新与重大成果产出，兼顾单位考评与同行评价，注重发展潜力和创新贡献；对支撑人才目标导向关键技术构建与高水平技术服务能力建设，注重技术水平和对科研支撑的贡献；对创业转化人才目标导向重大成果转化应用，注重取得的社会和经济效益。开展第三方评价，由专业第三方机构设计评价体系，合理设置评价项目、评价指标、评价等级，对候选人的素质条件和发展潜力，进行定性与定量相结合的综合评判，给出评价意见。

4. 健全青年人才激励机制

推动形成体现知识和智力价值的收入分配机制，建立绩效工资稳定增长机制，重点向优秀青年人才倾斜，加强对各类人才的分类激励力度，进一步凝聚、稳定我院各类高层次人才。支持科研人员通过在企业兼职兼薪获得合法收入，全面激发科技人才创新创业的积极性，鼓励和支持各种身份科技人员通过成果应用体现创新价值，营造激励创新转化的公平竞争环境。设立“引才伯乐奖”和“育才伯乐奖”，奖励一批积极组织开展引才和育才工作，对优化本单位人才队伍结构，提升人才队伍整体水平和层次有显著贡献的个人或单位，充分发挥我院高层次人才在青年科研人才成长中的“传、帮、带”作用，调动全院引人育人的积极性。

（四）营造青年人才成长环境

1. 优化人才管理环境

提升青年人才管理工作自主性。在国家政策制度框架下，由研究所根据学科发展需求和自身发展需要开展人才管理工作，科学合理地提升我院在人员编制管理、职称评定、绩效分配、科技成果转化收益分配等人才管理方面的自主性，实行有利于开放、协同、高效创新的扁平化管理结构。营造有利于激励创新、人尽其才、繁荣学术的人才管理环境，理顺科研、转化、支撑等人才晋升通道，为高层次人才、急需紧缺人才设置相应的晋升“绿色通道”，突破现有薪酬、职称、职务等方面的限制，大胆启用青年人才。

2. 加强创新文化建设

营造创新文化，树立以严谨求实、潜心科研、开拓进取、追求卓越、服务“三农”、崇尚奉献为核心的价值观，建设“人民青年科学家”队伍。积极构建吸引人、留住人、激励人、造就人的发展机制，营造尊重知识、尊重劳动、尊重人才、尊重创造的软环境。优化科研学术环境，树立良好学风，大力提倡科学求真、正直诚信的学风，倡导科学道德，弘扬科学精神。打造学习型人才队伍，强化各类人才的岗位责任意识，提高业务能力，建设一流作风。促进优秀青年科研人才脱颖而出，重视发挥青年人才科研生力军作用，支持更多年轻科学家担任项目负责人，组建团队承担重点课题，成长为学术带头人。鼓励青年科技工作者平等开展学术讨论和争鸣，发表学术上新观点、新学说。

3. 激发创新创业活力

按照《中国农业科学院鼓励科研人员创新，促进科技成果转化的实施办法》的要求，进一步加强我院知识产权管理，完善科技成果确权、成果产权交易、转化收益分配、知识产权保护、科技人员持股兼职和离岗创业等规章制度，提升科技创新和成果转化水平。通过执行各项激励措施，充分调动、发挥科研人员的积极性和创造性，提升科技创新效率和成果转化效益。树立创新创业的意识，积极培育企业家精神，激发科研人员创新创业热情和活力，保护创新创业人员的创新收益和财产权。同时，加强产业孵化平台建设，壮大创新创业平台规模，推动产学研融合发展，强化人才创新创业金融支持。最大限度地发挥创新创业型人才的潜力，为践行创新型国家提供源源不断的人才支持。

四、组织措施

（一）提高思想认识

人才工作事关全局，事关未来。院所各级领导要进一步提高思想认识，充分认识新形势下做好人才工作、加快人才发展的重要性，统一思想，凝心聚力，切实增强做好人才工作的政治责任感和历史使命感，把人才工作摆到更加突出的位置。善于用战略思维、开放视野和发展观点从战略和全局的高度，谋划和推动我院新时期青年人才发展工作，为实现顶天立地、跨越发展和建成世界一流现代农业科研院所目标提供坚强的人才支撑。实行院所两级人才工作目标责任考核，建立对青年人才工程实施情况的监测、评估、考核机制，加强督促检查，将青年人才工作成效作为研究所领导班子评优、落实党建工作责任制情况考核和研究所评价的重要指标。真正把党管人才的原则体现到人才工作的各个方面，落实到人才队伍建设的各个环节。

（二）加强组织领导

加强组织领导，落实实施主体责任。实施院级统筹、所为主体的院所两级负责制，成立院所两级人才工作领导小组，加强组织领导，构建高效的青年人才工作组织体系，明确在落实规划目标中的主要任务和责任权限。院级人才工作领导小组负责统筹协调、领导指导青年人才工程的设计和实施，谋划未来人才布局需求，给予人才引育、激励、保障等政策导向和必要的配套支持，确保人才管理体制机制创新、资金保障、服务体系建设等任务落地实施。所级人才工作领导小组负责本单位各项人才工作的落实和跟踪管理，制定具体的人才发展规划和实施方案，充分发挥研究所在人才引进、培养、使用、管理中的主体作用，密切关注各类人才的工作和发展需求，在经费、科研及生活条件保障等方面承担主体责任。

（三）设立专项资金

以满足人才需求为核心，合理保障对人才发展的优先投入。优化统筹创新工程、基本科研业务费、修购专项、科研项目间接经费等自主科技资源，同时发挥我院人才资金的引导和撬动作用，建立多元投入机制，多渠道吸引企业、社会捐赠资金，鼓励、支持设立院所两级人才发展专项资金，制定专项管理办法，为我院青年人才工程提供充分的经费保障。完善分级分类人才资助支持体系，人才发展专项资金优先向优秀青年人才倾斜。加大激励措施，确保人才经费专款专用，为优秀人才提供相对充裕的实验办公用房、相对充足的科研经费、研究生指标等科研条件保障，积极协调解决和进一步切实落实薪酬、补贴、住房、落户、配偶工作、子女入学等生活保障措施，切实落实各项工作和生活保障措施。

（四）强化支持保障

拓展和完善“青年英才计划”，继续加强对优秀青年人才的引进与培养。改进“科研英才引进工程”，研究所根据学科发展和创新团队建设需要，制定岗位设置方案，实行自主招聘、自主支持、自主培养，院给予相应科研工作经费支持。继续实施“科研英才培育工程”，按照“一人一策”的培养方式，助推全面提升综合素质。启动实施转化英才、支撑英才培育工程，制定相关实施方案，明确遴选标准、培育对象和培育措施。强化对各类优秀人才的名师指导，各类优秀人才自主选择海内外知名专家担任其成长导师或协作导师，从而加强我院与外单位的人才智力共享。强化对各类青年人才的教育培训，依托研究生院，加大国家级专业技术人员继续教育基地建设力度，研究探索创新、支撑、转化等各类科技人才的培训措施。推进对各类青年人才的国际化培养，拓宽科研人员国际学术交流合作的渠道，积极推送优秀人才进入国际组织任职，建立各类优秀人才出国（境）培训制度，为参与国际竞争、实施农业“走出去”战略提供有力的人才支撑。

（五）实行动态管理

加强对各类优秀青年人才的动态管理，畅通优秀人才队伍出入口，达到人才队伍合理流动的目的，实现能者上、庸者让的目的，使各类优秀人才充满创新生机和活力。建立青年人才动态发现机制，构建各类人才的网上申报、评定平台，加大对人才的发现、培养、使用力度。对各类人才进行严格评价和考核，合理确定人才考核周期、考核频次、评价形式、评价内容等，将评价结果作为继续支持与否、是否能够享受相关计划待遇的主要依据。建立完善人才退出机制，依据“优胜劣汰”实施动态调整，对业绩平庸、创新能力弱的人选予以淘汰，并及时将优秀人才选拔补充进来。完善青年人才信息平台建设，有序推进人才信息数据库建设，完善全院各类人才信息统计、分析和发布机制，逐步形成有效的人才宏观调控管理机制。

中共中国农业科学院党组关于印发《中国农业科学院关于深化体制机制改革、促进人才发展的若干措施》的通知

农科院党组发〔2017〕43 号

院属各单位、院机关各部门：

《中国农业科学院关于深化体制机制改革、促进人才发展的若干措施》已经中共中国农业科学院党组 2017 年第十五次会议审议通过，现印发给你们，请认真贯彻执行，并结合工作实际，研究制定相应管理办法或实施细则。

中共中国农业科学院党组

2017 年 8 月 1 日

中国农业科学院关于深化体制机制改革、促进人才发展的若干措施

人才是创新的根基，是创新最核心、最关键的要素。深入实施人才强院战略，破除束缚人才发展的思想观念和体制机制障碍，最大限度激发各类人才的创新创造活力，是进一步加强我院人才队伍建设的重中之重。为深入贯彻落实中央《关于深化人才发展体制机制改革的意见》精神，大力推进我院各类人才的引进、培养和使用，促进人才队伍健康持续发展，根据中国农业科学院《"十三五"科技人才队伍发展规划》和《青年人才工程规划（2017—2030）》，现提出如下措施。

一、指导思想

高举中国特色社会主义伟大旗帜，全面贯彻党的十八大和十八届三中、四中、五中、六中全会精神，以邓小平理论、"三个代表"重要思想、科学发展观为指导，深入贯彻落实习近平总书记系列重要讲话精神，坚决贯彻总书记对我院提出的"面向世界农业科技前沿、面向国家重大需求、面向现代农业建设主战场，加快建设世界一流学科和世界一流科研院所"指示精神，牢固树立科学人才观，遵循农业科研规律和人才成长规律，坚持引育并举、以用为本，深入推进人才发展体制机制改革，创新完善人才管理制度体系，进一步扩大用人单位自主权，优化人才发展环境，促进人才合理流动，全面提升各类人才干事创业的主动性、积极性和创造力。

二、基本原则

坚持党管人才。进一步加强和改进党对人才工作的领导，健全党管人才领导体制和工作格局，创新党管人才方式方法，为深化我院人才发展体制机制改革提供坚强的政治和组织保证。

坚持服务大局。围绕现代农业发展需求，聚焦农业供给侧结构性改革主线，科学谋划改革思路和政策措施，促进我院人才规模、质量和结构与我院科技事业发展相适应、相协调。

坚持问题导向。根据农业科研特点和人才成长规律，聚焦我院人才发展体制机制中的重点难点问题，坚持从实际出发，增强改革的针对性、精准性，最大限度激发和释放人才创新创造活力，使人才各尽其能、各展其长、各得其所，让人才价值得到充分尊重和实现。

坚持制度创新。持续推进我院人才制度的精准创新、系统创新、协同创新，完善更加开放、更加灵活的人才培养、吸引和使用制度体系，健全人才评价、流动、激励机制，不唯地域引进人才，不求所有开发人才，不拘一格用好人才。

坚持放管结合。加快转变人才管理理念，建立院所两级人才管理权力清单和责任清单。大力推进权力下放，放宽条件、放开空间，真正保障和落实院属单位用人自主权；加强指导和监督，确保各项改革措施落到实处。

三、主要目标

按照习近平总书记提出的"要着力破除体制机制障碍，向用人主体放权，为人才松绑，让人才创新创造活力充分迸发，使各方面人才各得其所、尽展其长"的要求，在人才发展体制机制的重要领域和关键环节上取得突破性进展，形成尊重知识、尊重人才、激发人才活力的良好氛围，提升人才队伍质量、优化人才队伍结构，建设一支素质优良、规模适度、结构合理、适应需求、具有国际竞争力的农业科技创新队伍，为我院实现跨越式发展、建设世界一流学科和一流科研院所提供坚强的人才保障和智力支撑。

四、重要举措

（一）实行高端引领、重点支持、协同推进的培养政策

（1）实施高层次人才特殊支持政策。梳理我院科技人才队伍现状，对接国家层面各类人才计划，构建完善的人才发展体系，制定引育并举的高层次人才特殊支持政策。按照院所两级共同投入的原则，分别给予顶端人才、领军人才和青年英才 3 个层次的人才不同水平岗位补助和相应的科研工作经费。其中，顶端人才岗位补助 50 万元/年；领军人才 20 万~30 万元/年；青年英才 10 万元/年。对给予支持的各类人才实行任务目标管理，院属各单位通过协议或合同等形式明确人才岗位职责、考核机制、激励政策、退出方式等。

（2）拓展青年科技人才培养方式和途径。继续实施科研英才培育工程，强化院所两级入选者培养选拔力度。按照"一人一策"的培养方式，院级入选者根据科研工作和自身成长的需要自选名师计划、成长互助、海外访学、青年首席、前沿探索等相关培养项目。院属单位要根据所级入选者的成长需要，制定符合人才实际的培育措施，并在科研条件、项目经费、生活待遇方面予以适当倾斜，树立正确激励导向，促进优秀青年人才尽快成长。完善创新团队岗位设置和管理，实行青年助理首席制度，现有创新团队中首席年龄超过 55 岁的，或者是所领导担任首席的，要求配备青年助理首席。

（3）加大转化人才、支撑人才培养力度。综合分析现有转化人才队伍和支撑人才队伍情况，结合"十三五"人才队伍建设总体目标，围绕科技创新工作需要，提出加

强转化、支撑人才队伍建设的系统性方案。根据“青年人才工程规划”，研究制定转化英才和支撑英才培育实施方案，明确遴选标准、培育对象和培育措施。每年遴选转化英才、支撑英才院级入选者 10 人左右，院所共同投入 10 万元/(年・人) 的岗位补助。

（二）实行更积极、更开放、更有效的引进政策

（1）加大力度持续引进高层次领军人才。充分发挥我院作为国家级“海外高层次人才创新创业基地”和“创新人才培养示范基地”的人才发展平台作用，坚持高端引领、整体开发，不唯地域、不拘一格面向海内外重点引进高层次领军人才。院所两级在科研保障、团队组建、经费支持方面采取“一人一策”，并给予重点支持。

（2）创新和完善“青年英才计划”。院属单位根据学科发展和创新团队建设需要，制定“青年英才计划”岗位需求计划，明确业绩标准，自主招聘、自主支持、自主培养候选人，院给予相应科研工作经费支持；改进现有院级备案审核方式，以小同行专家函评代替专家集中会评，进一步提高引进人才备案审核效率和精准度；优化院择优支持评审环节，突出“宁缺毋滥”“优中选优”的原则，院里将按照 70%左右的人选比例对青年英才计划候选人进行择优支持；引进的青年英才聘期满但未能得到择优支持的，纳入院属单位正常管理。

（3）积极实施精准引进和柔性引进。院里组织对各单位创新团队和学科发展情况进行诊断性分析，按照需求制定人才引进计划。积极探索并设立海外人才工作站，利用专题出访（1~2 次/年）和常规出访进行定向引才、精准引进，增强引进人才工作的针对性和实效性。鼓励院属单位面向海内外柔性引进高层次人才开展兼职工作，并通过签订任务合同，执行协议工资，因人据时开展学科凝练、项目合作、团队建设、人才培养等，院里将给予相应特殊支持政策。

（三）强化博士后“人才战略储备库”功能

（1）扩大博士后招生规模。积极争取具有博士学位一级学科授予权或建有国家重点科研平台的非设站学科，申报独立招收博士后人员资格；支持京外研究所设立博士后工作站，积极争取国家和地方资源，并申报独立招收博士后人员资格。加大招收高质量优秀应届博士毕业生力度，严格控制招收本单位同一一级学科、超龄（36 周岁以上）、在职博士后、博士毕业满 3 年的人员比例。鼓励招收入选教育部“双一流”大学及学科的应届博士毕业生、国外优秀高校博士毕业生和发达国家外籍博士毕业生，院里将对其进行择优资助，提供博士后日常经费 10 万元/人。实行博士后合作导师津贴制度，进一步发挥培养导师在扩大招生规模、提升培养质量方面的积极作用。

（2）提升博士后培养质量。院属单位根据研究项目需要，在 2~4 年内灵活确定博士后人员在站时间，对承担国家重大科技项目的博士后人员，可根据项目期限延长在站

时间至 6 年。院每年设置 500 万元专项经费用于博士后人员学术交流、医疗体检、优秀博士后奖励等工作。进一步完善进站审核、中期考核、出站评定、优秀博士后评审等评价制度；鼓励聘任优秀博士后进入科技创新工程科研团队工作；对于业绩突出、品德优秀的博士后，可优先留院工作。建立博士后工作绩效评估制度，将评估结果纳入院属单位的评价体系，提高博士后管理工作效率和水平。

（四）推动科技人才“走出去”

（1）拓宽“走出去”的渠道。利用国家留学基金委、国家外专局资助项目以及农业部和我院与国外知名合作伙伴签订的合作协议、国际合作项目等渠道，进一步加大人才的访学交流力度。通过我院境外国际联合实验室以及与“一带一路”沿线国家建立的多（双）边平台，积极开展示范推广和技术转移工作。拓展与欧洲、北美、澳洲等地发达国家科研教学机构合作，不断扩大我院联合培养研究生的规模和派出国别。加大与国际组织的广泛联系和深入合作，积极推送优秀人才进入国际组织任职和挂职锻炼。

（2）理顺“走出去”的工作机制。鼓励和支持我院科技人员到境外的国际联合实验室工作以及开展农业科技“走出去”，资助优秀科技人才，特别是优秀青年人才以合作研究、博士后研究等方式出国深造。我院科技人员出国留学、访学以及在海外工作期间，相关待遇予以保留，工作学习成果作为职务职称晋升的重要评价内容。

（五）强化人才教育培训

（1）加大国家级专业技术人员继续教育基地建设力度。加强多媒体、知识库、网站等内容资源和基础条件建设，建立管理信息系统和远程教育培训系统，实现培训资源的在线共享，扎实推进基地设施建设；加强师资队伍建设，按照开放和专（兼）职结合的原则，聘请具有丰富实践经验、理论水平高的业务骨干和专家学者担任教师；积极与农业科技领域知名科研院所、高校、企业建立长期合作关系，推动成立全国农业科研院所专业技术人员培训联盟，实现基地的共建共享。

（2）强化专业技术人员继续教育培训。充分发挥国家级继续教育基地和我院培训中心的作用，研究探索高层次人才、团队首席、青年骨干和支撑转化等各类科技人才的培训措施、方法和途径。建立专业技术人员继续教育与使用、晋升相衔接的激励机制，专业技术人员参加继续教育情况作为聘任专业技术职务或者申报评定高一级职务资格的重要条件。专业技术人员参加继续教育的时间，每年累计应不少于 90 学时，其中，专业科目一般不少于总学时的 2/3。

（六）深化人才评价机制改革

（1）建立人才分类评价标准。院属单位结合自身特点，根据科研、管理、转化、支撑等人才类型差异，以及基础研究、应用研究、技术开发和人文社科等差异，分类制定人才评价标准，作为人才引进、推荐、考核、评价的重要依据。

（2）完善人才考核评价方式。建立以小同行专家评审为基础的业内评价机制，注重市场和社会评价要素，采取考核认定、个人述职、面试答辩、实践操作、业绩展示等多种评价方式。院里对于给予特殊支持的各类人才，将主要采取通讯评审、一人一评，现场答辩、综合评议的方式进行。

（3）改革职称评审和岗位聘用机制。充分发挥用人单位的主体作用，积极稳妥地下放院属单位正高级职称评审权。指导院属单位制定评审标准，推行代表作制度，淡化论文数量要求，对外语条件不做统一规定。理顺科研、管理、转化、支撑等人才晋升通道，继续坚持高层次人才职称评审“绿色通道”，研究制定符合我院实际的直聘制度，对有突出贡献的人才和急需紧缺人才可不受学历、资历、论文等限制，直接聘任高级专业技术职务和相应等级岗位。

（七）完善和拓展人才激励措施和渠道

（1）逐步提高科技人员收入水平。建立“院级引导调控、所级自主分配”的收入分配管理工作机制。扩大院属单位收入分配自主权，院属单位可根据自身科研工作和人才队伍建设需求，自主确定适合不同层次和人才类型的分配制度，自主确定体现岗位职责、业绩贡献的分配激励机制和经费保障方式。加大成果转化力度，充分利用好“成果转化收入用于奖励的部分不受本单位当年绩效工资总量限制”的政策，确保优秀科技人才收入维持在较高水平，力争我院科技人员平均收入相比所在地同类科研机构和高校具有一定竞争优势。

（2）发挥科研项目资金的激励引导作用。用好用足中央关于科研项目资金管理改革的政策，多渠道争取科研项目，统筹使用好各类项目经费。在国家政策框架内，建立健全符合自身特点的间接经费管理方式，处理好合理分摊间接成本和对科技人员激励的关系。建立健全劳务费管理方式，探索和转变用人方式，加大对参与项目研究的研究生、博士后、访问学者以及项目聘用的研究人员、科研辅助人员等的激励力度。

（八）改进人才管理体制机制

（1）强化院属单位主体责任和作用发挥。坚持院为统筹、所为主体，建立院所两级齐抓共管、分工协同的人才引育工作格局。院层面顶层设计人才发展总体目标和方向布局，构建良好的制度体系和政策环境，并有重点的予以择优配套支持。院属各单位作为科技创新和引人育人的主体，主动采取措施，对各类人才在科研条件、薪酬待遇、生活保障等方面予以相应的支持。建立研究所领导班子和领导干部人才工作目标责任制，将人才工作履责情况作为落实党建工作责任制述职的重要内容。将人才发展绩效纳入研究所考核评价体系，科学设置考核权重，考核结果作为领导班子评优、干部评价的重要依据。

（2）加强职能部门岗位设置及聘用管理。根据服务型院所机关建设的要求，完善符合实际的职能部门工作人员职业发展通道。推行职员制后，专业技术岗位主要用于从事科研工作的专业技术人员，院所职能部门保留少量的专业技术岗位。职能部门工作人员原则上不得同时在管理岗位和高级专业技术岗位上任职，因特殊情况，确需同时在管理和专业技术两类岗位上任职的，须按人事管理权限报批。

（3）建立院属单位岗位设置、人员编制动态调整机制。实行岗位设置总量规模控制，院属单位可合理确定科研、管理、工勤三类岗位相应等级的结构比例，并根据事业发展需要实行动态调整。根据科技创新特殊需要，可申请设置特设岗位，不受岗位总量和结构比例限制。结合事业单位分类改革，在严控全院人员编制总量的基础上，积极推进院属单位人员编制备案制度；在内设机构设置和中层领导人员配备方面赋予院属单位更大自主权。鼓励人才跨所流动，积极支持京内研究所与京外研究所、优势研究所与弱势研究所开展合作研究，在研究所设置流动人才岗位，探索实行编制机动管理，破解人才引进中遇到的户口和家属安置等难题。

（4）规范科技人员创新创业管理。科技人员可到有业务合作企业挂职或者参与项目合作，研究所要与其约定岗位职责和考核、工资待遇等事宜，变更聘用合同。科技人员在保证履行本单位岗位职责、完成本职工作的基础上，经单位同意后，可到与本单位业务领域相近的企业、科研机构、高校、社会组织等兼职，或者利用与本人从事专业相关的创业项目在职创办企业。科技人员提出书面申请，经本单位同意，可离岗创办科技型企业或者到企业开展创新工作，单位在 3 年内保留其人事关系。

（九）加大人才安居扶持力度

建立高层次人才住房保障体系。按照优先保障、租售相辅、实物配置与货币补贴相结合的原则，通过购买我院自建或国管局提供的政策性保障住房、租住周转住房、申请安家费补助或租房补助等多种形式，充分发掘现有资源、利用好社会资源，有步骤、分层次、多渠道、多形式解决高层次人才住房问题。

（十）健全人才发展服务保障机制

（1）设立人才发展专项资金。积极筹措科技开发收入、投资收益和房产出租收入，吸纳社会资本，设立人才发展专项资金，制定《人才发展专项资金管理办法》，为我院实施的各类人才计划提供充分的经费保障。

（2）加大项目经费、科研条件等的保障力度。完善资源配置方式，建立根据所办事项实际需要和绩效管理决定经费支持额度的调控机制。在院自主支配的重大项目经费管理中，向院给予特殊支持的各类人才倾斜，赋予其更大的经费调配权限。在既定额度下，科研启动费、仪器设备费等科研工作经费可按需求灵活调配使用，为人才提供优越的科研条件保障。对院特殊支持的高层次人才执行职称直聘制度，兑现博导资格，不再另行评审，并给予研究生招生指标倾斜，研究所应对重点支持的高层次人才连续3年至少保障每年1个博士生和1个硕士生指标，增量指标重点保障新进（增）高层次人才；保障一定数量的科研助手。积极协调解决引进人才子女入托入学，建立同城研究所之间人才配偶安置机制。

（3）建立院所领导直接联系人才制度。每位院所领导班子成员明确1~2名院特殊支持人才作为联系对象，畅通各类人才反映情况绿色通道。通过走访慰问、开展谈心、召开座谈会等形式，加强与人才的联系，关心其工作与生活，掌握人才思想动向和存在问题，协调解决实际困难，督促落实有关政策及保障措施。

（4）加强人才信息管理和宣传。开发高层次人才信息管理系统，建立人才信息台账，及时掌握人才基本信息和人才政策落实情况，提高管理效率。注意加大人才宣传力度，通过农科讲坛、学术报告等形式，建立科技人才展示平台；加强与高端媒体合作渠道，积极宣传我院人才工作的重大部署、工作举措和取得成效；积极宣传我院优秀人才事迹，扩大人才知名度和我院影响力。

（十一）完善学术道德监督和考核退出机制

（1）树立良好的学术道德和科研诚信。加大对人才学术道德、科研诚信教育宣传，加强学风建设，大力弘扬科学精神和奉献精神；在院所两级学术委员会下建立学术道德委员会，进一步加强对学术不端行为的监督，推动全院学术伦理道德建设。

（2）建立有效的人才考核退出机制。对于院里给予特殊支持的各级人才，强化任务目标管理，并坚持执行能下能出的退出机制；对于违反科学道德、品行不端，或考核时未能达到预期任务目标，或未能履行岗位职责的，经院人才工作领导小组审定后，实行退出，取消相应配套待遇。

（十二）加强对人才工作的组织领导

（1）强化院人才工作领导小组核心作用。改进和完善党管人才工作格局，院人才工作领导小组成员除院领导、院机关部门一把手外，还将吸收部分院属单位主要负责人，负责全院人才工作重大事项决策和落实督导。完善院人才工作领导小组办公室工作机制，建立健全议事、调研、督查、请示等制度，强化统筹协调作用，不断增强各部门工作合力。

（2）成立专门的人才工程办事机构。设立院人才工程办公室，配备专职工作人员，负责国家和院级人才项目的申报、遴选、政策落实跟踪及考核评估等日常管理；承担院人才项目评审专家库和信息化建设等工作；承担部分日常管理职能。

院属各单位、院机关各部门要高度重视，坚持“党管人才”，强化“一把手抓第一资源”的责任，提高认识，加强领导，确保各项政策措施得以落实。30 项措施涉及的院办、人事、科技、财务、国合、转化、基建、党委、后勤等有关部门和单位要加强协同，按照任务分工，积极主动作为，抓紧制定落实配套措施，明确时间表和路线图，确定责任领导和具体责任人。加强统筹谋划，充分聚集和开发各类资源，形成相互支持、统分结合、上下联动、协调高效的人才工作合力，共同推动我院人才队伍建设迈上新台阶。

中共中国农业科学院党组关于印发《中国农业科学院农科英才特殊支持管理暂行办法》的通知

农科院党组发〔2017〕44号

院属各单位、院机关各部门：

《中国农业科学院农科英才特殊支持管理暂行办法》已经中共中国农业科学院党组2017年第十五次会议审议通过，现印发给你们，请认真贯彻执行，并依据本办法，结合工作实际，研究制定具体实施细则。

中共中国农业科学院党组

2017年8月1日

中国农业科学院农科英才特殊支持管理暂行办法

第一章　总　则

第一条　根据中国农业科学院《“十三五”科技人才队伍发展规划》《青年人才工程规划（2017—2030）》和《关于深化体制机制改革、促进人才发展的若干措施》，为构建完善的人才发展体系，建立高端引领、重点支持、协同推进的人才引育机制，吸引、凝聚和培育高层次科技人才，激发人才创新创造活力，充分发挥人才效能，特制定本办法。

第二条　农科英才特殊支持主要面向我院全职在岗从事科学研究工作的科技人才，包括培养和引进的顶端人才、领军人才和青年英才三个层次。鼓励各单位根据工作需要开展柔性引才，院里将择优予以特殊支持，具体办法将另行制定。

第三条　我院对农科英才特殊支持坚持以下原则：

（一）高端引领，重点支持；

（二）引育并举，协同推进；

（三）统筹兼顾，权责统一；

（四）目标管理，能进能出。

第四条　院人才工作领导小组负责制定农科英才的支持条件和支持范围，并对予以特殊支持的人才进行审核和认定；领导小组办公室负责组织协调工作；院属各单位负责本单位领军人才和青年英才的推荐申报、协议签订及任务目标管理。

第二章　支持条件和范围

第五条　顶端人才。支持范围：国家最高科学技术奖获得者（我院为第一完成单位，下同），中国科学院院士、中国工程院院士，“国家高层次人才特殊支持计划（万人计划）”杰出人才，“国家海外高层次人才引进计划（千人计划）”顶尖人才与创新团队项目入选者等。

第六条　领军人才。

A 类：研究方向符合国家重大战略需求并处于世界前沿领域，在基础学科、基础研究方面有重大发现，在解决行业、产业重大关键问题方面有突出贡献的杰出人才。

支持范围：国家科技奖励一等奖的第一完成人或两次获得二等奖的第一完成人；“国家海外高层次人才引进计划（千人计划）”创新人才长期/短期项目、外国专家项目入选者；国家自然科学基金“创新群体项目”的项目负责人、“国家杰出青年科学基金”资助者；教育部“长江学者奖励计划”特聘教授。

B 类：在国家中长期科学和技术发展规划确立的重点方向，主持重大科研任务、领衔高层次创新团队、领导国家级创新基地和重点学科建设的领军人才。

支持范围：国家科技奖励二等奖的第一完成人；“国家高层次人才特殊支持计划（万人计划）”领军人才（科技创新领军人才、百千万工程领军人才、哲学社会科学领军人才、教学名师）和青年拔尖人才入选者；“国家海外高层次人才引进计划（千人计划）”青年项目入选者；国家自然科学基金“优秀青年科学基金项目”资助者；教育部“长江学者奖励计划”青年学者等。

C 类：在农业科研的重点领域取得突破，获得国际国内较高学术成就，有一定社会影响力的优秀人才。

支持范围：国家有突出贡献的中青年专家；人社部“百千万人才工程”国家级人选；科技部“创新人才推进计划”中青年科技创新领军人才入选者；农业部“农业科研杰出人才培养计划”入选者等。

第七条 青年英才。支持范围：择优支持期内的“青年英才计划”院级入选者和培育期内的科研英才培育工程院级入选者。

第三章 推荐程序

第八条 院属各单位可直接向院推荐符合“支持范围”的农科英才。程序如下：

（一）用人单位党政联席会议研究确定推荐人选；

（二）院人才工作领导小组办公室审核；

（三）院人才工作领导小组审定。

符合多个“支持范围”情况的农科英才，按照“就高原则”进行推荐。

第九条 对于能力水平、业绩贡献达到领军人才条件的人才，院属各单位可评审后向院推荐。程序如下：

（一）个人向用人单位提出申请；

（二）用人单位组织同行专家评审，并经党政联席会议研究，确定推荐人选；

（三）院人才工作领导小组办公室组织通讯评审、现场答辩和综合评议，提出支持建议；

（四）院人才工作领导小组审定。

第十条 青年英才按照《“青年英才计划”管理办法》和《青年英才计划“科研英才培育工程”实施方案》的有关规定遴选产生。

第四章 支持政策和措施

第十一条 院所两级加大对农科英才特殊支持力度，在科研条件、薪酬待遇、住房保障、人文关怀等方面予以倾斜和支持。

第十二条　院里给予各层次人才科研工作经费支持，科研工作经费由科研经费和仪器设备费两部分构成，人才可根据工作需要统筹安排预算计划。对于引进人才，由院安排专项资金予以保障，其中，顶端人才 200 万元/(人·年)，领军人才 A 类 150 万元/(人·年)、B 类 100 万元/(人·年)、C 类 80 万元/(人·年)，青年英才 60 万元/(人·年)。对于自有人才，由院属单位安排专项资金予以保障。具体申请、使用、管理、考核办法等参照有关专项资金管理办法执行。

第十三条　农科英才在支持期内，除享受用人单位该岗位正式职工的基本工资、绩效工资、国家统一规定的津贴补贴等待遇外，可分别再享受顶端人才 50 万元/(人·年)，领军人才 A 类 30 万元/(人·年)、B 类 25 万元/(人·年)、C 类 20 万元/(人·年)，青年英才 10 万元/(人·年）的岗位补助。院所两级按照 60%和 40%的比例给予领军人才和青年英才岗位补助；院里全额保障顶端人才的岗位补助。岗位补助按月发放，由院属单位先行垫付，院承担部分可向财务局提出预算申请，纳入部门年度预算。

第十四条　院里根据“优先保障，租售相辅，实物配置与货币补贴相结合”的原则，建立、健全农科英才住房保障体系。各层次人才可以选择购买院所政策性保障住房、租住院所周转住房、申请安家费补助或租房补助等方式解决住房问题。具体操作可依据《农科英才住房租售暂行办法》执行。

第十五条　院里在职称职务晋升、研究生招生等方面对特殊支持的农科英才予以倾斜支持。继续坚持高层次人才职称评审绿色通道，对于特殊支持的农科英才可以不受年限资历等限制，直接聘任高级专业技术职务和相应等级岗位。保障农科英才导师资格和研究生指标，参照研究生院关于导师遴选和研究生指标分配等有关规定执行。

第十六条　对引进的农科英才，院、所要做好其户口调入和家属随迁，协助做好子女入托或上学、配偶就业等工作。

第十七条　依据《关于进一步加强党组织联系服务专家的意见》的规定，每位院所党组（党委）班子成员明确 1~2 名院特殊支持人才作为联系对象，畅通各类人才反映情况绿色通道。通过走访慰问、开展谈心、召开座谈会等形式，加强与人才的联系，关心其工作与生活，掌握人才思想动向和存在问题，协调解决实际困难，督促落实有关政策及保障措施。

第五章　日常管理

第十八条　坚持院所两级负责、以所为主的管理方式。院所共同落实好农科英才特殊支持政策，用人单位承担主体责任并负责日常管理，院有关部门履行监督检查职责。

第十九条　农科英才特殊支持期为 5 年，支持期内应全职在岗工作。经用人单位批准，方可在其他单位兼职。

第二十条　院属各单位须强化对特殊支持农科英才的任务目标管理，通过协议或合同等形式明确支持期内的岗位职责、任务目标、考核方式等，并报院人才工作领导小组备案。用人单位定期组织对农科英才进行考核，考核内容包括科研业绩、学术道德、承担科研任务及专项经费使用情况等。对于未达到预期任务目标考核不合格的，经报请院人才工作领导小组认定后，实行退出，取消相应待遇。用人单位加强对特殊支持农科英才的日常跟踪管理，对未能按要求履行岗位职责的人员，应及时提出退出意见并报院人才工作领导小组审定。

第二十一条 农科英才在支持期内如达到更高层次支持范围的标准和条件，可按相关推荐程序申请相应层级的支持，相关支持政策就高掌握，不得重复享受。

第二十二条 农科英才特殊支持期满前 3 个月，由各用人单位组织对其进行终期评估，评估内容包括综合表现、科研业绩、成果转化、人才培养与学科团队建设、承担任务与项目、实验室建设情况等。用人单位将评估结果和是否继续予以特殊支持的建议，报院人才工作领导小组研究审定。

第二十三条 支持期内，农科英才在院属相关单位之间流动的，变动情况需报人事局备案；发生重大情况的（如办理退休、终止或解除聘用合同、违法违纪等），用人单位应及时停止专项经费和相关补助发放，向人事局报告有关情况，取消相应待遇。

第二十四条 根据《进一步加强学术道德建设的意见》规定，对于出现违反科学道德、品行不端等情况的，一经查实，院将取消其相关支持，并在全院进行通报。

第二十五条 因用人单位管理不善、政策落实不到位，导致农科英才不能按计划完成目标任务的，院将追究其管理责任和领导责任。

第六章 附 则

第二十六条 本办法自发布之日起执行。我院此前发布的有关人才支持政策规定与本办法不一致的，以本办法为准。

第二十七条 本办法由人事局负责解释。

中共中国农业科学院党组关于印发《中国农业科学院“青年英才计划”管理办法》的通知

农科院党组发〔2017〕67 号

院属各单位、院机关各部门

《中国农业科学院“青年英才计划”管理办法》已经中共中国农业科学院党组 2017 年第二十一次会议审议通过，现印发给你们，请结合实际认真贯彻执行。

中共中国农业科学院党组

2017 年 12 月 12 日

中国农业科学院“青年英才计划”管理办法

总　则

第一条　为深入实施我院“人才强院”和“人才优先发展”战略，培养和引进一批新时代青年学术技术带头人和创新人才，进一步提升我院科技创新能力，加快一流学科和一流院所建设步伐，根据中国农业科学院《“十三五”科技人才队伍发展规划》《青年人才工程规划（2017—2030）》《关于深化体制机制改革、促进人才发展的若干措施》和《农科英才特殊支持管理暂行办法》，特制定本办法。

第二条　“青年英才计划”旨在引进和培养从事农业科学研究工作的优秀青年科技人才，下设“引进工程”和“培育工程”，其中，“引进工程”按照渠道分为“海外引进青年”和“国内引进青年”两类人才。

第三条　为发挥院所两级的积极性，“青年英才计划”采取两段式培养支持方式，入选者分为所级入选者和院级入选者两个层次。所级入选者由院属单位遴选产生，进行重点培养；院级入选者由院在所级入选者基础上进一步遴选产生，进行择优支持。

第四条　实施“青年英才计划”遵循以下原则：

（一）精准引育，分级实施；

（二）重点支持，跟踪培养；

（三）统筹兼顾，责权统一；

（四）目标管理，能进能出。

第五条　院人才工作领导小组负责“青年英才计划”基本入选条件、择优支持方式等政策制定，并对院所两级入选者进行审定。院人才工作领导小组办公室负责院级入选者择优遴选和政策落实的组织协调工作。院属单位负责制定本单位“青年英才计划”岗位需求方案、遴选所级入选者、推荐院级入选者、签订管理协议和考核任务目标等。

第一章　资格条件

第六条　“青年英才计划”入选基本条件：

（一）德才兼备，品行端正，治学严谨，具有良好的职业素养和科学精神；热爱农业科技事业，勇于创新，团结协作，有强烈的事业心和责任感。

（二）在农业科技创新领域从事基础研究、应用基础研究和应用研究等工作。

（三）熟悉本学科前沿发展动态，有扎实的专业知识基础，研究方向应符合院所学科体系建设和科技创新工程科研团队需求。开展了较为系统的研究工作，独立主持或作为主要骨干参与过课题（项目）研究的全过程并做出显著成绩，以第一作者或通讯作者在本领域重要核心刊物发表过有影响的论文，或拥有重大发明专利、掌握关键技术等。具有创新发展潜力，有能力带领团队在本领域开展研究并做出具有国际水平的创新成果。

（四）全职在岗工作，具有博士学位，院级入选者年龄一般不超过 40 周岁（业绩和能力特别突出的，可破格考虑），身体健康。对于引进到我院地处西部地区或偏远地区研究所工作的，年龄可以放宽到 42 周岁。

第七条　“引进工程”入选者还需要具备以下条件：

（一）引进时非我院正式在编职工（其中，“海外引进青年”回国工作不超过 1 年），引进后须全职在我院工作 5 年以上。

（二）取得同行专家认可的科研成果，至少提供两封国内外相关领域专家推荐信，其中“海外引进青年”必须有国外相关领域专家推荐信。

（三）“海外引进青年”入选者获得博士学位后有连续 3 年及以上的海外科研工作经历，回国后到我院地处西部地区或偏远地区研究所工作的或者特别优秀破格考虑的，可以放宽到 2 年。

（四）“国内引进青年”入选者应在国内高校、科研院所或企业担任高级专业技术职务。

第八条　“培育工程”院级入选者还需要具备以下条件：

（一）在我院工作 3 年以上；

（二）具备高级专业技术职务（特别优秀的，可破格考虑）。

第九条　具备以下条件之一者可优先入选“引进工程”和“培育工程”院级入选者：

（一）国家级科学技术奖励主要完成人（一等奖前 7 名，二等奖前 5 名）、省部级科学技术奖励主要完成人（一等奖前 3 名，二等奖第 1 名）；

（二）主持国家自然科学基金重点类项目：一是人才类重点项目，包括创新群体、杰青、优青；二是研究类重点项目，包括重点项目、重大项目、重大研究计划、重点国际合作项目、组织间国际合作合作研究项目、联合基金重点支持项目；三是环境条件类重点项目，包括国家重大科研仪器研制项目主持国家自然科学基金重点类项目：一是人才类重点项目，包括创新群体、杰青、优青；二是研究类重点项目，包括重点项目、重大项目、重大研究计划、重点国际合作项目、组织间国际合作合作研究项目、联合基金重点支持项目；三是环境条件类重点项目，包括国家重大科研仪器研制项目主持国家重点研发计划项目（课题），国家科技重大专项项目（课题）和国家自然科学基金重大、重点项目（包括 6 类：重大研究计划重点支持项目和集成项目、重大项目、重点项目、重点国际（地区）合作研究与交流项目、组织间国际（地区）合作交流项目、国家重大科研仪器研制项目）；

（三）以第一作者或通讯作者在本领域顶尖核心期刊上发表有较大影响力的论文（我院为第一署名单位）；

（四）国家发明专利、新品种、新兽药（一类或二类）等第一完成人（我院为第一完成单位）。

第二章 所级引育遴选

第十条 “引进工程”所级入选者的遴选由院属单位自行组织。具体程序如下：

（一）制定岗位需求方案。院属单位按年度制定“青年英才计划引进工程”岗位需求方案，岗位的设置须与本单位科技目标、学科发展相结合，优先保证院科技创新工程的科研团队建设、重点学科领域和新兴交叉学科及重大科研条件平台等对人才的需求。院人事局将会同院科技管理局等有关部门对岗位需求方案进行审核。

（二）组织招聘。根据院里审定的“青年英才计划引进工程”岗位需求方案，院属单位自行组织招聘评审，主要采取同行专家通讯评审和现场答辩综合评议的方式进行。

同行专家通讯评审。重点评价申请人的学术水平、科研基础和发展潜力等，通讯专家组由不少于5位国内外相关领域知名专家（原则上应为所外专家）组成。通过匿名通讯评审的方式，同意引进得票数达到2/3的申请人参加现场答辩综合评议。

现场答辩综合评议。综合评价申请人在政治素质、思想品行、学术操守、科研能力、岗位匹配性，下一步科研工作思路和研究计划等情况。评审专家组由不少于11位相关领域专家（其中所外专家不少于1/3）组成。综合评议采取无记名投票的遴选方式，得票超过2/3的（破格人选得票须超过3/4），经党委会议或党政联席会议研究，确定为所级入选者拟聘人选。拟聘人选须在单位内公示5个工作日。

（三）备案审核。院属单位应在拟聘人选到岗工作前将其备案材料提交院里备案。人事局将同科技管理局等有关部门对拟聘人选资格条件和遴选程序等进行审核。备案审核通过后，拟聘人选正式成为“青年英才计划引进工程”所级入选者。

第十一条 “培育工程”所级入选者的遴选，由院属单位根据自身人才队伍建设需要，适时自行组织开展。

院属单位通过现场答辩综合评议（要求同“引进工程”现场答辩综合评议）、党委会议或党政联席会议研究和公示公告（5个工作日）等环节确定级入选者，并在每年院级遴选结果公布后1个月内将所级入选者的相关材料交院统一备案。

第三章 院级择优评审

第十二条 为确保人才引育质量，本着“宁缺毋滥”“优中选优”原则，院里将按照一定比例对“青年英才计划”所级入选者进行择优支持。

第十三条 “引进工程”择优支持率原则上不超过70%。所级入选者到岗工作满1年方可参加院统一组织的择优支持评审，到岗3年内共有2次申请择优支持机会。2次申请未能得到择优支持的，纳入院属单位自有人才管理。

第十四条　“培育工程”每年度择优支持人数由院人才工作领导小组审定。院级入选者推荐人选原则上在所级入选者基础上产生。

第十五条　择优支持工作应当遵循下列程序：

（一）院人才工作领导小组办公室对择优支持工作作出具体部署；

（二）个人提交《“青年英才计划”院级入选者申报书》等材料进行申报；

（三）院属单位根据院工作部署，经党委会议或党政联席会议研究确定推荐人选并公示；

（四）院人才工作领导小组办公室进行资格审查，人才工作领导小组开展择优支持评审。评审专家组由不少于 11 位相关领域专家（其中院外专家不少于 1/2）组成，推荐人选现场答辩，通过综合评议采取无记名投票的方式（得票超过 2/3）确定择优支持建议人选；

（五）院人才工作领导小组审定院级入选者人选，并颁发入选证书。

第四章　支持措施

第十六条　“青年英才计划”院级入选者直接纳入农科英才青年英才人选。培育支持期内，在科研条件、薪酬待遇、住房保障、人文关怀等方面享有农科英才的特殊支持政策。

科研工作经费。院安排专项资金保障“引进工程”院级入选者 60 万元/(人・年）的科研工作经费。“培育工程”院级入选者的科研工作经费由院属单位安排专项资金保障。

岗位补助。院级入选者除享受该岗位正式职工的基本工资、绩效工资、国家统一规定的津贴补贴等待遇外，可再享受 10 万元/(人・年）的岗位补助，院所两级按照 60%和 40%的比例给予补助。

住房保障。院级入选者可以选择购买院所政策性保障住房或领取租房补助等方式解决住房问题。“引进工程”院级入选者还可以租住院所周转住房或者按照 100 平方米的住房标准申请最高为 100 万元的安家费补助。

人文关怀。院、所两级要做好“青年英才计划”入选者的户口调入和家属随迁，协助做好子女入托或上学、配偶就业等工作。

具体操作及其他保障措施参照《农科英才特殊支持管理暂行办法》《农科英才住房租售暂行办法》等。

第十七条　“青年英才计划”入选者在职称晋升、人才举荐、博导遴选和项目申报方面享有优先支持。

专技职务晋升。在高级专业技术职务评审工作中，院级入选者可以在同等条件下优先评聘高级专业技术职务，特别优秀的可破格评审。对于引进的优秀“海外青年”放宽资历、年限等条件限制。

人才举荐。在国家和省部级人才计划（工程）推荐工作中，在同等条件下优先考虑院级入选者；择优推荐院级入选者在国家重点实验室、工程技术中心、科技创新工程科研团队中担任重要职务；重点推荐院级入选者参加上级部门组织的调训、宣讲、扶贫等工作任务。

博导资格遴选。在博士生导师遴选工作中，“引进工程”入选者和“培育工程”院级入选者可以不受职称、年限等资历的限制，按照规定程序，在同等条件下优先评聘。

重大项目申报。院所两级优先推荐符合条件的院级入选者参与国家竞争性科技计划项目的前期战略研究与指南编制工作，优先支持其牵头或参与申报项目。

第十八条 院属单位应根据“青年英才计划”入选者自身成长需要，按照“一人一策”的方式，通过配备成长导师、选派挂职锻炼、海外进修访学、委任青年首席、推荐申报院前沿探索项目等方式加大培养力度，并在科研条件、项目经费和生活待遇等方面给予适当倾斜。“青年英才计划引进工程”所级入选者，院属单位须提供不少于100万元科研启动费。

第五章 日常管理

第十九条 “青年英才计划”院级入选者的管理，坚持院所两级负责、以所为主的管理方式。院负责宏观指导和监督检查，院属单位承担主体责任并负责日常管理，院有关部门与院属单位共同做好各项待遇的落实工作。

第二十条 “青年英才计划”引进工程和培育工程院级入选者的培育支持期为5年，自通过院择优支持评审当月起计算。院级入选者在计划执行期间须全职在岗工作，未经同意不得在其他单位兼职。

第二十一条 对“青年英才计划”院级入选者，院属单位须强化的任务目标管理，突出权责一致，通过签订管理协议的方式明确支持期内的岗位职责、任务目标、考核方式、违约责任等，确保各项指标可量化、可考核、可问责。院级入选者的管理协议须在其入选后一个月内报院人才工作领导小组备案。

第二十二条 “青年英才计划”院级入选者的考核采取定期评估和终期考核的形式进行，考核的内容和方式参照《中国农业科学院农科英才特殊支持管理暂行办法》由院属单位组织实施。

第二十三条 终期考核结果分为优秀、合格、基本合格和不合格4个档次，优秀比例原则上不超过20%，院属单位可自行确定奖励措施。对终期评估合格及以上等次的入选者，纳入院属单位在职职工正常管理，对基本合格和不合格的入选者，院属单位提交情况说明报告及处理意见，院里根据情况决定是否取消其“青年英才计划”院级入选者资格。

第二十四条 “青年英才计划”入选者在支持期内如达到农科英才顶端或领军人才的标准和条件，可按相关推荐程序申请相应层级的支持，相关支持政策就高掌握，不得重复享受，需要重新签订管理协议，原协议自动废止。

第二十五条　根据《中国农业科学院进一步加强学术道德建设的意见》规定，对于出现违反科学道德、品行不端等情况的，一经查实，院将取消其相关支持，并在全院进行通报。

第二十六条　因院属单位管理不善、政策落实不到位，导致“青年英才计划”入选者不能按计划完成目标任务的，院将追究其管理责任和领导责任。

第六章　附　则

第二十七条　院属单位应结合自身人才发展需要，研究制定本单位“青年英才计划”引育人才实施细则，明确细化所级入选者的业绩条件、培养方式、支持措施、任务目标、考核评估和退出机制等，并报院人才工作领导小组备案。

第二十八条　本办法自发布之日起执行。《中国农业科学院“青年英才计划”管理办法》（农科院人〔2013〕11 号）和《中国农业科学院青年英才计划“科研英才培育工程”实施方案》（农科院党组发〔2015〕45 号）同时废止。

第二十九条　本办法由人事局负责解释。

中国农业科学院关于印发《中国农业科学院人才跨所流动管理暂行办法》的通知

农科院人〔2017〕161号

院属各单位、院机关各部门：

《中国农业科学院人才跨所流动管理暂行办法》已经第七次院常务会议审议通过，现印发给你们，请结合实际认真贯彻执行。

中国农业科学院

2017年7月17日

中国农业科学院人才跨所流动管理暂行办法

第一章　总　则

第一条　为进一步深化我院人才发展体制机制改革，推动院属单位之间协同创新工作力度，打破人才流动制度壁垒，促进人才跨所流动，发挥我院不同类型研究所在人才培养和使用上的自身优势，拓宽人才培养交流渠道，根据《中国农业科学院青年人才工程规划（2017—2030）》，特制定本办法。

第二条　本办法适用于院属各单位在编在岗的专业技术人员（院里和院属单位有禁止性规定的人员除外）。

第三条　人才跨所流动应遵循以下原则：

（一）本人自愿、单位同意；

（二）充分协商、互惠互利；

（三）任务牵引、权责统一；

（四）放管结合、优化服务。

第四条　人才跨所流动主要通过兼职、参与项目合作等方式到院属相关单位开展工作。鼓励人才从京内研究所向京外研究所，从优势研究所向弱势研究所流动。院人才工作领导小组办公室负责人才跨所流动工作的协调和指导。派出单位和接收单位负责流动人才的选派接收、日常管理和跟踪考核等工作。

第二章　条件标准和职责任务

第五条　跨所流动的人才需拥护党和国家的路线、方针、政策，坚持四项基本原则，热爱农业科研事业，品行高尚，立志为农业科技创新和一流院所建设作贡献。一般应具有中级以上职称并从事相关工作 5 年以上。

第六条　院属单位派出和接收跨所流动人才，要以面向世界农业科技前沿、面向国家重大需求、面向现代农业建设主战场为出发点，以提升本单位相关业务发展水平、加大人才培养使用、加强与其他单位的业务合作为目标。人才在流动期间的职责任务根据实际工作需要，由接收单位和派出单位共同协商，约定各方权利义务。流动人才与派出单位在岗人员同等享有参加职称评审、个人晋级、项目申报、岗位竞聘、培训、考核、奖励等方面权利。

第七条　院属有关单位应充分利用自身人才、学科、平台和基地等资源条件，为人才发挥作用创造良好环境。选派和接收流动人才的情况将纳入研究所评价和创新工程绩效考评中。

第三章 选派和接收

第八条 跨所流动人才的派出和接收期限可以根据工作需要，由派出单位和接收单位协商确定，签订（变更）聘用合同（协议），并报院人才工作领导小组办公室备案。

第九条 选派及接收程序。

（一）自主提出：根据工作需要和发展需求由个人向所在单位提出申请，经所在单位研究并征得接收单位同意后，派出单位、接收单位、流动人才、接收团队首席或部门负责人经充分协商后，签订四方工作协议，明确岗位职责、工作目标、服务期限、权益归属、收益分配、科研条件、生活待遇、经费保障以及保密等事项。

（二）院属单位提出：接收单位或派出单位根据实际工作需要，拟接收或派出有关人员到对方单位开展工作的，由发起单位与对方主动联系，经协商同意后，签订四方工作协议。

（三）院主管部门提出：院人才工作领导小组办公室依据协同创新工作需要、人才培养锻炼交流需求，提出人才跨所流动意见，经商相关单位和部门同意后，签订四方工作协议。

第四章 日常管理

第十条 人才在跨所流动工作期间，由接收单位负责日常管理。接收单位可设立流动岗位聘用流动人才，除各方约定的相关内容外，其他均按接收单位在职人员管理。

第十一条 跨所流动人才在接收单位的工作时间不应少于服务期限的1/2。

第十二条 对于违反事业单位人事管理有关规章制度，不能正常履行协议约定等的流动人才，接收单位可与派出单位协商终止交流工作，并报院人才工作领导小组备案。

第十三条 人才在流动工作期间所取得的各类科研产出（成果），其署名、知识产权归属由接收单位和派出单位事先进行约定，在研究所评价时可分别计入双方单位的业绩成果。

第十四条 在流动工作期间，派出单位、接收单位可在现有劳动工资政策规定范围内，依据《人力资源社会保障部关于支持和鼓励事业单位专业技术人员创新创业的指导意见》《中国农业科学院科研项目劳务费开支管理办法》等约定相应的报酬、奖励等。

第十五条 院层面将在项目经费和人才评价等方面鼓励和支持人才跨所流动。院所统筹基本科研业务费、科技创新工程专项经费等资金，为流动人才提供相关的科研项目及科研经费保障。人才在流动工作期间取得的业绩可以作为其职称评审、岗位竞聘、考核等的重要依据。

第十六条 跨所流动人才如为中共党员的，在流动工作期间应按照有关规定，转移党的组织关系。

第十七条　人才在流动工作聘期满前，需进行聘期满考核，考核工作由接收单位和派出单位共同组织，确定考核结果，并上报院人才工作领导小组办公室备案。

第十八条　人才如自愿流动到接收单位工作的，接收单位经商派出单位同意，可办理相关调配手续。

第五章　附　则

第十九条　本办法由院人事局负责解释。

第二十条　本办法自发布之日起施行。

中国农业科学院领导人员社会团体兼职管理暂行办法

第一章　总　则

第一条　为积极适应科研院所领导人员兼职管理工作的新形势新要求，进一步明确我院领导人员社会团体兼职审批工作流程，强化业务审核把关，规范领导人员兼职行为，根据中央及农业部等有关规定，结合工作实际，制定本办法。

第二条　本办法所称社会团体，是指根据《社会团体登记管理条例》有关规定，经国务院民政部门和县级以上地方各级人民政府民政部门登记备案，具备法人资格的非营利性社会组织。

第三条　本办法所指领导人员，包括院属各单位、院机关各部门领导班子成员及其内设机构领导人员（副处级以上领导人员）。其中，院属各单位、院机关各部门领导班子成员中的“双肩挑”人员及其内设机构领导人员不担任领导职务后，其兼职可不再按照领导人员管理。

第四条　本办法所指社会团体兼任职务，包括领导职务和名誉职务、常务理事、理事以及分会会长、主任委员等。其中领导职务是指会长（理事长、主席）、副会长（副理事长、副主席），秘书长。

第二章　审批原则

第五条　我院领导人员兼任社会团体职务，坚持从实际出发，实事求是，分类管理。对从事行政管理工作的领导人员，其兼职管理应从严掌握；对从事科研管理工作或承担科研任务的领导人员，区别不同情况，可兼任与其工作或科研领域相关的职务。

第六条　人事局负责指导我院领导人员社会团体兼职审批管理工作。按照干部管理权限，我院各级领导人员社会团体兼职审批权限如下：

（一）农业部党组管理的干部。院属各单位、院机关各部门领导班子正职社会团体兼职经院党组研究同意后，报农业部人事劳动司审批。

（二）院党组管理的干部。院属各单位、院机关各部门领导班子副职社会团体兼职由院党组审批。

（三）院机关各部门、院属各单位处级干部。院属各单位处级干部（含所长助理）

社会团体兼职由本单位党委审批，院机关处级干部社会团体兼职由人事局审批。

第七条 院属各单位、院机关各部门领导班子成员经批准可兼任与本单位或本人科研领域相关的社会团体职务，兼职数量一般不超过 3 个。院属各单位、院机关各部门内设机构领导人员社会团体兼职，根据工作需要和实际情况，兼职数量应适当控制。

第八条 当领导人员职务发生变动，其兼职管理应当按照新任职务的相应规定掌握；职务变动后按规定不得兼任的有关职务，本人应当在 3 个月内辞去，并及时履行相关手续。

第九条 兼任社会团体法定代表人的领导人员，不得同时兼任其他社会团体的法定代表人。

第三章 审批程序

第十条 我院领导人员兼任社会团体职务，按照干部管理权限，应履行以下审批程序。

（一）部党组管理的干部

（1）部管社团。部党组管理的干部兼任部管社团职务，须由社会团体出具邀请函，填写《社会团体负责人备案表》，经社会团体挂靠单位及干部所在单位审核后报人事局，人事局按程序形成院内签报后呈院党组书记审签，最终由社会团体归口司局形成部内签报后呈分管部领导审批。

（2）部外社团。部党组管理的干部兼任部外社团职务，须由社会团体出具邀请函，填写《社会团体负责人备案表》，经社会团体挂靠单位及干部所在单位审核后报院人事局，人事局按程序形成部内签报分别会签农业部科技教育司、人事劳动司后呈分管部领导审批。

（二）院党组管理的干部

院党组管理的干部兼任社会团体职务，须由社会团体出具邀请函，填写《社会团体负责人备案表》，经社会团体挂靠单位及干部所在单位审核，由干部所在单位形成请示并报院人事局，人事局按程序形成院内签报后呈院党组书记审批。

（三）院属各单位处级干部（含所长助理）兼任社会团体职务，须由社会团体出具邀请函，填写《社会团体负责人备案表》，经社会团体挂靠单位出具书面意见后报干部所在单位党委审批。

（四）院机关各部门处级干部兼任社会团体职务，须由社会团体出具邀请函，填写《社会团体负责人备案表》，经社会团体挂靠单位及干部所在部门审核并出具书面意见后报人事局审批。

第十一条 各单位在审核中应重点对领导人员拟兼职社会团体的性质，兼职届次，拟兼职领导人员年龄，是否兼任其他社会组织职务及兼职数量，是否兼任法定代表人等方面进行审核把关。对在审批前已被选举或任命兼职的，一律不受理或办理兼职审批手续。

第十二条 各单位兼职请示应在社会团体召开有关会议进行选举或决定任命前30日报人事局，需说明以下情况：

（一）社会团体的基本情况，包括登记事项、宗旨、业务范围和成立时间等内容。

（二）领导人员现任或原任职务，兼职理由，是否兼任法定代表人；本人是否在其他社会团体中兼职；社会团体召开有关会议进行选举或决定任命的时间。

（三）如领导人员已兼任社会团体职务，任期届满拟连任的，需说明干部本人已兼职的时间和任期。

（四）领导人员在社会团体兼职的必要性，并明确不得在社会团体兼职取酬。

（五）附社会团体出具的邀请函（如兼职非农业部业务主管社会团体职务，还须提供社会团体法人登记证书副本复印件及社会团体章程）、《社会团体负责人备案表》、社会团体挂靠单位书面意见。

第四章 监督管理

第十三条 经批准兼任社会团体职务的领导人员，兼职期间要积极发挥个人业务专长和经验优势，不断扩大我院社会影响力，促进社会团体健康有序发展。不得利用个人影响要求社会团体提供办公用房、车辆、资金等，不得为社会团体谋取不正当利益；不得以社会团体名义违规从事营利性活动；不得强行要求入会或违规收费、摊派、强制服务、干预会员单位生产经营活动等。

第十四条 经批准兼任社会团体职务的领导人员，兼职期间不得领取社会团体的薪酬、奖金、津贴等报酬和获取其他额外利益，也不得领取各种名目的补贴等，确属需要的工作经费，要从严控制，不得超过有关规定标准和实际支出。

第十五条 经批准兼任社会团体职务的领导人员，任期届满继续兼职应重新履行审批手续，兼职不得超过2届。

第十六条 人事局及各单位组织人事部门要与社会团体挂靠单位加强沟通协调，严格按规定把关，履行好各自职责。组织人事部门要认真履行审批职能，严格按相关规定履行审批手续，把好兼职干部的审批关；社会团体挂靠单位要充分发挥指导作用，定期听取社团汇报并提出指导意见，发现问题及时报告；干部所在单位要加强对干部兼职工作的管理监督，摸清干部兼职底数，及时纠正本单位干部违规兼职行为。

第十七条 对违规兼职的领导人员，组织人事部门应责令其辞去社会团体职务，对限期不做整改的，通报纪检监察部门按有关规定作出处理。

第十八条 对社会团体违规聘用领导人员或未按规定履行相关审批手续的，由兼职领导人员所在单位责令其限期整改；对造成严重社会影响的，依法追究社会团体及其负责人责任。

第十九条 对组织人事部门违规审批或把关不严的，兼职领导人员所在单位监管不力的，要限期改正，造成严重社会影响的，追究相关单位负责人和具体负责人的责任。

第五章　附　则

第二十条　退（离）休领导人员社团兼职事宜，按照《农业部办公厅关于规范退（离）休领导干部在社会团体兼职问题的通知》（农办人〔2014〕99 号）有关要求执行。

第二十一条　领导人员在基金会等其他社会组织兼职事宜，按照国家有关法规和文件，参照本办法执行。

第二十二条　本办法由院人事局负责解释。

第二十三条　本办法自发布之日起施行。

中国农业科学院科研项目劳务费开支管理办法（试行）

第一章 总 则

第一条 制定依据：为进一步规范科研项目劳务费开支管理，根据《中共中央办公厅、国务院办公厅印发〈关于进一步完善中央财政科研项目资金管理等政策的若干意见〉》（中办发〔2016〕50号）等有关文件精神，结合我院实际，制定本办法。

第二条 适用范围：本办法适用于中国农业科学院院机关和院属各单位，以下简称各单位。

第三条 科研项目范围：本办法科研项目是指开展科学技术研究活动的项目，包括中央财政科技计划（专项、基金等）、科技创新工程经费、基本科研业务费等，不包括横向经费项目。

劳务费发放范围：劳务费是指在项目研究过程中支付给在本单位没有工资性收入的研究生、博士后、项目聘用的研究人员和科研辅助人员，以及访问学者、临时聘用人员等的劳务性费用。

第四条 总体要求：各单位应建立健全与聘用人员专业技能、业绩贡献等相关的科研项目劳务费管理制度，规范劳务费发放标准、审批程序和发放方式，确保劳务费开支真实、合理。

第五条 禁止性要求：劳务费不得发放给本单位在编在职职工、没有提供实质性劳务活动的人员、对本单位相关业务负有管理权责的人员，以及因履行本人岗位职责而提供劳务活动的其他工作人员。

第二章 劳务费发放标准

第六条 劳务费标准总体要求：各单位应根据科研项目聘用人员类别、岗位任务、业务能力，制定统一的劳务费基础标准，并可根据工作业绩等实际情况适当浮动发放。

第七条 研究生助研津贴：各单位支付给参与科研项目研究的研究生（含联合培养研究生）的助研津贴发放标准，按照研究生管理相关规定执行。

第八条 博士后、项目聘用的研究人员和科辅人员劳务费：各单位支付给参与科研项目研究的博士后、聘用研究人员和科研辅助人员的劳务费用，应参照当地科学研究和技术服务业从业人员平均工资水平，根据其在项目研究中承担的岗位、任务，以及业绩贡献等合理确定，并可支付按规定需缴纳的社会保险补助等。项目聘用高层次研究人员、高技能支撑人员的劳务费，可以协议形式确定劳务报酬。

第九条　访问学者劳务费：各单位支付给参与科研项目研究的访问学者的劳务费用，应根据其在项目研究中承担的工作任务协议确定。社会保险补助等由原单位承担的，不再予以支付。

第十条　临时集中人员劳务费：各单位在以相对封闭或相对集中的组织管理形式开展的项目所需的业务活动中，可以向临时返聘的离退休人员、本单位以外的人员等发放劳务费，发放标准按照《中国农业科学院专家咨询费等报酬费用管理办法（试行）》执行。

第十一条　临时用工人员劳务费：各单位支付给参与科研项目的临时用工人员的劳务费用，应结合用工地劳务市场价格，以及相关人员参与劳务活动的全时工作时间等因素合理确定。

第十二条　“承包”劳务费：为开展科研项目研究活动，需由单位或个人以“承包”形式提供科研试验劳务的，应签订劳务服务合同，按照劳务种类、用工地劳务市场价格、劳务时间或工作量等约定劳务报酬。

第十三条　其他要求：各单位制定的劳务费发放标准为税前标准（有规定的除外）。

第三章　劳务费发放审批和结算

第十四条　个人劳务费发放凭单：各单位在支付个人劳务费时，随同工资发放的，须编制发放明细表；单独发放的，须编制劳务费发放明细表，如实填写领取人姓名、身份证信息、所在单位名称（如有）、职务职称（如有）、经费来源、劳务内容、劳务价格、劳务时长或工作量、劳务日期、发放金额、银行卡信息、联系电话等必要信息，由领取人本人签字确认。各单位在科研项目中列支的劳务费应遵守预算管理相关规定。

第十五条　单位、“承包人”劳务费发放凭单：各单位委托外单位提供劳务的，应提供对方开具的发票、劳务协议等单据；采用“发包”形式委托个人提供劳务服务的，应提供税务代开发票、劳务协议、承包人身份证复印件等单据。

第十六条　劳务费发放审批：各单位支付劳务费，须经项目负责人、相关职能部门审核后履行审批程序。

第十七条　劳务费财务结算：各单位支付给外单位（包括劳务派遣公司）的劳务费，应当通过银行转账或公务卡结算；支付给个人的劳务费，应当由单位财务部门通过银行汇款发放至本人银行卡，原则上不得发放现金。

第十八条　劳务费发放扣税义务：各单位财务部门在发放劳务费时，应履行个人所得税代扣代缴义务。

第四章 监督问责

第十九条 监管责任：各单位要强化劳务费监管，落实党政一把手的主体责任、纪检监察部门的监督责任、相关管理部门的审核责任、项目负责人的直接责任。

第二十条 问责：劳务费开支严禁弄虚作假、代领冒领，超标准、超范围发放，对违规发放或违规领取劳务费用的，应予责令退回，并视情节轻重对有关责任人给予批评教育、诫勉谈话、组织处理、纪律处分。

第二十一条 信息公开：各单位应将科研项目劳务费开支情况按照有关规定进行信息公开。

第五章 附 则

第二十二条 适用范围补充：国家、上级部门有具体规定的从其规定。未有明确规定的，按照本办法执行。科研项目资金管理另有规定的，按规定执行。

第二十三条 实施细则制定：各单位应依据本办法制定相关实施细则。

第二十四条 解释部门：本办法由院人事局负责解释。

第二十五条 施行时间：本办法自院常务会通过之日起施行。

唐华俊院长在中国农业科学院人才工作会议上的讲话

同志们：

今天，我们隆重召开中国农业科学院人才工作会议，主要任务是深入贯彻落实习近平总书记建院60周年贺信重要指示、李克强总理重要批示精神，贯彻落实中央关于深化人才发展体制机制改革意见精神，全面总结“十二五”以来我院人才队伍建设情况，深入分析当前我院人才工作面临的新形势、新问题、新挑战，明确今后一段时期内人才工作重点任务，为持续提升中国农科院科技创新能力，加快一流学科和一流院所建设步伐，提供坚强的人才保障。下面，我讲几点意见。

一、深入学习习近平总书记贺信精神，深刻认识新形势下做好人才工作的重大意义

2017年是中国农业科学院建院60周年，院庆之际，习近平总书记专门发来贺电，向科技人员送上问候，充分肯定了我院工作成绩，也提出了新的更高要求。全院上下深受鼓舞、倍感振奋，也感受到肩上沉甸甸的责任与担当。在新的历史起点上，如何落实好总书记提出的“三个面向”“两个一流”“率先跨越”“整体跃升”的重要指示精神，最紧迫最艰巨的任务就是如何抓好人才这个关键因素。科技创新3个最重要因素是人才、项目、平台，其中人才是最核心的。全院上下必须深刻认识人才工作的极端重要性，切实增强做好人才工作的责任感使命感，培养造就一支能与世界一流科研院所地位相适应的高水平科技人才队伍，为实现两个一百年奋斗目标和中华民族伟大复兴的中国梦贡献力量。

从国际背景看，近代以来，世界各国现代化进程充分演绎了从科技强到经济强、国家强的基本路径。世界经济中心几度转移，其中一条清晰脉络就是科技一直是支撑经济中心地位的强大力量。领先科技出现在哪里，尖端人才流向哪里，发展的制高点和经济的竞争力就转向哪里。当前，新一轮科技革命和产业革命正蓄势待发，全球创新活动进入新的密集期，各国纷纷提出新的创新战略，强化科技创新布局，完善科技创新体系，抢占科技和产业制高点，科技发展呈现多点突破、交叉汇聚的趋势，以科技创新为核心的综合国力竞争日趋激烈。科技创新的核心要素是人才，综合国力的竞争说到底就是人才的竞争。许多国家纷纷通过立法修宪、调整政策、放宽国籍和移民门槛、提供巨额经费支持等，加大吸引留置优秀人才力度。美国把人才列为比美元、军事更加重要的国家

核心战略，推出《竞争力法案》，发布国家创新战略，通过实施移民新政等举措，抢占人才竞争的制高点；欧盟公布“2020年的欧洲战略”，把未来经济发展重点放在以知识和创新为主的智能经济上；日本修订《科学技术基本计划》，大力培育人才竞争优势；韩国2012年启动“智力回归500人计划”，计划在5年内吸引500名全球顶尖科学家到韩国工作。面对国际人才竞争的严峻形势，我们必须主动在世界范围参与人才竞争，形成更具竞争力的人才制度优势，统筹开发利用国际国内人才资源，加快向人才强国转变，这是增强我国综合国力、提升核心竞争力的必然选择。

从国内发展看，新中国成立之初，也正是像钱三强、钱学森、邓稼先等一大批海外顶尖人才的归来，才有了“两弹一星”等重大成就。改革开放以来，我国保持了30多年的持续快速发展，创造了举世瞩目的中国奇迹。经过几代科技工作者的共同努力，我国科技创新整体水平、创新能力已经迈上了一个大台阶，科技产出对世界科技进步的贡献位居前列，在经济社会发展中的重要作用也日益显现。总体上看，我国科技创新正处于从量的积累向质的飞跃、点的突破向系统能力提升的重要时期，正处于跨越发展的关键阶段。在新的历史起点上，党中央实施建设世界科技强国的重大战略决策，加快从要素驱动、投资驱动向创新驱动转变。目前，我国已经成为具有重要影响力的农业科技大国，但原始创新能力和关键领域核心技术仍是一块短板，农业现代化建设的任务仍十分艰巨，农产品供求结构失衡、要素配置不合理、资源环境压力大、农民收入持续增长乏力等问题突出，增加产量与提升品质、成本攀升与价格低迷、库存高企与销售不畅、小生产与大市场、国内外价格倒挂等矛盾亟待破解。习近平总书记指出：农业出路在现代化，农业现代化关键在科技进步，我们必须比以往任何时候都更加重视和依靠农业科技进步，要给农业插上科技的翅膀。农业科技创新离不开高素质的农业科技人才队伍。这就要求我们比以往任何时候都更加重视和依靠人才，以更大的魄力和勇气去破除束缚人才发展的体制机制障碍，超前谋划农业科技前沿人才布局，改进战略科学家、科技领军人才培养支持方式，加快形成有利于人才创新创造的制度环境、政策环境，增强人才引领创新发展的内生动力，为深入实施农业供给侧机构性改革、推动现代农业发展提供有力支撑。

从我院自身发展需求看，作为农业科研国家队，在新的历史阶段，中国农业科学院要充分体现国家队性质、国家队使命，必须坚持面向世界农业科技前沿、面向国家重大需求、面向现代农业建设主战场；必须加强基础理论、重大前沿技术、颠覆性技术的研究，抢占世界农业科技革命制高点；必须优化技术结构，树立“大农业”观，着眼全产业链，找准农业科技创新着力点；必须强化需求导向、强化协同创新、强化政策激励，把握农业科技创新关键点。只有紧扣发展、抢抓先机、超前部署，早日打造成农业科研领域的世界一流学科和一流科研院所，才能真正实现习近平总书记要求的率先跨越，才能带动我国农业科技整体实力率先进入世界先进行列。随着国际科技竞争的日益激烈，随着国内其他科教单元的快速发展，我院面临的人才竞争压力将持续加大。一方面，发达国家对高层次创新人才全球争夺呈现出阶段前移和本土化的趋势，人才竞争不但要挖“树”，而且还要挖“苗”，海外引智引才的压力日渐增大。另一方面，高校系统近两年实施的“双一流”战略，在全国范围内掀起了“高薪挖人”的风潮，这种现象已经在一定程度上影响了我院人才队伍的稳定与发展。面对新的形势、外部挑战和自身发展需求，我们要进一步增强责任感和使命感，把“人才优先”和“人才强院”的发展方针必须高高举起，把人才队伍建设作为第一位的重要抓手，放在我院发展战略的关键又关键位置，紧紧围绕“三农”发展重大需求，“顶天立地”搞好科研、矢志不渝服务“三农”，努力开创农业科技工作新局面，为我院实现“率先跨越”发展目标提供强有力的人才支撑。

二、正确认识我院人才工作的现状与差距，切实增强深化人才发展体制机制改革的紧迫性

“功以才成，业由才广”。科技创新活动离不开人才的推动和实践，中国农业科学院的发展离不开广大科研人员的智慧和汗水。建院 60 年来，广大科研人员坚持面向国家重大需求，瞄准农业科技前沿，潜心研究，勇攀高峰，持续攻坚克难，取得了一系列举世瞩目的重大原创性科研成果，培养了一大批优秀农业科技人才，为解决“三农”发展重大问题、保障国家粮食安全、促进农业现代化提供了重要科技支撑。

“十二五”以来，我院全面实施科技创新工程，牵头组建国家农业科技创新联盟，在加强人才队伍建设方面着眼当前、谋划长远，采取了一系列重大举措。启动实施了“青年英才计划”和“科研英才培育工程”，制定了“十二五”“十三五”科技人才队伍发展规划，出台了加强优秀青年科技人才培养的意见，引育并举、双轮驱动的人才工作格局初步形成，人才队伍结构得到优化，科技创新团队得到加强，院所核心竞争力得到提升，全院科技创新能力和对现代农业发展的支撑引领明显增强。“十二五”期间我院共获得国家科技奖 31 项，实现了三大奖全覆盖，占农业领域的 22%，一等奖占 1/3；发表学术论文 24 000余篇，其中 SCI 论文 8 000余篇，是“十一五”的 3 倍多；授权专利 3 700余项，是“十一五”的 5. 4 倍；审定农作物品种 470 余个，比“十一五”增加了 31%。尤其是近年来，在国家科技经费增速下降和科技项目管理改革大背景下，我院广大科研人员抢抓机遇、迎难而上，在科研立项、成果产出等方面仍都取得了长足的发展。重点研发计划去年 32 个项目获得立项，在农口专项中立项数占 25%，经费占 31%；2017 年 30 个项目获得立项，继续保持占位优势；获得国家科技奖励在农口有望连续保持 7 项的高比例；国家自然基金、国际合作项目等也都处于历史最好水平。

在肯定成绩的同时，我们还要清醒看到，与中央的要求和“三农”发展重大需求相比，与农业科研国家队地位和科技创新工程任务目标相比，我院人才工作还存在较大差距。从 2016 年下半年开始，院里组织专门力量对中国科学院、中国农业大学、浙江大学等 8 家院外单位和 23 家院属研究所进行专题调研；通过文献查询、出国培训等渠道，了解美国农业研究局、法国农业科学院、俄罗斯科学院、印度农业科学院、巴西农

业科学院等科研机构人才队伍建设情况，通过对比分析，查找差距与不足。

一是对“人才优先发展”的重视程度不够。有的院属单位人才工作观念陈旧，被固有的惯性思维束缚了手脚，对加强人才队伍建设的重要性、紧迫性认识不到位，人才引育手段和扶持措施力度不强；有的单位积极主动作为不够，存在“等、靠、要”的思想，甚至对已经明确的人才支持政策，不能及时落实到位，降低了我院人才政策的影响力和公信度。据统计，“青年英才计划”实施4年来，还有12个研究所没有引进人才；已备案的青年英才中，有22%未到岗，8%到岗后离职。还有部分科学家过于看重自身的学术权威，不注重后续青年人才的培养，担心“教会徒弟饿死师傅”，甚至出现“大树底下不长草”、很好的科研基础却无人接班的局面。

二是高层次领军型人才匮乏，无法满足未来农业科研发展需要。具有国际影响力的科学大家、两院院士、国家杰青、千人计划等人才总量偏少，具有国家级头衔、国家级奖项的高层次人才204人，仅占科技人员总量的3.5%；40岁以下具有正高级职称的仅百余人，占40岁以下科研人员总数的3.3%，占正高级职称人员总数的8.6%。每百人中国家级青年人才比例仅是华中农业大学和南京农业大学的1/2，也低于西北农林科技大学水平，与承担国家队的职责使命不相符。近年来，由于受薪酬、待遇、住房等方面的影响，我院在引进高层次领军人才方面显得缺乏竞争优势，人才流失风险不断增大，我院已有2名青年千人、1名千人计划入选者离职。

三是人才队伍结构不合理，持续发展后劲不强。两院院士平均年龄73岁，正高级职称人员平均年龄50岁，创新团队首席平均年龄52岁，到“十四五”末，我院近2/3的团队首席将到达退休年龄；40岁以下担任首席的不足7%。受进京落户指标大幅减少的影响，青年科技人员队伍发展迟缓，35岁以下科研人员仅为35%，比中国科学院低了14个百分点。人才在学科中的布局不平衡。据统计，全院近八成的领军人才和优秀青年人才集中在作物、畜牧、兽医、资源环境4个学科集群；调查显示，近七成的领军人才和近九成的优秀青年人才将研究定位在基础研究和应用基础研究，人才资源分布与我院“顶天立地”的发展战略要求不匹配。

四是人才管理体制机制不活，科研人员创新活力不足。缺少人才发展的顶层设计，高层次领军型科技人才缺少专门支持政策，转化、支撑人才没有引育措施，四支队伍发展不均衡；人才评价体系不健全，多元化的分类评价模式仍在探索之中，人才评价方式比较单一，调查显示，科研人员对人才评价机制的满意度仅为43%；人才激励措施力度不够，薪酬水平相比中科院和相同地区同类高校、科研机构缺乏竞争优势，近七成的所领导和近八成的创新团队首席认为需要提高工资待遇水平；科研条件保障不充分，尤其是研究生招生指标难以满足需要，73%的青年英才认为急需配备研究生，排在最需要支持的各项政策之首。

上述这些问题的产生既有客观条件的制约，也有主观因素的影响，但主要是主观因素。简而言之，还是反映出我院人才发展方面存在体制不顺、机制不活、布局不优、效率不高等诸多问题，已经难以适应新时期人才工作新规律、新特点和新要求，这些都需要我们在今后的工作中下大力气加以解决。

十八大以来，习近平总书记在不同场合、不同会议上多次强调人才的重要性，指出要着力破除体制机制障碍，聚天下英才而用之，要让创新人才有获得感，使他们“名利双收”，要激发人才创新创造活力，做到人尽其才、才尽其用等；2016 年 2 月中央印发了《关于深化人才发展体制机制改革的意见》，深入贯彻了习总书记关于人才工作的新理念、新思想、新战略，对新形势下人才发展体制机制改革进行了顶层设计，这些都为我院进一步加强人才队伍建设指明了前进方向，提供了根本遵循。我们要把思想和行动统一到中央的要求和决策部署上来，牢固树立科学的人才观和人才优先发展的理念，自觉认识到重视人才就是重视农业科技事业的未来，培养人才就是打造我院跨越发展的未来，切实增强紧迫感和危机感，开拓创新、扎实工作，不断破除束缚我院人才发展制度藩篱和体制障碍，最大限度激发人才创新创造活力。

三、明确任务、突出重点，深入推进落实《青年人才工程规划》

在韩长赋部长亲自倡导、亲自指导下，在农业部有关司局的大力支持下，院党组组织编制了《青年人才工程规划》，并在建院 60 周年之际由韩部长亲自宣布启动实施，这是我院在新的历史阶段提出的一项面向未来、实现跨越、增强核心竞争力的重大工程。“青年人才工程”围绕国家深入推进农业供给侧结构性改革中的重大科学问题，面向我院跨越“2030”农业科技发展战略需求，确定了“优化结构、高端引领、完善机制、强化支持、营造环境”的人才发展思路。通过实施“青年人才工程”，我院将构建全方位人才建设体系，建成整体规模适度、结构功能明晰、学科布局合理、年龄梯次配备、以服务“三农”为己任的创新、转化和支撑青年人才队伍。计划到 2030 年，我院 45 岁以下的青年人才总规模力争达到 4 750人左右，持续稳定在科技人才总量的 2/3，其中优秀青年人才总量达到 570 人左右，使我院青年人才成为与农业科研国家队地位相匹配、能担负起我院“顶天立地、跨越发展”重任、在科研服务“三农”中发挥领头羊作用的青年主力军，成为推动我院科学（技术）中心和卓越创新团队建设的核心支撑力量，成为进入创新型国家前列的农业科研生力军。

为确保“青年人才工程”的顺利实施，院里围绕加强人才引进、人才培养、博士后、国际化人才、教育培训、人才评价、人才激励、管理体制、人才安居、服务保障等 12 个方面提出了 30 项改革措施，着力构建尊重知识、尊重人才、激发活力的良好创新氛围，促进形成人才健康持续发展，实现院所共建共管的人才工作格局。当前和今后一个时期，我院深化人才发展体制机制改革的重点任务主要有以下几个方面。

（一）改进人才培养支持机制

一是实施农科英才特殊支持政策。按照院所两级共同投入的原则，给予青年英才、领军人才和顶端人才每年 10 万～50 万元不等的特殊补助，让做出贡献的人才有成就感、获得感，使我院人才的收入水平与所在地区同类科研机构和高校具有一定竞争优势。遵循各类人才的工作特点和发展需求，提供每年 60 万～200 万元不等的科研工作经费支持，完善长期稳定支持机制，让人才集中精力、潜心科研。二是突出人才培养的精准性和协调性。院里对院级科研英才、转化英才和支撑英才采取“一人一策”的培养方式，提供每年 10 万元的特殊补助。研究所也要制定科研、转化、支撑等各类人才培育方案，并给予重点支持。要通过重大项目、重大平台、重大任务的实施给青年人才搭台子、压担子，形成不同类型人才之间的相互支撑、相辅相成，促进各类人才队伍协调发展。三是构建“人才战略储备库”。院里每年设置 500 万元专项经费用于博士后学术交流、优秀奖励等工作；对于招收高质量博士应届毕业生，院里将择优资助每人 10 万元日常经费；鼓励和支持京外研究所积极申报独立招收博士后人员资格，并实行博士后合作导师津贴制度。院属各研究所要加大工作力度，加强宣传，拓宽渠道，努力扩大博士后招生规模，不断提升博士后培养质量，共同努力把我院博士后流动站打造成培养高层次人才的蓄水池。

（二）构建具有竞争力的引才机制

一是加大力度引进领军型人才。要充分发挥我院作为国家级“海外高层次人才创新创业基地”和“创新人才培养示范基地”的人才发展平台作用，坚持“高端引领”，不唯地域、不拘一格面向海内外重点引进高层次领军人才。研究所作为用人单位要围绕建设一流学科的目标、围绕自身重点领域、重点研究方向，主动物色、积极引进领军型人才，并在科研保障、团队组建、经费支持方面采取“一人一策”，给予重点支持。二是完善“青年英才计划”。研究所根据学科发展和创新团队建设需要，制定岗位需求计划，明确业绩标准，自主招聘、自主支持、自主培养候选人。院里将优化青年英才备案评审环节，采取“一人一评”的方式，以小同行专家函询评审代替大同行专家集中会评，进一步提高引进人才备案审核的精准性、科学性；同时进一步突出“宁缺毋滥”“优中选优”的原则，引入竞争机制，按照一定的比例进行择优支持。三是积极实施精准引进和柔性引进。院里将组织对各单位创新团队和学科发展情况进行诊断分析，帮助研究所制定引才目录。探索设立海外人才工作站，鼓励研究所利用常规出访和专题出访等多种途径进行定向引才、精准引进。今后，出国访团要将人才引进作为重要内容来安排。对于引才困难的研究所，鼓励面向海内外柔性引进高层次人才开展兼职工作，并通过签订任务合同，执行协议工资，因人据时开展学科凝练、项目合作、团队建设、人才培养等，院里将给予同等特殊支持政策。

（三）创新人才评价考核机制

一是积极推行人才分类评价。各单位要结合自身特点，根据科研、管理、转化、支撑等人才类型差异，以及基础研究、应用研究、技术开发和人文社科等差异，分类制定人才评价标准，切实发挥好“指挥棒”的导向作用。二是完善人才考核评价方式。各单位应实行更加科学的人才考核方式，建立以小同行专家评审为基础的业内评价机制，采取考核认定、个人述职、面试答辩、实践操作、业绩展示等多种评价方式。三是改革职称评审和岗位聘用机制。院里尊重院属单位的用人主体地位，积极稳妥地下放正高级职称评审权。指导院属单位健全评审制度、制定评审标准，推行代表作制度，淡化论文数量要求，对外语条件不做统一规定。继续坚持高层次人才职称评审“绿色通道”，研究制定符合我院实际的直聘制度。各单位务必承接好下放权限，规范评审程序，确保公正公平公开，畅通各类人才晋升渠道，同时兼顾贡献和能力，不拘一格选拔人才。

（四）强化人才创新创造激励机制

一是逐步提高科研人员收入水平。建立“院级引导调控、所级自主分配”的收入分配管理工作机制。扩大院属单位收入分配自主权，院属单位可根据自身科研工作和人才队伍建设需要，结合绩效工资制度的实施自主确定适合不同层次和人才类型的分配制度，自主确定体现岗位职责、业绩贡献的分配激励机制和经费保障方式。各单位要利用好成果转化收入奖励不受绩效工资总量限制的政策，确保科技人才收入维持在较高水平。二是发挥财政科研项目资金的激励引导作用。各单位用好用足中央关于科研项目资金管理改革的政策，调动科研人员的积极性，多渠道争取科研项目，完善符合自身特点的间接经费管理方式，处理好合理分摊间接成本和对科研人员激励的关系。建立健全劳务费管理方式，探索和转变用人方式，加大对参与项目研究的研究生、博士后、访问学者，以及项目聘用的研究人员、科研辅助人员等的激励力度。

（五）健全人才优先发展的服务保障机制

一是设立人才发展专项资金。院里将积极筹措科技转让、成果转化收入、投资收益和房产出租收入，吸纳社会资本，如社会捐助等，设立人才发展专项资金，为我院实施人才政策提供充分的经费保障。鼓励有条件的研究所设立用于保障、扶持和激励人才发展的专项资金。二是加大项目经费、科研条件保障力度。完善院财政经费资源配置方式，建立根据实际需要和绩效管理决定经费支持额度的调控机制。赋予研究所和人才更大权限，在既定额度下科研经费和仪器设备购置经费可按需求灵活调配使用。院支持的农科英才直接兑现研究生导师资格，不再另行评审，保障研究生指标，保障一定数量的科研助手。研究所务必做好配套支持的落实工作。三是加大高层次人才生活保障力度。按照优先保障、租售相辅、实物配置与货币补贴相结合的原则，通过购买政策性保障住房、租住周转住房、申请安家费补助或租房补助等形式，利用好现有资源和社会资源，解决好高层次人才住房问题。积极协调解决引进人才子女入托入学，建立同城研究所之间人才配偶安置机制。

上述这些改革的重点任务院党组已经进行了充分研究讨论，并将其分解为20余项制度规定，已经责成有关部门抓紧时间制定或修订出台。此次会上将专门安排分组讨论，就《关于深化体制机制改革、促进人才发展的若干措施》以及《农科英才特殊支持管理暂行办法》和《进一步加强党组织联系服务专家的意见》等相关配套制度征求大家的意见，希望大家结合实际，从切实加强全院人才队伍建设的大局出发，从院所发展的实际需要出发，认真研究、充分讨论，提出意见建议。

四、解放思想、开拓进取，共同推进全院人才工作再上新台阶

2017年是全面建成小康社会进入决胜阶段，是我院实施“十三五”规划的重要一年，也是科技创新工程进入全面推进期的开局之年。全院上下要以此次人才工作会议为契机，从全局和战略高度，切实增强做好人才工作的责任感和紧迫感，树立强烈的创新意识、人才意识和大局意识，加大推进人才发展体制机制改革工作力度，努力开创人才辈出、人尽其才的生动局面。

一是要在思想认识上再提升，强化担当意识。研究所需要什么样的人才，需要的人才在哪里，如何才能吸引、稳定这样的人才，人才适不适用、怎样用好，研究所最有发言权。人才发展体制机制改革的一个核心任务就是要赋予用人单位自主权。院属各单位领导班子成员特别是主要负责同志要切实履行好人才工作第一责任人的职责，更加解放思想、更加突出重点、更加敢于担当，牢固树立人才资源是科技创新事业第一资源的人才观，切实把加强人才队伍建设摆在各项工作的重中之重，不等不靠、主动作为。要充分发挥研究所作为用人主体在人才培养、引进、使用中的主导作用，坚持按照各类人才自身的成长规律，根据自身实际制订切实可行的促进人才发展措施。此次会后，各单位应根据会议精神，抓紧研究制定本单位未来五年的人才发展计划，明确发展思路、发展目标和具体举措，同时纳入领导班子任期目标和年度工作目标，院里将在研究所评价和班子任期考核时加以重点考察。

二是要在工作机制上再完善，强化大局意识。院里即将出台的一系列制度规定，是从政策引导、宏观协调和管理监督的层面为促进人才发展所进行的顶层设计。院属各单位应当从建设世界一流学科和一流科研院所大局出发，结合本单位人才队伍实际情况，在人才引进培养、评价激励、进出流动等方面不断完善工作措施、创新工作方法。要注意处理好以下3方面的关系。首先，处理好不同层次人才的关系。要把握并尊重人才的成长规律，根据不同发展阶段人才的特点和需求，分类予以支持，不能顾此失彼。对于

青年人才要给予普惠性的支持，加强培育，鼓励他们在创新实践中磨炼成长；对于中青年骨干人才要给他们提供舞台，支持他们承担重大科技任务、组织重大科技创新活动，在提升自身的综合能力和学术影响力的同时促进成果产出；对于资深科学家要通过特殊支持政策等，给予长期稳定的支持，重点发挥他们指方向、带队伍的作用，赋予他们战略谋划、指导团队和培养人才的责任。其次，处理好从事基础、应用基础和应用研究等各类人才的关系。坚持“顶天立地”的科技创新方向，是我院作为农业科研国家队的职责和使命，也是落实好习近平总书记“三个面向”重要指示的关键所在。科技创新链需要合理的人才链支撑，各单位要在不同的学科领域和研究方向结合自身特点和传统优势深入分析、合理布局，既要有紧跟国际科学前沿的基础理论研究人才，也要有聚焦农业产业发展重大技术的应用型人才，使各类创新人才队伍结构合理、比例协调。处理好基础、应用基础与应用人才之间的关系，是各单位人才队伍建设的一项重要任务。最后，处理好引进人才与现有人才的关系。这是一个老问题，10 多年前，我院启动“杰出人才工程”时，就有“引来女婿、气走儿子”的说法。我们必须坚持引进海内外人才和自主培养人才并重，在引进急需人才的同时，始终把培养自有人才作为建设“人才强院”的主体，加大人才自主培养力度，防止片面强调面向不同人才来源而实行区别性的人才激励政策，要以科学评价人才为基础，逐步实现引进人才与现有人才的制度并轨。

三是要在政策落实上再推动，强化协同意识。深化人才发展体制机制改革是一项复杂的系统性改革工程，必须强化协同意识，上下联动，左右配合，内外协助，形成合力。院所要加强配合，对制度依据已经明确的改革措施，要抓紧启动，争取早落地、早见效。相关配套政策，会后抓紧完善，8 月要落地。院人才工作领导小组将进一步加强督办协调，建立督办台账，定期督促检查，层层传导压力。同时，积极帮助协调解决改革推进过程中的困难和问题，确保各项措施按计划按要求有力有序推进。院机关各有关部门要根据任务分工，明确时间进度、细化责任到人，抓紧制定出台促进人才发展的各项配套制度；同时要注意加强院层面各项政策的宣传解读，做好释疑解惑和思想引导工作。各研究所要结合自身实际，加快研究制定具体实施办法和操作细则，在各项改革任务的精准施策上出实招、在精准推进上下实功、在精准落地上见实效；要及时传达学习本次会议精神，把思想和行动统一到院党组的要求上来，着力营造深化人才发展体制机制改革的良好氛围。

四是要在资源配置上再优化，强化创新意识。促进人才优先发展就要加大投入，而加大投入的同时，更要建立科学的投入机制和合理高效的资源配置方式。人才发展专项资金的设立就是院里在优化整合自有资金、保障人才优先发展的一项重大制度创新，将为自有资金安全合规的用于改善人才生活工作条件，提高各项待遇，促进人才发展奠定制度基础和资金保障。院属各单位也要增强创新意识和开拓意识，用好用足国家政策，合理统筹各类资源，积极筹措相关经费，加强对各类人才在科研经费、条件设施、待遇保障等方面的支持。一方面，要进一步完善自有资金管理制度，健全依法规范、运转高效的经费管理机制，强化支出责任，提高支出效能；另一方面，完善创新工程经费配置方式，改变简单按人头分钱做法，根据学科建设、重点任务和人才发展实际需要，统筹配置，不断加大对各层次人才的支持力度。下一步，院里将人才投入纳入绩效考核评价项目，对人才专项资金使用情况进行跟踪管理和监督检查。

五是要在关心关爱上再细化，强化服务意识。全院各级领导干部要树立“以人为本”“以研为本”的理念，本着勤政务实的工作态度，进一步转变工作作风，坚决反对和防止“不思进取、不接地气、不抓落实、不敢担当”，真正关心关爱人才，用心解决人才的各种困难和问题，把服务意识贯穿于人才工作的每个环节，落实到人才工作的各个方面。要进一步丰富服务人才方式方法，建立院所领导直接联系人才制度。每位院所领导班子成员要明确联系对象，加强与人才联系沟通，督促有关支持措施落实到位。建立人才信息管理机制，实行台账管理，及时掌握人才情况，提高管理服务效率。加强宣传力度，利用各种平台媒介，多渠道、多角度、全方位宣传我院人才政策、人才贡献、人才事迹，扩大人才知名度和影响力，营造识才、爱才、敬才、用才的良好氛围。

“多士成大业，群贤济弘绩”。同志们，我院人才工作蓝图已经绘就，任务已经明确，全院上下要以更加开阔的视野、更加宽广的胸怀、更加开放的心态，扎实推进落实各项改革任务，为各类人才发挥作用、施展才华提供更加广阔的舞台。广大科技人员和干部职工要继承和发扬老一辈农科院人勇攀高峰、爱岗敬业、无私奉献的优良传统，坚持“顶天立地”发展战略，加快推进世界一流学科和一流院所建设，持续深化科技创新和人才发展体制机制改革，推动我国农业科技实现整体跃升，支撑引领现代农业发展，为实现“两个一百年”奋斗目标、实现中华民族伟大复兴的中国梦作出新的更大的贡献。

陈萌山书记在中国农业科学院人才工作会议上的总结讲话

同志们：

刚刚 5 位同志分别代表本组汇报了学习讨论情况。从大家的讨论中可以感受到，在全院上下深入贯彻落实习近平总书记贺信重要指示精神，系统谋划农业科技率先跨越、加快推进实施“两个一流”的关键阶段，我们召开全院的人才工作会议，恰逢其时，意义重大，影响深远。近 5 年来，院党组从战略部署和长远发展的角度，对全院工作重点抓好 3 件事情。第一件事就是明确中国农业科学院的定位，提出了“顶天立地”的发展战略，提出了建设世界一流现代院所的发展目标。第二件事就是向国家争取设立科技创新工程，实现对农业科研的稳定支持。通过创新工程实施，大力推进我院科研体制机制的改革与创新。第 3 件事就是抓人才工程。对我院而言，这 3 件事情都是立足当前、着眼长远的战略性布局，意义重大。

农业部党组成员、人事劳动司司长毕美家同志代表韩部长出席本次会议并作重要讲话，毕党组的讲话体现了农业部党组对我院人才工作的充分肯定、高度重视和大力支持。华俊院长的讲话，全面体现了中央关于做好人才工作的决策部署，深刻阐述了重视加强人才队伍建设的极端重要性、紧迫性，清晰地描绘了今后我院人才队伍建设的发展蓝图，是全院做好新时期人才工作的基本遵循。我们用了两个半天的时间，参观考察了深圳清华大学研究院和中国科学院深圳先进技术院。相信大家和我的感受一样，就是这两个科研机构在现代院所建设上都取得了显著成效。他们一流的科研水平、一流的科研团队、一流的科研条件，以及现代的治理理念、未来的发展思路，都让我们深受震撼、深受启迪。这次会议安排在深圳，就是要通过现场参观，把深圳作为一面镜子，让我们照照镜子，红红脸、出出汗，切身感受解放思想、开拓创新的重要性、紧迫性，真正看到我们的差距不足和努力方向。

同志们，这次会议是我院建院以来首次以人才工作为主题召开的会议，院党组高度重视，精心准备。近一年的时间，院里成立 9 个调研组到相关高校、科研机构以及院属研究所开展调查研究，形成了几十万字的报告；编制了《青年人才工程规划》，起草了《深化体制机制改革、促进人才发展的若干措施》（以下简称《若干措施》）；院党组多次会议研究讨论有关的配套制度。大家反映，这次会议的会期虽然短，但准备充分，主题明确、内容丰富、重点突出，开得很成功，达到了预期的目的。概括起来，主要有 3 点收获。

一是凝聚了共识。我们的第一个共识来自对习近平总书记贺信的贯彻落实。大家一致认为，习近平总书记给我院建院60周年发来的贺信，立意深远，要求明确，这是总书记“四个全面”战略布局、“五位一体”总体布局和新发展理念对中国农业科学院工作指导的具体化，是今后一个时期我院建设发展的总思路、总目标、总抓手。贯彻落实习近平总书记重要指示精神，做到“三个面向”，建设“两个一流”，实现“整体跨越”，成败关键在人才，第一位的工作就是抓人才队伍建设。没有一流的团队，没有一流的人才，没有一流的机制，就难有一流的院所、一流的学科。从这个角度讲，抓紧抓好人才工作，体现的是我们的看齐意识和核心意识，必须增强政治责任感和历史使命感，更加自觉地抓人才队伍建设。

第二个共识是：大家一致认为，判断研究院所发展的好坏，既要看当下科研创新成果、科技支撑产业发展的成就，更要看明天和未来的潜力和后劲，主要表现在人才队伍是否形成梯队，事业发展是否后继有人，组织体系是否充满活力。因此，从这个角度讲，抓好人才工作，体现的是我院各级党政领导班子的执政理念和政绩观念，必须增强战略思维和推进工作的紧迫感，更加主动地抓人才队伍建设。

第三个共识是：大家一致认为，不管是从会前调研情况看，还是从这次会上参观的两个单位看，我院的科研设备、科研条件都是一流的。与国际国内前沿、先进的科研单位相比，我们的差距主要还是在人才质量、人才结构、人才活力和用人机制方面。这些差距既有历史发展和自身条件等客观因素，但主要还是我们的思想理念不解放、政策制度不配套、具体措施上不去，工作推进不给力。不打破人才发展的思想束缚和制度藩篱，我们的人才工作就难有大的突破。我们必须增强危机意识、忧患意识，真正做到解放头脑、放开手脚，更加积极地抓人才队伍建设。

二是坚定了信心。我们的信心来自3个方面。首先，我们的信心来自中央强有力的政策指引。中央高度重视人才工作，确立了人才优先发展的战略布局，设立了“千人计划”“万人计划”等人才工程，支持人才发展的政策资源越来越丰富，为促进人才发展创造了有利条件。其次，我们的信心来自农业部和中央各有关部门、地方政府的大力支持。农业部党组高度重视我院人才队伍建设，韩部长亲自倡导、亲自指导、亲自启动“青年人才工程”，充分体现了部党组对我院人才工作的关心和支持；财政部给予我院创新工程的稳定支持，为人才发展和队伍建设提供了支撑保障；中组部、科技部、人社部等上级部门对我院人才工作也从多方面给予了大力支持；各地方政府出台了众多吸引人才的政策，为我院各研究所加大人才队伍建设提供了有利条件。最后，我们的信心还来自这几年人才工作的成功实践。“青年英才计划”实施4年来，全院共引进183名海内外青年才俊，在人才机制构建、制度建设方面积累了成功经验，取得了突出成效。“青年英才计划”已纳入全国重点海外高层次人才引进计划，成为国家级的人才工程。

三是明确了目标任务。大家一致认为，这次会议公布的“青年人才工程”和促进人才发展的30条措施，具有长远意义和战略意义，是我院建设发展的新起点。“青年人才工程”是我院在新的历史阶段提出的一项面向未来、实现跨越、增强核心竞争力的重大工程，提出了我院到2030年的人才发展思路、目标和任务；促进人才发展的30

条措施是我院确保“青年人才工程”顺利实施的配套举措。这两个文件明确了我院深化人才发展体制机制改革的重点和方向，有很强的指导性、针对性。为了确保这些措施尽快落地见效，院里已经建立了制度清单，随后会陆续出台一系列新政策、新举措。通过工程和措施的全面落实，将有力推动我院人才队伍建设的新发展，开创我院人才工作的新局面。

同志们，这次人才工作会议之所以能够取得丰硕的成果，在于院党组的高度重视，在于有关职能部门的积极工作，在于农业部有关司局的指导和支持，也离不开各个研究所的密切配合。这次会议的成功举办，是大家共同努力的结果。会议结束后，关键是抓好落实，这里，我就学习贯彻会议精神提 3 点要求。一是要迅速传达学习会议精神，把思想和行动统一到会议要求和院党组的部署上来。我们不能在会上感动、会后不动，不能在深圳感动、回到所里就不动，更不能只知道感动、不知道该怎么行动；不能受制于惯性思维，把固有的做法当作不行动的借口，不能又回到过去的老办法，又回到现有的体制束缚，又是毫无办法、寸步难行。会议安排在深圳，就是要帮助大家解放思想、解放头脑，如果不打破常规、不勇于创新、不敢于担当，我们的事业是没有出路的。各单位、各部门要迅速组织传达学习会议精神，通过召开党委会、中心组专题学习会等多种形式贯彻落实会议精神，通过认真学习进一步解放思想，提高认识。二是要抓紧研究制定具体措施和办法。院属各研究所要充分发挥用人单位主体作用，不等不靠，抓紧研究制定本单位的配套政策、实施办法和操作细则，确保出台的办法措施在院里部署的基础上，既落细落实，又要有新的创新，体现更大的力度。三是要抓好各项工作任务落实。会后，院机关各部门要认真梳理、研究大家的意见建议，对相关制度办法做进一步修改完善。人事局要按照《若干措施》和涉及的制度清单，完善各牵头部门的任务分工，抓紧印发出台。院办公室做好工作督办，建立台账，传导压力，确保各项工作有序推进。此外，还要组织好这次会议精神的宣传报道，大力宣传院属各单位人才工作的举措和成效，营造全院上下支持改革、参与改革的良好氛围。

同志们，2017 年已经过去一半，回顾这半年来，全院上下认真贯彻中央决策部署和农业部党组的要求，以建院 60 周年为重要契机，以实施科技创新工程为总抓手，以加强人才队伍建设作为突破口，切实增强科技创新能力、科研保障能力、成果转化能力和产业支撑服务能力，各项工作都按照预期目标向前推进。上半年工作有很多亮点，值得充分肯定。借此机会，我简单回顾一下上半年的工作，并强调一下下半年需要着力推进的几项的重点工作。

成功举办建院 60 周年系列庆祝活动。习近平总书记专门发来贺信，李克强总理作出批示，汪洋副总理到院考察，充分体现了中共中央、国务院对农业科技、对中国农业科学院发展的高度重视、亲切关怀和殷切期望。我们隆重召开了建院 60 周年成就展暨表彰大会，表彰了 30 项重大科技成就和 406 名先进模范人物，韩长赋部长宣布启动中国农业科学院青年人才工程。以多种形式展现我院建院 60 年来的丰硕成果，精彩纷呈的文艺演出，认真准备的院史报告会，精心制作的《大地丰碑》宣传片，全方位展示中国农业科学院的重大成果和宝贵精神，在社会上赢得很好的反响。60 周年系列活动丰富多彩、影响深远、立意久远，进一步扩大了中国农业科学院国家队的影响。

迅速组织开展学习贯彻习近平总书记重要指示精神。院党组把学习贯彻落实习近平总书记的重要指示作为一项重要政治任务迅速部署，抓紧落实。院党组以上率下带头学。收到贺信当天，院党组第一时间召开中心组（扩大）学习会，全面深入系统学习中央领导指示精神；专门召开座谈会，与广泛听取科研骨干、青年英才、十八大代表、党外人士、离退休职工共同学习交流。各单位、各部门以中心组学习会、党员大会、职工座谈会、主题党日等形式，多渠道、全覆盖传达学习中央领导批示精神，迅速在全院掀起学习的高潮。

坚持不懈地抓好科技创新工程。全面总结创新工程 3 年试点期的经验，明确提出全面推进期发展思路和目标，系统部署全面推进期重点任务。华俊院长亲自与 34 个单位签订绩效任务书，与 19 个协同创新任务总指挥、技术总师签订协同创新任务书，进一步强化了绩效目标管理，为创新工程全面推进期奠定了良好的基础。

扎实推进国家农业创新联盟建设。确定水稻绿色增产增效等 20 项重点任务进一步明确了工作重点；持续扩大联盟集聚效应，签署部属“四院”战略合作协议；指导成立一批专业性区域性联盟；提出 456 个国家农业科学观测实验站布局，进一步拓展联盟统筹资源、搭建平台的协同作用。

科技事业延续良好势头。重大项目立项继续保持显著占位优势，主持重点研发计划 8 个专项的 30 个项目，总经费 8.9 亿元，在农口专项中立项数占 22%，经费占 24%。国家自然基金项目申报 1 286项，创历史新高，重点重大类项目申报增长 16%，杰青、优青项目取得重大突破。在成果产出方面，7 项科技成果通过国家初评。强化重大科技成果培育，开展院级科技成果奖评审，确定拟授奖成果 15 项，为明年国家奖申报奠定基础。在学科建设方面，制定学科体系优化调整方案，智库建设取得新成效，签订 22 项农业智库建设项目，编制《战略研究与政策咨询》等高水平研究报告。

服务“三农”的工作进一步强化。绿色增产增效技术研究与示范深入推进。小麦绿色增产增效和油菜全产业链攻关项目取得新突破，协同创新力度进一步加大，制定水稻、小麦、玉米等 12 个项目年度工作方案，组织院内 21 个所、48 个团队、243 名科技人员，以及院外 230 个单位、2 300多人参与联合攻关。成立了院长、书记任组长的对口帮扶河北阜平工作领导小组，确定了 10 个研究所承担果蔬生产、畜禽养殖、农产品加工等 10 项重点帮扶任务，确定了牵头所领导、执行团队和长期蹲点专家，统筹推进精准扶贫与长效扶贫，做到脱贫与致富同时推进。与北京市、河南省、山东省、湖南省等省市制定了强化科技合作、支持农业发展的工作方案。作科所、植保所、资划所等与定西市、寿光市、永州市签订合作协议，切实将“面向农业主战场”要求落到实处。

科研条件环境继续优化。人才队伍建设有了新成效。新增“青年英才计划”院级入选者 12 名，新引进候选人 12 名；启动高层次人才保障性住房配售工作，优先解决千人计划、杰青等一批高层次人才的住房问题；获得首届全国创新争先奖的奖牌数量并列全国第二，入选科技部“创新人才推进计划”专家数量居全国第二。财务支撑保障能力得到提升。积极争取财政资金支持，全年总收支 75.4 亿元，较 2016 年增长 5.7%，全院经费规模保持了稳定持续增长的良好势头。平台建设力度进一步加大。国家重点实验室全部通过评估，其中 2 个获评优秀。稳步推进廊坊园区管运分离、新乡基地院地合作和通州创新中心规划调整和土地征用等工作，持续推动专家住宅建设工程，扎实做好作物种质库、北方水稻研究中心、基因组所等重大平台建设。在国家基本建设投资“不减即增”的背景下，新增中央投资 2.3 亿元。

国际交流与合作进一步强化。“以我为主”的国际合作进一步拓展，农业科技合作全球布局进一步完善。积极落实国家“一带一路”倡议，推进海外农业研究中心和西部农业中心建设，筹划农业走出去部级联席会议，推动实施境外联合实验室示范基地项目。成功举办国际农业科技学术研讨会。

党的工作进一步强化。全院各级党组织积极推进“两学一做”学习教育常态化制度化，大力开展防止和反对“四不”活动。创新党建活动方式，“农科讲坛”首次走出大院，走进国家级重点贫困县；持续转变工作作风，开展院地共建支部主题党日活动，引导全院上下服务农村基层一线。组织十九大和中央国家机关党代表选举，我院 3 名同志当选十九大代表。营造风清气正的科技创新氛围，开展全面从严治党、科研放管服主题宣讲和主题警示教育月活动，制定我院《问责条例实施细则》，以钉钉子精神推动主体责任落实。

可以讲，2017 年上半年我院发展取得的成绩可圈可点，尤其是呈现出来的发展势头、发展氛围值得我们欣慰，更值得我们珍惜。下半年，全院要以本次人才工作会作为谋事创业的新起点，深入贯彻落实习近平总书记重要指示精神，进一步深入贯彻落实习近平总书记贺信的重要指示精神，全面的推进我院各项事业发展，重点抓好以下 7 项工作。

第一，抓好人才工作会议精神落实。要以扎实的工作推动本次会议精神的落实，真正做到院所两级领导班子在人才工作上的思想观念有明确的转变。要强化人才作为科技创新第一资源的作用，加快推进促进人才发展的各项措施出台落地，进一步解放思想，创新人才工作体制机制，努力开创人才工作新局面。关于落实这次会议精神，北京、上海、杭州、武汉等一线城市的研究所要走在前面，其他研究所也要有所作为。

第二，强化科技创新顶层设计。深入贯彻落实总书记贺信重要指示精神，中国农业科学院要为建设农业科技强国发挥支撑引领作用，我们已经编制发布了“跨越 2030”农业科技发展战略，为落实中国农业科学院“两个一流”的国家队定位，现在就要着手研究“卓越 2050”农业科技发展战略，勾画 2050 年农业科技发展愿景，前瞻性地布局我院创新工作重点，这是一项极具挑战性的工作。全院要有国家队使命担当的强烈意识，广纳英才、广聚智慧，加强战略顶层设计，组织得力队伍超前谋划农业科技事业发展。各研究所要遴选专门人才加强调查研究，开展本专业领域的技术预见和发展路径研究，科学制定战略重点和发展目标。加快国家农业智库建设，卓有成效地组织相关战略研究，推出中国农科院的战略研究品牌产品，充分发挥理论创新、政策支持、舆论引导及社会服务的功能，彰显决策智囊团的地位与作用。

第三，优化调整学科布局和研究方向。院里将全面组织开展创新工程团队建设诊断，研究所要先行自我诊断，继续推进学科发展评估，将团队诊断评估与学科发展评估有机结合，与人才队伍现状和建设重点进行比较，与创新工程绩效考核结果进行综合分析，评估结果与下一年度的经费预算挂钩。在评估分析的基础上，突出问题和需求导向，明确我院学科发展重点和方向，调强调优学科布局，完善区域力量布局，构建更加符合“三个面向”要求的学科体系。

第四，全力组织实施好科技创新工程。今年是创新工程进入全面推进期的关键之年，在此重点强调科研经费使用问题。在进一步推进科研放管服的形势下，要不断强化底线思维，切实把好经费使用关，确保经费使用不出问题，努力营造创新发展的良好环境。关于经费使用，以下 3 方面值得我们警醒：一是吃饭问题，科研经费不能报销餐费，这是底线，也最容易出问题。二是专家咨询费问题，要严格按照有关规定执行，做到不该拿的坚决不拿。三是公车私用问题，要坚决杜绝公车私用、私车公养。关于经费使用，所长、书记要逢会必讲，警钟长鸣，在座同志要率先垂范。要大力推进协同创新任务实施，统筹协调跨学科、跨领域、跨研究所组织协同创新，重点培育重大科技成果，为农业供给侧结构性改革提供有力支撑。要加强创新工程绩效管理，按照创新工程的顶层设计，启动创新工程中期诊断评估。

第五，持续推进国家农业创新联盟建设。着力推进畜禽粪污综合利用、东北玉米秸秆处理、小麦赤霉病防控、南方重金属污染治理、华北节水、优质乳业等 20 项联盟重点任务，做到有目标、有任务、有团队、有考核，抓紧落实。加强联盟规范化管理，建立任务台账式管理、列表式推进机制，把握联盟重点任务的组织、研发、转化应用情况，建立报告、考核和动态调整机制。

第六，着力加强农业科技与产业融合。重点推进 12 个产品的绿色增产增效模式的研究，示范绿色增产增效模式的效果和作用，要千方百计加大推广力度，及时总结今年示范工作的经验和做法，向农业部和各地推广可复制、可推广的重点产品、品种、技术、设备和模式，制定明年绿色增产增效模式工作方案。进一步做好援疆、援藏和农业科技扶贫工作。

第七，扎实推进“两学一做”学习教育常态化制度化。全院各级党组织要切实研究落实好把“两学一做”学习教育融入日常、抓在经常的要求，把全面从严治党要求落实到每个支部、每名党员。要切实在“学”和“做”上深化拓展，继续打牢“学”这个基础，抓好“做”这个关键。要大力抓好基层党支部制度建设，继续调整优化党支部设置，严肃党内政治生活，强化党支部的教育管理功能。要坚持要求导向和问题导向，既要充分体现中共中央以及部、院党组对“两学一做”常态化制度化的工作要求，又要针对研究所和支部存在的实际问题，以解决问题为根本出发点，边学边做，将问题与目标转化成“两学一做”的实践要求，将解决问题作为学习教育的重要内容。要坚持领导干部以上率下，层层推动任务落实落地，充分发挥先进典型引领激励作用。

同志们，现代科研院所建设任重道远，人才是百年大计、系统工程，需要久久为功、长期坚持，胜利不会自然走来，需要我们走向胜利。我们要在 60 年发展和成就的基础上，按照习近平总书记提出的坚持“三个面向”、建设“两个一流”的重要指示，以创新的思维和开拓的精神，以只争朝夕、时不我待的紧迫感使命感，凝心聚力，脚踏实地，紧密团结在以习近平同志为核心的党中央周围，努力拼搏，锐意进取，切实发挥国家队引领作用、支撑作用，以良好的精神状态和优异的工作成绩迎接党的十九大胜利召开，为实现“两个一百年”奋斗目标、实现中华民族伟大复兴的中国梦而不懈奋斗。

中国农业科学院纪检组组长、党组成员李杰人在农业部2017年“西部之光”访问学者新疆特培学员欢迎座谈会暨专题研修班开班式上的讲话提纲

2017年9月25日

各位领导、各位专家，同志们：

大家上午好！

这次农业部系统的欢迎会安排在中国农业科学院召开，对我们的工作既是肯定，也是鞭策。借此机会，受唐华俊院长、陈萌山书记委托，我代表中国农业科学院对各位访问学者、特培学员表示热烈的欢迎！向中组部人才局许晓桃调研员和农业部人事司胡永万巡视员多年来对我院的关心、支持和帮助，表示衷心的感谢！同时，也对长期以来支持我院“西部之光”、少数民族特培工作的专家和同志们致以崇高的敬意！

根据安排，下面我就我院的一些情况向大家做个介绍。

一、中国农业科学院的基本情况

中国农业科学院成立于1957年，是农业部直属的国家级农业科研机构。全院现有34个专业研究所和9个共建研究所、1个研究生院、1个出版社。经过60年的发展，形成了8个学科集群、130多个学科领域、300多个研究方向的学科体系，建成了69个国家与部门重点实验室、27个国家农作物畜禽改良中心与国家工程技术研究中心等科技创新平台，9个国家重大科学工程与工程实验室、29个国家与部门野外台站等科技支撑平台，以及34个国家与部门质检中心等科技服务平台。全院共有正式在编职工7 066人，其中，专业技术人员5 838人，高级专业技术职务人员2 992人，两院院士11人，千人计划入选者6人，国家特支计划入选者28人，百千万人才工程国家级人选60人。

“十二五”以来，我院共获国家科技奖励成果38项，其中科技进步奖30项，发明奖7项，自然科学奖1项，实现了国家三大奖全覆盖；共争取国家自然科学基金2 030项、创新研究群体4项，杰出青年基金3项，优秀青年基金12项，发表科技论文2.9万篇，其中SCI论文超过1万篇，在*Nature*、*Science*等国际顶尖期刊上发表论文30篇；编写学术著作1 528部；有605个作物品种通过审定，其中国审品种127个；获得新品种权153个；获得专利授权5 199项，其中发明专利2 749项；获得新兽药证书48个，

充分展现出我院作为农业科研国家队的主体地位和职责使命，有力发挥了高端引领和科技支撑作用。

二、我院承担培养任务的主要做法

今年是我院连续第十三年承担“西部之光”访问学者和少数民族特培学员的培养任务。在上级部门的正确领导下，在院属相关单位通力配合下，在培养导师悉心指导下，我院不断改进管理方式，完善工作机制，截至目前已圆满完成了 277 名“西部之光”访问学者、14 名新疆特培学员、7 名西藏特培学员、1 名内蒙古特培学员的培养工作。今年，我院又承担了 23 位“西部之光”访问学者、7 位新疆特培学员的培养任务。在 2016 年举办的全国第五批新疆特培工作启动大会上，我院作为培养单位代表作了典型发言。归纳起来，我院的培养工作主要有 3 个特点。

（一）有一套完善的服务机制

一是管理集中化。根据“强化统一管理”的要求，从承担第一批“西部之光”访问学者培养任务开始，农业部系统的全体学员均统一由我院集中管理。我院研究生院在住房资源有限的情况下，腾出博士生公寓，添置书桌，开通网络，为访问学者和特培学员提供良好的住宿条件；尊重少数民族学员生活习惯，安排独立宿舍和清真餐厅，尽最大努力营造良好的生活学习环境，保证学员全身心投入学习研究。二是服务班级化。研究生院充分利用学生管理的经验和模式，每批访问学者和特培学员均组建班级，由一名处长兼任班主任，进行统一管理并提供服务，进一步增强了访问学者和特培学员的集体意识和协作精神。同时，利用教学条件资源，为他们组织开展活动提供必要的场所和便利条件，丰富日常生活，提供交流互动的良好平台。三是分工协作化。专门制定《培养工作管理办法》和班委会、临时党支部组织制度等，建立院人事局、研究生院和相关研究所三级管理培养模式，突出访问学者和特培学员的自我组织、自我管理和自我教育。其中，院人事局负责落实培养任务，组织协调相关工作；研究生院负责经费管理和生活服务保障工作；研究所负责学员的具体培养。

（二）有一套高效的培养模式

一是培养计划系统性。学员报到之后第一个月内，我院要求培养导师结合双方学科背景和研修方向，尽快为他们制定切实可行的培养计划，明确培养目标、研究题目、研究内容、技术路线等，并报院人事局备案。研修计划和培养目标作为研修工作任务完成时的考核依据。二是培养方式多样性。坚持“三会两班”制度，定期组织召开欢迎会，介绍全院情况、学科及专家团队；召开总结会，介绍学习及研究进展；举办 2 期专题研修班，帮助学员深入了解我国科技发展总体情况和农业科技创新的最新进展；2015 年还开始组织进行中期考核，帮助大家查漏补缺，进一步提高培养质量。充分发挥资源条件优势，为学员提供相关专业的国内、国际学术交流的机会，搭建良好的信息资源平台；同时，面向学员开放研究生学历教育系统，方便大家旁听专业课程、借阅图书等。三是培养内容实效性。组织学员参与课题项目研究工作，在干中学、在学中干，切实帮助他们解决科技工作中的实际问题。培训班结束后，要求集合全班智慧形成专题研修报告，进一步加深大家对西部农业科技发展的认识和思考，并积极建言献策。一年访学结束时，我们会把每位学员访学期间的学术论文或调研报告汇编成册，作为研修成果；并为考核合格人员发放结业证书，确保访学质量。

（三）有一支高水平的导师队伍

一是高度重视培养导师学术水平。我院根据学员派出地区主导产业、重点行业和优势特色学科发展的需要，在充分尊重学员选择的基础上，确定知名专家作为培养导师，进行一对一的培养。选派的导师都是我院相关学科领域的带头人或优秀科技骨干，大多承担着国家自然科学基金、国家重点研发计划等重大科研任务，在国内外有着较强的学术影响力，今年更有 4 位研究所所长担任培养导师。二是切实发挥好传、帮、带作用。研修期间，培养导师除了认真落实好研修计划，有针对性的培养学员，还要积极提供科学研究和学术交流机会，使学员在学习先进理论知识和实验技能的同时，也能够开阔思路、掌握学术前沿动态；同时，导师还会对学员在科研项目、自然基金的申请中提供意见建议，给予更有针对性的指导和帮助。三是以培养学员为契机，促进西部地区农业科技发展。在做好为西部培养科技人才的同时，我院还积极推进与学员派出单位、派出地的科技合作。在每年培养期结束前后，院里要求导师及其团队骨干亲自到学员的派出地进行科技考察，2015 年首次启动了导师集体回访活动，通过建立良好的科研协作关系，促进了西部地区农业科技发展，帮助西部地区有效解决农业生产中的实际问题。

在多年承担“西部之光”访问学者、少数民族特培学员培养任务的基础上，我院总结并形成了一套培养模式和工作方法，有成绩也有不足。希望大家日后多给我们提出宝贵意见，我们将不断完善体制机制，改进工作方法，提高工作效率，更加圆满出色地完成这项光荣任务。

三、几点建议

今天的欢迎会后，各位学员将要开始在我院一年的研修工作和生活了，利用这个机会，我想对在座的学员们提几点建议。

（一）利用好我院学科体系优势，夯实专业理论基础

中国农业科学院拥有较为完备的学科体系，基本可以满足各位学员各个研修方向的需求，希望大家能够充分利用好这一条件，通过接受国内农业科技领域最好的专业技能训练，学习课题研究的基本方法和研究规律，掌握先进的科学实验技能，获得更多的专业知识。此外，我院研究生院的学历教育还具备涉及农学、理学、工学、管理学 4 大门类，17 个一级学科的学科体系，大家可以根据自己的专业需要和兴趣，在我院研究生院选修相关专业课程，深入学习专业理论知识，为将来返回工作岗位承担更多、更重的科研任务奠定基础。

（二）利用好我院平台资源优势，提升科学研究能力

一要利用好我院的科技平台。我院现已构建了较为完善的国家级，省部级和院级，创新、支撑和服务“三级三类”科技平台体系，平台数量达到488 个，基本实现了每个学科方向科技平台支撑的全覆盖；国家重大科技工程、国家重点实验室、国家工程技术研究中心、农业部重点实验室等重大平台建设，为多学科发展和高新技术集成构建了专用的公共性重大基础平台。希望学员们能够结合研修方向，利用好我院各种科技平台，努力提高基础理论研究水平和前沿技术探索能力。二要利用好我院的项目平台。农科院承担的绝大部分的竞争性科技任务都是国家级科研任务，各位学员所在的课题组或培养导师都承担着多项涉及国家农业科技发展方向的重要项目，希望大家能够借助这些的项目优势，真正参与到农业科技前沿研究中来，努力提高把握科研发展趋势的能力。三要利用好我院的学术平台。我院每年都组织和承办众多国际会议、学术研讨会以及科技咨询等大型科技活动，这给大家提供了难得的了解农业科技前沿和发展趋势的机会，希望各位学者能够把握机会，多与知名专家进行学术交流，讨论学术问题，提高学术见解。

（三）利用好我院技术成果优势，发挥桥梁纽带作用

各位学员都是西部地区各省区市重点培养的中青年科技人才，不仅要努力提升自己的专业水平，也肩负着发展西部、建设家乡的重任。希望你们能够利用好我院的技术成果优势，将先进的科技理念和技术成果与西部地区的农业、农村经济发展相对接，切实帮助西部地区解决农业农村生产中的实际问题。希望你们在完成好学习、研究工作的过程中能够积极牵线搭桥，加强我院与西部各省区市的沟通联系，并利用好导师回访的机会，建立长期的合作关系，为促进当地社会经济发展作出积极贡献。

最后，再次向各位访问学者、特培学员表示热烈欢迎！祝你们在一年的学习、工作和生活中，顺心、愉快，安全、健康！

李杰人组长在中国农业科学院离退休工作培训班上的讲话

2017 年 3 月 23 日

同志们：

3 月 23—24 日，利用两天时间院里在武汉举办离退休工作培训班，传达学习全国老干部工作“双先”表彰大会和全国老干部局长会议精神，围绕部、院离退休工作部署，就筹划开展“畅谈十八以来变化、展望十九大胜利召开”的“五个一”主题活动进行工作交流和再动员再部署，邀请农业部离退休干部局的刘处长就离退休政策进行学习辅导，安排交流经验、讨论和实地参观学习等活动。

刚才，3 个单位就离退休工作作了经验交流发言，很好很受感动，之前也听离退办的同志介绍了院离退休工作情况，我感到，我们农科院各单位离退休工作领导重视支持、基础扎实、富有特色，分管离退休工作部门和工作人员认真负责，动脑子想办法，努力把工作落到实处，而且也取得了很好的成绩。我到院里工作时间不长，利用这次培训机会和大家见个面，向大家问好，同时也代表院党组向大家表示问候！感谢大家在本职岗位为实现“让院党组放心、让老同志满意”的离退休工作目标所付出的辛勤劳动。

下面，就贯彻落实上级工作部署，不断做好我院离退休工作，讲几点意见。

一、深化思想认识，不断增强做好离退休工作的责任感

离退休工作是党的组织工作和人事工作的重要组成部分，习近平同志自担任总书记以来，多次就老干部工作作出重要指示，为做好当前和今后一个时期离退休工作注入了强大的动力，提供了根本遵循。

一是要增强做好离退休工作的政治责任感和历史使命感。习近平总书记指出，“老干部工作是非常重要的工作，在我们党的工作中具有特殊重要的地位，承载着党中央关心爱护广大老同志的重要任务。这项工作，别的国家没有，其他党也没有，是中国共产党党的建设的特色。”他强调，一定要从传承党的优良作风、弘扬中华民族传统美德的高度，认识老干部工作、把握老干部工作、做好老干部工作，把党中央关于老干部工作的各项方针政策一项一项落到实处。我们要按总书记的要求，从“中国共产党党的建设特色”的高度来认识和对待老干部工作，从延续党的血脉、传承红色基因、巩固执政地位的高度重视离退休工作、谋划离退休工作、开展离退休工作，切实增强做好离退休工作的政治责任感和历史使命感。

二是要增强做好离退休工作的社会责任感和岗位自豪感。我国已经进入老龄化社会，老龄人口在逐年增加，预计到2020年，我国60岁以上老年人将达到2.48亿人，2025年，60岁以上老年人员将达到3亿人。在我国老龄化进入快速发展阶段的同时，还伴随着高龄化的快速推进。资料显示，目前，我国80岁以上高龄人接近2 400万人。城市中空巢老年家庭已达到54%，农村空巢老人比例也在逐年增大，老龄问题已成为我国经济社会发展中不容忽视、亟待认真研究解决的重大现实问题。就我院来看，截至2016年年底，我院离退休职工已达6 189人，与全院现有编内在职人员比例接近1：1.2，做好离退休老同志日常的服务管理工作，既是为党和政府、为院所领导分忧解难，也是为国家全面深化改革积极推进经济社会发展和我院建设世界一流科研院所做贡献，离退休工作岗位重要、责任重大、任务艰巨，需要我们不断深化思想认识，切实增强做好离退休工作的社会责任感和岗位自豪感。

二、注重学习实践，努力提升开展离退休工作的能力素质

离退休服务管理工作是一项政策性很强，对工作人员能力素质要求很高的工作，只有不断学习实践、总结提高，才能适应需要，做好工作。

一是要学政策。离退休政策是组织开展离退休工作的遵循，是落实好离退休人员政治待遇和生活待遇的依据，只有熟悉了解政策，才能落实好政策，才能做好工作。针对不同情况，着眼解决不同时期、不同人员的不同问题，党和国家制定了一系列的离退休政策，涉及方方面面，特别是在落实生活待遇方面政策更多、更细。要结合工作实践，认真学习研究离退休政策，吃透政策精神，把准条件要求，提出意见建议，努力把各项政策落实到位。要不断提高用政策开展指导工作和依据政策解决老同志各种诉求问题的能力素质。

二是要学业务。离退休工作涉及党务、人事、医疗、财务等方方面面的知识，各项工作都需要有较强的业务知识和实践经验。我院各单位离退休工作人员多数是兼职，大家平时处理的事情比较繁杂，工作都很忙。我们要不断加强离退休业务知识的学习，向多年从事离退休工作的老同志请教，他们具有丰富的工作经历和实践经验，都是开展离退休工作的行家里手。要多承担各类不同岗位工作，通过认真学习、积极实践，努力提高做好各项业务工作的能力素质，力争尽快成为离退休工作的行家里手。

三是要学管理。离退休工作既是服务，也是管理。我院离退休职工数量多、成分也比较复杂，只有加强管理，才能更好地为老同志服务。要结合离退休老同志心理和身体实际，认真学习研究管理工作方法，总结积累管理经验，要坚持把管理融入服务工作中，建立健全日常管理服务工作制度，增强做好离退休管理服务工作的能力素质，促进院所离退休管理服务工作制度化、规范化水平的提升。

四是要以深厚的感情，饱满的热情投入到离退休干部工作中去。离退休干部工作面对的对象是离退休老同志，工作中事情琐碎、要求高，工作面向的对象是人，特别是老

人，用的是心、投入的是感情、体现的是关心服务。

五是研究创新离退休职工党员教育管理方法手段。坚决贯彻落实从严治党要求，积极研究探索离退休职工党员教育管理的新方法、新手段。加强党性观念教育，教育引导离退休党员始终保持共产党员情怀，坚定共产党人的信仰信念。坚持理论学习、组织生活等制度。加强党员教育管理，严格落实组织生活制度，对于身体条件允许的老同志，在参加组织生活和集中学习方面要严格要求，对失能、半失能或行动不便的离退休职工党员，以及长期在国外、省外居住的党员，要采取灵活的方式方法做好教育管理工作，使每名党员都始终处于党组织的教育管理之中，确保我院离退休职工党员离岗不离组织、流动不流失、退休不褪色。坚持党的领导，严守党的纪律，积极参加组织活动，按时足额交纳党费，自觉做到不信仰宗教、不参加宗教活动，坚决与邪教组织作斗争。

三、抓住工作重点，促进带动各项离退休工作全面落实

离退休工作头绪多、任务繁杂，工作中既要满腔热情、耐心细致做好日常管理服务，又要善于抓住重点，促进和带动其他各项工作全面落实。

一是要突出抓好离退休职工思想政治工作。确保离退休职工队伍政治坚定、思想常新、理想永存是离退休工作的根本要求，是做好各项工作的前提。要充分利用现代媒体手段，完善和落实阅读文件、参加重要会议和重大活动、通报情况、参观学习等制度，组织引导离退休职工深入学习中国特色社会主义理论体系，特别是习近平总书记系列重要讲话精神，坚定中国特色社会主义道路自信、理论自信、制度自信和文化自信；教育离退休干部职工牢固树立纪律和规矩意识，严格用党章党规党纪规范自己的言行，在大是大非面前旗帜鲜明、立场坚定；坚决拥护党中央的重大决策部署和方针政策，理解和支持全面深化改革，正确对待利益调整；自觉遵法学法守法用法，做社会主义法治的忠实崇尚者、自觉遵守者、坚定捍卫者。要教育引导离退休职工严守政治纪律和政治规矩这个底线要求，自觉做到“五不”要求：不发表违背中央决定的言论，不泄露党和国家的秘密，不参与各种非法组织和活动，不制造、传播政治谣言及丑化党和国家形象的言论，不妄议中央的大政方针。

二是要突出抓好离休干部服务管理工作。离休干部是我们离退休服务管理工作的重点人群。截至 2016 年年底，我院离休干部还有 162 人，他们都已进入高龄和高发病期，近几年减少数量逐年增多，他们对服务管理工作的需求更加迫切、多样。离退休服务管理工作要坚持突出离休干部这个重点，进一步健全细化离休干部服务管理措施，充分利用现代科技和社会服务资源，在理论学习、家政服务、医疗保健、紧急救助、精神慰藉等各个方面为离休干部提供便利，尽力满足个性化需求。

三是要研究解决离退休职工居家养老困难的有效办法。当前，全院离退休职工中高龄、空巢、重病、失能等有特殊困难的人数逐年增多，他们在居家养老、看病就医等方面存在许多困难。各单位要高度重视、积极组织开展帮扶工作，创新帮扶的内容与形

式，进一步明确帮扶对象、帮扶内容，通过支持多种形式组织老同志之间依据自身实际情况结对帮扶、在职职工志愿服务帮扶等措施，积极解决本单位离退休老同志居家养老等遇到的实际困难。同时，各单位要加快研究建立离退休职工困难救助帮扶机制，明确困难补助资金来源，通过拓宽帮扶资金渠道等办法，对身患重病、失能、高龄等特殊困难且符合条件的离退休职工，给予更多关心照顾，多做为困难老同志雪中送炭的好事、实事。

四是要突出抓好为党和人民事业增添正能量工作。要深刻领会习近平总书记关于发挥老同志优势和作用的重要论述，切实激发广大老同志在推动党和人民事业发展中蕴含的巨大力量。我院广大离退休职工经历过革命、建设、改革的长期考验，具有丰富的政治智慧、工作经验和人生阅历，在他们身上蕴含着强大的正能量。要采取措施，鼓励引导他们力所能及地为党和国家、为社会、为人民、为院所发展继续发挥余热，作出贡献。特别是要引导老同志全面客观看待我国发展变化、辩证分析党内和社会风气，在日常生活中讲好中国故事、弘扬中国精神、传播中国好声音，就近就便增添正能量，用阳光心态感染和带动身边的人，进而影响社会心理、促进社会和院所和谐。今年，中组部在全国离退休干部中组织开展“畅谈十八大以来变化、展望十九大胜利召开”增添正能量活动，院里根据农业部“五个一”活动的整体部署，作了具体的安排，明确了时间表，希望各单位要高度重视、科学筹划、严密组织、抓好落实。

同志们，做好离退休服务管理工作，任务艰巨而光荣。我们要牢固树立以人为本、服务为先的理念，以自己满腔的热情和辛勤的劳动，不断为老同志老有所养、老有所医、老有所教、老有所学、老有所为、老有所乐创造良好的条件，提供更好的服务，积极组织引导老同志为党和人民的事业增添正能量，为院所发展建设发挥余热，作出新贡献。

中国农业科学院党组成员、人事局局长贾广东在中组部座谈会上的发言提纲

2017 年 3 月 2 日

大家好！很荣幸能有机会参加今天的座谈会，这既体现了中组部对我院人事人才工作的关心和重视，也是对我们今后工作的极大鼓励。我们院长书记对此次会议高度重视，由于院里开常务会和党组会，特委托我参会。

首先，感谢中组部长期以来对我院人事人才工作的大力支持和帮助。中组部高度关注我院人才队伍建设和发展，在海外高层次人才创新创业基地建设、千人计划和万人计划遴选、“西部之光”访问学者和新疆西藏特培学员的培养、干部援疆援藏、干部教育监督等方面都给予了大力支持。特别是我院“青年英才计划”与其他 54 项省部级人才计划一并入选首批全国重点海外高层次人才引进计划，推动我院海外高层次人才引进工作进入了一个崭新阶段。“十二五”以来，我院人事人才工作取得了较为显著的成效，全院科研实力和学术水平大幅提升，自主创新能力和对外竞争实力显著增强，在发展现代农业和建设社会主义新农村等工作中发挥了更加重要的作用，这些成绩的取得都离不开中组部的关心和帮助。截至 2016 年年底，全院共有从业人员 10 543人，其中，编内人员 7 046人，合同聘用、劳务派遣等编外人员 3 497人。现有两院院士 12 人，千人计划、万人计划、杰青、创新研究群体、百千万人才工程、农业科研杰出人才等高层次专家 300 余人。

下面，根据通知要求，将我院人事人才工作主要做法和成效，及进一步深化人事制度改革的建议汇报如下。

一、中国农业科学院人事人才工作主要做法和成效

科研院所的发展，归根结底靠人才。加快现代科研院所制度建设，关键在于创新人事人才工作机制，在人才的引进、培养、使用、管理、考核、激励、奖惩等环节进行制度创新，系统设计，形成用当适任、用当其才、人尽其才、才尽其用的良好局面。

（一）坚持以聘用制为核心，建立科学灵活的用人机制

以贯彻落实人社部《事业单位人事管理条例》为核心，以服务世界一流农业科研院所建设为出发点，坚持深化改革、规范管理、提升效能的指导思想，科学合理设置岗

位，实行全员聘用制。先后出台《中国农业科学院岗位设置管理暂行规定》《中国农业科学院科技创新工程岗位管理办法》等制度，按照“按需设岗、按岗聘人、双向选择、岗变薪变”原则，建立以优化人才队伍结构、凝聚优秀人才为目标的岗位总量控制、聘用管理和动态调整机制，工作中做到公正、公平、公开。制定出台《公开招聘人员暂行办法》，进一步明确公开招聘的范围、原则和工作程序，细化不同类别人员的招聘渠道和纪律要求，有效提升全院公开招聘工作制度化、科学化水平。积极鼓励研究所探索人事代理制等科学灵活的用人机制。完成院机关中层以下人员竞聘上岗，101 名干部报名参加处级干部竞聘，其中跨部门报名占 12%、院属京区单位报名占 18%；85 名干部参加七级以下岗位竞聘，其中跨单位报名占 19%。达到了立起规矩、比选择优、岗位流动、强化考核的预期成效，机关干部的责任意识、服务意识、执行意识、协同意识得到进一步增强。

（二）建立健全法人治理结构，落实用人单位自主权

贯彻《事业单位领导人员管理暂行规定》《科研事业单位领导人员管理暂行办法》，完善院所长负责制，进一步落实研究所法人治所自主权。进一步明晰职称评审与聘用权责关系，简化评审程序；明确干部管理权限，在院核定的处级职数范围内，授予研究所中层干部的选拔任用自主权，研究所可结合自身特点和工作实际，开展所内中层干部的业绩考核、收入分配等。积极响应国家事业单位管理体制的创新要求，探索实行理事会制，2012 年中编办批复成立了农业部第一家实行理事会制的农业事业单位，即农业部食物与营养发展研究所，该所以国家食物与营养咨询委员会为基础，农业部为理事长单位，卫生部①、中国农业科学院为副理事长单位，国家发改委、教育部、科技部、财政部、扶贫办②作为理事单位，理事会作为决策监督机构。实行理事会制是科研院所管理模式的大胆创新，先行先试，为完善法人治理结构积累了经验。

（三）加大人才引育力度，优化创新队伍结构

启动实施“青年英才计划”引进工程，重点引进一批具有国际视野和高水平的青年学科带头人和创新人才，初步构建起与国际接轨、符合院情的引才用才新机制。“青年英才计划”围绕学科发展和团队建设需要，坚持注重业绩贡献和发展潜力的选才标准，采取院所“两级资格审查、两级学术评审”评选机制，实行“所先行引进，院再择优支持”模式。实施 3 年多来，共引进优秀青年人才 172 名，其中，万人计划、杰青、优青、青年千人、农业科研杰出人才等 21 人次，22 人担任科技创新工程团队首

---

① 中华人民共和国国家卫生和计划生育委员会，全书简称卫生部。

② 国务院扶贫开发领导小组办公室，全书简称扶贫办。

席。"青年英才计划"于2014年入选首批全国重点海外高层次人才引进计划，在社会上引起了广泛关注。不断健全完善配套政策，积极落实引进人才科研启动费、仪器设备费、周转住房、职称、博导等待遇，帮助引进人才尽快熟悉适应新的科研环境，解决他们工作和生活中的后顾之忧。出台《关于加强优秀青年科技人才培养工作的意见》，在"青年英才计划"内专门设置"科研英才培育工程"，着重培养40岁以下有较大发展潜力的自有人才，量身打造"导师引航、成长互助、前沿探索、青年首席、海外访学"五大培育项目，重点在科研项目、国际合作交流、激励保障、职业发展等方面给予特殊支持，助推青年科研人员成长成才。2016年，遴选出首批院所级优秀青年入选者80余人，进行重点培养。

（四）贯彻选拔任用条例，选优配强领导班子

建设一支适应发展需要的高素质干部队伍，对于保障和支撑全院科技创新工作大局至关重要。近年来，院党组认真贯彻中央新精神新要求，立足服务科技创新，坚持体制机制创新，着力加强院属单位领导班子建设。健全完善选拔任用制度。根据《干部任用条例》《科研事业单位领导人员管理暂行办法》，贯彻落实"好干部"标准，出台《中国农业科学院党政领导干部选拔任用工作规定》，首次制定并印发《中国农业科学院管理的干部职务名称表》，为做好选人用人工作提供制度保障。着力推动干部能上能下。坚持任期制，按照"任用有期、职责明确、严格考核、规范管理、到期解职"原则，坚持执行领导干部任期制，坚持聘任考核，对于在同一岗位任职满2届或同一职级任职满15年的必须交流，确保干部能上能下，激发干部队伍的创新活力。完成30个单位领导班子行政换届，基本实现院属单位领导班子换届一遍，推进所级干部交流近100人次，班子整体功能明显增强。结合任期管理，着力推动所级干部"能下能出"，先后有30余名所级干部在到达正常退休年龄之前退出领导岗位。注重体制机制创新。2013年，圆满完成植保所所长全球公开招聘，创新了选人用人方式。按照中央关于科研事业单位领导人员管理改革新精神，拓宽选人视野，探索从具有正高级职称的优秀专业技术人员中选拔作科所所长等院属单位主要领导，取得较好效果。注重年轻干部选拔培养，17个单位领导班子配备"70"后干部20人，全院处级干部队伍现有"80"后干部40余人。

（五）积极推进分类考核，激发创新活力

人才发展的关键在体制机制，体制机制的活力来自改革创新。近年来，院党组注意体现科研单位开放度高、探索性强、创新活跃、成果周期长等特点，以推进分类考核为抓手，不断激发创新创造活力。强化绩效考核和分级考评。在科技创新工程中，围绕评价"用人机制是否灵活有效、首席专家作用是否充分发挥"等，探索实行"1+3+5+5"

的阶段性绩效考评和分级考评。“1”是启动年考评，“3”是试点期考评，之后每“5”年考评一次。分级考评包括财政部、农业部对院的考评和院内部考评。目前看，启动年、试点期绩效评估取得良好效果，为各单位进一步搞活用人机制，激发首席专家和各类人才创新活力，提供了重要依据和遵循。健全分类评价机制。深化职称制度改革，树立有利于优秀人才脱颖而出的用人导向，建立优秀青年科技人才职称晋升“绿色通道”；加大研究所人才评价自主权，下放 32 个研究所副高级职称评审权限；探索实施分类评价，研究制定科学研究、农业技术等 7 个系列高级职称评审条件。

（六）坚持激励约束结合，建立以业绩为导向的收入分配制度

按照以研为先、以岗定薪、优绩优酬、岗变薪变的原则，深化收入分配制度改革。实行“院宏观指导、总量调控，所内部搞活、合理分配”的两级管理模式，坚持按劳分配与按生产要素分配相结合，注重业绩、兼顾公平，树立正确的收入分配价值导向，加大向优秀人才和关键岗位的倾斜力度。研究所普遍结合科研任务和专业特点，制定绩效考核与分配办法，量化科技成果、论文著作、专利等科研产出奖励，根据国家法律法规明确成果转化收益分配比例；收入分配重点向高层次人才和突出贡献者倾斜，植保所、兰州兽医所等单位探索实行高层次引进人才协议工资制，有效地调动了积极性，促进了科技创新。还有单位对有重大发明创造和突出贡献的人才予以特殊奖励津贴或一次性奖励，如对获得国家科技奖励、在国际顶级期刊发表论文、咨询报告得到国家领导人批示等，给予一定奖励。努力让有贡献的科技人员名利双收，经济上有实惠、工作上有保障、社会上受尊重。

二、进一步深化人事制度改革的建议

（一）加快建立岗位设置和机构编制管理的动态调整机制

存在问题：国家尚未真正建立岗位和机构编制动态调整机制，而且也未授予科研事业单位岗位设置的自主调整权，致使岗位数量和岗位结构长期未进行有效调整，已不能完全适应科研事业单位的发展需要。例如我院研究生院，1994 年中央编办根据当时在校研究生 200 余人的规模核定人员编制 55 个，2008 年岗位设置时按照岗位设置与单位机构编制规模相协调的原则仅设置 57 个管理岗位；目前我院研究生在校规模已达 4 500 余人，但研究生院人员编制、岗位数量一直没有进行过调整，按有关规定从 2012 年起，该单位已经暂停了所有公开招聘工作，严重制约了单位的正常发展。近几年，专业技术人员中博士生比例达 44%，矛盾愈加凸显，尤其是部分高级岗位面临无岗可聘的压力，甚至出现了个别单位因高级岗位缺乏导致人才流失的问题。

意见建议：一是加快推进事业单位分类改革进程，进一步明确农业科研院所的公益属性，对国家级科研院所高级岗位设置予以倾斜，比例应明显高于全国平均水平。二是尽快研究健全岗位设置和机构编制动态调整机制，分步将岗位设置动态调整权限下放给条件成熟的科研事业单位，允许各单位根据机构职责、任务调整、人员总量和结构变化等事业发展需要，对岗位和机构编制进行动态调整。

（二）进一步拓宽人才职业发展通道

存在问题：受机构规格和岗位数的限制，晋升空间较小，人才职业发展“天花板”现象严重；因工资水平与岗位级别紧密挂钩、体现业绩贡献和知识价值导向的激励保障机制尚未完全建立，导致久未晋升人员的工资待遇长期不能得到提高的矛盾较为突出；体现“开放、竞争、择优”理念的人才选拔聘用机制尚不健全，不同单位间存在人才流动壁垒，不同类型岗位间人员流动机制还不明朗，致使人员流动并不畅通；“能上”不“能下”的现象较为普遍，干部能下的“出口通道”还需进一步疏通。

意见建议：一是深化事业单位收入分配制度改革，探索建立类似于公务员职务与职级并行的收入分配制度，解决因晋升空间小、长期未能得到提拔但一直勤恳工作人员的激励保障问题。二是尽快健全交流轮岗制度，加大科研事业单位与高等学校、国有企业、党政机关之间人员交流力度。三是允许科研事业单位根据行业特点和岗位实际，探索实施内部推选、外部选派、竞争（聘）上岗、公开选拔（聘）等选拔方式，促进优秀人才脱颖而出。四是进一步搞活用人机制，加大聘任制推行力度，畅通干部能下的“出口通道”。

（三）健全符合现代科研院所特点的考核评价机制

存在问题：我国各类人才评价方式较为单一，受评审专家个人领域、能力水准、人情因素等的影响较大，在一定程度上存在着评价不科学、不合理的问题；过度依赖行政评价体系，分别由不同的部委来落实，评价标准不一、不能充分体现行业特点等现象较为突出；对分类评价探索不多，评价结果应用不足，未能充分发挥评价机制在人才管理中的激励约束作用；管理干部的评价内容、手段比较单一，主要参照党政领导干部的标准条件执行。

意见建议：一是国家出台不同行业、不同类别、不同学科人才评价的指导意见；在进行顶层设计时，加强各部委协调配合，形成协调高效的评价体系，引导人才潜心科研。二是进一步完善同行评价方式，尽量采取小同行评议，对某些前沿领域、新兴学科可考虑采用国际同行评估机制。与此同时，在同行评价中，要适当引入可量化指标，尽量避免主观因素的影响。三是加强评价结果的应用，切实与岗位评聘、工作晋升、年终奖励紧密结合起来，发挥好人才评价的导向作用。通过适当提高人才待遇，减少人员流失风险。

（四）稳步推进事业单位养老保险和绩效工资制度改革

存在问题：自养老保险制度改革启动以来，中央事业单位参保工作持续推进，我院在京单位已按照养老中心要求启动了参保登记工作，但因国家对京外中央事业单位养老保险财政保障政策不明朗等原因，致使部分地方政府对中央驻地单位参保工作推动不积极，甚至出现中央驻地单位参保登记工作未能与地方事业单位同步进行的情况，导致单位意见较大，影响院所和谐发展。在高层次人才的引进方面，虽然中央规定可以执行协议工资制度，但限于绩效工资总量的限制，工资水平与本地区涉农高校及科研机构相比较低，缺乏对高层次、急需紧缺人才的吸引力。

意见建议：一是希望中央有关部门加快推进事业单位养老保险参保工作进程，尽快明确养老保险财政保障政策，加大对地方的指导和监督，确保京外中央事业单位参保工作顺利平稳进行。二是加大中央财政对中央事业单位的财政保障支持力度，尤其是对公益属性较强的农业科研事业单位，尽力全额保障。三是希望尽快出台高层次人才薪酬激励机制，充分调动高层次、急需紧缺人才的创新热情。

以上汇报不妥之处，请批评指正。

贾广东局长在农业部人事劳动工作会议上的发言提纲

近年来，中国农业科学院紧紧围绕产业发展重大需求和世界一流农业科研院所建设目标，坚持创新驱动发展和人才强院战略，全面深化人才发展体制机制改革，推动人才工作迈上新台阶。

一、坚持党管人才，推动体制机制新突破

院党组高度重视人才工作，充分发挥总揽全局、协调各方的组织领导作用，切实履行好管宏观、管政策、管协调、管服务的职责。

一是切实加强领导，完善工作格局。组建院人才工作领导小组，定期召开会议，统筹全院人才和科技发展；协调各方资源，落实人才经费；创新管理服务理念，不断完善条件待遇；建立人才服务联络机制，加强对人才的团结教育引导服务；建立人才工作目标责任制，纳入研究所评价体系，结果作为领导班子评价的重要依据。

二是深化机制改革，营造良好氛围。陆续下放 32 个研究所的副高级以下职称评审权限，进一步落实法人治所自主权；制定科学研究等 7 个系列高级职称评审条件，积极探索人才分类评价；破除论资排辈，开辟引进高层次人才和自有优秀青年科技人才晋升高级职称“绿色通道”；充分发挥项目、团队、基地等在人才培养工作中的综合效益，探索多措并举的人才培养开发机制。

二、坚持人才优先，形成引才聚才新格局

院党组将人才优先发展摆在重中之重的位置，立足当前、着眼长远，引育并举、双轮驱动。

一是加大引进力度，优化队伍结构。实施“青年英才计划”，面向海内外重点引进一批具有国际视野和高水平的青年学科带头人和创新人才。一方面，突出“高精尖缺”的引才导向。围绕国家农业学科和产业发展战略需要，持续引进一批能够引领学科发展、突破关键技术的青年创新领军人才。另一方面，坚持“宁缺毋滥”的选才标准。采取院所“两级资格审查、两级学术评审”评选机制以及“候选人—入选者”两段式方式严格选聘人才。四年来，我院共引进海内外各类人才 172 人，其中，海外回国人员 100 名，杰青、优青、青年千人、百千万人才工程等 20 余人次。

二是强化自主培养，确保后继有人。实施“科研英才培育工程”，从现有队伍中把具有较好发展潜力、需要重点培养的优秀青年科技人才遴选出来，进行重点培养。2016年首批遴选院级入选者 24 人，所级入选者 60 人。在确定培育对象方面，兼顾优势学科和新兴特色学科，兼顾基础研究、应用基础研究和应用研究。在培养措施方面，分别出台“海外访学”“成长互助”“导师引航”“青年首席”“前沿探索”等培育项目；同时，围绕专技职务晋升、博导资格遴选、重大项目申报等研究制定政策措施。

三、依托创新联盟，建立人才培养新模式

作为国家农业科技创新联盟牵头单位，我院集聚全国农业科技优势资源，围绕农业发展重大问题组建一批联合攻关协作组。目前，已启动实施东北黑土地保护等 5 项“协同创新行动”。中国农业科学院以知识增值为核心，通过突破多元创新主体各自的体系，在“内外纵横”4 个层面，组织开展协同互动，使“人才、技术、信息”等要素相互流通，大大拓宽了人才培养渠道，提升了人才聚集效应。深入推进科教融合，在联盟的平台下培养人才；紧密围绕联盟确定的科研项目、任务，在联盟的实践中培养人才；充分利用联盟的专家资源和试验基地优势，在联盟的影响下培养人才。一大批农业科技工作者被凝聚到联盟之中，相互支持、共同探索，为加快农业科技进步注入创新活力。

四、突出市场导向，激发创新创造新活力

2014 年起，在部统一部署下，中国农业科学院的 3 家单位开展种业科研成果权益改革试点。中国农业科学院坚持从人才和成果两个方面切入，出台《鼓励科研人员创新、促进成果转化的实施意见》等 20 多个制度，形成较为完备的制度体系。试点工作中，依托科技创新工程，建立以国家稳定支持为主的种业科研管理新模式，加快建立健全种业人才培养、评价、流动和分类管理机制。以市场需求为导向，着力激发科研人员创新热情，解决制约科技创新、成果转化、人才发展等方面的突出问题，引导科研人员由“要我创新”转变为“我要创新”。2015 年 3 个试点研究所转化收入同比增长 46%，品种审定增长 23%，发明专利增长 17%。试点工作取得了激励人才创新创造、促进成果高效转化的双重效果，为出台国家层面的指导意见提供了有力基础支持。

2017 年是中国农业科学院全面实施科技创新工程的关键之年，也是实施好“十三五”规划的重要一年。我们将认真贯彻此次部人事劳动工作会议的精神，学习其他单位的先进经验，紧密围绕深入推进农业供给侧结构性改革的工作主线，全面深化人才发展体制机制改革，出台促进人才优先发展的若干举措，为发展现代农业，推动农业科技创新，提供有力的人才支持。

贾广东局长在学习贯彻领导干部报告个人有关事项两项法规专题培训班上的讲话

2017年3月14日

同志们：

很高兴来到这次培训班，这也是我到院里工作后第一次同机关各部门、各研究所人事部门的同志们一起交流，感到很高兴。2017年2月8日，中共中央办公厅、国务院办公厅印发了《领导干部报告个人有关事项规定》和《领导干部个人有关事项报告查核结果处理办法》。这次培训班，主要任务是按照中央及农业部、农科院党组的要求，认真学习领会两项法规的重要意义，全面准确把握主要精神和具体内容，切实增强落实的自觉性和准确性，推动进一步做好领导干部个人有关事项报告工作。同时，在培训班上也将一并布置2017年领导干部个人有关事项报告集中填报工作。下面，我讲3点意见。

一、充分认识出台实施两项法规的重要意义

领导干部报告个人有关事项，是管党治吏的一项重要制度安排。党的十八大以来，以习近平同志为核心的党中央，对坚持和完善领导干部个人有关事项报告制度提出了一系列新思想新要求。修订《领导干部报告个人有关事项规定》、制定《领导干部查核结果处理办法》，集中体现了十八大以来推进领导干部个人有关事项报告工作的理论成果、实践成果和制度成果。两项法规的印发实施，对于进一步严明党的政治纪律和组织纪律，从严管理监督干部，具有十分重要的意义。

第一，出台实施两项法规是贯彻落实习近平总书记关于个人有关事项报告制度重要思想和中央新精神的重要举措。习近平总书记对领导干部个人有关事项报告制度高度重视，多次作出重要批示，在有关会议上发表重要讲话。总书记从全面从严治党的战略高度作出的一系列重要论述，深刻阐述了领导干部个人有关事项报告制度的重要意义，明确指出它是请示报告制度的重要组成部分，强调如实向党组织报告个人有关事项是领导干部必须遵守的政治纪律和组织纪律，也是检验领导干部是否对党忠诚老实的试金石；深刻指出领导干部必须强化组织观念，必须按规定按程序向组织如实报告个人有关事项，自觉接受监督；深刻指出各级党组织要切实加强组织管理，敢抓敢管，加强对领导干部个人有关事项报告真实性和完整性的监督检查，加大抽查核实力度，强化查核结果

运用，对无正当理由不按时报告、不如实报告或隐瞒不报的，要严肃处理；深刻指出要抓好制度的贯彻落实，强调要敢于较真，不能搞特殊、有例外，切实维护报告制度的严肃性和权威性，使纪律真正成为带电的高压线。党的十八大以来，中央坚持思想建党与制度治党有机结合，将执行和完善报告制度纳入全面从严治党战略部署加以推进，三中全会提出明确要求，六中全会通过的《关于新形式下党内政治生活的若干准则》（以下简称《准则》），《中国共产党党内监督条例》（以下简称《条例》）作了明确规定。总书记的重要思想和中央的新精神，为修订和制定两项法规指明了方向，是切实抓好两项法规贯彻落实的行动纲领和根本遵循。我们一定要提高政治站位，增强“四个意识”，深刻认识出台实施两项法规的重大意义，切实增强贯彻落实的思想自觉和行动自觉。

第二，出台实施两项法规是总结十八大以来贯彻执行报告制度实践经验的制度成果。一是报告制度日益深入人心，重视程度越来越高。广大领导干部普遍认识到，如实报告个人有关事项是对党忠诚老实的具体体现，如实报告的意识不断增强。从我院近几年查核情况看，个人有关事项报告如实报告率 2014 年为 27%，2015 年为 60%，2016 年为 67%，如实报告率逐年上升。二是工作措施不断改进，推进力度越来越大。个人有关事项从只报不查到部分抽查，再到“凡提必查”，随机抽查比例提高到 10%，两项合计年抽查率达到 25%。3 年来，我院共抽查 421 人，占全院处级干部的一半以上。三是查核结果运用从严从实，作用发挥越来越好。全国因查核发现不如实报告等问题被暂缓任用或取消提拔重用资格、后备干部人选资格 9 100多人，因不如实报告等问题受到处理的共 12.48 万人。从我院统计结果来看，三年来，我院因查核发现不如实报告等问题对 120 名干部给予批评教育，对 29 名干部给予诫勉处理，对 11 名干部取消考察对象资格，有力强化了对干部的日常管理监督，有效防止了“带病提拔”。这次通过修订出台两项法规，认真总结吸收十八大以来开展填报、查核和结果运用等方面的实践经验和创新做法，以制度形式固化下来，长期坚持下去。这既体现了推进制度建设的与时俱进，又凸显了抓制度执行的久久为功。

第三，出台实施两项法规是与时俱进解决新情况新问题的现实需要。2010 年出台的《关于领导干部报告个人有关事项的规定》，对于落实党要管党、从严治党方针，加强领导干部管理监督发挥了重要作用。随着十八大以来全面从严治党向纵深推进，贯彻落实习近平总书记和中央新思想新要求，领导干部个人有关事项报告工作不断加强和改进，特别是 2014 年全面开展抽查核实以来，原来的规定已不能很好适应工作实践发展的需要，对遇到的新情况新问题需要通过修订完善制度来解决。比如，随着事业单位分类改革力度进一步加大，干部管理监督需要更加科学化、精准化，对报告对象范围作适当调整势在必行。再比如，随着经济社会的发展就业从业形式多样化，投资渠道多元化，出国出境日益频繁，从防范利益冲突、促进领导干部廉洁用权廉洁齐家的角度，亟待对报告的家事家产有关事项予以进一步明晰和完善。还比如，从近几年抽查核实的情况看，少数干部还存在漏报和瞒报现象，既有其思想上不够重视、填报时不够严谨甚至故意瞒报的问题，也有对漏报、瞒报情形认定的具体标准明晰不够、处理尺度宽严不一的问题，这就需要进一步严明报告纪律，明确查核结果认定和处理的具体政策依据。中央出台两项法规，坚持问题导向，适应新形势新要求，回答和解决了制度执行中的新情况新问题。我们要认真贯彻落实好两项法规，充分发挥报告制度在加强党内监督、推进依纪依规治党中的重要作用。

二、准确把握两项法规的主要精神和内容

两项法规的修订和制定，充分贯彻了中央的新精神新要求，主要把握了以下几个原则：一是坚持突出重点，以党政领导干部为重点报告对象，以与领导干部利益和权力行为紧密关联的家事、家产为重点报告内容；二是坚持问题导向，针对报告和查核中存在的主要问题，对报告事项的范围、内容及查核等进行调整和明确；三是坚持依规依法，与相关党内法规和国家法律相衔接；四是坚持实事求是，以更加符合实际，更为精准科学。我们学习贯彻两项法规，要认真领会以上原则和精神，准确把握修订的主要内容和新的要求。

（一）准确把握报告对象范围

修订后的《规定》，对报告对象的范围作了适当调整，主要是对企事业单位按照分类管理的原则，作了进一步区分。概括起来讲，就是“一突出两调整”：“一突出”，就是突出党政领导干部这个重点。党政机关县处级副职以上的干部，都要报告个人有关事项。参照公务员法管理的人民团体和事业单位的报告对象，范围同党政机关一致。这充分体现了对党政领导干部从严管理的要求，对公共权力从严监督的要求。“两调整”，一是将非参公事业单位的报告对象范围，调整为领导班子成员及内设管理机构领导人员；二是将国有企业的报告对象范围，调整为中央企业的领导班子成员及中层管理人员，省管、市管国有企业的领导班子成员。这里我要重点强调一下对非参公事业单位（我院属于此范畴）的报告对象范围如何理解和把握。首先，所谓“非参公事业单位领导班子成员”就是指这个单位的领导班子成员，以及其所属的具有独立法人资格的单位领导班子成员。对我院来说，就是院领导班子成员，以及院属各研究所领导班子成员。其次，所称“内设管理机构领导人员”，是指这些单位的党组织职能部门、群团部门、行政管理职能部门的领导人员。对我院来说，既包括院机关各部门副处级以上干部，也包括院属各研究所内设管理机构的副处级以上干部，而对于像研究室、研究中心等科研业务部门，就不再此次填报范围内了。作出这样的调整，主要是这些考虑到事业单位的人事管理体制有其自身特点，而且随着深化改革用人方式将更加灵活，需要重点管好的是领导班子。这更好地体现了分类管理的原则、精准科学的理念、重点监督的要求。需要强调的是，从2015年起，实行了“凡提必核”制度，上述报告范围外的人员

提拔担任报告范围内领导职务时，都将报告和查核个人有关事项。各单位在贯彻执行中要很好地领会和把握。对于《规定》中具体的要求及变化，在接下来的培训中，还陆续会有相关同志进行讲解辅导，请大家认真学习。

（二）准确把握报告事项内容

修订后的《规定》，完善了相关报告内容。总体上还是报告 8 项家事、6 项家产共 14 项内容，但有的项目作了进一步明晰、补充完善，个别项目作了合并调整。具体有以下 6 点：一是将出国与出境作了区分，分列开来报告。同时，在《办法》中将未报告持有因私往来港澳、台湾通行证和因私出境的情况，按漏报处理；将未报告持有因私普通护照和因私出国的情况，按瞒报处理。二是在要求报告配偶、子女移居国（境）外情况中，增加了虽未移居国（境）外，但连续在国（境）外工作生活一年以上情况的内容。增补这条，贯彻落实了习近平总书记在中央纪委五次全会上重要讲话要求，有很强的现实针对性。三是把领导干部“子女的配偶”从业情况、经商办企业情况纳入报告内容，明确报告担任私营企业、外商独资企业、中外合资企业、境外非政府组织在华代表机构高级职务等情况。四是在报告房产情况中，针对填报中房产附属部分容易漏报的情况，明确有单独产权证书的车库、车位、储藏间等需要报告。五是对金融投资方面的报告内容作了调整，明确主要报告与领导干部权力行为关联度大的股票、基金、投资型保险 3 个方面。六是将领导干部本人、配偶、共同生活子女在国（境）外的存款和投资情况纳入报告内容。专门新增加这一项，主要是贯彻中央防逃追逃工作有关要求。报告内容的调整是不小的，这既牵涉到报什么的问题，也牵涉到查什么的问题，是报告事项的关键点，一定要逐项精准把握好。

（三）准确把握抽查核实要求

开展领导干部个人有关事项报告抽查核实，是十八大以来党中央作出的重要决定。这几年的查核工作实践，充分证明这一举措是确保报告制度真正发挥威力的管用措施。习近平总书记多次指出，要固化下来、坚持下去，加强抽查核实。《规定》对此增加了 5 条：一是明确了查核的方式、比例和对象。在要求按照 10%的比例每年集中开展一次随机抽查的同时，强调“凡提必核”，对拟提拔考察对象、拟列入后备干部人选、拟进一步使用的人选以及涉及个人报告事项举报的，都要重点查核，坚决防止干部“带病提拔”“带病上岗”。二是对家庭财产合法性验证作了原则性规定。查核发现领导干部的家庭财产明显超过正常收入的，应当要求其作出说明，必要时可以对其财产来源的合法性进行验证。三是对查核结果的运用作出了原则性规定，要求把查核结果作为衡量领导干部是否忠诚老实、清正廉洁的重要参考，运用到选拔任用、管理监督等干部工作中。四是明确了查核联系工作机制以及成员单位。五是对抽查核实纪律作了规定，充分吸收和巩固了十八大以来开展领导干部个人有关事项报告抽查核实工作的创新实践成果。

（四）准确把握查核结果处理政策

查核结果处理提抽查核实工作的关键环节，直接影响报告制度的执行效果。中央这次修订《规定》的同时，同步制定出台查核结果处理《办法》，为进一步做好这方面工作提供了重要法规依据。《办法》主要对3个方面的内容作了明确具体的规定。一是分别界定了漏报、瞒报的具体情形。将认定为漏报的行为，明确为5种情形；将认定为瞒报的行为，明确为10种情形。二是分别明确了对漏报、瞒报的处理规定：对漏报的，要给予批评教育、诫勉，情节重的还要给予组织处理；对瞒报的，要加重处理，起点就是诫勉，还包括取消考察对象资格、调离岗位、改任非领导职务、免职、降职等；对瞒报情节较重或者查核发现涉嫌其他违纪问题的，要依纪追究纪律责任。作出这样的规定，既考虑到了性质的不同，也注意了量的尺度，还区分了是不是属于主观故意。三是明确了受到纪律处分和组织处理的影响期。《办法》的出台提供了操作性很强的标尺，有利于推动从严从实做好查核结果处理工作，同时也划出了底线、亮出了红线，对领导干部有很强的警示教育作用。

三、认真抓好两项法规的贯彻执行

制度的生命力在于执行。中央在印发两项法规的通知中，对学习贯彻工作提出了明确要求。在全国组织部长会议上，赵乐际同志强调有制度要严格执行，坚持出台一个就执行好一个，强化制度刚性约束，真正把干部管住管好。我们要按照要求，把贯彻执行紧紧抓在手上，确保两项法规落实落地。

第一，要抓好责任落实。这是贯彻执行两项法规的重要保证。要把贯彻执行两项法规，作为各单位党委履行全面从严治党主体责任的一项重要政治任务，列入议事日程，切实加强组织领导，研究部署贯彻落实工作。各位人事处长培训结束回去后，要第一时间将培训班的有关精神向所党委主要领导报告，抓紧制定贯彻落实的具体意见，要在所党委会上专门学习传达两项法规的有关精神，要在组织本单位开展集中填报工作前对相关人员进行一次专门培训，人事局将把各单位对两项法规的传达学习列入选人用人工作专项检查的一项内容。各单位人事部门要认真履行职责，持之以恒抓好两项法规的贯彻落实，加强抽查核实，敢于较真碰硬，对不如实报告或者存在其他问题的要严肃处理，切实维护报告制度的严肃性和权威性。要教育引导领导干部充分认识如不如实报告个人有关事项绝不是无足轻重的“小节”问题，而是对党是否忠诚老实的重要体现，要切实增强纪律意识、规矩意识和组织观念，严格按照要求如实报告个人有关事项，自觉接受组织监督。

第二，要抓好学习培训。实践表明，人们对制度本身的认同程度越高，制度落实的力度就会越大；对制度的共识越强，制度执行的有效性就越强。要通过层层开展学习培训，进一步提高认识、形成共识，打牢贯彻执行两项法规的思想基础。不久前，人事局选派相关同志参加了中央组织部举办的学习贯彻两项法规专题培训班，今天我院专门也组织了一次专题培训，各单位也要联系实际，采取中心组学习、专题培训等多种形式，抓好两项法规的学习贯彻。

第三，要抓好组织实施。要以贯彻实施两项法规为契机，进一步做好领导干部个人有关事项报告工作。一是认真做好集中填报工作。最近，中央组织部印发通知，对 2017 年的集中填报工作作出部署。各级组织人事部门要在 4 月底以前完成集中填报，在 6 月底前将汇总综合报告报中央组织部。这次培训的另外一项任务，就是对我院 2017 年集中填报工作进行部署，一会儿干部处的同志将就填报工作具体情况及要求进行说明。二是加强抽查核实。下一步，人事局将加强对领导干部个人有关事项报告真实性和完整性的抽查核实，特别是要围绕班子换届、干部选任等工作开展重点查核，落实“凡提必核”，严把人选政治关廉洁关，坚决防止“带病提拔”。今年第三季度，中组部还将按 10%的比例集中开展随机抽查。三是强化查核结果运用。对无正当理由不按时报告、不如实报告或隐瞒不报的，要依规依纪予以严肃处理，该批评教育的批评教育，该组织处理的组织处理，该纪律处分的纪律处分。这里，需要强调的是，中央这次印发的两项法规，明确规定自 2017 年 2 月 8 日起施行。也就是说，从今年的集中填报开始，领导干部要按照新《规定》和新《报告表》填报个人有关事项，组织上要按照新《规定》开展抽查核实，查核领导干部新填报的《报告表》，依据新出台的《办法》对查核结果进行认定和处理。

第四，要抓好细化操作。赵乐际同志强调，既要坚持精准科学制定政策，又要坚持精准科学执行政策。在贯彻落实两项法规工作中，我们一定要牢固树立精准科学的理念，将有关政策落细落实落到位。特别是在查核结果处理运用上，要坚持实事求是、具体问题具体分析，精准掌握尺度，细化操作，防止随意性、简单化，防止大而化之、一刀切，确保作出的相关结论经得起检验。这既是对组织负责也是对干部负责。

第五，要抓好监督检查。徒法不足以自行。人事局将结合选人用人专项检查、领导班子换届、巡视等工作，采取多种方式，加强对各单位两项法规贯彻执行情况的监督检查。对未经查核提拔或者进一步使用干部的，对查核发现的问题不按照规定处理的，对违反工作纪律、保密纪律或者在查核工作中敷衍塞责、徇私舞弊的，发现一起查处一起，严肃追究有关领导人员和责任人的责任。

同志们，贯彻执行好两项法规，做好领导干部个人有关事项报告工作，责任重大、意义重大。我们要认真贯彻中央坚定推进全面从严治党的部署要求，牢记职责使命，践行忠诚干净担当，抓好实施报告制度等干部监督工作任务的落实，以优异成绩迎接党的十九大胜利召开！

贾广东局长在2016年度“西部之光”访问学者、少数民族特培学员培养工作总结座谈会的讲话提纲

2017年7月13日

同志们：

今天，农业部2016年度“西部之光”访问学者、少数民族特培学员培养工作总结座谈会在我院召开。首先，受华俊院长和萌山书记委托，我代表中国农科院，对中组部、人社部、农业部领导和培养导师代表的光临表示热烈欢迎！向全体“西部之光”访问学者、少数民族特培学员一年来所取得的收获与成就表示热烈祝贺！

实施“西部之光”访问学者和少数民族特殊培养计划，是中央对于加强西部人才队伍建设的一项重要举措，也是贯彻落实国家西部大开发战略，开展智力扶贫，支持西部地区和少数民族地区农业农村经济发展的具体行动。能够承担这项国家级的重大人才培养任务，中国农业科学感到非常光荣，这既是对我们的信任和支持，也对促进中国农科院与地方农业科研单位的交流合作有着积极的促进作用。今年是我院连续第十二年承担农业部系统的“西部之光”访问学者培养工作。自2005年接收首批访问学者开始，已经有来自西部16个省市区和新疆生产建设兵团的260名“西部之光”访问学者和近24名少数民族特培学员，先后在我院24个研究所进行研修。借此机会，向长期以来关心支持我们这项工作的上级部门、参与培训的院属单位和广大科技人员表示最衷心的感谢。

一是感谢中组部、人社部的充分信任和殷切关怀。长期以来，中组部、人社部一直关心支持中国农业科学院的工作，特别是2005年来，将“西部之光”访问学者和少数民族特殊培养工作任务交给我院，充分体现了对我院在农业科技创新、人才培养管理工作方面的认可，也为我院加大与西部地区交流合作，更好地为西部地区的经济社会发展服务搭建了桥梁。中组部人才局、人社部专技司的领导始终关心学员研修及培养管理工作，利用调研、考察、座谈等机会，对我们在工作中遇到的问题和困难给予了很大帮助，让我们很受感动、备受鼓舞。

二是感谢农业部人事司的具体指导和全力支持。为确保培养工作的顺利进行，农业部人事司每年都专门拨付西部之光培养工作管理经费，并对管理服务工作提出具体指导意见。每年的专题研修班，人事司都严格审定培训计划，安排和邀请有关领导和专家讲课，并采用专题讲座与研讨交流、实地考察、素质拓展训练相结合的方式，丰富培训内

容、扩展培训形式。同时，不断创新培训管理方式，在人事司的指导下，我院今年继续对“西部之光”访问学者、少数民族特培学员的学习研修情况进行中期考核。学员们集中汇报研修进展，导师们认真点评指导，大家深入探讨、明确方向、完善方案，进一步提升了本年度访学质量。

三是感谢院属单位的高度重视和精心安排。承担培养任务的研究所能够充分认识到为西部培养优秀人才这一义不容辞的责任和使命的重要性，根据访问学者和特培学员的实际情况，在充分尊重他们选择的基础上，确定知名专家担任培养导师。这些导师都是我院相关学科领域的带头人，大多承担着国家重点研发计划、国家自然科学基金等重大课题。院属各单位还尽最大努力为学员们做好服务工作，据了解，作科所专门召开了本所的培养工作座谈会、中期座谈会，及时了解他们的学习进度，解决遇到的困难，并探讨加强研究所与学者所在地区长期合作的有效方法；研究生院除了负责好访问学者和特培学员的集中管理、食宿安排和生活服务保障等工作外，还充分利用教学条件，为他们开放了各种选修课程及科技活动，并为他们组织开展活动提供了必要的场所和便利条件等。

四是感谢培养导师的积极配合和辛勤培养。各位导师能够充分认识到这项工作的重要性，把访问学者、特培学员的培养工作作为一项非常重要的工作来抓，在完成繁忙的科研工作的同时，不仅为访问学者制定了详细的培养计划，让他们直接参与到国家和农业部重大科研项目，还提供了许多课题调研、学术交流的机会，开阔了访问学者、特培学员的专业视野和科研思路，发挥了较好的传、帮、带作用，得到了学员们的一致好评。2017 年，牧医所马月辉研究员、环发所曾希柏研究员等多位培养导师及团队骨干都亲自到访问学者、特培学员的派出地考察调研，与当地农业研究单位的领导和技术人员进行了广泛的交流。草原所孙启忠研究员针对访问学者赵庭辉的派出单位所在地——丽江高海拔地区适宜冬闲地种植的饲草栽培品种较少、冬春季节青绿饲草不足、草食畜冬春死亡较高等问题，结合冬春耕地闲置期长，宜种土地面积宽广，水肥光热资源丰富等优势，协助引进北方饲料燕麦品种 10 个，并对其生育期、生产性能及病虫害等开展科学研究，取得较好成效。为云南海拔 2 000米冬闲地栽培饲料燕麦提供了理论依据，填补了技术空白，也为今后的合作与交流奠定了良好基础。

五是感谢培训学员们的勤奋努力和理解包容。本批访问学者和特培学员的年龄大多在 40 岁左右，既是单位的业务骨干，家庭负担也比较重。在研修学习的一年里，大家克服了家庭、气候、饮食、工作生活环境等诸多方面的不适应，圆满完成了研修任务。有的同志身体不适，继续坚持学习研究；有的同志因研修任务重，回家探亲一推再推。很多研究所和培训导师也反映，通过与广大访问学者和特培学员的合作交流，进一步加强对西部地区科研需求的认识和了解，学员们的勤奋努力、好学奋进、踏实肯干的优良品质和作风，给我们留下了深刻印象。因条件有限，院所两级在服务和培养中有许多不够周到之处，但大家都十分体谅，感谢大家的理解和包容。也希望大家有什么意见建议能够留下来，帮助我们在今后的工作中不断改进和提高。

最后，受华俊院长和萌山书记委托，我也代表院里向中组部、人社部和农业部表个态：在今后的工作中，一定不辜负上级领导的信任和希望，继续落实好培养任务，不断完善工作机制，改进管理方式，进一步做好“西部之光”访问学者和少数民族特培学员的培养工作。同时，也欢迎各位培训学员常回来看看，与我院保持长久合作关系，将地方资源环境优势和农科院的科研优势充分结合，努力提高西部地区的农业科研水平，努力促进农业科技成果的转化应用，为“三农”工作和经济建设作出新的更大的贡献！

六、计划财务管理与条件建设

中国农业科学院2017年财务工作概况

2017年，是实施“十三五”规划的重要一年，也是中国农业科学院科技创新工程全面推进期的第二年。全院财务人员围绕院党组中心工作，服务于全院工作大局，积极谋划，团结协作，扎实工作，圆满完成年度各项工作任务。

一、加强资金争取和资源优化，保障中国农业科学院事业发展

1. 积极争取资源，部门预算总规模再创新高

2017年中国农业科学院部门预算批复全院总收支规模达75.41亿元，其中一般公共预算拨款收支规模33.70亿元（包含科技创新工程财政拨款8亿元），占总收支的45%，与2016年预算“二下”同口径相比增幅5.70%。其中：基本支出经费增长1.16亿元，增长13.09%；项目支出经费增长0.66亿元，增长2.96%，增长因素主要是科学专项和基本建设资金增加，重点科研设施运行费，修购专项和国家科技基础条件平台奖补显著增长。2017年部门预算批复中，一般公共预算拨款安排中国农业科学院“三公”经费预算1 646.31万元。其中：因公出国（境）费86万元，公务用车运行费1 490.11万元，公务接待费70.20万元。因公出国（境）费减少1 175万元，主要是根据《农业部关于批复部属预算单位2017年部门预算的通知》（农财发〔2017〕7号）和《中共中央办公厅　国务院办公厅转发中央组织部、中央外办等部门〈关于加强和改进教学科研人员因公临时出国管理工作的指导意见〉的通知》精神，从2017年起，教学科研人员因公临时出国开展学术交流合作经费实行区别管理，不再纳入“三公”经费预算进行额度控制。学术交流合作以外的因公临时出国，仍执行现行国家工作人员因公临时出国管理政策，有关经费纳入“三公”经费预算从严控制。

2. 突出重点，确保中国农业科学院重点工作有序进行

一是落实各项人才保障经费。制定出台《中国农业科学院人才发展专项资金管理办法（试行）》，积极落实当前各项人才保障经费4 000万元；通过增量带动存量，安排科研经费732.8万元，支持青年英才引进人才21人。为构建长期稳定的人才经费渠道，通过深入调研，设立人才发展基金会提上日程。二是统筹安排2017年基本科研业务费细化预算。安排院级统筹任务经费6 140万元，立项资助224项，重点支持基础研究引导计划、国家农业科技创新联盟工作，以及农业部下达的农业基础性长期性工作等院统筹任务；安排所级统筹经费1.67亿元，支持所统筹自主选题研究842项。同时，安排科研经费200万元，支持西部农业部研究中心科研工作。

3. 做好重点经费申报和评审，保障中国农业科学院中长期重点工作运行

一是积极争取各类科研专项经费支持。在科技创新工程专项经费的申报方面，2017年中国农业科学院科技创新工程预算财政拨款8亿元，院属各单位申请2020年创新工程专项经费13.76亿元。根据业务管理与预算管理衔接的原则，中国农业科学院进一步完善了创新工程预算申报和评审工作机制，加强了创新办在专项规划内容和绩效评价指标的审核，由院创新办、财务局共同组织开展专项预算审核工作，极大地提升了创新工程项目文本质量，为其他科研专项文本编制提供了参考模板。经农业部审核，我院科技创新工程专项经费2020年规划数为13.13亿元。在其他科研经费争取方面，基因组所优薯计划项目获得部里支持，2017年争取资金888万元；蜜蜂研究所蜜蜂产业化项目获得专项支持，2018年预算500万元。在科研设施运行费申报方面，院属21个研究所申报2018—2020年运行费新设项目共计34个，金额1.64亿元。全院2017年获得财政资金支持延续项目共计38个，金额8 861.4万元。二是优化资源配置，统筹条件专项资金支持。在修购专项经费申报方面，加强了院级统筹，重点强化了事权责任，由中国农业科学院财务局牵头，基本建设局、院办公室、科技管理局、人事局、成果转化局等机关部门共同参与院级答辩评审，保障院重点工作。院属29个单位申报2018年科学类修购专项40 575.54万元，项目56个；获预算"一下"新增项目42个，延续项目6个，资金合计28 365万元。其中，2018年修购项目申报重点支持创新工程实施支撑条件，目前获预算"一下"支持西部农业研究中心2 355万元、深圳试验基地690万元，支持人才引进科研仪器设备购置需求约6 290万元。组织院属5个农业事业单位申报2018—2020年部属预算单位修缮购置专项资金项目21个，资金5 707万元；经评审纳入项目储备库13个，资金3 275万元，其中2016年新开立中央财政预算户头的基因组所经争取，新纳入储备项目库3个，资金870万元；目前4个单位获2018年预算"一下"5个项目，1 052万元。组织院属6个国家重点实验室申报2018—2020年科研仪器设备经费43 393.4万元，仪器设备（项目）842个，其中2018年17 543.61万元；目前获2018年预算"一下"12 904万元。组织完成2018年大型科研仪器设备购置需求农业部专家评议工作，全院共申报50万以上通用设备和100万以上专用设备322台/套，经专家评议同意购置291台/套。

二、加强宣传培训和督导，确保中央科技政策落地生根

1. 加强宣传

一是组织院属各单位在门户网站上设立专栏，集中发布11号文、64号文、50号文等中央财政相关科研项目和资金管理的文件及解读等，大力宣传中央财政科技政策。二是集中宣讲。按照院党组的统一部署，将政策宣讲与政策落实督导相结合，讲解中央科研"放管服"的决策部署和系列文件精神，讲解配套出台的16项制度办法，实现了"两个全覆盖"：研究所全覆盖，科研骨干、在职党员、领导干部以及职能部门工作人

员全覆盖。确保中央政策接得住、管得好，中央政策精神落实落地。

2. 持续督导

一是印发了《中国农业科学院办公室关于进一步做好〈关于进一步完善中央财政科研项目资金管理等政策的若干意见〉落实工作的通知》（农科办财〔2017〕50 号），及时跟踪执行过程中遇到的问题，广泛搜集完善意见或建议，积极推进内部制度的制订、修订工作，形成单位科研项目资金管理制度汇编。二是实行月报和季报制度，集中约谈，确保院属各单位配套制度出台落地。3 月中旬院督促各单位梳理并健全制度，按照财政部、科技部通知要求实行 50 号文落实情况月报和季报制度，并按时间要求统计和报送。针对尚未全部制定配套制度的单位，6 月中旬吴孔明副院长召开办公会，集中约谈有关单位法人代表，限期落实。截至 6 月底，全院各单位均按要求出台了配套制度。

中国农业科学院作为国家级科研经费管理改革试点单位之一，2017 年先后组织接待了中央改革办①、审计署②、中国社会科学院、国土资源部③、农业部等单位来院开展的贯彻落实 50 号文的调研活动。

三、积极探索管理创新，基础性工作持续增强

1. 积极探索，推进预算绩效管理

一是组织完成 2016 年部门预算项目支出绩效自评，2017 年部门预算项目支出绩效目标分解、细化和批复，科技创新工程、社会公益类科研机构改革专项、农业生态环境保护 3 个二级项目 1—7 月绩效目标执行监控，2018 年部门预算项目支出绩效目标设定。二是认真落实《农业部部属事业单位国有资产管理绩效考核暂行办法》（农财发〔2016〕17 号）有关要求和农业部工作部署，组织完成全院 2016 年度国有资产管理绩效考核，全面评价中国农业科学院国有资产管理现状、客观反映房产出租出借情况，并积极配合农业部考评组完成对院本级等 11 个单位的现场重点考评，对检查中发现的问题督促各单位认真整改，推进落实院属单位国有资产管理责任。

2. 深入调研，督促预算执行

一是在预算执行关键节点对院属单位进行提醒和督促。6 月、10 月和 12 月 3 次发文，要求院属单位高度重视、狠抓落实，进一步加快预算执行；10 月和 12 月两次发文向全院通报预算执行进度，要求各单位进一步增强预算执行责任意识，抓紧组织项目实施，在保证资金安全使用的前提下，采取切实有效措施加快预算执行进度。二是深入各单位了解情况，进行预算执行调研和督导。由财务局 3 位局领导带队，组成调研督导

① 中央全面深化改革领导小组办公室，全书简称中央改革办。

② 中华人民共和国审计署，全书简称审计署。

③ 中华人民共和国国土资源部，全书简称国土资源部。

组，赴京区 15 家单位，调研各单位在财务管理、预算执行过程中重点关注的问题、当前面临的困难、解决问题的意见和建议。督导各单位预算执行进度，重点督导科技创新工程专项经费、基本科研业务费、修购专项、基本建设项目。经过院所共同努力，截至 2017 年 11 月底，中国农业科学院预算总体执行进度为 77.65%，虽然由于中国农业科学院基数较大，仍低于序时进度（91.67%）14.02 个百分点，但高于去年同期进度（65.33%）12.32 个百分点。

3. 扎实开展基础性工作，夯实发展根基

一是在制度方面，结合中国农业科学院工作实际，制定《中国农业科学院关于加快推进财务信息化工作的意见》，组织院内外经验交流，促进院属单位财务信息系统建设和完善，提升财务信息支撑水平；印发《中国农业科学院科研仪器设备采购管理办法》，突出我院科研特色，聚焦科研仪器设备采购管理的重点内容和重要环节，指导和规范全院科研仪器设备采购工作开展。二是在能力建设方面，做好全院财务人员队伍和科研财务助理队伍信息统计和培训工作，配合农业部组织财务处长培训班，举办院财务处长、财务骨干和科研财务助理培训班，提升财务队伍专业素质。三是在基础数据方面，结合 2016 年资产清查和土地账证核对工作成果，组织对全院土地资产进行了全面梳理，摸清了在账和拥有产权土地资产情况，在此基础上，组织开发院土地管理信息系统，推进实现土地资产动态管理。根据资产管理信息系统数据，截至 2017 年 12 月 31 日，全院固定资产账面价值（原值）总计 85.94 亿元，无形资产账面价值总计 2.12 亿元（原值），其中：土地 270 宗 6 364.19万平方米(95 462.85亩)，账面价值 1.52 亿元；房屋 144.16 万平方米，账面价值 22.73 亿元；50 万元以上通用设备 990台/套，账面价值 11.00 亿元；100 万元以上专用设备 196 台/套，账面价值 3.75 亿元。

四、加强资金监管，为院所事业平稳运行保驾护航

1. 积极配合审计署农林水审计局完成政策跟踪审计

配合审计署农林水审计局完成了中央财政科研项目资金管理等政策措施落实情况审计调查，提出了中国农业科学院人员经费财政资金保障水平较低、科研仪器设备不能免税进口影响科研工作开展、农科院学科和研究机构的设置及布局无法适应当前新要求、12 家拟转企研究所定位不清面临制约性矛盾与困难等 7 类问题，并在报送给国务院的报告中提出，建议加大对农业科研院所人员经费的财政保障力度、加强部际联系会议的统筹协调作用等意见。

2. 发挥合力，实现联合检查“1+1>2”的效果

采取“巡视牵头，审计先行，监察跟进”的“组合拳”监管模式，在“检查”次数上做减法，组织财务审计人员对院属单位开展了科研经费专项整治工作，全面掌握院属单位科研经费管理与使用情况。完成了上海兽医所、茶叶所、兰州牧药所、灌溉所、哈尔滨兽医所、质标所 6 家单位的巡视（科研经费专项整治）工作。

3. 开展院属单位领导干部经济责任审计

为加强对院属单位主要领导干部的管理监督，推进党风廉政建设，根据《中国农业科学院办公室关于印发〈中国农业科学院院属单位主要领导干部经济责任审计规定〉的通知》（农科办财〔2014〕125 号）和《关于对农田灌溉研究所等 3 单位法定代表人进行任期经济责任审计的通知》（农科人干函〔2017〕76 号）等文件的要求，组织开展了灌溉所段爱旺所长、哈尔滨兽医所孔宪刚所长、特产所杨福合所长、深圳基因组所钱前所长的任期经济责任审计，加强对领导干部经济责任履行情况的监督，规范单位财务管理。

中国农业科学院 2017 年公共预算财政拨款收入支出决算表

（金额单位：万元）

项目		年初结转和结余	本年收入		本年支出			年末结转和结余
支出功能分类科目编码（类 款 项）	科目名称		合计	其中：基本建设资金收入	合计	基本支出小计	项目支出小计	
	栏次	1	2	3	4	5	6	7
	合计	102 167.30	354 956.43	22 526.00	392 555.55	118 813.06	273 742.49	64 568.18
202	外交支出	92.21	628.00		157.95	0.00	157.95	562.25
20203	对外援助	0.00	398.00		0.00	0.00	0.00	398.00
2020399	其他对外援助支出	0.00	398.00		0.00	0.00	0.00	398.00
20299	其他外交支出	92.21	230.00		157.95	0.00	157.95	164.25
2029901	其他外交支出	92.21	230.00		157.95	0.00	157.95	164.25
205	教育支出	34.99	260.89		214.69	0.00	214.69	81.20
20508	进修及培训	34.99	260.89		214.69	0.00	214.69	81.20
2050803	培训支出	34.99	260.89		214.69	0.00	214.69	81.20
206	科学技术支出	76 052.65	299 436.14	18 389.00	328 432.14	93 241.52	235 190.62	47 056.65

（续表）

项目		年初结转和结余	本年收入		本年支出			年末结转和结余
支出功能分类科目编码（类 款 项）	科目名称		合计	其中：基本建设资金收入	合计	基本支出小计	项目支出小计	
	栏次	1	2	3	4	5	6	7
	合计	102 167.30	354 956.43	22 526.00	392 555.55	118 813.06	273 742.49	64 568.18
20602	基础研究	8 870.84	27 412.02	14 100.00	25 356.37	950.69	24 405.68	10 926.49
2060201	机构运行	27.41	953.56		950.69	950.69	0.00	30.28
2060204	重点实验室及相关设施	8 834.43	17 964.00	14 100.00	15 911.22	0.00	15 911.22	10 887.21
2060206	专项基础科研	9.00	0.00		0.00	0.00	0.00	9.00
2060299	其他基础研究支出	0.00	8 494.46		8 494.46	0.00	8 494.46	0.00
20603	应用研究	43 230.91	230 750.12		257 775.20	92 290.83	165 484.37	16 205.83
2060301	机构运行	828.12	92 091.12		92 290.83	92 290.83	0.00	628.41
2060302	社会公益研究	42 402.79	138 659.00		165 484.37	0.00	165 484.37	15 577.42
20605	科技条件与服务	21 046.77	40 650.00	3 800.00	43 339.71	0.00	43 339.71	18 357.05
2060503	科技条件专项	21 046.77	40 650.00	3 800.00	43 339.71	0.00	43 339.71	18 357.05
20609	科技重大项目	1 089.58	135.00	489.00	1 117.73	0.00	1 117.73	106.84
2060901	科技重大专项	1 089.58	135.00		1 117.73	0.00	1 117.73	106.84
20699	其他科学技术支出	1 814.56	489.00		843.13	0.00	843.13	1 460.44

（续表）

项目		年初结转和结余	本年收入		本年支出			年末结转和结余
支出功能分类科目编码	科目名称		合计	其中：基本建设资金收入	合计	基本支出小计	项目支出小计	
类 款 项	栏次	1	2	3	4	5	6	7
	合计	102 167.30	354 956.43	22 526.00	392 555.55	118 813.06	273 742.49	64 568.18
2069999	其他科学技术支出	1 814.56	489.00	489.00	843.13	0.00	843.13	1 460.44
207	文化体育与传媒支出	2 160.98	112.60		1 052.80	112.60	940.20	1 220.78
20701	文化	1 220.78	0.00		0.00	0.00	0.00	1 220.78
2070104	图书馆	1 220.78	0.00		0.00	0.00	0.00	1 220.78
20704	新闻出版广播影视	0.00	112.60		112.60	112.60	0.00	0.00
2070408	出版发行	0.00	112.60		112.60	112.60	0.00	0.00
20799	其他文化体育与传媒支出	940.20	0.00		940.20	0.00	940.20	0.00
2079903	文化产业发展专项支出	940.20	0.00		940.20	0.00	940.20	0.00
208	社会保障和就业支出	0.75	3 233.35		3 234.10	3 234.10	0.00	0.00
20805	行政事业单位离退休	0.75	3 233.35		3 234.10	3 234.10	0.00	0.00
2080502	事业单位离退休	0.75	3 233.35		3 234.10	3 234.10	0.00	0.00
211	节能环保支出	127.72	1 727.75		853.36	0.00	853.36	1 002.10
21103	污染防治	0.00	848.29		0.00	0.00	0.00	848.29

（续表）

项目		年初结转和结余	本年收入		本年支出			年末结转和结余
支出功能分类科目编码	科目名称		合计	其中：基本建设资金收入	合计	基本支出小计	项目支出小计	
类 款 项	栏次	1	2	3	4	5	6	7
	合计	102 167.30	354 956.43	22 526.00	392 555.55	118 813.06	273 742.49	64 568.18
2110399	其他污染防治支出	0.00	848.29		0.00	0.00	0.00	848.29
21104	自然生态保护	127.72	879.46		853.36	0.00	853.36	153.81
2110402	农村环境保护	127.72	879.46		853.36	0.00	853.36	153.81
213	农林水支出	23 556.46	33 565.25	4 137.00	42 604.17	6 218.51	36 385.66	14 517.53
21301	农业	23 556.46	33 565.25	4 137.00	42 604.17	6 218.51	36 385.66	14 517.53
2130102	一般行政管理事务	0.00	268.70		268.70	0.00	268.70	0.00
2130104	事业运行	64.21	8 535.49		8 393.75	6 040.83	2 352.92	205.95
2130106	科技转化与推广服务	5 143.11	2 772.38	323.00	6 253.06	0.00	6 253.06	1 662.43
2130108	病虫害控制	8 069.19	1 159.80		5 585.21	0.00	5 585.21	3 643.78
2130109	农产品质量安全	3 229.30	8 176.65		9 451.06	0.00	9 451.06	1 954.89
2130110	执法监管	381.97	0.00		338.98	0.00	338.98	42.99
2130111	统计监测与信息服务	758.33	2 198.00		2 198.98	0.00	2 198.98	757.35
2130112	农业行业业务管理	621.66	1 636.10		1 459.80	0.00	1 459.80	797.96

（续表）

项目		年初结转和结余	本年收入		本年支出			年末结转和结余
支出功能分类科目编码	科目名称		合计	其中：基本建设资金收入	合计	基本支出小计	项目支出小计	
类 款 项	栏次	1	2	3	4	5	6	7
	合计	102 167.30	354 956.43	22 526.00	392 555.55	118 813.06	273 742.49	64 568.18
2130114	对外交流与合作	345.92	970.95		1 030.63	0.00	1 030.63	286.24
2130124	农业组织化与产业化经营	18.75	0.00		17.76	0.00	17.76	0.99
2130126	农村公益事业	49.35	240.00		246.82	0.00	246.82	42.53
2130135	农业资源保护修复与利用	2 388.04	6 742.50	2 994.00	5 761.04	0.00	5 761.04	3 369.50
2130199	其他农业支出	2 486.63	864.68	820.00	1 598.38	177.68	1 420.70	1 752.93
221	住房保障支出	141.54	15 992.45		16 006.33	16 006.33	0.00	127.66
22102	住房改革支出	141.54	15 992.45		16 006.33	16 006.33	0.00	127.66
2210201	住房公积金	60.38	10 184.86		10 199.41	10 199.41	0.00	45.83
2210202	提租补贴	18.22	577.55		572.16	572.16	0.00	23.61
2210203	购房补贴	62.94	5 230.04		5 234.77	5 234.77	0.00	58.22

中国农业科学院 2017 年行政事业类项目收入支出决算表

（金额单位：万元）

项目		资金来源					支出数			年末结转和结余	
支出功能分类科目编码	科目名称（二级项目名称项目）	合计	年初结转和结余		财政拨款	其他资金	合计	财政拨款	其他资金	合计	其中：财政拨款结转和结余
			小计	其中：财政拨款结转和结余							
类 款 项	栏次	1	2	3	4	5	6	7	8	9	10
	合计	292 990.04	68 516.95	66 121.77	213 961.84	10 511.25	254 771.89	244 378.13	10 393.76	38 129.06	35 705.49
202	外交支出	720.21	92.21	92.21	628.00	0.00	157.95	157.95	0.00	562.25	562.25
20203	对外援助	398.00	0.00	0.00	398.00	0.00	0.00	0.00	0.00	398.00	398.00
2020399	其他对外援助支出	398.00	0.00	0.00	398.00	0.00	0.00	0.00	0.00	398.00	398.00
2020399	其他对外援助支出	398.00	0.00	0.00	398.00	0.00	0.00	0.00	0.00	398.00	398.00
20299	其他外交支出	322.21	92.21	92.21	230.00	0.00	157.95	157.95	0.00	164.25	164.25
2029901	其他外交支出	322.21	92.21	92.21	230.00	0.00	157.95	157.95	0.00	164.25	164.25
2029901	其他外交支出	322.21	92.21	92.21	230.00	0.00	157.95	157.95	0.00	164.25	164.25
205	教育支出	295.88	34.99	34.99	260.89	0.00	214.69	214.69	0.00	81.20	81.20

（续表）

项目		资金来源					支出数			年末结转和结余	
支出功能分类科目编码	科目名称（二级项目名称项目）	合计	年初结转和结余		财政拨款	其他资金	合计	财政拨款	其他资金	合计	其中：财政拨款结转和结余
			小计	其中：财政拨款结转和结余							
类 款 项	栏次	1	2	3	4	5	6	7	8	9	10
	合计	292 990.04	68 516.95	66 121.77	213 961.84	10 511.25	254 771.89	244 378.13	10 393.76	38 129.06	35 705.49
20508	进修及培训	295.88	34.99	34.99	260.89	0.00	214.69	214.69	0.00	81.20	81.20
2050803	培训支出	295.88	34.99	34.99	260.89	0.00	214.69	214.69	0.00	81.20	81.20
2050803	培训支出	295.88	34.99	34.99	260.89	0.00	214.69	214.69	0.00	81.20	81.20
206	科学技术支出	259 990.96	62 087.61	59 694.46	188 002.46	9 900.89	228 213.44	218 421.09	9 792.35	31 688.43	29 275.83
20602	基础研究	13 713.23	395.31	26.91	12 358.46	959.46	13 298.20	12 385.00	913.20	415.03	0.37
2060204	重点实验室及相关设施	3 890.91	26.91	26.91	3 864.00	0.00	3 890.54	3 890.54	0.00	0.37	0.37
2060204	重点实验室及相关设施	3 890.91	26.91	26.91	3 864.00	0.00	3 890.54	3 890.54	0.00	0.37	0.37
2060299	其他基础研究支出	9 822.32	368.40	0.00	8 494.46	959.46	9 407.66	8 494.46	913.20	414.66	0.00
2060299	其他基础研究支出	9 822.32	368.40	0.00	8 494.46	959.46	9 407.66	8 494.46	913.20	414.66	0.00
20603	应用研究	186 219.43	44 427.54	42 402.79	138 659.00	3 132.89	168 554.98	165 484.37	3 070.61	17 575.36	15 577.42
2060302	社会公益研究	186 219.43	44 427.54	42 402.79	138 659.00	3 132.89	168 554.98	165 484.37	3 070.61	17 575.36	15 577.42
2060302	社会公益研究	186 219.43	44 427.54	42 402.79	138 659.00	3 132.89	168 554.98	165 484.37	3 070.61	17 575.36	15 577.42
20605	科技条件与服务	52 589.75	15 739.75	15 739.75	36 850.00	0.00	39 100.58	39 100.58	0.00	13 489.16	13 489.16

（续表）

项目		资金来源					支出数			年末结转和结余	
支出功能分类科目编码	科目名称（二级项目名称项目）	合计	年初结转和结余		财政拨款	其他资金	合计	财政拨款	其他资金	合计	其中：财政拨款结转和结余
			小计	其中：财政拨款结转和结余							
类 款 项	栏次	1	2	3	4	5	6	7	8	9	10
	合计	292 990.04	68 516.95	66 121.77	213 961.84	10 511.25	254 771.89	244 378.13	10 393.76	38 129.06	35 705.49
2060503	科技条件专项	52 589.75	15 739.75	15 739.75	36 850.00	0.00	39 100.58	39 100.58	0.00	13 489.16	13 489.16
2060503	科技条件专项	52 589.75	15 739.75	15 739.75	36 850.00	0.00	39 100.58	39 100.58	0.00	13 489.16	13 489.16
20609	科技重大项目	7 033.12	1 089.58	1 089.58	135.00	5 808.54	6 926.27	1 117.73	5 808.54	106.84	106.84
2060901	科技重大专项	7 033.12	1 089.58	1 089.58	135.00	5 808.54	6 926.27	1 117.73	5 808.54	106.84	106.84
2060901	科技重大专项	7 033.12	1 089.58	1 089.58	135.00	5 808.54	6 926.27	1 117.73	5 808.54	106.84	106.84
20699	其他科学技术支出	435.44	435.44	435.44	0.00	0.00	333.40	333.40	0.00	102.03	102.03
2069999	其他科学技术支出	435.44	435.44	435.44	0.00	0.00	333.40	333.40	0.00	102.03	102.03
2069999	其他科学技术支出	435.44	435.44	435.44	0.00	0.00	333.40	333.40	0.00	102.03	102.03
207	文化体育与传媒支出	940.20	940.20	940.20	0.00	0.00	940.20	940.20	0.00	0.00	0.00
20799	其他文化体育与传媒支出	940.20	940.20	940.20	0.00	0.00	940.20	940.20	0.00	0.00	0.00
2079903	文化产业发展专项支出	940.20	940.20	940.20	0.00	0.00	940.20	940.20	0.00	0.00	0.00
2079903	文化产业发展专项支出	940.20	940.20	940.20	0.00	0.00	940.20	940.20	0.00	0.00	0.00
211	节能环保支出	1 855.47	127.72	127.72	1 727.75	0.00	853.36	853.36	0.00	1 002.10	1 002.10

（续表）

项目		资金来源					支出数			年末结转和结余	
支出功能分类科目编码	科目名称（二级项目名称项目）	合计	年初结转和结余		财政拨款	其他资金	合计	财政拨款	其他资金	合计	其中：财政拨款结转和结余
			小计	其中：财政拨款结转和结余							
类 款 项	栏次	1	2	3	4	5	6	7	8	9	10
	合计	292 990.04	68 516.95	66 121.77	213 961.84	10 511.25	254 771.89	244 378.13	10 393.76	38 129.06	35 705.49
21103	污染防治	848.29	0.00	0.00	848.29	0.00	0.00	0.00	0.00	848.29	848.29
2110399	其他污染防治支出	848.29	0.00	0.00	848.29	0.00	0.00	0.00	0.00	848.29	848.29
2110399	其他污染防治支出	848.29	0.00	0.00	848.29	0.00	0.00	0.00	0.00	848.29	848.29
21104	自然生态保护	1 007.18	127.72	127.72	879.46	0.00	853.36	853.36	0.00	153.81	153.81
2110402	农村环境保护	1 007.18	127.72	127.72	879.46	0.00	853.36	853.36	0.00	153.81	153.81
2110402	农村环境保护	1 007.18	127.72	127.72	879.46	0.00	853.36	853.36	0.00	153.81	153.81
213	农林水支出	29 187.33	5 234.23	5 232.19	23 342.74	610.36	24 392.25	23 790.83	601.42	4 795.08	4 784.11
21301	农业	29 187.33	5 234.23	5 232.19	23 342.74	610.36	24 392.25	23 790.83	601.42	4 795.08	4 784.11
2130102	一般行政管理事务	268.70	0.00	0.00	268.70	0.00	268.70	268.70	0.00	0.00	0.00
2130102	一般行政管理事务	268.70	0.00	0.00	268.70	0.00	268.70	268.70	0.00	0.00	0.00
2130104	事业运行	2 558.87	64.21	64.21	2 494.66	0.00	2 352.92	2 352.92	0.00	205.95	205.95
2130104	事业运行	2 558.87	64.21	64.21	2 494.66	0.00	2 352.92	2 352.92	0.00	205.95	205.95
2130106	科技转化与推广服务	2 698.23	248.85	248.85	2 449.38	0.00	2 363.13	2 363.13	0.00	335.10	335.10

（续表）

项目		资金来源					支出数			年末结转和结余	
支出功能分类科目编码	科目名称（二级项目名称项目）	合计	年初结转和结余		财政拨款	其他资金	合计	财政拨款	其他资金	合计	其中：财政拨款结转和结余
			小计	其中：财政拨款结转和结余							
类 款 项	栏次	1	2	3	4	5	6	7	8	9	10
	合计	292 990.04	68 516.95	66 121.77	213 961.84	10 511.25	254 771.89	244 378.13	10 393.76	38 129.06	35 705.49
2130106	科技转化与推广服务	2 698.23	248.85	248.85	2 449.38	0.00	2 363.13	2 363.13	0.00	335.10	335.10
2130108	病虫害控制	1 203.26	43.46	43.46	1 159.80	0.00	1 166.95	1 166.95	0.00	36.31	36.31
2130108	病虫害控制	1 203.26	43.46	43.46	1 159.80	0.00	1 166.95	1 166.95	0.00	36.31	36.31
2130109	农产品质量安全	10 005.85	1 829.20	1 829.20	8 176.65	0.00	8 293.22	8 293.22	0.00	1 712.63	1 712.63
2130109	农产品质量安全	10 005.85	1 829.20	1 829.20	8 176.65	0.00	8 293.22	8 293.22	0.00	1 712.63	1 712.63
2130110	执法监管	137.87	137.87	137.87	0.00	0.00	96.93	96.93	0.00	40.95	40.95
2130110	执法监管	137.87	137.87	137.87	0.00	0.00	96.93	96.93	0.00	40.95	40.95
2130111	统计监测与信息服务	2 956.33	758.33	758.33	2 198.00	0.00	2 198.98	2 198.98	0.00	757.35	757.35
2130111	统计监测与信息服务	2 956.33	758.33	758.33	2 198.00	0.00	2 198.98	2 198.98	0.00	757.35	757.35
2130112	农业行业业务管理	2 257.76	621.66	621.66	1 636.10	0.00	1 459.80	1 459.80	0.00	797.96	797.96
2130112	农业行业业务管理	2 257.76	621.66	621.66	1 636.10	0.00	1 459.80	1 459.80	0.00	797.96	797.96
2130114	对外交流与合作	1 316.87	345.92	345.92	970.95	0.00	1 030.63	1 030.63	0.00	286.24	286.24
2130114	对外交流与合作	1 316.87	345.92	345.92	970.95	0.00	1 030.63	1 030.63	0.00	286.24	286.24

（续表）

项目		资金来源					支出数			年末结转和结余	
支出功能分类科目编码（类 款 项）	科目名称（二级项目名称项目）	合计	年初结转和结余		财政拨款	其他资金	合计	财政拨款	其他资金	合计	其中：财政拨款结转和结余
			小计	其中：财政拨款结转和结余							
	栏次	1	2	3	4	5	6	7	8	9	10
	合计	292 990.04	68 516.95	66 121.77	213 961.84	10 511.25	254 771.89	244 378.13	10 393.76	38 129.06	35 705.49
2130124	农业组织化与产业化经营	18.75	18.75	18.75	0.00	0.00	17.76	17.76	0.00	0.99	0.99
2130124	农业组织化与产业化经营	18.75	18.75	18.75	0.00	0.00	17.76	17.76	0.00	0.99	0.99
2130126	农村公益事业	275.87	35.87	35.87	240.00	0.00	243.82	243.82	0.00	32.04	32.04
2130126	农村公益事业	275.87	35.87	35.87	240.00	0.00	243.82	243.82	0.00	32.04	32.04
2130135	农业资源保护修复与利用	4 876.57	1 128.07	1 128.07	3 748.50	0.00	4 297.99	4 297.99	0.00	578.59	578.59
2130135	农业资源保护修复与利用	4 876.57	1 128.07	1 128.07	3 748.50	0.00	4 297.99	4 297.99	0.00	578.59	578.59
2130199	其他农业支出	612.39	2.03	0.00	0.00	610.36	601.42	0.00	601.42	10.97	0.00
2130199	其他农业支出	612.39	2.03	0.00	0.00	610.36	601.42	0.00	601.42	10.97	0.00

中国农业科学院2017年度修缮购置专项资金项目批复情况表

序号	预算代码	单位名称	专项合计		备　注
			数量（项）	金额（万元）	
		合　计	44	30 619.82	
1	125161001	沼科所	2	430	
2	125161002	环保所	1	425	
3	125161003	院本级	1	185	
4	125161004	研究生院	1	350	
5	125161005	农经所	1	240	
6	125161008	信息所	1	2 900	
7	125161009	作科所	1	1 495	
8	125161010	蔬菜所	1	815	
9	125161012	环发所	0	1 160	
10	125161013	资划所	1	1 125	
11	125161014	植保所	3	1 675	
12	125161015	加工所	1	2 305	
13	125161016	棉花所	1	790	
14	125161017	油料所	3	1 530	
15	125161018	果树所	0	215	
16	125161019	郑果所	1	725	
17	125161021	茶叶所	2	1 240	
18	125161023	烟草所	2	1 040	

（续表）

序号	预算代码	单位名称	专项合计		备　注
			数量（项）	金额（万元）	
19	125161024	麻类所	0	0	
20	125161028	牧医所	2	1 030	
21	125161029	蜜蜂所	1	575	
22	125161030	哈尔滨兽医所	2	3 240	
23	125161031	兰州兽医所	0	285	
24	125161032	兰州牧药所	0	0	
25	125161033	草原所	3	625	
26	125161034	特产所	2	1 645	
27	125161035	上海兽医所	1	765	
28	125161036	水稻所	3	990	
29	125161038	饲料所	2	1 325	
30	125161039	生物所	3	1 105	
31	125161007	质标所	1	200	
32	125161026	灌溉所	1	189. 82	
33	125161037	农机化所	0	0	

中国农业科学院 2017 年基本科研业务费项目评审汇总情况

2017 年，中国农业科学院共 35 个单位获中央级公益性科研院所基本科研业务费支持 22 816万元，共立项资助项目 1 066个，其中院级统筹项目预算 6 140万元，立项资助项目 224 个。

序号	预算编码	单位	2017 年合计		其中：院级统筹项目		备注
			项目数（项）	预算数（万元）	项目数（项）	预算数（万元）	
		合　计	1 066	22 816	224	6 140	
1	125161001	沼科所	22	404	5	125	
2	125161002	环保所	24	419	2	50	
3	125161003	院本级	18	300	18	300	
4	125161004	研究生院	9	280	1	100	
5	125161005	农经所	6	90	6	90	
6	125161007	质标所	21	388	6	160	
7	125161008	信息所	54	1 792	14	460	
8	125161009	作科所	46	1 277.6	15	385	
9	125161010	蔬菜所	25	782	10	245	
10	125161012	环发所	30	542.3	4	115	
11	125161013	资划所	73	1 293	15	465	
12	125161014	植保所	35	999.4	13	410	
13	125161015	加工所	33	649	6	175	
14	125161016	棉花所	61	1 089.7	6	255	
15	125161017	油料所	32	953	10	290	

（续表）

序号	预算编码	单位	2017 年合计		其中：院级统筹项目		备注
			项目数（项）	预算数（万元）	项目数（项）	预算数（万元）	
16	125161018	果树所	25	426	2	60	
17	125161019	郑果所	56	586	3	55	
18	125161021	茶叶所	44	519	2	90	
19	125161023	烟草所	40	654	7	165	
20	125161024	麻类所	19	391	4	85	
21	125161026	灌溉所	33	452	3	80	
22	125161028	牧医所	44	813	12	315	
23	125161029	蜜蜂所	18	329	2	50	
24	125161030	哈尔滨兽医所	31	1 308	11	345	
25	125161031	兰州兽医所	39	648	6	150	
26	125161032	兰州牧药所	23	534	1	60	
27	125161033	草原所	26	405	1	30	
28	125161034	特产所	33	1 000	4	70	
29	125161035	上海兽医所	35	383	3	80	
30	125161036	水稻所	14	845	7	170	
31	125161037	农机化所	37	920	7	215	
32	125161038	饲料所	20	457	3	130	
33	125161039	生物所	24	624	9	240	
34	125161042	食物营养所	9	91	1	10	
35	125161043	深圳基因组所	7	172	5	115	

中国农业科学院 2017 年度国有资产概况

根据《中国农业科学院 2017 年度部门决算报表》，中国农业科学院 2017 年年底资产总额达到 154.94 亿元，其中流动资产 67.71 亿元、固定资产（净值）46.78 亿元、在建工程 34.99 亿元、长期投资 3.64 亿元、无形资产（净值）1.82 亿元，如下图所示，分别占资产总额的 43.70%、30.19%、22.58%、2.35% 和 1.18%。全院共有 23 个单位资产总量超过 2 亿元，其中 9 个单位国有资产总量超过 5 亿元，详见下页表，全院国有资产规模持续扩大，为中国农业科学院“三个面向、两个一流”建设提供了坚实的物质基础支撑。

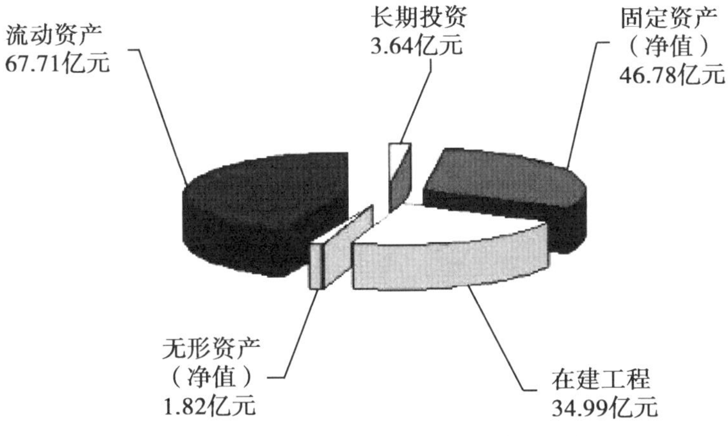

图　中国农业科学院 2017 年年末资产构成

数据来源：中国农业科学院 2017 年度部门决算报表

表　中国农业科学院 2017 年年末资产状况一览表

（单位：万元）

序号	单位名称	资产总额	流动资产	固定资产（净值）	长期投资	在建工程	无形资产（净值）
	全院合计	1 549 444.20	677 088.96	467 769.84	36 452.74	349 905.29	18 227.37
1	中国农业科学院（本级）	201 826.83	56 780.10	54 165.33	3 520.00	84 450.34	2 911.06
2	农业部沼气科学研究所	13 773.25	4 540.25	5 344.62	135.00	3 176.37	577.01
3	农业部环境保护科研监测所	25 911.82	17 634.39	3 277.84	25.00	4 830.13	144.47
4	中国农业科学院研究生院	23 023.61	12 160.33	10 689.68	140.00	0.00	33.60
5	中国农业科学院农业经济与发展研究所	9 764.33	9 126.47	637.86	0.00	0.00	0.00
6	中国农业科学院农业质量标准与检测技术研究所	22 653.16	10 225.79	8 996.82	0.00	3 251.67	178.88
7	中国农业科学院农业信息研究所	49 244.35	10 527.51	34 384.81	116.00	1 579.85	2 636.17
8	中国农业科学院作物科学研究所	81 401.67	57 373.23	20 516.36	276.21	2 461.38	774.49
9	中国农业科学院蔬菜花卉研究所	33 612.63	21 635.48	8 341.78	530.00	3 093.33	12.04
10	中国农业科学院农业环境与可持续发展研究所	28 582.85	19 242.52	6 236.15	244.38	1 567.55	1 292.25
11	中国农业科学院农业资源与农业区划研究所	62 108.03	34 426.61	16 760.20	85.00	10 650.63	185.58
12	中国农业科学院植物保护研究所	65 866.87	34 038.21	13 972.24	960.00	16 365.10	531.32
13	中国农业科学院农产品加工研究所	40 803.44	18 268.69	6 842.50	4 254.06	11 438.20	0.00
14	中国农业科学院棉花研究所	34 571.39	11 780.38	14 174.44	2 239.60	4 575.80	1 801.16

（续表）

序号	单位名称	资产总额	流动资产	固定资产（净值）	长期投资	在建工程	无形资产（净值）
15	中国农业科学院油料作物研究所	53 434.38	20 098.15	20 626.60	3 029.50	6 746.90	2 933.23
16	中国农业科学院果树研究所	12 081.34	4 251.16	7 067.40	120.00	610.38	32.41
17	中国农业科学院郑州果树研究所	16 018.98	6 748.69	6 929.17	40.00	2 270.06	31.06
18	中国农业科学院茶叶研究所	31 391.06	17 783.47	11 114.07	866.29	712.62	914.61
19	中国农业科学院烟草研究所	28 348.04	15 324.93	8 226.52	700.00	3 417.88	678.72
20	中国农业科学院麻类研究所	15 989.33	5 271.44	8 511.80	42.06	1 568.07	595.96
21	中国农业科学院农田灌溉研究所	16 407.31	3 450.63	12 620.18	62.00	52.24	222.26
22	中国农业科学院北京畜牧兽医研究所	68 647.21	18 098.11	10 178.17	507.00	39 763.01	100.93
23	中国农业科学院蜜蜂研究所	12 815.20	5 865.87	5 505.90	238.00	1 200.93	4.50
24	中国农业科学院哈尔滨兽医研究所	197 434.07	38 667.26	49 012.26	5 680.00	104 074.55	0.00
25	中国农业科学院兰州兽医研究所	134 212.21	92 685.21	17 643.28	2 400.00	21 395.24	88.48
26	中国农业科学院兰州畜牧与兽药研究所	19 588.20	6 290.60	10 534.06	239.57	2 509.89	14.09
27	中国农业科学院草原研究所	12 035.54	4 382.96	7 097.30	489.00	0.00	66.28
28	中国农业科学院特产研究所	43 744.00	15 066.71	17 060.72	1 700.62	9 091.70	824.25
29	中国农业科学院上海兽医研究所	32 385.16	14 247.35	16 937.63	750.00	57.74	392.45
30	中国水稻研究所	60 926.81	36 782.97	18 773.40	3 459.45	1 877.66	33.33

（续表）

序号	单位名称	资产总额	流动资产	固定资产（净值）	长期投资	在建工程	无形资产（净值）
31	农业部南京农业机械化研究所	29 311.05	11 288.01	14 359.04	774.00	2 890.00	0.00
32	中国农业科学院饲料研究所	16 903.59	7 939.64	6 064.18	655.00	2 212.00	32.78
33	中国农业科学院生物技术研究所	27 964.60	15 054.28	10 094.90	2 075.00	604.42	136.00
34	中国农业科学技术出版社	9 178.34	7 707.18	104.81	0.00	1 349.66	16.69
35	农业部食物与营养发展研究所	4 493.46	2 549.19	1 912.95	0.00	0.00	31.32
36	中国农业科学院农业基因组研究所	12 990.09	9 775.23	3 054.87	100.00	60.00	0.00

数据来源：中国农业科学院 2017 年度部门决算报表。

中国农业科学院 2017 年度政府采购情况

一、2017 年政府采购工作总体情况

2017 年，在农业部的正确领导下，在院属各单位和院机关各部门的密切配合下，我院政府采购管理各项工作顺利完成，《中国农业科学院科研仪器设备采购管理办法》（农科院财〔2017〕231 号）印发实施，突出科研特色聚焦重点环节指导和规范全院科研仪器设备采购工作开展；进口科研仪器设备专家集中论证和统一备案工作顺利完成，全力支撑科研工作高效开展；政府采购日常管理和业务培训等工作稳步推进，全院政府采购制度不断完善、政府采购程序更加规范，政府采购管理人员队伍基本稳定，保证了全院政府采购工作依法、合规、高效开展。

二、2017 年全院政府采购执行情况

根据中国农业科学院《2017 年政府采购信息统计报表》，全院 2017 年政府采购预算金额 66 120. 34万元，实际采购金额 55 591. 85万元，全部使用财政性资金。实际采购相对计划节约资金总额 10 528. 49万元，总节约率 15. 92%。具体分析如下。

从政府采购构成情况来看：货物类采购金额 34 549. 13万元，工程类采购金额 19 344. 64万元，服务类采购金额 1 698. 08 万元，分别占采购总金额的 62. 15%、32. 80%和 3. 05%。

从政府采购组织形式来看：集中采购金额 8 625. 52万元，分散采购金额 46 966. 33 万元，分别占总采购金额的 15. 52%和 84. 48%。由于 2017 年分散采购限额标准由 50 万元提高到 100 万元，分散采购金额占比较 2016 年降低了 8. 56 个百分点。其中，货物类集中采购金额 3 640. 20万元、分散采购金额 30 908. 93万元，分别占货物类总采购金额的 10. 54%和 89. 46%；工程类集中采购金额 3 790. 35万元、分散采购金额 15 554. 29万元，分别占工程类集中采购金额的 19. 59%和 80. 41%；服务类集中采购金额 1 194. 98 万元、分散采购金额 503. 10 万元，分别占服务类总采购金额的 70. 37%和 29. 63%。

从政府采购方式来看：公开招标采购金额 51 912. 35万元，邀请招标采购金额 672. 58 万元，竞争性谈判采购金额 299. 13 万元，竞争性磋商采购金额 214. 80 万元，询价采购金额 24. 92 万元，单一来源采购金额 304. 74 万元，协议供货采购金额 1 483. 06 万元，定点采购金额 680. 28 万元，分别占采购总金额的 93. 38%、1. 21%、0. 54%、

0. 39%、0. 04%、0. 55%、2. 67%和 1. 22%。从以上数据来看，公开招标是我院政府采购的主要采购方式，与《政府采购法》的管理要求相吻合。

从政府采购合同授予情况来看：授予国内厂商 34 987. 49万元，授予国外厂商20 604. 36万元，分别占总采购总额的 62. 94%和 37. 06%。其中，授予国外厂商的全部为货物类采购。

节能节水与环保产品采购：全院 2017 年实际采购节能节水产品 1 457. 01万元，占同类产品采购总金额(1 496. 68万元）的 97. 34%；实际采购环保产品 1 101. 24万元，占同类产品采购总金额(1 234. 62万元）的 89. 19%。

中国农业科学院2017年基本建设工作总结

2017年，中国农业科学院紧紧围绕“建设世界一流学科和一流科研院所”战略目标，以新理念为统领，以服务创新工程为主线，扎实推进全院基本建设工作。

一、2017年重点工作情况

（一）坚持规划引领，扎实推进条件平台建设

认真贯彻习近平总书记“规划科学是最大的效益”的讲话精神，以《中国农业科学院“十三五”基本建设规划》为抓手，统筹推进全院能力条件建设。一年来，通过基建工作会宣贯、日常督导、专题培训等方式，加强“十三五”规划引领和任务落实。2017年新立项科研用房、试验基地、基础设施改造、仪器购置等项目投资2.25亿元；新立项平均投资规模2 347万元，较上年平均规模1 488万元增长近57%，并在数字农业等新兴领域投入2 365万元；全院累计有41个创新能力条件建设类项目申请立项，规划完成率达到43%，超过农业部绩效考核指标3个百分点。基建投资聚焦重点、做大做强的发展目标得以进一步贯彻。同时，主动对接北京市总体规划，深度挖掘现有土地潜力，组织编制京区土地概念性规划，为“两个一流”建设提供更有力的空间保障；继续推进现代院所规划引领行动，启动编制了植物保护学科、农产品加工学科和研究生院中长期能力建设等7项专题规划。

（二）强化责任担当，狠抓重大决策部署落实

快速推进国家成都农业科技创新中心筹建，与成都市人民政府签署了共建国家成都农业科技中心战略合作框架协议和实施协议。成都中心规划占地面积284亩，规划总建筑面积22万平方米，争取地方基建投资10亿元和每年3 000万元专项科研经费支持，分批向中国农业科学院提供农业用地约3 000亩。目前已启动成都中心整体规划，同步推进都市农业研究中心建设项目前期工作。完成了西部农业研究中心205亩建设用地和2 000亩农业用地的划拨以及西部中心总体规划，其中建设用地修建性详细规划已获得批复；开展了综合服务楼及围墙前期工作，其中综合服务楼已完成设计，围墙主体工程已完成，西部中心重大项目立项准备工作基本完成。

（三）采取得力措施，重大项目建设取得突破性进展

突出抓好事关全局和长远的重大科研平台建设。院所联动，强力推进国家作物种质库建设项目初步设计和概算报批工作，分别于 8 月报送农业部、10 月报送国家发改委，目前已基本完成评审工作，创造中国农业科学院重大建设项目初步设计评审最快纪录。主动入位，协调农业部相关司局一次完成北方水稻研究中心项目部内评审，近期农业部直属单位建设规划印发后，即可报送国家发改委审批。倒排工期，加速推动国家动物疫病防控生物安全高级别实验室、国家畜禽改良中心两个项目全面完工，其中生物安全高级别实验室已顺利完成各项专业验收和项目初验，已申请国家验收；国家畜禽改良中心已完成各项专项验收，力争 2018 年春节前完成项目初验。

（四）克服重重困难，开启京区发展建设新篇章

通过不懈努力，克服了中心城区严格限制新增建筑、业务用房全面从严控制、大气治理全面停工等一系列困难，位于马连洼院区的研究生宿舍、植物保护研究所综合科研楼相继立项，加工所主餐肉类加工实验室等初步设计顺利批复，国家蜜蜂基因库进场施工已经就绪；位于中关村院区的国家作物种质库规划方案已批复、初步设计即将批复，海外农业研究中心规划条件和立项均获得批复、国家薯类中心前期工作快速推进，2 号地开发取得实质性进展。通过项目带动，京区发展建设将加快提质增效，拆除近 3 万平方米老旧房屋，新增一批设施现代、功能完善的实验室，为“两个一流”建设提供更有力的条件保障和更优美的人居环境。

（五）实施联动机制，推动项目执行与规范管理

坚持预算安排与项目执行联动，优化资金安排，加快项目执行，实现了“两增一降”的明显进展，实现了全院在建项目保持在 80 个以内、结余资金大幅压缩的预期目标。2017 年共新争取国家投资 2.25 亿元，当年完成投资 3.28 亿元，比 2016 年完成投资额 2.3 亿元增长了 42%；完成基建项目竣工验收 28 个，较去年完成数量 21 个增加了 33%，其中国家发改委、农业部重点督办的 2015 年以前立项的 29 个项目中，有 19 个通过验收；年底结余基建资金 2.46 亿元，比 2016 年同期结余资金 3.49 亿元下降了 30%。全年新增固定资产 3.28 亿元，其中科研及辅助房 2.0 万平方米，温室网室（含畜禽舍）1.7 万平方米，仪器设备 683 台套。同时，通过编制《农业基本建设项目实施指南》，印发《2016 年中国农科院基本建设项目成果汇编》，开展现场培训与经验交流，实施项目督导全覆盖等方式，努力提高院所基建管理规范化、制度化水平。

（六）牢记大局意识，牵头抓好各项交办任务

积极推进院部住房项目前期工作。向北京市委书记蔡奇同志报送了专题报告，争取高层支持和理解，同时主动加强与北京市规划部门沟通协调，在技术层面研究现实的解决途径。近期正在与北京市有关部门就住宅建设事宜进行沟通谈判，力争达成双赢格局，以推动中国农业科学院专家住房建设。全面完成南口试验基地建设项目。通过近两年的集中建设，基地的围墙护坡、安全防护、管理用房、道路通行、照明条件、雨水排泄、污水处理等基础条件与环境大幅改善，为科技创新与基地管理提供了有力支撑，预计 2018 年上半年完成验收。高质量完成领导交办的各项任务。积极协调推进薯类研究中心规划选址和方案设计，在高水平保障科研需求的同时，做好周边区域环境治理；会同国合局、后勤中心等部门，精心做好院外宾接待室方案设计，以最经济的方式实现朴素庄重、大气有特色的目标定位；以高度的历史责任感，最大限度争取中国农业科学院利益，积极推动马连洼教育预留用地、地铁 12 号线施工占地、科技培训楼（艺海）、2 号地合作开发等问题解决。

二、2018 年工作思路与重点任务

2018 年，中国农业科学院将紧扣“三个面向”“两个一流”战略目标，按照“保障国家重大战略需求、支撑科技创新重大需求、服务院所发展急迫需求”的总思路，着力推进实验室、试验基地和基础保障等三大科研条件体系建设，为实现中国农业科学院跨越式发展和农业科技“顶天立地”提供全面的条件保障与支撑。

一是深入开展前瞻性、全局性问题研究。准确把握新时代内涵和特征，深入研究“两个一流”对条件平台建设的新要求，深刻理解“跨越 2030”“农业科技 2050 战略”等精髓，谋划和建设一批具有战略性、基础性的国家工程，贯彻落实好部党组、院党组的一系列重大决策部署；在京津冀协同发展格局下，统筹考虑京区土地利用方案和项目建设，为中国农业科学院跨越式发展拓展空间、提供保障。

二是千方百计推进重大科研基础设施建设。积极推进成都科技创新中心、西部农业研究中心、农业基因组所、都市农业所、北方水稻中心等重大科研布局立项；加快典型生态区、主要农产品优势产区和重点区域的综合性试验基地建设，作为实施乡村振兴科技支撑行动的载体和抓手；推动国家作物种质库项目开工建设，西部中心综合服务楼基本建成，哈尔滨兽医所、兰州兽医所两个高等级生物安全实验室通过国家验收，全院重大建设项目梯次推进格局基本形成。

三是进一步增强服务能力与制度建设。深入贯彻落实中央“放管服”精神，以内部作风建设和能力建设为抓手，对重点工程提供一站式服务，更高效地对接科技创新需求；着力加强基建队伍建设，研究提出符合院所实际、可操作性强的指导意见，建立一

支年龄结构合理、业务能力精通、综合素质全面的过硬队伍；继续加强规章制度和党风廉政建设，努力提高管理工作的针对性、时效性和规范化、标准化、精细化水平，既扎紧制度的笼子，又破解制约发展的桎梏，打造严于律己做人、清正廉洁做事的良好局面。

中国农业科学院 2017 年基本建设项目立项情况

2017 年批复立项的基本建设项目共 10 个，批复总投资 23 465万元，全部为中央预算内投资。

序号	项目名称	建设年限	项目单位	总投资（万元）
1	中国农业科学院上海兽医研究所综合实验室建设项目	2017—2019	上海兽医研究所	2 900
2	中国农业科学院农业资源与农业区划研究所国家数字农业示范区工程建设项目	2017—2018	农业资源与农业区划研究所	2 365
3	中国农业科学院植物保护研究所综合实验室建设项目	2019—2021	植物保护研究所	2 790
4	中国农业科学院马连洼院区研究生宿舍建设项目	2017—2018	研究生院	2 772
5	中国农业科学院油料作物研究所武昌试验基地建设项目	2018—2020	油料作物研究所	2 740
6	中国农业科学院农业信息研究所海外农业研究中心建设项目	2019—2021	农业信息研究所	2 761
7	中国农业科学院郑州果树研究所雨污水管网改造建设项目	2018—2019	郑州果树研究所	1 091
8	中国农业科学院农业资源与农业区划研究所德州试验基地建设项目	2018—2020	农业资源与农业区划研究所	2 736
9	中国农业科学院农业质量标准与检测技术研究所饲料药物添加剂识别与评价平台仪器设备购置建设项目	2018—2019	农业质量标准与检测技术研究所	1 910
10	中国农业科学院蔬菜花卉研究所国家草本花卉种质资源圃建设项目	2018—2019	蔬菜花卉研究所	1 400

中国农业科学院 2017 年基本建设投资计划概况

2017 年基本建设项目共下达 3 批计划，下达投资 23 093万元，其中中央预算内投资 22 526万元。

第一批计划文件《农业部关于下达 2017 年部门自身建设项目中央预算内投资计划的通知》（农计发〔2016〕39 号）下达投资 18 709万元。

第二批计划文件《农业部关于下达种养业良种工程等专项中央本级项目 2017 年中央预算内投资计划的通知》（农计发〔2017〕61 号）下达投资 3 317万元。

第三批计划文件《农业部关于下达 2017 年数字农业建设试点项目中央预算内投资计划的通知》（农计发〔2017〕98 号）下达投资 500 万元。

中国农业科学院2017年基本建设投资计划情况表

序号	项目名称	建设性质	建设地点	主要建设内容	建设年限	投资来源	下达投资（万元）
	2017年合计					合计	3 317
						中央投资	3 317
						自有资金	0
1	国家作物种质库建设项目	新建	北京市海淀区中关村南大街12号	建设低温种子库、试管苗库、超低温库、DNA库以及技术研发、质量控制、资源标本、信息网络服务等设施20 943平方米，购置仪器设备117台（套）、工艺设备90台（套）	2016—2021	合计	1 000
						中央投资	1 000
						自有资金	0
2	中国农业科学院国家蜜蜂基因库建设项目	新建	北京市海淀区圆明园西路2号	新建蜜蜂基因库6 040平方米，建设室外道路1 042平方米、绿化1 160平方米、室外供暖管线100米、电缆管线120米、室外给排水工程，购置仪器设备6台（套）	2016—2019	合计	1 300
						中央投资	1 300
						自有资金	0
3	中国农业科学院农业资源与农业区划研究所国家食用菌育种创新基地建设项目	新建	河北省承德市平泉县	改造试验车间3 360平方米，土方工程2 956立方米；购置安装净化系统、环控系统、智能中控系统、培养架和培养筐各1套，大型灭菌锅2台、叉车和冷藏车各1辆	2016—2017	合计	323
						中央投资	323
						自有资金	0

（续表）

序号	项目名称	建设性质	建设地点	主要建设内容	建设年限	投资来源	下达投资（万元）
4	中国农业科学院麻类研究所国家种质麻类资源圃建设项目	改扩建	湖南省益阳市沅江市	改造田间工作用房547.68平方米，扩建大棚11 776平方米，日光温室，587.87平方米，遮阴系统，5 580平方米，配套建设通信工程1项，资源圃土地整理与改良135.1亩，改造田间道路8 060平方米，排水渠2 083米，蓄水池护坡1 720平方米，建设田间给水管道1 210米，配套潜水泵4套，场区围栏1 775米，晒场1 000平方米，场区供电工程3 200米，场区监控系统1套，购置仪器设备29台（套）	2016—2017	合计	369
						中央投资	369
						自有资金	0
5	中国农业科学院茶树一级采穗圃建设项目	改扩建	浙江省绍兴市嵊州市	新建遮阳架1 512平方米，工具间102平方米，建设块石挡土墙1 726立方米、混凝土挡土墙161立方米、隔离保护带3 217米，土方回填15 000立方米、土壤改良27.92亩，改造温棚4 640平方米；购置仪器设备及农机具39台（套）	2016—2017	合计	325
						中央投资	325
						自有资金	0

注：部门自身建设项目投资计划共计32个项目和数字农业建设试点项目投资计划共计1个项目由于涉密未在此表列出。

中国农业科学院2017年通过验收项目一览表

序号	项目名称	建设单位	验收时间	验收组织单位	可研批复文号	可研批复时间	初设批复文号	初设批复时间	批复总投资（万元）	实际完成总投资（万元）	完成建设内容	科研用房（平方米）	科研辅助用房（平方米）	改造各类实验用房（平方米）	温网室（平方米）	仪器设备［台（套）］	产生的效益	备注
	合 计								32 671.00	32 629.03		13 253.74	6 635.48	3 578.71	17 107.96	687.00		
1	中国农业科学院饲料研究所饲料生物技术重点实验室建设项目	饲料所	2017.2.15	中国农业科学院	农计函〔2013〕289号	2013.11	农办计〔2014〕36号	2014.5	715	715	购置蛋白质纯化系统、质谱检测器等仪器设备14台（套）					14	通过该项目的建设，提升了农业部饲料生物技术重点实验室的仪器设备水平和我国饲料生物技术领域的创新能力，为解决我国饲料生物技术产业发展的重大关键技术问题、跟踪国际农业科技发展最新趋势、增强饲料生物技术研究的国际竞争力、实现饲料生物技术科研的跨越式发展提供了基础的科技条件支撑	
2	农业部设施农业节能与废弃物处理重点实验室建设项目	环发所	2017.2.22	中国农业科学院	农计函〔2013〕290号	2013.11	农办计〔2014〕47号	2014.5	708	708	购置温室环境立体监测设备、光合测定仪、近红外分析仪、冷冻干燥机、植物生理生态监测系统、养殖环境立体监测设备、总有机碳分析仪、光声谱多气体检测仪、动物生理信号遥测系统、液相色谱仪、多标记微孔板检测系统、实验台、超低温冰箱、冷冻切片机共计14台（套）仪器设备。改造实验室60平方米			60		14	通过该本项目的建设，设施农业节能与废弃物处理科学研究的相关仪器、设备及配套装备更加完善，专业性重点实验室的科研条件进一步改善，推进了优势学科的快速发展，实验室围绕设施农业节能与减排工程、资源高效利用型植物工厂、养殖废弃物处理工程研究方向开展研究工作，在设施农业节能策略及配套装置研发、植物工厂节能光源与蔬菜品质调控研究、养殖废弃物处理及资源化利用、农业纳米技术研究等方面取得了进展，具备了年完成各类样品测试量8 000个以上，测试指标达到30 000项次以上的能力	

（续表）

序号	项目名称	建设单位	验收时间	验收组织单位	可研批复文号	可研批复时间	初设批复文号	初设批复时间	批复总投资（万元）	实际完成总投资（万元）	完成建设内容	科研用房（平方米）	科研辅助用房（平方米）	改造各类实验用房（平方米）	温网室（平方米）	仪器设备［台（套）］	产生的效益	备注
3	国家种质资源武汉野生花生圃改扩建项目	油料所	2017.4.25	中国农业科学院	农计函〔2014〕126号	2014.6	农办计〔2015〕50号	2015.8	695	695	新建种子预处理室和冷库130平方米、挂藏室240平方米、保存池765个、鉴定池及引种隔离种植观察池360个、利用池8个、喷灌设施1 152米、自动化旱棚500平方米、铁艺围墙及大门883米、场区道路及晒场 5 195.11平方米、区间操作通道3 680.36平方米、场区给排水工程1项、场区电气工程1项、场区绿化95平方米，池中填沙3 058.28立方米，土壤掺砂改良及土地平整25亩；购置仪器设备15台（套）		370			15	通过该项目的建设，改善了野生花生保存能力，野生花生圃的保存量可从现在的400份增加到800份；提高了野生花生基本性状的鉴定和供种能力，每年鉴定能力可从现在的30份次提高到50份次，新增供种可从现在的40份次提高到100份次	
4	农业部农业基因组学重点实验室（北京）建设项目	生物所	2017.5.24	中国农业科学院	农计发〔2014〕219号	2014.12	农办计〔2015〕33号	2015.6	1 148	1148	购置仪器设备7台（套、件），其中大型仪器设备4台（套），与主机配套的小型设备3台（件）					7	通过该项目的建设，提高了实验室蛋白质组学、代谢组学平台的测试能力和数据分析能力，提升了学科群综合性实验室硬件设施水平和学科发展支撑能力	
5	中国农业科学院南京农业机械化研究所农业部现代农业装备重点实验室建设项目	南农机	2017.6.28	中国农业科学院	农计发〔2014〕15号	2014.3	农办计〔2014〕128号	2014.12	1 255	1 255	改造实验室1 686.4平方米及与仪器设备相关的供电、网络、给排水系统。集成创制精密高效耕种技术试验装备、农作物机械化收获试验装备、农产品产地加工试验装备各1台（套）及现代农业装备学科物联网数据中心建设			1 686.4		4	通过该项目的建设，有助于项目单位按照现代农业装备学科群的任务分工，开展农业装备领域基础与共性技术研究，提升实验室基础设施水平和科技创新能力，为解决稻麦棉麻茶等作物耕种、收获和农产品产地加工等农业装备开发领域中的重大科学问题提供了测试验证平台	

（续表）

序号	项目名称	建设单位	验收时间	验收组织单位	可研批复文号	可研批复时间	初设批复文号	初设批复时间	批复总投资（万元）	实际完成总投资（万元）	完成建设内容	科研用房（平方米）	科研辅助用房（平方米）	改造各类实验用房（平方米）	温网室（平方米）	仪器设备［台（套）］	产生的效益	备注
6	中国农业科学院作物科学研究所河北省沽源县国家小麦育种夏繁基地建设项目	作科所	2017.7.11	中国农业科学院	农计函〔2012〕20号	2012.2	农办计〔2012〕56号	2012.5	650	650	新建综合实验室1 036.47平方米，挂藏考种室和库房573.97平方米，晒场1 610.86平方米，场区道路1 152平方米，场区给排水管道工程1项，市政线路及供配电设施1项，绿化1项，场区围墙及大门1项，机井2眼，田间道路1 566平方米，铁栏杆围栏822米，大门1座，灌溉系统1套。购置拖拉机1台，犁1台，旋耕机1台，小型播种机1台	1 036.47	573.97			4	通过该项目的建设，建成了小麦育种夏繁基地，为小麦遗传育种，小麦种质资源筛选鉴定、栽培生理学研究等提供了良好的加代基础条件。项目建设达到了预期目标	
7	中国农业科学院作物科学研究所粮油产品质量安全风险监测能力建设项目（华北）	作科所	2017.7.11	中国农业科学院	农计发〔2014〕199号	2014.12	农办计〔2015〕45号	2015.7	589	589	购置超高效液相色谱—四极杆串联飞行时间质谱—气相色谱联用仪、液相色谱等离子发射光谱串联质谱仪、全自动样品消化系统、高速冷冻离心机及全自动凯氏定氮仪各1台（套）					4	通过该项目的建设，提升了粮油产品质量安全风险监测与预警能力，具备了承担华北地区小麦、玉米等粮食作物质量安全危害因子，如痕量污染物、生物毒素等的普查排查，未知危害因子确证以及新型危害因子结构鉴定等；并具备了开展农产品中污染物形成机理和转化规律等研究的能力。项目建设达到了预期目标	
8	农业部兽用药物创制重点实验室建设项目	兰州牧药所	2017.7.18	中国农业科学院	农计发〔2014〕225号文件	2014.12	农计发〔2015〕34号	52 015.7	825	825	购置超高效液相色谱仪、流式细胞仪、荧光定量PCR仪、多用电泳仪、激光共聚焦显微镜、多功能酶标仪、高效液相色谱仪、蛋白纯化分析系统、活细胞工作站、动物活体取样系统、超高速冷冻离心机、遗传分析系统、样品快速蒸发系统和在线制备系统等共计14台（套）					14	通过该项目的建设，改善了兽用药物设计筛选制备、药理毒理临床评价及兽药研发共性技术研究的实验条件，有效提升了兽用药物与兽医生物技术学科群在兽药领域的研究能力，将为保障我国畜牧养殖业持续健康发展产生重要作用	

（续表）

序号	项目名称	建设单位	验收时间	验收组织单位	可研批复文号	可研批复时间	初设批复文号	初设批复时间	批复总投资（万元）	实际完成总投资（万元）	完成建设内容	科研用房（平方米）	科研辅助用房（平方米）	改造各类实验用房（平方米）	温网室（平方米）	仪器设备［台（套）］	产生的效益	备注
9	国家种质资源呼和浩特多年生牧草圃改扩建项目	草原所	2017.8.22	中国农业科学院	农计发〔2015〕72号	2015.3	农办计〔2015〕44号	2015.7	540	536.48	新建温室400平方米、机井房13.5平方米，简易农机棚140平方米，铺设输水管线450米、电气管线478.88米，建围栏750米、大门1座、灌溉工程42 747平方米。新打机井1眼，配水泵1套，建混凝土道路4 404平方米、硬化360平方米、资源保存畦42 747平方米，土地整治42 747平方米。共购置仪器设备50台（套）		140		400	50	通过该项目的建设，提高了牧草种质资源安全保存的能力，扩大了保存的范围、规模及能力，牧草资源（饲草饲料资源）从1 000份提高到3 000份。项目实现了预期建设目标	
10	农业部作物需水与调控重点实验室建设项目	灌溉所	2017.9.15	中国农业科学院	农计函〔2013〕294号	2013.11	农办计〔2014〕39号	2014.5	818	722.52	购置气相色谱仪、液相色谱仪、同位素质谱仪、多气体分析仪、流动注射仪、总有机碳分析仪、微生物鉴定系统、超速冷冻离心机、人工气候室、植物光合测定仪、土壤呼吸监测仪、植物生理生态监测系统、红外成像光谱仪、全自动定氮仪等仪器设备各1台（套），共14台（套）					14	通过该项目的建设，有效地改善了作物高效用水理论与新技术研究的基础条件	
11	中国农业科学院果树研究所砬山综合试验基建建设项目	兴城果树所	2017.9.21	中国农业科学院	农计函〔2012〕87号	2012.9	农办计〔2013〕37号	2013.5	2 160	2 160	新建科研及辅助用房1 168.44平方米、日光温室12 867.96平方米、网室3 840平方米，配套建设道路803.42平方米，绿化613.22平方米，以及供电线路、路灯、平整及护坡等场区工程。土地平整91.62亩，新建田间灌溉系统560亩，改造水塘1座，铺设混凝土主干道路2 515米、次干道路2 408米、田间道路572.65米，新建泵房1座、围栏6 985.75米、排水沟渠3 307.24米、过路涵洞14座、供水干线531米、田间监控系统1套、彩板房简易仓库160平方米、碎石插拼通道137米。购置田间农机具6台（套）	1 168.44			16 707.96	6	通过该项目的建设，改善了试验基地基础设施条件，为建设单位开展丘陵山地果树现代栽培技术和设施果树节能高效生产技术等研究提供了有力支撑	

（续表）

序号	项目名称	建设单位	验收时间	验收组织单位	可研批复文号	可研批复时间	初设批复文号	初设批复时间	批复总投资（万元）	实际完成总投资（万元）	完成建设内容	科研用房（平方米）	科研辅助用房（平方米）	改造各类实验用房（平方米）	温网室（平方米）	仪器设备［台（套）］	产生的效益	备注
12	农业部沼气科学研究所沼气科技研发基地建设项目	沼科所	2017.9.27	中国农业科学院	农计函〔2010〕123号	2010.8	农办计〔2011〕48号	2011.6	813	819.51	完成沼气科研测控设备用房304.42平方米；建设示范场工程及示范场工程设备［含配气站、混合调节池及泵站、沼气贮存池、沼液处理利用设施、场地硬化等建安工程，购置安装厌氧消化罐4座、厌氧消化池10座、贮气柜2座等示范场地工程设备102台（套），非标设备12台（套），购置仪器设备27台（套）		304.42			141	通过该项目建设，建立了大中型沼气工程成果展示示范基地，改善了沼气所试验条件和基础设施，补充了农业部微生物与利用重点开放实验室仪器设备，提高了自主研发能力，为提高沼气发酵水平提供坚实的物质基础，为国内沼气新产品新技术新工艺推广提供技术支撑	
13	中国农业科学院沼气科学研究所农村可再生能源开发利用重点实验室建设项目	沼科所	2017.9.27	中国农业科学院	农计发〔2014〕14号	2014.3	农办计〔2014〕131号	2014.12	1 177	1 162	购置三重四极杆液质联用仪、激光共聚焦显微镜、生物大分子互作分析系统、同位素质谱仪各1台（套），建设了农村可再生能源开发利用学科物联网数据中心物联网数据平台；优选配置了电感耦合等离子体发射光谱仪、原子荧光光度计、全自动凯氏定氮仪、384模块PCR仪、生化培养箱、体式显微镜、生物安全柜、酶标仪、电热恒温培养箱共10台（套）					14	通过该项目的建设,，进一步提升了可再生能源开发利用技术学科领域的科技创新能力，扎实推进优势研究方向科学研究，增强了科研竞争力和科技创新力，为科技创新工程的实施奠定了坚实的科研条件基础。仪器设备已全面投入使用	
14	农业部农业微生物资源收集与保藏重点实验室建设项目	资划所	2017.10.18	中国农业科学院	农计发〔2014〕18号	2014.3	农办计〔2014〕125号	2014.12	758	758	购置激光扫面共聚焦显微镜、超高液相色谱仪、微生物鉴定系统、气相色谱仪、微波消解仪、原子吸收分光光度计、全自动定氮仪、超高速冷冻离心机、多功能酶标仪、总有机碳分析仪、人工气候室、荧光定量PCR仪各1台（套），小型台式离心机3台、固体发酵罐1台、液体发酵罐1台					17	通过该项目的建设,，为微生物分类鉴定与功能评级、菌植互作信号物质及微生物代谢产物的分离与检测分析、微生物在植物根际定植等研究提供了更高效手段，提高了农业微生物资源收集与保藏的科研能力	

（续表）

序号	项目名称	建设单位	验收时间	验收组织单位	可研批复文号	可研批复时间	初设批复文号	初设批复时间	批复总投资（万元）	实际完成总投资（万元）	完成建设内容	科研用房（平方米）	科研辅助用房（平方米）	改造各类实验用房（平方米）	温网室（平方米）	仪器设备［台（套）］	产生的效益	备注
15	农业部植物营养与肥料重点实验室建设项目	资划所	2017.10.18	中国农业科学院	农计函〔2014〕218号	2014.12	农办计〔2015〕47号	2015.7	1 211	1 211	购置扫描电子显微镜、同位素质谱仪、超高效液相色谱/四级杆—飞行时间质谱联用仪、高分辨激光共聚焦显微拉曼光谱仪、学科群服务器、数据存储系统、防火墙、路由器、UPS电源、操作系统及数据库系统软件等设备设施各1台（套），购置物联网数据获取与处理系统1套，购置超低温保存箱、台式告诉大容量离心机以及农作物及土壤养分近红外光谱仪各1台（套）。配套改造实验室99.11平方米			99.11		14	通过该项目的建设，提高了植株、土壤和肥料的高效、精准的检测分析能力，提升了植物和土壤养分转化及调控、植物营养性状遗传与改良、肥料养分的控释机制与材料创新等研究水平，为植物营养与肥料学科领域提供了更为先进的科研手段	
16	农业部食物与营养研究所双蛋白工程仪器设备购置项目	食物营养所	2017.10.19	中国农业科学院	农计发〔2014〕215号	2014.12	该项目未做初步设计		1 270	1 270	购置并安装电喷雾电离—飞行时间液质联用仪、生物分子互作仪、全自动氨基酸分析仪等仪器设备18台（套），实验台126延米					18	通过该项目的建设，对于开展双蛋白营养食物功能评价实验和开展动植物双蛋白原料、加工产品的互作机理研究、制定相关技术标准提供研究手段；可开展农产品营养成分检测、营养组学、代谢组学研究，为食物营养与安全学科发展提供了急需的设施条件与技术平台	
17	农业部作物生理生态重点实验室建设项目	作科所	2017.11.24	中国农业科学院	农计发〔2017〕17号	2014.3.2	农办计〔2014〕136号	2014.12.4	760	604.18	购置植物生理生态监测系统、超高效液相色谱仪、同位素质谱仪、植物光合测定仪、微波消解仪、流动分析仪、总有机碳分析仪、气相色谱仪、土壤呼吸监测仪、荧光定量PCR仪、全自动定氮仪、植物荧光成像仪、倒置荧光显微镜各1台（套）					13	通过该项目的建设，进一步提升实验室科研仪器设备等装备水平，增强作物生理生态学科的综合实力和整体优势	

（续表）

序号	项目名称	建设单位	验收时间	验收组织单位	可研批复文号	可研批复时间	初设批复文号	初设批复时间	批复总投资（万元）	实际完成总投资（万元）	完成建设内容	科研用房（平方米）	科研辅助用房（平方米）	改造各类实验用房（平方米）	温网室（平方米）	仪器设备［台（套）］	产生的效益	备注
18	全国农产品质量安全风险监测与预警能力提升项目	质标所	2017.12.6	中国农业科学院	农计发〔2015〕29号	2015.1.28	农办计〔2015〕59号	2015.8.21	2 656	2 656	购置仪器设备29台（套），会商分析设备和远程数据接入系统各1套；改造实验室336.21平方米、会商分析室98平方米		98	336.21		29	通过该项目的建设，提升了已知污染物高灵敏高通量确证检测、污染物快速定性筛查、高风险污染物毒性筛查评价能力；监测产品拓展至种植和养殖业，检测参数范围拓展至660余种；搭建了农产品质量安全监测信息会商平台，每年可组织152个大中城市，近3万个样品100多个检测参数的监测结果汇总及会商分析工作，为农业部农产品质量安全监管提供请有力的技术支撑	
19	中国农业科学院兰州畜牧与兽药研究所试验基地建设项目	兰州牧药所	2017.12.14	中国农业科学院	农计函〔2013〕297号	2013.12	农办计〔2014〕115号	2014.12	2 180	2 176	新建实验用房1 744.33平方米；饲料加工车间及库房463.8平方米，值班室等辅助用房88.78平方米；新建实验动物牛舍2 556.4平方米，实验动物羊舍1 223.09平方米，动物舍合计3 779.49平方米；运动场6 101.2平方米，草棚504平方米，青贮窖2 682.3立方米，粪污处理工程600立方米；建设田间工程168亩的土地平整、滴灌设施527亩，完善两眼180米深机井配套泵房及水泵设备；铺设主干道道路1 700米，田间道路3 578米，面积7 200平方米，砌筑围墙1 126.2米，铺设场区道路照明线缆，安装道路照明灯具；购置青贮切碎机等农机具6台（套），皮卡车1辆	1 744.33	4 332.07			7	通过该项目的建设，改善了兰州畜牧与兽药研究所试验基地基础设施条件，提升西北地区草食动物养殖、新品种培育及牧草系列技术研发等研究能力，达到了预期目标	

（续表）

序号	项目名称	建设单位	验收时间	验收组织单位	可研批复文号	可研批复时间	初设批复文号	初设批复时间	批复总投资（万元）	实际完成总投资（万元）	完成建设内容	科研用房（平方米）	科研辅助用房（平方米）	改造各类实验用房（平方米）	温网室（平方米）	仪器设备［台（套）］	产生的效益	备注
20	粮油加工综合利用技术集成实验室建设项目	加工所	2017.12.14	中国农业科学院	农计函〔2012〕157号	2012.9	农办计〔2013〕2号、农办计〔2014〕114号	2013.1、2014.12	2 927	3 176.6	新建粮油加工综合利用技术集成实验室6 187.67平方米，配套地下室人防工程858.88平方米，锅炉房143.14平方米；场地硬化1 451.8平方米，包括敷设沥青混凝土道路614平方米，停车场及道路837.8平方米；敷设电缆1 009米，混凝土地沟110米；配套建设场区绿化716平方米，给排水、消防管道669.5米，建设污水处理站1座，化粪池2座等	6 187.67	413.14				通过该项目的建设，为建设单位搭建了植物蛋白加工、谷物加工、薯类加工和粮油加工废弃物高值利用技术集成研究实验平台，提升了建设单位的粮油加工技术工程化研究与支撑能力，实现了预期建设目标	
21	农业部牧草资源与利用重点实验室建设项目	草原所	2012.12.15	中国农业科学院	农计函〔2013〕287号	2013.11	农办计〔2014〕35号	2014.6	804	779.74	购置仪器设备14台（套），包括超高效液相色谱仪、荧光分光光度计、荧光定量PCR仪、激光共聚焦显微镜、双向电泳系统、蛋白纯化分析系统、超速冷冻离心机、全自动生化分析仪、GPC净化浓缩系统、气相色谱仪、营养盐自动分析仪、全自动定氮仪、光催化设备各1台（套）及实验台12.4延米					14	通过该项目的建设，改善了重点实验室在重要牧草种质资源鉴定发掘与保护利用及种质创新及新品种培育方面的科研实验条件。项目建设达到了预期目标	
22	中国农业科学院江西进贤综合试验基地建设项目	油料所	2017.12.19	中国农业科学院	农计函〔2013〕298号	2013.12	农办计〔2014〕113号	2014.12	1 848	1 848	新建综合实验室2 318.83平方米，农机具房180.94平方米、土壤化肥库180.94平方米，安全监控门房42平方米；平整土地160亩，晒场3 892.18平方米，风雨棚612.36平方米，围墙1 596米，排灌沟渠3 630米，机耕道路8 500平方米，机耕路下雨水管200米，田埂2 690米，机械爬坡道49座，机井1眼，灌溉系统管道1 200米；配套给排水、电力、道路、绿化等室外场区工程；购置农机具12台（套）；安防监控系统1套	2 318.83	403.88			13	通过该项目的建设，对于我国南方冬闲田的有效利用研究，高产、稳产、优质的油料等经济作物与三熟栽培新技术的研究和推广，三熟制红壤地区土壤改良与有效利用技术研究提供了条件支撑。对红壤三熟地区农业增效、农民增收与生态环境改善具有重要意义	

（续表）

序号	项目名称	建设单位	验收时间	验收组织单位	可研批复文号	可研批复时间	初设批复文号	初设批复时间	批复总投资（万元）	实际完成总投资（万元）	完成建设内容	科研用房（平方米）	科研辅助用房（平方米）	改造各类实验用房（平方米）	温网室（平方米）	仪器设备［台（套）］	产生的效益	备注
23	作物有害生物综合治理重点实验室	植保所	2017.12.21	中国农业科学院	农计函〔2013〕291号	2013.11.15	农办计〔2014〕34号	2014.5.16	1 232	1 232	购置高速流式细胞分选仪、超高效液相—软电离气相—串级质谱仪、全自动发酵罐、昆虫细胞离子流成像仪各1台（套），建设作物有害生物学科物联网数据中心20台					24	通过该项目的建设，提升了实验室科研仪器设备等装备水平，增强作物有害生物综合治理学科群重点实验室的研究实力	
24	农业部农业信息技术重点实验室建设项目（农业资源与农业区划研究所）	资划所	2017.12.22	中国农业科学院	农计发〔2014〕16号	2014.3.2	农办计〔2014〕120号	2014.12.5	1 245	1 245	购置长波红外遥感光谱成像系统、可见光近红外散射/透射/吸收测量系统、傅立叶变换红外光谱辐射测量系统3台（套）进口仪器设备，并对相应的实验室条件进行了改造					3	通过该项目的建设，提升了农业信息技术重点实验室科研仪器设备等装备水平，增强了农业遥感野外信息采集、处理能力	
25	农业部旱作节水农业重点实验室项目	环发所	2017.12.26	中国农业科学院	农计函〔2013〕285号	2013.11.15	农办计〔2014〕30号	2014.5.16	809	809	购置光合测定系统、稳定同位素质谱仪、植物生理生态监测系统、离子色谱—电感耦合等离子体质谱联用仪、荧光PCR仪、土壤微生物多样性分析系统、总有机碳氮分析仪、连续流动分析仪、多气体分析仪和高速冷冻离心机仪器设备10台（套）					14	通过该项目的建设，提升了旱作节水农业科学研究的相关仪器设备及配套装备等科研条件水平，对旱地农田降水高效转化机理与调控、抗旱节水制剂与材料、旱作节水农作制度与技术模式研究提供了科学研究实验平台	
26	中国农业科学院农业环境与可持续发展研究所植物工厂物联网研究应用项目	环发所	2017.12.26	中国农业科学院	农计函〔2012〕208号	2012.12.26	农办计〔2013〕56号	2013.6.24	600	600	国家级植物工厂物联网研究应用平台建设规模为798平方米，包含了智能感知系统、智能环境控制系统、中心数据存储系统及网络平台、配套工程等四大部分	798.00		816		112	通过该项目的建设，提供了以信息技术为核心的植物工厂智能化管控研发平台，将物联网技术和设施农业智能化管控有机地融合在一起，为设施环境下作物生长发育与环境要素之间交互作用的规律研究、生长模型的构建提供了有效的技术手段	

（续表）

序号	项目名称	建设单位	验收时间	验收组织单位	可研批复文号	可研批复时间	初设批复文号	初设批复时间	批复总投资（万元）	实际完成总投资（万元）	完成建设内容	科研用房（平方米）	科研辅助用房（平方米）	改造各类实验用房（平方米）	温网室（平方米）	仪器设备［台（套）］	产生的效益	备注
27	农业部授粉昆虫生物学重点实验室建设项目	蜜蜂所	2017.12.27	中国农业科学院	农计发〔2014〕224号	2014.12.12	农办计〔2015〕49号	2015.8.4	832	832	购置超高效液相色谱仪、质谱检测器、流式细胞仪、超高速冷冻离心机、活细胞工作站、遗传分析系统、激光共聚焦显微镜和荧光定量PCR仪各1台套。增购恒温金属浴、全自动化学发光图像处理系统、脱色摇床、落地式高速冷冻离心机、真空离心浓缩仪、超净工作台、恒温恒湿培养箱、显微镜各1台					16	通过该项目的建设，完善了重点实验室的科研设施条件，搭建了相对完善的科研共享平台，进一步提升授粉昆虫生物学学科领域的科技创新能力，为蜂业产业发展提供有效的支撑条件	
28	中国农科院长春兽药研究所狂犬病及野生动物与人共患病诊断实验室建设	长春兽研所	2017.12.29	中国农业科学院	农计函〔2004〕364号 农计函〔2007〕172号	2004.9.1 2007.12.1	农办计〔2008〕81号	2008.9.1	1 446	1 446	改造洁净实验室及辅助用房580.99平方米，铺设诊断实验室高强度耐酸碱PVC地板1 826平方米，购置仪器设备92台（套）			580.99		92	通过该项目的建设，为狂犬病及野生动物与人共患病监测、诊断、防治、科研、实验室认可以及国际交流培训等提供了必要的技术平台和基础条件，提升了我国狂犬病实验室检测能力，为我国狂犬病防控发挥了重要作用	

七、研究生教育与管理

中国农业科学院2017年度研究生教育概况

2017年，研究生院深入学习贯彻党的十九大精神、习近平总书记系列重要讲话精神，以及习近平总书记致中国农业科学院建院60周年贺信中提出的“三个面向”“两个一流”和实现“整体跃升”的建设要求，在部、院党组的坚强领导和全体教职工的共同努力下，围绕中国农业科学院“世界一流科研院所”建设和农业科技创新工程，服务“顶天立地”，坚持扩大招生规模与提高培养质量并举，拓宽思路，服务科研，加强管理，研究生教育事业取得较快发展。

一、贯彻十九大精神，统一思想行动

根据上级部署，研究制定了职工、学生两套学习方案，把学习宣传贯彻十九大精神作为重要政治任务抓紧抓好。

组织师生党员集中观看了十九大开幕式，以支部为单位交流观看体会，全体师生党员学习十九大工作报告及新《中国共产党党章》，制作十九大专题宣传栏，迅速掀起学习贯彻十九大精神的热潮。组织召开专题中心组学习会，围绕学习贯彻十九大精神进行交流研讨，结合谋划2018年工作，把十九大精神转化为推进工作的思路和措施；党员领导干部以上率下，带头在所在支部集中开展党的十九大精神“党课宣讲”活动，并结合农业科技创新和教育事业发展，撰写理论学习论文。组织召开支部党员大会，全体党员集中观看韩长赋部长在农业部宣讲党的十九大精神报告会实录。以支部为单位闭卷测评十九大报告学习情况。

研究生党总支邀请专家作“从梁家河到中南海——人民领袖习近平的成长之路”专题党课报告；发放《科研诚信读本》并组织新生开展“科研诚信与学术道德”考试，弘扬科学精神，营造良好学风；研究生党总支指派专人与党员发展对象围绕党的十九大精神进行谈话，使新发展的党员对党的历史和发展有更为系统全面的认识；组织硕士支部开展了的十九大精神学习测试。

通过系列活动组织学习，切实把师生党员的思想和行动统一到十九大精神上来，把智慧和力量凝聚到实现党的十九大确定的各项任务上来。

二、拓宽渠道，招生规模大幅增加

积极拓宽招生渠道，新增与华南农业大学、东北农业大学联合培养项目并招生，与西南大学、南京农业大学签署联合培养博士生协议，拟计划从 2018 年开始招生。

2017 年，博士生招生总计 562 人，较去年增加 121 人，增长 27%，生师比为 1. 12 : 1（博导 503 人），达到博导年均招收一名博士生的目标。全年累计招生 1 591 人，较去年增加 151 人，增长 10. 5%。普通全日制招生 1 089人，其中硕士招生 754 人，博士招生 335 人；统筹非全日制专业学位招生 258 人，学历教育硕士研究生首次突破千人，达到 1 012人；硕士生生师比为 0. 98 : 1（硕导 1 039人），基本实现一个硕导年均招 1 个硕士生的目标。来华留学生实际录取 203 人，增加 71 人，增长 54%；中外合作项目培养博士生 41 人。现有在校生总计 5 119 人，其中博士生 1 595 人、硕士生 3 524人。

（一）招生情况

2017 年总计招生 1 591人，其中全日制研究生 1 089人（博士生 335 人、硕士生 754 人），非全日制专业学位研究生 258 人（2017 年起，教育部统筹全日制和非全日制研究生招生），留学生 394 人，中外合作培养博士生 114 人，现有各类在校生 5 111人。通过组织研究所参加教育部主办的全国招生现场咨询会、举办大学生夏令营、招生专场宣讲会等途径加大宣传力度，吸引优秀生源。接收 2018 级优秀推免生 145 名，占全日制硕士招生总数的 18. 0%。2017 年，新增与南京农业大学和西南大学两所高校开展联合培养博士生项目。录取情况分析如下。

1. 博士生录取情况

2017 年，我院 32 个培养单位、40 个专业的 330 名导师共招收了 335 名博士研究生，其中包含硕博连读生 48 人，与中国农业大学联合培养博士生 25 人，与华中农业大学联合培养博士生 26 人，与西北农林科技大学联合培养博士生 10 人，与内蒙古大学联合培养博士生 6 人，与东北农业大学联合培养博士生 7 人，与华南农业大学联合培养博士生 7 人，少数民族高层次骨干人才计划博士生 8 人。

从录取类别看，非定向学生 282 人，占 84. 18%；定向委培学生 53 人，占 15. 82%。

从录取新生来源看，应届毕业生 197 人，占 58. 81%；往届毕业生 138 人，占 41. 19%。

从录取新生学位情况看，全部具有硕士学位。

从录取新生自然情况看，男生 160 人，占 47. 76%；党员（含预备党员）198 人，占 59. 10%；共青团员 105 人，占 31. 34%；汉族 319 人，占 95. 22%；25 岁以下 58 人，占 17. 31%，26~35 岁 266 人，占 79. 40%，36~49 岁 11 人，占 3. 28%。

从录取学科门类情况看，农学门类占 67. 46%，理学门类占 22. 98%，工学门类占 1. 49%，管理学门类占 8. 06%。

2. 硕士生录取情况

2017 年我院 36 个培养单位、57 个专业（或领域）的 872 名导师共招收了 1 012名硕士研究生，其中包含推荐免试生 117 人，少数民族骨干计划硕士生 30 人。

从录取学习方式来看，全日制 754 人，占 74.51%，非全日制 258 人，占 25.49%。

从录取类型来看，学术学位型 494 人，占 48.81%，专业学位型 518 人，占 51.18%。

从录取类别看，非定向生 971 人，占 95.95%；定向生 41 人，占 4.05%。

从录取新生来源看，应届毕业生 832 人，占 82.21%；往届毕业生 180 人，占 17.79%。

从录取新生学历情况看，1 012 人全部都具有本科学历。

从录取新生自然情况看，男生 399 人，占 39.43%；党员（含预备党员）227 人，占 22.43%，共青团员 760 人，占 75.10%；汉族 951 人，占 93.97%；25 岁以下 953 人，占 94.17%，26 岁以上 59 人，占 5.83%。

从录取学科门类情况看，农学门类 312 人，占 30.83%；理学门类 88 人，占 8.70%；工学门类 63 人，占 6.22%；管理学门类 31 人，占 3.06%；专业学位农业硕士 390 人，占 38.54%；兽医硕士 128 人，占 12.65%。

2017 年，研究生院积极向教育部、农业部、北京市教委、农业科学院汇报，多渠道争取招生指标，落实农业部与教育部共建协议、增加联合培养高校、推动中外合作办学、扩大留学生规模等工作思路，为进一步做好招生工作、扩大招生规模奠定坚实基础。

（二）就业情况

2017 年总计应届毕业生 890 名（含定向委培生 74 人），其中，博士生 223 人，硕士生 667 人，就业率为 97.98%，相对于去年同期 95.78%有所提高，在京区科研单位中位居前列。通过举办就业指导讲座、毕业生校园双选会、专场招聘会、开通就业微信公众号等多种形式，为毕业生提供就业指导帮扶，拓宽就业渠道，提高就业质量，针对困难就业群体和离校未就业毕业生开展个性化服务和指导工作，推动其顺利就业。

三、多管齐下，教育质量稳步提升

1. 加强宣传针对性，吸引优秀生源

根据学科相关性，组织 10 余个研究所赴南京林大、湖南农大等涉农类高校开展专场宣传，提高针对性；举办第六届大学生夏令营，169 人参加，41 人成为中国农业科学院 2018 年推免生，占比 24%；指导协助作科所、兽医学院等单位开展特色夏令营活动，扩大宣传范围，收到了良好效果。2017 年总计招收推免生 145 名，增加 28 名，增长 24%，来自原 211 高校学生占 44.8%。

2. 优化教学管理，提高培养质量

组织并完成教学委员会换届工作，成立了研究生院第四届教学委员会。深入推进研究生教育教学改革，优化课程体系，新增 10 门统计类、专业类、技能类、全英文授课等课程；英语课程全部实现小班教学，提升英语教学质量；发挥研究所科教资源优势，规范开设回所课程 44 门（次）。运行自主学习平台、开放实景课堂系统，提升教学管理信息化水平。

充分发挥地方资源优势，在湖南祁阳、四川成都、河北高阳、邢台等地新建 4 个研究生培养实践基地，提高学生实践应用及服务基层的能力。

3. 开展专题培训，加强师资队伍建设

举办第二期教师培训班，邀请北京大学、北师大、中央音乐学院知名授课专家围绕教学技巧、教育心理、公务礼仪、授课发音等内容举办专题讲座，近百名专兼职教师参加培训。举办导师培训班，围绕和谐师生关系构建、导师指导能力提升等内容对新上岗的 140 名导师进行了培训。增加优秀青年导师经验交流环节，取得良好效果。严格导师遴选及招生资格审核，新增硕导 169 人。

4. 加强思政教育，提高学生综合素养

贯彻落实全国高校思政工作会议精神，起草《中共中国农业科学院党组关于加强和改进研究生思想政治工作的意见》并由院党组印发实施。完善并实施“研究生综合素质提升方案”，组织宏观经济形势、国学、心理学、科研诚信等 6 期“树人讲堂”专题讲座。依据教育部令 41 号，完成《中国农业科学院研究生院学生管理规定》修订工作，为促进全院学生综合管理奠定制度基础。通过召开研究生“两代会”及组织学生代表座谈，针对学生提出的网络、食堂、课程等方面问题，反馈给相关处室，立行立改，维护学生权益，提高服务质量。组织学生开展社会实践、太阳村献爱心、义务献血、中医义诊、爱心捐赠等志愿服务活动，强化立德树人，增强学生社会责任感。积极推进“农科校园”App 及微信公众号建设，加快新形势下研究生思政工作网络阵地建设。完善心理咨询室建设，建成接待室、咨询室、放松室、宣泄室，面向 2017 级全体新生开展心理健康普查，加强研究生心理健康教育，确保研究生综合素质整体提升。

5. 发挥院所优势，完善学科体系建设

根据 12 月 28 日教育部公布的全国第四轮学科评估结果，中国农业科学院作物学、植物保护、畜牧学及兽医学 4 个学科被评为 A+，比上一轮增加 2 个学科，生物学、农业资源与环境两个学科被评为 A-，A 类学科数占具有博士学位一级学科授权学科数的 60%，学科建设取得良好成效。组织申报 10 个新增学位授权点，其中博士学位一级学科授权点 5 个、硕士学位一级学科授权点 2 个、专业学位授权点 3 个。积极向北京市学位办、教育部汇报，争取政策支持，及时了解进展，组织相关研究所做好申报工作。目前，中国农业科学院申报的 10 个新增学位授权点中，农业工程、食品科学与工程等 7 个新增学位授权点已通过北京市学位委员会评审，新增学位授权点申报工作取得阶段性进展。

6. 提高学位授予质量，增强就业服务力度

组织完成院学位评定委员会及学科评议组换届工作，成立中国农业科学院第九届学位评定委员会及生物学等九个学科评议组，为学位授予工作顺利开展提供保障。全年共授予各类学位 1 083人，其中博士学位 231 人、硕士学位 852 人。教育质量稳步提升，以学生为第一作者发表论文 1 657篇，较去年增加 467 篇，增长 39.2%，在中国科学院 JCR 大类一区发表高水平论文 35 篇，较去年增加 21 篇，增长 1.5 倍。

组织开展就业宣讲会和毕业生双选会，举办京区科研院所联合双选会。加强与用人单位联系，向用人单位推送毕业生电子版名册。充分发挥研究所、导师在就业方面的帮扶作用，开展对就业困难及离校未就业学生帮扶工作，提高就业服务水平。2017 年毕业生 890 名（博士生 223 人、硕士生 667 人），就业率创历史新高，达到 97.98%，较 2016 年增长 2 个百分点，在京区科研单位中位居前列。

四、发挥资源优势，服务“三农”发展

围绕“三农”事业发展做好非全日制专业学位研究生教育工作。组织召开中国农业科学院研究生院第九次专业学位教育工作研讨会，总结 15 年来专业学位教育的经验和成绩。牵头完成兽医博士、工程硕士、图书情报硕士 3 个专业学位授权点的材料组织申报工作，工程硕士、图书情报硕士已通过审批。完成专业学位分委会换届。规范过程管理，严格论文审核与答辩，组织完成南京、黑龙江等 10 个教学点开题、中期及答辩管理工作，严把学位授予质量关，为基层农技推广培养高素质人才。

服务中国农业科学院“立地”战略，充分利用“一个中心、两个基地”平台，优化培训内容，拓宽培训领域，突出科技优势，服务“三农”发展。配合院党组要求，在阜平县举办 4 批次农业技术培训，举办专题讲座 16 场次，培训农民 400 余人。借助研究所资源，在中棉所海南繁育中心建立首个“中国农业科学院培训中心培训基地”。举办首届“国家农业科技创新联盟科技人才培训项目”、首届“创新工程团队首席科学家轮训班”、首期“全国‘三支一扶’人员能力提升专项计划示范培训班”。全年组织完成“西部之光”、援疆援藏及安康产业扶贫等 28 个班次的培训工作，累计培训 2 377 人次，较上年增长 60%，取得了良好的社会效益。

五、多措并举，推动国际教育快速发展

留学生教育快速发展，培养质量持续提高。继续实施“全年接受申请，春秋两季入学”措施，留学生招生规模大幅增加。全年报到留学生 203 人（春季 70 人、秋季 133 人），其中博士生 186 人，增加 72 人，增长 63%，中国政府奖学金生 101 人，报到人数和中国政府奖学金生人数分别比 2016 年增长 53.7% 和 50.7%，“一带一路”国家生源占 72.5%。在校留学生规模达 395 人，其中博士生 357 人，占在校留学生总数的

90.4%。全年获得中国政府奖学金1 375万元，北京市奖学金130万元，合计1 505万元，同比增加33.6%。全面修订《外国留学生手册》，制定《博士留学生培养暂行规定》和《硕士留学生培养暂行规定》，推进小班课程教学，强化课程的研讨性和前沿性。毕业留学生46人，共发表论文71篇，其中SCI论文44篇，较上年增加9篇，增长26%，单篇最高影响因子5.47，历史最高。达里斯·锡克（Darith Siek）等3名博士留学生生荣获国家留学基金委2017年优秀来华留学生奖学金。

积极推进中外合作办学项目。组织完成中比（中国—比利时）、中荷（中国—荷兰）项目招生录取工作，共录取41人（中比23人，中荷18人）。成功组织召开2017年中比项目年会，中比项目首届12名毕业生顺利毕业，1人获研究生院2017年高水平论文奖。完成与美国北卡罗来纳大学合作博士学位教育项目首期招生的前期工作。积极拓展中外办学项目，与澳大利亚默多克大学成功签署博士学位教育合作项目协议，并在澳方学习期间免除学费。积极开展对外交流，接待13个团组49人次来访，组织7个团组14人次出访，扩大了中国农业科学院的国际知名度。

六、深化体制改革，推进分院建设

在做好指导兽医学院教学管理的基础上，成立国际教育学院。充分发挥学科集中优势及地域优势，积极推进植保学院和深圳研究生院建设，其中深圳研究生院已经院党组会审议通过，进入实质性建设阶段。通过分院建设，进一步探索中国农业科学院研究生教育管理体制改革，集中优势学科资源，提升教育质量。

七、规范内部管理，服务教育事业

加强制度落实，提高执行力。严格贯彻落实《研究生院规章制度汇编》，规范办事程序，理顺工作流程，加强重点任务督办，有效推进落实，提高执行力。学习贯彻防止“四风”新表现文件要求，严格执行中央八项规定。协助院办公室认真做好中国农业科学院建院60周年高校代表邀请及接待等相关工作。初步完成中文网站改版及新版宣传册制作，充分利用中国农科院和研究生院中英文网站、宣传栏等渠道加强宣传工作，扩大社会影响力。

加强人才队伍建设，提高管理水平。认真贯彻落实农业科学院人才工作会议精神，制定科教英才招聘方案并组织招聘。成功申报一名农科英才领军人才C类人选。组织做好职称评审、分级评聘及聘期考核工作，1人晋升二级研究员，1人晋升三级研究员，2人晋升副研究员；完成9人分级评聘，晋升职级；完成对岗位聘期届满的25名专业技术人员的考核。组织完成2名高级会计师专业技术任职资格评审推荐工作。

服务事业发展，规范财务管理。严格按要求做好财务预决算工作，大额支出严格按照“三重一大”执行，确保经费使用合理合规。为贯彻落实中央50号文件精神，为科研做好“放、管、服”工作，新制定了包括差旅费、间接经费、横向经费等管理办法。严格执行《中国农业科学院研究生院内部控制规程》，规范了财务及业务管理活动，有效防控廉政风险和财务风险。

八、加强条件建设，狠抓安全生产

完成“虚拟教学机房及精品课堂建设设备购置项目”执行项目经费 300 万元，建成 5 个现代化精品课堂教室，提升了教育信息化水平。申报“数字校园无线覆盖设备购置项目”并获批，2018 年下达资金 210 万元。完成“一卡通”系统及马连洼宿舍网络升级改造工作，实现院区后勤管理信息化。加强组织协调，成立工作领导小组，积极推进马连洼校区建设。

完善基础设施建设，投资 504 万元，完成心理咨询室改造、院区绿化、食堂改造等 33 项基建、修缮及采购工作，重点完成了教学楼装修改造及课桌椅更新、25 号楼装修改造等工程。加强物业管理、设备设施维修及宿舍服务，为学生学习、生活提供良好的环境保障。狠抓安全生产，严格按照上级要求，做好十九大期间的安全维稳工作，组织召开安全生产专题会议，制定安全生产工作方案，开展安全生产大检查，制定检查台账、隐患清单和整改措施，排查隐患、及时整改，隐患整改率达 100%。投资 160 余万元升级改造全院监控系统，完成 25 号楼烟感报警系统安装。加强安全生产宣传培训及现场演练，营造人人懂安全、人人防隐患的良好氛围。协助院安委会做好中国农民大学安全生产工作，多次检查并下发整改通知，督促农民大学做好安全生产工作。加强安全行车教育，获 2017 年度“海淀区交通安全先进单位”。安全生产工作做到全年无事故。

中国农业科学院 2017 年各研究所研究生教育评价结果

为进一步贯彻落实《国务院学位委员会　教育部关于加强学位与研究生教育质量保证和监督体系建设的意见》（学位〔2014〕3 号）文件精神，走内涵式发展道路，为中国农业科学院建设世界一流学科和一流科研院所提供强有力的人才支撑，强化和规范研究所的研究生教育管理工作，提高研究生教育质量，根据中国农业科学院研究所评价工作统一安排，2017 年研究生院继续组织实施研究所研究生教育评价工作。评价结果见表。

2017 年，在征求全院各研究所意见的基础上，对《中国农业科学院研究所研究生教育考核评价指标体系》进行了修订。指标体系构建以环节管理和要素管理相结合，覆盖面全且突出重点，采取百分制分级量化打分，客观反映研究生教育管理水平，体现导向性、合理性、实用性，力争简便易行，可操作性强，评价结果作为研究所研究生教育评优和资源配置的重要依据。

表　2017 年研究所研究生教育评价综合排名

排名	研究所	得分	排名变化	排名	研究所	得分	排名变化
1	质标所	93.76	+6	17	兰州兽医所	72.30	-1
2	哈尔滨兽医所	89.14	-1	18	农机化所	72.18	+10
3	植保所	88.54	-1	19	生物所	71.19	-7
4	牧医所	84.72	+15	20	果树所	71.09	0
5	加工所	82.19	-1	21	灌溉所	71.03	+3
6	烟草所	79.09	+4	22	特产所	70.98	-7
7	作科所	78.61	-4	23	兰州牧药所	70.74	+4
8	环保所	77.86	+5	24	上海兽医所	68.71	-10
9	水稻所	77.71	0	25	环发所	68.33	-7
10	油料所	76.38	+1	26	麻类所	67.19	-4
11	棉花所	75.15	+14	27	草原所	66.48	-1
12	沼科所	74.86	+11	28	茶叶所	66.38	-11
13	资划所	73.65	-5	29	蜜蜂所	65.13	+2
14	郑果所	73.53	+7	30	农经所	64.53	0
15	饲料所	72.34	-9	31	信息所	61.32	-2
16	蔬菜所	72.34	-10	32	食物营养所	55.35	0

关于表彰中国农业科学院2017年度研究生管理工作先进集体和先进个人的决定

农科研生〔2018〕21号

院属各研究生培养单位：

按照《关于评选中国农业科学院2017年度研究生管理工作先进集体和先进个人的通知》（农科研生〔2018〕6号）文件精神，在各研究生培养单位申报的基础上，根据《中国农业科学院研究生院研究生管理工作先进集体和先进个人评选办法》，并结合2017年度中国农业科学院各研究所研究生教育考核指标体系考核评价结果，经研究生院2018年3月23日院务会研究决定，表彰农业质量标准与检测技术研究所等10个研究所为2017年度研究生管理工作先进集体（附件）；表彰吴伟等22位同志为2017年度研究生管理工作先进个人（附件）；授予在研究生管理工作岗位工作10年以上的王学智、张萌2位同志研究生管理工作特别荣誉奖；对2017年度研究生管理工作取得明显进步的棉花研究所、沼气科学研究所、郑州果树研究所、南京农业机械化研究所4个研究所通报表扬。

附件：中国农业科学院2015年度研究生管理工作先进集体和先进个人名单

中国农业科学院研究生院

2018年4月13日

附件

中国农业科学院 2017 年度
研究生管理工作先进集体和先进个人名单

一、研究生管理工作先进集体

农业质量标准与检测技术研究所
哈尔滨兽医研究所
植物保护研究所
北京畜牧兽医研究所
农产品加工研究所
烟草研究所
作物科学研究所
环境保护科研监测所
中国水稻研究所
油料作物研究所

二、研究生管理工作先进个人

吴　伟　农业质量标准与检测技术研究所
高友兰　哈尔滨兽医研究所
王皓宇　北京畜牧兽医研究所
孟　鹤　烟草研究所
周　莉　环境保护科研监测所
孙佳音　中国水稻研究所
吴建勇　棉花研究所
邱　坤　沼气科学研究所
吴斯洋　郑州果树研究所
马书宇　饲料研究所
李潇萍　兰州兽医研究所
张　萌　南京农业机械化研究所
麻晓春　生物技术研究所
程少丽　果树研究所
沈菊艳　农田灌溉研究所

陈　曦　特产研究所
王学智　兰州畜牧与兽药研究所
顾惠明　上海兽医研究所
张文静　草原研究所
杨　磊　蜜蜂研究所
毛世平　农业经济与发展研究所
王　川　农业信息研究所

中国农业科学院研究生院教学委员会三届四次会议纪要

2017 年 12 月 2 日，研究生院教学委员会三届四次会议在北京召开。中国农业科学院副院长、教学委员会主任委员吴孔明院士出席会议并讲话。院党组成员、研究生院院长、教学委员会副主任委员刘大群作总结发言。会议由研究生院副院长、教学委员会副主任委员刘荣乐主持。会议分作物科学，动物科学，管理、工程、资源与环境 3 个学科组审议与讨论相关议题，会议纪要如下。

一、关于研究生科研记录检查

会议讨论了 2014—2016 年研究生科研记录检查工作的总结报告，肯定了科研记录工作的重要性以及科研记录检查工作取得的成效，认为研究生科研记录质量高低主要在于导师，建议强化导师责任。

二、关于研究生课程优化

会议讨论了 2016 年研究生课程优化调查情况，建议新设分析化学、仪器分析（回所课程）、SPSS、生物统计学等实验类与统计类课程以及人文社科素质类课程，加强回所课程建设，推进课程信息化。

三、关于课程教学大纲

会议原则审议通过了高级蔬菜栽培生理学专题、环境微生物学、环境学概论、信息经济学 4 门新开课程教学大纲，以及高级蔬菜育种学、高级蔬菜栽培生理学、食品营养组学与生物制造 3 门修订后的课程教学大纲，并提出了具体改进建议。

四、关于全日制和非全日制专业学位教育工作

会议讨论了全日制和非全日制专业学位教育工作思路，建议出台有关管理办法和细则。

五、关于 3 个规章制度

会议审议了研究生培养及教学档案管理、研究生培养实践基地建设、教研室设置和管理 3 个管理办法，提出了部分修改建议。

六、关于教师教学培训

会议讨论了 2016 年首届教师教学培训总结，肯定了培训取得的成效，建议继续通过开展培训，加强教师队伍建设，提高教学能力与水平。

会议还讨论了 2015—2016 年研究生教育调研中反映的主要问题，并建议研究生院尽快研究解决。

全国第四轮学科评估结果公布
中国农业科学院学科建设取得显著成效

2017 年 12 月 28 日，教育部学位与研究生教育发展中心公布了全国第四轮学科评估结果，中国农业科学院参评的 14 个学科全部上榜，其中作物学、植物保护、畜牧学、兽医学 4 个学科被评为 A+，生物学、农业资源与环境 2 个学科被评为 A-，A 类学科数占参评学科数的 42.86%。与全国第三轮学科评估结果相比，前 2%（或前 2 名）学科数由 2 个增加到 4 个，前 10%学科数由 4 个增加到 6 个，前 20%学科数由 7 个增加到 10 个，学科建设取得显著成效。

全国第四轮学科评估于 2016 年 4 月启动，在 95 个一级学科范围内开展（不含军事学门类等 16 个学科），共有 513 个单位的 7 449个学科参评。评估结果按“分档”方式呈现，具体方法是按“学科整体水平得分”的位次百分位，将前 70%的学科分 9 档公布：前 2%（或前 2 名）为 A+，2%~5%为 A（不含 2%，下同），5%~10%为 A-，10%~20%为 B+，20%~30%为 B，30%~40%为 B-，40%~50%为 C+，50%~60%为 C，60%~70%为 C-。根据评估结果，中国农业科学院 A 类学科数占具有博士学位授权一级学科数的 60%，与农林高校相比居于首位。

附件：中国农业科学院全国第四轮学科评估结果

附件

中国农业科学院全国第四轮学科评估结果

序号	学科代码及名称	评估结果
1	0901 作物学	A+
2	0904 植物保护	A+
3	0905 畜牧学	A+
4	0906 兽医学	A+
5	0710 生物学	A−
6	0903 农业资源与环境	A−
7	0713 生态学	B+
8	0832 食品科学与工程	B+
9	0902 园艺学	B+
10	0909 草学	B+
11	1203 农林经济管理	B
12	0830 环境科学与工程	B−
13	0828 农业工程	C+
14	1201 管理科学与工程	C

关于授予雷平等 39 人博士学位、赵建坤等 91 人硕士学位的决定

农科学位〔2017〕1 号

中国农业科学院第八届学位评定委员会第八次会议于 2017 年 1 月 11 日在北京召开，根据《中国农业科学院学位授予工作实施细则》的规定，决定授予雷平等 39 人博士学位；授予赵建坤等 91 人硕士学位，其中全日制学术型硕士 3 人，同等学力硕士 2 人，全日制专业学位硕士 2 人，非全日制专业学位硕士 84 人，授予学位日期为 2017 年 1 月 11 日。具体名单见附件。

附件：中国农业科学院 2017 年春季授予学位人员名单

中国农业科学院学位评定委员会

2017 年 1 月 27 日

附件

中国农业科学院2017年春季授予学位人员名单

1. 授予博士学位人员名单（39人）

雷　平　张小兵　程　毅　魏　帅　袁佐云　李栓明　乔　芬　郑兴卫　马炜炜
王金辉　朱　伟　张珺穜　陈　林　何　婷　孙成贺　王如意　朱鹏阳　毕洁颖
冉　娟　艾洪娟　陈　哲　任新茂　张　颖　王广帅　侯　粲　孙　琦　杨青青
王兴云　吴维达　董书伟　刘定国　黄泽颖　郑纪业　Madiha Hamyat
Shimo Peter Shimo　Appiah-Gyapong Joseph Yaw　Priya Lal Biswas
Darien Kheder Ali Mohamed　Fredrick Onyango Ogutu

2. 授予全日制学术型硕士学位人员名单（3人）

赵建坤　张　萌　Silvio Moreno Delgado Nascimento

3. 授予同等学力硕士学位人员名单（2人）

刘　鹏　赵　悦

4. 授予全日制专业学位硕士学位人员名单（2人）

张　莉　林久禄

5. 授予非全日制专业学位硕士学位人员名单（84人）

刘家师　王　峰　魏希影　张　新　钟　准　罗　茜　舒美玲　李崇波　李红卫
饶兴义　王智明　武林琼　朱洪光　陈学行　康　键　李　岑　许　皓　姜丽虹
黄荣荣　李莉峰　魏　明　梅连杰　钱　敏　李　薇　袁　钊　常　硕　刘巨龙
张欣秋　姜　帆　许丹范　张炳辉　韩贞国　徐　燕　翟堃宇　王少元　王开军
孙慕华　李　解　廖璐婧　刘　敏　田　宇　肇　莹　郝婷婷　易文裕　邓　强
鲍宇红　沈佳琦　梁　晨　孙　伟　李正武　张　璐　汪开卷　侯菁菁　文　龙
尹海波　张丛莹　唐敬新　王　涛　张燕宁　孙运海　唐嘉翊　高文超　马彦娇
康树靖　白冬梅　王　钢　刘笑晨　蔡　超　陈　曦　丁子元　李文雯　马　超
马文婷　宋昀鹏　孙　悦　张　丽　高玉圆　范春捆　余海挺　毛　乐　黄小洁
杨林佩　刘在斯　郭景玥

关于授予刘家范等 192 人博士学位、崔艺凡等 761 人硕士学位的决定

农科学位〔2017〕10 号

中国农业科学院第九届学位评定委员会第一次会议于 2017 年 7 月 6 日在北京召开，根据《中国农业科学院学位授予工作实施细则》的规定，决定授予刘家范等 192 人博士学位（含留学生 33 人）；授予崔艺凡等 761 人硕士学位，其中全日制学术学位硕士 462 人（含留学生 6 人），同等学力硕士 2 人，全日制专业学位硕士 211 人，非全日制专业学位硕士 86 人，授予学位日期为 2017 年 7 月 6 日。具体名单见附件。

附件：中国农业科学院 2017 年夏季授予学位人员名单

中国农业科学院学位评定委员会

2017 年 7 月 11 日

附件

中国农业科学院2017年夏季授予学位人员名单

1. 授予博士学位人员名单（192人）

刘家范	闫旖君	于 洋	陈天金	王丽伟	侯智慧	金红岩	马丽娜	王雪霞
桂月晶	冯为民	夏国华	张文英	石 岩	杨林林	王 晖	王 帅	贺记外
李忠峰	武晓阳	李 阳	孟 娣	唐朝胜	蔡祖国	周 明	欧承刚	王 烨
贾 苗	王 玲	赵梅婷	房 宇	马永华	丛丽丽	赵铁洁	秦 巧	张 帆
杨新建	冯 丹	许芳芳	秦 华	宋 云	王惠梅	任 磊	翟 振	张瑞海
张海芳	孙池涛	庞昀龙	张 哲	简银巧	毕真真	杨桂玲	饶伟丽	万楚筠
马永硕	张晓孟	何文天	尹 昌	陈媛媛	李银萍	李楠洋	张林雅	葛 星
杨春红	王山宁	阿布都如苏力·吐孙			苑 鹤	田 虎	郝 昆	董 捷
褚文辉	郭 肖	齐鹏飞	马 磊	李 坤	房永祥	唐 轲	周荣柱	包月红
韩 冰	王盛威	丁建莉	汪 颖	王刘庆	邱结华	刘丽丽	余曼丽	何翠翠
刘统帅	张玉静	龚雪文	王小倩	王 敏	于景印	李三峰	徐宗昌	干珠扎布
张 静	葛常伟	薛 鹏	杜鹏飞	程 劼	郭东梅	刘宏艳	梁晓芳	王振兴
李佩荣	张焕欣	张小丽	施 江	付建玉	徐雷锋	张 倩	崔江宽	哈斯图亚
田丽霞	郭井菲	杨东升	杨 帅	李 君	陈增龙	刘清松	王 洁	朱 波
杨亚岚	赵善江	李明娜	张亚男	刘 伟	张 震	刘 杰	郭军蕊	汤超华
王大涛	石 迎	鲍衍清	刘 欢	韩 倩	孙 超	朱向东	王 淼	杨 洋
王金磊	杨 盟	李 跃	齐 晓	李 慧	侯 涛	孙梦瑶	陈丽娜	李书钦
李俊杰	于智媛	贾娟琪	缴 旭	文长存	贾 琳	王东杰	关 龙	

Butt Hamama Islam
Ahmed Elsayed Ibrahim Gomaa Mohammed
Bonny Dadji Stephane Serge
Tussipkan Dilnur
Yarvaan Munkhtuya
Pervaiz Bushra
Marowa Prince
Isaboke Hezron Nyarindo
Rahman Md Habibur
Islam Mohammad Rafiqul
Cho Cho Htay
Altawaty Tawfeek Abdalla Abrahim
Yasir Ahmed Gamar Hussin
Sangu Emmanuel Mathew
Phung Nghi Van
Rehman Latifur
Elahi Rizwan
Tesfay Gebreamlak Bezabih
Shahat Sabet Mohamed Ahmed Ali
Kamwana Bonet Chikhawo

Memon Muhammad Suleman
Nada Siddig Mustafa Mohamed
Khurlee Gerelmaa
Naveed Shahzad Amir
Samuel Kesete Ghirmay
Kumar Chandar
Ahmed Abdul-Gafar
Siek Darith
Ali Mohamed Ali Mohamed
Mamo Firew Tafesse
Afreh Ntiamoah Daniel
Khattak Bushra
Myint Myint Khaing

2. 授予全日制学术学位硕士学位人员名单（462 人）

崔艺凡	汪雪玉	吕育松	郭现坤	马　景	苏贵龙	向　雁	马化鹏	阿旺次仁
陈　冬	伊热鼓	杨　芳	黄艳芳	陶天龙	吴　圣	耿金剑	李翔翔	杨　笛
张梦婷	朱永昶	吕翻洋	王琼英	曹慧方	杜永凯	常美会	刘　航	鲁　念
田　烨	徐江涛	赵雷霖	刘　松	陈　凯	窦祎凝	杜庆国	韩英英	王　开
徐纪元	朱婷婷	张祺珮	陈新兵	郝宇琼	贾　玄	李　凯	李文宗	宋丹丹
王佳梅	杨彩峰	张　敏	张　欣	赵倩倩	陈晓光	陈晓敏	李书鹏	王真真
杨晨宇	金　诺	龚　骞	王笑千	李志永	边晨凯	乔　铖	王俊欢	黄诚诚
江雨倩	卢　闯	曹旭娟	唐哲仁	肖建南	李　烨	代红朝	付宇超	韩树钦
刘德江	刘　基	张德高	赵维松	周德欢	周　杨	李生平	李沅媛	陈新国
李　文	司转运	唐晓培	杨筠晴	姚　欣	张嘉星	徐文倩	张　芳	王　星
刘　彬	刘元望	彭怀丽	张　骞	冯雪敏	周谈龙	渠清博	王　伸	徐　则
丁　慧	陈　鸽	宋印清	张　鹏	张小庆	张　莹	赵风年	戴　超	邓　磊
高玲玲	鞠　栋	李　蒙	李倩倩	倪香艳	宁吉英	孙　圳	王利敏	岳鉴颖
张　瑜	田光晶	王勇峰	姜　帆	孙红霞	肖　敏	杨晓龙	陈　涛	范盼盼
李璐璐	胡继杰	扈瑞瑞	李青山	毛静静	赵　阳	赵永长	何文昭	化金阁
焦珍珍	李婕筠	刘修杰	刘云川	马文娅	裴睿丽	申聪聪	孙　帆	王翠云
王敏霞	魏少博	许　鑫	朱明月	李邵琦	王聪聪	张兵兵	张友平	方义生
陆捡花	张江江	李玉兰	戴冬青	奉宝兵	胡大维	王　宏	徐婷婷	轩丹丹
张安鹏	张习春	陈　浣	李　奎	马　冰	任昂彦	孙　鑫	朱承广	高　星
耿庆河	李巧茹	刘　莎	罗明昭	潘翠丽	杨明涛	张晓静	邓艳凤	王　帅
张小萌	蔡　岩	刘　盼	张付贵	卢瑞克	胡一波	戴显红	孙伟华	欧阳岁燕
杨　欢	毛新新	石　翔	岳　珩	杨玉娟	邓进超	侯志芳	梁　韶	王广富
陈利娜	谢海坤	郝宁宁	张晨光	蔡成成	陈　娜	崔丽朋	董洪霞	范桂彦
黄　毅	李云云	刘　鹏	刘　星	宋子超	孙秀秀	台连丽	徐　萌	杨好慧
张　舒	张　松	仲　阳	李蒙蒙	白培贤	陈　琳	方　洁	韩娟娟	嵇伟彬
解东超	李小杰	刘平香	邵晨阳	汪　煊	张亚真	冯亚言	刘　晓	张彩文

赵雅雯　傅国海　黄新君　魏琳琳　华玲玲　李　军　田中学　周国朋　徐　莜
徐子先　曹金峰　陈　浩　刘　影　申　格　王晶晶　李盼亮　宋加伟　魏　偲
白冰冰　班一云　冯　耿　李　新　李昱佳　刘炳花　钱珊珊　陶尚琨　王喜娜
吴慧娟　吴立叶　吴艳琴　辛　敏　占丽平　张爱萍　张　俊　崔伟业　张文琦
吴　洋　程明星　李方方　王贻鸿　徐同伟　刘　馨　苑广迪　陈　露　程李莉
韩宗礼　梁菲菲　刘航玮　王冰洁　于　洁　袁慧果　张　慧　郑　瑶　朱　云
朱欢欢　全林发　程志鹏　韩大为　黄　斌　李　庆　李　尧　任敬霞　任小双
田春燕　王平平　张开心　李　丹　王晓阳　张　婷　靳继苏　赵晨晨　焦耀宇
刘　珊　马景川　薄小辉　郭芹芹　贺小云　李晨晓　李晓雨　梁素芸　陆腾飞
钮广林　宋禹昕　夏江威　徐松山　张金山　张文刚　张　雪　玛哈巴·肉孜
丁倩雯　华　婷　陆　唯　马俊南　倪海球　齐　博　司彦培　汪小红　尹子煜
张　帆　李守学　毕　晔　陈美霞　李洁蕾　李　爽　刘正群　孙永波　王朝栋
王　建　王　杰　王进宇　温　倩　周　莹　朱丽媛　李贝贝　刘　珊　王　烨
吴　斌　岳　孟　刘　慧　刘　佳　王　磊　张吉丽　朱永刚　张通明　曹智刚
何民辉　孟藏龙　程军霞　窦亚峰　黄　强　谭永贵　陶敏捷　王宾宾　王　涛
吴小卡　宿　鑫　郇贝丽　于之清　张耀丹　张玉嫱　张祖航　陈　思　单博文
谷琳琳　郭金潮　郭苗苗　季朝阳　贾文亮　李晨曦　李　麟　李　伟　李　真
刘文铭　刘　影　罗亚坤　曲志远　任会玲　沈旦枫　石文军　孙邦耀　孙一瑞
王　磊　夏德利　徐胜奎　许榜丰　袁天罡　张会雷　张　杰　张　瑶　赵　雯
钟　丽　周　圆　周长平　郝嘉玮　何　伟　李守杰　李四通　刘泽众　马小元
毛乐娇　彭倩倩　王治家　寻广谨　杨　洋　袁如意　张芙恺　郑华斌　朱向涛
刘龙海　刘　艳　陈会亚　赵　晓　邢敬亚　邢明杰　万修福　唐宽燕　赵劲博
张　帆　胡宁宁　高　润　吕小波　钱学梁　张红英　段　樨　鞠劭芃　武玉环
薛思蒙　程晓宇　褚衍章　杨雅伦　赵晓慧　赵长和　迟　亮　牛云霞　张涵宇
马秋颖　秦　波　杨海成　赵　璞　黄　政　王德川　吴美典子

Mansour Yousif Ahmed Adam　Mukeba Mbala Eric
Kabasele Bambe Eddy Hope　Tsegay Bereket Menghis
Mohamed Farah Eisa Ahmed　Kimbembe Romesh Eric Romy

3. 授予同等学力硕士学位人员名单（2人）

王延周　王亚南

4. 授予全日制专业学位硕士学位人员名单（211人）

李　娟　张松涛　陈阳松　梁新霞　刘　畅　刘会云　岂长燕　徐飞飞　张思梦

张霞　张晓星　刘帅　齐海坤　桑晓慧　许艳超　黄纯倩　姜成红　刘哲辉
邵林　贺彦　刘耀斌　涂政军　陈果　盖小雷　高宪辉　何康　胡军华
宋科　宋学茹　孙泽东　吴凯　朱海　李乐　宋慧芳　邢丽伟　谢昊
曹雪　冯晶晶　高宝祯　刘强　刘小萍　刘秀慧　刘议蔚　孙婷婷　丁体玉
李玉阔　熊姜玲　赵瑞娟　高贯威　毛腾飞　王敏　王银诚　张晓男　宗泽冉
丁亚会　高圣超　韩天富　李伟　熊孜　于冰　孟雷　朱新梦　李敬亚
李文华　孟明辉　宋香育　朱丹妹　凡慧　游洋　孙菲菲　王明明　马玉琴
彭争科　安涛　陈孝利　陈怡　丁洁　高欣欣　郭栋　何莉梅　黄天宇
黄颖　李昕玥　沈慧敏　王新果　王叶　王振花　魏红爽　徐磊　轩景丽
杨浪　张海平　周洋洋　倪土　程笑笑　王莹莹　曾令益　吴建圆　黄慧丽
黄向阳　王杰　吴永保　黄万龙　裴文华　王娜　王亚君　肖高军　岳静伟
赵露露　陈明帅　刘帅　冯新宇　张志飞　李永峰　吴姝　毕舒贻　陈敏
李然嫣　栗欣如　刘勍　孙宁　叶志标　李柯逾　秦诗乐　魏昊　吴祖葵
张驰　李培良　王世语　姚方方　逄秀梅　齐悦涵　王燕妮　尹志强　朱超
程述震　高萍萍　孔雁　罗旭　尚玉婷　盛晓静　严斌　于晓磊　张森燊
张晔　梁霞丽　张文文　张雨豪　李佳秀　黄晓荣　刘明　肖康　谢华里
王楠　李欣彤　汪孟航　艾敏　崔晓霞　刘军涛　刘晓敏　吴巧梅　武吉强
谢雨翔　徐帅兵　杨德强　宰金丽　张欣　毕彩鸿　房琼琼　高素丽　高祥
焦美会　李爱心　李海　李昭然　林玉美　刘琳琳　刘云　庞中兵　彭蔚宇
孙国荣　唐猛　王雪莲　王元智　杨婷　于佳慧　张健　张玲楷　宗树成
郭凤凤　何欣　胡高维　胡荣　黄德萱　李春天　李双男　李杨　梁忠祥
刘光学　刘永安　王园园　王展慧　王振国　魏国燕　吴耀东　边亚彬　黄鑫
妥鑫　王海瑞　闫宝琪　赵晓乐

5. 授予非全日制专业学位硕士学位人员名单（86 人）

袁自春　孙茜　柏培培　贾硕　贺海军　王莹莹　谢昭军　周冬晔　袁小波
周建友　张茜　鲁会玲　秦旭峰　王曼力　苏云珊　刘居东　邹东月　周子龙
张玲玲　林樱楠　马才仁卓玛　廖文华　冯璐　赵丹妮　丁燕　高镘舒
徐雨然　卢迪　王再元　张晓　姚欢　陈熙卓　袁建珺　黄佳佳　邵帅
张宁　刘松青　程洪森　李立峰　李世龙　王帅　杨虹霞　楼芳芳　汪寿根
曹洁　林子果　盛超　司雪飞　周子雍　浦亚斌　柴莉英　闫峻　褚天聪
丛丽娟　曾曼　高芳　杨东　赵阳　钟正阳　陈丽萍　茆京来　王迪
唐瑞波　白益馨　李超　张硕　刘宇思　邢芳芳　申丹　单国富　付秀伟
公琪　逯宪东　王宇航　吴玉宝　潘春磊　李林　杨靖　王瓯丽　姚震宇
徐小娟　丁蕾蕾　曹艳子　任卫科　李津　张晶

中国农业科学院 2017 年度优秀学位论文名单

中国农业科学院 2017 年优秀博士学位论文名单

序号	姓名	培养单位	专业	导师	学位论文题目
1	秦　华	生物所	生物化学与分子生物学	黄荣峰	*OsEIL*1 调控水稻生长素生物合成和初生根的生长
2	杜鹏飞	质标所	农产品质量与食物安全	王　静	三唑磷农药生物条形码免疫分析方法研究
3	于景印	油料所	作物遗传育种	廖伯寿	植物基因组串联重复序列的数据挖掘及在线服务平台的构建
4	张　倩	资划所	植物营养学	周　卫	长期施肥下稻麦轮作体系土壤团聚体碳氮转化特征
5	王如意	植保所	植物病理学	王国梁	水稻转录因子 *APIP*5 调控程序性细胞死亡和免疫机制研究
6	汤超华	牧医所	动物营养与饲料科学	张军民	棉酚旋光异构体在泌乳奶牛体内转移规律及其代谢组研究
7	房　宇	蜜蜂所	特种经济动物饲养	李建科	蜜蜂工蜂和雄蜂胚胎期发育蛋白质组及磷酸化蛋白质组研究
8	郭　肖	兰州牧药所	基础兽医学	张继瑜	两种西藏杜鹃挥发油和多糖成分及其生物活性的分析
9	黄泽颖	农经所	产业经济	王济民	我国肉鸡产业高致病性禽流感影响与防控的经济研究

中国农业科学院 2017 年优秀硕士学位论文名单

序号	姓名	培养单位	专业/领域	导师	学位论文题目
1	龚　骞	棉花所	生物化学与分子生物学	李付广	基于自然群体定位亚洲棉抗黄萎病关键基因及功能分析
2	杜庆国	作科所	生物化学与分子生物学	邹　枨	通过转录组测序分析玉米耐受低磷胁迫的分子机制
3	刘元望	资划所	环境科学	李兆君	庆大霉素降解菌筛选及其促进药渣堆肥残留降解机制研究
4	王　伸	沼科所	环境工程	邓良伟	猪场废水厌氧消化液好氧处理过程酸化及其应对策略
5	李　蒙	加工所	食品科学	张德权	蛋白质磷酸化调控肉色稳定性的作用机制
6	蔡成成	蔬菜所	蔬菜学	王晓武	白菜参考基因组组装升级和进化分析
7	仲　阳	蔬菜所	蔬菜学	黄三文	UDP – 葡萄糖转移酶 *UGT73AM3* 基因调节黄瓜苦味三萜的糖基化
8	张文琦	加工所	植物病理学	戴小枫	大丽轮枝菌 Fungal_ trans 转录因子 *VdFTF1* 调控致病性功能研究
9	辛　敏	植保所	植物病理学	王锡锋	高通量测序鉴定西瓜新病毒
10	程志鹏	植保所	农药学	董丰收	大气压气相色谱四级杆飞行时间质谱在农药残留分析中的应用研究
11	夏江威	牧医所	动物遗传育种与繁殖	高会江	西门塔尔肉牛全基因组关联分析中的经验贝叶斯方法及其应用研究
12	张文刚	牧医所	动物遗传育种与繁殖	李俊雅	肉牛生长发育与胴体性状全基因组关联分析及目标区域测序捕获功能基因的研究

（续表）

序号	姓名	培养单位	专业/领域	导师	学位论文题目
13	李　麟	哈尔滨兽医所	预防兽医学	刘平黄	猪源性抗 PEDV 中和抗体 PC10 的原核表达及噬菌体猪源抗 PEDV 抗体文库的构建
14	张芙恺	兰州兽医所	预防兽医学	朱兴全	大片吸虫感染对水牛肝脏、外周血淋巴细胞基因表达及血清细胞因子水平的影响
15	刘会云	作科所	作物	叶兴国	小麦无标记转基因体系建立和 *HMW-GS* 基因的转化
16	游　洋	沼科所	农业资源利用	何明雄	牛粪及沼液在运动发酵单胞菌燃料乙醇转化中的应用潜力研究
17	于佳慧	哈尔滨兽医所	兽医	仇华吉	干扰素诱导蛋白 2′-5′寡腺苷酸合成酶样蛋白的抗猪瘟病毒活性研究

中国农业科学院 2016—2017 学年高水平论文奖名单

序号	研究所	学号	姓名	学生类别	专业/领域	导师	发表期刊	发表论文名称	JCR 大类分区	影响因子
1	茶叶所	82101131092	刘健伟	博士	茶学	阮建云	*Journal of Agricultural & Food Chemistry*	Metabolomic analyses reveal distinct change of metabolites and quality of green tea during the short duration of a single spring season	农林科学一区	2.857
2	茶叶所	82101142243	刘平香	硕士	茶学	刘　新	*Journal of Agricultural & Food Chemistry*	Occurrence and residue pattern of phthalate esters in fresh tea leaves and during tea manufacturing and brewing	农林科学一区	2.857
3	牧医所	82101141132	赵善江	博士	动物遗传育种与繁殖	朱化彬	*Oncotarget*	Effects of lipopolysaccharide on maturation of bovine oocyte in vitro and its possible mechanisms	医学一区	5.008
4	牧医所	82101131139	吴维达	博士	动物营养与饲料科学	张宏福	*Food & Function*	Dietary fibers influence the intestinal SCFAs and plasma metabolites profiling in growing pigs	农林科学一区	2.686
5	牧医所	82101161153	张　凯	博士	动物营养与饲料科学	张军民	*Journal of Agricultural and Food Chemistry*	Residues of salbutamol and identification of its metabolites in beef cattle	农林科学一区	2.857

（续表）

序号	研究所	学号	姓名	学生类别	专业/领域	导师	发表期刊	发表论文名称	JCR 大类分区	影响因子
6	饲料所	82101151142	游　帅	博士	动物营养与饲料科学	蔡辉益	*Biotechnology for Biofuels*	Improvement of the thermostability and catalytic efficiency of a highly active β - glucanase from Talaromyces leycettanus JCM12802 by optimizing residual charge-charge interactions	工程技术一区	6.444
7	沼科所	82101152120	王　霜	硕士	环境工程	邓良伟	*Bioresource Technology*	Performance of autotrophic nitrogen removal from digested piggery wastewater	工程技术一区	4.917
8	环保所	82101142095	冯雪敏	硕士	环境科学	王瑞刚	*Journal of Hazardous Materials*	Ionomic and transcriptomic analysis provides new insight into the distribution and transport of cadmium and arsenic in rice	工程技术一区	4.836
9	蜜蜂所	82101161082	李强强	博士	农产品质量与食物安全	吴黎明	*Journal of Agricultural & Food Chemistry*	UPLC - Q - Exactive Orbitrap/MS - Based lipidomics approach to characterize lipid extracts from bee pollen and their in vitro anti-inflammatory properties	农林科学一区	2.857
10	油料所	82101142197	戴显红	硕士	农产品质量与食物安全	丁小霞	*Journal of Agricultural & Food Chemistry*	Cadmium in Chinese postharvest peanuts and dietary exposure assessment in associated population	农林科学一区	2.857

（续表）

序号	研究所	学号	姓名	学生类别	专业/领域	导师	发表期刊	发表论文名称	JCR大类分区	影响因子
11	植保所	82101142316	黄　斌	硕士	农药学	曹坳程	*Journal of Agricultural & Food Chemistry*	Effect of soil fumigation on degradation of pendimethalin and oxyfluorfen in laboratory and ginger field studies	农林科学一区	2.857
12	植保所	82101152319	李如男	硕士	农药学	董丰收	*Journal of Agricultural & Food Chemistry*	Enantioseparation of imazalil and monitoring of its enantioselective degradation in apples and soils using ultra-high-performance liquid chromatography? Tandem mass spectrometry	农林科学一区	2.857
13	环发所	82101161039	李豫婷	博士	农业气象与气候变化	林而达	*European Journal of agronomy*	Effects of elevated CO_2 on rice grain yield and yield components: Is non-flooded plastic film mulching better than traditional flooding?	农林科学一区	3.186
14	植保所	82101161143	张睿彬	博士	生物防治学	宋福平	*Current Biology*	Molecular basis of alarm pheromone detection in aphids	生物一区	8.983
15	加工所	82101121021	桂月晶	博士	生物化学与分子生物学	戴小枫	*Environmental Microbiology*	Verticillium dahliae manipulates plant immunity by glycoside hydrolase 12 proteins in conjunction with carbohydrate-binding module 1	环境科学与生态学一区	5.932
16	作科所	82101131005	冯　楠	博士	生物化学与分子生物学	毛　龙	*Plant Physiology*	Transcriptome profiling of wheat inflorescence development from spikelet initiation to floral patterning identified stage-specific regulatory genes	生物一区	6.280

（续表）

序号	研究所	学号	姓名	学生类别	专业/领域	导师	发表期刊	发表论文名称	JCR 大类分区	影响因子
17	作科所	82101162027	李晶莹	硕士	生物化学与分子生物学	夏兰琴	*Molecular Plant*	Generation of targeted point mutations in rice by a modified CRISPR/Cas9 system	生物一区	7.142
18	作科所	82101121004	马炜炜	博士	生物化学与分子生物学	万建民	*Plant Physiology*	The LBD12 - 1 transcription factor suppresses apical meristem size by repressing argonaute 10 expression	生物一区	6.280
19	作科所	82101131712	孙永伟	博士	生物化学与分子生物学	夏兰琴	*Molecular Plant*	Engineering herbicide - resistant rice plants through CRISPR/Cas9 - mediated homologous recombination of acetolactate synthase	生物一区	7.142
20	加工所	82101152132	杨　莹	硕士	食品科学	郑金铠	*Journal of Agricultural & Food Chemistry*	Encapsulation of polymethoxyflavones in citrus oil emulsion - based delivery systems	农林科学一区	2.857
21	加工所	82101152132	杨　莹	硕士	食品科学	郑金铠	*Journal of Agricultural & Food Chemistry*	Effects of preheating and storage temperatures on aroma profile and physical properties of citrus-oil emulsions	农林科学一区	2.857
22	蔬菜所	82101142215	蔡成成	硕士	蔬菜学	王晓武	*Molecular Plant*	Brassica rapa genome 2.0：A reference upgrade through sequence re-assembly and gene re-annotation	生物一区	7.142
23	蔬菜所	82101142234	仲　阳	硕士	蔬菜学	黄三文	*Molecular Plant*	Developmentally regulated glucosylation of bitter triterpenoid in cucumber by the UDP-glucosyltransferase UGT73AM3	生物一区	7.142

（续表）

序号	研究所	学号	姓名	学生类别	专业/领域	导师	发表期刊	发表论文名称	JCR 大类分区	影响因子
24	上海兽医所	82101141151	鲍衍清	博士	预防兽医学	于圣青	*Veterinary Research*	Characterization of Brucella abortus mutant strain Δ22915, a potential vaccine candidate	农林科学一区	2.928
25	上海兽医所	82101142392	窦亚峰	硕士	预防兽医学	于圣青	*Veterinary Research*	Disruption of the M949_ RS01915 gene changed the bacterial lipopolysaccharide pattern, pathogenicity and gene expression of Riemerella anatipestifer	农林科学一区	2.928
26	植保所	82101141107	崔江宽	博士	植物病理学	彭德良	*Plant Disease*	Efficacy evaluation of seed-coating compounds against cereal cyst nematodes and root lesion nematodes on wheat	农林科学一区	3.192
27	植保所	82101121115	王如意	博士	植物病理学	王国梁	*Current Biology*	Immunity to rice blast disease by suppression of effector-triggered necrosis	生物一区	8.983
28	资划所	82101131098	尹　昌	博士	植物营养学	梁永超	*Soil Biology and Biochemistry*	The response patterns of community traits of N_2O emission-related functional guilds to temperature across different arable soils under inorganic fertilization	农林科学一区	4.152
29	资划所	82101141094	张　倩	博士	植物营养学	周　卫	*Soil Biology and Biochemistry*	Variable responses of ammonia oxidizers across soil particle-size fractions affect nitrification in a long-term fertilizer experiment.	农林科学一区	4.152

（续表）

序号	研究所	学号	姓名	学生类别	专业/领域	导师	发表期刊	发表论文名称	JCR 大类分区	影响因子
30	资划所	82101141094	张　倩	博士	植物营养学	周　卫	*Soil Biology and Biochemistry*	Evident variations of fungal and actinobacterial cellulolytic communities associated with different humified particle－size fractions in a long－term fertilizer experiment.	农林科学一区	4.152
31	水稻所	82101145019	胡熙璕	硕士	作物	王克剑	*Molecular Plant*	Expanding the range of crispr/cas9 genome editing in rice	生物一区	7.142
32	麻类所	82101159037	程超华	博士	作物遗传育种	陈建华	*Industrial Crops and Products*	A rapid shoot regeneration protocol from the cotyledons of hemp (Cannabis sativa L.)	农林科学一区	3.449
33	麻类所	82101161056	邓　勇	博士	作物遗传育种	李德芳	*Industrial Crops and Products*	Physiological response to cadmium stress in kenaf (Hibiscus cannabinus L.) seedlings	农林科学一区	3.449
34	水稻所	82101131811	冷语佳	博士	作物遗传育种	钱　前	*Plant Physiology*	A Rice PECTATE LYASE－LIKE gene is required for plant growth and leaf senescence	生物一区	6.280
35	油料所	82101141048	于景印	博士	作物遗传育种	廖伯寿	*Nucleic Acids Research*	PMDBase：a database for studying microsatellite DNA and marker development in plants	生物一区	9.202

中国农业科学院 2017 年审核增列的学位授权点名单

序号	学位授权点代码及名称	原授权级别	新增授权级别
1	0828 农业工程	博士二级	博士一级
2	0706 大气科学	硕士二级	硕士一级
3	0908 水产	无	硕士一级
4	0852 工程硕士	无	硕士专业学位
5	1255 图书情报硕士	无	硕士专业学位

关于聘任谭光轩等13位同志为中国农业科学院研究生院在职攻读专业学位硕士研究生第二指导教师的通知

根据《中国农业科学院研究生院在职攻读专业学位研究生外聘指导教师管理条例》(农科研生〔2014〕61号文件)，经相关单位推荐，研究生院审核，同意聘请谭光轩等13位同志为中国农业科学院在职攻读专业学位硕士研究生第二指导教师，聘期一般为3年（若学生提前或者延期答辩，则聘期为到所指导学生毕业为止）。

根据《中国农业科学院研究生指导教师工作条例》的规定，导师是研究生在学期间的第一责任人，指导教师在聘期间，需认真履行指导教师职责，指导研究生的理论学习和论文研究工作。第二指导教师职责主要是协助第一导师，培养出符合国家培养目标的专业学位研究生。

附件：聘任在职攻读专业学位硕士研究生第二指导教师名单（13人）

附件

聘任在职攻读专业学位硕士研究生第二指导教师名单（13 人）

序号	姓名	性别	出生年月	工作单位	职称	研究方向	指导学生姓名	证书编号
1	谭光轩	男	1964.12	周口师范学院	教授	植物遗传学	李国臣	17201
2	李俐俐	女	1972.7	周口师范学院	教授	环境科学与工程	王丽娜	17202
3	杨同文	男	1965.7	周口师范学院	教授	植物学	刘建友	17203
4	张福丽	女	1975.12	周口师范学院	副教授	植物保护	鲁珍珍	17204
5	徐克东	男	1981.11	周口师范学院	副教授	园林植物与观赏园艺	贾朝阳	17205
6	于德水	男	1983.6	周口师范学院	副教授	遗传学	赵延勃	17206
7	刘　坤	男	1966.11	周口师范学院	副教授	生化与分子生物学	刘德征	17207
8	苏浴源	男	1964.3	张家口市农业科学院	研究员	农学	申领艳 康少辉	17208
9	孙宝国	男	1961.1	北京工商大学	教授	化学工程	李　岩	17209
10	鄢明华	男	1971.9	天津市畜牧兽医研究所	研究员	预防兽医	田向学	17210
11	穆淑琴	女	1965.1	天津市畜牧兽医研究所	研究员	畜牧	李泽青	17211
12	马伏旗	男	1971.9	河北白沙烟草有限责任公司保定卷烟厂	高级工程师	通风与安全	王祎秋	17212
13	张　军	男	1964.2	唐山市动物疫病预防控制中心	研究员	畜牧	周建颖	17213

中国农业科学院2017年研究生奖助学金评选情况统计及国家奖学金获奖名单

根据奖学金的有关规定和评选办法，2017年评选出“三仪最佳论文奖”获得者11名；“先正达”奖学金获得者5名；“陶氏益农最佳论文奖”获得者6名；“大北农励志奖学金”获得者40名；“默克生命科学奖学金”获得者5名；“金龙鱼优博奖学金”获奖者8名。评选出优秀学生干部207名、社会活动优秀奖236名、优秀毕业生43名及先进班集体10个。

完成了2015级研究生第三学年学业奖学金的评审工作，其中博士研究生学业奖学金一等奖47名，奖学金标准为11 000元/(人·年)，二等奖160名，奖学金标准为10 000元/(人·年)；硕士研究生学业奖学金一等奖138名，奖学金标准为9 000元/(人·年)，二等奖535名，奖学金标准为8 000元/(人·年)，奖励金额共计763.9万元。完成了2016级研究生第二学年学业奖学金的评审工作，其中博士研究生学业奖学金一等奖56名，奖学金标准为11 000元/(人·年)，二等奖188名，奖学金标准为10 000元/(人·年)；硕士研究生学业奖学金一等奖142名，奖学金标准为9 000元/(人·年)，二等奖555名，奖学金标准为8 000元/(人·年)，奖励金额共计821.4万元。完成了2017级研究生第一学年学业奖学金的评审工作，其中289名博士研究生均为二等，奖金标准为10 000元/(人·年)，747名硕士研究生均为二等，奖金标准为8 000/(人·年)，奖励金额共计886.6万元。完成了研究生国家奖学金评选的工作，最终按照规定评选出了博士生27名，奖金标准为30 000元/人，硕士生46名，奖金标准为20 000元/人，奖励金额共计173万元。全年发放国家助学金涉及3 215人次，集中教学阶段，博士生标准为2 750元/(人·月)，硕士生标准为1 500元/(人·月)，回所科研阶段，博士生标准为1 750元/(人·月)，硕士生标准为800元/(人·月)，全年发放国家助学金总额共计3 713.5万元。

一、学业奖学金

2017年，根据《中国农业科学院研究生院研究生学业奖学金评选办法（试行）》的有关规定，经各研究生培养单位初审，研究生院研究生学业奖学金评审领导小组复审，确定各年级在校生学业奖学金最终评审情况如表1。

表 1　2017 年研究生学业奖学金评审情况

年级	学生类别	等次	人数（人）	金额（元/人）
2015 级	博士生	一等	47	11 000
		二等	160	10 000
	硕士生	一等	138	9 000
		二等	535	8 000
2016 级	博士生	一等	56	11 000
		二等	188	10 000
	硕士生	一等	142	9 000
		二等	555	8 000
2017 级	博士生	二等	289	10 000
	硕士生	二等	747	8 000

二、企业奖学金

2017 年，我院共评选“先正达奖学金”“大北农励志奖学金”“陶氏益农最佳论文奖”“默克生命科学奖学金”“三仪最佳论文奖”5 项企业奖学金，共涉及 72 名研究生，奖励金额总计 33. 8 万元。

三、国家奖学金

2017 年 9—11 月，根据财政部、教育部关于印发《普通高等学校研究生国家奖学金评审办法》（以下简称《办法》）的通知（教财〔2014〕1 号）的文件精神，本着奖励优秀、激励引导、提升质量的宗旨，研究生院按照程序合理、信息公开、过程公平、方法科学的原则，面向全日制在读研究生进行了研究生国家奖学金的评选。在个人申报、导师推荐的基础上，经过研究所评审委员会初评、院研究生国家奖学金领导小组审定、审定结果公示等程序，最终完成 2017 年研究生国家奖学金评审工作，对获得国家奖学金的 27 名博士研究生、46 名硕士研究生分别奖励人民币 3 万元、2 万元。

获奖学生名单见表 2 和表 3。

表 2　2017 年博士研究生国家奖学金获奖名单

序号	学号	姓名	性别	民族	基层单位	专业	入学年
1	82101151005	刘　盼	男	汉	作物科学研究所	生物化学与分子生物学	2015
2	82101131005	冯　楠	女	汉	作物科学研究所	生物化学与分子生物学	2013
3	82101151065	朱吉风	女	汉	作物科学研究所	作物种质资源学	2015
4	82101161175	马树杰	男	汉	哈尔滨兽医研究所	预防兽医学	2016
5	82101151173	刘永振	男	汉	哈尔滨兽医研究所	预防兽医学	2015
6	82101141063	华宇峰	男	汉	中国水稻研究所	作物种质资源学	2014
7	82101141098	韩晓静	女	汉	农业资源与农业区划研究所	农业遥感	2014
8	82101141915	张水勤	女	汉	农业资源与农业区划研究所	植物营养学	2014
9	82101141924	江　勇	男	汉	北京畜牧兽医研究所	动物营养与饲料科学	2014
10	82101151139	马彩云	女	汉	北京畜牧兽医研究所	动物遗传育种与繁殖	2015
11	82101151149	马　宁	男	汉	兰州畜牧与兽药研究所	基础兽医学	2015
12	82101141011	崔学安	男	汉	生物技术所	生物化学与分子生物学	2014
13	82101151182	肖星星	男	汉	兰州兽医研究研	预防兽医学	2015
14	82101141912	段蒙蒙	女	汉	蔬菜花卉研究所	蔬菜学	2014

（续表）

序号	学号	姓名	性别	民族	基层单位	专业	入学年
15	82101161166	朱　杰	男	汉	上海兽医研究所	预防兽医	2016
16	82101151142	游　帅	男	汉	饲料研究所	动物营养与饲料科学	2015
17	82101131077	王　婷	女	汉	油料作物研究所	农产品质量与食物安全	2013
18	82101161138	方文生	男	汉	植物保护研究所	农药学	2016
19	82101161137	陶　燕	女	汉	植物保护研究所	农药学	2016
20	82101151125	刘丹凤	女	汉	植物保护研究所	农业昆虫与害虫防治	2015
21	82101161143	张睿彬	女	汉	植物保护研究所	生物防治学	2016
22	82101161136	高雪珂	女	汉	棉花研究所	农业昆虫与害虫防治	2016
23	82101151209	程长林	男	汉	农业经济与发展研究所	农业经济管理	2015
24	82101141096	高　翔	男	汉	农业环境与可持续发展研究所	农业水资源与环境	2014
25	82101141112	李廷刚	男	汉	农产品加工研究所	植物病理学	2014
26	82101151118	孙航军	男	汉	烟草研究所	植物病理学	2015
27	82101161082	李强强	女	汉	蜜蜂研究所	农产品质量与食物安全	2016

表 3　2017 年硕士研究生国家奖学金获奖名单

序号	学号	姓名	性别	民族	基层单位	专业	入学年
1	82101162027	李晶莹	女	汉	作物科学研究所	生物化学与分子生物学	2016
2	82101152167	王坤杨	男	汉	作物科学研究所	作物遗传育种	2015
3	82101155010	朱　琳	男	汉	作物科学研究所	植物保护	2015
4	82101152412	高嘉聪	女	汉	哈尔滨兽医研究所	预防兽医学	2015
5	82101152413	景朝阳	女	汉	哈尔滨兽医研究所	预防兽医学	2015
6	82101155066	张　涛	男	汉	农业资源与农业区划研究所	农业资源利用	2015
7	82101155064	任凤玲	女	汉	农业资源与农业区划研究所	农业资源利用专业	2015
8	82101152272	范玲玲	女	汉	农业资源与农业区划研究所	农业遥感专业	2015
9	82101162356	徐　玲	女	汉	北京畜牧兽医研究所	动物遗传育种与繁殖	2016
10	82101152377	张牧臣	男	汉	北京畜牧兽医研究所	动物营养与饲料专业	2015
11	82101152376	张立兰	女	汉	北京畜牧兽医研究所	动物营养与饲料科学	2015
12	82101155155	梁馨文	女	汉	蜜蜂研究所	食品加工与安全	2015
13	82101152099	南　茜	女	汉	农田灌溉所	农业水土工程专业	2015
14	82101152046	霍亚云	女	汉	生物技术研究所	生物化学与分子生物学	2015
15	82101152246	穆　兵	男	汉	茶叶研究所	茶学	2015
16	82101152440	陈　凯	男	汉	兰州兽医研究所	预防兽医学	2015

（续表）

序号	学号	姓名	性别	民族	基层单位	专业	入学年
17	82101152450	田艾灵	女	汉	兰州兽医研究所	预防兽医学	2015
18	82101152091	吴　腾	男	汉	南京农机化所	农业机械化工程	2015
19	82101152316	田志强	男	汉	果树研究所	农业昆虫与害虫防治专业	2015
20	82101155054	张南南	女	汉	郑州果树研究所	园艺	2015
21	82101152125	张　超	男	汉	农业质量标准与检测技术所	食品科学	2015
22	82101155049	肖志亮	男	汉	蔬菜花卉研究所	蔬菜学	2015
23	82101155080	李晓宇	女	汉	蔬菜花卉研究所	植物保护专业	2015
24	82101155034	隋程程	女	汉	烟草研究所	植物保护	2015
25	82101152153	徐同庆	男	汉	烟草研究所	作物栽培学与耕作学	2015
26	82101155076	王济世	男	汉	环境保护科监测所	农业资源利用	2015
27	82101155172	佘如凤	女	汉	上海兽医研究所	兽医硕士	2015
28	82101152401	肖长广	男	汉	上海兽医研究所	预防兽医	2015
29	82101152042	李占占	男	汉	饲料研究所	生物化学与分子生物学	2015
30	82101152074	吕　鹏	男	汉	研究生院	生物化学与分子生物学	2015
31	82101152212	薛墨庸	女	汉	食物与营养发展研究所	农产品质量与食物安全	2015

（续表）

序号	学号	姓名	性别	民族	基层单位	专业	入学年
32	82101152136	张海平	女	汉	油料作物研究所	食品科学	2015
33	82101152266	燕金香	女	汉	中国水稻研究所	植物营养学	2015
34	82101152321	王丽萍	女	汉	植物保护所	农药学	2015
35	82101152326	周召路	女	汉	植物保护所	农药学	2015
36	82101152335	王　峰	男	汉	植物保护所	生物防治学	2015
37	82101155117	王　静	女	汉	特产研究所	养殖	2015
38	82101152131	杨金姝	女	汉	农产品加工研究所	食品科学	2015
39	82101152297	袁　媛	女	汉	棉花研究所	分子植物病理	2015
40	82101152205	陈　静	女	汉	麻类研究所	农产品质量与食物安全	2015
41	82101152484	贾小玲	女	汉	农业经济与发展研究所	农业经济管理	2015
42	82101152120	王　霜	女	汉	沼气科学所	环境工程	2015
43	82101152083	潘亚茹	女	汉	农业环境与可持续发展研究所	农业生态学	2015
44	82101152002	刘　笑	女	汉	农业环境与可持续发展研究所	气象学	2015
45	82101152475	余颖雅	女	汉	农业信息研究所	农业经济管理	2015
46	82101152132	杨　莹	女	汉	农产品加工研究所	食品科学	2015

四、助学金

2017 年，全年共为 3 817 名研究生发放助学金，其中，2010 级至 2013 级优博计划助学金涉及 16 人，每人每月 500 元；2013 级少数民族骨干计划硕士生 14 人，每人每月 800 元；2014 级博士生 185 人，每人每月 1 750元，1—6 月发放；2014 级硕士生 666 人，每人每月 800 元，1—6 月发放；2015 级博士生 204 人，每人每月 1 750元，全年发放；2015 级硕士生 704 人，每人每月 800 元，全年发放；2014 级少数民族骨干计划硕士生 15 人，每人每月 800 元，全年发放；2016 级 245 人，每人每月 1 750元，全年发放；2016 级硕士生 694 人，1 至 4 月每人每月 1 500元，5 至 12 月每人每月 800 元；2015 级少数民族骨干计划硕士生 15 人，每人每月 800 元，全年发放；2017 级博士生 288 人，9—12 月发放，每人每月 2 750元，2017 级硕士生 747 人，9—12 月发放，每人每月 1 500元；2016 级少数民族骨干计划硕士生 16 人，9—12 月发放，每人每月 1 500元。另外，7 名少数民族骨干定向培养博士生每人每月 1 000元，1 名少数民族骨干计划定向硕士生，每月 500 元。

中国农业科学院学位评定委员会主席唐华俊在2017届研究生毕业典礼暨学位授予仪式上的讲话

2017年7月7日

尊敬的各位来宾、各位老师、亲爱的同学们：

大家上午好！

今天，我们在这里隆重举行2017届研究生毕业典礼暨学位授予仪式，共同见证228名博士研究生、672名硕士研究生顺利完成学业。我代表全院师生员工，向全体毕业生同学表示最热烈的祝贺！特别向其中的39名留学生致以格外的祝福！

在这个激动人心、应当终身铭记的重要时刻，同学们尤其要感谢你们的导师、家人和同窗。几年里，导师给予了你们受益终生的教诲，家人给予了你们默默无私的支持，同学给予了你们兄弟姐妹般的陪伴。我提议，请大家用最热烈的掌声向他们送上衷心的感谢！

记得有位作家曾说，人的一生中，关键的就那么几步，特别是在年轻的时候。几年前，大家选择到中国农业科学院求学深造，选择在这里度过宝贵的青春时光，几年的积累和历练，付出了辛苦、收获了知识，流下了汗水、浇灌了成功，我由衷为你们的成长和进步感到欣慰，更为学校能够为社会培养输送这么一大批高质量的人才而深感自豪！现在，你们要毕业了，告别“象牙塔”，走进更为复杂、更多磨砺的大社会。不管你们今后走得多远、飞得多高，“中国农业科学院”必将在大家心中留下不可磨灭的烙印。临别之际，我在想一个问题，就是究竟中国农业科学院带给大家最重要的东西是什么？

希望大家能够从这里带走什么？这里我从我们的校名说起，分享一些理解和感悟，通过3句话与你们共勉。

看到你们准备背起行囊，即将扬帆远航，我对你们充满信心。未来路途遥远，无论将来你在什么样的岗位，从事什么样的工作，面对什么样的诱惑和挑战，无论是面临低谷还是挫折，我期待你们能够坚守梦想，做一个顶天立地的农科人。临别在即，几分留恋，几分牵挂，在这里我提3点期望，与同学们共勉。

第一句话，希望大家牢记“中国农业科学院是中国的”，就是要永葆不忘使命、励志报国的政治品格。作为中国农业科研的国家队，今年是中国农业科学院建院60周年。

60 年来，中国农科院始终以服务产业重大科技需求、攀登世界农业科技高峰为使命，锐意进取、执着奋斗，取得了一项又一项重大成果，为我国农业农村经济发展做出了重要贡献。院庆期间，习近平总书记发来贺信、李克强总理做出批示、汪洋副总理专程来院考察，这既是党和国家领导人对农科院 60 年发展成就的充分肯定，更是鞭策我们砥砺前行的精神力量和行动指南。从丁颖、金善宝、陈凤桐等老一辈农业科研和农业教育先驱开始，一代代农科人始终秉承"立志学农、造福民众、赤子丹心、报效中华"的宗旨，60 年来薪火相传、熠熠生辉。同学们，当你们踏入中国农业科学院的第一天起，这种品格就已注入你们的血液，伴随你们阅读每一篇文献、进行每一步实验操作，也必将伴着你走向今后人生中的每一段征程，希望你们珍视它、爱护它，让它始终发光，照亮你们前行的方向。

第二句话，希望大家牢记"中国农业科学院是做农业的"，就是要传承脚踏实地、默默奉献的农耕情怀。习近平总书记指出，中国是农业大国，有着悠久的农耕历史和灿烂的农耕文化。中华农耕文明所蕴含的精华思想，特别是勤劳朴实、艰苦奋斗、自强不息的民族精神，永远值得学习借鉴。60 年来，中国农业科学院培养造就了一大批为农业科技领域高层次人才，他们共同特点是行动上的一步一个脚印、踏踏实实做事，更是灵魂深处的力戒浮躁、不图虚名、默默坚守。这种精神是农科人要永续传承的财富。我们的同学可能大多数来自农村。虽然去年我国农业机械化率达到了 65%，祖祖辈辈"面朝黄土背朝天"的劳作方式逐步成为历史，但是"锄禾日当午，汗滴禾下土"的精神不能丢。这一点，相信大家从几年来的学习中，从实验室的挑灯夜战、试验田的挥汗如雨中，一直在深切地感受着，并在努力地践行着。也许你们其中一部分人今后要离开农业领域，但希望你们能够始终怀揣着这份乡土情怀，以农科人特有的踏实、质朴和赤诚，投入到每一天的工作生活中，不负韶华、放飞梦想。

第三句话，希望大家牢记"中国农业科学院是研究科学的"，就是要坚持知难而进、勇于创新的科学精神。习近平总书记在今年两会期间指出，我国广大知识分子要以时不我待的紧迫感、舍我其谁的责任感，主动担当，积极作为。在激烈的竞争中，无论是一个国家、一个民族还是一个行业，唯创新者进，唯创新者强，唯创新者胜。搞科学研究，说到底靠的是眼力、脑力和耐力，既需要独具慧眼、敢于发现，又需要严谨求实、勤于思考，更需要知难而进、勇于坚持。庄巧生院士用毕生心智培育出 10 余个优良小麦品种，刘更另院士一年有 342 天奔波在山野阡陌之间，这都是对科学精神的最好诠释，希望同学们收进行囊，放在心底，常读常新。无论将来你们在什么岗位，都要拿出做农业科研的作风，鼓得起勇气、顶得住压力、静得下心性、耐得住寂寞，持之以恒、矢志不渝。只有这样，才能为自己的人生和事业打下坚实的基础。千言万语归结成一条，就是我希望每一个农科学子都能踏着先辈的足迹、传承学校的理念，用自己的实际行动践行我们农科人顶天立地的精神追求，为自己的人生绘出一幅多姿多彩的画卷。

同学们，在这送别的季节里，所有老师、同学对你们除了依依的不舍、浓浓的牵挂之外，更多的还是对你们深深的信任、满满的信心，相信你们能够始终铭记"明德格物、博学笃行”的校训，始终做到仰望星空、脚踏实地，一步一步实现自己的抱负，为农业、科技乃至经济社会各领域的发展贡献自己的智慧和力量。你们在建院60周年之际走出校门，母校将与你们同样站在新起点、肩负新使命、踏上新征程，希望在新一个周期的携手前行中，能看到你们更多更大的成就，并能为拥有你们这样的优秀校友而自豪。

亲爱的同学们，无论将来你们身在何方，母校都永远惦记你们，支持你们，祝福你们！祝大家身体健康，事业有成，生活幸福，前程似锦！

谢谢大家！

做“顶天立地”的农科人

——中国农业科学院党组成员、研究生院院长刘大群在2017级新生开学典礼上的讲话

2017年9月1日

各位来宾、老师、同学们：

金秋时节，我们在这里隆重举行2017级研究生开学典礼。1 586名优秀学子踏入农科沃土，即将成为这里新的希望，这是一种选择，更是一种缘分。未来，农科院将作为坚实的后盾，陪伴你们迎接新的机遇与挑战，书写新的人生篇章。

首先，我谨代表中国农业科学院党组和研究生院，向在百忙之中应邀光临本次典礼的各位领导、来宾表示热烈的欢迎和诚挚的谢意！向来自全球37个国家的2017级562名博士、1 024名硕士新生表示衷心的祝贺和热烈的欢迎！并在第33个教师节即将来临之际，向辛勤工作在教学、科研第一线的教师们致以诚挚的问候和崇高的敬意！

中国农业科学院自1957年成立以来，已经走过了60年的光辉历程，从当初的17个科研机构，发展到现在拥有34个京内外研究所、9个共建研究所、1个研究生院和1个中国农业科学技术出版社，汇聚了12名两院院士、1 074名研究员、1 714名副研究员等一大批优秀的专家学者，成为全国规模最大、学科最全、综合研究实力最强的中央级综合性农业科研机构。60年来，农科院始终牢记使命担当，不断提升科研创新能力与综合实力，取得了一大批创新性成果，也培养和造就了一大批卓越的农业科技领军人才，为保障国家粮食安全、推动农业科技进步、服务农民增收和促进农业农村经济发展等作出了重要贡献。

回首60年风雨兼程，农科院共取得各类科技成果6 131项，获奖成果3 243项，国家科技奖励成果310项，占全国农业领域国家成果总量的16.2%，其中，国家特等奖1项，国家科技奖励一等奖19项，占全国农业领域一等奖获奖总数的24%。最新数据显示，继陈化兰等3位学者入选汤森路透（Thomson Reuters）2016全球高被引学者名录以后，爱思唯尔（Elsevier）发布2016年中国高被引学者榜单，我院10位学者榜上有名，成为最具世界影响力的中国学者，在全国农业科研领域中位列前茅。2017年5月26日，在中国农业科学院建院60年之际，习近平主席致信祝贺，激励我院面向世界农业科技前沿、面向国家重大需求、面向现代农业建设主战场，加快建设世界一流学科和一流科研院所，勇攀高峰，率先跨越，推动我国农业科技整体跃升，为实现“两个一百年”奋斗目标、实现中华民族伟大复兴的中国梦作出新的更大的贡献。李克强总理

也作出重要批示，汪洋副总理专程考察调研，体现出中共中央、国务院对农业发展和农业科技的高度重视，对农科院取得成就的充分肯定，以及对农科院未来发展的高度关注与支持。

同学们，中国是人口大国，也是农业大国，连续14年聚焦“三农”问题的中央一号文件足以凸显出“三农”问题在我国社会主义现代化时期“重中之重”的地位，这也就意味着农业科技工作者所肩负的重要使命。国家“十三五”规划明确了全面建成小康社会的发展目标，提出了实施创新驱动发展战略和大力推进农业现代化的要求。作为农业科研创新的国家队，从2013年启动实施中国农业科学院科技创新工程，到2014年牵头成立国家农业科技创新联盟，再到2017年发布《“跨越2030”农业科技发展战略》，中国农业科学院正在一步步创新体制机制，为初步树立世界农业科技强国地位奠定坚实的基础。站在新的起点上，中国农业科学院“顶天立地”发展战略的必要性进一步凸显，它既是农科院和各个研究所的发展方向，也是所有农科人共同的精神追求。作为农科院新的希望，你们有责任有义务成为“顶天立地”的农科人。在此我想与你们分享3点感悟。

做“顶天立地”的农科人，需要你们仰望星空，坚定目标。中国农业科学院要屹立于世界农业科技之林，必然离不开敢于仰望星空、坚定目标且为之不懈奋斗的人。“中国农业生物技术的拓荒者”、我院工程院院士范云六先生的故事堪称典范。当她第二次走出国门，亲身感受到西方国家的科研优势及其科研体制所产生的工作效率时，灵魂受到了极大震撼，从此下定决心奋力赶超。1982年回国后，虽然已过知天命的年纪，她却毅然选择了分子生物学这个当时国内农业几乎一片空白的研究领域作为新的事业起点，创建分子生物学实验室，开始植物基因工程和分子生物学研究，率先将分子生物学技术应用于农作物遗传改良；国内最早获得转抗虫基因的水稻及棉花；培育了全世界第一例具有输出性状的转基因植酸酶玉米……为中国植物基因研究事业开辟道路、探索一生。同学们，逆水行舟，不进则退，作为新时期的“农科人”，你们面临着较之过去更为复杂的环境和更为激烈的竞争，大家必须时刻以先辈为榜样，树立全新理念，明确发展目标，抢抓时代机遇，并为之不懈努力和奋斗，做到仰望星空、阔步前行，立志让自己早日成长为农科沃土上的参天大树。

做“顶天立地”的农科人，需要你们脚踏实地，厚积薄发。我院上海兽医研究所童光志研究员献身我国畜牧兽医事业30余年，他29岁破格晋升副研究员，30岁破格晋升研究员，成为当时我国农业系统中最年轻的高级专家，同年获政府特殊津贴。33岁被评为中国农业科学院有突出贡献的中青年专家，34岁入选农业部首批百千万人才工程，35岁被评为中国农业科学院跨世纪学科带头人，农业部有突出贡献中青年专家。承担国家“863”高科技项目、国家自然科学基金等多项基础研究的同时，在动物基因工程疫苗研究与应用方面同样取得重大突破，其团队研制的疫苗投入生产应用，产生了巨大经济效益和社会效益。然而，成功的背后，更多的是辛勤的耕耘与艰苦的付出。1982年至今，童光志大部分时间和精力都花在了科学研究上，即便身受癌症病痛的折磨，他依旧保持勤奋严谨的治学态度和一丝不苟的钻研精神，一步一个脚印地在科学道路上砥砺前行。同学们，自我价值实现的过程是漫长的，甚至是艰难的，尤其在当前普遍存在的急功近利观念和浮躁心态的影响下，希望大家抱定淡泊名利、久久为功的信念，心无旁骛地学好本领、钻研科研技能，唯有这样，才可能在探索真理的道路上一往无前，才可能会有沉甸甸的收获。

做“顶天立地”的农科人，需要你立足实际，探索创新。继承并不是守旧，而是为了更好的明天。古今贯通、中西相融，才能在探索中不断创新。第一位获得诺贝尔奖的本土科学家屠呦呦及其团队，从中国古代医学获得灵感，运用现代医药技术，提取出治疗疟疾的特效药青蒿素，成功挽救了数百万人的生命。我们中国农业科学院的庄巧生院士，102 岁高龄依然指导着小麦遗传育种的工作，多年来积极探索改进育种方法，培育出 10 余个优良小麦品种，在小麦育种理论与新品种选育方面作出了卓越贡献。这些都是值得大家终身学习的榜样。近些年，我国农业科技领域的确取得了很多成果，但面对新的发展形势，农业现代化道路上关键性的技术创新依然存在不小的困难与挑战。同学们，作为中国农业科技发展的生力军，你们既要在思想上积极响应习近平总书记号召，立足我国国情，遵循农业科技规律，加快创新步伐，努力抢占世界农业科技竞争制高点；又要在行动上努力上好每一堂课，认真做好每一次实验，把握每一次机遇，不畏困难与挑战，在前人的基础上，努力创新创业创未来。

同学们，你们身处一个伟大的时代，机会无限，挑战无限。把握机会，才能收获美好的人生；迎接挑战，才能实现更大的价值。希望你们牢记并践行“明德格物，博学笃行”的院训精神，为中国农业科学院早日建成世界一流农业科研院所，为我国由农业大国走向农业强国提供坚强助力。我相信，中国农业科学院一定会因你们而更加精彩，你们的青春足迹也一定将为农科院所铭记！

谢谢同学们！谢谢大家！

八、综合政务管理

中国农业科学院
健全落实安全生产工作责任制规定

第一章 总 则

第一条 为进一步加强安全生产工作，推动安全生产各项重点工作措施落实，有效防范各类生产安全事故，根据《中华人民共和国安全生产法》《中国共产党问责条例》《国务院安全生产委员会成员单位安全生产工作职责分工》《农业部健全落实安全生产工作责任制规定》等法律法规和中共中央、国务院和农业部有关安全生产的要求，制定本规定。

第二条 本规定所称单位，是指中国农业科学院院属各单位、院机关各部门。

第三条 健全落实安全生产责任制，应当坚持以邓小平理论、“三个代表”重要思想、科学发展观为指导，深入贯彻习近平新时代中国特色社会主义思想，强化红线意识，坚持问题导向，把握底线思维，落实领导责任，一级抓一级，层层抓落实，切实保证中国农业科学院安全生产各项工作落到实处。

第四条 中国农业科学院安全生产工作实行责任制度。各单位要按照“党政同责、一岗双责、失职追责”的要求，落实领导责任，按照“谁主管、谁负责”的要求，落实单位主体责任和部门管理责任。切实构建职责法定、层级分明、相互承接、到岗到人的责任体系。

第五条 单位主要负责人要对本单位的安全生产工作全面负责，同时各单位要明确一名领导同志具体分管安全生产工作，协助主要领导抓好工作落实。单位其他领导同志要按照“一岗双责”的要求，负责分管领域的安全生产工作。

第二章 责任落实

第六条 单位主要负责人是本单位安全生产工作第一责任人，负有领导责任，应当履行以下职责：

（一）加强对安全生产工作的领导，将安全生产工作纳入部门、单位重要议事日程，定期组织召开安全生产工作会议，部署安排安全生产事项和重点工作；

（二）建立健全本单位安全生产工作责任制并督导落实；

（三）组织制定本单位安全生产规章制度和应急预案；

（四）保证本单位安全生产经费的合理安排和有效利用；

（五）督促、检查本单位安全生产工作，及时消除事故隐患。

第七条　单位是安全生产工作责任落实主体，对安全生产工作负有主体责任，应当履行以下职责：

（一）认真贯彻执行安全生产法律法规和上级关于安全生产工作的方针政策和决策部署；

（二）全面履行安全生产责任，建立健全安全生产责任体系逐级签订安全生产责任书，加强对安全生产责任制落实情况的监督检查，严格安全生产责任追究；

（三）将安全生产工作纳入单位绩效管理，建立安全生产目标责任考核体系，逐级分解下达安全生产考核指标，严格考核奖惩；

（四）将安全生产工作开展情况和工作成效作为部门、单位领导班子和领导干部考核的重要内容，并组织实施；

（五）健全安全生产管理机构，加强人才队伍建设，充实安全生产监管力量；加强对所属部门和单位履行安全生产职责的监督检查，支持职能部门依法依规履行安全生产工作职责；建立健全安全生产工作奖励机制，对长期工作在安全生产监管岗位并做出突出贡献的干部在教育培训、评先评优、选拔任用等方面优先考虑；

（六）高度重视安全生产宣传教育和培训工作，切实将安全生产宣传教育和培训工作纳入单位总体工作规划统筹推进；

（七）组织开展安全生产专项整治及隐患排查治理工作，严肃查处不符合安全生产条件的生产经营行为；

（八）完善生产安全事故应急处置预案，定期组织应急救援演练，不断提高应急救援能力；

（九）建立健全安全生产资金保障制度，把安全生产资金投入纳入预算管理，加大对安全设施、应急救援装备、事故隐患治理、安全教育培训和应急演练等的投入，全面加强安全生产能力和基础建设；

（十）充分发挥单位安全生产委员会（以下简称安委会）及其办公室、安全生产职能处室的综合协调作用。安委会主任应由单位主要负责人担任，安委会下设办公室，具体负责本级安委会的日常工作；

（十一）组织工会、共青团、妇联等群团组织围绕安全生产开展相关活动，引导广大干部职工广泛参与、积极支持安全生产工作；

第八条　单位安全生产工作职能部门是落实安全生产责任的管理部门，负有管理责任，应当履行以下职责：

（一）负责研究、部署、协调、检查本单位安全生产工作；

（二）定期分析安全生产形势，研究、协调和解决本单位安全生产工作中的重大问题；

（三）制定单位安全生产工作规章制度并督促落实；

（四）经常组织安全生产检查，实施安全隐患“排查、整治、验收、销号”全过程闭环管理模式，及时整改安全隐患，防范事故发生；

（五）制定安全生产目标管理考核办法，并组织实施；

（六）加强安全生产宣传教育和培训工作，认真组织开展“安全生产月”活动，提高全员安全素质；

（七）制定单位安全生产应急处置预案，每年至少组织一次安全生产应急预案演练，不断充实完善应急处置预案；

（八）及时报告单位发生的生产安全事故及存在的重大事故隐患；

（九）建立健全单位安全生产工作档案；

（十）认真落实院安委会工作部署，及时上报安全生产信息。

第三章　工作制度

第九条　会议制度。各单位要结合实际，认真落实院安委会有关工作要求，定期召开安全生产会议，及时开展工作部署，研究解决安全生产重大事项。

第十条　考核制度。各单位要认真组织开展“平安单位”创建活动，每年要与所属部门签订安全生产目标责任书；要将安全生产工作纳入单位绩效考核内容，加大在目标考核中的权重，并作为干部考核的重要依据。

第十一条　督（检）查制度。单位主要领导每年带队检查安全生产工作不少于1次，分管领导每年带队检查安全生产工作不少于2次；遇重大节假日、安全生产重要工作时段和重要工作环节时，单位领导要深入基层进行安全生产检查，对重大安全隐患和重大危险源，主要领导要亲自过问，亲自督办。

第十二条　情况通报制度。院属单位至少每半年要对本单位安全生产重点工作开展、宣传培训、监督、信息报送等情况进行一次通报。院安委会办公室要视情对各单位安全生产重点工作落实情况，以及重大安全隐患和安全事故予以通报。

第十三条　应急处置制度。单位负责人要按照“谁主管、谁负责”的原则，在接到事故报告后，立即赶赴事故现场，按照生产安全事故应急处置预案，做好相关工作。单位发生较大及以上生产安全事故，或发生人员伤（亡）的一般生产安全事故，所在单位主要负责人要立即赶赴现场组织救援，并迅速按程序报告；发生无人员伤（亡）的一般生产安全事故，所在单位负责人要立即赶赴现场组织处置，并迅速按程序报告。

国家另有规定的，按相关规定执行。

第十四条　信息报送制度。各单位要及时向院安委会办公室报送贯彻落实党中央国务院以及部党组、院党组关于安全生产的重要决策部署、安全生产重点工作开展、存在的突出问题及对策措施建议等情况。

第四章　责任追究

第十五条　根据党内规章和国家有关法律法规建立安全生产工作责任追究机制。

第十六条　责任追究应当遵循以下原则；

（一）尊重事实，依法依规实施；

（二）失职追责，尽职减责，责任与过错程度相适应；

（三）教育与惩处相结合；

（四）追究责任与改进工作相结合。

第十七条　单位有下列情形之一的，应当逐级进行责任倒查依法依纪追究单位及相关责任人的责任：

（一）不重视安全生产工作，工作措施落实不力，安全生产基层基础工作薄弱，存在重大安全隐患的；

（二）一年内累计发生两起及以上一般生产安全事故的，或发生一起较大及以上生产安全事故的；

（三）安全生产隐患长期未整改或被院安委会挂牌督办整改的安全隐患逾期未整改到位的；

（四）迟报、谎报或隐瞒不报生产安全事故，阻碍上级安全生产领导机构调查的；

（五）安全生产工作职责落实不到位，严重失职、渎职的；

（六）对督导检查通报问题整改有抵触情绪，动作迟缓，敷衍了事的；

（七）其他需要追究的事项。

第十八条　单位发生特别重大生产安全责任事故，应追究相关责任人的责任。

第十九条　对党政领导、单位和相关责任人进行责任追究的方式包括：

（一）约谈。单位约谈事项由院安委会主任或委托副主任约谈单位主要领导或分管领导，具体由院安委会办公室负责组织实施。

（二）通报。需要通报的事项由院安委会或院办公室发文通报督促整改。

（三）挂牌督办。挂牌督办事项由院安委会办公室以书面形式告知被督办单位并督促限时整改。

（四）实行一票否决权制。向有关部门建议取消责任单位或相关责任人评优评先等资格。

（五）取消“平安单位”考评资格。

第五章　附　则

第二十条　各单位应依照本规定，制定本单位相应规定并组织实施。

第二十一条　本规定由院安全生产委员会办公室负责解释。

第二十二条　本规定自印发之日起施行。

中国农业科学院
安全生产事故隐患排查治理办法

第一章 总 则

第一条 为规范安全生产事故隐患排查治理工作，强化单位主体责任，防止和减少各类安全事故，根据《中华人民共和国安全生产法》《安全生产事故隐患排查治理暂行规定》（国家安监总局令第16号）《农业部安全生产事故隐患排查治理办法》等法律法规，制定本办法。

第二条 院属各单位、院机关各部门（以下统称单位）安全生产事故隐患排查治理活动，应当遵守本办法。

有关法律、法规对消防、特种设备等安全生产事故隐患排查治理活动另有规定的，适用其规定。

第三条 本办法所称安全生产事故隐患（以下简称事故隐患），是指单位违反安全生产法律、法规和安全生产管理制度规定，或因其他因素在生产经营活动中存在的可能导致安全生产事故的物的危险状态、人的不安全行为和管理上的缺陷。

第四条 事故隐患分为一般事故隐患和重大事故隐患。一般事故隐患，是指危害和整改难度较小，发现后能够及时排除的隐患。重大事故隐患，是指危害和整改难度较大，短时间难以完成整改的隐患。具备下列情形之一的，可判定为重大事故隐患：

（一）可能导致发生亡人事故或发生较大及以上事故的隐患；

（二）治理难度较大，需要上级部门协调治理的隐患；

（三）治理投入资金较多、时间较长，需要多部门联合治理的隐患；

（四）上级挂牌督办的事故隐患。

国家、相关行业领域或单位所在省（自治区、直辖市）人民政府对事故隐患有判定标准的，按照有关规定执行。

第五条 事故隐患排查治理应当坚持单位负责、属地管辖、行业监管、分级落实的原则，实行单位自查、自报、主治和上级主管部门督查督办的工作机制。

第二章 职责分工

第六条 单位是安全生产事故隐患排查治理责任主体，应当落实下列职责：

（一）建立健全事故隐患排查治理工作制度；

（二）健全落实以事故隐患排查、登记、整改、验收、销号为主要内容的闭环管理机制，实现从发现事故隐患到治理完毕整个管理过程的有效闭合；

（三）建立事故隐患排查治理岗位责任制，并加强监督检查和考核；

（四）落实事故隐患排查治理所需要的资金；

（五）定期分析安全生产形势，组织开展事故隐患排查治理；

（六）建立事故隐患排查治理技能教育培训制度；

（七）建立事故隐患排查治理台账。

第七条　单位主要负责人是事故隐患排查治理的第一责任人，对本单位事故隐患排查治理工作全面负责，应当履行下列职责：

（一）组织制定事故隐患排查治理的各项工作制度，并督促落实；

（二）保证事故隐患排查治理资金投入的有效实施；

（三）组织重大节日、重大活动和重要时期的事故隐患排查；

（四）组织制定重大事故隐患治理方案，并督导落实；

（五）组织重大事故隐患的整改情况验收。

第八条　单位分管负责人是事故隐患排查治理工作直接责任人，应当履行下列职责：

（一）定期组织事故隐患排查，发现问题及时督促整改；

（二）监督检查各级事故隐患排查治理责任落实；

（三）督导事故隐患整改措施的落实，组织一般事故隐患整改情况验收，参与重大事故隐患整改情况验收；

（四）协调解决事故隐患排查治理过程中的问题；

（五）协助主要负责人落实上级安全生产工作部署要求。

单位其他负责同志对各自职责范围内的事故隐患排查治理工作负责。

第九条　单位安全生产管理部门及其管理人员对事故隐患排查治理工作负有监督检查责任，应当履行下列职责：

（一）制定事故隐患排查治理工作制度，并督促执行；

（二）组织实施事故隐患排查治理闭环管理办法；

（三）组织本单位事故隐患排查治理教育和培训，如实记录教育和培训情况；

（四）指导、督促和检查各部门排查和治理事故隐患，及时查处违章作业、违规操作行为；

（五）建立完善安全生产工作档案，如实记录事故隐患排查治理台账，并负责台账的登记管理工作；

（六）及时报告重大事故隐患排查治理情况。

第十条　实验室、科研团队、课题组等作业单元，负责本作业单元的事故隐患排查治理工作，自觉接受事故隐患整改任务，对自身难以解决的问题，应及时报告并采取必要的防护措施。

第十一条 具体作业人员对所在岗位事故隐患排查治理工作负责，落实作业前事故隐患排查有关规定，发现事故隐患应立即排除，自身不能排除的，应及时报告并采取防范措施。

第十二条 单位将生产经营项目发包、场所租赁给其他单位的，应当对承包、承租单位的事故隐患排查治理工作进行统一协调管理，并与承包、承租方签订安全生产管理协议或在承包、承租合同中订立专门条款，明确各自的事故隐患排查治理职责。

第三章 事故隐患排查

第十三条 单位应当建立事故隐患排查登记制度，安全生产检查应当填写《事故隐患排查登记表》（见推荐表1）。同时，应根据业务特点及其作业风险，制定重点要害部门、岗位事故隐患自查清单，细化和明确事故隐患排查的具体内容、周期、责任人员等事项，并予以落实。

第十四条 单位应当采取下列方式，组织排查各类事故隐患：

（一）作业前检查。重点岗位工作人员在每次上岗前，要对岗位相关设备、设施、安全装置和个体防护等方面的事故隐患进行检查，发现问题及时报告负责人。

（二）日常检查。实验室、科研团队、课题组等作业单元要根据具体情况，至少每周安排一次事故隐患排查，发现问题及时处置。

（三）专项检查。单位安全生产管理部门要根据本单位安全生产工作重点和风险点，每季度至少组织开展一次专项检查。

（四）全面检查。单位每年至少组织两次及以上全方位安全生产检查，重点检查贯彻落实上级安全生产部署要求，执行安全生产法律法规，以及本单位安全生产规章制度落实情况。单位发生人员重伤或亡人事故，以及发生较大及以上安全生产事故时要立即组织开展全面排查。

第十五条 院安委会办公室每两年应对院属单位安全生产情况覆盖检查一遍；重大节日、重大活动和重要季节等安全生产关键时段应加强督导检查。

第四章 事故隐患治理

第十六条 单位对发现的事故隐患应当立即组织整改，并视情下达整改通知单（见推荐表2），明确整改时限、整改部门、整改责任人和要求。一般事故隐患整改通知单应由单位分管负责人签字确认，并在10个工作日内整改完毕；重大事故隐患应当制定专项治理方案，治理方案通常包括以下内容：

（一）治理的目标、任务；

（二）采取的方法和措施；

（三）经费和物资的落实；

（四）负责治理的机构和负责人；

（五）治理的时限和要求；

（六）安全防范措施和应急预案。

重大事故隐患治理方案应由单位主要负责人审签，并在 5 个工作日内报送院安委会办公室备案。

第十七条　单位在事故隐患治理过程中，应当采取必要的措施，确保治理前期和治理过程不发生事故。

重大事故隐患排除前或者排除过程中无法保证安全的，应当从危险区域撤出作业人员，暂时停产停业或者停止使用相关设施、设备和装置，并设置警示标志，必要时应当派人值守。

事故隐患涉及相邻单位或者公众安全的，单位应当及时报告属地安全生产监督管理部门，并加强对治理工作的协调。

第十八条　因自然灾害可能引发事故的隐患，单位应当采取可靠的预防措施，加强预警监测，必要时可采取停止作业、撤离人员等措施。

第十九条　事故隐患治理工作结束后，单位应及时组织验收，合格后销号，验收不合格的整改事项，要加大整改力度，直至验收合格。一般事故隐患由单位自行组织验收，重大事故隐患的验收，应当填写《重大事故隐患治理验收报告》（见推荐表 3），单位验收合格后，经院安委会办公室复查合格方可销号。

有条件的单位应当组织本单位的专业技术人员验收，或聘请专家或委托安全生产中介机构验收。

第二十条　单位应当建立《事故隐患排查治理台账》（见推荐表 4），如实记录事故隐患排查治理情况。事故隐患排查治理台账应当将排查时间、隐患内容、所在位置、整改部门、责任人、整改期限，以及验收结果、验收人、验收时间等内容填写清楚。

一般事故隐患排查治理台账至少保存 1 年，重大事故隐患排查治理台账至少保存 3 年。

第五章　监督管理

第二十一条　院属各单位应当自觉接受院安委会办公室和属地安全生产监督管理部门依法对安全生产工作的监督检查，按要求上报事故隐患排查治理情况。

第二十二条　单位应当主动接受群众监督，对群众举报的安全生产事故隐患，一经核实应当立即组织整改，并及时反馈整改情况。

第二十三条　单位安全生产管理部门应当开展经常性的事故隐患排查治理监督检查工作。在监督检查中发现事故隐患的，应当做好记录，并责令相关部门立即排除；一时难以排除的，应当落实整改责任，抓好复查验收。

第二十四条　单位应当将事故隐患排查治理工作纳入对部门、岗位以及干部考核的重要依据，建立完善奖惩措施。

第二十五条 院安委会办公室、属地安全生产监管部门可以直接对重大事故隐患进行挂牌督办，单位自收到挂牌督办通知书后，应当按规定要求在 10 个工作日内提交重大事故隐患治理方案。

第六章 责任追究

第二十六条 违反本办法规定，有下列行为之一的，应当追究单位和相关人员的责任：

（一）单位未建立事故隐患排查治理制度，或制度不完善、内容不符合规定要求的；

（二）事故隐患排查不到位、不及时，或未按规定要求排查事故隐患，导致发生事故的；

（三）重大隐患整改期间，未采取相应的安全防范措施，导致发生事故的；

（四）没有制定或未落实重大隐患治理方案，重大事故隐患没有得到有效整改的；

（五）未在事故隐患处设置警示标志，致使从业人员处于危险作业环境中或导致发生事故的；

（六）重大事故隐患未经验收或验收不合格，擅自恢复生产经营活动或投入使用的；

（七）因自身原因未按期完成重大事故隐患或上级挂牌督办的事故隐患治理工作的；

（八）未建立事故隐患排查治理台账或未如实记录、按规定保存的；

（九）重大事故隐患排查治理情况未按要求及时报告的。

法律、法规对事故隐患违法行为另有处罚规定的，适用其规定。

第二十七条 责任追究的方式，按照《中国农业科学院健全落实安全生产工作责任制规定》执行。触犯法律的，依照有关法律法规惩处。

第七章 附 则

第二十八条 院属单位应当依据本办法，制定本单位相应办法并组织实施。

第二十九条 农业行业安全生产事故隐患排查治理工作，可结合行业实际，参照执行。

第三十条 本办法由院安全生产委员会办公室负责解释。

第三十一条 本办法自印发之日起施行。

推荐表 1

事故隐患排查登记表

单位：

检查时间	检查部位	发现的问题	检查人签字	单位分管负责人签字

推荐表 2

事故隐患整改通知单

时间：　年　月　日

<table>
<tr><td>整改部门</td><td></td><td>完成
时限</td><td></td><td>整改部门
负责人签字</td><td></td></tr>
<tr><td>事故隐
患描述</td><td colspan="5"></td></tr>
<tr><td>单位分管
负责人签字</td><td colspan="2"></td><td colspan="2">单位监管部门
负责人签字</td><td></td></tr>
</table>

推荐表 3

重大事故隐患治理验收报告

单位：

<table>
<tr><td>隐患所在
部门/部位</td><td colspan="3"></td></tr>
<tr><td>隐患现状</td><td colspan="3"></td></tr>
<tr><td>隐患治理主管
部门/配合部门</td><td colspan="3"></td></tr>
<tr><td>治理措施</td><td colspan="3"></td></tr>
<tr><td>治理完成时间</td><td></td><td>治理负责人</td><td></td></tr>
<tr><td colspan="4">隐患治理验收记录</td></tr>
<tr><td colspan="2">隐患治理技术措施的有效性验证结论</td><td colspan="2"></td></tr>
<tr><td colspan="2">隐患治理管理措施的有效性验证结论</td><td colspan="2"></td></tr>
<tr><td rowspan="2">验证总体结论</td><td>结论</td><td colspan="2"></td></tr>
<tr><td>遗留问题处置意见</td><td colspan="2"></td></tr>
<tr><td colspan="2">验收负责人签字</td><td colspan="2"></td></tr>
<tr><td colspan="2">安全管理部门负责人审核意见/日期</td><td colspan="2"></td></tr>
<tr><td colspan="2">单位主要负责人批准意见/日期</td><td colspan="2"></td></tr>
</table>

推荐表 4

事故隐患排查治理台账

序号	发现日期	事故隐患描述	类别	所在部位	责任部门（或岗位）	治理措施及完成情况	验收情况		备注
							合格/不合格	验收人/日期	

中国农业科学院
开展“平安单位”创建活动实施细则

为深入扎实开展中国农业科学院“平安单位”创建活动，推动中国农业科学院平安建设向纵深发展，依据中央政法委员会、中央社会治安综合治理委员会、农业部关于深入开展平安建设的有关要求，结合中国农业科学院实际，制定本细则。

一、指导思想

以习近平总书记安全生产工作系列重要论述和指示精神为指引，牢固树立发展绝不能以牺牲安全为代价的红线意识，按照构建社会主义和谐社会的总体要求，坚持“谁主管、谁负责”的原则，贯彻“预防为主、单位负责、突出重点、保障安全、综合治理”的工作方针，防范和遏制重特大事故发生，加强和规范院属单位社会治安综合治理工作，全面提升单位内部安全防控能力和水平。

二、工作目标

积极争创“责任落实、监管到位、安全稳定、秩序良好”的平安和谐单位，认真落实社会治安综合治理各项措施，大力加强人防、物防、技防建设，结合普法教育，进一步加强干部职工遵纪守法意识和安全防范意识，积极营造安全和谐的工作环境，使院属单位发案率控制在最低限度，平安单位达标率在90%以上。

三、实施范围

院属各单位、院机关各部门，均应按照本实施细则组织开展创建活动。

四、组织领导

创建活动在院安委会统一领导下，由安委会办公室具体指导、组织全院创建活动的实施。

院属各单位、院机关各部门综合处具体负责本单位创建活动的组织实施；院属各单位安全保卫工作主管部门具体负责本单位创建活动的组织实施。

五、考核评比

考核评比工作要注重对创建过程和措施落实情况进行考评；注重对全年的平安创建活动实施全程进行考评；注重对单位干部职工安全感受满意度测评结果进行综合评判考评。

考评工作要与创建活动情况检查和安全保卫工作年度总结相结合进行。院属各单位、院机关各部门按照平安创建考评标准，每年10月底前完成自评自查工作，并将自评自查报告于10月31日前报院安委会办公室。

安委会办公室会同相关部门组成考评小组，每年11月对创建活动进行一次年度考核、评比，评出当年度平安建设优秀单位和平安建设达标单位（考评时段确定为上年11月至当年10月）。

六、评比考核标准

（一）平安单位评比标准

（1）领导重视，机构健全。部门、单位主要领导认真履行安全工作第一责任人职责，把安全工作列入重要议事日程，纳入年度工作目标和计划，定期研究，精心部署；成立由单位主管安全工作的领导负责、各有关部门参加的安全生产领导小组，每年至少召开两次会议，有工作计划、会议记录、检查登记和工作总结；设置安全保卫机构，有专（兼）职保卫干部；落实人防、物防、技防相结合的工作措施，业务经费和工作条件得到有效保障。

（2）责任落实，齐抓共管。建立安全责任制，每年签订一次安全责任书或社会治安综合治理责任书，逐级分解目标责任；加强对本部门、本单位出租房屋的监管，与承租方明确责任，签订安全责任书，定期对责任落实情况进行监督检查；对单位内部重点部门、要害部位实行重点监控、重点管理，各项工作措施到位；职能部门职责明确，作用明显，工作有计划安排，任务具体，措施得力；充分发挥各相关部门的作用，形成自主教育、自主监督、自主管理的齐抓共管工作局面。

（3）宣传深入，疏导及时。充分利用网络、微信、宣传栏等多种形式对干部职工进行普法教育和安全知识教育，有相对固定的宣传窗口，宣传内容充实，方式方法灵活，工作效果明显；及时疏导、化解矛盾，积极开展深入细致的思想和心理疏导工作，有效防止矛盾激化，消除不安定因素，预防各类突发事件发生。

（4）制度健全，设施完善。加强内部安全防控体系建设，物防、技防符合标准和要求，消防安全“四个能力”建设得到加强，有完善的消防设施、设备，灭火器配备齐全，年检率达到100%；建立健全内部安全工作制度，结合重要时期、重大活动对单位范围内安全情况开展经常性检查，安全隐患及时排查和处理；完善应急处置预案并组织演练，有效防范突发事件；社会治安综合治理、安全工作档案完整、规范，单位内部基本概况、防范措施、人员管理等内容齐全，工作情况、安全检查记载详细。

（5）安全稳定，秩序良好。本部门、本单位当年无重大刑事案件、治安案件；无“法轮功”习练者和其他邪教组织违法活动；无失泄密事故；无甲方责任致人死亡等道路交通事故；无致人伤亡的重大火灾及其他安全生产责任事故；无造成恶劣影响的群体性事件；单位内部治安秩序良好，干部职工满意。

（二）平安单位百分考核标准

经考评小组百分考核，得分在 95 分（含）以上的单位，为平安建设优秀单位；得分在 85 分以上的单位，则为平安建设达标单位；得分在 84 分以下的单位，则为平安建设不达标单位。

七、奖　惩

年度平安单位百分考核为优秀的单位，可推荐 1 名平安创建工作先进个人，对平安建设优秀单位和先进个人，院办公室将给予通报表彰，对优秀单位年度绩效考核时给予加分，对先进个人所在单位应给予一定的物质奖励。年度平安单位百分考核不达标的单位，院办公室将给予通报批评。

附件：1. 中国农业科学院“平安单位”百分考核内容及评分标准
2. 平安建设工作检查登记表
3. 平安建设工作季度自评表
4. 平安建设工作群众满意度测评表
5. 单位群众满意度测评情况汇总表

附件 1

中国农业科学院“平安单位”百分考核内容及评分标准

单位名称： 职工总数： 检查人： 检查日期： 总得分：

序号	检查考核项目	检查考核内容	评分标准	标准分	扣分	得分
1	加强组织领导狠抓工作落实（15 分）	单位主要领导把平安建设列入重要议事日程，定期研究 部署工作，每年至少研究两次以上；及时解决平安建设中的突出问题；年初工作计划和年终总结有平安建设内容（以文字材料为准）	少研究一次扣 0.5 分；年初工作计划、年终工作总结无平安建设内容各扣 1 分	3		
		平安建设领导小组健全，有主管领导负责，有职能部门和专（兼）职保卫干部（以书面材料为准）	没有成立领导小组、没有职能部门和专（兼）职保卫干部、安全保卫工作没有确立主管领导，每缺一项扣 1 分	3		
		平安建设领导小组和职能部门发挥作用明显，年度有工作安排，每季度一次检查自评，需要解决的问题有工作措施，单位每年至少召开两次全员参加的安全会议，检查、评比、会议有记录	安全会议少一次扣 1 分，无年度工作安排扣 1 分，检查自评少一次扣 1 分	4		
		及时解决平安建设中的困难和问题，工作所需要经费及必要的交通、通信、办公设备等得到有效保障	经费得不到有效保障扣 3 分，应配备的交通、通信等设备少一项扣 1 分	5		

（续表）

序号	检查考核项目	检查考核内容	评分标准	标准分	扣分	得分
2	落实平安建设责任制，加强基层基础工作（10分）	建立逐级安全责任制，每年签订一次责任书，责任书内容符合工作实际。对重点要害部位、贵重物品、物资仓库等实行重点管理，措施有效	未签订综治责任书扣2分，少签订一份责任书扣0.5分，重点、要害部位专项责任不落实扣1分	4		
		组织领导体系、工作制度健全，安全保卫机构、人员配备齐全，保卫专（兼）职干部业务熟练（以文件材料为准）	组织体系、制度不健全扣1分，组织机构、人员配备不齐全扣1分，队伍整体素质不高、业务不熟练扣1分	3		
		单位安全生产工作机构以及人员配备和群防群治组织健全，发挥作用明显，各项工作制度完善，措施落实到位	安全生产领导小组、防火、国家安全、保卫、保密、交通安全等工作无专人负责扣2分，工作制度、措施不健全扣1分	3		
3	参与部门职责明确，充分发挥作用，真正形成齐抓共管的局面（10分）	各参与部门根据职责分工，有工作安排，有保障措施，充分体现部门特点，真正发挥作用，取得实际效果，并有各自年终工作总结	一个部门无工作安排和保障措施，无年终工作总结和考核，各扣1分；未形成齐抓共管的局面扣2分	10		

（续表）

序号	检查考核项目	检查考核内容	评分标准	标准分	扣分	得分
4	宣传教育深入，管理防范到位，内部治安稳定（10分）	法制及安全知识宣传教育到位，组织开展各类安全宣传活动，强化全员安全意识（有文字材料、图片）	全年至少开展3次各种形式的法制及安全知识宣传教育，少一次扣1分	3		
		准确掌握单位内部重点人员情况，有针对性采取相应措施，并落实具体责任人	内部重点人员管控责任人不明确扣2分，无帮教措施扣1分	3		
		及时排查化解内部矛盾，认真做好疏导工作，缓解和防止矛盾激化，消除不安全因素，预防和减少各类事件发生，保证单位安全稳定	措施不力或工作不到位而使矛盾出本单位，每起扣1分；引起矛盾激化酿成重大事件或刑事案件每起扣4分	4		
5	各项规章制度健全，安全措施落实（20分）	建立健全各项保卫、保密、国家安全、治安、消防、交通等安全制度，落实各项防范措施	一项制度不健全扣3分；一项措施不落实一次扣1分	7		
		重点单位和要害部门、部位的人防、物防和技防建设符合标准要求，实现周界入侵双监报警、出入门禁和电视监控技防联网，人防、物防、技防整体防控有效；办公场所及生产施工现场完善技防、物防和消防设施建设，各种应急预案有效	人防、物访和技防整体防控体系未联网和不符合标准扣3分；技术防范系统不能发挥作用或无技术防系统的扣5分；办公场所消防设施不健全一项扣1分；公共场所现场防范措施不落实扣1分；重大活动、重要场所无应急预案扣1分	6		

（续表）

序号	检查考核项目	检查考核内容	评分标准	标准分	扣分	得分
5	各项规章制度健全，安全措施落实（20分）	落实单位消防安全责任制，着力提高单位消除火灾隐患能力、补救初起火灾能力、组织人员疏散逃生能力和消防宣传教育能力，构筑消防安全“防火墙”	消防安全“四个能力”建设，有一项不落实扣1分（查看“四个能力”专档）	4		
		严格门卫制度，外来人员和车辆进出要害部位和大门要有门禁控制及记录；单位内部有基本的保安队伍，保证昼夜安全执勤	出入口无门卫和登记扣1分；科研生产、办公区域无值班和巡查各扣1分	3		
6	综合效果（35分）	无重大刑事案件；一般刑事案件发案数不超过职工（含合同工）总人数的1‰；职工（含合同工）违法犯罪人数不超过总数的6‰	发生重大、特大刑事案件扣5分；一般刑事发案突破千分之一，超一起扣1~2分；隐瞒不报的案件每起扣一分；发生刑事案件24小时未报上级主管部门的扣2分	5		
		认真贯彻执行有关法规，技安、防火、安全保卫措施落实，消防设备、器材齐全完好，专职或义务消防队健全，活动经常，无重大责任火灾和爆炸等事故	存在一处消防隐患扣1分；发生一起一般火灾、爆炸扣2分；发生一起重大火灾、爆炸扣3分；发生一起特大火灾或爆炸等事故扣5分	5		

（续表）

序号	检查考核项目	检查考核内容	评分标准	标准分	扣分	得分
6	综合效果（35 分）	经常开展安全生产、交通安全宣传教育；专职司机和非专职司机管理有序；无治安灾害、交通、安全生产责任事故；无非法宗教活动（看材料）	发生重大、特大安全生产事故扣 5 分；隐瞒不报的事故每起扣除 2 份；一起非法宗教活动扣 1 份；一起甲方责任交通死亡或群死群伤恶性甲方责任事故扣 3 分。性质严重的扣 5 分	5		
		加强国家安全、保密工作，完善各项规章制度，对出国（境）、涉密、涉外人员教育与管理到位，防止发生危及国家安全的人与事	涉密人员出国（境）逾期不归的，或丢失、泄露、出卖国家秘密的每起扣 2 分，性质严重的扣 5 分	5		
		规章制度健全，单位防范措施到位，各类安全隐患得到及时整改（看材料）	规章制度不健全、措施不落实扣 2 分；安全隐患长期得不到整改扣 3~5 分	5		
		雇请临时工手续齐全，有专人负责管理教育；出租、出借房屋和地下人防工程管理正规，符合安全规定	为手续不齐全的临时工办理单位出入证件，发生一起扣 0.5 分；出租房屋无责任协议或责任不明确每起扣 1 分；对出租房屋监管不力，发生利用出租房屋和地下人防工程从事非法活动的每起扣 3 分	5		

（续表）

序号	检查考核项目	检查考核内容	评分标准	标准分	扣分	得分
6	综合效果（35 分）	单位内部治安秩序良好，干部职工对治安状况满意；平安建设小组反馈信息灵敏，上呈下达及时；平安建设档案管理规范，内容齐全	单位职工对治安状况满意度测评低于 90% 大于 85%（含）扣 3 分；低于 85% 扣 5 分。档案管理不健全、不规范扣 2 分	5		
说　明		单项标准分数扣完为止，不计入下一项		100		

附件 2

平安建设工作检查登记表

<table>
<tr><td colspan="2">受检单位</td><td colspan="3"></td></tr>
<tr><td colspan="2">检查组
负责人</td><td></td><td>检查时间</td><td></td></tr>
<tr><td rowspan="2">检
查
情
况</td><td>上次检
查整改
情况</td><td colspan="3"></td></tr>
<tr><td>本次检
查情况</td><td colspan="3"></td></tr>
<tr><td colspan="2">工作建议</td><td colspan="3"></td></tr>
<tr><td colspan="2">受检单位分管领导</td><td></td><td>受检单位部门负责人</td><td></td></tr>
</table>

注：此表为院组织安全工作检查用表，是单位年度平安建设考评的重要依据，由检查小组负责人与受检单位分管领导和部门负责人签字后交院安办。

附件 3

平安建设工作季度自评表

单位（盖章）：

序号	自评内容	工作落实情况	自评等级		
			好	较好	一般
1	专题研究部署安全工作情况				
2	实施安全防范措施情况				
3	开展安全工作宣传教育情况				
4	组织安全检查情况				
5	加强消防安全“四个能力”建设情况				
6	整改安全隐患、化解矛盾纠纷、排查不稳定因素等情况				

注：此表各单位于每季度末报院安办。

附件4

平安建设工作群众满意度测评表

单位：

序号	测评内容			
1	领导高度重视安全工作，经常进行工作研究部署			
2	单位安全制度完善，安全责任制落实到位			
3	安全检查经常，安全隐患整改及时有效			
4	安全服务意识强，单位安全秩序正规			
5	经常开展安全知识宣传教育活动			
6	全年无重大安全事故，无重大治安和刑事案件，矛盾纠纷化解及时，单位安全稳定，干部职工有安全感			
其他意见建议				
总体评价	满意		不满意	

说明：被测评人员在“满意”或“不满意”栏打“√”。

附件 5

单位群众满意度测评情况汇总表

单位名称	
职工总数	
参加测评人数	
测评满意率	
最后得分	
说明	1. 参加测评人数通常不少于在编人员总数的 50%； 2. 满意率计算方法：（满意人数/测评总人数）×100%； 3. 群众满意度分值为 5 分，群众测评满意率大于 90%（含）得 5 分；大于 85%（含）低于 90%，得 2 分；低于 85%，不得分

九、党的建设、思想政治和党风廉政工作

中国农业科学院
2017年直属机关党的工作综述

2017年，直属机关党委在院党组和农业部直属机关党委的正确领导下，认真落实年度工作计划，以深入学习贯彻党的十九大精神为主线，坚持围绕创新、服务创新、促进创新，扎实推进“两学一做”学习教育常态化制度化，全面推进党的政治建设、思想建设、组织建设、作风建设、纪律建设，圆满完成了全年各项目标任务，现总结如下。

一、深入学习宣传贯彻党的十九大精神，党建工作政治保证更加坚强

党的十九大是在全面建成小康社会决胜阶段、中国特色社会主义进入新时代的关键时期召开的一次十分重要的大会。根据部、院党组总体部署，机关党委组织具体实施，采取多种方式扎实做好十九大精神的学习宣传贯彻，在全院迅速掀起学习宣传贯彻党的十九大精神热潮，全院各级党组织和党员干部牢固树立“四个意识”，坚定“四个自信”，坚决维护以习近平同志为核心的党中央权威和集中统一领导。

党的十九大召开前，根据中央统一部署，把组织党的十九大代表选举作为重要政治任务，从严从细做好组织动员、推荐提名、民主选举等各环节工作，唐华俊、何中虎、魏灵玲3名同志光荣当选党的十九大代表，广泛宣传我院基层一线十九大代表先进模范事迹。举办“喜迎十九大”先进事迹报告会，6位获得国家级荣誉的先进集体和个人做了报告，充分展示先进典型的风采，发挥榜样的引领作用。通过组织职工参观“砥砺奋进的五年”大型成就展等形式营造良好稳定的环境和氛围，迎接十九大顺利召开。

党的十九大开幕后，组织全院5 000余名干部职工以极大的政治热情集体收看了十九大开幕会，聆听习近平总书记的报告，关注分组讨论情况，要求各级党组织采取多种方式学习会议精神。第一时间印发《中国农业科学院党组关于学习宣传贯彻党的十九大精神的通知》，通过参与组织全院学习传达贯彻十九大精神党员干部大会、召开深入学习贯彻十九大精神暨院“两研会”第六届理事会第五次会议、在院网站开辟“科技人员热议十九大报告”专栏、在青年干部中开展“十九大报告最走我心的一句话”征集活动、邀请权威专家解读十九大精神辅导报告和购买发放十九大报告和新《中国共产党党章》近万册等多种形式，深入学习宣传贯彻党的十九大精神，把全院干部职工的思想和行动统一到党的十九大精神上来，推动党的十九大精神在我院落地生根。

二、持续强化党的思想建设，广大党员干部理想信念更加坚定

坚持不懈加强思想理论武装，深入推进“两学一做”学习教育常态化制度化，为农业科技创新和现代院所建设提供了坚强思想保证。

持续推进“两学一做”学习教育常态化制度化。组织开展东北三所“两学一做”学习教育工作座谈会等前期调研工作，印发院党组《关于推进“两学一做”学习教育常态化制度化的实施方案》，对全院学习教育工作提出总体要求和具体措施。组织召开推进“两学一做”学习教育常态化制度化动员会议，全面部署学习教育工作。院属各单位、院机关各部门党组织及时制定实施方案，调动基层党支部、党员积极性，压实工作责任，力求学习教育取得实效。组织 8 个督查组对全院 45 个单位、部门推进“两学一做”学习教育常态化制度化工作情况开展了全覆盖的综合督查，取得了显著成效，得到农业部第七督导组和院党组的高度肯定。参与“落实全面从严治党主体责任和科研放管服”主题宣讲活动，要求广大党员在支部专题组织生活会上开展学习研讨交流，进一步鼓励党员干部担当作为，激励了科技人员创新创业。

强化理论武装。认真组织学习贯彻全国两会精神、政府工作报告、十八届六中全会精神、习近平总书记贺信精神、习近平总书记“7·26”重要讲话等，通过理论中心组学习、学习研讨、辅导报告会、征文活动等各种方式，持续推动全院各级党组织和广大党员干部学习贯彻习近平新时代中国特色社会主义思想，武装头脑、指导实践、推动工作。开展《习近平的七年知青岁月》学习征文活动，全院 4 000多名青年干部参加学习活动，并积极撰写学习体会。加强理论中心组学习和所局级领导干部撰写理论学习论文工作。2017 年年初提出要求，半年一次学习通报，所局级干部紧密结合农业科技创新和工作实际进行思考，2017 年正所局级干部撰写论文比率达到 100%，副所局级撰写论文比率达到 97.3%，将论文集结成册用于学习交流。

加强党建宣传阵地建设。不断巩固农科先锋、支部工作 App、直属机关党建网的使用频率和阅读量，农科先锋全年累计推送信息 120 余条，最高浏览量超过 5 000次。支部工作 App 有力提高了支部工作的信息化现代化水平，中国农业科学院有 53 名党员干部跻身农业部 2017 年个人积分总排名前 200 名。直属机关党建网新增专栏 1 个，编辑发布工作动态、基层信息等各类党建信息 580 余条。通过制作各类主题宣传展板，在中国农业科学院第一时间宣传贯彻中央精神，进一步拓宽党建宣传的深度和广度，提升党建宣传的传播力、引导力、影响力、公信力。

三、不断推进组织建设，党的组织基础更加坚实

坚持以党支部为基本单元，以“三会一课”等党的组织生活为基本形式，以落实民主评议等党员日常教育管理制度为基本依托，通过不断加强党的组织建设，基层党组

织建设更加坚强有力，全院各级党组织的战斗堡垒作用和党员的先锋模范作用得以更好发挥。

规范和严格民主生活会制度。进一步规范和严格民主生活会程序，细化要求，扎实做好征求意见、谈心交心、对照检查、批评和自我批评、整改落实等环节工作，切实提高解决自身问题的能力。梳理各单位2016年度民主生活会，有5个单位的职工对本单位领导班子2015年度民主生活会整改方案落实情况“满意”和“比较满意”率未能达到80%。院党组高度重视，院长、书记亲自约谈5个单位的主要负责人，并要求找问题、查原因、制定整改措施。

牢固树立一切工作到支部的鲜明导向。根据党支部要建在业务考核单元的要求，指导基层党组织合理设置党支部，配强支部班子。目前，中国农业科学院基层党支部大多建在创新团队或处室，党员团队首席和研究室主任大多兼任党支部书记。基层党支部均能按时换届，一年来有192个党支部进行了换届改选。进一步加强社会组织党建工作力度，要求党员关系“应转尽转”、基层党组织关系“应建尽建”、党建工作指导员“应派尽派”，中国农业科学院10个社会组织党的组织和党的工作覆盖专项工作基本完成。要求全院各支部每半年报送“三会一课一费”基本情况，进行督促检查。通过坚持各项制度，党支部的战斗堡垒作用得以更好地发挥。

深化拓展“亮明党员身份 彰显榜样力量”主题实践活动。通过树立典型，示范引领各单位党组织结合实际策划开展“争做合格党员”的特色活动。院属各单位党委在710个重点岗位设立党员先锋岗、119个重点区域设立党员责任区、84个重点部门设立党员服务窗口，亮出党员身份和服务承诺，京区各单位共计1 209名在职党员亮出自己第一身份。全院普遍开展的党员示范岗、党员责任区、党员承诺践诺等活动，为服务科研、服务职工创造了条件、提供了动力。

扎实做好党建述职评议考核工作。印发通知，明确要求，组织召开院现场述评会，10位党组织负责人作了现场述职报告。按照要求，院属各单位、机关各部门的党组织负责人均提交了书面述评报告。各支部书记也在支部党员会上进行了述职评议考核。

持续开展党群干部培训。通过举办“两委书记”、党办主任、党支部书记、青工委负责人暨团干部、院属京区单位离退休党支部书记（委员）等各类群体培训班，以及参加农业部等上级党组织的培训，不断提升全院党群干部的党性修养和理论水平，增强工作能力。

四、加强纪律教育，作风建设更加扎实

高度重视作风建设，坚持从自身抓起，努力运用监督执纪“四种形态”，抓早抓小、防微杜渐，持续用力，久久为功，加强纪律教育，强化纪律执行，让党员干部知敬畏、存戒惧、守底线，营造了廉洁高效，干净干事的良好氛围。

严格贯彻落实中央八项规定精神。始终把遵守党的纪律放在党要管党、全面从严治

党的突出位置，让纪律成为管党治党的尺子，不可逾越的底线。坚持把作风建设作为重要着力点，在中秋、元旦、春节等假期前印发文件至各单位，督促廉洁过节，管住重要环节，继续抓好中央八项规定精神和有关配套措施的落实。

加强党风廉政教育。采取召开会议集中辅导、组织党员干部参加测试测验、廉政党课、廉政诗文征集等多种形式，持续加强廉政教育。组织直属党组织向全院党员传达习近平总书记关于进一步纠正“四风”、加强作风建设重要批示精神，对照中共中央指出的形式主义、官僚主义的 10 种新表现，深入查摆纠正存在问题，全力做好新时代反“四风”工作。在直属党组织开展“以案释纪明纪 严守纪律规矩”主题警示教育月活动，并对我院公车使用管理情况进行自查，督促各单位清理规范加油卡和公车使用工作。

五、切实做好统战和群团工作，精神文明建设更加深入

加强群团组织领导，推动工青妇组织增强政治性、先进性、群众性，进一步发挥民主党派、党外人士的建言献策、参政议政作用，团结一切力量，为实现率先跨越凝聚农科精神，汇聚强大的力量。

积极开展精神文明创建活动。完善评选办法、实地考核、召开评审会，评选出 2015—2017 年度院文明单位 29 个。上海兽医研究所 2017 年当选全国文明单位，成为我院第三个获得此项殊荣的单位。

大力加强群团工作。喜迎建院 60 周年，圆满举办职工文艺演出和院史报告会，共计 1 000余人观礼，获得广大职工和全院各界的高度认可。大力提倡科学健康的生活方式，完成全年职工健步走活动，积极参加农业部职工篮球赛并摘得桂冠。全年举办 8 期农科讲坛，邀请 9 位知名专家作报告，累计参加观众近 4 000人。举办纪念“三八”国际劳动妇女节表彰大会暨“品读”朗读会，承办“走基层 建新功 喜迎十九大”主题活动和“比学习比贡献”活动启动仪式。开展“送温暖”活动，2017 年元旦春节期间慰问困难职工 86 人次，慰问金 37.75 万元。在创先争优活动中，蔬菜所葫芦科蔬菜遗传育种创新团队和质标所农产品质量安全研究室 2 个团队荣获“全国巾帼文明岗”，生物所陈茹梅同志荣获“全国三八红旗手”称号。

坚持不懈做好统战工作。认真贯彻院党组《进一步加强新时期统一战线工作的意见》，组织召开党外人士座谈会，听取党外代表人士对院所发展的意见建议，给予经费、场地等支撑保障。积极推荐我院优秀党外干部参加各级举办的理论研讨班，举荐富有参政议政能力的党外干部担任各级政协委员、知识分子联谊会委员，并协助完成人选的考察工作。开展统一战线人才、台胞和职工群众宗教信仰情况摸底调查工作，并将相关情况及对策建议报院党组，不断夯实统战工作基础。

六、抓班子、带队伍，切实加强自身建设

打铁必须自身硬。一年来，直属机关党委抓住自身建设不放松，发挥好中心组学习的带动作用，建立经常性学习制度，不断提升领导班子研究问题、解决问题的能力。加强党支部建设，严肃党的组织生活，按期完成支部换届，选举产生新一届党支部委员会，不断提高党支部的凝聚力、创造力和战斗力。进一步做好党委干部队伍建设，不断培养推荐忠诚、干净、担当的好干部。以群团工作为纽带，组织动员职工参加院所工青妇组织的各项活动，先后有 40 余人（次）参加听讲座，参观“砥砺奋进的五年”，赴阜平、西柏坡开展主题党日活动，活跃了职工业余文化生活。

以上成绩的取得，是院党组和农业部直属机关党委高度重视、正确领导的结果，是院属各级党组织扎实工作、共同努力的结果，也是广大党员干部关心支持、积极参与的结果。在肯定成绩的同时，也应当清醒地认识到，院直属机关党的工作与中央全面从严治党的新部署新要求、与中国农业科学院实现率先跨越的新目标、与广大党员成长进步的新期待相比，还存在差距，党建工作“最后一公里”问题有待进一步解决，支部工作创新性不够，吸引力和感召力有待进一步提升，党的建设质量有待进一步提高等，这些都需要在今后的工作中不断加以改进。院直属机关党委要认真贯彻落实习近平总书记贺信精神，按照韩长赋部长“党建强院”、唐华俊院长“五个更加”的指示精神，凝心聚力，为扎实推进全院党的建设、为中国农业科学院实现率先跨越和引领带动全国农业科技整体跃升作出新的更大贡献。

中国农业科学院
2017 年党建工作要点

2017 年中国农业科学院党建工作总体要求是：全面贯彻党的十八大和十八届三中、四中、五中、六中全会精神，坚持以马克思列宁主义、毛泽东思想、邓小平理论、“三个代表”重要思想、科学发展观为指导，深入学习贯彻习近平总书记系列重要讲话精神和治国理政新理念新思想新战略，增强政治意识、大局意识、核心意识、看齐意识，坚定不移推进全面从严治党，持续深化和巩固巡视整改成果，推进“两学一做”学习教育常态化制度化，严格党内政治生活，加强基层党组织建设和文明和谐院所建设，为深入推进农业科技创新工程、实现建设世界一流农业科研院所提供坚强的政治思想组织保证，以优异成绩迎接党的十九大召开和建院 60 周年。

一、坚持把思想建党放在首位，着力教育引导党员坚定理想信念宗旨

（一）深入学习贯彻习近平总书记系列重要讲话精神

坚持用习近平总书记系列重要讲话精神武装头脑、指导实践、推动工作，深刻领会习近平总书记治国理政新理念新思想新战略、关于全面从严治党和反腐倡廉建设的重要论述。全面学习贯彻习近平总书记关于“三农”和科技创新的论述，准确理解和把握讲话的丰富内涵和核心要义，深入领会讲话贯穿的科学世界观和方法论，做到真学真懂真信真用。坚持用科学的理论指导农业科技创新和科学研究的工作实践，努力践行新的发展理念，紧紧围绕科技创新工程，为实现建设世界一流农业科研院所努力奋斗。

牵头单位：机关党委，各级党组织负责落实。

（二）深入学习贯彻党的十八届六中全会精神

坚持把学习贯彻十八届六中全会精神引向深入，采取多种形式深化学习，引导广大党员把思想和行动统一到全会精神上来，坚定不移推进全面从严治党，更加紧密地团结在以习近平同志为核心的党中央周围，更加坚定地维护以习近平同志为核心的党中央权威，自觉向党的理论和路线方针政策看齐，向中共中央决策部署看齐，为党的十九大召开营造良好氛围。

牵头单位：机关党委，各级党组织负责落实。

（三）做好迎接党的十九大召开和学习贯彻十九大精神工作

要通过各种形式，加强形势宣传教育，引导党员干部更加紧密地团结在以习近平同志为核心的党中央周围，进一步激发党员干部立足岗位、攻坚克难、建功立业的内在动力。认真完成我院直属京区党的十九大代表选举工作。党的十九大召开后，及时研究提出全院学习贯彻党的十九大精神的意见，把学习贯彻大会精神作为重大政治任务抓紧抓好，充分利用中心组学习、形势任务教育、主题报告会、学习交流等系列活动组织学习，在全院迅速兴起学习贯彻十九大精神热潮，切实把党员干部的思想和行动统一到十九大精神上来。

牵头单位：机关党委，各级党组织负责落实。

（四）推进“两学一做”学习教育常态化制度化

把深化“两学一做”学习教育作为加强和规范党内政治生活、加强党内监督的重要载体，作为坚定理想信念、打牢思想政治基础的重要举措。以“两学一做”为基本内容，以“三会一课”为基本制度，以党支部为基本单位，着力推动“两学一做”融入日常、抓在经常。坚持把学习和遵守党章党规作为一项基础性经常性工作，定期组织开展多种形式的专题学习教育，引导党员干部践行“四讲四有”、做到“四个合格”，形成常态、发挥长效。深化拓展“两学一做”学习教育成果，着力改进创新教育方式方法，总结推广经验，强化研讨交流和学习成果转化运用，不断推进学习型党组织建设。

牵头单位：机关党委，各级党组织负责落实。

（五）加强和改进思想政治工作

加强党的路线方针政策特别是关于“三农”和农业科技创新重大决策部署的学习教育，坚持做好党员干部思想状况定期调研分析，及时发现和解决苗头性、倾向性问题，完善思想状况汇集反映机制。加强人文关怀，关心党员干部利益诉求，坚持解决思想问题与实际问题相结合，在解决实际问题上下功夫。注重心理疏导，帮助干部职工提高心理素质和抗压能力。进一步改进思想政治工作方式方法，加强意识形态工作，强化互联网思维，运用好“农科先锋”微信公众号和支部 App 平台，不断提升运用新媒体能力。坚持不懈抓好全院维稳工作，努力凝聚团结奋进正能量。

牵头单位：机关党委，各级党组织负责落实。

二、坚持加强和规范党内政治生活，营造风清气正的政治生态

（一）严格党内政治生活

贯彻落实《关于新形势下党内政治生活的若干准则》，以党章为根本遵循，坚持党的政治路线、思想路线、组织路线、群众路线，坚持和发扬实事求是、理论联系实际、密切联系群众、批评和自我批评、民主集中制、严明党的纪律等为主要内容的党内政治生活基本规范，全面加强和规范党内政治生活。完善和落实领导干部调查研究、同干部群众谈心、群众满意度测评等制度，着力解决不按规定开展党内活动、党内生活质量不高、流于形式、难以发挥作用等问题。强化对党内政治生活准则落实情况的督促检查，建立健全问责机制。

牵头单位：机关党委、监察局，各级党组织和纪检组织负责落实。

（二）认真践行民主集中制

坚持集体领导制度，按照“集体领导、民主集中、个别酝酿、会议决定”的原则，集体决策“三重一大”事项，严格执行《中国农业科学院院属单位党委工作规则》。坚决反对和防止独断专行、各自为政，坚决反对和防止议而不决、决而不行、行而不实等。加强对“一把手”的监督制约，重点加强对执行民主集中制情况的监督检查。尊重党员主体地位、保障党员民主权利，落实党员知情权、参与权、选举权、监督权。畅通党员参与讨论党内事务的途径，拓宽党员表达意见的渠道，营造党内民主讨论的政治氛围。

牵头单位：人事局、监察局、机关党委，各级党组织和纪检组织负责落实。

（三）规范和严格民主生活会制度

认真执行中共中央印发的《县以上党和国家机关党员领导干部民主生活会的若干规定》，进一步规范和严格民主生活会程序，细化要求，扎实做好征求意见、谈心交心、对照检查、批评和自我批评、整改落实等环节工作，切实提高解决自身矛盾和问题的能力。完善院党组成员（各单位党委委员）参加联系点的党员领导干部民主生活会（组织生活会）制度，通过审核把关、现场指导等方式，及时了解和反映党员领导干部情况，发现问题及时纠正。

牵头单位：机关党委、人事局、监察局，各级党组织和纪检组织负责落实。

（四）认真执行组织生活制度

严格执行党员领导干部参与双重组织生活制度。党支部要结合工作实际，原则性与灵活性相结合，坚持好“三会一课一费”、谈心谈话、组织生活会、民主评议党员、党员党性分析等制度，积极开展主题党日、警示教育等活动；要建立党建工作台账，进一步用好《支部工作手册》和组织生活这个经常性手段，总结完善支部工作法。机关党委适时组织召开经验交流会，探索科研一线等不同类型党组织规范和严格组织生活的有效途径和载体，把全面从严治党要求体现到支部工作方法和措施创新中；建立健全通报提醒机制，每半年对“三会一课”开展情况进行统计和通报，适时督促检查组织生活制度落实情况。

牵头单位：机关党委，各级党组织负责落实。

三、加强党内监督，不断夯实组织基础

（一）统筹推进基层党组织建设

严格按规定做好党组织换届选举工作，建立健全基层党组织按期换届督促提醒机制。深入推进基层服务型党组织建设，围绕科研工作特点和职工多样化需求开展工作，鼓励科研党支部联系业务相关的村党支部，开展结对帮扶，互促互补、齐抓共建。深化“亮明党员身份、彰显榜样力量”主题活动，积极开展党员示范岗、党员责任区、党员承诺践诺等活动，发挥试点党支部的引领作用。实现党的组织和党的工作“两个全覆盖”，进一步加强学会、协会和企业的党建工作，充分发挥党组织的战斗堡垒作用和党员的先锋模范作用。加强离退休干部基层党组织建设，发挥老党员、老干部在事业发展中的作用。

牵头单位：机关党委、院离退休办公室，各级党组织负责落实。

（二）从严教育管理党员

落实发展党员工作细则，坚持把政治标准放在首位，把在中青年干部和骨干科研人员中发展党员作为重点，进一步调控总量、提升质量。贯彻落实《中共中央组织部关于做好与党组织失去联系党员规范管理和组织处置工作的通知》，建立健全防止党员失联的长效机制，及时处置不合格党员，优化党员队伍结构。加强对流动党员和离退休党员的教育管理服务。加强党员教育培训，搞好入党积极分子和新党员培训。加大对各级“两优一先”和党的十九大代表先进事迹的宣传力度。

牵头单位：机关党委、院离退休办公室，各级党组织负责落实。

（三）加强学生党员教育管理

贯彻落实全国高校思想政治工作会议精神，研究制定《关于加强和改进中国农业科学院研究生思想政治工作的意见》，拓宽教育培养途径，加强学生党员尤其是回所研究生党员的教育和管理，切实提高学生党员思想政治素质。院所联动完善服务机制，坚持以人为本，从政治、思想、学习和生活上关心爱护学生党员，促进学生党员健康成长。

牵头单位：研究生院党委、机关党委，各级党组织负责落实。

（四）全面加强党内监督

认真学习贯彻《中国共产党党内监督条例》，对照党内监督的主要内容，重点加强对领导干部特别是主要领导干部的监督。各单位党委要认真履行党内监督中的主体责任，书记是第一责任人，党委成员在职责范围内履行监督职责。各单位纪检组织是党内监督的专责机关，履行监督执纪问责职责，加强对党组织和领导干部遵守党章党规党纪、贯彻执行党的路线方针政策情况的监督检查。突出抓好领导干部这个关键，既要带头开展监督，层层传导压力，又要强化自我约束，自觉接受监督，带好队伍，推动形成积极倡导监督、大胆开展监督、自觉接受监督、坚决保护监督的良好氛围。把党的工作部门日常监督、党的基层组织和党员监督等党内监督和外部监督结合起来，充分发挥各类监督的重要作用。

牵头单位：机关党委、监察局、人事局、机关纪委，各级党组织和纪检组织负责落实。

（五）深化中央专项巡视整改工作并继续加强和改进中国农业科学院巡视工作

持续深入推进中央专项巡视整改，不断巩固扩大巡视成果，按照从严从高的要求建立健全长效机制，切实把巡视反馈的问题改彻底、改到位。健全巡视干部选配机制，依据每一批巡视工作任务，临时抽调一些党委或纪委书记参加巡视。进一步强化巡视成果运用，把巡视成果运用到日常监督管理、干部选拔任用和健全体制机制等方面，为各级党委做决策、抓部署、促整改提供重要的参考依据。

牵头单位：院办公室、院巡视组、机关党委、监察局，相关单位党组织和纪检组织配合落实。

四、坚持把纪律挺在前面，健全作风建设长效机制

（一）严格贯彻落实中央八项规定精神

坚持把作风建设作为重要着力点，继续抓好中央八项规定精神和有关配套措施的落实，紧盯年节假期，管住重要环节，深入整治“四风”和“不严不实”问题，密切注意“四风”新动向新表现，从重处理隐形变异的“四风”问题。加强创新团队和科研一线团队的学风建设，引导党员干部和科研人员自觉培养高尚科研和职业道德情操，抵制学术不端行为。在院所机关职能部门深入开展绩效管理，建立起抓落实长效机制，有效解决庸政懒政怠政问题。

牵头单位：党组纪检组、监察局、机关纪委、科技局、人事局，各级党组织和纪检组织负责落实。

（二）严明政治纪律和政治规矩

按照党规党纪严于国家法律的要求，党员特别是党员领导干部必须切实履行党员义务，把严明党的政治纪律和政治规矩放在首位，坚决制止违反政治纪律和政治规矩的行为。教育引导党员干部切实增强政治警觉性和政治鉴别力，自觉维护党的团结统一和中央权威，在全院绝不允许出现与中央精神不一致的声音，绝不允许出现违背部、院党组决定另搞一套的现象。加强对纪律执行的监督检查。

牵头单位：党组纪检组、监察局、机关党委、院办公室，各级党组织和纪检组织负责落实。

（三）加强反腐倡廉教育和监督

深入开展党性党风党纪教育、法制教育、诚信教育和科研道德教育等，加强典型示范、岗位廉政和警示教育，不断创新反腐倡廉教育方式方法。深入开展院所廉政文化建设，进一步营造反腐倡廉浓厚氛围。强化制度建设，加强对权力运行的监督制约，深化廉政风险防控机制建设，加强对科研经费使用、院所办公司企业、学会协会、刊物编辑部、检测中心、试验基地等重点领域、重点部位、重点环节廉政风险点的动态监控，加强对防控措施落实情况的监督检查。

牵头单位：监察局、机关纪委、财务局，各级党组织和纪检组织负责落实。

（四）把握运用监督执纪的“四种形态”

突出抓早抓细抓小，综合运用谈话提醒、通报批评、函询、诫勉、组织处理和纪律处分等多种方式，对违规违纪问题早发现、早处置，及时进行党纪处分或组织处理，防止小问题演变成大问题。各级党组织和纪检组织都要在实践第一种形态即“红红脸、出出汗”上做足功课、下足功夫，发现苗头问题及时批评诫勉、督促纠正，不断把党风廉政建设和反腐败工作引向深入。

牵头单位：监察局、机关纪委，各级党组织和纪检组织负责落实。

（五）严格做好纪律审查工作

认真做好信访举报受理工作，加强督办工作，规范问题线索处置，做到件件有登记、件件有结果。不断提高执纪审查质量和水平，严肃查处违法违纪案件。坚持一案双查，既追究主体责任、监督责任，又追究领导责任。认真贯彻落实《中国共产党问责条例》，以严厉的问责倒逼“两个责任”落实。

牵头单位：监察局、机关纪委，各级党组织和纪检组织负责落实。

（六）健全和落实改进作风常态化制度

深化基层服务型党组织建设，着力强化服务功能、改进服务作风、提高服务能力、完善保障制度，不断提升党员干部落实新的发展理念能力。继续推进领导干部基层联系点调研、青年干部到基层一线挂职锻炼等，进一步完善为农民办实事制度，引导党员干部在服务农民群众中增强党性、提高能力、改进作风。

牵头单位：院办公室、机关党委、人事局，各级党组织和纪检组织负责落实。

五、坚持对统战和群团工作的领导，推进文明和谐院所建设

（一）迎接建院 60 周年

根据建院 60 周年工作部署，院部通过召开表彰大会、开展先进模范人物评选、举办成就展、“一带一路”国际学术讨论会、职工文艺汇演和运动会、开展大院环境提升行动等建院 60 周年系列活动，进一步凝练和弘扬中国农业科学院精神，引导广大干部职工传承农科精神，着力强化担当，以更加奋发有为的精神状态投身农业科技创新事业，用更加突出的科研业绩和改革发展成效迎接建院 60 周年。

牵头单位：院办公室、科技局、人事局、转化局、国合局、机关党委、后勤中心，

各级党组织负责落实。

（二）深化文明单位创建工作

积极培育和践行社会主义核心价值观，深入开展创建文明单位活动，精心组织全院文明单位评选活动。以文明单位创建为抓手，加强日常管理和督促。结合单位实际，继续深化寻找“农科美丽家庭”活动，强化家庭、家教、家风建设，培育良好道德风尚，推动科研工作。开展党员干部志愿服务活动，促进学雷锋活动常态化。

牵头单位：机关党委，各级党组织负责落实。

（三）做好统战和群团工作

认真贯彻《中国农业科学院党组关于进一步加强新时期统一战线工作的意见》，落实好院党组成员（党委委员）联系统战对象等制度，支持各基层民主党派做好换届工作，配合各级政协做好委员的考察工作，积极搭建平台，培养、举荐优秀的党外人士，充分发挥各民主党派、党外人士的建言献策、参政议政、民主监督的作用，适时成立中国农业科学院归国留学人员联谊会。加强和改进工青妇群团组织工作，充分发挥各自优势和桥梁纽带作用，协助党组织做好广大干部职工的思想政治工作，加强人文关怀和心理疏导，建立完善以精准帮扶为重点的职工帮扶机制，坚持为困难职工送温暖活动。

牵头单位：机关党委，各级党组织负责落实。

（四）加强农科文化建设

要把培养典型、树立典型、保护典型作为院所文化建设重要内容和载体，采取多种形式宣传先进典型事迹，用身边的事教育身边的人，充分发挥先进典型的示范引导作用。结合各单位实际，积极开展丰富多彩的群众性文化体育活动，丰富干部职工的精神文化生活，增强团队精神和单位凝聚力。继续举办农科讲坛，提升品牌效应。院工会大力推进全民健身运动，进一步加强对职工文体俱乐部的指导和管理，支持各俱乐部自主开展活动，院青工委（团委）深入开展走进“科研基地、科研一线”活动，院妇工委开展2015—2016年度“五项”先进集体和个人宣传表彰暨“品读”主题活动。

牵头单位：机关党委，各级党组织负责落实。

六、坚持强化管党治党责任，把全面从严治党要求落实到每个支部、每名党员

（一）落实党建工作责任制

统筹做好京内外单位党建工作，指导院属各单位、机关各部门切实将全年党建工作各项任务落到实处。认真落实《中央国家机关贯彻落实全面从严治党要求实施方案》和院党组《关于院党组成员落实“一岗双责”的若干规定》，完善党组书记负总责、分管领导分工负责、机关党委推进落实、所长和党委书记“一岗双责”的党建工作责任体系。充分发挥院党建工作领导小组统一领导、统筹规划、联动落实的作用，推动各项工作同步实施。院属各单位、院机关各部门党组织结合单位实际，进一步细化工作要点，做到年初有部署、年中有检查、年底有考核，党组织书记要牢固树立正确政绩观，强化抓党建的主动意识、主业意识、主责意识，把抓好党建作为最大政绩，自觉做全面从严治党书记。

牵头单位：机关党委，各级党组织负责落实。

（二）健全党建述职评议考核机制

按照述职述党建、评议评党建、考核考党建、任用干部看党建的要求，坚持开展党建述职评议考核。直属机关党委对各单位党组织书记进行考评，党员向支部述职，支部对党员进行考评。把开展党建述职评议考核和党委自评工作作为落实全面从严治党主体责任的重要抓手，健全述职评议考核工作机制，完善考核标准办法，优化党建在研究所综合评价指标体系中的权重，加强考核结果运用。

牵头单位：机关党委，各级党组织负责落实。

（三）加强党组织工作机构和党务干部队伍建设

根据《中国农业科学院院属各单位党委工作规则》要求，建立健全党组织办事机构，配备专兼职工作人员。选好配强党组织领导班子，提高“两手抓”的意识和能力，加强基层党组织带头人队伍建设。关心党务干部成长，选拔素质高、能力强的党员干部从事党务工作，保持党务干部队伍生机和活力。精心组织党务群团干部系列培训班。以全国党建研究会科研院所专委会、院“两研会”为平台，围绕农业科研院所党建面临的新情况新问题，深入开展课题研究，及时总结基层创造的新鲜经验，探索农业科研院所党建工作规律，创新工作方式方法。

牵头单位：机关党委，各级党组织负责落实。

在推动跨越发展中谱写全面从严治党新篇章

——党的十八大以来中国农业科学院党的工作情况

党的十八大以来，中国农业科学院党组以及全院各级党组织深入学习贯彻习近平总书记系列重要讲话精神，坚决贯彻落实中央决策部署和农业部党组要求，在推动科技创新、促进跨越式发展中，坚决履行全面从严治党主体责任，坚持加强党的领导，不断强化党的建设，充分发挥党组织政治核心作用和战斗堡垒作用，为农业科技创新提供了坚强的思想、政治和组织保证。

一、跨越发展的政治方向在坚持党的领导中更加坚定

“必须坚定不移强化党的领导，在党言党、在党忧党、在党为党的信念始终如一，确保农科院姓党。”院党组的回应坚定有力，把坚持党的领导作为维护核心的具体体现，守土有责、守土负责、守土尽责，推进全面从严治党在全院上下落地生根。

党建格局不断完善。院党组及全院各级党组织切实加强党对农业科技工作的领导，认真贯彻落实中央关于加强“三农”和科技创新工作的一系列指示要求，严格执行“三重一大”集体决策制度，保证中国农业科学院科研服务“三农”的发展方向。把党建工作纳入中国农业科学院“十三五”规划，列入党组和各单位党委重要议事日程，每年制定中国农业科学院党建工作要点，定期分析党建重大问题，院党组年均研究党建议题40余个。成立院党的建设工作领导小组，进一步统筹京内外各单位党建工作，形成全院党建“一盘棋”的工作格局。

党建责任持续强化。院党组以及全院各级党组织突出加强对院所重大工作部署的考核评估，对每一项重要工作部署，都事先设计好配套的考核体系。着力健全完善干部考核评价机制，院领导每年在院工作会议期间进行述职述廉，全院党员领导干部每年进行述职述廉，接受评议。建立研究所党委工作评价体系，纳入现代院所评价指标体系，做到党建工作和中心工作一起考核。实施党建述职评议考核，把评议考核情况作为评优评先的重要依据，作为干部选拔任用的重要依据。通过考核，进一步落细落实全面从严治党主体责任，牢固树立起抓好党建就是最大政绩理念。

党建创新成果丰硕。坚持以问题研究引领党建理论创新，每年围绕党建重点难点问题设立党建课题，开展专题调研，形成课题报告，共有5篇课题报告荣获各级党建研究会成果奖，其中1篇荣获全国党建研究会科研院所专委会调研课题特等奖，1篇荣获中

央国家机关党建研究会机关党建课题研究成果一等奖。坚持以“互联网+党建”促进创新，利用机关党建网积极发布各基层党组织党建工作动态，打造“农科先锋”党建微信平台，全院400多个党组织近8 000名党员点击阅读，在京区各单位党组织中推广使用“支部工作”App，共有近2 000名在职党员登录使用，在最短时间内实现了“全贯通、全覆盖、全使用”。

二、跨越发展的政治动力在注重思想建党中更加强劲

“欲事立，须是心立”。思想建设是党的建设的灵魂。院党组始终把思想建设摆在首要位置，引导党员干部向党中央看齐、向党的理论和路线方针政策看齐、向党中央决策部署看齐，不断强化“四个意识”、坚定“四个自信”，为农业科技创新凝聚起强大的精神力量。

以理论武装坚定信念。院党组严格按照中央的部署要求，紧密联系科研单位实际，突出农业院所特色，精心组织开展党的群众路线、“三严三实”和“两学一做”等主题活动。深入学习领会习近平总书记系列重要讲话精神，不断坚定对马克思主义的信仰、对共产主义和社会主义的信念、对党和人民的忠诚。开展“全面从严治党主体责任和科研放管服”主题宣讲活动，院领导带队到全院各个研究所进行宣讲，进一步统一思想、提高认识，促进形成干事创业的良好工作环境。院领导和所局级领导干部自觉抓好理论学习，共撰写理论文章589篇，获得农业部表彰20余篇。加强党员干部党性教育，引领带动全院科研人员以国家重大需求为导向，立足科研，服务产业，做一名合格的人民科学家。

以党内教育锤炼党性。突出重大教育牵引，围绕践行群众路线、坚持党员标准、培植严实学风作风等内容，院党组率先垂范，所有党组成员带头讲党课，走出会议室到研究所讲、到基地台站讲、到田间地头讲，深入科研一线开展主题实践活动。全院各个党支部认真开展主题党日、征文演讲等活动，党员干部党性意识不断强化。加强党务干部培训，5年自主举办“两委书记”、党办主任、党支部书记、工青妇干部等各类党务干部培训班达17班次，参与培训人员达1 000余人次。通过党内教育，广大党员干部在思想上补了课、精神上补了“钙”，更加坚定了跟党走的决心。

以精神文明引领追求。院党组坚持以文明创建活动和创新文化建设为抓手，把精神文明建设与农业科研工作有机结合，培养了一批国家级的先进典型，开展了一批具有影响力的品牌性活动。通过卓有成效的文明创建工作，资划所、兰州牧药所被评为“全国文明单位”，实现农业部系统“零”的突破。7个集体（组织）获评全国工人先锋号、全国妇女创先争优先进集体、全国巾帼文明岗，6名同志荣获全国五一劳动奖章、全国三八红旗手。13个集体，26位个人获得中央国家机关工委和农业部工青妇系统荣誉称号。积极开展“书香农科”建设，开创了农科讲坛（中国农业科技报告会），累计举办28期，成为中国农业科学院发布农业科技最新进展、交流学术思想、研讨热点问

题的品牌活动。院工青妇组织每年都开展大型群众活动，如举办建院60周年“在希望的田野上”职工演出、组织开展走访困难职工活动等。

三、跨越发展的政治基础在强化组织建党中更加牢固

“求木之长者，必固其根本。”全院基层党组织和党员队伍建设坚强有力。院党组坚持从组织、队伍、制度严起，努力把基层党委和党支部打造成为团结群众的核心、教育党员的学校、攻坚克难的堡垒，为跨越发展持续夯实基础。

制度建设更加完善。院党组认真贯彻落实制度建党要求，高度重视把思想建党、组织建党、作风建党以及廉政建设的成果制度化。在历次重大政治活动中，院党组都认真抓好建章立制工作，着力构建依法治理的长效机制。群众路线教育实践活动期间，对坚持民主集中制等10项党内制度作出明确规定。根据中央巡视反馈的意见，及时印发《院属单位党委工作规则》，对实行所长负责制下的党委功能定位、基本职责、议事决策等内容提出新的要求。5年研究制订修订有关规章制度23项，编辑出版《党建工作制度选编》供党务干部使用。狠抓制度执行，要求党员领导干部带头执行制度、维护制度，确保制度成为硬约束。加大对违反制度行为的监督问责力度，绝不允许有令不行、有禁不止，坚决维护制度的权威性和严肃性。

党内政治生活更加严格。院党组认真贯彻民主集中制，督促各级党委委员按规矩、按程序、按权限参与决策，促进了党委科学决策、民主决策。根据中央统一部署，把组织党的十九大代表选举作为重要政治任务，从严从细做好组织动员、推荐提名、会议选举、严肃纪律等各环节工作，中国农业科学院唐华俊、何中虎、魏灵玲3位同志光荣当选党的十九大代表。每年围绕主题或专题开好党员领导干部民主生活会，真心实意开门纳谏，谈通谈透会前交心，找准挖深突出问题，写准写实对照检查，真刀真枪思想交锋，确保民主生活会开出高质量。各个党支部都认真召开组织生活会，院党组成员带头参加双重组织生活，把党内政治生活作为锤炼党性的重要平台。随着党内政治生活的不断强化，党员干部之间团结更加紧密，党组织更有战斗力。

基层组织建设更加牢固。院党组明确要求研究所党委要积极适应创新工程实施要求，按照支部建在业务考核单元上的原则，科研党支部要建在创新团队上，党员人数多的单独成立党支部，党员人数少的联合成立党支部。高度重视基层党组织换届选举工作，认真研究换届党组织的“两委”候选人，着力推动到期未换届党组织尽快完成换届，5年有34个直属党组织完成换届工作。坚持把落实“三会一课一费”作为一项重要工作严格规范、从严监督、常抓不懈，编印了《党支部工作手册》和《党费手册》，推动各直属党组织不断改进内容和形式，注重实效，提高质量。在全院范围内深入开展党的建设“灯下黑”问题专项整治，抓好社会组织“两个覆盖”工作。5年来京区有8个基层党组织被中组部、中央国家机关工委或农业部评为先进基层党组织，12人（次）被中央国家机关工委或农业部评为优秀共产党员、优秀党务工作者。京外单位有一大批

基层党组织和党员荣获上级党组织“两优一先”荣誉称号。

党支部工作更加鲜活。院党组始终要求基层党组织围绕科研单位实际开展工作，鼓励科研党支部联系业务相关的村党支部，把科研工作与党的建设结合起来，开展结对帮扶，互促互补、齐抓共建。2017 年，院党组书记陈萌山带队到密云区冯家峪镇西白莲峪村开展“院地共建支部服务农村基层”主题党日活动，号召全院各级党组织将此作为全院推进“两学一做”常态化制度化的一项重要活动安排，确保取得实效。2016 年，在全院开展“亮明党员身份、彰显榜样力量”主题活动，全院普遍设立了党员先锋岗、服务岗、示范岗和责任区，为服务科研、服务职工创造了条件、营造了氛围。

四、跨越发展的政治生态在狠抓作风治党中更加清明

打铁还需自身硬。党的十八大以来，以习近平同志为核心的党中央带领全党坚决打好反腐败斗争的持久战、纵深仗。院党组以及全院各级党组织始终紧跟中央反腐倡廉的坚定步伐，始终绷紧党风廉政建设这根弦，把党的纪律和规矩挺在前面，为农业科技创新凝聚强大正能量。

党风廉政建设永远在路上。严格落实中央八项规定精神，开展“四风”突出问题专项整治，压缩会议文件，清退超占车辆和超标办公用房，减少出国批次和经费开支。将科研经费监管作为落实党风廉政建设“两个责任”的“牛鼻子”，大力开展“防火墙工程”“阳光工程”建设，建立科研经费管理使用长效机制，使科研经费在阳光下运行；建立全院统一的“中国农科物资采购平台”，推进科研经费监督科学化、信息化、精准化，实现了对采购行为的全程监管和对风险点的靶向监管，提高了科研经费使用效益，为科技创新和现代院所建设保驾护航。

巡视整改持续深化。院党组把中央巡视和整改作为重大政治任务来抓，强化责任担当，针对巡视反馈的问题进行认真梳理，细化分解为 9 个方面 37 项具体任务 122 项整改措施。截至 2016 年年底，37 项整改任务已全部落实，需要长期整改的 7 项任务正在深化落实中，确保中央巡视整改取得了实质性效果。不断加强和改进我院巡视工作，5 年来累计已巡视并“回头看”16 个研究所，充分发挥了巡视利剑作用，助力全面从严治党。

监督执纪问责持续加强。积极实践“四种形态”，聚焦监督执纪问责，使广大党员干部做到心有所畏、言有所戒、行有所止。加强选人用人监督，对拟提任干部的廉洁情况进行认真审核，防止“带病提拔”和违规任职。加强重点领域、重要节点、重要事项、重点人员的监督，对苗头性倾向性问题抓早抓小，提醒谈话和纪律轻处分成为常态。

党的十八大以来的 5 年，是中国农业科学院落实全面从严治党、砥砺奋进的 5 年。展望未来，院党组以及全院各级党组织将紧密团结在以习近平同志为核心的党中央周围，以学习贯彻党的十九大精神为主线，认真贯彻落实习近平总书记向中国农科院发出的“三个面向”“两个一流”号令，持续推动全面从严治党向纵深发展，为中国农业科学院实现跨越发展、引领带动全国农业科技整体跃升作出新的更大贡献。

牢固树立一切工作到支部的鲜明导向，探索新时代我院基层党组织建设“最后一公里”问题

——陈萌山书记在中国农业科学院学习贯彻党的十九大精神暨“两研会”六届理事会五次会议上的讲话

2017 年 11 月 21 日

同志们：

这次“两研会”，突出的主题有两个，一是研究部署如何加强中国农科院基层党支部建设，二是对自中央专项巡视以来提拔的所局级干部进行集体谈话。这两个主题都有很强的针对性，也十分重要和必要，是贯彻落实党的十九大精神的一次重大行动。

党的十九大对加强基层党建工作作出了新的部署，提出了新的要求，我们要及时的学习贯彻落实。党的基层组织是我们党全部工作战斗力的基础，党的基层组织状况如何直接关系着我们执政能力的强弱。从中国农业科学院的现实工作看，加强基层党支部建设也十分重要，刻不容缓。我在会前到一些单位调研发现，基层党支部工作开展情况以及党支部的建设情况和这个单位的发展的势头、状况是一致的。可以说，基层党建工作直接影响着我们创新科研管理的实践。这几年，我们对基层党支部工作要求的多，而具体研究的少，针对问题出台的办法也少，所以加强基层党支部建设是本次会议的一个主题。

另一个主题是对所局级干部进行集体廉政谈话，这表明了院党组贯彻落实党的十九大精神、更加从严治党的坚定态度。自中央专项巡视以来，我院共提拔了 45 名所局级干部，一是数量大，二是绝大多数都是 20 世纪 70 年代出生的，现在已经走上领导岗位，几年以后这当中的许多同志还会走上中国农业科学院的主要领导岗位，甚至是院级领导岗位。客观地讲，你们绝大多数都有博士学历，工作能力很强，但是决定你们为党工作的前途，决定你们在领导岗位上走得多高、多远的，很重要的一点是你们的政治素养和廉洁自律的能力。大家都知道，党的十九大闭幕仅 1 周，习近平总书记就带领中共中央政治局常委专程从北京来到上海，瞻仰上海中共一大会址，同时，前往浙江嘉兴，瞻仰南湖红船，回顾建党历史，重温入党誓词，宣示新一届党中央领导集体的坚定政治信念，强调要铭记党的奋斗历程，时刻不忘初心。刚才蔡组长从历史起点、建党起点、逻辑起点，讲了我们一个时代以来中国共产党、中国人民不变的初心，讲得非常深刻。

我们党的全部历史都是中共一大开启的，我们走得再远，都不能忘记来时的路，这个就叫不忘初心。今天我们将大家召集在这块红色的土地上，瞻仰中共一大会址和嘉兴南湖纪念馆，这就是接受中国革命传统教育，学习革命先辈的崇高精神。而这种精神就是总书记概括的开天辟地、敢为人先的首创精神，坚定理想、百折不挠的奋斗精神，立党为公、忠诚为民的奉献精神。希望这一会议安排，能使我们大家接受一次生动的党性教育和深刻的灵魂洗礼，进一步明确我们共产党人肩负的重大责任，增强我们农科人爱党为党、为实现党的十九大目标任务而奋斗的责任感、使命感，牢记“三个面向、两个一流”的重托，增强推动跨越式发展的决心和信心。所以我对会议主题做一个强调。

此次选择在上海召开“两研会”，还想让大家借此机会与上海兽医所加强沟通，交流经验。近年来，上海兽医所班子团结一心，积极进取，紧抓研究所更名、所区搬迁和实施创新工程的良机，加强谋篇布局和顶层设计，提出了“抢天时，谋地利，创人和，促发展”的战略思路，积极开展体制机制创新，精心打造人才团队，大力优化学科布局，研究所各项事业步入了良性发展轨道。已经连续 4 年在全院综合评价中人均实力排名前十，并连续八届获得上海市文明单位称号，今年更是成功创建第五届全国文明单位，成为我院第三家获得此项殊荣的单位。上海兽医所之所以保持这么好的发展势头，首先是与党政领导班子和全体员工团结一致、共谋发展密不可分，还有一条好的做法就是积极利用地方资源，助推研究所快速发展。据我所知，上海兽医所十分重视与上海地方各级政府建立良好的关系，工作中做到“逢大小会议必派人参加、逢交流发言必认真准备、逢交办的事无论大小必全力以赴落实到位、逢地方领导必真诚热情对待、逢有利于研究所发展的机会必毫不犹豫地抓住”，真心换真心，因而获得上海市政府的支持也是前所未有的。这种做法值得我们京外单位吸收和借鉴。当然，上海兽医所还有其他发展经验，尤其是党建工作很有特色，大家可以借此机会加强沟通交流，相互取经。

下面，我就学习宣传贯彻党的十九大精神，推进我院全面从严治党向基层延伸、加强基层党组织建设，讲 4 点意见。

一、认真学习、深刻把握党的十九大关于加强基层党组织建设的新部署新要求

党的十九大报告鲜明提出习近平新时代中国特色社会主义思想及基本方略，将坚持全面从严治党作为构成新时代坚持和发展中国特色社会主义的基本方略之一。勇于自我革命，从严管党治党，是我们党最鲜明的品格。打铁必须自身硬，要真正承担起新时代中国共产党的历史使命，进行伟大斗争、推进伟大事业、实现伟大梦想，就必须毫不动摇坚持和完善党的领导，毫不动摇把党建设得更加坚强有力，筑牢党的建设新的伟大工程。

新时代如何全面从严治党、推进党的建设新的伟大工程，党的十九大报告最后用了很大篇幅，提出了新时代党的建设总要求和 8 个方面重点任务，对推进党的建设新的伟

大工程作出顶层设计、战略部署，丰富和发展了马克思主义建党学说，进一步回答了“建设什么样的党、怎样建设党”这一历史性课题，这标志着我们党对执政党建设规律的认识达到新的高度。

这段时间以来，我一直在思考一个命题，就是党的建设新的伟大工程如何在中国农业科学院实现落地生根。自去年开展“两学一做”学习教育以来，我先后到10个研究所进行了调研，最近又利用一天的时间到京内两个研究所开展了调研，利用深入研究所调研的时机，与近100名基层党支部书记进行了深入交流，更加坚定了一个判断，建设伟大工程，最基础性的工作、最艰巨的工作、最重要的工作就是把基层党组织建设抓牢抓实，明年甚至更长一段时间，贯彻落实党的十九大精神，我院党建工作要围绕党的基层组织建设进行破题，牢固树立党的一切工作到支部的鲜明导向，探索打通基层党组织建设“最后一公里”问题。因此，我今天讲话的题目就是“牢固树立一切工作到支部的鲜明导向，探索新时代我院基层党组织建设‘最后一公里’问题”。

下面，结合新党章，我重点谈一下党的十九大对基层党组织建设提出的新精神、新要求和新任务。据统计，这次新党章共修改107处，其中总纲部分修改58处，条文部分修改49处。修改后的党章由原来的十一章五十一条改为五十三条，条文部分完整增加只有两条内容，一是第十四条，党的中央和省、自治区、直辖市委员会实行巡视制度，这是原党章第十三条最后一句话，在新党章中扩充为一条，并进行了丰富和扩展。还有一条就是第三十四条，专门针对党支部的地位进行了单独表述，提出党支部是党的基础组织，明确了党支部的七项职责。可以看出，党中央将基层党组织建设提到了一个前所未有的高度，树立了一切工作到支部的鲜明导向，强调了党支部的基础性质、主体作用；充分表明对党的基层组织只能加强，不能削弱，只能更加重视，更为突出。

新时代加强基层党组织建设，要重点把握好以下7个方面的内容，大家要认真学习、思考和落实。

一是要充分认识“全面从严治党永远在路上”的重要性。新修订的党章，将坚持从严管党治党单独作为一部分在总纲中予以体现，强调全面从严治党永远在路上，提出要把严的标准、严的措施贯穿于管党治党全过程和各方面。这是基于对历史、哲学和文化思考以及5年来的工作实践得出的正确结论。党的十八大以来，我们党坚定不移推进全面从严治党，着力解决人民群众反映最强烈、对党的执政基础威胁最大的突出问题，形成反腐败斗争压倒性态势，党执政的社会基础和群众基础更加巩固。但腐败自有人类文明史以来就一直存在，古今中外概莫能外，只不过有时轻有时重。任何公权力都会面临被腐蚀的危险，执政党也永远会面对与自我、与腐败的斗争。所以说，不能有松一松、歇一歇的想法，要以永不懈怠的精神状态继续推动全面从严治党向纵深发展。

二是要充分认识“学习习近平新时代中国特色社会主义思想”“推进‘两学一做’学习教育常态化制度化”的重要性。党章第三十二条第二款，专门强调组织党员认真学习习近平新时代中国特色社会主义思想，同时首次将推进“两学一做”学习教育常态化制度化写入党章。把习近平新时代中国特色社会主义思想写进党章，是这次党章最重要的修改，不仅表达党的理论基础和政治主张，也体现了全党意志和共同意愿。党的基层组织要组织和引领好全体党员，认真学习习近平新时代中国特色社会主义思想的重大意义、深刻内涵和精神要义，把握思想理论脉络和历史文化源流，在学懂弄通做实上下功夫。“两学一做”学习教育常态化制度化是思想建党、组织建党、制度治党紧密结合的成功实践，是加强和规范党内政治生活的重要举措，是全面从严治党的战略性、基础性工程。将“两学一做”学习教育常态化制度化写入管党治党的总章程，既体现了思想建党、固本培元的根本遵循，又强调了扎紧制度笼子，释放制度蕴含力量，强化刚性约束的重要要求，在抓细、抓常、抓长上下功夫。

三是要充分认识“坚定理想信念”的重要性。党章第三十二条第三款，在党员进行教育、管理、监督和服务中，加入坚定理想信念的内容。充分说明，我们党深刻认识到，党员干部的理想信念决不能出问题。党的十八大以来，我们党共查处 440 多名省军级以上党员干部及其他中管干部、8 900多名厅局级干部、6.3 万多名县处级干部，这些被惩处的党员干部大多数都是信仰迷茫、精神迷失，忘记了自己第一身份是党员，忘记了入党时的铮铮誓言，丧失了共产党人的理念信念。所以，习近平总书记多次提出坚定理想信念，始终是共产党人安身立命的根本，是精神上的“钙”。有了坚定的理想信念，站位就高了，眼界就宽了，心胸就开阔了，就能坚持正确的政治方向，在胜利和顺境时不骄傲不急躁，在困难和逆境时不消沉不动摇，经受住各种风险和困难考验，自觉抵御各种腐朽思想的侵蚀，永葆共产党人的政治本色。

四是要充分认识“纪严于法、纪在法前”的重要性。党章第三十二条第八款，教育党员和群众自觉抵制不良倾向，坚决同各种违纪违法行为作斗争。将原来的违法犯罪改写为违纪违法，并把违纪放在违法前面，这一改变正是来自全面从严治党的鲜明启示，体现了我们党对纪严于法、纪在法前的深刻认识。正是源于这个认识，我们党推动自身革命从侧重于党风廉政建设和反腐败斗争转向全面从严治党，全党纪律意识、规矩意识明显增强，党的面貌焕然一新。

五是要充分认识“保持支部班子稳定”的重要性。党章第三十一条，将党的总支部委员会、支部委员会每届任期 2 年或 3 年，改为党的总支部委员会、支部委员会每届任期 3~5 年。这一调整，将总支部和支部的任期与党的基层委员会同步，进一步体现对基层党组织的重视和加强，有利于保持基层党组织班子的延续和稳定。

六是要充分认识“实现党的基层组织全覆盖、发挥基层党组织作用”的重要性。党章第三十三条，对街道、乡、镇党的基层委员会和村、社区党组织，国有企业党组织，非公有制经济组织中党的基层组织，社会组织中党的基层组织，各级党和国家机关中党的基层组织的地位和作用进行了分别表述，修改和增写了部分内容。特别对实行行政领导人负责制的事业单位中党的基层组织，由原来发挥“政治核心”作用改写为发挥战斗堡垒作用。这一变化，我们要深刻理解，我认为这是一个加强我们事业单位党建的信号。党的十八大以来，党中央召开国有企业党建工作会议、高校思想政治工作会议、农村基层党建工作座谈会、城市基层党建工作交流座谈会，分别对各领域基层党组织建设作出全面部署。党的十九大报告强调，“党政军民学、东西南北中，党是领导一切的。”绳在细处断，冰在薄处裂，党的领导必须是全面的、整体的，哪个领域、哪个方面、哪个环节缺失了弱化了，都会削弱党的力量，损害党和人民事业。

七是要充分认识“党支部新七项职责”的重要性。刚才提到的第三十四条，新增党支部是党的基础组织，担负直接教育党员、管理党员、监督党员和组织群众、宣传群众、凝聚群众、服务群众的职责内容。具体来讲，我认为直接教育党员就是组织党员学习党的理论和基本知识，牢固树立“四个意识”，在政治上、思想上、行动上同以习近平同志为核心的党中央保持高度一致；直接管理党员就是要严格党内政治生活，督促党员切实履行党员义务，提升党员整体素质，增强党员党性修养，做好经常性发展党员工作；直接监督党员就是维护和执行党的纪律，监督党员特别是领导干部廉洁从政、遵纪守法，实践好监督执纪“四种形态”，让“红红脸、出出汗”成为常态。组织群众、宣传群众、凝聚群众、服务群众，说到底就是不忘初心，牢固树立全心全意为人民服务的宗旨，密切联系好服务好职工群众。就是要经常了解群众对党员、党支部工作的意见建议，紧密结合中心任务和业务工作，做好思想政治工作，推进精神文明建设，维护群众的正当利益，帮助群众解决实际困难。充分发挥群众的积极性创造性，发现、培养和推荐他们中间的优秀人才，鼓励和支持他们在本职岗位上创造优异成绩。

同志们，中国共产党的领导是中国特色社会主义最本质的特征，是中国特色社会主义制度的最大优势。而基层党组织是我们党全部战斗力的基础。新党章针对基层党组织建设，重点修改或增写了以上 7 个方面的内容，这既是党的十八大以来党的工作和党的建设成果的充分反映，又有利于强化基层党组织政治功能，推动全面从严治党向纵深发展。

二、切实增强做好基层党组织建设的责任感和使命感

当前和今后一个时期，是我们党带领全国各族人民决胜全面建成小康社会、夺取新时代中国特色社会主义伟大胜利、实现中华民族伟大复兴的中国梦的重要历史时期，也是我院实现率先跨越，建设世界一流学科和一流科研院所的关键时期。这次党的十九大报告和新党章集中笔墨，对今后一个时期基层党组织建设作出新部署、提出新要求，我们要深刻领会新时代党的建设总要求，充分认识基层党组织建设的重要性和紧迫性，坚决将十九大精神落到实处，以“不忘初心、牢记使命”的情怀，持续加强基层党组织建设。

从党的工作全部实践来看，加强基层党组织建设是我们党的优良传统，是保证党长期执政的基础性工程。高度重视并强调基层党组织的地位和作用，既是马克思主义政党建设的突出特点，也是中国共产党的一大优良传统和政治优势。从党的二大提出，凡有党员 3~5 人均得成立一组，到党的十九大把加强基层组织建设作为提高党的执政能力和领导水平的重要内容，建党 96 年来，我们党一直致力于不断加强基层组织建设。中

国共产党成立之初，出于对秋收起义遭到严重挫折的思考，毛泽东对起义部队进行了著名的“三湾改编”，创造性地提出了“党支部建在连上”的原则，解决了基层党组织建设的重大问题，保证了党的路线、方针、政策在部队的贯彻执行。后来，毛泽东同志指出，“红军之所以艰难奋战而不溃散，‘支部建在连上’是一个重要原因”。此后，无论在土地革命时期、抗日战争时期，还是新中国成立后，我们党都把基层组织建设作为基础性建设。1939 年 6 月 10 日，陈云正式提出“支部不但要在组织形式上具有核心的堡垒的姿式，而且要在实质上真正能起核心的堡垒的作用”。刘少奇在党的七大修改党章时，对基层党支部内涵作了总结和概括，明确了支部的 4 项任务。1956 年，党的八大党章规定了包括支部在内的基层党组织的 8 项任务。1977 年，党的十一大首次在党章中提出“党的基层组织要发挥战斗堡垒作用”。同时，还具体规定了包括支部在内的基层党组织的 6 项基本任务。此后，党的十二大、十四大、十五大、十六大、十七大都对基层党组织地位和作用作出相关规定。2012 年召开的党的十八大，明确提出了加强基层服务型党组织建设的重大任务。我们党把组织建设到基层，密切了与人民群众的关系。党生活在群众当中，群众也生活在我们党中，我们党的每一个主张，党员的一言一行，都逃不出群众的眼睛。我们共产党通过不断加强基层党组织的建设，以严密的组织体系团结了 8 900万党员，保持了世界上任何一个政党都无法比拟的战斗性。可以说，加强基层党组织建设，夯实了我们党一切工作的基础，增强了基层党组织的领导力创造力凝聚力战斗力，发挥了基层党组织战斗堡垒作用和党员先锋模范作用，为实现中华民族从站起来到富起来提供了坚强的政治、思想和组织保证。

从科技创新工作来看，加强基层党组织建设是党的工作为科技创新保驾护航的现实需要。基层党组织问题处理好了，党的各项工作就能落实到位，取得实效。习近平总书记指出：“做好基层基础工作十分重要，只要每个基层党组织和每个共产党员都有强烈的宗旨意识和责任意识，都能发挥战斗堡垒作用、先锋模范作用，我们党就会很有力量，我们国家就会很有力量，我们人民就会很有力量，党的执政基础就能坚如磐石。”中国农业科学院作为农业科技创新的国家队和领头羊，经过实施“顶天立地”战略，已经成为农业科技创新的源头，成为农业科技转化的示范中心，成为推进现代农业发展引擎的火车头，但也必须清醒地看到我院发展与我国现代化建设大业的要求、与国际一流农业科研院所相比还有很大差距。我们必须增强危机意识、担当意识，抢抓机遇、乘势而上，按照习近平总书记对我院建设世界一流学科和一流科研院所的目标要求，深化改革，跨越发展，使一大批学科和研究所尽快跻身世界领先行列，引领带动农业科技和农业农村发展双跃升，在加快实施乡村振兴战略、加快建设创新型国家、加快建设美丽中国的征程中，再立新功。这就迫切需要凝聚全院上下共同的意志、共同的行动，特别是要汇聚广大干部职工的智慧和力量，鼓舞广大干部职工的精神和干劲，形成加快发展的强大合力。党的工作要为率先跨越保驾护航，就必须强化基层党组织建设，使全院 371 个基层党支部都成为坚强的战斗堡垒，充分发挥他们的政治优势、思想优势、组织优势和密切联系群众优势，为加快农业科技创新创造条件、优化环境、营造氛围。

从我们日常工作调研和综合督查的情况来看，我院基层党组织总体上是坚强有力的，支部书记勇于担当、善于担当，一线党员干部埋头苦干、默默奉献，关键时刻冲锋在前，为促进农业科技进步和农业农村经济发展作出了重要贡献。但与党的十九大对基层党组织建设提出的新部署、新精神、新要求、新任务相比，我院基层党组织建设还存在诸多不适应，还有不小的差距。具体表现在以下 3 个方面。

表现之一：基层党支部建设不规范。目前，中国农业科学院共有基层党支部 371 个，包含在职党支部 256 个，离退休党支部 67 个，学生党支部 48 个，党员 7 361名。这些党组织是我院科技创新、改革发展的骨干和中坚力量，在支部书记的带领下，大多发挥了指方向、育人才、凝人心、聚人力的政治优势。但在实际工作中，有的单位党支部规范化建设有待进一步加强。具体表现在：一是设置不规范，支部建在业务考核单元是我院党支部设置的一个原则，但具体落实上各单位存在较大差异，有的将业务不相近、不互补的团队或部门组合在一起，尤其是将科研团队与行政部门混搭，对支部工作开展造成一定影响，不利于党建工作与中心工作的互融互促。二是设置规模普遍偏大，有的支部动辄二三十名党员，增加了组织成本和教育管理党员的难度，也增加了开展集体学习和组织生活的难度，支部工作开展的实际效果难以保证。三是班子调整不及时，少数单位由于人员调整，存在支部委员不健全的现象，导致支委会集体领导作用发挥不够到位。

表现之二：基层党支部工作与中心工作两张皮，成效不明显。一些党支部生活形式和内容为党建而党建，与科技创新、服务“三农”等中心工作联系不紧密，停留在表面，没有做到互融互促。具体表现在：一是部分党支部对落实“三会一课”制度重视不够、组织不力，虽然达到了次数要求，但与科研服务国家、服务“三农”的主题结合不太紧密，执行质量不高，记录不规范、不细致、过于简单，党内政治生活台账不够具体详实；二是有的党支部开展的主题党日活动与业务工作结合上有待加强，让广大党员深入基层产业一线、掌握产业发展情况显得不足；三是有些党支部对于如何推进党建工作与本部门中心工作结合研究不透、措施办法不多；四是有的党支部制定的学习计划，统筹考虑理论学习和业务学习不够，聚焦中心任务组织集中学习研讨不够。

表现之三：基层党支部活动创新不够，活动单调呆板。在调研和督查中发现，有的党支部创新意识不足，党支部活动仍然过于简单，缺乏创新。具体表现在：一是有的支部书记和支委会积极性和主动性不够，开展活动时满足于完成“规定动作”，结合团队和业务工作思考偏少，缺乏创新的动力，创新能力有待提升；二是基层党支部大多能制定学习计划，但创新方式不够、落实的效果不理想，主要表现为“四多四少”，即安排部署多，督导检查少；学习传达文件多，读理论原著的少；单纯的党建学习多，结合实际调研学习少；会议交流多，撰写学习心得少（2017 年的督查中，我们专门安排了闭卷测验环节，测试支部组织党员学习的效果，从各单位答题成绩来看，总体上是好的，80 分以上的党员有 820 人，占比 78.69%，但在实际阅卷过程中，我们发现有的党员连“五位一体”总体布局等应知应会知识都不掌握）；三是部分党支部面对党员出差多、科研任务重的情况，探索灵活的学习教育方式不够；四是有的党支部对创新性做法总结提炼不够，未能将经验做法常态化制度化。

三、如何加强支部建设

基层党支部是党的工作最坚实的力量支撑，是确保党的路线方针政策和决策部署贯彻落实的基础。历史经验弥足珍贵，党的历史告诫我们，任何时候支部建设都不能放松，支部都不能涣散，支部作用都不能弱化。我院有 371 个基层党支部，团结着全院 7 000多名共产党员，可以说，蕴藏着巨大的凝聚力、创造力、战斗力。这股巨大的力量如果被激发出来，必将在推动我院实现跨越式发展的进程中攻无不克、战无不胜。因此，推进新时期党的建设的伟大工程，实现总书记致我院建院 60 周年贺信中提出的“两个一流”的目标，必须始终把支部建设作为最重要的基本建设，牢固树立一切工作到支部的鲜明导向，结合农业科研单位的工作实际，全面推进支部的规范化建设，抓好全面从严治党的“最后一公里”，确保中央、部、院党组的各项决策部署、各项规章制度落地生根，充分激发广大党员干事创业的积极性和战斗力，让我们众多的党支部在实现宏伟目标、实现伟大梦想的斗争中充分彰显战斗堡垒的本色。

新时期全面加强我院党支部建设，要切实发挥党支部的主体作用和基本功能，把支部建设成为党员成长的“大熔炉”、关爱党员的大家庭、凝聚党员、群众的“吸铁石”和激活创新的“动力源”，保证各项工作落到实处、取得实效。

党支部首先是党员成长的“大熔炉”，每一名党员都应该在支部这个“大熔炉”中经受淬炼，实现党性的升华。但如果这个熔炉温度不够高、热力不集中，就难以熔炼出合格的党员，进而影响我们各项决策部署的贯彻落实。因此，要着眼强化政治功能，旗帜鲜明地讲政治，提升支部这一“大熔炉”的温度。抗日战争时期，延安革命根据地创办的抗日军政大学（“抗大”）为我们党的发展壮大以及最终夺取抗日战争和解放战争的胜利培养了一大批干部和革命家，很重要一条经验就在于抗大以“提高每个革命青年的政治觉悟与理论水平，使每个革命者能更好地献身于民族解放与阶级解放的伟大事业”为宗旨，从而成为革命青年的“熔炉”。我们的支部建设同样如此，应该以强化党性、锻造人才为重要目标，通过旗帜鲜明地讲政治，提高支部的工作站位，锤炼广大党员的党性修养，强化广大党员的党员意识，使广大党员做到政治上更加坚定、作风上更加过硬、纪律上更加严明、业务上更加精良。当前要以深入推进“两学一做”学习教育常态化制度化为重要牵引，把学习贯彻党章党规和系列重要讲话精神作为常习常练的“基本功”，教育引导我院广大党员坚定理想信念，牢固树立“四个意识”，做到“四个合格”，在大是大非面前立场坚定，在贯彻中央、部、院党组的重大决策部署面前战斗力强。

支部也应该是关爱党员的“大家庭”，广大党员可以并乐于通过支部向党组织倾诉工作上的问题、生活上的难处，畅谈对事业的责任、对工作的进取、对同志的深情。支部这个“大家庭”要有凝聚广大党员的共同目标和美好愿景，就像一首老歌《相亲相爱一家人》中唱的那样："我喜欢一家人，心朝着同一个方向眺望"。只有广大党员心往一处想、劲儿往一处使，才能充分发挥支部的战斗堡垒作用。因此，支部建设必须明确奋斗目标，塑造核心价值追求，让广大党员有干事创业的奔头和热情。支部还应该通过人文关怀让广大党员感受到"大家庭"的温暖，可以积极借助我院职工思想状况调研工作的开展，更加敏锐地把握党员的思想脉动，真正了解党员需要什么、欠缺什么、困惑什么，对党员的诉求积极解决，解决不了的及时向上级党组织反映，开展好针对性的思想政治教育工作。特别要理解科研人员工作压力大的现实情况，密切关注他们因职称评审、课题申报、成果评奖等产生的利益冲突和矛盾，强化针对现实问题、具体问题的分析与破解，加强心理疏导与人文关怀。此外，支部这个"大家庭"要为党员成长成才提供平台与支持。就像培养孩子一样，倾心尽力地支持党员发展，让广大党员通过参加支部组织生活得到锻炼提高，特别是鼓励广大党员积极参与到支部建设中来，贡献才智。着力引导青年党员加强政治历练和政治能力训练，使他们在支部中成长、成才比一般组织中更快。

支部还应该是凝聚党员和群众的"吸铁石"，能有效地将广大党员和普通群众团结到中央、部、院党组的决策部署上来。对于广大党员，要充分发扬党内民主，畅通意见表达渠道。利用党员大会、谈心谈话、民主评议等形式，广泛吸收普通党员的意见、建议，拓宽他们参与科研管理的渠道，并把这些真实想法向上级党组织反映，为推动我院科学决策、民主决策创造条件。还要充分考虑到科研人员学历高、知识面广、价值取向多元、科研业务繁重、出差调研频繁等实际情况，积极探索切合农业科研院所党员需求的支部学习新方法、新路径，大胆丰富学习内容，创新学习载体和学习方式，提高支部工作的针对性和实效性，使组织生活融入中心工作、融入党员需求、融入职工关切。对于职工群众，支部始终要牢记"一切从群众来，到群众中去"的工作方法，一切工作的布置多倾听职工群众的意见，一切活动的开展多呼应职工群众的需求。我们广大科研支部很多以创新团队基础，团队中不乏一些成员是党外人士、普通群众。这就要求我们支部一要架好连心桥，深入科研一线、深入实验基地，了解普通职工和群众的实际问题与工作压力，千方百计为他们排忧解难，彰显我们支部组织、凝聚群众的真情，二要做好宣教员，及时将中共中央、部院党组的决策部署精神传达给他们，并积极容纳他们的意见和建议，教育引领他们在思想政治行动上与中央保持高度一致，充分发挥支部联系服务群众的纽带作用，欢迎广大群众和党外人士在民主监督、建言献策方面发挥才智。最终，强化支部的组织力、领导力、凝聚力和向心力，使党员和普通群众拧成一股绳，形成合力，同心同德推进我院率先实现跨越发展。

支部更应该成为激活创新的"动力源"，推动党建工作与中心工作互融互促，为农业科技创新保驾护航。创新是引领发展的第一动力，实现我院农业科技事业的整体跃升，创新更是重中之重。首先，要加强观念引导。懂政治，科研工作有方向，讲大局，创新工作思路宽。中央巡视组给我院的一个反馈意见是服务"三农"的意识不够强。这不是说我们的创新工作没有出成绩，而是方向有问题。农业科研是围绕兴趣做还是围绕国家需求做，这是不一样的，这是政治方向问题。昨天下午我到上海兽医所调研，首要强调的就是学科定位问题，要围绕国家重大产业需求来谋划。因此，支部要教育引导广大科研工作人员提高政治敏锐度和理论洞察力，引导他们将理论学习转化为观察、思考、分析问题的主战场，转化为对现实工作的正确把握以及指导实践的具体思路，进而引导他们占领农业科研领域制高点，深入研究事关“三农”发展的重大理论和现实问题。比如，党的十九大报告提出，要瞄准世界科技前沿，强化基础研究，实现前瞻性基础研究、引领性原创成果重大突破，这就为我们农业科技创新指明了方向，这与习近平总书记对我院提出的“三个面向”要求是一致的。领会到这一点，我们下一步的农业科研攻关就有了精准定位，而不是闭门造车。其次，要积极谋划工作。科研支部要立足于我院“顶天立地”的发展战略，深入探索如何通过发挥支部的战斗堡垒作用，调动党员志愿服务群众的积极性，将农业科研成果惠及于民、服务群众，还要注重培养新一代德才兼备的学术骨干力量，实现薪火相传，创新永续；行政支部要始终把服务作为鲜明主题，站在院所发展的高度谋划工作，充分考虑农业科研单位的实际，多办实事少折腾，使党建工作“接地气”，真正为我院农业科研工作解决困难、营造氛围、保驾护航。

同志们，基层支部建设对推进我们党的建设的伟大工程具有至关重要的作用，刚刚我就新时期支部充分发挥主体作用和基本功能总结了 3 个定位，下面我再就如何具体抓实支部建设讲以下几点意见。

前段时间，院党组组织开展了推进“两学一做”学习教育常态化制度化工作的综合督查，各单位和各部门都以此为契机，总结了本单位支部工作的主要做法、基本经验和亮点工作，为我们新时期全面加强支部建设夯实了基础。我们要继续深入推进“两学一做”学习教育常态化制度化，进一步加强支部设置，进一步加强支部工作开展，通过学习贯彻党的十九大精神，充分发挥基层党支部的七项职能，将支部建设抓在日常、融入经常。

第一，在支部设置上，应遵循以下原则：一是要符合党章规定，二是要遵循科研工作的规律，有利于促进党建工作与业务工作融合，三是要便于支部书记开展工作。人民论坛上有一篇文章叫《打赢班长的战争》，其中讲到，信息化时代我们要赢得市场，要赢得战争胜利，就要学会打赢班长的战争。“班”是最小的战术单位，也是最大的建设支点，在信息化社会，“班长”可以直接与指挥部信息转换，可以直接决定胜利。这篇文章还说，管理学上有一项关于管理宽度的研究，即在一个组织结构中，管理人员能够有效实施直接管理的数目是多少？研究表明，一个管理者，不管才能多么杰出，层次多么高级，最有效的管理对象，都在个位数之内，这正好是一个“班”的人数。这些观点值得我们借鉴。在支部设置问题上，我认真做了很多调研，每个支部我都要问一个问题，支部到底怎么设置才好。我还经常问支部书记用大概多长时间花在支部工作上，得到的回答多是全部工作时间的 10%~20%，而其中一半的时间却是通知支部党员开会，协调会议时间。二三十个人的支部，要保证 70%以上的人到会，必须考虑各方要求，无疑增加了管理难度和组织成本。最后，我们提出支部要建在科研团队上、建在业务考核单元上，就体现着以上3个原则。从实践来看，这是一种好的做法、好的经验，我们要继续坚持和深入推广。支部设置的数量和规模，没有编制的限制，要按照党章要求，根据科研工作规律，怎样能有效开展工作就怎样设立支部，不能拍脑袋决策，图省事而把党员平均分配到若干支部。过去我们基层党建最后一公里为何没有打通，支部为何没有发挥作用？很重要的一个原因就在于我们没有把支部当回事，没有把支部书记当作重要岗位。为图管理方便而把几个团队合在一起成立支部，业务甚至不相关，支部很难说把作用充分发挥好。不从高站位认识支部书记这一角色，导致有的支部担任支部书记的同志是初出茅庐的青年人，让他面对一个团队的专家、前辈，开个会还要央求人，这让支部的战斗堡垒作用如何发挥？因此，各单位要继续按照“支部建在创新团队上”“建在业务考核单元上”的标准调整支部设置，由团队首席担任支部书记或支部委员，以推动互融互促和便于工作开展为出发点进行调整优化，提升支部的战斗力和凝聚力，在我院普遍建成“规模适度、政治过硬、战斗力过强”的党支部。同时，还要充分考虑我们农业科研单位的工作实际，比如科研工作人员农忙时期长期驻扎在实验基地、为了便于学术交流研讨而参与或组织学会、研究会等，加强流动性党支部建设和学会的功能性党委建设，做到科研工作开展到哪里，党的建设就跟进到哪里，支部的战斗堡垒作用就发挥到哪里，最终实现党的工作和党的建设全覆盖。这次会议后，直属机关党委要就支部设置、支部建设出台一个意见，并组织好落实和验收，各单位明年都要在支部设置上再加规范，确保实现新时期的新任务、新要求。

第二，在支部学习教育开展上，自“两学一做”学习教育活动开展以来，我院广大党支部在上级党组织的领导下，贯彻落实支部工作各项制度，严肃党内政治生活，学习教育取得了明显成效。但仍存在一些问题，主要表现在：学习内容单调，单纯传达文件、宣读材料，缺乏系统性、计划性；学习形式呆板，拘泥于固定的组织生活形式，不能够很好地结合支部工作实际创新方式方法；学习成效不足，支部党员通过学习入脑入心的程度不够，活动策划也没能很好地适应科研人员流动管理的需求。另外，还在一定范围内存在科研骨干缺课、支部活动参与度不高的情况。近期我到蔬菜花卉研究所调研了解到，方智远院士始终以党员的标准严格要求自己，每次参加支部活动都是第一个到位，从不请假、从不缺席。这让我十分动容。方院士作为知名院士，科研工作十分繁忙，又是80多岁高龄，还能够严于律己、率先垂范，认真过好组织生活，我们广大青年党员科学家还有什么理由不认真参与支部学习教育活动呢？同志们，以党支部为基本单位开展学习教育，是对党支部基本职能的坚持和“回归”，更是对党员经常性教育规律的把握和运用。下一步，我们要以深入学习贯彻党的十九大精神为主线，紧密结合部、院党组的各项决策部署和本支部工作实际，详细制定支部的学习教育计划和活动安排，不打折扣地完成好“规定动作”，提升支部工作的“公转能力”，保证上级精神落地见效。继续严格贯彻支部工作的各项基本制度，强化自我约束力，落实好“三会一课”、民主生活会和组织生活会，充分利用支部手册规范支部工作，从计划到实施、从集体到个人，全方位记录，使支部学习教育工作有传承、有遵循、可考核，并经常性地对照《支部工作细则》等制度规章，进行自我检视。另一方面，还要提升支部工作的“自转能力”，主动作为，创造性地开展工作，探索支部建设的新思路，注重支部工作法的提炼总结、推广应用，使支部学习教育既不走样又不死板。一要在学习形式上创新，充分利用两微一端、支部工作 App 等灵活、便捷的学习载体，调动党员自主学习的意识，营造“比着学”的氛围。比如作物科学研究所各支部充分鼓励大家利用支部工作 App 进行学习，定期公布大家的学习进展和学习成绩，对前 10 名予以表扬，对后 10 名进行督导，通过压力传导，有效激发了广大党员的学习热情。二要在组织生活形式上创新，重视广大科研人员科研任务重、出差频繁的实际，通过固定学习时间和固定学习时限这“两个固定”来保证组织生活的参与度、覆盖面。可以坚持每周或每月固定一个时间段，规定学习时长，雷打不动召开支部会议，开展集中学习，确保科研人员提早安排科研日程，按期参加各类支部学习教育活动。着力提升组织生活的吸引力，激发党员的主体意识，可以尝试通过项目化运作和轮值化主持的方式，将组织生活的领导责任一定程度上让广大党员来承担，特别是让青年党员承担，使全体党员都能积极争当党建工作的组织员、指挥员、参谋员。比如，作科所分子中心一支部在赴狼牙山开展主题党日活动的行程中，结合主题教育实践活动在车上讲流动党课，还让每名党员讲一则身边的抗战故事、唱一首抗战歌曲，收到了热烈的反响。该支部在学习党章党规过程中，让每名党员负责主讲党章党规的一部分，制作 PPT 在支部微信群中共同学习分享，最终评比最佳学习者。这也是一个调动党员学习主动性的方式。实践证明，组织生活方式的创新，既提升了党员的自主学习能力、组织领导能力，又激发了他们“在党言党”的责任意识。三要在服务“三农”上创新，鼓励把支部学习教育活动开展到实验基地，开展到农业农村生产一线，适应科研工作流动的需要，充分调动科研工作人员的积极性，瞄准“三农”需求搞攻关，面向“三农”需求做好科技成果转化和普及，积极联系业务相关的村党支部，开展结对帮扶、互促互补、齐抓共建，彰显我院广大党支部的“农科”特色和战斗力。

支部学习教育活动既要注重创新形式，更要注重成效，要使广大党员的政治意识、政治规矩通过参加组织生活入脑入心。我认为，是否做到“三个落实”是检验支部学习教育实效性的重要标准。一是看是否“落实到理想信念上”，广大党员通过支部的学习教育活动是否做到了理想信念坚定，自觉维护以习近平同志为核心的党中央权威，坚决贯彻中央、部、院党组的各项要求；二是看是否“落实到严明纪律上”，广大党员通过支部的六大建设是否做到了严于律己，严格科研经费使用，坚守学术道德和学术诚信，营造了风清气正的科研学术氛围；三是看是否“落实到推动中心工作上”，广大党员通过支部的学习教育，是否积极创先争优，充分发挥先锋模范作用，将支部生活中的精气神儿用到推动农业科技创新上、用到实现我院“两个一流”的奋斗目标中去。

第三，在党员的监督管理上，支部要建设成为党员教育监督管理的第一岗哨，切实发挥“熔炉”的作用，将压力和任务传导到每一名党员身上，使各项工作的落实真正打通“最后一公里”。当前，我院广大党支部在发挥监督、管理党员的功能方面，存在以下问题：一是监督、管理党员的功能普遍缺失，未能充分发挥；二是监督执纪“四种形态”的运用，特别是第一种形态的运用没有实现常态化；三是批评与自我批评流于形式，对小问题、小毛病不注意、不斗争。下一步，我们要充分把党的组织生活作为我们查找解决问题、发现化解矛盾的重要途径，作为我们坚持真理、修正错误，激浊扬清、驱邪扶正的斗争阵地，防止支部教育管理监督党员职能的虚化。一要以严格执行“三会一课”、民主评议制度为基础，保证次数，更要注重质量，严格程序，严肃纪律，增强党内政治生活的政治性、时代性、原则性、战斗性，认真做好各项记录，绝不允许随意简化，确保支部组织生活经常、认真、严肃、规范，把党内政治生活作为坚守共产党人精神家园、加强理想信念教育的重要阵地。二要以开好民主生活会和组织生活会为关键，有效开展批评与自我批评，夯实纪律和作风建设，坚持“问题导向”，充分运用监督执纪“四种形态”，把我院党风廉政建设进一步落实到位，定期组织党员进行“党性体检”，让“红红脸、出出汗”成为常态，重点查找组织生活不够严肃、发挥先锋模范作用不够到位等问题，对违背政治纪律的错误言行坚决抵制、坚决斗争、及时报告，督促科研工作人员加强学术道德和学风建设，营造风清气正的学术环境。三要以发展党员和管理党员为重点，保证支部党员队伍的纯洁性。既要提升发展党员、壮大队伍的主动性，积极从中青年科研骨干、留学归国人员等高级知识分子群体中发展党员，又要加强对党员的管理，运用“团结—批评—团结”的工作方法，对党员出现的倾向性、苗头性问题“拉拉袖”、提个醒，及时制止在萌芽状态，严肃党规党纪的执行和各项规定的落实，引导党员牢记第一身份，做到“四个合格”。特别还要加强对流动党员的管理，防止出现失联党员、“口袋党员”。

第四，在服务群众上，支部要充分发挥资源优势，把宣传、组织、凝聚和服务群众作为支部工作的自觉追求。大家都知道陈毅同志这样一句耳熟能详的话：“淮海战役的胜利是人民群众用小车推出来的。”可见，我们党进行伟大斗争，实现各项事业的法宝之一就是密切联系群众、紧紧依靠群众。基层党支部作为联系群众和党员的纽带和桥梁，特别是我们农业科研院所广大支部，本身就承载着“立地”的使命，更应该在服务群众方面下功夫。当前，我院广大支部在服务群众方面存在的问题主要表现在：意识不强，局限于自己科研业务工作的“一亩三分地儿”，支部工作不接地气；能力不强，不善于去联系和发动普通职工，不善于与普通群众沟通，对群众所需所想也就了解得不足；制度缺失，支部在服务群众方面还没有形成常态化的经验和制度性的规定，一定程度上限制了支部服务群众的功能发挥。新时期，我们广大支部要进一步激发服务群众的意识，提升服务群众的本领，一要善于团结普通职工，与职工群众打成一片，了解他们在工作上有什么问题、生活中有什么困难，真心实意帮他们排忧解难，对照群众意见改进支部工作，动员党员为职工群众作表率做模范，要通过支部的实际关怀和党员的示范作用，让普通职工群众感受到党组织的具体关怀，从心底里增强对党的认同，条件成熟时，还要积极发展普通职工加入到党员队伍中来。二要面向“三农”，服务广大基层群众特别是农民群众，在这方面，作科所各党支部以推动支部工作落实“四结合”的工作思路，即支部建设与主产区、精准扶贫、解决重大科学问题和产业关键技术有机结合，对我们服务农民群众，实现互融互促是一个启发。广大支部应以实施乡村振兴科技支撑行动为契机，在服务“三农”的创新实践中“各显神通”，充分发挥支部的资源优势，进一步深化拓展与村支部结对共建帮扶活动，主动开展调研，了解农民群众脱贫致富的难点和农业生产中的具体问题，积极推动科技下乡，为农民群众送技术、送经验，推动农业科技创新成果落地，让我们的广大支部在服务“三农”的战场上展现出高昂的精神状态和战斗力。

第五，在党员发挥先锋模范作用上，支部要着力激发广大党员的党员意识，做到一个党员就是一团火、一个阵地、一个缩影，使每名党员都能成为鲜明的旗帜引领。当前，我院广大党员的党员意识和党性意识还有待进一步增强，特别是在面向世界农业科技前沿、面向国家重大需求、面向现代农业建设主战场的农业科技创新征程中，建功立业的动力不足。我们已经按照“支部建在连队上”的原则规范了支部设置，为科研工作的攻坚克难筑牢了坚实的堡垒，那么，下一步紧要的工作就是深入探索如何充分发挥党员的先锋模范作用，让广大党员在农业科技创新的竞争中勇立潮头。我认为，支部首先要通过明确自身建设的目标来激发广大党员比学赶超的意识，通过设立“创建先进基层党支部”等蹦一蹦够得着、可视化的目标，激发党员发挥先锋模范作用的责任感，使每一名党员都成为争当表率的一分子。其次要鼓励党员个人在农业科技创新的征程中、在推动我院实现跨越发展的斗争中建功立业、勇创新功。广大党员科学家，第一身份是党员，要时刻牢记自己的党员身份，在农业科技创新的大潮中冲在前头，在重大科技突破的攻关中顶得上去。支部可以探索建立党员监测评价体系，依据党章党规和我院各项制度规定，在政治标准、纪律标准、工作标准（主要是农业科技创新）方面划出行为标尺，对党员进行督导和激励，使广大党员始终不忘第一身份，始终发挥示范带头作用。

第六，在培养树立典型上，支部要善于发现、培养先进典型，也要用于宣传和树立典型。自“两学一做”学习教育活动开展以来，我院广大党支部持续广泛开展“亮明党员身份彰显榜样力量”活动。通过设立党员示范岗、党员责任区、党员承诺践诺等活动亮明身份，增强了广大党员的党员意识和争当先锋表率的自觉性，在这一过程中涌现和树立了一大批先进典型，为农科文化、农科精神建设树立了旗帜。这是一种非常好的做法。这 5 年以来，我院京区有 8 个基层党组织被中组部、中央国家机关工委或农业部评为先进基层党组织，12 人（次）被中央国家机关工委或农业部评为优秀共产党员、优秀党务工作者。京外单位也有一大批基层党组织和党员荣获上级党组织“两优一先”荣誉称号。下一步，支部自身要在支部工作方面勇争典型，总结并推广具有特色的“支部工作法”，广大支部还要积极选树典型人典型事，发现典型事迹，积极向上级党组织推荐，培养优秀人物，号召支部全体党员见贤思齐，力争做到每个支部有典型、有先进，让一切有利于支部建设、一切有利于农业科技创新发展的源泉涌流，形成一批能力强、声望高、影响大的先进群体，在农科文化建设中涌现出更多的红旗。

典型的培养、挖掘和树立，有助于推动支部建设，也是教育、管理党员的好方法。面对普通党员，面对现实生活，大道理讲一次可以，每一次只讲大道理肯定不行，我们要把大道理对上小日子，理论联系上实际。只有让党员乐于接受，党组织的活动才有活力，才有后劲。有句古诗“功成理定何神速，速在推心置人腹”，就是这个道理。我们党的理论创新看似很深奥，实则扎根于现实的土壤。支部活动特别是我们的理论学习，一定要创造性的联系实际，善于运用群众喜闻乐见的形式，善于运用群众听得懂的语言，结合群众关心的事来开展，只有这样才能打动人心，产生共鸣。物理学上有一个常识，只要找到合适的支点，就能撬动巨石。党的工作同样如此，找准办法才能干好事情。想干事肯定就有办法，不想干事总有一堆理由。因此，我们支部工作一定要用情、用心，积极创新。

四、如何做好党支部书记

抓党建要抓责任制，要抓第一责任人，支部书记作为党支部日常工作的领导者、组织者，就是支部的第一责任人，对加强支部建设负有重要责任。支部建设能否深入推进，支部能否保持坚强的战斗力，很大程度上取决于支部书记。

一些人认为支部书记工作烦琐，没有什么实际地位，这是错误的。事实上，支部书记是一个非常锻炼人、非常光荣、非常重要的工作。支部书记首先是一个非常锻炼人的工作，我通过调研支部工作发现，不少支部书记，比如作科所分子中心二党支部书记郑军同志，蔬菜所第二党支部书记杨树华同志等都坦言，在担任支部书记之后，至少有 3 个方面的提升，一是思想境界得到提升，作为支部书记要学在前头、思考在前头，把问题想清楚才能做好工作，学深一步才能组织好学习传达，在这过程中，政治站位和政治思想境界明显提高；二是统筹能力得到提升，担任支部书记意味着从参与组织生活的普通党员转变为学习教育活动的策划者，要积极协调全体党员的安排，统筹全局；三是服务“三农”、服务国家的意识增强，做支部书记后会从推动中心工作方面谋划支部工作，探索互融互促的方法，既推动了科研管理，也有利于自身的成长进步。支部书记还是一个非常光荣的工作，是培养我们年轻接班人的一个重要阵地。我认为，能够担任支部书记，证明这名同志是党员中的先进分子，体现着党组织的信任和普通党员的拥护。支部书记更是一个非常重要的工作，它是支部工作的火车头、党员的主心骨，在支部建设中起着凝神聚力的作用。支部书记当得合不合格，关系着支部建设的好坏。做好党支部书记，是全面加强我院党支部建设，打通全面从严治党“最后一公里”的重要保证，直接关乎中央、部、院党组的决策部署能否在我院落地生根。

打铁还得自身硬，进入新时代，各支部书记要以深入推进“两学一做”学习教育常态化制度化为契机，在深入学习贯彻党的十九大精神过程中，着力增强政治意识、责任意识，提升学习本领、组织本领和服务本领，努力成为支部的排头兵、教导员和党员、群众的贴心人，更有底气、更有信心、更有能力地开展好支部工作，迎接新挑战，完成新任务。

支部书记要增强政治意识。没有离开业务的政治，更没有离开政治的业务。支部书记只有自身率先旗帜鲜明地讲政治，把党的路线政策方针吃透，把部、院党组的决策部署研究明白，才能把好方向、做好工作，抓好落实。必须在深化理论学习中不断提高政治觉悟、政治站位，牢固树立“四个意识”；必须在严肃党内政治生活中坚定理想信念，坚决贯彻上级党组织各项决策部署；必须在严守党的纪律、党的规矩中站稳政治立场，绷紧党风廉政建设这根弦，在大是大非面前头脑清醒，在事关全院发展的重大问题面前立场坚定。我院广大党支部书记多是科研业务骨干、管理岗位骨干，素质高、本领硬、政治自觉性强，要通过增强政治意识提升政治能力，做到政治意识敏锐、政治定力坚强、政治担当果敢，善于从政治上观察、分析和解决各种问题，善于从政治上谋划、部署和推动工作，在贯彻党的精神、执行党的决议方面始终做到信念不动摇、思想不松懈、斗志不衰退、作风不涣散，以推动我院跨越发展、实现“两个一流”的责任感和使命感积极工作、开拓创新。

支部书记要增强责任意识。要把支部书记这一工作视为实现人生价值的事业来做，敢于担当，积极开拓，负责任地做好党务各项工作。一要“守土有责”，在其位，谋其政，要始终清楚支部书记这一工作的重要性，始终明确支部书记的履职范围，当好党的任务的执行者，结合支部具体情况，根据上级党组织的决议指示、政策制度安排好支部的工作计划，领导各党小组抓好落实，并做到定期督导自查、反馈整改。二要“守土负责”，对党组织负责，当好党的阵地的守护者，规范、严肃地组织好支部委员会和党员大会，带领支部做好理论学习，落实好组织生活会和民主评议党员制度；对党员负责，做好教育、管理、监督和发展党员的各项工作；对群众负责，始终坚持群众路线，重视群众职工的意愿和呼声，做好与民主党派、党外人士的沟通，真诚倾听他们的建议，率先带头发挥好组织、凝聚、宣传、服务群众的作用。三要“守土尽责”，敢担当、善作为，不因事大而难为，不因事小而不为，不因事多而忘为，不因事杂而错为。在重大问题、重大考验面前站得出来、冲得上去。要根据科研工作实际，大胆创新工作方法和思路，特别要探索党建工作与中心工作互融互促的好方法，探索密切联系群众、服务群众的好形式，让组织生活既严肃认真规范，又生动活泼接地气，增强普通党员的接受性。

支部书记要提升学习本领。支部书记不仅要有担当的宽肩膀，还得有成事的真本领。诸多本领中，最首要的一条就是学习的本领。做好党支部书记，要勤于学习、善于学习。首先在学习态度上，要积极主动、虚怀若谷。支部书记要保证自己在各类政治学习中学在前头、学深一步，通过向原著学、向领导学、向同志学、向专家学、向身边典型学，广泛提升个人的政治素养和工作能力。其次在学习内容上，一要深入学习马列主义经典著作，学习党章党规、学习习近平总书记系列重要讲话，以理论武装头脑，当前最重要的是学习贯彻党的十九大精神，以习近平新时代中国特色社会主义思想指导行动，正所谓“打好理论基础，胸中带甲百万”；二要认真学习部、院党组的各项决策部署、制度规定，将思想统一到全院发展的大局上；三要学习并熟练掌握支部工作的基本业务和技能，主动探索如何做好支部书记、如何开展好支部工作，加强支部建设；四要磨炼终身学习、不断充电、勇于接受新生事物的能力，广泛涉猎文史哲知识，掌握现代管理学、组织行为学要义，提升自身文化涵养和组织领导力，从而与广大党员特别是青年党员产生共同语言、拉近距离，为开展好每一次组织生活做好准备。

支部书记要提升组织本领。支部书记作为基层党组织的排头兵，直接面向普通党员，联系广大群众。要能够有力有效地将他们组织起来、凝聚起来，围绕农业科技事业的整体跃升形成“同心圆”。一要组织好支委班子，坚持集体领导制度，坚持重要问题集体讨论、民主决策，以宽广的胸怀倾听众人的意见，使支委班子在工作上统一思想，相互配合，互相提醒，互相支持，绝不互相拆台。明确责任分工，充分发挥和调动支委的工作积极性，善于给他们压担子，鼓励他们发挥才智、放手工作，还要善于通过问题分析会、述职评议会等形式对支委成员落实党建责任、完成支部工作计划等情况及时进行评估总结。二要组织好广大党员，从全面从严治党的大局出发，谋划好教育、管理、监督党员的工作计划和安排，协调好党员参与组织生活与科研业务工作的关系，及时督导他们按时、认真、严肃参与“三会一课”等党内政治生活，该写体会的写体会，该汇报的汇报，不搞特殊化，对经常不按期参与组织生活、对党规党纪遵守不到位的党员同志，要及时诫勉提醒，防微杜渐。注重发掘和培养那些政治表现好、业务能力强的青年同志，符合条件的积极发展入党，大胆鼓励优秀青年党员组织支部政治生活，为支部建设出谋划策，逐步提高他们做党的工作的能力，实现支部工作的“传帮带”。三要组织好普通群众，作为支部书记要定期联系党外人士，欢迎他们发挥民主监督的职责，要与普通职工群众拉近关系，了解他们的工作生活压力与问题，倾听他们的意见，尽可能地多给他们关怀与帮助。此外，支部书记还要在创新支部工作方法、创新支部学习教育活动方式上善于谋划，思考如何创造一些党员喜闻乐见、密切联系群众且反响度高的工作方式、学习方法。

支部书记要提升服务本领。支部工作非常具体，要以服务把我们党的温暖带到每一名普通党员身上。当然，服务的对象除了包括支部党员，也涵盖普通职工群众。支部书记要多做得人心、暖人心、稳人心的工作，善于利用谈心谈话、走访慰问、聊聊家常、嘘寒问暖、组织文体活动等方式，与支部党员和普通职工群众交朋友、打成一片，深入了解他们的所思所想，及时回答他们的困惑，摸清他们在工作上、生活中是否有什么困难，主动向上级党组织反映广大党员和职工的合理诉求，积极协调帮助解决他们的实际问题，在此基础上建立支部人文关怀和困难帮扶机制。据我调研所知，作科所和生物所一些支部书记组织对退休老党员开展定期帮扶慰问，甚至主动长期帮助照顾已过世老党员的遗孀（作科所育种中心一支部，支部书记李思敏），这是真心真情、以人为本，说一千不如做一件，这让普通党员看在眼里，自然增强对支部书记的认可、对支部的归属感。前面我讲到，我院广大科研工作人员，无论党员和普通职工，都工作繁重，面临科研攻关、职称晋升、课题申报等诸多压力，也因此会产生一些矛盾摩擦，支部书记一定要通过敏锐观察、及时疏导和积极沟通，对可能发展成为热点难点问题的，努力做到早发现、早应对，注意防范、化解矛盾和风险，这也是一种深层次的服务本领的提升。最终，要使党员通过支部这个“大家庭”，使普通职工群众通过支部这个“纽带”，诉求得到表达、思想困惑得到解决、矛盾和问题得到化解。

如何当好支部书记？刚刚我讲了要从增强政治意识、责任意识以及提升学习本领、组织本领和服务本领入手全面提升支部书记的素质。“书记”，从字面上理解，包含两层意思，既要读书，又要做笔记，现在我们的支部书记，能勤于读书的少，能读书做笔记的更少。刚才蔡晓组长作报告的时候，我记了 8 页纸，我不知道在座的你们记了多少页，有没有比一比谁更有收获？记的过程是思考的过程，也是研究的过程。支部书记作为党支部的主要负责人，权力的行使主要体现在政治领导上，这对个人的综合素质要求很高，不是说你拥有博士、硕士学位就能当支部书记。我们党的理论是不断创新的，不是一成不变的，不学习是不行的，学习不读书是不行的，只读不记、不写、不消化吸收也是不行的，不深入实际、开动脑子，做不好工作。我们的支部书记还要有奉献精神，组织上把我们放在这个岗位上，要切实担负起责任。习近平总书记就是从支部书记起步，培养了对人民的情怀，树立了崇高的理想信念和敢于担当作为的品质。

所以，合格的党支部书记，任重道远。广大支部书记要始终以一种“在党言党、在党忧党、在党为党”的责任感、使命感，不断提升自身政治素质和业务能力，努力做到思想上有高度、工作上有深度、作风上有温度，在重大任务和困难考验面前立场坚定、本领过硬。以高度的工作热情，全面加强支部建设，使我院 370 多个支部在共同实现农业科技事业整体跃升、实现“两个一流”奋斗目标的征程中发挥坚不可摧、势不可挡的力量！

各层党组织更要真情关怀党支部，多一份理解和信任，多一份支持和点赞。直属机关党委要进一步加强支部书记和支委的培训，提升支委班子开展业务工作的能力，每五年至少开展一次培训工作；进一步组织好支部间的经验交流，支部建设和支部工作的经验是鲜活的，要及时总结，及时宣传，及时推广，特别是要组织好支部书记间的交流，帮助他们相互学习，形成共识，共同提高；还要进一步加强典型宣传，推出一大批先进支部、一大批工作典型、一大批先进党务工作者和先进人物事迹，积极向农业部、中央推荐，树立我院党建工作的良好形象。各研究所党委也要激励和帮助支部书记做好支部工作，常督促指导，多宣传典型，营造关心支部、重视支部的氛围，特别是要建立双向的沟通交流渠道，不能只给支部书记布置任务，还要研究和回应支部书记的问题和难处。重点在“三个给”上发力：给时间，让支部书记有充分的精力做好沟通，开展好组织生活；给阵地，为支部活动、支部建设提供场地保障；给经费，让支部有足够的资金支持开展主题教育活动，在服务群众、打造品牌上有足够的实力走得出去、亮得出来。确保打通党建工作“最后一公里”，将全面从严治党落实到每个支部、每位党员。

同时，各研究所党委要从“党管人才”“党管干部”的高度，重视支部书记队伍建设，将支部书记的培养、锻炼和任用作为人才队伍建设的重要内容，纳入本单位人才工作计划和方案中。支部书记要作为重要的岗位、重要的履职经历进行考核运用，写进人事档案。今后支部书记不光要由党办来管，人事部门也要参与管理。各单位党委会后都要认真研究怎么支持支部书记工作，思考支部书记怎样能更好发挥作用，能有哪些工作手段，出台一个工作办法。一要积极培养支部书记，鼓励并支持他们参与到院所党建工作部署和农业科技发展决策中来，培养他们做好党务干部、管理干部的能力。我院广大党支部书记多是科研骨干、高级知识分子，多听听他们的意见对于我们的科学管理、科学决策大有益处。二要大胆锻炼支部书记，善于给他们压担子、提要求，让我院广大党支部书记在新时期加强党的建设的政治历练中发挥才智、主动作为，打造农科党建好形象、新亮点，在新时期我院农业科技创新发展的竞争中带好队伍、勇立潮头，围绕“三个面向”“两个一流”做出更突出的贡献。三要大胆启用支部书记，支部书记这个十分重要和光荣的岗位历练，可以为日后担任更重要的行政管理、党务管理工作积累宝贵的基层经验。要在各种岗位的人选选拔中充分考虑广大支部书记、大胆启用他们，让他们因为基层党务工作的历练，而能够在职务发展通道上进步得更快。比如党务干部和行政管理干部的选拔优先考虑那些有基层党建工作经验的人选。总之，要充分关爱、培养和重用支部书记，让我们广大的管理干部多从基层、特别是基层党组织的历练中成长起来。

最后，从廉洁从政的角度，我对全院所局级领导干部再提 3 点要求。

第一，要做到“一个切实”，即切实担负起全面从严治党的政治责任。习近平总书记反复强调，要从政治上认识和抓好全面从严治党。落实全面从严治党“两个责任”，政治上不清醒必然出大事，行动上不坚决必然酿祸端，责任上不担当必然受惩处。大家要清醒地认识到，我们所从事的事业，所做的任何一项工作都是落实党的路线方针政策的具体化。所长、书记、局长要牢记自己是第一责任人，善于把全面从严治党的各项要求落实到本单位本部门的具体工作中去，确保本单位本部门的目标任务统一到中央部署以及部院党组的要求上来。党委书记要牢固树立“抓党建是最大政绩”的理念，把落实管党治党政治责任作为应尽职责、分内之事，严抓严管严治，既要通过约谈、签字背书等形式层层传导压力、落实责任，又要亲力亲为、具体主抓。纪委书记要牢固树立“该发现没有发现问题是失职，发现问题不报告是渎职”的理念，敢于监督、敢于担当，以强有力问责倒逼责任落实，使管党治党从宽松软走向严紧硬。领导班子其他成员要切实履行好“一岗双责”，重视分管部门分管领域的党的工作，确保党的工作与业务工作同部署、同督促、同总结。这里我要特别强调，我们新提拔的所局级干部，你们都是副所长、副局长、副书记，要切实做到“一岗双责”，担负起全面从严治党、加强党的领导的政治责任。“一岗双责”，简单讲，就是要用党的话说业务的事，不讲党的话，就没有党性，管党治党就会落空，我们的工作就失去了意义。

第二，要做到“三个带头”，即带头加强学习，带头执行制度，带头开展警示。党的十八大以来，习近平总书记每年都在中央纪委全会上发表重要讲话，对构建不敢腐、不能腐、不想腐机制提出明确要求。带头加强学习，目的就是构建不想腐的自律机制，增强抗腐防变的思想自觉。加强学习，重点是学习党章党规、学习习近平总书记系列重要讲话精神和治国理政新理念新思想新战略，牢固树立“四个意识”，加强党性修养，坚定政治定力，补好精神之钙，练就金刚不坏之身。

带头执行制度，目的就是构建不能腐的约束机制，打牢拒腐防变的制度笼子。地位越重要，越要严格管理；权力越大，越要严格管控。所局级领导干部是中国农业科学院的主要领导干部、是“关键少数”，一些领导干部直接管钱、管物、管人、管项目，如果权力得不到严格的制度约束，无论是制度缺失形成的监管漏洞，还是制度松垮导致的“牛栏关猫”，还是制度不落实造成的形同虚设，都会诱发以权谋私、违法乱纪问题。大家一定要严格遵守纪律规矩、制度规定，不踩“红线”、不闯“雷区”，做遵规守纪、照章办事的表率。

刚才蔡组长专门讲我们要习惯在监督的环境下工作。我再强调一下，今年中纪委驻农业部纪检组函询我院所局级干部有 20 多人次，每次函询都要我背书，每次我都要找大家谈话，有的同志为此感到不习惯。同志们，实事求是地讲，这种函询、这种监督，体现着党组织对我们党员领导干部的关怀和爱护，今后将成为一种常态，我们广大党员领导干部要适应。成为一名领导干部，就有了一定的权力，就会存在诱惑，没有监督就会变坏，在这方面不乏惨重的教训。全院领导干部必须习惯在玻璃房工作，如果你受不了热，就别到厨房去做饭，就别吃饭。我们有些党员领导干部，有了一些资历，在过去不良的政治生态里待久了，总喜欢被吹着捧着供着，只愿意听顺耳话、恭维话，听不进去逆耳忠言。这是很危险的。所以，大家一定要习惯被监督，把权力关进制度的笼子。

带头开展警示，目的就是构建不敢腐的惩戒机制，提升抗腐防变的心中戒畏。党的十八大以来，共立案审查省军级以上党员干部及其他中管干部 440 人，其中十八届中央委员、候补委员 43 人，中央纪委委员 9 人；厅局级干部 8 900余人，县处级干部 6. 3 万人。以习近平同志为核心的党中央，以“不惜得罪千百人，决不辜负十三亿”的使命担当，兑现了“打铁还要自身硬”的庄严承诺，形成了巨大的震慑作用。党的十九大报告明确指出，全面从严治党永远在路上，强调要坚持无禁区、全覆盖、零容忍，坚持重遏制、强高压、长震慑，巩固压倒性态势、夺取压倒性胜利。开启新时代，踏上新征程，风险与挑战无处不在，十九大后全面从严治党一刻也不会松，反腐败斗争半步也不可能退。大家一定要从查处的党员干部违纪案件中接受警示，特别是要从我院查处的违纪案件中吸取教训，以案为鉴，心生戒惧，切不可心存侥幸。

第三，要做到“三个提高”，即提高战略谋划能力，提高管理创新水平，提高推动落实本领。作为一名党员领导干部，不出事仅仅是底线，想干事、能干事、干成事才是分内之责，才是价值追求。为此，大家一定要全面增强本领，在各种风险和挑战面前，能够驾驭矛盾，发现规律，举重若轻，及时找出解决问题的良方。提高战略谋划能力，就是要善于把握事物发展的规律、趋势和方向，从全局视角和长远眼光客观辩证地观察、思考和处理问题。“不谋全局者，不足谋一域”，大家来自不同部门和单位，但是都要做到从全局看问题。作为中国农业科学院的领导干部，要充分认识国家提出建设世界科技强国的新目标，要充分认识国家实施乡村振兴战略和创新驱动发展战略的新任务，要充分认识我院全面实施科技创新工程的新挑战。

提高管理创新水平，就是要解放思想、更新观念，不断地增强创新意识和创新能力。当今世界正面临着前所未有的大变局，中国特色社会主义进入了新时代，我们必须要适应党和国家工作的新进展，解放思想、实事求是，与时俱进、开拓创新。要加强调查研究，无论是制度创新、体制创新，还是方法创新，都离不开对实际情况的透彻把握和真实反映，调查研究是吃透情况的必经之途。习近平总书记指出“调查研究是谋事之基、成事之道，没有调查就没有发言权，没有调查就没有决策权”。在党的十九届一中全会上，习近平总书记再次强调要在全党大兴调查研究之风。我们一定要积极开展调查研究，扑下身子、沉到一线，迈开步子、走出大楼，到田间地头，到基地实验室，听实话、察实情，深入了解情况，切实把存在的矛盾和问题搞清搞准。要勇于实践，学会在实践中探索，在实践中创新，在实践中发展和提高自己。邓小平同志在南方谈话时指出：看准了的，就大胆地试，大胆地闯。没有一点闯的精神，没有一点冒险的精神，就走不出一条好路，就干不出新的事业。我们要紧紧抓住发展的大好机遇，正确对待事业的成败，正确对待个人的得失，增强危机意识，敢闯敢试，增强责任意识，履职尽责。

提高推动落实本领，就是要强化责任担当，在各项工作中毫不动摇、百折不挠、不打折扣地贯彻落实党中央决策部署以及部院党组的各项要求。要自觉践行“三严三实”要求，大力弘扬“马上就办”的工作作风，提高工作效率，及时回应职工群众关切。要敢于攻坚克难，始终保持敢啃硬骨头、敢涉险滩、敢担重责的劲头，推动各项决策部署快落地、早见效。要做好统筹协调，抓住主要矛盾，聚焦突出问题，明确工作重点，以点带面，不能平均使用力量。要改进领导方式和工作方法，从文山会海中解脱出来，从繁杂的事务性工作中解脱出来，把主要精力放在议大事、抓难事、办实事上。

同志们，征程万里风正劲，重任千钧再扬鞭。中国农业科学院走过了60年的光辉岁月，再次站在了新的起点上。让我们紧密团结在以习近平同志为核心的党中央周围，深入学习宣传贯彻党的十九大精神，不忘初心、牢记总书记“三个面向、两个一流、一个整体跃升”的重托，牢记“农业科研国家队、创新排头兵、改革智囊团”的使命，砥砺前行，在夯实支部建设，促进农业科技创新的征程中创造新气象、创造新作为！

关于中共中国农业科学院党组 2016 年度民主生活会情况报告

农科院党组函〔2017〕5 号

农业部直属机关党委、人事劳动司：

根据中央的要求以及农业部党组的部署，在部机关党委的指导下，2017 年 1 月 17 日，中国农业科学院党组召开了 2016 年度民主生活会。现将有关情况报告如下。

一、主要做法

一是深化学习研讨。院党组紧扣学习贯彻党的十八届六中全会精神这个主题，紧紧围绕“两学一做”学习教育要求，深入学习领会习近平总书记系列重要讲话特别是在党的十八届六中全会上的重要讲话精神，学习掌握《关于新形式下党内政治生活的若干准则》（以下简称《准则》）基本精神和《中国共产党党内监督条例》（以下简称《条例》）基本要求，深刻认识新形势下加强和规范党内政治生活、加强党内监督的重大意义，切实增强加强党内政治文化建设、从严从实开好民主生活会的思想自觉和行动自觉。会前，先后召开两次党组中心组学习会，传达贯彻党的十八届六中全会精神，开展集中学习讨论。2017 年 1 月 13 日，召开党组会，专题传达学习中央政治局民主生活会精神，深入学习贯彻习近平总书记在中央政治局民主生活会上的重要讲话精神，进一步牢固树立“四个意识”，自觉同以习近平同志为核心的党中央保持高度一致，更加努力做好各项工作。

二是通报 2016 年度民主生活会整改落实情况并开展群众满意度测评。2017 年 1 月 11 日，院党组组织召开通报会，通报院党组 2015 年度民主生活会暨“三严三实”专题民主生活会整改落实情况，并进行满意度测评。群众满意和比较满意的达到 100%，整改落实情况得到全院干部职工的充分认可。

三是广泛征求群众的意见和建议。院党组紧扣“学习贯彻党的十八届六中全会精神”主题，通过向院属 45 个单位和部门党组织以及院机关离退休党总支发放征求意见函、在院网开通征求意见邮箱、在院办公楼设置征求意见箱、组织召开征求意见座谈会，广泛征求了党员干部群众和基层的意见建议，共征求到意见和建议 202 条。院党组主要负责同志及时向院党组及党组成员反馈了通过座谈会、函件、网上信箱和意见箱征求到的意见；院党组成员把深入基层一线调研、开展谈心谈话等方式征求到的意见及时向院党组进行了反馈。对于征求到的意见和建议，原汁原味汇总整理出 69 条。

四是深入开展谈心谈话。院党组高度重视开展谈心谈话活动，每位院领导都安排了充足的时间开展谈心谈话，切实做到了院长、院党组书记同其他院领导之间，院领导之间，院领导和分管部门主要领导之间，院领导与本人组织关系所在党支部党员代表之间逐一开展了谈心谈话，院领导及时向院党组反馈了谈心谈话情况。通过广泛深入地开展谈心谈话，听取意见、交换看法、达成共识，为开展批评和自我批评打好基础。

五是认真准备对照检查材料。院党组的对照检查材料由唐华俊院长和陈萌山书记共同主持起草，征求党组成员的意见后确定。院党组严格对照《准则》和《条例》，紧密结合征求到的职工群众意见建议，聚焦政治合格、执行纪律合格、严肃党内政治生活、发挥作用合格、落实全面从严治党责任等方面的要求，深入查找存在的问题和差距，明确整改措施和努力方向。院领导根据征求到的意见和建议，密切联系分管工作，深入查摆突出问题，深刻剖析思想根源，自己动手撰写了对照检查材料，对本人重大事项报告、配偶子女从业情况，以及巡视反馈、组织约谈函询的问题都进行了详细的说明。会前，陈萌山书记对每位院领导个人发言提纲严格进行审阅把关。

六是切实开好民主生活会。民主生活会上，首先通报了院党组的对照检查材料。然后，9 位院领导班子成员依次作了个人对照检查，每位班子成员发言后，其他成员对其提出批评意见。院领导聚焦重点开展党性分析，针对政治合格、执行纪律合格、品德合格、发挥作用合格等方面存在的问题，深入剖析原因，深挖思想根源，坦诚开展批评和自我批评，明确努力方向和改进措施。院领导直面问题，既从工作中找问题差距，又从思想上、党性上深挖根源，开展了深刻的自我批评；相互批评直截了当，实事求是提意见、真心实意帮同志，形成了互动交流的良好氛围。会议既严肃认真、又团结和谐，起到了提高认识、推动工作和改进作风的作用。

七是认真制定整改落实方案。会后，院党组针对征求到的职工群众意见和民主生活会上查找的问题，逐个进行研究，明确整改重点，有针对性地提出了具体的整改措施。对于职工群众集中反映的意见，院党组专门组织召开整改分工会议，将全局性的突出问题纳入院党组整改落实方案，其他问题按照职责分工，纳入院机关有关部门和院属有关单位的整改落实方案。院领导都根据查找出来的问题，组织分管部门有针对性地制定了具体的整改措施，形成了个人整改清单。2017 年 2 月 10 日，院党组召开会议，审议通过了《中共中国农业科学院党组 2016 年度民主生活会整改落实方案》，并在会后以党组发文形式印发。

二、取得的成效

一是进一步增强了“四个意识”。通过召开高质量的民主生活会，院领导进一步提升了党性修养，牢固树立了政治意识、大局意识、核心意识和看齐意识，增强了自我净化、自我完善、自我革新、自我提高的能力，增强了干事创业的责任心和推动农业科技创新与全院各项事业跨越式发展的事业心，维护了党内团结和集中统一，切实做到了把思想和行动统一到中央以及部党组的部署要求上来。

二是进一步加强和规范了党内政治生活。院党组严格按照要求，在民主生活会召开前进行了充分的准备。会上，主要领导带头示范，直截了当，开门见山，坚持实事求是，讲党性不讲私情、讲真理不讲面子。其他院领导也都开诚布公提意见，满腔热情帮同志，开展了严肃认真的批评和自我批评。民主生活会贯彻了中央要求和部党组部署，达到了统一思想、增进团结、互相监督、共同提高的目的。

三是进一步推动了整改落实。院党组高度重视抓好整改落实工作，在会上进一步明确了努力方向和改进措施。会后，针对征求到的职工群众意见和民主生活会上查找的问题，认真研究制定了整改落实方案，召开党组会审议通过后，印发至院属各单位、机关各部门。唐华俊院长和陈萌山书记对整改落实工作负总责，各位院领导按分工负责具体抓好落实。各牵头单位在主管院领导的领导下，按照各自职责承担具体整改任务，主要负责人亲自抓、负总责。院办公室、机关党委负责监督检查，把握整改工作进度。

三、意见和建议

民主生活会是党内政治生活的重要内容，是发扬党内民主、加强党内监督、依靠领导班子自身力量解决矛盾和问题的重要方式。为进一步组织好民主生活会，提出两点建议。

一是深入贯彻落实党的十八届六中全会精神，进一步严格党内政治生活。党的十八届六中全会通过的《准则》《条例》，针对党内存在的突出矛盾和问题，既指出了病症，也开出了药方，既有治标举措，也有治本方略，具有重大而深远的意义。党员干部要把全会精神理解深、理解透，把《准则》《条例》各项规定把握精、把握准，特别是领导干部要首先做到思想到位、行动对标，发挥好示范带动作用，更要做到亲自抓、亲自管，确保贯彻落实不走偏、不走样。学习领会《准则》《条例》，必须紧密结合新形势下全面从严治党新要求来进行，要以党章为根本遵循，坚持党的政治路线、思想路线、组织路线、群众路线，坚持和发扬实事求是、理论联系实际、密切联系群众、批评和自我批评、民主集中制、严明党的纪律等为主要内容的党内政治生活基本规范，全面加强和规范党内政治生活。各级党组织要加强检查和考核，及时发现和解决问题，严格落实执纪问责，完善抓落实的长效机制，在全面从严治党中作出新业绩、树立好形象。

二是认真执行中央修订和实施的《县以上党和国家机关党员领导干部民主生活会若干规定》（以下简称若干规定）。中央新修订的《若干规定》，对坚持和完善民主生活会制度，加强和规范党内政治生活，引导党员领导干部牢固树立政治意识、大局意识、核心意识、看齐意识，严肃认真开展批评和自我批评，做到忠诚干净担当，具有十分重要的意义。我们要从全面从严治党、严肃党内政治生活的高度，充分认识坚持和完善民主生活会制度的重要性紧迫性，切实抓好《若干规定》的学习贯彻。要认真组织开展学习培训，使各级领导班子和党员领导干部深刻理解《若干规定》基本精神和要求，进一步增强开好民主生活会的思想自觉和行动自觉。要严格执行民主生活会制度，用好批评和自我批评的锐利武器，不断增强发现和解决自身问题的能力。

特此报告。

2017 年 2 月 16 日

中国农业科学院 2016 年度党建述职评议考核工作实施方案

为认真贯彻落实党的十八届六中全会精神，全面落实从严治党各项要求，根据农业部关于开展党建述职评议考核工作的部署要求，结合中国农业科学院党建工作实际，现就 2016 年度中国农业科学院党建述职评议考核工作，制定如下实施方案。

一、述职评议考核的组织和范围

2016 年度院党建述职评议考核工作在院党组领导下，由院党建工作领导小组组织实施，党建工作领导小组办公室（直属机关党委）具体推动落实。各单位党组织结合实际成立相应的组织领导机构，明确职责任务。

2016 年在院机关各部门党组织、院属各单位党组织及其下属各级党组织全面开展党建述职评议考核工作，以对党组织书记进行述职评议测评和对基层党建工作开展情况进行定量评分考核相结合的方式进行。院机关各部门、院属各单位党组织书记向院党建工作领导小组述职，设党委、党总支的单位党组织负责组织下一级党组织的党建述职评议考核工作。

二、述职评议考核的主要内容

2016 年度述职评议考核，重点围绕贯彻中央关于基层党建工作部署要求、落实全面从严治党责任，贯彻执行《中国共产党党和国家机关基层组织工作条例》（以下简称《条例》）、《中央国家机关贯彻落实全面从严治党实施方案》（以下简称《实施方案》）情况进行。内容主要如下。

（一）履行抓基层党建工作责任情况

党组织履行抓基层党建主体责任、书记履行抓基层党建第一责任人职责、班子其他成员履行“一岗双责”情况，重点突出书记履职尽责，领导、研究、部署基层党建工作，解决基层党建工作重点难点问题情况。

（二）基层党建工作开展情况

落实重点工作任务，开展“两学一做”学习教育，抓好“灯下黑”问题专项整治、党员组织关系集中排查、基层党组织按期换届检查、党费收缴工作专项检查等基层党建重点任务，整改上年度查摆的突出问题，落实中央专项巡视整改任务等情况；抓好基础性工作，落实“三会一课”等基本制度，强化党支部主体作用，整顿软弱涣散基层党组织，强化基层基础保障等情况；落实《条例》《实施方案》情况和党务干部队伍建设情况；总结推广运用支部工作法，推进创新性工作，研究新情况、解决新问题，探索加强基层党建工作情况。

（三）抓基层党建工作取得的成效

在围绕服务中心、建设队伍，扎实推进农业科技创新、建设世界一流农业科研院所工作中，发挥基层党组织战斗堡垒作用和党员先锋模范作用情况。

（四）存在问题及改进措施

在落实党建责任和履行岗位职责中存在的突出问题，并针对问题提出加强和改进工作的思路措施。

各级党组织书记结合各自岗位职责和述职重点，有针对性地开展述职。

三、述职评议考核的方法步骤

院述职评议考核，采取现场述职和书面述职相结合，每3年现场轮述一遍的方式进行。

（一）述职评议测评

扎实做好述职前准备。各级党组织书记要深入调研分析本党组织党建工作情况，对照全面从严治党要求，抓紧解决存在的问题，全面总结抓基层党建工作情况，认真撰写述职报告。

务实有效开展述职。今年从院机关各部门和院属各单位党组织中选择10个单位党组织书记进行现场述职（名单见附件1），召开述职评议会，院党建工作领导小组负责同志点评，院党建工作领导小组成员、党建工作职能部门有关同志和各方面代表参加现场评议。

不参加院里组织的现场述职的单位（含2015年已现场述职的6个单位）党组织书记，围绕当年履行党建工作责任的情况，向院党建工作领导小组提交党建工作述职报告，进行书面述职，在本单位党组织范围内进行现场述职，接受评议测评（测评票按附件4自行印制）。党员人数在100名以内的单位，原则上全部参加述职会；党员人数在100名以上的单位，原则上要求参会党员代表不少于100名。

设党委、党总支的单位结合实际，一般以党委、党总支委员会扩大会议的形式组织现场述职，听取下一级党组织书记述职，组成由各方面党员干部群众代表参加的考核评议组，进行现场评议测评。下一级党组织数量较多的，可采取现场述职和书面述职相结合的方式进行，但要保证3年内在职支部的书记至少现场述职一次。离退休党支部的述职评议考核工作由各有关单位党组织结合实际，可以采取提交书面述职报告的形式进行。有关单位党组织要加强对所挂靠的业务主管社会组织党组织书记的述评考核，派驻的党建工作指导员按支部书记进行述评考核。

从严从实进行评议。述职的党组织书记要紧扣重点内容，真正把自己摆进去，讲清履职尽责抓基层党建工作情况，实事求是地总结成绩和经验，分析存在的突出问题，提出加强和改进工作的思路措施。听取述职的上级党组织书记要逐一进行点评，特别要点出存在的突出问题，指明努力方向。考核领导机构其他成员可结合工作分工进行点评。述职评议会后，可将述职报告摘要公布，接受群众监督。

（二）定量评分考核

根据《农业部基层党建述职评议考核定量评分表》，结合我院实际，制定定量评分指标（见附件3《中国农科院基层党建述职评议考核定量评分表》）。按照各单位党组织自评并提供自评得分证明材料、院党建工作领导小组办公室核实的程序进行评分。

（三）形成综合评价意见

结合2016年党建工作综合督查、年度述职评议测评和定量评分考核情况，对院机关各部门和院属各单位党组织书记抓基层党建工作情况形成综合评价意见。综合评价意见突出履行第一责任人职责、指导推动基层党建工作、落实重点任务和书记发挥表率作用等情况，明确指出哪些做得好、哪些做得不好，还存在哪些问题，并按照“好”“较好”“一般”“差”4个等次作出总体评价。

在现场述职民主测评得分90分以上且在基层党建述职评议考核定量评分中得分在90分以上的，总体评价方可为“好”。2016年度中，因党风廉政建设发生严重问题并被问责或有党员干部受到撤销党内职务、留党察看、开除党籍纪律处分的单位党组织，其书记述职评议考核总体评价不能为“好”。

设党委、党总支的单位按照以上要求，对下一级党组织书记抓基层党建工作情况进行评价。

（四）强化考核结果运用

积极扩大述职评议考核结果运用，发挥好考核指挥棒的作用。院机关各部门和院属各单位党组织书记抓基层党建工作情况的综合评价意见上报院党组。各级党组织书记的述职评议考核综合评价意见向本人反馈，总体评价写入年度考核评价，并在一定范围内通报。把基层党建工作情况作为评先评优、选拔任用干部的重要依据。对抓基层党建总体评价为“好”的，年度考核才能确定为优秀等次；对总体评价为“一般”“差”的，要进行约谈、限期整改，情况严重的要依据《中国共产党问责条例》进行问责。可根据党建述职评议考核情况，对先进基层党组织、党务工作者进行表彰奖励。

（五）着力抓好整改落实

各级党组织书记要认真梳理分析自己查摆、上级点评、群众评议和综合评价意见指出的问题，列出问题清单、责任清单、整改清单，制定整改落实工作方案，将整改措施列入下一年度党建工作计划，逐项抓好整改落实。上级党组织要对照清单，组织督查检查，通报整改落实情况。

四、述职评议考核进度安排

述职评议考核工作从本实施方案印发后启动，2017 年 2 月 15 日前基本完成。

（一）准备发动阶段

2016 年 12 月底前，各单位党组织制定党建述职评议考核工作实施方案，并报院党建工作领导小组办公室审核把关，充分做好思想发动工作。

（二）集中述职评议阶段

2016 年 12 月下旬至 2017 年 2 月中旬，集中开展院各级党组织书记述职评议考核工作。2016 年 12 月 30 日前，院机关各部门、院属各单位党组织书记提交述职报告；2017 年 1 月上旬，各单位党组织完成定量考核评分自评工作，填报《中国农业科学院基层党建述职评议考核定量评分表》并提供自评得分证明材料。2017 年 1 月中旬，院党建工作领导小组组织召开现场述职会，听取 10 个单位党组织书记述职。2017 年 2 月 15 日前，不参加院里现场述职的单位党组织提交《中国农业科学院基层党建述职评议考核测评票》的汇总结果。

（三）结果反馈和工作总结阶段

各单位党组织书记抓基层党建工作情况的综合评价意见经院党组审定后，及时反馈各单位。设党委、党总支的单位对下一级书记的考核综合评价意见经党委、党总支委员会审定后，及时反馈。集中述职评议工作结束后 15 日内，各单位党组织向院直属机关党委提交述职评议考核工作报告和整改落实工作方案。

五、加强组织领导和工作指导

坚持从严从实推动述职评议考核各项工作，注重简便易行、务求实效，坚决防止形式主义、走过场。各单位党组织要认真履行全面从严治党责任，精心谋划、统筹安排、有力推动，确保这项工作健康有序开展。各单位党组织主要负责同志要把这项工作紧紧抓在手上，认真履职尽责。要将述职评议考核作为落实党建工作责任制的重要抓手，进一步发挥考核的导向作用，强化党组织书记“抓好党建是本职，不抓党建是失职，抓不好党建是不称职”的责任意识，切实提高工作实效。要注重总结发现基层党建工作典型经验，注意发现和改进述职评议考核工作中的不足，不断提高我院党建工作科学化水平。

附件：1. 2016 年参加院现场述职单位名单

2. 有关材料撰写要求

附件 1

2016 年参加院现场述职单位名单
（10 个）

院办公室、科技管理局、国际合作局、作物科学研究所、蔬菜花卉研究所、北京畜牧兽医研究所、农产品加工研究所、生物技术研究所、农业资源与农业区划研究所、中国农业科学技术出版社等 10 个直属单位党组织。

2015 年已参加现场述职单位名单：基本建设局、成果转化局、后勤服务中心、蜜蜂研究所、饲料研究所、农业信息研究所等 6 个单位党组织。

附件2

有关材料撰写要求

一、向党建工作领导小组现场述职报告撰写要求

现场述职报告，要全面总结报告担任本单位党组织书记以来的履职情况。现场述职报告的篇幅控制在3 000字左右，主要分4个部分：一是总结担任本单位党组织书记以来落实全面从严治党要求和党建工作责任制的基本情况，重点对照责任是否落实、带头作用是否发挥、制度是否坚持、保障是否到位等情况进行报告；二是重点查找存在的问题，要讲主要问题、具体问题，与自身履职有关的问题；三是深入剖析问题存在的原因，尤其要集中分析主观原因；四是对今后工作要提出契合实际的工作思路和具体措施。

现场述职报告要突出问题导向，工作情况、存在问题及原因、下一步工作措施的比重原则上要按照2∶1∶1来掌握。

现场述职时间严格控制在8分钟以内。

二、向党建工作领导小组书面述职报告撰写要求

书面述职报告内容：当年履行党建工作职责的情况。书面述职报告的篇幅控制在3 000字，主要分3个部分：一是总结一年来落实全面从严治党要求、履行党建工作责任制、推进基层党建重点任务落实的基本情况；二是重点查找存在的问题，分析问题存在的原因；三是结合实际，针对存在的突出问题，提出有针对性、可行性和实效性的解决措施。

每部分的内容安排要大致平衡，原则上按2∶1∶1来掌握，既要客观总结成绩，也要中肯地发现问题、分析问题，理性地研究解决问题的措施。

下级党组织书记述职报告参照以上要求撰写。

三、述职评议考核工作总结报告和整改落实工作方案撰写要求

述职评议考核工作总结报告，要全面总结本单位的年度述职评议考核工作情况，完整呈现本单位的述职评议考核工作环节，突出自身特点，重点关注考核工作中的新情况新问题，着重探索方法、总结经验、提出改进措施和建议。篇幅建议控制在2 000字以内。主要包括4个方面的内容：一是本单位述职评议考核工作基本情况；二是述职评议考核工作中积累的经验做法或体现出的主要特点；三是述职评议考核工作中发现的有关问题，尤其是一些典型性、代表性问题；四是主要整改措施和意见建议。

整改落实工作方案，要列出具体问题、整改措施、责任清单、整改进度安排等。

关于开展2016年度党员领导干部民主生活会和民主评议党员工作的通知

直党字〔2016〕81号

院属各单位、院机关各部门党组织：

按照中央纪委机关、中央组织部《关于认真开好2016年度县以上党和国家机关党员领导干部民主生活会的通知》（组通字〔2016〕58号）和农业部直属机关党委《关于开展2016年度党员领导干部民主生活会和民主评议党员工作的通知》（农党委〔2016〕70号）要求，现就开展中国农业科学院2016年度党员领导干部民主生活会和民主评议党员工作的有关事项通知如下。

一、准确把握民主生活会主题和基本要求

2016年度民主生活会，要以学习贯彻党的十八届六中全会精神为主题，围绕“两学一做”学习教育要求，重点对照《关于新形势下党内政治生活的若干准则》（以下简称《准则》）和《中国共产党党内监督条例》（以下简称《条例》），结合思想和工作实际，进行党性分析，开展批评和自我批评，不断增强领导班子和领导干部发现和解决自身问题的能力。

处级以上党员领导干部，要聚焦以下4个方面要求，开展党性分析，触动思想、触及灵魂，切实收到成效。在政治合格方面，重点是牢固树立政治意识、大局意识、核心意识、看齐意识，坚定维护以习近平同志为核心的党中央权威，自觉在思想上政治上行动上同以习近平同志为核心的党中央保持高度一致。在执行纪律合格方面，重点是严守党的政治纪律和政治规矩，对党忠诚老实，强化组织观念，说老实话、办老实事、做老实人。在品德合格方面，重点是继承和发扬党的优良传统和作风，讲修养、讲道德、讲诚信、讲廉耻，养成共产党人的高风亮节。在发挥作用合格方面，重点是践行正确政绩观，无私无畏、敢于担当、勇于负责，为推进中国特色社会主义事业苦干实干。

这次民主生活会要坚持严的标准、严的措施、严的纪律，坚持“团结—批评—团结”，实事求是、出于公心，讲党性不讲私情、讲真理不讲面子，严肃认真提意见，满腔热情帮同志，不纠缠细枝末节，不搞无原则纷争，确保开出高质量、好效果。

二、对照《准则》《条例》查出突出问题

领导班子和领导干部要坚持问题导向，对照《准则》《条例》规定和要求，紧密结合实际，着重从思想、组织、作风、纪律等方面查找存在的突出问题。理想信念方面，重点查找是否存在信仰信念模糊动摇、精神空虚迷茫，在大是大非面前没有立场、没有态度等问题。政治纪律和政治规矩方面，重点查找是否存在重大问题上不同党中央保持一致，对党不忠诚、不老实，做"两面人"，独断专行，搞任人唯亲、团团伙伙、拉帮结派等问题。作风方面，重点查找是否存在脱离实际、脱离群众，弄虚作假，违反中央八项规定精神，"四风"变相反弹回潮，不注重家庭、家教、家风等问题。担当作为方面，重点查找是否存在安于现状、不思进取，慵懒无为，消极应付、推诿扯皮等问题。组织生活方面，重点查找是否存在不主动参加党的组织生活，不按规定自觉交纳党费，不按规定报告个人有关事项等问题。落实全面从严治党责任方面，重点查找是否存在全面从严治党主体责任和监督责任缺失缺位，主要负责同志的第一责任人责任和班子成员"一岗双责"落实不到位，执纪不严、违纪不究，管党治党宽松软等问题。

三、从严从实做好民主生活会各环节工作

（一）深化学习研讨

深入学习领会习近平总书记系列重要讲话特别是在党的十八届六中全会上的重要讲话精神，学习掌握《准则》基本精神和《条例》基本要求，深刻认识新形势下加强和规范党内政治生活、加强党内监督的重大意义，切实增强加强党内政治文化建设、从严从实开好民主生活会的思想自觉和行动自觉。

（二）广泛征求意见

采取座谈访谈、设置意见箱和网络征询等方式，广泛听取党员、干部和群众的意见，并原汁原味向领导班子和领导干部反馈。主要负责同志要主持召开征求意见座谈会。要结合巡视、干部考察、审计、年度考核情况，指出发现的问题。会前，要向干部群众通报 2015 年度民主生活会整改措施落实情况，并在通报范围内进行群众满意度测评（测评表见附件 1）。

（三）深入开展谈心谈话

各单位主要负责同志同班子成员必谈，班子成员相互之间必谈，班子成员与分管部

门主要负责同志之间必谈，主要负责同志、班子成员与本人组织关系所在党支部党员代表必谈。谈心谈话要一对一、面对面，既谈工作问题、也谈思想问题，既谈自身差距、也提醒对方不足。同时，要接受党员、干部和群众的约谈。

（四）认真准备班子对照检查材料和个人发言提纲

要深刻进行党性分析，检视党性修养的差距。要认真反思近年来查处的典型案例，要将严重违纪违法干部忏悔录作为民主生活会的反面教材，用身边事教育身边人，吸取教训，反躬自省，引为镜鉴。在此基础上，主要负责同志主持研究起草领导班子对照检查材料，班子成员自己动手撰写发言提纲。个人发言提纲要对本人重大事项报告、配偶子女从业情况以及巡视反馈、组织约谈函询的问题说清楚、谈透彻。受到问责的领导干部，应当在民主生活会上作出深刻检查。主要负责同志要对班子成员发言提纲进行审阅把关。

（五）严肃开展批评和自我批评

自我批评要落细落小、见人见事见思想，防止以讲道理代替谈问题，以班子问题代替个人问题。相互批评要坦诚相见、开门见山，不能以工作建议代替批评意见，不能搞“一团和气”、当老好人。对批评意见要正确对待、虚心接受，有则改之、无则加勉。主要负责同志要代表班子作对照检查，带头开展批评和自我批评。

（六）抓好整改落实

针对查找出来的问题，制定整改措施，形成领导班子和领导干部个人整改清单，并在一定范围公开。要立行立改，整改情况接受党员、群众监督。

四、认真开展民主评议党员工作

年度民主评议党员工作要以党员党性分析评议为主要内容，以召开组织生活会的形式进行，重点抓好学习教育、自我评价、党内外群众评议、评定等次、表彰处理等程序和环节工作。

（一）开好组织生活会

基层党组织要参照党员领导干部民主生活会要求，以党支部或党小组为单位召开一次组织生活会。今年的组织生活会要深入学习领会习近平总书记系列重要讲话特别是在党的十八届六中全会上的重要讲话精神，把学习掌握《准则》的基本精神和《条例》的基本要求作为一项重要内容，组织广大党员认真开展学习研讨、谈心谈话、征求意见，自觉拿起批评和自我批评武器，仔细查摆自身存在的不足，开展相互评议，抓好整改。要紧密联系工作实际，坚持问题导向，充分发挥正面典型示范引导和反面案例警示教育作用。党员要在认真学习、对照检查、自我评价的基础上，认真撰写个人党性分析材料，党性分析材料不能以工作总结代替党性分析，并填报《民主评议党员登记表》（附件 2）。党支部书记（党小组组长）要对党员党性分析材料进行审阅把关。党员领导干部要以普通党员身份参加所在党支部（党小组）的组织生活会，在接受民主评议的同时，对组织生活会进行督促指导。

（二）评定等次

党支部根据组织生活会评议情况，经支委会集体讨论研究，按照优秀、合格、不合格 3 个等次对每名党员提出评议等次建议，优秀等次一般不超过党员总数的 30%。党支部要对评议结果以适当方式进行公示，并征求党员本人意见。对党员的评定等次建议，要报上级党组织审批，各直属党委、党总支负责审批下属党支部党员民主评议结果，各直属党支部党员民主评议结果报院直属机关党委审批。

（三）表彰处理

对民主评议评出的优秀党员，要作为评选“两优一先”的重要依据，并以适当方式进行表扬鼓励。对评定为不合格的党员，要按照直党字〔2015〕40 号文件要求，及时进行组织处置。

五、切实加强组织指导

一要强化主体责任。各单位党组织要落实管党治党的主题责任，切实加强对民主生活会和民主评议党员工作的组织领导，确保各项工作在 2017 年 1 月 20 日前完成。党组织主要负责人要切实履行第一责任人责任，结合工作实际，研究制定民主生活会方案，提前 15 个工作日报院直属机关党委和分工联系单位（分工联系表见附件 3）。会前 10 日内将干部群众对上年度整改措施落实情况测评结果（满意率、比较满意率、基本满意率、不满意率及意见建议）、征求群众的意见汇总、会议时间安排等报院直属机关党委和分工联系单位。会后要及时将专题民主生活会召开情况在一定范围内向党员群众通报，自觉接受监督。会后 15 日内将民主生活会的综合报告（包括基本情况、主要做法、取得的成效和存在不足及意见建议等四个部分）、党员领导干部发言提纲、民主生活会原始记录、制定的初步整改措施等报院直属机关党委、人事局、监察局。认真总结年度民主评议党员工作开展情况，形成总结材料（主要内容包括：民主评议党员的主要做法、成效以及改进和加强民主评议党员工作的意见建议，学习贯彻《准则》和《条例》的情况），连同《2016年度民主评议党员情况汇总表》（附件4）报送院直属机关党委。

二要加强督促指导。直属机关党委和分工联系单位要通过审核把关、现场指导、随机抽查等方式，对各单位专题民主生活会进行督查，传导压力。院党组成员要参加本支部的专题组织生活会，并至少参加1个分管单位党员领导干部民主生活会。院直属机关党委、人事局和监察局要按照分工选派干部列席各单位专题民主生活会。

各单位要加强与民主生活会分工联系单位的沟通协调，主动向联系单位请示汇报召开民主生活会有关情况。

附件：1. 2015年度民主生活会整改落实情况群众满意度测评表
2. 民主评议党员登记表
3. 2016年度党员领导干部专题民主生活会分工联系表
4. 2016年度民主评议党员情况汇总表

2016年12月15日

附件 1

2015 年度民主生活会整改落实情况群众满意度测评表

项　目	满　意	比较满意	基本满意	不满意
对本单位 2015 年度整改落实情况的评价				
对本单位进一步健全完善民主生活会制度，增强民主生活会整改落实成效的意见建议：				

测评情况：参加人数______；满意率______%，比较满意率______%，基本满意率______%，不满意率______%。

附件 2

民主评议党员登记表
（　　年度）

姓　名		性　别		出生年月
民　族		学　历		入党时间
工作单位及职务				
个人党性分析				

（续表）

个人党性分析	
党支部评议意见 及等次建议	党支部书记签名： （盖章） 年　月　日
党员本人意见	签名： 年　月　日
上级党组织审批意见	（盖章） 年　月　日
不合格党员处理情况	

注：此表可以自制，但不能改变栏目和格式。

附件3

2016年度党员领导干部专题民主生活会分工联系表

人事局（14个） 联系处室：干部处 电话：82108011	科技管理局
	基本建设局
	监察局
	研究生院
	蔬菜花卉研究所
	蜜蜂研究所
	生物技术研究所
	农业信息研究所
	食物与营养发展研究所
	果树研究所
	草原研究所
	哈尔滨兽医研究所
	特产研究所
	烟草研究所
机关党委（15个） 联系处室：组织处 电话：82109487	院办公室
	人事局
	财务局
	后勤服务中心
	植物保护研究所
	北京畜牧兽医研究所
	农产品加工研究所
	农业资源与农业区划研究所
	水稻研究所
	油料作物研究所
	茶叶研究所
	上海兽医研究所
	麻类研究所
	沼气科学研究所
	南京农业机械化研究所

（续表）

监察局（15 个） 联系处室：综合处 电话：82105715	国际合作局
	成果转化局
	直属机关党委
	作物科学研究所
	农业环境与可持续发展研究所
	饲料研究所
	农业经济与发展研究所
	农业质量标准与检测技术研究所
	中国农业科学技术出版社
	农田灌溉研究所
	棉花研究所
	兰州畜牧与兽药研究所
	郑州果树研究所
	环境保护科研监测所
	兰州兽医研究所

附件 4

2016 年度民主评议党员情况汇总表

单位（盖章）：

<table>
<tr><td rowspan="2">评议
时间</td><td rowspan="2"></td><td rowspan="2">党员
总数</td><td rowspan="2"></td><td rowspan="2">被评
议党
员数</td><td rowspan="2"></td><td colspan="4">参加评议人数</td></tr>
<tr><td>党员
人数</td><td></td><td>群众
人数</td><td></td></tr>
<tr><td colspan="2">优秀党员人数</td><td colspan="6"></td><td colspan="2">占党员总数
______%</td></tr>
<tr><td colspan="2">合格党员人数</td><td colspan="6"></td><td colspan="2">占党员总数
______%</td></tr>
<tr><td colspan="2">不合格党员
名单、主要问题
及处理情况</td><td colspan="6"></td><td colspan="2">占党员总数
______%</td></tr>
<tr><td colspan="2">未参加评议党员
名单及主要原因</td><td colspan="6"></td><td colspan="2">占党员总数
______%</td></tr>
<tr><td colspan="2">备注</td><td colspan="6"></td><td colspan="2"></td></tr>
</table>

陈萌山书记在中国农业科学院推进“两学一做”学习教育常态化制度化工作会议上的讲话

2017 年 6 月 7 日

同志们：

今天我们召开院推进“两学一做”学习教育常态化制度化工作会，主要任务是学习贯彻习近平总书记关于“两学一做”学习教育常态化制度化重要指示和中央推进“两学一做”学习教育常态化制度化工作座谈会精神，贯彻落实农业部要求，对我院学习教育常态化制度化作出部署安排。

刚才，金祥同志传达了习近平总书记的重要指示和中央座谈会精神。总书记的重要指示，从党和国家全局高度充分肯定了“两学一做”学习教育取得的成效，深刻阐明了推进学习教育常态化制度化的重大意义、目标任务和基本要求，为推进学习教育常态化制度化指明了方向、提供了遵循，我们要认真学习领会、深入贯彻落实。6 个单位的交流发言各有特色，值得相互学习借鉴。下面，我讲 4 点意见。

一、我院“两学一做”学习教育取得明显成效

2016 年以来，院党组认真贯彻落实中央“两学一做”学习教育的部署要求，积极探索符合我院工作实际的有效做法，取得了良好成效。

一是扎实开展学习活动，增强党员的“四个意识”。中央明确要求，“两学一做”基础在学。全院各级党组织严格落实中央要求，把党的思想建设放在首位，分四个专题组织开展学习活动（学党章、坚定理想信念；学党规、严守纪律规矩；学讲话、增强“四个意识”；学宗旨、坚持创新为民），每个专题学习不少于两个月的时间，做到了原原本本、逐篇逐段学党章党规、学系列讲话，把党章党规与系列讲话贯通起来学习、统一起来领会，在学系列讲话中加深对党章党规的理解，在学党章党规中深刻领悟系列讲话的基本精神和实践要求。院党组和各单位中心组引领专题学习，直属机关党委运用党支部 App、“党章党规知识测试”等组织党员在线学习，党支部充分利用“三会一课”组织党员集体学习，党员领导干部普遍以普通党员身份，到所在党支部和联系点参加学习，同党员一起学习交流，为党员讲党课。组织开展重大问题调研，坚持知行合一、学以致用，坚持问题导向、注重实效，坚持依规管理、从严治学，提高领导干部的理论水

平和工作能力。2016 年，院属 44 个单位部门所局级领导撰写调研论文 185 篇，正所局级干部实现了全覆盖。院党组专门安排了学习《习近平关于科技创新论述摘编》和习近平总书记在科技创新大会上的重要讲话精神。最近，全院正在组织开展学习习近平总书记贺信精神的系列活动。通过学习，广大党员“四个意识”明显增强，贯彻落实中央方针政策和决策部署的主动性、自觉性明显提升，推动农业科技创新的劲头更大更足。

二是严格执行党内生活制度，增强党组织的生机活力。院党组和各单位领导班子严格按照中央要求，认真开好巡视整改专题民主生活会和“两学一做”专题民主生活会。民主生活会坚持严的标准、严的程序、严的措施、严的纪律，领导干部认真学习、提高认识，自我批评“真刀真枪”，相互批评“红脸出汗”，达到了“团结—批评—团结”的目的，开出了高质量，取得了好效果。各党支部普遍召开巡视整改和“两学一做”专题组织生活会，开展民主评议党员工作，按照“四讲四有”合格党员标准，深入查找和解决突出问题，严肃认真开展批评和自我批评，广大党员的党性观念进一步强化，党性修养进一步提高。狠抓“三会一课一费”制度的落实，全院普遍使用《党支部工作手册》和《党费手册》，各基层党支部“三会一课”制度执行情况明显改观，数量上基本达到了要求，质量也得到有效提升，党费交纳做到了主动及时足额。为切实把严肃党内生活的好经验好做法长期坚持下去，院党组出台了组织换届、党费收缴使用管理、主题党日活动、研究生党员教育管理等制度意见。各直属单位也相应制定或修订了实施细则，规范了党内政治生活，促进了党内生活质量的提升。

三是夯实组织基础，创新活动载体，增强党支部主体作用。院党组切实加强组织建设，在学习教育中，给基层党组织结合实际开展工作明确要求、留足空间。院属各单位党组织按照业务划分对所属党支部及时进行调整，对支部及时进行换届改选或增补委员，配齐配强支部班子，奠定了坚实的组织基础。各党支部充分发挥积极性主动性，开展了一系列主题突出、特色鲜明的活动。各支部与科研协作单位共建，推动科技协同创新，与农村党支部结对帮扶，推广先进适用的农业技术，帮助农民解决生产实际问题，促进农业科研与生产紧密结合。作科所第一党支部设立“每日一学”，通过微信群每日群发 5 分钟学习内容；生物所第一党支部开展党章知识答题和学习身边先进人物事迹活动；油料所、果树所党支部每个月固定一天为“主题党日”；茶叶所种植中心党支部与浙江省松阳县上安村党支部开展结对共建活动，结合开展业务工作互讲党课，激发工作热情，有效对接需求；刚才发言的信息所第四党支部、烟草所第五党支部的主题活动也颇具特色。这些活动形式多样、内容接地气、效果非常突出，发挥了重要的示范和引领作用。

四是立标杆、树形象，增强党员的模范带头作用。建院 60 年来，我院涌现了一大批如金善宝、李竞雄、刘更另、方智远等老一辈模范共产党员，也出现了一大批如陈万权、杨其长、何萍、刘红芝等新时代的中青年优秀共产党员，他们牢记党的宗旨和国家队的职责，励精图治、勇于创新，为提升我国农业科技水平、推动“三农”事业发展作出了重要贡献。院党组在学习教育中把这些典型在全院树立起来，各单位也树立了一批典型，广泛宣传他们的事迹，激发广大党员干部勇于担当、实干兴院、实干兴所的工作热情。全院党员主动以他们为标杆，争做讲政治的模范、讲纪律的模范、讲道德的模范、讲奉献的模范。刚才，信息所第四党支部讲到，网络中心党小组 10 名党员以身作则、率先垂范，哪里有问题、有需求，哪里就能看到党员的身影，2016 年以来，累计加班 300 人・天，圆满完成了各项重点工作。院党组在全院组织开展“亮明党员身份彰显榜样力量”主题实践活动，从后勤服务中心开始，院属 27 个单位党委在 710 个重点岗位设立党员先锋岗、119 个重点区域设立党员责任区、84 个重点部门设立党员服务窗口，亮出党员身份和服务承诺。广大党员在突破农业生产关键技术问题、服务主战场中率先行动、贡献力量，示范带动全院科研人员面向世界农业科技前沿、面向国家重大需求、面向现代农业建设主战场，积极投身科技创新工作，为促进农业科技进步、推动农业供给侧结构性改革、加快现代农业发展做出了突出的贡献。去年“七一”前夕，作科所王天宇研究员，植保所万方浩研究员被中央国家机关授予优秀共产党员荣誉称号，7 名党员被农业部授予优秀共产党员或优秀党务工作者荣誉称号，70 名党员受到院里表彰。

五是围绕中心、以学促做，推动科技创新和院所加快发展。全院各级党组织和广大党员坚持把学习教育同做好科技创新工作结合起来，着力增强学习教育的针对性和实效性。在“两学一做”学习教育的推动下，我院科技创新能力持续提升，立项和产出均实现了快速增长。2016 年全院共新增主持各级各类科技计划项目 1 868项，合同总经费 37. 4 亿元。主持国家重点研发计划 10 个专项的 32 个项目，在农口专项中立项数占 25%，经费占 31%，充分彰显了国家队的地位和作用。获国家自然科学基金资助项目 321 项、经费 1. 6 亿元。全院共发表科技论文 4 722篇，其中在《自然・遗传》等顶尖学术期刊上发表论文 13 篇。授权专利 1 408项，审定新品种 130 个。全院 7 项成果获得国家科学技术奖励，其中作科所“小麦种质资源与遗传改良创新团队”获得农业领域第一个国家创新团队奖；14 项成果获农牧渔业丰收奖。8 项专利获得中国专利优秀奖。43 项成果获省级科技奖励。研究出版《跨越“2030”农业科技发展战略》，提交的多篇战略研究报告得到国家领导人重要批示，为国家宏观决策发挥了积极作用。组织开展了水稻、玉米和奶牛等 9 个产业的绿色增产增效技术集成模式研究与示范工作，集成 140 项先进适用技术，构建了 29 套可复制可推广的综合技术生产模式，取得了良好的增产增效和绿色生态效果。2017 年进一步开展 12 个产业的绿色增产增效技术集成模式研究与示范工作，力争取得新突破。今年全院经费预算总规模达到 75. 4 亿元，比 2012 年增加了 26 亿元，为加快院所发展，进一步取得更多有分量的科研成果、培养更多优秀人才奠定了雄厚的资金基础。

二、充分认识准确把握推进“两学一做”学习教育常态化制度化的重大意义和目标要求

推进“两学一做”学习教育常态化制度化，是党中央深入总结成功实践的基础上作出的重大部署。全院各级党组织要认真贯彻落实中央要求，提高思想认识，增强政治自觉和行动自觉，深入把握推进学习教育常态化制度化的重大意义、目标任务和基本要求。

（一）推进“两学一做”学习教育常态化制度化的重大意义

一年来的实践证明，开展“两学一做”学习教育是加强思想政治建设的成功实践，是加强和规范党内政治生活的重要载体，是全面从严治党的基础工程。推进“两学一做”学习教育常态化制度化，具有重大而深远的意义。

第一，推进“两学一做”学习教育常态化制度化，是进一步用习近平总书记系列重要讲话精神武装全党，坚定维护以习近平同志为核心的党中央权威的客观要求。不断用马克思主义中国化最新理论成果武装全党，是我们党领导中国革命、建设、改革取得辉煌成就的宝贵经验。党的十八大以来，全党全国之所以发生鼓舞人心、全面深刻、影响深远的变化，根本就在于以习近平同志为核心的党中央的坚强领导，在于习近平总书记治国理政新理念新思想新战略这一马克思主义中国化最新成果的指引。5 年来，大家都深深感受到，习近平总书记系列重要讲话，具有丰富的时代内容和思想内涵，具有重大的政治意义、理论意义、实践意义和方法论意义。系列讲话围绕党在新形势下治国理政，提出了一系列相互联系、相互贯通的新理念新思想新战略，涉及生产力和生产关系、经济基础和上层建筑各个环节，涵盖经济、政治、文化、社会、生态文明建设和党的建设各个领域，形成了一个系统完整、逻辑严密的科学理论体系，为坚持和发展中国特色社会主义、实现“两个一百年”奋斗目标和中华民族伟大复兴的中国梦提供了科学理论指导和行动指南。我们推进“两学一做”学习教育常态化制度化，就是要坚持读原著、学原文、悟原理，坚持系统学、深入学、跟进学，坚持学而信、学而思、学而行，把习近平总书记系列重要讲话精神的学习贯彻不断引向深入，切实做到在思想上政治上行动上同以习近平同志为核心的党中央保持高度一致。

第二，推进“两学一做”学习教育常态化制度化，是进一步加强和规范党内政治生活，深化全面从严治党的重要举措。全面从严治党，是贯穿十八大以来党的建设的鲜明主题。以习近平同志为核心的党中央，把全面从严治党纳入“四个全面”战略布局，严字当头、标本兼治，打出一整套组合拳，党风政风为之一新，党心民心为之一振。但是中央反复强调，目前取得的成效还是阶段性的，管党治党的一些深层次问题还有待根本解决，老问题反弹回潮的因素仍然存在，新情况新问题也不时出现。党章是党的根本

大法，是全党必须遵循的总规矩；党章党规是全面从严治党的依据，是党员思想和行为的具体遵循。用党章党规党纪管住 430 多万个党组织，管住 8 700多万党员，才称得上真正意义的全面从严治党。如果只惩处严重违纪违法的少数党员干部，那么大多数党员就可能处于脱管状态。长此以往，党员干部就会心存侥幸，视违纪为小节，漠视党规党纪，在不知不觉中滑向深渊。推进“两学一做”学习教育常态化制度化，就是要从更加注重治本的角度、从更加普遍的意义上，教育引导全院各级党组织和广大党员尊崇党章、遵循党规、遵守党纪，真正做到敢管敢严、真管真严、长管长严，推进党的思想、组织、作风、反腐倡廉和制度建设同步深化，推动全面从严治党向纵深发展。

第三，推进“两学一做”学习教育常态化制度化，是我院学习贯彻习近平总书记贺信精神，坚持“三个面向”，建设“两个一流”的重要保证。习近平总书记多次强调，农业现代化的关键在于科技进步和创新。5 月 26 日，习近平总书记致信祝贺我院成立 60 周年，在充分肯定我院取得重大成就的基础上，指出农业科技创新要“立足我国国情，遵循农业科技规律，加快创新步伐，努力抢占世界农业科技竞争制高点，牢牢掌握我国农业科技发展主动权，为我国由农业大国走向农业强国提供坚实科技支撑”，要求我院“面向世界农业科技前沿、面向国家重大需求、面向现代农业建设主战场，加快建设世界一流学科和一流科研院所，勇攀高峰，率先跨越，推动我国农业科技整体跃升”。习近平总书记致信祝贺，体现了党中央对农业发展、对农业科技事业的高度重视，对我院的关心支持和殷切期待，我们倍感亲切、深受鼓舞，每一名职工都感到无比的自豪、无比的振奋。我们一定要深入学习领会，切实抓好贯彻落实，决不辜负党中央的信任和重托。为此，院党组研究决定，要立足于实现“两个一百年”奋斗目标、实现中华民族伟大复兴的中国梦这个国家战略，谋篇布局、绘制蓝图，研究制定面向 2049 发展战略规划，研究探索科研体制机制改革，加快建设世界一流学科和一流科研院所，研究探索以实施青年人才工程为重点，全面加强人才队伍建设。当下要切实抓好国家农业科技创新联盟建设、绿色增产增效技术模式研究示范和高端智库建设等重点工作。推进“两学一做”学习教育常态化制度化，就是要组织全院各级党组织和全体党员干部深入学习贯彻习近平总书记系列重要讲话精神，特别是贺信精神，统一思想、凝聚力量，再接再厉、矢志不渝地推动农业科技创新和院所跨越发展，以实际行动和优异的成绩向党中央交出一份满意的答卷。

（二）推进“两学一做”学习教育常态化制度化的任务目标和基本要求

明确任务目标，行动才能坚定有力；把握基本要求，工作才能顺利开展。推进“两学一做”学习教育常态化制度化，必须严格落实中央以及农业部党组的部署要求，确保实现既定目标。

首要任务是思想教育，就是要紧密联系我院发展实际和科技创新需要，做到“三个坚持”，即坚持用党章党规规范党组织和党员行为，用习近平总书记系列重要讲话精神武装头脑、指导实践、推动工作；坚持学思践悟、知行合一；坚持全覆盖、常态化、重创新、求实效。

基本要求是融入日常、抓在经常，就是党委要以理论学习中心组学习、民主生活会等制度为主要抓手，组织党员领导干部定期开展集体学习；党支部要以“三会一课”为基本制度，把“两学一做”作为党员教育的基本内容，长期坚持、形成常态。

根本目标是做到“三个增强”“三个确保”，从而为统筹推进“五位一体”总体布局和协调推进“四个全面”战略布局提供坚强组织保证。“三个增强”，就是不断增强党组织和党员政治意识、大局意识、核心意识、看齐意识；不断增强党内政治生活的政治性、时代性、原则性、战斗性；不断增强党自我净化、自我完善、自我革新、自我提高能力。“三个确保”，就是确保党的组织充分履行职能、发挥核心作用；确保党员领导干部忠诚干净担当、发挥表率作用；确保广大党员党性坚强、发挥先锋模范作用。

三、精心组织扎实推进“两学一做”学习教育常态化制度化

全院各级党组织要切实把“两学一做”学习教育融入日常、抓在经常，把全面从严治党要求落实到每个支部、每名党员，积极推进学习教育常态化制度化，重点要做好以下 4 个方面工作。

（一）切实在“学”和“做”上深化拓展

推进“两学一做”学习教育常态化制度化，要继续打牢“学”这个基础，抓好“做”这个关键。

要在“学”上深化拓展。学党章党规、学系列讲话是管根本、管长远的，是每名党员干部时刻不能松懈的必修课，要强化学习要求，保证学习效果。要深入学习党章党规，特别是要深入学习十八届六中全会通过的《关于新形式下党内政治生活的若干准则》和《中国共产党党内监督条例》，牢记严格党内政治生活、加强党内监督和廉洁自律等各项规定，把尊崇党章、遵循党规的要求落到实处，使之成为规范党员干部言行的硬约束。要深入学习习近平总书记系列重要讲话，坚持读原著、学原文、悟原理，深入领会系列讲话的基本精神、基本内容、基本要求，把握蕴含其中的治国理政的新理念新思想新战略，把握贯穿其中的马克思主义立场观点方法，更好地用系列讲话精神统一思想、武装头脑、指导工作。特别要联系中国农科院实际，重点学习习近平总书记关于“三农”发展、科技创新的重要论述，学习贯彻习近平总书记的贺信精神，明确农业科技创新的方向和重点。从去年的实践看，可以通过以下形式实现“学”的常态化：一是坚持中心组学习，提升领导干部理论素养，示范带动学习深入；二是多种形式讲党课，可以是领导讲、专家讲、身边先进典型讲、老党员讲或者普通党员讲，可以在会议室、也可以到田间地头或者基地实验室讲；三是利用“两微一端”等网络平台和资源，

组织党员干部网上学习；四是做好学习笔记，把平时学到的想到的随手记下，经常交流讨论；五是组织党员干部开展知识竞答活动，在答题中学习知识，查缺补漏；六是组织参观学习，增长知识、开拓视野；七是组织演讲、征文等活动；八是把政治理论学习与业务学习结合起来开展。各基层党组织要结合自身实际，利用信息化手段和社会化资源，创新学习方式方法，将易于开展、喜闻乐见、效果明显的学习形式固定下来、坚持下去，务求实效。

要在“做”上深化拓展。要按照中央明确的合格党员标准，引导党员坚持学思践悟、知行合一，切实把自己的思想和工作摆进去，从具体问题改起，从具体事情做起，切实做到政治合格、执行纪律合格、品德合格和发挥作用合格。这“四个合格”的标准不是抽象空泛的，而是具体实际的。我院广大党员干部要旗帜鲜明地讲政治，时刻保持清醒的政治方向，站稳坚定的政治立场，具有高度的政治鉴别力和政治敏锐性。广大党员科技工作者，千万不能因为自己从事科研就在政治上掉以轻心。身为一名党员，对待身边事、单位事、社会事，要善于从政治的高度看待问题，从政治的角度审示问题。在维护中央权威和贯彻党的路线方针政策上，要态度明确、行动坚决，决不能犹犹豫豫、摇摇摆摆，不能选择性执行，不能拖拖拉拉、避重就轻。要坚持全面看齐、始终看齐，做到上下同心同力、合而发力。要始终做到表里如一，决不能妄议中央，绝不能会上一套会下一套，会上不说会下乱说。要率先模范地讲纪律，自觉遵守国家法律，按照党规党纪以更高标准严格要求，做遵纪守法的楷模。要严格遵守中央八项规定精神，持之以恒反“四风”。要用新思维新思路思考问题，用新纪律新规定处理问题，不能稀里糊涂触碰红线，更不能打擦边球，心存侥幸甚至故意而为。要自发自觉地讲道德。把加强道德修养作为十分重要的人生必修课，提升道德境界，追求高尚情操，自觉立德、修德、践德，守住做人、处事、交友的底线。要恪守职业道德，耐得住寂寞，守得住清贫，经得起孤独，有为目标执着坚持的追求，有不为名利、不落俗套的清高。科研是追求真理的事情，真理来不得半点含糊。我们要做一流的学问，首先要有一流的人品。要奋勇争先地讲奉献。要坚定不移地以解决我国农业发展重大科技问题为己任，面向世界农业科技前沿、面向国家重大需求、面向现代农业建设主战场，再接再厉、再创佳绩。很多老一辈科学家默默无闻、远离繁华城市，一毕业就扎根大西北、深山沟，踏踏实实，坚持一分耕耘一分收获，他们无私奉献、献身祖国的精神很值得我们继承和发扬。去年我们有些实践非常有意义，要坚持下去实现“做”的常态化。一是开展多种形式的主题党日活动，促进党建工作和中心业务工作融为一体，推动党员更好地发挥先锋模范作用；二是坚持党员领导干部交友制度，与群众一起过、一起干，始终保持党同人民群众的血肉联系；三是鼓励所地共建、结对子，了解国情民情，发挥科技优势，更好的服务农业农村经济发展；四是开展“亮明党员身份”活动，继续设置党员示范岗、责任区和示范窗口；五是开展廉洁警示教育，以案明纪，警醒一片；六是开展学术诚信承诺活动，加强科研道德建设，营造求真务实的优良学风；七是开展现场述职述廉，压实全面从严治党主体责任。此外，2016 年一些研究所针对大型活动、精准扶贫开展了一些公益服务活动也值得长期坚持下去。

（二）抓好基层党支部制度建设

党支部的日常学习、党员日常管理等制度是否健全，直接关系基层党的建设成效，直接影响学习教育常态化制度化的推进。我院现有党支部377个，要牢牢扭住党支部这个重点，抓住制度建设这个关键，使基层党支部进一步强起来。

要继续调整优化党支部设置。坚持把支部建在业务考核单元上，科研党支部要建在创新团队上，党员人数多的单独成立党支部，党员人数少的联合成立党支部，不断扩大党的组织和工作覆盖。各单位党委要抓好支部班子建设，把书记选好、把班子配强，把软弱涣散党支部整顿好，团队首席或研究室主任是党员的，要担任支部书记，严格落实“一岗双责”。党支部要按期进行换届。要坚持做好基层党务干部轮训，做到全覆盖。

要严格落实“三会一课”等基本制度。党支部“三会一课”要突出政治学习和教育，突出党性锻炼，以学习党章党规、学习系列讲话为主要内容，与业务学习结合起来，做到有主题、有讨论、有收获。要坚持党员领导干部讲党课制度，各级党组织书记每年至少为党员讲一次党课。要落实好组织生活会和民主评议党员制度，引导党员定期进行“党性体检”，自觉认识问题、自我改进提高。要把主题党日作为“两学一做”的重要载体开展起来，可以采取深入农村基层一线进行教育实践、利用红色教育基地开展组织生活等方式，强化政治性、体现庄重感，增强创新性和吸引力。要加强各单位党支部之间的交流，鼓励联合共建。要给予支部活动一定的经费支持，把支部活动经费列入预算管理。党支部要制定年度“三会一课”计划和主题党日活动计划，报上级党组织备案。党委要对下属党支部工作及时进行指导检查，对组织生活不经常、不认真、不严肃的支部，要及时整顿，对没有正当理由长期不参加组织生活的党员，要及时批评教育，督促改正。

要强化党支部的教育管理功能。要牢固树立党的一切工作到支部的鲜明导向，切实把从严教育管理党员落到支部。各支部制定的学习教育计划要充分尊重党员主体地位，了解党员学习需求，把个人自学与集中学习结合起来，抓好自主学习、自我教育，搞好学习研讨、交流互动，充分发挥正面典型的激励作用和反面典型的警示作用，调动党员的积极性。要完善党员日常管理措施，特别是要解决好流动党员、“口袋”党员、研究生党员等管理难题。

（三）推动学习教育融入中心工作，解决实际问题

“学”的怎么样、“做”的是否合格，最终要看能否解决实际问题、推动中心工作，体现在促进农业科技创新和院所跨越发展的成效上。

一是要联系思想工作实际经常查找解决问题。党委要查找分析是否落实全面从严治

党主体责任，是否坚决执行党的理论和路线方针政策，是否认真坚持民主集中制，着力解决党的领导弱化、党的建设缺失、管党治党宽松软等问题；党支部要查找分析组织生活是否经常、认真、严肃，党员教育管理监督是否严格、规范，团结教育服务群众是否有力、到位，着力解决政治功能不强、组织软弱涣散、从严治党缺位等问题；党员要对照党章党规，对照系列讲话，对照先进典型，把自己摆进去，经常自省修身，有什么问题解决什么问题，什么问题突出重点解决什么问题，要查找分析理想信念是否坚定、对党是否忠诚老实、大是大非面前是否旗帜鲜明、是否做到在思想上政治上行动上同以习近平同志为核心的党中央保持高度一致，着力解决党的意识不强、组织观念不强、发挥作用不够等问题。要对查找出来的问题逐个研究解决，推动思想问题与实际问题一起解决，新问题与老问题一起解决，个性问题与共性问题一起解决，党组织问题与党员问题一起解决。

二是要建立健全查找解决问题的长效机制。要在查找问题方面完善机制，采取座谈会、个别谈话、发放征求意见表等方式，建立经常性的自己找、群众提、上级点、互相帮、集体议的发现问题机制，全方位、多层面查找党员干部在政治、纪律、品德和发挥作用方面的问题。要在解决问题方面完善机制，对查找出来的问题不能置之不理、敷衍塞责，要列出问题清单，采取个人整改、专项整治等办法，集中力量解决问题，让自己满意、群众满意和组织满意。近期，院直属机关党委对去年民主生活会的情况进行了通报，有 5 家单位整改落实的群众满意率和基本满意率不到 80%，我们建立了主要负责同志约谈机制，要求他们高度重视、认真对待，帮助他们深入分析、查找根源，督促他们加大整改力度，真正得到职工群众的支持和拥护。

三是要切实做到与中心工作深度融合、有机衔接。学习教育能否取得显著成效，关键是要看与中心工作融合的深不深入，与在做的工作衔接得紧不紧密。全院各级党组织和全体党员干部要坚决贯彻落实习近平总书记对科技创新和“三农”工作的指示，特别是对我院提出的“三个面向”“两个一流”要求，优化调整学科布局，创新科研组织方式，完善科技创新激励机制，全面加强人才团队建设，着力培育革命性颠覆性的重大成果，着力深化农业科技体制机制改革，不断提升我国农业科技水平和国际竞争力，推动我国农业科技整体跃升。

（四）加强组织领导，确保取得实效

推进“两学一做”学习教育常态化制度化，是一项长期任务。各级党组织要高度重视、精心组织，以钉钉子精神抓好任务落实。

一是坚持领导干部以上率下。党员领导干部要带头把“两学一做”作为锤炼党性的基本功、必修课，加强政治能力训练，自觉把讲政治贯穿于日常工作生活全过程，时刻牢记自己第一身份是党员，无论职务高低，都要以普通党员身份参加党的组织生活。要带头学习，认真学习党章党规，知敬畏、存戒惧、守底线；学深悟透系列讲话精神，

不断增强“四个意识”；要带头做合格党员、合格领导干部，时刻检视存在的差距和不足，自觉同特权思想和特权现象作斗争，不断改造自己，提高思想政治觉悟；要带头践行“三严三实”要求，履职尽责、奋发有为，敢于担当、建功立业，重实干、务实功、办实事、求实效，努力创造经得起实践、人民和历史检验的实绩；要带头严格执行中央八项规定精神，密切联系群众，切实改进作风，严格要求自己和身边工作人员，注重家庭、家教、家风，保持清正廉洁的政治本色。

二是层层推动任务落实落地。院党建工作领导小组要定期研究部署，对全院学习教育情况进行总结分析，研究提出改进工作的措施办法；要强化分类指导，严格按照从高从严的要求，统筹安排好京内京外党组织的常态化制度化工作；要针对不同类型的党员、不同类别的党支部提出差异性的要求，给基层党组织留足空间，防止“一刀切”“一锅煮”。各单位党委要切实履行主体责任，作出具体化、精准化、差异化的安排，积极探索调动党员积极性的做法和提升学习教育效果的措施，增强工作的针对性实效性。各单位党政主要负责同志要亲自谋划推动、抓好落实，不能当“甩手掌柜”，班子成员要落实“一岗双责”，结合分管工作加强督促指导，要一级抓一级，层层抓落实，确保所属党支部的责任落实到位。要加强督查考核，把推进学习教育常态化制度化情况纳入各级党组织党建工作考核的重要内容，每年结合总结、述职进行检查和评估，作为评判党组织和党组织书记履行管党治党责任情况的重要依据。要注重从党支部工作成效和党员作用发挥看效果，让党员群众作评价。对工作落实不力、搞形式走过场的，要严肃批评、追责问责。

三是发挥先进典型引领激励作用。要把选树、宣传、学习先进典型作为重要抓手，引导党员干部见贤思齐，努力营造学先进、赶先进、当先进的良好氛围。要组织广大党员干部向黄大年、廖俊波等先进人物学习，学习黄大年同志心有大我、至诚报国的爱国情怀，教书育人、敢为人先的敬业精神，淡泊名利、甘于奉献的高尚情操，学习廖俊波同志对党忠诚、心系群众、忘我工作、无私奉献的优秀品质。要组织广大党员干部向身边的先进典型学习，特别是要继续学习去年树立的一批典型。通过学习，牢记使命、勇于担当，持之以恒、迎难而上，勇于创新、精益求精，从自己做起，从本职岗位干起，不忘初心、扎实工作，不负重托、多作贡献。

四、进一步改进工作作风，大力提升推动院所跨越发展的水平

5月27日，在农业部推进“两学一做”学习教育常态化制度化工作会议上，韩长赋部长作重要讲话，亲自部署在部系统开展反对和防止“不思进取、不接地气、不抓落实、不敢担当”的活动。我们要严格按照部党组统一部署，坚决组织开展好反对“四不”活动，作为学习教育常态化制度化的一项重要内容，抓严抓实。反对“四不”活动的主体是全院处级以上领导干部，目的和任务是防止和反对“四不”现象，进一步加强作风建设，增强院所机关服务能力和管理水平，紧紧抓住发展机遇，推动院所跨

越发展。

近年来，特别是党的十八大以来，我院各单位各部门领导班子团结协作、履职尽责，以事业为上、工作第一，大力推动农业科技创新和成果转化工作，大力推进现代院所建设，为支撑国家现代农业发展作出了重大贡献。院所机关切实改进作风，服务科研的氛围进一步浓厚，广大党员干部职工继承和发扬老一辈科学家优秀传统，求真务实、奋发有为。总体来看，全院整体局面是好的，广大党员干部的精神状态是好的。

同时也要清醒地看到，少数干部中的确存在“不思进取、不接地气、不抓落实、不敢担当”的问题。有的领导干部事业心不够强，缺乏干事创业的紧迫感责任感，重大机遇抓得不紧，长远发展考虑较少。比如，有的研究所对创新工程的认识始终没有上位，还是简单地按一般科研项目对待，体制改革、机制创新至今没有破题；青年英才计划实施以来，仍有 12 个研究所没有引进一个人才。有的领导干部认为反“四风”“铁八条”捆住了手脚，不愿主动做事，害怕承担风险。有的任职时间较长的领导干部，满足有守摊子、应付了事。有的机关局办处工作标准不高、管理不够严格、为科研人员排忧解难不够，甚至存在衙门作风、推诿敷衍的现象。有的工作推动落实抓得不够，领导批示后就存档了，对一些重点工作、薄弱环节做不到抓住不放、一抓到底、切实见效。还有极少数领导干部身在其位、心不在岗，参加评审考察活动太多，干部职工反映办事找不到领导。上述问题和现象在我院虽然不是主流，但确实在一些单位一些干部中是存在的，如果不高度重视予以解决，不仅会影响我们干部队伍的形象，腐蚀我们的健康生态和创新文化，还会影响制约院所发展，我们必须坚决反对，切实加以改进。

“七一”前后，全院上下要深入学习贯彻习近平总书记贺信和李克强总理批示精神，对照中央“两学一做”的要求，以领导班子、班子成员为重点，查找“四不”表现，分析产生原因，提出改进措施。在此基础上，以支部为单位开展特别党日活动，进一步改进作风、增强党性，提升干部队伍的精气神。各单位各部门要认真撰写反对“四不”专题报告，人事局要加强督促检查，院所党组织和纪检机构对整改“四不”突出表现不力的单位和个人，要及时提醒，严肃问责。

同志们，让我们更加紧密地团结在以习近平同志为核心的党中央周围，讲政治、讲大局，扎实推进“两学一做”学习教育常态化制度化，真正汇聚起团结奋进的强大正能量，加快推进现代院所建设，实现率先跨越发展，以全面从严治党的新成效迎接党的十九大胜利召开，为实现“两个一百年”奋斗目标、实现中华民族伟大复兴的中国梦作出新的更大的贡献。

2017年中国农业科学院党组推进“两学一做”学习教育常态化制度化综合督查工作方案

为贯彻落实中央办公厅印发的《关于推进“两学一做”学习教育常态化制度化的意见》，按照中央组织部、中央国家机关工委有关要求，根据农业部党组《2017年农业部推进“两学一做”学习教育常态化制度化综合督查工作方案》和中国农业科学院《关于推进“两学一做”学习教育常态化制度化实施方案》精神，院党组决定以推进“两学一做”学习教育常态化制度化为重点，对院属各单位、院机关各部门推进全面从严治党各项任务落实情况开展综合督查，制定如下工作方案。

一、督查内容

督查以推进“两学一做”学习教育常态化制度化为重点，涵盖党的建设各个方面。

（一）精心安排学习内容方面

主要包括：各级党组织是否按年度研究制定学习计划，党员领导干部是否根据自身实际制定个人学习计划，学习内容是否做到应学尽学，按规定完成年度学习任务；学习计划是否有具体措施，有时间安排，有责任主体，有效果检查，确保学习保质保量组织实施；学习党章党规，学习习近平总书记系列重要讲话，是否坚持读原著、学原文、悟原理，联系实际学、带着问题学、不断跟进学，领会掌握基本精神、基本内容、基本要求，做到学而信、学而思、学而行；是否认真学习习近平总书记在中国农业科学院建院60周年时的贺信、李克强总理的批示和汪洋副总理到我院调研考察时提出的要求以及韩长赋部长有关要求，充分把握精神实质，结合实际予以贯彻落实。

（二）引导党员做到“四个合格”方面

主要包括：各级党组织是否教育引导广大党员按照“四讲四有”标准，做到政治合格、执行纪律合格、品德合格、发挥作用合格；各级党组织是否结合本单位实际深化拓展“亮明党员身份 彰显榜样力量”主题实践活动，大力宣传、践行农业部、院所优秀党员的先进事迹精神，引导党员立足岗位作贡献，赶先进；党组织是否引导党员干部以“四个合格”为参照系，主动对照、时时检视，列出“不在组织、不像党员、不起作用、不守规矩”等不合格表现的负面清单，不等不拖、即知即改，真正在信仰信念、纪律规矩、修身律己、责任担当上强起来。

（三）切实加强党支部建设方面

主要包括：是否树立党的一切工作到支部的鲜明导向，充分发挥支部教育管理党员的主体作用，把党支部建设作为最重要的基本建设；各单位党组织是否合理设置基层党支部，结合实际推广支部建在业务考核单元上，科研党支部建在创新团队上；是否按期进行换届，选好配强支部书记和班子，及时整顿软弱涣散党支部；是否坚持基层党务干部培训常态化，严格落实“一岗双责”，建立支部工作经常性督查指导机制；党支部书记是否切实承担起支部建设第一责任，支部委员是否按照分工负责，履行好各自的职责；是否尊重党员主体地位，健全党员激励帮扶机制，激发党员主体意识，充分调动党员参与支部建设的积极性、主动性、创造性。

（四）创新丰富形式载体方面

主要包括：是否鼓励基层创新，激发基层活力，支持鼓励党支部探索创新党内教育和组织生活的有效方法，采取立足自身学、集中研讨学、结合岗位学和邀请专家导学、组建课题组研学等方式，运用“两微一端”等新技术新媒体，打造学教品牌，使学习教育贴近党员、贴近实际，推动“两学一做”学习教育见实效，促进常态化制度化水平不断提高；系列学习、教育、宣传、贯彻活动是否突出“迎接十九大、学习十九大、做合格共产党员”的主题。

（五）查找解决突出问题方面

主要包括：全体党员对照党章党规，对照系列讲话，对照先进典型，查找分析理想信念是否坚定、对党是否忠诚老实、大是大非面前是否旗帜鲜明、是否做到在思想上政治上行动上同以习近平同志为核心的党中央保持高度一致，着力解决党的意识不强、组织观念不强、发挥作用不够等问题情况；党组织查找分析是否落实全面从严治党主体责任，是否坚决执行党的理论和路线方针政策，是否认真坚持民主集中制，着力解决党的领导弱化、党的建设缺失、管党治党宽松软等问题情况；党支部查找分析组织生活是否经常、认真、严肃，党员教育管理监督是否严格、规范，团结教育服务群众是否有力、到位，着力解决政治功能不强、组织软弱涣散、从严治党缺位等问题情况。

（六）坚持以上率下方面

主要包括：党员领导干部是否把“两学一做”作为锤炼党性的基本功、必修课，是否以普通党员身份参加党的组织生活；党员领导干部是否带头学习制定并自觉落实个人年度学习计划，学深一步、做在前列、当好表率，自觉做“两学一做”的模范；党员领导干部是否带头讲党课，发挥好带学促学的重要作用；党员领导干部是否做到“四个带头”，即带头旗帜鲜明讲政治，带头强化党性修养，带头严格自律，带头担当负责，要求别人不做的自己首先不做，要求别人做到的自己首先做到。

（七）推进互融互促方面

主要包括：党组织是否坚持两手抓、做到两促进，密切结合科研院所实际和科研工作规律，准确把握新时期党建工作服务中心、建设队伍这两项根本职责和核心任务，合理安排学习教育各项工作措施的落实；是否把“两学一做”学习教育常态化制度化同贯彻落实党中央“三农”决策部署和部院党组中心工作紧密结合起来，一体研究、一体部署、一体落实；是否围绕“顶天立地”发展战略和现代院所建设各项任务，找准切入点和突破口，推动学习教育与中心工作深度融合，扎实推进2050中长期规划、科技创新工程、创新联盟、青年人才工程等重点工作任务，打造一流学科、一流科研院所。

（八）强化制度保障方面

主要包括：坚持中心组学习制度、严格民主生活会和组织生活会制度、落实党支部“三会一课”制度、规范主题党日制度、深化直接联系群众制度等落实情况；学习教育“灯下黑”问题整治情况，在“两学一做”学习教育中存在的思想认识不到位、制度落实不规范、措施泛化不聚焦督促检查不敢较真等问题解决情况。

（九）履行党风廉政建设“两个责任”方面

主要包括：领导班子成员落实“一岗双责”及本单位党风廉政建设任务完成情况；及时修订《廉政风险防控手册》，健全完善制度，封堵风险点情况；党组织领导支持纪检工作情况，纪检组织监督执纪问责情况等。

（十）其他方面

各单位贯彻落实中央国家机关工委《关于加强和改进中央国家机关部门直属事业单位党建工作的意见》、农业部党组《关于加强和改进部属科研院所党的建设工作的意见》、院党组《中国农业科学院院属单位党委工作规则》情况等。

二、组织安排

督查工作在院党组领导下，由院党建工作领导小组组织实施。组成 8 个督查组，对 45 个院属各单位、机关各部门党组织进行全覆盖督查。每个督查组由 4 人组成，其中组长 1 人，由院领导担任，副组长 1 人，由有关单位党组织负责人担任，另外 2 名工作人员从有关单位选定，原则上应是具有党务工作经验的处级党员干部（督查组组成及督查单位名单见附件）。

督查工作于 2017 年 9 月中旬启动，10 月下旬基本结束，分为单位自查、组织准备、实地督查、总结汇报 4 个阶段。

（一）单位自查（9 月 13 日至 9 月 18 日）

印发督查通知，各单位对照督查内容进行自查，撰写自查报告，逐条梳理各项督查内容的做法、成效、问题和下一步打算。自查报告应体现本单位和部门党组织学习教育的特色和亮点工作，如所地支部共建、志愿者活动、典型引领等。9 月 18 日前，各单位的自查报告经主要领导审定后，报院直属机关党委组织处。

（二）组织准备（9 月 19 日至 9 月 22 日）

督查组按分组安排各自召开会议，研究细化督查计划，联络确定日程安排，审核被督查单位自查报告，要求被督查单位补充完善有关内容。召开动员部署会，督查组全体成员参加。

（三）实地督查（9 月 25 日至 10 月 13 日）

采取听取汇报、现场测验、个别谈话、查阅材料、民主测评等方式，对被督查单位进行督查，每个单位督查时间一般为半天。

(四) 总结汇报(10月13日至10月20日)

督查组撰写督查工作报告,内容包括:督查工作基本情况、被督查单位推进“两学一做”学习教育常态化制度化的做法成效和存在问题、对被督查单位的总体评价和整改建议等。同时,形成对每个单位的督查反馈意见,具体包括总体评价、测验测评结果、存在问题和整改建议。10月20日前,督查工作报告和督查反馈意见经督查组组长审定后报送院直属机关党委。直属机关党委组织起草督查工作总报告,汇同各督查组督查报告,适时向院、部党组汇报。

三、工作要求

(一) 院属各单位、院机关各部门要高度重视,精心组织,周密安排,认真对照督查内容开展自查,按时完成并报送自查报告。要坚持边查边改、立行立改,自查中发现有关督查内容落实不到位的,要及时整改落实。

(二) 各督查组要坚持实事求是、严格标准、客观公正,深入实际真督实查,确保高质量按时完成督查任务。要严格贯彻中央八项规定精神,遵守保密规定,不得泄露谈话内容和测验测评内容,依法依纪秉公办事。

(三) 直属机关党委要统筹协调,做好服务,确保督查有序推进。被督查单位要明确专人与督查组联络,积极配合督查组开展工作,按要求提供督查材料,组织参加测验测评和个别谈话人员。督查组成员要服从安排,集中精力,全程参与,按照确定的时间和程序开展督查。

附件:督查组组成及督查单位名单

附件

督查组组成及督查单位名单

督查组组长	督查组副组长	组员（熟悉党务工作的处级党员干部）	督查单位
唐华俊	高士军	院办公室 1 名同志；资源与区划研究所 1 名同志	国合局、转化局、后勤中心、植保所、蜜蜂所
陈萌山	王晓举	直属机关党委 2 名同志	人事局、生物所、水稻所、茶叶所、烟草所
李金祥	孙好勤	基本建设局 1 名同志；作物科学研究所 1 名同志	财务局、机关党委、研究生院、牧医所、油料所、麻类所
李杰人	周　霞	监察局 1 名同志；蔬菜花卉研究所 1 名同志	院办公室、作科所、加工所、农经所、草原所、环保所
吴孔明	姜仁华	财务局 1 名同志；茶叶研究所 1 名同志	科技局、监察局、灌溉所、棉花所、郑果所
王汉中	赵玉林	成果转化局 1 名同志；郑州果树研究所 1 名同志	出版社、基建局、蔬菜所、环发所、上海兽医所、农机化所
刘大群	许发辉	研究生院 1 名同志；烟草研究所 1 名同志	饲料所、资划所、食物营养所、果树所、哈尔滨兽医所、特产所
贾广东	赵红梅	人事局 1 名同志；直属机关党委 1 名同志	信息所、质标所、兰州兽医所、兰州牧药所、沼科所、深圳基因组所

中共中国农业科学院党组关于推进“两学一做”学习教育常态化制度化的实施方案

为扎实推进全院“两学一做”学习教育常态化制度化，根据中央《关于推进“两学一做”学习教育常态化制度化的意见》和推进“两学一做”学习教育常态化制度化工作座谈会精神以及农业部党组《关于推进“两学一做”学习教育常态化制度化的实施方案》要求，结合我院实际，制定如下实施方案。

一、把握总体要求

1. 从政治和全局高度深刻认识推进“两学一做”学习教育常态化制度化的重大意义

党章是管党治党的总章程，党规是党员思想和行为的具体遵循。习近平总书记系列重要讲话是中国特色社会主义理论体系最新成果，是当代中国马克思主义最新发展，是我们党推进具有许多新的历史特点的伟大斗争，党的建设新的伟大工程、中国特色社会主义伟大事业的强大思想武器，是各级党组织和全体党员必须始终坚持的行动指南。做合格党员是对每名党员的基本要求。推进“两学一做”学习教育常态化制度化，是坚持思想建党、组织建党、制度治党紧密结合的有力抓手，是不断加强党的思想政治建设的有效途径，是全面从严治党的战略性、基础性工程，对于进一步用习近平总书记系列重要讲话精神武装各级党组织和广大党员，更加紧密地团结在以习近平同志为核心的党中央周围，不断开创中国特色社会主义事业新局面，具有重大而深远的意义。

2. 明确推进“两学一做”学习教育常态化制度化基本目标要求

推进“两学一做”学习教育常态化制度化，必须紧密联系本行业本单位实际，把思想教育作为首要任务，坚持用党章党规规范党组织和党员行为，坚持用习近平总书记系列重要讲话武装头脑、指导实践、推动工作。坚持学思践悟、知行合一，坚持融入日常、抓在经常，坚持问题导向、防止形式主义、防止“两张皮”，坚持全覆盖、常态化、重创新、求实效，不断增强党组织和党员政治意识、大局意识、核心意识、看齐意识，不断增强党内政治生活的政治性、时代性、原则性、战斗性，不断增强党自我净化、自我完善、自我革新、自我提高能力，确保基层党组织充分履行职能、发挥核心作用，确保党员领导干部忠诚干净担当、发挥表率作用，确保广大党员党性坚强、发挥先锋模范作用，奋发有为、敢于担当、建功立业，不断巩固农业科技事业改革发展好形势，为统筹推进“五位一体”总体布局和协调推进“四个全面”战略布局提供有力支撑。

二、落实工作措施

1. 深化拓展真“学”实“做”

各级党组织要切实执行中央《关于在全体党员中开展“学党章党规、学系列讲话，做合格党员”学习教育方案》和部院党组实施方案的规定要求，深化拓展“学”这个基础，“做”这个关键，引导广大党员干部在持续学、深入学上下功夫，把学党章党规、学系列讲话作为经常性教育的基本内容，统一起来学习、领会，坚持学做互进、知行合一，切实把自己的思想和工作摆进去，从具体问题改起，从具体事情做起，做到“四个合格”。

精心安排学习。各单位党组织要按年度研究制定学习计划，切实抓好落实。年度计划要紧紧围绕深化学习党章党规、系列讲话，结合工作实际和党员干部思想实际，突出针对性和可操作性，有学习主题，有时间安排，有具体措施，有责任主体，有效果检查，保质保量组织实施，推动党员真正学有所获，增强贯彻落实的自觉性和坚定性。要引导党员干部根据自身实际制定个人自学计划，将党章、党内政治生活准则、党内监督条例、廉洁自律准则等重要党规和习近平总书记重要讲话读本置备案头、时常捧读，坚持读原著、学原文、悟原理，联系实际学、带着问题学、不断跟进学，领会掌握基本精神、基本内容、基本要求，做到学而信、学而思、学而行。特别要认真学习习近平总书记在中国农业科学院建院 60 周年时的贺信，要逐字逐句进行学习，充分把握精神实质。要组织开展好“全面从严治党主体责任和科研放管服”主题宣讲活动，院领导带队到各个研究所进行宣讲，带头讲党课，发挥好带学促学重要作用，帮助各级党组织和广大党员学深学透、学以致用。

做到“四个合格”。各级党组织要教育引导广大党员按照“四讲四有”标准，做到政治合格、执行纪律合格、品德合格、发挥作用合格。在政治合格方面，重点是坚定理想信念，正确把握政治方向，坚定站稳政治立场，坚决维护以习近平同志为核心的党中央权威，不断增强中国特色社会主义道路自信、理论自信、制度自信、文化自信。在执行纪律合格方面，重点是增强组织纪律性，执行党的决定，服从组织分配，严守党的纪律特别是政治纪律和政治规矩。在品德合格方面，重点是继承发扬党的优良传统和作风，大力弘扬忠诚老实、光明坦荡、公道正派、实事求是、艰苦奋斗、清正廉洁等共产党人价值观，带头践行社会主义核心价值观。在发挥作用合格方面，重点是牢记党的根本宗旨，按照习近平总书记贺信中提到的“三个面向”“两个一流”和“整体跃升”要求，爱岗敬业、履职尽责，服务群众、奉献社会，敢担当、敢负责、敢作为，在促进改革发展稳定中作表率、当先锋。全院继续深化拓展“亮明党员身份彰显榜样力量”

主题实践活动，鼓励院属各单位党组织结合单位实际策划开展“争做合格党员”的特色活动，进一步引导党员立足岗位作贡献。结合庆祝建院60周年活动安排，大力表彰为农业科技进步和农科院改革发展做出突出贡献的先进个人和集体，大力宣传践行农业部、院所优秀党员的先进事迹，引导党员、干部学赶先进、见贤思齐。党组织要引导党员干部以“四个合格”为参照系，主动对照、时时检视，列出“不在组织、不像党员、不起作用、不守规矩”等不合格表现的负面清单，不等不拖、即知即改，真正在信仰信念、纪律规矩、修身律己、责任担当上强起来。

2. 切实加强支部建设

树立党的一切工作到支部的鲜明导向，注重把思想政治工作落到支部，把从严教育管理党员落到支部，把联系服务群众落到支部，把党支部建设作为最重要的基本建设，认真落实“三会一课”等各项支部工作制度，充分发挥党支部教育管理党员的主体作用，真正把党支部建设成为教育党员的学校、团结群众的核心、攻坚克难的堡垒。

各单位党组织要合理设置基层党支部，结合实际推广支部建在业务考核单元上，科研党支部要建在创新团队上，党员人数多的单独成立党支部，党员人数少的联合成立党支部，不断扩大党的组织和工作覆盖。指导党支部按期进行换届，选好配强支部书记和班子，团队首席或研究室主任是党员的，原则上要担任支部书记。坚持基层党务干部培训常态化，严格落实“一岗双责”，建立支部工作经常性督查指导机制，及时整顿软弱涣散党支部，多措并举，强化基层党支部的教育、管理、监督、服务功能。支部书记要切实承担起支部建设第一责任，支部委员要分工负责，履行好自身职责。坚持党员是支部建设主体，尊重党员主体地位，健全党员激励帮扶机制，激发党员主体意识，充分调动党员参与支部建设的积极性、主动性、创造性，真正成为支部建设的参与者、推动者、受益者。

3. 创新丰富形式载体

要引导党员立足自身学，明确学习目标，做到学习工作化、工作学习化；集中研讨学，利用支部大会、党小组会等形式，通过主题讲解、集中研讨等方式，交流学习心得，分享学习成果，形成浓厚的学习研讨氛围；结合岗位学，将学习同岗位业务工作结合起来，采取邀请专家导学、组建课题组研学等方式，做到以学促做、以做验学，全面深化理解和运用。

鼓励基层创新，激发基层活力，为基层留出空间、创造条件，充分调动党支部积极性主动性创造性，支持鼓励党支部运用“两微一端”等新技术新媒体，探索创新党内教育和组织生活的有效方法，使学习教育贴近党员、贴近实际。精心打造学教品牌，以品牌引领，推动“两学一做”见实效，促进常态化制度化水平不断提高，2017年的“两学一做”学习教育要突出“迎接十九大，学习十九大，做合格共产党员”的主题，组织开展好系列学习、教育、宣传、贯彻活动。

4. 查找解决突出问题

把查找解决问题作为“两学一做”学习教育常态化制度化的规定要求，突出学习教育针对性，建立完善及时发现和解决问题的有效机制，推动各级党组织和党员依靠自身力量修正错误、改进提高。各级党组织、广大党员要敢于直面问题，勇于自我革命，列出问题清单、责任清单、措施清单，建立工作台账，有什么问题解决什么问题，什么问题突出重点解决什么问题。

全体党员要对照党章党规，对照系列讲话，对照先进典型，把自己摆进去，经常自省修身，打扫思想灰尘，进行“党性体检”，重点查找分析理想信念是否坚定、对党是否忠诚老实、大是大非面前是否旗帜鲜明、是否做到在思想上政治上行动上同以习近平同志为核心的党中央保持高度一致，着力解决党的意识不强、组织观念不强、发挥作用不够等问题。基层党组织要查找分析是否落实全面从严治党主体责任，是否坚决执行党的理论和路线方针政策，是否认真坚持民主集中制，着力解决党的领导弱化、党的建设缺失、管党治党宽松软等问题；要把整治学习教育“灯下黑”问题作为重点内容，重点解决在“两学一做”学习教育中存在的思想认识不到位、制度落实不规范、措施泛化不聚焦、督促检查不敢较真等问题；要着力破解“两张皮”难题，组织党员召开问题分析会、提高党员思想认识水平、提升党员工作能力，以党建工作促队伍建设、以队伍建设促事业发展。基层党支部要查找分析组织生活是否经常、认真、严肃，党员教育管理监督是否严格、规范，团结教育服务群众是否有力、到位，着力解决政治功能不强、组织软弱涣散、从严治党缺位等问题。

5. 注重坚持以上率下

推进“两学一做”学习教育常态化制度化，党员领导干部要坚持更高标准，自觉把“两学一做”作为锤炼党性的基本功、必修课，自觉把讲政治贯穿于日常工作生活全过程、贯穿于党性锻炼全过程，时刻牢记自己第一身份是党员，无论职务高低，都要以普通党员身份参加党的组织生活，严守政治纪律和政治规矩，自觉同以习近平同志为核心的党中央保持高度一致。

党员领导干部要带头学习，制定并自觉落实个人年度学习计划，认真参加理论学习中心组和民主生活会学习活动，学深一步、做在前列、当好表率，自觉做“两学一做”的模范。带头旗帜鲜明讲政治，认真学习党章党规，知敬畏、存戒惧、守底线；学深悟透习近平总书记系列重要讲话精神，不断增强“四个意识”，始终坚定理想信念、坚定“四个自信”，真正做到思想认同、政治看齐、行动紧跟。带头强化党性修养，做合格领导干部，自觉同特权思想和特权现象作斗争，不断改造自己，提高思想政治觉悟。带头严格自律，严格执行中央八项规定精神，密切联系群众，切实改进作风，严格要求自己和身边工作人员，注重家庭、家教、家风，保持清正廉洁的政治本色。带头担当负责，树立正确的政绩观、事业观，践行“三严三实”要求，履职尽责、勇于担当，重实干、务实功、办实事、求实效，在农业科技创新中当先锋、立新功。

6. 有效促进中心工作

各级党组织要坚持两手抓，做到两促进、两不误，密切结合科研院所实际和科研工作规律，准确把握新时期党建工作服务中心、建设队伍这两项根本职责和核心任务，合理安排学习教育各项工作措施的落实。要把“两学一做”学习教育常态化制度化同贯彻落实中共中央“三农”决策部署和院党组中心工作紧密结合起来，一体研究、一体部署、一体落实，围绕“顶天立地”发展战略和现代院所建设各项任务，找准切入点和突破口，推动学习教育与中心工作深度融合，推动党员干部更好以新发展理念引领经济发展新常态，把学习教育激发的内生动力转化为推动工作的精气神和责任担当，把学习教育的成果转化为中心工作的成果，扎实推进2050中长期规划、科技创新工程、创新联盟、青年人才工程等重点工作任务，打造一流学科、建设一流科研院所，以优异成绩迎接党的十九大胜利召开。

按照农业部党组安排，在全院组织开展反对“不思进取、不接地气、不抓落实、不敢担当”活动，深入查找并切实整改“四不”问题，进一步加强院所领导班子建设和干部队伍建设，改进工作作风，推动工作落实。

三、强化制度保障

1. 坚持中心组学习制度

认真贯彻落实《中国共产党党委（党组）理论学习中心组学习规则》和院党组《关于进一步加强和改进党组织中心组学习的实施意见》，强化中心组学习的管理、督查和问责，进一步提升中心组学习的制度化、规范化水平。各单位党组织要把党章党规、系列重要讲话作为理论学习中心组学习的主要内容，细化学习计划，明确学习主题，健全学习制度，增强学习效果，加强研讨式、互动式、调研式学习，为基层党组织和广大党员作出榜样，发挥示范带动作用。

2. 严格民主生活会和组织生活会制度

要把党的组织生活作为查找和解决问题的重要途径，注意听取群众的意见和反映，抓早抓小、防微杜渐。民主生活会和组织生活会要严肃认真开展批评和自我批评，坚持“团结—批评—团结”，严于自我解剖，热忱帮助同志。谈心谈话要经常，坦诚相见、交流思想，发现问题及时提醒。主要负责同志要在民主生活会上通报班子成员受到谈话函询情况；被谈话函询的党员领导干部，存在错误的应当作出深刻检查，受到提醒的应当作出整改表态，没有问题的说明谈话函询情况即可。认真落实党员领导干部双重组织生活制度。坚持每年结合组织生活会开展民主评议党员，客观公正评价党员表现，帮助引导党员自觉认识问题、自我改进提高，严格稳慎处置不合格党员。

3. 落实党支部“三会一课”制度

坚持党支部每季度召开一次党员大会，每月召开一次党支部委员会、一次党小组会，每季度上一次党课，党员领导班子成员每年讲一次党课，支部书记要结合支部实际针对具体问题开展讲党课活动。“三会一课”要突出政治学习和教育，突出党性锻炼，坚决防止表面化、形式化、娱乐化、庸俗化。要以学习党章党规、学习习近平总书记系列重要讲话为主要内容，针对党员思想工作实际，确定“三会一课”的主题和具体方式，做到形式多样、氛围庄重。落实“三会一课”制度不但要做到次数有保证，更要做到内容有质量、形式有创新、党员有考核，切实增强“三会一课”的吸引力和实效性。党课内容要贴近党员、贴近实际，不搞照本宣科。党支部要制定年度“三会一课”计划并报上级党组织备案，如实记录“三会一课”开展情况，对没有正当理由长期不参加“三会一课”的党员，要进行批评教育，促其改正。上级党组织要对党支部执行“三会一课”情况进行指导检查，对不经常、不认真、不严肃的，要批评指正；情况严重的，要采取整顿等措施，进行组织处理。

4. 规范主题党日制度

各单位党组织要按照直属机关党委《关于进一步规范和加强党支部主题党日活动的通知》要求，坚持主题突出、特色鲜明、管理规范、注重实效的原则，强化政治性、体现庄重感，引导党支部结合“三会一课”，采取深入农业农村基层一线教育实践，利用红色教育基地开展开放式组织生活，开展志愿和帮扶等公益活动和义务劳动，邀请先进党员模范人物作报告，组织学纪知纪守纪、典型案件警示教育、参观廉政基地等活动，开展形式多样、充满“党味”的主题党日活动，使支部工作和业务工作融为一体，使理论武装、党员党性锻炼和提高工作能力融为一体，使思想教育更直观、更生动、接地气、有实效，有效解决基层组织生活创新不够、吸引力不强、流于形式、效果不明显等突出问题，通过定期开展活动，让党员养成经常参加组织生活的习惯和自觉，增强对党组织的归属感，使党组织更有凝聚力、影响力。2017 年“七一”前后，各党支部要普遍开展一次主题党日活动。

5. 深化直接联系群众制度

认真落实部党组《关于完善党员干部直接联系群众制度的意见》、院党组《中国农业科学院机关年轻干部实践锻炼管理试行办法》，推动机关干部基层实践锻炼、直接联系服务基层和群众常态化制度化，扎实开展实践锻炼活动。院机关各部门领导班子成员坚持建立 1~2 个基层联系点，应具体到创新团队、课题组、试验基地、党支部等基层组织单元；积极选派所级后备干部、有发展潜力的优秀年轻干部参加援藏、援疆、博士服务团、扶贫和地方挂职锻炼；各单位要完善深入基层调查研究、基层联系点、接待群众来访和与干部群众谈心等制度。通过深入基层组织联系和服务群众，进一步落实为民务实清廉要求，密切党群干群关系，践行“三严三实”，不断改进工作作风，增强责任担当，推动工作落实。坚持以服务引领基层组织建设，建立健全党员干部联系服务群众、服务基层的长效机制。

四、加强组织领导

1. 压实主体责任

推进“两学一做”学习教育常态化制度化，是加强党的建设的一项长期任务，院党组认真履行主体责任，每年听取学习教育常态化制度化推进情况专题汇报，研究提出改进工作、深入推进的措施办法。院党建工作领导小组要加强统筹京内外单位学习教育常态化制度化工作，及时进行分析评估，以钉钉子精神抓好落实，推动全面从严治党不断向纵深发展。各单位党组织要高度重视，精心组织，研究制定推进“两学一做”学习教育常态化制度化的具体方案，抓常抓细抓长。把“两学一做”学习教育常态化制度化纳入管党治党的责任清单，党组织主要负责同志是第一责任人，要牢固树立抓党建的主责主业意识，亲自抓谋划、抓推动、抓落实，不当“甩手掌柜”，一级抓一级，层层抓落实。各级党员领导干部要落实“一岗双责”。结合分管工作加强督促指导。各单位党组织要切实加强党务干部队伍建设，建立健全专职党务干部与业务干部正常交流机制，将党务工作岗位作为培训锻炼干部的重要平台，把优秀干部放到党务岗位锻炼考验，把经过党务岗位考验成熟的干部放到重要岗位大胆使用，使落实全面从严治党要求有人抓、有能干的人抓。

2. 强化分类指导

各单位党组织要根据院所机关、科研团队（研究室）、企业、社会组织以及青年学生、离退休干部基层党组织的不同特点，明确工作要求，体现具体化、精准化、差异化。院机关离退休党总支要制订专项实施方案，加强各单位离退休党员学习教育常态化制度化工作的指导，以适当方式组织他们参加学习教育。流动党员较多的单位，要创新方式组织好流动党员的学习教育。社会组织要把党的建设写入章程，切实把党员组织起来，把支部工作开展起来，把基层党组织作用发挥出来，进一步巩固党的组织覆盖、党的工作覆盖质量。

3. 加强检查考核

直属机关党委要建立经常性督查指导机制，多途径、多方式了解掌握学习教育情况，及时总结推广好做法好经验，定期组织开展督导检查，采取不事先通知、不要求汇报、不准备材料的方式，直接进入党支部、同党员面对面，开展随机督查，推动学习教育严在日常、抓在经常。各级党组织要坚持常抓不懈，防止和克服紧一阵松一阵、表面化形式化、学习教育与思想工作实际“两张皮”等不良倾向，促进学习教育与中心工作相辅相成、相得益彰。把推进“两学一做”学习教育常态化制度化的情况作为全院基层党建述职评议考核的重要内容，每年进行考核评估，加强对述职评议考核结果的运用，把考核结果作为评价基层党组织建设、党组织书记履行管党治党责任和对党员开展民主评议的重要依据。对工作落实不力、搞形式走过场的，要严肃批评、追责问责。

2017 年中国农业科学院推进“两学一做”学习教育常态化制度化综合督查工作总结报告

按照院党组的部署安排，院党建工作领导小组组织 8 个督查组，于 10 月 8 日至 24 日对院机关各部门、院属各单位推进“两学一做”学习教育常态化制度化工作情况开展了全覆盖的综合督查。总的看，各单位、各部门高度重视坚持党的领导、加强党的建设，推动全面从严治党向纵深发展，各项工作有计划有部署有落实，稳步推进、顺利开展，取得了阶段性成效。现将有关情况报告如下。

一、督查工作总体情况

督查组全体成员认真学习中央、部院党组有关文件，严格按照督查的要求和程序，审查了各单位的自查报告，听取了各单位党建工作情况汇报，在一定范围内进行了民主测评和现场测验，开展了个别谈话，实地查阅了有关资料，以推进“两学一做”学习教育常态化制度化工作为重点，全面了解了各单位推进全面从严治党工作的做法、成效和存在的问题，逐一形成了反馈意见。

一是领导高度重视，有力推动了督查工作扎实开展。开展推进“两学一做”学习教育常态化制度化工作综合督查是院党组根据部党组部署研究决定的，是喜迎党的十九大、压实党建工作主体责任的重要举措，是统筹推进全院党建重点工作任务、落实全面从严治党要求的重要抓手。院长唐华俊同志、院党组书记陈萌山同志亲自审定综合督查工作方案，多次对督查工作作出指示、提出要求。各位党组成员亲自担任组长，亲力亲为、主动作为，带队分赴各单位进行督查。实地督查前，专门召开了综合督查动员部署会，院党组成员贾广东同志出席会议作了动员部署、明确工作要求。各单位领导班子都高度重视综合督查，对照十条督查内容进行了认真细致的自查，总结做法，查找不足，制定了下一步的工作打算。

二是突出综合督查，督查内容涵盖了 2017 年党建工作的重点任务。2017 年以来，院党组按照中央、农业部党组的统一要求和部署，把推进“两学一做”学习教育常态化制度化作为党建工作的重大任务，组织和引领广大党员真“学”实“做”、严格党的组织生活、强化制度保障。特别是结合我院实际，组织开展了学习习近平总书记贺信精神专题组织生活会和“落实全面从严治党主体责任和科研放管服”主题宣讲活动，对中央巡视整改一年来的工作进行总结。对重点任务开展情况进行全方位的检查，开展综合督查是有效的手段和方法，有助于督查和推动党建各项任务落实到位，取得实效。

三是强化统筹协调，督查单位实现了全覆盖。本次督查与院人才工作会议精神落实情况检查统筹安排，组建了8个督查组，实现了对全院45个机关部门和院属单位党组织的全覆盖。8个督查组组长由党组成员担任，副组长由部分机关部门负责人和部分单位党委书记担任，每个组还加派了人事干部1人，不仅体现了院党组对综合督查的高度重视、统筹协调，而且提高了督查效率、减少了基层负担，还为单位间相互学习、共同提高党建工作和人事人才工作水平搭建了交流平台。

四是层层传达压力，压实了党建工作的责任。此次督查详细列明了10个方面需要了解的内容，在全面掌握各单位党建工作任务完成情况的同时，将重点放到了党员领导干部和基层党组织上，继续把落实“主体责任”“一岗双责”作为重中之重。各督查组在实地督查中，坚持党员领导干部和基层党组织书记参与汇报、参加现场闭卷测验和个别访谈，有效传导了压力，切实把全面从严治党主体责任落实到各级党组织书记和党员领导干部。

五是注重点面结合，基本摸清了基层党建工作情况。进驻被督查单位后，各督查组严格按照规定的5项程序开展督查，听取汇报和查阅资料时注重掌握一手资料、收集鲜活素材，统计测评结果和试卷成绩时注重分析单位的总体工作情况，个别访谈中注重与基层党务干部、党支部书记、普通党员面对面总结经验、查找问题、探寻对策，有的督查组还深入研究室、创新团队与党员深入交流，进一步了解党员的所思所想所为。通过此次综合督查，基本摸清了全院推进“两学一做”学习教育常态化制度化工作情况，为下一步部署和安排党建工作奠定了良好基础。

综合督查中对各单位、各部门推进“两学一做”学习教育常态化制度化工作情况进行了民主测评，分为“好”“较好”“一般”“差”4个等次。全院45个单位（部门）共有2 273名党员干部参加了测评，有效票2 256份。总体评价“好”的等次有1 961票，占比86.92%；评价“较好”的等次有204票，占比9.04%；评价“一般”的等次有28票，占比1.24%；评价“差”的等次有2票，占比0.09%。其中，总体评价“好”和“较好”等次的占比95.96%。有27个单位总体评价“好”和“较好”等次为100%。

现场督查中，共对45个单位1042名党员进行了现场测验，试卷共25道题，满分100分。得分80分以上的820人，占比78.69%；得分70以上的130人，占比12.48%；得分60以上的78人，占比7.49%；60分以下的14人，占比1.34%。

二、主要做法和成效

各单位认真学习贯彻中央、部院党组推进“两学一做”学习教育常态化制度化的工作要求，制定实施方案，采取有力措施，有序推进“两学一做”学习教育融入日常、抓在经常，努力实现常态化制度化。

（一）丰富内容、夯实基础，不断创新学习教育方式

各单位把“两学一做”学习教育常态化制度化工作作为一项重大的政治任务抓紧抓实，既不折不扣落实中央和部、院党组各项“规定学习动作”，又紧密结合自身实际，积极丰富学习内容，创新学习方式，探索“自选动作”。一是探索“互联网+党建”学习形式。利用“支部工作”App、微信群、QQ 群等“两微一端”新媒体和内网办公系统开展学习，增强学习互动性和实效性。烟草所让党员关注“灯塔党建”公众号，下载安装 App，搭建网络党建学习平台，推动学习常态化。院办公室、监察局等利用“支部工作”App 拓展党员学习渠道，宣传党的方针政策，传递党建最新信息，取得良好成效。农机化所构建“书本、网络、橱窗、党课、横幅、红色基地”6 种课堂，采取多种灵活的学习形式，有效地提升了学习针对性和实效性。二是积极打造党建“学习品牌”。各单位积极打造的“组工讲堂”“植保道德讲坛”“凌风讲坛”“微党课”“读书会”等支部品牌，搭建学习平台，请身边人讲身边事，推进学习教育品牌化。三是坚持“走出去 请进来”联学方式。2017 年以来，灌溉所、棉花所、农机化所等单位组织党务干部分赴市委党校、革命圣地延安等开展党务培训，拓宽视野、提升能力。此外，各单位还邀请党建专家到单位为党员讲党课、作报告，不断夯实学习教育“学”的基础。

（二）亮明身份、发挥作用，引导党员做到“四个合格”

各单位围绕“四讲四有”要求，抓住“做”这个关键，引导党员干部不断增强“四个自信”，做到“四个合格”，广大党员的党员意识、担当意识、服务意识不断增强，涌现出了一大批先进基层党组织和模范共产党员，党支部的战斗堡垒作用和党员的先锋模范作用得以进一步彰显。后勤服务中心等单位设立党员先锋岗、党员服务岗和党员责任区，深化拓展“亮明党员身份，彰显榜样力量”主题实践活动。生物所为全体在职党员设立党员先锋岗桌牌，制定《困难党员慰问工作实施办法》，开展党员与退休老同志结对志愿帮扶。成果局将国有资产对外投资审核审批岗位列为党员先锋岗，对优秀共产党员先进事迹进行公示，引导广大党员立足岗位作贡献。环保所在全所组织开展了“摆党员桌牌、戴党员徽章、亮党员身份，不忘初心、重温入党誓词”主题党日活动。机关党委牢记“打铁还需自身硬”的要求，全体党员提升政治站位，“学”“做”效果好，党支部战斗堡垒作用强，发挥了示范带头作用。在推进“两学一做”学习教育常态化制度化工作中，中国农业科学院涌现出一大批先进典型，如党的十九大代表唐华俊、何中虎、魏灵玲，2017 年度何梁何利基金科学与技术进步奖获得者周雪平、浙江省科技特派员“大山之子”李强、成就精准扶贫“安康模式”的曾建明等，为大家

学习树立了榜样。

（三）结对共建、拓展载体，发挥党支部战斗堡垒作用

各级党组织依托人才、技术、专业优势，通过开展形式多样的结对共建、志愿帮扶、主题党日活动，积极打造服务型党支部，呈现许多亮点和经验。一是开展支部“结对共建”活动。茶叶所种植中心党支部分别与浙江省2个产茶村党支部开展结对共建，为茶农送技术、送服务、送产品，让村里茶叶种植大户、农民党员走入研究所学知识、长见识、提能力。支部“结对共建”品牌获得浙江省机关党建研究会全省机关党建工作优秀品牌。信息所第四党支部与山东省蒙阴县孙家峪子村党支部开展结对共建，搭建果园数字化管理平台，开展“数字果园”技术与系统的落地应用。质标所的党支部通过与昌平植保站结对共建，确立了服务草莓种植合作社等基层服务点，还与中粮健康研究院开展对接工作，促进了质量检测技术的推动应用和提升。蜜蜂所科研一支部与密云一养蜂村党支部建立结对共建，充分发挥研究所科技优势和人才优势，立足当地资源禀赋和产业基础，为当地蜂业发展提供技术支撑，支持和帮助当地脱贫致富奔小康。二是开展既红又专的“主题党日”活动。各单位结合实际，组织党员赴红色革命圣地、廉政教育基地、产业一线开展有主题、接地气的主题党日活动。人事局和机关党委走进河北阜平联合开展主题党日活动，参观晋察冀边区革命纪念馆，走访慰问贫困户。后勤服务中心组织党员干部赴革命圣地西柏坡、林州红旗渠，接受革命传统和廉政警示教育。科技局与环发所第三党支部一起走进内蒙古敖汉旗，联合开展“走基层、访农户”主题党日活动，了解当地农户需求，服务当地农业发展。哈尔滨兽医所、兰州兽医所组织党员开展“缅怀先烈，共圆中国梦”“珍爱绿色，缅怀先烈”“不忘初心，弘扬长征精神”等一批形式多样的主题党日活动。基因组所开展“踏寻红色足迹，放飞科研梦想”主题党日活动，参观深圳东江纵队纪念馆。这些活动既充满了浓浓的党味，也能够把技术服务带到基层一线，直观生动，接地气、有实效，推动研究所“两学一做”学习教育常态化制度化工作开展。三是开展精准扶贫、科技帮扶等活动。各单位党组织能够紧密结合实际、依托优势，开展科技助力精准扶贫，以及志愿公益服务活动。组织开展了“金秋爱心助学”“争做创文志愿者、争当文明劝导员”“张贴节约用电、用水提示标语”“关爱聋哑儿童、呈现美好世界”等一大批暖人心、接地气的慈善公益志愿服务活动。油料所、牧医所等赴油料主产区、种养大户等开展科技助力“精准扶贫”服务活动。灌溉所结合地方“精准扶贫”战略，组织党员义工开展了扶贫帮困、助学助残、文化科技“三下乡”志愿服务活动。郑果所85%以上在职职工在“志愿郑州”平台上注册为志愿者，并成立了“研究所党员志愿服务队”，带领党员走入果园，开展了大量志愿服务。果树所科研第一党支部开展了“果树扶贫兴产业、精准到户引致富”下基层服务活动。兰州牧药所青年党员志愿者参加了兰州市文明创建卫生清扫活动、保护母亲河活动和文明交通疏导等丰富多彩公益服务活动。

（四）以上率下、带学促学，发挥“关键少数”引领作用

各单位党员领导干部都能够以身作则、率先垂范，带头先学一步，学深一步，联系实际讲党课，以上率下做表率，发挥了“关键少数”示范引领作用。作科所领导带头执行“五带四讲三抓”党支部工作法，充分发挥党员领导干部示范带头作用。植保所班子成员结合个人成长经历和工作实际，带头讲党课，以身边人讲身边事，全面加强和改进科研学风道德，营造了良好的学术生态环境。加工所举办了两期“井冈山党性教育培训”，所班子成员分别围绕“两学一做”“坚定理想信念，做合格党员”“新时期党支部工作方法”等内容讲党课。郑果所领导干部能够积极主动在开设的“道德讲坛”“文化讲坛”“微党课”上讲党课、作报告，用身边的人和事引导党员学赶先进、见贤思齐。棉花所所长、书记分别作学习教育专题党课，其他所领导分别在各支部结合岗位业务带头作报告，形成了浓厚的学习氛围。

（五）完善制度、建立机制，不断推进党内生活规范化

督查中发现，各单位能够牢牢抓住制度建设这个关键，为“两学一做”学习教育常态化制度化提供制度保障。一是在制度的执行落实中，各单位能严格按照党委理论中心组学习、民主生活会、“三会一课”、主题党日、组织生活会、联系群众等党内制度要求，狠抓落实，探索出一些好的做法。烟草所对联系群众制度进行细化，坚持班子成员对口联系制度、党委委员“双联系”制度和所领导接待日制度，通过多种渠道征求意见建议，了解党员干部工作情况和思想动态，有针对性开展人文关怀和心理疏导，主动化解矛盾，推动创新发展。二是在制度建设中，各单位也结合实际，不断优化、完善党内制度，推动学习教育制度化。财务局党支部紧扣中心工作，着力抓好中办 50 号文件精神的贯彻落实，出台 18 项全院制度，系统构建配套制度体系。研究生院党委新制定修订了《党委工作规则》《“三重一大”制度实施细则》《主要会议制度及议事规则》等，进一步强化了党委领导核心作用；资划所出台了《党员管理办法》，建立了领导班子成员“四联系”机制。麻类所启动了“制度建设年”活动，先后制定了《党委委员联系党支部制度》《党委“三会一课”实施细则》《党委理论学习中心组学习规则》等制度，保障了“两学一做”常态化制度化顺利开展。基建局创制党员工作手册，有创新有成效。各单位通过规范党建工作，着力实现各项工作的规范化、制度化，进一步提高了党建工作的效率和水平。

（六）问题导向、以学促改，推进作风建设再上新台阶

各单位始终坚持问题导向，把查找问题、整改问题作为“两学一做”学习教育常

态化制度化的规定要求，即知即改、立行立改贯穿学习教育全过程，突出学习教育实效性。针对个别党组织存在的换届不及时、组织生活不严格等问题都能够及时整改。水稻所结合中央巡视整改要求，在工作实践中建立健全了发现问题、研究问题和整改问题机制，真正把影响研究所发展的问题找得准、改得好。生物所通过修订完善《党委工作规则》《“三重一大”决策制度实施细则》等，强化党委决策和参与决策职能。各单位都按要求开展了防止“不思进取、不接地气、不抓落实、不敢担当”专项活动，认真查找问题，深入分析原因，提出了改进的措施。进一步牢固树立服务科研意识，严格执行中央八项规定精神，密切联系群众，听取职工意见建议，切实解决职工关心的热点难点问题，推动作风建设再上新台阶。

（七）围绕中心、互融互促，持续推进院所改革发展

各单位准确把握新时期党建工作服务中心、建设队伍的根本职责和核心任务，坚持两手抓、两促进，紧紧围绕院所中心工作，以增强科技创新能力、支撑“三农”发展、推动跨越式发展为根本出发点和落脚点，以学促做，促进党建与业务融合，推动单位各项工作顺利开展。科技局根据“放管服”要求，制定了《科技管理局十不准》，对职能职责流程再造，形成标准化工作手册，编制申报奖项的工作流程简图，推出科技局“工作矩阵”，有效地提升了服务水平，形成了长效机制。转化局积极开展精准扶贫工作，起草制定了河北阜平帮扶工作总方案，选派了 3 名处级干部挂任副县长，10 个专家团队跟进开展具体对口帮扶。上海兽医所坚持推进党建与业务工作互融互促，积极推进“中国农科物资采购平台”和“科研经费信息公开平台”的建设，加强科研经费监管，提升管理科学化水平。后勤中心通过创新安保机制、疏解外来人员、加大违建危建拆除力度和提高公共服务水平等措施，将中关村院区打造成为环境优美、安全宜居的北京市“六型社区”。

三、存在的主要问题

（一）学习教育常态化制度化工作开展还不够平衡

少数单位党委对推进“两学一做”学习教育常态化制度化重视不够，动态了解广大党员的工作情况和思想状况不够及时，对所属支部工作指导还不够有力；少数党员领导干部“一岗双责”落实不到位。

（二）学习教育常态化制度化工作开展还不够彻底

有的单位党建工作存在上热下冷现象，少数党支部学习计划不够具体，集中学习研

讨主题不够聚焦，未能真正打通党建工作的“最后一公里”；部分基层党支部学习形式单一，存在“四多四少”情况：安排部署多，督导检查少；学习传达文件多，读理论原著的少；单纯的党建学习多，结合实际调研学习少；会议交流多，撰写学习心得少。

（三）党建工作与中心工作结合还不够紧密

在实际工作中有的党支部党建工作与科技创新、服务“三农”等中心工作联系不紧密，带领党员科技人员探讨农业科研规律，深入基层产业一线、掌握产业发展情况不够，互融互促效果不明显。

（四）党务干部队伍建设有待加强

个别单位专兼职党务干部配备薄弱，有些党务干部感到工作任务重、压力大；党务干部、支部书记的业务培训不足，业务能力和主责主业意识有待加强。

四、下一步工作建议

（一）深入推进“两学一做”学习教育常态化制度化

将学习贯彻党的十九大精神作为“两学一做”学习教育的重要内容，准确把握习近平新时代中国特色社会主义思想，从思想上、政治上和行动上同以习近平同志为核心的党中央保持高度一致，进一步增强“四个意识”，牢固树立“四个自信”。在全院深入推进“两学一做”学习教育常态化制度化，以提升组织力为重点，突出基层党组织政治功能，加强基层党委的新“五项建设”，强化党支部的七项职责落实，推动学习教育融入农业科技创新中心工作，解决实际问题，确保取得实效。按照中央要求和农业部党组安排，以处级以上领导干部为重点，组织开展“不忘初心、牢记使命”主题教育，用党的创新理论武装头脑。

（二）从严从实抓好督促整改

认真做好督查成果的运用工作，本次督查情况经院党组审定后，向各被督查单位反馈，督促整改。坚持问题导向，加强“两学一做”学习教育常态化制度化工作落实情况的痕迹管理和督查工作，层层传导压力，在“改”上实现常态化。将此次督导整改纳入年底党建述职评议考核的内容，推动各单位抓好整改，保证整改的效果 。

（三）深化党建工作与中心工作的互融互促

围绕“顶天立地”发展战略和现代科研院所跨越的目标任务，充分发挥支部的基础作用和党员的主体作用，进一步创新丰富互融互促的方式和载体，继续深化拓展“结对共建”这种体现农业科研单位特点的主题活动，激发广大科研工作者的创新热情，把学习教育激发的内生动力转化为推动中心工作的精气神和责任担当，实现党建和科技工作双丰收。

（四）进一步加强党务干部队伍建设

强化专兼职党务干部的选拔、培养和配置，补充一批青年骨干力量到基层党务干部队伍中来；加强对党务干部和支部书记的教育培训力度，培训工作常态化制度化，不断提升党务干部队伍的政治素质和履职尽责能力；对从事党务工作的专职人员予以多方鼓励，加强人文关怀，拓宽职务职称晋升的通道。

中共中国农业科学院党组关于认真学习宣传贯彻党的十九大精神的通知

院属各单位、院机关各部门：

中国共产党第十九次全国代表大会是在全面建成小康社会决胜阶段、中国特色社会主义进入新时代的关键时期召开的一次十分重要的大会。全院各级党组织和广大党员干部要把学习领会、全面贯彻党的十九大精神，作为当前和今后一个时期的首要政治任务，集中时间、集中精力认真学习大会文件特别是党的十九大报告，认真学习贯彻习近平新时代中国特色社会主义思想，锐意进取，埋头苦干，努力开创农业科技创新工作新局面。根据中央以及《中共农业部党组关于认真学习宣传贯彻党的十九大精神的通知》（农党组发〔2017〕103 号）要求，现就认真做好我院学习宣传贯彻党的十九大精神通知如下。

一、充分认识党的十九大和学习宣传贯彻党的十九大精神的重大意义

党的十九大高举中国特色社会主义伟大旗帜，以马克思列宁主义、毛泽东思想、邓小平理论、“三个代表” 重要思想、科学发展观、习近平新时代中国特色社会主义思想为指导，分析了国际国内形势发展变化，回顾和总结了过去 5 年的工作和历史性变革，作出了中国特色社会主义进入了新时代、我国社会主要矛盾已经转化为人民日益增长的美好生活需要和不平衡不充分的发展之间的矛盾等重大政治论断，深刻阐述了新时代中国共产党的历史使命，确立了习近平新时代中国特色社会主义思想的历史地位，提出了新时代坚持和发展中国特色社会主义的基本方略，确定了决胜全面建成小康社会、开启全面建设社会主义现代化国家新征程的目标，对新时代推进中国特色社会主义伟大事业和党的建设新的伟大工程作出了全面部署。

认真学习宣传贯彻党的十九大精神，事关党和国家工作全局，事关中国特色社会主义事业长远发展，事关最广大人民根本利益，对于动员全党全国各族人民更加紧密地团结在以习近平同志为核心的党中央周围，高举中国特色社会主义伟大旗帜，坚定道路自信、理论自信、制度自信、文化自信，为实现推进现代化建设、完成祖国统一、维护世界和平与促进共同发展三大历史任务，为决胜全面建成小康社会、夺取新时代中国特色

社会主义伟大胜利、实现中华民族伟大复兴的中国梦、实现人民对美好生活的向往继续奋斗，具有重大现实意义和深远历史意义。

全院各级党组织和广大党员干部要充分认识党的十九大的重大意义，认真学习宣传贯彻好党的十九大精神，深刻领会党的十九大精神的政治意义、历史意义、理论意义、实践意义和思想精髓、核心要义、部署要求，把思想和行动统一到党的十九大精神上来，把智慧和力量凝聚到实现党的十九大确定的各项任务上来，更加紧密团结在以习近平同志为核心的党中央周围，以永不懈怠的精神状态和一往无前的奋斗姿态，推动农业科技创新事业取得新发展！

二、全面准确学习领会党的十九大精神

学习宣传党的十九大精神，既要整体把握、全面系统，又要突出重点、抓住关键，把着力点聚焦到习近平新时代中国特色社会主义思想是党必须长期坚持的指导思想上，聚焦到五年来党和国家事业取得历史性成就和发生历史性变革上，聚焦到作出中国特色社会主义进入了新时代、我国社会主要矛盾已经转化为人民日益增长的美好生活需要和不平衡不充分的发展之间的矛盾等重大政治论断的深远影响上，聚焦到贯彻落实党的十九大的重大决策部署上，聚焦到以习近平同志为核心的新一届中央领导集体是深受全党全国各族人民拥护和信赖的领导集体上，聚焦到习近平总书记是全党拥护、人民爱戴、当之无愧的党的领袖上，认真研读党的十九大报告和党章，学习习近平总书记在党的十九届一中全会上的重要讲话精神，原原本本、原汁原味、全面准确地学习好党的十九大精神，切实在学懂、弄通、做实上下功夫。

要深刻领会大会的鲜明主题，进一步明确方向、坚定信心，奋力拼搏、攻坚克难，为决胜全面建成小康社会，夺取新时代中国特色社会主义伟大胜利，实现中华民族伟大复兴的中国梦积极贡献力量。要深刻领会习近平新时代中国特色社会主义思想历史地位和丰富内涵，深刻把握其历史贡献，深刻认识确立其为党的指导思想的重大意义，深刻把握新时代坚持和发展中国特色社会主义的基本方略，以紧跟时代的理论自觉、坚如磐石的战略定力，勇做新思想的践行者，不断开创中国特色社会主义发展新局面。要深刻领会党的十八大以来党和国家发生的历史性变革和宝贵经验，准确把握过去5年党和国家事业发展成就是全方位的、开创性的，变革是深层次的、根本性的，充分认识这些成就和变革是在以习近平同志为核心的党中央坚强领导下取得的，是在习近平新时代中国特色社会主义思想指引下取得的，从中汲取力量，坚定信心，奋勇前进。要深刻领会中国特色社会主义进入新时代的丰富内涵和重大意义，把握新形势新要求，站在新的历史起点上，登高望远、再接再厉，为新时代全面建设社会主义现代化强国再立新功。要深刻领会新时代中国共产党的历史使命，深入推进党的建设新的伟大工程，确保党始终走在时代前列、始终成为全国人民的主心骨、始终成为坚强领导核心。要深刻领会我国社会主要矛盾变化的重大意义和深远影响，深刻把握我国社会主要矛盾变化是关系全局的

历史性变化，牢牢把握我国仍处于并将长期处于社会主义初级阶段的基本国情，顺应社会主要矛盾转化对农业科技创新工作提出的新要求，加快补齐农业农村发展短板，着力解决好发展不平衡和不充分问题，努力完成好新时代赋予我们的历史使命。要深刻领会全面建设社会主义现代化国家两个百年目标和“两个十五年”阶段安排，充分认识这一重大战略部署是对我国社会主义现代化建设“三步走”战略安排的继承和发展，要准确把握决胜全面小康和“两个阶段”的战略安排，结合实际开创性工作，奋力谱写社会主义现代化新征程的壮丽篇章。要深刻领会党的十九大对中国特色社会主义事业的战略部署，自觉将农业科技创新工作放到党和国家发展大局中去谋划，贯彻落实中央“三农”方针政策，统筹推进农村经济建设、政治建设、文化建设、社会建设、生态文明建设，为创造中国特色社会主义伟大实践新辉煌夯实根基。要深刻领会坚定不移全面从严治党、不断提高党的执政能力和领导水平的战略部署，充分认识全面从严治党的艰巨性、长期性，准确把握新时代党的建设总要求和重点任务，牢固树立“四个意识”，坚决维护党中央权威和集中统一领导，坚定不移执行党的政治路线，严格遵守政治纪律和政治规矩，在政治立场、政治方向、政治原则、政治道路上与党中央保持高度一致。同时，要深刻领会国防和军队建设、港澳台工作、外交工作的战略部署。

三、认真学习贯彻习近平新时代中国特色社会主义思想

学习贯彻党的十九大精神，最根本的是学习贯彻习近平新时代中国特色社会主义思想。要坚持理论联系实际，坚持学用一致，在用习近平新时代中国特色社会主义思想武装头脑、指导实践、推动工作上下功夫，紧密结合农业科技创新工作，在统一思想、凝聚力量、加快发展上取得实效，在落实部署、见诸行动上取得实效。

要充分认识深入学习贯彻习近平新时代中国特色社会主义思想的重大意义。中国农业科学院全体党员干部要以习近平新时代中国特色社会主义思想统一思想和行动，切实增强学习贯彻的自觉性和坚定性，把习近平新时代中国特色社会主义思想贯彻到农业科技创新和农业农村现代化建设全过程、体现到党的建设各方面。要全面把握习近平新时代中国特色社会主义思想的理论体系。要认真学习、深刻领会习近平新时代中国特色社会主义思想的精神实质和丰富内涵，全面准确贯彻落实党的基本理论、基本路线、基本方略，坚定道路自信、理论自信、制度自信、文化自信，不断推动党和人民事业发展取得新进展、开创新局面。要坚持用习近平新时代中国特色社会主义思想指引农业科技创新工作。习近平“三农”思想是习近平新时代中国特色社会主义思想的重要组成部分，要全面学习掌握习近平新时代中国特色社会主义思想，全面贯彻落实习近平总书记“三农”思想，加快农业农村现代化步伐，提高农业科技创新能力，推动我国不断从农业大国向农业强国迈进。

四、深刻认识乡村振兴战略的重大意义和目标要求

党的十九大高度重视“三农”工作，强调农业农村农民问题是关系国计民生的根本性问题，必须始终把解决好“三农”问题作为全党工作重中之重，提出坚持农业农村优先发展，实施乡村振兴战略。推进乡村振兴，并把它提升到战略高度，这是中国特色社会主义进入新时代的历史背景下，以习近平同志为核心的党中央在深刻把握我国国情农情，深刻认识我国城乡关系变化特征和现代化建设规律的基础上，着眼于党和国家事业全局，对“三农”工作作出的新战略部署、提出的新的目标要求。实施乡村振兴战略是新时代“三农”工作的总抓手，与推进农业供给侧结构性改革、推进农业现代化的方向目标是一致的。要胸怀全局、立足本职，牢牢抓住重大历史机遇，深入领会、科学谋划、抓好落实，奋力开创农业农村经济工作新局面。

要准确把握“重中之重”战略定位，坚持农业农村优先发展。进入新时代，面对新要求，必须始终坚持“重中之重”的战略定位，采取超常规振兴措施，在城乡统筹、融合发展制度设计、政策创新上想办法、求突破，进一步调整理顺工农城乡关系，显著缩小城乡差距，推动要素配置、资源条件、公共服务向农业农村倾斜，加快补齐农业农村发展短板，坚决稳住农业农村这个基本盘，为社会主义现代化建设全局提供基础支撑。要准确把握实施乡村振兴战略的重大部署，加快推进城乡融合发展。要按照产业兴旺、生态宜居、管理有效、乡风文明、生活富裕的总要求，建立健全城乡融合发展的体制机制和政策体系，加快推进农业农村现代化。乡村振兴，产业兴旺是重点，要把大力发展农村生产力放在首位，深入推进农业供给侧结构性改革，统筹山水林田湖草系统治理，加快形成农业绿色发展方式；要拓宽农民就业增收渠道，大力推进农业产业扶贫，打好脱贫攻坚战，让农民的钱袋子进一步鼓起来，日子更加好起来。要准确把握深化农村改革的目标任务，大力培育农业农村发展新动能。贯彻深化农村改革的部署要求，要重点抓好承包地确权登记颁证工作，探索“三权分置”多种实现形式，深化农村集体产权制度改革，强化制度性供给，释放农村改革红利，增强农民获得感。要准确把握建设现代农业的目标任务，加快农业现代化步伐。紧紧围绕推进农业供给侧结构性改革主线，以构建现代农业产业体系、生产体系、经营体系为抓手，加快推进农业现代化，确保到2020年农业现代化取得明显进展，力争到2035年农业现代化基本实现，到新中国成立一百年时迈入世界农业现代化强国行列。要准确把握加强农业农村基础工作的目标任务，坚定不移维护农村和谐稳定。要探索创新农村治理，加强农村法治建设，推进农村精神文明建设，培养造就“懂农业、爱农村、爱农民”的“三农”干部队伍，加强农业农村人才培育和农民培训，促进农村社会更加和谐、安定有序。要加快农业科技创新，不断提高农业科技贡献率。农业现代化关键在科技进步和创新。要加快推进农业转型升级，提升农业质量效益，注重农业技术创新和可持续的集约发展，走中国特色农业现代化道路。

五、紧密联系农业科技创新实际不断把学习贯彻推向深入

学习贯彻党的十九大精神，要弘扬理论联系实际的学风，切实提高解决问题、推动发展的能力，紧密结合农业科技工作实际，狠抓学习贯彻工作落实，不断开创农业科技创新发展和党的建设新局面。

（1）抓好学习落实。深入推进“两学一做”学习教育常态化制度化，紧密结合即将开展的“不忘初心、牢记使命”主题教育，组织开展好党的十九大系列辅导报告会、我院十九大代表深入基层宣讲等活动，开展多形式、分层次、全覆盖的全员培训，组织全体党员干部认真学习党的十九大精神。各类党务干部培训班和群团组织培训班要将学习十九大精神纳入必修课程，作为思想政治教育和课堂教学的重要内容。

（2）加强调查研究。要坚持理论联系实际，紧紧围绕加快建设创新型国家和实施乡村振兴战略，院领导和院属各单位、院机关各部门主要负责同志要带队到基层特别是联系点深入开展调查研究，重点研究事关农业科技创新发展的全局性、关键性、战略性问题，抓紧谋划本行业、本领域当前和今后一个时期的发展思路、目标任务和政策措施，为做好新时代农业科技创新工作做好基础准备和政策储备。

（3）科学谋划新时代农业科技创新工作。全面贯彻党的十九大精神，以习近平新时代中国特色社会主义思想为指引，以建设创新型国家和实施乡村振兴战略为总抓手，以“两个一流”为总目标，深入推进农业供给侧结构性改革，突出农业绿色发展，加强农业科技发展新战略研究，谋划一批落实十九大部署的重点选题，持续推进创新联盟建设，深入推进创新工程向纵深发展，大力实施人才强院战略，不断提升成果转化和服务区域发展水平，为中国农业科学院实现跨越发展、引领带动全国农业科技整体跃升做出新的贡献，努力取得农业农村现代化建设新成就。

（4）加强农业科技干部队伍建设。要抓好学习型机关建设，创新学习交流方式，切实提高推动发展、解决问题的能力。要选优配强领导班子，突出政治标准，着力选拔忠诚干净担当的干部，大力发现储备年轻干部。要从严管理干部，坚持“严管和厚爱结合、激励和约束并重”管理监督干部，进一步完善干部考核评价机制。要加大力度贯彻院党组关于加强人才队伍建设的决策部署，加强农业科技人才队伍建设，完善人才评价、绩效考核、分类培养和人才引进等方面的配套政策、实施办法或操作细则，加快建设规模适当、布局合理、梯次配备的人才队伍，营造重视农业科技人才的良好氛围。

（5）落实全面从严治党各项要求。要把党的政治建设摆在首位，坚定不移推进全面从严治党，不断加强中国农业科学院党的建设各项工作。教育党员干部牢记党的宗旨、坚定理想信念，切实把好世界观、人生观、价值观这个“总开关”。加强基层党组织建设，把院属各单位每一个党支部都建设成为坚强战斗堡垒。坚持以上率下，坚持不懈落实中央八项规定精神，持之以恒正风肃纪。运用监督执纪“四种形态”加大信访

和函询谈话力度，保持反腐高压态势。

（6）统筹做好当前农业科技创新各项工作。全年工作已进入冲刺收官阶段。贯彻落实十九大精神要从当前工作、从本部门的工作抓起，要体现十九大召开后的新气象、新面貌、新成效。要坚定全年工作目标、突出重点、强化措施，抓好中央一号文件、农业部一号文件和部、院党组确定的重点工作的落实，圆满完成今年各项目标任务。做好国家重大科技项目的组织申报工作，组织专家积极参与中央农村工作会议和全国农业工作会议的筹备等，要将党的十九大作出的战略部署贯彻始终，切实将十九大提出的目标任务落实到具体工作实践。要对照今年中央农村工作会议和全国农业工作会议的精神要求，调整工作计划安排，为院所发展争取更大支持。

六、切实加强组织领导

全院各级党组织要把学习宣传贯彻党的十九大精神摆上重要议事日程，切实加强组织领导。

（1）认真落实领导责任。院党组成员要带头落实责任，抓好分管部门和联系点十九大精神的学习贯彻，既要带头讲党课，宣讲党的十九大精神，也要牵头抓好分管部门分管领域落实党的十九大精神的工作举措。各级党组织要切实担负起领导责任，精心组织、周密安排，不断把学习十九大精神引向深入。要按照党中央和部院党组的部署，结合本单位实际，制定切实可行的学习计划，组织开展喜闻乐见的学习贯彻活动，把学习宣传贯彻党的十九大精神与党员干部和入党积极分子教育培训工作、加强领导班子建设和基层党组织建设结合起来，迅速兴起学习宣传贯彻党的十九大精神热潮。要充分发挥各级群团组织的自身优势，开展各具特色的学习教育活动。要加强工作指导，加强督促检查，务求取得实效，切忌形式主义。

（2）抓住“关键少数”。开好院“两研会”，举办“两委”书记培训班、组织开展所局级干部论文和院“两研会”论文评选交流等，不断提高党员干部的政治觉悟和政治能力，增强执政本领。院所领导干部要发挥表率作用，带头撰写学习收获和心得体会，开展好党组织书记十九大精神“党课宣讲”活动，把党的十九大精神讲清楚、讲明白，让干部群众听得懂、能领会、可落实。

（3）加大宣传力度。要坚持团结稳定鼓劲、正面宣传为主，弘扬主旋律、传播正能量，着力用党的十九大精神统一思想、凝聚力量。落实意识形态工作责任制，绝不给错误思想言论提供传播渠道。要不断创新方式方法和平台载体，探索方法手段，努力增强学习宣传党的十九大精神的针对性实效性。坚持既严谨又生动，善于运用群众乐于参与、便于参与的方式，采取富有时代特色、体现实践要求的方法，在拓展广度深度上下功夫。在充分利用现有媒介的基础上，创新媒体传播方式深入做好宣传工作，宣传好基层各单位学习贯彻的具体举措和实际行动，展示好基层干部群众学习贯彻的典型事迹和良好风貌，不断增强宣传的实际效果。

院属各单位、院机关各部门要按照院党组统一部署，制定具体的学习贯彻工作计划，并将落实情况及时报院直属机关党委。

附件：中国农业科学院学习宣传贯彻党的十九大精神工作方案

中共中国农业科学院党组

2017 年 11 月 7 日

附件

中国农业科学院学习宣传贯彻党的十九大精神工作方案

中国农业科学院学习宣传贯彻党的十九大精神分3个阶段推进，第一阶段为动员部署阶段，第二阶段为集中学习阶段，第三阶段为深入贯彻阶段。具体安排如下。

一、动员部署阶段（党的十九大召开前后）

（1）组织院属京区各单位参观“砥砺奋进的五年”大型成就展，深入学习领会党的十九大精神，深刻理解把握习近平新时代中国特色社会主义思想（直属机关党委）。

（2）举办中国农科院喜迎十九大先进集体先进个人事迹报告会，充分发挥先进集体和模范个人的榜样力量，激发全院干部职工不忘初心，牢记使命，以更加优良的工作作风和更加辉煌的科技业绩向党的十九大献礼（直属机关党委）。

（3）印发《关于组织学习宣传党的十九大会议精神的通知》，要求各级党组织及时组织党员干部收听收看党的十九大会议报道，通过各种形式学习会议精神（直属机关党委）。

（4）召开全院干部职工大会，传达贯彻党的十九大精神和农业部党组要求，邀请我院十九大代表介绍参加党的第十九次全国代表大会的体会和今后工作打算（院办公室、直属机关党委）。

（5）印发《中国农业科学院党组关于学习宣传贯彻党的十九大精神的通知》，制定学习方案，对在全院学习贯彻活动作出部署、提出要求，指导各单位学习宣传贯彻活动（直属机关党委）。

（6）充分利用中国农业科院网、中国农业科学院直属机关党建网、农科院报、支部工作App、展板、宣传栏等媒介，开展中国农业科学院学习宣传贯彻十九大精神集中宣传（院办公室、直属机关党委）。

二、集中学习阶段（10月下旬至12月底）

（1）召开院党组中心组学习会，专题学习贯彻党的十九大和十九届一中全会精神，集中交流思想认识和心得体会，结合贯彻落实习近平总书记贺信精神，研讨我院今后发展工作思路（院办公室）。

（2）协助部直属机关党委举办“农业部基层十九大代表宣讲党的十九大精神巡回报告”活动，与基层党员干部交流学习党的十九大精神的体会（直属机关党委）。

（3）召开乡村振兴科技支撑行动专题座谈会，研究制定《乡村科技振兴科技支撑行动建议方案》，落实创新驱动发展战略、乡村振兴战略和可持续发展战略，研究谋划我国农业农村发展格局、愿景与道路，为解决好乡村振兴战略中有关的科技问题提供强有力的科技支撑（科技局、财务局、转化局）。

（4）组织召开中国农业科学院深入学习贯彻党的十九大精神暨院“两研会”第六届理事会第五次会议，邀请专家深入解读十九大精神，并围绕贯彻落实党的十九大精神，开展研讨交流，研究部署 2018 年及今后一个时期全院党建工作（直属机关党委）。

（5）召开全院科技管理工作会议，深入学习党的十九大精神和习近平总书记建院 60 周年贺信精神，坚持“三个面向”“两个一流”目标要求，强化科技创新工程管理制度落实与考核评估，强化“十三五”规划任务落实，推动我院实现率先跨越，带动全国农业科研水平整体跃升（科技局）。

（6）开展调查研究，院领导和机关各局主要领导联系十九大精神的要求，结合自身分管工作或部门工作，深入到研究所，到“三农”的科技主战场走访调研，宣讲党的十九大精神，研究重点问题，谋划发展思路，提出政策建议（院办公室、人事局）。

（7）深入阜平进行科技扶贫研究，推进院属各个研究所与阜平对接（成果转化局）。

（8）组织我院京区直属党组织主要负责人、所局级干部、党务干部参加农业部学习贯彻党的十九大精神“两委”书记培训班、司局级年轻干部专题研讨班和新任基层党支部书记培训班（直属机关党委、人事局）。

（9）以学习党的十九大精神为主题，紧密结合农业科技创新工作实际，组织开展 2017 年度司局级干部理论学习论文征集评选活动（直属机关党委）。

（10）组织全体党员参加农业部举办的学习十九大精神轮训（人事局、各直属单位）。

（11）开展党组织书记党的十九大精神“党课宣讲”活动（院机关各部门、院属各单位）。

（12）发挥基层党支部和工青妇组织作用，结合工作实际，采取集体学习十九大报告、书记讲党课、参观成就展、研讨交流等多种形式进行学习宣传，将会议精神及时传达到基层党群组织和每一位党员干部（院机关各部门、院属各单位）。

（13）在青年干部中开展学习《习近平的七年知青岁月》征文活动（直属机关党委）。

（14）组织群团干部参加农业部举办的群团干部学习贯彻党的十九大精神培训班（院工会、院团委、院妇工委）。

（15）院机关各部门和院属各单位结合总结 2017 年工作、谋划 2018 年工作，学习贯彻十九大精神，做到学深学透，深入调查研究，转化为推进工作的思路和措施，切实用十九大精神指导实际工作（院机关各部门、院属各单位）。

（16）利用中国农业科院网、中国农业科学院直属机关党建网、院闭路电视、中国农业科学院报、宣传展板、微信、App 等媒介，开展中国农业科学院学习宣传贯彻十九大精神集中宣传（院办公室、直属机关党委）。

三、深入贯彻阶段（2018 年初开始）

（1）组织举办系列专题辅导报告会，邀请中央党校、科研院所、高校等专家从多角度深入解读党的十九大精神（直属机关党委）。

（2）根据中央部署，组织开展“不忘初心 牢记使命”主题教育（直属机关党委）。

（3）召开院工作会议，对全院学习宣传贯彻党的十九大精神做出安排，研究部署 2018 年全院各项工作（院办公室）。

（4）组织举办中国农业科学院“两委”书记、党办主任、党支部书记培训班，以学习贯彻党的十九大精神为主题，培训党务干部，交流党务工作经验，提高党务工作水平，推动全面从严治党向纵深发展（直属机关党委）。

（5）组织工会干部、妇女干部、青年干部围绕“学习贯彻落实十九大精神”开展专题培训和主题实践活动（院工会、院妇工委、院团委）。

（6）利用中国农业科院网、中国农业科学院直属机关党建网、院闭路电视、中国农业科学院报、宣传展板等媒介，开展中国农业科学院学习宣传贯彻十九大精神集中宣传（院办公室、直属机关党委）。

中共中国农业科学院党组
关于表彰 2015—2017 年度文明单位的决定

院属各单位、院机关各部门党组织：

3 年来，院属各单位、院机关各部门坚持深入学习贯彻习近平新时代中国特色社会主义思想，努力践行社会主义核心价值观，群众性精神文明创建活动蓬勃开展，全院干部职工文明素质不断提高，涌现出一批成绩突出的先进单位。为激励先进、树立典型、振奋精神，推动全院精神文明创建活动深入开展，院精神文明建设协调领导小组决定授予院办公室等 29 个单位（部门）“2015—2017 年度中国农业科学院文明单位”称号。

希望受表彰的单位再接再厉，在新时代持之以恒地抓好精神文明建设，始终保持创建活动的生机和活力，更好地发挥示范带动作用。全院各单位各部门要坚持深入学习贯彻党的十九大精神，加强理想信念教育，大力弘扬中华优秀传统文化、革命文化和社会主义先进文化，坚持以人民为中心的工作导向，注重典型示范引领，不断深化群众性精神文明创建活动，积极营造创新文化，共同打造农科精神，力争率先建成世界一流学科和一流科研院所，引领带动农业科技实现整体跃升。

附件：2015—2017 年度中国农业科学院文明单位名单

2018 年 1 月 3 日

附件

2015—2017年度中国农业科学院文明单位名单

院办公室
科技管理局
人事局
基本建设局
成果转化局
监察局
研究生院
作物科学研究所
植物保护研究所
农业环境与可持续发展研究所
饲料研究所
农产品加工研究所
农业资源与农业区划研究所
农业信息研究所
农业质量标准与检测技术研究所
中国农业科学技术出版社
水稻研究所
棉花研究所
麻类研究所
茶叶研究所
哈尔滨兽医研究所
兰州兽医研究所
兰州畜牧与兽药研究所
上海兽医研究所
草原研究所
特产研究所
环境保护科研监测研究所
烟草研究所
深圳农业基因组研究所

中国农业科学院关于表彰 2014—2015 年度先进集体和先进工作者的决定

院属各单位、院机关各部门：

近年来，院属各单位和广大干部职工认真学习党的十八大和十八届三中、四中、五中、六中全会精神，坚决贯彻落实中央决策部署和农业部要求，以饱满的热情投身科技创新实践，在建设世界一流农业科研院所、全面推进我院跨越式发展中涌现出一批先进集体和个人。经各单位推荐，评委会评议，院党组审定，决定授予作科所小麦亲本创制与新品种选育创新团队等 10 个集体“中国农业科学院 2014—2015 年度先进集体”荣誉称号；授予贾冠清等 10 名同志“中国农业科学院 2014—2015 年度先进工作者”荣誉称号（名单见附件）。

院属各单位和广大干部职工要向先进集体和先进工作者学习，学习他们爱岗敬业、勇于奉献的优秀品质；学习他们开拓进取、奋发有为的创新精神；学习他们团结协作、努力拼搏的良好风尚；学习他们严谨求实、勇攀高峰的科学精神；学习他们潜心科研、争创一流的优良作风。

希望获得院先进集体和先进工作者荣誉称号的集体和个人，谦虚谨慎，珍惜荣誉，继续发挥模范表率作用，以更加高昂的斗志、更加饱满的热情、更加求实的精神，为实现我院建设世界一流农业科研院所的战略目标，为我国农业农村经济发展作出更大的贡献。

附件：中国农业科学院 2014—2015 年度先进集体和先进工作者名单

2017 年 1 月 7 日

附件

中国农业科学院2014—2015年度先进集体和先进工作者名单

一、中国农业科学院2014—2015年度先进集体名单（10个）

作物科学研究所　小麦亲本创制与新品种选育创新团队
饲料研究所　饲用酶工程创新团队
生物技术研究所　作物分子育种技术创新团队
农业资源与农业区划研究所　草地生态遥感创新团队
水稻研究所　水稻高效栽培创新团队
油料作物研究所　质量安全与标准研究室（油料质量安全与风险评估创新团队）
兰州畜牧与兽药研究所　畜牧研究室
南京农业机械化研究所　农副产品加工工程技术中心
院人事局　人才工作处
烟草研究所　植物保护研究中心

二、中国农业科学院2014—2015年度先进工作者名单（10名）

贾冠清　作物科学研究所　副研究员
周雪平　植物保护研究所　所长、研究员
顾兴芳　蔬菜花卉研究所　研究员
高清竹　农业环境与可持续发展研究所　研究员
王　静　农业质量标准与检测技术研究所　研究员
严根土　棉花研究所　研究员
尹军峰　茶叶研究所　研究员
王晓钧　哈尔滨兽医研究所　研究员
郑海学　兰州兽医研究所　研究员
翟　良　上海兽医研究所　条财处处长

关于表彰 2015—2016 年度中国农业科学院巾帼文明岗　巾帼建功标兵先进基层妇女组织　优秀妇女工作干部妇女之友的决定

院属各单位、院机关妇女组织：

两年来，我院各级妇女组织和广大女职工在院党组、院直属机关党委和各级党组织的领导下，根据上级妇女组织的工作部署，以习近平总书记系列重要讲话精神为指导，不断加强基层妇女组织建设，提升女职工综合素质，在实施科技创新工程和推进现代院所建设中作出了积极贡献，涌现出一批先进集体和先进个人。为表彰先进，树立典型，由各单位申报、经院妇工委组织评选，公示无异议后报院直属机关党委批准，决定授予作物科学研究所重大科学工程开放实验室等 7 个集体为 2015—2016 年度中国农业科学院"巾帼文明岗"称号，授予石巍等 9 名同志为 2015—2016 年度中国农业科学院"巾帼建功标兵"称号，授予研究生院妇女委员会等 6 个妇女组织为 2015—2016 年度中国农业科学院"先进基层妇女组织"称号，授予吕拓等 10 名同志为 2015—2016 年度中国农业科学院"优秀妇女工作干部"称号，授予王长江等 25 名同志为 2015—2016 年度中国农业科学院"妇女之友"称号。

希望受到表彰的先进集体和先进个人把荣誉作为新起点，谦虚谨慎惜荣誉，再接再厉创佳绩；希望院各级妇女组织要向受到表彰的先进妇女组织学习，结合农业科研和妇女工作实际，不断创新工作思路，充分发挥党组织联系妇女群众的桥梁纽带作用，使妇女组织真正成为可信赖依靠的"妇女之家"；希望全院广大女职工要以受到表彰的先进个人为榜样，在农业科技创新的各个岗位上勤于学习、勇于创新、乐于奉献，争做新时期的农科巾帼，以更加开阔的胸襟、更加务实的精神、更加昂扬的姿态、更加坚定的步伐，为我院建设世界一流农业科研院所作出新贡献。

附件：2015—2016 年度中国农业科学院巾帼文明岗　巾帼建功标兵　先进基层妇女组织　优秀妇女工作干部　妇女之友名单

附件

2015—2016 年度中国农业科学院 巾帼文明岗　巾帼建功标兵　先进基层妇女组织 优秀妇女工作干部　妇女之友名单

一、巾帼文明岗（7 个，排名不分先后）

作物科学研究所　重大科学工程开放实验室
北京畜牧兽医研究所　肉羊遗传育种创新团队
农产品加工研究所　周素梅课题组
中国水稻研究所　稻作技术研究创新团队
油料作物研究所　芝麻种质资源课题组
上海兽医研究所　综合办公室
特产研究所　药用植物栽培创新团队

二、巾帼建功标兵（9 名，按姓氏笔画排列）

石　巍　蜜蜂研究所研究室　副主任、研究员
刘　佳　农业资源与农业区划研究所　研究员
杨丽梅　蔬菜花卉研究所　研究员
邱　坤　农业部沼气科学研究所　助理研究员
罗会颖　饲料研究所　研究员
秦　艳　草原研究所　处长（主任）、副研究员
聂凤英　农业信息研究所　研究室主任、研究员
徐志红　郑州果树研究所　研究员
高　毅　后勤服务中心幼儿园　园长、小学高级教师

三、先进基层妇女组织（6 个，排名不分先后）

研究生院　妇女委员会
植物保护研究所　妇女委员会
农业质量标准与检测技术研究所　妇女委员会
果树研究所　妇女委员会
茶叶研究所　女职工委员会

农业部环境保护科研监测所　妇女联合会

四、优秀妇女工作干部（10 名，按姓氏笔划排列）

吕　拓　麻类研究所　妇女委员会副主任
朱　玛　农业部南京农业机械化研究所　女工委员会主任
刘　佳　院机关　妇女委员会委员
李丽霞　棉花研究所　女工委员会委员
初晓宇　生物技术研究所　妇女委员会文体委员
张　莹　哈尔滨兽医研究所　女工委员会主任
张小红　中国农业科学技术出版社　妇女委员会主任
张蔚蔚　烟草研究所　妇女委员会委员
赵海燕　兰州兽医研究所　女工委员会主任
程　艳　农业环境与可持续发展研究所　妇女委员会委员

五、妇女之友（25 名，按姓氏笔画排列）

王长江　农产品加工研究所　党委书记
王朝云　麻类研究所　副所长、党委副书记
任天志　农业部环境保护科研监测所　所长、党委副书记
刘荣乐　研究生院　副院长、纪委书记
刘继芳　农业信息研究所　党委书记
许发辉　烟草研究所　党委书记
孙日飞　蔬菜花卉研究所　所长
苏伟林　特产研究所　党办主任
杨克理　作物科学研究所　党办副主任、工会副主席
步志高　哈尔滨兽医研究所　所长
吴孔明　院党组成员、副院长
张步江　植物保护研究所　党委书记
张继瑜　兰州畜牧与兽药研究所　副所长、纪委书记
张燕卿　农业环境与可持续发展研究所　所长
陈小兵　农业部南京农业机械化研究所　党委委员
项伯纯　饲料研究所　党委副书记、纪委书记
赵长军　油料作物研究所　党委书记
郝志强　果树研究所　党委书记
侯向阳　草原研究所　所长、党委副书记

侯志勇　棉花研究所　副所长、党委副书记
姜仁华　茶叶研究所　党委书记
骆建忠　中国农业科学技术出版社　社长、党支部书记
钱永忠　农业质量标准与检测技术研究所　所长
程式华　中国水稻研究所　所长、党委副书记
魏　琦　原院党组成员、人事局局长

中央纪委驻农业部纪检组组长、农业部党组成员宋建朝在中国农业科学院2017年党风廉政建设工作会议上的讲话

2017年1月10日

这次是我第三次参加中国农业科学院的党风廉政建设工作会议。今年是农科院建院60周年大喜的日子，从建院到发展再到今天，农科院的领导和同志们付出了辛勤的努力。中国农业科学院作为专门的国家级农业科研机构，在行业领域独树一帜，发展到今天很不容易，可以说达到了一个新的高度，表现在一是我们有一支优秀的队伍一批骨干的人才，二是我们有一批重大的科研成果。

中国农业科学院党组、纪检组高度重视党风廉政建设工作，每年全院工作会议期间都专门安排整个半天专题召开党风廉政建设工作会议。除了工作总结、任务部署、业务交流外，2017年全院党风廉政建设工作会议又专门增加了案例通报和集体约谈。由此可见，农科院党组、纪检组想尽方法、全力以赴，在大力搞好科研工作的同时，努力把队伍抓好带好。但是2016年农科院确实还有部分科技工作者存在违纪问题，有的因为严重违纪被开除了党籍甚至差点被开除公职、移送司法。这也暴露出，尽管纪律规矩我们反复在讲，但还是会多多少少存在一些问题。

结合中纪委七次全会精神、参加会议的一些体会以及农科院工作实际，我有几点想法和大家一起交流。

一、严守党的政治纪律，规范党内政治生活，净化党内政治生态

中纪委七次全会是十八大以来对纪律检查4年多工作的一次总结，习近平总书记在讲话中对纪检监察发挥的作用给予了高度肯定。4年多来全面从严治党成效显著，得到广大党员和人民群众的高度肯定，但也还是存在一些问题。这些问题虽然表象上看是经济领域的腐败、违反中央八项规定精神、“四风”问题尚未根除等，但根源还是政治生活、政治生态、政治觉悟出了问题。中国农业科学院干部职工要在做好科研业务的同时，时刻牢记党员身份，严格遵守党内政治纪律，规范党内政治生活。

牢固树立“四个意识”，始终保持坚定正确的政治方向和政治立场。在维护中央权威和贯彻党的路线方针政策上，要态度明确、行动坚决，时时处处与党的方针政策和决

策部署看齐。看齐意识是一个持续坚持的过程，不能阶段性看齐，更不能选择性看齐，要经常看齐、主动看齐、全面看齐，始终做到有令则行、有禁则止。贯彻党的方针政策和决策部署不能犹犹豫豫、摇摇摆摆，不能选择性执行，不能拖拖拉拉、避重就轻、软磨硬泡，要坚持全面看齐、始终看齐，做到从上到下同心同力、合而发力。绝不能妄议中央，要始终做到表里如一。不能会上一套会下一套，会上不说会下乱说，要时刻牢记党员身份，注意言行举止和说话场合。这既是提醒，也是对大家的关心和爱护。“四个意识”不能停留在标语上口号上，一定要落在与中央看齐和保持一致的思想和行动上。

增强政治警觉性和政治鉴别力。广大党员科技工作者，在忙于科研业务的同时，也要不断提高政治警觉性和政治鉴别力，千万不能因为自己从事科研就对政治纪律和政治安全掉以轻心。身为一名党员，对待单位事、身边事、社会事，要善于从政治的高度看待问题，从政治的角度审视问题。对违反政治纪律、影响政治安全的人和事，要敢于坚持原则，敢于斗争，敢抓敢管，坚决弘扬正气、抵制邪气。

时刻保持党内团结。不搞团团伙伙和任何形式的派别活动，不在党内培植私人势力，不在单位内、部门内搞小团伙小集体小圈子。尤其是在提拔干部、职称评审、评先评优时，要坚决遏制团团伙伙，严肃查处拉票、串联、恶意诬陷等不正之风。

对组织要忠诚。党员必须对党忠诚，这既是一项党性原则，也是一条纪律要求。从认真履行个人有关事项报告，到重大问题、重要事项按规定向组织报告，再到有问题主动向组织说明说清，都是党员干部对党组织是否忠诚的具体检验。有的干部不如实填报个人事项，这是最基本的诚实都没有做到。在谈话函询、纪律审查过程中，不如实向组织说明问题，对组织不忠诚的行为比组织要找你了解核实的问题，性质可能会更加严重，处理也会更加严厉。党员领导干部要用对组织忠诚的原则，既管好自己又带好队伍，强化纪律的约束性，用党组织的力量凝聚好队伍。

二、严格遵守中央八项规定精神，持之以恒反“四风”，作风建设永远在路上

根据去年巡视、查处的案件来看，严格遵守中央八项规定精神、持之以恒反“四风”永远在路上。总书记特别提到，落实中央八项规定精神是一场攻坚战、持久战，风化俗成是需要时间的。一个好风气的形成是需要一段时间的，因此落实规定是长期的。作风好转的成效虽然有目共睹，但“四风”问题的顽固性也绝对不容小视，依然在以“隐身衣”“青纱帐”“障眼法”“游击战”等新形式继续存在。

风化俗成需要时间，克服惯性思维迫在眉睫。我们不能继续用十八大以前的惯性思维去思考处理十八大以后的新情况新问题。十八大以后，我们要用新思维新思路思考问题，用新纪律新规定处理问题，不能稀里糊涂触红线，更不能打擦边球，存侥幸心理甚至故意而为。所以我们既要看到作风建设的长期性，又要看到克服惯性思维的紧迫性。

抓早抓小，常抓常说，齐抓共管。大家要像对待家人嘘寒问暖、叮咛嘱托一样，对

身边同志、对单位同事的作风问题、纪律问题，经常的、反复的叮嘱。尤其是容易触碰红线的事情、群众比较反感的事情、我们党比较关注的事情，更要提前提醒、反复提醒、严肃提醒。提前提醒就是预防，过年过节反复提醒，出现小问题严肃提醒。2016年我们查处了国家气象局一起公款旅游案例，一次性处理了10个人，其中涉及的处级干部，本来可以交给国家气象局处理，但是我们也一起给予了处理。之所以这么做，目的就是想通过这个典型案例，让受监督的4个单位都能充分吸取教训，明白哪些是不能触的底线和红线。对公款吃喝、公款旅游、公车私用等违反中央八项规定精神的问题，一定要坚持经常提醒、反复提醒，让批评和自我批评成为净化党内政治空气的清洁剂，让咬耳扯袖、红脸出汗成为党内政治生活的常态。

三、献身科研事业，恪守职业道德，遵守党纪国法

要有奉献精神。广大科研工作者要坚持追求真理，努力为人类文明做贡献；要热爱祖国，学习老一辈科学家无私奉献、献身祖国的精神，为振兴中华做贡献。

要恪守职业道德。耐得住寂寞，守得住清贫，经得起孤独，要有为目标执着坚持的追求，要有不为名利、不落俗套的清高。很多老一辈科学家默默无闻、远离繁华城市，一毕业就扎根大西北、深山沟，踏踏实实，坚持一分耕耘一分收获，很值得我们学习。现在呢，个别科研人员为了论文、职称、待遇，投机取巧，随意剽窃别人成果。科研人员一定要恪守职业道德，科研是追求真理的事情，真理来不得半点含糊。我们要做一流的学问，更要做一流的人品。

科研项目要立项真实，实施规矩，监督严格。首先立项要真实，不能作假，要实事求是，要为国为民为事业，不能为名为利为自己。很多科研立项是出于国家的实际需要。除了要搞现实需要方面的研究外，基础科学我们也要搞。但是有时候是为了凑项目拿资金来编课题，既不是基础理论的需要，也不是“三农”现实的需要，而是为了要经费、写论文、评职称。争取项目一定要根据国家需要、科学规律、科学发展趋势，审慎研究选择确定科研项目。权力不能染上金钱，项目千万不能和金钱利益挂上钩，否则项目就不真实，就和追求真理的目标有偏差。其次实施要规矩。不能说一套做一套。项目一旦批准、资金一旦到位，就要严格按照申报计划、时间进度、质量要求认真执行。现在存在的一些情况，是资金到位后执行却是另一套，随意修改预算甚至是违规挪用资金。大家一定不能有“钱一到手万事大吉”的思想，工作拖拉、不能按时结项甚至是虎头蛇尾。最后监督要严格。信任不能代替监督。首先我们相信广大科研人员，但正是为了爱护科研人员，使他们能够集中精力全身心投入科研，避免因为不熟悉财务制度、采购程序而出现违规违纪，因此要加强对项目的经常性监督管理。今天有的单位也提到了试剂耗材平台统一采购管理，这样做一方面是杜绝浪费提高资金效益，另一方面也是为了保护好我们的科研人员，避免科研人员犯错误。

提高修养，加强自律，修炼内功，修筑不想腐的堤坝。总书记在讲话中讲到标本兼

治、深入推进从严治党时，提到了5个方面的问题。其中治标不放松、强化监督两个方面是外力，坚持共产党人价值观提高政治觉悟、依靠文化自信坚定理想信念、做表率加强自律3个方面是内力。从严治党要深入，除了有外在的高压态势和强力的监督外，关键还要靠党员干部内在的自我提升。总书记在谈这个问题时，实际上是在反腐败过程中发现了我们在制度上的漏洞、文化上的缺失。坚持深化改革、涵养文化，不仅事关党风廉政建设工作的本身，也事关中国特色社会主义制度和中华文明的完善成熟。作为知识分子和科研工作者，我们要在修身齐家干事业过程中，多注意提高自身修养，继承发扬中华民族优秀的传统文化，多给自己补充精神食粮和文化营养。除了搞好科研外，我们也要涵养好我们的文化，树立共产党人高尚的价值观，坚定理想信念，做有品位、有追求、有内涵、有本事的中国知识分子。

最后衷心祝愿中国农业科学院在院党组的有力领导下，在全院干部职工的共同努力下，在迎来建院60周年这个大喜的年度，取得一系列更加卓著的工作成绩，产出一大批更加丰硕的科研成果，喜迎农科院建院60周年，献礼党的十九大胜利召开。

陈萌山书记在中国农业科学院2017年党风廉政建设工作会议上的讲话

2017年1月10日

同志们：

刚才李杰人同志代表院党组对2016年党风廉政建设工作做了全面总结，对2017年党风廉政建设工作做了重点部署，我完全同意。中纪委驻农业部纪检组组长宋建朝同志刚参加完十八届中纪委七次全会，就及时赶到我院传达全会精神并作重要讲话，充分表明了驻部纪检组和建朝组长对我院全面从严治党工作的高度重视和殷切希望！今天的会，我们第一次采取这样的形式，在党风廉政建设工作大会上套开集体约谈，通报典型案例，签订责任书，充分体现了院党组对全面从严治党和党风廉政建设工作的高度重视，对全面从严治党主体责任的自觉承担，也是向各部门各单位层层压实和传递“两个责任”的一个举措。下面，我就落实中纪委七次全会精神以及建朝组长的工作要求，全面做好我院2017年党风廉政建设工作讲3点意见。

一、我院党风廉政建设成效显著

党的十八大以来，中国农业科学院坚持以习近平总书记系列重要讲话精神为指导，认真贯彻落实党中央关于全面从严治党一系列重大决策部署，积极履行管党治党责任，紧密围绕服务科研、保障发展，以改革创新精神和求真务实作风抓好反腐倡廉各项工作，党风廉政建设更加深入扎实和富有成效。特别是2016年，我们接受了中央专项巡视，进行了严肃认真的巡视整改。这是一次全面的政治体检，一次深刻的精神洗礼，对我院全面从严治党工作是一次重大促进。2016年，我院党风廉政建设工作成效显著，突出体现在以下几方面。

一是“四个意识”明显增强。一年来，院党组高度重视理论武装和思想政治建设，把严明党的政治纪律、政治规矩和维护中央权威、确保政令畅通放在首位，着力增强看齐意识，筑牢全面从严治党在科研单位没有特殊、没有例外的广泛共识，自觉把“四个意识”作为加快推动农业科技创新工作的思想引擎，贯彻落实农业部党组重大决策部署，准确把握方向，响应产业重大需求，深入实施科技创新工程，推动成立国家农业科技创新联盟，继续开展绿色增产增效技术集成模式研究与示范，矢志不移服务“三农”建设主战场、服务国家战略，充分履行中国农科院国家队的责任和使命，使“四个意识”落地生根。

二是全面从严治党落实有力。表现为：管党治党主体责任到位，院党组及各部门各单位压实主体责任，层层传递，到边到角；履行一岗双责，坚持业务工作和廉政建设一起部署、一起推动，齐抓共管局面初步形成。思想教育、制度建设到位，全院以“两学一做”和巡视为契机，以问题为导向，深入开展党纪党规教育、案例警示教育；坚持思想建党与制度建党紧密结合，认真落实巡视整改，围绕党的领导、党的建设、全面从严治党、现代院所建设、科研经费管理等方面的薄弱环节和突出问题，建立、优化和完善各项规章制度，努力构建推动改革创新发展的现代院所制度体系。执纪问责到位，坚持把纪律挺在前面，对违反八项规定精神、“两个责任”落实不力、违反组织纪律、违反廉洁纪律、违规违纪使用科研经费等问题严肃查处和追责，起到问责一个、警醒一片的效果，推动管党治党从“宽松软”走向“严紧硬”。风清气正的氛围到位，通过全面从严治党和党风廉政建设各项工作的扎实开展，全院干部职工的纪律意识、规矩意识明显增强，创新创业、风清气正的良好氛围进一步形成。

三是科研经费监管扎实有效。这几年，我院党风廉政建设立足农科院实际，致力于“服务科研、保障发展”，抓住科研经费监管这个“牛鼻子”，持续发力，采取一系列富有成效的措施，使科研单位反腐倡廉建设的鲜明特色不断丰富和呈现。创新工作机制，打出了巡视牵头、审计先行、监察跟进的科研经费监管“组合拳”。抓住监管要害，深入实施“防火墙工程”和“阳光工程”，打造信息公开平台和物资采购平台。这两项工程、两个平台的建设工作，抓得很实，很有成效。加强财务管理队伍建设，全面落实科研财务助理制度，加强技能培训，提升财务管理和服务水平，确保科研经费监管在末端落实。强化内控机制，认真研究国家对科研经费管理的新政策新办法，结合我院科研经费管理中的薄弱环节和风险点，健全规章制度，如《内部控制基本制度》《横向经费使用管理办法》等，完善了科研经费监管的制度体系。这些措施，顺应了国家对科研管理的新政策新要求，适应了科研人员的实际需求，既实现了监督的目的，又达到了提升管理、服务科研的良好效果。

四是作风建设常态化长效化机制加快构建。坚决落实中央八项规定精神，贯彻执行《党政机关厉行节约反对浪费条例》《中央和国家机关会议费管理办法》等制度规定，各部门加强协作、齐抓共管，在三公经费、会议活动、差旅、公务接待、公务用车、办公用房、无纸化办公、学会协会等方面加强管理。结合科技创新需要，创建服务型院所机关，持续推进“慵懒散木推”专项整治，打造一流作风，优化科研环境，作风建设常态化长效化机制逐步形成。

党风廉政建设工作扎实有效，激励干部职工保持蓬勃向上的朝气、砥砺敢于担当的魄力、弘扬实干兴院的作风，营造风清气正的氛围，为创新创业提供了坚强保障。近年来，创新工程顺利实施推进，科技创新能力不断提升，立项和重大成果产出不断创新高；体制机制创新取得突破性进展，大联合大协作创新局面正在形成；科技成果转化不断加强，进一步提升了农业科研国家队在国际国内的影响力。韩部长于2016年年底在我院调研时，对我院的各项工作给予了高度肯定。这些成绩的取得，更加坚定了我们做好党风廉政建设工作的信心和决心。

今后一个时期，中国农业科学院党风廉政建设工作总的指导思想是，深入学习贯彻习近平总书记全面从严治党重要思想，全面落实中央和中纪委的要求，贯彻落实农业部党组重大决策部署，牢牢把握中国农业科学院党风廉政建设的正确方向；同时，结合农科院自身实际，始终在保障和促进农业科技创新、服务“三农”主战场的大局中谋划党风廉政建设工作，坚持标本兼治，坚持“两手抓、两手都要硬”，既着眼于预防、强化教育和监督，又坚决不放松惩治、聚焦主业，做到严字当头，实字托底，步步深入，善作善成，推动我院全面从严治党向纵深发展，积极营造有利于科技创新的良好政治生态。

二、准确把握坚决贯彻党的十八届六中全会和中纪委七次全会精神

党的十八届六中全会，通过了《关于新形势下党内政治生活的若干准则》（以下简称《准则》）和《中国共产党党内监督条例》（以下简称《条例》），实现了新形势下党内政治生活和党内监督的制度化，开创了全面从严治党新局面。在刚结束的十八届中纪委七次全会上，习近平总书记强调，全面贯彻落实党的十八届六中全会精神，以新的认识指导新的实践，继续在常和长、严和实、深和细上下功夫，坚持共产党人价值观，依靠文化自信坚定理想信念，严肃党内政治生活，强化党内监督，推进标本兼治，全面加强纪律建设，持之以恒抓好作风建设，把反腐败斗争引向深入，不断增强全面从严治党的系统性、创造性、实效性。我们要把学习贯彻十八届六中全会精神、习近平总书记重要讲话和中纪委七次全会精神作为重要政治任务抓紧抓好，以《准则》和《条例》为尺子，加强对贯彻落实六中全会精神情况的监督检查，把《准则》《条例》以及全面从严治党的要求和规定宣传到位、落实到位。

（一）进一步牢固树立“四个意识”，特别是看齐意识

习近平总书记在十八届中纪委七次全会上强调，增强政治意识、大局意识、核心意识、看齐意识，最终要落脚在看齐上。党的高级干部要自觉经常同党中央对表，校准自己的思想和行动。各级领导干部要自觉站在党和国家大局上想问题、办事情，把党中央大政方针不折不扣落实到位。

牢固树立“四个意识”，绝不能停留在口号上，一定要落实到行动中，像爱护自己的眼睛一样维护党中央权威、维护党的领导核心，真正做到思想上充分信赖、政治上坚决维护、组织上自觉服从、感情上深刻认同，在思想、政治和行动上始终与以习近平同志为核心的党中央保持高度一致。我院干部职工树立“四个意识”，就是要坚定服务

“三农”政治方向，落实中央“三农”方针政策，深刻理解和把握中央“三农”决策部署及科技创新要求，解决现代农业发展和农业供给侧结构性改革重大科技命题，强力支撑“三农”发展；就是要自觉地认识、把握、服从和维护大局，经常主动地与党章党纪对表，经常主动地展开灵魂深处的净化行动，在政治上站稳立场、在思想上辨明方向、在行动上善作善成，真正把“四个意识”牢记在心头，落实在手头。

（二）深刻理解和把握《准则》和《条例》体现的全面从严治党规律性认识

党的十八大以来，党中央举旗亮剑，谋篇布局，从实行八项规定、改进作风切入，以上率下，不断加大反腐败工作力度，密集出台一系列党纪法规，提出了一系列管党治党新要求、新部署、新举措，开创了党的建设和各项事业发展的新局面。可以说，在改革开放的实践中，在具有许多新的历史特点的伟大斗争中，形成了习近平总书记关于全面从严治党的重要思想，这是我们做好各项工作的最有力的思想武器、最管用的破题“钥匙”。十八届六中全会精神，是党中央全面从严治党思想的集大成体现，《准则》和《条例》的内容都非常全面、丰富。我们要善于把握其中的规律性认识，用来指导我院全面从严治党实践和党风廉政建设。这里我强调4点。

一是党内政治生活要严。全面从严治党究竟从何抓起？《准则》指出，党要管党必须从党内政治生活管起，从严治党必须从党内政治生活严起。这说明，党内政治生活在党的建设中居重要位置，全面从严治党必须以加强和规范党内政治生活作为起点和支点。党内政治生活是党员进行经常性党性锻炼的重要平台，是党的优良作风的生成土壤。有什么样的党内政治生活，就有什么样的党员，就有什么样的党风。从大量违纪违法案例看，党内生活松一寸，党员队伍就散一尺。有的党员干部理想信念动摇、“四风”问题突出，甚至腐败堕落，有的地方党组织软弱涣散、出现大面积“塌方式”腐败，都与党内政治生活缺乏甚至瘫痪有密切关系。十八届六中全会就新形势下党内政治生活做出重要规范，抓住了全面从严治党的关键和要害，我们要深刻理解这一点。全院党组织要把管党治党严在日常，严在经常，按照《准则》要求，把规范党内政治生活作为重要基础来抓；要创新方式方法，开展高质量的组织生活，确保党内政治生活的熔炉长期生火并保持足够温度；要注重抓基层固本，全面提高基层党支部凝聚力战斗力，使每一位党员干部都能在经常有效的组织生活中受到教育、锻炼和监督。

二是突出抓好领导干部这个重点和关键。“治党先治吏，治吏必从严”“上安下顺，弊绝风清”。不论是《准则》还是《条例》都突出强调了领导干部这个关键少数。我院各级党员领导干部特别是党政一把手，要牢固树立有权必有责，有责要担当，用权受监督，失责必追究的认识，严于律己，以身作则，率先垂范，作严格组织生活的表率、作坚持民主集中制的表率、作履责担当的表率、作廉洁用权的表率、作修德齐家的表率。只有领导干部表率在前，担当到位，才能将责任和压力有效地传导到各级党组织和全体党员干部，风清气正的环境才能形成。在强调责任的同时，我们还要注意激励干部担当作为。严管干部的最终目的是让干部既干净又干事。要认真落实习近平总书记“三个区分开来”的要求，把严格管理干部和热情关心干部结合起来，在政治上激励、在工作上支持、在待遇上保障，鼓励干部锐意进取、积极作为。要保护勇于担当、敢于负责的干部。

三是始终坚持把纪律和规矩挺在前面。在2016年的党风廉政建设工作会议上，我跟大家着重强调了加强纪律建设的重要性和必要性，2017年依然要强调。管党治党，根本上就是靠纪律来管，靠纪律来治；从严治党，关键就是要把纪律挺在前面。“盖天下之事，不难于立法，而难于法之必行”。毛泽东曾形象地说，路线是王道，纪律是霸道，这两者都不可少。习近平总书记说，纪律不严，从严治党就无从谈起。只有抓好严明纪律这个关键，强化党内制度约束，才能推动管党治党不断从“宽松软”走向“严紧硬”。经过2016年的中央巡视以及对违纪违规行为的严肃执纪问责，我院党员干部和科研人员对纪律的严肃性和权威性有了更为深刻的认识，那就是各级党组织和全体党员，都必须无条件地、不折不扣地按照党的纪律和规矩办事，都必须无例外地遵守党的纪律和规矩。我们在纪律执行上不能搞“抓大放小”，对苗头性、倾向性问题必须早提醒早纠正，对违反纪律的人和事要尽可能早发现早处理，不让党规党纪成为“稻草人”，造成“破窗效应”，坚决维护纪律的严肃和权威。

四是坚持把加强党内监督作为重要保障。对于全面从严治党来说，不论是纪律建设、作风建设，还是反腐败斗争，都离不开有效的党内监督。党的十八届六中全会提出，切实把信任激励与严格监督结合起来。党内监督没有禁区、没有例外。党员干部只有坦诚接受监督，把监督当警戒、作镜子，处处对照、时时检查，找出不足、改正缺点，才能赢得组织和人民更大的信任，挑起更重的担子。《条例》的出台，为党内监督提供了利器。大家要认真逐条地学习一下《条例》，新《条例》在体例上有很大变化，是以不同主体的监督责任为主轴，明确监督职责，规定具体制度，实现了监督主体、监督职责、监督措施的有机统一。院所各级党组织、纪检组织、党的工作部门等不同监督主体，要对照《条例》，对号入座，认领各自的监督职责，担当好自己的角色任务。要有效运用监督执纪“四种形态”，促进党内监督日常化、常态化。要扩大谈话、函询范围，完善谈话、函询制度，让党员干部明白，谈话、函询等措施，体现的是组织帮人救人的菩萨心肠，是组织上给的机会。院党组出台了《党风廉政约谈暂行规定》，各单位也要完善谈话制度，要像和尚念经天天念，常常提醒、时时照拂。要善于综合运用民主生活会、书面检查、通报批评以及多种组织处理方式，“不嫌事小，不计钱少”，避免把小问题拖成大问题，做到有病早治、动辄则咎，真正体现严管厚爱，让广大干部职工感到监督无处不在、约束无时不有，逐渐适应监督的常态，真正敬畏纪律和规矩。

三、坚持不懈推动全面从严治党向纵深发展

党的十八大以来，党中央把全面从严治党纳入战略布局、着力从严从细抓管党治党；加强和规范党内政治生活、着力净化党内政治生态；严抓中央八项规定精神落实、着力从作风建设这个环节突破；严明党的政治纪律和政治规矩、着力真管真严、敢管敢严、长管长严；坚持反腐败无禁区、全覆盖、零容忍，着力遏制腐败滋生蔓延势头；惩治群众身边的不正之风和腐败问题、着力增强人民群众获得感；全面强化党内监督、着力发挥巡视利剑作用，推动全面从严治党不断向纵深发展。经过全党共同努力，党的各级组织管党治党主体责任明显增强，中央八项规定精神得到坚决落实，党的纪律建设全面加强，腐败蔓延势头得到有效遏制，反腐败斗争压倒性态势已经形成，不敢腐的目标初步实现，不能腐的制度日益完善，不想腐的堤坝正在构筑，党内政治生活呈现新的气象。

但是，我们也要深刻地认识到，全面从严治党永远在路上，构筑清正廉洁的良好政治生态也绝非朝夕之功，党风廉政建设和反腐败工作任务依然艰巨、任重道远。从中国农科院看，干部职工的主流是好的，各单位廉洁从业、干事创业的环境是好的，但是近两年，从巡视、执纪监督、检查来看，从全院工作运行来看，还是存在一些值得高度警醒的问题。刚才通报了 2016 年违纪处分的数字，全院发生 12 起违纪案例，30 人受到党纪政纪处分。个别科研人员因科研经费使用严重违纪被开除党籍；个别研究所科研经费管理出现大面积违纪违规问题，有的专家受到严厉的纪律处分；4 个研究所的党政一把手、纪委书记先后被严肃问责。以上案例，教训惨痛，代价巨大，发人深思，令人痛惜，需要引以为鉴、警钟长鸣！

在调查处理这些违纪案件的过程中，我们能够很清晰地看到这些问题背后的原因：一是党内政治生活制度落实不到位。党内政治生活不严肃、不正常，党内有规不守、有章不循、无政治敏锐性、无组织无纪律的现象仍然存在，一些领导干部好人主义、一团和气、不愿负责、不敢担当的情况也存在。“三会一课”、民主生活会、组织生活会等党内组织生活形式，没有发挥好教育、监督、批评、帮助、纠错的作用。二是“两个责任”存在缺失。从发生的几起所领导班子集体被问责的案例看，有些所党委的主体责任、纪委的监督责任没有扛起来，管党治党责任虚置，甚至有的领导班子自身顶风违纪。三是纪律意识薄弱。对纪律的严肃性、权威性认识不足，缺乏起码的政治敏锐性和纪律规矩意识，执纪不严，“小生态”和“微环境”没有达标。四是日常监督教育不到位。研究所内部各方面监督作用失能、失效，苗头性问题没能得到及时纠正制止，直到发生违纪不可挽回。五是制度办法有缺失。没有及时制定符合政策规范、符合形势需要、促进科研的制度，制度不健全导致管理失控。

对存在的问题，我们丝毫不能懈怠，更不能置若罔闻、视而不见。各单位要提高对全面从严治党和党风廉政建设重要性、紧迫性的认识，坚决向中央全面从严治党的决心

看齐，向中央惩治腐败节奏不变、力度不减、尺度不松的精神看齐，把党风廉政建设工作摆在重要位置。要吸取我们身边人、身边事的深刻教训，树立强烈的问题意识和问题导向，直面问题、破解问题、赢得主动，一心一意为院所持续健康发展创造条件。

2017年，我们的主要思路是：深化一个主题，强化两个责任，聚焦四个重点不放松。“深化一个主题”，就是认真贯彻落实十八届六中全会和中纪委七次全会精神，严肃党内政治生活，强化党内监督，强化执纪问责，驰而不息纠正“四风”，坚持标本兼治，持续保持高压态势，推动全面从严治党向纵深发展；“强化两个责任”，就是始终要紧紧抓住主体责任、监督责任两个龙头，把两个责任扛在肩上，推动两个责任有效衔接、齐头并进，确保两个责任落实到底、到边、到位。“聚焦四个重点不放松”，就是紧密结合农科院实际和科技创新主战场需要，聚焦党内政治生活落实、科研经费监管、重要风险点监控防范、执纪问责这4个重点。

下面，就进一步做好我院2017年党风廉政建设工作提几点要求。

（一）扛牢抓实主体责任

一要知责明责。中共中央把党风廉政建设主体责任拓展为全面从严治党主体责任，反映了管党治党实践的发展、认识的深化。全面从严治党贵在敢抓敢管，主体责任能不能落实是第一要件；只有落实好主体责任，才能串起全面从严治党的完整链条。我们有的单位党组织在服务中心、发挥协调协助作用方面做得比较好，但在履行管党治党责任、发挥监督作用上还不够到位；特别是基层党组织的责任意识相对薄弱，主体责任上紧下松、逐级弱化现象仍然存在。各单位党组织要进一步强化“主责就是首责、守土必须尽责”的意识，党政一把手要牢固树立第一责任人意识，主动履责、全力担责，党委书记、专职副书记要把主要精力放在管党治党工作上，把抓好党建作为最大政绩，种好自己的责任田。所党委要支持纪委工作，加强指导，做好后盾，做到党风廉政建设一盘棋。

二要尽责负责。要尽到全面管理教育之责。把理想信念教育和共产党人价值观教育摆在首位，着力引导党员干部依靠文化自信坚定理想信念，不忘初心，坚守正道；着力提高党员干部和科研人员的政治觉悟，强化纪律教育，筑牢底线意识、红线意识，治于未病，补足精神之钙、把稳思想之舵。要尽到全面监督之责。习近平总书记强调，党内监督是全党任务，第一位的是党委监督，不能一谈到监督就只想到纪委或推给纪委。《条例》明确规定，党委（党组）在党内监督中负主体责任，书记是第一责任人。各单位党委要充分认识到，党委监督是全方位的监督，包括对党员的批评教育、组织处理、纪律处分等工作，党委要任命干部，更要监督干部。书记要带头抓，主动抓，严格抓，从提要求向抓直管转变，不当“老好人”，不怕得罪人，多关心多了解党员干部情况，特别是有“四风”问题苗头的，就要咬咬耳朵、扯扯袖子；经查证问题属实的，该批评就得批评，批评要有锋芒，不能含糊其词、欲说还休；对触犯纪律的要及时处理，

“大喝一声、猛击一掌”，防止小问题拖大，惩治一个、警醒一片。要尽到全面严格组织生活之责。严格执行组织生活制度，创新方式方法，开展好谈心谈话、民主生活会、组织生活会、民主评议、三会一课等，强化组织观念，增强组织活力，确保组织生活这个党性大熔炉、党风净化器正常运转，发挥作用。

三要考责问责。建立完善述责述廉制度，把履行主体责任情况作为考核的重要内容，对管党治党不力、问题突出的单位和有关领导，依据《中国共产党纪律处分条例》和《中国共产党问责条例》严肃追责，推动落实主体责任由“软约束”变成“硬任务”。

（二）聚焦4个重点不放松

这几年，院纪检组监察局抓党风廉政建设工作成效显著。特别是2016年中央巡视以来，纪检监察部门的工作量成倍增加，工作要求非常之高，任务繁重，责任重大。但是，纪检组监察局在高强度、高效率的前提下，工作质量很高，展现了很强的业务能力和政策把握能力，也体现了很强的政治观念和担当精神。在科研经费监管方面，不断探索好的做法，突出了农科院特色，密切结合了科研管理实际需要，做出了亮点，做出了成效。对此，院党组给予充分肯定和表扬。

纪委是党内监督的专责机关，这是《条例》以专章形式明确规定的。从“专门机关”到“专责机关”，一字之差，突出的就是责任。履行好这个“专责”，纪委才能真正成为党章党纪的维护者、党的路线方针政策的捍卫者、党风廉政建设和反腐败斗争的推进者。2017年，我院纪检监察部门还要再接再厉，担当好监督专责，继续聚焦重点不放松。

一是聚焦党内政治生活监督落实不放松。习近平总书记强调，强化党内监督，重在日常、贵在有恒。党的各级组织要敢于较真碰硬，见物见人见细节，从点滴抓起，从具体问题管起，及时发现问题、纠正偏差。要坦诚相见、开诚布公，让正常的批评和自我批评成为党内政治空气的清洁剂，让党员、干部习惯在相互提醒和督促中进步。党的各级组织要拿出滴水穿石的劲头、铁杵磨针的功夫，在坚持不懈、持之以恒中见常态、见长效。党内政治生活制度落实方面，我想要抓住3个重点。第一，要对党政一把手落实管党治党责任、贯彻民主集中制、执行“三重一大”决策制度加强监督，督促各单位把《“三重一大”决策制度监督办法》落实到位。第二，要加强对干部选拔任用的监督，把干部任免“凡提四必”“三个不上会”“两个不得”“五个不准”的要求监督落实到位。2016年，院里建立了一个干部监督工作联席会议，要把这个联席会议制度的作用充分发挥出来。第三，要严格监督落实民主生活会、组织生活会、“三会一课”、民主评议、领导干部双重组织生活会等制度，严肃认真开展批评和自我批评，大力提升党内生活的政治性、原则性和战斗性，营造我院党内政治生活严肃活泼、健康团结的良好氛围。这里再强调一下，监督，最关键是对领导干部特别是党政一把手的监督，我们在座的所级领导一定要树立监督意识，自觉接受监督，主动带头监督，习惯监督常态，以上率下，才能确保好的氛围能够形成。

二是聚焦科研经费监管不放松。科研经费能不能管好用好，有没有发生违规违纪，直接关系到科研成效，关系到院所形象和社会影响。我们要从全面从严治党的高度，从监督推动创新工程实施和世界一流科研院所建设的大局出发，抓好科研经费监管。2017年，要着力从健全完善内控机制方面来加强监管。要贯彻落实中办〔2016〕50号文件等科研管理新政策，加强研究，出台制度，做好“放管服落”，让新政策落地生效。院里已经出台的专家咨询费、横向课题经费、财务助理等科研经费管理制度，要监督落实。财务部门要履行好科研经费管理的主体责任，进一步提高信息化水平和财务监管水平。要继续抓好两项工程和两个平台建设。信息平台一定要做到实时查询、实时公开；采购平台要在抓技术、抓服务、抓机制、抓管理上下功夫，以高质量、高效率、高品质、高服务，成为服务科研的好平台和加强科研经费管理的好抓手。要严肃查处科研经费管理使用中的违规违纪问题，确保科研经费管理使用不出系统性风险、不出重大案件并减少违规违纪问题发生，确保科研经费高效使用、多出成果。

三是聚焦重要风险点的监督防控不放松。要充分发挥好监督“探头”作用，紧盯重点领域、重点人、重点事，把监督探头拉长、对准，着眼于预防，着力于发现问题，化解风险，促进管理的制度化、规范化和程序化。在这里，我要突出强调一点，有关部门和各单位要加强对院所办企业、试验基地、学会协会、杂志、编辑部、质检中心的监督管理。重点是落实责任。按照谁主办谁负责、挂靠谁谁负责的原则，明确责任边界，健全责任机制，强化责任落实，严格责任追究。各单位要清理规范、加强管理这类衍生机构，我们的工作开展到哪里，监管就要跟进到哪里。管理到位了，漏洞就少了，风险自然就小了。要在健全完善现代院所制度方面下功夫，全面强化细化管理，依法依规治理，推动管理工作上一个新水平。

四是驰而不息纠正“四风”，聚焦执纪问责不放松。我院党风廉政建设工作要着眼于预防，做到教育、制度、监督并重，标本兼治，但是惩治这一手坚决不能放松。对违反党纪党规的行为，要执行纪律一寸不让、加强监督一刻不松，坚决不能姑息，坚决维护纪律的严肃性和权威性。按照中纪委七次全会精神，再强调两点：第一，要以抓铁有痕、踏石留印的精神，把纠正“四风”往深里抓、实里做，紧盯老问题，关注新动向，时刻保持警惕。我在这里告诫各位所领导，作为农科院的党员干部一定要增强政治锐感性，绷紧纪律这根弦。特别是在遵守政治纪律、八项规定精神和严防“四风”方面，一定要头脑清醒。年关将近，各单位要严格监督执纪，杜绝公款吃喝、公款宴请、公款旅游、公车私用等行为，一旦发现，要严肃追究责任。第二，坚持抓惩治与抓责任相统一，以强有力问责督促各级党委、纪委履行全面从严治党政治责任。严格执行问责条例，抓住“关键少数”，加大问责力度，激发担当精神。

（三）巩固巡视整改成果，加强制度建设

去年中央专项巡视给了我院一次从根本上净化政治生态的难得机遇。把巡视中提出的问题整改到位，就是以实际行动贯彻六中全会精神和增强“四个意识”。我们要持续推进巡视问题整改，确保反馈问题全部见底见效。对巡视整改任务组织实施“回头看”，巩固整改成果；对尚未完成的，加快推进，加强督办；对涉及时间较长需要逐步解决的，紧盯不放，不解决问题绝不放手、绝不销账，确保高标准高质量完成整改任务，将政治收获、思想收获、制度收获、文化收获、作风收获长期保持下去，打造永久的巡视组。要坚持查找问题和深化改革相统一，充分运用巡视整改成果，把整改中形成的好经验好做法，健全完善并上升为制度规范，通过建立制度、落实制度来补齐短板、堵塞漏洞、规范管理，实现治标治本的目标。围绕党的领导、党的建设、全面从严治党、科研经费管理等方面的薄弱环节和突出问题，不断优化和完善各项规章制度。切实扎紧织密绑牢制度笼子，努力构建推动科研机构改革创新发展的现代院所制度体系。要增强制度的刚性约束，确保制度的权威，强化制度的执行，坚决查处有章不依、有规不循、有纪不遵的行为，把讲纪律守规矩贯彻落实到各项工作中，真正使制度和规矩严起来立起来。

（四）加强院巡视工作，发挥利剑作用

近几年，院巡视组对部分研究所开展了常规巡视和专项巡视，发现了一些问题，在一定程度上形成了震慑，起到了监督作用，推动了“两个责任”落实，完善了制度，增强了纪律规矩意识，效果是好的。但是，在接受了中央巡视之后，和中央巡视对比，可以看出，我院的巡视工作在发挥尖兵和利剑作用方面，还存在很大差距。2017 年，我们要认真学习贯彻《中国共产党巡视工作条例》，进一步改进和加强巡视工作，推动巡视向纵深发展。首先，要强化巡视的权威性，突出政治巡视特点，从政治上考虑问题，向政治标准对标找齐，推动领导干部增强“四个意识”，落实“两个责任”，严格遵守政治纪律和政治规矩，确保中央和部院党组方针政策落实。第二，要提高政治站位，坚持问题导向，突出“关键少数”，认真监督检查被巡视党组织在执行党的纪律、落实从严治党责任方面的情况，着力在严肃党内政治生活、纪律建设、作风建设、廉洁自律、选人用人、科研经费管理等方面发现问题。第三，要强化巡视成果运用，加强意见反馈和整改。巡视报告要体现政治高度，增强严肃性和针对性，善于归纳提炼，严肃指出问题；巡视反馈要体现政治效果。现在我们已经采取了院领导带队反馈巡视意见的方式，就是为了引起大家对巡视的足够重视，这一做法要继续坚持。巡视组还要强化巡视整改的监督，跟踪督办落实，务必件件有着落。对整改落实不力的，不认真解决巡视发现的问题的，严肃问责。

（五）进一步加强纪检监察干部队伍建设

我院纪检监察干部队伍的素质和能力，直接决定着监督执纪问责水平和全面从严治党的成效。打铁还须自身硬。纪检监察部门要做严格自律的标杆，带头强化自我约束，严格落实《中国共产党纪律检查机关监督执纪工作规则》，信访严格登记、线索严格管理、立案严格审批、办案严格依规、审理严格把关；要加强学习培训，着力提高把握政策、执纪监督的能力水平，建设一支具有铁一般信念、铁一般纪律、铁一般担当的纪检监察干部队伍。

要健全纪委领导工作机制，建立健全定期报告、述职述责、执纪工作通报、日常督促指导、执纪统筹协调等工作机制，推动全院纪检监察工作再上一个台阶。

要配齐配强纪委书记、纪检监察干部。党组专门出台了《关于加强纪检监察机构和干部队伍建设的暂行规定》，各单位要严格遵照执行。各单位党委要高度重视，切实支持纪委工作。还有个别单位没有配齐纪委书记的，要抓紧配齐。要推进纪检监察干部任职交流，激发这支队伍的生机和活力。

同志们，党的十八大以来，党中央实施创新驱动发展战略，高度重视科技创新工作，切实为科技工作者排忧解难，兴起一股识才爱才敬才用才之风，在全社会进一步营造尊重劳动、尊重知识、尊重人才、尊重创造的良好氛围。2017 年的 5 月 30 日，我们还将迎来第一个“全国科技工作者日”，这充分体现了国家对科技工作者的重视。

我院广大科技工作者要牢记使命责任，担负起支撑发展的第一资源作用。在座的都是各单位一把手、两委书记和在京的领导班子成员，肩上的担子很重。大家一定要高度重视，切实负起责任，以更大的决心、更大的气力、更大的勇气抓紧抓好全面从严治党各项工作，深入推进党风廉政建设，为科技创新和院所发展保驾护航，以良好的精神风貌和优异的工作成绩迎接建院 60 周年，迎接党的十九大胜利召开。

2017 年新春佳节就要到了，各单位要严格按照中央和中纪委通知要求，强化对中央八项规定精神和廉洁纪律执行情况的监督检查，坚决杜绝“节日腐败”，营造春节风清气正氛围，过一个节俭文明祥和的春节。借此机会给大家拜个早年，祝大家新春愉快、身体健康、阖家幸福！

李杰人组长在中国农业科学院2017年党风廉政建设工作会议上的工作报告

2017年1月10日

同志们：

在中纪委七次全会刚刚结束之际，我们在这里召开中国农业科学院党风廉政建设工作会议，体现了院党组对学习贯彻中纪委全会精神，落实全面从严治党“两个责任”，做好2017年全院党风廉政建设工作的高度重视。下面，我代表院党组做党风廉政建设工作报告。

一、2016年工作回顾

2016年，我院党风廉政建设工作以贯彻落实党的十八大以来全面从严治党各项要求为统领，以开展“两学一做”学习教育为主线，以接受中央专项巡视、落实专项巡视整改要求为契机，全力夯实全面从严治党主体责任，着力扎实推进科研经费监管“两项工程”，严格党员干部日常监督管理，努力强化严守纪律、敢于担当的意识，进一步促进风清气正的创新氛围形成，有力促进了我院各项工作的顺利开展，为科技创新中心工作保驾护航。

（一）强化政治担当，压紧压实全面从严治党主体责任

院党组提高政治站位，强化政治担当，切实把思想和行动统一到党中央在全面从严治党方面的各项部署要求上来，不断强化全面从严治党主体责任落实，加强全院党风廉政建设工作。多次召开理论中心组学习会议，专题学习贯彻十八届六中全会精神、十八届中央纪委六次全会精神，深入学习领会习近平总书记关于全面从严治党的重要论述，准确把握“两个准则、四个条例”的精神实质。研究制定《中共中国农业科学院党组党风廉政约谈暂行规定》《院党组成员落实“一岗双责”的若干规定》《贯彻落实2016年反腐倡廉工作任务的分工意见》等制度性文件，层层签订《党风廉政建设责任书》，强化压力传导、强化责任落实。结合落实中央专项巡视整改工作，围绕加强党的领导、强化党的建设、全面从严治党，召开专题民主生活会和组织生活会；举办“两委书记”

培训班，邀请专家辅导讲座，开展党建与思想政治工作研讨；印发《院属单位党委工作规则》，教育引导各级党组织和党员领导干部牢固树立“四个意识”，坚决维护以习近平同志为核心的党中央权威，不折不扣地把全面从严治党各项要求落到实处。

全院各级党组织及党政主要负责人履行主体责任、抓好党风廉政建设工作的意识不断增强，措施不断完善。哈兽研、环发所、加工所等单位借鉴廉政约谈制度，建立谈话提醒机制，各单位普遍以项目审批、资金安排、干部选拔、年节假期等作为重要节点，建立健全各项制度并认真执行，以建立有效的约束、提醒和责任传导机制。

（二）增强政治自觉，坚决抓好中央专项巡视整改落实工作

抓好中央专项巡视整改落实工作，是牢固树立“四个意识”、遵守党的政治纪律和政治规矩的具体体现。院党组将抓好巡视整改作为一项重大政治任务，强化责任担当，坚持即知即改、立行立改、全面整改，逐项落实和监督整改任务完成。

一是强化组织督导，坚持整体推进。成立由院长、书记担任组长的巡视整改工作领导小组，从机关各部门抽调骨干，组成协调、督办、材料等专项组，强化对院属单位整改工作的督导，形成齐抓共改、整体推进的工作格局。将巡视整改与“两学一做”学习教育结合起来，严格落实《关于进一步加强党内生活制度建设的实施细则》，抓好“三会一课”一费，召开警示教育大会，开好专题组织生活会，引导各级党员干部以习近平总书记系列重要讲话精神为镜子、以“四个意识”为标杆、以党章党规党纪为尺子，把争做合格党员的决心和意志体现到落实巡视整改要求的行动上，推动学习教育与深化整改有机融合、相互促进。

二是细化整改措施，层层落实责任。针对巡视指出的突出问题，研究制定《中共中国农业科学院党组落实中央专项巡视反馈意见整改方案》，将巡视反馈的各项问题进行认真梳理，细化分解为 9 个方面 37 项具体任务 122 项整改措施，建立问题清单、任务清单、责任清单，采取台账推进、挂账销号的办法对整改措施落实动态管理。党组成员分别带队 10 个督导组，分赴所有院属单位现场督导，确保整改不留盲区、不留死角。院属单位严格按照院党组统一部署，对照党组整改方案、整改台账，逐一对号入座，深入查摆本单位、本部门存在的问题，制定整改方案，压紧压实责任，从严从实整改。

三是狠抓制度化落实，建立长效机制。在全院上下的共同努力下，截至 2016 年年底，37 项整改措施中，29 项已立行立改落实到位，7 项已进一步建立和完善制度，需要长期坚持，1 项需要进一步落实。院本级共新建、修订各类规章制度 20 项，院属单位建立制度和整改问题 408 项。通过集中整改，院党组进一步加强了对科技创新的领导，2016 年，我院在争取承担国家重点研发计划项目上占据了主体份额，并有 7 项科技成果获得国家科学技术奖励，充分体现了“国家队”的学科优势和龙头地位。我院基层党组织的党建工作水平不断提升，组织机构进一步健全，党务工作机构和力量得到加强，党务干部队伍整体素质也有了显著提升，党支部“三会一课”制度得到进一步

规范落实。全院党员干部的“四个意识”，特别是核心意识、看齐意识进一步增强，科技创新、服务“三农”的目标更加明确、决心更加坚定、动力更加旺盛。

（三）强化推进“两项工程”的实施，为科研经费规范高效使用建立平台

加强科研经费监管是我院党风廉政建设工作的重中之重。院党组将“防火墙工程”和“阳光工程”两项工程的实施作为加强科研经费监管的重要抓手，经过一年来大家的共同努力，该项工作取得了有效进展和显著成效。

一是进一步加强民主决策“防火墙工程”建设。将健全“三重一大”决策制度、落实民主集中制作为“防火墙工程”的重要内容，要求各级领导班子在涉及“三重一大”问题决策中，要高度重视决策前的酝酿和论证，从严规范会议程序和会议纪律，加强领导班子成员之间的沟通协调。院属各单位围绕“防火墙工程”建设要求，积极主动开展自查自纠，强化建章立制，堵塞管理漏洞。如生物所进一步细化“四个责任”，出台《科研经费使用管理“四个责任”实施细则》，明确责任主体，强化责任追究；棉花所建立完善了科研副产品处置、试验地、实验材料管理办法，由纪委书记带队到7省21个试验点进行外拨科研经费抽查，认真履行监督责任。

二是大力推进科研经费信息公开“阳光工程”建设。院党组把建立“科研经费信息公开平台”和“试剂耗材采购平台”作为“阳光工程”建设的重要抓手。2016年，院监察局会同相关部门，把“两个平台”的建设和有效运行作为重中之重的工作来抓，召开了“两个平台”建设推进会，对科研经费信息公开平台建设推进不力的6个研究所的党政主要领导进行了集体约谈，督导科研经费信息公开制度落实；采取有效措施加快建成“中国农科物资采购平台”并投入运行，举办了采购平台培训班。目前全院已基本实现科研经费信息公开，其中27个研究所实现了网络化、信息化实时动态监管；上海兽医所、兰州兽医所、北京畜牧兽医所、蜜蜂所、兰州牧药所等26个研究所以及542个供应商入驻“中国农科物资采购平台”，对课题组利用线上采购做出一系列制度规定，线上交易额已达到3 000万元，实现了采购信息实时公开、全程留痕。

三是实施科研财务助理制度。我院财务部门积极推进科研财务助理制度，加强科研财务助理队伍建设，举办创新团队财务助理培训班，围绕部门预算管理、创新工程经费管理、农业审计案例分析开展技能培训，为科研人员在项目预算编制和调剂、经费支出、财务决算和验收等方面提供专业化服务，既有利于科研经费的规范管理和使用，又减轻了科研人员的负担。

（四）坚持思想教育、制度防范和监督执纪并重，努力营造风清气正的科技创新环境

院党组坚持标本兼治、注重预防，不断加强教育防范、完善制度制约、强化日常监督和执纪问责，着力构建不敢腐、不能腐、不想腐的长效机制。

一方面，坚持加强党员干部队伍的思想教育，坚持思想建党与制度治党紧密结合。一是紧密结合“两学一做”开展学习教育。组织开展《廉洁自律准则》《纪律处分条例》的学习，编印《全面从严治党学习资料汇编》；制作展板、图文并茂宣传贯彻我院全面从严治党工作部署；选择油料所卢长明、曹应龙侵吞国有资产案这一典型案例，制作警示教育片，组织各单位党员干部、科研人员观看，筑牢拒腐防变思想防线，自觉树立科技创新、服务“三农”的价值理念。水稻所、环保所、植保所、郑果所等单位利用微信群、QQ 群、廉政短信平台等，实时推送党纪党规重要内容、中央纪委通报的典型案例。上海兽医所、烟草所编印廉政手册，发放至领导干部、团队首席、党支部书记，引导党员干部做政治上的“明白人”、守纪律讲规矩的“带头人”。农机化所、信息所、资划所组织党员干部观看主旋律电影、收看《永远在路上》警示教育片、参观廉政教育基地等，不断强化遵规守纪意识。二是针对监督重点领域、关键环节权力运行，进一步加强各项廉政制度的完善建设。制定下发了《院属单位执行“三重一大”决策制度监督办法》，促进院属单位领导班子决策民主化、科学化。围绕现代院所制度建设，结合中共中央办公厅、国务院办公厅《关于进一步完善中央财政科研项目资金管理等政策的若干意见》精神，陆续出台《内部控制基本制度》《横向经费使用管理办法》《自有资金基本建设项目管理办法》《落实审计整改意见实施细则》等规章制度，修订《差旅费管理办法》《基本建设项目招投标廉政监督办法》等规定，不断健全完善制度，封堵廉政风险。院属各单位持续加强廉政风险防控机制建设，逐步建立起科技创新、成果转化、财务、人事、党务等一系列较为完善的管理和内控制度，切实扎紧制度的笼子。三是紧盯重点廉政问题和重要节日等时间节点，从严作风要求。加强对党员干部的廉洁要求和日常监督，充分利用网络、QQ、微信等信息化平台早提醒、早预警，公布举报网址、电话，强化群众监督。先后查处、通报曝光 4 起违反中央八项规定精神问题，倡导风清气正过节的良好风气。加强办公用房的整改监督，开展 2 次领导干部办公用房全面检查，利用抽查、暗访等形式检查整改情况，对不符合要求的现场提出整改意见，对拒不整改的严肃处理。开展公务用车的规范化管理，积极推动全院公务用车改革。

另一方面，坚持推动管党治党从“宽松软”向“严紧硬”转变，充分运用“四种形态”，加强监督执纪问责工作。一是继续开展专项巡视工作。对农机化所、沼科所进行了专项巡视。巡视工作中，坚持以问题为导向，对巡视中发现的突出问题，认真分析研究，有针对性地提出整改要求，使巡视监督作用更加突出。建立院领导带队的巡视意

见反馈机制、巡视整改监督机制，使专项巡视更有权威性、震慑性，成为党内监督的利器。二是加强问题线索处置。修订《纪检组监察局信访举报办理细则》，建立信访举报件督查督办机制，提升转办交办效率，提高结果反馈质量。对十八大以来的129件信访举报件进行“大起底”，对20件暂存件执行新五类处置标准，做到“件件有着落”。建立问题线索月报、季报制度，向农业部直属机关纪委报送问题线索处置情况30余件。2016年，院纪检监察部门受理各类来信、来访、来电共计142件，除部分重复件外，办理了结106件，问题线索初核转立案3件，其余13件正在初核中。三是加强执纪问责力度。研究制定了《纪检组监察局纪律审查工作规程》，严格执纪程序，提升执纪质量，把纪律和规矩挺在前面，充分运用“四种形态”，注重抓早抓小，注重全面执纪，注重执纪问责的教育警示作用。2016年全院共查处12起违纪违规问题，给予党纪政纪处分30人，其中，所局级干部14人，处级干部2人；受到党内警告、党内严重警告处分19人，撤销党内职务1人，留党察看3人，开除党籍2人。另有5人受到行政记过或警告处分。上述人员中，有5人被撤销行政职务或降低岗位等级，3人被免去行政职务。

（五）加强组织建设，打造忠诚干净担当的纪检监察干部队伍

正人先正己，打铁要靠自身硬。我院致力于打造院纪检监察系统过硬的干部队伍，研究制定《关于加强纪检监察机构和干部队伍建设的暂行规定》，对院属单位纪检监察机构设置和干部配备提出明确要求。院属各单位也普遍加强了纪检监察队伍建设，环保所结合纪委换届、党支部换届，将新一届纪委委员增至5人，每个党支部增设纪检委员1名；油料所、特产所各配备1名副处级专职纪检监察干部。为提高队伍素质，我院专门举办以学习贯彻《廉洁自律准则》《纪律处分条例》为主题的培训班，对全院90名纪检监察干部业务培训，多次抽调院属单位纪检监察干部参与重点典型案件查办和专项巡视工作，建立多层次、多渠道、多形式的培养机制，使纪检监察干部业务素质和履职能力不断提高。

同志们，上述党风廉政建设工作成绩的取得，得益于农业部党组和驻部纪检组的正确领导，得益于全院各级党组织的坚强领导，也得益于全院纪检监察工作者的辛勤付出，得益于广大党员干部和科技工作者的大力支持。在此，我代表院党组向大家表示衷心的感谢。

但是，在看到成绩的同时，也要清醒地认识到，我院党风廉政建设工作还存在一些不容忽视的问题和薄弱环节。主要表现在：有的单位主要领导对全面从严治党重要性的认识还有欠缺，履责的主动性还不够强；个别单位的领导班子对“两个责任”的落实不到位，责任意识、担当意识不强，不敢履责、不善履责，对一些苗头性、倾向性问题不及时提醒、解决，不及时上报，执纪问责有宽松软现象；有的单位在科研经费监管方面认识还不到位，甚至有的还存在认识误区，致使科研经费的监管措施落实不到位，产

生科研经费违规违纪使用问题，严重影响了单位的发展和科研工作开展；有的单位纪律教育、作风建设存在短板，廉政监督存在缺位、存在死角；有的单位纪检监察干部配备不到位、素质能力不够强等。全面从严治党永远在路上，稍有松懈就有可能反弹，这些问题必须引起高度重视，切实采取措施加以解决。

二、2017 年重点工作

2017 年，我院党风廉政建设工作的总体思路是：深入贯彻习近平总书记系列重要讲话精神以及党的十八届三中、四中、五中、六中全会精神，按照中纪委七次全会精神要求，牢固树立“四个意识”，增强全面从严治党的系统性、创造性、实效性，在常和长、严和实、深和细上下功夫，严肃党内政治生活，强化党内监督，推进标本兼治，全面加强干部队伍纪律建设和作风建设，坚持不懈抓好科研经费监管，为我院科技创新和各项事业发展保驾护航。

第一，认真学习贯彻党的十八届六中全会精神、中纪委七次全会精神，推动全面从严治党向纵深发展。学习贯彻好十八届六中全会精神、中纪委七次全会精神，是当前和今后一个时期全党十分重要的政治任务，也是科研院所党风廉政建设工作的重点任务，全院各级党组织要认真做好学习宣传和贯彻落实工作。要把学习十八届六中全会精神、中纪委七次全会精神作为党员干部理论武装工作的重点，作为各级党委（党组）中心组学习的重点，促进广大党员干部学深学透、融会贯通，切实把思想和行动统一到中央精神上来，巩固全面从严治党成果，推进党内政治生活呈现新气象，共同营造风清气正的科技创新氛围。

在这次会上，我们专门印发了中纪委七次全会公报及习近平总书记在七次全会上的重要讲话精神，在座的各位领导首先要带头学好，回去后要认真组织好学习、传达和贯彻。

第二，以落实严肃党内政治生活制度为基础，进一步落实全面从严治党各项要求。党要管党，首先要从党内政治生活管起；从严治党，首先要从党内政治生活严起。要把思想建党放到至关重要的位置，教育广大党员干部坚持共产党人价值观，提升人文素养和精神境界，依靠文化自信坚定理想信念，永葆共产党人政治本色。要坚持和健全民主集中制，健全完善党组织议事规则和决策程序，坚持集体领导与个人分工负责相结合，凡属重大问题，该请示报告的事情要及时请示报告，该上会研究的问题必须上会研究，该集体决策的事项必须集体决策。要重点加强对“三重一大”决策制度、领导干部个人重大事项报告制度、基层党组织“三会一课”、民主生活会制度等的落实和监督，确保党内政治生活各项制度执行到位。要继续加强各级党组织“两个责任”的落实，各级党组织负责人要坚决履行第一责任人的责任，领导本级组织履行好主体责任，全面加强纪律建设，在加强日常管理监督上下功夫。各级纪委、纪检监察干部要把自己摆进去，持续保持高压态势，力度不减、节奏不变，有效运用“四种形态”，强化监督执纪问责，推动管党治党从宽松软走向严紧硬。

第三，多措并举，完善制度措施，促进科研经费的规范使用和监管再上新台阶。一是要进一步研究提出符合科研活动规律和特点，适应农业科技创新需要，又有利于加强经费使用风险防控的措施和制度建设意见。积极组织各有关部门和各方面专家，研究和探索科研经费管理新思路、新机制、新模式、新经验，着重抓好中办50号文件精神的贯彻落实，采取宣讲等多种形式解读文件精神，细化措施和制度，强化院所两级法人责任，完善各单位的科研经费管理制度，建立内部风险防控和监管机制，促进科技创新工作开展。二是找准着力点、切入点，继续坚持大力推进“两项工程”。持续推进“防火墙”工程，以促进院各级领导班子切实落实“三重一大”决策制度，确保决策程序制度化、决策机制民主化、决策效果科学化。全面落实“阳光工程”，以“钉钉子”精神抓紧抓实“两个平台”的完善建设和运行管理。科研经费信息公开平台要在实现网络化、信息化、智能化上下功夫，做到方便使用、实时查询、便于监督。2017年上半年全面落实到位，全面实现科研经费信息公开、阳光运行、科学监管。物资采购平台要完成技术升级改造，建立科学有效的运行和管理机制，使之成为科研活动的服务平台，并加大培训、推广、应用力度，使各单位能通过采购平台采购的试剂耗材等科研物资都要在平台采购。

这里要特别强调一下，“两个平台”建设是我院推进党风廉政建设工作的主动实践，更是主动适应科研经费改革“放管服落”新要求的现实需要。“两个平台”建设已历时一年多，虽然取得了较好进展，在科研经费监管方面开始发挥作用，但也存在一些突出问题。在信息公开平台方面，仍有少数研究所不符合公开的形式要求，有的只能在固定电脑查询，有的仍以邮件形式公开，有的甚至还停留在纸质阶段；科研物资采购平台方面，还有少数研究所至今没有进驻，在院党组三令五申的情况下，个别单位仍以经费不足、条件不具备、人力不够等理由不加以推进落实，“最后一公里”的问题依然突出。

各单位及主要领导，要以高度的政治责任感，把“两个平台”建设作为落实“两个责任”的重要抓手，抓紧抓好。院里今年要把“两个平台”建设成效作为研究所考核评价的重要内容，也要对工作推动不力的单位和责任部门负责人进行约谈，严重滞后产生不良后果的要追究责任。

第四，要实现党风廉政建设的“两手抓，两手都要硬”。既要抓好思想教育和防范，坚持高标准和守底线相统一，教育引导党员干部向着理想信念高标准努力，以党的纪律为尺子，加强思想教育和纪律教育，使党员干部知敬畏、存戒惧、守底线；又要充分运用“四种形态”，围绕落实履职尽责、选人用人、经费使用等方面抓好执纪问责工作。坚持以党章党规党纪为尺子，把纪律和规矩挺在前面，以执纪问责落实“两个责任”，强化“四个意识”、严明“六项纪律”，执行“八项规定”。要继续保持高压态势，紧盯重要时间节点，基本建设、政府采购、招考招录、项目评审、房屋经营等重点领域，密切关注“四风”隐身衣的新形式、新动向，综合运用巡视、审计、信访举报、明察暗访等多种手段，着力发现、严肃处理党员干部顶风违纪问题，驰而不息纠正“四风”。要以查纠公款宴请、公款旅游、公款消费、公车私用为重点，锲而不舍抓好中央八项规定精神落实，确保交上作风建设合格答卷。要高度重视信访工作，对群众反映的问题要认真研究，做好耐心细致的思想工作，切实解决实际问题，积极化解矛盾，避免矛盾升级，防止小问题酿成大问题，影响院所秩序、影响单位和谐、影响事业发展。

在这次会上，院党组要组织对各单位各部门负责人进行集中廉政约谈，并通报2016年院里及各单位发生和查处的一些典型案例，既是要对大家产生警示教育作用，更是要通过这个方式，提醒各单位领导班子，特别是主要负责同志，要切实履行主体责任和监督责任。

第五，贯彻落实《中国共产党巡视工作条例》，充分发挥巡视利剑作用。要充分发挥巡视在加强党内监督中的重要作用，紧跟中央巡视工作新部署、新要求，研究建立符合农业科研单位特点的巡视工作长效机制，不断提高巡视工作水平和工作质量。要继续打好专项巡视“组合拳”，组织力量，加大力度，有针对性地选择若干研究所开展专项巡视，着力发现问题，形成有力震慑。要继续坚持院领导带队反馈巡视意见机制，监督指导各单位落实巡视整改方案，对问题严重、整改不力的要进行处理。要采取有效手段，加强并促进巡视成果运用，着力发挥巡视利剑作用。

第六，拉长监督“探头”，加强对院所办企业、实验基地、挂靠社团等的规范管理和廉政监督。要按照谁主办谁负责、挂靠谁谁负责的原则，强化院所办企业、试验基地、学会协会、刊物编辑部、质检中心等的监督管理责任，强化责任落实，严格责任追究，确保依法依规管理。要开展专项清理整顿，认真核查分支机构设置，各单位要深入自查自纠，查清在机构管理、人员管理、经费管理等方面存在的问题，充分研究论证，提出是否继续保留、如何有效管理的具体措施意见，要确保清理整顿不走过场、不留死角。纪检监察部门要切实把纪律和规矩挺在前面，对隐情不报、自纠不力的单位和人员要严肃约谈，压实整改责任，对违规违纪问题要严肃处理。

第七，充实纪检监察力量，建设一支高素质的纪检监察干部队伍。加强全院纪检监察干部队伍建设，是深入推进全面从严治党的一项基础工程。各单位党组织要认真落实院党组《关于加强纪检监察机构和干部队伍建设的暂行规定》，抓好纪检监察干部队伍建设工作，要选拔政治素质高、工作能力强的干部，充实到纪检监察干部队伍中，支持纪检监察工作，关心纪检监察干部。纪检监察干部要努力强化自身的作风建设和能力建设，纪检监察部门要采取自主办班、委托培训、协同办案、联合督导等方式，切实提高纪检监察干部的履职能力。要强化自我监督，自觉接受党内和社会监督，建设一支让党放心、群众信赖、忠诚干净担当的队伍，履行好监督责任。

同志们，全面从严治党的任务光荣而艰巨，全院各级党组织和全体党员干部要以十八届六中全会精神、中纪委七次全会精神为统领，严肃党内政治生活，强化党内监督，严明党的纪律规矩，增强“四个意识”，坚决在思想上政治上行动上与以习近平同志为核心的党中央保持一致，以永远在路上的定力和决心，坚定不移地把党风廉政建设和反腐败斗争推向深入，继续在常和长、严和实、深和细上下功夫，为农业科技创新营造风清气正的环境氛围，以优异成绩向党的十九大和我院建院60周年献礼！

陈萌山书记在中国农业科学院五个领域专项整治工作动员部署视频会议上的讲话

2017年10月18日

同志们：

今天上午举世瞩目的党的十九大胜利召开，习近平总书记代表十八届中央委员会作了工作报告。党的十九大是在全面建成小康社会决胜阶段、中国特色社会主义进入新时代的关键时期召开的一次十分重要的大会。大会向全党、全国人民发出了不忘初心、牢记使命、高举中国特色社会主义伟大旗帜、决胜全面建成小康社会、夺取新时代中国特色社会主义伟大胜利、为实现中华民族伟大复兴的中国梦、实现人民对美好生活的向往不懈奋斗的时代最强音，绘就了伟大梦想新蓝图，开启伟大事业新时代。习近平总书记的报告深刻回答了事关党和国家长远发展的一系列重大理论和实践问题，提出了一系列新的重大思想观点、重大判断、重大举措，指明了实现“两个一百年”奋斗目标和中华民族伟大复兴中国梦的前进方向。

中国农业科学院全体干部职工要及时全面深入学习贯彻党的十九大精神。一要把学习贯彻党的十九大精神作为当前最重要的政治任务，迅速学习贯彻，早谋划、早部署、早安排。通过召开中心组学习会、党员干部大会、辅导报告会等活动在全院掀起学习热潮，将思想、认识和行动自觉统一到十九大精神上。所长、党委书记是抓学习贯彻十九大精神的第一责任人，各级党组织要迅速行动，确保十九大精神在中国农业科学院得到及时、准确传达和全面贯彻落实。二要以实际行动向十九大献礼。通过学习，进一步牢固树立“四个意识”，坚决维护以习近平同志为核心的党中央权威，刻苦攻关，勇于创新，多做贡献，以更加昂扬的斗志、奋发有为的精神状态和更加辉煌的工作业绩向十九大献礼。三要切实抓好十九大期间安全维稳工作。各单位要进一步提高认识，加强领导，加大工作力度，紧抓关键环节和关键部位，特别是抓好院区供电、供水、供暖、车辆、消防等重要基础设施保障，重点检查有毒有害化学品、易燃易爆危险品、实验室等领域。要进一步强化应急处置能力，建立健全安全维稳工作制度，落实好领导责任，通过扎实工作，确保十九大期间全院安全稳定。

今天，我们在十九大召开之际，召开五个领域专项整治活动启动会，就是要乘十九大东风，贯彻十九大精神，推动我院全面从严治党向纵深发展。刚才，杰人同志和文华同志就开展院所办企业、试验基地、学会协会、期刊编辑部、检测中心五个领域专项整治工作进行了动员部署，对五个领域专项整治活动方案做了说明，我都赞成。院党组对五个领域专项整治工作高度重视，在院党风廉政建设工作领导小组第二次会议上进行了研究讨论，并将此作为巡视整改工作的继续和下半年全面从严治党工作的重点，中纪委驻农业部纪检组也予以高度关注。下面，我就开展好五个领域专项整治工作，讲 3 点意见。

一、认清形势，统一思想，深刻认识开展五个领域专项整治工作的重要性和必要性

开展五个领域专项整治，是我院学习贯彻党的十九大精神，将全面从严治党向纵深推进的重要举措。

党的十八大以来，以习近平同志为核心的党中央坚持党要管党、全面从严治党，取得了重大的历史性成就，党的纪律建设全面加强，腐败蔓延势头得到有效遏制，反腐败斗争压倒性态势已经形成并巩固发展，党内政治生活呈现新的气象。习近平总书记在讲话中告诫全党，全面从严治党依然任重道远，绝不能沾沾自喜、盲目乐观，要求全党坚持问题导向，保持战略定力，推动全面从严治党向纵深发展。

从我院看，院党组牢固树立“四个意识”，时刻绷紧全面从严治党这根弦，从常、长上下功夫，采取一系列有力措施，高标准、严要求，真管真严、常管常严、敢管敢严，今年党风廉政建设又取得新的成效，有力促进了科技创新和现代院所建设。一是通过学习贯彻习近平总书记贺信精神活动、召开党风廉政建设工作会、集体约谈会、规范党内政治生活制度、健全党建述职评议考核机制、开展“两学一做”常态化制度化活动、廉政警示教育月活动等，进一步提高了政治站位和政治觉悟；全院上下“四个意识”明显增强，国家队的使命责任意识明显增强，科技服务“三农”的力度明显增强。二是在全院深入开展“全面从严治党主体责任和科研管理放管服”宣讲活动，推动研究所扛牢抓实主体责任，确保中央科研管理“放管服”系列政策落地生根，提升保障科技创新大局的能力，营造信念坚定、锐意进取、创新奉献、风清气正的氛围，激发了科技创新活力。三是贯彻落实全面从严治党要求，不折不扣核实了解中央巡视移交的问题线索，严肃认真查找问题、分析原因、落实整改，推动各项工作规范化、制度化，进一步深化了巡视整改工作，打造永久的巡视组。开展公务用车、加油卡、高档酒专项整治，严防“四风”反弹，使中央八项规定精神进一步落地生根。充分运用“四种形态”，特别是注重红脸出汗、咬耳扯袖，院党组、纪检组对 18 人分别予以诫勉谈话、提醒谈话、批评教育，对 3 个班子集体谈话，对 3 个所党政主要领导予以约谈，通过抓早抓小，防止小问题酿成大问题，这是体现对干部、科研人员的严管厚爱，是新时期党风廉政建设工作的常态。四是强化内控机制建设，大力开展“阳光工程”和“防火墙工程”，“科研经费信息公开平台”“试剂耗材采购平台”建设成果显著，使科研经费管理监督更加科学化、公开化、信息化、常态化。五是突出政治巡视，加强巡视领导，建立巡视干部库，完善巡视制度，突出问题导向，对 4 个单位进行了专项巡视或“回头

看”，很好地发挥了查找问题、发现漏洞、促进监管的作用。六是领导带头、班子带头，认真查找不思进取、不敢担当、不抓落实、不接地气问题，激发干事创业的积极性，勇于改革，锐意进取，进一步增强了各级党组织和党员领导干部的责任意识、创新意识和担当意识。

全面从严治党永远在路上。在肯定成绩的同时，更要对艰巨的任务和存在的问题保持清醒的认识。院党组决定开展五个领域专项整治工作，就是从全面从严治党依然任重道远的判断出发，就是从我院特点和实际出发，针对薄弱领域和环节，坚持问题导向，清理监管死角，健全责任体系，防范腐败风险，不断把全面从严治党引向深入，表明院党组对全面从严治党和党风廉政建设工作经常抓、抓长效的鲜明态度和坚定决心，也是以钉钉子精神扎实推进党风廉政建设工作作风的具体体现。

开展五个领域专项整治，是拉长监督探头，推动党风廉政建设全覆盖的迫切需要。

这五个领域在我院现代院所建设、实践“三个面向”、创建“两个一流”进程中发挥着重要的支撑和推动作用。院所办企业是科技创新的延伸，是成果推广的重要平台，是实现农业科技成果转化，推动现代农业发展的发动机和加速器，在做大做强研究所方面也发挥着重要作用；试验基地不仅是农业科研单位不可缺少的基本条件和工作平台，更是培育重大科研成果、培养高素质人才的孵化器，还是科研成果示范展示宣传的重要窗口；学会协会体现了我们的行业领头作用，既是学术交流平台、学术研究阵地，又具有明显的公益性、社会性、活跃性，发挥着重要的行业指导管理、交流服务、协调和桥梁作用；期刊不仅是学术研究的阵地和高地，同时也是重要的宣传窗口，具有很强的政治性、社会性，我院在全国农业科研、教学单位中，期刊数量最多、涵盖领域最广，在推动科技创新中承载着重要使命；我院各类检测中心，特别是农产品质检中心，不仅是公益性的创新机构，而且是农业标准化实施、农产品质量安全评价、农业行政执法的技术支撑单位，对确保农产品质量安全发挥着重要作用。

客观讲，我们现在抓的院所办企业、试验基地、学会协会、期刊编辑部、检测中心这五个领域，如何保证其健康发展，有效发挥支撑作用，意义重大。有的具有法人、社团的独立性、有的在业务或管理上具有一定独立性、有的是地域上远离单位等，相比我院近年来针对科研经费、选人用人、学术道德等领域开展的监督工作而言，在党风廉政建设方面的工作力度还不够大，在一些单位甚至属于边缘区域（地带）、薄弱环节，或者说是工作的短板。因此，我们抓这五个领域专项整治，体现了农业科研实际，体现了深入推进我院党风廉政建设的迫切要求，在抓住科研经费监管等重点的同时，不断拓展范围，加大工作力度，做到全覆盖。

开展五个领域专项整治，是解决问题、化解风险、健全内控、促进发展的内在要求。

从近些年信访举报、群众反映和上级转办等情况看，这五个领域也不断发生案例，必须引起高度重视。

在公司企业领域，国有资产对外投资经营存在一些潜在风险。有的是公司决策咨询论证缺乏，市场调研分析不充分，造成有的社会企业利用我院名义违法集资，把中国农业科学院的声誉当成宣传工具，当成“摇钱树”，引发群体反映，给我院造成很坏的影响，甚至长期应对的被动局面。有的存在管理不善、监管缺位的问题。有的研究所下属企业与其他单位开展业务合作过程中，签订协议不规范，存在利益输送嫌疑。有的研究所下属公司地处边疆，财务管理混乱，致使公司账面不能全面、真实、准确反映经营状况，有明显的管理漏洞。有的是清理整顿工作不彻底，处理问题和纠纷措施不力。有的单位下属公司已经注销，但隐患还没排除，如有的单位培训中心注销了，但还有人利用其名义在社会上招生收费，造成不良影响。有的投资纠纷处理不及时，问题进一步复杂化，处理难度加大。如我院与外资就寰太大厦建设的纠纷一直没解决好。我院与北京北宇世纪有限公司就“艺海”的违建和改变用途出租纠纷不断，给我院造成了负面影响。

在试验基地领域，这几年我院试验基地取得快速发展，有力支撑和保障了全院科研试验、集成展示等工作，但管理问题也存在不少。建设一个长期稳定的试验基地是农业科研单位可持续发展的长远大计。新试验基地的选址布局、规划设计对科研事业发展发挥着基础性甚至决定性作用。但从实际情况看，有的基地项目论证不充分，重上马、轻管理，重建设，轻运行。如有的基地验收通过后，没有很好地发挥服务科研作用，造成资源浪费和资产流失的风险。个别基地没有经过相关部门审批，存在违规建设的问题，产生很多后遗症。有的基地管理制度不健全，规范管理的意识薄弱，特别是财务管理存在风险。如有的试验基地科研副产品处置收入不按规定处理，坐收坐支，构成了违规设立“小金库”，有关人员也受到了处分。还有的单位利用基地试验设施、设备等固定资产同其他公司签订合作协议，引起经济纠纷。

在学会协会领域，挂靠或隶属的学会协会较多是科研单位的共性特点，我院相关学会协会初步统计有 62 个，有的挂靠在研究所部门，有的挂靠在科研团队、研究室，大多数学会协会负责人都是学术带头人、行业首席专家。加强监管，在保证学会协会发挥作用的同时，更多的是从爱护广大科学家、科研人员的角度出发。在这方面农业部系统 2013 年就发生了沈广贪污的典型案例，发人深省。我们要警钟长鸣。沈广曾是农业部畜牧总站正处级干部，兼职中国畜牧业协会秘书长，利用畜牧业协会这个全国知名行业协会的平台，通过举办展会的机会，签订虚假协议、阴阳合同、设置账外账，大肆敛财，贪污公款 1 400多万，私设小金库 1 000多万，把一个非营利性社会团体变成了他个人的提款机，最终被判刑 15 年。沈广案发后，暴露了协会的很多问题。农业部党组高度重视，为此还在农业部系统专门部署了社会团体廉洁从业风险防控管理工作，并不断加强党的工作全覆盖，使党风廉政建设工作到边到角。我们在学会协会方面也要防范类似风险，比如有的学会协会发挥作用不明显，有的被社会公司利用，有的开年会时组织参观旅游等涉嫌违规活动，等等。要引起高度重视，加强学会协会监管，把党风廉政建设“最后一公里”落实到位。

在期刊编辑领域，学术期刊是我们引领农业科技学术发展的重要阵地，按照国家法律法规依法办刊是我们的第一要务。我们有些编辑部存在法律意识淡薄、经营不规范、制度不健全的问题。有的业务外包引发风险。如一个单位所属杂志编辑部，将部分组稿、约稿及编辑加工业务外包给公司，没有签订书面协议，仅作口头约定，外包业务失去监管，甚至出现承包公司个人收取编辑加工费以及公司员工随意提高交费金额的混乱局面；而且刊登涉及敏感话题的文章审稿不严，稍有不慎就可能对单位、对学科造成严重伤害。有的编辑部管理制度缺失，财务管理混乱，涉嫌利益输送，存在较大的廉政风险。如有的单位期刊编辑部，以各种名义召开学术会议，收取会议代表注册费、协办单位赞助费等，管理不规范，存在较大廉政风险。有的还涉嫌利用国家拨款的会议套开期刊的收费会议。有的单位杂志编辑部，违规挪用课题项目经费支付编辑部的年终总结会议费，还在酒店办理消费卡，购买礼品、公款宴请，构成了违规设立和使用“小金库”，违反了中央八项规定精神，有关人员受到纪律处分。

在检测中心方面，我们也有深刻的教训。有的因为管理不规范，引发社会炒作。如有的检测中心因档案管理、人员聘用、工作程序不规范的问题，被炒作成转基因检测工作和检测数据造假的敏感问题，受到社会广泛关注，造成工作被动。有的对收受礼金礼品隐患问题重视不够，处理不力。如有的测试中心，在处理礼金、礼品问题方面存在很大隐患和廉政风险，在接受调查之后，仍然重视不够，未将有关来源不明的资金进行彻底清理和上交，未向组织如实说明情况，最终受到违纪处理。

出现这些问题，我想主要有以下几个方面原因需要我们共同反思。

一是全面从严治党意识和政治敏锐性还不够强，经常抓、抓平时还不够。中国农业科学院是国家队，在带头落实党和国家政策规定，带头执行纪律规矩方面，总体上做得不错，但有些单位落实全面从严治党力度还不够，抓执行“最后一公里”还不到位，发现苗头、抓早抓小的能力还不够强。特别是这五个领域，有些党员干部廉洁从业意识还不够强，有的存在侥幸心理，甚至“开旁门、走侧门”、钻空子、打擦边球。

二是依托单位思想重视不够，主体责任不到位，管理监督不到位。研究所普遍存在五个领域管理的薄弱环节，有的监管责任模糊，有的甚至缺位，五个领域“一岗双责”落实不力，监管机制和责任体系没有建立起来。

三是运行管理的制度机制不健全。没有建立起一套科学高效的内控机制，管理制度不完善，运行流程不规范，自由裁量权过大，重大事务决策特别是有关经济活动和经济往来方面缺乏监督制约。

四是五个领域工作具有一定特殊性，客观上导致发生风险的概率增大。有的是市场活动主体，本身具有逐利性，又面临复杂环境、利益诱惑大；有的是非营利性组织，缺乏经费保障，主要依赖于服务对象和开展活动生存发展，行业影响力和经营活动结合容易滋生腐败温床；有的基地地处偏远、布局分散，人力财力跟不上，属于管理末梢甚至真空地带；有的业务上具有独立性，经济上有创收压力；有的承担一定的行政权力，接触社会主体多，受诱惑也多。正因为客观因素多，所以更需要提高重视，加强监管，避免风险。

五是法律意识和风险意识淡薄。这五个领域往往涉及市场运营、对外合作、对外投资、对外服务等，在相关业务和经济关系中，不善于运用法律意识和法律手段来规范合作、解决矛盾和维护权益，风险意识薄弱。

二、坚持问题导向，密切结合实际，全面加强五个领域党风廉政建设工作

以上讲的情况，目的就是要大家统一思想，对这次专项整治活动的重要性和必要性有深刻认识。五个领域可能还有一些问题我们没有看到，还有一些情况我们没有掌握。各单位要坚持问题导向，深入研判本单位五个领域的具体现状，发现问题或苗头，“抽丝剥茧”，查找根源，“望闻问切”，对症下药。要着重从以下几个方面全面加强五个领域党风廉政建设工作。

一是以十九大精神为纲领，提高政治站位，坚持为科研创新服务和支撑的导向，真正为推进“三个面向”“两个一流”发挥作用。无论是办企业、建基地、建中心还是办期刊、办学会协会等，我们干事创业始终要坚持正确方向，自觉站在党和国家大局上，自觉为实现院所发展目标想问题、办事情，为科技创新发挥好支撑和推动作用，不能偏离宗旨，偏离目标，更不能盲目逐利，唯利是图。

二是层层压实主体责任，落实全面从严治党。五个领域要强化依托单位的主体责任，研究所领导班子、分管领导、职能部门、相关领域负责人要进一步强化责任意识，落实“一岗双责”，把五个领域党风廉政建设工作纳入主体责任，当做分内之事，放在心上、纳入计划，建立起明责、履责、追责、问责链条，确保主体责任履行过程中不挂空挡、不留死角、不走过场。通过五个领域专项整治，推进我院党的工作全覆盖，推进全面从严治党向纵深发展。

三是完善制度，健全内控，全面加强监管。研究所要全面加强五个领域的规范运行和监督管理，建立健全监管的制度机制，党政一把手要了解情况，心中有数。特别要加强决策、财务和经济活动等方面监督，在对外合作、对外投资、外拨经费、开展经营活动、对外收费和对外出租出借资产等方面严格把关、严格审核、严格监督。各领域具体部门要加强内部监管，抓住工作决策、经费管理、投资合作、活动组织、人员管理等关键环节，查找漏洞，健全内控，建立起有效的运行管理体系。

四是拉长监督探头，做到监督无死角、全覆盖。研究所党委、纪委对执纪监督工作要守土有责，进一步加强五个领域日常督导和检查，见物见人见细节，从具体问题管起，对出现的问题露头就打，对不规范行为及时警戒处理，运用好“四种形态”，特别是第一种形态，及时咬耳扯袖、红脸出汗，避免小隐患带来大影响。尽可能减少隐患、降低风险，是我们执纪监督工作要始终坚持的目标。要进一步注重 5 个领域有关人员的廉洁自律教育和纪律教育，增强其政治敏锐性，提高依法依规办事的意识，避免稀里糊涂踩红线，不以为然犯错误。把党风廉政建设工作抓在常长、抓出习惯，在坚持不懈中见常态，在持之以恒中见长效。

三、加强领导，精心组织，确保五个领域专项整治工作取得实效

这次专项整治活动涉及领域广、内容多、任务重，各级党组织要予以高度重视。在院党风廉政建设领导小组统筹安排下，监察局牵头四个部门，认真研究制定了五个领域专项整治工作方案，已经下发给各单位。刚才文华同志在方案说明中简单提了一些要求，我再强调几点。

一要加强组织领导。我们开展专项整治，是为了防控风险，堵塞漏洞，提升管理。大家务必提高认识，消除顾虑，把这项工作作为从根本上优化环境、推动工作的良好契机，把五个领域监管责任体系建立起来，确保长治久安。党政主要负责同志要亲自抓；分管所领导要履行“一岗双责”，认真研究部署；五个领域具体负责人要履行直接责任，严格自查，立行立改。

二要加强督查，务求实效。工作落实关键在研究所。院里要选择合适时机，及时开展督查，推动工作落实，确保工作取得实效。发现工作不认真、不积极、走过场的单位，要批评整改。

三要严明工作纪律。各单位要把五个领域专项整治工作作为今年党风廉政建设工作重点，扎实开展，抓出成效。要把握时间节点，严肃认真对待，不折不扣抓落实。

同志们，全面从严治党永远在路上，关键是要抓落实。一分部署九分落实，只部署不落实还等于零。让我们坚定团结在以习近平同志为核心的党中央周围，不忘初心，牢记使命，深入推进创新工程实施，深入推进党风廉政建设，为实现“三个面向、两个一流”总体目标保驾护航，做出更大的贡献。

陈萌山书记在中国农业科学院党风廉政建设工作领导小组 2017 年第二次会议上的讲话

2017 年 9 月 1 日

同志们：

今天召开院党风廉政建设工作领导小组 2017 年第二次会议，主要是检查前一阶段分工任务完成情况、查找工作中存在的主要问题、研究部署下阶段重点工作，对于完成全年党风廉政建设工作任务，推进我院全面从严治党向纵深发展至关重要。这次会议也是深入学习贯彻习近平总书记“7 · 26”重要讲话精神和习近平总书记致我院 60 周年贺信精神，坚持问题导向，以钉钉子精神落实巡视整改要求，为推进“三个面向”“两个一流”提供坚强政治和纪律保证的再动员、再部署，表明院党组对全面从严治党和党风廉政建设工作经常抓、长期抓的鲜明态度。

习近平总书记在“7 · 26”讲话中特别强调，全面从严治党依然任重道远，告诫我们绝不能沾沾自喜、盲目乐观，要求全党坚持问题导向，保持战略定力，推动全面从严治党向纵深发展。我们中国农业科学院也是一样，在肯定全面从严治党取得很大成绩的同时，更要对艰巨的任务和存在的问题保持清醒的认识。全院要认真学习领会习近平总书记重要讲话精神，牢固树立“四个意识”，切实把思想和行动统一到讲话精神上来，深刻认识全面从严治党永远在路上，全面从严治党依然任重道远的重要性，把全面从严治党的任务搞得更加清楚、抓得更加有效，把全面从严治党的思路举措搞得更加科学、更加严密，抓好各项决策部署贯彻落实，以优异成绩迎接党的十九大胜利召开。

我院如何做到全面从严治党常态化，有两个标准：一是主动抓，经常抓，态度上要更加积极主动，要从全面从严治党高度，紧密结合科研单位特点和需求，系统地、彻底地、常态化地抓好党风廉政建设工作；二是严格要求，做到严抓严管、严查严处，切实做到真管真严、敢管敢严、常管常严，推动管党治党真正从宽松软走向严紧硬，确保每个党员干部、科研人员廉洁自律的自觉性，确保更好地履职尽责，确保更好地贯彻落实中央决策部署，为推进“三个面向”“两个一流”提供坚强政治和纪律保证。

刚才，各分工单位一把手对承担任务的落实情况作了汇报，体现了主体责任的落实。同志们有准备、有研判，下阶段重点比较突出，切实做到了把党风廉政建设工作放在心上、抓在手上、落在行动上。下面，我讲 3 点意见。

一、各成员单位认真部署、扎实推进，我院党风廉政建设工作取得新进展

上半年，各成员单位认真落实《中国农业科学院贯彻落实2017年反腐倡廉工作任务的分工意见》（以下简称《分工意见》），对于牵头工作，提高认识、加强领导、认真研究、细化分解、组织落实；对于协助抓的工作，认真对待，协助牵头单位抓好自己职责范围内的工作，相互支持、相互补台、不留真空。同时，密切结合业务促进全院工作发展，做到两手抓、两促进、两不误，确保院党组各项决策贯彻落实，成效是好的。领导小组办公室抓落实、抓督办、抓推进，工作抓得很紧，发挥了组织协调和督导指导作用。

综合来看，上半年多项工作做得比较扎实，做出了亮点。一是提高政治站位和政治觉悟，把党风廉政建设工作放在全局来部署、作为中心工作来落实，体现了真抓真管。通过召开党风廉政建设工作会暨集体约谈会、制定《分工意见》全面研究部署、规范党内政治生活制度、健全党建述职评议考核机制、开展"两学一做"常态化制度化活动、廉政警示教育月活动、学习贯彻习近平总书记贺信精神活动等等，全面贯彻落实六中全会、中纪委七次全会和习近平总书记重要讲话精神，着重加强对科研人员、干部职工的思想学习教育，在全院营造信念坚定、锐意进取、创新奉献、风清气正的氛围。二是贯彻落实的措施大、力度强。开展"全面从严治党主体责任和科研管理放管服"宣讲活动，共举办34场，覆盖45个党组织，做到院属单位全覆盖、科研人员管理人员全覆盖。宣讲受众广、内容实，进一步压实了主体责任，明确了任务，推动"放管服"政策落地生根，激发科研活力，同时，强化案例警示教育，教育科研人员明底线、知敬畏，存戒惧、守纪律，效果非常好。三是严抓问题查处。认真办理信访举报，完成66件信访件的处理核查。对发现的问题，充分运用"四种形态"，注重红脸出汗、咬耳扯袖，对18人分别予以诫勉谈话、提醒谈话、批评教育，对3个班子予以集体谈话，注重抓早抓小，防止小问题酿成大问题。在全院开展公务用车、加油卡、高档酒专项整治，坚决贯彻落实中央八项规定精神，严防"四风"反弹。拉长监督探头，加强重点领域监督，对公司企业、协会学会、期刊杂志、检测中心、试验基地摸底调查，对公司企业进行整顿，开展权力清单调查等，为堵塞漏洞、防范风险、强化监督打下基础。四是坚持深化科研经费专项治理，"两个平台"建设成果显著，值得充分肯定。通过信息公开平台、采购平台建设，实现科研经费阳光下运行，线上采购、实时追踪、科学监督。五是结合"两学一做"常态化、制度化，开展了反对和防止"四不"活动。领导班子带头，各级党组织认真查找不思进取、不敢担当、不抓落实、不接地气问题，激发干事创业的积极性，增强责任意识、创新意识和担当意识。六是全面推动巡视整改工作进一步落实，打造永久的巡视组。按照加强党的领导、加强党的建设、全面从严治党3个大的方面推动巡视整改任务落实，不断巩固成果。对中纪委交办信访件，院党组多次

开会研究部署，严肃认真组织核查处理，并分析原因、落实整改，推动各项工作规范化、制度化，得到上级肯定。

总之，上半年各项任务得到很好落实，有效保障了创新工作开展。特别是喜迎院庆60周年，我院深入学习贯彻习近平总书记贺信精神和李克强总理贺词、汪洋副总理考察讲话精神，极大地鼓舞了士气，调动了积极性。下一步，还要继续把学习贯彻习近平总书记贺信精神作为重要政治任务抓紧抓好。

二、坚持问题导向，保持清醒头脑，增强全面从严治党的责任感

我院正处于推进“三个面向”“两个一流”的关键时期，作为农业科技创新国家队，党中央对我们有很高的期待，农业发展对科研有重要需求，我们使命非常光荣，责任压力也非常大。党风廉政建设工作一定要牢牢把握全面从严治党的新形势新要求，紧密结合我院“两个一流”建设的需要，营造健康的政治生态，推动创新工作发展，这是我院党风廉政建设工作一贯坚持的指导思想。

我院党风廉政建设情况总体是好的，但依然存在一些问题和薄弱环节，对此，我们要有清醒的认识。如近期信访举报等各方面反映：科研经费方面，2 个单位 4 名科研人员因伪造证件、涉嫌贪污行贿或同公司合作中涉嫌套取科研经费等被公安检察机关批捕或立案调查；在期刊杂志方面，有的管理明显薄弱，未经所领导班子同意、未签订书面合同、擅自将业务外包给社会人员，期刊登载文章审稿不严，存在政治风险和廉洁风险；在学会协会方面，有的管理有漏洞，以学会协会名义组织会议，但收费管理等经济活动交给社会公司或有关人员的关联公司，也存在巨大的廉政风险；在院办公司企业方面，清理工作和监管工作还存在一些问题，有的公司管理出现真空，有的公司将账号交给其他单位，失去监管，有的涉嫌签署不规范合同存在利益输送；在基地管理方面，有的项目先天不足，上项目不科学、布局不合理、合作风险大，个别试验基地长期失控失管，没有为科研服务，有资产流失的风险；在检测中心方面，有的管理不规范，出现问题被社会炒作；在工程建设方面，有的领导干部对亲属要求不严，没有实施回避，亲属长期参与单位工程维修项目，致使群众反映不断；在贯彻八项规定精神方面，有的党员领导干部廉洁自律这根弦绷得不紧，在领取咨询费方面对政策理解不到位、要求不够严等。

从这些问题看，有些单位全面从严治党的意识还不够强，经常抓、抓平时还不够；制度、措施落实的“最后一公里”没到位，抓检查、抓抽查、抓督促还不够；制度、程序没有执行到位等。各部门各单位要针对这些薄弱点，增强意识、抓好落实、抓好执行，对出现的问题一个都不能放松，严防小问题酿成大错误，真正把党风廉政建设工作放在心上、抓在手上、落在实际行动上。

三、以开展五个领域专项整治为重点，推进我院全面从严治党向纵深发展

下阶段，各部门要继续履行好一岗双责，以牵头任务为主，压实责任，强化措施，对全年性工作任务要持续推进，确保年底各项任务圆满完成，进一步推动巡视整改落实，建立长效机制，切实取得实效。我强调几项重点。

一是以十九大精神为纲领做好党风廉政建设工作。要以学习贯彻十九大精神为重点，迅速把全院思想认识统一到十九大精神上来，进一步增强“四个意识”，增强全面从严治党的紧迫感和责任感。

二是进一步抓实“两个责任”。各单位各部门主要领导和班子成员，要把全面从严治党主体责任和业务工作同步推进，进一步增强意识，做好党风廉政建设一刻不放松，驰而不息，久久为功，确保科技创新有一个良好的政治生态和政治风气。

三是狠抓重点工作不松懈。对《分工意见》的 7 个方面 30 项重点工作要查缺补漏，着力于健全完善内控机制，全面落实。特别是坚决落实中央八项规定精神、驰而不息反“四风”方面，要紧盯公款吃喝、公车私用、劳务费、专家费等易发多发问题；科研经费监管方面，要确保科研经费新政和配套出台的各项制度落实到位，运用好“两个平台”，同时，继续发挥巡视利剑作用，财务审计、纪检监察、科研管理、人事党务、巡视巡察密切配合，打好“组合拳”。

四是深入开展五个领域专项整治工作。今年党风廉政建设工作的一项重要任务是紧盯薄弱环节，拉长监督“探头”，清除管理死角，开展对院所办企业、试验基地、学会协会、期刊杂志、质检中心五个领域的专项整治。

据初步统计，目前全院有院所办企业 97 家，学会协会 62 个，试验基地 108 个，期刊杂志 69 种，检测中心 36 个。上述领域涉及单位和部门多，由于历史原因，有的长期以来疏于监管，存在较大廉政风险。前不久，农业部专门就加强上述领域党的工作做出部署，要求做到党的工作全覆盖。各单位一定要高度重视，切实加强上述领域党的建设和党风廉政工作。拉长监督探头，就是要对上述领域各方面工作强化监督、加强领导、防范风险，使之健康发展。整治工作要内容明确、方案清晰、责任到位、有始有终。五个方面的现状要搞清楚，问题要摸清查准，责任体系要建立起来，制度办法要完善起来。通过五个领域专项整治，将我院全面从严治党向纵深推进。

专项整治由监察局总牵头，具体领域由各业务局负责：公司企业和试验基地两方面由成果转化局负责，学会协会由人事局负责，期刊杂志由院办负责，检测中心由科技局负责。各部门要积极协作，密切配合，细化方案，制定时间表，保证参加人员，抓紧推进整治工作开展，抓出成效，抓出亮点。

同志们，今天是 9 月 1 日，到年底还有 4 个月的时间，我院各方面工作任务很重，创新工程、人才建设、成果转化、扶贫攻关、院所改革等，党风廉政建设工作一定要抓

紧抓好，各单位、各部门要进一步增强“四个意识”，齐心协力、再接再厉，确保反腐败工作力度不减、尺度不松、标准不降。要强化监督执纪问责力度，始终保持高压态势，为科技创新营造风清气正的政治生态，切实发挥好保驾护航作用，以优异成绩迎接党的十九大胜利召开。

中国农业科学院
2017 年度党风廉政建设责任书

为落实全面从严治党主体责任，抓好党风廉政建设工作，根据《中国共产党党章》《中国共产党党内监督条例》《关于实行党风廉政建设责任制的规定》及《中共农业部党组、中央纪委驻农业部纪检组关于落实党风廉政建设主体责任、监督责任的意见》的规定，按照《中共中国农业科学院党组关于落实党风廉政建设主体责任和监督责任的实施细则（试行）》的有关要求，明确领导班子、领导干部在党风廉政建设工作中的责任，为我院科技创新事业的健康发展提供有力保证，特签订本责任书。

一、责任主体

各单位、各部门党组织对落实全面从严治党，抓好党风廉政建设负主体责任。单位党政主要负责人是本单位和本部门党风廉政建设第一责任人，应当做到重要工作亲自部署、重大问题亲自过问、重点环节亲自协调、重要案件亲自督办。单位领导班子其他成员实行“一岗双责”，根据工作分工，对职责范围内的党风廉政建设负直接领导责任。

二、责任内容

（一）根据农业部、院党组关于做好 2017 年党风廉政建设工作的总体要求，结合本单位、本部门实际，落实全面从严治党要求，抓好党风廉政建设各项工作。

（二）牢固树立“四个意识”，严格遵守党的政治纪律、政治规矩，维护党中央权威和党的团结统一，确保在思想上政治上行动上同以习近平同志为核心的党中央保持高度一致。

（三）认真学习贯彻《中国共产党党章》《中国共产党廉洁自律准则》《中国共产党纪律处分条例》《关于新形势下党内政治生活的若干准则》和《中国共产党党内监督条例》，严肃认真开展党内政治生活，加强党内党外民主监督，充分发挥党组织的政治核心作用和党支部的战斗堡垒作用。

（四）巩固深化“两学一做”学习教育成果，充分发挥党员领导干部示范带头作用，以上率下，推动全面从严治党向基层延伸，保持党的先进性和纯洁性。

（五）认真执行“三重一大”事项集体决策制度，落实《中国农业科学院院属单位执行“三重一大”决策制度监督办法》，增强组织观念、程序观念和依法依制度办事的观念。

（六）坚持不懈抓好科研经费监管“两项工程”和“两个平台”，确保科研经费合理有序规范使用，防止违规违纪违法问题发生，营造风清气正的创新氛围。

（七）落实好《中国农业科学院政府采购项目招投标廉政监督办法》及《中国农业科学院基本建设项目招投标廉政监督办法》，加强重点领域的廉政监督。

（八）严格落实中共中央办公厅《关于防止干部“带病提拔”的意见》和中组部《党委（党组）讨论决定干部任免事项守则》，加强干部选拔任用的监督，防止干部“带病提拔”。

（九）坚持把纪律挺在前面，将“四种形态”贯穿于监督执纪问责各环节，认真落实《中共中国农业科学院党组党风廉政约谈暂行规定》，经常开展批评和自我批评、约谈函询，让“红红脸、出出汗”成为常态，对于违纪违规的现象敢于执纪问责，对于严重违纪的现象依据有关规定进行严肃处理。

（十）严格落实中央八项规定精神，驰而不息纠正“四风”。

（十一）严格执行领导干部报告个人有关事项的规定及廉洁自律各项规定。

（十二）认真及时处理信访问题，积极化解各种矛盾，努力构建和谐单位。

（十三）加强政务、党务公开工作，主动接受群众监督，畅通监督渠道，保证群众知情权、表达权、参与权和监督权。

（十四）营造良好学风，教育引导广大干部和科技人员信守科研道德，崇尚科学精神，自觉抵制和杜绝科研不端行为。

（十五）重视和加强纪检监察队伍建设，落实好院党组《关于加强院属单位纪检监察机构和干部队伍建设的暂行规定》，支持纪检监察部门履行监督责任。

（十六）按照《中共中国农业科学院党组关于落实党风廉政建设主体责任和监督责任的实施细则（试行）》要求，结合单位实际，细化责任，明确责任人；定期向上级党委和纪委报告责任落实情况，重要情况、重大问题及时报告。

三、责任考核

（一）各单位、各部门要将执行党风廉政建设责任制的情况，作为党员领导干部民主生活会、领导班子和领导干部述职述廉、年终考核评估的重要内容。

（二）院党风廉政建设领导小组采用多种方式对各单位、各部门党风廉政建设情况不定期地组织监督检查，检查情况作为领导干部业绩评定、奖励惩处、选拔任用的重要依据。

四、责任追究

（一）根据《中国共产党问责条例》，党组织和党的领导干部违反党章和其他党内法规，不履行或者不正确履行职责，应当予以问责。

（二）依据《中国共产党纪律处分条例》第 114 条的规定，党组织不履行全面从严治党主体责任或者履行全面从严治党主体责任不力，造成严重损害或者严重不良影响的，对直接责任者和领导责任者，给予警告或者严重警告处分；情节严重的，给予撤销党内职务或者留党察看处分。

本责任书一式 4 份，各单位各部门、单位党政主要负责人和院党风廉政建设领导小组办公室各留存 1 份，签字后生效。

中国农业科学院	单　位（部门）：
院　长：	所　长（主要负责人）：
党组书记：	党委书记（支部书记）：
年　月　日	年　月　日

中国农业科学院贯彻落实2017年反腐倡廉工作任务的分工意见

为贯彻落实十八届六中全会、中央纪委第七次全会精神，按照农业部、中国农业科学院2017年党风廉政建设工作会议部署和要求，根据党风廉政建设责任制的规定，结合我院实际，对落实2017年反腐倡廉工作任务提出以下分工意见（列在首位的为牵头单位，其他按各自职责承担相应的任务）。

一、学习贯彻党的十八届六中全会精神、中纪委七次全会精神，推动全面从严治党向纵深发展

（1）深入贯彻六中全会、中纪委七次全会和习近平总书记在七次全会上的重要讲话精神。把学习贯彻《关于新形势下党内政治生活的若干准则》《中国共产党党内监督条例》等纳入各单位中心组学习、领导班子民主生活会、党支部组织生活会、"三会一课"以及党员干部教育培训内容，通过多种教育形式，提升学习效果（直属机关党委、监察局、人事局，各单位党组织、纪检组织）。

（2）认真落实党风廉政建设责任制。自上而下签订责任书。责任书要结合各单位实际，结合责任人所在部门和岗位特点，突出主体责任落实，突出纪律和作风建设（监察局，各单位党组织、纪检组织）。

（3）扛牢抓实主体责任。各级党政负责人要坚决履行第一责任人责任，率领班子履行好主体责任。班子成员要抓好分管范围内的党风廉政建设（直属机关党委、监察局，各单位党组织、纪检组织）。

（4）切实履行监督责任。纪检监察机关要持续保持高压态势，力度不减、节奏不变，有效运用"四种形态"，强化监督执纪问责，推动管党治党从"宽松软"走向"严紧硬"（监察局、直属机关纪委，各单位纪检组织）。

（5）建立完善"两个责任"落实、检查考核、倒查追责制度。强化"一岗双责"和"一案双查"，促进"两个责任"落地生根（直属机关党委、监察局、直属机关纪委，各单位党组织、纪检组织）。

（6）认真贯彻《中国共产党问责条例》。坚持有责必问，问责必严，持续释放严肃执纪的强烈信号，问责一个、警示一片，以严厉问责倒逼"两个责任"落实（监察局、直属机关纪委，各单位党组织、纪检组织）。

二、严肃党内政治生活制度，进一步落实全面从严治党各项要求

（1）把思想建党放到至关重要的位置。教育广大党员干部坚持共产党人价值观、提升人文素养和精神境界，依靠文化自信坚定理想信念，永葆共产党人政治本色。坚持高标准和守底线相统一，加强思想教育和纪律教育，教育引导广大党员以党章党纪为尺子，使党员知荣耻、明敬畏、存戒惧、守底线，筑牢不想腐的思想防线（直属机关党委，各单位党组织）。

（2）加强警示教育。加大典型案例通报曝光力度，组织集体约谈，点名道姓通报违法违纪案例，增强干部职工对党纪国法的敬畏感，划清纪律红线，营造不敢腐、不能腐、不想腐的氛围（监察局，各单位党组织、纪检组织）。

（3）严肃党内政治生活。坚持民主集中制，健全完善党组织议事规则和决策程序。严格组织生活制度，创新方式方法，开展好谈心谈话、“三会一课”、民主生活会、组织生活会、民主评议等，强化组织观念，增强组织活力（直属机关党委、监察局、人事局，各单位党组织、纪检组织）。

（4）加强党内监督。加强对民主集中制、个人重大事项报告、基层党组织“三会一课”、民主生活会等制度落实情况的监督，重点组织对“三重一大”决策制度及其监督办法落实情况的监督检查，确保党内政治生活各项制度执行到位（直属机关党委、监察局、人事局，各单位党组织、纪检组织）。

三、以“钉钉子”精神持续推进“两项工程”，促进科研经费规范使用

（1）继续抓好科研经费信息公开平台建设。各单位信息公开平台要在实现网络化、多功能、兼容性上下功夫，要与财务管理系统和预算执行进度相结合，做到实时查询、实时公开，使科研经费在阳光下运行（监察局、财务局，各单位党组织、纪检组织）。

（2）“采购平台”实现高效运行。完成采购平台技术升级改造，建立科学有效的运行和管理监督机制。要加大培训、推广、应用力度，使各单位能通过采购平台采购的试剂耗材等科研物资都要在平台采购，没有入驻的单位要积极对接，统一入驻，推进全院试剂耗材实现线上采购、有效监督，进一步深化“阳光工程”（监察局、上海兽医研究所，各单位党组织、纪检组织）。

（3）加强科研财务助理队伍建设。各单位要加快推进科研财务助理制度，加强对财务助理在预决算编制、经费报销、项目验收等方面的培训指导，提高专业化服务水平（财务局、科技管理局、监察局，各单位党组织、纪检组织）。

（4）全面推进“防火墙”工程。督促各单位健全民主集中制，完善议事规则和决策程序，规范党委会、所务会、职代会、学术委员会制度，落实“三重一大”决策制

度，确保决策程序制度化、决策机制民主化，构筑科学决策“防火墙”（院办公室、直属机关党委、科技管理局、人事局、监察局，各单位党组织、纪检组织）。

（5）健全完善并落实好内控机制。财务部门要履行好科研经费监管责任，健全完善内控机制，进一步提高财务信息化水平和业务管理水平（财务局、监察局、科技管理局，各单位党组织、纪检组织）。

（6）加强新形势下科研经费管理使用的政策研究。着力抓好中办〔2016〕50号文件等科研管理新政策的贯彻落实，对已经出台的专家咨询费、横向课题经费、财务助理等制度落实情况进行调研，不断修订完善制度并监督落实。密切结合实际，研究和探索科研经费管理新思路、新机制、新模式、新经验，提出符合科研活动规律和特点，适应农业科技创新需要，并有利于加强经费使用风险防控的措施和制度建设意见。强化院所两级法人责任，完善各单位的科研经费管理制度，建立内部风险防控和监管机制，促进科技创新工作开展（财务局、科技管理局、监察局、人事局，各单位党组织）。

（7）组织开展科研经费管理使用政策巡回宣讲活动。宣讲、解读中办〔2016〕50号文件等科研管理政策，使广大科研人员了解国家一系列鼓励创新、鼓励成果转化以及科研经费管理等方面的政策，掌握并合理利用好政策，调动科技创新积极性。同时，提醒科研人员不踩红线、不越底线，遵守科研道德，弘扬优良作风（监察局、财务局、科技管理局、人事局、成果转化局、基本建设局、国际合作局、院办公室）。

（8）持续开展科研经费专项整治行动。坚持“巡视牵头、审计先行、监察跟进”的组合拳模式，强化问题导向，严肃查处违规违纪问题，确保科研经费管理使用不出系统性风险、不出重大案件，减少违规违纪问题发生，确保科研经费高效使用、多出成果（巡视组、监察局、财务局、人事局、直属机关党委、科技管理局、成果转化局，各单位党组织、纪检组织）。

四、坚持“两手抓，两手都要硬”，发挥纪律审查的治本功效

（1）坚决贯彻落实中央八项规定精神，驰而不息纠正“四风”。密切关注“四风”隐身衣的新形式、新动向，以查纠公款宴请、公款旅游、公款消费、公车私用为重点，综合运用巡视、审计、信访举报、明察暗访等多种手段，着力发现、严肃处理党员干部顶风违纪问题，锲而不舍抓好中央八项规定精神落实，严防“四风”反弹（监察局、巡视组、直属机关纪委，各单位纪检组织）。

（2）紧盯重点领域和薄弱环节，拉长监督“探头”。加强对基本建设、政府采购、招考招录、项目评审、房屋经营等重点领域的监督。强化对院所办企业、试验基地、学会协会、刊物编辑部、质检中心等的监督管理，按照谁主办谁负责、挂靠谁谁负责的原则，强化责任落实，严格责任追究，确保依法依规管理（监察局、直属机关纪委、财务局、科技管理局、人事局、基本建设局、成果转化局、国际合作局、研究生院、后勤服务中心，各单位党组织、纪检组织）。

基本建设领域（基本建设局、财务局、监察局，各单位党组织、纪检组织）；

政府采购领域（财务局、基本建设局、监察局，各单位党组织、纪检组织）；

招考招录（人事局，研究生院、各单位党组织、纪检组织）；

项目评审（科技管理局、财务局、成果转化局、国际合作局、人事局，各单位党组织、纪检组织）；

房屋经营（后勤服务中心、财务局、成果转化局，各单位党组织、纪检组织）；

院所办企业、试验基地等（成果转化局、监察局，各单位党组织、纪检组织）；

学会协会、刊物编辑部、质检中心等（科技管理局、院办公室，各单位党组织、纪检组织）。

（3）加强对干部选拔任用的监督。把干部任免“凡提四必”“三个不上会”“两个不得”“五个不准”的要求监督落实到位（人事局、监察局、直属机关党委，各单位党组织、纪检组织）。

（4）加强重点岗位关键时间节点廉政教育。坚持谈话提醒机制，抓住出国（境）、出差、项目审批、资金安排、干部选拔、员工入职、招投标、年节假期等节点，及时对党员干部进行提醒教育（直属机关党委、监察局、国际合作局、科技管理局、成果转化局、财务局、人事局、基本建设局、院办公室，各单位党组织、纪检组织）。

（5）强化审计监督。加强领导干部任期经济责任审计，做到凡提必审，凡离必审。组织开展基建项目竣工决算审计和科研经费使用专项检查，抓好审计检查发现问题的整改（财务局、人事局、基本建设局、监察局）。

（6）高度重视信访工作。对群众反映的问题认真研究，做好耐心细致的思想工作，切实解决实际问题，积极化解矛盾（院办公室、监察局、直属机关纪委，各单位党组织、纪检组织）。

五、巩固巡视整改成果，加强制度建设

（1）对巡视整改任务实施“回头看”。整改任务尚未完成的，要加快推进，加强督办，确保高标准高质量完成，将政治收获、思想收获、制度收获、文化收获、作风收获长期保持下去，打造永久巡视组（院办公室、直属机关党委、监察局、科技管理局、人事局、财务局、基本建设局、国际合作局、成果转化局、后勤服务中心，各单位党组织、纪检组织）。

（2）建立整改工作长效机制。将查找问题和深化改革相统一，把整改中形成的好经验好做法健全完善上升为制度规范，切实扎紧织密绑牢制度笼子，构建推动科研机构改革创新发展的现代院所制度体系（院办公室、直属机关党委、监察局、科技管理局、人事局、财务局、基本建设局、国际合作局、成果转化局、后勤服务中心，各单位党组织、纪检组织）。

六、贯彻落实《中国共产党巡视工作条例》，充分发挥巡视利剑作用

加大巡视工作力度。充分发挥巡视在加强党内监督中的重要作用，紧跟中央巡视工作新部署、新要求，研究建立符合农业科研单位特点的巡视工作长效机制，不断提高巡视工作水平和工作质量。坚持院领导带队反馈巡视意见机制，监督指导各单位落实巡视整改方案，对问题严重、整改不力的进行严肃处理（巡视组、监察局、人事局、直属机关党委、财务局、科技管理局、成果转化局）。

七、严格自律，切实加强纪检监察干部队伍建设

（1）学习贯彻《中国共产党纪律检查机关监督执纪工作规则（试行）》。努力强化纪检监察队伍作风建设和能力建设。采取自主办班、委托培训、协同办案、联合督导等方式，切实提高纪检监察干部的履职能力（监察局、直属机关纪委，各单位纪检组织）。

（2）认真落实院党组《关于加强纪检监察机构和干部队伍建设的暂行规定》。要配齐配强纪委书记、纪检监察干部。选拔政治素质高、工作能力强的干部，充实到纪检监察干部队伍中。支持纪检监察工作，关心纪检监察干部成长（人事局、监察局，各单位党组织、纪检组织）。

（3）健全纪委领导工作机制。建立健全定期报告、日常督促指导、执纪统筹协调等工作机制，不断提高全院纪检监察工作水平（党组纪检组、直属机关纪委、监察局，各单位党组织、纪检组织）。

根据以上任务分工，请各牵头单位会同有关责任单位，纳入 2017 年年度考核任务，制定工作方案，明确分管领导、责任部门、时限进度和任务要求，于 2017 年 3 月 15 日前报院党风廉政建设工作领导小组办公室。牵头单位要加强组织协调，有关责任单位要主动配合，形成工作合力，共同努力抓好落实，并于 2017 年 12 月 10 日前，将年度任务完成情况报院党风廉政建设工作领导小组办公室。

中共中国农业科学院党组贯彻《中国共产党问责条例》实施细则

农科院党组发〔2017〕20号

第一章 总 则

第一条 为落实全面从严治党要求，规范和强化党的问责工作，根据《中国共产党章程》《中国共产党问责条例》和《中共农业部党组贯彻〈中国共产党问责条例〉实施办法》，结合中国农业科学院实际，制定本实施细则。

第二条 党的问责工作以马克思列宁主义、毛泽东思想、邓小平理论、“三个代表”重要思想、科学发展观为指导，深入贯彻习近平总书记系列重要讲话精神，围绕协调推进“四个全面”战略布局，坚持党的领导，加强党的建设，全面从严治党，做到有权必有责、有责要担当、失责必追究，落实党组织管党治党政治责任，督促党的领导干部牢固树立“四个意识”，践行忠诚干净担当。

第三条 党的问责工作应当坚持的原则：依规依纪、实事求是，失责必问、问责必严，惩前毖后、治病救人，分级负责、层层落实责任。

第四条 党的问责工作是由党组织按照职责权限，追究在党的建设和党的事业中失职失责党组织和党的领导干部的主体责任、监督责任和领导责任。

第五条 问责对象是全院各级党组织，纪检组织，党务人事部门及其领导成员，重点是主要负责人。

第六条 问责应当分清责任。党组织领导班子在职责范围内负有全面领导责任，领导班子主要负责人和直接主管的班子成员承担主要领导责任，参与决策和工作的班子其他成员承担重要领导责任。

第二章 问责情形

第七条 党组织和党的领导干部违反党章和其他党内法规，不履行或者不正确履行职责的，应当予以问责。

第八条 党的领导弱化，有下列情形之一，给党的事业和人民利益造成严重损失，产生恶劣影响的，应当予以问责：

（一）对党的理论和路线方针政策、党中央、国务院、农业部党组及院党组的决策部署，不及时传达学习，不认真研究部署，不积极推动落实，或者在贯彻执行中打折扣、做选择、搞变通的；

（二）在推进农业科技创新和服务“三农”各项事业发展中，对本单位、本部门职责范围内的重要工作，在研判形势、决策部署、推动落实等关键环节出现重大失误，对重特大突发事件不及时请示报告、不积极应对处置，造成不利后果的；

（三）在处置本单位、本部门发生的重大问题中领导不力，特别是不按照有关规定或者工作要求向上级请示报告，存在瞒报、迟报、谎报导致事态恶化的。

第九条　党的建设缺失，有下列情形之一，党内和群众反映强烈，损害党的形象，削弱党执政的政治基础的，应当予以问责：

（一）在加强党的思想建设中，不认真贯彻党的思想路线，不重视加强党的理论武装，不经常开展党性教育特别是理想信念宗旨教育，意识形态工作管理不力，导致思想政治工作严重削弱，错误倾向、错误观点、错误言论得不到及时批驳和纠正，党员队伍理想信念动摇、宗旨观念淡薄，先锋模范作用发挥不好的；

（二）在加强党的组织建设中，不认真贯彻党的组织路线，党内政治生活不正常，组织生活不健全，“三会一课”、民主生活会、组织生活会、谈话谈心、党员领导干部过双重组织生活、民主评议党员等基本制度落实不力，不按期进行换届，民主议事决策不严格，班子严重不团结，工作长期打不开局面，对党员疏于教育、管理和监督，应当发展党员而长期不发展党员或者发展党员工作程序混乱、质量差，对不合格党员听之任之、不认定不处置，党组织软弱涣散的，缺乏凝聚力和战斗力的；

（三）在加强党的作风建设中，不认真贯彻党的群众路线，不深入贯彻中央八项规定精神、农业部党组和院党组贯彻落实中央八项规定精神的实施办法或规定，不严格执行《党政机关厉行节约反对浪费条例》《党政机关国内公务接待管理规定》等法规制度，查纠“四风”问题不力，特别是对顶风违纪、隐形变异的“四风”问题查处不及时、不严肃，导致作风建设流于形式，“慵懒散木推”现象严重，“四风”问题屡禁不止的；

（四）在选人用人工作中，违反《党政领导干部选拔任用工作条例》《科研事业单位领导人员管理暂行办法》规定，对拟任人选个人有关事项审核把关不严，用人严重失察、“带病提拔”、买官卖官、拉票贿选、突击提拔等问题突出的。

第十条　全面从严治党不力，有下列情形之一，造成严重后果的，应当予以问责：

（一）党组织主体责任落实不到位，不认真履行谋划部署、选人用人、制度建设、检查考核、报告请示、听取汇报、支持保障等责任，不履行或者不正确履行党内监督职责，没有做到全面从严治党和业务工作“两手抓两手硬”，管党治党失之于宽松软，该发现的问题没有发现，发现问题不报告不处置、不整改不问责的；

（二）纪检组织监督责任落实不到位，贯彻转职能、转方式、转作风不力，不认真履行组织协调、纪律检查、党内监督、作风督查、执纪审查等职责，纠错整改不力，对该发现的问题没有及时发现，对发现问题不及时调查处置、不严格执纪问责的；

（三）党的领导干部领导责任落实不到位，好人主义盛行、搞一团和气，不负责、不担当，班子主要负责人没有做到深入调研、谋划部署、协调推进、攻坚克难，班子成员没有做到具体部署、专题调研、谈话提醒、整改督促、追责建议、履职报告的。

第十一条 维护党的纪律不力，有下列情形之一，导致违规违纪行为多发，造成恶劣影响的，应当予以问责：

（一）维护党的政治纪律和政治规矩失职，本单位内有令不行、有禁不止，团团伙伙、拉帮结派，妄议中央大政方针，破坏党的集中统一，损害党中央、部党组及院党组权威等问题严重的；

（二）维护党的组织纪律失职，本单位内违反民主集中制原则、不执行或者擅自改变上级党组织重大决定、搞非组织活动、欺骗组织、违反请示报告和个人有关事项报告制度等问题严重的；

（三）维护党的廉洁纪律失职，本单位内以权谋私、违规发放津贴补贴或者福利、违规购买赠送收受礼品礼金、违规操办婚丧喜庆事宜或者借机敛财、违规从事营利性活动等问题严重的；

（四）维护党的群众纪律失职，本单位内弄虚作假、欺上瞒下、优厚亲友、吃拿卡要、推诿扯皮、作风粗暴，漠视或者侵害群众利益、破坏党群干群关系等问题严重的；

（五）维护党的工作纪律失职，在工作中不负责任或者疏于管理，本单位内违规干预和插手建设工程项目招投标、政府采购、项目评审、干部选拔任用、纪律审查、招考招录、职称评审等问题突出，失密泄密、违反出国（境）管理规定等问题严重的；

（六）维护党的生活纪律失职，本单位内违反社会公德、家庭美德，以及违背社会公序良俗等问题严重的。

第十二条 推进党风廉政建设和反腐败工作不坚决、不扎实，把握运用监督执纪“四种形态”不到位，有下列情形之一的，应当予以问责：

（一）抓早抓小工作不力，对发现的苗头性倾向性问题或者轻微违纪问题不及时谈话提醒、约谈批评、函询诫勉，没有把纪律和规矩挺在前面，导致本单位不正之风和腐败问题突出的；

（二）教育管理监督不严，致使本单位发生严重违反中央八项规定精神问题、领导班子成员或直接管理的下属发生严重违纪违法问题，或者对本单位的违纪违规行为知而不报、报而不查，甚至压案隐瞒或不积极配合查处的；

（三）对工作作风、科研学风建设要求不严，导致本单位在政策落实、项目执行、权力规范运行、科研管理、经营管理、成果转化、企业经营、基地管理、编辑出版、住房管理等方面违规违纪问题严重或者多发，损害职工群众利益问题突出，职工群众反映强烈的；

（四）对巡视、审计反馈和移交的问题不整改、不查处的。

第十三条 有其他失职失责情形需要问责的，应当予以问责。

第十四条 党组织和党的领导干部有本实施细则规定问责情形苗头性问题的，应当予以提醒谈话或者诫勉谈话，并写出书面检讨，整改不力的，进行问责。

第十五条 实行终身问责。对失职失责性质恶劣、后果严重的，不论其责任人是否调离转岗、提拔或者退休，都应当严肃问责。

第三章 问责方式

第十六条 对党组织的问责方式包括：

（一）检查。对履行职责不力、情节较轻的，应当责令其作出书面检查并切实整改。

（二）通报。对履行职责不力、情节较重的，应当责令整改，并在一定范围内通报。

（三）改组。对失职失责，严重违反党的纪律、本身又不能纠正的，应当予以改组。

第十七条 对党的领导干部的问责方式包括：

（一）通报。对履行职责不力的，应当严肃批评，依规整改，并在一定范围内通报。

（二）诫勉。对失职失责、情节较轻的，应当以谈话或者书面方式进行诫勉。

（三）组织调整或者组织处理。对失职失责、情节较重，不适宜担任现职的，应当根据情况采取停职检查、调整职务、责令辞职、降职、免职等措施。

（四）纪律处分。对失职失责应当给予纪律处分的，依照《中国共产党纪律处分条例》追究纪律责任。

第十八条 对党组织、党的领导干部的问责方式，可以单独使用，也可以合并使用。

第四章 问责程序

第十九条 发现有本办法规定问责情形的，按照管理权限，由院党组，党组纪检组、监察局，直属机关党委、纪委，各单位党委、纪委，或组织人事部门启动问责程序。

第二十条 在巡视、审计、监督检查等工作中发现需要问责的问题，应当及时将问题线索移送院党组，党组纪检组、监察局，直属机关党委、纪委，各单位党委、纪委，或组织人事部门处理。

第二十一条 在党的领导弱化、党的建设缺失、落实全面从严治党两个责任方面发现需要问责的问题，由院党组、直属机关党委或各单位党委进行问责调查；

在严明党的纪律以及信访举报、监督执纪工作中发现需要问责的问题，由院党组纪检组、监察局、直属机关纪委或各单位纪委进行问责调查；

在选人用人、职称评审、考核考评、劳动工资等人事工作中发现需要问责的问题，由院人事局或各单位组织人事部门进行问责调查；

以上问责需要予以纪律处分的移交党组纪检组、监察局、直属机关纪委或各单位纪委，履行相应纪律处分程序。

第二十二条 院党组根据问题性质或者工作需要可以直接对各单位党组织、副所局级党员领导干部问责，也可以指定院党组纪检组、监察局、人事局、直属机关党委、直属机关纪委按照各自职责，对各单位党组织、副所局级党员领导干部以及院机关处级党员领导干部进行问责调查。

经部党组、驻部纪检组或部直属机关纪委批准，院党组可以对正所局级干部进行问责调查，依据调查结果提出问责建议，由农业部党组、驻部纪检组或部直属机关纪委予以问责。

院属各单位党组织可以对本单位基层党组织和党员领导干部进行问责调查，有关情况及时向院党组纪检组、监察局、人事局、直属机关党委、直属机关纪委请示报告。

第二十三条 实施问责应当准确认定相关责任。

（一）由党组织领导班子集体研究决定的事项应当问责的，对党组织进行问责，同时对参与决策的班子成员进行问责，重点对班子主要负责人和直接主管的班子成员进行问责。对明确提出反对意见的，可视情况免予问责或适当减轻失责情节。

（二）由领导班子成员个人决定或者批准的事项应当问责的，对该班子成员个人进行问责。

第二十四条 问责决定应当由有管理权限的党组织（党组）作出。其中对党的领导干部，党组纪检组、各单位党委、各级纪检组织、人事部门有权采取通报、诫勉方式进行问责；需要进行组织调整或者组织处理的，应该根据调查结果提出处理建议。

对下级党组织的问责，党组纪检组、各单位党委、各级纪检组织、人事部门可以根据调查结果提出处理建议。

需要采取纪律处分方式问责的，按照党章和有关党内法规规定的权限和程序执行。

第二十五条 对于事实清楚、依据充分的问责情形，可以不进行问责调查，直接由院党组，党组纪检组、监察局，直属机关党委、纪委，各单位党委、纪委，或组织人事部门作出问责决定。

第二十六条 问责决定作出后，应当及时向被问责党组织或者党的领导干部及其所在党组织宣布并督促执行。有关问责情况应当向组织人事部门通报，组织人事部门应当将问责决定材料归入被问责领导干部个人档案，并依据干部管理权限报上一级组织人事部门备案；涉及组织调整或者组织处理的，应当在 1 个月内办理完毕相应手续。

第二十七条 受到问责的党组织应当在要求时间内将问责决定执行情况向作出问责决定的党组织（党组）进行书面报告。

第二十八条 受到问责的党的领导干部应当在 15 个工作日内向问责决定机关作出书面检讨，并在民主生活会或者其他党的会议上作出深刻检查。作出问责决定的机关应当及时与被问责领导干部谈话，督促其整改。

第五章 问责监督

第二十九条 实行问责情况通报曝光制度。对严重失职失责被问责等典型问题案例及时进行通报曝光，发挥震慑警示教育作用。采取组织调整或者组织处理、纪律处分方式问责的，一般应当采取适当方式公开。

第三十条 实行问责审理制度。凡是由院党组纪检组、监察局、各级纪委进行问责调查的，应当及时审理，按程序作出处理。

第三十一条 实行问责情况定期报告制度。院属各单位纪委应当按月统计本单位问责情况，以口头或书面形式报告院党组纪检组、监察局、院直属机关纪委和本单位党委。重大问题问责情况应当及时报告。

第三十二条 实行问责情况监督检查制度。院党组纪检组、监察局、人事局、直属机关党委、直属机关纪委要加强对下级党组织实施问责情况的监督检查。对有责不问或者问责方式不当、问责决定不落实的，及时督促纠正，情节严重的严肃追究相关党组织和党的领导干部的责任。

第三十三条 院党组纪检组、监察局、直属机关纪委应适时将我院问责工作的有关情况向中央纪委驻农业部纪检组和农业部直属机关纪委报告，接受中央纪委驻农业部纪检组和农业部直属机关纪委的业务指导和监督检查。

第六章 附 则

第三十四条 京外研究所党组织及纪检组织要同时按照地方上级党组织及纪检组织的要求，落实好问责工作。

第三十五条 本实施细则由院党组纪检组、监察局负责解释。

第三十六条 本实施细则报中央纪委驻农业部纪检组、部人事劳动司、部直属机关党委、部直属机关纪委备案。

第三十七条 本实施细则自印发之日起施行。

中共中国农业科学院党组纪检组关于异地任职干部周转住房有关问题的答复

农科院党组纪检组〔2017〕4号

院属各单位：

针对部分单位咨询我院异地任职干部在任职地住房管理的政策问题，经研究，现就有关问题答复如下：

（1）《农业部机关外地调京局级干部周转住房管理办法》（农办服〔2016〕10号）对干部周转住房问题做了规定，各单位可结合实际情况参照执行。

（2）任职单位提供周转住房，面积及装修标准满足基本居住需求，可以配备冰箱、空调、灶具等生活设施和家具等。

（3）对包括以租用社会房屋方式形成的周转住房，由任职单位根据当地公租房标准确定房租，由任职干部个人缴纳；对供暖费、物业费，如果任职干部家属子女长期随迁的，由任职干部个人支付；其他水、电、燃气、有线电视、通信、网络等费用由任职干部个人支付。

（4）院属单位可依据以上意见，根据本单位实际，制定具体规定。

附件：农业部机关外地调京局级干部周转住房管理办法

中国农业科学院党组纪检组

2017年6月15日

附件

农业部机关外地调京局级干部周转住房管理办法

第一条　为妥善解决机关外地调京局级干部周转住房需求，规范调京干部周转住房管理，根据《中共中央办公厅、国务院办公厅转发建设部等单位〈关于完善在京中央和国家机关住房制度的若干意见>的通知》（厅字〔2005〕8 号）《国务院机关事务管理局、中共中央直属机关事务管理局关于印发（中央和国家机关外地调京干部住房管理实施意见〉的通知》（国管房改〔2005〕484 号）和《国家机关事务管理局、中共中央直属机关事务管理局、国家发展和改革委员会、财政部、住房和城乡建设部关于印发〈在京中央和国家机关职工周转住房管理办法）的通知》（国管房改〔2013〕344 号）等文件规定，结合部机关实际，制定本办法。

第二条　机关服务局负责机关外地调京局级干部周转住房管理工作，遵循统一管理、定向供应、只租不售、周转使用的原则。

第三条　机关主要采用回购已售住房，使用腾退旧房，申请中央国家机关职工周转住房等方式筹集周转住房房源。

第四条　周转住房实施简单装修，满足基本居住需求。卧室、客厅四白落地，铺设地砖；厨房、卫生间铺设墙地砖，铝扣板吊顶，配备灶具、抽油烟机、电热水器、空调。

第五条　申请租住周转住房，需同时满足以下条件：

（一）因工作需要从京外单位调入部机关（包括机关服务局和参公事业单位）任职，并按照组织程序和要求办理调动手续，及时转移行政关系、工资关系、组织关系的局级干部。

（二）本人和其他家庭成员（包括配偶、未成年子女、共同生活的成年单身子女）未通过购买、继承、受赠等方式在京获得产权住房，未在京承租保障性住房（包括公有住房、北京市保障性住房、军队住房等）。

（三）调京局级干部办理调动手续时，将填写完整的《中央和国家机关外地调京干部住房情况表》随人事档案同时移交。

第六条　申请租住周转住房，履行以下程序：

（一）调京局级干部向房管部门提交申请书。申请书需工作单位主要负责同志签字，加盖公章；部人事劳动司签署意见；

（二）房管部门依据房源情况提出初步意见，报机关服务局常务会议审定。

（三）房管部门与调京局级干部（以下统称承租人）签订租赁合同，办理相关手续。

（申请到中央国家机关职工周转住房的，房管部门协助办理手续。）

第七条　承租周转住房，按照公有住房租金标准缴纳房租。缴纳房租确有困难的，可申请租金优惠。

（承租中央国家机关职工周转住房的，执行相应的租金标准。）

第八条 承租人自行支付租住周转住房期间发生的供暖费、物业费，以及水、电、燃气、有线电视、通信、网络等费用。

第九条 周转住房的租赁期限，截止到承租人本人所申请的部机关下一轮配售配租住房办理入住手续之日起4个月内（本人放弃申请或不具备申请资格的，参照执行）；周转住房租赁期限原则上不超过5年。

第十条 承租人享有按合同约定使用周转住房的权利，并承担以下义务：

（一）及时足额缴纳租金；

（二）家庭住房情况发生变化时，自变化之日起30日内，向本单位和部房管部门报告家庭住房变化情况；

（三）按相关法律法规和租赁合同约定应承担的其他义务。

第十一条 承租人不得有下列行为：

（一）转租、转借或者擅自调换周转住房；

（二）改变周转住房用途；

（三）破坏或者擅自拆改房屋结构；

（四）连续6（含）个月以上未在周转住房居住；

（五）累计6个月以上未缴纳租金；

（六）违反租赁合同的其他行为。

承租人未如实填报家庭住房情况、骗租周转住房或者有上述行为之一的，房管部门有权收回周转住房；造成损失的，承租人负责赔偿。

第十二条 有以下情形之一的，承租人应退出周转住房：

（一）承租人调离部机关（包括机关服务局和参公事业单位）；

（二）承租人或其他家庭成员在京通过购买、继承、受赠等方式取得产权住房或者承租保障性住房；

（三）租赁合同期满。

调离部机关（包括机关服务局和参公事业单位）、在京取得（或承租）住房6个月内或者合同期满后30日内，承租人应结清相关费用，将周转住房腾空交回房管部门。

第十三条 承租人按规定应当退出周转住房但拒不退出的，房管部门按照同地段、同类型住房的市场租金水平收取租金，并向部直属机关纪委、人事劳动司和工作单位通报相关情况。

第十四条 本办法由机关服务局负责解释。

第十五条 本办法自印发之日起施行。

2016年9月20日

中共中国农业科学院党组
关于调整院党风廉政建设工作领导小组成员的通知

农科院党组发〔2017〕3 号

院属各单位、院机关各部门：

根据工作需要的人员变动情况，现对我院党风廉政建设工作领导小组人员进行调整，调整后的名单如下。

组　长：唐华俊（农业部党组成员、中国农业科学院院长、党组副书记）
　　　　陈萌山（党组书记）
副组长：李杰人（纪检组组长、党组成员）
成　员：贾广东（党组成员、人事局局长）
　　　　汪飞杰（办公室主任）
　　　　梅旭荣（科技管理局局长）
　　　　刘瀛弢（财务局局长）
　　　　刘现武（基本建设局局长）
　　　　冯东昕（国际合作局局长）
　　　　袁龙江（成果转化局局长）
　　　　高士军（直属机关党委常务副书记）
　　　　舒文华（监察局局长）
　　　　卢玉明（后勤服务中心主任）

领导小组办公室设在院纪检组监察局。

主　任：舒文华（兼）
副主任：汪飞杰（兼）　李延青（监察局副局长、直属机关纪委副书记）

待直属机关纪委书记人选确定后，增补为办公室副主任。

2017 年 1 月 9 日

中共中国农业科学院党组
巡视工作实施办法

第一章　总　则

第一条　为落实全面从严治党要求，严肃党内政治生活，净化党内政治生态，加强党内监督，规范巡视工作，根据《中国共产党章程》《中国共产党巡视工作条例》和《中共农业部党组关于巡视工作的办法（试行）》，结合我院实际，制定本办法。

第二条　院党组实行巡视制度，建立专门巡视机构，在一届任期内对院属各单位党组织全面巡视。

第三条　巡视工作以马克思列宁主义、毛泽东思想、邓小平理论、“三个代表”重要思想、科学发展观、习近平新时代中国特色社会主义思想为指导，牢固树立政治意识、大局意识、核心意识、看齐意识，坚定不移维护以习近平同志为核心的党中央权威和集中统一领导，统筹推进“五位一体”总体布局和协调推进“四个全面”战略布局，贯彻新发展理念，坚定对中国特色社会主义的道路自信、理论自信、制度自信、文化自信，尊崇党章，依规治党，落实中央巡视工作方针和农业部、中国农业科学院重大决策部署。深化政治巡视，聚焦坚持党的领导、加强党的建设、全面从严治党，发现问题、形成震慑，推动改革、促进发展，确保全院各级党组织充分发挥战斗堡垒作用。

第四条　巡视工作坚持党的领导，实事求是、客观公正，发扬民主、依靠群众的原则。巡视工作要与领导班子建设和领导干部选拔任用工作相结合，要与财务监督与审计相结合，要与纪检监察工作相结合，充分发挥各部门的协同作用。

第二章　机构和人员

第五条　成立中国农业科学院巡视工作领导小组（以下简称巡视领导小组），向院党组负责并报告工作。

巡视领导小组组长由党组书记担任，副组长由院纪检组组长、人事局局长担任，并可根据工作需要请中央纪委驻农业部纪检组领导担任副组长。成员有农业部（中国农业科学院）巡视组组长、副组长和院监察局、人事局、财务局、直属机关党委主要负责同志。

第六条　巡视领导小组的职责是：

（一）贯彻党中央、部、院党组有关决议、决定；

（二）研究决定巡视工作年度计划；

（三）听取巡视工作汇报，对巡视工作反映的情况、提出的意见和建议进行研究并提出处理意见，重要情况和意见、建议及时向院党组报告；

（四）研究对巡视工作成果运用的意见、建议；

（五）向院党组报告巡视工作情况；

（六）对巡视组进行管理和监督；

（七）研究处理巡视工作中的其他重要事项。

第七条 巡视领导小组下设办公室（以下简称巡视办公室），为其日常办事机构。

第八条 巡视领导小组办公室的职责是：

（一）向巡视工作领导小组报告工作情况，落实巡视工作领导小组的决策和部署；

（二）统筹、协调、指导各专项巡视组开展工作；

（三）承担巡视工作有关政策研究、制度建设等工作；

（四）对院党组、院巡视工作领导小组决定的事项进行督办；

（五）配合有关部门对巡视工作人员进行培训、考核、监督和管理；

（六）办理巡视工作领导小组交办的其他事项。

第九条 成立中国农业科学院专项巡视组，承担巡视工作，向巡视领导小组负责并报告工作。

第十条 专项巡视组设组长、副组长和组员若干人。专项巡视组实行组长负责制，副组长协助组长工作。

建立院巡视人才库，根据巡视任务需要，从院巡视人才库中选调干部参加巡视工作。

加强对巡视工作人员的培训，并将其作为干部培养的重要手段。

第十一条 农业部（中国农业科学院）巡视组组长、副组长的党组织关系在院监察局，人事关系和工资关系可保留在原单位，并享受相应级别全部待遇。

第十二条 巡视工作人员应当具备下列条件：

（一）理想信念坚定，对党忠诚，在思想上政治上行动上同党中央保持高度一致；

（二）坚持原则，敢于担当，依法办事，公道正派，清正廉洁；

（三）遵守党的纪律，严守党的秘密；

（四）熟悉党务工作和相关政策法规，具有较强的发现问题、沟通协调、文字综合等能力；

（五）身体健康，能胜任工作要求。

第十三条 选配巡视工作人员应当严格标准条件，对不适合从事巡视工作的人员，应当及时予以调整。

巡视工作人员应当按照规定进行轮岗交流。

巡视工作人员实行任职回避、地域回避、公务回避。

第三章 巡视范围和内容

第十四条 院巡视组的巡视对象和范围是：

（一）院属单位党组织领导班子及其成员；

（二）院党组要求巡视的其他单位的党组织领导班子及其成员。

第十五条 巡视组对巡视对象执行《中国共产党章程》和其他党内法规，遵守党的纪律，落实全面从严治党主体责任和监督责任等情况进行监督，着力发现党的领导弱化、党的建设缺失、全面从严治党不力，党的观念淡漠、组织涣散、纪律松弛，管党治党宽松软等问题：

（一）违反政治纪律和政治规矩，存在违背党的路线方针政策的言行，有令不行、有禁不止，阳奉阴违、结党营私、团团伙伙、拉帮结派，以及落实意识形态工作责任制不到位等问题；

（二）违反廉洁纪律，以权谋私、贪污贿赂、腐化堕落等问题；

（三）违反组织纪律，违规用人、任人唯亲、跑官要官、买官卖官、拉票贿选，以及独断专行、软弱涣散、严重不团结等问题；

（四）违反群众纪律、工作纪律、生活纪律，落实中央八项规定精神不力，搞形式主义、官僚主义、享乐主义和奢靡之风等问题；

（五）院党组要求了解的其他问题。

第十六条 根据我院实际，在常规巡视的基础上，可在科研经费使用管理、重大专项组织实施、科研道德和学风建设等方面开展机动式巡视。机动式巡视采取一次一授权的方式，重点对某一单位存在的一个或几个方面的问题开展巡视。

第四章 工作方式和权限

第十七条 巡视组可以采取以下方式开展工作：

（一）听取被巡视单位领导班子的工作汇报，根据工作需要，还可听取党风廉政建设、干部选拔任用、经营收益、财务管理等方面的专题汇报；

（二）与被巡视单位领导班子成员和干部群众个别谈话；谈话范围：被巡视单位领导班子全体成员，所属部门、单位副处以上干部不少于50%，副研以上职工不少于30%，工青妇组织、民主党派、离退休职工代表；

（三）受理反映被巡视党组织领导班子及其成员和下一级党组织领导班子主要负责人问题的来信、来电、来访等；

（四）抽查核实领导干部报告个人有关事项的情况；

（五）向有关知情人询问情况；

（六）调阅、复制有关文件、档案、会议记录等资料；

（七）召开座谈会；

（八）列席被巡视单位的党委（支委）会、所（局）务会、所（局）长办公会、民主生活会等有关会议；

（九）进行民主测评、问卷调查；

（十）以适当方式到被巡视单位的下属地方、单位或者部门了解情况。对京外单位，要走访当地相关部门听取意见；

（十一）开展专项检查；

（十二）对专业性较强或者特别重要问题的了解，可以商请有关职能部门或者专业机构予以协助；

（十三）院党组批准的其他方式。

第十八条　巡视组依靠被巡视党组织开展工作，不干预被巡视单位的正常工作，不履行执纪审查的职责。

第十九条　巡视组应当严格执行请示报告制度，对巡视工作中的重要情况和重大问题及时向巡视工作领导小组请示报告。

第二十条　巡视期间，经巡视工作领导小组批准，巡视组可以将被巡视党组织管理的干部涉嫌违纪违法的具体问题线索，移交有关纪律检查机关或者政法机关处理；对群众反映强烈、明显违反规定并且能够及时解决的问题，向被巡视党组织提出处理建议。

第五章　工作程序

第二十一条　巡视组应事先向院办、人事局、财务局、直属机关党委、监察局等部门了解被巡视单位领导班子及其成员的有关情况，上述部门应给予积极配合。

第二十二条　巡视办公室一般应在开展巡视前 10 个工作日向被巡视单位发出巡视通知，并协调安排巡视组进驻有关事宜。委托被巡视单位在办公地点的醒目位置张贴巡视预告。主要内容包括：巡视工作的监督范围、时间安排以及巡视组的联系方式等有关情况。

第二十三条　巡视组进驻后，应当向被巡视党组织通报巡视任务。召开全体干部职工大会通报巡视工作安排，150 人以上的单位可以召开副处、副高级技术职务以上在职人员大会进行通报。

巡视组按照规定的工作方式和权限，开展巡视了解工作。对反映被巡视党组织领导班子及其成员的重要问题和线索，可以进行深入了解。

第二十四条　巡视了解工作结束后，巡视组应当形成巡视报告，如实报告了解的重要情况和问题，并提出处理建议。

对党风廉政建设等方面存在的普遍性、倾向性问题和其他重大问题，应当形成专题报告，分析原因，提出建议。

第二十五条　巡视工作领导小组应当及时听取巡视组的巡视情况汇报，研究提出处理意见，报院党组决定。

第二十六条 院党组应当及时听取巡视工作领导小组有关情况汇报，研究并决定巡视成果的运用。

第二十七条 经院党组同意后，巡视组应当及时向被巡视单位党政主要负责人和领导班子反馈巡视情况，副处及副高级以上技术职务干部列席向领导班子通报巡视情况会。

第二十八条 被巡视党组织收到巡视组反馈意见后，应当认真整改落实，并于2个月内将整改情况报告报送巡视工作领导小组办公室。

被巡视单位党政主要负责人共同为落实整改工作的第一责任人。

第二十九条 对巡视发现的问题和线索，院党组作出分类处置的决定后，依据干部管理权限和职责分工，按照以下途径进行移交：

（一）对领导干部涉嫌违纪的线索和作风方面的突出问题，移交院党组纪检组监察局处理；

（二）对执行民主集中制、干部选拔任用等方面存在的问题和巡视组提出的关于领导班子建设的建议，移交院人事局处理；

（三）对涉及被巡视单位落实上级决策部署、执行有关规章制度履职尽责等方面的问题，移交被巡视单位或院有关部门处理。

第三十条 院有关部门收到移交的办理事项后，应当及时研究提出谈话函询、初核、立案或者组织处理等意见，并于3个月内将办理情况反馈巡视工作领导小组办公室。

第三十一条 院人事局、监察局应当把巡视结果和巡视整改情况作为干部考核评价、选拔任用、奖励惩处和对干部进行调整、免职、降职等组织处理的重要依据。

第三十二条 巡视工作领导小组办公室应当会同巡视组采取适当方式，了解和督促被巡视地区（单位）整改落实工作并向巡视工作领导小组报告。

巡视工作领导小组可以直接听取被巡视党组织有关整改情况的汇报。

第三十三条 巡视进驻、反馈、整改等情况，应当以适当方式公开，接受党员、干部和人民群众监督。

第六章 纪律与责任

第三十四条 院党组和巡视工作领导小组应当加强对巡视工作的领导。

第三十五条 纪检监察、审计和人事、信访等部门及其他有关单位，应当支持配合巡视工作。对违反规定不支持配合巡视工作，造成严重后果的，依据有关规定追究相关责任人员的责任。

第三十六条 巡视工作人员应当严格遵守巡视工作纪律。巡视工作人员有下列情形之一的，视情节轻重，给予批评教育、组织处理或者纪律处分；涉嫌犯罪的，移送司法机关依法处理：

（一）对应当发现的重要问题没有发现的；

（二）不如实报告巡视情况，隐瞒、歪曲、捏造事实的；

（三）泄露巡视工作秘密的；

（四）工作中超越权限，造成不良后果的；

（五）利用巡视工作的便利谋取私利或者为他人谋取不正当利益的；

（六）有违反巡视工作纪律的其他行为的。

第三十七条　被巡视党组织领导班子及其成员应当自觉接受巡视监督，积极配合巡视组开展工作。

党员有义务向巡视组如实反映情况。

第三十八条　被巡视单位及其工作人员有下列情形之一的，视情节轻重，对该地区（单位）领导班子主要负责人或者其他有关责任人员，给予批评教育、组织处理或者纪律处分；涉嫌犯罪的，移送司法机关依法处理：

（一）隐瞒不报或者故意向巡视组提供虚假情况的；

（二）拒绝或者不按照要求向巡视组提供相关文件材料的；

（三）指使、强令有关单位或者人员干扰、阻挠巡视工作，或者诬告、陷害他人的；

（四）无正当理由拒不纠正存在的问题或者不按照要求整改的；

（五）对反映问题的干部群众进行打击、报复、陷害的；

（六）其他干扰巡视工作的情形。

第三十九条　被巡视单位的干部群众发现巡视工作人员有本条例第三十五条所列行为的，可以向巡视工作领导小组或者巡视工作领导小组办公室反映，也可以依照规定直接向有关部门、组织反映。

第七章　附　则

第四十条　本办法由巡视工作领导小组负责解释。

第四十一条　本办法自发布之日起施行。

十、人物介绍

独恋菜花　引领风骚

——记中国工程院院士王汉中

王汉中是我国油菜科研领域年轻一代学科带头人，近30年来潜心油菜科研，以国家油菜产业需求和人民消费需要为导向，带领团队开展从理论、技术、产品到成果转化的链式创新，先后实现了双低油菜品种的多抗、高油和高产三次跨越，为提高我国油菜抗性、含油量、产量和品质水平做出了突出贡献。

扎根油菜试验田

1980年，王汉中以优异成绩考入华中农学院，就读本科时结缘油菜花，他甘于寂寞，连续苦读十年，1985—1990年在华中农业大学攻读硕士和博士学位，师从我国著名农学家、中国油菜学科奠基人刘后利教授。在刘先生的指导下，王汉中在油菜科研上崭露锋芒，他首次研究提出了甘蓝型油菜种皮色泽遗传不稳定性是由转座因子调控的，该结论被20多年后的分子生物学研究所证实，他参与的相关研究获得了国家教委科技进步一等奖。

1990年学有所成的王汉中被分配到中国农业科学院油料所。作为当时稀缺的高学历人才，他面临很多发展机遇。但他却一头扎进油菜试验田。尽管是当时少有的博士，他却从双低品种的繁种和示范推广起步。他深入到偏远山村和田间地头，足迹遍布湖北、江西等多省油菜主产区，从而对油菜和双低品种有了更深刻的认识，对产业需求有了更深入的了解，为油料所双低品种的繁种、示范和推广做出了较大贡献，所参与的项目“中双4号”获得了农业部科技进步二等奖。由于工作踏实，敢于担当，能力和业绩突出，1996年王汉中评上了研究员，1998年起担任国家油料作物改良中心主任和博士生导师，逐渐成长为油菜学科年轻一代的带头人，踏上了油菜科研的广阔舞台。

破解“双低不抗”难题

我国于20世纪70年代后期开始双低油菜育种工作，直到90年代双低油菜育种资源仍显不足，而且存在菌核病抗性和抗倒伏性差的问题，制约了双低品种的推广应用，王汉中决心要解决这些问题。他深入观察、拓展思路、潜心研究，在大量育种材料抗性鉴定、多点多年田间鉴定和仔细观察的基础上，他创新技术路线，把油菜茎秆的木质化程度作为抗菌核病和抗倒伏性的共同指示性状，在油菜收获时亲自到田间逐株验证，创建了简便、快速、可靠的菌核病抗性和抗倒性鉴定技术，显著提高了抗性鉴定效率。

在系统研究的基础上，他带领团队探明了油菜菌核病抗性和抗倒性都与茎秆木质素含量显著正相关。通过利用特异表达启动子 C4H 驱动木质素合成相关基因 4CL 过量表达，使油菜茎秆木质素含量提高了 10%以上，为改良油菜菌核病抗性和抗倒性开辟了新的途径。该技术获得欧洲发明专利，并实现了跨国转让。

由于理论和技术上的突破，王汉中克服了双低油菜品种普遍存在的抗菌核病和抗倒伏性差的难题，育成了中双 9 号等抗菌核病和抗倒伏性突出的双低油菜新品种 10 个，累计推广 8 600多万亩。其中，中双 9 号于 2002 年通过品种审定，其菌核病和病毒病发病率比当时推广面积最大、抗性较好的双高品种中油 821 分别低 28%和 69%；抗倒性与国内外 130 个主栽品种比，居于首位；区试含油量达到 41. 97%，亩产量和产油量为 165. 5 千克和 69. 5 千克，比对照分别增加 15. 3%和 21. 7%。2003 年，中双 9 号被列入国家重大科技成果推广计划，自 2006 年以来一直是我国推广面积最大的常规双低品种。中双 9 号还被国内同行作为优质多抗育种亲本育成 15 个双低新品种推广 1 800多万亩。2006 年，中双 9 号及其重要性状分子基础研究被授予国家科技进步二等奖。上述双低多抗新品种的推广应用，为我国油菜双低化率由 2002 年的 28. 1%提高到 2016 年的 62. 2%、亩产由 98. 5 千克提高到 128. 7 千克做出了突出贡献。

创造油菜含油量世界纪录

我国油菜品种含油量曾一直徘徊在 41%左右，比世界菜籽最大出口国加拿大低 5 个百分点左右。据测算，含油量每提高一个百分点相当于产量增加 2. 5 个百分点。含油量偏低的问题长期制约着我国油菜产业的竞争力。

在国家“973”计划的支持下，王汉中大胆创新，巧妙设计了油菜含油量研究多条技术路线，带领团队首次揭示了油菜种子含油量主要是由母体基因型调控的，率先探明了角果皮光合作用、种皮糖转运、植株抗热性和细胞质效应等含油量母体调控新途径，为高油育种奠定了较系统的理论基础。

他带领团队鉴定出 12 个高油新 QTL，其中 2 个对含油量贡献值超过 3. 5 个百分点，含油量贡献值居于国际前 5 位。建立了高油分子标记辅助选择聚合育种技术，获得 6 项国家发明专利和 1 项中国专利优秀奖。通过聚合育种创制出含油量达 60%以上的特高油新材料 5 个。其中“YN171” 高达 64. 8%，是世界上已报道的油菜含油量最高值。

他育成了中双 11 号等 4 个高油、多抗双低新品种，累计推广 3 500多万亩。中双 11 号于 2008 年通过品种审定，是我国首个含油量超 49%的油菜品种，区试亩产 167. 2 千克，含油量 49. 04%，亩产油量 82 千克。作为常规品种，其亩产油量比杂交种对照秦优 7 号还要高 6. 3%。而且，中双 11 号的菌核病抗性和抗倒性均居区试首位，抗裂角性强，适合机收。中双 11 号从 2010 年至今连续 7 年被农业部选为国家主导品种，还被国内同行作为高油优异亲本培育出 7 个高油新品种并推广 400 多万亩。2014 年，他领衔的油菜高含油量聚合育种技术及应用获国家技术发明二等奖。上述高油、多抗双低新品种的推广应用，为我国油菜含油量由 2008 年前 3 年的平均 40.9%提高到近 3 年的 43.0%做出了突出贡献。

实现高油高产同步改良

加工企业对高油油菜非常钟情，但如果不能优质优价，油农却有可能因高油品种产量较低而不愿种植。面对这一潜在的问题，王汉中带领团队在科研的道路上继续攀登，鉴定出 51 个油菜产量性状的新 QTL，揭示了粒重等重要产量性状调控的分子机理，分离出粒重调控基因 *BnARF*18，这是国际上图位克隆的多倍体作物首个产量构成性状调控基因。他推动了油菜及其祖先种的全基因组测序，发掘出全球最多的覆盖半冬性油菜的 17 万个 SNP 通用位点，合作开发出的首张油菜全基因组 SNP 芯片被国际油菜界广泛利用。他创建了 SNP 芯片高通量基因分型及遗传距离预测技术，明确了杂种分枝数等重要性状与亲本遗传距离的关系，为高产杂交种的选育奠定了理论和技术基础。相关研究成果发表于《自然—遗传》（*Nature Genetics*）、《美国科学院院刊》（*PNAS*）等国际权威刊物，油菜高产相关技术获国家发明专利 5 项。

他育成的高产、高油、多抗双低油菜杂交新品种中油杂 200、中油杂 19 和中油 115 等，区试亩产都在 195 千克以上，含油量超过 45%，已累计推广 500 多万亩。其中中油杂 19 于 2013 年通过国家品种审定，区试亩产 195.4 千克，含油量 50.0%，是目前我国冬油菜含油量最高，且抗菌核病、抗倒、抗裂角适合机收的品种。中油杂 200 于 2016 年通过审定，实现了高产、高油、多抗、优质、适于机收等优异性状的聚合，区试亩产 212.2 千克，含油量 48.4%，亩产油量 102.9 千克，产量和亩产油量分别比对照增加 7%和 21.6%，成为我国油菜主产区长江流域首个区试亩产油量超 100 千克的油菜品种。

站在油菜科研新起点

王汉中始终胸怀全局，认真履行国家油菜产业技术体系首席科学家职责，已连续 8 年被考核为优秀。作为首席科学家主持的国家 973 项目在 2016 年中期评估中获得优秀，促进了油菜领域协同创新。他注重宏观战略研究，发表与油菜发展战略相关的论文 20 余篇，其中独著的《我国油菜产需形势分析及产业发展对策》入选“中国顶尖学术论文 TOP 5000”，被国内外广泛引用。2015 年，他在加拿大有 900 多名代表出席的国际油菜大会上所作的报告，是大会 5 个特邀报告之一。

2017 年 11 月，王汉中当选为中国工程院院士。面对激烈的国际竞争和广大消费者、油菜生产者对油菜产业新的需求和期盼，王汉中和我国油菜产业站在了新的起点上。今后的路该如何走？王汉中提出了未来油菜产业和科技创新的“双全战略”，即对油菜各生育期的全价值链发掘和对各价值点的全产业链开发战略。他带领团队正在为实施该战略努力拼搏。

“全价值链发掘”包括油菜芽的菜用价值，油菜苗的菜用、饲用、肥用价值，油菜薹的高端功能型蔬菜用价值，油菜花的旅游观光价值，菜花蜜的蜜源价值，双低菜籽油的营养健康价值，双低菜籽饼的优质高蛋白饲用价值，以及油菜轮作的培肥抑病价值等。“全产业链开发”则是针对上述每一个价值点进行绿色化、规模化、机械化、标准化、品牌化开发，将每一个价值点都打造成一个产业，开发形成油菜的产品链和品牌链。

“双全战略”的实施，对推动油菜产业供给侧结构性改革、满足人民对油菜产品多元化的需求、提升油菜产业整体效益和增加农民收入都具有重要意义。而科技支撑尤为重要，我们期待着王汉中及其团队为促进我国油菜科技进步和油菜产业发展、为满足人民群众对油菜产品新的多元化的需求做出更大的贡献。

一位科学家的国家使命

——记中国科学院院士陈化兰

“命运之神”将她送入兽医学研究的行列，可贵的是，她二十几年如一日，战斗在与禽流感病毒对决的第一线，她的优秀科学品格、她对科学事业的执着、她的不断创新精神为科研事业插上了翅膀，也为她搭起了攀登科学高峰的阶梯，带她走向一个个成功。她和她团队的研究成果，早已跳出了传统兽医科学研究领地和认知范畴，在中国乃至世界多国狙击禽流感的战役中做出了卓越贡献，对维护动物健康和公共卫生安全产生了持续影响。

服从分配　与兽医科学“缘定终身”

1969 年，陈化兰出生在黄河岸边的甘肃省白银市靖远县北湾乡北湾村。1984 年她考入靖远县第一中学，1987 年考入了甘肃农业大学兽医系，从此与兽医科学“缘定终身”。她曾彷徨、犹豫，并反复考虑是否复读一年，来年再考一次，上个好一点的专业。正当她犹豫不决时，学校的一位语文老师对她说：“傻孩子，甘肃农业大学的兽医系非常强，你大学毕业后可以再考硕士、念博士呀！”她的母亲也劝她“一切都是命中注定，别惦记再考一次”。于是，陈化兰走进了甘肃农业大学。30 年后，凭借在禽流感研究方面的突出成就，陈化兰当选为中国科学院院士。

1991 年，陈化兰考取了甘肃农业大学的硕士研究生。

1994 年 6 月，陈化兰考取了中国农业科学院哈尔滨兽医研究所卢景良研究员的博士研究生，从祖国的大西北来到大东北，从此与禽流感结下了不解之缘。由于健康原因，卢景良研究员委托同在哈尔滨兽医所工作的于康震研究员指导陈化兰做禽流感病毒的新型疫苗研究，并于 1997 年获博士学位。1999 年，陈化兰博士毕业后前往美国疾病控制中心（CDC）进行博士后研究。

美国疾病控制中心的流感研究中心是世界卫生组织（WHO）的流感合作中心，拥有世界一流的实验设施和科技人才。在美国疾病控制中心工作的 3 年时间里，陈化兰不仅掌握了系统的专业知识和领先的科学技术，也对自己的未来定位做了很多思考。与当时周边多数想在美国发展的年轻人不同，陈化兰毅然选择了学成回国。

“当时考虑一是国内流感防制研究方面迫切需要人才，自己适合这份工作，回国发展更能学有所用；二是农业部、农科院的领导信任我，哈尔滨兽医所也为我提供了广阔的发展空间，在实验条件方面给了很大的支持。”陈化兰说，“更重要的是，在国外尽管条件优厚，觉得只是干一份工作而已；在国内，因为自己的贡献，能使国家在某一个方面变得更好，觉得很有成就感。”

陈化兰说她回国前有一段时间睡眠不好，一躺到床上，就开始琢磨自己将来的工作怎么做。“实验室将来怎么分工？这个工作适合哪种性格的人干？那个工作适合什么性格的人干？”她说，“当时对科研有满脑子的想法，就想有个自己的团队，赶快安排人分头去做。”

2002 年底，陈化兰告别了也在美国做博士后的丈夫，带着 4 岁的儿子回到哈尔滨，一头扎进了禽流感实验室。她从来没有在个人待遇方面提过任何要求。她总是告诉自己的助手和学生，“先埋头苦干，干出成绩，该有的都会有。没干出业绩就和人谈条件，和乞讨没两样”“你只管勤奋，上天自有安排”。带着这样一个信念，陈化兰羽翼渐渐丰满，积攒下了遨游科海的本领和底气。

孜孜以求　用科技“绝杀”禽流感

回国后，陈化兰如愿以偿组建了自己的实验室。她的实验室不久后被农业部指定为“国家禽流感参考实验室”，负责我国高致病性禽流感的疫情诊断。

禽流感是一种毁灭性疾病，属 A 类传染病。联合国粮农组织和世界卫生组织频频发出警告：一旦病毒发生变异，在人间传播，将会危及全球千百万人的生命。阻击禽流感疫情蔓延，研发出新型高效的疫苗是重中之重。

禽流感疫苗的研制是她的重要工作之一。以前一发现有禽流感疫情，各国通行的办法都是将一定范围内的家禽全部扑杀。“这样做成本太高太血腥。”正是陈化兰团队在疫苗研发方面的创新性贡献，才逐渐改变了世界多个国家在禽流感防控方面的“血腥做法”。

陈化兰及其团队研制出了一系列具国际领先水平的禽流感疫苗，取得了多项研究成果。通过建立反向遗传技术等先进技术平台，开展了新型、高效防控疫苗的研究。先后研制成功 H5N1 反向遗传技术灭活疫苗、重组禽流感新城疫二联活疫苗等多种具有国际先进技术水平的禽流感疫苗，并及时转让技术给有关兽药生物制品企业投产，不仅应用于我国禽流感防控的生产实际，而且大量出口东南亚及非洲国家。截至 2017 年年底，疫苗累计超过 2 300亿余份，保护家禽累计超过 1 000亿只，为 H5N1 高致病性禽流感的有效防控发挥了重要作用，创造了巨大社会经济效益。同时，陈化兰团队还向亚、非多个国家提供禽流感防控人员培训和技术援助。

陈化兰带领的实验室研究水平快速提升，很快成为具有重要国际影响力的研究团队。她的实验室于 2008 年被世界动物卫生组织（OIE）指定 OIE 禽流感参考实验室，2013 年被国际粮农组织（FAO）遴选为 FAO 动物流感参考中心。

争分夺秒　战斗在狙击禽流感第一线

除了“疫情诊断、疫苗研究”之外，陈化兰带领团队加强了我国禽流感流行病学主动监测，并开展了系统的病毒基础生物学研究。实验室建立了系统、完整的中国大陆禽流感病毒毒株资源库及其流行病学信息数据库，阐明了我国禽流感病毒的分子遗传演化和抗原变异规律，揭示了多个与致病力和传播能力相关的分子标记，为禽流感疫情的预警预报、诊断试剂及疫苗研制与使用等，提供了科学依据。

禽流感是一种毁灭性疾病，属 A 类传染病。A 类传染病是由哺乳动物和鸟类都会感染的病毒导致，能够实现持续变异，容易导致大范围疫病流行。2004 年，东南亚暴发了禽流感，越南、泰国、印尼等国都有人员感染和死亡，我国也蒙受了巨大损失。从 1 月 27 日广西隆安县丁当镇的禽只被确诊死于 H5N1 亚型高致病性禽流感开始，全国共有 16 个省份出现疫情，900 万只鸡被扑杀，直接经济损失达 100 亿元。

联合国粮农组织和世界卫生组织频频发出警告：一旦病毒发生变异在人类中间传播，将会危及全球千百万人的生命。

在农业部的部署下，陈化兰带领国家禽流感参考实验室科研人员投入了这场对禽流感的阻击战。短时间内，实验室先后接收来自全国 16 个省、市的疑似样品 500 余份，及时、准确地确诊 H5N1 高致病性禽流感 50 余起，对疫情的及时有效控制起到了关键作用。

随着候鸟的迁飞，2005 年在欧洲，罗马尼亚、土耳其、希腊、俄罗斯等国家出现了 H5N1 禽流感疫情，英国、克罗地亚、瑞典等国也首次拉响禽流感警报，部分国家出现了抢购和囤积流感药品的风潮。随后，亚洲和我国部分地区也再次发生疫情。

传染病的“克星”是疫苗。使用疫苗是阻断和预防疫情发生最有效的手段之一。

2005 年 8 月，禽流感已步步逼近，国际国内形势严峻。正在这时，从哈尔滨兽医所传来了令人振奋的消息：新疫苗完成了实验室阶段的研究。喜讯传到农业部，部领导立即约见时任哈尔滨兽医所所长孔宪刚和主持此项研究的陈化兰，认真地听取了他们的汇报。

10 月 2 日，时任国务院副总理回良玉对新型疫苗的研制成功作出批示；第二天，时任国务院总理温家宝也亲自作出批示，向科研人员表示祝贺和慰问，并指示加快疫苗的科研成果转化。国庆节刚过，时任国家首席兽医官、农业部兽医局局长贾幼陵来到哈尔滨兽医所，传达了国务院领导的批示，并进一步了解疫苗的研制情况。

回顾 2004 年和 2005 年两次疫情阻击战，如果没有哈尔滨兽医所及时提供的疫苗，我国对禽流感的防御能力将大大降低，后果将不堪设想。

2009 年 5 月 1 日，国家禽流感参考实验室宣布研制出一种新型人用禽流感冷适应致弱活疫苗，有望对人类感染 H5N1 亚型禽流感病毒实现完全保护。当时，正值墨西哥和美国暴发新型 HIN1 亚型流感病毒，因其较强的人与人之间水平传播能力，引起了新的公共卫生恐慌和对相关防控手段的关注。

主持这项研究的陈化兰在接受记者采访时表示，在 H5N1 活疫苗研究的基础上，有能力针对其他新出现的流感疫情快速研发出新的疫苗。

“禽流感可以控制，可以预防，人类具备这个能力。”陈化兰说。

2013 年 3 月，当新出现的 H7N9 禽流感病毒感染国人、引起极度公众恐慌之时，陈化兰团队临危受命，迅速开展 H7N9 禽流感病毒的疫源调查，就“病毒从哪里来？病毒存在于哪些动物宿主？人为何被感染、致病和致死？是否会引起人流感大流行？”等一系列科学问题探寻答案。

整个实验室争分夺秒与病毒“赛跑”。在 H7N9 感染人病例公布后不到 48 小时，陈化兰团队研究人员就从上海活禽市场采集的样品中分离到类似病毒，连夜将序列分析数据提交到农业部，并建议立刻关闭感染地区的家禽市场。依据陈化兰团队建议，决策部门迅速关闭了有人感染 H7N9 禽流感城市的活禽交易市场，并取得了立竿见影的效果，新增感染病例迅速减少。

陈化兰和她的团队系统的研究发现禽和人 H7N9 病毒都获得了结合人呼吸道上皮细胞受体的能力，是其感染人的生物学基础；禽源病毒对鸡、鸭和小鼠均无致病力，而人源病毒可引起小鼠严重发病和死亡；禽源病毒在感染人体后快速发生关键的基因突变，导致人源病毒对哺乳动物致病力显著增强，并使部分毒株获得在雪貂经呼吸道飞沫传播的能力，具有人传人的极大风险。

陈化兰及其团队对 H7N9 病毒的溯源及生物学特性系统研究的诸多发现在《科学》等杂志发表一系列重要论文，被评为中国 2013 年十大科技进展之一，为 H7N9 禽流感的防控提供了重要科学依据。鉴于她在禽流感研究和防控方面的贡献，她被《自然》杂志评为 2013 年“全球十大科学人物”。

敢于担当　来自科学家的国家使命

当被问道，“您在科研之路上最大的动力是什么？”时，陈化兰的回答依然简洁而坚定：“最大动力就是国家使命，是使命驱动和责任心驱动。”

走在宁静的中国农业科学院哈尔滨兽医研究所，似乎不会感受到发生在这里的“病毒攻防对决”。然而，“流感病毒天天在变异，新情况就会带来新风险。我们就是流动的防疫兵。”陈化兰和团队一起，不放过任何“蛛丝马迹”。

2013 新出现的 H7N9 流感病毒对家禽无致病力，但在人体内复制后获得新的突变，可引起人严重发病，死亡率超过 30%。据家禽协会统计，由于 H7N9 病毒感染人造成的恐慌，使家禽及禽产品滞销，每年给我国养禽业造成 600 亿~800 亿元的直接经济损失。2016 年冬季和 2017 年春季，H7N9 第五波疫情中共有 766 人感染，288 人死亡，引起极大公共卫生恐慌，世界卫生组织已将其列为“最有可能引起下次人流感大流行的病毒”。更危险的是，病毒在进化过程中发生新的突变，对鸡呈高致病力，对人的风险进一步增高。在这关键时刻，农业部和卫生部两部门召开专门会议讨论防控政策。根据自己多年对禽流感病毒的研究和洞察力，以及在禽流感疫苗免疫方面的经验，陈化兰力排异议，建议政府采取全面免疫策略防控 H7N9 禽流感。2017 年 9 月在全国范围内实施了家禽 H7N9 疫苗免疫接种，极大地降低了家禽中 H7N9 病毒的复制和传播，更在阻断病毒由禽向人传播方面取得了“立竿见影”的效果：与去年同期 766 人感染 H7N9 病毒相比，2017 年 10 月以来，只有 3 个人感染 H7N9 病例。

这看似奇迹般的防控效果，得益于农业部的正确决策和领导，也和陈化兰及其团队在病毒研究及疫苗研发方面的杰出贡献密不可分。“实施 H7N9 免疫之后，我天天在关注 H7N9 病毒感染人的情况，与去年同期对比，然后计算我们的工作今年救了多少人的命！”“外国科学家打电话问我，中国做了什么？为什么人的 H7N9 病例没有了？”我告诉他们，“我们对家禽进行了 H7N9 疫苗免疫！”陈化兰说。

“对决禽流感，一直在路上”。陈化兰攻防流感病毒的脚步从未停歇。她说，实验室现在是“三大研究”并驾齐驱：实时监测新病毒，评估其对人类和动物健康的风险；同时探究病毒究竟发生了什么变化，致其现在的生物学特性。此外，还肩负着为国家对流感疫情防控、人流感预警提供科学依据的责任，确保疫苗的研发和更新。他们在禽流感基础和应用研究方面都取得出色的成绩，不同科研成果先后获得国家科技进步一等奖（2005 年）、国家技术发明二等奖（2007 年）和国家自然科学二等奖（2013 年）。

陈化兰是一个比较执着的人，经常被熟悉的人称为“一根筋”。“我对很多事情不关心，但对我认为重要的事情，我都一定要把它做好。”陈化兰说，“做科研需要精力高度集中，所以不能兴趣太广泛。”

为在禽流感病毒生物学研究方面的杰出贡献和在禽流感疫苗研发和应用方面的重要影响，陈化兰被英国《自然》杂志评为 2013 年“全球十大科学人物”，理由是她“帮助中国平息 H7N9 禽流感疫情”；获得联合国教科文组织颁发的 2016 年度“世界杰出女科学家奖”；2016 年 6 月荣获首届“全国杰出科技人才奖”。

近年来，陈化兰主持承担了 20 多项国家和国际合作项目。除在禽流感疫苗研制方面的突出成就外，在禽流感病毒的基础研究方面也取得了非常好的业绩，研究结果先后在《科学》（*Science*）、《美国科学院院刊》（*PNAS*）等学术刊物发表 SCI 论文 100 多篇，是汤森路透集团公布的 2015 年、2016 年微生物领域“全球高被引科学家”；带动我国动物流感整体研究达到国际先进水平，国家禽流感实验室成为在国际上具有重要学术地位及影响力的禽流感研究实验室，与欧、美、日本等国际著名流感实验室开展了广泛和深入的合作研究和学术交流。

“掌握疫情，准确诊断，为政府决策提供科学依据，研究出更好的防制方法和疫苗，是我们最重要的任务。”陈化兰说。

牢记使命　开拓创新

——记全国三八红旗手魏灵玲研究员

魏灵玲，1973 年出生于辽宁省新宾满族自治县，博士，博士生导师、四级研究员，中国农业科学院农业环境与可持续发展研究所研究员，农业部休闲农业重点实验室主任，北京中环易达设施园艺科技有限公司董事长，第五届中青科协副秘书长，科技部“战略性先进电子材料”重点专项类用于设施农业生产的 LED 关键技术研发与应用示范项目负责人。

魏灵玲博士一直致力于“设施园艺工程”领域的科技创新与成果转化工作，先后主持重点专项项目、国家科技支撑计划、“863”、国家自然基金等项目 20 余项。在“植物 LED 光系统研制及光环境调控”“智能植物工厂”以及“都市型设施园艺”等领域取得多项重大创新与突破，并利用中国农业科学院国家农业科技展示园、北京中环易达设施园艺科技有限公司等平台，领导 120 多人的研发与技术推广团队，积极探索创新成果走出实验室的途径，形成了一套有效的成果转化与推广模式，将其广泛应用在北京、上海、山东等 27 个省市自治区以及美国、欧洲、日本，取得了显著的社会、经济效益。魏灵玲博士作为我国现代农业设施园艺领域的科学家，先后获得国家科技进步二等奖 2 项、中国专利金奖 1 项、北京市科技进步二等奖 2 项、三等奖 1 项、中华农业科技奖 2 项、全国农牧渔业丰收奖二等奖 1 项、中国农业科学院科技成果二等奖等科技奖励；获得授权专利 62 件；发表论文 29 篇，主（参）编著作 2 部；并荣获第二届中央国家机关青年五四奖章、首都精神文明建设奖、农业部优秀党员、中国农业科学院巾帼建功标兵、第十七届中国科协求是杰出青年成果转化奖、农业部青年文明号以及农业部优秀创新团队骨干、2017 年度全国三八红旗手等荣誉。2017 年当选为党的十九大代表。

潜心钻研　攻坚克难

引领设施园艺关键技术突破。作为中国农业科学院农业环境与可持续发展研究所的研究员，她一直致力于设施园艺工程领域的科技创新与技术攻关，在都市型设施园艺领域的栽培理论与技术途径、智能植物工厂关键技术研发、植物 LED 光源的生物学机理和优化参数的研究、日光温室主动蓄放热技术探索等领域取得重要的技术突破和成果。

2009 年国庆 60 周年成就展上，魏灵玲团队的“甘薯空中结薯”成果与“神七飞船”“杂交水稻”等重大成果并列展出，受到党和国家领导人、社会各界的广泛好评。“都市型设施园艺栽培模式创新及关键技术研究与示范推广”成果获 2009 年度国家科技进步二等奖；“甘薯吸收根—块根功能分离栽培方法”发明专利获得 2011 年第十三届中国专利金奖。

2006 年构建了我国第一个“人工光植物工厂实验室”；2009 年 9 月，开发完成了国内第一个“智能型数字植物工厂”，并在长春农博会展出；2010 年 3 月，开发完成了国内第一个“蔬菜工厂”——沈阳市小韩村蔬菜工厂；2010 年 5 月，研制成功国际首例“低碳·智能·家庭植物工厂”并在上海世博会展出。

她主持的国家科技支撑计划“岛礁数字蔬菜工厂与水耕栽培关键技术研究及示范”项目中，建立了 LED 光源的“岛礁蔬菜工厂”。该成果为南海岛礁守岛部队官兵解决了吃新鲜蔬菜的难题，为我国国防事业做出了突出贡献。2011 年以来已在海军 5 个岛礁基地实施，受到中央军委和海军领导的高度评价并在 2013 年获中华农业科技奖。

她带领团队探索的主动蓄放热日光温室可提高夜晚最低气温 4~6℃，大大降低了蔬菜冻害发生率，实现增产 10%以上。该成果先后获授权专利 14 件，2013 年通过了农业部科技成果鉴定，专家们一致认为该成果是日光温室领域具有“革命性”突破的技术，为日光温室结构创新和性能提升做出了积极贡献。

敢于跨界　敢于创新

她坚信科技成果只有转化为现实生产力才能实现其价值，否则就失去了意义。在国家科研机制体制的改革浪潮下，她创办了中环易达设施园艺科技有限公司，探索“科研院所+企业”创新研发相结合的科研创新与成果转化机制，实施“实用技术产品化，科技成果产业化”的发展思路，坚持“以项目引领产业，以园区带动地区”科技成果转化新模式，打通成果转化的“最后一公里”。2002—2010 年，她与团队先后在全国建立了上百个园区，推进农业科技成果转化，为我国现在农业设施园艺发展及产业融合奠定了坚实基础。

2015 年，她用短短一年时间建成全球第一个集人工光植物工厂、食用菌工厂、多层叶菜工厂、新能源、节水农业、循环农业、智能化等技术的农业综合体，为三产融合模式的探索和发展做了一次生动示范，汇集了 7 项世界领先技术、11 项国内领先技术以及 9 项中国农科院专利技术。2017 年，魏灵玲博士参与建设黄河三角洲国家级农高区，她与团队将国际先进种植技术和智能装备进行本土化创新升级，系统运用和集成了 30 余项国内外先进设施园艺技术、近百项设施园艺科技创新成果，打造全产业链健康种养模式过程的展示示范标杆。

不忘初心　砥砺奋进

作为一名党员，她 2017 年当选为党的十九大代表并参加中国共产党第十九次全国代表大会，为了十九大精神在全社会的每一个角落地生根、发芽、开花，她走访了全国近 20 个基层宣讲十九大精神，受到了当地上级领导和当地群众的欢迎。

无论是建设团队、打磨产品、整合资源，还是搭建我国设施农业的自主技术支撑体系，她都一直坚信，应为中国设施农业发展做出更多的实际贡献，发挥党员的先锋模范作用。

奏响“甜蜜事业”新乐章

——记国家技术发明奖二等奖获得者吴黎明研究员

吴黎明，男，1973 年 6 月生，中国农业科学院蜜蜂研究所研究员，博士生导师，主要从事蜂产品优质高效生产、质量安全与风险评估等研究工作。第三批国家“万人计划”入选者，科技部中青年科技创新领军人才，国家蜂产业技术体系“兽药残留与控制”岗位科学家，中国农业科学院科技创新工程“蜂产品质量与风险评估”团队首席科学家，2014—2015 年度和 2016—2017 年度连续两次获农业部优秀共产党员称号。现任农业部蜂产品质量监督检验测试中心副主任。

十年磨剑　香自苦寒

1991 年，考入大学的吴黎明因志愿的问题，阴差阳错地读了养蜂学。那时候，他连蜜蜂有几条腿都不清楚，对该专业也心存抗拒。“很痛，很痒，有发热的症状。”这是吴黎明第一次被蜜蜂蜇后的感受。他直言，每天与密密麻麻的蜜蜂打交道，非常考验一个人的耐性和专注力。之所以坚守下来，“刚开始是缘分，后来是不服输的精神。”在长时间相处中，他也渐渐喜欢上了这些飞来飞去的“小家伙”。

加入中国农业科学院蜜蜂研究所后，因不服输的性格及对科研工作的热爱，吴黎明将全部精力都投入到工作中，经常舍弃周末和节假日加班加点。为了获取蜂业生产第一手资料和验证技术的实用性，他与蜂农打成一片，经常住在远离城市的蜂场帐篷或农民家中，一待十几天，当得出满意的结果后，内心的愉悦和满足是住星级酒店无法比拟的。他始终将继续学习放在第一位，不断提高自身综合素质，积极主动学习专业知识和语言，利用业余时间学习德语并通过 WSK 考试，更便于掌握德语国家的蜂业科研进展，从而使自己成为一名素质过硬的复合型人才。2008 年，时年 35 岁的他顺利进入现代农业产业技术体系，成为蜂产业技术体系最年轻的岗位科学家，其工作获得体系专家的高度评价，“十二五”期末考评结果为“优秀”。多年来，他严于律己、宽以待人，赢得了同事、领导的一致认可。

牢记使命　勇攀高峰

尽管我国是养蜂大国，蜂产品生产和出口量居世界首位，但蜜蜂行业整体的科研水平还处在劣势阶段，蜂产品质量安全也不尽如人意。养蜂业生产效率低、传统加工技术落后、质量检测技术缺乏等科技问题突出，严重制约了我国蜂产业的健康发展和产品提档升级。

蜂产品质量安全问题成因复杂，涉及蜂业生产全产业链，包括蜂场设置与环境、蜂群饲养管理与药物使用、产品采收贮运与加工等环节。单纯依靠检测难以保证蜂产品的质量安全，有必要针对可能影响产品生产加工效率和质量安全的关键环节展开攻关，实现全产业链条控制。

吴黎明带领团队以解决我国蜂业发展重大科技问题为己任，刻苦钻研，精益求精，勇攀科研高峰，在蜂产品质量安全方面凝练出科学问题，并进行解决。他坚持深入养蜂科研第一线，勇于探索蜂产品优质高效生产和质量安全评价与控制技术，从贫困的农村孩子成长为全国知名的蜂产品质量安全专家，是他不断求索、不畏艰难、勇于攻关、执着追求的敬业精神写照。多年来，他在优质蜂产品安全生产、评价与功能研究等方面取得多项技术突破，累计获各类成果奖 12 项（以第一完成人获国家奖 1 项、省部级一等奖 2 项、三等奖 1 项）；近 5 年以第一或通讯作者发表 SCI 论文 24 篇，最高影响因子为 8.442；制修订标准 8 项；获得发明专利 16 项（第一发明人 7 项）；主（参）编著作 13 部。

众志成城　喜结硕果

2017 年，吴黎明带领团队完成的“优质蜂产品安全生产加工及质量控制技术”成果喜获国家技术发明二等奖。在这个成果中，着重从 3 方面入手，对蜜蜂及蜂产品开展了研究并获得突破。

首先是力争使蜜蜂不生病，增强蜜蜂自身的体质和抗病能力，减少药物使用率，从源头切断疾病侵袭，提高蜜蜂生产能力和蜂产品的安全性。

早春时分，常出现倒春寒现象，稍不留神，蜜蜂就会有成批冻死的可能性。一般来讲，一只成年蜜蜂最多只能养活 2~3 只幼虫，生命基本也就走到尽头了。刚入春时很容易造成蜂群的垮群，因此从蜜蜂生理基础着手，使其身体素质变强，才是当下最应该做的。而控制早春蜂王的产卵量，表面上看似乎繁殖有所减慢，但实际上质量提高了，长此以往，蜜蜂自身的抗病力自然会增强，药物使用也会随之减少。

为此，吴黎明团队针对早春蜜蜂体质差、育虫节律紊乱影响蜂群繁殖与生产的问题，建立了有效控制蜜蜂活动和蜂王产卵的低温炼蜂技术和定量繁蜂技术，与常规饲养管理技术相比，早春蜂群发病率下降 71.7%、生产能力提高 31.0%。他们再通过生物诱导和环境诱导的手段，成功突破多王同巢群组建和周年饲养技术，变革了 1 个蜂群只有 1 只蜂王的饲养模式，实现了多只蜂王在同一产卵区自由活动、正常产卵。该技术为不仅能为王浆生产中日龄一致幼虫供应提供极大便利，还可通过子脾补群方式大幅提高蜂群群势和生产能力，减少病害发生和兽药使用量，从而达到提高蜂产品安全性的目的。

在加工环节上，团队创建了蜂胶和蜂蜜高值化安全加工技术，在提升蜂产品附加值的同时，保证其安全性。其中，蜂胶低温湿法超微粉碎技术，不仅攻克了蜂胶高温下黏性大、难以粉碎的技术难题，成功用食用油替代了聚乙二醇等分散剂；还提高了蜂胶食用的安全性；并减少了萜类等功效组分的损失，生物利用度提高30%以上。他们还研制了气体射流冲击蜂蜜解晶装备和抗结晶蜂蜜生产工艺，进一步降低了蜂蜜加工接触温度和时间，加工后的蜂蜜具有不结晶、不发酵等特性，附加值和安全性由此得到了大幅提升。

此外，在吴黎明的带领下，团队认为蜂产品品质评价技术的研发同样不容小觑。他们在取得的成果基础上，发明了10种蜂产品品质评价技术，为蜂产品质量安全控制与保障提供了强有力的技术支撑。例如，蜂胶和杨树胶在特征组分上具有明显差异，查明差异会使假蜂胶无处遁形。为此，团队建立了蜂胶和杨树胶识别新技术并形成国家标准；发明基于ATP等8种物质变化规律的蜂王浆新鲜度F值评判法和快速检测方法，实现新鲜度准确评价，等等。

从事蜜蜂研究多年，吴黎明团队早已习惯了每日与蜜蜂为伴，也接受了日复一日地观察、实验。“科研，其实说难很难，说简单也很简单。只要能想到方法，离解决难题也就是一层窗户纸的距离。”

千里之行，始于足下。虽已荣誉满身，但对吴黎明及团队成员来说，一切都只是一个新的开始。他们仍会与蜂群一起，在不断发展与变革的过程中，贡献自己的力量，实现自身的价值。

带强队伍　看淡荣誉

“团队的力量是项目成功的最大因素。”谈到所获的国家技术发明奖，吴黎明在倍感欣慰的同时，也颇为遗憾。“很多荣誉给了我个人，但成果并不是我一个人的，是大家共同努力的结果，可惜获奖名单人数有明确限制。”

人心齐，泰山移，“人和”是团队力量彰显必不可少的因素。“人和”并非简单意义上的“团结”，而是很多人的“坚持”和“放弃”。10多年的攻关过程中，遇到难题，大家从不轻言放弃，选择“坚持”；填写获奖名单时，很多人选择了“放弃”，却依然满含激情地工作，而他们对行业的贡献却不容忽视。

他注重科研实践，培养科研人才，指导青年科研人员完善计划，团队5个青年骨干中，1人入选院青年英才，其余4人均在入职两年内获得国家基金资助，他指导多名研究生获得国家奖学金和优秀学位论文奖；积极组织学术交流活动，动员团队成员和青年学者“走出去”，注重学科交叉，拓展科研视野；鼓励和协助青年人积极申报并主持各类项目，提高自主科研的能力。

获奖后，吴黎明第一句话就是“清零”，因为在他看来，获奖不是终点，而是另一个崭新的开始。对吴黎明团队成员而言，他们会像辛勤的小蜜蜂一样，在不断发展和变革中，贡献自己更大的力量，一如既往地“执着”“较劲”“不服输”。

务实创新，开拓农业野生植物保护新局面

——记国家科技进步奖二等奖获得者杨庆文研究员

杨庆文，男，1964 年生。中国农业科学院作物科学研究所研究员，博士生导师，曾留学澳大利亚。长期从事农业野生植物原生境保护研究。

不畏艰险，与农业野生植物收集和保护结缘

1986 年，杨庆文大学毕业来到了中国农业科学院品种资源研究所工作，从此与农业野生植物收集和保护结下了不解之缘。

当时的神农架因野人传说享誉国内外，原始森林的对外开放导致该地区农业野生植物资源遭受严重破坏，而三峡大坝建设在即，两地的农业野生植物资源亟须进行抢救性收集。杨庆文毫不犹豫接受了“神农架及三峡库区作物种质资源考察”的艰巨任务，负责农业野生植物的调查和收集。

神农架全境森林茂密，原始森林面积在国内首屈一指；三峡地区沟壑纵横，森林覆盖率居全国之首。茂密的森林孕育了丰富的农业野生植物资源，为作物育种和生物技术研究储备了大量珍贵的基因，但是，森林里人迹罕至，自然条件险恶、物资材料紧缺，时刻孕育着困难和危险。作为年轻科技人员，他始终选择最艰苦的任务，哪里山坡最陡、哪里森林最密、哪里河流最急他就加入哪个考察分队。他的努力被整个团队认可，年年都被评为优秀考察队员。

他和团队历经 5 年，圆满完成了神农架及三峡地区的考察任务，也为后来长期从事野生植物保护奠定了坚实的基础。“八五”和“九五”期间，他又主持完成了大巴山和赣南粤北山区的作物种质资源考察项目，共收集各类农业野生植物 1 500多份，极大地丰富了我国作物种质基因库。

抓住机遇，全面查清我国野生稻种质资源精准信息

1999 年，国务院将野生稻、野生大豆等重要的农业野生植物纳入《国家重点保护野生植物名录》中，为保护这些珍贵的农业野生植物资源提供了法律依据。当时，由于生物多样性保护的意识尚未在我国形成，各级政府部门在农业野生植物保护方面的投入甚少，在几乎没有资金支持的情况下，杨庆文选择在我国水稻育种史上做出重大贡献且濒危状况十分严重的野生稻作为突破口，利用国家攻关项目中少量的种质资源保护经

费开展工作。

通过初步研究发现，我国在1978—1982年进行过全国野生稻普查，科学家发现了普通野生稻、药用野生稻和疣粒野生稻3个物种，共在广东、广西、海南、云南、湖南、福建和江西等7个省区140个县发现了3种野生稻的2 696个分布点，明确了野生稻的分布范围，收集资源3 238份。但是，由于改革开放后经济的快速发展，基础设施建设和土地用途的改变导致我国野生稻资源的分布点迅速消失，我国著名植物学家洪德元院士在20世纪90年代末曾预言我国的野生稻将在10年后消失殆尽。面对如此严峻的形势，他一方面到野生稻分布区开展实地调研，另一方面通过多种途径呼吁加强野生稻等农业野生植物资源的保护。

2002年，农业部启动了农业野生植物资源的调查收集和原生境保护专项工作，杨庆文担任项目负责人。此后，他带领南方7省区的野生稻资源工作者开展了长达15年的野生稻资源调查和抢救性收集工作。在对野生稻所有记录在册的分布点进行细致调查的同时，还特别注重到地处偏僻或人迹罕至的区域开展调查，以期发现更多野生稻分布点。在杨庆文调查和收集野生稻的过程中，遇到的危险数不胜数，他掉进过捕猎的陷阱，遭遇过旱蚂蝗和毒蛇，从陡峭的山崖滚落，曾陷入有血吸虫的沼泽……在一次调查广西药用野生稻的过程中，野生稻栖息地位于一条山间小溪旁，两侧都是陡峭的山坡，为了近距离确认物种特性并拍摄照片，在按下快门之后他便脚下一滑滚下了山坡，在他的小腿上留下了至今仍然清晰可辨的巨大伤疤，但幸运的是也拍出了一张极具艺术性的药用野生稻照片。如此不辞劳苦地寻觅野生稻踪迹，目的只有一个：最大可能地保存看似分布广泛、实则稀缺至极的野生稻资源。

经过十几年的野外艰苦调查，他带领团队在南方7省（区）157县（市、区）的野生稻种质资源进行了全面调查，发现78%的普通野生稻、73%的药用野生稻和46%的疣粒野生稻的分布点已完全丧失，濒危状况十分严重。在调查过程中，他制定了科学的取样策略，并利用全球定位系统（GPS）对现存的每个居群进行定位，记载形态性状、生态环境、伴生植物、威胁因子等信息，并采集野生稻植株、典型特征特性及其栖息地全貌的图像数据，共收集野生稻种质资源19 153份，其中在云南发现的海拔1 054米的疣粒野生稻居群成为全球海拔最高的野生稻分布区，在广东发现的药用野生稻居群是我国分布最东和最北的野生稻分布区，其蕴含的耐旱和耐冷基因将对水稻育种产生深刻影响。

在调查基础上，研究建立了我国野生稻资源的GPS/GIS信息系统，今后无论多长时间，任何人只要利用该信息系统就可以轻易找到我国任何一个野生稻居群，对于未来野生稻资源的动态监测提供了精准信息。

敢为人先，填补我国农业野生植物原生境保护的空白

针对我国野生稻资源面临的严峻的濒危状况，杨庆文意识到目前的野外调查收集和

异位保存虽然能够抢救性保护重要的野生稻资源，但无法阻止野生稻的野外灭绝。根据调查获得的分布状况和生态环境信息，率先向农业部提出了开展野生稻等农业野生植物原生境保护的建议，并获得农业部和财政部的支持。

杨庆文带领研究团队按照野生稻遗传多样性和水稻起源进化研究结果，结合野生稻居群的 GPS/GIS 信息系统，确定了我国开展野生稻原生境保护点建设的关键地区及重点居群，配合农业部制定了我国野生稻原生境保护点建设规划，并提出了野生稻原生境保护点建设地点的选择标准。

由于当时野生稻原生境保护点建设研究在国内外还属于空白，无可借鉴经验，因此杨庆文率先开展野生稻原生境保护技术研究，确定了根据野生稻栖息地资源状况、社会经济条件和生态环境条件，利用隔离设施保证野生稻的正常生存繁衍。

在此基础上，他指导 7 省区的农业环保部门开展野生稻原生境保护点建设工作，并推广野生稻原生境保护的实践经验。并给各级从事农业野生植物管理和技术工作的人员培训有关知识和技术，迅速培养起一支从中央到地方的农业野生植物保护技术队伍。

杨庆文还带领团队深入各农业野生植物原生境保护候选区域，实地解决保护过程中的各类问题。并通过起草相关行业标准，形成了农业野生植物原生境保护完整的技术体系。至 2017 年年底，已指导建成 199 个农业野生植物原生境保护点，实现了科学化保护与管理。

积极创新，推动农业野生植物保护与利用与国际接轨

21 世纪初，生物多样性保护的主流化已成为国际社会的共识。为了探索主流化保护方式在野生稻等农业野生植物资源保护中的应用，他配合农业部与联合国开发计划署（UNDP）联合申请了全球环境基金（GEF）项目，并担任该项目的首席技术顾问。

通过多次实地调研，杨庆文提出了以消除各示范点主要威胁因素为导向的保护方式，并制定了以人为本、操作性强的激励机制。通过该激励机制的实施，不仅使所有农业野生植物分布点的种质资源得到安全保护，而且通过项目带动当地村民进行农业产业结构调整，大幅度提高了村民的收入，项目取得了农业野生植物保护和农民增收的双重效果，实现了农业野生植物保护的可持续性。项目成果被 UNDP 评定为国际领先水平。

生态系统服务是近年来国际上生物多样性领域的最新研究成果。为了贯彻“十九大”提出的绿色发展理念精神，杨庆文在多年从事农业野生植物保护工作基础上，大胆提出了利用生态系统服务功能提升绿色发展水平的设想。

他提出，在安全保护的前提下，将农业野生植物分为三大类，第一类为具有可直接利用前景的物种，第二类为可在作物育种或生物技术研究中利用的物种，第三类为维护生态系统功能的物种。针对三类农业野生植物物种的不同特点，创新适合中国特色的保护机制和管理模式，充分发挥农业野生植物蕴藏着许多优良基因的优势，发掘绿色基因，开发绿色产品，在节约水资源、减少农药化肥使用量、保护环境等方面实现重大

突破。

2017 年，杨庆文几十载的奋斗结出了硕果，他牵头完成的“中国野生稻种质资源保护与创新利用”获得国家科学技术进步二等奖。但是，他和团队在农业野生植物保护领域中的探索和实践从未停止，数代人的事业和心愿将犹如野生稻一样顽强、茁壮成长。

杨庆文从事作物种质资源保护工作已逾 30 年，经过艰苦的野外调查和系统研究，探索出了我国农业野生植物保护的有效途径，成绩突出。他先后获国家科技进步二等奖 1 项（第一名）、省级科技进步二等奖 3 项（均为第二名），中华神农奖一等奖 1 项（第九名）、环境保护科学二等奖 1 项（第七名）；编制农业行业标准 5 个；获新品种保护权 1 个；主编著作 6 部，发表论文 100 多篇。

冬寒夏热只等闲，枝繁薯香竞芳华

——记国家科技进步奖二等奖获得者金黎平研究员

我国是世界上马铃薯最大的生产国和消费国，常年栽培面积 8 700万亩，总产 1 亿吨以上。马铃薯产业发展对促进我国种植业结构调整，满足国人健康营养食物需求，发展区域经济和产业扶贫等具有其他作物不可替代的作用。品种和脱毒种薯是产业健康发展的基础，中国农业科学院蔬菜花卉研究所金黎平研究员带领团队长期致力于马铃薯产业技术研究，尤其在种质资源发掘与利用、重要性状遗传分析、高效育种技术、新品种选育及种薯繁育等方面取得了显著成绩。

金黎平，女，1963 年出生，浙江东阳人，农学博士，研究员，博士生导师，全国农业科研杰出人才，全国农业先进工作者，“十位全国优秀农业科技专家”之一，宁夏回族自治区先进科技工作者，国际块根块茎类作物学会终身成就奖获得者。现为中国农业科学院国家薯类作物研究中心常务副主任、“马铃薯育种与栽培创新团队”首席专家，国家现代农业马铃薯产业技术体系首席科学家，农业农村部薯类作物生物学与遗传育种综合性重点实验室主任、薯类专家指导组组长和农机专家组专家，国家马铃薯产业科技创新联盟常务副理事长，中国作物学会常务理事、马铃薯专业委员会副主任委员，中国种子协会常务理事，中国农村专业技术协会常务理事和薯类专业委员会主任委员。长期从事马铃薯遗传育种和脱毒种薯生产技术研究，以第一完成人获国家科技进步二等奖和中华农业科技一等奖各 1 项、省部级二等奖 2 项，以参加人获省部级科技进步奖 5 项。以责任作者发表研究论文 90 多篇，主编和参编出版著作 10 余部。曾多次被国际组织和国内多地政府聘请为专家和农业发展顾问，常年奔波于全国马铃薯产区，服务于连片特困地区，为国内政府相关部门提供产业发展决策咨询。

金黎平 1980 年高考入学浙江农业大学农学系农学专业，1984 年到中国农业科学院研究生院蔬菜学专业开始攻读马铃薯遗传育种方向硕士学位，她曾直言并不喜欢。但是她遇上了浙江农大老教授、中国农业科学院硕士导师朱明凯、盛家廉和程天庆等能引导她热爱专业研究和事业的好老师。他们当时都是 65 岁以上的老人，依然辛勤耕耘在试验地里，尤其是他们严于律己、宽以待人，面对个人得失淡然处之、任劳任怨奉献的精神深深影响了她，专心地开始了马铃薯遗传育种研究的专业生涯。1987 年硕士毕业分配到中国农业科学院蔬菜花卉所从事马铃薯遗传育种工作。1993 年受联合国计划发展署项目资助在美国作访问学者时，拜世界最著名的马铃薯科学家、已经 74 岁高龄的美国科学院院士 S. J. Peloquin 教授为师，在学到知识、开阔眼界的同时，她坚定了以马铃薯遗传育种为终身事业的信念，明白了作为一个优秀科学家必须孜孜不倦地学习、身体力行地工作的道理，并为国际合作奠定了基础。1996 年她获得了国家“九五”攻关经费资助，开始独立承担研究工作。2001 年方智远院士成了她的博士导师，这位睿智、朴实又勤劳的科学家让她更坚定了做一个兢兢业业的科学家、为农民服务的信念，她提高了自己的学术水平，也增加了使命感。

经过导师们 10 多年的培养、她自己的不断实践和学习，金黎平已经成为能独当一面的科研工作者，她深厚的专业知识、严谨的科学态度、吃苦耐劳的敬业精神、开放合作的心态和较强的组织协调能力开始逐步显现，在同行中崭露头角。2001 年，她通过竞争成为国家“十五”“863”计划课题的主持人和重大专题的第二主持人，开始独立组织国内同行开展高效育种技术和新品种选育的联合攻关。她总是以满腔热情投入到科研事业中，经常加班加点，夜以继日地工作。30 多年来，她主持完成了国家“863”、国家科技支撑、“948”重大项目和农业行业专项资金项目等课题 20 多项，2008 年担任了国家马铃薯产业技术体系首席科学家、2012 年起担任农业农村部薯类生产专家组组长等，她还率领团队在全国各地设立了 10 来个育种基地，一年到头近一多半时间马不停蹄地穿梭在全国各地不同季节的育种基地、体系试验地和各主产区，一年里要经历好几个春夏秋冬，风雨兼程成了家常便饭。

她带领团队经长期的研究，积累了一大批遗传群体、品系和品种等种质资源，保存了国内外各类资源 2 200余份，系统鉴定评价了近 1 000份资源的表观性状和遗传多样性，解析了品种“米拉”作为优良亲本的分子基础，建立了我国马铃薯审定品种特征特性数据库。开展了抗病耐逆、熟性和块茎品质等重要性状的基因定位和挖掘，建立了转录组基因表达谱，克隆了晚疫病抗病基因 R3b 和 RD、抗旱和耐寒基因 SoDIPPR 和 SAD 等，定位了 StLTPa7 等 5 个青枯病程相关蛋白基因的全长并进行了组织定位和表达分析，定位了 2 个晚疫病抗性基因 R10 和 R11，以及 11 个抗旱、19 个炸片颜色、13 个干物质含量、8 个单株结薯数和 6 个单薯块茎重等相关的 QTL 位点，挖掘了控制薯形、熟性等性状的染色体区段，开发了抗病、抗逆、薯形和熟性等相关性状的分子标记 25 个，并应用于马铃薯分子标记辅助育种中。

金黎平将体细胞融合和 2n 配子利用等倍性操作技术、分子标记辅助选择技术应用于新品种选育中，建立了马铃薯综合高效的育种技术，率领团队在多个主产区开展穿梭育种和合作育种，创制了一批突破性育种材料，极大地丰富了我国马铃薯种质资源，育成了 22 个国审和 3 个省审鲜食和加工用新品种，其中，中薯 10 号、中薯 11 号和中薯 16 号为首批通过国家审定的油炸食品加工专用新品种，中薯 5 号填补了早熟品种抗晚疫病的空白，中薯 3 号和中薯 5 号是两个适应性最广、种植面积最大的国内自主育成早熟品种，中薯 18 号、中薯 19 号和中薯 22 号广适耐逆丰产，显现出良好的推广应用前景。育成品种在全国范围内推广应用，仅育成的早熟品种累计推广了 7 800多万亩。同时申请和获得新品种保护权和国家发明专利 7 件，编制国家和行业标准 11 项。“早熟优质多抗马铃薯新品种选育与应用”获得 2017 年国家科技进步二等奖。

金黎平长期组织协调全国马铃薯研究工作，在上级部门的领导下，通过资源整合、联合攻关和体系文化建设，打造了一支精诚合作的国家马铃薯产业技术体系科研团队，优秀地完成了农业农村部七年薯类学科群和十年体系的建设以及研发任务，解决了产业链各环节的一些瓶颈问题，提升了全产业链技术水平，为马铃薯产业健康可持续发展提供了有力科技支撑。

她作为农业农村部薯类专家组组长、与马铃薯有关学术团体的重要领导，积极参与国家层面马铃薯产业顶层设计，常年组织我国马铃薯产业调研和分析、技术救灾和其他活动，积极推动种薯质量控制和监管体系的建立，为相关部门和地方政府提供产业发展规划决策咨询，为地方研究单位培养了西部之光学者、推广研究生等 10 多名。多次参加中央人才工作协调小组和地方政府等组织的各类科技咨询和服务活动等，常年奔波于全国马铃薯产区，服务于贵州毕节、宁夏固原、甘肃定西、湖北恩施土家族苗族自治州、内蒙古乌兰察布和河北张家口等连片特困地区的马铃薯主产区，建立专家工作站和研发基地，开展技术指导、学术交流和咨询服务，被贵州、宁夏和内蒙古等多个省区市和县政府聘请为科技顾问，使这些地方的马铃薯科研平台、队伍建设和产业发展等方面都有显著提升，曾被评价为“她的脸晒得比农民还黑，在田间难以能分清谁是农民、谁是博士”，为推动我国马铃薯产业发展和产业扶贫做出了巨大贡献，2006 年获得了宁夏回族自治区先进科技工作者的荣誉。

她是个有情怀有爱心的科学家。在江西水灾区、宁夏西吉、四川地震灾区、广西大化、贵州毕节和云南宁蒗等地多次个人捐资助学和助农。她连续 5 年每年为宁夏固原西吉县的一所小学捐赠价值 4 000元的学习用品，2012 年改为从该校选择 6 名家庭贫困且学习成绩优异的学生资助，目前已有两名考入大学。2017 年将毕节市人民政府支付给她个人的 5 年专家顾问费 50 万元全部捐赠，设立了助学基金，每年资助毕节市农村贫困家庭的在校优秀学生 150 名。

她经常说：做农业研究不易，只有像马铃薯那样扎根泥土，扎根基层、扎根农民，履行好职责，常怀一颗平常心、感恩和善良之心，待人以善、多给人以帮助，农业科技工作者才能实现自身的社会价值，为社会结出丰硕的果实。

防控面源污染　守护绿水青山

——记国家科技进步奖二等奖获得者任天志研究员

任天志，男，1960年11月20日出生，汉族，内蒙古赤峰市人，研究员，博导。1983年毕业于沈阳农业大学农学系，1995年获中国农业大学博士学位。2000—2001年在美国加州大学（戴维斯）从事可持续农业和生态农业方面的博士后研究工作。曾任中国农业科学院农业资源与农业区划研究所副所长、农业部环境保护科研监测所所长。现任中国农业科学院科技局局长，兼任中国农业资源环境研究会副理事长、中国耕作制度研究会副理事长、中国农业区划学会副理事长。近年来，主要从事农业资源环境、农作制度、农业面源污染防治等方面的研究工作。2004年被农业部授予“全国生态农业建设先进工作者”称号。2010年被中国科学技术协会授予“全国优秀科技工作者”称号。2010年被国务院第一次全国污染源普查领导小组办公室授予“第一次全国污染源普查先进个人”。先后主持国家“863”、支撑计划、行业科技等课题多项，现为国家重点研发农业面源与重金属专项专家组成员。分别于2009年、2011年、2015年获得中华农业科技奖三项，于2011年、2015年分别获得北京市、天津市科学技术进步奖；于2015年获得中国农业科学院科学技术成果奖；于2017年获得国家科学技术进步二等奖。

不畏艰难　勇当先锋

作为团队创建者，任天志带领的农业面源污染防控团队，不畏艰难，勇当先锋，以定量评估与农田面源污染防控为主要方向，突破农田面源污染监测技术瓶颈，创新了全国农田氮磷面源污染核算方法，首次摸清了全国农田面源污染的底数和重点区域，明确了优化施肥、节水灌溉等主要农艺措施的减排效果，集成了农田氮磷减排技术模式并得到大面积应用，支撑了地方农业面源污染防治与生态农业建设，推动了国家农业环境突出问题治理总体规划以及农业部关于打好农业面源污染防治攻坚战实施意见等重大规划的出台和实施。

地下淋溶和地表径流是农田氮磷面源污染发生的两条主要途径。农田氮磷面源污染之所以很难监测，主要是因为在田间条件下很难准确计量、采集农田淋溶及径流损失。任天志带领团队，攻坚克难，坚持理论创新与技术创新，大胆探索，不断实践。针对地下淋溶监测方法中存在的定量难、变异大等技术瓶颈，他们带领团队自主研发了以“单体式田间渗滤池”为核心的农田地下淋溶氮磷面源污染监测技术，发明了“淋溶水负压收集、原位过滤、可塑软性隔液膜”一体化装置。针对地表径流监测方法中存在的变异大、适应性窄等难题，创建了以“串联式田间径流池”为核心的农田地表径流氮磷面源污染监测技术，研发了“可控型径流收集管、径流口水平校正仪、串联式田间径流池、一体化排水槽”等成套设施。两项监测技术的突破，系统解决了农田氮磷面源污染监测技术的难题。尤其是，监测技术成本低，操作简便，计量准确且不影响农事操作，可广泛适用于设施蔬菜地及坡耕地、平原旱作农田监测。有了先进的监测技术是解决农田面源污染监测的第一步，如何将技术推广应用到全国，如何在全国范围内监测评价农田氮磷面源污染更是一项重大难题。为此团队采取了两步走的策略解决全国监测的难题。

第一步是创建全国面源污染监测平台。以往在我们国家层面的面源污染都是采用的间接差减法进行估算，这样的结果完全没有考虑地域、气候等的空间变异性，很难达到公众认可。他说，全国范围内监测评价氮磷面源污染是团队的宗旨，以偏概全，以点代面，没有实际意义，宁肯弃之不用。经过系统分析全国地貌、降水等制约面源污染的两大自然因素，将全国划分为六大分区，按照“全面覆盖，重点突出”的原则，最终建成了覆盖全国六大分区、54 类种植模式、由 412 个监测试验点组成的全国农田氮磷面源污染监测网。

第二步是建立全国面源污染大数据。有了全国农田氮磷面源污染监测网，就要做到对各个监测点数据的收集、整理和分析，只有通过数据的深入整理分析才能发现规律，找到存在的问题，从而更好地解决问题。为此，任天志率团队成员通过不懈努力，利用网络技术，研发了全国农田氮磷面源污染监测信息系统，实现了对全国监测数据的高效管理、自动审核、大数据分析，从而能够有效识别氮磷流失高风险区域，进而采取相应的防控措施。

激流勇进　努力拼搏

改革开放以来，我国农业取得举世瞩目的成就，我国用世界上不足 9%的耕地却养活了世界上 22%的人口，全国粮食产量实现“十二连增”，这不仅促进了我国农业的飞速发展，而且规避了全球粮食短缺风险。与此同时，在粮食持续增产的背后，我们也消耗了世界上 30%以上的化肥，这不仅让我们投入了大量的农业生产成本，同时也付出了环境污染的代价。化肥特别是氮、磷肥料的长期、大量施用，导致农产品质量下降，土壤质量恶化，化肥利用效率逐渐降低，而且随着我国集约化发展，肥料氮、磷流失引起的面源污染问题日益突出，我国正面临着粮食生产安全与环境保护的双重挑战，如何把握农田面源污染排放规律，降低农业生产成本，促进农业生态系统可持续发展成为亟待解决的问题。

然而，农田面源污染具有隐蔽性、分散性、不确定性的特点，地形、降水等自然因素及作物、施肥、灌溉、耕作等人为因素均对农田面源污染排放有不同程度的影响。因此农田面源污染排放规律难以把握。众多难题亟待解决，他深感责任重大，怀着强烈的使命感和责任感，激流勇进，努力拼搏，创建了全国农田面源污染监测技术体系，提出针对性减排策略。

理论研究为基础　成果应用为目标

任天志率团队始终坚持以“理论研究为基础，成果落地为目标”的研究理念，坚持理论与实践结合，理论指导实践，努力实现理论专业化，最终迈向实践成果化。团队首次摸清了全国农田面源污染的底数和重点区域，明确了优化施肥、节水灌溉等主要农艺措施的减排效果。黄淮海平原区、南方平原区是氮磷排放污染重点区域。基于农田氮磷面源污染排放规律和主要农艺措施减排效果，针对全国六大分区农田氮磷面源污染突出的主要模式及排放途径，以控源截流为指导，集成了坡耕地截流减排、设施蔬菜碳氮水协同减排等六大类减排技术模式，并在全国得到大规模应用。仅据湖北、山东等 9 个代表性省份统计，近 3 年累计应用面积达 1.99 亿亩，节约氮磷化肥（折纯）87 万吨，减排氮磷 64 105吨，经济效益 68.3 亿元。农田氮磷面源污染减排技术模式目前已经在全国得到大规模应用，同时推动了国家面源污染治理规划的出台和全国农业环保体系的发展，为解决农田氮磷污染问题，助推科技成果广泛应用，发挥了极其重要的作用。

科学的道路上永无止境。任天志常说“科研需要潜心钻研，有耕耘才有收获”。他用自己的亲身实践经历，怀着对科学不懈的追求，带领团队，不畏艰难，勇于创新，在治理面源污染、打好面源污染攻坚战的道路上越走越扎实。

创建食用菌科学技术体系　引领食用菌产业发展

——记国家科技进步奖二等奖获得者张金霞研究员

张金霞，中国农业科学院资源与农业区划研究所研究员，中国农业科学院食用菌遗传育种与栽培科技创新工程首席科学家，国家食用菌产业技术体系首席科学家，国家“973”计划项目首席科学家，农业部蔬菜专家指导组专家，中国食用菌协会副会长。1978 年以来，一直从事食用菌研究，致力于食用菌的理论研究与产业技术研发相结合，专注于食用菌菌种学科学技术的研究，为我国食用菌产业发展奠基领航。

不忘初心　矢志不渝

张金霞本科就读于中国农业大学（原北京农业大学）植保与农业微生物系植保专业，在研究生阶段转入农业微生物专业食用菌方向，成为学校唯一一个该方向的研究生，也是我国第一批具硕士学位的食用菌方向的研究生。1981 年毕业后进入中国农业科学院工作，至今一直从事食用菌研究。

初心是什么？做食用菌科学技术和产业发展的铺路石，哪怕只是一粒沙石。事情不在于大小，而在于实在和有用。几十年来，张金霞一直秉承这一原则，做着她认为都是小事的事关我国食用菌产业发展的大事。

在物资匮乏的年代，市场上食用菌很少，也是价格昂贵的一类干菜，从小在农村长大的她，家里每年只有春节才能从生产队分到不到半两的黑木耳，泡开炒一小盘木须肉，就是说一年才能吃到一次黑木耳这种食用菌。食用菌的科学研究也同样的冷。在她读研究生时，才开始推广食用菌人工接种技术。也就是说，在全国范围内像农作物那样“有种（zhǒng）、有种（zhòng）、有管、有预期收获”的近代方法生产，食用菌只有50~60 年的历史。食用菌人工栽培历史短，产业规模小，科技人员更少，科技基础及其薄弱，一切研究和实验都是借鉴真菌和蔬菜等学科的基本理论和方法，从头探索，摸索适于食用菌的技术，经反复实验、失败、总结、提高，才能获得最为基础的科学数据和成果。用她的话说，她这一辈子就是个拓荒者，一切从零开始。

改革开放的春风催生了我国特色的食用菌产业，脱贫致富和人民生活日益提高的需要，食用菌生产产业备受青睐，生产规模迅速扩大。然而，受综合国力的制约，公共财政无力支持食用菌的科技研发和创新。20 世纪 80—90 年代期间，她连续 15 年没有财政经费的支持。而千家万户的食用菌生产，几乎每天都有群众来信咨询食用菌生产技术，仅 1985—1990 年，就收到群众来信 2 000余封。她清醒地意识到，生产需要技术，科研人员应该为生产服务。为此，她以技术为生产服务、以服务养科研、科研促生产的理念开始了在全国农业菌种保藏中心的食用菌科研工作。自己动手进行菌种的维护和扩繁，为菇农提供良种和技术指导，以技术服务获取的回报开展科学实验，维持食用菌种质资源库的运行。

菌种的维护扩繁是大量的手工劳动，洗试管、洗从废品收购站买回的废罐头瓶，做棉塞，做培养基和培养料，接种，检查核查，贴标签。那些年，每年从她手里清洗、分装培养基、接种、培养检查、贴标签的试管，都在16 000支！实验和对外供应的罐头瓶装菌种的制作，也是上万瓶。这上万瓶都是手工拌料、装瓶、接种、培养、检查，用铁丝筐一筐筐的搬运。如此繁重的劳动完全由她和她的一位女助手完成。因为没有经费，聘用不起临时工。每当提起这 15 年，她从不叫苦，总是说没什么，很充实。正是这 15 年，磨炼了她的意志，更给予了她乐于淡泊的心，成为她日后腾飞的基石，厚积薄发的基础。

我国加入世界贸易组织（WTO），食用菌的比较优势凸显，为产业发展迎来了契机。为了我国的食用菌走向世界，她开始梳理我国食用菌产业的技术与生产问题。梳理工作中，她深感产业技术基础的薄弱，特别是每年都有大面积的霉菌侵染或不出菇导致的大幅减产甚至绝收的生产问题，损失惨重，严重影响农民增收。甚至导致菌种官司、群殴、围攻政府讨要说法，严重影响社会的安定和稳定。为此，她走遍全国主产区开展调研，经分析认为，主因是菌种问题。为此，她一方面向政府部门反映，呼吁食用菌菌种管理立法，一方面着手食用菌菌种鉴定技术研究和菌种标准的制定，为立法做支撑技术的研发。同时，为了预防和应对食用菌出口的技术壁垒，对主产区的主要食用菌种类进行了质量安全的抽样检测，对食用菌产中投入品进行了全国性的调查，积累了我国食用菌质量安全的第一批数据。这些工作，一做就是 10 年，发表不了科研论文，也申报不了科技成果。可是，她认为这是我国食用菌产业发展的基础，是产业发展必需的，离不开的。只要对产业发展有用，她就做，宁愿没有论文，没有成果。这也正是她的初心所在。

洪荒之力　固本正基

20 多年的默默耕耘，不计名利的务实工作，不讲回报的付出奉献，张金霞获得了业界的垂青。作为首席科学家，2004 年她获得了国家科技部对食用菌技术标准体系研究的项目，2006 年获得国际农业先进技术引进项目对食用菌的支持。在项目支持下，她引进了一批食用菌研究和育种需要的物种鉴定标准菌株和商业栽培菌株，为我国食用菌育种提供了亟需的育种材料。2007 年获得公益性行业（农业）科研专项的支持，组织全国骨干单位和骨干人员开展了全国食用菌菌种的调查鉴定评价、不同生态区域食用菌栽培技术和食用菌强化食品的加工技术研发。此时，国家食用菌产业技术体系初见雏形。在这一基础上，2008 年国家食用菌产业技术体系成立。

食用菌产业迅速发展，科技基础薄弱，亟需科技支撑，需要做的工作千头万绪。用张金霞的话说是科技欠债太多了，不吃饭不睡觉，每天 24 个小时都工作，也跟不上产业的需要。为了尽快还科技的欠债，为食用菌产业的科技支撑，她没有 8 小时工作制，没有白天黑夜，几乎每天工作从早八点到晚九点，从不午休。她说白天睡觉是极大的浪费。出差几乎都是白天工作夜晚在路途。她深入一线，跑遍了全国的食用菌主产区，进菌种厂，钻菇棚，到菇农家，调查产业现状，了解产业问题；组织生产者、技术推广者和科技工作者共同分析产业技术需求；设计产业技术研发路线，制定实施方案。在产业迅速发展的今天，在科技日新月异的今天，食用菌的技术创新严重受到科技基础薄弱的制约。为此，作为几个大项目的首席科学家，特别是作为国家食用菌产业技术体系的首席科学家，张金霞总是技术创新和技术基础研究并重，两手同时抓。在为产业发展研发新品种、新技术、新方法的同时，为产业技术研发提供基础科学数据。为此，实验探索明确了不同生态类型食用菌的营养技术参数、食用菌的生产适宜条件与生物学适宜条件的差别、新型基质产业化应用的技术瓶颈与经济瓶颈等基础问题。这一系列的基础科学数据，为产业技术研发奠定了基础，纠正了多年似是而非的生产技术方法，加快了新技术的研发，促进了食用菌产业技术进步。

生理是栽培的基础。然而，多年来国内几乎没有涉及与栽培有关的食用菌生理研究。正是生理研究的缺乏，制约着食用菌栽培技术的创新。张金霞从事食用菌菌种研究 30 年，已经成为国内食用菌菌种研究第一人。但是，栽培生产中的诸多问题，迫切需要食用菌生理的研究。可是，相关研究几乎要从零开始，这种挑战有谁愿应对？难题只能留给自己。做难题才会进步，才能提高。2009 年，54 岁的她毅然决然把做了多年的菌种研究交给了团队的年轻人，带领同事和学生开辟食用菌生理研究新领域。她从生产中造成损失最大的烂棒问题入手，研究食用菌的高温响应与烂棒机理。她说，这个问题困扰了她 20 年，在她的职业生涯中，一定要把这个问题搞明白，解决好。功夫不负有心人，历经 10 年努力，她终于破解了烂棒的生理机制，提出了“低温养菌，高温天气优先通风透气”的新理念新措施，在主产区推广应用效果显著。

产业的发展离不开强有力的科技平台的支持。为此，张金霞不懈努力，多方争取支持。她深知，各类农作物，种子都是生产成败和效益的关键因素。食用菌也不例外。为此，相继建设了国家食用菌标准菌株库（China Center for Mushroom Spawn Standards and Control，CCMSSC）、国家食用菌改良中心、国家食用菌育种创新基地、农业部微生物肥料和食用菌菌种质检中心等。

坚持不懈　勇攀高峰

面对发生批量霉菌侵染的菇农，他们那茫然无奈的眼神，一直在张金霞的眼前。作为食用菌科技工作者，这个问题一直困扰着张金霞。她暗下决心，就从菌种上下功夫，选育广适性品种，提高菌种抗性和质量，让我国不同气候条件的区域都有适宜的品种和优质菌种可用。可是，30 年前的中国，具特异性的食用菌种质全国总量不超 400 株。这对任何一个育种者来说，几乎是无米之炊。解决这一问题，必须从种质资源这个源头开始。为此，从 1990 年开始，以解决食用菌的菌种问题为目标，紧紧围绕着“资源搜集—鉴定评价—高效育种—广适性品种”这一主线开始了她的工作，这一做就是 28 年。

从种质资源的采集收集开始，她带领团队跑遍了我国主要栽培食用菌的野外发生地，南到武夷山，北到兴安岭，西到西藏、新疆，采集野生种质 6 000余份。收集国内外栽培品种 680 株，创建了世界最大的菌种实物和可利用信息同步的国家食用菌标准菌株库，解决了我国食用菌育种长期种质资源匮乏的问题。目前国家食用菌标准菌株库库藏菌株 10 000余个，涵盖全部可栽培种类，占全国保藏野生种质的 85%以上，占国内外栽培品种 90%以上；并且全部具有 DNA 指纹和特征特性双数据，对外提供种质近 3 000份。

食用菌形态分化远远小于作物，近缘种和种内品种的形态鉴定困难，直接影响种质资源的利用，为此，她带领团队研发，应用组学、分子生物学、生物信息学等现代技术，建立了物种、菌株、菌种质量等多层级菌种精准鉴定评价技术体系，突破了种质资源属性特性不清难以利用的技术瓶颈，解决了菌种管理中品种鉴定和菌种质量判别的技术难题。

食用菌育种盲目性大，田间筛选工作烦琐，育种效率低下。张金霞带领她的团队大胆探索，反复实验，研究菌种的生产性状与室内技术参数的相关性，将传统的田间筛验搬到室内快速预测。历经 20 年的研究，创立了以结实性、丰产性、广适性“三性”为核心的“室内鉴定结实性→室内预测丰产性→田间实测丰产性→室内检测广适性→田间综合鉴评”五步筛选育种技术，室内预测缩时 90%，田间筛选工作量缩减 79%，育种效率大大提高。育成一批适合不同生态区域条件的木耳、平菇、白灵菇等广适性品种，不同区域栽培品种的配套。特别是广温耐高温平菇“中农平丰”和“中农灰平”，在全国应用占总生产面积 60%以上，夏季生产占 90%以上，填补了夏季生产的品种空白，确保周年生产，均衡供应。

天道酬勤，功夫不负有心人。张金霞 28 年的坚持不懈，砥砺前行，日积月累，终成利器，她领衔的“食用菌种质资源鉴定评价技术与广适性品种选育”获得 2017 年度国家科学技术进步二等奖，为我国食用菌种质资源的利用提供了系列的技术支持，为菌种质量的提高和各级菌种管理提供了技术支撑，选育的广适性品种在全国推广应用，创造了数以百亿元的社会经济效益。

这份国家奖凝聚了张金霞对食用菌产业满腔的热爱和 30 年的心血。然而，她从未想过申报国家奖励，是了解她工作业绩的朋友的鼓励催促，她才申报了这个奖。获奖对于张金霞来说，并不是目标，更不是终点。她要与业内同人一道，建立中国特色的食用菌学科体系、技术体系和产业体系。现在她已领衔完成《中国食用菌菌种学》《食用菌种质资源学》《中国食用菌产业科学与发展》《中国食用菌品种》等专业著作，《中国食用菌栽培学》也将不日付梓印刷。她还在积极筹划《中国农业百科·食用菌卷》，以及食用菌病虫害防控、食用菌遗传与生理、食用菌产品加工等专业书籍的编撰。她希望再花上几年时间，与业界专家共同完成食用菌学科的构建。她的夙愿是让中国引领世界食用菌的产业发展和学科发展。虽已年过花甲，她仍不忘初心，心怀远忧，心红似火，充满激情，满腔热情地工作着。她还像 20 年前那样地夜以继日，她办公室的灯总是最后熄灭的那一个。

青胜于蓝　共奏凯歌

1984—2002 年，是张金霞孤军奋战艰难守望的 18 年。这种历史的遗憾使她切身体会到团队的重要。现在，她已经有了在编人员、博后、在读博士和硕士、科研助理组成的 30 余人的团队。对此，她非常珍惜。她爱他们每一个人，为有他们而自豪。

她建立的团队“三个一”文化，深入人心。她的团队是“一个大家庭，一条心，一个大格局”。团队成员一家亲，相互关照，精诚合作。大家一条心，立足行业发展大格局，规划工作，开展研究，锐意进取。在实验人手极其紧张的情况下，宁可自己多做些琐事杂事，也为每个年轻人寻找机会，出国访问，开阔眼界，参加各类学术会议，拓宽研究视野，拓展研究思路，提高学术水平和创新能力。她团队的 8 个年轻人中 6 人都有海外长期学习经历，每个年轻人的研究领域都处于国内领先国际先进水平。另外，她知人善任，给年轻人压担子，让他们在实践中学习提高。

她团队年轻人多为“70”后和“80”后，孩子小，家庭事务多。为了让他们能更多地陪伴孩子的成长，减少他们的辛劳，建设在河北平泉的国家食用菌改良中心的运行，张金霞常年自己驻地管理，长途汽车往返 8~9 个小时，奔波于北京与平泉之间。没有生活和办公条件，她就在库房的一角支起餐桌。做饭、吃饭、办公都在这一张桌子上。正是这份对团队年轻人的爱，大家团结一致，精诚合作，奋力进取，成长为国际一流的食用菌研究团队。

对在实验室培养的学生，张金霞做的不仅仅是学位论文的研究指导，更多的是品格的培养，科研能力的训练，学术作风的要求。严谨的学术作风，她以身作则，所有数据在发表文章前，她都会责成专人检查原始记录，对数据的严谨性仔细核查，不允许一个数据错误放出实验室。正是这种务实严谨的学术作风，学生一到工作岗位就能独当一面，受到用人单位的好评。

到目前为止，张金霞先后承担完成国家和省部级科技项目 42 项。作为第一作者和通讯作者发表学术研究论文 76 篇，技术研究论文 43 篇。制（修）定国家（行业）标准 20 项，选育新品种 19 个，获授权发明专利 16 项。主笔和独立著作 16 部，参编著作 22 部，主译著 1 部，获省部级科技成果奖励 5 项、国家级科技成果奖励 1 项。

独行虽快，众行致远。2006 年以来，历经 10 年，张金霞凝聚了全国 41 家大专院校和科研单位 58 位科学家，建成了产业技术创新和产业科学原始创新相结合的国家食用菌核心科技创新队伍，这个队伍正在向国际一流迈进。她组织实施建设的国家食用菌改良中心、国家食用菌育种创新基地、国家食用菌标准菌株库（CCMSCC）、农业部微生物肥料和食用菌菌种质检中心，构建的我国食用菌菌种技术标准体系，形成了我国食用菌菌种创新的科技平台。建立了食用菌种质资源鉴定评价和高效育种技术体系。提出的食用菌产量和品质形成的营养代谢、遗传调控、环境响应等科学命题，得到业内专家的热烈响应，将食用菌研究进一步引向深入。2012 年她作为大会秘书长组织召开了第十八届国际食用菌大会（The 18th Congress of the International Society for Mushroom Science），2015 年主导建立了中荷食用菌联合实验室，以科技为引领，人才为核心，平台为支撑，系统性的工作，将我国食用菌科技带上了国际舞台。

几十年来，张金霞一直怀着对食用菌科学研究的满腔热忱，孜孜不倦，持之以恒，求真务实，求索不辍，是中国食用菌科技领域的开拓者、耕耘者和践行者，我国食用菌学科的奠基人。她衷心地希望，在自己的努力下，能够为国家带出一支科学与技术完美结合的世界一流的研发团队，这个团队的科技支撑和引领，将我国由食用菌大国变为世界食用菌强国。我们相信，张金霞的梦想在不久的将来就会实现。

潜心科研一线　实践设施园艺强国梦

——记国家科技进步奖二等奖获得者杨其长研究员

杨其长，男，1963 年 8 月生于安徽无为。现为中国农业科学院农业环境与可持续发展研究所设施植物环境工程创新团队首席专家、二级研究员，兼任农业部“设施农业节能与废弃物处理重点实验室”主任、国际园艺学会设施植物生产系统设计与智能化专业委员会（ISHS-PPDS）主席、国家智慧植物工厂创新联盟主席。

1987 年 8 月参加工作以来，一直在科研一线从事设施园艺环境工程方向的研究工作，在智能植物工厂、温室主动式蓄放热以及都市型设施园艺等核心关键技术领域取得重要突破，为国家设施农业科技进步与产业发展做出了突出贡献。他主持完成的项目“高光效低能耗 LED 智能植物工厂关键技术及系统集成”荣获 2017 年度国家科技进步二等奖。

勇闯前沿　大胆创新　抢占科研制高点

植物工厂多年来一直被国际上公认为设施农业的最高级阶段，是人类解决食物供给难题的有效途径，同时也是国防、航天、月星探索实现食物自给的重要手段。中国作为农业大国，人均资源相对不足，发展植物工厂具有战略意义。杨其长在学生时代就听说过植物工厂概念，但多年来国内一直无人问津。思索了多年之后，他决定从零开始、率先突破。2002 年，他开始在实验室搭建了一个很小的水耕栽培系统，开始进行植物工厂栽培试验，但人工光源与智能管控技术仍属空白。2005 年，他在荷兰瓦赫宁根大学访学期间，偶然参观植物光生理学实验室，第一次看到 LED 种出漂亮的生菜，经查文献发现，LED 优势极为突出，尤其是其单色、可组合的光谱特征，节能效果显著。于是，他马上与植物工厂联系起来，如果能将 LED 用于植物工厂，可能会是革命性突破。他立即让助手们在国内搭建实验平台，幸运的是当时院领导非常支持，在重大工程温室专门辟出一块地方用于实验室建设。经过几个月的紧张工作，国内第一个 LED 植物工厂实验室建成。但 LED 研究一波三折，当时国内民用 LED 找不到红光 660 纳米和蓝光 450 纳米芯片，尝试用 660 纳米激光代替，由于发光角度小，试验多次后宣告失败。2006 年 4 月，他回国后立即求助中国科学院半导体所，通过各种途径找到了仅供四块光源板、1 平方米试验面积的 LED 芯片，解决了专用 LED 光源难题。2006—2008 年期间，他带领团队陆续开展了 LED 植物栽培试验，探明了多种作物的光配方参数，为 LED 在植物工厂的应用奠定了基础。2008 年 5 月，日本植物工厂学会会长、千叶大学校长古在丰树教授访问他的实验室时，非常惊讶他们的研究进展，认为中国在植物工厂LED研究方面已经走在日本前头。最近10多年来，他率领团队以“植物工厂节能与蔬菜品质提升”为主攻方向，先后在植物光配方构建及LED光源创制、光—温耦合节能环境控制、“光—营养”蔬菜品质调控以及基于物联网的智能化管控等方面取得重大突破，使我国成为世界上少数掌握植物工厂高技术的国家。该成果2016年作为农业领域重大科技成果代表参加国家“十二五”科技创新成就展，受到习近平等党和国家领导人的高度评价，并荣获2017年度国家科技进步二等奖。

忧心农民，胸怀理想，立志为设施园艺强国梦尽力

温室一直是他的研究方向之一，虽然中国已经成为世界上拥有温室面积最多的国家，但多年来始终让他忧心的两件事，一直使他坐立不安，促使他尽快找到突破口。一件是中国的日光温室面临发展瓶颈。我国农民独创的这种低成本、不用加温也能在冬季生产果菜类作物的设施，确实贡献很大，但近年来面临几大难题：一是低温冷害时常发生，甚至造成农民血本无归；二是墙体厚度不断增加、土地利用率低；三是单体规模小、不利于机械化、劳动强度大。这些问题如不解决，将会严重影响温室产业发展。他通过多年的数学模拟发现，温室墙体热物理性能实际上由两部分构成，内侧具有蓄放热功能、外侧起着保温功能，但传统墙体仅能实现热量的自然蓄积与释放，热效率只有18%，绝大部分热量未能有效利用。于是，他大胆设想：能否把温室墙体的这两部分功能分开，外侧采用保温材料隔热，内侧采用主动式方法进行热量的蓄积与释放。通过10多年的反复试验，他率领团队发明了一种利用黑膜吸热、流体传热与储热、将白天到达墙体的热能蓄积起来用于夜晚释放的主动蓄放热方法，热效率达到62%以上、夜晚温度提升5~6℃；同时，墙体厚度也缩减至0.2米左右，并可实现结构的轻简化装配。该技术被国际同行称赞为“温室蓄放热方式的重大革命”，为解决温室低温问题、提高土地利用率以及实现结构轻简化提供了重要支撑；另一件事是中国连栋温室的盲目进口问题，有点像中国的汽车工业一样，引进了30多年，仍没有形成自主大温室品牌。很多年前，他就有一个愿望，希望中国的连栋温室也能像高铁一样，形成自己的特色并实现向全世界出口。为此，他率领团队自主列了一个攻关课题—中国智能大温室创制，采用中国日光温室的节能保温理念，将外保温与主动蓄放热技术应用于连栋温室，实现低成本、低能耗甚至不用化石能源加温的冬季高效生产，这将是世界上从来没有的技术突破。目前已经进入中试阶段，但难度很大，不管怎么样，这条路他们将一直走下去，直到中国的智能连栋温室核心技术的全面突破，并形成独有的品牌、走向世界，真正实现由设施园艺大国向强国迈进。

追逐梦想，汇聚英才，努力锻造一流团队

在追逐梦想的征程中，非常庆幸的是，杨其长汇聚了一支具有历史传承、朝气蓬勃的年轻团队。他所在的“设施植物环境工程创新团队”，历史上可追溯到 1953 年华北农业科学研究所农业小气候研究组，1957 年中国农业科学院农业气象研究室“园艺气象研究组”，历经 60 多年的风雨，凝结了几代科学家，像徐师华、罗中岭、王修兰、吴毅明等老一辈学者数十年的心血，一代一代的接力，才成就了今天的荣誉集体。多年来，团队一直秉持“求是、专注、偕同、逐梦”的创新文化理念，团队成员之间团结互助，优势互补，共谋发展，形成了“心往一处想、劲往一处使”的良好氛围。团队先后获得中华农业科技奖优秀创新团队（2015）、农业部青年文明号（2012）、2008—2013 年度中国农业科学院优秀集体、科技部农业生物环境工程重点领域创新团队（2015）等荣誉称号。团队成员魏灵玲当选中共十九大代表，并荣获第十七届中国科协“求是”杰出青年奖、全国三八红旗手等荣誉称号；程瑞锋博士获研究所首批科研英才培养对象，并成为最年轻的研究室主任；留学归国博士李涛荣获中国科学技术协会青托计划优秀青年人才，并出色完成“十三五”重点研发计划项目、Greensys 2017（国际设施园艺大会）等多项重担的组织任务。一代青年人才正在成为团队的学术骨干，也促成了团队的不断进步。

面向国际，跻身一流，不断扩大团队影响力

2017 年 8 月在北京召开的 Greensys 2017（国际设施园艺大会），被世界同行称为设施园艺界“奥林匹克”的学术盛会，第一次在中国举办，500 多位国内外嘉宾进行了为期 4 天的学术交流，大会取得了圆满成功。中国农业科学院作为主办单位之一，杨其长作为大会主席，充分显示了中国在设施园艺领域的国际影响力。

多年来，团队一直秉持我院倡导的“顶天、立地”战略定位。在“顶天”方面敢于突破国际前沿，不断缩小与国际高技术差距。目前，团队在智能 LED 植物工厂、温室主动式蓄放热理论等领域的研究已经处于国际前沿水平。

在提升团队国际影响力方面，多年来，他有一个很重要的感悟就是，整体来看，我国在农业科技领域主流国际舞台的声音很少，发文章是一个方面，国际同行交流（会议等）、同台竞技同样重要。前些年网球选手李娜的例子对他启发很大，要想争冠军，你不在国际正规赛场比赛，怎么会有人承认？近年来，只要是最重要的国际学术会议，他们团队出席人数、各类报告人数在国际同行中都是排在靠前的，一般他们的口头报告与邀请报告等约占所有报告的 1/15～1/13。他本人也已经成为国际设施园艺领域最有影响力的专家之一，2014 年在第二十九届国际园艺大会上他当选为国际园艺科学学会（ISHS）温室工程专业委员会主席，2018 年在第三十届国际园艺大会上 ISHS 温室工程

专业委员会与设施植物生产系统智能化专业委员会合并，成立设施植物生产系统设计与智能化专业委员会，他再次当选为合并后的专业委员会主席。

成果显著，任重道远，将继续砥砺前行

近年来，他本人及其团队都取得了一定的成绩。他先后发表论文 235 篇（SCI/EI 45 篇）、出版著作 8 部，授权专利 105 件，获国家科技进步二等奖 2 项（第一完成人）、中国专利金奖 1 项（第一完成人）、中华农业科技奖创新团队奖 1 项（第一完成人）、其他科技进步等奖 13 项，并荣获国家有突出贡献中青年专家、百千万人才国家级人选、全国农业科研杰出人才、全国优秀农业科技工作者、全国农业先进个人、国务院政府特殊津贴专家等荣誉称号。他所在的团队在 2018 年中国农业科学院中期评估中位列研究所 10 个团队之首，并被列为国际知名团队行列。

2017 年 11 月，受院党组的委派他率领筹备工作组赴成都开展中国农业科学院都市农业研究所的筹建工作，面对这个难得的机遇和平台，他正以百倍的努力进行研究所学科与团队的布局与筹划，有序推进各项筹建工作。未来的创新之路仍将漫长而艰辛，他将继续砥砺前行、勤奋实践、不断探索，力争为中国设施园艺的强国梦做出更大的贡献。

推进花生科技创新和产业发展的模范

——记国家科技进步奖二等奖获得者廖伯寿研究员

廖伯寿，1963 年出生于四川邻水，1983 年毕业于西南农业大学（2005 年并入西南大学），1986 年毕业于中国农业科学院研究生院，之后一直在油料作物研究所从事花生遗传育种和植物病理等研究。1993 年晋升副研究员，1998 年晋升研究员，2003 年被遴选为博士生导师，2009 年任油料所副所长，2015 年任所长。曾先后 30 多次出国执行国际合作任务，兼任国际花生青枯病工作网首席专家、农业农村部油料专家指导组副组长、湖北省遗传学会副理事长等学术职务，是湖北省政协第九、第十、第十一届委员和湖北省第十三届人大常委、湖北省政府参事。获各类科技成果奖励 13 项，并曾获中国农业科学院十佳青年、湖北省直机关十大杰出青年、湖北省劳动模范等荣誉称号。

筑牢科研使命　坚定创新方向

廖伯寿涉足花生科研始于他师从我国资深花生专家孙大容先生攻读硕士学位的 1983 年，从那时起他接触到花生这一特殊作物以及花生生产中一种非常严重的病害——细菌性青枯病。廖伯寿第一次跟随导师在大别山实地观察到花生青枯病的危害性和抗病品种在防控中的不可替代性，坚定了他推进这一抗性改良的决心。在做研究生论文时，廖伯寿首次开展了对花生青枯病抗性遗传特性的探讨，系统阅读了国内外关于植物青枯病研究的相关文献，对国内外同行的研究情况如数家珍，由此夯实了他在植物青枯病研究领域的学术乃至人文底蕴。廖伯寿在加入油料所花生育种课题组之后，一直以抗病育种为主要科研方向，除青枯病抗性外，他于 1988 年和 1997 年赴国际半干旱热带作物研究所（ICRISAT）学习花生叶斑病、锈病和黄曲霉抗性鉴定技术，逐步实现了花生育种目标从单一抗性向多（兼）抗性的转变，并将抗性育种与高含油量、高油酸、高蛋白及超高产等目标相结合，以满足农业生产向“绿色、优质、高产、高效”的发展要求。他先后主持承担了包括国家“863”、国家“973”、国家科技攻关、国家自然科学基金、国际合作等各类竞争性科研课题 40 余项，获各类科研经费资助 4 000余万元，其中他在花生抗病性研究方面获得过 9 项国家自然科学基金项目资助，体现出他所具有良好的创新思路、缜密的思维能力和较强的科研立项竞争力。

强化链式创新　科研成效斐然

通过多年的辛勤耕耘，廖伯寿及其团队在花生科研方面实现了重要创新。他在国际上首次提出花生青枯菌潜伏侵染的概念，并建立了针对青枯菌潜伏侵染的抗性育种技术；完善了花生黄曲霉产毒抗性评价与育种技术，提出了改良花生荚壳黄曲霉菌侵染抗性的思路，并率先建立了荚壳抗性的鉴定方法；首次建立了花生黄曲霉、青枯病、叶斑病的抗性分子标记；创制出含油量达64%的高油花生种质；首次发掘出抗白绢病的花生特异种质材料。已发表论文120多篇，出版中英文著作12部，具有广泛的学术影响。

由于科研创新和推广应用成效突出，廖伯寿先后获得国家和省部级科技成果奖励13项，其中国家科技进步奖4项。主要获奖成果包括：花生抗黄曲霉优质高产新品种的培育与应用，2017年国家科技进步二等奖（第一完成人）；高产优质多抗“丰花”系列花生新品种培育与推广应用，2011年国家科技进步二等奖（第三完成人）；主要花生病毒株系、病害发生规律和防治，2001年国家科技进步二等奖（第十完成人）；高产多抗优质花生新品种中花4号的选育与应用，1998年国家科技进步三等奖（第三完成人）；花生青枯病抗性遗传改良与应用，1999年农业部科技进步三等奖（第一完成人）；超高产多抗优质油用型花生新品种中花8号的培育与应用，2007年湖北省科技进步二等奖（第一完成人）；高产优质多抗早熟花生新品种中花5号，2001年湖北省科技进步二等奖（第三完成人）；花生重要抗病优质基因源的发掘与创新利用，2009年湖北省科技进步二等奖（第六完成人）。这些成果奖励是他情系三农、努力进取、团结协作、支撑发展的写照和缩影。

根植生产一线　支撑产业发展

廖伯寿作为国内外花生界知名专家，既十分重视学术研究和技术创新，也非常重视科研成果在生产中的推广应用。多年来，他走遍了全国各个花生产区，经常深入田间地头和加工企业，对产业问题和技术需求了然于心。他主持培育出高产优质多抗花生新品种12个，其中中花5、中花8、中花12、中花16号含油量均超过55%，中花16含油量达57.76%，居国内外人工改良花生品种含油量首位；中花6号具有抗青枯病、抗黄曲霉、加工品质优良的特性，是国际上第一个兼抗青枯病和黄曲霉产毒的花生品种；中花21是国际上第一个高抗青枯病潜伏侵染的品种。上述花生新品种累计推广应用6 000多万亩，创造社会经济效益100亿元以上，其中高抗青枯病高产花生品种的应用，解决了疫区长期以来困扰花生生产的问题；抗黄曲霉花生品种的应用，有效降低了我国南方地区花生黄曲霉毒素污染风险，提升了食用安全性；高油品种的应用提高了花生单位面积的产油效率，对增加花生油供给能力和提高加工企业效益起到了重要作用。在国家花生产业技术体系启动的10年里，他带领体系植保研究室的专家和相关综合试验站调查明确了全国花生有害生物的种类、发生规律与危害程度，建立了各个主产区花生主要病害的综合防治技术规程，对于推动花生有害生物的绿色防控发挥了重要作用。他还被农业农村部任命为全国油料专家指导组副组长，积极为全国油料生产和产业化发展出谋划策。

发挥科技优势　主导国际合作

廖伯寿自攻读硕士学位开始，就以其良好的科研能力和外语应用能力在相关国际合作中崭露头角。1988 年在初次前往 ICRISAT 开展花生叶部病害合作研究期间，他就深度参与了 ICRISAT 和澳大利亚国际农业研究中心（ACIAR）组织的花生青枯病国际合作计划的制定，参与了“国际花生青枯病工作网”（GBWWG）的组建，并一直是这一国际合作的核心成员。由于科研成就和国际学术影响突出，他于 1997 年受 ICRISAT 聘请一直担任国际花生青枯病工作网的首席专家，负责全球合作计划的制定和实施，通过 GBWWG 平台在越南、泰国、印度、中国多次举办国际学术会议和技术培训班，使青枯病抗性改良与应用成为我国花生科技率先引领国际的重要代表领域。他还受邀担任第三和第四届国际植物青枯病大会（IBWS）的组委会成员，并在 2011 年作为组委会主席成功在武汉举办了第五届国际植物青枯病大会。2013 年他牵头组织与 ICRISAT 建立了花生黄曲霉防控国际联合实验室，并获得了国家自然科学基金国际合作重点项目的资助。此外，他还是国际花生基因组论坛的发起人之一，担任历届国际花生基因组大会的组委会成员。2007 年，他获得 ICRISAT 授予的“国际合作突出贡献奖”。在新的形势下，依托 GBWWG 这一合作平台，廖伯寿及其团队正在更大的视野里努力推进“一带一路”倡议的实施，将使我国的花生科技产生更大的国际影响。

十一、大事记

中国农业科学院 2017 年大事记

1 月

1 月 5 日 农业部党组成员、中国农业科学院院长唐华俊主持召开 2017 年第一次常务会。会议研究了院 2017 年工作会议相关事项，审议并原则通过了院“十三五”科技创新工程、基本建设规划和研究生教育发展规划等相关议题。

1 月 8 日 中国农业科学院副院长吴孔明会见了来访的美国肯塔基大学副校长苏珊·罗伯茨（Susan Roberts）一行，双方就进一步加强农业科技合作交换了意见。

1 月 9—10 日 中国农业科学院 2017 年工作会议在京召开。会议全面贯彻落实党的十八大和十八届三中、四中、五中、六中全会，中纪委七次全会、全国科技创新大会、中央农村工作会议和全国农业工作精神，总结 2016 年工作，规划今后一个阶段的发展思路，部署 2017 年重点任务，通报了 2016 年研究所评价结果，对 2016 年度科学技术成果奖、2014—2015 年度先进集体和先进个人进行了表彰。农业部副部长张桃林出席会议并讲话。农业部党组成员、中国农业科学院院长唐华俊作工作报告，院党组书记陈萌山作总结讲话。农业部计划司司长张合成、科教司司长廖西元、财务司副司长秦维明、人事司副司长崔鹏伟，以及院领导班子成员、院级老领导、院内两院院士，院属各单位和共建研究所党政主要负责同志、院机关各部门领导班子成员、院机关处级以上干部等 150 多人参加会议。会议还布置了 33 个视频分会场，院属各单位处级以上干部、创新工程团队首席专家、科研人员代表也通过视频同步收看了大会实况。

1 月 9 日 中共中央、国务院在北京隆重举行国家科学技术奖励大会。以中国农业科学院及所属单位为第一完成单位的 6 项成果荣获 2016 年度国家科学技术进步二等奖，1 个科研团队获国家科技进步奖创新团队。作物科学研究所小麦种质资源与遗传改良创新团队获国家科技进步奖创新团队，植物保护研究所郑永权研究员主持完成的农药高效低风险技术体系创建与应用、北京畜牧兽医研究所文杰研究员主持完成的节粮优质抗病黄羽肉鸡新品种培育与应用、农业资源与农业区划研究所周卫研究员主持完成的南方低产水稻土改良与地力提升关键技术、棉花研究所严根土研究员主持完成的多抗稳产棉花新品种中棉所 49 的选育技术及应用、油料作物研究所黄凤洪研究员主持完成的油料功能脂质高效制备关键技术与产品创制、兰州兽医研究所才学鹏研究员主持完成的针对新传入我国口蹄疫流行毒株的高效疫苗的研制和应用 6 项成果分别荣获国家科技进步奖二等奖。

1 月 10 日　中国农业科学院召开 2017 年党风廉政建设工作会议暨集体约谈会。会议深入贯彻落实十八届六中全会及中央纪委七次全会精神，总结 2016 年全面从严治党和党风廉政建设工作，部署 2017 年重要任务，通报违纪违法典型问题，并对全院党员领导干部开展集体约谈。中央纪委驻农业部纪检组组长、农业部党组成员宋建朝，农业部党组成员、中国农业科学院院长唐华俊，党组书记陈萌山出席会议。院党组成员、纪检组组长李杰人代表院党组作工作报告并通报有关违纪违法典型问题。院领导，院巡视组，机关各部门主要负责人，各单位党政主要负责人、纪委书记，京区各单位和部门领导班子其他成员，京区各单位纪检监察干部，院机关副处级以上干部共 250 余人列席会议。

1 月 10 日　中国农业科学院农业科技培训指导委员会召开第二次全体会议，总结 2016 年工作成效，部署 2017 年培训重点。中国农业科学院副院长、主任委员王汉中，院党组成员、人事局局长、副主任委员贾广东出席会议。会议由院党组成员、研究生院院长、副主任委员刘大群主持。

1 月 16 日　中国农业科学院安委会召开 2017 年第一次全体会议，传达学习国务院安全生产电视电话会议精神，总结中国农业科学院 2016 年安全生产工作，部署 2017 年工作重点。院党组成员、纪检组组长、院安委会主任李杰人出席会议并讲话。

1 月 17 日　中国农业科学院党组召开 2016 年度民主生活会，以学习贯彻党的十八届六中全会精神为主题，围绕“两学一做”学习教育活动要求，重点对照《关于新形势下党内政治生活的若干准则》和《中国共产党党内监督条例》，结合思想和工作实际，进行党性分析，开展批评和自我批评。中组部干部四局邓一鸣、农业部巡视组组长李燕、科技教育司副司长汪学军等到会指导。院党组书记陈萌山主持会议。院领导班子全体成员参加会议。

1 月 19 日　由中国工程院主办、中国农业科学院承办的中国工程院农业学科发展暨农业科技“走出去”战略研讨会在中国农业科学院召开。会议总结中国工程院农业学部 2016 年工作，研讨农业学科发展战略、农业科技“走出去”、海外农业研究中心发展等问题进行了深入研讨。中国工程院副院长刘旭，农业部党组成员、中国农业科学院院长唐华俊，中国工程院二局局长高中琪，农业部科技教育司司长廖西元，中国农业科学院副院长吴孔明、王汉中出席会议。

1 月 20 日　中国农业科学院党组成员、纪检组组长、院安委会主任李杰人，到牧医所、植保所、加工所开展安全生产工作检查。检查组对各所安全生产责任落实情况和办公区、实验室、中国农业辐照中心、地下空间及临建平房的安全管理情况进行重点检查。

1 月 22 日　农业部副部长余欣荣赴中国农业科学院国家种业科技成果产权交易中心和资源区划所进行调研，并分别就种业成果产权交易和耕地轮作休耕卫星遥感监测工作召开座谈会。农业部党组成员、中国农业科学院院长唐华俊，院党组书记陈萌山参加了调研和座谈会。

1月23日 中国农业科学院召开2017年党外人士迎新春座谈会。院党组书记陈萌山，副院长李金祥，院党组成员、人事局局长贾广东出席座谈会。民革农科院支部、民盟农科院委员会、民建农科院支部、农工党农科院支部、致公党农科院小组、九三学社农科院委员会、侨联农科院小组和无党派人士代表应邀参加座谈会。

1月23日 中国农业科学院植物保护研究所第九期“植物保护大讲堂”开讲，中国工程院院士、中国农业科学院副院长万建民作了题为《水稻重要基因克隆及育种利用研究》的学术报告。

1月23日 中国农业科学院召开离退休职工通报会暨春节团拜会。农业部党组成员、中国农业科学院院长唐华俊通报工作，院领导吴孔明、刘大群、贾广东出席团拜会。会议由副院长李金祥主持。

1月24日 农业部党组成员、中国农业科学院院长唐华俊，院党组书记陈萌山，副院长李金祥，院纪检组组长李杰人一行，来到院后勤服务中心基层部门，看望慰问春节期间坚守服务保障一线的干部职工，给他们送去了新春的祝福和美好的祝愿。

1月24日 经农业部党组会议研究决定：袁龙江任中国农业科学院农业经济与发展研究所所长，免去其中国农业科学院成果转化局局长职务。

1月24日 经农业部党组会议研究决定：王东阳任农业部食物与营养发展研究所副所长，免去其中国农业科学院农业经济与发展研究所所长职务。

2月

2月2日 农业部党组副书记、副部长余欣荣到中国农业科学院深圳农业基因组研究所调研指导时强调，基因组所要加快建设步伐，打造国家级科研创新平台，为农业供给侧改革提供强力支撑。院党组书记陈萌山陪同调研。

2月10日 农业部党组成员、中国农业科学院院长唐华俊主持召开2017年第二次常务会。会议审议并原则通过了2017年重点工作任务及分工方案、建院60周年系列活动工作方案、北方水稻研究中心建设方案、院资产经营公司组建方案、院本级公车改革方案等相关议题。

2月10日 从甘肃省委、省政府召开的2016年度全省科学技术（专利）奖励大会上获悉，由中国农业科学院兰州畜牧与兽药研究所杨博辉研究员主持完成的“高山美利奴羊新品种培育及应用”项目荣获甘肃省科技进步一等奖。

2月14日 农业部党组成员、中国农业科院院长唐华俊到农业部环境保护科研监测所调研，考察科研条件建设，听取工作汇报，并与科研人员座谈。农业部科技教育司副司长汪学军，中国农业科学院党组成员、人事局局长贾广东等陪同调研。

2月14日 莫桑比克共和国议长韦罗尼卡·马卡莫女士一行17人在全国人大外事委员会委员杨建亭的陪同下到访中国农业科学院。院党组书记陈萌山、副院长吴孔明会见了代表团一行。双方就如何在中非合作论坛约翰内斯堡峰会共识下加强农业科技合作进行了深入交流。

2 月 15 日 农业部党组成员、中央纪委驻农业部纪检组组长宋建朝一行到中国农业科学院调研党风廉政建设工作并实地考察全院科研工作进展情况。农业部党组成员、中国农业科学院院长唐华俊，院党组书记陈萌山，中央纪委驻农业部纪检组副组长蔡晓，中央纪委驻农业部纪检组副局级纪检专员叶春秀，中国农业科学院党组成员、纪检组组长李杰人等陪同调研。

2 月 16—17 日 中国农业科学院党组书记陈萌山赴南繁基地调研，实地考察了作物科学研究所、生物技术研究所、中国水稻研究所和棉花研究所的 6 个南繁基地，与科研人员座谈交流，看望了喻树迅院士，慰问了正在开展南繁工作的专家和干部职工。

2 月 17 日 经农业部党组会议研究，并征得中共吉林省委同意，决定：李光玉任中国农业科学院特产研究所所长，自任职之日起上岗试用，试用期 1 年。

2 月 17 日 经农业部党组会议研究，并征得中共吉林省委同意，决定：免去杨福合的中国农业科学院特产研究所所长职务，保留正所级待遇。

2 月 21 日 中国水产科学研究院院长崔利锋、党组书记柳正带领院领导班子成员和院机关职能处室负责同志到中国农业科学院调研。农业部党组成员、中国农业科学院院长唐华俊主持座谈会。双方重点围绕通州项目联合推进、人才培养、研究生教育、国际科技合作、科技创新联盟建设、制度建设等内容进行了深入沟通与广泛交流。院党组成员、纪检组组长李杰人，副院长、党组成员吴孔明，党组成员、人事局局长贾广东出席会议。

2 月 27 日 爱思唯尔（Elsevier）发布 2016 年中国高被引学者（Most Cited Chinese Researchers）榜单，1 776 名最具世界影响力的中国学者入选。中国农业科学院有 10 位学者榜上有名，在全国农业科研领域位列前茅。入选免疫与微生物学学科的 3 位学者是哈尔滨兽医研究所陈化兰研究员，上海兽医研究所童光志研究员、李泽君研究员；入选农业与生物科学学科的 5 位学者是吴孔明院士，万建民院士，作物科学研究所黎志康研究员、何中虎研究员、贾继增研究员；入选兽医学科的学者是兰州兽医研究所朱兴全研究员；入选社会科学学科的是农业经济与发展研究所胡定寰研究员。

2 月 28 日 中国农业科学院党组书记陈萌山主持召开农科讲坛座谈会，听取讲坛工作汇报，部署 2017 年工作重点，并与主讲嘉宾、研究所代表以及青年职工代表座谈。

3 月

3 月 1 日 中国农业科学院召开通州科技创新中心建设推进工作座谈会。中国农业科学院党组书记陈萌山，副院长李金祥出席会议并讲话。

3 月 2 日 农业部党组成员、中国农业科学院院长唐华俊主持召开 2017 年第三次常务会。会议审议并原则通过了《中国农业科学院 60 年（1957—2017）》编著工作方案、科技创新工程全面推进期工作会议方案、新媒体平台建设方案、科研管理信息化工作方案、科研项目经费预算调整管理办法等相关议题。

3月7日 中国农业科学院举办纪念“三八”国际劳动妇女节表彰大会暨“品读”朗读会。院党组书记陈萌山，副院长李金祥，院纪检组组长李杰人，副院长吴孔明，院党组成员、人事局局长贾广东出席会议。院属京区各单位、院机关各部门领导，院妇工委委员，各单位妇委会主任，京区单位妇女先进集体代表和先进个人以及女职工代表近300人参加了表彰大会和主题活动。

3月8日 中国农业科学院党组书记陈萌山在南口中试基地调研时指出，要将南口中试基地打造为具有农业科研国家队特色的标准示范基地。中国农业科学院副院长李金祥参加调研活动。

3月8日 中国农业科学院举办科技创新工程全面推进期绩效管理培训班。吴孔明副院长出席开班仪式并讲话。院属各研究所、研究生院共90多人参加培训。

3月8日 由中华全国妇女联合会、中国科学技术协会、中国联合国教科文组织全国委员会及欧莱雅中国授予10位年轻女科技工作者第十三届“中国青年女科学家奖”。中国农业科学院植物保护研究所高利研究员因在农作物病理学方面的研究，攻克小麦矮腥黑粉病等病害的快速诊断难题，给农业生产、海关检疫和病害防控带来便利而获此殊荣。

3月9日 农业部党组成员、中国农业科学院院长唐华俊，院党组书记陈萌山出席研究生院干部大会，对研究生教育工作提出新的要求。院党组成员、研究生院党委书记、院长刘大群，院党组成员、人事局局长贾广东出席会议。

3月11日 中国农业科学院与湖南省永州市签署农业科技战略合作协议。中国农业科学院党组书记陈萌山、永州市委书记李晖出席签约仪式并讲话，王汉中副院长与贺辉副市长分别代表双方签署合作协议。

3月14日 农业部党组成员、中国农业科学院院长唐华俊会见来访的国际水稻研究所（IRRI）所长马修·莫雷尔（Matthew Morell）一行，双方就进一步深化合作交换了意见。副院长吴孔明参加会见。

3月14日 中国农业科学院与江苏省农业科学院科技合作框架协议签字仪式在京举行。农业部党组成员、中国农业科学院院长唐华俊出席会议并讲话。中国农业科学院副院长万建民和江苏农业科学院院长易中懿代表双方签署协议书。

3月20日 中国农业科学院党组书记陈萌山与来访的河南省新乡市市长王登喜一行进行了座谈，就进一步推进双方的实质性合作进行了探讨。吴孔明副院长主持座谈会。

3月20日 经研究，决定：免去张步江同志的中国农业科学院植物保护研究所党委书记职务，请按规定办理退休手续。

3月21日 中国农业科学院举行党组中心组2017年第一次（扩大）学习会，传达学习全国“两会”精神，认真贯彻韩长赋部长在听取中国农业科学院工作汇报时的重要指示要求，研究落实2017年重点工作的创新举措。农业部党组成员、中国农业科学院院长唐华俊出席会议并讲话。会议由院党组书记陈萌山主持。全体院领导，院机关各部门负责人，院巡视组负责同志参加了会议。

3 月 23 日　农业部在革命老区河北省阜平县召开环京津农业扶贫对接会，中国农业科学院党组书记陈萌山出席会议，副院长王汉中在会上代表 28 个指导单位发言并与阜平县人民政府、北京新发地批发市场、嘉鑫种植有限公司等四方签署了对口帮扶框架协议。

3 月 22—23 日　中国农业科学院在京举办《中国共产党党内监督条例》暨纪检监察干部培训班。院党组成员、纪检组组长李杰人出席开班仪式并讲话。院属各单位、院机关各部门纪委书记与纪检监察干部 90 余人参加培训。

3 月 23—24 日　中国农业科学院在武汉举办离退休工作培训班。院党组成员、纪检组组长、离退休工作领导小组副组长李杰人出席开班式并讲话。院属各单位负责离退休工作的部门领导、离退休工作专兼职人员和院离退办工作人员共 65 人参加了培训班。

3 月 26—30 日　中国农业科学院副院长吴孔明率团对芬兰、比利时及欧盟总部进行了访问，参加了第 17 届中—芬科技合作联委会、中—欧科技合作指导委员会第 13 次会议以及首届中—比科技创新对话会议，并与芬兰自然资源研究院、比利时国家科研基金会、欧盟科研总司、欧盟委员会农业总司等相关科研机构、管理部门进行了深入交流。

3 月 30 日　农业部党组成员、中国农业科学院院长唐华俊会见了来访的中共甘肃省定西市委书记张令平一行，双方就进一步加强合作、联合培养人才等事宜进行座谈。副院长李金祥出席会议。

3 月 31 日　农业部党组成员、中国农业科学院院长唐华俊会见了来访的澳大利亚国际农业研究中心（ACIAR）新任首席执行官安德鲁·坎贝尔（Andrew Campbell）一行，双方就继续深化合作交流交换了意见。

4 月

4 月 6 日　中国农业科学院在京举行学习贯彻领导干部报告个人有关事项两项法规培训班，对中央印发的《领导干部报告个人有关事项规定》和《领导干部个人有关事项报告查核处理办法》进行了传达学习和部署落实。院党组成员、人事局局长贾广东出席开班式并讲话。

4 月 6 日　经农业部党组会议研究决定：免去冯东昕同志中国农业科学院国际合作局局长职务。

4 月 7 日　农业部党组成员、中国农业科学院院长唐华俊主持召开 2017 年第四次常务会。会议审议并原则通过了院 2017 年会议计划和学术委员会八届二次会议方案，研究了院试验基地“十三五”发展规划、院所办企业清理整顿以及西部研究中心建设等议题，听取了研究生院兽医学院的调研汇报。

4月10日 中国农业科学院召开科技创新工程全面推进期工作会议。农业部党组成员、中国农业科学院院长唐华俊出席会议并讲话。副院长吴孔明做工作报告。会议由院党组书记陈萌山主持。

4月11日 中国农业科学院召开2017年巡视工作部署会。院党组书记陈萌山，中央纪委驻农业部纪检组副组长蔡晓出席会议并讲话。会议由院纪检组组长、党组成员李杰人主持。

4月14日 中国农业科学院党组开展“全面从严治党主体责任和科研放管服”主题宣讲活动，启动仪式暨首场宣讲会在作物科学所举行。农业部党组成员、中国农业科学院院长唐华俊带队进行宣讲。院党组书记陈萌山作动员讲话。中央纪委驻农业部纪检组副组长蔡晓出席会议并讲话。会议由院纪检组组长李杰人主持。

4月17日 农业部表彰全国农业先进集体和先进个人，中国农业科学院作物科学研究所作物种质资源中心、植物保护研究所农业昆虫研究室等2个集体获全国农业先进集体称号，作科所何中虎、植保所万方浩、环发所杨其长、牧医所侯水生、饲料所刁其玉、加工所张泓、油料所李培武、郑果所王力荣、兰州兽医所朱兴全、兰州牧药所杨博辉10名同志获全国农业先进个人称号。

4月19—23日 中国国际乳业合作大会暨第十五届中国国际奶业展览会在哈尔滨召开，旨在促进国内外奶业交流合作，传播奶业科技信息和牛奶营养知识，助推奶业全面振兴，助力健康中国建设。黑龙江省省长陆昊出席开幕式，中国农业科学院党组书记、国家食物与营养咨询委员会主任陈萌山出席开幕式并致辞。

4月21—22日 中国农业科学院党组书记陈萌山赴哈尔滨兽医研究所开展推进“两学一做”学习教育常态化制度化调研。调研组一行实地考察了哈尔滨兽医所动物流感研究室党支部，听取了支部书记的工作汇报，详细了解支部党员学习内容和方式，仔细询问了支部党员队伍建设和发挥作用情况。

4月26日 国家农业科技创新联盟领导小组会议在中国农业科学院召开，全面部署联盟2017年重点任务，深入推进农业科技协同创新工作。农业部副部长、联盟领导小组组长张桃林出席会议并讲话。农业部党组成员、中国农业科学院院长、联盟理事长唐华俊就推动联盟重点任务落实提出了明确的工作要求。会议由院党组书记、联盟领导小组副组长陈萌山主持。

4月28日 由中国农业科学院、河北省农业厅和河北省农林科学院主办，中国农业科学院农业环境与可持续发展研究所等6家单位承办的“京津冀地区畜禽养殖废弃物利用科技联合行动启动会”在河北省衡水市安平县召开。国家农业科技创新联盟领导小组副组长、中国农业科学院党组书记陈萌山，农业部科教司司长廖西元，中国农业科学院党组成员、副院长李金祥，河北省农业厅厅长魏百刚，农业部畜牧业司副司长王俊勋等领导出席并讲话。会议由国家农业科技创新联盟秘书长、中国农业科学院副院长万建民主持。

4月28日 中国农业科学院海外农业研究中心“十三五”规划研讨会在京召开。

会议就海外中心“十三五”规划的思路和主要内容，包括农业“走出去”的重点任务进行了讨论和交流。中国农业科学院副院长、海外中心管理委员会主任吴孔明等出席会议。

5 月

5 月 3 日 中国农业科学院召开对口帮扶阜平工作方案论证会，对院属 10 个单位的帮扶方案进行了论证。副院长王汉中，院党组成员、研究生院院长刘大群等领导专家参加了会议。

5 月 4 日 由中国农业科学院作物科学研究所主持的中国农业科学院科技创新工程“种植业绿色增产增效技术集成创新”协同创新任务启动会在北京召开。中国农业科学院副院长王汉中等出席会议。来自承担任务的团队首席和专家共计 100 余人参加了会议。

5 月 5 日 农业部党组成员、中国农业科学院院长唐华俊主持召开 2017 年第五次常务会。会上，传达了习近平总书记在中央全面深化改革领导小组第三十三次会议上的重要讲话精神，审议并原则通过了筹建马连洼院区研究生宿舍建设相关事项，中国农业科学院第九届学位评定委员会、学科评议组及专业学位分委会建议名单，部门预算二下批复情况、院土地使用管理情况、院重点任务推进情况等事项。

5 月 8—9 日 中国农业科学院在河南省济源市举办了“甘蓝雄性不育规模化制种新技术与新品种展示会”，集中展示了利用不育系实现规模化制种的成效和近年育成的一批早熟甘蓝新品种。中国农业科学院党组书记陈萌山、副院长王汉中等出席。

5 月 9 日 农业部党组成员、中国农业科学院院长唐华俊会见了来访的世界农用林业中心（ICRAF）主任托尼·西蒙斯（Tony Simons）一行，双方就进一步深化合作交换了意见。副院长吴孔明参加会见，并代表中国农业科学院与 ICRAF 续签了科技合作协议。

5 月 9 日 中国农业科学院植物保护研究所召开科技创新工程全面推进期工作会议，协同创新任务总指挥、中国农业科学院副院长吴孔明院士出席会议并讲话。

5 月 10—11 日 中国农业科学院第八届学术委员会第二次会议在北京召开。来自全国有关省（区、市）农业科学院、高等院校、中国科学院系统以及院内的 121 位委员出席会议。农业部党组成员、中国农业科学院院长、院学术委员会主任委员唐华俊出席会议并作工作报告。会议由中国农业科学院副院长、院学术委员会副主任委员吴孔明、万建民分别主持。

5 月 12 日 农业部党组成员、中国农业科学院院长唐华俊会见了来访的乌拉圭农牧渔业部部长塔瓦雷·阿格雷（Tabaré Aguerre）一行，双方就进一步深化合作交换了意见。

5 月 13 日 中国农业科学院会同农业部种植业司在湖南省沅江市举办了油菜全产

业链绿色高产高效模式攻关现场观摩会。中国农业科学院党组书记陈萌山出席并讲话，会议由副院长王汉中主持。

5月14—17日 由中国农业科学院人事局和创新办主办，研究生院承办的第一期中国农业科学院科技创新工程团队首席科学家轮训班在天津举办。中国农业科学院副院长吴孔明、天津环保所党委书记张国良等出席开班仪式。院属31个研究所的66位科技创新团队首席科学家参加了本期培训。

5月15日 由中国农业科学院麻类研究所和国家麻类产业技术体系共同主办的“麻育秧膜水稻机插育秧技术现场观摩与交流会”在黑龙江省红兴隆管理局友谊农场召开。中国农业科学院副院长李金祥等到会。

5月15日 《农业科学学报（JIA）》《中国农业科学（SAS）》两刊编委会会议在北京举行。会议由中国农业科学院副院长、两刊主编万建民院士主持。两刊主要领导、栏目主编以及来自全国各地110位编委参加了会议。

5月15日 经农业部党组会议研究决定：张逐陈同志任农业部巡视组组长（正局级）。

5月15日 经农业部党组会议研究，并征得中共黑龙江省委同意，决定：免去张逐陈同志的中国农业科学院哈尔滨兽医研究所党委书记职务。

5月15日 经农业部党组会议研究决定：贡锡锋同志任中国农业科学院国际合作局局长，免去其中国农业科学院农业质量标准与检测技术研究所党委书记职务。

5月15日 经农业部党组会议研究决定：周清波同志任中国农业科学院农业资源与农业区划研究所所长，自任职之日起上岗试用，试用期1年。

5月15日 经农业部党组会议研究，并征得中共黑龙江省委同意，决定：步志高同志任中国农业科学院哈尔滨兽医研究所所长（中国动物卫生与流行病学中心哈尔滨分中心主任）。

5月15日 经农业部党组会议研究，并征得中共黑龙江省委同意，决定：王笑梅同志任中国农业科学院哈尔滨兽医研究所党委书记，自任职之日起上岗试用，试用期1年。

5月15日 经农业部党组会议研究，并征得中共吉林省委同意，决定：梁波同志任中国农业科学院特产研究所党委书记，自任职之日起上岗试用，试用期1年。

5月15日 经农业部党组会议研究，并征得中共吉林省委同意，决定：免去程世鹏同志的中国农业科学院特产研究所党委书记职务，保留正所级待遇。

5月15日 经农业部党组会议研究，并征得中共深圳市委同意，决定：黄三文同志任中国农业科学院农业基因组研究所所长，自任职之日起上岗试用，试用期1年。

5月15日 经农业部党组会议研究，并征得中共深圳市委同意，决定：免去钱前同志中国农业科学院农业基因组研究所所长职务。

5月16日 中国农业科学院2017年第一期“农科讲坛”（中国农业科技报告会）在国家农业图书馆报告厅举行。本次“农科讲坛”邀请中央农村工作领导小组办公室主任、中央财经领导小组办公室副主任韩俊讲述了推进农业供给侧结构性改革的战略部署与重点任务。农业部党组成员、中国农业科学院院长唐华俊，副院长王汉中出席报告会。报告会由院党组书记陈萌山主持。

5月17日 蒙古国食品、农业与轻工业部部长培·色尔格楞率代表团到访中国农业科学院。农业部党组成员、中国农业科学院院长唐华俊会见了代表团一行，双方就如何加强农业科技合作进行了深入交流。

5月19日 为庆祝中国农业科学院建院60周年，增进全院职工对中国农业科学院发展历程、重大科研成果和在农业科技事业方面所作突出贡献的了解，中国农业科学院在国家农业图书馆报告厅举办了院史报告会，邀请院科技局原局长信乃诠研究员、院原情报所副所长蒋建平研究员做报告。报告会由副院长李金祥主持。

5月19日 由中国农业科学院生物技术研究所主持的“作物营养素代谢机理及营养强化关键技术”协同创新项目工作讨论会在北京召开。协同创新任务总指挥、中国农业科学院副院长李金祥出席会议并讲话。

5月25日 国务院副总理汪洋到中国农业科学院考察调研。他强调，科技是现代农业发展的决定力量。要深入学习贯彻习近平总书记重要指示精神和李克强总理的重要批示要求，贯彻落实全国科技创新大会精神，认真实施创新驱动发展战略，加强农业科技研发，强化农业技术推广，以科技创新引领农业供给侧结构性改革，加快农业现代化。

5月26日 中共中央总书记、国家主席、中央军委主席习近平致信祝贺中国农业科学院建院60周年，向全体农业科研人员和广大农业科技工作者致以诚挚问候。

5月26日 中国农业科学院举行党组中心组2017年第二次（扩大）学习会，学习贯彻习近平总书记贺信和李克强总理批示精神，院领导畅谈学习体会，并结合分管工作提出落实思路和创新举措。农业部党组成员、中国农业科学院院长唐华俊出席会议。会议由院党组书记陈萌山主持。全体院领导，院机关各部门负责人，院巡视组负责同志参加了会议。

5月27日 值建院60周年之际，由中国农业科学院主办的“国际农业科技发展峰会”在京召开。会议旨在面向全球宣传中国农业科学院取得的重大农业科研成就、探讨农业科技“走出去”新思路、推进农业科技成果国际化转移，为配合国家“一带一路”整体战略提供有力支撑。农业部党组成员、副部长于康震，农业部党组成员、中国农业科学院院长唐华俊，联合国粮农组织助理总干事王韧及国际农业研究磋商组织特派代表出席会议并致辞。副院长吴孔明主持开幕式。

5月31日 中国农业科学院召开科技人员学习贯彻习近平总书记贺信和李克强总理批示精神座谈会。农业部党组成员、中国农业科学院院长唐华俊出席会议并讲话。院党组书记陈萌山主持会议。

5月31日 科技部政策司司长贺德方一行11人到中国农业科学院作物科学研究所现场督查中央办公厅、国务院办公厅印发的《关于实行以增加知识价值为导向分配政策的若干意见》(厅字〔2016〕35号)落实情况。农业部党组成员、中国农业科学院院长唐华俊出席会议。

6月

6月1日 农业部党组成员、中国农业科学院院长唐华俊会见了来访的全球作物多样性信托基金(Crop Trust)执行干事玛丽·哈贾(Marie Haga)女士一行,双方就进一步加强种质资源领域的合作交换了意见。吴孔明副院长参加了会见。

6月1日 中国农业科学院幼儿园举办“多彩六一欢乐儿童节”庆祝活动,中国农业科学院副院长李金祥专门来到幼儿园,与小朋友们共同庆祝儿童节。

6月1日 由国家农业科技创新联盟、中国农业科学院农业环境与可持续发展研究所、河北省农业厅和河北省农林科学院主办的“华北农业节水增效协同创新联盟成立大会暨华北节水保粮协同创新行动现场会”在河北衡水召开。中国农业科学院科技创新工程华北节水保粮协同创新行动总指挥、中国农业科学院副院长王汉中等领导出席会议。

6月2日 农业部举办第六十三期每月讲坛。部党组成员、中国农业科学院院长、中国工程院院士唐华俊作“遥感技术及其农业应用”专题报告。

6月2日 由中国保险学会农业保险分会、中国农业科学院农业信息研究所主办的中国农业保险保障研讨会在中国农业科学院召开。中国保监会副主席陈文辉、中国农业科学院党组书记陈萌山出席会议并讲话。

6月2日 受欧盟委员会的邀请,中国农业科学院副院长吴孔明随科技部代表团赴比利时布鲁塞尔参加了第三次中欧创新合作对话,并作为“中欧食品、农业和生物技术工作组”中方主席作大会报告。

6月2日 经中国农业科学院党组会议研究决定:杨福合同志任中国农业科学院监察局正所级纪检监察专员。

6月2日 中国农业科学院副院长王汉中会见了来访的巴黎气候大会“千分之四:土壤作为粮食安全及气候变化的解决方案”倡议(简称“千分之四”倡议)及“利马—巴黎行动议程”执行秘书长保罗·吕(Paul LUU),双方就增进相互了解、开展科技合作交换了意见。

6月5日 经研究决定:免去刘永明同志的中国农业科学院兰州畜牧与兽药研究所党委书记职务,请按规定办理退休手续。

6月6日 中国农业科学院作物科学研究所在河北省石家庄市召开“小麦绿色增产增效技术集成模式研究与示范观摩及产业发展座谈会”,中国农业科学院副院长王汉中出席会议。

6月7日 中国农业科学院召开推进“两学一做”学习教育常态化制度化工作会议,传达学习贯彻习近平总书记重要指示和中央有关座谈会精神,贯彻落实农业部党组要求，对全院学习教育常态化制度化作出部署安排。院党组书记陈萌山出席会议并讲话。院党组成员、副院长李金祥主持会议。

6 月 12 日　河南省省委副书记、省长陈润儿率省政府办公厅、农业厅、科技厅、省农科院相关负责同志一行来中国农业科学院考察。双方就进一步加强农业科技合作进行了座谈。农业部党组成员、副部长屈冬玉，农业部党组成员、中国农业科学院院长唐华俊，中国农业科学院党组书记陈萌山陪同考察并出席座谈会。

6 月 12 日　九三学社中国农业科学院委员会举行了换届大会。全国政协常委、九三学社中央常务副主席邵鸿，中国农业科学院党组书记陈萌山，北京市政协副秘书长、九三学社北京市委专职副主委方炎等领导出席大会。

6 月 12 日　中国农业科学院副院长李金祥赴新疆昌吉国家农业科技园区调研中国农业科学院西部农业研究中心（简称西部中心）筹建工作。李金祥听取了西部中心基本建设规划、基建项目立项、学科布局设计、科研创新团队组建、地方事业法人注册等方面的汇报，实地考察了西部中心建设情况以及团队入驻、试验示范基地运行情况，并与昌吉州领导及相关部门负责人进行了座谈。

6 月 15—16 日　中国农业科学院在河北省阜平县召开对口帮扶工作现场推进会。院党组书记陈萌山出席会议并讲话。院党组成员、人事局局长贾广东等出席会议。推进会由副院长王汉中主持。

6 月 15 日　中国农业科学院 2017 年第二期“农科讲坛”（中国农业科技报告会）在国家级重点贫困县阜平举行。这是“农科讲坛”系列活动第一次走出中国农业科学院，与基层农户、农业管理及技术推广人员面对面互动交流。本次“农科讲坛”邀请中国农业科学院副院长、中国工程院院士吴孔明讲述科技创新与现代农业。报告会由院党组成员、人事局局长贾广东主持。

6 月 21 日　为指导和推动“两学一做”学习教育常态化制度化工作，中国农业科学院党组书记陈萌山在茶叶研究所主持召开在杭两所“两学一做”学习教育常态化制度化工作座谈会。两所部分所领导以及支部书记代表参加了座谈。

6 月 21—22 日　为落实中国农业科学院与永州市人民政府签订“院市合作”战略协议，中国农业科学院副院长王汉中一行赴湖南省永州市考察并出席“院市合作”项目对接座谈会。

6 月 22—23 日　在全院上下深入学习贯彻习近平总书记贺信和李克强总理批示精神，学习汪洋副总理考察中国农业科学院的指示要求以及韩长赋部长在建院 60 周年表彰大会上的讲话要求之际，为适应新形势，提升全院综合政务工作水平再上新台阶，中国农业科学院 2017 年综合政务培训班在杭州举办，院党组书记陈萌山出席开班仪式并讲话。

6 月 22—23 日　中国农业科学院党组成员、人事局局长贾广东带队赴宁夏对挂任宁夏回族自治区外事（侨务）办公室主任助理的资划所副所长金轲进行了挂职期满考察，并看望了中国农业科学院在宁博士服务团成员。

6 月 23—24 日 中国农业科学院副院长王汉中率队赴四川省凉山彝族自治州调研特色农业发展情况，为凉山州特色农产品优势区建设和发展建言献策，助力凉山精准脱贫。凉山州委领导陪同和出席座谈会。

6 月 26 日 中国农业科学院副院长吴孔明受邀出席“中国山东—中亚五国农业科技合作高层论坛”并作报告，来自哈萨克斯坦、吉尔吉斯斯坦、乌兹别克斯坦、塔吉克斯坦、土库曼斯坦及阿塞拜疆等国官员、专家及研究机构负责人参加了会议。

6 月 27 日 农业部党组成员、办公厅主任叶贞琴到中国农业科学院麻类研究所调研。中国农业科学院副院长李金祥以及农业部办公厅、湖南省农委有关领导陪同调研并出席座谈会。

6 月 27 日 由国家农业科技创新联盟主办，西南大学和江西省赣州市人民政府承办的柑橘优势区域黄龙病综合防控协同创新联盟（以下简称柑橘黄龙病联盟）成立大会在江西省赣州市召开。中国农业科学院党组书记、国家农业科技创新联盟领导小组副组长陈萌山，江西省副省长吴晓军等出席会议。

6 月 27 日 中国农业科学院党组成员、人事局局长贾广东一行到郑州果树研究所调研，召开专家座谈会听取意见建议，并参观果树资源圃和科研实验场地，了解科技创新进展情况。郑果所领导班子全体成员、创新工程首席科学家、产业体系岗位专家及试验站长、职能部门负责人等 20 余人参加座谈会。

6 月 29 日 在党的 96 岁生日即将到来之际，中国农业科学院党组书记陈萌山带队到密云区冯家峪镇西白莲峪村开展“院地共建支部 服务农村基层”主题党日活动。

7 月

7 月 3 日 经中国农业科学院党组会议研究决定：李付广任中国农业科学院西部农业研究中心主任。

7 月 4 日 由中国农业科学院农产品加工研究所牵头，来自农业、医、药、轻工、食品、金融、投资等领域的院士专家倡议发起的国家食药同源产业科技创新联盟成立大会在京召开。农业部科技教育司司长廖西元、农产品加工局局长宗锦耀、农产品质量安全监管局副局长金发忠出席会议。会议由中国农业科学院副院长吴孔明主持。

7 月 4 日 农业部党组成员、中国农业科学院院长唐华俊会见了来访的国际农业研究磋商体系组织（CGIAR）执行主任埃尔文·琼斯一行，双方就进一步加强合作交换了意见。

7 月 4—13 日 中国农业科学院副院长王汉中率团出访保加利亚、捷克、德国等农业科教单位，就推进联合实验室（中心）建设、加强合作研究与种质资源交换、搭建共享农业数据平台、科技成果推广、人才交流与联合培养等方面进行了深入交流，取得了预期成果。

7 月 5 日 “首届中国—保加利亚农业科技合作研讨会”在保加利亚共和国第二大

城市普洛夫迪夫举行。科技部国际合作司副司长陈霖豪、保加利亚教育科技部科技司泽拉缇娜·卡洛娃司长到会并致辞，中国农科院副院长王汉中代表中方会议组织单位作大会发言。

7月6日 中国农业科学院党组书记陈萌山到植物保护研究所桂林兴安试验基地调研，考察了试验站昆虫雷达监测、养虫室、田间供水系统等基础平台以及学生宿舍楼、实验室、食堂等在建项目，并与研究所领导及基地员工座谈。

7月6—12日 由中国农业科学院农业资源与农业区划研究所承担的《西藏林芝市现代特色农牧业发展规划》编制工作正式启动。项目组召开了启动大会并进行了详细的调研考察。西藏自治区副主席坚参，中国农业科学院党组成员、纪检组组长李杰人出席启动大会。

7月6—13日 中国农业科学院副院长李金祥率团访问了国际应用生物科学中心(CABI)瑞士中心，法国农科院(INRA)，法国国际农业、食品和环境科学中心(Agropolis)，法国农业发展研究中心(CIRAD)及国际农业研究磋商体系组织(CGIAR)，就推进海外联合实验室建设、输送培养国际组织人才、开展“一带一路”框架下联合项目申请、借鉴国际经验助力我国发起大科学计划等进行了深入探讨，达成一系列共识。

7月7日 中国农业科学院举行2017届研究生毕业典礼暨学位授予仪式。农业部党组成员、中国农业科学院院长、院学位评定委员会主席唐华俊院士，苏丹共和国驻华大使欧玛尔·伊萨·艾哈迈德(Omer Eisa Ahmed)，京区各研究所、院机关各部门、研究生院的领导，以及研究生导师代表、2017届全体毕业生共800人参加了典礼。大会由中国农业科学院党组成员、研究生院党委书记、院长刘大群主持。

7月11日 国际马铃薯中心亚太中心(中国)入驻延庆科研基地及仪器设备交接仪式在北京举行。农业部党组成员、中国农业科学院院长唐华俊出席仪式并致辞。

7月12—14日 由中国农业科学院生物技术研究所主持，“作物营养素代谢机理及营养强化关键技术”协同创新项目启动会暨“中国作物营养强化产业联盟”筹建会在北京举行。中国农业科学院副院长、项目总指挥李金祥，中国疾病预防控制中心陈君石院士，以及来自国际生物强化项目(Harvest Plus)的国内外知名专家学者出席会议。

7月12—14日 由国家农业科技创新联盟主办，中国农科院培训中心和新疆农垦科学院承办的国家农业科技创新联盟西北地区农业科技人才培训班在新疆维吾尔自治区石河子市举办。中国农科院副院长吴孔明院士作了“‘一带一路’战略下的西部农业”专题讲座。

7月13日 连云港副市长吴海云一行到中国农业科学院考察，双方就加强“一带一路”农业对外合作进行了深入探讨。农业部党组成员、中国农业科学院院长唐华俊出席座谈会。

7月13日 农业部党组成员、中国农业科学院院长唐华俊率队检查京区基础网络改造工作并听取专项工作汇报。

7 月 13 日 农业部党组成员、中国农业科学院院长唐华俊带队到中国农业科学技术出版社调研。

7 月 13 日 中国农业科学院副院长万建民带队赴新疆对中国农业科学院西部农业研究中心筹建工作进行专题调研。

7 月 18 日 海峡两岸学农青年农业科研研习营开营仪式在中国农业科学院举办。中国农业科学院副院长李金祥、农业部对台湾农业事务办公室调研员杨慧军、台北市生产力促进协会理事长郑海鉴等出席并致辞。

7 月 19 日 中国农业科学院党组书记陈萌山到深圳农业基因组研究所调研科研创新、队伍建设与党建工作情况，并与所领导班子、科研人员座谈。

7 月 20 日 广东省委常委、深圳市委书记王伟中会见了农业部党组成员、中国农业科学院院长唐华俊和中国农业科学院党组书记陈萌山一行。唐华俊指出，深圳是我国最具创新精神的城市，有很好的创新环境和产业政策，以及一流的人才。中国农业科学院院领导李金祥、李杰人、吴孔明、万建民、刘大群，以及深圳市常务副市长张虎，深圳市相关委局及大鹏新区负责同志参加会见。

7 月 23 日 中国农业科学院郑州果树研究所百项新成果推介观摩会在郑州召开。河南省省长陈润儿、河南省人大常委会副主任刘满仓专程到会参观品鉴。中国农业科学院党组书记陈萌山、中国工程院副院长刘旭出席会议并讲话，会议由中国农业科学院副院长王汉中主持。

7 月 23 日 由中国农业科学院深圳农业基因组研究所主持的"农作物基因大数据的分析与利用"协同创新任务启动会在深圳召开。中国农业科学院副院长吴孔明出席会议。

7 月 24 日 国家农业基因组科技创新联盟成立大会在深圳举行。中国农业科学院副院长吴孔明、深圳市副市长陈彪、农业部科教司副司长郑芸瑄出席会议。会议由国家农业科技创新联盟副秘书长梅旭荣主持。

7 月 25 日 中国农业科学院 2017 年第三期"农科讲坛"在国家农业图书馆报告厅举行。本次"农科讲坛"邀请作物科学研究所遗传育种中心主任、国家农作物品种审定委员会玉米专业委员会副主任委员黄长玲研究员讲述了我国玉米育种研究进展。中国农科院党组书记陈萌山，院党组成员、人事局局长贾广东出席报告会。

7 月 25—28 日 由国家农业科技创新联盟主办，中国农业科学院培训中心、西藏农牧科学院承办的"国家农业科技创新联盟西南地区农业科技人才培训班"在拉萨市举办。中国农业科学院党组成员、研究生院院长刘大群出席开班仪式并致辞。

7 月 27 日 中国农业科学院党组成员、纪检组组长、安委会主任李杰人主持召开 2017 年院安委会第二次全体会议，贯彻学习中央安全生产电视电话会议精神，全面落实农业部安委会全体会议精神，对全院安全生产工作进行再要求、再部署。

7 月 27 日 中国农业科学院在甘肃省张掖市召开了 2017 年试验基地管理工作会议。农业部发展计划司副司长陈章全、科技教育司副司长汪学军，张掖市副市长王海峰等出席会议并讲话。中国农业科学院副院长王汉中作主题报告。

7 月 27 日 浙江省农业科学院院长劳红武一行到中国农业科学院调研。中国农业科学院党组书记陈萌山出席座谈会。双方围绕学科建设、人才培养、科研经费监管、研究所分类管理等问题进行了深入交流。

7 月 28 日 中国农业科学院召开 2017 年财务工作会议，传达和贯彻近期国家相关财务管理的要求，研究当前财务工作形势和任务，部署下一阶段重点工作。农业部党组成员、中国农业科学院院长唐华俊出席会议并讲话。会议由院党组成员、副院长吴孔明主持。

7 月 30 日 中国农业科学院参加中央国家机关第九批援疆工作的 4 名干部启程赴疆，开展为期 3 年的对口支援工作。院党组成员、人事局局长贾广东等到首都机场送行。

8 月

8 月 3 日 中国农业科学院深圳农业基因组研究所与深圳市大鹏新区签订战略合作协议，共同打造世界一流的农业及食品科学人才培养中心、技术研发高地与生物产业集群地。中国农业科学院党组书记陈萌山，深圳市大鹏新区党工委书记王京东出席签约仪式。

8 月 7—9 日 中国农业科学院植物保护研究所在山东召开“长岛有害生物野外科学观测试验基地建设发展研讨会”。中国农业科学院副院长吴孔明出席会议并作报告。

8 月 9—10 日 呼伦贝尔草原生态系统国家野外科学观测研究站建站 20 周年学术研讨会在呼伦贝尔市举行。农业部党组成员、中国农业科学院院长唐华俊，呼伦贝尔市委副书记、市长于立新，中国科学院院士方精云出席会议。

8 月 11 日 农业部财务司副司长宋昱一行来中国农业科学院调研中国农科物资采购平台建设和运行情况。中国农业科学院副院长李金祥出席调研座谈会。

8 月 21—23 日 由中国农业科学院、中国农学会、国际园艺科学学会共同主办，中国农科院农业环境与可持续发展研究所、中国园艺学会承办的“国际设施园艺大会（GreenSys 2017）”在北京国家会议中心召开。来自全球 30 多个国家和地区的 500 多位学者参加会议。农业部副部长张桃林，农业部党组成员、中国农业科学院院长唐华俊，国际园艺科学学会主席代表、国际设施园艺分会主席穆拉特 · 卡西拉（Murat Kacira）出席开幕式并致辞。开幕式由中国农业科学院副院长吴孔明主持。

8 月 23 日 中国农业科学院国际合作局和海外农业研究中心共同组织召开农业“走出去”研讨会。农业部党组成员、中国农科院院长唐华俊出席研讨会。研讨会由中国农科院副院长吴孔明主持。

8 月 25—27 日 由中国农业科学院、中国农业大学和美国乳房炎协会（NMC）联合主办，中国农科院饲料研究所承办的“2017 国际奶牛乳房炎大会暨美国乳房炎协会中国区域大会”在京召开。中国奶业协会会长高鸿宾、中国农业科学院党组书记陈萌山、中国农业大学副校长李召虎、美国乳房炎委员会主席马里奥·洛佩兹（Mario Lopez）出席开幕式并致辞。开幕式由中国农业科学院副院长李金祥主持。

8月27日—9月1日 中国农业科学院副院长万建民出席中国—挪威第二次科技联委会及中国与挪威极地农业气候变化和农业创新合作论坛活动。

8月31日 经农业部党组会议研究决定：高士军同志任中国农业科学院办公室主任，免去其中国农业科学院直属机关党委常务副书记职务。

8月31日 经农业部党组会议研究决定：王晓举同志任中国农业科学院直属机关党委常务副书记，免去其中国农业科学院生物技术研究所党委书记职务。

8月31日 经农业部党组会议研究决定：陈金强同志任中国农业科学院财务局局长，免去其中国农业科学院农业资源与农业区划研究所党委书记职务。

8月31日 经农业部党组会议研究决定：刘瀛弢同志任中国农业科学院研究生院常务副院长，免去其中国农业科学院财务局局长职务。

8月31日 经农业部党组会议研究决定：汪飞杰同志任中国农业科学院农业质量标准与检测技术研究所党委书记，免去其中国农业科学院办公室主任职务。

9月

9月1日 为深入学习贯彻习近平总书记“7·26”重要讲话精神，全面推进中国农业科学院党风廉政建设各项工作，院党风廉政建设工作领导小组召开了2017年第二次会议。院党组书记陈萌山出席会议并讲话。院党组成员、纪检组组长李杰人主持会议。

9月1日 中国农业科学院2017级新生开学典礼在北京举行。农业部党组成员、中国农业科学院院长唐华俊，副院长李金祥、吴孔明，中国农业科学院研究生院党委书记、院长刘大群出席开学典礼。

9月4—9日 中国农业科学院副院长吴孔明赴格鲁吉亚首都第比利斯出席了国际植物保护公约（IPPC）与联合国粮农组织召开的中东欧和中亚地区研讨会，访问了格鲁吉亚农业部、农科院。

9月6日 中国农业科学院副院长李金祥到廊坊园区调研服务管理工作，并与科研和管理人员座谈。

9月7日 北京市海淀区政协主席傅首清带领班子成员到中国农业科学院走访在院海淀区政协委员。院党组书记陈萌山出席座谈会。

9月8日 农业部党组成员、中国农业科学院院长唐华俊主持召开2017年第十次常务会。会议审议通过了2017年度中国农业科学院科学技术成果奖拟授奖成果，讨论了全国农业科技成果转移服务中心发展设想和建设规划等事宜。会议听取了中国农业科学院2017年度科技成果奖评选公示情况，会议通过了院科技创新奖和青年科技创新奖共 15 项的评审结果。

9 月 8 日　全国人大常委会副委员长张宝文带队到中国农业科学院调研《中华人民共和国种子法》贯彻实施情况，并就种业科技创新与中国农科院育种专家进行了座谈。全国人大农业与农村委员会委员包克辛、何东平、曹维新参加调研。座谈会由农业部党组成员、中国农业科学院院长唐华俊主持。中国农业科学院党组书记陈萌山，农业部种子管理局局长张延秋，农业部科教司副司长冯志勇，中国农业科学院副院长王汉中、万建民等出席座谈会。

9 月 10 日　“京津冀地区畜禽养殖废弃物利用科技联合行动推进会”在天津市召开。国家农业科技创新联盟领导小组副组长、中国农业科学院党组书记陈萌山，天津市副市长李树起出席会议并讲话。会议由国家农业废弃物循环利用创新联盟理事长、中国农业科学院副院长李金祥主持。

9 月 11 日　由中国农业科学院主办，农业部环境保护科研监测所承办的国家农产品产地重金属污染综合防控协同创新联盟成立大会在湖南省湘潭市召开。中国农业科学院副院长王汉中、农业部科教司副司长冯志勇、湖南省农委副主任兰定国、湖南省农业科学院党委书记柏连阳、湘潭市人民政府副市长向敏等出席会议。

9 月 14 日　中国农业科学院安委会召开 2017 年第三次全体会议，纪检组组长、院党组成员、安委会主任李杰人出席并讲话。

9 月 14 日　中国农业科学院科技报告会暨“农科讲坛”第二十七期在湖北省恩施土家族苗族自治州举办。茶叶研究所陈宗懋院士在武陵山区茶叶主产区以“我国茶叶产业的转型与发展”为题做专题报告。中国农业科学院副院长李金祥出席报告会。

9 月 14—15 日　为深入学习贯彻习近平总书记关于青年工作的系列重要讲话精神和中国农业科学院建院 60 周年贺信精神，提升青年工作水平，中国农业科学院直属机关党委在湖北恩施举办院青工委负责人暨团干部培训班。中国工程院院士陈宗懋作专题讲座。中国农业科学院副院长李金祥、恩施土家族苗族自治州副州长程水源出席开班仪式。

9 月 15 日　为深入贯彻习近平总书记视察山东省农业科学院和致信中国农业科学院建院 60 周年重要指示精神，加快科技支撑农业供给侧结构性改革和山东农业新旧动能转换，中国农业科学院、山东省农业科学院科技创新工程战略合作会议在济南召开。农业部党组成员、中国农业科学院院长唐华俊，山东省政府副省长于国安出席会议并讲话。

9 月 19 日　中国农业科学院党组书记陈萌山到农业部环境保护科研监测所调研。

9 月 22 日　由中国农业科学院海外农业研究中心、全国农业科技成果转移服务中心、连云港市人民政府等单位联合主办的“一带一路”农业国际合作联盟年会暨蔬菜成果对接会在江苏省连云港市举行。中国农业科学院副院长李金祥出席会议并致辞。

9 月 22 日　中国农业科学院男子篮球队荣获 2017 年农业部职工篮球联赛冠军。农业部部长韩长赋为决赛开球。农业部部领导张桃林、宋建朝、叶贞琴、唐华俊、毕美家等亲临现场并为优胜团队和个人颁奖。

9月22日 经农业部党组会议研究决定：李金祥同志兼任中国农业科学院都市农业研究所所长。

9月22日 经农业部党组会议研究决定：梅旭荣同志任中国农业科学院副院长、党组成员，自任职之日起上岗试用，试用期1年，免去其中国农业科学院科技管理局局长职务。

9月22日 经农业部党组会议研究决定：任天志同志任中国农业科学院科技管理局局长。

9月22日 经农业部党组会议研究，并征得中共天津市委同意，决定：免去任天志同志农业部环境保护科研监测所所长职务。

9月22日 经农业部党组会议研究决定：王述民同志任中国农业科学院成果转化局局长，自任职之日起上岗试用，试用期1年。

9月22日 经农业部党组会议研究，并征得中共四川省委同意，决定：王登山同志任农业部沼气科学研究所所长，自任职之日起上岗试用，试用期1年。

9月26日 由中国种子协会主办，中国农业科学院棉花研究所和新疆维吾尔自治区沙雅县人民政府共同承办的无膜棉现场观摩暨交流研讨会在沙雅县召开。农业部党组成员、中国农业科学院院长唐华俊，中国工程院院士喻树迅出席会议。

9月26—29日 第二十一届中国（廊坊）农产品交易会在河北廊坊举办，中国农业科学院作为主要协办单位之一，组织参加了农交会特装展。副院长王汉中出席大会开幕式。

9月28日 中国农业科学院第二十八期“农科讲坛”在国家农业图书馆报告厅举行。本次“农科讲坛”邀请植物保护研究所国家优青获得者、经济作物虫害监测与控制团队首席科学家陆宴辉研究员讲述“棉花害虫治理研究的继承与开拓”；蔬菜花卉研究所国家优青获得者、蔬菜功能基因组学创新团队首席科学家张忠华研究员讲述“大数据时代蔬菜科研工作者的成长经历和思考”。中国农业科学院党组书记陈萌山，纪检组组长李杰人出席报告会。

9月28日 中国农业科学院作物科学研究所举办“人才发展战略研讨暨创新研究组组长培训班”。中国农业科学院副院长万建民出席会议。

10月

10月9日 农业部党组成员、中国农业科学院院长唐华俊主持召开2017年第十一次常务会。会议审议并原则通过了海外农业研究中心发展规划、中国农业科学院与乌兹别克斯坦共建棉花联合实验室事宜、《科研仪器设备采购管理暂行办法》和《人才发展专项资金管理办法》，听取了西部农业研究中心规划和建设的汇报，研究了薯类研究中心及周边区域综合改造等事宜。

10 月 9 日　为进一步提升院区综合管理和创新文化建设水平，为党的十九大的胜利召开营造安全稳定和谐的院区环境，中国农业科学院院区综合管理委员会在北京畜牧兽医研究所召开全体成员会议。院党组书记陈萌山带队调研并讲话。副院长李金祥主持座谈会。院纪检组组长李杰人，院党组成员、人事局局长贾广东以及院属京区各单位分管领导参加调研。

10 月 10 日　中国农业科学院党组书记陈萌山带队到生物技术研究所督查“两学一做”学习教育常态化制度化工作以及院人才工作会议精神落实情况。

10 月 10 日　中国农业科学院与内蒙古自治区人民政府加强科技人才合作签约仪式在京举行。农业部党组成员、中国农科院院长唐华俊，内蒙古自治区政府副主席白向群代表双方签约。

10 月 11 日　中国茶叶学会第十次全国会员代表大会在陕西省西乡县召开。中国农业科学院副院长吴孔明出席开幕式。

10 月 12 日　农业部党组成员、中国农业科学院院长唐华俊率院第一督导组到蜜蜂研究所开展综合督查。

10 月 17 日　中国农业科学院北京畜牧兽医研究所主办的“奶牛绿色提质增效技术集成创新项目”现场观摩会在银川召开。宁夏回族自治区政府副主席王和山、中国农业科学院党组书记陈萌山出席会议。中国农业科学院副院长李金祥主持会议。

10 月 19 日　中国农业科学院植物保护研究所组织召开了 9 个国家重点研发计划项目的启动会。中国农业科学院副院长吴孔明应邀出席会议并讲话。

10 月 19 日　中国农业科学院系统喜迎十九大先进集体先进个人事迹报告会在国家农业图书馆报告厅举行。院党组书记陈萌山出席会议并讲话。院纪检组组长李杰人出席报告会。报告会由院党组成员、人事局局长贾广东主持。

10 月 20 日　为全面总结中国农业科学院国家重点实验室运行管理工作，研究制定中长期发展规划，中国农业科学院在哈尔滨组织召开了国家重点实验室运行管理研讨会。副院长万建民出席会议并讲话。

10 月 20 日　中央国家机关和平里片区妇女组织到中国农业科学院蔬菜花卉研究所大兴苗圃科研合作基地开展“走基层　建新功　喜迎十九大”主题活动。中国农业科学院副院长李金祥出席活动并致辞。

10 月 21 日　中国农业科学院蔬菜花卉研究所在云南省保山市举行了“黄瓜新品种展示会”。中国工程院农业学部邓秀新、朱有勇、李天来、方智远 4 位院士，中国农业科学院副院长李金祥出席展示会。

10 月 21 日　农业部党组成员、中国农业科学院院长、中国工程院院士唐华俊率中国农业科学院作物科学研究所研究员何中虎、农业环境与可持续研究所研究员魏灵玲等 5 位十九大代表，出席了十九大新闻中心举办的第五场集体采访。

10 月 24 日　中国农业科学院北京畜牧兽医研究所与中国兽医药品监察所（以下简称中监所）签订战略合作协议。中监所所长才学鹏与牧医所所长秦玉昌分别代表双方签字。农业部党组成员、中国农业科学院院长唐华俊出席签约仪式。

10月29日 中国农业科学院副院长王汉中会见了古巴原农业部部长玛利亚·德尔·卡门女士率领的古巴蚕桑辣木高级代表团一行，双方围绕蚕桑等领域的科技合作与交流进行了深入会谈。

10月30—31日 由中国农业科学院信息化工作领导小组办公室、信息所共同主办的中国农业科学院电子文献资源建设专家咨询会在京召开。咨询委员会主任、中国农业科学院副院长梅旭荣出席会议。

10月30日—11月1日 为推进中国农业科学院生物技术研究所与新疆维吾尔自治区科技厅联合开展的“‘一带一路’生物技术协同创新专项行动”，生物所在乌鲁木齐市举办了“一带一路”生物技术协同创新专项试点启动会暨签约仪式。中国农业科学院副院长梅旭荣出席活动。

11月

11月1日 中国农业科学院第二十九期“农科讲坛”（中国农业科技报告会）在国家农业图书馆报告厅举行。本次“农科讲坛”邀请特产研究所特种经济动物分子生物学省部共建国家重点实验室（培育基地）主任、农业部特种经济动物遗传育种与繁殖重点实验室主任杨福合研究员讲述了“神奇的梅花鹿”。中国农业科学院党组书记陈萌山，院党组成员、人事局局长贾广东出席报告会。报告会由副院长梅旭荣主持。

11月2日 由中国农业科学院主办，兰州畜牧与兽药研究所承办的“肉羊绿色提质增效技术集成创新”项目现场观摩会在内蒙古巴彦淖尔市召开。中国农业科学院党组书记陈萌山出席会议。会议由中国农业科学院副院长李金祥主持。

11月7日 中国农业科学院举办学习宣传贯彻党的十九大精神首场辅导报告会，邀请中央国家机关十九大精神宣讲人、国家行政学院国家战略研究中心主任薄贵利教授作了题为“新时代中国走向强盛的大战略——十九大报告的大战略观”的辅导报告。院党组书记陈萌山，院纪检组组长李杰人，副院长梅旭荣，院党组成员、研究生院院长刘大群出席报告会。副院长李金祥主持报告会。

11月8日 中国农业科学院副院长万建民会见了来访的陶氏杜邦公司农业事业部全球研发负责人尼尔·盖特森（Neal Gutterson）一行，双方就进一步加强合作交换了意见。

11月10日 中国农业科学院党组书记陈萌山会见了加拿大农业与农产食品部科技司司长哈维尔·格雷西亚·戈萨（Javier Gracia-Garza）博士一行，双方围绕中加农业科技领域的科技合作、能力建设等主题进行了深入会谈。

11月10—19日 中国农业科学院副院长万建民应邀率团出访奥地利、荷兰和西班牙，对国际原子能机构（IAEA）、荷兰瓦赫宁根大学、西班牙国家农业与食品技术研究院和巴塞罗那大学进行了访问。

11 月 11—12 日 由中国农业科学院主办，北京畜牧兽医研究所等单位承办的“全国生猪绿色养殖提质增效协同创新”项目现场推进会在河南省驻马店市开幕。中国农业科学院副院长李金祥出席会议。

11 月 13 日 中国农业科学院副院长梅旭荣会见了来访的法国农业国际合作研究发展中心（CIRAD）主席米切尔·艾迪（Michel Eddi）一行，双方就进一步深化农业科技合作交换了意见。

11 月 13 日 农业部基层十九大代表宣讲团在中国农业科学院马连洼三所举办巡回报告会。作物科学研究所何中虎研究员、农业环境与可持续发展研究所魏灵玲研究员、农业部规划设计研究院沈玉君副研究员分别进行了宣讲。报告会由院党组纪检组组长李杰人主持。

11 月 14—23 日 应捷克作物科学研究所、联合国粮农组织（FAO）、国际应用生物科学中心（CABI）、英国雷丁大学邀请，中国农业科学院党组成员、人事局局长贾广东率团赴上述国外教学科研机构和国际组织进行了访问。

11 月 15 日 为学习宣传贯彻党的十九大精神，加强新时期党的基层组织建设，中国农业科学院党组书记陈萌山带队到作物科学研究所、蔬菜花卉研究所调研。

11 月 15 日 农业部党组成员、中国农业科学院院长唐华俊会见了世界粮食奖基金会主席奎恩（Kenneth M. Quinn），双方就加强在“世界粮食奖”及“诺曼·布劳格田间研究奖”评选、青年学生交流项目等领域的合作进行了探讨。

11 月 17—18 日 国家鸽业科技创新联盟成立大会在北京召开。中国农业科学院党组书记陈萌山、副院长李金祥等领导出席大会。

11 月 20—21 日 中国农业科学院召开院属单位“两委”书记、近两年来新任职所局级领导干部集体廉政谈话会，院党组书记陈萌山出席会议并讲话。院纪检组组长李杰人进行集体廉政谈话。

11 月 21 日 中国农业科学院副院长吴孔明会见了来访的国际生物多样性中心（Bioversity）理事会主席拉芙维（Julia Marton-Lefèvre）及中心主任塔特怀勒（Ann Tutwiler）一行。

11 月 22 日 中国农业科学院副院长梅旭荣会见了新疆昌吉国家农业科技园区管委会主任王文有等相关领导一行，就中国农业科学院西部农业研究中心当前筹建工作推进情况及下一步工作重点进行深入交流。

11 月 22 日 以“绿色生态可持续发展与植物保护”为主题的中国植物保护学会第十二次全国会员代表大会暨 2017 年学术年会在湖南省长沙市举行。中国工程院院士袁隆平，中国工程院院士、中国农业科学院副院长吴孔明等出席会议。

11 月 24 日 中国农业科学院副院长李金祥到植物保护研究所桂林兴安试验基地调研。

11 月 24 日 由中国农业科学院、九三学社中央农林委员会、九三学社北京市委农林委员会等单位主办，九三学社中国农业科学院委员会等单位承办的首届“三农论坛”

在中国农业科学院举行。中国农业科学院副院长梅旭荣出席论坛。

11月24日 经农业部党组会议研究，并征得中共兰州市委同意，决定：孙研同志任中国农业科学院兰州畜牧与兽药研究所党委书记，自任职之日起上岗试用，试用期1年。

11月24日 经农业部党组会议研究，并征得中共天津市委同意，决定：刘荣乐任农业部环境保护科研监测所所长，自任职之日起上岗试用，试用期1年。

11月28日 中国农业科学院与四川省成都天府新区成都片区管理委员会举行国家成都农业科技中心合作洽谈暨签约仪式。中国农业科学院党组书记陈萌山、副院长李金祥等出席会议。

11月28—29日 由中国农业科学院主办、深圳农业基因组研究所承办的第七次中国—欧盟食品、农业和生物技术工作组会议在深圳召开。中国农业科学院副院长吴孔明出席了会议并作讲话。

11月29—30日 中国农业科学院党组书记陈萌山到中国农业科学院西南烟草试验基地调研考察。

11月30日—12月1日 "中德食物营养研讨会"在中国农业科学院召开。中国农业科学院副院长吴孔明院士等领导出席开幕式并致辞。

11月30日—12月1日 中国农业科学院2017年基本建设工作会议在哈尔滨召开。中国农业科学院副院长李金祥出席会议并讲话。

12月

12月1日 国家农业科技创新联盟工作交流研讨会在中国农业科学院召开。联盟秘书长、中国农业科学院副院长梅旭荣出席会议并讲话。

12月1日 由中国农业科学院海外农业研究中心、国际合作局和农业信息研究所联合主办的海外农业研究大会在京举行。中国农业科学院副院长吴孔明院士在开幕式致辞。

12月1日 由中国农业科学院主办的第三届国际入侵生物学大会在杭州举行。中国农业科学院副院长吴孔明院士等出席会议并致辞。

12月4日 经研究决定：免去袁学志同志的中国农业科学院北京畜牧兽医研究所党委书记职务，请按规定办理退休手续。

12月5日 农业部党组成员、中国农业科学院院长唐华俊一行6人到农业信息研究所检查指导工作。

12月5日 农业部党组成员、中国农业科学院院长唐华俊会见了来访的法国农业科学院（INRA）院长菲利浦·莫甘（Philippe Mauguin）一行，双方就进一步深化农业科技合作交换了意见。

12月7日 农业部党组成员、中国农业科学院院长唐华俊主持召开2017年第十三次常务会。会议审议并原则通过了院 2017 年研究所评价方案、2018 年工作会议方案、加强农业科技展示园运营管理方案、中关村院区智慧园区工作方案和院宏观战略研究工作方案，听取了关于院安全生产管理办法、开展“平安单位”创建活动和 2018 年“一下”预算控制数下达情况的汇报。

12 月 7 日　经中国农业科学院党组会议研究决定：免去杨福合同志的中国农业科学院监察局正所级纪检监察专员职务，请按规定办理退休手续。

12 月 8 日　中国农业科学院副院长梅旭荣一行赴河北雄安新区调研。

12 月 9 日　中国农业科学院副院长王汉中院士应邀出席由民革中央和四川省政协共同主办的第三届中国康养产业发展论坛。

12 月 14 日　国家农产品质量安全科技创新联盟在北京召开 2017 年度学术会议暨成果展示会。中国农业科学院副院长梅旭荣等出席会议并讲话。

12 月 14 日　中国农业科学院西部农业研究中心 2018 年重点工作研讨会暨共建方座谈对接会在新疆昌吉召开。会议由中国农业科学院副院长梅旭荣主持。

12 月 15—17 日　中国农业经济学会 2017 年年会暨学术研讨会在杭州召开。中国农业科学院党组书记陈萌山出席会议并讲话。

12 月 16 日　由中国农业科学院郑州果树研究所发起的“国家猕猴桃科技创新联盟成立大会”在郑州召开。中国农业科学院副院长、国家农业科技创新联盟秘书长梅旭荣等出席会议并讲话。

12 月 16 日　由中国农业科学院主办，中国农业科学院北京畜牧兽医研究所承办的国家畜牧科技创新联盟成立大会暨牧医所建所 60 周年总结交流会在北京召开。中国农业科学院副院长李金祥等领导出席会议。

12 月 16—17 日　由中国农业科学院主办、福建省农业科学院承办的第二十二届全国农科院系统外事协作网会议和 2017 年中国农业科学院国际合作工作会议在福建省福州市召开。中国农业科学院副院长吴孔明出席会议并讲话。

12 月 18 日　农业部党组成员、中国农业科学院院长唐华俊与来访的广西壮族自治区中共来宾市委书记农生文一行就进一步加强合作，为来宾市现代农业发展提供科技支撑等问题进行了座谈交流。

12 月 18 日　农业部党组成员、中国农业科学院院长唐华俊会见了中共衡水市委书记王景武一行，双方就进一步开展深入的合作举行了座谈，并签署了战略合作协议。副院长王汉中出席座谈会。

12 月 18 日　由中国农业科学院特产研究所牵头组织的协同创新任务“宠物重要传染病生物制品研发”项目启动暨实验动物发展研讨会在长春召开。中国农业科学院副院长李金祥出席会议。

12 月 19 日　农业部期刊管理信息系统整合共享建设协调会在京召开。中国农业科学院党组成员、人事局局长贾广东出席会议。

12 月 20 日　中国农业科学院党组书记陈萌山就进一步加强双方科技合作，为江西省现代农业发展提供科技支撑等，与来访的江西省人民政府副省长吴晓军一行进行了座谈。王汉中副院长参加座谈。

12月20日 中国农业科学院党组成员、人事局局长贾广东带队赴山东德州欢送挂职干部作科所陶志强、特产所赵蒙，并召开座谈会，还实地调研德州盐碱土改良实验站。

12月20日 中国农业科学院第三十期“农科讲坛”在国家农业图书馆报告厅举行。本次“农科讲坛”邀请生物技术研究所副所长、院协同创新行动“作物营养素代谢机理与营养强化关键技术”技术总师、创新工程“作物代谢调控与营养强化”团队首席科学家张春义研究员讲述了“作物营养强化与人体健康”。中国农业科学院党组书记陈萌山出席报告会。报告会由副院长梅旭荣主持。

12月20日 为加强学习型、创新型、服务型机关建设，不断提高院机关职工特别是女职工的政治素养和业务水平，同时强化团结协作能力，展示职业风采，中国农业科学院机关妇委会举办了以“学习‘十九大’精神，服务‘两个一流’建设”为主题的知识竞赛活动。院党组书记陈萌山观看了知识竞赛。

12月21日 农业部党组成员、中国农业科学院院长唐华俊主持召开2017年第14次常务会。会议审议并原则通过了院2018年度培训班申报计划和院电子文献资源建设管理办法。会议要求，要按照有关规定进一步规范培训工作，严格控制举办各种管理性质的培训班，科研项目实施中的培训也要按要求因需开展，确保办班数量只减不增、质量不断提升，杜绝无实质性内容的培训班。

12月22日 “农科讲坛”走进高校首场活动在西南大学举办。中国农业科学院副院长梅旭荣做了题为《农业科技：迈向创新型国家》的学术报告。

12月26日 中国农业科学院召开2018年度国家自然科学基金项目申报动员与技能培训视频会议。副院长万建民出席会议并作动员讲话。

12月28日 农业部在北京组织召开了国家农业科技创新联盟暨农业科研院校开展农技推广座谈会。农业部副部长张桃林、教育部副部长杜占元出席会议并讲话。农业部党组成员、中国农业科学院院长、国家农业科技创新联盟理事长唐华俊对国家农业科技创新联盟2017年工作进行了全面总结。中国农业科学院党组书记陈萌山主持会议。

十二、附　　录

中国农业科学院科技期刊及报纸一览表

序号	刊物名称	主办单位	主管单位	创刊年份	类别	学科	主编	编辑部主任	电话	刊号	联系人	联系人电话	电子邮件	网址	刊期
1	中国农业科学	中国农业科学院（信息所承办）	农业部	1960	学术类	综合	万建民	孙雷心	010-82109808	CN 11-1328/S ISSN 0578-1752	孙雷心	010-82109808	sunleixin@ caas. cn	www.ChinaAgriSci. com	半月
2	*Journal of Integrative Agriculture*	中国农业科学院（信息所承办）	农业部	2002	学术类	综合	万建民	张以民	010-82105098	CN 10-1039/S ISSN 2095-3119	张以民	010-82105098	zhangyimin@ caas. cn	www.ChinaAgriSci. com	月
3	农产品质量与安全	中国农业科学院（质标所承办）	农业部	2003	学术类	质量安全与加工	翟虎渠	钱永忠	010-82106522	CN 11-5896/S ISSN 1674-8255	李　艳	010-82106522	aqs@ caas. cn	www.iqstap.com/sites/iqt/	双月
4	农业科技通讯	中国农业科学院（信息所承办）	农业部	1972	技术类	综合	侯连德	刘　东	010-82109664	CN 11-2395/S ISSN 1000-6400	刘　东	010-82109664	tongxun@ caas. cn tongxuna@ 126. com	aii. caas. net. cn	月
5	中国食物与营养	中国农业科学院/国家食物与营养咨询委员会（信息所承办）	农业部	1995	技术类	质量安全与加工	许世卫	刘　宏	010-82109761	CN 11-3716/TS ISSN 1006-9577	刘　宏	010-82109761	foodandn@ 263. net	aii. caas. cn	月
6	作物学报	中国作物学会/作科所	中国科协	1950	学术类	作物	万建民	程维红	010-82108548	CN 11-1809/S	程维红	010-82108548	chengweihong@ caas. cn	zwxb. chinacrops. org/	月
7	*The Crop Journal*	中国作物学会/作科所/中国科技出版传媒股份有限公司	中国科协	2013	学术类	作物	万建民	程维红	010-82108548	CN 10-1112/S	程维红	010-82108548	chengweihong@ caas. cn	www.journals. elsevier.com/the-crop-journal/	双月

（续表）

序号	刊物名称	主办单位	主管单位	创刊年份	类别	学科	主编	编辑部主任	电话	刊号	联系人	联系人电话	电子邮件	网址	刊期
8	作物杂志	中国作物学会/作科所	中国科协	1985	技术类	作物	赵　明	姚　杰	010-82108790	CN 11-1808/S	姚　杰	13681491781	yaojie@ caas.cn	zwzz.cbpt.cnki.net zwzz.chinacrops.org/magas. asp？ menuid=22	双月
9	中国种业	作科所/中国种子协会	农业部	1982	技术类	作物	王述民	陈丽娟	010-82109494	CN 11-4413/S ISSN 1671-895X	陈丽娟	13683272938	chenlijuan@ caas.cn	www.chinaseedqks.cn	月
10	植物遗传资源学报	作科所/中国农学会	农业部	2000	学术类	作物	刘　旭	陈丽娟	010-82109494	CN 11-4996/S ISSN 1672-1810	陈丽娟	13683272938	chenlijuan@ caas.cn	www.zwyczyxb.cn	双月
11	植物保护	中国植物保护学会，中国农业科学院植物保护研究所	中国科协	1963	学术类	植物保护	陈万全	王　音	010-62819059	CN 11-1982/S ISSN 0529-1542	王　音	13581952263	zwbh1963@ 263.net	www.plantprotection.ac.cn	双月
12	中国蔬菜	蔬菜所	农业部	1981	技术类	园艺	孙日飞	龚一帆	010-82109550	CN 11-2326/S ISSN 1000-6346	龚一帆	13718787897	zgsc@ caas.cn	www.cnveg.org	月
13	园艺学报	中国园艺学会/蔬菜所	中国科协	1962	学术类	园艺	杜永臣	赵　华	010-62192388	CN 11-1924/S ISSN 0513-353X	陈　洁	010-62192388	yuanyixuebao@ 126.com	http：//www. ahs.ac.cn	月
14	*Horticultural Plant Journal*	中国园艺学会/蔬菜所/中国农业科技出版社	中国科协	2015	学术类	园艺	王晓武	赵　华	010-62192388	CN 10-1305/S ISSN 2095-9885	陈　洁	010-82109523	ivfyyxb@ caas.cn	网站正在建设中	双月
15	中国生物防治学报	植保所/中国植物保护学会	农业部	1985	学术类	植物保护	张　杰	张　莹	010-62815625	CN 11-5973/S ISSN 2095-039X	张　莹	010-62815625	bj_ zhangying @ 163.com	www.zgswfz.com.cn	双月
16	中国农业气象	环发所	农业部	1979	学术类	资源与环境	梅旭荣	雷水玲	010-82109774	CN 11-1999/S ISSN 1000-6362	雷水玲 高志平	010-82109774 010-82109772	leishl@ ieda.org.cn gaozhiping @ ieda.org.cn	zgnyqx.ieda.org.cn	双月

（续表）

序号	刊物名称	主办单位	主管单位	创刊年份	类别	学科	主编	编辑部主任	电话	刊号	联系人	联系人电话	电子邮件	网址	刊期
17	畜牧兽医学报	中国畜牧兽医学会	中国科协	1956	学术类	畜牧、兽医	文　杰	任　鹏	010-62815987	CN 11-1985/S ISSN 0366-6964	任　鹏	010-62815987	xmsyxb@ 263.net	www.xmsyxb.com	月
18	中国畜牧兽医	畜牧所	农业部	1974	技术类	畜牧、兽医	李　琍	晋大鹏	010-62816020	CN 11-4843/S ISSN 1671-7236	李　琍	010-62811226	zgxmsy@ caas.cn	www.chvm.net	月
19	中国蜂业	蜜蜂所/中国养蜂学会	农业部	1934	综合类	畜牧	方兵兵		010-62598244	CN 11-5358/S ISSN 0412-4367	刘世丽	010-62595931	zgyf2008@ 126.com	www.bee1934.org	月
20	中国农业科技导报	中国农村技术开发中心（生物所承办）	科技部	1999	学术类	综合	范云六	蔡晶晶	010-82109845	CN 11-3900/S ISSN 1008-0864	温小杰	010-82109848	nykjdb@ 163.comnkdb@ caas.cn	www.nkdb.net	月
21	核农学报	中国原子能学会/原子能所	农业部	1987	学术类	作物	刘录祥	杨　洋	010-62811654	CN 11-2265/S	杨　洋	010-62811654	hnxb5109@ 126.com	www.hnxb.org	月
22	农业经济问题	中国农业经济学会/农经所	农业部	1980	学术类	信息与经济	王东阳	李玉勤	010-82108705	CN 11-1323/F	张宁宁	010-82109789	zhangningning@ caas.cn	www.iaecn.cn	月
23	农业技术经济	中国农业技术经济研究会/农经所	农业部	1982	学术类	信息与经济	王济民	李玉勤	010-82108705	CN 11-1883/S	张宁宁	010-82109789	zhangningning@ caas.cn	www.iaecn.cn	月
24	中国土壤与肥料	资划所/中国植物营养与肥料学会	农业部	1964	学术类	资源与环境	徐明岗	张　华	010-82109637	CN 11-5498/S ISSN 1673-6257	单秀枝	010-82108656	trfl@ caas.cn	chinatrfl.alljournal.net.cn	双月
25	植物营养与肥料学报	中国植物营养与肥料学会	农业部	1994	学术类	资源与环境	白由路	张　华	010-82109637	CN 11-3996/S ISSN 1008-505X	徐晓芹	010-82108653	zwyf@ caas.ac.cn zwyf@ chinajournal.net.cn	www.plantnutrifert.org	双月
26	中国农业资源与区划	资划所/全国农业资源区划办公室	农业部	1980	学术类	资源与环境	唐华俊	张　华	010-82109637	CN 11-3513/S ISSN 1005-9121	李　刚	010-82109628	quhuabjb@ caas.cn	www.cjarrp.com	月

（续表）

序号	刊物名称	主办单位	主管单位	创刊年份	类别	学科	主编	编辑部主任	电话	刊号	联系人	联系人电话	电子邮件	网址	刊期
27	中国农业信息	资划所	农业部	1989	技术类	信息与经济	王道龙	张　华	010-82109637	CN 11-4922/S ISSN 1672-0423	李　刚	010-82109628	zgnyxx001@ 126.com nyxxbjb@ caas.cn	www.cjarrp.com	半月
28	农业图书情报学刊	信息所	农业部	1984	学术类	信息与经济	贾善刚	刘　东	010-82109667	CN 11-2711/G2	孔晔晗	010-82109667	xuekan@ caas.cn	nytsqb.caas.cn	月
29	中国乳业	信息所	农业部	2002	技术类	畜牧	冯艳秋	赵京颐	010-82109890	CN 11-4768/S ISSN 1671-4393	聂迎利	010-82109890	zhgry@ caas.cn	www.ryzxw.com	月
30	生物技术通报	信息所	农业部	1985	学术类	综合	路铁刚	李　楠	010-82109903	CN 11-2396/Q ISSN 1002-5464	李　楠	010-82109903	biotech@ caas.cn linan@ caas.cn	biotech.caas.cn	月
31	农业网络信息	信息所	农业部	1986	技术类	信息与经济	刘世洪	赵京颐	010-82109657	CN 11-5065/TP ISSN 1672-6251	陈晓明	010-82109657	nywlxx@ caas.cn	aii.caas.net.cn/	月
32	农业展望	信息所	农业部	2005	技术类	信息与经济	许世卫	潘月红	010-82109913	CN 11-5343/S ISSN 1673-3908	潘月红	010-82109913	nyzy@ caas.cn	aii.caas.net.cn/	月
33	中国园艺文摘	信息所	农业部	1985	技术类	园艺	赵瑞雪	李文炬	010-82109897	CN 11-4921/S	李文炬	010-82109897	zgyywz@ caas.cn	aii.caas.net.cn/	月
34	中国猪业	信息所	农业部	2006	技术类	畜牧	冯艳秋	赵京颐 彭　华	010-82106275	CN 11-5435/S	彭　华	010-82106275	zhuye@ caas.cn	aii.caas.net.cn/	月
35	中国畜牧兽医文摘	信息所	农业部	1985	技术类	畜牧 兽医	刘继芳	刘　斌	010-82109897	CN 11-4919/S ISSN 1672-0857	刘　斌	010-82109924	zgxmsywz@ 126.com	zxwa. cbpt. cnki.net/WKD/Web-Publication/index.aspx? mid=zxwa	月
36	中国畜禽种业	信息所	农业部	2005	技术类	畜牧	孟宪学	杨　碚	010-82106255	CN 11-5342/S	张跃武	010-82106255	zgxq010@ 126.com	aii.caas.cn	月
37	农业科研经济管理	中国农学会	中国科协	1993	学术类	信息与经济	史志国	张　华	010-82109637	CN 11-3801/S ISSN 2095-3577	李　刚	010-82109628	nykygl@ 126.com	www.cjarrp.com	季

（续表）

序号	刊物名称	主办单位	主管单位	创刊年份	类别	学科	主编	编辑部主任	电话	刊号	联系人	联系人电话	电子邮件	网址	刊期
38	灌溉排水学报	灌溉所	水利部/农业部	1982	学术类	工程与机械	段爱旺	乔冬梅	0373-3393346	CN 41-1337/S ISSN 1672-3317	刘春成	0373-3393346	gfid@ sina.com	ggps.cbpt.cnki.net	双月
39	中国水稻科学	水稻所	农业部	1986	学术类	作物	程式华	阮刘青	0571-63370480	CN 33-1146/S ISSN 1001-7216	夏小东	0571-63370278	cjrs@ 263.net ruanlq@ 163.com	www.ricesci.cn	双月
40	*Rice Science*［水稻科学（英文版）］	水稻所	农业部	1990	学术类	作物	程式华	阮刘青	0571-63370480	CN 33-1317/S ISSN 1672-6308	李　冠	0571-63371017	li@ ricescience.org	www.ricescience.org	双月
41	中国稻米	水稻所	农业部	1995	技术类	作物	钱前	庞乾林	0571-63370368	CN 33-1201/S	庞乾林	13388608073	zgdm@ 163.com	www.zgdm.net	双月
42	中国棉花	棉花所	农业部	1958	技术类	作物	李付广	刘全义	0372-2525362/9	CN 41-1451/S ISSN 2096-5044 eISSN 2523-3254	曾志平	0372-2525369	journal@ cricaas.com.cn cottonsci@ gmail.com	journal.cricaas.com.cn	月
43	棉花研究（英文）	棉花所/中国农学会	农业部	2017	学术类	作物	李付广	刘全义	0372-2525362/9	CN 41-1451/S ISSN 2096-5044 eISSN 2523-3254	曾志平	0372-2525369	journal@ cricaas.com.cn cottonsci@ gmail.com	journal.cricaas.com.cn	季
44	棉花学报	中国农学会	中国科协	1989	学术类	作物	李付广	刘全义	0372-2525362/9	CN 41-1163/S ISSN 1002-7807	曾志平	0372-2525369	journal@ cricaas.com.cn cottonsci@ gmail.com	journal.cricaas.com.cn	双月
45	中国油料作物学报	油料所	油料所	1979	学术类	作物	廖伯寿	肖唐华	027-86813823	CN 42-1429/S ISSN 1007-9084	吴克力	13147160655	ylxb@ oilcrops.cn	www.jouroilcrops.cn	双月
46	中国油料作物学报（英文）	油料所	油料所	2014	学术类	作物	廖伯寿	肖唐华	027-86813823	CN 42-1861/S	董彩华	18907148250	ocs@ oilcrops.cn		季

（续表）

序号	刊物名称	主办单位	主管单位	创刊年份	类别	学科	主编	编辑部主任	电话	刊号	联系人	联系人电话	电子邮件	网址	刊期
47	中国麻业科学	麻类所	农业部	1979	学术类	作物	熊和平		0731-88998521	CN 43-1467/S ISSN 1671-3532	黎　宇	18900710623	csibfc@ sina.com	www.chinaibfc.com/zyzz/&i=46&comContentId=46.html	双月
48	中国果树	果树所	农业部	1959	技术类	果树	赵进春		0429-3598131	CN 21-1165/S ISSN 1000-8047	郝红梅	0429-3598131	zggsbjb@ vip.163.com	www.zggskj.com	双月
49	果树实用技术与信息	果树所	农业部	1994	科普类	果树	赵进春		0429-3598131	CN 21-1342/S	郝红梅	0429-3598131	gsjsxx@ 126.com	www.zggskj.com	月
50	果树学报	郑州果树所	农业部	1984	学术类	园艺	王志强	陈新平	0371-65330928	CN 41-1308/S ISSN 1009-9980	王　珂	0371-65330927	chinagsxb@ 163.com	gskk. cbpt. cnki.net/WKA/Web-Publication/index.aspx? mid=gskk	双月
51	中国瓜菜	郑州果树所	农业部	1988	技术类	园艺	刘君璞	陈新平	0371-65330928	CN 41-1374/S	代　军	0371-65330927	zggc@ 163.com	www.zzgss.cn/Qk/QkDefault. aspx?tid=3	双月
52	果农之友	郑州果树所	农业部	2000	技术类	园艺	陈新平	陈新平	0371-65330928	CN 41-1343/S	李艳萍	0371-65330949	gnzy@ 163.com	www.zzgss.cn/Qk/QkDefault. aspx?tid=1	月
53	中国茶叶	茶叶所	农业部	1979	学术类	园艺	黄　飞		0571-86650375	CN 33-1117/S	黄　飞	0571-86650375	zjf@ mail.tricaas.com	http：//www.caayee.com/	月
54	茶叶科学	中国茶叶学会	中国科协	1964	学术类	园艺	朱永兴	朱永兴	0571-86651902	CN 33-1115/S	朱永兴	0571-86651902	cykx@ vip.163.com	www.tea-science.com	双月
55	生物技术进展	茶叶所/生物所	农业部	2011	学术类	生物	林　敏	蔡晶晶	010-82109845	CN 33-1375/Q ISSN 2095-2341	刘　莹	010-82106118-802	curr_biotech @163.com prog_biotech @caas.cn	www.swjsjz.cn	双月
56	中国预防兽医学报	哈尔滨兽医所	农业部	1979	学术类	兽医	步志高	赵晓岩	18946066140	CN 23-1417/S ISSN 1008-0589	赵晓岩	18946066140	zhaoxiaoyan2080@ aliyun.com	www.zgyfsyxb.com	月

（续表）

序号	刊物名称	主办单位	主管单位	创刊年份	类别	学科	主编	编辑部主任	电话	刊号	联系人	联系人电话	电子邮件	网址	刊期
57	畜牧兽医科技信息	哈尔滨兽医所	农业部	2002	技术类	畜牧、兽医	王笑梅	秦红丽	0451-51997179	CN 23-1501/S ISSN 1671-6027	秦红丽	0451-51997179	Xmsykjxx2004@ sohu.com		月
58	中国兽医科学	兰州兽医所	农业部	1971	学术类	兽医	殷　宏	张文举	0931-8342195	CN 62-1192/S ISSN 1673-4696	张文举	13919450537	zgsykx@ zgsykx. com	www.zgsykx.com	月
59	中国草食动物科学	兰州牧药所	农业部	1981	学术类	畜牧	阎　萍	魏云霞	0931-2115279	CN 62-1206/Q ISSN 2095-3887	肖玉萍	0931-2115279	xumuchj@ 163. com	zgcsdw.periodicals. net.cn/	双月
60	中兽医医药杂志	中兽医所	农业部	1982	学术类	兽医	杨志强	赵四喜	0931-2115280	CN 62-1063/R ISSN 1000-6354	王华东	0931-2115280	zsyyyzz@ periodicals. net.cn zhaosixi@ sina.com		双月
61	中国动物传染病学报	上海兽医所	农业部	1993	学术类	兽医	童光志		021-34293142	CN 31-2031/S ISSN 1674-6422	郑海红	021-34293142	bianjibu @ shvri. ac.cn	www. shvri. ac. cn/ zazhi/	双月
62	中国草地学报	草原所	农业部	1979	学术类	作物	侯向阳	刘天明	0471-4926880	CN 15-1344/S ISSN 1673-5021	刘天明	0471-4926880	zgcdxb@ 126.com	www. gricaas. net/ web/news.asp? nc =13.80	双月
63	特产研究	特产所/中国农学会特产学会	农业部	1962	技术类	综合	杨福合	刘艳环	0431-81919588	CN 22-1154/S ISSN 1001-4721		13804326623	tcyjbjb@ 126.com		季
64	特种经济动植物	特产所	农业部	1982	技术类	综合	杨福合	周淑荣	0431-81919599	CN 22-1155/S ISSN 1001-4713		15943088623	tzjjdzw@ 126.com		月
65	农业资源与环境学报	环保所/中国农业生态环境保护协会	农业部	1984	学术类	资源与环境	任天志	李无双	022-23611149	CN 12-1437/S ISSN 2095-6819	肖　洁	022-23611102	caed@ vip.163. com	www.aed.org.cn	双月
66	农业环境科学学报	环保所/中国农业生态环境保护协会	农业部	1982	学术类	资源与环境	李文华	李无双	022-23674336	CN 12-1347/S ISSN 1672-2043	潘淑君	022-23674336	caep@ vip.163. com	www.aes.org.cn	月

（续表）

序号	刊物名称	主办单位	主管单位	创刊年份	类别	学科	主编	编辑部主任	电话	刊号	联系人	联系人电话	电子邮件	网址	刊期
67	中国沼气	沼科所/中国沼气学会	农业部	1983	学术类	工程与机械	张凤桐	任晓斌	028-85230681	CN 51-1206/S ISSN 1000-1166	杨雅涵	13880092462	zhongguozhaoqi1983@ vip.163.com		双月
68	中国农机化学报	农机化所	农业部	1957	学术类	工程与机械	陈巧敏		025-84346296	CN 32-1123/S ISSN 1006-7205	凌小燕	025-84346270	jcam@ vip.163.com		双月
69	农业开发与装备	农机化所	农业部	1995	学术类	工程与机械	陈巧敏	胡进鑫	025-84346221	CN 32-1779/TH ISSN 1673-9205	胡进鑫	025-84346221	njjzy2189@ sina.com	www.nriam.com/njjzy	月
70	中国烟草科学	烟草所	农业部	1979	学术类	作物	王树声	梁晓芳	0532-88703238	CN 37-1277/S ISSN 1007-5119	梁晓芳	13515327122	liangxiaofang@caas.cn	www.zgyckx.com.cn	双月

中国农业科学院通讯录

单位名称	通讯地址	邮编	区号	电话	传真
院办公室	北京市海淀区中关村南大街12号	100081	010	82109401	82103005
科技管理局	北京市海淀区中关村南大街12号	100081	010	82109427	82105534
人事局	北京市海淀区中关村南大街12号	100081	010	82109437	82109437
财务局	北京市海淀区中关村南大街12号	100081	010	82105658	82105668
基本建设局	北京市海淀区中关村南大街12号	100081	010	82105586	82105581
国际合作局	北京市海淀区中关村南大街12号	100081	010	82106756	62174060
成果转化局	北京市海淀区中关村南大街12号	100081	010	82105192	82105540
直属机关党委	北京市海淀区中关村南大街12号	100081	010	82105707	82105707
监察局	北京市海淀区中关村南大街12号	100081	010	82109502	82109502
后勤服务中心	北京市海淀区中关村南大街12号	100081	010	82109668	82109668
研究生院	北京市海淀区中关村南大街12号	100081	010	82109689	82106609
作物科学研究所	北京市海淀区中关村南大街12号	100081	010	82109715	82105819
植物保护研究所	北京市海淀区圆明园西路2号	100193	010	62815905	62895365

（续表）

单位名称	通讯地址	邮编	区号	电话	传真
蔬菜花卉研究所	北京市海淀区中关村南大街12号	100081	010	82109520	62146160
农业环境与可持续发展研究所	北京市海淀区中关村南大街12号	100081	010	82109567	82109567
北京畜牧兽医研究所	北京海淀区圆明园西路2号	100193	010	62815851	62895372
蜜蜂研究所	北京市海淀区香山北沟1号	100093	010	62596028	62596122
饲料研究所	北京市海淀区中关村南大街12号	100081	010	82109812	82106054
农产品加工研究所	北京市海淀区圆明园西路2号	100193	010	62815836	62895382
生物技术研究所	北京市海淀区中关村南大街12号	100081	010	82106405	82106405
农业经济与发展研究所	北京市海淀区中关村南大街12号	100081	010	82109801	62187545
农业资源与农业区划研究所	北京市海淀区中关村南大街12号	100081	010	82109640	82106225
农业信息研究所	北京市海淀区中关村南大街12号	100081	010	82109915	82103127
农业质量标准与检测技术研究所	北京市海淀区中关村南大街12号	100081	010	82106515	82106500
农业部食物与营养发展研究所	北京市海淀区中关村南大街12号	100081	010	82105179	82105184
中国农业科学技术出版社	北京市海淀区中关村南大街12号	100081	010	82109706	82109700
农田灌溉研究所	河南省新乡市牧野区宏力大道（东）380号	453002	0373	3393354	3393344
中国水稻研究所	浙江省杭州市富阳区新桥水稻所28号	310006	0571	63370235	63370989

（续表）

单位名称	通讯地址	邮编	区号	电话	传真
棉花研究所	河南省安阳市黄河大道西段 38 号	455000	0372	2562200	2562256
油料作物研究所	湖北省武汉市武昌区徐东二路 2 号	430062	027	86811837	86816451
麻类研究所	湖南省长沙市岳麓区咸嘉湖西路 348 号	410205	0731	88998505	88998528
果树研究所	辽宁省兴城市兴海南街 98 号	125100	0429	3598108	3598288
郑州果树研究所	河南省郑州市未来路南端	450009	0371	65330901	65330987
茶叶研究所	浙江省杭州市梅灵南路 9 号	310008	0571	86657307	86650056
哈尔滨兽医研究所	黑龙江省哈尔滨市香坊区哈平路 678 号	150069	0451	51997177	51997166
兰州兽医研究所	甘肃省兰州市城关区盐场堡徐家坪 1 号	730046	0931	8342489	8340977
兰州畜牧与兽药研究所	甘肃省兰州市七里河区硷沟沿 335 号	730050	0931	2164180	2115191
上海兽医研究所	上海市闵行区紫月路 518 号	200241	021	54082828	54081818
草原研究所	内蒙古呼和浩特市新城区乌兰察布东街 120 号	010010	0471	4961330	4961330
特产研究所	吉林省长春市净月经济开发区聚业大街 4899 号	130112	0431	81919856	81919800
环境保护科研监测所	天津市南开区复康路 31 号	300191	022	23613820	23613820
沼气科学研究所	四川省成都市人民南路四段 13 号	610041	028	85230691	85230691
南京农业机械化研究所	江苏省南京市玄武区中山门外柳营 100 号	210014	025	84346267	84432672

（续表）

单位名称	通讯地址	邮编	区号	电话	传真
烟草研究所	山东省青岛市崂山区科苑经四路 11 号	266101	0532	88701806	88702056
深圳农业基因组研究所	广东省深圳市大鹏新区鹏飞路 7 号	518120	0755	23250160	23251430
都市农业研究所	四川省成都市天府新区科学城湖畔西路 99 号天府青蓉 D 区 B1 栋 2 楼	610213	028	80203191	80203187
柑桔研究所	重庆市北碚区歇马镇柑桔村 15 号	400712	023	68349709	68349709
甜菜研究所	黑龙江省哈尔滨市南岗区学府路 74 号	150080	0451	86609312	86609312
蚕业研究所	江苏省镇江市四摆渡	212018	0511	85616572	85628183
农业遗产研究室	江苏省南京市卫岗 1 号南京农业大学院内	210095	025	84396771	84396771
水牛研究所	广西南宁市邕武路 24－1 号	530001	0771	3338589	3338814
草原生态研究所	甘肃省兰州市嘉峪关西路 768 号	730020	0931	8913074	8913074
家禽研究所	江苏省扬州市邗江区仓颉路 58 号	225125	0514	85599000	85599010
甘薯研究所	江苏省徐州市经济技术开发区徐海路高铁站北	221131	0516	82189208	82189209
长春兽医研究所	吉林省长春市净月经济开发区柳莺西路 666 号	130122	0431	86985807	86985889
中国农业科学院资产经营公司	北京市海淀区中关村南大街 12 号	100081	010	62189180	62189189

各省、自治区、直辖市农（牧、林）业科学院通讯录

单位名称	通讯地址	邮编	区号	电话	传真
北京市农林科学院	北京市海淀区曙光中路11号	100097	010	51503241	51503300
天津市农业科学院	天津市南开区白堤路268号	300192	022	23678666	23678667
河北省农林科学院	河北省石家庄市和平西路598号	050051	0311	87652019	87066140
山西省农业科学院	山西省太原市龙城大街81号	030031	0351	7073032	7040092
内蒙古自治区农牧业科学院	内蒙古呼和浩特市玉泉区昭君路22号	010031	0471	5295455	5295644
辽宁省农业科学院	辽宁省沈阳市沈河区东陵路84号	110161	024	31027396 31023112 （一楼大厅收发室）	31027397
吉林省农业科学院	吉林省长春市生态大街1363号	130033	0431	87063015 87063030	87063028
黑龙江省农业科学院	黑龙江省哈尔滨市南岗区学府路368号	150080	0451	86662295	86662295
黑龙江省农垦科学院	黑龙江省哈尔滨市香坊区香福路101号	154007	0451	55399306	55399306
上海市农业科学院	上海市奉贤区金齐路1000号	201403	021	62200183	62201221
江苏省农业科学院	江苏省南京市孝陵卫钟灵街50号	210014	025	84390012	84392233

（续表）

单位名称	通讯地址	邮编	区号	电话	传真
浙江省农业科学院	浙江省杭州市德胜中路 298 号	310021	0571	86404011	86400481
安徽省农业科学院	安徽省合肥市庐阳区农科南路 40 号	230031	0551	65160537	62160337
福建省农业科学院	福建省福州市五四路 247 号	350003	0591	87884606	87884262
江西省农业科学院	江西省南昌市南昌县莲塘北大道 1738 号	330200	0791	87090310	87090001
山东省农业科学院	山东省济南市工业北路 202 号	250100	0531	83179224	88604644
河南省农业科学院	河南省郑州市花园路 116 号	450002	0371	65729140 65723784	65711374
湖北省农业科学院	湖北省武汉市洪山区狮子山街南湖大道 29 号	430064	027	87389499	87389499
湖南省农业科学院	湖南省长沙市芙蓉区远大二路 892 号	410125	0731	84691212 84691327	84691624
广东省农业科学院	广东省广州市天河区金颖路 29 号	510640	020	85516501 87511099	87503358
广西壮族自治区农业科学院	广西南宁市大学东路 174 号	530007	0771	3243866 3248710	3244521
海南省农业科学院	海南省海口市兴丹路 14 号	571100	0898	65369365 65231208	65314539
四川省农业科学院	四川省成都市锦江区静居寺路 20 号	610066	028	84504011	84504198
重庆市农业科学院	重庆市九龙坡区白市驿镇农科大道	401329	023	65705208	65703532
贵州省农业科学院	贵州省贵阳市花溪区金欣社区	550006	0851	83761026	83761504

（续表）

单位名称	通讯地址	邮编	区号	电话	传真
云南省农业科学院	云南省昆明市北京路2238号	650200	0871	65136637	65136633
西藏自治区农牧科学院	西藏拉萨市金珠西路130号	850000	0891	6862174	6862174
西北农林科技大学（陕西省农业科学院）	陕西省杨陵示范区	712100	029	87082809 87080678	87082810
甘肃省农业科学院	甘肃省兰州市安宁区农科院新村1号	730070	0931	7616187	7616187
青海省农林科学院	青海省西宁市城北区宁大路253号	810016	0971	5311151	5311192
宁夏农林科学院	宁夏银川市黄河东路590号	750002	0951	6886710	6886712
新疆农业科学院	新疆乌鲁木齐市南昌路403号	830091	0991	4502057 4500711	4516057
新疆畜牧科学院	新疆乌鲁木齐市经济技术开发区阿里山街468号	830011	0991	3075180	3075183
中国热带农业科学院（华南热带农业大学）	海南省海口市城西学院路4号	571101	0898	66962965 66968965	66962904

农业部有关司局及直属单位电话号码

单位	电话	单位	电话	单位	电话
办公厅值班室	010-59192316	渔业渔政管理局	010-59192936	中国农业电影电视中心	010-82101700
中央农办秘书局	010-59191884	农垦局	010-59192648	农民日报社	010-85834842
人事司	010-59192510	种业管理司	010-59192813	中国农业出版社	010-59195133
法规司	010-59192730	农业机械化管理司	010-59192822	中国农村杂志社	010-68250953
政策与改革司	010-59193108	农田建设管理司	010-59191293	中国农民体育协会	010-59194391
发展规划司	010-59192532	机关党委	010-59192416	管理干部学院、党校、中央农业干部教育培训中心	010-81706299 010-81708543
计划财务司	010-59191178	驻部纪检监察组	010-59192480	人力资源开发中心（农学会）	010-59194203
乡村产业发展司	010-59191899	离退休干部局	010-59192411	农村经济研究中心	010-66115901
农村社会事业促进司	010-59192668	长江流域渔政监督管理办公室	010-59193091	农产品质量安全中心	010-59198500
农村合作经济指导司	010-59193160	机关服务局	010-59192225	中国绿色食品发展中心	010-62122266
市场与信息化司	010-59193146	农业农村部信息中心	010-59192709	规划设计研究院	010-59196868

（续表）

单位	电话	单位	电话	单位	电话
国际合作司	010-59192440	农业农村部国际交流服务中心	010-59191510	工程建设服务中心	010-59193925
科技教育司	010-59193024	农林水利审计局	010-59192601	财会服务中心、中华农业科教基金会	010-59194361
农产品质量安全监管司	010-59193168	中国水产科学研究院	010-68673938	对外经济合作中心	010-59194805
种植业管理司	010-59192806	中国热带农业科学院	0898-66962965	农业贸易促进中心	010-59194627
畜牧兽医局	010-59191873	全国农业展览馆	010-65919095	中央农业广播电视学校	010-59196013
科技发展中心	010-59199373	农业机械化技术开发推广总站	010-59198610	农村社会事业发展中心	010-59199656
农业生态与资源保护总站	010-59196397	全国畜牧总站、中国饲料工业协会	010-59194609	全国水产技术推广总站	010-59195075
全国农业技术推广服务中心	010-59194544	中国动物疫病预防控制中心	010-59194743	中国水产学会	010-59199606
农药检定所	010-59194067	中国兽医药品监察所	010-62160625	华龙实业发展有限责任公司	010-59194432
农业机械试验鉴定总站	010-59199017	中国农垦经济发展中心	010-59199506		

有关单位通讯录

单位	通讯地址	邮编	区号	电话	电子邮件
科学技术部	北京市复兴路乙15号	100862	010	58881800	
国家发展和改革委员会	北京市西城区月坛南街38号	100824	010	68502000	bgt@ ndrc. gov. cn
国家机关事务管理局	北京市西城区西安门大街22号	100017	010	66036447	webmaster@ ggj. gov. cn
中国农业大学	北京市海淀区圆明园西路2号	100094	010	62736673	xbglq@ cau. edu. cn
中国农学会	北京市朝阳区麦子店街22号	100125	010	59194203	
中国科学技术协会	北京市海淀区复兴路3号	100863	010	68571878	